U0181099

国家出版基金资助项目

现代数学中的著名定理纵横谈丛书

丛书主编　王梓坤

BERNSTEIN POLYNOMIAL OPERATOR

Bernstein多项式算子

刘培杰数学工作室　编

哈爾濱工業大學出版社
HARBIN INSTITUTE OF TECHNOLOGY PRESS

内 容 简 介

本书共有十三编，内容包括 Bernstein 多项式初阶，Bernstein 多项式与 Bernstein 算子，Bernstein 算子和 Bézier 曲线，单纯形上的逼近定理，B 样条、B 网、B 形式，Bernstein 多项式的迭代极限，高维 Bernstein 多项式等.

本书适合大学师生及数学爱好者参考使用.

图书在版编目(CIP)数据

Bernstein 多项式算子/刘培杰数学工作室编. —哈尔滨：哈尔滨工业大学出版社，2021.1
（现代数学中的著名定理纵横谈丛书）
ISBN 978-7-5603-9043-7

Ⅰ.①B… Ⅱ.①刘… Ⅲ.①伯恩斯坦多项式—研究 Ⅳ.①O174.14

中国版本图书馆 CIP 数据核字(2020)第 160484 号

策划编辑 刘培杰 张永芹
责任编辑 张永芹 穆 青
封面设计 孙茵艾
出版发行 哈尔滨工业大学出版社
社 址 哈尔滨市南岗区复华四道街 10 号 邮编 150006
传 真 0451-86414749
网 址 http://hitpress.hit.edu.cn
印 刷 哈尔滨市石桥印务有限公司
开 本 787 mm×960 mm 1/16 印张 58.5 字数 629 千字
版 次 2021 年 1 月第 1 版 2021 年 1 月第 1 次印刷
书 号 ISBN 978-7-5603-9043-7
定 价 168.00 元

伯恩斯坦（Sergeĭ Natanovič Bernstein,1880—1968）

⊙ 

读书的乐趣

你最喜爱什么——书籍.

你经常去哪里——书店.

你最大的乐趣是什么——读书.

这是友人提出的问题和我的回答.真的,我这一辈子算是和书籍,特别是好书结下了不解之缘.有人说,读书要费那么大的劲,又发不了财,读它做什么?我却至今不悔,不仅不悔,反而情趣越来越浓.想当年,我也曾爱打球,也曾爱下棋,对操琴也有兴趣,还登台伴奏过.但后来却都一一断交,"终身不复鼓琴".那原因便是怕花费时间,玩物丧志,误了我的大事——求学.这当然过激了一些.剩下来唯有读书一事,自幼至今,无日少废,谓之书痴也可,谓之书橱也可,管它呢,人各有志,不可相强.我的一生大志,便是教书,而当教师,不多读书是不行的.

读好书是一种乐趣,一种情操;一种向全世界古往今来的伟人和名人求教的方法，一种和他们展开讨论的方式；一封出席各种活动、体验各种生活、结识各种人物的邀请信；一张迈进科学宫殿和未知世界的入场券；一股改造自己、丰富自己的强大力量．书籍是全人类有史以来共同创造的财富，是永不枯竭的智慧的源泉．失意时读书，可以使人重整旗鼓；得意时读书，可以使人头脑清醒；疑难时读书，可以得到解答或启示；年轻人读书，可明奋进之道；年老人读书，能知健神之理．浩浩乎！洋洋乎！如临大海，或波涛汹涌，或清风微拂，取之不尽，用之不竭．吾于读书，无疑义矣，三日不读，则头脑麻木，心摇摇无主．

潜能需要激发

我和书籍结缘，开始于一次非常偶然的机会．大概是八九岁吧，家里穷得揭不开锅，我每天从早到晚都要去田园里帮工．一天，偶然从旧木柜阴湿的角落里，找到一本蜡光纸的小书，自然很破了．屋内光线暗淡，又是黄昏时分，只好拿到大门外去看．封面已经脱落，扉页上写的是《薛仁贵征东》．管它呢，且往下看．第一回的标题已忘记，只是那首开卷诗不知为什么至今仍记忆犹新：

日出遥遥一点红，飘飘四海影无踪．

三岁孩童千两价，保主跨海去征东．

第一句指山东，二、三两句分别点出薛仁贵（雪、人贵）．那时识字很少，半看半猜，居然引起了我极大的兴趣，同时也教我认识了许多生字．这是我有生以来独立看的第一本书．尝到甜头以后，我便千方百计去找书，向小朋友借，到亲友家找，居然断断续续看了《薛丁山征西》《彭公案》《二度梅》等，樊梨花便成了我心中的女英雄.我真入迷了.从此,放牛也罢,车水也罢,我总要带一本书,还练出了边走田间小路边读书的本领,读得津津有味,不知人间别有他事.

当我们安静下来回想往事时,往往会发现一些偶然的小事却影响了自己的一生.如果不是找到那本《薛仁贵征东》,我的好学心也许激发不起来.我这一生,也许会走另一条路.人的潜能,好比一座汽油库,星星之火,可以使它雷声隆隆、光照天地;但若少了这粒火星,它便会成为一潭死水,永归沉寂.

抄,总抄得起

好不容易上了中学,做完功课还有点时间,便常光顾图书馆.好书借了实在舍不得还,但买不到也买不起,便下决心动手抄书.抄,总抄得起.我抄过林语堂写的《高级英文法》,抄过英文的《英文典大全》,还抄过《孙子兵法》,这本书实在爱得狠了,竟一口气抄了两份.人们虽知抄书之苦,未知抄书之益,抄完毫末俱见,一览无余,胜读十遍.

始于精于一,返于精于博

关于康有为的教学法,他的弟子梁启超说:"康先生之教,专标专精、涉猎二条,无专精则不能成,无涉猎则不能通也."可见康有为强烈要求学生把专精和广博(即"涉猎")相结合.

在先后次序上,我认为要从精于一开始.首先应集中精力学好专业,并在专业的科研中做出成绩,然后逐步扩大领域,力求多方面的精.年轻时,我曾精读杜布(J. L. Doob)的《随机过程论》,哈尔莫斯(P. R. Halmos)的《测度论》等世界数学名著,使我终身受益.简言之,即"始于精于一,返于精于博".正如中国革命一样,必须先有一块根据地,站稳后再开创几块,最后连成一片.

丰富我文采,澡雪我精神

辛苦了一周,人相当疲劳了,每到星期六,我便到旧书店走走,这已成为生活中的一部分,多年如此.一次,偶然看到一套《纲鉴易知录》,编者之一便是选编《古文观止》的吴楚材.这部书提纲挈领地讲中国历史,上自盘古氏,直到明末,记事简明,文字古雅,又富于故事性,便把这部书从头到尾读了一遍.从此启发了我读史书的兴趣.

我爱读中国的古典小说,例如《三国演义》和《东周列国志》.我常对人说,这两部书简直是世界上政治阴谋诡计大全.即以近年来极时髦的人质问题(伊朗人质、劫机人质等),这些书中早就有了,秦始皇的父亲便是受害者,堪称"人质之父".

《庄子》超尘绝俗,不屑于名利.其中"秋水""解牛"诸篇,诚绝唱也.《论语》束身严谨,勇于面世,"己所不欲,勿施于人",有长者之风.司马迁的《报任少卿书》,读之我心两伤,既伤少卿,又伤司马;我不知道少卿是否收到这封信,希望有人做点研究.我也爱读鲁迅的杂文,果戈理、梅里美的小说.我非常敬重文天祥、秋瑾的人品,常记他们的诗句:"人生自古谁无死,留取丹心照汗青""休言女子非英物,夜夜龙泉壁上鸣".唐诗、宋词、《西厢记》《牡丹亭》,丰富我文采,澡雪我精神,其中精粹,实是人间神品.

读了邓拓的《燕山夜话》,既叹服其广博,也使我动了写《科学发现纵横谈》的心.不料这本小册子竟给我招来了上千封鼓励信.以后人们便写出了许许多多的“纵横谈”.

从学生时代起,我就喜读方法论方面的论著.我想,做什么事情都要讲究方法,追求效率、效果和效益,方法好能事半而功倍.我很留心一些著名科学家、文学家写的心得体会和经验.我曾惊讶为什么巴尔扎克在51年短短的一生中能写出上百本书,并从他的传记中去寻找答案.文史哲和科学的海洋无边无际,先哲们的明智之光沐浴着人们的心灵,我衷心感谢他们的恩惠.

读书的另一面

以上我谈了读书的好处,现在要回过头来说说事情的另一面.

读书要选择.世上有各种各样的书:有的不值一看,有的只值看20分钟,有的可看5年,有的可保存一辈子,有的将永远不朽.即使是不朽的超级名著,由于我们的精力与时间有限,也必须加以选择.决不要看坏书,对一般书,要学会速读.

读书要多思考.应该想想,作者说得对吗?完全吗?适合今天的情况吗?从书本中迅速获得效果的好办法是有的放矢地读书,带着问题去读,或偏重某一方面去读.这时我们的思维处于主动寻找的地位,就像猎人追找猎物一样主动,很快就能找到答案,或者发现书中的问题.

有的书浏览即止,有的要读出声来,有的要心头记住,有的要笔头记录.对重要的专业书或名著,要勤做笔记,“不动笔墨不读书”.动脑加动手,手脑并用,既可加深理解,又可避忘备查,特别是自己的灵感,更要及时抓住.清代章学诚在《文史通义》中说:“札记之功必不可少,如不札记,则无穷妙绪如雨珠落大海矣.”

许多大事业、大作品,都是长期积累和短期突击相结合的产物.涓涓不息,将成江河;无此涓涓,何来江河?

爱好读书是许多伟人的共同特性,不仅学者专家如此,一些大政治家、大军事家也如此.曹操、康熙、拿破仑、毛泽东都是手不释卷,嗜书如命的人.他们的巨大成就与毕生刻苦自学密切相关.

王梓坤

目录

第一编

Bernstein 多项式初阶

从一道全国高中联赛试题的解法谈起

第 1 章

§1 引 言

借用一句歌词“岁月辽阔，咫尺终究是在天涯，剪不断，这无休的牵挂”，对于像 Bernstein 多项式这样专业的数学名词在中国是少为人知的，一直到 20 世纪 80 年代之前，它们还只限于专业数学工作者的小圈子内. 中国数学的黄金时代如果说有的话，那么 20 世纪 80 年代绝对算得上一个，数学家们以忘我的钻研热情和高昂的拼搏斗志在各自的领域做出了一批国际水准的成果，同时作为科学共同体的一员，他们还没有忘了向全社会普及数学，特别是向青少年普及近代数学的责任和义务. 许多著名数学家亲自操刀，写出了一批高质量的数学科普文章和著作. 我们发现就其效果似乎是以高深的数学思想为背景命制一些数学竞赛试题更有效.

1986 年全国高中数学联赛二试题 1 为：

试题 1 已知实数列 $a_0, a_1, a_2, \cdots$，满足

$$a_{i-1}+a_{i+1}=2a_i \quad (i=1,2,3,\cdots)$$

求证：对于任何自然数 n，有

$$\begin{aligned}P(x)=&a_0\mathrm{C}_n^0(1-x)^n+a_1\mathrm{C}_n^1x(1-x)^{n-1}+\\&a_2\mathrm{C}_n^2x^2(1-x)^{n-2}+\cdots+\\&a_{n-1}\mathrm{C}_n^{n-1}x^{n-1}(1-x)+a_n\mathrm{C}_n^nx^n\end{aligned}$$

是 x 的一次多项式或常数.

（注：原题条件限制 $\{a_i\}$ 不为常数列. 证明中只要证 $P(x)$ 为一次函数，是此题的一个特例.）

证明 在 $a_0=a_1=\cdots=a_n$ 时，有

$$\begin{aligned}P(x)&=a_0[\mathrm{C}_n^0(1-x)^n+\\&\quad \mathrm{C}_n^1(1-x)^{n-1}x+\cdots+\mathrm{C}_n^nx^n]\\&=a_0[(1-x)+x]^n=a_0\end{aligned}$$

为常数. 对于一般情况，由已知 $a_k=a_0+kd$，d 为常数，$k=0,1,2,\cdots,n$. 因为

$$\begin{aligned}&0\cdot\mathrm{C}_n^0(1-x)^n+1\cdot\mathrm{C}_n^1(1-x)^{n-1}x+\cdots+\\&k\mathrm{C}_n^k(1-x)^{n-k}x^k+\cdots+n\mathrm{C}_n^nx^n\\=&n\mathrm{C}_{n-1}^0(1-x)^{n-1}x+\cdots+\\&n\mathrm{C}_{n-1}^{k-1}(1-x)^{n-k}x^k+\cdots+n\mathrm{C}_{n-1}^{n-1}x^n\\=&nx[\mathrm{C}_{n-1}^0(1-x)^{n-1}+\\&\mathrm{C}_{n-1}^1(1-x)^{n-2}x+\cdots+\mathrm{C}_{n-1}^{n-1}x^{n-1}]\end{aligned}$$

$$=nx[(1-x)+x]^{n-1}=nx$$

所以

$$\begin{aligned}P(x)=&a_0[C_n^0(1-x)^n+C_n^1(1-x)^{n-1}x+\cdots+C_n^nx^n]+\\&d[0\cdot C_n^0(1-x)^n+\cdots+\\&kC_n^k(1-x)^{n-k}x^k+\cdots+nC_n^nx^n]\\=&a_0+ndx\end{aligned}$$

为一次多项式.

这是一道背景深刻的好题,它以函数构造论中的 Bernstein 多项式为背景.

§2　同时代的两位 Bernstein

在数学史上几乎同一时期有两位同名不同国籍,但同样著名的数学家 Bernstein. 一位是德国的 Felix Bernstein(1878 年 2 月 24 日—1956 年 12 月 3 日),此人生于德国哈勒,卒于瑞士苏黎世,他师从于著名数学家 Cantor,Hilbert 和 Klein.

早在 1897 年,Bernstein 就首先证明了集合的等价定理:如果集合 A 与集合 B 的一个子集等价,集合 B 也和集合 A 的一个子集等价,那么集合 A 与集合 B 等价. 这是集合论的基本定理,由此可以建立基数概念. 他对数论、Laplace 变换、凸函数和等周问题也有贡献.

不过本节我们要介绍的是另一位 Bernstein,他是苏联数学家 Sergeĭ Natanovič Bernstein(1880.3.5—1968.10.26). 他生于敖德萨,1899 年毕业于巴黎大学,1901 年毕业于多科工艺学校(许多法国著名数学家均出于此校). 1929 年成为苏联科学院院士,他曾在列宁格勒(今圣彼得堡)工学院和列宁格勒大学任教授,对著名的列宁格勒数学学派影响很大.

Bernstein 的工作大体可分三部分:

① 函数逼近论方面,Bernstein 是当之无愧的开创者,提出了许多以他的名字命名的重要概念,如:Bernstein 多项式、三角多项式、导数的 Bernstein 不等式,并开辟了许多新的研究方向,如多项式逼近、确定单连通域上多项式逼近的准确近似度等.

② 在微分方程领域,Bernstein 证明和涉足著名的 Hilbert 问题的第 19 和第 20 问题,创造了一种求解二阶偏微分方程边值问题的新方法(Bernstein 方法).

③ 在概率论方面,他最早(1917 年)提出并发展了概率论的公理化结构,建立了关于独立随机变量之和的中心极限定理,研究了非均匀的 Markov 链. 另外,他与 Paul Pierre Lévy(1886—1971) 在研究一维布朗扩散运动时,曾最先尝试用概率方式研究所给随机微分方程,并将它推广到多维扩散过程. 今天随机微分方程已成为研究金融的重要工具,许多获诺贝尔经济奖的工作都与此有关.

他的这些工作都被收集在苏联科学院于 1952 年、1959 年、1960 年、1964 年出版的他的共 4 卷论文集中.

由于他的巨大的贡献与成就,Bernstein 于 1911 年获比利时科学院奖,1920 年获法国科学院奖,1962 年获苏联国家奖.

现在以 Bernstein 命名的多项式是指:

设 $f(x)$ 为定义于闭区间$[0,1]$上的函数,称多项式

$$B_n(f(x);x)=\sum_{k=0}^{n}f(\frac{k}{n})C_n^k x^k(1-x)^{n-k}$$

为函数 $f(x)$ 的 Bernstein 多项式. 有时也简记为 $B_n(f;x)$ 或 $B_n(x)$.

§3　试题 1 的若干初等证法

作为一道优秀的竞赛试题，首要的条件就是入口要宽，即这道试题要有多个适合解题者（应试人）的知识水平的解法.

首先我们发现：

(1) 为避免引起无谓的纠缠，可附加条件 $a_1-a_0\neq 0$.

(2) 若 $P(x)$ 为一次多项式，则有

$$\begin{aligned}P(x)&=P(0)+[P(1)-P(0)]x=a_0+(a_n-a_0)x\\&=a_0+n(a_1-a_0)x\end{aligned}$$

这样，证明就有了一个明确具体的方向. 特别是可以为数学归纳法的实施提供了方便.

(3) 把上述 $P(x)$ 的表达式看成数列 $\{P_n(x)\}$ 的通项公式

$$P_n(x)=a_0+n(a_1-a_0)x$$

则 $P_n(x)$ 是一个首项为 a_0，公差为 $(a_1-a_0)x$ 的等差数列. 取 $x=1$，有

$$a_n=P_n(1)=a_0+n(a_1-a_0)$$

即数列 $\{a_n\}$ 为等差数列，命题的充分性成立.

下面给出试题 1 的几种证法.

证法 1　令 $y=1-x$. 由已知条件知 $\{a_n\}$ 为等差

数列. 把通项公式

$$a_k=a_0+k(a_1-a_0)$$

(注意,它与中学课本中

$$a_k=a_1+(k-1)(a_1-a_0)$$

的微小区别) 代入得

$$\begin{aligned}P(x)&=\sum_{k=0}^{n}a_k\mathrm{C}_n^k x^k y^{n-k}\\&=\sum_{k=0}^{n}[a_0+k(a_1-a_0)]\mathrm{C}_n^k x^k y^{n-k}\\&=\sum_{k=0}^{n}a_0\mathrm{C}_n^k x^k y^{n-k}+\sum_{k=0}^{n}k(a_1-a_0)\mathrm{C}_n^k x^k y^{n-k}\\&=a_0\sum_{k=0}^{n}\mathrm{C}_n^k x^k y^{n-k}+\sum_{k=1}^{n}n(a_1-a_0)x\mathrm{C}_{n-1}^{k-1}x^{k-1}\cdot\\&\quad y^{(n-1)-(k-1)}\\&=a_0(x+y)^n+n(a_1-a_0)x\sum_{k=0}^{n-1}\mathrm{C}_{n-1}^r x^r y^{(n-1)-r}\\&=a_0(x+y)^n+n(a_1-a_0)x(x+y)^{n-1}\end{aligned}$$

由这个一般性的结论可以得出很多结果. 特别地, 把 $y=1-x$ 代入,便得

$$P(x)=a_0+n(a_1-a_0)x$$

为一次多项式.

证法 2 我们来证明$\{P_n(x)\}$是一个等差数列

$$P_1(x)=a_0\mathrm{C}_1^0(1-x)+a_1\mathrm{C}_1^1x=a_0+(a_1-a_0)x$$

$$\begin{aligned}P_n(x)&=a_0\mathrm{C}_n^0(1-x)^n+\sum_{k=1}^{n-1}a_k\mathrm{C}_n^k x^k(1-x)^{n-k}+a_n\mathrm{C}_n^n x^n\\&=a_0\mathrm{C}_{n-1}^0(1-x)^n+\sum_{k=1}^{n-1}a_k(\mathrm{C}_{n-1}^k+\mathrm{C}_{n-1}^{k-1})x^k\cdot\\&\quad(1-x)^{n-k}+a_n\mathrm{C}_{n-1}^{n-1}x^n\\&=(1-x)\sum_{k=0}^{n-1}a_k\mathrm{C}_{n-1}^k x^k(1-x)^{n-1-k}+\end{aligned}$$

$$x\sum_{k=0}^{n-1}a_{k+1}C_{n-1}^{k}x^{k}(1-x)^{n-1-k}$$

$$=\sum_{k=0}^{n-1}a_{k}C_{n-1}^{k}x^{k}(1-x)^{n-1-k}+$$

$$x\sum_{k=0}^{n-1}(a_{k+1}-a_{k})C_{n-1}^{k}x^{k}(1-x)^{n-1-k}$$

$$=P_{n-1}(x)+x(a_{1}-a_{0})\sum_{k=0}^{n-1}C_{n-1}^{k}x^{k}(1-x)^{n-1-k}$$

$$=P_{n-1}(x)+x(a_{1}-a_{0})[x+(1-x)]^{n-1}$$

$$=P_{n-1}(x)+(a_{1}-a_{0})x\quad(n\geqslant 2)$$

这表明$\{P_n(x)\}$是公差为$(a_1-a_0)x$的等差数列，通项公式为

$$P_{n}(x)=P_{1}(x)+(n-1)(a_{1}-a_{0})x$$

$$=a_{0}+n(a_{1}-a_{0})x$$

证法3　通过$P_n(0)$,$P_n(1)$可计算出$P_n(x)$若为一次多项式,必定是

$$P_{n}(x)=P_{n}(0)+(P_{n}(1)-P_{n}(0))x$$

$$=a_{0}+n(a_{1}-a_{0})x$$

再由证法2可得递推关系

$$P_{n+1}(x)=P_{n}(x)+(a_{1}-a_{0})x$$

于是可用数学归纳法证明.(略)

证法4　设

$$P(x)\equiv\sum_{k=0}^{n}b_{k}x^{k}$$

由已知有

$$P(x)=\sum_{i=0}^{n}a_{i}C_{n}^{i}x^{i}(1-x)^{n-i}$$

$$=\sum_{i=0}^{n}a_{i}C_{n}^{i}x^{i}\sum_{r=0}^{n-i}C_{n-i}^{r}(-x)^{r}$$

$$=\sum_{i=0}^{n}\sum_{r=0}^{n-i}(-1)^{r}a_{i}C_{n}^{i}C_{n-i}^{r}x^{i+r}$$

$$=\sum_{i=0}^{n}\sum_{k=i}^{n}(-1)^{k-i}a_{i}C_{n}^{i}C_{n-i}^{k-i}x^{k}\quad (k=i+r)$$

$$=\sum_{i=0}^{n}\sum_{k=1}^{n}(-1)^{k+i}a_{i}C_{n}^{k}C_{k}^{i}x^{k}$$

$((-1)^{k-i}=(-1)^{k+i})$

$$=\sum_{k=0}^{n}\sum_{i=0}^{k}(-1)^{k+i}a_{i}C_{n}^{k}C_{k}^{i}x^{k}\quad (约定\ C_{0}^{0}=1)$$

比较对应项的系数,有

$$b_{0}=(-1)^{0}a_{0}C_{n}^{0}C_{0}^{0}=a_{0}$$

$$b_{1}=-a_{0}C_{n}^{1}C_{1}^{0}+a_{1}C_{n}^{1}C_{1}^{1}=n(a_{1}-a_{0})$$

$$b_{k}=(-1)^{k}C_{n}^{k}\sum_{i=0}^{k}(-1)^{i}a_{i}C_{k}^{i}=0\quad (2\leqslant k\leqslant n)$$

其中$\sum_{i=0}^{k}(-1)^{i}a_{i}C_{k}^{i}=0$可仿照证法 1 来证. 于是

$$P(x)=b_{0}+b_{1}(x)=a_{0}+n(a_{1}-a_{0})x$$

证法 5　对

$$P(x)=\sum_{k=0}^{n}a_{k}C_{n}^{k}x^{k}(1-x)^{n-k}$$

求导

$$P'(x)=-\sum_{k=0}^{n-1}(n-k)a_{k}C_{n}^{k}x^{k}(1-x)^{n-k-1}+\sum_{k=0}^{n-1}(k+1)a_{k+1}C_{n}^{k+1}x^{k}(1-x)^{n-k-1}$$

$$=n\sum_{k=0}^{n-1}(a_{k+1}-a_{k})C_{n-1}^{k}x^{k}(1-x)^{(n-1)-k}$$

$$=n(a_{1}-a_{0})\sum_{k=0}^{n-1}C_{n-1}^{k}x^{k}(1-x)^{(n-1)-k}$$

$$=n(a_{1}-a_{0})\quad (非零常数)$$

可见，$P(x)$ 必为一次多项式.

证法 6　解任何一道数学题目，都应当充分发掘和利用题目本身所蕴含的信息. 既然题目要求证明 $P(x)$ 是一个一次多项式，我们便可先设

$$P(x)=Ax+B \qquad (*)$$

以 $x=0$ 代入（$*$）得

$$B=P(0)=a_0C_n^0=a_0$$

以 $x=1$ 代入（$*$）得

$$A+B=P(1)=a_nC_n^n=a_n$$

于是

$$A=a_n-B=a_n-a_0$$

因此，我们需要证明

$$P(x)=a_0+(a_n-a_0)x$$

由题设条件：$a_0,a_1,a_2,\cdots$ 为等差数列，则有

$$a_n=a_0+n(a_1-a_0)\quad (n=0,1,2,\cdots)$$

这样，我们要证明的是

$$P(x)=a_0+n(a_1-a_0)x \qquad (**)$$

下面，应用数学归纳法证之.

当 $n=1$ 时有

$$\begin{aligned}P(x)&=a_0C_1^0(1-x)+a_1C_1^1x\\&=a_0(1-x)+a_1x\\&=a_0+(a_1-a_0)x\end{aligned}$$

即公式（$**$）成立.

假设对 n，式（$**$）成立，要证对 $n+1$ 也成立. 这时

$$P(x)=\sum_{i=0}^{n+1}a_iC_{n+1}^ix^i(1-x)^{n+1-i}$$

根据公式

$$C_{n+1}^{i} = C_n^{i-1} + C_n^{i}$$

可作如下推导

$$\begin{aligned} P(x) &= \sum_{i=0}^{n+1} a_i [C_n^i + C_n^{i-1}] x^i (1-x)^{n+1-i} \\ &= \sum_{i=0}^{n} a_i C_n^i x^i (1-x)^{n+1-i} + \\ &\quad \sum_{i=0}^{n+1} a_i C_n^{i-1} x^i (1-x)^{n+1-i} \\ &= (1-x) \sum_{i=0}^{n} a_i C_n^i (1-x)^{n-i} + \\ &\quad x \sum_{i=0}^{n+1} a_i C_n^{i-1} x^{i-1} (1-x)^{n-(i-1)} \end{aligned}$$

在最后一个和式中，用 i 来代替 $i-1$，得到

$$\begin{aligned} P(x) = (1-x) \sum_{i=0}^{n} a_i C_n^i (1-x)^{n-i} + \\ x \sum_{i=0}^{n} a_{i+1} C_n^i x^i (1-x)^{n-i} \qquad (***) \end{aligned}$$

因为

$$a_{i+1} = a_i + (a_1 - a_0)$$

所以

$$\begin{aligned} &\sum_{i=0}^{n} a_{i+1} C_n^i x^i (1-x)^{n-i} \\ &= \sum_{i=0}^{n} a_i C_n^i x^i (1-x)^{n-i} + \\ &\quad (a_1 - a_0) \sum_{i=0}^{n} C_n^i x^i (1-x)^{n-i} \\ &= \sum_{i=0}^{n} a_i C_n^i x^i (1-x)^{n-i} + (a_1 - a_0) \end{aligned}$$

代入（$***$）得到

$$P(x)=\sum_{i=0}^{n}a_iC_n^ix^i(1-x)^{n-i}+x(a_1-a_0)$$

由归纳假设可知

$$\begin{aligned}P(x)&=a_0+n(a_1-a_0)x+(a_1-a_0)x\\&=a_0+(n+1)(a_1-a_0)x\end{aligned}$$

这样就完成了归纳法证明.

注　在竞赛中,有许多参赛者都试图用数学归纳法来证明本题,但答对者极少.一些参赛者失败的原因在哪里?不少人在得到(＊＊＊)以后,他们虽然利用归纳假设,注意到了

$$\sum_{i=0}^{n}a_iC_n^ix^i(1-x)^{n-i}$$

及

$$\sum_{i=0}^{n}a_iC_n^ix^i(1-x)^{n-i}$$

都是一次多项式,用了 $Ax+B$ 及 $Cx+D$ 分别来代表它们,代入(＊＊＊)之后,得到

$$P(x)=(1-x)(Ax+B)+x(Cx+D)$$

但从这里已无法断言它是一个一次多项式.因而他们错就错在没有弄清两个一次多项式 $Ax+B$ 与 $Cx+D$ 的具体关系.

§4　推广到 m 阶等差数列

对一个试题的第二个评价标准是它的“厚度”,即它是否可以被推广,一道优秀的试题应该像海面上露出的冰山的一角,深入挖掘下去会发现其包容的广大.

试题2　对于一次多项式(一阶等差数列通项公

式为一次的)，当 $n \geqslant 1$ 时，它的 Bernstein 多项式 $B_n(f(x);x)$ 的次数为一次(而非 n 次).

一个自然会想到的问题是：可否将这一结论推广到 m 次多项式(m 阶等差数列的通项公式为 m 次)，即下述定理是否成立：

定理 1 若函数 $f(x)$ 是一个 m 次多项式，则当 $n \geqslant m$ 时，它的 Bernstein 多项式 $B_n(f(x);x)$ 的次数为 m 次(而非 n 次).

证明 显然，只需证明当 $f(x)=x^m$ 时定理成立即可，也就是要证明

$$\sum_{k=0}^{n} k^m C_n^k x^k (1-x)^{n-k}$$

当 $n \geqslant m$ 时为一个 m 次多项式.

若把恒等式

$$\sum_{k=0}^{n} C_n^k z^k = (1+z)^n$$

逐步微分 m 次且每次都乘上 z，则上式左边成为

$$\sum_{k=0}^{n} k^m C_n^k z^k$$

右边可得到一个被 $(1+z)^{n-m}$ 除尽的 n 次多项式.

这可以对 m 用归纳法来验证，即有

$$\sum_{k=0}^{n} k^m C_n^k z^k = (1+z)^{n-m} P_m(z) \tag{1}$$

令 $z=\frac{x}{1-x}$，并在上式两边乘上 $(1-x)^n$，则式(1) 可变为

$$\sum_{k=0}^{n} k^m C_n^k x^k (1-x)^{n-k} = (1-x)^m P_m\left(\frac{x}{1-x}\right)$$

亦即为一个 m 次多项式.

利用定理 1 可得到一个很有用的结论：

对于一切实数 x，都有

$$\lim_{n\to\infty} B_n(x^m;x)=x^m$$

而这一结果可以直接推出一个重要定理，即 Kantorovich 在 1931 年得到的一条定理：

若 $f(x)$ 为整函数，则它的 Bernstein 多项式 $B_n(f(x);x)$ 在整个数轴上都收敛于 $f(x)$.

石家庄学院的王玉怀先生将这个试题作了另一个推广：

定理 2　已知实数列 $a_0,a_1,a_2,\cdots$，满足

$$a_{i-1}+a_{i+1}=2a_i\quad(i=1,2,3,\cdots)$$

求证：对于任何自然数 n，有

$$\begin{aligned}P(x)=&a_0^2\mathrm{C}_n^0(1-x)^n+a_1^2\mathrm{C}_n^1x(1-x)^{n-1}+\\&a_2^2\mathrm{C}_n^2x^2(1-x)^{n-2}+\cdots+\\&a_{n-1}^2\mathrm{C}_n^{n-1}x^{n-1}(1-x)+a_n^2\mathrm{C}_n^nx^n\end{aligned}$$

是 x 的次数不超过 2 的多项式.

证明　设

$$P(x)=Ax^2+Bx+C$$

将 $x=0$ 代入，得

$$C=P(0)=a_0^2\mathrm{C}_n^0=a_0^2$$

再将 $x=1$ 代入，得

$$A+B+C=P(1)=a_n^2$$

即

$$A+B+a_0^2=a_n^2$$

或

$$A+B=a_n^2-a_0^2$$

由题设条件 $a_0,a_1,a_2,\cdots$ 为等差数列，因此

$$a_n=a_0+n(a_1-a_0)\quad(n=0,1,2,\cdots)$$

所以

$$A+B=[a_0+n(a_1-a_0)]^2-a_0^2$$

整理，得

$$A+B=n^2(a_1-a_0)^2+2n(a_1-a_0)a_0 \qquad (2)$$

又

$$P'(x)=2Ax+B$$

$$\begin{aligned}P'(x)=&na_0^2\mathrm{C}_n^0(1-x)^{n-1}(-1)+a_1^2\mathrm{C}_n^1(1-x)^{n-1}+\\&(n-1)a_1^2\mathrm{C}_n^1x(1-x)^{n-2}(-1)+\cdots+\\&(n-1)a_{n-1}^2\mathrm{C}_n^{n-1}x^{n-2}(1-x)+\\&(-1)a_{n-1}^2\mathrm{C}_n^{n-1}x^{n-1}+na_n^2\mathrm{C}_n^nx^{n-1}\end{aligned}$$

于是，有

$$B=P'(0)=n(a_1^2-a_0^2)$$

代入式(2)，得

$$A=(n^2-n)(a_1-a_0)^2$$

现在，需要证明

$$P(x)=(n^2-n)(a_1-a_0)^2x^2+n(a_1^2-a_0^2)x+a_0^2 \qquad (3)$$

下面用归纳法来证明：

当 $n=1$ 时，有

$$\begin{aligned}P(x)&=a_0^2\mathrm{C}_1^0(1-x)+a_1^2\mathrm{C}_1^1x\\&=a_0^2-a_0^2x+a_1^2x\\&=(a_1^2-a_0^2)x+a_0^2\end{aligned}$$

因此，当 $n=1$ 时，公式(3) 成立.

设公式(3) 对于 n 成立，进而证明对 $n+1$ 也成立.

这时

$$P(x)=\sum_{i=0}^{n+1}a_i^2\mathrm{C}_{n+1}^ix^i(1-x)^{n+1-i}$$

利用公式

$$C_{n+1}^{i}=C_{n}^{i-1}+C_{n}^{i}$$

作如下推导

$$\begin{aligned}P(x)=&\sum_{i=0}^{n+1}a_i^2[C_n^i+C_n^{i-1}]x^i(1-x)^{n+1-i}\\=&\sum_{i=0}^{n}a_i^2C_n^ix^i(1-x)^{n+1-i}+\\&\sum_{i=1}^{n+1}a_i^2C_n^{i-1}x^i(1-x)^{n+1-i}\\=&(1-x)\sum_{i=0}^{n}a_i^2C_n^ix^i(1-x)^{n-i}+\\&x\sum_{i=1}^{n+1}a_i^2C_n^{i-1}x^{i-1}(1-x)^{n-(i-1)}\end{aligned}$$

在最后一个和式中，用i来代替$i-1$，得

$$\begin{aligned}P(x)=&(1-x)\sum_{i=0}^{n}a_i^2C_n^ix^i(1-x)^{n-i}+\\&x\sum_{i=0}^{n}a_{i+1}^2C_n^ix^i(1-x)^{n-i}\end{aligned}\tag{4}$$

注意到

$$a_{i+1}=a_i+(a_1-a_0)$$

于是，有

$$\begin{aligned}&\sum_{i=0}^{n}a_{i+1}^2C_n^ix^i(1-x)^{n-i}\\=&\sum_{i=0}^{n}[a_i+(a_1-a_0)]^2C_n^ix^i(1-x)^{n-i}\\=&\sum_{i=0}^{n}a_i^2C_n^ix^i(1-x)^{n-i}+\\&2(a_1-a_0)\cdot\sum_{i=0}^{n}a_iC_n^ix^i(1-x)^{n-i}+\\&(a_1-a_0)^2\sum_{i=0}^{n}C_n^ix^i(1-x)^{n-i}\end{aligned}$$

由试题 2 可知

$$\sum_{i=0}^{n} a_i C_n^i x^i (1-x)^{n-i} = P(x) = a_0 + n(a_1 - a_0)x$$

$$2(a_1 - a_0)\sum_{i=0}^{n} a_i C_n^i x^i (1-x)^{n-i}$$
$$= 2(a_1 - a_0)[a_0 + n(a_1 - a_0)x]$$

又因为

$$\sum_{i=0}^{n} C_n^i x^i (1-x)^{n-i} = 1$$

将它们代入式(4),得

$$P(x) = \sum_{i=0}^{n} a_i^2 C_n^i x^i (1-x)^{n-i} + 2(a_1 - a_0)[a_0 + n(a_1 - a_0)x]x + (a_1 - a_0)^2 x$$

由归纳假设可知

$$\begin{aligned} P(x) = & (n^2 - n)(a_1 - a_0)^2 x^2 + n(a_1^2 - a_0^2)x + a_0^2 + \\ & 2(a_1 - a_0)[a_0 + n(a_1 - a_0)x]x + (a_1 - a_0)^2 x \\ = & [(n^2 - n)(a_1 - a_0)^2 + 2n(a_1 - a_2)^2]x^2 + \\ & [n(a_1^2 - a_0^2) + 2(a_1 - a_0)a_0 + (a_1 - a_0)^2]x + a_0^2 \\ = & [(n+1)^2 - (n+1)](a_1 - a_0)^2 x^2 + \\ & (n+1)(a_1^2 - a_0^2)x + a_0^2 \end{aligned}$$

这说明,公式(4) 对于 $n+1$ 也成立.

§5 数学家的语言 —— 算子

著名数学家 L. Bers 说:“数学的力量是抽象,但是抽象只有在覆盖了大量特例时才是有用的.”

设 $f(x)$ 表示任一实变数或复变数的函数,Δ 为一

差分算子,其定义为

$$\Delta f(x)=f(x+1)-f(x)$$

$$\Delta[\Delta^k f(x)]=\Delta^{k+1} f(x)$$

以算子 Δ 作成的多项式

$$P(\Delta)=P_0+P_1\Delta+P_2\Delta^2+\cdots+P_n\Delta^n$$

仍可视为一个算子,属实数域或复数域,并规定

$$P(\Delta)f(x)=P_0 f(x)+P_1\Delta f(x)+P_2\Delta^2 f(x)+\cdots+P_n\Delta^n f(x)$$

几个常用的特殊算子为:

单位算子 I

$$If(x)=\Delta^0 f(x)=f(x)$$

零算子 0

$$0f(x)=0$$

$$\Delta^k+0=0+\Delta^k=\Delta^k$$

位移算子 E

$$Ef(x)=f(x+1)$$

$$E^k=E^{k-1}E$$

$$E^0=I$$

许多著名公式用算子表示和证明都很方便,如:

Newton **定理** 设 $x\in\mathbf{Z}$,且 $0\leqslant x\leqslant n$,则

$$f(x)=f(0)+\mathrm{C}_x^1\Delta f(0)+\mathrm{C}_x^2\Delta^2 f(0)+\cdots+\mathrm{C}_x^n\Delta^n f(0)$$

证明用几句话就可解决,即

$$\begin{aligned}f(x)&=E^x f(0)\\&=(I+\Delta)^x f(0)\\&=\{\sum_{k=0}^{x}\mathrm{C}_x^k\Delta^k\}f(0)\\&=\sum_{k=0}^{x}\mathrm{C}_x^k\Delta^k f(0)\end{aligned}$$

我们再看一个更复杂的结论：

设 $f(x)$ 为一 k 次多项式，则

$$f(x)=f(-1)+C_{x+1}^{1}\Delta f(-2)+C_{x+2}^{2}\Delta^{2}f(-3)+\cdots+C_{x+k}^{k}\Delta^{k}f(-k-1)$$

运用算子语言证明也十分简洁，即：

由于等式两端均为 k 次多项式，所以只要对非负整数 n 证明

$$f(n)=\sum_{\gamma=0}^{k}C_{n+\gamma}^{\gamma}\Delta^{\gamma}f(-\gamma-1)$$

即可.我们注意到

$$\Delta^{n}f(x)=0\quad(n=k+1,k+2)$$

不难验算

$$(I-E^{-1}\Delta)^{n+1}\{\sum_{\gamma=0}^{k}C_{n+\gamma}^{\gamma}(E^{-1}\Delta)^{\gamma}\}f(x)=f(x)$$

$$\Rightarrow(I-E^{-1}\Delta)^{-n-1}f(x)=\{\sum_{\gamma=0}^{k}C_{n+\gamma}^{\gamma}(E^{-1}\Delta)^{\gamma}\}f(x)$$

$$\begin{aligned}\Rightarrow\sum_{\gamma=0}^{k}C_{n+\gamma}^{\gamma}\Delta^{\gamma}f(-\gamma-1)&=E^{-1}\{\sum_{\gamma=0}^{k}C_{n+\gamma}^{\gamma}(E^{-1}\Delta)^{\gamma}f(0)\}\\&=E^{-1}(I-E^{-1}\Delta)^{-n-1}f(0)\\&=E^{-1}E^{n+1}(E-\Delta)^{-n-1}f(0)\\&=E^{n}I^{-n-1}f(0)=f(n)\end{aligned}$$

既然数学家创造了这样强有力的抽象语言——算子，那么能不能用它来解决开始提出的竞赛试题呢？

数列 $\{a_n\}$ 不过是以 n 为自变量的函数 $f(n)$，所以

$$Ea_i=a_{i+1},\Delta=E-I$$

$$\Delta a_i=(E-I)a_i=Ea_i-Ia_i=a_{i+1}-a_i$$

利用 E,I 可以将 $P(x)$ 写为

$$P(x)=\sum_{i=0}^{n}\mathrm{C}_n^i x^i(1-x)^{n-i}(E^i a_0)$$
$$=\sum_{i=0}^{n}\mathrm{C}_n^i(xE)^i[(1-x)I]^{n-i}a_0$$
$$=(I+\Delta x)^n a_0$$
$$=\sum_{i=0}^{n}\mathrm{C}_n^i(\Delta^i a_i)^i$$
$$=[(1-x)I+xE]^n a_0$$

由已知

$$\Delta a_i=\Delta a_{i+1}\quad(i=0,1,\cdots)$$

故

$$\Delta^r a_i=\Delta^r a_{i+1}=0$$

所以

$$P(x)=\mathrm{C}_n^0\Delta^0 a_0+\mathrm{C}_n^1(\Delta a_0)x$$
$$=Ia_0+n(\Delta a_0)x$$
$$=a_0+n(a_1-a_0)x$$

即 $P(x)$ 为一次函数.

实际上差分算子在数学竞赛中应用非常广泛，有些试题本身就是用算子语言叙述的，如下面：

试题 3　对任一实数序列 $A=(a_1,a_2,a_3,\cdots)$，定义 ΔA 为序列 $(a_2-a_1,a_3-a_2,a_4-a_3,\cdots)$，它的第 n 项是 $a_{n+1}-a_n$. 假定序列 $\Delta(\Delta A)$ 的所有的项都是 1，且 $a_{19}=a_{92}=0$，试求 a_1.

（第十届（1992 年）美国数学邀请赛题 8）

解　设 ΔA 的首项为 d，则依条件

$$\Delta(\Delta A)=(d,d+1,d+2,\cdots)$$

其中第 n 项是 $d+(n-1)$. 因此，序列 A 可写成

$$(a_1,a_1+d,a_1+d+(d+1),$$

$$a_1+d+(d+1)+(d+2),\cdots)$$

其中第 n 项是

$$a_n=a_1+(n-1)d+\frac{1}{2}(n-1)(n-2)$$

由此可知,a_n 是 n 的二次多项式,首项系数是$\frac{1}{2}$,因为 $a_{19}=a_{92}=0$,所以

$$a_n=\frac{1}{2}(n-19)(n-92)$$

从而

$$a_1=\frac{1}{2}(1-19)(1-92)=819$$

§6 逼近论中的 Bernstein 定理

Bernstein 多项式的产生是出于函数逼近论的需要. 在函数逼近论中一个最基本的问题就是:能不能用结构最简单的函数 —— 多项式去逼近任意的连续函数,而且具有预先给定的精确度? 1885 年德国数学家 Karl Weierstrass(1815—1897) 对这个问题给出了肯定的答案.

这是逼近论中的一个基本定理,有许多不同的证法. 苏联著名数学家 И. П. 纳汤松推崇的是基于 Bernstein 定理的证法.

Bernstein 证明了:若 $f(x)$ 在闭区间[0,1] 上连续,则对于 x 一致有

$$\lim_{n\to\infty}B_n(f(x);x)=f(x)$$

其实对于区间 [0,1] 来说,Bernstein 定理与

Weierstrass定理是等同的，并且它要优于后者.因为它建立了完全确定的多项式 $B_n(f(x);x)$ 的形式，而后者只确认了近似多项式的存在，并未给出其结构来.

用多项式去逼近一个函数，如 $f(x)=\frac{1}{1+x^2}$，$x\in[-5,5]$，在区间 $[-5,5]$ 上采用等距节点作Lagrange多项式插值.Runge（一位德国物理学家）发现：如果节点的个数趋向于无穷，那么只有在 $|x|\leqslant 3.63\cdots$ 时，插值多项式序列才趋向于函数 $f(x)$.在这个范围之外，该多项式序列竟是发散的！这就是著名的“Runge现象”.为了避免此类现象的发生，我们应不拘泥于个别点上函数值的相等，而要求从整体上来说两个函数相当接近，这就是逼近理论.我们特别希望逼近函数在很大程度上继承了被逼近函数的几何形态，这才发展出Bernstein定理.

Bernstein定理的证明可以说是完全初等的，需要如下两个引理.

引理1　对于任何 x，都有

$$\sum_{k=0}^{n}(k-nx)^2C_n^kx^k(1-x)^{n-k}\leqslant\frac{n}{4}$$

证明　将恒等式

$$\sum_{k=0}^{n}C_n^kz^k=(z+1)^n \tag{5}$$

两端求导并乘 z，得到

$$\sum_{k=0}^{n}kC_n^kz^k=nz(z+1)^{n-1} \tag{6}$$

将式(6)两端再求导并乘 z，得到

$$\sum_{k=0}^{n}k^2C_n^kz^k=nz(nz+1)(z+1)^{n-2} \tag{7}$$

在式(5)(6)(7)中,令 $z=\dfrac{x}{1-x}$,并用 $(1-x)^n$ 乘以式(5)(6)(7),便得到三个组合恒等式

$$\sum_{k=0}^{n} C_n^k x^k (1-x)^{n-k}=1 \tag{8}$$

$$\sum_{k=0}^{n} kC_n^k x^k (1-x)^{n-k}=nx \tag{9}$$

$$\sum_{k=0}^{n} k^2 C_n^k x^k (1-x)^{n-k}=nx(nx+1-x) \tag{10}$$

用 n^2x^2,$-2nx$,1 分别乘以式(8)(9)(10),并相加得

$$\sum_{k=0}^{n} (k-nx)^2 C_n^k x^k (1-x)^{n-k}=nx(1-x)$$

再注意到

$$x(1-x)\leqslant\left(\frac{x+(1-x)}{2}\right)^2=\frac{1}{4}$$

可得

$$\sum_{k=0}^{n} (k-nx)^2 C_n^k x^k (1-x)^{n-k}\leqslant\frac{n}{4}$$

引理 2 设 $x\in[0,1]$,且 δ 是任意正数,用 $\Delta_n(x)$ 表示整数 $0,1,2,\cdots,n$ 中满足不等式

$$\left|\frac{k}{n}-x\right|\geqslant\delta \tag{11}$$

的那些 k 值所构成的集合,则

$$\sum_{k\in\Delta_n(x)} C_n^k x^k (1-x)^{n-k}\leqslant\frac{1}{4n\delta^2}$$

证明 若 $k\in\Delta_n(x)$,由式(11)可得

$$\frac{(k-nx)^2}{n^2\delta^2}\geqslant 1$$

所以

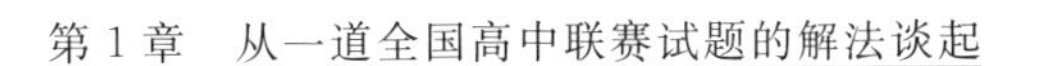

$$\sum_{k\in\Delta_n(x)} C_n^k x^k (1-x)^{n-k}$$
$$\leqslant \frac{1}{n^2\delta^2}\sum_{k\in\Delta_n(x)}(k-nx)^2 C_n^k x^k(1-x)^{n-k}$$

如果在不等式右边的和中，取遍 $k=0,1,2,\cdots,n$ 以求和，则此和只可能增大. 因为当 $x\in[0,1]$ 时，所有新添的加数（对应于 $0,1,2,\cdots,n$ 中那些不含 $\Delta_n(x)$ 中的 k）都不是负的，于是由引理1可知引理2成立.

引理2的含义，粗略地说便是：当 n 很大时，在和 $\sum_{k=0}^{n} C_n^k x^k(1-x)^{n-k}$ 中起主要作用的只是满足条件

$$\left|\frac{k}{n}-x\right|<\delta$$

的那些 k 值所对应的加数，而其余的项对和的值几乎没有什么贡献.

由此我们不难推断，若 $f(x)$ 连续，则当 n 很大时，它与 Bernstein 多项式 $B_n(f(x);x)$ 相差极微. 由引理2的证明过程可见，在 $\sum_{k=0}^{n} C_n^k x^k(1-x)^{n-k}$ 中 $\frac{k}{n}$ 远离 x 的那些项，几乎不起什么作用，这对于多项式 $B_n(f(x);x)$ 亦是如此. 由于因子 $f(\frac{k}{n})$ 是有界的，所以在多项式 $B_n(f(x);x)$ 中，只有与 $\frac{k}{n}$ 十分靠近 x 的那些加数才是重要的，可是在这些项中，因子 $f(\frac{k}{n})$ 几乎与 $f(x)$ 无异（连续性）. 这就意味着，如果用 $f(x)$ 来代替 $f(\frac{k}{n})$ 的项，那么多项式 $B_n(f(x);x)$ 几乎没有改变. 换句话说，近似等式

$$B_n(f(x);x) \approx \sum_{k=0}^{n} f(x) C_n^k x^k (1-x)^{n-k}$$
$$= f(x) \sum_{k=0}^{n} C_n^k x^k (1-x)^{n-k}$$
$$= f(x)$$

成立，这就是证明 Bernstein 定理的大体思路.

$f(x)$ 在$[0,1]$上连续这一假定是不可缺少的. 考察 Dirichlet 函数

$$D(x) = \begin{cases} 1, 当 x 为有理数时 \\ 0, 当 x 为无理数时 \end{cases}$$

容易看出，$B_n(0)=1$ 对 $\forall n \in \mathbf{N}$ 成立. 这说明，若不对函数 f 作一定的限制，$B_n(f)$ 与 f 可能毫无关联.

另外，$B_n(f(x);x)$ 也称 Bernstein 算子，它有多种变形与推广.

G. G. Lorentz 在 1953 年用稍加修饰了的 Bernstein 算子

$$\sum_{v=0}^{n} \binom{n}{v} x^v (1-x)^{n-v} (n+1) \int_{\frac{v}{n+1}}^{\frac{v+1}{n+1}} f(t) \mathrm{d}t$$

解决了一系列有趣的定理的证明.

1960 年，D. D. Stancu 在两篇文章中将 Bernstein 算子推广到多个变数.

对于区域 $0 \leqslant x \leqslant 1, 0 \leqslant y \leqslant 1$ 中变数 x 与 y 的任何实值连续函数 $f(x,y)$，表示式

$$B_{m,n}(f,x,y) = \sum_{\nu=0}^{m} \sum_{\mu=0}^{n} \binom{m}{\nu} \binom{n}{\mu} x^{\nu} (1-x)^{m-\nu} \cdot y^{\mu} (1-y)^{n-\mu} f\left(\frac{\nu}{m}, \frac{\mu}{n}\right)$$

叫作 m,n 阶 Bernstein 算子.

值得指出的是，一个变数的 Bernstein 多项式的所

有重要性质对 $B_{m,n}(f,x,y)$ 都成立.

D. D. Stancu 还研究了 x 与 y 在三角形区域 $x\geqslant 0,y\geqslant 0,x+y\leqslant 1$ 的情形,并用

$$B_n(f,x,y)=\sum_{\nu=0}^{n}\sum_{\mu=0}^{n-\nu}P_n^{\nu,\mu}(x,y)f(\frac{\nu}{n},\frac{\mu}{n})$$

定义 n 阶 Bernstein 算子,其中

$$P_n^{\nu,\mu}(x,y)=\binom{n}{\nu}\binom{n-\nu}{\mu}x^{\nu}y^{\mu}(1-x-y)^{n-\nu-\mu}$$

在 Bernstein 算子逼近的研究中,还有更一般的递推公式:

设 r 是非负整数,记

$$T_{nr}(x)=\sum_{k=0}^{n}(k-nx)^rP_{nk}(x)$$

其中

$$P_{nk}(x)=\binom{n}{k}x^k(1-x)^{n-k}$$

对于 $T_{nr}(x)$ 我们有以下定理:

定理 3　设 r 是非负整数,$x\in[0,1]$,则有

$$T_{n,r+1}(x)=x(1-x)(T'_{nr}(x)+nrT_{n,r-1}(x))$$

证明　由于对 $x\in[0,1]$,有

$$x(1-x)P'_{nk}(x)=(k-nx)P_{nk}(x)$$

所以

$$\begin{aligned}&x(1-x)T'_{nr}(x)\\=&\sum_{k=0}^{n}[(k-nx)^rx(1-x)P'_{nk}(x)-\\&nr(k-nx)^{r-1}x(1-x)P_{nk}(x)]\\=&\sum_{k=0}^{n}[(k-nx)^{r+1}P_{nk}(x)-\\&nrx(1-x)(k-nx)^{r-1}P_{nk}(x)]\end{aligned}$$

$$= T_{n,r+1}(x) - nrx(1-x)T_{n,r-1}(x)$$

稍加整理,便可得到定理 3.

n 个有用的特殊值为

$$T_{n0}(x) = 1$$

$$T_{n1}(x) = 0$$

$$T_{n2}(x) = nx(1-x)$$

$$T_{n3}(x) = n(1-2x)x(1-x)$$

$$T_{n4}(x) = x(1-x)[3n^2x(1-x) - 2nx(1-x) + n(1-2x)^2]$$

$$P_n(f,x) = (B_nE_n)(f,x) = (n+1)\sum_{k=0}^{n}\left(\int_{\frac{k}{n+1}}^{\frac{k+1}{n+1}} f(t)\mathrm{d}t\right)P_{nk}(x)$$

Meyer-Konig-Zeller 算子列 $\{M_n\}_{n\in\mathbf{N}}$:对于 $f \in C[0,1]$,$n \in \mathbf{N}$,有

$$M_n(f,x) = \begin{cases} \sum_{k=0}^{n} f\left(\frac{k}{n+k}\right)m_{nk}(x), 0 \leqslant x < 1 \\ f(1), x = 1 \end{cases}$$

其中

$$m_{nk}(x) = \binom{n+k}{k}x^k(1-x)^{n+1}$$

利用这些结果还可以编制与试题类似的题目.

§7 构造数值积分公式的算子方法

19 世纪的一些数学家们就曾经广泛地应用符号算子的运算法则(特别是微分算子的级数形式运算)去推导求积理论与插值法理论中的许多公式. 今日看

来，利用符号算子的形式运算以求得某些数值积分公式的方法，仍具有深刻的启发性. 这种方法的主要价值，在于它能帮助人们较简捷地去发现若干有用的公式. 一言以蔽之，方法的主要意义是在于“发现”而不在于“论证”. 当然从数学的理论观点看来，这种方法是有缺陷的，因为一般它只是给出结果(公式或方程)，但却并不指出结果成立的条件. 例如，用它来导出一些求积公式时，并不给出公式中的余项或余项估计，因而无从知道所得公式的有效适用范围. 总而言之，符号算子的方法一般只能认为是研究数值积分公式的一项补充手段(或辅助工具).

在本节的最后部分，我们将讲述Люстерник-Диткин关于构造多重求积公式的一种方法，这种方法实质上只是利用某种符号算子的运算法则，以简化求积和的权系数与计值点坐标的方程排演步骤而已.

7.1　几个常用的符号算子及其关系式

我们知道，每一个连续函数 $f(x)$ 在正规解析点的邻域内的 Taylor 展开式都可用符号算子表示成紧缩的形式

$$\begin{aligned} f(x+t) &= \sum_{n=0}^{\infty} \frac{t^n}{n!} f^{(n)}(x) = \sum_{n=0}^{\infty} \frac{t^n D^n}{n!} f(x) \\ &= \sum_{n=0}^{\infty} \frac{(tD)^n}{n!} f(x) = \mathrm{e}^{tD} f(x) = E^t f(x) \\ &= (1+\Delta)^t f(x) \end{aligned}$$

此处 D 为微分算子，E 为移位算子，Δ 为差分算子，而它们的原始定义分别为

$$D=\frac{\mathrm{d}}{\mathrm{d}x}, Ef(x)=f(x+1), E^t f(x)=f(x+t)$$

$$\Delta f(x)=f(x+1)-f(x)=(E-1)f(x)$$

在有限差分学与插值法等理论中,有时也常常用到所谓逆差算子 ∇ 与均差算子 δ,其定义分别为

$$\nabla f(x)=f(x)-f(x-1)=(1-E^{-1})f(x)$$

$$\delta f(x)=f\left(x+\frac{1}{2}\right)-f\left(x-\frac{1}{2}\right)=(E^{\frac{1}{2}}-E^{-\frac{1}{2}})f(x)$$

以上的某些恒等式表明了各种符号算子之间存在着某些等价关系.为简便记,不妨把 $f(x)$ 略去,而将它们简记成

$$e^D=E=1+\Delta \tag{12}$$

$$\Delta=E-1,\nabla=1-E^{-1} \tag{13}$$

$$\delta=E^{\frac{1}{2}}-E^{-\frac{1}{2}}=E^{\frac{1}{2}}\nabla \tag{14}$$

在(12)(13)中出现的1可以理解为不动算子 I,其作用是 $If(x)=f(x)$.又为了使指数律普遍成立起见,不妨规定

$$\Delta^0=E^0=\nabla^0=D^0=I \tag{15}$$

容易验证,以 Δ,E 等为变元(系数属于实数域或复数域)的代数多项式全体恰好构成一个交换环,其中零元素0的定义是

$$0f(x)=0\quad(\text{对一切 } f(x)) \tag{16}$$

既然如此,故在一切算子多项式之间,凡加、减、乘等代数运算皆可畅行无阻,无所顾虑.事实上,假如算子用以作用的对象 $f(x),g(x)$ 等本身限于多项式或其他初等函数时,则对算子亦可进行除法等运算.

例如 $D^{-1}=\frac{1}{D}$ 可以理解为积分算子,而 $(1-\lambda D)^{-1}$ 可以展开为

$$\frac{1}{1-\lambda D}=1+\lambda D+\lambda^2D^2+\cdots \tag{17}$$

这些都是在常系数线性微分方程算子解法中所熟知的内容.但一般说来,由算子间的除法及幂级数的形式展开等解析运算所导出的各种算子等式,只能看作探求其他有用公式的简便手段或辅助工具,而绝不能当作论证工具.当我们采用那些算子等式去获得某些在数学分析上可能有意义的公式之后,我们仍然需要独立地给予解析论证.

显然从(12)及(13)可以导出如下的算子等式

$$D=\ln E=\ln(1+\Delta)=\Delta-\frac{\Delta^2}{2}+\frac{\Delta^3}{3}-\frac{\Delta^4}{4}+\cdots \tag{18}$$

$$\begin{aligned}\ln E&=-\ln(1-\nabla)\\&=\nabla+\frac{\nabla^2}{2}+\frac{\nabla^3}{3}+\frac{\nabla^4}{4}+\cdots\end{aligned} \tag{19}$$

$$E=1+\Delta=(1-\nabla)^{-1}=1+\nabla+\nabla^2+\nabla^3+\cdots \tag{20}$$

$$-\ln\nabla=E^{-1}+\frac{E^{-2}}{2}+\frac{E^{-3}}{3}+\frac{E^{-4}}{4}+\cdots \tag{21}$$

$$D^{-1}=\frac{1}{\ln E},D^{-k}=\left(\frac{\mathrm{d}}{\mathrm{d}x}\right)^k=\left(\frac{1}{\ln E}\right)^k \tag{22}$$

又从(14)可以得出

$$\delta^2=(E^{\frac{1}{2}}-E^{-\frac{1}{2}})^2=E+E^{-1}-21$$

由此解二次方程

$$E^2-(2+\delta^2)E+1=0$$

我们便得到

$$E=1+\frac{1}{2}\delta^2+\delta\sqrt{1+\frac{1}{4}\delta^2} \tag{23}$$

作为习题,读者还不难自行推导如下的一些恒等式

$$\Delta = \nabla(1-\nabla)^{-1} = \delta\left(1+\frac{1}{4}\delta^2\right)^{\frac{1}{2}} + \frac{1}{2}\delta^2 = e^D - 1 \tag{24}$$

$$\nabla = \Delta(1+\Delta)^{-1} = \delta\left(1+\frac{1}{4}\delta^2\right)^{\frac{1}{2}} - \frac{1}{2}\delta^2 = 1 - e^{-D} \tag{25}$$

$$\delta = \Delta(1+\Delta)^{-\frac{1}{2}} = \nabla(1-\nabla)^{-\frac{1}{2}} = 2\sinh\frac{1}{2}D \tag{26}$$

利用以上的某些算子恒等式，我们能够立即推出一些熟知的插值公式与数值微分公式. 例如，根据(20)可以立即得到 Newton 的两个插值公式

$$\begin{aligned} f(x) &= (1+\Delta)^x f(0) \\ &= \left\{1+\binom{x}{1}\Delta+\binom{x}{2}\Delta^2+\cdots\right\}f(0) \end{aligned} \tag{27}$$

$$\begin{aligned} f(x) &= (1+\nabla)^{-x} f(0) \\ &= \left\{1+\binom{x}{1}\nabla+\binom{x+1}{2}\nabla^2+\cdots\right\}f(0) \end{aligned} \tag{28}$$

根据(18)及(19)可立即得到 Gregory-Markov 的微分公式

$$f'(x) = \Delta - \frac{1}{2}\Delta^2 + \frac{1}{3}\Delta^3 - \frac{1}{4}\Delta^4 + \cdots \tag{29}$$

$$f'(x) = \nabla + \frac{1}{2}\nabla^2 + \frac{1}{3}\nabla^3 + \frac{1}{4}\nabla^4 + \cdots \tag{30}$$

还可以验证，由(23)的两边取 x 次方再展开为 δ 的幂级数，便能推导出 Stirling 的插值公式.

7.2 Euler 求和公式的导出

在数值积分理论与级数求和法中，

Euler-Maclaurin 公式是一个极有用的工具，这里我们将根据算子运算的观点来推导这个公式.

设 $f(x)$ 是一个无穷可微分函数. 让我们考虑如下的算子 J 与 S

$$Jf(0)=\int_0^1 f(x)\mathrm{d}x, Sf(0)=\sum_{i=1}^{n} c_i f(x_i)$$

此处 x_i 为固定的节点，c_i 为权系数，而 $c_1+c_2+\cdots+c_n=1$. 容易看出，算子 J 和 S 可通过算子 D 表示出来. 事实上，由(12) 可知

$$Jf(0)=\int_0^1 \mathrm{e}^{xD}f(0)\mathrm{d}x=\int_0^1 \mathrm{e}^{xD}\mathrm{d}xf(0)=\frac{\mathrm{e}^D-1}{D}f(0)$$

$$Sf(0)=\sum_{i=1}^{n} c_i E^{x_i} f(0)=\sum_{i=0}^{n} c_i \mathrm{e}^{x_i D} f(0)$$

因此，我们有

$$J=\frac{\mathrm{e}^D-1}{D}, S=\sum_{i=1}^{n} c_i \mathrm{e}^{x_i D}$$

两者之差为

$$J-S=J(I-J^{-1}S)=J\left(I-\sum_{i=1}^{n} c_i \frac{D\mathrm{e}^{x_i D}}{\mathrm{e}^D-1}\right) \tag{31}$$

我们知道，Bernoulli 多项式 $B_k(x)$ 是由如下的展开式(母函数) 产生的(或定义的)

$$\frac{t\mathrm{e}^{xt}}{\mathrm{e}^t-1}=\sum_{k=0}^{\infty} B_k(x)\frac{t^k}{k!}$$

因此(31) 可以改写成

$$\begin{aligned} J-S&=J\left[I-\sum_{i=1}^{n} c_i\left(\sum_{k=0}^{\infty} B_k(x_i)\frac{D^k}{k!}\right)\right] \\ &=-J\left[\sum_{i=1}^{n} c_i\left(\sum_{k=1}^{\infty} B_k(x_i)\frac{D^k}{k!}\right)\right] \qquad (32)\end{aligned}$$

这里我们用到了简单事实

$$\sum_{i=1}^{n} c_i B_0(x_i) = \sum_{i=1}^{n} c_i = 1$$

注意

$$J[D^k f(0)] = \int_0^1 D^k f(x)\mathrm{d}x = f^{(k-1)}(1) - f^{(k-1)}(0)$$

由此代入(32)我们便得到一般化的 Euler-Maclaurin 公式

$$\int_0^1 f(x)\mathrm{d}x = \sum_{i=1}^{n} c_i f(x_i) - \sum_{k=1}^{\infty}\left[\sum_{i=1}^{n} c_i \frac{B_k(x_i)}{k!}\right]\cdot [f^{(k-1)}(1) - f^{(k-1)}(0)]$$

特别地,当 $n=2$,取 $c_1 = c_2 = \frac{1}{2}$,$x_1 = 0$,$x_2 = 1$ 时,由于

$$B_k(0) = (-1)^k B_k(1)$$

易见前式便简化成如下的熟知形式

$$\int_0^1 f(x)\mathrm{d}x = \frac{f(0)+f(1)}{2} - \sum_{v=1}^{\infty} \frac{B_{2v}(0)}{(2v)!}[f^{(2v-1)}(1) - f^{(2v-1)}(0)] \tag{33}$$

其中 $B_{2v}(0)$ 即通常所说的 Bernoulli 数.

7.3 利用符号算子表出的数值积分公式

在本节中我们将推导几个求积公式.在推导的过程中遇到逐项积分时,都假定那是行之有效的(事实上,这在足够强的条件下总是可行的).

首先,根据(27)我们立即能得到

$$\int_0^1 f(x)\mathrm{d}x = \int_0^1 \mathrm{e}^{xD} f(0)\mathrm{d}x$$

$$= \int_0^1 \sum_{v=0}^{\infty} \binom{x}{v} \Delta^v f(0)\mathrm{d}x$$

$$=\sum_{v=0}^{\infty}\Delta^{v}f(0)\int_{0}^{1}\binom{x}{v}\mathrm{d}x$$

记

$$A_{v}=\int_{0}^{1}\binom{x}{v}\mathrm{d}x\quad(v=0,1,2,\cdots)\tag{34}$$

则

$$A_{0}=1,A_{1}=\frac{1}{2},A_{2}=\frac{-1}{12},A_{3}=\frac{1}{24},\cdots$$

于是上述公式可写作

$$\int_{0}^{1}f(x)\mathrm{d}x=f(0)+\frac{1}{2}\Delta f(0)-\frac{1}{12}\Delta^{2}f(0)+\frac{1}{24}\Delta^{3}f(0)+\cdots\tag{35}$$

同理，对于多元函数 $f(x_1,\cdots,x_n)$ 而言，如引进偏微分算子

$$D_{1}=\frac{\partial}{\partial x_{1}},\cdots,D_{n}=\frac{\partial}{\partial x_{n}}$$

则根据多元函数的 Taylor 展开式或者反复利用(1) 都容易立即得出

$$\begin{aligned}\mathrm{e}^{x_1D_1+\cdots+x_nD_n}f(0,\cdots,0)&=\mathrm{e}^{x_1D_1}\cdots\mathrm{e}^{x_nD_n}f(0,\cdots,0)\\&=f(x_1,\cdots,x_n)\end{aligned}$$

将算子函数全部展开，易得出如下的多重级数(仿第一段所述)

$$\sum_{v_i=0}^{\infty}\binom{x_i}{v_i}\Delta_1^{v_1}\cdots\Delta_n^{v_n}f(0,\cdots,0)=f(x_1,\cdots,x_n)$$

其中 Δ_k 为对变数 x_k 作用的差分算子. 于是将上式代入多重积分的被积函数地位，再实行逐项积分，便得到如下的多重求积公式

$$\int_{0}^{1}\cdots\int_{0}^{1}f(x_1,\cdots,x_n)\mathrm{d}x_1\cdots\mathrm{d}x_n$$

$$=\sum_{v_i=0}^{\infty}A_{v_1}\cdots A_{v_n}\Delta_1^{v_1}\cdots\Delta_n^{v_n}f(0,\cdots,0)\qquad(36)$$

§8 将 B_n 也视为算子

其实 $B_n(f(x);x)$ 相当于将一个函数变为多项式的变换，所以也可将 B_n 视为"算子"，即

$$f(x)\xrightarrow{B_n}B_n(f(x);x)$$

为了应用它，我们需要了解这个"算子"有什么特性：

(1)
$$1\xrightarrow{B_n}1$$
$$x\xrightarrow{B_n}x$$

即 1 与 x 在变换 B_n 作用之下不变，仍为自身.

(2)
$$B_n(f;0)=f(0)$$
$$B_n(f;1)=f(1)$$

即在[0,1]上，多项式曲线 $y=B_n(f;x)$ 与代表函数的曲线 $y=f(x)$ 有相同的起点和终点.

(3) B_n 为线性算子，即：

① $B_n(f+g;x)=B_n(f;x)+B_n(g;x)$；

② 当 C 为任一常数时，有

$$B_n(Cf;x)=CB_n(f;x)$$

(4) B_n 是正算子，即对任意 $x\in[0,1]$，则有 $B_n(f;x)\geqslant 0$.

由这一性质可推出：若 $f(x)\geqslant g(x)$ 对[0,1]成立，那么 $B_n(f;x)\geqslant B_n(g;x)$ 也对[0,1]成立.

以上这几条性质都十分容易验证，但下面这条性质就比较难，我们称之为 B_n 的磨光性. 它是 1967 年由

两位美国数学家 R. P. Kelisky 和 T. J. Rivlin 证明的. 先介绍一下迭代的概念:

一般而言,设 $f(x)$ 是定义于集合 M 上,且在 M 中取值的映射——若 M 是数集合,$f(x)$ 就是一个函数. 这时,对于 M 中任一个 x,$f(f(x))$,$f(f(f(x)))$ 都是有意义的,记

$$f^0(x)=x, f^{n+1}(x)=f(f^n(x))$$
$$(x\in M, n=0,1,2,\cdots)$$

则 $f^n(x)$ 对一切非负整数 n 是有意义的,$f^n(x)$ 叫作 $f(x)$ 的 n 次迭代函数,或简称为 f 的 n 次迭代. 这里,我们记 $B_n^k(f;x)$ 为 B_n 对 f 的 k 次迭代,即变换 B_n 对函数 $f(x)$ 连续作用 k 次迭代所得的多项式.

R. P. Kelisky 和 T. J. Rivlin 要回答的问题是:

当 $n\in \mathbf{N}$ 固定后,而让迭代次数 k 无止境地增加时,多项式序列 $\{B_n^k(f;x)\}$ 会趋于一个怎样的极限. 他们得到如下结果:

对于给定的 $n\in \mathbf{N}$,以及任何定义于 $[0,1]$ 上的函数 f,有

$$\lim_{k\to\infty} B_n^k(f;x)=[f(1)-f(0)]x+f(0)$$

为此,我们先证一个引理:

引理 3 $B_n[x(1-x);x]=(1-\frac{1}{n})x(1-x)$

证明 利用二项式定理和组合恒等式

$$\frac{k}{n}\mathrm{C}_n^k=\mathrm{C}_{n-1}^{k-1}$$

$$(\frac{k}{n})^2\mathrm{C}_n^k=\frac{1}{n}\mathrm{C}_{n-1}^{k-1}+(1-\frac{1}{n})\mathrm{C}_{n-2}^{k-2}$$

容易计算得

$$B_n(x;x)=x$$

$$B_n(x^2;x)=\frac{1}{n}x+(1-\frac{1}{n})x^2$$

所以

$$\begin{aligned}B_n[x(1-x);x]&=B_n(x-x^2;x)\\&=B_n(x;x)+B_n(-x^2;x)\\&\quad(\text{根据性质(3)的①})\\&=B_n(x;x)-B_n(x^2;x)\\&\quad(\text{根据性质(3)的②})\\&=x-[\frac{1}{n}x+(1-\frac{1}{n})x^2]\\&=(1-\frac{1}{n})x(1-x)\end{aligned}$$

现在我们来证明 R. P. Kelisky 和 T. J. Rivlin 的定理.

首先对一类特殊函数,即 $f(x)=x^m(m\in\mathbf{N})$ 证明定理成立,即

$$\lim_{k\to\infty}B_n^k(x^m;x)=x \tag{37}$$

因为 $x\in[0,1]$,所以

$$\begin{aligned}0&\leqslant x-x^m\\&=(x-x^2)+(x^2-x^3)+\cdots+\\&\quad(x^{m-1}-x^m)\\&=(x+x^2+\cdots+x^{m-1})(1-x)\\&\leqslant(x+x+\cdots+x)(1-x)\\&=(m-1)x(1-x)\end{aligned}$$

因为 B_n 是正线性算子,可得

$$\begin{aligned}0&\leqslant x-B_n(x^m;x)\\&=B_n(x;x)-B_n(x^m;x)\\&=B_n(x-x^m;x)\\&\leqslant B_n[(m-1)x(1-x);x]\end{aligned}$$

$$=(m-1)B_n[x(1-x);x]$$

由引理3可得

$$0\leqslant x-B_n(x^m;x)\leqslant(m-1)(1-\frac{1}{n})x(1-x)$$

再用 B_n 作用于上式，再一次使用引理3，得

$$0\leqslant x-B_n^2(x^m;x)\leqslant(m-1)(1-\frac{1}{n})^2x(1-x)$$

用 B_n 连续作用 k 次后，则有

$$0\leqslant x-B_n^k(x^m;x)\leqslant(m-1)(1-\frac{1}{n})^kx(1-x)$$

注意到，$m-1$ 为常数，$0<1-\frac{1}{n}<1$ 亦为常数，从而当 $k\to\infty$ 时，有 $(1-\frac{1}{n})^k\to 0$. 故有

$$\lim_{k\to\infty}B_n^k(x^m;x)=x$$

现在我们来证明：对于 f 是定义于 $[0,1]$ 上的任一函数，定理也成立. 因为 $B_n(f;x)$ 是一个不超过 n 次的多项式，所以可设

$$B_n(f;x)=a_0x^n+a_1x^{n-1}+\cdots+a_{n-1}x+a_n$$

当经过 $k+1$ 次迭代后，有

$$B_n^{k+1}(f;x)=a_0B_n^k(x^n;x)+\cdots+a_{n-1}B_n^k(x;x)+a_n$$

注意到式(37)，可得

$$\begin{aligned}\lim_{k\to\infty}B_n^{k+1}(f;x)=&\lim_{k\to\infty}a_0B_n^k(x^n;x)+\cdots+\\&\lim_{k\to\infty}a_{n-1}B_n^k(x;x)+\lim_{k\to\infty}a_n\\=&a_0\lim_{k\to\infty}B_n^k(x^n;x)+\cdots+\\&a_{n-1}\lim_{k\to\infty}B_n^k(x;x)+a_n\\=&a_0x+a_1x+\cdots+a_{n-1}x+a_n\\=&(a_0+a_1+\cdots+a_{n-1}+a_n-a_n)x+a_n\end{aligned}$$

由性质(2) 知

$$a_0 + a_1 + \cdots + a_n = B_n(f;1) = f(1)$$

$$a_n = B_n(f;0) = f(0)$$

所以

$$\lim_{k\to\infty} B_n^k(f;x) = [f(1) - f(0)]x + f(0)$$

这个定理的原始证明用到了高深的数学工具，后经中国科技大学常庚哲教授的改进才得以以现在这样初等的面貌出现. 需要指出的是，这种初等化的证明从某种意义上说更难，更见功力. 当年匈牙利数学家 Erdös 给出了被 Hardy 称为永远不可能初等化的素数定理的初等证明，从而一举成名.

现在，我们回到开始提到的"磨光性"，从直观上看，曲线 $y=B_n(f;x)$ 比曲线 $y=f(x)$ 要"光滑"一些，即前者的扭摆次数绝不会多于后者的扭摆次数. 用 B_n 作用于 f 相当于将较"粗糙"的图像"打磨"了一次，如果反复作用，那么在序列

$$f(x), B_n(f;x), B_n^2(f;x), B_n^3(f;x), \cdots$$

中，后一个总比前一个光滑，作为它们的极限，则是一条最光滑的曲线 —— 直线. 注意到，由性质(2) 知，它又必须经过原曲线 $y=f(x)$ 的起点和终点，因此必须取 $[f(1) - f(0)]x + f(0)$.

现在，我们可以彻底回答试题 1 所隐含的全部问题了. 由性质(1) 知，1 与 x 是 B_n 变换之下的不动点；再由性质(3) 知，对任何常数 c 及 d，$cx + d$ 都是 B_n 的不动点，即

$$\begin{aligned} B_n(c + dx;x) &= B_n(c;x) + B_n(dx;x) \\ &= cB_n(1;x) + dB_n(x;x) \\ &= c + dx \end{aligned}$$

这就是说,一切一次函数都是 B_n 的不动点.试题1中满足所给条件 $a_{i-1}+a_{i+1}=2a_i$ 的数列 $\{a_i\}$ 不为常数列表明它是一个等差数列,而等差数列的通项公式为一次函数.注意到有 $n+1$ 项,所以

$$f(x)=a_0+ndx$$

它是 B_n 作用之下的不动点,故

$$P(x)=B_n(f(x);x)=f(x)=a_0+ndx$$

现在一个自然的问题产生了,是不是 B_n 的不动点只能是一次函数,而不能再有其他函数了呢?Kelisky-Rivlin 定理肯定地告诉了我们:是的,别无选择!

设 B_n 有一个不动点 f,即 $B_n(f;x)=f(x)$.再用 B_n 作用于 $B_n(f(x);x)$,有

$$B_n^2(f;x)=B_n(f;x)=f(x)$$

这样一直进行下去,得 $B_n^k(f;x)=f(x)$ 对一切自然数都成立.取极限,由 Kelisky-Rivlin 定理知

$$f(x)=\lim_{n\to\infty}B_n^k(f;x)=[f(1)-f(0)]x+f(0)$$

只能是一次函数.

由此可见,试题1只是 Bernstein 多项式这座巨大冰山浮出水面的一角.

§9　来自宾夕法尼亚大学女研究生的定理

人们在了解到试题1的背景以后,会产生这样的疑问:$a_{i-1}+a_{i+1}=2a_i$ 相当于一个一次函数 $f(n)=an+b$ 在三点处的值,既然 Bernstein 多项式 $B_n(f;x)$ 将 $f(n)=an+b$ 又变为 $f(n)$,并且以上多项式经 B_n 作

用后，都会发生改变，那么在这一变换中，会不会将 $f(x)$ 原有的一些特性改变了呢？如单调性、凸凹性等. 我们说这一变换有良好的继承性，并不改变 $f(x)$ 本身的性质. 我们有以下的结论：

(1) 当 $f(x)$ 单调递增(减)时，$B_n(f;x)$ 也单调递增(减)，我们只需考察 $B'_n(f;x)$ 的正负即可

$$B'_n(f;x)=n\sum_{k=0}^{n-1}[f(\frac{k+1}{n})-f(\frac{k}{n})]J_k^{n-1}(x)$$

其中

$$J_k^n(x)=C_n^k x^k(1-x)^{n-k}\quad(k=0,1,\cdots,n)$$

称为 $B_n(f;x)$ 的基函数.

当 $f(x)$ 为单调增函数时

$$f(\frac{k+1}{n})-f(\frac{k}{n})\geqslant 0\Rightarrow B'_n(f;x)\geqslant 0$$

当 $f(x)$ 为单调减函数时

$$f(\frac{k+1}{n})-f(\frac{k}{n})\leqslant 0\Rightarrow B'_n(f;x)\leqslant 0$$

(2) 当 $f(x)$ 是凸函数时，$B_n(f;x)$ 也是凸函数.

判断一个函数的凸凹性只需考察其二阶导数的情形. 注意到

$$B''_n(f;x)=a(a-1)\sum_{k=0}^{n-2}[f(\frac{k+1}{n})-2f(\frac{k}{n})+f(\frac{k-1}{n})]J_k^{k-2}(x)$$

若 $f(x)$ 是凸函数，由 Jensen 不等式知

$$\frac{1}{2}[f(\frac{k+1}{n})+f(\frac{k-1}{n})]\geqslant f\left(\frac{1}{2}\left(\frac{k+1}{n}+\frac{k-1}{n}\right)\right)$$

$$=f(\frac{k}{n})$$

故

$$B''_n(f;x)\geqslant 0$$

关于凸性,1954年美国宾夕法尼亚大学的一位女研究生 Averbach 证明了一个有趣的结论:

若 $f(x)$ 在$[0,1]$上是凸函数,则有 $B_n(f;x)\geqslant B_{n+1}(f;x)$ 对所有 $n\in\mathbf{N}$ 及 $x\in[0,1]$ 成立.

对于这一必须使用高深工具才能得到的结果,一位中国科技大学数学系1982级学生陈发来凭借纯熟的初等数学技巧给出了一个证明.他先证明了一个引理,即所谓:

升阶公式

$$B_n(f,x)=\sum_{k=0}^{n+1}[\frac{k}{n+1}f(\frac{k+1}{n})+(1-\frac{k}{n+1})f(\frac{k}{n})]J_k^{n+1}(x)$$

其意义是:任一个 n 次 Bernstein 多项式都可看成一个 $n+1$ 次 Bernstein 多项式.

它的证明是容易的,先注意到

$$J_k^n(x)=(1-\frac{k}{n+1})J_k^{n+1}(x)+\frac{k+1}{n+1}J_{k+1}^{n+1}(x)$$

于是

$$B_n(f;x)=\sum_{k=0}^{n}f(\frac{k}{n})[(1-\frac{k}{n+1})J_k^{n+1}(x)+\frac{k+1}{n+1}J_{k+1}^{n+1}(x)]$$

$$=\sum_{k=0}^{n+1}[(1-\frac{k}{n+1})f(\frac{k}{n})+$$

$$\frac{k}{n+1}f(\frac{k-1}{n})]J_k^{n+1}(x)$$

当 $k=-1,n=1$ 时，$f(\frac{k}{n})=0$.

有了以上的升阶公式，Averbach 定理即可很容易得证.

由于 $f(x)$ 是 $[0,1]$ 上的凸函数，所以

$$f(\frac{k}{n+1})=f[\frac{k}{n+1}(\frac{k-1}{n})+(1-\frac{k}{n+1})\frac{k}{n}]$$
$$\leqslant\frac{k}{n+1}f(\frac{k-1}{n})+(1-\frac{k}{n+1})f(\frac{k}{n})$$

从而

$$B_{n+1}(f;x)=\sum_{k=0}^{n+1}f(\frac{k}{n+1})J_k^{n+1}(x)$$
$$\leqslant\sum_{k=0}^{n+1}[\frac{k}{n+1}f(\frac{k-1}{n})+(1-\frac{k}{n+1})f(\frac{k}{n})]J_k^{n+1}(x)$$

（由升阶公式）

$$=B_n(f;x)$$

由此可见，升阶公式在这里起了关键作用.

作为练习可以证明：以 $(1,0,\varepsilon,0,1)$ 为 Bernstein 系数的四次多项式在 $[0,1]$ 上为凸的充要条件是 $|\varepsilon|\leqslant 1$.

1960 年，罗马尼亚数学家 L. Kosmak 证明了 Averbach 定理的逆定理，开辟了逼近论中逆定理证明的先河. 后来，Z. Ziegler、张景中、常庚哲等对此文做出了改进并给出了初等证明，而陈发来则又利用升阶公式对一类函数证明了 Averbach 定理的逆定理.

俄罗斯数学家 E. V. Voronovskaya 从另一个角度

证明了:如果函数 $f(x)$ 的二阶导数连续,则

$$f(x)-B_n(f,x)=-\frac{x(1-x)}{2n}f''(x)+O(\frac{1}{n})$$

S. N. Bernstein 证明了:如果函数 $f(x)$ 有更高阶的导数,则可以从偏差 $f(x)-B_n(f,x)$ 的渐近展开式中再分出一些项来. E. M. Wright 和 E. V. Kontororn 研究了解析函数 $f(x)$ 的 Bernstein 多项式 $B_n(f,x)$ 在区间 $[0,1]$ 之外的收敛性,Bernstein 得到了关于 $B_n(f,x)$ 的收敛区域对 $[0,1]$ 上的解析函数 $f(x)$ 的奇点分布的依赖性的进一步结果. A. O. Gelfond 对函数系 $1,\{x^{\alpha}\lg^{k}x\},\alpha>0,k\geqslant 0$ 构造了 Bernstein 型多项式,并把关于 Bernstein 多项式的收敛性和收敛速度的一些估计推广到这种情况.

在《美国数学月刊》上曾有这样一个征解问题:

设 $f\in C[0,1]$,$(B_nf)(x)$ 表示 Bernstein 多项式

$$\sum_{k=0}^{n}C_n^k x^k(1-x)^{n-k}f\left(\frac{k}{n}\right)$$

证明:如果 $f\in C^2[0,1]$,那么对 $0\leqslant x\leqslant 1,n=1,2,\cdots$ 下式成立

$$\begin{aligned}&|(B_nf)(x)-(B_{n+1}f)(x)|\\&\leqslant\frac{x(1-x)}{n+1}\left(\frac{1}{3n}\int_0^1|f'(t)|^2\mathrm{d}t\right)^{\frac{1}{2}}\end{aligned}$$

证明　我们有恒等式

$$\begin{aligned}&(B_nf)(x)-(B_{n+1}f)(x)\\&=\frac{x(1-x)}{n(n+1)}\sum_{k=1}^{n}C_{n-1}^{k-1}x^{k-1}(1-x)^{n-k}\cdot\\&\quad\left[f;\frac{k-1}{k},\frac{k}{n+1},\frac{k}{n}\right]\end{aligned}$$

其中

$$[f;x_1,x_2,x_3]=\frac{1}{x_3-x_1}\left[\frac{f(x_3)-f(x_2)}{x_3-x_2}-\frac{f(x_2)-f(x_1)}{x_2-x_1}\right]$$

$$=\int_0^1 H_k(t)f'(t)\mathrm{d}t$$

是 f 的二阶导差,而

$$(x_3-x_1)H_k(t)=\begin{cases}\dfrac{t-x_1}{x_2-x_1}, x_1<t\leqslant x_2\\ \dfrac{x_3-t}{x_3-x_2}, x_2\leqslant t<x_3\end{cases}$$

在其他地方,上式的值为零. 这里还有

$$\int_0^1 H_k^2(t)\mathrm{d}t=\frac{n}{3}$$

这样,从一开始的恒等式和 Cauchy-Schwarz 不等式就可导出所需的绝对值不等式.

第二编

Bernstein 多项式与 Bernstein 算子

关于 Bernstein 多项式[①]

第2章

§1 引　言

设 $C=C[0,1]$，$C^k=\{f: f^{(i)}\in C, i=0,\cdots,k\}$，$\|f\|_C=\sup\limits_{0\leqslant x\leqslant 1}|f(x)|$。众所周知，Bernstein 多项式是

$$B_n(f,x)=\sum_{k=0}^{n}f\left(\frac{k}{n}\right)\binom{n}{k}\cdot x^k(1-x)^{n-k}\triangleq\sum_{k=0}^{n}f\left(\frac{k}{n}\right)p_{n,k}(x)\quad(f\in C)$$

① 本章摘自《数学学报》，1985 年 11 月，第 28 卷，第 6 期.

G. G. Lorentz[1], H. Berens 和 G. G. Lorentz[2] 证得：

定理 A 设 $f\in C$，那么

$$B_n(f,x)-f(x)=O\left(\omega_2\left(f,\sqrt{\frac{x(1-x)}{n}}\right)\right)$$

若 $\alpha\in(0,2]$，则

$$B_n(f,x)-f(x)=O\left(\left(\frac{x(1-x)}{n}\right)^{\frac{\alpha}{2}}\right)$$

等价于 $f\in \mathrm{Lip}^*\alpha$，其中 $\omega_2(f,t)$ 是 f 的光滑模，$\mathrm{Lip}^*\alpha=\{f:\omega_2(f,t)=O(t^\alpha)\}$.

对于整体逼近 Z. Ditzian[3,4] 有如下的定理：

定理 B 设 $f\in C$，那么

$$\|B_n(f)-f\|_C=O\left(\omega_2^*\left(f,\sqrt{\frac{1}{n}}\right)\right) \qquad (1)$$

若 $\alpha\in(0,2)$，则

$$\|B_n(f)-f\|_C=O(n^{-\frac{\alpha}{2}})$$

的充要条件是 $\omega_2^*(f,t)=O(t^\alpha)$，其中

$$\omega_2^*(f,t)=\sup_{0<\eta<t}\ \sup_{\eta^2<x<1-\eta^2}\left|\Delta^2_{\eta\sqrt{x(1-x)}}f(x)\right|$$

$$\Delta^2_\eta f(x)=f(x+h)+f(x-h)-2f(x)$$

对于任意的光滑模函数 $\omega(t)$，他们没有证明相应的定理.因此，人们自然要问这些定理对更广的函数类是否成立？杭州大学的周信龙教授 1985 年将上述定理改进为：

定理 1 设 $\psi(t)>0(0<t\leqslant 1)$ 是单调增加函数，且对某一 $k>1$ 有

$$t^{3-\frac{1}{k}}\int_t^1\frac{\psi(\eta)}{\eta^{4-\frac{1}{k}}}\mathrm{d}\eta=O(\psi(t)) \qquad (2)$$

那么，对于 C 中的函数 $f(x)$，有

$$B_n(f,x)-f(x)=O\left(\psi\left(\sqrt{\frac{x(1-x)}{n}}\right)\right)$$

的充要条件是 $\omega_2(f,t)=O(\psi(t))$.

类似的结论对于整体逼近也成立.

定理 2　对于定理 1 中的 $\psi(t)$,有

$$\| B_n(f)-f\|_C=O\left(\psi\left(\sqrt{\frac{1}{n}}\right)\right)$$

的充要条件是 $\omega_2^*(f,t)=O(\psi(t))$.

§2　引　　理

记

$$G_r=\{f:f\in C^{2r-1},(x(1-x))^r f^{(2r)}(x)\in C\}$$

$$K_r(f,t)=\inf_{g\in G_r}\{\| f-g\|_C+ t^{2r}(\|(x(1-x))^r g^{(2r)}\|_C+\| g^{(2r-2)}\|_C)\}$$

我们记录如下引理:

引理 1[4]

$$K_1(f,t)\sim\omega_2^*(f,t)$$

对[5]中的结论稍作拓广,我们有:

引理 2[6]　设 $u_1(x),u_2(x)$ 是非负的单调增加函数,$r>0,C>1$.若对任意 $0<t,h\leqslant 1$,有

$$u_1(t)\leqslant C\left\{u_2(h)+\left(\frac{t}{h}\right)^r u_1(h)\right\}$$

则

$$u_1(h)\leqslant Ah^{r-\frac{1}{k}}\int_h^1\frac{u_2(t)}{t^{r+1-\frac{1}{k}}}\mathrm{d}t$$

这里 $k>1$，A 是依赖于 $C,k,u_1(1),u_2(1)$ 的常数.

引理 3 记 $\Delta_n(x)=\max\left\{\sqrt{\frac{x(1-x)}{n}},\frac{1}{n}\right\}$，则

$$|B_n^{(3)}(f,x)|\leqslant C_1\Delta_n^{-3}(x)\|f\|_C \tag{3}$$

$$\|(x(1-x))^r B_n^{(2r)}(f,x)\|_C\leqslant C_2 n^r\|f\|_C \quad (r=1,2) \tag{4}$$

$$\|B''_n(f)\|_C\leqslant C_3 n^2\|f\|_C \tag{5}$$

若 $g\in C^r$，则

$$|B_n^{(r)}(g,x)|\leqslant C_4\|g^{(r)}\|_C \quad (r=0,1,2,3) \tag{6}$$

若 $g\in G_2$，则

$$\|(x(1-x))^{2r-2}B_n^{(2r)}(g,x)\|_C \leqslant C_5\|(x(1-x))^{2r-2}g^{(2r)}\|_C \quad (r=1,2) \tag{7}$$

证明 由于

$$B_n^{(r)}(g,x)=n(n-1)\cdots(n-r+1)\cdot\sum_{k=0}^{n-r}\Delta_{\frac{1}{n}}^{r}g\left(\frac{k}{n}\right)p_{n-r,k}(x) \tag{8}$$

我们有(5)(6)以及 $r=1$ 时的(7). 当 $r=2$ 时，(4)(7)的证明见[3]. 若 $r=1$，则由于

$$\begin{aligned}&\frac{x(1-x)}{n}B''_n(f,x)\\&=\sum_{k=0}^{n}f\left(\frac{k}{n}\right)\frac{n}{x(1-x)}\cdot\\&\quad\left\{\left(\frac{k}{n}-x\right)^2-\frac{x(1-x)}{n}-\frac{1-2x}{n}\left(\frac{k}{n}-x\right)\right\}p_{nk}(x)\end{aligned} \tag{9}$$

因此

$$\left|\sum_{k=0}^{n}f\left(\frac{k}{n}\right)\left(\frac{k}{n}-x\right)^2p_{nk}(x)\right|\leqslant\frac{x(1-x)}{n}\|f\|_C \tag{10}$$

$$\left|\sum_{k=0}^{n} f\left(\frac{k}{n}\right)\left(\frac{k}{n}-x\right) p_{nk}(x)\right| \leqslant\left(\frac{x(1-x)}{n}\right)^{\frac{1}{2}}\|f\|_{C} \tag{11}$$

且容易验证当 $x(1-x) \leqslant \frac{2}{n}$ 时

$$\sum_{k=0}^{n}\left|\frac{k}{n}-x\right| p_{nk}(x) \leqslant C_{6} x(1-x) \tag{12}$$

由(9) ～ (12) 不难推出(4). 下面证明(3),从(8) 容易看出,若

$$x(1-x) \leqslant \frac{2}{n}$$

则(3) 自然成立. 以下假设 $x(1-x) \geqslant \frac{2}{n}$. 由(9) 有

$$\begin{aligned}
B_{n}^{(3)}(f, x)= & \left(\frac{n^{2}}{x(1-x)^{2}}\right)^{\prime} \sum_{k=0}^{n} f\left(\frac{k}{n}\right) \cdot \\
& \left\{\left(\frac{k}{n}-x\right)^{2}-\frac{x(1-x)}{n}-\right. \\
& \left.\frac{1-2x}{n}\left(\frac{k}{n}-x\right)\right\} p_{nk}(x)+ \\
& \left(\frac{n}{x(1-x)}\right)^{2} \sum_{k=0}^{n} f\left(\frac{k}{n}\right) \cdot \\
& \left\{\left(\frac{k}{n}-x\right)^{2}-\frac{x(1-x)}{n}-\right. \\
& \left.\frac{1-2x}{n}\left(\frac{k}{n}-x\right)\right\}^{\prime} p_{nk}(x)+ \\
& \left(\frac{n}{x(1-x)}\right)^{2} \sum_{k=0}^{n} f\left(\frac{k}{n}\right) \cdot \\
& \left\{\left(\frac{k}{n}-x\right)^{2}-\frac{x(1-x)}{n}-\right. \\
& \left.\frac{1-2x}{n}\left(\frac{k}{n}-x\right)\right\} p_{nk}^{\prime}(x)
\end{aligned}$$

$$\triangleq I_1+I_2+I_3$$

易算得

$$|I_1|\leqslant\frac{2n^2}{(x(1-x))^3}\sum_{k=0}^{n}\left\{\left(\frac{k}{n}-x\right)^2+\frac{x(1-x)}{n}+\frac{2}{n}\left|\frac{k}{n}-x\right|\right\}p_{nk}(x)\|f\|_C$$

$$\leqslant C_7\left(\frac{n}{x(1-x)}\right)^{\frac{3}{2}}\|f\|_C$$

类似地

$$|I_2|\leqslant C_8\left(\frac{n}{x(1-x)}\right)^{\frac{3}{2}}\|f\|_C$$

$$|I_3|\leqslant C_9\left(\frac{n}{x(1-x)}\right)^{\frac{3}{2}}\|f\|_C$$

上述估计表明(3)成立.引理3证毕.

引理 4　设 $\varphi(t)$ 是非负的单调增加函数,则

$$|2B_{2n}(f,x)-f(x)-B_n(f,x)|=O(\varphi(\Delta_n(x)))$$

含有

$$\omega_3(f,h)=O\left(h^{3-\frac{1}{k}}\int_h^1\frac{\varphi(t)}{t^{4-\frac{1}{k}}}\mathrm{d}t\right)\tag{13}$$

$$\|2B_{2n}(f,x)-B_n(f,x)-f(x)\|_C=O\left(\varphi\left(\frac{1}{\sqrt{n}}\right)\right)$$

含有

$$K_2(f,h)=O\left(h^{4-\frac{1}{k}}\int_h^1\frac{\varphi(t)}{t^{5-\frac{1}{k}}}\mathrm{d}t\right)\tag{14}$$

其中 $k>1$,“O”不依赖于 h.

证明　记

$$L_n(f,x)=2B_{2n}(f,x)-B_n(f,x)$$

不难算得

$$|\Delta_h^3L_n(f,x)|\leqslant C_{10}\Delta_n^{-3}(x+3h)h^3\|f\|_C$$

$$\left(x+3h\leqslant\frac{1}{2}\right)$$

因此,(13) 可以从如下关系式推得

$$\begin{aligned}|\Delta_h^3 f(x)| \leqslant C_{11}\{&\varphi(\Delta_n(x+3h))+\\&h^3\Delta_n^{-3}(x+3h)[\|f-g\|_C+\\&\Delta_n^3(x+3h)\|g^{(3)}\|_C]\}\end{aligned}$$

$$\left(x+3h\leqslant\frac{1}{2}\right)$$

类似的不等式对 $x-3h>\frac{1}{2}$ 也成立. 从而[7]

$$\omega_3(f,h)\leqslant C_{12}\{\varphi(t)+h^3t^{-3}\omega_3(f,t)\}$$

由引理 2 即得(13). 为证(14),由(4)(5) 和(7) 有

$$\begin{aligned}K_2(f,t)&\leqslant C_{13}\left\{\varphi\left(\frac{1}{\sqrt{n}}\right)+\right.\\&\quad t^4[\|(x(1-x))^2L_n^{(4)}(f,x)\|_C+\\&\quad\left.\|L_n^{(2)}(f,x)\|_C]\right\}\\&\leqslant C_{14}\left\{\varphi\left(\frac{1}{\sqrt{n}}\right)+\right.\\&\quad t^4n^2\left(\|f-g\|_C+\right.\\&\quad\frac{1}{n^2}\|(x(1-x))^2g^{(4)}\|_C+\\&\quad\left.\left.\frac{1}{n^2}\|g^{(2)}\|_C\right)\right\}\\&\leqslant C_{14}\left\{\varphi\left(\frac{1}{\sqrt{n}}\right)+t^4n^2K_2\left(f,\frac{1}{\sqrt{n}}\right)\right\}\end{aligned}$$

于是由引理 2 推得(14).

引理 5

$$\left|B_n(f,x)-\frac{x(1-x)}{2(n-1)}B''_n(f,x)-f(x)\right|$$

$$=O(\omega_3(f,\Delta_n(x)))\tag{15}$$

$$\left\|B_n(f,x)-\frac{x(1-x)}{2(n-1)}B''_n(f,x)-f(x)\right\|_C$$
$$=O\left(K_2\left(f,\frac{1}{\sqrt{n}}\right)\right)\tag{16}$$

证明 记

$$S_n(f,x)=B_n(f,x)-\frac{x(1-x)}{2(n-1)}B''_n(f,x)$$

由(4)不难看出 $S_n(f,x)$ 是线性有界算子，且容易验证

$$S_n((t-x)^i,x)=0\quad(i=1,2)$$

于是(15)的证明可化作证实：对每一 $g\in C^3$，有

$$|S_n(g,x)-g(x)|\leqslant C_{15}\Delta_n^3(x)\|g^{(3)}\|_C\tag{17}$$

以及(16)化作证实：对每一 $g\in G_i$，有

$$\|S_n(g)-g\|_C\leqslant C_{16}\frac{1}{n^2}(\|(x(1-x))^2g^{(4)}\|_C+\|g^{(2)}\|_C)\tag{18}$$

下面证明(17)．由 Taylor 公式，有

$$\begin{aligned}S_n(g,x)-g(x)&=\frac{1}{2}S_n\left(\int_x^t(t-u)^2g^{(3)}(u)\mathrm{d}u,x\right)\\&=\frac{1}{2}B_n\left(\int_x^t(t-u)^2g^{(3)}(u)\mathrm{d}u,x\right)-\\&\quad\frac{x(1-x)}{4(n-1)}\frac{\mathrm{d}^2}{\mathrm{d}y^2}\cdot\\&\quad B_n\left(\int_x^t(t-u)^2g^{(3)}(u)\mathrm{d}u,y\right)\Big|_{y=x}\\&\equiv\frac{1}{2}I_1-\frac{1}{2}I_2\end{aligned}\tag{19}$$

注意到

$$B_n(|t-x|^3,x)\leqslant 2\Delta_n^3(x)$$

即得

$$|I_1| \leqslant 2\Delta_n^3(x) \| g^{(3)} \|_C \tag{20}$$

(19) 表明

$$I_2 = \frac{n}{2(n-1)} \sum_{k=0}^{n} \int_x^{\frac{k}{n}} \left(\frac{k}{n} - u\right)^2 g^{(3)}(u) \mathrm{d}u \frac{n}{x(1-x)} \cdot \left\{\left(\frac{k}{n} - x\right)^2 - \frac{x(1-x)}{n} - \frac{1-2x}{n}\left(\frac{k}{n} - x\right)\right\} \cdot p_{nk}(x) \tag{21}$$

记

$$T_r(x) = B_n((t-x)^r, x)$$

则[1]

$$T_r(x) = \frac{x(1-x)}{n}(T'_{r-1}(x) + (r-1)T_{r-2}(x)) \quad (r \geqslant 2)$$

由此易得

$$T_{2r}(x) \leqslant C_r \frac{x(1-x)}{n} \Delta_n^{2r-2}(x) \tag{22}$$

现在

$$\begin{aligned} |I_2| &\leqslant \frac{n}{n-1}\left\{\sum_{k=0}^{n} \left|\frac{k}{n} - x\right|^5 \frac{n}{x(1-x)} p_{nk}(x) + \sum_{k=0}^{n} \left|\frac{k}{n} - x\right|^3 p_{nk}(x) + 2\sum_{k=0}^{n}\left(\frac{k}{n} - x\right)^4 \frac{1}{x(1-x)} p_{nk}(x)\right\} \| g^{(3)} \|_C \\ &\leqslant \frac{n}{n-1} \| g^{(3)} \|_C \left\{\frac{n}{x(1-x)}(T_4(x)T_6(x))^{\frac{1}{2}} + (T_4(x)T_2(x))^{\frac{1}{2}} + \frac{2}{x(1-x)} T_4(x)\right\} \\ &\leqslant C_{17}\Delta_n^3(x) \| g^{(3)} \|_C \end{aligned} \tag{23}$$

由(20) ～ (23) 推得(17).(18) 的证明也是不难的.事

实上,注意到

$$S_n((t-x)^i,x)=0\quad (i=1,2)$$

由 Taylor 公式

$$S_n(g,x)-g(x)=\frac{1}{3!}g^{(3)}(x)S_n((t-x)^3,x)+\frac{1}{3!}S_n\left(\int_x^t (t-u)^3 g^{(4)}(u)\mathrm{d}u,x\right)$$

从(9)知

$$S_n((t-x)^3,x)=-\frac{(n+1)x(1-x)(1-2x)}{n^2(n-1)}$$

因此

$$\begin{aligned}&\| g^{(3)}(x)S_n((t-x)^3,x)\|_C\\&=O\left(\frac{1}{n^2}\|x(1-x)g^{(3)}(x)\|_C\right)\\&=O\left(\frac{1}{n^2}(\|g^{(2)}\|_C+\|(x(1-x))^2g^{(4)}\|_C)\right)\end{aligned}\tag{24}$$

另一方面,由[3],对每一自然数 j 有

$$\sum_{k=1}^{n-1}\frac{1}{\left(\frac{k}{n}\left(1-\frac{k}{n}\right)\right)^j}p_{nk}(x)\leqslant\frac{C_{18}}{(x(1-x))^j}$$

因此,当 $x(1-x)>\frac{2}{n}$ 时,由上式及(22),我们有

$$\begin{aligned}&S_n\left(\int_x^t (t-u)^3g^{(4)}(u)\mathrm{d}u,x\right)\\&=\sum_{k=0}^{n}\int_x^{\frac{k}{n}}\left(\frac{k}{n}-u\right)^3g^{(4)}(u)\mathrm{d}u p_{nk}(x)-\\&\quad\frac{n}{2(n-1)}\sum_{k=0}^{n}\int_x^{\frac{k}{n}}\left(\frac{k}{n}-u\right)^3g^{(4)}(u)\mathrm{d}u\frac{n}{x(1-x)}\cdot\\&\quad\left\{\left(\frac{k}{n}-x\right)^2-\frac{x(1-x)}{n}-\frac{1-2x}{n}\left(\frac{k}{n}-x\right)\right\}p_{nk}(x)\end{aligned}$$

$$
\begin{aligned}
&= O\Bigg(\|(x(1-x))^2 g^{(4)}\|_C \Bigg(\sum_{k=0}^{n} \left(\frac{k}{n}-x\right)^4 \cdot \\
&\quad \frac{1}{(x(1-x))^2} p_{nk}(x) + \\
&\quad \sum_{k=0}^{n} \left(\frac{k}{n}-x\right)^6 \frac{n}{(x(1-x))^3} p_{nk}(x) + \\
&\quad \sum_{k=0}^{n} \left|\frac{k}{n}-x\right|^5 \frac{1}{(x(1-x))^3} p_{nk}(x) + \\
&\quad \sum_{k=1}^{n-1} \left(\frac{k}{n}-x\right)^4 \frac{p_{nk}(x)}{\left(\frac{k}{n}\left(1-\frac{k}{n}\right)\right)^2} + \frac{n}{x(1-x)} \cdot \\
&\quad \sum_{k=1}^{n-1} \left(\frac{k}{n}-x\right)^6 \frac{p_{nk}(x)}{\left(\frac{k}{n}\left(1-\frac{k}{n}\right)\right)} + \\
&\quad \frac{1}{x(1-x)} \sum_{k=1}^{n-1} \left|\frac{k}{n}-x\right|^5 \frac{p_{nk}(x)}{\left(\frac{k}{n}\left(1-\frac{k}{n}\right)\right)^2} \Bigg)\Bigg) \\
&= O\left(\frac{1}{n^2} \|(x(1-x))^2 g^{(4)}\|_C\right) \qquad (25)
\end{aligned}
$$

若 $x(1-x) \leqslant \frac{2}{n}$，则

$$
\begin{aligned}
&S_n(g,x) - g(x) \\
&= S_n\left(\int_x^t (t-u) g^{(2)}(u)\,\mathrm{d}u, x\right) \\
&= O\Bigg(\|g^{(2)}\|_C \Bigg(\sum_{k=0}^{n} \left(\frac{k}{n}-x\right)^2 p_{nk}(x) + \\
&\quad \sum_{k=0}^{n} \left(\frac{k}{n}-x\right)^4 \frac{n}{x(1-x)} p_{nk}(x) + \\
&\quad \sum_{k=0}^{n} \left|\frac{k}{n}-x\right|^3 \frac{1}{x(1-x)} p_{nk}(x) \Bigg)\Bigg) \\
&= O\left(\|g^{(2)}\|_C \frac{1}{n^2} \right) \qquad (26)
\end{aligned}
$$

从(24)～(26)推得(18).引理5证毕.

§3 定理的证明

定理1的证明 显然只需证明

$$B_n(f,x)-f(x)=O\left(\psi\left(\sqrt{\frac{x(1-x)}{n}}\right)\right)$$

蕴含

$$\omega_2(f,t)=O(\psi(t))$$

由引理4

$$B_n(f,x)-f(x)=O\left(\psi\left(\sqrt{\frac{x(1-x)}{n}}\right)\right)$$

蕴含

$$\omega_3(f,h)=O\left(h^{3-\frac{1}{k}}\int_h^1\frac{\psi(t)}{t^{4-\frac{1}{k}}}\mathrm{d}t\right)$$

条件(2)表明

$$\omega_3(f,h)=O(\psi(h))$$

因此,从(15)知

$$\frac{x(1-x)}{n}B''_n(f,x)=O(\psi(\Delta_n(x)))$$

于是

$$|\Delta_t^2f(x)|\leqslant C\Big\{\psi(\Delta_n(x+2t))+$$

$$\frac{nt^2}{(x+2t)(1-x-2t)}\psi(\Delta_n(x+2t))\Big\}$$

对每一x,必有n_0,使得

$$(x+2t)(1-x-2t)\geqslant\frac{1}{n}\quad(n\geqslant n_0)$$

从而

$$|\Delta_t^2 f(x)| \leqslant C\{\psi(\Delta_n(x+2t))+ t^2\Delta_n^{-2}(x+2t)\psi(\Delta_n(x+2t))\}$$

对每一 x,t 选取 $n \geqslant n_0$ 满足

$$\Delta_n(x+2t) \sim t$$

即得

$$\omega_2(f,t)=O(\psi(t))$$

定理 1 证毕.

定理 2 的证明　由(2)(14) 和(16) 知,若

$$\| B_n(f,x)-f(x)\|_C = O\left(\psi\left(\frac{1}{\sqrt{n}}\right)\right)$$

则

$$\left\|\frac{x(1-x)}{n}B''_n(f,x)\right\|_C = O\left(\psi\left(\frac{1}{\sqrt{n}}\right)\right)$$

从而

$$K_1\left(f,\frac{1}{\sqrt{n}}\right) \leqslant C\left\{\| f-B_n(f)\|_C + \frac{1}{n}\| x(1-x)B''_n(f,x)\|_C\right\} \leqslant C\psi\left(\frac{1}{\sqrt{n}}\right)$$

于是,由引理 1 推得

$$\omega_2^*(f,t)=O(\psi(t))$$

定理 2 证毕.

推论 1

$$\| B_n(f)-f\|_C = O\left(\frac{1}{n}\right)$$

的充要条件是

$$\omega_2^*(f,t)=O(t^2)$$

$$\| B_n(f)-f\|_C = o\left(\frac{1}{n}\right)$$

的充要条件是 f 为线性函数.

我们看到定理中的条件(2) 是易于被满足的. 事实上,任意光滑模函数都满足. 特别是:

推论 2

$$B_n(f,x)-f(x)=O\left(\frac{x(1-x)}{n}\left|\log\frac{x(1-x)}{n}\right|\right)$$

含有

$$\omega_2(f,t)=O(t^2\ |\log t|)$$

$$\|B_n(f)-f\|_C=O\left(\frac{1}{n}\left|\log\frac{1}{n}\right|\right)$$

含有

$$\omega_2^*(f,t)=O(t^2\ |\log t|)$$

参考资料

[1] LORENTZ G G. Approximation of function, Holt, Rinchart and Winston,1966.

[2] BERENS H, LORENTZ G G. Inverse theorems for Bernstein polynomials, Indian Univ. Math. Jour., 1972(21):693-708.

[3] DITZIAN Z. A global inverse theorem for combinations of Bernstein polynomials, Jour. Approxi. Theory, 1979(26):277-292.

[4] DITZIAN Z. On interpolation of $L_p[a,b]$ and Weivhted Sobolev Spaces, Pacific Jour. Math., 90:1980(2):307-323.

[5] BECKER M, NESSEL R J. An elementary approach to inverse approximation theorems, J.

Appro. Th. ,1978(23):99-103.

[6] 周信龙. 用 Szász-Mirakjan 算子来逼近连续函数. 杭州大学学报(自然科学版),1983,10(3):258-265.

[7] DEVORE R A. Degree of approximation, in "Approximation Theory II" (Lorentz G G Ed.) Ap. New York,1976:117-161.

关于 Bernstein 型插值过程的导数逼近[①]

第3章

考虑以 Jacobi 多项式

$$(1+x)V_n(x)$$

$$=(1+x)\frac{\cos\frac{N}{2}\theta}{\cos\frac{\theta}{2}}$$

$$(N=2n+1, x=\cos\theta)$$

的零点

$$x_k=\cos\theta_k=\cos\frac{(2k+1)\pi}{N}$$

$$(k=0,1,2,\cdots,n)$$

为插值节点的 S. N. Bernstein 型插值过程 $F_k(f,x)$ 逼近函数 $f(x)$ 时的收敛阶. 一个十分有趣的问题是, $F_n(f,$

① 本章摘自《纯粹数学与应用数学》,1990 年,第 6 卷,第 2 期.

x) 的导数能否同时逼近函数 $f(x)$ 的导数,且有较好的误差估计,长春邮电学院的何甲兴教授 1990 年得到的结果是:

定理　若 $f(x)$ 的导函数 $f'(x) \in C[-1,1]$,则

$$|F'_n(f,x) - f'(x)|$$
$$= O\left(\frac{1}{\sqrt{1-x^2}}\left(\omega\left(f',\frac{1}{n}\right) + \frac{\|f'\|}{n}\right)\right)$$

其中 O 与 n,f,f' 无关,$\|f'\| = \max|f'(x)|$,$\omega(f',\delta)$ 为导函数 $f'(x)$ 的连续模.

从定理的结论可看出,在$(-1,1)$ 的内闭区间上 $F_n(f,x)$ 的导数不但能收敛到 $f(x)$ 的导数,且逼近程度也达到了最佳.

记 $\mu_k(x)$ 为 Lagrange 插值基函数,且

$$\begin{cases} \mu_k(x) = (-1)^k \dfrac{\sqrt{2(1-x_k)}}{N} \cdot \dfrac{(1+x)V_n(x)}{x-x_k}, \\ k = 0,1,\cdots,n-1 \\ \mu_n(x) = (-1)^n \dfrac{V_n(x)}{N} \end{cases} \tag{1}$$

则插值过程 $F_n(f,x)$ 可以表为

$$F_n(f,x) = \sum_{k=0}^{n} f(x_k)\varphi_k(x)$$

其中

$$\begin{cases}\varphi_0(x)=\frac{1}{4}(3\mu_0(x)+\mu_1(x))\\ \varphi_k(x)=\frac{1}{4}(\mu_{k-1}(x)+2\mu_k(x)+\mu_{k+1}(x)),\\ k=1,2,\cdots,n-2\\ \varphi_{n-1}(x)=\frac{1}{4}(\mu_{n-2}(x)+2\mu_{n-1}(x)+2\mu_n(x))\\ \varphi_n(x)=\frac{1}{4}(\mu_{n-1}(x)+2\mu_n(x))\end{cases}\tag{2}$$

为证明定理,先给出几个引理.

引理 1 设 x_j 是距离 x 的最近零点,则

$$f'(y)-f'(x)=O\left(\omega\left(f',\frac{1}{n}\right)\right)\quad(k=j-1,j,j+1)\tag{3}$$

对 $1<k=j-i<j$ 或 $j<k=j+i<n$,有

$$f'(y)-f'(x)=O\left(\omega\left(f',\frac{i}{n}\right)\right)\tag{4}$$

$$f'(t_k)-f'(t_{k-1})=O\left(\omega\left(f',\frac{1}{n}\right)\right)\tag{5}$$

其中 $x_k<t_k<x_{k-1}$,$y=t_k$ 或 $y=x+a_k(x_k-x)(0<a_k<1)$.

引理 2 如下的估计式成立

$$\mu'_k(x)=O\left(\frac{n}{\sqrt{1-x^2}}\right)\quad(k=0,1,\cdots,n)\tag{6}$$

引理 3 如下估计式成立:设 x_j 是距离 x 的最近零点,则对 $1<k=j-i<j-2$ 或 $j+1<k=j+i<n-1$ 有

$$\varphi'_k(x)=O\left(\frac{n}{i^3\sqrt{1-x^2}}\right)\tag{7}$$

$$\varphi'_k(x)+\varphi'_{k+1}(x)=O\left(\frac{n}{i^4\sqrt{1-x^2}}\right)\tag{8}$$

定理的证明　使用中值定理有

$$f(x_k)-f(x)=f'(y)(x_k-x)$$

$$y=x+a_k(x_k-x)\quad (0<a_k<1)$$

$$f(x_k)-f(x_{k-1})=f'(t_k)(x_k-x_{k-1})$$

$$(x_k<t_k<x_{k-1})$$

使用上两式和 $F_n(1,x)=1$ 有

$$4F'_n(f,x)=4\sum_{k=0}^{n}(f(x_k)-f(x))\varphi'_k(x)$$

$$=\Big\{\Big(\sum_{k=0}^{t}+\sum_{k=n-2}^{n}\Big)e_k(f(x_k)-f(x))\varphi'_k(x)+$$

$$\sum_{k=2n-2}(f(x_k)-f(x))(\varphi'_k(x)+\varphi'_{k-1}(x))\Big\}+$$

$$\Big\{\sum_{k=2n-2}f'(t_k)(x_{k-1}-x_k)\varphi'_{k-1}(x)+$$

$$\sum_{k=1}^{2}(f'(t_k)-f'(x))(x_k-x_{k+1})\varphi'_k(x)\Big\}+$$

$$\Big\{\sum_{k=n-3}^{n-2}(f'(t_k)-f'(x))(x_k-x_{k-1})\varphi'_k(x)\Big\}+$$

$$\sum_{k=2}^{n-3}\big[(f'(y)-f'(x))(x_k-x)(\varphi'_{k-1}(x)+$$

$$2\varphi'_k(x)+\varphi'_{k+1}(x))\big]+$$

$$\sum_{k=2}^{n-3}(f'(t_k)-f'(t_{k-1}))(x_{k-1}-x_k)\varphi'_{k-1}(x)+$$

$$\sum_{k=3}^{n-4}(f'(x)-f'(t_k))W_k\varphi'_k(x)+$$

$$f'(x)\sum_{k=2}^{n-3}\sum_{j=0}^{2}\binom{2}{j}(x_{k+j-1}-x)\varphi'_{k+j-1}(x)$$

$$=\sum_{j=1}^{n}A_j$$

其中

$$e_0=e_{n-1}=e_n=4,e_1=e_{n-2}=2$$

$$W_k=x_{k-1}-2x_k+x_{k+1}$$

通过计算我们有

$$A_6=\frac{f'(x)}{4}\Big\{\sum_{k=1}^{2}\sum_{j=0}^{2}\binom{2}{j}(x_{k+j}-x_{k+j-1})\mu'_{k+j-1}(x)+$$

$$\sum_{k=n-3}^{n-2}\sum_{j=0}^{2}\binom{2}{j}(x_{k+j-2}-x_{k+j-1})\mu'_{k+j-1}(x)\Big\}+$$

$$\frac{f'(x)}{4}\Big[\sum_{k=1}^{2}+\sum_{k=n-3}^{n-2}\Big]S_k\cdot$$

$$\sum_{j=0}^{2}\binom{2}{j}(x_{k+j-1}-x)\mu'_{k+j-1}(x)+$$

$$\frac{f'(x)}{4}\sum_{k=3}^{n-4}[4W_k\varphi'_k(x)(W_{k+1}-W_k)\mu'_{k+1}(x)+$$

$$(W_{k-1}-W_k)\mu'_{k-1}(x)]+$$

$$f'(x)\sum_{k=3}^{n-4}\sum_{j=0}^{2}\binom{2}{j}(x_{k+j-1}-x)\mu'_{k+j-1}(x)$$

$$=\sum_{j=1}^{4}B_j$$

其中

$$S_1=S_{n-2}=1,S_2=S_{n-3}=3$$

由式(1)有

$$(x-x_k)\mu'_k(x)=(-1)^k\frac{\sqrt{2(1-x_k)}}{N}((1+x)\cdot$$

$$V_n(x))'-\mu_k(x)$$

$$(k=1,2,\cdots,n-1) \tag{9}$$

于是 B_4 可分划为

$$B_4=4f'(x)\sum_{k=0}^{n}\varphi_k(x)-$$

$$4f'(x)\left[\sum_{k=0}^{2}\varphi_k(x)+\sum_{k=n-3}^{n}\varphi_k(x)\right]+$$
$$f'(x)\sum_{k=3}^{n-4}(-1)^k\frac{((1+x)V_n(x))'}{N}\cdot$$
$$[\sqrt{2(1-x_{k-1})}-2\sqrt{2(1-x_k)}+$$
$$\sqrt{2(1-x_{k+1})}]$$
$$=4f'(x)+C_1+C_2$$

这样我们得到

$$4(F'_n(f,x)-f'(x))=\sum_{j=1}^{5}A_j+\sum_{j=1}^{3}B_j+\sum_{j=1}^{2}C_j$$

下面分别估计 A_j,B_j,C_j 的阶,使用

$$x_k-x_{k-1}=O\left(\frac{1}{n^2}\right)\quad(k\leqslant 3\text{ 或 }k\geqslant n-3)\tag{10}$$

$$(1-x_{k-1})^{\frac{1}{2}}-2(1-x_k)^{\frac{1}{2}}+(1-x_{k+1})^{\frac{1}{2}}=O\left(\frac{1}{n^2}\right)\tag{11}$$

和式(6),及

$$((1+x)V_n(x))'=O(\frac{n}{\sqrt{1-x^2}})$$

我们得到 C_2,B_1,A_2 的阶均为 $O(\frac{\|f'\|}{n\sqrt{1-x^2}})$,再由

$$\sqrt{1-x_k}=O\left(\frac{1}{n}\right)\quad(k\leqslant 3)\tag{12}$$

$$\frac{2\sin\theta}{x-x_k}=\cot\frac{\theta_k-\theta}{2}+\cot\frac{\theta_k+\theta}{2}$$

$$\left|\sin\frac{\theta_k-\theta}{2}\right|\leqslant\left|\sin\frac{\theta_k+\theta}{2}\right|\tag{13}$$

$$(1+x)V_n(x)=O(n\mid Q-Q_k\mid)\tag{14}$$

我们有

$$\mu_k(x)=O(\frac{1}{n\sqrt{1-x^2}})\quad (k\leqslant 3)\tag{15}$$

$$\varphi_k(x)=O(\frac{1}{n\sqrt{1-x^2}})\quad (k\leqslant 2)\tag{16}$$

使用

$$\mu_k(x)=o(1)\quad (k=0,1,\cdots,n)$$

和

$$(1-x_{k-1})^{\frac{1}{2}}-(1-x_k)^{\frac{1}{2}}=O\left(\frac{1}{n}\right)\quad (k\geqslant n-3)\tag{17}$$

及式(10)(13)(14)，就 x_{k-1} 和 x_k 而言，不妨假定 x_{k-1} 与 x 的距离比 x_k 与 x 的距离更近些，于是有

$$\begin{aligned}&\mu_{k-1}(x)+\mu_k(x)\\=&(-1)^{k-1}\frac{(1+x)V_n(x)}{N(x-x_{k-1})}\cdot\\&\Big\{(\sqrt{2(1-x_{k-1})}-\sqrt{2(1-x_k)})+\\&[(\sqrt{2(1-x_k)}-\sqrt{2(1-x_{k-1})})+\\&\sqrt{2(1-x_{k-1})}]\frac{x_k-x_{k-1}}{x-x_k}\Big\}\\=&O(\frac{1}{n\sqrt{1-x^2}})\quad (k=n-3,n-2,n-1)\end{aligned}$$

同样方法可证

$$\mu_{n-1}(x)+2\mu_n(x)=O(\frac{1}{n\sqrt{1-x^2}})$$

这样便证得

$$\varphi_k(x)=O\left(\frac{1}{n\sqrt{1-x^2}}\right)\quad (k\geqslant n-3)\tag{18}$$

于是有

$$C_1 = O(\frac{\| f' \|}{n\sqrt{1-x^2}})$$

对于 B_2，使用(9)(16)(18)，也有

$$B_2 = O(\frac{\| f' \|}{n\sqrt{1-x^2}})$$

使用(6)(9)(10)(12)(15)(17)(18) 我们有

$$\begin{aligned}
A_1 &= (\sum_{k=0}^{1} + \sum_{k=n-2}^{n}) e_k f'(\zeta_k)(x_k - x)\varphi'_k(x) + \\
&\quad \sum_{k=2n-2} f'(\zeta_k)(x_k - x)(\varphi'_k(x) + \varphi'_{k-1}(x)) \\
&= O(\| f' \|)\Big\{ \sum_{k=0}^{3} (x_k - x)\mu'_k(x) + \\
&\quad (\sum_{k=0}^{3} + \sum_{k=n-3}^{n}) \frac{\mu'_k(x)}{n^2} + \\
&\quad \sum_{k=n-3}^{n} \frac{|((1+x)V_n(x))'|}{n}(\sqrt{1-x_{k-1}} - \\
&\quad \sqrt{1-x_k}) + \sum_{k=n-3}^{n} |\varphi_k(x)|\Big\} \\
&= O\left(\frac{\| f' \|}{n\sqrt{1-x^2}}\right)
\end{aligned}$$

使用式(6)(7) 和

$$\begin{aligned}
W_k &= x_{k-1} - 2x_k + x_{k+1} \\
&= -4\cos\theta_k \left(\sin\frac{\pi}{2N}\right)^2 = O\left(\frac{1}{n^2}\right) \qquad (19)
\end{aligned}$$

我们有

$$\begin{aligned}
B_3 &= O(\| f' \|)\Big\{ \sum_{|\theta-\theta_k| \leqslant \frac{\pi}{n}} + \sum_{|\theta-\theta_k| > \frac{\pi}{n}} \Big\} \cdot \\
&\quad [4W_k\varphi'_k(x) + (W_{k+1} - W_k)\mu'_{k+1}(x) + \\
&\quad (W_{k-1} - W_k)\mu'_{k-1}(x)]
\end{aligned}$$

$$=O(\|f'\|)\left(\frac{1}{n\sqrt{1-x^2}}+\right.$$

$$\left.\sum_{|\theta-\theta_k|>\frac{\pi}{n}}\left(\frac{1}{ni^3}+\frac{1}{n^2i}\right)\frac{1}{\sqrt{1-x^2}}\right)$$

$$=O\left(\frac{\|f'\|}{n\sqrt{1-x^2}}\right)$$

下面估计 A_3,A_4,A_5.使用式(3)～(8)有

$$A_3=\left(\sum_{|\theta-\theta_k|\leqslant\frac{\pi}{n}}+\sum_{|\theta-\theta_k|>2\frac{\pi}{n}}\right)\cdot$$

$$\Big[(f'(y)-f'(x))(x_k-x)\cdot$$

$$(\varphi'_{k-1}(x)+2\varphi'_k(x)+\varphi'_{k+1}(x))\Big]$$

$$=O\left(\frac{1}{\sqrt{1-x^2}}\left(\omega\left(f',\frac{1}{n}\right)+\right.\right.$$

$$\left.\left.\sum_{|\theta-\theta_k|>\frac{\pi}{n}}\omega\left(f',\frac{i}{n}\right)\frac{1}{i^3}\right)\right)$$

$$=O\left(\frac{1}{\sqrt{1-x^2}}\omega\left(f',\frac{1}{n}\right)\right)$$

用同样的方法可证得 A_4 有同于 A_3 的阶估计式,再使用式(19)也可证得 A_5 也有同于 A_3 的阶估计式.

现在联立 A_j,B_j,C_j 的估计式,这便证明了定理.

关于 Bernstein 型算子的强逆不等式[①]

第4章

浙江大学数学系的李松教授1997年对 Szász-Mirakian 算子 $S_n(f, x)$,Bernstein 算子 $B_n(f,x)$ 以及 Baskakov 算子 $V_n(f,x)$ 证明了存在正的绝对常数 C,使得

$$w_{\varphi_1}^2\left(f;\frac{1}{\sqrt{n}}\right)$$
$$\leqslant C\| S_n(f,x)-f(x)\|_\infty$$
$$w_{\varphi_2}^2\left(f;\frac{1}{\sqrt{n}}\right)$$
$$\leqslant C\| B_n(f,x)-f(x)\|_\infty$$

① 本章摘自《数学学报》1997年1月,第40卷,第1期.

$$w_{\varphi_3}^2\left(f;\frac{1}{\sqrt{n}}\right)$$
$$\leqslant C\| V_n(f,x)-f(x)\|_\infty$$

其中

$$\varphi_1^2(x)=x$$
$$\varphi_2^2(x)=x(1-x)$$
$$\varphi_3^2(x)=x(1+x)$$

$w_{\varphi_1}^2(f;t)$,$w_{\varphi_2}^2(f;t)$,$w_{\varphi_3}^2(f;t)$ 为 Ditzian-Totik 光滑模.

§1 引 言

我们知道，在 $C[0,\infty)$,$C[0,1]$ 上定义的 Szász-Mirakian 算子、Bernstein 算子和 Baskakov 算子分别为

$$S_n(f,x)=\sum_{k=0}^{\infty}\mathrm{e}^{-nx}\frac{(nx)^k}{k!}f\left(\frac{k}{n}\right)\quad(f\in C[0,\infty))$$

$$B_n(f,x)=\sum_{k=0}^{\infty}f\left(\frac{k}{n}\right)\binom{n}{k}x^k(1-x)^{n-k}$$
$$(f\in C[0,1])$$

$$V_n(f,x)=\sum_{k=0}^{\infty}f\left(\frac{k}{n}\right)\binom{n+k-1}{k}x^k(1+x)^{-n-k}$$
$$(f\in C[0,\infty))$$

1987 年 Z. Ditzian 和 V. Totik 对上述算子证明了存在某一绝对正数 C,使得

$$\| S_n(f)-f\|_\infty\leqslant Cw_{\varphi_1}^2\left(f;\frac{1}{\sqrt{n}}\right)$$

$$(f \in C[0,\infty) \cap L_\infty[0,\infty))$$

$$\| B_n(f) - f \|_\infty \leqslant Cw_{\varphi_2}^2\left(f;\frac{1}{\sqrt{n}}\right) \quad (f \in C[0,1])$$

$$\| V_n(f) - f \|_\infty \leqslant Cw_{\varphi_3}^2\left(f;\frac{1}{\sqrt{n}}\right)$$

$$(f \in C[0,\infty) \cap L_\infty[0,\infty))$$

$$w_{\varphi_1}^2\left(f;\frac{1}{\sqrt{n}}\right) \leqslant Cn^{-1}\left(\sum_{k=1}^{n} \| S_k(f) - f \|_\infty + \| f \|_\infty\right)$$

$$(f \in C[0,\infty) \cap L_\infty[0,\infty))$$

$$w_{\varphi_2}^2\left(f;\frac{1}{\sqrt{n}}\right) \leqslant Cn^{-1}\left(\sum_{k=1}^{n} \| B_k(f) - f \|_\infty + \| f \|_\infty\right)$$

$$(f \in C[0,1])$$

$$w_{\varphi_3}^2\left(f;\frac{1}{\sqrt{n}}\right) \leqslant Cn^{-1}\left(\sum_{k=1}^{n} \| V_k(f) - f \|_\infty\right)$$

$$(f \in C[0,\infty) \cap L_\infty[0,\infty))$$

上述不等式就是用 Ditzian-Totik 光滑模来刻画 Bernstein 型算子逼近阶的特征刻画定理.

1994 年 V. Totik 又对上述算子证明了存在两个正绝对常数 C_1, K_1，使得当 $m \geqslant K_1 n$ 时

$$w_{\varphi_1}^2\left(f;\frac{1}{\sqrt{n}}\right) \leqslant C_1 \frac{m}{n}(\| S_n(f) - f \|_\infty + \| S_m(f) - f \|_\infty)$$

$$w_{\varphi_2}^2\left(f;\frac{1}{\sqrt{n}}\right) \leqslant C_1 \frac{m}{n}(\| B_n(f) - f \|_\infty + \| B_m(f) - f \|_\infty)$$

$$w_{\varphi_3}^2\left(f;\frac{1}{\sqrt{n}}\right) \leqslant C_1 \frac{m}{n}(\| V_n(f) - f \|_\infty + \| V_m(f) - f \|_\infty)$$

本章证明了存在正绝对常数 M 以及正整数 N，使

得

$$w_{\varphi_1}^2\left(f;\frac{1}{\sqrt{n}}\right)\leqslant M\|S_n(f)-f\|_\infty$$

$$(f\in C[0,\infty)\cap L_\infty[0,\infty),n=1,2,\cdots)$$

$$w_{\varphi_2}^2\left(f;\frac{1}{\sqrt{n}}\right)\leqslant M\|B_n(f)-f\|_\infty$$

$$(f\in C[0,1],n\geqslant N)$$

$$w_{\varphi_3}^2\left(f;\frac{1}{\sqrt{n}}\right)\leqslant M\|V_n(f)-f\|_\infty$$

$$(f\in C[0,1]\cap L_\infty[0,\infty),n\geqslant N)$$

因而在渐近意义下,我们用 Ditzian-Totik 光滑模完全刻画了 Bernstein 型算子的全局逼近状态.

§2 辅助引理

引理 1 记

$$S_{n,k}(x)=\mathrm{e}^{-nx}\frac{(nx)^k}{k!}$$

$$B_{n,k}(x)=\binom{n}{k}x^k(1-x)^{n-k}$$

$$V_{n,k}(x)=\binom{n+k-1}{k}x^k(1+x)^{-n-k}$$

$$\varphi_1^2(x)=x$$

$$\varphi_2^2(x)=x(1-x)$$

$$\varphi_3^2(x)=x(1+x)$$

则

$$I_1 \triangleq \sum_{k=0}^{\infty} \frac{\left(n^3 \int_0^{\frac{1}{n}} \int_0^{\frac{1}{n}} \int_0^{\frac{1}{n}} S'_{n,k}\left(\frac{j}{n} + u_1 + u_2 + u_3\right) \mathrm{d}u_1 \mathrm{d}u_2 \mathrm{d}u_3\right)^2}{n^2 \int_0^{\frac{1}{n}} \int_0^{\frac{1}{n}} S_{n,k}\left(\frac{j}{n} + u_1 + u_2\right) \mathrm{d}u_1 \mathrm{d}u_2}$$

$$\leqslant \frac{Cn^2}{j+1} \quad (j = 0, 1, 2, \cdots)$$

$$I_2 \triangleq \sum_{k=0}^{n-2} \frac{\left(n^3 \int_0^{\frac{1}{n}} \int_0^{\frac{1}{n}} \int_0^{\frac{1}{n}} B'_{n-2,k}\left(\frac{j}{n} + u_1 + u_2 + u_3\right) \mathrm{d}u_1 \mathrm{d}u_2 \mathrm{d}u_3\right)^2}{n^2 \int_0^{\frac{1}{n}} \int_0^{\frac{1}{n}} B_{n-2,k}\left(\frac{j}{n} + u_1 + u_2\right) \mathrm{d}u_1 \mathrm{d}u_2}$$

$$\leqslant Cn\varphi_2^{-2}\left(\frac{j+1}{n}\right) \quad (0 \leqslant j \leqslant n-3)$$

$$I_3 \triangleq \sum_{k=0}^{\infty} \frac{\left(n^3 \int_0^{\frac{1}{n}} \int_0^{\frac{1}{n}} \int_0^{\frac{1}{n}} V'_{n+2,k}\left(\frac{j}{n} + u_1 + u_2 + u_3\right) \mathrm{d}u_1 \mathrm{d}u_2 \mathrm{d}u_3\right)^2}{n^2 \int_0^{\frac{1}{n}} \int_0^{\frac{1}{n}} V_{n+2,k}\left(\frac{j}{n} + u_1 + u_2\right) \mathrm{d}u_1 \mathrm{d}u_2}$$

$$\leqslant Cn\varphi_3^{-2}\left(\frac{j+1}{n}\right) \quad (j = 0, 1, 2, \cdots)$$

证明 我们只证明 Baskakov 算子的情形. 因为 Bernstein算子和Szász-Mirakian算子用类似的方法也可以得到.

当 $j = 0$ 时

$$\begin{aligned} V'_{n+2,k}(x) &= (n+2)\{V_{n+3,k-1}(x) - V_{n+3,k}(x)\} \\ &= \frac{n+2}{x(1+x)}\left(\frac{k}{n+2} - x\right) V_{n+2,k}(x) \end{aligned}$$

通过简单的计算可得

$$\sum_{k=0}^{\infty} \frac{\left(n^3 \int_0^{\frac{1}{n}} \int_0^{\frac{1}{n}} \int_0^{\frac{1}{n}} V'_{n+2,k}(u_1 + u_2 + u_3) \mathrm{d}u_1 \mathrm{d}u_2 \mathrm{d}u_3\right)^2}{n^2 \int_0^{\frac{1}{n}} \int_0^{\frac{1}{n}} V_{n+2,k}(u_1 + u_2) \mathrm{d}u_1 \mathrm{d}u_2}$$

$$\leqslant Cn^2 \leqslant Cn\varphi_3^{-2}\left(\frac{1}{n}\right) \quad (j = 0, 1, 2, \cdots)$$

当 $j\geqslant 1$ 时，由 Cauchy 不等式知

$$I_3\leqslant\frac{Cn^5}{\varphi_3^4\left(\frac{j+1}{n}\right)}\sum_{k=0}^{\infty}\left\{\left(\frac{k}{n+2}-\frac{j}{n}\right)^2+\frac{1}{n^2}\right\}\cdot$$

$$\int_0^{\frac{1}{n}}\int_0^{\frac{1}{n}}\int_0^{\frac{1}{n}}\frac{V_{n+2,k}^2\left(\frac{j}{n}+u_1+u_2+u_3\right)}{V_{n+2,k}\left(\frac{j}{n}+u_1+u_2\right)}\mathrm{d}u_1\mathrm{d}u_2\mathrm{d}u_3$$

记

$$A=(u_1+u_2+u_3+\frac{j}{n})^2(u_1+u_2+\frac{j}{n})^{-1}$$

显然

$$\left(\frac{k}{n+2}-\frac{j}{n}\right)^2\leqslant 6\left(\frac{k}{n+2}-A\right)^2+\frac{C_1}{n^2}$$

从而

$$I_3\leqslant\frac{6Cn^5}{\varphi_3^4\left(\frac{j+1}{n}\right)}\sum_{k=0}^{\infty}\left\{\left(\frac{k}{n+2}-A\right)^2+\frac{1+C_1}{n^2}\right\}\cdot$$

$$\int_0^{\frac{1}{n}}\int_0^{\frac{1}{n}}\int_0^{\frac{1}{n}}\frac{V_{n+2,k}^2\left(\frac{j}{n}+u_1+u_2+u_3\right)}{V_{n+2,k}\left(\frac{j}{n}+u_1+u_2\right)}\mathrm{d}u_1\mathrm{d}u_2\mathrm{d}u_3$$

又因为

$$\sum_{k=0}^{\infty}\left(\frac{k}{n+2}-A\right)^2\cdot$$

$$\int_0^{\frac{1}{n}}\int_0^{\frac{1}{n}}\int_0^{\frac{1}{n}}\frac{V_{n+2,k}^2\left(\frac{j}{n}+u_1+u_2+u_3\right)}{V_{n+2,k}\left(\frac{j}{n}+u_1+u_2\right)}\mathrm{d}u_1\mathrm{d}u_2\mathrm{d}u_3$$

$$=\frac{1}{(B-A)^{n+4}}\Big[A^2+\frac{A^2}{n+2}-2A^2(B-A)+$$

$$A^2(B-A)^2+\frac{A}{n+2}(B-A)\Big]$$

$$=\frac{1}{(B-A)^{n+4}}\left[A^2(B-A-1)^2+\frac{AB}{n+2}\right]$$

这里

$$B=(1+u_1+u_2+u_3+\frac{j}{n})^2(1+u_1+u_2+\frac{j}{n})^{-1}$$

由计算可得

$$B-A=1-\frac{u_3^2}{(\frac{j}{n}+u_1+u_2)(1+\frac{j}{n}+u_1+u_2)}$$

这样

$$\frac{1}{B-A}\leqslant 1+\frac{1}{n},\ |B-A-1|\leqslant\frac{1}{n}$$

所以

$$I_3\leqslant Cn\varphi_3^{-2}\left(\frac{j+1}{n}\right)\quad(j=0,1,2,\cdots)$$

引理 2　若 $f\in C^3[0,\infty)\cap L_\infty[0,\infty)$，$\varphi^3f'''\in L_\infty[0,\infty)$，则

$$\|S_nf-f-\frac{1}{2n}\varphi_1^2f''\|_\infty\leqslant Cn^{-\frac{3}{2}}\|\varphi_1^3f'''\|_\infty$$

$$\|B_nf-f-\frac{1}{2n}\varphi_2^2f''\|_\infty\leqslant Cn^{-\frac{3}{2}}\|\varphi_2^3f'''\|_\infty$$

$$\|V_nf-f-\frac{1}{2n}\varphi_3^2f''\|_\infty\leqslant Cn^{-\frac{3}{2}}\|\varphi_3^3f'''\|_\infty$$

证明　由于方法完全类似，所以只证 Baskakov 算子的情形. 因为

$$f\left(\frac{k}{n}\right)=f(x)+\left(\frac{k}{n}-x\right)f'(x)+\frac{1}{2}\left(\frac{k}{n}-x\right)^2f''(x)+\frac{1}{2}\int_x^{\frac{k}{n}}\left(\frac{k}{n}-v\right)^2f'''(v)\mathrm{d}v$$

注意到

$$V_n(1,x)=1, V_n((\cdot-x),x)=0$$

$$V_n((\cdot-x)^2,x)=\frac{1}{n}\varphi_3^2(x)$$

从而

$$V_n(f,x)-f(x)-\frac{1}{2n}\varphi_3^2(x)f''(x)$$

$$=\frac{1}{2}\sum_{k=0}^{\infty}V_{n,k}(x)\int_x^{\frac{k}{n}}\left(\frac{k}{n}-v\right)^2 f'''(v)\mathrm{d}v$$

记

$$A_n(x)=\sum_{k=0}^{\infty}V_{n,k}(x)\left|\int_x^{\frac{k}{n}}\left(\frac{k}{n}-v\right)^2\varphi_3^{-3}(v)\mathrm{d}v\right|$$

下面证明

$$\|A_n\|_{\infty}\leqslant Cn^{-\frac{3}{2}}$$

当 $\varphi_3^2(x)\geqslant\frac{1}{n}$ 时，由于

$$\frac{\left|\frac{k}{n}-v\right|}{\varphi_3^2(v)}\leqslant\frac{\left|\frac{k}{n}-x\right|}{\varphi_3^2(x)}+\frac{\left|\frac{k}{n}-x\right|}{x\left(1+\frac{k}{n}\right)}$$

所以当 $x<\frac{k}{n}$ 时

$$A_n(x)\leqslant 2\sum_{k=0}^{\infty}V_{n,k}(x)\frac{\left|\frac{k}{n}-x\right|^{\frac{3}{2}}}{\varphi_3^3(x)}\left|\int_x^{\frac{k}{n}}\left|\frac{k}{n}-v\right|^{\frac{1}{2}}\mathrm{d}v\right|$$

$$\leqslant 2\sum_{k=0}^{\infty}V_{n,k}(x)\frac{\left|\frac{k}{n}-x\right|^{3}}{\varphi_3^3(x)}$$

$$\leqslant\frac{2}{\varphi_3^3(x)}\left(\sum_{k=0}^{\infty}V_{n,k}(x)\left|\frac{k}{n}-x\right|^2\right)^{\frac{1}{2}}\cdot$$

$$\left(\sum_{k=0}^{\infty}V_{n,k}(x)\left|\frac{k}{n}-x\right|^4\right)^{\frac{1}{2}}$$

通过简单的计算可得

$$V_n((\cdot - x)^4, x) \leqslant C_1\left(\frac{\varphi_3^4(x)}{n^2} + \frac{\varphi_3^2(x)}{n^3}\right)$$

这样我们得到，当 $\varphi_3^2(x) \geqslant \frac{1}{n}$ 时

$$\| A_n \|_\infty \leqslant 2C_1 \frac{1}{\varphi_3^3(x)} \frac{\varphi_3(x)}{\sqrt{n}} \frac{\varphi_3^2(x)}{n} \leqslant Cn^{-\frac{3}{2}}$$

当 $\varphi_3^2(x) < \frac{1}{n}$ 时，我们分别估计以下各项

$$V_{n,0}(x)\int_0^x V^2 \varphi_3^{-3}(v)\mathrm{d}v$$

$$V_{n,1}(x)\int_x^{\frac{1}{n}} \left(\frac{1}{n} - v\right)^2 \varphi_3^{-3}(v)\mathrm{d}v$$

$$V_{n,2}(x)\int_x^{\frac{2}{n}} \left(\frac{2}{n} - v\right)^2 \varphi_3^{-3}(v)\mathrm{d}v$$

$$\sum_{k=3}^{\infty} V_{n,k}(x)\int_x^{\frac{k}{n}} \left(\frac{k}{n} - v\right)^2 \varphi_3^{-3}(v)\mathrm{d}v$$

由计算知

$$V_{n,0}(x)\int_0^x v^2 \varphi_3^{-3}(v)\mathrm{d}v \leqslant Cn^{-\frac{3}{2}}$$

$$V_{n,1}(x)\int_x^{\frac{1}{n}} \left(\frac{1}{n} - v\right)^2 \varphi_3^{-3}(v)\mathrm{d}v \leqslant Cn^{-\frac{3}{2}}$$

$$V_{n,2}(x)\int_x^{\frac{2}{n}} \left(\frac{2}{n} - v\right)^2 \varphi_3^{-3}(v)\mathrm{d}v \leqslant Cn^{-\frac{3}{2}}$$

又因为 $x < \frac{1}{n}$，所以

$$\sum_{k=3}^{\infty} V_{n,k}(x)\int_x^{\frac{k}{n}} \left(\frac{k}{n} - v\right)^2 \varphi_3^{-3}(v)\mathrm{d}v$$

$$\leqslant \sum_{k=3}^{\infty} \left(\frac{k}{n} - x\right)^3 \varphi_3^{-3}(x) V_{n,k}(x)$$

$$\leqslant \varphi_3^{-3}(x) x^3 \sum_{k=3}^{\infty} V_{n+3,k}(x) \cdot$$

$$\frac{n(n+1)(n+2)}{k(k-1)(k-2)}\left(\frac{k}{n}\right)^3$$

$$\leqslant 6x^3\varphi_3^{-3}(x)\leqslant 6n^{-\frac{3}{2}}$$

从而当 $x<\frac{k}{n}$ 时

$$\| A_n(x) \|_\infty \leqslant Cn^{-\frac{3}{2}}$$

当 $x\geqslant\frac{k}{n}$ 时

$$A_n(x)\leqslant 4\sum_{k=0}^{\infty}V_{n,k}(x)\frac{\left|\frac{k}{n}-x\right|^{\frac{3}{2}}}{\varphi_3^3(x)}\left|\int_x^{\frac{k}{n}}\left|\frac{k}{n}-v\right|^{\frac{1}{2}}\mathrm{d}v\right|+$$

$$4\sum_{k=0}^{\infty}V_{n,k}(x)\frac{\left(x-\frac{k}{n}\right)^3}{\left(x\left(1+\frac{k}{n}\right)\right)^{\frac{3}{2}}}$$

由 Hölder 不等式知

$$\sum_{k=0}^{\infty}V_{n,k}(x)\frac{\left(x-\frac{k}{n}\right)^3}{\left(x\left(1+\frac{k}{n}\right)\right)^{\frac{3}{2}}}$$

$$\leqslant x^{-\frac{3}{2}}\left(\sum_{k=0}^{\infty}V_{n,k}(x)\left(x-\frac{k}{n}\right)^2\left(1+\frac{k}{n}\right)^{-3}\right)^{\frac{1}{2}}\cdot$$

$$\left(\sum_{k=0}^{\infty}V_{n,k}(x)\left(x-\frac{k}{n}\right)^4\right)^{\frac{1}{2}}$$

$$\leqslant x^{-\frac{3}{2}}\left(\sum_{k=0}^{\infty}V_{n,k}(x)\left(x-\frac{k}{n}\right)^4\right)^{\frac{1}{2}}\cdot$$

$$\left(\sum_{k=0}^{\infty}V_{n,k}(x)\left(x-\frac{k}{n}\right)^4\right)^{\frac{1}{4}}\cdot$$

$$\left(\sum_{k=0}^{\infty}V_{n,k}(x)\left(1+\frac{k}{n}\right)^{-6}\right)^{\frac{1}{4}}$$

可知

$$\left(\sum_{k=0}^{\infty}V_{n,k}(x)\left(1+\frac{k}{n}\right)^{-6}\right)^{\frac{1}{4}}\leqslant\left(C\frac{1}{(1+x)^{6}}\right)^{\frac{1}{4}}$$

$$=C'\frac{1}{(1+x)^{\frac{3}{2}}}$$

结合前面的证明过程得到，当 $\varphi_3^2(x)\geqslant\frac{1}{n}$ 时

$$\|A_n(x)\|_{\infty}\leqslant Cn^{-\frac{3}{2}}$$

当 $\varphi_3^2(x)<\frac{1}{n}$ 时，也有

$$\|A_n(x)\|_{\infty}\leqslant Cn^{-\frac{3}{2}}$$

这样我们完成了该引理的证明.

引理 3　若 $S_{n,k}(x)$，$B_{n,k}(x)$ 以及 $V_{n,k}(x)$ 的定义如引理 1，则

$$\sum_{k=0}^{\infty}\frac{\left(n^3\int_0^{\frac{1}{n}}\int_0^{\frac{1}{n}}\int_0^{\frac{1}{n}}S_{n,k}\left(\frac{j}{n}+u_1+u_2+u_3\right)\mathrm{d}u_1\mathrm{d}u_2\mathrm{d}u_3\right)^2}{(k+1)n^2\int_0^{\frac{1}{n}}\int_0^{\frac{1}{n}}S_{n,k}\left(\frac{j}{n}+u_1+u_2\right)\mathrm{d}u_1\mathrm{d}u_2}$$

$$\leqslant\frac{1}{j+1}\quad(j=0,1,2,\cdots)$$

$$\sum_{k=0}^{n-3}\left(n^3\int_0^{\frac{1}{n}}\int_0^{\frac{1}{n}}\int_0^{\frac{1}{n}}B_{n-3,k}\left(\frac{j}{n}+u_1+u_2+u_3\right)\mathrm{d}u_1\mathrm{d}u_2\mathrm{d}u_3\right)^2\Big/$$

$$\left((k+1)(n-k-2)n^2\int_0^{\frac{1}{n}}\int_0^{\frac{1}{n}}B_{n-2,k}\left(\frac{j}{n}+u_1+u_2\right)\mathrm{d}u_1\mathrm{d}u_2\right)$$

$$\leqslant\frac{1+\frac{C}{n}}{(j+1)(n-j-2)}\quad(0\leqslant j\leqslant n-3)$$

$$\sum_{k=0}^{\infty}(n(n+1)(n+2)\int_0^{\frac{1}{n}}\int_0^{\frac{1}{n}}\int_0^{\frac{1}{n}}V_{n+3,k}\left(\frac{j}{n}+u_1+u_2+u_3\right)\cdot$$
$$du_1du_2du_3)^2/((k+1)(n+k+2)n(n+1)\cdot$$
$$\int_0^{\frac{1}{n}}\int_0^{\frac{1}{n}}V_{n+2,k}\left(\frac{j}{n}+u_1+u_2\right)du_1du_2)$$
$$\leqslant\frac{\left(1+\frac{C}{n}\right)^3}{(j+1)(n+j+2)}\quad(j=0,1,2,\cdots)$$

其中 C 为正绝对常数.

证明 我们先考虑最复杂的情形，即 Baskakov 算子的情形. 我们分两种情况来讨论. 记上述不等式的左端分别为 I_1,I_2,I_3.

(i) $j=0$，通过简单的计算知

$$n(n+1)\int_0^{\frac{1}{n}}\int_0^{\frac{1}{n}}V_{n+2,k}(u_1+u_2)du_1du_2$$
$$\geqslant\frac{n}{k+1}\int_0^{\frac{1}{n}}V_{n+2,k}\left(\frac{1}{n}+t\right)dt$$

由 Cauchy 不等式

$$(n(n+1)(n+2)\int_0^{\frac{1}{n}}\int_0^{\frac{1}{n}}\int_0^{\frac{1}{n}}V_{n+3,k}(u_1+u_2+u_3)\cdot$$
$$du_1du_2du_3)^2/((k+1)(n+k+2)n(n+1)\cdot$$
$$\int_0^{\frac{1}{n}}\int_0^{\frac{1}{n}}V_{n+2,k}(u_1+u_2)du_1du_2)$$
$$\leqslant\frac{(n+1)^2(n+2)^2}{n}\cdot$$
$$\int_0^{\frac{1}{n}}\int_0^{\frac{1}{n}}\int_0^{\frac{1}{n}}\frac{V_{n+3,k}(u_1+u_2+u_3)^2}{(n+2+k)V_{n+2,k}\left(\frac{1}{n}+u_1\right)}du_1du_2du_3$$

令

$$A=\frac{(u_1+u_2+u_3)^2}{u_1+\frac{1}{n}},B=\frac{(1+u_1+u_2+u_3)^2}{1+u_1+\frac{1}{n}}$$

由等式

$$\sum_{k=0}^{\infty}\binom{n+k-1}{k}y^{k}=\frac{1}{(1-y)^{n}}\quad(0<y<1)$$

我们得到

$$\sum_{k=1}^{\infty}(n(n+1)(n+2)\int_{0}^{\frac{1}{n}}\int_{0}^{\frac{1}{n}}\int_{0}^{\frac{1}{n}}V_{n+3,k}(u_1+u_2+u_3)\cdot$$
$$\mathrm{d}u_1\mathrm{d}u_2\mathrm{d}u_3)^{2}/((k+1)(n+k+2)n(n+1)\cdot$$
$$\int_{0}^{\frac{1}{n}}\int_{0}^{\frac{1}{n}}V_{n+2,k}(u_1+u_2)\mathrm{d}u_1\mathrm{d}u_2)$$
$$\leqslant\frac{(n+1)^{2}(n+2)}{n}\frac{1}{1+\dfrac{1}{n}+u_1}\cdot$$
$$\int_{0}^{\frac{1}{n}}\int_{0}^{\frac{1}{n}}\int_{0}^{\frac{1}{n}}\left(\frac{1}{(B-A)^{n+3}}-\frac{1}{B^{n+3}}\right)\mathrm{d}u_1\mathrm{d}u_2\mathrm{d}u_3$$

又因为

$$\frac{1}{B-A}$$
$$=1+\frac{\left(u_3+u_2-\dfrac{1}{n}\right)^{2}}{\left(\dfrac{1}{n}+u_1\right)+\left(\dfrac{1}{n}+u_1\right)^{2}-\left(u_3+u_2-\dfrac{1}{n}\right)^{2}}$$
$$\leqslant1+\frac{\left(u_3+u_2-\dfrac{1}{n}\right)^{2}}{\dfrac{1}{n}+u_1}$$

由 Taylor 公式知存在某一正绝对常数 C_1 使得

$$\left(\frac{1}{B-A}\right)^{n+3}\leqslant\left(1+\frac{C_1}{n}\right)\mathrm{e}^{\frac{(nu_2+nu_3-1)^{2}}{1+nu_1}}$$

同理可得

$$\left(\frac{1}{B}\right)^{n+3}\geqslant\left(1-\frac{C_2}{n}\right)\mathrm{e}^{1-nu_1-2nu_2-2nu_3}$$

这里 C_2 为某一正绝对常数. 从而

$$\sum_{k=1}^{\infty}(n(n+1)(n+2)\int_0^{\frac{1}{n}}\int_0^{\frac{1}{n}}\int_0^{\frac{1}{n}}V_{n+3,k}(u_1+u_2+u_3)\cdot$$

$$\mathrm{d}u_1\mathrm{d}u_2\mathrm{d}u_3)^3/((k+1)(n+k+2)n(n+1)\cdot$$

$$\int_0^{\frac{1}{n}}\int_0^{\frac{1}{n}}V_{n+2,k}(u_1+u_2)\mathrm{d}u_1\mathrm{d}u_2)$$

$$\leqslant\left(1+\frac{C}{n}\right)(n+2)^{-1}\int_0^1\int_0^1\int_0^1(\mathrm{e}^{\frac{(t_2+t_3-1)^2}{1+t_1}}-$$

$$\mathrm{e}^{1-t_1-2t_2-2t_3})\mathrm{d}t_1\mathrm{d}t_2\mathrm{d}t_3$$

而由于

$$(1-x^2)\mathrm{e}^x\leqslant 1+x\leqslant \mathrm{e}^x\quad(x\in\mathbf{R})$$

所以

$$\left(\frac{1}{1+u_1+u_2+u_3}\right)^{n+3}=\left(1-\frac{u_1+u_2+u_3}{1+u_1+u_2+u_3}\right)^{n+3}$$
$$\leqslant \mathrm{e}^{-n(u_1+u_2+u_3)}$$

$$\left(\frac{1}{1+u_1+u_2}\right)^{n+2}=\left(1-\frac{u_1+u_2}{1+u_1+u_2}\right)^{n+2}$$
$$\geqslant\left(1-\left(\frac{2}{n}\right)^2\right)^{n+2}\mathrm{e}^{-(n+2)\frac{u_1+u_2}{1+u_1+u_2}}$$
$$\geqslant\left(1-\frac{C_3}{n}\right)\mathrm{e}^{-(n+2)(u_1+u_2)}$$
$$\geqslant\left(1-\frac{C_4}{n}\right)\mathrm{e}^{-n(u_1+u_2)}$$

其中 C_3,C_4 均为正绝对常数. 这样我们得到 $I_3\leqslant\dfrac{1+\frac{C}{n}}{n+2}$.

(ii) $j\geqslant 1$, 由 Cauchy 不等式

$I_3\leqslant(n+1)(n+2)^2\cdot$

$$\int_0^{\frac{1}{n}}\int_0^{\frac{1}{n}}\int_0^{\frac{1}{n}} \frac{V_{n+3,k}^2\left(\frac{j}{n}+u_1+u_2+u_3\right)}{V_{n+2,k}\left(\frac{j}{u}+u_1+u_2\right)} \mathrm{d}u_1\mathrm{d}u_2\mathrm{d}u_3$$

令

$$A=\left(\frac{j}{n}+u_1+u_2+u_3\right)^2\left(\frac{j}{n}+u_1+u_2\right)^{-1}$$

$$B=\left(1+u_1+u_2+u_3+\frac{j}{n}\right)^2\left(1+u_1+u_2+\frac{j}{n}\right)^{-1}$$

注意到

$$\sum_{k=0}^{\infty}\binom{n+k-1}{k}y^k=\frac{1}{(1-y)^n}\quad (0<y<1)$$

从而

$$I_3\leqslant\int_0^{\frac{1}{n}}\int_0^{\frac{1}{n}}\int_0^{\frac{1}{n}}(n+1)\frac{1}{(B-A)^{n+2}}\cdot$$

$$A^{-1}\frac{1}{1+u_1+u_2+\frac{j}{n}}\mathrm{d}u_1\mathrm{d}u_2\mathrm{d}u_3$$

又因为

$$\frac{1}{B-A}=1+\frac{u_3^2}{\left(\frac{j}{n}+u_1+u_2\right)+\left(\frac{j}{n}+u_1+u_2\right)^2-u_3^2}$$

$$\leqslant 1+\frac{nu_3^2}{j+nu_1+nu_2}$$

由 Taylor 公式知存在正绝对常数 C 使得

$$\frac{1}{(B-A)^{n+2}}\leqslant\left(1+\frac{C}{n}\right)\mathrm{e}^{\frac{n^2u_3^2}{j+nu_1+nu_2}}\tag{1}$$

记 $x=j+nu_1+nu_2$，由 Taylor 公式易知

$$\frac{1}{A}=nx^{-1}\sum_{i=0}^{\infty}(-1)^i(i+1)\left(\frac{nu_3}{x}\right)^i$$

$$\mathrm{e}^{\frac{n^2u_3^2}{x}}\leqslant\sum_{i=0}^{2}\frac{(nu_3)^{2i}}{i!\ x^i}+\frac{\mathrm{e}(nu_3)^6}{3!\ x^3}\tag{2}$$

从而

$$\int_0^{\frac{1}{n}} \frac{1}{A} e^{\frac{n^2 u_3^2}{x}} du_3 \leqslant \sum_{i=0}^{\infty} \frac{(-1)^i (i+1)}{x^{i+1}} \cdot \int_0^1 t^i \left\{1 + \frac{t^2}{x} + \frac{t^4}{2x^2} + \frac{et^6}{6x^3}\right\} dt$$

$$\leqslant \frac{1}{1+x} + \frac{1}{3x^2} - \frac{5-e}{10x^3} + \frac{e}{3x^4}$$

令

$$t_1 = nu_1, t_2 = nu_2$$

所以

$$I_3 \leqslant \frac{\left(1+\frac{C}{n}\right)^3}{n+j+2} \int_0^1 \int_0^1 \left\{\frac{1}{1+x} + \frac{1}{3x^2} - \frac{5-e}{10x^3} + \frac{e}{3x^4}\right\} dt_1 dt_2$$

$$\leqslant \frac{\left(1+\frac{C}{n}\right)^3}{(n+j+2)(j+1)} \tag{3}$$

这样我们证明了该引理中的第三个不等式. 用此方法也可得到另外两个不等式.

引理 4 记

$$V_{n+2,k}^*(x) = n(n+1) \int_0^{\frac{1}{n}} \int_0^{\frac{1}{n}} V_{n+2,k}(x + u_1 + u_2) du_1 du_2$$

$$V_n^*(f, x) = \sum_{k=0}^{\infty} V_{n+2,k}^*(x) f\left(\frac{k}{n}\right)$$

$$V_n^{*1} = V_n^*$$

$$V_n^{*N} = V_n^*(V_n^{*N-1})$$

$$\Phi_n(x) = \sum_{k=0}^{\infty} V_{n+2,k}^*(x) \varphi_3^{-4}\left(\frac{k+1}{n}\right)$$

$$\overline{V}_{n+2}(f, x) = \sum_{k=0}^{\infty} f\left(\frac{k}{n}\right) V_{n+2,k}(x)$$

则当 $2 \leqslant N \leqslant \sqrt{n}$ 时

$$\overline{V}_{n+2}(V_n^{*\,N-1}(\Phi_n),x) \leqslant C\varphi_3^{-4}(x)\ln N$$

其中 C 为正绝对常数.

证明　我们分两种情况来讨论.

(i)$x > \dfrac{1}{\sqrt{n}}$,由于

$$\Phi_n(x) \leqslant 16n^5(n+1)\cdot$$

$$\sum_{k=0}^{\infty}\int_0^{\frac{1}{n}}\int_0^{\frac{1}{n}}\frac{V_{n+2,k}(x+u_1+u_2)}{(k+2)^2(n+k+2)^2}\mathrm{d}u_1\mathrm{d}u_2$$

$$\leqslant 16n^4\frac{1}{(n-1)(n-2)}\cdot$$

$$\sum_{k=0}^{\infty}\frac{(n+k-1)!}{(k+2)!\ (n-3)!}\cdot$$

$$\int_0^{\frac{1}{n}}\int_0^{\frac{1}{n}}\frac{(x+u_1+u_2)^{k+2}}{(1+x+u_1+u_2)^{n+k}}\cdot$$

$$\frac{\mathrm{d}u_1\mathrm{d}u_2}{(x+u_1+u_2)^2(1+x+u_1+u_2)^2}$$

$$\leqslant 16\frac{n^4}{(n-1)(n-2)}\cdot$$

$$\int_0^{\frac{1}{n}}\int_0^{\frac{1}{n}}\frac{1}{(x+u_1+u_2)^2}\frac{1}{(1+x+u_1+u_2)^2}\mathrm{d}u_1\mathrm{d}u_2$$

$$\leqslant 16\frac{n^2}{(n-1)(n-2)}\left(\frac{x+\frac{2}{n}}{x}\right)^2\cdot$$

$$\frac{1}{\left(x+\frac{2}{n}\right)^2}\left(\frac{1+x+\frac{2}{n}}{1+x}\right)^2\frac{1}{\left(1+x+\frac{2}{n}\right)^2}$$

$$\leqslant 16\frac{n^2}{(n-1)(n-2)}\left(1+\frac{2}{xn}\right)^2\cdot$$

$$\left(1+\frac{2}{n}\right)^2\varphi_3^{-4}\left(x+\frac{2}{n}\right)$$

$$\leqslant 16\frac{\left(1+\frac{2}{n}\right)^{2}\left(1+\frac{2}{\sqrt{n}}\right)^{2}}{\left(1-\frac{1}{n}\right)\left(1-\frac{2}{n}\right)}\frac{1}{\varphi_{3}^{4}\left(x+\frac{2}{n}\right)}$$

这样

$$V_{n}^{*}(\Phi_{n},x)\leqslant 16\frac{\left(1+\frac{2}{n}\right)^{2}\left(1+\frac{2}{\sqrt{n}}\right)^{2}}{\left(1-\frac{1}{n}\right)\left(1-\frac{2}{n}\right)}\sum_{k=0}^{\infty}V_{n+2,k}^{*}(x)$$

$$\leqslant 16\frac{\left(1+\frac{2}{n}\right)^{4}\left(1+\frac{2}{\sqrt{n}}\right)^{4}}{\left(1-\frac{1}{n}\right)^{2}\left(1-\frac{2}{n}\right)^{2}}\varphi_{3}^{-4}\left(x+\frac{2}{n}\right)$$

我们重复上述过程 $N-1$ 次有

$$V_{n}^{*\,N-1}(\Phi_{n},x)$$

$$\leqslant 16\frac{\left(1+\frac{2}{n}\right)^{2N}\left(1+\frac{2}{\sqrt{n}}\right)^{2N}}{\left(1-\frac{1}{n}\right)^{N}\left(1-\frac{2}{n}\right)^{N}}\varphi_{3}^{-4}\left(x+\frac{2}{n}\right)$$

所以当 $x>\frac{1}{\sqrt{n}}$ 时

$$\overline{V}_{n+2}(V_{n}^{*\,N-1}(\Phi_{n}),x)$$

$$\leqslant 16\frac{\left(1+\frac{2}{n}\right)^{2N}\left(1+\frac{2}{\sqrt{n}}\right)^{2N}}{\left(1-\frac{1}{n}\right)^{N+1}\left(1-\frac{2}{n}\right)^{N+1}}\varphi_{3}^{-4}(x)$$

$$\leqslant C\varphi_{3}^{-4}(x)$$

这里 C 为正绝对常数.

(ii) $x\leqslant\frac{1}{\sqrt{n}}$，由于

$$\Phi_{n}(x)\leqslant\sum_{k=0}^{\infty}\left(\frac{n}{k+1}\right)^{2}V_{n+2,k}^{*}(x)+$$

$$\sum_{k=0}^{\infty}\left(\frac{n}{n+k+1}\right)^{2}V_{n+2,k}^{*}(x)$$
$$\triangleq \Phi_{n,1}(x)+\Phi_{n,2}(x)$$

所以我们只需证明以下两式成立即可

$$\overline{V}_{n+2}(V_n^{*\,N-1}(\Phi_{n,1})x)\leqslant Cx^{-2}\ln N \tag{4}$$

$$\overline{V}_{n+2}(V_n^{*\,N-1}(\Phi_{n,2})x)\leqslant C(1+x)^{-2}\ln N \tag{5}$$

首先证明第一个不等式. 由于

$$\frac{1}{k+1}\leqslant 2\int_0^1 t^{k+1}\mathrm{d}t\quad (k=0,1,2,\cdots)$$

从而

$$\Phi_{n,1}(x)\leqslant 2n^3\int_0^{\frac{1}{n}}\int_0^{\frac{1}{n}}\frac{1}{x+u_1+u_2}\cdot$$
$$\int_0^1\frac{1}{(1+(1-t)(x+u_1+u_2))^{n+1}}\mathrm{d}t\mathrm{d}u_1\mathrm{d}u_2$$
$$\leqslant 2n^3\int_0^{\frac{1}{n}}\int_0^{\frac{1}{n}}\frac{1}{x+u_1+u_2}\cdot$$
$$\int_0^1\left(1-\frac{(1-t)(x+u_1+u_2)}{1+\frac{3}{\sqrt{n}}}\right)^{n+1}\mathrm{d}u_1\mathrm{d}u_2\mathrm{d}t$$
$$\leqslant 2n^3\int_0^{\frac{1}{n}}\int_0^{\frac{1}{n}}\frac{1}{x+u_1+u_2}\cdot$$
$$\int_0^1 \mathrm{e}^{-\frac{(n+1)(x+u_1+u_2)(1-t)}{1+\frac{3}{\sqrt{n}}}}\mathrm{d}t\mathrm{d}u_1\mathrm{d}u_2$$
$$=2n^3\int_0^{\frac{1}{n}}\int_0^{\frac{1}{n}}\int_0^1\int_0^1 T^{x+u_1+u_2-1}\mathrm{d}T\cdot$$
$$\mathrm{e}^{-\left(\frac{n+1}{1+\frac{3}{\sqrt{n}}}\right)(x+u_1+u_2)(1-t)}\mathrm{d}t\mathrm{d}u_1\mathrm{d}u_2$$

通过计算知

$$\int_0^{\frac{1}{n}}\int_0^{\frac{1}{n}}T^{u_1+u_2}\mathrm{e}^{-\left(\frac{n+1}{1+\frac{3}{\sqrt{n}}}\right)(u_1+u_2)(1-t)}\mathrm{d}u_1\mathrm{d}u_2$$

$$=\frac{\left(1-T^{\frac{1}{n}}\mathrm{e}^{-\left(\frac{n+1}{1+\frac{3}{\sqrt{n}}}\right)(1-t)}\right)^{2}}{\ln^{2}\left(T\mathrm{e}^{-\left(\frac{n+1}{1+\frac{3}{\sqrt{n}}}\right)(1-t)}\right)} \tag{6}$$

从而

$$\Phi_{n,1}(x)\leqslant 2n^{2}\int_{0}^{1}\int_{0}^{\mathrm{e}^{-\frac{n+1}{n\left(1+\frac{3}{\sqrt{n}}\right)}t}}\frac{T^{nx}(1-T)^{2}}{T\ln^{2}T}\mathrm{d}T\mathrm{d}t \tag{7}$$

记

$$F_{0}(T)=1-T, F_{1}(T)=1-\mathrm{e}^{-\frac{n+2}{n\left(1+\frac{3}{\sqrt{n}}\right)}F_{0}(T)}$$

$$F_{j}(t)=1-\mathrm{e}^{-\frac{n+2}{n\left(1+\frac{3}{\sqrt{n}}\right)}F_{j-1}(T)} \quad (j=1,2,\cdots)$$

又因

$$\begin{aligned}
&n(n+1)\int_{0}^{\frac{1}{n}}\int_{0}^{\frac{1}{n}}\sum_{k=0}^{\infty}\frac{(n+k+1)!}{k!\ (n+1)!}\cdot\\
&(T(x+u_{1}+u_{2}))^{k}\cdot\\
&(1+x+u_{1}+u_{2})^{-n-2-k}\mathrm{d}u_{1}\mathrm{d}u_{2}\\
\leqslant{}& n(n+1)\int_{0}^{\frac{1}{n}}\int_{0}^{\frac{1}{n}}\mathrm{e}^{-\left(\frac{n+2}{1+\frac{3}{\sqrt{n}}}\right)(x+u_{1}+u_{2})(1-T)}\mathrm{d}u_{1}\mathrm{d}u_{2}\\
={}& n(n+1)\left[\frac{1+\frac{3}{\sqrt{n}}}{(n+2)(1-T)}\right]^{2}\cdot\\
&\mathrm{e}^{-\left(\frac{n+2}{1+\frac{3}{\sqrt{n}}}\right)(1-T)x}\left(1-\mathrm{e}^{-\left(\frac{n+2}{n\left(1+\frac{3}{\sqrt{n}}\right)}\right)(1-T)}\right)^{2}\\
\leqslant{}&\left(1+\frac{3}{\sqrt{n}}\right)^{2}\frac{F_{1}^{2}(T)}{F_{0}^{2}(T)}\mathrm{e}^{-\left(\frac{n+2}{1+\frac{3}{\sqrt{n}}}\right)F_{0}(T)x}
\end{aligned} \tag{8}$$

由 $V_{n}^{*}(f,t)$ 的定义，我们得到

$$\begin{aligned}
&V_{n}^{*}(\Phi_{n,1},x)\leqslant 2n^{2}\left(1+\frac{3}{\sqrt{n}}\right)^{2}\cdot\\
&\qquad\int_{0}^{1}\int_{0}^{\mathrm{e}^{-\frac{n+1}{n\left(1+\frac{3}{\sqrt{n}}\right)}t}}\frac{F_{1}^{2}(T)}{T\ln^{2}T}\mathrm{e}^{-\frac{n+2}{1+\frac{3}{\sqrt{n}}}F_{0}(T)x}\mathrm{d}T\mathrm{d}t
\end{aligned} \tag{9}$$

这样由(7)(8)归纳可得

$$V_n^{*N-1}(\Phi_{n,1},x)\leqslant 2n\left(1+\frac{3}{\sqrt{n}}\right)^{2(N-1)}\cdot$$

$$\int_0^1\int_0^{e^{-\frac{n+1}{n(1+\frac{3}{\sqrt{n}})}t}}\frac{F_{N-1}^2(T)}{T\ln^2 T}e^{-\frac{n+2}{1+\frac{3}{\sqrt{n}}}F_{N-2}(T)x}\mathrm{d}T\mathrm{d}t$$

从而

$$\begin{aligned}&\overline{V}_{n+2}(V_n^{*N-1}(\Phi_{n,1}),x)\\&\leqslant 2n\left(1+\frac{3}{\sqrt{n}}\right)^{2N-1}\cdot\\&\int_0^1\int_0^{e^{-\frac{n+1}{n(1+\frac{3}{\sqrt{n}})}t}}\frac{F_{N-1}^2(T)}{T\ln^2 T}e^{-\frac{n+2}{1+\frac{3}{\sqrt{n}}}F_{N-1}(T)x}\mathrm{d}T\mathrm{d}t\\&\leqslant 2n^2\left(1+\frac{3}{\sqrt{n}}\right)^{2N}\cdot\\&\int_{e^{-2}}^1\int_0^{u}\frac{F_{N-1}^2(T)}{uT\ln^2 T}e^{-\frac{n+2}{1+\frac{3}{\sqrt{n}}}F_{N-1}(T)x}\mathrm{d}T\mathrm{d}t\end{aligned}\tag{10}$$

为了估计式(10),我们将上述积分写为

$$\begin{aligned}&\int_{e^{-2}}^1\int_0^{u}\frac{F_{N-1}^2(T)}{uT\ln^2 T}e^{-\frac{n+2}{1+\frac{3}{\sqrt{n}}}F_{N-1}(T)x}\mathrm{d}T\mathrm{d}u\\&=\int_{e^{-2}}^1\int_{e^{-2}}^{u}\frac{F_{N-1}^2(T)}{uT\ln^2 T}e^{-\frac{n+2}{1+\frac{3}{\sqrt{n}}}F_{N-1}(T)x}\mathrm{d}T\mathrm{d}u+\\&\int_{e^{-2}}^1\int_0^{e^{-2}}\frac{F_{N-1}^2(T)}{uT\ln^2 T}e^{-\frac{n+2}{1+\frac{3}{\sqrt{n}}}F_{N-1}(T)x}\mathrm{d}T\mathrm{d}u\\&:=A_1+A_2\end{aligned}$$

以下我们分别估计 A_1,A_2. 因为

$$F_{N-1}^2(T)e^{-\frac{n+2}{1+\frac{3}{\sqrt{n}}}F_{N-1}(T)x}\leqslant\frac{2\left(1+\frac{3}{\sqrt{n}}\right)^2}{((n+2)x)^2}\leqslant\frac{C_1}{((n+2)x)^2}$$

所以

$$A_2=\int_{e^{-2}}^1\int_0^{e^{-2}}\frac{F_{N-1}^2(T)}{uT\ln^2 T}e^{-\frac{n+2}{1+\frac{3}{\sqrt{n}}}F_{N-1}(T)x}\mathrm{d}T\mathrm{d}u$$

$$\leqslant C_2 \frac{1}{((n+2)x)^2}\int_0^{e^{-2}} \frac{dT}{T\ln^2 T} \leqslant \frac{C_3}{(nx)^2}$$

这里 C_1，C_2 和 C_3 均为正绝对常数. 为了估计 A_1，交换积分次序，有

$$\int_{e^{-2}}^1 \int_{e^{-2}}^u \frac{F_{N-1}^2(T)}{uT\ln^2 T} e^{-\frac{n+2}{1+\frac{3}{\sqrt{n}}}F_{N-1}(T)x} dTdu$$

$$\leqslant C_4 \int_{e^{-2}}^1 \frac{(1-T)F_{N-1}^2(T)}{T\ln^2 T} e^{-\frac{n+2}{1+\frac{3}{\sqrt{n}}}F_{N-1}(T)x} dT$$

$$\leqslant C_4 \Big(\int_{e^{-2}}^{\frac{1}{2}} \frac{(1-T)F_{N-1}^2(T)}{T\ln^2 T} e^{-\frac{n+2}{1+\frac{3}{\sqrt{n}}}F_{N-1}(T)x} dT +$$

$$\int_{\frac{1}{2}}^1 \frac{(1-T)F_{N-1}^2(T)}{T\ln^2 T} e^{-\frac{n+2}{1+\frac{3}{\sqrt{n}}}F_{N-1}(T)x} dT\Big)$$

再次利用

$$F_{N-1}^2(T) e^{-\frac{n+2}{1+\frac{3}{\sqrt{n}}}F_{N-1}(T)x} \leqslant \frac{C_5}{(nx)^2}$$

可得

$$\int_{e^{-2}}^{\frac{1}{2}} \frac{(1-T)F_{N-1}^2(T)}{T\ln^2 T} e^{-\frac{n+2}{1+\frac{3}{\sqrt{n}}}F_{N-1}(T)x} dT \leqslant \frac{C}{(nx)^2}$$

所以为了证明式(4)，我们只要证明下式即可

$$\int_{\frac{1}{2}}^1 \frac{(1-T)F_{N-1}^2(T)}{T\ln^2 T} e^{-\frac{n+2}{1+\frac{3}{\sqrt{n}}}F_{N-1}(T)x} dT \leqslant C \frac{\ln N}{(nx)^2} \tag{11}$$

记

$$G_j(t) = F_j(1-t) \quad (j=0,1,\cdots,N-1)$$

显然

$$G_0(t)=t, G_{j+1}(t) = 1 - e^{-\frac{n+2}{1+\frac{3}{\sqrt{n}}}G_j(t)}$$

$$(j=0,1,2,\cdots,N-2)$$

由 $G_j(t)$ 的定义易知

$$G_{N-1}(t) \leqslant \left(\frac{n+2}{n\left(1+\frac{3}{\sqrt{n}}\right)}\right)^{N-1} t$$

经过简单的计算有

$$G'_{N-1}(0)=\left(\frac{n+2}{n\left(1+\frac{3}{\sqrt{n}}\right)}\right)^{N-1}$$

$$|G''_{N-1}(0)|\leqslant N\left(\frac{n+2}{n\left(1+\frac{3}{\sqrt{n}}\right)}\right)^{N+1}$$

$$G'''_{N-1}(t)>0$$

从而

$$\left(\frac{n+2}{n\left(1+\frac{3}{\sqrt{n}}\right)}\right)^{N-1}\left(t-\frac{N}{2}\left(\frac{n+2}{n\left(1+\frac{3}{\sqrt{n}}\right)}\right)^{2}t^{2}\right)$$

$$\leqslant G_{N-1}(t)\leqslant\left(\frac{n+2}{n\left(1+\frac{3}{\sqrt{n}}\right)}\right)^{N-1}t$$

$$(0\leqslant t\leqslant 1)\tag{12}$$

令 $1-T=t$，那么

$$\int_{\frac{1}{2}}^{1}\frac{(1-T)F_{N-1}^{2}(T)}{T\ln^{2}T}\mathrm{e}^{-\frac{n+2}{1+\frac{3}{\sqrt{n}}}F_{N-1}(T)x}\,\mathrm{d}T$$

$$=\int_{0}^{\frac{1}{2}}\frac{tG_{N-1}^{2}(t)}{(1-t)\ln^{2}(1-t)}\mathrm{e}^{-\frac{n+2}{1+\frac{3}{\sqrt{n}}}G_{N-1}(t)x}\,\mathrm{d}t$$

因为当 $0\leqslant t\leqslant\frac{1}{2}$ 时

$$(1-t)\ln^{2}(1-t)\geqslant 2^{-1}t^{2}$$

所以

$$\int_{0}^{\frac{1}{2}}\frac{tG_{N-1}^{2}(t)}{(1-t)\ln^{2}(1-t)}\mathrm{e}^{-\frac{n+2}{1+\frac{3}{\sqrt{n}}}G_{N-1}(t)x}\,\mathrm{d}t$$

$$\leqslant 2\int_{0}^{\frac{1}{2}}\frac{G_{N-1}^{2}(t)}{t}\mathrm{e}^{-\frac{n+2}{1+\frac{3}{\sqrt{n}}}G_{N-1}(t)x}\,\mathrm{d}t$$

$$=2\int_{0}^{6N}\frac{G_{N-1}^{2}(t)}{t}\mathrm{e}^{-\frac{n+2}{1+\frac{3}{\sqrt{n}}}G_{N-1}(t)x}\,\mathrm{d}t+$$

$$2\int_{\frac{1}{6N}}^{\frac{1}{2}} \frac{G_{N-1}^2(t)}{t} e^{-\frac{n+2}{1+\frac{3}{\sqrt{n}}} G_{N-1}(t)x} dt \tag{13}$$

由(12)知

$$\int_0^{\frac{1}{6N}} \frac{G_{N-1}^2(t)}{t} e^{-\frac{n+2}{1+\frac{3}{\sqrt{n}}} G_{N-1}(t)x} dt$$

$$\leqslant \left[\frac{n+2}{n\left(1+\frac{3}{\sqrt{n}}\right)}\right]^{2N-2} \cdot$$

$$\int_0^{\frac{1}{6N}} t e^{-\frac{n+2}{1+\frac{3}{\sqrt{n}}}\left(\frac{n+2}{n\left(1+\frac{3}{\sqrt{n}}\right)}\right)^{N-1}\left(t-\frac{N}{2}\left(\frac{n+2}{n\left(1+\frac{3}{\sqrt{n}}\right)}\right)^2 t^2\right)x} dt$$

$$= \left[\frac{n+2}{n\left(1+\frac{3}{\sqrt{n}}\right)}\right]^{2N-2} \cdot$$

$$\int_0^{\frac{1}{6N}} t e^{-\frac{n+2}{1+\frac{3}{\sqrt{n}}}\left(\frac{n+2}{n\left(1+\frac{3}{\sqrt{n}}\right)}\right)^{N-1} tx\left(1-\frac{N}{2}\left(\frac{n+2}{n\left(1+\frac{3}{\sqrt{n}}\right)}\right)^2 t\right)} dt$$

$$\leqslant \left[\frac{n+2}{n\left(1+\frac{3}{\sqrt{n}}\right)}\right]^{2N-2} \cdot$$

$$\int_0^{\frac{1}{6N}} t e^{-\frac{n+2}{1+\frac{3}{\sqrt{n}}}\left(\frac{n+2}{n\left(1+\frac{3}{\sqrt{n}}\right)}\right)^{N-1} tx\left(1-\frac{1}{12}\left(\frac{n+2}{n\left(1+\frac{3}{\sqrt{n}}\right)}\right)^2\right)} dt$$

注意到 $1 \leqslant N \leqslant \sqrt{n}$，所以存在正绝对常数 C 使得

$$\int_0^{\frac{1}{6N}} \frac{G_{N-1}^2(t)}{t} e^{-\frac{n+2}{1+\frac{3}{\sqrt{n}}} G_{N-1}(t)x} dt \leqslant \frac{C}{(nx)^2} \tag{14}$$

又因为

$$G_{N-1}^2(t) e^{-\frac{n+2}{1+\frac{3}{\sqrt{n}}} G_{N-1}(t)x} \leqslant \frac{2\left(1+\frac{3}{\sqrt{n}}\right)^2}{((n+2)x)^2} \leqslant 32 \frac{1}{(nx)^2}$$

所以

$$\int_{\frac{1}{6N}}^{\frac{1}{2}} \frac{G_{N-1}^2(t)}{t} e^{-\frac{n+2}{1+\frac{3}{\sqrt{n}}} G_{N-1}(t)x} dt \leqslant C(nx)^{-2} \ln N \tag{15}$$

这样我们完成了式(4)的证明. 下面我们证明式(5).

由于

$$\frac{1}{n+k+1} \leqslant 2\int_0^1 t^{n+k+1}\mathrm{d}t \quad (k=0,1,2,\cdots)$$

从而

$$\begin{aligned}
\Phi_{n,2}(x) &\leqslant 2n^3\int_0^{\frac{1}{n}}\int_0^{\frac{1}{n}} \frac{1}{1+x+u_1+u_2}\cdot \\
&\quad \int_0^1 \left(\frac{t}{1+(1-t)(x+u_1+u_2)}\right)^{n+1}\mathrm{d}t\mathrm{d}u_1\mathrm{d}u_2 \\
&\leqslant 2n^3\int_0^{\frac{1}{n}}\int_0^{\frac{1}{n}} \frac{1}{1+x+u_1+u_2}\cdot \\
&\quad \int_0^1 \left(1-\frac{(1-t)(1+x+u_1+u_2)}{1+\frac{3}{\sqrt{n}}}\right)^{n+1}\cdot \\
&\quad \mathrm{d}t\mathrm{d}u_1\mathrm{d}u_2 \\
&\leqslant 2n^3\int_0^{\frac{1}{n}}\int_0^{\frac{1}{n}} \frac{1}{1+x+u_1+u_2}\cdot \\
&\quad \int_0^1 \mathrm{e}^{-\frac{(n+1)(1+x+u_1+u_2)(1-t)}{1+\frac{3}{\sqrt{n}}}}\mathrm{d}t\mathrm{d}u_1\mathrm{d}u_2 \\
&= 2n^3\int_0^{\frac{1}{n}}\int_0^{\frac{1}{n}}\int_0^1\int_0^1 T^{x+u_1+u_2}\cdot \\
&\quad \mathrm{e}^{-\frac{(n+1)(1+x+u_1+u_2)(1-t)}{1+\frac{3}{\sqrt{n}}}}\mathrm{d}T\mathrm{d}t\mathrm{d}u_1\mathrm{d}u_2
\end{aligned}$$

利用式(6)可得

$$\Phi_{n,2}(x) \leqslant 2n^2\int_0^1\int_0^{\mathrm{e}^{-\frac{n+2}{n\left(1+\frac{3}{\sqrt{n}}\right)}t}} \frac{T^{n(1+x)}(1-T)^2}{T\ln^2 T}\mathrm{d}T\mathrm{d}t \tag{16}$$

记

$$F_0(T)=1-T, F_1(T)=1-\mathrm{e}^{-\frac{1}{1+\frac{3}{\sqrt{n}}}F_0(T)}$$

$$F_j(T)=1-\mathrm{e}^{-\frac{1}{1+\frac{3}{\sqrt{n}}}F_{j-1}(T)} \quad (j=1,2,\cdots)$$

因为

$$n(n+1)\int_0^{\frac{1}{n}}\int_0^{\frac{1}{n}}\sum_{k=0}^{\infty}\frac{(n+k+1)!}{k!\ (n+1)!}T^{n+k}\cdot$$

$$(x+u_1+u_2)^k(1+x+u_1+u_2)^{-n-2-k}\mathrm{d}u_1\mathrm{d}u_2$$

$$\leqslant n(n+1)\int_0^{\frac{1}{n}}\int_0^{\frac{1}{n}}\mathrm{e}^{-\frac{n}{1+\frac{3}{\sqrt{n}}}(1+x+u_1+u_2)(1-T)}\mathrm{d}u_1\mathrm{d}u_2$$

$$\leqslant n(n+1)\left(\frac{1+\frac{3}{\sqrt{n}}}{n(1-T)}\right)^2\mathrm{e}^{-\frac{n}{1+\frac{3}{\sqrt{n}}}(1-T)(1+x)}\cdot$$

$$(1-\mathrm{e}^{-\frac{n}{1+\frac{3}{\sqrt{n}}}(1-T)})^2$$

$$=\frac{n+1}{n}\left(1+\frac{3}{\sqrt{n}}\right)^2\frac{F_1^2(T)}{F_0^2(T)}\mathrm{e}^{-\frac{n}{1+\frac{3}{\sqrt{n}}}F_0(T)(1+x)}\tag{17}$$

这样由 $V_n^*(f,x)$ 的定义,归纳可得

$$V_n^{*\,N-1}(\Phi_{n,2},x)\leqslant 2n^2\left(1+\frac{3}{\sqrt{n}}\right)^{2(N-1)}\left(1+\frac{1}{n}\right)^{N-1}\cdot$$

$$\int_0^1\int_0^{\mathrm{e}^{-\frac{n+1}{n\left(1+\frac{3}{\sqrt{n}}\right)}t}}\frac{F_{N-1}^2(T)}{T\ln^2 T}\cdot$$

$$\mathrm{e}^{-\frac{n}{1+\frac{3}{\sqrt{n}}}F_{N-2}(T)(1+x)}\mathrm{d}T\mathrm{d}t$$

$$\overline{V}_{n+2}(V_n^{*\,N-1}(\Phi_{n,2}),x)\leqslant 2n^2\left(1+\frac{3}{\sqrt{n}}\right)^{2(N-1)}\left(1+\frac{1}{n}\right)^{N-1}\cdot$$

$$\int_0^1\int_0^{\mathrm{e}^{-\frac{n+1}{n\left(1+\frac{3}{\sqrt{n}}\right)}t}}\frac{F_{N-1}^2(T)}{T\ln^2 T}\cdot$$

$$\mathrm{e}^{-\frac{n}{1+\frac{3}{\sqrt{n}}}F_{N-2}(T)(1+x)}\mathrm{d}T\mathrm{d}t$$

$$\leqslant 2n^2\left(1+\frac{3}{\sqrt{n}}\right)^{2(N-1)}\left(1+\frac{1}{n}\right)^{N-1}\cdot$$

$$\int_{\mathrm{e}^{-2}}^1\int_0^u\frac{F_{N-1}^2(T)}{uT\ln^2 T}\mathrm{e}^{-\frac{n}{1+\frac{3}{\sqrt{n}}}F_{N-1}(T)(1+x)}\mathrm{d}T\mathrm{d}u\tag{18}$$

利用式(18) 以及式(4) 的证明方法类似可得

$$\overline{V}_{n+2}(V_n^{*N-1}(\Phi_{n,2}),x)\leqslant C(1+x)^{-2}\ln N$$

从而我们完成了该引理的证明. 用此方法类似可得引理 5,6.

引理 5　记

$$S_{n,k}^*(x)=n^2\int_0^{\frac{1}{n}}\int_0^{\frac{1}{n}}S_{n,k}(x+u_1+u_2)\mathrm{d}u_1\mathrm{d}u_2$$

$$S_n^*(f,x)=\sum_{k=0}^{\infty}S_{n,k}^*(x)f\left(\frac{k}{n}\right)$$

$$S_n^{*1}=S_n^*$$

$$S_n^{*N}=S_n^*(S_n^{*N-1})$$

$$\psi_n(x)=\sum_{k=0}^{\infty}\left(\frac{n}{k+1}\right)^2S_{n,k}^*(x)$$

则当 $N\geqslant 2$ 时

$$S_n(S_n^{*N-1}(\psi_n),x)\leqslant C\frac{1}{x^2}\ln N$$

引理 6　记

$$b_{n-2,k}^*(x)=n(n-1)\int_0^{\frac{1}{n}}\int_0^{\frac{1}{n}}B_{n-2,k}(x+u_1+u_2)\mathrm{d}u_1\mathrm{d}u_2$$

$$B_n^*(f,x)=\sum_{k=0}^{n-2}f\left(\frac{k}{n}\right)\cdot b_{n-2,k}^*(x)$$

$$B_n^{*1}=B_n^*$$

$$B_n^{*N}=B_n^*(B_n^{*N-1})$$

$$w_n(x)=\sum_{k=0}^{n-2}\varphi_2^{-4}\left(\frac{k+1}{n}\right)b_{N-2,k}^*(x)$$

$$\overline{B}_{n-2}(f,x)=\sum_{k=0}^{n-2}f\left(\frac{k}{n}\right)B_{n-2,k}(x)$$

则当 $2\leqslant N\leqslant n$ 时

$$\overline{B}_{n-2}(B_n^{*N-1}(w_n),x)\leqslant C\varphi_2^{-4}(x)\ln N$$

其中 C 为正的绝对常数.

引理 7 若 $f\in C^2[0,\infty)\cap L_\infty[0,\infty)$，$\varphi_1^2(x)f''(x)\in L_\infty[0,\infty)$，$\varphi_2^2(x)f''(x)\in C[0,1]$，$\varphi_3^2(x)f''(x)\in L_\infty[0,\infty)$，则下列三式成立

$$\|\varphi_1^3(S_n^N(f))'''\|_\infty\leqslant C\sqrt{\frac{n\ln(N+1)}{N}}\|\varphi_1^2f''\|_\infty \quad (n=1,2,3,\cdots) \tag{19}$$

$$\|\varphi_2^3(B_n^N(f))'''\|_\infty\leqslant C\sqrt{\frac{n\ln(N+1)}{N}}\|\varphi_2^2f''\|_\infty \quad (n\geqslant N) \tag{20}$$

$$\|\varphi_3^3(V_n^N(f))'''\|_\infty\leqslant C\sqrt{\frac{n\ln(N+1)}{N}}\|\varphi_3^2f''\|_\infty \quad (n\geqslant N^2) \tag{21}$$

其中 C 为正的绝对常数.

证明 由于证明(19)(20)(21)的方法完全类似，所以我们只证明(21).下面我们只证 $N\geqslant 2$ 时的情形即可.由于

$$V'_{n,k}(x)=n(V_{n+1,k-1}^{(x)}-V_{n+1,k}^{(x)})$$

从而

$$\begin{aligned}&(V_n(f,x))'''\\&=n(n+1)\sum_{k=0}^{\infty}\int_0^{\frac{1}{n}}\int_0^{\frac{1}{n}}f''\left(\frac{k}{n}+u+v\right)\mathrm{d}u\mathrm{d}vV_{n+2,k}(x)\end{aligned}$$

注意到

$$(V_n^N(f,x))''=(V_n(V_n^{N-1}(f),x))''$$

归纳可得

$$\begin{aligned}(V_n^N(f,x))''=&\sum_{k_1=0}^{\infty}\cdots\sum_{k_N=0}^{\infty}n(n+1)\cdot\\&\int_0^{\frac{1}{n}}\int_0^{\frac{1}{n}}f''\left(\frac{k_1}{n}+u+v\right)\mathrm{d}u\mathrm{d}vV_{n,k_1,\cdots,k_N}(x)\end{aligned}$$

这里

$$V_{n,k_1,\cdots,k_N}(x)=V_{n+2,k_N}(x)\sum_{j=i}^{N-1}n(n+1)\int_0^{\frac{1}{n}}\int_0^{\frac{1}{n}}V_{n+2,k_j}\cdot\left(\frac{k_{j+1}}{n}+u_{j+1}+v_{j+1}\right)\mathrm{d}u_{j+1}\mathrm{d}v_{j+1}$$

记

$$I_i^*=n(n+1)(n+2)\int_0^{\frac{1}{n}}\int_0^{\frac{1}{n}}\int_0^{\frac{1}{n}}V'_{n+2,k_i}\left(\frac{k_{i+1}}{n}+u_{i+1}+v_{i+1}+t_{i+1}\right)\cdot\mathrm{d}u_{i+1}\mathrm{d}v_{i+1}\mathrm{d}t_{i+1}/(n(n+1)\cdot\int_0^{\frac{1}{n}}\int_0^{\frac{1}{n}}v_{n+2,k_i}\left(\frac{k_{i+1}}{n}+u_{i+1}+v_{i+1}\right)\mathrm{d}u_{i+1}\mathrm{d}v_{i+1})\quad(1\leqslant i\leqslant N-1)$$

$$I_i=n(n+1)(n+2)\int_0^{\frac{1}{n}}\int_0^{\frac{1}{n}}\int_0^{\frac{1}{n}}V_{n+3,k_i}\left(\frac{k_{i+1}}{n}+u_{i+1}+v_{i+1}+t_{i+1}\right)\cdot\mathrm{d}u_{i+1}\mathrm{d}v_{i+1}\mathrm{d}t_{i+1}/(n(n+1)\cdot\int_0^{\frac{1}{n}}\int_0^{\frac{1}{n}}V_{n+2,k_i}\left(\frac{k_{i+1}}{n}+u_{i+1}+v_{i+1}\right)\mathrm{d}u_{i+1}\mathrm{d}v_{i+1})\quad(1\leqslant i\leqslant N-1)$$

$$I_N^*=I_N^*(x)=\frac{V'_{n+2,k_N}(x)}{V_{n+2,k_N}(x)}$$

$$I_N=\frac{V_{n+3,k_N}(x)}{V_{n+2,k_N}(x)}$$

$$D_N=I_N^*,D_i=I_i^*I_{i+1}\cdots I_N\quad(1\leqslant i\leqslant N-1)$$

易证当 $1\leqslant i\leqslant N$ 时有

$$(V_n^N(f))'''=\sum_{k_1=0}^{\infty}\cdots\sum_{k_N=0}^{\infty}n(n+1)\cdot\int_0^{\frac{1}{n}}\int_0^{\frac{1}{n}}f''\left(\frac{k_1}{n}+u+v\right)\mathrm{d}u\mathrm{d}v\cdot$$

$$V_{n,k_1,\cdots,k_N}(x)D_i \tag{22}$$

记 $D=\sum_{i=1}^{N}D_i$，则

$$(V_n^N(f))'''=\frac{1}{N}\sum_{k_1=0}^{\infty}\cdots\sum_{k_N=0}^{\infty}n(n+1)\cdot \int_0^{\frac{1}{n}}\int_0^{\frac{1}{n}}f''\left(\frac{k_1}{n}+u+v\right)\mathrm{d}u\mathrm{d}vV_{n,k_1,\cdots,k_N}(x)D$$

由 Cauchy 不等式知

$$\begin{aligned}&|(V_n^N(f))'''|\\ \leqslant&\frac{1}{N}\sqrt{\sum_{k_1=0}^{\infty}\cdots\sum_{k_N=0}^{\infty}V_{n,k_1,\cdots,k_N}(x)D^2}\cdot\\ &\sqrt{\sum_{k_1=0}^{\infty}\cdots\sum_{k_N=0}^{\infty}\left|n(n+1)\int_0^{\frac{1}{n}}\int_0^{\frac{1}{n}}f''\left(\frac{k_1}{n}+u+v\right)\mathrm{d}u\mathrm{d}v\right|^2V_{n,k_1,\cdots,k_N}(x)}\\ :=&\frac{1}{N}\sqrt{B_1}\sqrt{B_2}\end{aligned} \tag{23}$$

以下分别估计 B_1 和 B_2. 由于

$$\begin{aligned}&\left|n(n+1)\int_0^{\frac{1}{n}}\int_0^{\frac{1}{n}}f''\left(\frac{k_1}{n}+u+v\right)\mathrm{d}u\mathrm{d}v\right|\\ \leqslant&\|\varphi_3^2f''\|_{\infty}n(n+1)\int_0^{\frac{1}{n}}\int_0^{\frac{1}{n}}\varphi_3^{-2}\left(\frac{k_1}{n}+u+v\right)\mathrm{d}u\mathrm{d}v\\ &\int_0^{\frac{1}{n}}\int_0^{\frac{1}{n}}\varphi_3^{-2}\left(\frac{k_1}{n}+u+v\right)\mathrm{d}u\mathrm{d}v\\ \leqslant&\frac{M}{n(n+1)}\varphi_3^{-2}\left(\frac{k_1+1}{2}\right)\end{aligned}$$

利用引理 4，得到

$$B_2\leqslant C\ln(N+1)\varphi_3^{-4}(x)\|\varphi_3^2f''\|^2 \tag{24}$$

由于

$$D^2=\sum_{i=1}^{N}D_i^2+\sum_{i\neq j}D_iD_j$$

我们不妨假设 $j>i$，则

$$\sum_{k_1=0}^{\infty}\cdots\sum_{k_N=0}^{\infty}V_{n,k_1,\cdots,k_N}(x)D_iD_j$$
$$=\sum_{k_i=0}^{\infty}\sum_{k_{i+1}=0}^{\infty}\int_0^{\frac{1}{n}}\int_0^{\frac{1}{n}}\int_0^{\frac{1}{n}}V'_{n+2,k_i}\Big(\frac{k_{i+1}}{n}+u_{i+1}+$$
$$v_{i+1}+t_{i+1}\Big)\mathrm{d}u_{i+1}\mathrm{d}v_{i+1}\mathrm{d}t_{i+1}R_{k_{i+1}}$$

而

$$\sum_{k_i=0}^{\infty}V'_{n+2,k_i}\left(\frac{k_{i+1}}{n}+u_{i+1}+v_{i+1}+t_{i+1}\right)$$
$$=\left(\sum_{k_i=0}^{\infty}V_{n+2,k_i}\left(\frac{k_{i+1}}{n}+u_{i+1}+v_{i+1}+t_{i+1}\right)\right)'=0$$

从而

$$\sum_{k_1=0}^{\infty}\cdots\sum_{k_N=0}^{\infty}V_{n,k_1,\cdots,k_N}(x)D^2$$
$$=\sum_{i=1}^{N}\sum_{k_1=0}^{\infty}\cdots\sum_{k_N=0}^{\infty}V_{n,k_1,\cdots,k_N}(x)D_i^2$$

又因为

$$\sum_{k_1=0}^{\infty}\cdots\sum_{k_N=0}^{\infty}V_{n,k_1,\cdots,k_N}(x)D_i^2$$
$$=\left(\frac{n+1}{n}\right)^{i-1}\sum_{k_i=0}^{\infty}\cdots\sum_{k_N=0}^{\infty}V_{n,k_i,\cdots,k_N}(x)D_i^2$$

由引理 1 以及 D_i 的定义可得

$$\sum_{k_i=0}^{\infty}V_{n,k_i,\cdots,k_N}(x)D_i^2$$
$$\leqslant Cn\varphi_3^{-2}\left(\frac{k_{i+1}+1}{n+1}\right)V_{n,k_{i+1},\cdots,k_N}I_{i+1}^2\cdots I_N^2$$

这样重复利用引理 3，得到当 $1\leqslant i\leqslant N-1$ 时

$$\sum_{k_1=0}^{\infty}\cdots\sum_{k_N=0}^{\infty}V_{n,k_1,\cdots,k_N}(x)D_i^2$$

$$\leqslant Cn\left(1+\frac{C}{n}\right)^{3N}\sum_{k_N=0}^{\infty}\varphi_3^{-2}\left(\frac{k_N+1}{n+1}\right)V_{n+3,k_N}(x) \tag{25}$$

而显然当 $i=N$ 时

$$\sum_{k_1=0}^{\infty}\cdots\sum_{k_N=0}^{\infty}V_{n,k_1,\cdots,k_N}(x)D_N^2=\sum_{k_N=0}^{\infty}\frac{(V'_{n+3,k_N}(x))^2}{V_{n+3,k_N}(x)} \tag{26}$$

注意到

$$V'_{n+3,k_N}(x)=\frac{n+3}{x(1+x)}\left(\frac{k_N}{n+3}-x\right)V_{n+3,k_N}(x)$$

$$\sum_{k_N=0}^{\infty}\left(\frac{k_N}{n+3}-x\right)^2V_{n+3,k_N}(x)=\frac{x(1+x)}{n+3}$$

所以

$$\sum_{k_1=0}^{\infty}\cdots\sum_{k_N=0}^{\infty}V_{n,k_1,\cdots,k_N}(x)D_N^2=\frac{n+3}{x(1+x)}$$

而

$$\sum_{k_N=0}^{\infty}\varphi_3^{-2}\left(\frac{k_N+1}{n+1}\right)V_{n+3,k_N}(x)\leqslant\frac{2}{x(1+x)}$$

这样我们得到

$$|(V_n^N(f))'''|<\frac{1}{N}\sqrt{B_1}\sqrt{B_2}$$

$$\leqslant\frac{C}{N}\sqrt{nN\ln(N+1)\varphi_3^{-6}(x)\|\varphi_3^2f''\|_\infty^2}$$

$$=C\sqrt{\frac{n\ln(N+1)}{N}}\|\varphi_3^2f''\|_\infty\varphi_3^{-3}(x)$$

从而完成了该引理的证明.

§3　主要结果

定理　若 $f \in C[0,\infty) \cap L_{\infty}[0,\infty)$，则存在正整数 N 及正绝对常数 C，使得下列三式成立

$$w_{\varphi_1}^2(f;n^{-\frac{1}{2}}) \leqslant C \| S_n(f) - f \|_{\infty} \quad (n=1,2,\cdots) \tag{27}$$

$$w_{\varphi_2}^2(f;n^{-\frac{1}{2}}) \leqslant C \| B_n(f) - f \|_{\infty} \quad (n \geqslant N) \tag{28}$$

$$w_{\varphi_3}^2(f;n^{-\frac{1}{2}}) \leqslant C \| V_n(f) - f \|_{\infty} \quad (n \geqslant N^2) \tag{29}$$

证明　由于方法类似只证(29)即可.可知，存在正绝对常数 M，使得

$$w_{\varphi_3}^2(f;n^{-\frac{1}{2}}) \leqslant M(\| V_n(f) - f \|_{\infty} + \frac{1}{n} \| \varphi_3^2 (V_n(f))'' \|_{\infty})$$

又因为

$$\begin{aligned} &\frac{1}{n} \| \varphi_3^2 (V_n(f))'' \|_{\infty} \\ \leqslant &\frac{1}{n} \| \varphi_3^2 (V_n(f - V''_n(f)))'' \|_{\infty} + \\ &\frac{1}{n} \| \varphi_3^2 (V_n(V_n^N(f))'' \|_{\infty} \\ \leqslant &C_N \| V_n f - f \|_{\infty} + \\ &\frac{1}{n} \| \varphi_3^2 (V_n^{N+1}(f))'' \|_{\infty} \end{aligned}$$

由引理 2 及引理 7，有

$$
\begin{aligned}
&\frac{1}{n}\|\varphi_3^2(V_n(f))''\|_\infty \\
&\leqslant (C_N+2)\|f-V_n(f)\|_\infty+ \\
&\frac{C}{n}\sqrt{\frac{\ln(N+1)}{N}}\|\varphi_3^2(V_n(f))''\|_\infty
\end{aligned}
$$

我们选取 N 充分大,使得

$$
C\sqrt{\frac{\ln(N+1)}{N}}\leqslant\frac{1}{3}
$$

这样对于上述选择的 N,当 $n\geqslant N^2$ 时有

$$
w_{\varphi_3}^2(f;n^{-\frac{1}{2}})\leqslant C\|V_n(f)-f\|_\infty
$$

从而我们完成了该定理的证明.

Bernstein 型算子线性组合的同时逼近等价定理[①]

第5章

浙江大学玉泉校区应用数学系的宋儒瑛教授 2000 年建立了 Bernstein 算子及 Bernstein-Kantorovich 算子线性组合的同时逼近的正、逆定理，并建立了等价关系.

§1 引　言

设 $f \in C[0,1]$($C[0,1] = \{f \mid f(x)$ 为$[0,1]$上的连续函数$\}$). 众所周知：Bernstein算子和Bernstein-

① 本章摘自《浙江大学学报》(理学版)，2000 年 1 月，第 27 卷，第 1 期.

Kantorovich 算子分别定义为

$$B_n(f;x)=\sum_{k=0}^{n}f\left(\frac{k}{n}\right)P_{n,k}(x) \quad (1)$$

$$B_n^*(f;x)=(n+1)\sum_{k=0}^{n}\int_{\frac{k}{n+1}}^{\frac{k+1}{n+1}}f(t)\mathrm{d}tP_{n,k}(x) \quad (2)$$

这里

$$P_{n,k}(x)=\binom{n}{k}x^k(1-x)^{n-k}$$

上述算子的缺陷，主要在于不能刻画高阶光滑性. P. L. Butzer 在文[1]中引入 Bernstein 多项式算子的线性组合，从而获得较高的逼近阶. Z. Ditzian 和 V. Totik 在文[2]中建立了一般算子的线性组合

$$L_n(f,r;x)=\sum_{i=0}^{r-1}C_i(n)L_{n_i}(f;x) \quad (3)$$

这里，n_i 和 $C_i(n)$ 满足：存在绝对常数 C，使得下列条件成立：

(a) $n=n_0<\cdots<n_{r-1}\leqslant Cn$;

(b) $\sum_{i=0}^{r-1}|C_i(n)|\leqslant C$;

(c) $\sum_{i=0}^{r-1}C_i(n)=1$;

(d) $\sum_{i=0}^{r-1}C_i(n)n_i^{-k}=0, k=1,2,\cdots,r-1$.

1995 年，周定轩在文[3]中给出：对 $0<a<r$，$f\in C[0,1]$，有

$$k_r(f,t)=O(t^T)$$

$$\Leftrightarrow |B_n(f,r-1;x)-f(x)|$$

$$\leqslant M\left(\frac{x(1-x)}{n}+\frac{1}{n^2}\right)^{\frac{T}{2}} \quad (r\geqslant 2) \quad (4)$$

$$\Leftrightarrow |B_n^*(f,r;x)-f(x)|$$
$$\leqslant M\left(\frac{x(1-x)}{n}+\frac{1}{n^2}\right)^{\frac{T}{2}} \quad (r\geqslant 1) \tag{5}$$

这里，$k_r(f,t)$ 是 r－阶古典光滑模.

宋儒瑛教授在本章中研究了这两类算子线性组合的同时逼近，建立了同时逼近等价定理，从而改进了文[3]的结果，得到如下两个定理：

定理 1　设 $f^{(s)}\in C[0,1]$，$s\in N_0$，$r\in \mathbf{N}$，并且 $0\leqslant s<r+s\leqslant n$，则有

$$|(B_n(f,r-1;x)-f(x))^{(s)}|$$
$$\leqslant M_1 k_r\left(f^{(s)},\left(\frac{x(1-x)}{n}+\frac{1}{n^2}\right)^{\frac{1}{2}}\right) \quad (r\geqslant 2) \tag{6}$$
$$|(B_n^*(f,r;x)-f(x))^{(s)}|$$
$$\leqslant M_2 k_r\left(f^{(s)},\left(\frac{x(1-x)}{n}+\frac{1}{n^2}\right)^{\frac{1}{2}}\right) \quad (r\geqslant 1) \tag{7}$$

这里，M_1 和 M_2 是不依赖于 n 和 x 的常数.

定理 2　设 $f^{(s)}\in C[0,1]$，$r\in \mathbf{N}$，$s\in N_0$，并且 $0\leqslant s<T<r+s\leqslant n$，则有如下等价命题成立

$$|(B_n(f,r-1;x)-f(x))^{(s)}|$$
$$\leqslant M_1\left(\frac{x(1-x)}{n}+\frac{1}{n^2}\right)^{\frac{T-s}{2}} \quad (r\geqslant 2)$$
$$\Leftrightarrow k_r(f^{(s)},h)=O(h^{T-s}) \tag{8}$$
$$|(B_n^*(f,r;x)-f(x))^{(s)}|$$
$$\leqslant M_2\left(\frac{x(1-x)}{n}+\frac{1}{n^2}\right)^{\frac{T-s}{2}} \quad (r\geqslant 1)$$
$$\Leftrightarrow k_r(f^{(s)},h)=O(h^{T-s}) \tag{9}$$

这里，M_1 和 M_2 是不依赖于 n 和 x 的常数.

不难看出，定理 2 优于式(4)及式(5)，显然是式

(4) 及式(5) 的推广,即 $s=0$,由式(8)(9) 分别得到式(4)(5). 对上述定理的证明,我们用到 K — 泛函:对 $f\in C[0,1]$,其定义为

$$K_r(f,t^r)=\inf_{g^{(r-1)}\in AC_{\mathrm{loc}}\,g^{(r)}\in C[0,1]}\{\|f-g\|+t^r\|g^{(r)}\|\} \tag{10}$$

众所周知,光滑模与 K — 泛函有如下等价关系

$$M_0^{-1}k_r(f,t)\leqslant K_r(f,t^r)\leqslant M_0k_r(f,t) \tag{11}$$

这里,M_0 与 n,f,t 无关.

顺便指出,对不同的绝对常数,以下均用 M 表示. 上述点态逼近不能在 $L_p[0,1](1\leqslant p<\infty)$ 中讨论.

§2 辅助算子及引理

设 $f^{(s)}\in C[0,1]$,$s\in N_0$,并且 $0\leqslant s\leqslant n$,通过简单计算有

$$B_n^{(s)}(f;x)=\frac{n!}{(n-s)!}\sum_{k=0}^{n-s}\int_0^{\frac{1}{n}}\cdots\int_0^{\frac{1}{n}}f^{(s)}\left(\frac{k}{n}+\sum_{i=1}^{s}u_i\right)\cdot \mathrm{d}u_1\cdots\mathrm{d}u_sP_{n-s,k}(x) \tag{12}$$

$$B_n^{*(s)}(f;x)=\frac{(n+1)!}{(n-s)!}\sum_{k=0}^{n-s}\int_0^{\frac{1}{n}}\cdots\int_0^{\frac{1}{n}}\int_{\frac{k}{n+1}}^{\frac{k+1}{n+1}}f^{(s)}\left(u+\sum_{i=1}^{s}u_i\right)\cdot \mathrm{d}u\mathrm{d}u_1\cdots\mathrm{d}u_sP_{n-s,k}(x) \tag{13}$$

我们给出辅助算子

$$B_{n,s}(g;x)=\frac{n!}{(n-s)!}\sum_{k=0}^{n-s}\int_0^{\frac{1}{n}}\cdots\int_0^{\frac{1}{n}}g\left(\frac{k}{n}+\sum_{i=1}^{s}u_i\right)\cdot \mathrm{d}u_1\cdots\mathrm{d}u_sP_{n-s,k}(x) \tag{14}$$

$$B_{n,s}^{*}(g;x)=\frac{(n+1)!}{(n-s)!}\sum_{k=0}^{n-s}\int_0^{\frac{1}{n}}\cdots\int_0^{\frac{1}{n}}\int_{\frac{k}{n+1}}^{\frac{k+1}{n+1}}g\left(u+\sum_{i=1}^{s}u_i\right)\cdot$$

$$\mathrm{d}u\mathrm{d}u_1\cdots\mathrm{d}u_s P_{n-s,k}(x) \tag{15}$$

其中，$g\in C[0,1]$.

显然，当 $f^{(s)}\in C[0,1]$ 时，有

$$B_{n,s}(f^{(s)};x)=B_n^{(s)}(f;x),B_{n,s}^*(f^{(s)};x)=B_n^{*(s)}(f;x)$$

我们再给出上述辅助算子的组合算子

$$B_{n,s}(f,r-1;x)=\sum_{i=0}^{r-2}C_i(n)B_{n_i,s}(f;x)\quad(r\geqslant 2) \tag{16}$$

$$B_{n,s}^*(f,r;x)=\sum_{i=0}^{r-1}C_i(n)B_{n_i,s}^*(f;x)\quad(r\geqslant 1) \tag{17}$$

其中，$C_i(n)$ 和 n_i 满足式(3)中的条件.

引理 1　设 $f^{(s)}\in C[0,1]$，$r\in\mathbf{N}$，并且 $r+s\leqslant n$，则有

$$|B_{n,s}^{(r)}(f;x)|\leqslant M\|f^{(r)}\| \tag{18}$$

$$|B_{n,s}^{*(r)}(f;x)|\leqslant M\|f^{(r)}\| \tag{19}$$

证明　可以假设存在 $F(x)$，满足 $F^{(s)}(x)=f(x)$，则有

$$B_{n,s}^{(r)}(f;x)=B_n^{(r+s)}(F;x),B_{n,s}^{*(r)}(f;x)=B_n^{*(r+s)}(F;x)$$

注意到

$$\frac{n!}{(n-s-r)!}\sim n^{s+r},\frac{(n+1)!}{(n-s-r)!}\sim n^{s+r+1}$$

此时，容易看出引理 1 成立. 证毕.

引理 2　对 $r\in\mathbf{N}$，并且 $r+s\leqslant n$，则有

$$|B_{n,s}^{(r)}(f;x)|\leqslant Mn^r\|f\| \tag{20}$$

$$|B_{n,s}^{*(r)}(f;x)|\leqslant Mn^r\|f\| \tag{21}$$

证明　记

$$F\left(\frac{k}{n}\right)=\frac{n!}{(n-s)!}\int_0^{\frac{1}{n}}\cdots\int_0^{\frac{1}{n}}f\left(\frac{k}{n}+\sum_{i=1}^{s}u_i\right)\mathrm{d}u_1\cdots\mathrm{d}u_s$$

$$G\left(\frac{k}{n}\right)=\frac{(n+1)!}{(n-s)!}\int_0^{\frac{1}{n}}\cdots\int_0^{\frac{1}{n}}\int_{\frac{k}{n+1}}^{\frac{k+1}{n+1}}f\left(t+\sum_{i=1}^{s}u_i\right)\cdot$$
$$\mathrm{d}t\mathrm{d}u_1\cdots\mathrm{d}u_s$$

则有

$$B_{n,s}(f;x)=\sum_{k=0}^{n-s}F\left(\frac{k}{n}\right)P_{n-s,k}(x)$$

$$B_{n,s}^{*}(f;x)=\sum_{k=0}^{n-s}G\left(\frac{k}{n}\right)P_{n-s,k}(x)$$

$$B_{n,s}^{(r)}(f;x)=\frac{(n-s)!}{(n-s-r)!}\sum_{k=0}^{n-s-r}\Delta_{\frac{1}{n}}^{r}F\left(\frac{k}{n}\right)P_{n-s-r,k}(x) \tag{22}$$

$$B_{n,s}^{*(r)}(f;x)=\frac{(n-s)!}{(n-s-r)!}\sum_{k=0}^{n-s-r}\Delta_{\frac{1}{n}}^{r}G\left(\frac{k}{n}\right)P_{n-s-r,k}(x) \tag{23}$$

$$\Delta_{\frac{1}{n}}^{r}F\left(\frac{k}{n}\right)=\sum_{j=0}^{r}\binom{r}{j}(-1)^{r-j}F\left(\frac{k}{n}+\frac{j}{n}\right)$$

$$\Delta_{\frac{1}{n}}^{r}G\left(\frac{k}{n}\right)=\sum_{j=0}^{r}\binom{r}{j}(-1)^{r-j}G\left(\frac{k}{n}+\frac{j}{n}\right)$$

而

$$\left|\Delta_{\frac{1}{n}}^{r}F\left(\frac{k}{n}\right)\right|\leqslant 2^{r}\|f\|$$

$$\left|\Delta_{\frac{1}{n}}^{r}G\left(\frac{k}{n}\right)\right|\leqslant 2^{r}\|f\|$$

$$\frac{(n-s)!}{(n-s-r)!}\sim n^{r}$$

故

$$|B_{n,s}^{(r)}(f;x)|\leqslant Mn^{r}\|f\|$$
$$|B_{n,s}^{*(r)}(f;x)|\leqslant Mn^{r}\|f\|$$

证毕.

引理 3　对任意的 $m\in\mathbf{N},x\in[0,1]$，设 L_n 为 B_n

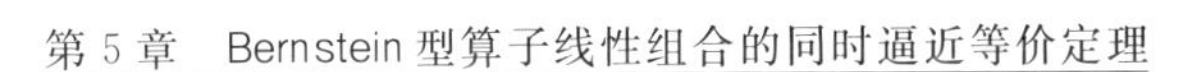

或 B_n^*，$L_{n,s}$ 为 $B_{n,s}$ 或 $B_{n,s}^*$，则有

$$|L_{n,s}((t-x)^{2m};x)| \leqslant C(s,m)\left(\frac{x(1-x)}{n}+\frac{1}{n^2}\right)^m \tag{24}$$

$$|L_{n,s}((t-x)^{2m+1};x)| \leqslant C(s,m)\left(\frac{x(1-x)}{n}+\frac{1}{n^2}\right)^m \frac{1}{n} \tag{25}$$

证明 首先证明式(24).

对于 $B_{n,s}$，由文[2]的引理 9.5.5 知

$$B_n((t-x)^{2m};x)=\sum_{i=0}^{m-1} p_i(x)\left(\frac{x(1-x)}{n}\right)^{m-i}\cdot n^{-2i} \tag{26}$$

$$B_n((t-x)^{2m+1};x)=\sum_{i=0}^{m-1} q_i(x)\left(\frac{x(1-x)}{n}\right)^{m-i}\cdot n^{-2i-1} \tag{27}$$

其中，$p_i(x)$，$q_i(x)$ 是以固定常数 M 为界的一致有界多项式

$$\begin{aligned}&|B_{n,s}((t-x)^{2m};x)|\\&=\left|\frac{n!}{(n-s)!}\sum_{k=0}^{n-s}\int_0^{\frac{1}{n}}\cdots\int_0^{\frac{1}{n}}\left(\frac{k}{n}-x+\sum_{i=1}^{s}u_i\right)^{2m}\cdot\right.\\&\quad\left.\mathrm{d}u_1\cdots\mathrm{d}u_s P_{n-s,k}(x)\right|\\&\leqslant\sum_{j=0}^{2m}\binom{2m}{j}\left(\frac{s}{n}\right)^{2m-j}\cdot\left|\sum_{k=0}^{n-s}\left(\frac{k}{n}-x\right)^j P_{n-s,k}(x)\right|\end{aligned}$$

为完成证明，需证下列不等式

$$\begin{aligned}&\left|\left(\frac{1}{n}\right)^{2m-j}\sum_{k=0}^{n-s}\left(\frac{k}{n}-x\right)^j P_{n-s,k}(x)\right|\\&\leqslant C(m,s)\left(\frac{x(1-x)}{n}+\frac{1}{n^2}\right)^m\end{aligned} \tag{28}$$

此时

$$\begin{aligned}&|B_{n,s}((t-x)^{2m};x)|\\&\leqslant C(m,s)(s+1)^{2m}\left(\frac{x(1-x)}{n}+\frac{1}{n^2}\right)^m\end{aligned}$$

这就说明,式(24)对 $B_{n,s}$ 是成立的.

下面给出式(28)的证明.

若 j 是偶数,对于

$$(n-s)x(1-x)\geqslant 1$$

由式(26)知

$$\begin{aligned}&\left|\left(\frac{1}{n}\right)^{2m-j}\sum_{k=0}^{n-s}\left(\frac{k}{n}-x\right)^j P_{n-s,k}(x)\right|\\&\leqslant\left(\frac{1}{n}\right)^{2m-j}\sum_{i=0}^{\frac{j}{2}-1}|P_i(x)|\left(\frac{x(1-x)}{n-s}\right)^{\frac{j}{2}-i}n^{-2i}\\&\leqslant\left(\frac{1}{n-s}\right)^{2m-j}\sum_{i=0}^{\frac{j}{2}-1}|P_i(x)|\left(\frac{x(1-x)}{n-s}\right)^{\frac{j}{2}-i}(n-s)^{-2i}\\&=\sum_{i=0}^{\frac{j}{2}-1}|P_i(x)|\left(\frac{x(1-x)}{n-s}\right)^{m-i}\cdot\\&\quad(n-s)^{-2i}((n-s)x(1-x))^{\frac{j}{2}-m}\\&\leqslant Mm\left(\frac{x(1-x)}{n-s}\right)^m\\&\leqslant C(m,s)\left(\frac{x(1-x)}{n}+\frac{1}{n^2}\right)^m\end{aligned}$$

对于

$$(n-s)x(1-x)<1$$

由式(26)知

$$\begin{aligned}&\left|\left(\frac{1}{n}\right)^{2m-j}\sum_{k=0}^{n-s}\left(\frac{k}{n}-x\right)^j P_{n-s,k}(x)\right|\\&\leqslant\left(\frac{1}{n}\right)^{2m-j}\sum_{i=0}^{\frac{j}{2}-1}|P_i(x)|\left(\frac{x(1-x)}{n-s}\right)^{\frac{j}{2}-i}(n-s)^{-2i}\end{aligned}$$

$$\leqslant \left(\frac{1}{n-s}\right)^{2m-j} \sum_{i=0}^{\frac{j}{2}-1} |P_i(x)| \left(\frac{1}{n-s}\right)^{j-2i} (n-s)^{-2i}$$

$$\leqslant Mm(n-s)^{-2m}$$

$$\leqslant C(m,s)\left(\frac{x(1-x)}{n}+\frac{1}{n^2}\right)^m$$

若 j 是奇数，利用上述方法由式(27)可导出式(28).

对于 $B_{n,s}^*$ 利用下列关系式(参见[2])

$$B_n^*((t-x)^i;x)=\frac{\mathrm{d}}{\mathrm{d}x}\left(B_n\left(\frac{(t-x)^{i+1}}{i+1};x\right)\right)+ B_n((t-x)^i;x)$$

导出

$$B_n^*((t-x)^{2m};x)=\sum_{i=0}^{m-1} a_i(x)\left(\frac{x(1-x)}{n}\right)^{m-i} n^{-2i} \tag{29}$$

$$B_n^*((t-x)^{2m+1};x)=\sum_{i=0}^{m-1} b_i(x)\left(\frac{x(1-x)}{n}\right)^{m-i} n^{-2i-1} \tag{30}$$

其中，$a_i(x)$ 与 $b_i(x)$ 是关于某个常数 M 为界的一致有界多项式.

重复上述方法，得到式(24)对 $B_{n,s}^*$ 也是成立的. 对于式(25)，利用 L_n 与 $L_{n,s}$(B_n 与 $B_{n,s}$ 或 B_n^* 与 $B_{n,s}^*$)的关系及式(26)(29)，很容易导出式(25).

引理 4　对于 $r \in \mathbf{N}$，且 $r+s \leqslant n$，$h(x)=x(1-x)$，则

$$\| h^r B_{n,s}^{(r)}(f) \| \leqslant M n^{\frac{r}{2}} \| f \| \tag{31}$$

$$\| h^r B_{n,s}^{*(r)}(f) \| \leqslant M n^{\frac{r}{2}} \| f \| \tag{32}$$

证明　记

$$E_n=\left[\frac{A}{n},1-\frac{A}{n}\right]\quad (A\text{ 为绝对常数})$$

对于 $x\in E_n^C$，由文[2]知

$$\|h^r\|_{C(E_n^C)}\sim n^{-\frac{r}{2}}$$

从而由引理 2 得

$$\|h^rB_{n,s}^{(r)}(f)\|_{C(E_n^C)}\leqslant Mn^{\frac{r}{2}}\|f\|$$

$$\|h^rB_{n,s}^{*(r)}(f)\|_{C(E_n^C)}\leqslant Mn^{\frac{r}{2}}\|f\|$$

对于 $x\in E_n$，利用文[2]的方法，归纳可证

$$B_{n,s}^{(r)}(f;x)=(x(1-x))^{-r}\sum_{i=0}^{r}Q_i(n,x)(n-s)^i\cdot$$

$$\sum_{k=0}^{n-s}P_{n-s,k}(x)\left(\frac{k}{n-s}-x\right)^iF\left(\frac{k}{n}\right)\quad(33)$$

其中，$Q_i(n,x)$ 是 $(n-s)x(1-x)$ 的次数 $\leqslant\frac{r-i}{2}$ 的非常数系数的一致有界多项式，并且

$$|(x(1-x))^{-r}Q_i(n,x)(n-s)^i|\leqslant M\left(\frac{n-s}{x(1-x)}\right)^{\frac{r+i}{2}}$$

$$\leqslant M\left(\frac{n}{x(1-x)}\right)^{\frac{r+i}{2}}$$

利用 Hölder 不等式及

$$B_{n,s}((t-x)^{2i};x)\leqslant C\left(\frac{x(1-x)}{n}\right)^i$$

得到

$$|x(1-x)^{\frac{r}{2}}B_{n,s}^{(r)}(f;x)|$$

$$\leqslant M(x(1-x))^{\frac{r}{2}}\left(\frac{n}{x(1-x)}\right)^{\frac{i}{2}}\|f\|$$

$$=Mn^{\frac{r}{2}}\|f\|$$

所以

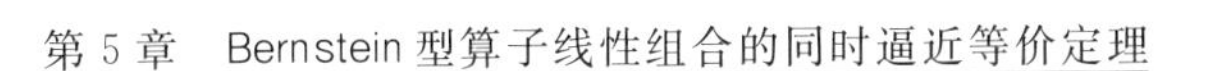

$$\| h^r B_{n,s}^{(r)}(f) \|_{C(E_n)} \leqslant M n^{\frac{r}{2}} \| f \|$$

综上

$$\| h^r B_{n,s}^{(r)}(f) \| \leqslant M n^{\frac{r}{2}} \| f \|$$

用相同方法,可考察 $B_{n,s}^*$ 在 E_n 上的情形,从而可证式(32) 成立. 证毕.

§ 3　定理的证明

定理 1 的证明　我们只证式(6);式(7) 的证明类似式(6). 由引理 3 及式(3) 的条件(d),得到

$$B_{n,s}((t-x)^i, r-1; x) = 0 \quad (0 < i < r) \tag{34}$$

当 $g \in C[0,1]$ 且 $g^{(r-1)} \in AC_{\mathrm{loc}}$ 时,由于 Taylor 公式及式(34),以及引理 3,Hölder 不等式和式(3) 的条件(b) 得到

$$\begin{aligned}
& | B_{n,s}(g, r-1; x) - g(x) | \\
= & \left| B_{n,s}\left(\int_x^t \frac{(t-u)^{r-1}}{(r-1)!} g^{(r)}(u) \mathrm{d}u, r-1; x\right) \right| \\
\leqslant & \sum_{i=0}^{r-2} | C_i(n) | B_{n_i,s}(| t-x |^r; x) \| g^{(r)} \| \\
\leqslant & \sum_{i=0}^{r-2} | C_i(n) | (B_{n_i,s}(| t-x |^{2r}; x))^{\frac{1}{2}} \| g^{(r)} \| \\
\leqslant & M\left(\frac{x(1-x)}{n} + \frac{1}{n^2}\right)^{\frac{r}{2}} \| g^{(r)} \|
\end{aligned}$$

因此有

$$\begin{aligned}
& | (B_{n,s}(f, r-1; x) - f(x))^{(s)} | \\
\leqslant & \sum_{i=0}^{r-2} | C_i(n) | B_{n,s}(f^{(s)} - g, r-1; x) | +
\end{aligned}$$

$$|f^{(s)}(x)-g(x)|+|B_{n,s}(g,r-1;x)-g(x)|$$

$$\leqslant M\left(\|f^{(s)}-g\|+\left(\frac{x(1-x)}{n}+\frac{1}{n^2}\right)^{\frac{r}{2}}\|g^{(r)}\|\right)$$

关于 g 取下确界，得

$$|(B_n(f,r-1;x)-f(x))^{(s)}|$$

$$\leqslant MK_r\left(f^{(s)},\left(\frac{x(1-x)}{n}+\frac{1}{n^2}\right)^{\frac{r}{2}}\right)$$

由 K－泛函与光滑模的等价关系(11) 知定理 1 成立. 证毕.

定理 2 的证明 由定理 1 知，式(8) 与式(9) 的充分性显然成立. 下面仅给出式(8) 的必要性的证明，式(9) 的证法类似式(8). 记

$$d(n,x,t)=\max\left\{\frac{1}{n},\max_{0\leqslant k\leqslant r}\left\{\frac{h(x+kt)}{\overline{n}}\right\}\right\}$$

$$\left(t\in\left(0,\frac{1}{8r}\right),r\in\mathbf{N},x\in(0,1)\right)$$

由 K－泛函的定义知，对任意 $d>0$，存在 $f_d\in C[0,1]$，并且 $f_d^{(r-1)}\in AC_{\mathrm{loc}}$，使得

$$\|f^{(s)}-f_d\|\leqslant 2K_r(f^{(s)},d^r)$$

$$\|f_d^{(r)}\|\leqslant 2d^{-r}K_r(f^{(s)},d^r)$$

由定理 1 得

$$|\Delta_t^r f^{(s)}(x)|$$

$$\leqslant\sum_{j=0}^{r}\binom{r}{j}|B_n^{(s)}(f,r-1;x+(r-j)t)-$$

$$f^{(s)}(x+(r-j)t)|+$$

$$|\Delta_t^r B_n^{(s)}(f,r-1;x)|$$

$$\leqslant M\sum_{j=0}^{r}\binom{r}{j}\left(\frac{h^2(x+(r-j)t)}{n}+\frac{1}{n^2}\right)^{\frac{T-s}{2}}+$$

$$\sum_{i=0}^{r-2} |C_i(n)| \cdot$$

$$\left|\int_0^t \cdots \int_0^t B_{n_i,s}^{(r)}(f^{(s)} - f_d; x + \sum_{j=0}^{r} u_j) \mathrm{d}u_1 \cdots \mathrm{d}u_r\right| +$$

$$\sum_{i=0}^{r-2} |C_i(n)| \cdot$$

$$\left|\int_0^t \cdots \int_0^t B_{n_i,s}^{(r)}(f_d; x + \sum_{j=0}^{r} u_j) \mathrm{d}u_1 \cdots \mathrm{d}u_r\right|$$

$$= 4^r M d(n, x, t)^{T-s} + I + J \tag{35}$$

由引理 1 得

$$J \leqslant Mt^r \| f^{(r)} \| \leqslant 2Mt^r 2M_0 d^{-r} k_r(f^{(s)}, d)$$
$$= Mt^r d^{-r} k_r(f^{(s)}, d) \tag{36}$$

由引理 2 得

$$I \leqslant Mt^r n^r \| f^{(s)} - f_d \| \tag{37}$$

由引理 4 及不等式(参见文[3] 中引理 3.2)

$$\int_0^t \cdots \int_0^t h^{-r}(x + \sum_{j=1}^{r} u_j) \mathrm{d}u_1 \cdots \mathrm{d}u_r$$
$$\leqslant Mt^r (\max_{0 \leqslant k \leqslant r} h(x + kt))^{-r}$$

得到

$$I \leqslant \sum_{i=0}^{r-2} |C_i(n)| \left|\int_0^t \cdots \int_0^t h(x + \sum_{j=0}^{r} u_j)^{-r} \mathrm{d}u_1 \cdots \mathrm{d}u_r\right| \cdot$$
$$\| h^r B_{n_i,s}^{(r)}(f^{(s)} - f_d) \|$$
$$\leqslant Mt^r (\max_{0 \leqslant k \leqslant r} h(x + kt))^{-r} n^{\frac{r}{2}} \| f^{(s)} - f_d \| \tag{38}$$

由(37) 与(38) 得

$$I \leqslant Mt^r n^{\frac{r}{2}} \| f^{(s)} - f_d \| \cdot$$
$$\min\{n^{\frac{r}{2}}, (\max_{0 \leqslant k \leqslant r} h(x + kt))^{-r}\}$$
$$\leqslant Mt^r d(n, x, t)^{-r} k_r(f^{(s)}, d) \tag{39}$$

由式(35)(36) 及式(39) 得

$$|\Delta_t^r f^{(s)}(x)| \leqslant M(d(n,x,t)^{T-s} + t^r \cdot d(n,x,t)^{-r} + d^{-r} \cdot k_r(f^{(s)},d))$$

注意到任给 $W \in \left(0,\frac{1}{8r}\right)$,选取 $n \in \mathbf{N}$,使

$$d(n,x,t) \leqslant W \leqslant d(n-1,x,t) \leqslant 2d(n,x,t)$$

此时,取 $d=d(n,x,t)$,于是对 $t \leqslant h$,有

$$|\Delta_t^r f^{(s)}(x)| \leqslant M(W^{T-s} + h^r \cdot W^{-r} \cdot k_r(f^{(s)},W))$$

从而

$$k_r(f^{(s)},h) \leqslant M(W^{T-s} + h^r \cdot W^{-r} \cdot k_r(f^{(s)},W))$$

由 Beren-Lorentz 引理知

$$k_r(f^{(s)},h) = O(h^{T-s})$$

证毕.

参 考 资 料

[1] Butzer P L. Linear combination of Bernstein polynomials[J]. Canad. Math. J., 1953, 5, 559-567.

[2] Ditzian Z, Totik V. Moduli of smoothness, springer series in computational mathematics[M]. Berlin: Heidelberg/New York: Springer-Verlag, 1987,9.

[3] Zhou Dingxuan. On smoothness characterized by Bernstein type operator[J]. J. Approx. Theory, 1995,81:303-315.

Bernstein-Sheffer 算子的逼近等价定理[①]

第6章

空军雷达学院基础部的刘清国、刘军两位教授2003年利用 $H(t)=t+ht^2$，$e^{xh(t)}$ 定义了 n 阶 Bernstein-Sheffer 算子，建立了其逼近等价定理.

定义1 设

$$G(t)=\sum_{n=0}^{\infty} g_n t^n \quad (g_0 \neq 0)$$

$$H(t)=t+ht^2$$

有

$$G(t)e^{xH(t)}=\sum_{n=0}^{\infty} S_n(x)\frac{t^n}{n!}$$

$$(x \in [0,1])$$

① 本章摘自《数学杂志》，2003年，第23卷，第2期.

显然 $S_n(x) \in P_n$，把多项式列 $\{S_n(x)\}$ 称为 Sheffer 序列，当 $g(t)=1$ 时，记

$$e^{xH(t)} = \sum_{n=0}^{\infty} P_n(x) \frac{t^n}{n!} \quad (x \in [0,1])$$

从而可得

$$P_0(x)=1, P_1(x)=x, P_2(x)=2!\ (\frac{x^2}{2!}+hx), \cdots$$

$$P_n(x)=n!\ \{\frac{x^n}{n!}+\frac{hx^{n-1}}{1!\ (n-2)!}+\frac{h^2x^{n-2}}{2!\ (n-4)!}+\cdots+\frac{h^{[\frac{n}{2}]}x^{n-[\frac{n}{2}]}}{[\frac{n}{2}]!\ (n-[\frac{n}{2}])!}\}, \cdots$$

显然，当 $h \geqslant 0$ 时，对 $x \in (0,1]$，有

$$\frac{P_n(x)}{P_{n+1}(x)} \leqslant \frac{1}{x}$$

当 $h > 0$ 时，对 $x \in (0,1]$，有

$$\frac{P_{n-2}(x)}{P_n(x)} \leqslant \frac{1}{2(n-1)hx}$$ [1]

定义 2　设 $H(t)=t+ht^2$，$\{P_n(x)\}$ 是由

$$e^{xH(t)} = \sum_{n=0}^{\infty} P_n(x) \frac{t^n}{n!}$$

生成的 Sheffer 序列，对 $f \in C[0,1]$，有

$$B_n^H(f(t),x)=\frac{1}{P_n(1)}\sum_{k=0}^{n} f(\frac{k}{n})\binom{n}{k}\cdot P_k(x)P_{n-k}(1-x) \quad (P_n(1) \neq 0)$$

则称 B_n^H 为 n 级 Bernstein-Sheffer 算子. 易得，B_n^H 算子是 $C[0,1]$ 到自身的线性算子，且 $\| B_n^H \| \leqslant 1$；当 $n \geqslant 0$ 时，B_n^H 是 $C[0,1]$ 上的正算子的充要条件是 $h \geqslant$

0[2]

$$B_n^H(t-x,x)=0$$

$$B_n^H((t-x)^2,x)=\left\{\frac{1}{n}+\frac{n-1}{n}\,\frac{2hP_{n-2}(1)}{P_n(1)}\right\}f(x)$$

$$\leqslant\frac{2f(x)}{n}\leqslant\frac{1}{2n}$$

$$B_n^H((t-x)^3,x)\leqslant\frac{15f(x)}{n}\leqslant\frac{15}{4n}$$

$$B_n^H((t-x)^4,x)\leqslant\frac{Mf(x)}{n}\leqslant\frac{M}{4n}$$

这里 M 为常数，$f(x)=x(1-x)$[1].

在闭区间$[0,1]$上引进函数 $l(t,x)$：对于确定的 $x\in[0,1]$ 和 $d>0$，记

$$l_d(t,x)=\begin{cases}1, & |t-x|\geqslant d>0\\ 0, & |t-x|<d\end{cases}$$

显然，若 $0<d_1<d_2$，则

$$l_{d_1}(t,x)\geqslant l_{d_2}(t,x)$$

引理 1　当 $h>0$ 时，$\{B_n^H\}$ 是 $C[0,1]$ 到自身的正线性算子列，则对每个 $d>0$，有

$$B_n^H(l_d(t,x),x)\to 0\quad(n\to\infty)$$

证明　由于

$$B_n^H(l_d(t,x),x)=\frac{1}{P_n(1)}\sum_{k=0}^{\infty}l_d(\frac{k}{n},x)\cdot\binom{n}{k}P_k(x)P_{n-k}(1-x)$$

$$=\frac{1}{P_n(1)}\sum_{|\frac{k}{n}-x|\geqslant d}1\cdot\binom{n}{k}P_k(x)P_{n-k}(1-x)$$

$$\leqslant \frac{1}{P_n(1)} \sum_{|\frac{k}{n}-x|\geqslant d} \frac{(\frac{k}{n}-x)^2}{d^2} \cdot$$

$$\binom{n}{k} P_k(x) P_{n-k}(1-x)$$

$$= \frac{1}{d^2} \frac{1}{P_n(1)} \sum_{k=0}^{\infty} (\frac{k}{n}-x)^2 \cdot$$

$$\binom{n}{k} P_k(x) P_{n-k}(1-x)$$

$$= \frac{1}{d^2} B_n^H((t-x)^2, x) \leqslant \frac{1}{d^2} \frac{2f(x)}{n}$$

而

$$f(x) = x(1-x) \leqslant \frac{1}{4}$$

所以

$$B_n^H(l_d(t,x),x) \leqslant \frac{1}{d^2} \frac{1}{2n} \to 0 \quad (n \to \infty)$$

引理 2 若 $f(x) \in C^1[0,1]$,则

$$B_n^H(f(t),x) - f(x) = O\left(\frac{1}{\sqrt{2n}}\right)$$

证明 因为 $f(x) \in C^1[0,1]$,有

$$\lim_{t \to x} \frac{f(t)-f(x)}{t-x} = f'(x)$$

且存在正数 M',使得,$|f'(x)| \leqslant M'$,所以给定 $e > 0$,存在 $d > 0$,只要 $|t-x| < d$,就有

$$\left| \frac{f(t)-f(x)}{t-x} - f'(x) \right| < e$$

从而

$$|f(t)-f(x)-f'(x)(t-x)| < e|t-x|$$

又 $f(x)$ 在$[0,1]$上有界,记界 $M > 0$,则当 $|t-$

$x|\geqslant d$ 时

$$\begin{aligned}&|f(t)-f(x)-f'(x)(t-x)|\\ \leqslant&|f(t)|+|f(x)|+|f'(x)||t-x|\\ \leqslant&2Ml_d(t,x)+M'|t-x|\end{aligned}$$

则

$$\begin{aligned}&|f(t)-f(x)-f'(x)(t-x)|\\ \leqslant&e|t-x|+2Ml_d(t,x)+M'|t-x|\end{aligned}$$

依

$$B_n^H(|t-x|,x)\leqslant\frac{1}{\sqrt{2n}}$$

有

$$\begin{aligned}&|B_n^H(f(t)-f(x)-f'(x)(t-x),x)|\\ \leqslant&B_n^H(|f(t)-f(x)-f'(x)(t-x)|,x)\\ \leqslant&B_n^H(e|t-x|+2Ml_d(t,x)+M'|t-x|,x)\\ \leqslant&(e+M')\frac{1}{\sqrt{2n}}+\frac{2M}{\sqrt{2d^2M}}=O(\frac{1}{\sqrt{2n}})\end{aligned}$$

因此

$$B_n^H(f(t),x)-f(x)=O(\frac{1}{\sqrt{2n}})$$

引理 3 若 $f(x)\in C^2[0,1]$，则

$$\begin{aligned}&B_n^H(f(t),x)-f(x)\\ =&\frac{f''(x)}{2}\left\{\frac{1}{n}+\frac{n-1}{n}\frac{2hP_{n-2}(1)}{P_n(1)}\right\}f(x)+O(\frac{1}{\sqrt{2n}})\end{aligned}$$

证明 因为 $f''(x)\in C[0,1]$，所以

$$\lim_{t\to x}\frac{f(t)-f(x)-f'(x)(t-x)}{\frac{1}{2}(t-x)^2}=f''(x)$$

又 $f(x),f'(x),f''(x)\in C[0,1]$，则存在 $M>0$，使得 $|f(x)|,|f'(x)|,|f''(x)|\leqslant M$. 从而给定 $e>0$，

存在 $d>0$,只要 $|t-x|<d$,就有

$$|f(t)-f(x)-f'(x)(t-x)-\frac{f''(x)}{2}(t-x)^2|$$

$$\leqslant \frac{e}{2}(t-x)^2$$

当 $|t-x|\geqslant d$ 时

$$\left|f(t)-f(x)-f'(x)(t-x)-\frac{f''(x)}{2}(t-x)^2\right|$$

$$\leqslant |f(t)|+|f(x)|+|f'(x)||t-x|+\frac{f''(x)}{2}(t-x)^2$$

$$\leqslant 2Ml_d(t,x)+M|t-x|+\frac{M}{2}(t-x)^2$$

所以

$$\left|f(t)-f(x)-f'(x)(t-x)-\frac{f''(x)}{2}(t-x)^2\right|$$

$$\leqslant \frac{e}{2}(t-x)^2+2Ml_d(t,x)+M|t-x|+\frac{M}{2}(t-x)^2$$

$$=\frac{e+M}{2}(t-x)^2+2Ml_d(t,x)+M|t-x|$$

则

$$\left|B_n^H(f(t),x)-f(x)-\frac{f''(x)}{2}B_n^H((t-x)^2,x)\right|$$

$$\leqslant B_n^H(|f(t)-f(x)-f'(x)(t-x)-$$

$$\frac{f''(x)}{2}(t-x)^2|,x)$$

$$\leqslant B_n^H(\frac{e+M}{2}(t-x)^2+2Ml_d(t,x)+M|t-x|,x)$$

$$\leqslant \frac{e+M}{2}\frac{2f(x)}{n}+2M\frac{2f(x)}{d^2n}+M\sqrt{\frac{2f(x)}{n}}$$

$$\leqslant O(\frac{1}{\sqrt{2n}})$$

有

$$
\begin{aligned}
&B_n^H(f(t),x)-f(x)\\
&=\frac{f''(x)}{2}B_n^H((t-x)^2,x)+O(\frac{1}{\sqrt{2n}})\\
&=\frac{f''(x)}{2}\left\{\frac{1}{n}+\frac{n-1}{n}\frac{2hP_{n-2}(1)}{P_n(1)}\right\}f(x)+O(\frac{1}{\sqrt{2n}})
\end{aligned}
$$

引理 4　当 $h>0$ 时，$\{B_n^H\}$ 是 $C[0,1]$ 到自身的正线性算子列，且

$$B_n^H((t-x)^4,x)=O(\frac{f(x)}{n})=O(\frac{1}{4n})$$

则对每个 $d>0$ 和每个 $g\in C[0,1]$，有

$$B_n^H(g(t)l_d(t,x),x)=O(\frac{f(x)}{n})=O(\frac{1}{4n})$$

证明　由 $g\in C[0,1]$ 知 g 是有界的，则对于 x，$t\in(0,1)$，当 $|t-x|<d$ 时，存在足够大的 $M_1>0$，使得

$$M_1(t-x)^4\geqslant|g(t)|l_d(t,x)$$

当 $|t-x|\geqslant d$ 时，存在足够大的 $M_2>0$，使得

$$M_2(t-x)^4\geqslant|g(t)|l_d(t,x)$$

记 $M=\max\{M_1,M_2\}$，则

$$M(t-x)^4\geqslant|g(t)|l_d(t,x)$$

故

$$
\begin{aligned}
&|B_n^H(g(t)l_d(t,x),x)|\\
&\leqslant B_n^H(|g(t)|l_d(t,x),x)\\
&\leqslant MB_n^H((t-x)^4,x)\\
&=O(\frac{f(x)}{n})=O(\frac{1}{4n})
\end{aligned}
$$

引理 5　当 $h>0$ 时，$\{B_n^H\}$ 是 $C[0,1]$ 到自身的正线性算子列，且

$$B_n^H(1,x)=1, B_n^H(t,x)=x$$

则如下条件等价：

(i) 对 $f\in C^2[0,1]$，有

$$B_n^H(f(t),x)-f(x)$$
$$=\frac{f''(x)}{2}\left\{\frac{1}{n}+\frac{n-1}{n}\frac{2hP_{n-2}(1)}{P_n(1)}\right\}f(x)+O(\frac{f(x)}{n})$$

(ii) $B_n^H((t-x)^4,x)=O(\frac{f(x)}{n})$.

(iii) 对 $f\in C[0,1]$ 和 $d>0$，有

$$B_n^H(f(t)l_d(t,x),x)=O(\frac{f(x)}{n})$$

证明　略.

定理　当 $h>0$ 时，$\{B_n^H\}$ 是 $C[0,1]$ 到自身的正线性子列，且对每个 $x\in(0,1)$，有

$$0<\left[\frac{1}{n}+\frac{n-1}{n}\frac{2hP_{n-2}(1)}{P_n(1)}\right]f(x)\leqslant\frac{2f(x)}{n}$$
$$B_n^H(1,x)=1, B_n^H(t,x)=x$$
$$B_n^H((t-x)^4,x)=O(\frac{f(x)}{n})$$

则对 $f\in C[0,1]$：

(i) 对每个 $x\in(0,1)$，有

$$|B_n^H(f(t),x)-f(x)|\leqslant M\frac{f(x)}{n}$$

等价于：

(ii) $f\in \mathrm{Lip}_{\frac{M}{2}}2=\{f\mid f\in C[0,1],且 W_2(f,t)=Mt^2,t>0\}$.

证明　(i)⇒(ii). 设 $f\notin \mathrm{Lip}_{\frac{M}{2}}2$，则存在 $x_0\in(0,1)$ 和 $0<d<\min\{x_0,1-x_0\}$，使得

$$W_2(f(x_0),d)=|f(x_0+d)-2f(x_0)+f(x_0-d)|>Md^2$$

不失一般性,设

$$f(x_0+d)-2f(x_0)+f(x_0-d)>Md^2$$

记

$$M=\frac{f(x_0+d)-2f(x_0)+f(x_0-d)}{d^2}$$

有 $M_0>M$. 考察二次抛物线

$$Q(t)=\frac{1}{2}\alpha(t-x_0)^2+f(x_0-d)+\frac{f(x_0+d)-f(x_0-d)}{2d}\cdot(t-x_0+d)+C$$

这里 $\alpha=\dfrac{M_0+M}{2}$.

选取适当的 C,使得当 $t\in[x_0-d,x_0+d]$ 时

$$Q(t)\leqslant f(t)$$

则

$$Q(x_0\pm d)=\frac{1}{2}\alpha d^2+f(x_0\pm d)+C$$

从而

$$Q(x_0\pm d)-f(x_0\pm d)=\frac{1}{2}\alpha d^2+C$$

但由

$$Q(x_0)=\frac{f(x_0+d)-f(x_0-d)}{2}+C$$

有

$$\begin{aligned}&Q(x_0)-f(x_0)\\=&\frac{f(x_0+d)-2f(x)+f(x_0-d)}{2}+C\\=&\frac{M_0}{2}d^2+C\end{aligned}$$

又 $M_0 > M > 0$,有

$$M < \frac{M_0 + M}{2} = \alpha$$

则

$$Q(x_0) - f(x_0) \geqslant Q(x_0 \pm d) - f(x_0 \pm d)$$

而 $Q(x)$,$f(x)$ 是$[0,1]$上的连续函数,则存在点 $y_0 \in [x_0 - d, x_0 + d]$,使得

$$Q(y_0) - f(y_0) = \max_{y_0 \in [x_0 - d, x_0 + d]} (Q(t) - f(t))$$

令

$$R(t) = [Q(y_0) - f(y_0)] - Q(t)$$

当 $t \in [x_0 - d, x_0 + d]$ 时

$$\begin{aligned} R(t) &= [Q(y_0) - f(y_0)] - Q(t) \\ &\geqslant [Q(t) - f(t)] - Q(t) = -f(t) \end{aligned}$$

且 $R(y_0) = -f(y_0)$.

令

$$a = \max\{x \mid 0 \leqslant x \leqslant x_0 - d, R(x) + f(x) = 0\}$$

$$b = \min\{x \mid x_0 + d \leqslant x \leqslant 1, R(x) + f(x) = 0\}$$

于是 $y_0 \in [a,b]$,且对 $t \in [a,b]$,有

$$R(t) + f(t) \geqslant 0$$

记

$$S(t) = f(t) - R(t)$$

有

$$f(t) = R(t) + S(t) \leqslant R(t) + l_{[a,b]}(t) S(t)$$

依引理 4,由

$$B_n^H((t-x)^4, x) = O(\frac{f(x)}{n})$$

知

$$B_n^H(l_{[a,b]}(t) f(t), x) = O(\frac{f(x)}{n})$$

则

$$
\begin{aligned}
& B_n^H(f(t),y_0)-f(y_0) \\
=& B_n^H(f(t)-f(y_0),y_0) \\
\leqslant & B_n^H(R(t)+l_{[a,b]}(t)S(t)-f(y_0),y_0) \\
=& \frac{1}{2}\alpha B_n^H(-(t-y_0)^2- \\
& 2(y_0-x_0)(t-y_0),y_0)- \\
& 2f(y_0)+O(\frac{f(y_0)}{n}) \\
=& -\alpha\times\frac{1}{2}B_n^H((t-y_0)^2,y_0)- \\
& \alpha(y_0-x_0)B_n^H(t-y_0, \\
& y_0)-2f(y_0)+O(\frac{f(y_0)}{n}) \\
=& -\alpha\times\frac{1}{2}\left[\frac{1}{n}+\frac{n-1}{n}\ \frac{2hP_{n-2}(1)}{P_n(1)}\right]\cdot \\
& f(y_0)-2f(y_0)+O(\frac{f(y_0)}{n}) \\
=& -\frac{M_0+M}{4}\left[\frac{1}{n}+\frac{n-1}{n}\ \frac{2hP_{n-2}(1)}{P_n(1)}\right]\cdot \\
& f(y_0)-2f(y_0)+O(\frac{f(y_0)}{n}) \\
\leqslant & -M\cdot\frac{1}{2}\left[\frac{1}{n}+\frac{n-1}{n}\ \frac{2hP_{n-2}(1)}{P_n(1)}\right]\cdot \\
& f(y_0)-2f(y_0)+O(\frac{f(y_0)}{n})
\end{aligned}
$$

故

$$
\begin{aligned}
& |B_n^H(f(t),x)-f(x)| \\
\geqslant & M\cdot\frac{1}{2}\left[\frac{1}{n}+\frac{n-1}{n}\ \frac{2hP_{n-2}(1)}{P_n(1)}\right]\cdot
\end{aligned}
$$

$$f(y_0)-2f(y_0)+O(\frac{f(y_0)}{n})$$

这与对每个 $x\in(0,1)$,有

$$|B_n^H(f(t),x)-f(x)|\leqslant M\frac{f(x)}{n}$$

矛盾,故 $f\in \mathrm{Lip}_{\frac{M}{2}}^{*}2$.

(ii)⇒(i). 取 $f\in \mathrm{Lip}_{\frac{M}{2}}^{*}2$,即 $f\in C[0,1]$,有

$$|f(x+t)-2f(x)+f(x-t)|=Mt^2\quad(t>0)$$

则令

$$t=f_n(t)=\frac{1}{2}B_n^H((t-x)^2,x)$$

有

$$\begin{aligned}W_2(f,f_n(x))=&|f(x+f_n(x))-2f(x)+\\&f(x-f_n(x))|\\\leqslant& Mf_n^2(t)\end{aligned}$$

因

$$B_n^H(1,x)=1,B_n^H(t,x)=x$$

$\{B_n^H\}$ 是 $C[0,1]$ 到自身的线性算子列,故

$$\begin{aligned}\|B_n^H(f)-f\|\leqslant& C_{W_2}(f,f_n(x))=CMf_n(t)\\\leqslant& CM\frac{f(x)}{n}\end{aligned}$$

参考资料

[1] 刘清国,梁子卿. Bernstein-Sheffer 算子在 C_W 空间上的逼近等价定理[J]. 厦门大学学报(自然版),1999,5:655.

[2] Poul Sablonniers Positive. Bernstein-Sheffer Op-

erators [J]. J. Approx. Theory, 1995, 83: 330-341.

[3] 刘清国,叶培新. 关于 Kantorovich-Sheffer 算子[J]. 宝鸡文理学院学报,1997,17:33-36.

Bernstein 算子的强逆不等式

第7章

河北师范大学数学与信息科学学院的郭顺生，齐秋兰两位教授2003年对Bernstein算子证明了其强逆不等式. 这些不等式曾被Ditzian, Ivanov, Totik，李松等人用不同的方法得到过，但其结果是通常的估计($\lambda=1$)，没有包含古典的结果($\lambda=0$). 本章引入K-泛函$K_{\lambda}^{\alpha}(f,t^2)(0\leqslant\lambda\leqslant 1,0<\alpha<2)$，将已有结果推广到$0\leqslant\lambda\leqslant 1$的情形.

§1 引言及预备知识

设$C[0,1]$表示定义在$[0,1]$上

连续函数的全体，在 $C[0,1]$ 上定义 Bernstein 算子为[1]

$$B_n(f,x)=\sum_{k=0}^{n} f\left(\frac{k}{n}\right) p_{n,k}(x)$$

$$p_{n,k}(x)=\binom{n}{k} x^k(1-x)^{n-k}$$

1987 年，Ditzian 和 Totik 在文[1]中对 Bernstein 算子证明了：存在某一绝对正数 C，使得

$$\| B_n f-f \|_{\infty} \leqslant C\omega_{\varphi}^2(f,n^{-\frac{1}{2}}) \quad (n\in \mathbf{N})$$

其中 $\varphi^2(x)=x(1-x)$.

1994 年，Ditzian 在文[2]中给出了有趣的正估计：设 $0\leqslant \lambda \leqslant 1,\varphi^2(x)=x(1-x)$，有

$$| B_n(f,x)-f(x) | \leqslant C\omega_{\varphi^{\lambda}}^2\left(f,\frac{\varphi^{1-\lambda}(x)}{\sqrt{n}}\right)$$

此结果将古典估计($\lambda=0$)与通常的估计($\lambda=1$)统一了起来. 关于逆估计，文[3]得到了该算子的 Stechkin 型不等式，Ditzian 和 Ivanov 于 1993 年给出了突破性的结论：存在常数 K，使得对于 $m\geqslant Kn$，有

$$\omega_{\varphi}^2\left(f,\frac{1}{\sqrt{n}}\right)\leqslant C\frac{m}{n}(\| B_n f-f \|_{\infty}+ \| B_m f-f \|_{\infty}) \quad (n\in \mathbf{N}) \quad (1)$$

其中

$$\omega_{\varphi}^2(f,t)=\sup_{0<h\leqslant t} \| \Delta_{h\varphi}^2 f \|$$

因此，只要选择 $m=Kn$，就可以得到等价关系

$$\omega_{\varphi}^2(f,n^{-\frac{1}{2}}) \sim \| B_n-f \|_{\infty}+ \| B_{Kn}f-f \|_{\infty}$$

其中“$A\sim B$”表示：存在常数 C，使得

$$C^{-1}A\leqslant B\leqslant CA$$

1994 年，Totik 在文[5]中应用抛物线技巧将

Ditzian-Ivanov 结果推广到更广的算子类上,得到了:存在两个正绝对常数 C_1,K_1,使得当 $m \geqslant K_1 n$ 时,有

$$\omega_{\varphi}^{2}\left(f,\frac{1}{\sqrt{n}}\right) \leqslant C_1 \frac{m}{n}(\| B_n f - f \|_{\infty} + \| B_m f - f \|_{\infty}) \quad (n \in \mathbf{N})$$

以上有关强逆不等式均为通常 $\lambda = 1$ 的情形,而对于 $\lambda = 0$ 的情况均未讨论. 本章将应用 $K-$泛函 $K_{\lambda}^{\alpha}(f, t^2)(0 \leqslant \lambda \leqslant 1, 0 < \alpha < 2)$ 给出 Bernstein 算子的强逆不等式,并借助这个结果得到该算子的逆估计.

本章中 C 表示与 x,n 无关的常数,不同地方可取不同的数值.

§2 辅助引理

为了证明我们的结果,需要引入一些符号及引理.

设 $0 \leqslant \lambda \leqslant 1, 0 < \alpha < 2$,定义

$$C^0 := \{f \in C[0,1] : f(0) = f(1) = 0\}$$

$$C^2 := \{f \in C^0 : f'' \in C[0,1]\}$$

$$\| f \|_0 := \sup_{x \in (0,1)} | \varphi^{\alpha(\lambda-1)}(x) f(x) |$$

$$\| f \|_2 := \sup_{x \in (0,1)} | \varphi^{2+\alpha(\lambda-1)}(x) f''(x) |$$

$$C_{\lambda,\alpha}^0 := \{f \in C^0 : \| f \|_0 < \infty\}$$

$$C_{\lambda,\alpha}^2 := \{f \in C^2 : \| f \|_2 < \infty\}$$

$$K_{\lambda}^{\alpha}(f, t^2) := \inf_{g \in C_{\lambda,\alpha}^2} \{ \| f - g \|_0 + t^2 \| g \|_2 \}$$

引理 1[1]

$$B_n(1, x) = 1$$

$$B_n(t - x, x) = 0$$

$$B_n((t-x)^2,x)=\frac{\varphi^2(x)}{n}$$

引理 2[6] 设 $0\leqslant\gamma\leqslant 2,\varphi^2(x)=x(1-x),x\in(0,1),0<t<\frac{1}{4},t\leqslant x<1-t$,有

$$\iint_{-\frac{t}{2}}^{\frac{t}{2}}\varphi^{-\gamma}(x+u+v)\mathrm{d}u\mathrm{d}v\leqslant C(\gamma)t^2\varphi^{-\gamma}(x)$$

引理 3 设 $0\leqslant\lambda\leqslant 1,0<\alpha<2,f\in C^2_{\lambda,\alpha}$,有

$$\|\varphi^3B'''_nf\|_0\leqslant B\sqrt{n}\|\varphi^2f''\|_0$$
$$\|\varphi^2B'''_nf\|_0\leqslant Cn\|f\|_2$$

其中 B 是与 n,x 无关的常数.

证明 由于

$$\varphi^2(x)p'_{n-2,k}(x)=(n-2)\left(\frac{k}{n-2}-x\right)p_{n-2,k}(x)$$

$$B''_n(f,x)=\frac{n!}{(n-2)!}\sum_{k=0}^{n-2}\overrightarrow{\Delta}^2_{\frac{1}{n}}f\left(\frac{k}{n}\right)p_{n-2,k}(x)\quad(2)$$

所以

$$\begin{aligned}&\varphi^{3+\alpha(\lambda-1)}(x)B'''_n(f,x)\\&=\varphi^{3+\alpha(\lambda-1)}(x)n(n-1)\sum_{k=0}^{n-2}\overrightarrow{\Delta}^2_{\frac{1}{n}}f\left(\frac{k}{n}\right)p'_{n-2,k}(x)\\&=\varphi^{1+\alpha(\lambda-1)}(x)n(n-1)(n-2)\sum_{k=0}^{n-2}\overrightarrow{\Delta}^2_{\frac{1}{n}}f\left(\frac{k}{n}\right)\cdot\\&\quad\left(\frac{k}{n-2}-x\right)p_{n-2,k}(x)\\&=\varphi^{1+\alpha(\lambda-1)}(x)n(n-1)(n-2)\sum_{k=0}^{n-2}\left(\frac{k}{n-2}-x\right)p_{n-2,k}(x)\cdot\\&\quad\iint_{-\frac{1}{2n}}^{\frac{1}{2n}}f''\left(\frac{k+1}{n}+u+v\right)\mathrm{d}u\mathrm{d}v\end{aligned}$$

并应用 Hölder 不等式,可得

$$|\varphi^{3+\alpha(\lambda-1)}(x)B'''_n(f,x)|$$

$$\leqslant \|\varphi^2 f''\|_0 \varphi^{1+\alpha(\lambda-1)}(x) n^3 \sum_{k=0}^{n-2}\left(\frac{k}{n-2}-x\right) p_{n-2,k}(x) \cdot$$

$$\iint_{-\frac{1}{2n}}^{\frac{1}{2n}} \varphi^{-2-\alpha(\lambda-1)}\left(\frac{k+1}{n}+u+v\right) \mathrm{d}u\mathrm{d}v$$

$$\leqslant C\|\varphi^2 f''\|_0 \varphi^{1+\alpha(\lambda-1)}(x) \cdot$$

$$n\left(\sum_{k=0}^{n-2}\left(\frac{k}{n-2}-x\right)^2 p_{n-2,k}(x)\right)^{\frac{1}{2}} \cdot$$

$$\left(\sum_{k=0}^{n-2} \varphi^{-4-2\alpha(\lambda-1)}\left(\frac{k+1}{n}\right) p_{n-2,k}(x)\right)^{\frac{1}{2}}$$

$$\leqslant B\sqrt{n}\|\varphi^2 f''\|_0$$

类似可证得另一估计式.

引理 4 设 $0 \leqslant \lambda \leqslant 1, 0<\alpha<2, f \in C_{\lambda,\alpha}^0$,有

$$\|B_n f\|_2 \leqslant Cn\|f\|_0$$

证明 1° 当 $x \in E_n^c=\left[0, \frac{1}{n}\right) \cup\left(1-\frac{1}{n}, 1\right]$ 时,由式(2),并注意到 $\varphi^2(x) \leqslant \frac{1}{n}$,有

$$|\varphi^{2+\alpha(\lambda-1)}(x) B''_n(f, x)|$$

$$=\varphi^{2+\alpha(\lambda-1)}(x) n(n-1)\left|\sum_{k=0}^{n-2} \overrightarrow{\Delta}_{\frac{1}{n}}^2 f\left(\frac{k}{n}\right) p_{n-2,k}(x)\right|$$

$$\leqslant\|\varphi^{\alpha(\lambda-1)} f\| \cdot n(n-1) \varphi^{2+\alpha(\lambda-1)}(x) \cdot$$

$$\left|\sum_{k=0}^{n-2}\left[\varphi^{\alpha(\lambda-1)}\left(\frac{k+2}{n}\right)-\right.\right.$$

$$\left.\left.2 \varphi^{\alpha(1-\lambda)}\left(\frac{k+1}{n}\right)+\varphi^{\alpha(1-\lambda)}\left(\frac{k}{n}\right)\right] p_{n-2,k}(x)\right|$$

$$\leqslant C\|f\|_0 n(n-1) \varphi^{2+\alpha(\lambda-1)}(x) \cdot$$

$$\left|\sum_{k=0}^{n-2} \varphi^{\alpha(1-\lambda)}\left(\frac{k+1}{n}\right) p_{n-2,k}(x)\right|$$

$$\leqslant C\|f\|_0 n(n-1) \varphi^{2+\alpha(\lambda-1)}(x) \cdot$$

$$\left(\sum_{k=0}^{n-2}\varphi^2\left(\frac{k+1}{n}\right)p_{n-2,k}(x)\right)^{\frac{\alpha(1-\lambda)}{2}}\cdot$$

$$\left(\sum_{k=0}^{n-2}p_{n-2,k}(x)\right)^{1-\frac{\alpha(1-\lambda)}{2}}$$

$$\leqslant Cn\|f\|_0$$

2° 当 $x\in E_n=\left[\frac{1}{n},1-\frac{1}{n}\right]$ 时，由文[1]，有

$$B''_n(f,x)=\varphi^{-2}(x)\sum_{i=0}^{2}Q_i(x,n)n^i\sum_{k=0}^{n}\left(\frac{k}{n}-x\right)^i\cdot$$

$$p_{n,k}(x)f\left(\frac{k}{n}\right)\tag{3}$$

且

$$|\varphi^{-2}(x)Q_i(x,n)n^i|\leqslant C\left(\frac{n}{x(1-x)}\right)^{1+\frac{i}{2}}$$

应用 Hölder 不等式，由简单计算可得

$$\sum_{k=0}^{n}p_{n,k}(x)\left|\frac{k}{n}-x\right|^i\varphi^{\alpha(1-\lambda)}\left(\frac{k}{n}\right)$$

$$\leqslant\left(\sum_{k=0}^{n}p_{n,k}(x)\varphi^2\left(\frac{k}{n}\right)\right)^{\frac{\alpha(1-\lambda)}{2}}\cdot$$

$$\left(\sum_{k=0}^{n}p_{n,k}(x)\left|\frac{k}{n}-x\right|^{\frac{1}{1-\frac{\alpha(\lambda-1)}{2}}}\right)^{1-\frac{\alpha(1-\lambda)}{2}}$$

$$=\left(\frac{n-1}{n}\varphi^2(x)\right)^{\frac{\alpha(1-\lambda)}{2}}\cdot$$

$$\left(\sum_{k=0}^{n}p_{n,k}(x)\left|\frac{k}{n}-x\right|^{2m}\right)^{\frac{1}{2m}}$$

$$\leqslant C\left(\frac{n-1}{n}\varphi^2(x)\right)^{\frac{\alpha(1-\lambda)}{2}}\varphi^i(x)n^{-\frac{i}{2}}$$

故结合式(3)，可得

$$\|B_nf\|_2\leqslant C\|f\|_0\varphi^{2+\alpha(\lambda-1)}(x)\sum_{i=0}^{2}\left(\frac{n}{x(1-x)}\right)^{1+\frac{i}{2}}\cdot$$

$$\varphi^{i}(x)n^{-\frac{i}{2}}\varphi^{\alpha(1-\lambda)}(x)\leqslant Cn\|f\|_0$$

引理 5 设 $0\leqslant\lambda\leqslant 1, 0<\alpha<2, f^{(i)}(x)\in C^0_{\lambda,\alpha}$，$i=0,1,2,3,\varphi^3 f'''\in C^0_{\lambda,\alpha}$，有

$$\left\|B_n f-f-\frac{\varphi^2 f''}{2n}\right\|_0\leqslant C(n^{-\frac{3}{2}}\|\varphi^3 f'''\|_0+n^{-2}\|\varphi^2 f'''\|_0)$$

证明 将 $f(t)$ 在 x 处 Taylor 展开

$$f(t)=f(x)+f'(x)(t-x)+\frac{1}{2}f''(x)(t-x)^2+\frac{1}{2}\int_x^t(t-v)^2 f'''(v)\mathrm{d}v$$

由引理 1 可得

$$\varphi^{\alpha(\lambda-1)}(x)\left(B_n(f,x)-f(x)-\frac{\varphi^2(x)f''(x)}{2n}\right)=I_n(f,x) \tag{4}$$

此处

$$I_n(f,x)=\frac{1}{2}\varphi^{\alpha(\lambda-1)}(x)B_n\left(\int_x^t(t-v)^2 f'''(v)\mathrm{d}v,x\right)$$

利用文[1]有

$$\frac{|t-v|}{\varphi^2(v)}\leqslant\frac{|t-x|}{\varphi^2(x)}\quad(v\text{ 介于 }t,x\text{ 之间})$$

可推出当 $x\in E_n=\left[\frac{1}{n},1-\frac{1}{n}\right]$ 时

$$\begin{aligned}&|I_n(f,x)|\\&\leqslant\varphi^{\alpha(\lambda-1)}(x)\left|\sum_{k=0}^{n}\int_x^{\frac{k}{n}}\left|\frac{k}{n}-v\right|^2 f'''(v)\mathrm{d}v p_{n,k}(x)\right|\\&\leqslant\varphi^{\alpha(\lambda-1)}(x)\sum_{k=0}^{n}\left|\frac{k}{n}-x\right|^3\varphi^{3+\alpha(\lambda-1)}(x)\frac{1}{\left|\frac{k}{n}-x\right|}\cdot\\&\quad\left|\int_x^{\frac{k}{n}}\varphi^{3+\alpha(\lambda-1)}(v)f'''(v)\mathrm{d}v\right|p_{n,k}(x)\end{aligned}$$

$$\leqslant Cn^{-\frac{3}{2}} \mid M(\varphi^{3+\alpha(\lambda-1)} f''', x) \mid$$

$$\leqslant Cn^{-\frac{3}{2}} \| \varphi^3 f''' \|_0$$

当 $x \in E_n^c = \left[0, \frac{1}{n}\right) \cup \left(1 - \frac{1}{n}, 1\right]$ 时，应用引理 1 得

$$| I_n(f, x) | \leqslant Cn^{-2} \| \varphi^2 f''' \|_0$$

§ 3　主 要 结 果

定理 1　设 $0 \leqslant \lambda \leqslant 1, 0 < \alpha < 2$，对于 $n \in \mathbf{N}$，$B_n f - f \in C_{\lambda,\alpha}^0$，则存在常数 $K > 1$，当 $l \geqslant Kn$ 时，有

$$K_\lambda^\alpha\left(f, \frac{1}{n}\right) \leqslant C\frac{l}{n}(\| B_n f - f \|_0 + \| B_l f - f \|_0)$$

证明　设

$$g = B_n^2(f, x) = B_n(B_n f, x)$$

由 $K_\lambda^\alpha(f, t)$ 的定义，有

$$K_\lambda^\alpha\left(f, \frac{1}{n}\right) \leqslant \| B_n^2 f - f \|_0 + \frac{1}{n} \| B_n^2 f \|_2$$

$$\leqslant C\left(\| B_n f - f \|_0 + \frac{1}{n} \| B_n^2 f \|_2\right) \tag{5}$$

根据引理 5，用 $B_n^2 f$ 代替 f，以 l 代替 n，有

$$\left\| B_l(B_n^2 f) - B_n^2 f - \frac{\varphi^2 (B_n^2 f)''}{2l} \right\|_0$$

$$\leqslant A(l^{-\frac{3}{2}} \| \varphi^3 (B_n^2 f)''' \|_0 +$$

$$l^{-2} \| \varphi^2 (B_n^2 f)''' \|_0)$$

故

$$\frac{1}{2l} \| B_n^2 f \|_2 \leqslant \| B_l(B_n^2 f) - B_n^2 f \|_0 +$$

$$Al^{-\frac{3}{2}}\|\varphi^{3}(B_n^2f)'''\|_0+$$
$$Cl^{-2}\|\varphi^{2}(B_n^2f)'''\|_0 \tag{6}$$

根据引理 3,4,有

$$\|\varphi^{3}(B_n^2f)'''\|_0\leqslant B\sqrt{n}\|B_nf\|_2$$

综上,再利用式(6)及引理 4,可以得到

$$\begin{aligned}\frac{1}{2l}\|B_n^2f\|_2\leqslant&\|B_l(B_n^2f)-B_n^2f\|_0+\\&ABl^{-\frac{3}{2}}\sqrt{n}(\|\varphi^2(B_nf-\\&B_n^2f)''\|_0+\|B_n^2f\|_2)+\\&Cl^{-2}\|\varphi^2(B_n^2f)'''\|_0\\\leqslant&\|B_l(B_n^2f)-B_n^2f\|_0+\\&(ABl^{-\frac{3}{2}}\sqrt{n}Cn+Cl^{-2}n^2)\|B_nf-f\|_0+\\&(ABl^{-\frac{3}{2}}\sqrt{n}+Cl^{-2}n)\|B_n^2f\|_2\end{aligned}$$

此处 A,B,C 为常数,我们选择 $K>1$,使得当 $l\geqslant Kn$ 时

$$ABl^{-\frac{3}{2}}\sqrt{n}+Cl^{-2}n\leqslant\frac{1}{4l}$$

因此

$$\frac{1}{4l}\|B_n^2f\|_2\leqslant C(\|B_lf-f\|_0+\|B_nf-f\|_0)$$

即

$$K_\lambda^\alpha\left(f,\frac{1}{n}\right)\leqslant C\frac{l}{n}(\|B_nf-f\|_0+\|B_lf-f\|_0)$$

定理 2 设 $f\in C[0,1]$,$\forall x\in(0,1)$,有

$$|\varphi^{\alpha(\lambda-1)}(x)\Delta_{h\varphi^\lambda}^2f(x)|\leqslant CK_\lambda^\alpha(f,h^2\varphi^{2(\lambda-1)}(x))$$

其中

$$\begin{aligned}\Delta_{h\varphi^\lambda}^2f(x)=&f(x+h\varphi^\lambda(x))-\\&2f(x)+f(x-h\varphi^\lambda(x))\end{aligned}$$

证明 不失一般性,我们只证 $f\in C^0$:由 $K_\lambda^\alpha\left(f,\frac{1}{n}\right)$ 的定义,存在 $g\in C_{\lambda,\alpha}^2$,使得

$$\| f-g\|_0+\frac{1}{n}\| g\|_2\leqslant 2K_\lambda^\alpha\left(f,\frac{1}{n}\right) \tag{7}$$

另外

$$|\Delta_{h\varphi^\lambda}^2 f(x)|\leqslant|\Delta_{h\varphi^\lambda}^2(f-g)(x)|+|\Delta_{h\varphi^\lambda}^2 g(x)| \tag{8}$$

首先,估计式(8)中的第一项:由于 $\varphi^{\alpha(1-\lambda)}(x)$ 是上凸函数,当 $x\geqslant h\varphi^\lambda(x)$ 时,有

$$|\Delta_{h\varphi^\lambda}^2(f-g)(x)|\leqslant 7\varphi^{\alpha(1-\lambda)}(x)\| f-g\|_0 \tag{9}$$

再估计式(8)中的第二项:由引理2,得

$$\begin{aligned}|\Delta_{h\varphi^\lambda}^2 g(x)|&=\left|\iint_{-\frac{h\varphi^\lambda(x)}{2}}^{\frac{h\varphi^\lambda(x)}{2}} g''(x+u+v)\mathrm{d}u\mathrm{d}v\right|\\&\leqslant\| g\|_2\cdot\\&\quad\left|\iint_{-\frac{h\varphi^\lambda(x)}{2}}^{\frac{h\varphi^\lambda(x)}{2}}\varphi^{-2+\alpha(1-\lambda)}(x+u+v)\mathrm{d}u\mathrm{d}v\right|\\&\leqslant C\| g\|_2 h^2\varphi^{(\alpha-2)(1-\lambda)}(x)\end{aligned} \tag{10}$$

由式(8)~(10),得

$$|\Delta_{h\varphi^\lambda}^2 f(x)|\leqslant C\varphi^{\alpha(1-\lambda)}(x)(\| f-g\|_0+ h^2\varphi^{2(\lambda-1)}(x)\| g\|_2)$$

故

$$|\varphi^{\alpha(\lambda-1)}(x)\Delta_{h\varphi^\lambda}^2 f(x)|\leqslant CK_\lambda^\alpha(f,h^2\varphi^{2(\lambda-1)}(x))$$

推论1 当 $\lambda=1$ 时,$f\in C[0,1]$,存在常数 $K>1$,当 $l\geqslant Kn$ 时,有

$$\omega_\varphi^2\left(f,\frac{1}{\sqrt{n}}\right)\leqslant C\frac{l}{n}(\| B_n f-f\|_\infty+\| B_l f-f\|_\infty)$$

注 此即结果(1),并且由推论1可以得到:

推论2 对于 $0<\alpha<2$,有

$$|B_n(f,x)-f(x)|=O(n^{-\frac{\alpha}{2}})\Rightarrow\omega_{\varphi}^2(f,t)=O(t^{\alpha})$$

推论 3 设 $0<\alpha<2, 0\leqslant\lambda\leqslant 1, x\in(0,1)$, $f\in C[0,1]$,有

$$|B_n(f,x)-f(x)|=O(n^{-\frac{\alpha}{2}}\varphi^{\alpha(1-\lambda)}(x))$$
$$\Rightarrow\omega_{\varphi^{\lambda}}^2(f,t)=O(t^{\alpha})$$

证明 由定理1,根据假设有

$$K_{\lambda}^{\alpha}(f,\frac{1}{n})=O(n^{-\frac{\alpha}{2}})$$

对于 t:$0<t<1$,存在 n,使得

$$\frac{1}{\sqrt{n+1}}<t\leqslant\frac{1}{\sqrt{n}}$$

故

$$K_{\lambda}^{\alpha}(f,t^2)\leqslant K_{\lambda}^{\alpha}(f,n^{-1})\leqslant Ct^{\alpha}$$

根据定理2,知

$$|\varphi^{\alpha(\lambda-1)}(x)\Delta_{h\varphi^{\lambda}}^2f(x)|\leqslant CK_{\lambda}^{\alpha}(f,h^2\varphi^{2(\lambda-1)}(x))$$
$$\leqslant C(h\varphi^{\lambda-1}(x))^{\alpha}$$

所以

$$|\Delta_{h\varphi^{\lambda}}^2f(x)|\leqslant Ch^{\alpha}$$

即

$$\omega_{\varphi^{\lambda}}^2(f,t)\leqslant Ct^{\alpha}$$

参考资料

[1] Ditzian Z, Totik V. Moduli of smoothness. Berlin, New York: Springer-Verlag, 1987.

[2] Ditzian Z. Direct estimation for Bernstein polynomials, J. Approx. Theory, 1994, 79:165-166.

[3] Wickeren E V. Stechkin-marchaud-type inequalities in connection with Bernstein polynomials, Constr. Approx., 1986,2:331-337.

[4] Ditzian Z, Ivanov K G. Strong converse inequalities, J. Anal. Math., 1993,61:61-111.

[5] Totik V. Strong converse inequalities, J. Approx. Theory, 1994,76:369-375.

[6] Guo S, Li C, Liu X, Song Z. Pointwise approximation for linear combinations of Bernstein operators, J. Approx. Theory, 2000,107:109 -120.

关于 Bernstein 型多项式导数的特征[①]

第 8 章

绍兴文理学院数学系的丁春梅教授 2003 年利用高阶光滑模研究 Bernstein 型多项式的高阶导数问题，用函数的光滑性刻画 Bernstein 型多项式的高阶导数的特征，得到了一个等价定理.

§1 引　　言

设

$$P_{n,k}(x)=C_n^k x^k(1-x)^{n-k}$$

① 本章摘自《数学杂志》,2003 年,第 23 卷,第 3 期.

$$= \frac{n!}{n!\ (n-k)!} x^k (1-x)^{n-k}$$

$$(x \in [0,1], n \in \mathbf{N})$$

则 Bernstein 多项式定义为

$$B_n f = B_n(f,x) = \sum_{k=0}^{n} P_{n,k}(x) f(\frac{k}{n})$$

而 Bernstein-Durrmeyer 多项式定义为

$$D_n f = D_n(f,x) = \sum_{k=0}^{n} P_{n,k}(x)(n+1)\int_0^1 P_{n,k}(t) f(t) \mathrm{d}t$$

它是Bernstein多项式继Kantorovich积分变型后的又一重要积分形式的修正，可以用来逼近[0,1]上的可积函数. 由于该多项式具有自共轭、与微分算子的可交换以及可展成 Legendre 多项式等较好的性质，引起了人们极大的兴趣，并得到了一系列的结果，但是，该多项式是非线性保持的，即

$$D_n(t-x,x) \neq 0$$

为了克服这一不足，文[1] 将 D_n 修正为

$$M_n f = M_n(f,x) = \sum_{k=0}^{n} P_{n,k}(x) \Phi_{nk}(f) \qquad (1)$$

其中

$$\Phi_{nk}(f) = \begin{cases} f(0), k=0 \\ (n-1)\int_0^1 P_{n-2,k-1}(x) f(t) \mathrm{d}t, \\ k=1,2,\cdots,n-1 \\ f(1), k=n \end{cases}$$

显然，$\{M_n\}$ 是 $C[0,1]$ 到其自身的正线性保持的正线性算子列，并且具有一些与 Bernstein 多项式相似的性质[1]. 本章的目的是进一步研究多项式 M_n，考虑该多项式的高阶导数与函数光滑性之间的关系，用函数的

光滑模刻画导数的特性,得到如下的结果:

定理 设 $f\in C[0,1]$,$r\in \mathbf{N}$,$0<\alpha<r$,且存在某一 $\beta>0$,使 $W_r(f,t)=O(t^{\beta})$,则

$$|M_n^{(r)}(f,x)|\leqslant C\left(\min\left(n^2,\frac{n}{x(1-x)}\right)\right)^{\frac{r-\alpha}{2}}$$

当且仅当 $W_r(f,t)=O(t^{\alpha})$,其中 $W_r(f,t)=\sup\limits_{0<h\leqslant t}\|\Delta_h^r f(\cdot)\|$ 为函数 f 的 r 阶光滑模,$\Delta_h^r f(x)$ 是函数 f 的 r 阶对称差分,C 是与 n 无关的正常数,不同处其值可以不同.

§2 引　　理

引理 1 设 $m\in \mathbf{N}$,$T_{n,m}(x)=M_n((t-x),x)$,则

$$T_{n,m+1}(x)=\frac{\varphi^2(x)}{n+m}(T'_{n,m}(x)+2mT_{n,m-1}(x))+\frac{m}{n+m}(1-2x)T_{n,m}(x)$$

其中 $x\in[0,1]$,$\varphi(x)=(x(1-x))^{\frac{1}{2}}$.

证明 由定义(1)并注意到

$$x(1-x)P_{n,k}(x)=(k-nx)P_{n,k}(x)$$

和

$$k-nx=k-1-(n-2)t+(n-2)(t-x)+1-2x$$

不难有

$$x(1-x)(T'_{n,m}(x)+mT_{n,m-1}(x))$$

$$=\sum_{k=1}^{n-1}P_{n,k}(x)(n-1)\int_0^1 t(1-t)P_{n-2,k-1}(t)(t-x)^m\mathrm{d}t+$$

$$\{(n-2)\sum_{k=1}^{n-1}P_{n,k}(x)(n-1)\cdot$$

$$\int_0^1 P_{n-2,k-1}(t)(t-x)^{m+1}\mathrm{d}t+$$

$$(n-2)P_{n,0}(x)(-x)^{m+1}+$$

$$(n-2)P_{n,n}(x)(1-x)^{m+1}\}+$$

$$2P_{n,0}(-x)^{m+1}+2P_{n,n}(x)(1-x)^{m+1}+$$

$$\{(1-2x)\sum_{k=1}^{n-1}P_{n,k}(x)(n-1)\cdot$$

$$\int_0^1 P_{n-2,k-1}(t)(t-x)^{m+1}\mathrm{d}t+$$

$$(1-2x)P_{n,0}(x)(-x)^{m}+(1-2x)P_{n,n}(x)(1-x)^{m}\}-$$

$$(1-2x)P_{n,0}(x)(-x)^{m}-(1-2x)P_{n,n}(x)(1-x)^{m}$$

$$=\sum_{k=1}^{n-1}P_{n,k}(x)(n-1)\int_0^1(-(t-x)^2+$$

$$(1-2x)(t-x)+x(1-x))\cdot$$

$$(t-x)^m P_{n-2,k-1}(t)\mathrm{d}t+$$

$$(n-2)T_{n,m+1}(x)+(1-2x)T_{n,m}(x)+$$

$$2P_{n,0}(x)(-x)^{m+1}+2P_{n,n}(x)(1-x)^{m+1}-$$

$$(1-2x)P_{n,0}(x)(-x)^{m}+(1-2x)P_{n,n}(x)(1-x)^{m}$$

$$=(n+m)T_{n,m+1}(x)-m(1-2x)T_{n,m}(x)-$$

$$mx(1-x)T_{n,m-1}(x)$$

这就导出引理 1 的结论.

根据直接计算,可以得到

$$M_n(1,x)=1,M_n(t-x,x)=0$$

则由引理 1 导出:

引理 2　设 $j\in\mathbf{N},x\in[0,1]$,则

$$M_n((t-x)^{2j},x)=\sum_{k=0}^{j-1}\frac{(\varphi(x))^{2j-2k}}{n^{j+k}}p_k(x)$$

$$M_n((t-x)^{2j+1},x)=\sum_{k=0}^{j-1}\frac{(\varphi(x))^{2j-2k}}{n^{j+k+1}}q_k(x)$$

其中 $p_k(x),q_k(x)$ 关于 n 和 x 一致有界.

引理 3　设 $f(x)\in C[0,1]$,则

$$(\frac{\mathrm{d}}{\mathrm{d}x})^r M_n(f,x)=\frac{n!\ (n-1)!}{(n-r)!\ (n+r-2)!}\cdot$$

$$\sum_{k=0}^{n-r}P_{n-r,k}(x)\int_0^1 f^{(r)}(t)P_{n+r-2,k+r-1}(t)\mathrm{d}t$$

证明　规定当 $k<n$ 时

$$\Phi_{n,k}(f)\equiv 0,P_{n,k}(x)\equiv 0$$

由归纳得到

$$P_{n,k}^{(r)}(x)=\frac{n!}{(n-r)!}\sum_{j=0}^{r}\mathrm{C}_r^j(-1)^j P_{n-r,k-r+j}(x)$$

由此导出

$$\begin{aligned}M_n^{(r)}(f,r)&=\frac{n!}{(n-r)!}\sum_{j=0}^{r}\mathrm{C}_r^j(-1)^j\cdot\\&\quad\sum_{k=0}^{n}\Phi_{n,k}(f)P_{n-r,k-r+j}(x)\\&=\frac{n!}{(n-r)!}\sum_{j=0}^{r}\mathrm{C}_r^j(-1)^j\cdot\\&\quad\sum_{k=0}^{n-r+j}\Phi_{n,k+r-j}(f)P_{n-r,k}(x)\\&=\frac{n!}{(n-r)!}\sum_{k=0}^{n-r}P_{n-r,k}(x)\cdot\\&\quad\sum_{j=0}^{r}(-1)^{r-j}\mathrm{C}_r^j\Phi_{n,k+j}(f)\\&=\frac{n!}{(n-r)!}\sum_{k=0}^{n-r}(-1)^r P_{n-r,k}(x)\delta_{nk}^{(r)}(f)\end{aligned}$$

其中

$$\delta_{nk}^{(r)}(f)=\sum_{j=0}^{r}C_r^j(-1)^j\Phi_{n,k+r-j}(f)$$

为了完成引理3的证明，我们需要证明

$$\delta_{nk}^{(r)}(f)=(-1)^r\frac{(n-1)!}{(n+r-2)!}\cdot\int_0^1 f^{(r)}(t)P_{n+r-2,k+r-1}(t)\mathrm{d}t$$

事实上，对于 $1\leqslant k\leqslant n-r-1$，有

$$\begin{aligned}\delta_{nk}^{(r)}(f)&=(n-1)\int_0^1\Big(\sum_{j=0}^{r}C_r^j(-1)^jP_{n-2,k+j-1}(t)\Big)f(t)\mathrm{d}t\\&=\frac{(n-1)!}{(n+r-2)!}\int_0^1 P_{n+r-2,k+r-1}^{(r)}(t)f(t)\mathrm{d}t\\&=(-1)^r\frac{(n-1)!}{(n+r-2)!}\int_0^1 f^{(r)}(t)\cdot P_{n+r-2,k+r-1}(t)\mathrm{d}t\end{aligned}$$

这里用到了分步积分法. 对于 $k=0$，有

$$\begin{aligned}\delta_{nk}^{(r)}(f)&=f(0)+\sum_{j=1}^{r}C_r^j(-1)^j\Phi_{nj}(f)\\&=\frac{(n-1)!}{(n+r-2)!}\int_0^1(f(t)-f(0))P_{n+r-2,r-1}^{(r)}(t)\mathrm{d}t\\&=(-1)^r\frac{(n-1)!}{(n+r-2)!}\int_0^1 f^{(r)}(t)P_{n+r-2,r-1}(t)\mathrm{d}t\end{aligned}$$

类似地，可以证明 $k=n$ 的情形. 引理3证毕.

根据引理3及[7]中对Bernstein多项式的处理方法，可以证明：

引理4　对于 $r\in\mathbf{N}$ 有

$$\|M_n^{(r)}f\|\leqslant Cn^r\|f\|\quad(f\in C[0,1])$$

$$\|M_n^{(r)}f\|\leqslant C\|f^{(r)}\|\quad(f\in C^r[0,1])$$

$$\|\varphi^rM_n^{(r)}f\|\leqslant Cn^{\frac{r}{2}}\|f\|\quad(f\in C[0,1])$$

根据[3]，我们可以定义 M_nf 的线性组合算子为

$$L_n(f,r-1,x)=\sum_{i=0}^{r-1}a_i(n)M_{n_i}(f,x)\quad(r\geqslant 2)$$

其中 $a_i(n)$ 满足如下条件：

(a) $n=n_0<n_1<\cdots<n_{r-1}<Cn$；

(b) $\sum_{i=0}^{r-1}|a_i(n)|\leqslant C$；

(c) $\sum_{i=0}^{r-1}a_i(n)=1$；

(d) $\sum_{i=0}^{r-1}a_i(n)n_i^{-k}=0,k=1,2,\cdots,r-1.$

引理 5　设 $r\in\mathbf{N},r\geqslant 2$，有

$$|L_n(f,r-1,x)-f(x)|\leqslant C\omega_r\left(f,\left(\frac{\varphi^2(x)}{\frac{n+1}{n^2}}\right)^{\frac{1}{2}}\right)$$

$$(f\in C[0,1])$$

证明　利用引理 2，采用标准的方法（见[4,p. 699]，[5,p. 284] 及[2,Theorem 9.3.2]），我们可以证明引理 5，此处略去证明细节.

§3　定理的证明

定义 K－泛函

$$K_r(f,t)=\inf_{g^{(r-1)}\in AC_{\text{loc}}}\{\|f-g\|+t^r\|g^{(r)}\|\}$$

文[3] 的定理 2.1.1 已证得

$$C^{-1}\omega_r(f,t)\leqslant K_r(f,t^r)\leqslant C\omega_r(f,t)\tag{2}$$

对于任意的 $g^{(r-1)}\in AC_{\text{loc}}$，由引理 4，得到

$$|M_n^{(r)}(f,x)|\leqslant|M_n^{(r)}(f-g,x)|+|M_n^{(r)}(g,x)|$$

$$\leqslant C\min\left\{\left(\frac{n}{\varphi^2(x)}\right)^{\frac{r}{2}}\|f-g\|,\right.$$

$$\left.n^r\|f-g\|+C\|g^{(r)}\|\right\}$$

因此

$$|M_n^{(r)}(f,x)|\leqslant C\left(\min\left(\frac{n}{\varphi^2(x)}\right)\right)^{\frac{r}{2}}\cdot$$

$$K_r\left(f,\left(\min\left(n,\frac{n}{\varphi(x)}\right)\right)^{-r}\right)$$

$$\leqslant C\left\{\min\left(n^2,\frac{n}{\varphi^2(x)}\right)\right\}^{\frac{r-\alpha}{2}}$$

这里用到了 K－泛函的定义及(2).

设 $0<t\leqslant h\leqslant\frac{1}{8r}, r\in\mathbf{N}$,则

$$|\Delta_t^r f(x)|\leqslant|\Delta_t^r f(x)-L_n(f,r-1,x)|+$$

$$|\Delta_t^r L_n(f,r-1,x)|=I_1+I_2$$

由引理 5,得到

$$I_1\leqslant Cw_r(f,d(n,x,t))$$

其中

$$\delta(n,x,t)=\max\left\{\frac{1}{n},\max_{0\leqslant k\leqslant r}\frac{(x+\frac{(r-k)t}{2})}{\sqrt{n}}\right\}$$

为了估计 I_2,利用引理 4,得到

$$I_2\leqslant\int_{-\frac{t}{2}}^{\frac{t}{2}}\cdots\int_{-\frac{t}{2}}^{\frac{t}{2}}\left|L_n^{(r)}(f,r-1,x+\sum_{i=1}^r u_i)\right|\mathrm{d}u_1\cdots\mathrm{d}u_r$$

$$=\int_{-\frac{t}{2}}^{\frac{t}{2}}\cdots\int_{-\frac{t}{2}}^{\frac{t}{2}}\left|\sum_{i=1}^{r-1}a_i(n)M_{n_i}^{(r)}(f,x+\sum_{i=1}^r u_i)\right|\mathrm{d}u_1\cdots\mathrm{d}u_r$$

$$\leqslant\int_{-\frac{t}{2}}^{\frac{t}{2}}\cdots\int_{-\frac{t}{2}}^{\frac{t}{2}}\sum_{i=0}^{r-1}|a_i(n)|\ \|M_{n_i}^{(r)}(f)\|\mathrm{d}u_1\cdots\mathrm{d}u_r$$

$$\leqslant Ct^r n^{r-\alpha}$$

或者

$$I_2 \leqslant \int_{-\frac{t}{2}}^{\frac{t}{2}} \cdots \int_{-\frac{t}{2}}^{\frac{t}{2}} \sum_{i=0}^{r-1} |a_i(n)| \cdot \left(\frac{\sqrt{n_i}}{\varphi^{-1}(x + \sum_{i=1}^{r} u_i)} \right)^{r-\alpha} \mathrm{d}u_1 \cdots \mathrm{d}u_r$$

$$\leqslant Ct^r n^{\frac{r-\alpha}{2}} \max_{0 \leqslant k \leqslant r} \{\varphi(x + (\frac{r}{2} - k)t)\}^{\alpha - r}$$

这里用到了文[2]的引理3.2，由此导出 $I_2 \leqslant Ct^r(d(n, x, t))^{\alpha-r}$.

对于任意的 $\delta \in (0, \frac{1}{8r})$，存在 $n \in \mathbf{N}$ 使得

$$d(n,x,t) \leqslant \delta \leqslant 2d(n,x,t)$$

则

$$W_r(f,h) \leqslant C_1(W_r(f,\delta) + t^r\delta^{\alpha-r})$$

这里常数 C_1 与 f,n 无关. 令 $\delta = \frac{h}{A}$，$A = (1 + 2C_1)^{\alpha-1+\beta-1}$，由归纳得到

$$\begin{aligned} W_r(f,h) &\leqslant C_1 W_r(f, \frac{h}{A}) + C_1 A^{r-\alpha} h^\alpha \\ &\leqslant C_1^2 W_r(f, \frac{h}{A^2}) + C_1^2 A^{r-2\alpha} h^\alpha + C_1 A^{r-\alpha} h^\alpha \leqslant \cdots \\ &\leqslant C_1^k W_r(f, \frac{h}{A^k}) + h^\alpha C_1 A^{r-\alpha} + \sum_{l=0}^{k-1} (C_1 A^{-\alpha})^l \\ &\leqslant CC_1^k h^\beta A^{-k\beta} + 2h^\alpha C_1 A^{r-\alpha} \end{aligned}$$

设 $k \to \infty$，则得

$$W_r(f,h) \leqslant Ch^\alpha$$

定理证毕.

参考资料

[1] Chen W Z. Approximation by modified Durrmeyer-Bernstein operators[J]. J. of Math. Res. and Expo., 1989,9(1):39-40.

[2] Zhou D X. On smoothness characterized by Bernstein type operators[J]. J. Approx. Theory, 1995,81:303-315.

[3] Ditzian Z, Totik V. Moduli of smoothness [M]. Springer-Verlag, Berlin/New York:1987.

[4] Berens H, Lorentz G G. Inverse theorems for Bernstein type operators [J]. Indiana Univ. Math. J.,1972,21:693-708.

[5] Ditzian Z. A global inverse theorem for combinations of Bernstein polynomials [J]. J. Approx. Theory, 1979,26:277-292.

Bernstein 型多项式逼近的逆定理[①]

第9章

中国计量学院的丁春梅，熊静宜两位教授2004年对于Bernstein型多项式，利用强Voronovskaja型展开，证明该多项式逼近连续函数强型逆定理，从而用Ditzian-Totik模刻画该多项式逼近阶的特征，得到了等价刻画定理.

§1 引　言

设

$$P_{n,k}(x)=C_n^k x^k(1-x)^{n-k}$$

① 本章摘自《数学杂志》，2004年，第24卷，第4期.

$$(x \in [0,1], n \in \mathbf{N})$$

Bernstein-Durrmeyer 多项式定义为

$$D_n f = D_n(f,x) = \sum_{k=1}^{n} P_{n,k}(x)(n+1)\int_0^1 P_{n,k}(t) f(t) \mathrm{d}t$$

它是熟知的 Bernstein 多项式的一种典型修正，可以用来逼近[0,1]上的可积函数. 然而，该多项式是非线性保持的，即 $D_n(t-x,x) \neq 0$，为了克服这一不足，文[1]将 D_n 修正为

$$M_n f = M_n(f,x) = \sum_{k=0}^{n} P_{n,k}(x)\Phi_{n,k}(f)$$

其中

$$\Phi_{n,k}(f) = \begin{cases} f(0), k=0 \\ (n-1)\int_0^1 P_{n-2,k-1}(x) f(t) \mathrm{d}t, \\ k=1,2,\cdots,n-1 \\ f(1), k=n \end{cases}$$

丁春梅[2]研究了该多项式的高阶导数与函数光滑性之间的关系，用函数的光滑模刻画导数的特性. 本章的目的是研究该多项式逼近连续函数的正定理和逆定理，特别地，我们将给出一个强型逆向不等式，得到了与 Bernstein 多项式类似的结果[3],[4]. 我们将证明：

定理 1　设 $f \in C[0,1]$，则

$$\| M_n f - f \| \leqslant C\omega_\varphi^2\left(f, \frac{1}{\sqrt{n}}\right)$$

其中

$$\omega_\varphi^2(f,t) = \sup_{0<h\leqslant t} \| \Delta_{h\varphi}^2 f(\cdot) \|$$

为函数 f 的 2 阶 Ditzian-Totik 模[3]，$\Delta_{h\varphi}^2 f(x)$ 是函数 f

步长为 $h\varphi$ 的2阶对称差分，$\varphi(x)=\sqrt{x(1-x)}$. 这里及以下 C 是与 f,n,x 无关的正常数，不同处其值可以不同.

定理 2 设 $f\in C[0,1]$，则存在一个整数 $m>36$，使得

$$\omega_{\varphi}^{2}\left(f,\frac{1}{\sqrt{n}}\right)\leqslant C(\|M_n f-f\|+\|M_{mn}f-f\|)$$

推论 设 $f\in C[0,1]$，$0<\alpha\leqslant 1$，则

$$\|M_n f-f\|=O(n^{-\alpha})$$

当且仅当 $\omega_{\varphi}^{2}(f,t)=O(t^{2\alpha})$.

§2 引 理

令

$$D_2=\{g\in C[0,1],g'\in AC_{\text{loc}},\ \varphi^2 g^{(2)}\in C[0,1]\}$$

是 $C[0,1]$ 的 Sobolev 空间，采用已有的常规方法，我们不难证明：

引理 1 对 $\varphi(x)=\sqrt{x(1-x)}$，下列各式成立

$$\|M_n f\|\leqslant\|f\|$$

$$\|\varphi^2 M''_n f\|\leqslant 2n\|f\|\quad(f\in C[0,1])$$

$$\|\varphi^2 M''_n f\|\leqslant\|\varphi^2 f''\|$$

$$\|M_n f-f\|\leqslant\frac{2}{n}\|\varphi^2 f''\|\quad(f\in D_2)$$

引理 2 令 $f\in D_2$，有 $\|\varphi^3 M_n^{(3)}f\|\leqslant 2n^{\frac{1}{2}}\|\varphi^2 f''\|$.

证明 通过计算，不难得到(或见[2])

$$\varphi^2(x)M_n^{(2)}(f,x)=(n-1)\sum_{k=0}^{n-2}P_{n,k+1}(x)\cdot\int_0^1\varphi^2(t)f^{(2)}(t)P_{n-2,k}(t)\mathrm{d}t$$

由此，对于 $\varphi(x)\geqslant\frac{1}{\sqrt{n}}$，有

$$\begin{aligned}&|\varphi^3(x)M_n^{(3)}(f,x)|\\=&\left|(n-1)\sum_{k=0}^{n-2}\varphi(x)P'_{n,k+1}(x)\cdot\int_0^1\varphi^2(t)f^{(2)}(t)P_{n-2,k}(t)\mathrm{d}t\right|\\\leqslant&\|\varphi^2f^{(2)}\|n\sum_{k=0}^{n-2}\varphi^{-1}(x)\left|\frac{k+1}{n}-x\right|P_{n,k+1}(x)\\\leqslant&\|\varphi^2f^{(2)}\|\left(\sum_{k=0}^{n-2}\varphi^{-2}(x)\left(\frac{k+1}{n}-x\right)^2P_{n,k+1}(x)\right)^{\frac{1}{2}}\\\leqslant&\|\varphi^2f^{(2)}\|(\varphi^{-2}(x)B_n((t-x)^2,x))^{\frac{1}{2}}\\\leqslant&n^{\frac{1}{2}}\|\varphi^2f^{(2)}\|\end{aligned}$$

对于 $0\leqslant\varphi(x)\leqslant\frac{1}{\sqrt{n}}$，有

$$\begin{aligned}&|\varphi^3(x)M_n^{(3)}(f,x)|\\=&\left|(n-1)\sum_{k=0}^{n-2}\varphi(x)P'_{n,k+1}(x)\cdot\int_0^1\varphi^2(t)f^{(2)}(t)P_{n-2,k}(t)\mathrm{d}t\right|\\\leqslant&\|\varphi^2f^{(2)}\|\sum_{k=0}^{n-2}n\varphi(x)|P_{n-1,k}(x)-P_{n-1,k+1}(x)|\\\leqslant&\|\varphi^2f^{(2)}\|n\sum_{k=0}^{n-2}\varphi(x)(P_{n-1,k}(x)+P_{n-1,k+1}(x))\\\leqslant&2n^{\frac{1}{2}}\|\varphi^2f^{(2)}\|\end{aligned}$$

引理 2 证毕.

引理 3 设 $f\in D^*=\{g\in C[0,1]:f',f''\in AC_{\mathrm{loc}},\varphi^3f^{(3)}\in C[0,1]\}$,则

$$\| M_nf-f-\frac{1}{n+1}\varphi^2f''\| \leqslant 51n^{-\frac{3}{2}}\|\varphi^3f^{(3)}\|$$

证明 我们仅需证

$$\max_{x\in[0,\frac{1}{2}]}\left|M_n(f,x)-f(x)-\frac{1}{n+1}\varphi^2(x)f''(x)\right|$$

$$\leqslant 51n^{-\frac{3}{2}}\|\varphi^3f^{(3)}\|$$

这是因为 $M_n(f,x)$ 具有对称性,即

$$M_n(f,x)=M_n(f_T,u)$$

其中 $u=1-x,f_T(x)=f(1-x)$. 于是,当 $x\in[\frac{1}{2},1]$ 时,令 $x=1-u$,有

$$\max_{x\in[\frac{1}{2},1]}\left|M_n(f,x)-f(x)-\frac{1}{n+1}\varphi^2(x)f''(x)\right|$$

$$=\max_{u\in[0,\frac{1}{2}]}\left|M_n(f_T,u)-f_T(u)-\frac{1}{n+1}\varphi^2(u)f''_T(u)\right|$$

$$\leqslant 51n^{-\frac{3}{2}}\|\varphi^3(\cdot)f_T^{(3)}(\cdot)\|$$

$$=51n^{-\frac{3}{2}}\|\varphi^3f^{(3)}\|$$

利用 Taylor 公式

$$f(u)=f(x)+(u-x)f'(x)+\frac{1}{2}(u-x)^2f''(x)+\frac{1}{2}\int_x^u(u-v)^2f^{(3)}(v)\mathrm{d}v$$

以及基本事实(参见[2])

$$M_n(f,1)=1,M_n(f,t-x)=0$$

$$M_n((t-x)^2,x)=\frac{2\varphi^2(x)}{n+1}$$

得到

$$M_n(f,x)-f(x)-\frac{1}{n+1}\varphi^2(x)f''(x)$$
$$=\frac{1}{2}M_n\left(\int_x^u(u-v)^2f^{(3)}(v)\mathrm{d}v,x\right)$$

因此,只需证

$$A_n(x)=\frac{1}{2}M_n\left(\left|\int_x^u(u-v)^2\varphi^{-3}(v)\mathrm{d}v\right|,x\right)\leqslant 51n^{-\frac{3}{2}}$$

对于 $\varphi^2(x)\geqslant\frac{1}{6n}$,利用(见[3],[5])

$$\frac{|u-v|}{\varphi^2(v)}\leqslant\frac{|u-x|}{\varphi^2(x)}$$

其中 v 介于 x 和 u 之间,有

$$A_n(x)\leqslant\frac{1}{2}M_n\left(\frac{|u-x|^{\frac{3}{2}}}{\varphi^3(x)}\left|\int_x^u|u-v|^{\frac{1}{2}}\mathrm{d}v\right|,x\right)$$
$$\leqslant\frac{1}{2}\varphi^{-3}(x)M_n(|u-x|^3,x)$$
$$\leqslant\frac{1}{2}\varphi^{-3}(x)(M_n((u-x)^2,x))^{\frac{1}{2}}\cdot$$
$$(M_n((u-x)^4,x))^{\frac{1}{2}}$$
$$=\frac{1}{2}\varphi^{-3}(x)\left(\frac{2\varphi^2(x)}{n+1}\right)^{\frac{1}{2}}\cdot$$
$$\left(\frac{-12\varphi^4(x)+6(1-2x)^2\varphi^2(x)(2\varphi(x)+1)}{(n+3)(n+2)(n+1)}+\right.$$
$$\left.\frac{12\varphi^4(x)}{(n+3)(n+1)}\right)^{\frac{1}{2}}\leqslant\sqrt{42}\,n^{-\frac{3}{2}}$$

对于

$$0\leqslant\varphi^2(x)<\frac{1}{6n},\text{及 }x<\frac{1}{2}$$

则

$$x<\frac{1}{6n(1-x)}<\frac{1}{3n}$$

注意到

$$A_n(x)=\frac{1}{2}\Big(\sum_{k=0}+\sum_{k=1}+\sum_{k=2}^{n-1}+\sum_{k=n}\Big)P_{n,k}(x)\cdot$$
$$\left|\Phi_{n,k}\Big(\int_x^u(u-v)^2\varphi^{-3}(v)\mathrm{d}v\Big)\right|$$
$$=Q_1+Q_2+Q_3+Q_4$$

以下分别估计 Q_1,Q_2,Q_3 和 Q_4，有

$$Q_1=\frac{1}{2}P_{n,0}(x)\int_0^x v^{\frac{1}{2}}(1-v)^{-\frac{3}{2}}\mathrm{d}v$$
$$\leqslant\frac{1}{2}(1-x)^{n-\frac{3}{2}}\int_0^x v^{\frac{1}{2}}\mathrm{d}v\leqslant\frac{1}{3}n^{-\frac{3}{2}}$$

$$Q_2=\frac{1}{2}P_{n,1}(x)(n-1)\cdot$$
$$\left|\int_0^1 P_{n-2,0}(u)\int_x^u(u-v)^2\varphi^{-3}(v)\mathrm{d}v\mathrm{d}u\right|$$
$$\leqslant\frac{1}{2}P_{n,1}(x)(n-1)\cdot$$
$$\int_0^1(1-u)^{n-2}(u-x)^2\left|\int_x^u\frac{\mathrm{d}v}{v^{\frac{3}{2}}(1-v)^{\frac{3}{2}}}\right|\mathrm{d}u$$
$$=\frac{1}{2}P_{n,1}(x)(n-1)\Big(\int_0^x+\int_x^1\Big)(1-u)^{n-2}(u-x)^2\cdot$$
$$\left|\int_x^u v^{-\frac{3}{2}}(1-v)^{-\frac{3}{2}}\mathrm{d}v\right|\mathrm{d}u$$
$$=Q'_2+Q''_2$$

现估计 Q'_2 和 Q''_2，有

$$Q'_2=\frac{1}{2}P_{n,1}(x)(n-1)\int_0^x(1-u)^{n-2}(u-x)^2\cdot$$
$$\int_u^x v^{-\frac{3}{2}}(1-v)^{-\frac{3}{2}}\mathrm{d}v\mathrm{d}u$$
$$\leqslant n^2x(1-x)^{n-1-\frac{3}{2}}\cdot$$
$$\int_0^x(1-u)^{n-2}(u-x)^2(u^{-\frac{1}{2}}-x^{-\frac{1}{2}})\mathrm{d}u$$

$$\leqslant n^2 x(1-x)^{n-\frac{5}{2}}\int_0^x (u^2-2ux+x^2)u^{-\frac{1}{2}}\mathrm{d}u$$

$$\leqslant n^2 x(1-x)^{n-\frac{5}{2}}\left(\frac{2}{5}x^{\frac{5}{2}}+2x^{\frac{5}{2}}\right)$$

$$\leqslant \frac{12}{5}n^2 x^{\frac{7}{2}}(1-x)^{n-\frac{5}{2}}\leqslant \frac{4\sqrt{3}}{135}n^{-\frac{3}{2}}$$

$$Q''_2\leqslant P_{n,1}(x)(n-1)\int_x^1 (1-u)^{n-2}(u-x)^2\cdot$$

$$(1-u)^{-\frac{3}{2}}(x^{-\frac{1}{2}}-u^{-\frac{1}{2}})\mathrm{d}u$$

$$\leqslant n^2 x^{\frac{1}{2}}(1-x)^{n-1}\cdot$$

$$\int_x^1 (1-u)^{n-\frac{7}{2}}(u-x)^2\mathrm{d}u$$

$$\leqslant n^2 x^{\frac{1}{2}}(1-x)^{n-1}\int_0^1 (1-u)^{n-\frac{7}{2}}(u^2+x^2)\mathrm{d}u$$

$$\leqslant n^2 x^{\frac{1}{2}}(1-x)^{n-1}\left(\frac{x^2}{n-\frac{5}{2}}+\int_0^1 (1-u)^{n-4}u^2\mathrm{d}u\right)$$

$$\leqslant \frac{n^2}{n-\frac{5}{2}}x^{\frac{5}{2}}+\frac{n^2 x^{\frac{1}{2}}}{(n-3)(n-2)(n-1)}$$

$$\leqslant \frac{59}{18}n^{-\frac{3}{2}}$$

容易验证 $Q_4\leqslant \frac{1}{3}n^{-\frac{3}{2}}$. 下面估计 Q_3，有

$$Q_3\leqslant \frac{1}{2}\sum_{k=2}^{n-1}P_{n,k}(x)\varphi^{-3}(x)(n-1)\cdot$$

$$\int_0^1 P_{n,k-1}(u)\mid u-x\mid^3\mathrm{d}u$$

$$=\frac{1}{2}\sum_{k=2}^{n-1}P_{n,k}(x)\varphi^{-3}(x)(n-1)\cdot$$

$$\left(\int_{|u-x|\leqslant\frac{k}{n}}+\int_{|u-x|>\frac{k}{n}}\right)P_{n,k-1}(u)\cdot$$

$$
\begin{aligned}
& |u-x|^3 \mathrm{d}u \\
& = Q'_3 + Q''_3 \\
Q'_3 & \leqslant \frac{1}{2}\sum_{k=2}^{n-1} P_{n,k}(x)\varphi^{-3}(x)\left(\frac{k}{n}\right)^3 \\
& \leqslant \frac{1}{2}x^{\frac{1}{2}}(1-x)^{-\frac{7}{2}}\sum_{k=2}^{n-1} P_{n,k-2}(x)\cdot \\
& \quad \frac{(n+2-k)(n+1-k)}{k(k-1)}\left(\frac{k}{n}\right)^3 \\
& \leqslant x^{\frac{1}{2}}(1-x)^{-\frac{7}{2}}\sum_{k=2}^{n-1} P_{n,k-2}(x)\cdot \\
& \quad \left(\frac{k-2}{n}+\frac{2}{n}\right) \\
& \leqslant x^{\frac{1}{2}}2^{\frac{7}{2}}\left(x+\frac{2}{n}\right) \\
& \leqslant \frac{56\sqrt{6}}{9}n^{-\frac{3}{2}} \\
Q''_3 & \leqslant \frac{1}{2}\sum_{k=2}^{n-1} P_{n,k}(x)\varphi^{-3}(x)\ \frac{n(n-1)}{k}\cdot \\
& \quad \int_0^1 (u^4+6u^2x^2+x^4)P_{n-2,k-1}(x)\mathrm{d}u \\
& = I_1 + I_2 + I_3
\end{aligned}
$$

$$
\begin{aligned}
I_1 & = \frac{1}{2}\ \sum_{k=2}^{n-1}\frac{n(n-1)}{k}\cdot \\
& \quad \frac{(k+3)(k+2)(k+1)k}{(n+3)(n+2)(n+1)n(n-1)}\varphi^{-3}(x)P_{n,k}(x) \\
& \leqslant 2^{\frac{9}{2}}\sqrt{x}\sum_{k=2}^{n-1}\frac{k+3}{n}P_{n,k-2}(x) \\
& \leqslant 2^{\frac{9}{2}}\sqrt{x}\sum_{k=2}^{n-1}\left(\frac{k-2}{n}+\frac{5}{n}\right)P_{n,k-2}(x) \\
& \leqslant \frac{16\sqrt{2}+15}{3}n^{-\frac{3}{2}}
\end{aligned}
$$

$$I_2 \leqslant \frac{1}{2}\sqrt{x}\sum_{k=2}^{n-1}P_{n,k}(x)(1-x)^{-\frac{3}{2}} \cdot \frac{6(n-1)n}{k}\frac{k(k+1)}{(n+1)n(n-1)}$$

$$\leqslant 6\sqrt{2}\sqrt{x}\left(x+\frac{3}{n}\right) \leqslant \frac{60\sqrt{6}}{9}n^{-\frac{3}{2}}$$

$$I_3 \leqslant \frac{1}{2}x^{\frac{5}{2}}(1-x)^{-\frac{3}{2}}\sum_{k=2}^{n-1}\frac{n}{k}P_{n,k}(x)$$

$$\leqslant x^{\frac{3}{2}}(1-x)^{-\frac{3}{2}}\sum_{k=2}^{n-1}P_{n,k+1}(x)$$

$$\leqslant \frac{2}{9}n^{-\frac{3}{2}}$$

即

$$A_n(x) \leqslant \left(\sqrt{42}+\frac{1}{3}+\frac{4\sqrt{3}}{135}+\frac{59}{18}+\frac{1}{3}+\frac{56\sqrt{6}}{9}+\frac{16\sqrt{2}+15}{3}+\frac{60\sqrt{6}}{9}+\frac{2}{9}\right)n^{-\frac{3}{2}}$$

引理 3 证毕.

§3　定理的证明

定义 K — 泛函

$$K_\varphi^2(f,t^2)=\inf_{f\in D}\{\|f-g\|+t^2\|\varphi^2 f''\|\}$$

它与 Ditzian-Totik 模 $\omega_\varphi^2(f,t)$ 是等价的[3]，即

$$K_\varphi^2(f,t^2)\sim\omega_\varphi^2(f,t) \tag{1}$$

于是，利用引理 1，采用常规的方法(见[3]，[5])，不难证明定理 1. 现在证明定理 2.

令

$$M_n^2 f = M_n M_n f$$

是 $M_n f$ 的迭代算子，则根据引理1，引理2和引理3，有

$$\begin{aligned}
&\| M_l M_n^2 f + M_n^2 f - \frac{1}{n+1}\varphi^2 (M_n^2 f)^{(2)} \| \\
&\leqslant 51 l^{-\frac{3}{2}} \| \varphi^3 (M_n^2 f)^{(3)} \| \\
&\leqslant 51 l^{-\frac{3}{2}} (2 n^{\frac{1}{2}} \| \varphi^2 (M_n f)^{(2)} \|) \\
&\leqslant 102 l^{-\frac{3}{2}} n^{\frac{1}{2}} (\| \varphi^2 (M_n f - M_n^2 f)^{(2)} \| + \\
&\quad \| \varphi^2 (M_n^2 f)^{(2)} \|) \\
&\leqslant 102 l^{-\frac{3}{2}} n^{\frac{1}{2}} (2n \| M_n f - f \| + \\
&\quad \| \varphi^2 (M_n^2 f)^{(2)} \|)
\end{aligned}$$

置 $l \geqslant 36n$，得到

$$102 l^{-\frac{3}{2}} n^{\frac{1}{2}} \leqslant \frac{204}{216} \frac{1}{n+1}$$

由此

$$\begin{aligned}
&\left(1 - \frac{204}{216}\right) \frac{1}{n+1} \| \varphi^2 M_n^2 f \| \\
&\leqslant 204 l^{-\frac{3}{2}} n^{\frac{3}{2}} \| M_n f - f \| + \\
&\quad \| M_l M_n^2 f - M_n^2 f \|
\end{aligned}$$

即

$$\frac{1}{n} \| \varphi^2 M_n^2 f \| \leqslant C\left(\left(\frac{n}{l}\right)^{\frac{3}{2}} \| M_n f - f \| + \| M_l M_n^2 f - M_n^2 f \| \right)$$

注意到

$$\begin{aligned}
\| M_l M_n^2 f - M_n^2 f \| \leqslant\ & \| M_l M_n^2 f - M_l M_n f \| + \\
& \| M_l M_n f - M_l f \| + \\
& \| M_l f - f \| + \| M_n f - f \| + \\
& \| M_n f - M_n^2 f \|
\end{aligned}$$

$$\leqslant 4\|M_nf-f\|+\|M_lf-f\|$$

并利用(1),导出

$$\omega_\varphi^2(f,\frac{1}{\sqrt{n}})\leqslant CK_\varphi^2(f,\frac{1}{n})$$
$$\leqslant C(\|f-M_n^2f\|+$$
$$\frac{1}{n}\|\varphi^2(M_n^2f)^{(2)}\|)$$
$$\leqslant C(\|M_nf-f\|+\|M_lf-f\|)$$

定理证毕.

参考资料

[1] CHEN W Z. Approximation by modified Durrmeyer-Bernstein operators[J]. J. of Math. Res. and Expo.,1989,9(1):39-40.

[2] 丁春梅.关于Bernstein型多项式导数的特征[J].数学杂志.2003,23(3):328-332.

[3] DITZIAN Z, TOTIK V. Moduli of smoothness [M]. Berlin/New York: Springer-Verlag,1987.

[4] DITZIAN Z. Strong converse inequalities[J]. J. D'Analysis Math., 1993,61:61-111.

[5] TOTIK V. An interpolation theorem and applications to positive operators[J]. Pacific J. of Math, 1984,111(2):447-481.

Bernstein 算子的同时逼近[1]

第 10 章

丽水学院数学系的蒋红标，谢林森 2006 年借助于 Ditzian-Totik 光滑模研究了 Bernstein 算子的同时逼近问题，给出了 Bernstein 算子同时逼近的正定理和等价定理.

§1 引 言

对于 $f\in C[0,1]$，Bernstein 算子定义为

$$B_n(f,x)=\sum_{k=0}^{n}f\left(\frac{k}{n}\right)p_{n,k}(x)$$

① 本章摘自《纯粹数学与应用数学》，2006 年 12 月，第 22 卷，第 4 期.

$$p_{n,k}(x) \equiv \binom{n}{k} x^k (1-x)^{n-k}$$

2 阶 Ditzian-Totik 光滑模定义为

$$k_{\mathrm{h}^\lambda}^2(f,t) = \sup_{0<h\leqslant t} \sup_{0\leqslant x\leqslant 1} \left| \Delta_{h\mathrm{h}^\lambda(x)}^2 f(x) \right|$$

其中当 $h\mathrm{h}^\lambda(x) \leqslant x \leqslant 1 - h\mathrm{h}^\lambda(x)$ 时

$$\Delta_{h\mathrm{h}^\lambda(x)}^2 f(x) = f(x - h\mathrm{h}^\lambda(x)) - 2f(x) + f(x + h\mathrm{h}^\lambda(x))$$

当 $0 \leqslant x < h\mathrm{h}^\lambda(x)$ 或 $1 - h\mathrm{h}^\lambda(x) < x \leqslant 1$ 时，$\Delta_{h\mathrm{h}^\lambda(x)}^2 f(x) = 0$. $0 \leqslant \lambda \leqslant 1$，$h(x) = \overline{x(1-x)}$.

对于 Bernstein 算子与所逼近函数的光滑性之间的关系，1980 年，Z. Ditzian 证明了等价定理，即：

定理 A[1]　设 $0 \leqslant \lambda \leqslant 1$，$0 < a < 2$，则对于 $f \in C[0,1]$，有

$$\left| B_n(f,x) - f(x) \right| = O((n^{-\frac{1}{2}} \mathrm{h}^{1-\lambda}(x))^T) \Leftrightarrow k_{\mathrm{h}^\lambda}^2(f,t) = (t^T)$$

1994 年，Z. Ditzian 又证明了正定理，即：

定理 B[2]　设 $0 \leqslant \lambda \leqslant 1$，则对于 $f \in C[0,1]$，有

$$\left| B_n(f,x) - f(x) \right| \leqslant M k_{\mathrm{h}^\lambda}^2(f, n^{-\frac{1}{2}} \mathrm{h}^{1-\lambda}(x))$$

本章研究了 Bernstein 算子的同时逼近问题，借助于 Ditzian-Totik 光滑模给出了 Bernstein 算子同时逼近的正定理和等价定理，其主要结果如下：

定理 1　设 $s \in \mathbf{N}$，$0 \leqslant \lambda \leqslant 1$，则对于 $f^{(s)} \in C[0,1]$，有

$$\left| \frac{n^s (n-s)!}{n!} B_n^{(s)}(f,x) - f^{(s)}(x) \right| \leqslant M(k(f^{(s)}, n^{-1}) + k_{\mathrm{h}^\lambda}^2(f^{(s)}, n^{-\frac{1}{2}} W_n^{1-\lambda}(x))) \quad (1)$$

其中 $k(f,t)$ 是连续模，$W_n(x) = h(x) + n^{-\frac{1}{2}}$.

定理2 设$s\in\mathbf{N}$,$0\leqslant\lambda\leqslant1$和$s<T<s+\frac{2}{2-\lambda}$,则对于$f^{(s)}\in C[0,1]$,有

$$\left|\frac{n^s(n-s)!}{n!}B_n^{(s)}(f,x)-f^{(s)}(x)\right|$$
$$=O((n^{-\frac{1}{2}}W_n^{1-\lambda}(x))^{T-s})$$
$$\Leftrightarrow k_{\mathrm{h}^\lambda}^2(f^{(s)},t)=O(t^{T-s}) \tag{2}$$

§2 引理及辅助算子

对于$f\in C[0,1]$,K－泛函定义为

$$K_{2,\mathrm{h}^\lambda}(f,t^2)=\inf_g\{\|f-g\|+t^2\|\mathrm{h}^{2\lambda}g''\|:g'\in A.C._{\mathrm{loc}}\}$$

$$\overline{K}_{2,\mathrm{h}^\lambda}(f,t^2)=\inf_g\{\|f-g\|+t^2\|\mathrm{h}^{2\lambda}g''\|+t^{2l(1-\frac{\lambda}{2})}\|g''\|:g'\in A.C._{\mathrm{loc}}\}$$

$$K(f,t)=\inf_g\{\|f-g\|+t\|g'\|:g\in A.C._{\mathrm{loc}}\}$$

由文[3],存在常数$M>0$,使得

$$M^{-1}k_{\mathrm{h}^\lambda}^2(f,t)\leqslant K_{2,\mathrm{h}^\lambda}(f,t^2)\leqslant Mk_{\mathrm{h}^\lambda}^2(f,t) \tag{3}$$

$$M^{-1}k_{\mathrm{h}^\lambda}^2(f,t)\leqslant \overline{K}_{2,\mathrm{h}^\lambda}(f,t^2)\leqslant Mk_{\mathrm{h}^\lambda}^2(f,t) \tag{4}$$

$$M^{-1}k(f,t)\leqslant K(f,t)\leqslant Mk(f,t) \tag{5}$$

以下均记M为正常数,只是在不同的地方可能取值不同.

对于$f^{(s)}\in C[0,1]$,$s\in\mathbf{N}$,通过简单计算,有

$$B_n^{(s)}(f,x)=\frac{n!}{(n-s)!}\sum_{k=0}^{n-s}\int_0^{\frac{1}{n}}\cdots\int_0^{\frac{1}{n}}f^{(s)}\left(\frac{k}{n}+\sum_{j=1}^{s}u_j\right)\cdot du_1\cdots du_s p_{n-s,k}(x)$$

设 $g \in C[0,1]$,作辅助算子

$$B_{n,s}(g,x)=n^{s}\sum_{k=0}^{n-s}\int_{0}^{\frac{1}{n}}\cdots\int_{0}^{\frac{1}{n}}\cdot g\left(\frac{k}{n}+\sum_{j=1}^{s}u_{j}\right)\cdot \mathrm{d}u_{1}\cdots\mathrm{d}u_{s}p_{n-s,k}(x)$$

显然,$B_{n,s}$ 是有界线性算子,且 $B_{n,s}(1,x)=1$. 当 $f^{(s)}\in C[0,1]$ 时,有

$$B_{n,s}(f^{(s)},x)=\frac{n^{s}(n-s)!}{n!}B_{n}^{(s)}(f,x)$$

引理 1　设 $s\in \mathbf{N}$,则

$$B_{n,s}((t-x),x)=\frac{s}{n}\left(\frac{1}{2}-x\right) \tag{6}$$

$$B_{n,s}((t-x)^{2},x)\leqslant \frac{\mathbf{W}_{n}^{2}(x)}{n} \tag{7}$$

证明　由直接计算即可证得式(6)和式(7).

引理 2　设 $0\leqslant\lambda\leqslant 1, 0<U<\frac{2}{2-\lambda}$,则 $k_{\mathrm{h}^{\lambda}}^{2}(f,t)=O(t^{U})$ 蕴含着 $k(f,t)=O(t^{U(1-\frac{\lambda}{2})})$.

证明　由文[3]中的(3.1.5),有

$$k^{2}(f,t)\leqslant Mk_{\mathrm{h}^{\lambda}}^{2}(f,t^{1-\frac{\lambda}{2}})\leqslant Mt^{U(1-\frac{\lambda}{2})} \tag{8}$$

由式(8)和 Marchaud 不等式(见文[3]中的(4.3.1)),有

$$\begin{aligned}k(f,t)&\leqslant Mt\left(\int_{t}^{m}\frac{k^{2}(f,u)}{u^{2}}\mathrm{d}u+\|f\|\right)\\&\leqslant Mt\int_{t}^{m}\frac{u^{U(1-\frac{\lambda}{2})}}{u^{2}}\mathrm{d}u+Mt\|f\|\\&\leqslant Mt^{U(1-\frac{\lambda}{2})}\end{aligned}$$

引理 2 证毕.

引理 3　设 $0\leqslant\lambda\leqslant 1$,则对于 $x\in(0,1), t\in[0,1]$,有

$$\left|\int_x^t |t-u| W_n^{-2\lambda}(u)\mathrm{d}u\right| \leqslant M(t-x)^2 W_n^{-2\lambda}(x) \tag{9}$$

证明 先证

$$\left|\int_x^t |t-u| \mathrm{h}^{-2\lambda}(u)\mathrm{d}u\right| \leqslant M|t-x|^2 \mathrm{h}^{-2\lambda}(x)$$

当 $\lambda=1$ 时，由文[4]中的(2.7)，有

$$\left|\int_x^t |t-u| \mathrm{h}^{-2}(u)\mathrm{d}u\right| \leqslant M|t-x|^2 \mathrm{h}^{-2}(x)$$

当 $0\leqslant\lambda<1$ 时，记

$$u=t+f(x-t)\quad(0\leqslant f\leqslant 1)$$

则

$$\begin{aligned}&\left|\int_x^t |t-u| \mathrm{h}^{-2\lambda}(u)\mathrm{d}u\right|\\ \leqslant&\int_0^1 \frac{f|t-x|^2}{\mathrm{h}^{2\lambda}(fx+(1-f)t)}\mathrm{d}f\\ \leqslant&|t-x|^2\int_0^1 \frac{f^{1-2\lambda}}{\mathrm{h}^{2\lambda}(x)}\mathrm{d}f\\ \leqslant&\frac{1}{2(1-\lambda)}|t-x|^2\mathrm{h}^{-2\lambda}(x)\end{aligned} \tag{10}$$

于是

$$\begin{aligned}&\left|\int_x^t |t-u| W_n^{-2\lambda}(u)\mathrm{d}u\right|\\ \leqslant&\min\left\{\left|\int_x^t |t-u| \mathrm{h}^{-2\lambda}(u)\mathrm{d}u\right|, n^{\lambda}|t-x|^2\right\}\end{aligned}$$

由此可得式(9). 引理3证毕.

引理4 设 $s\in\mathbf{N}$，则对于 $f\in C[0,1]$，有

$$|B''_{n,s}(f,x)|\leqslant Mn^2\|f\| \tag{11}$$

$$\|\mathrm{h}^2 B''_{n,s}(f)\| \leqslant Mn\|f\| \tag{12}$$

证明 先证式(11). 记

$$F(x)=n^s\int_0^{\frac{1}{n}}\cdots\int_0^{\frac{1}{n}}f\left(x+\sum_{j=1}^{s}u_j\right)\mathrm{d}u_1\cdots\mathrm{d}u_s$$

则有

$$B_{n,s}(f,x)=\sum_{k=0}^{n-s}F\left(\frac{k}{n}\right)p_{n-s,k}(x)$$

于是

$$B''_{n,s}(f,x)=\frac{(n-s)!}{(n-s-2)!}\sum_{k=0}^{n-s-2}\overrightarrow{\Delta}_{\frac{1}{n}}^{2}F\left(\frac{k}{n}\right)p_{n-s-2,k}(x)$$

其中

$$\overrightarrow{\Delta}_{\frac{1}{n}}^{2}F\left(\frac{k}{n}\right)=\sum_{j=0}^{2}\binom{2}{j}(-1)^{2-j}F\left(\frac{k+j}{n}\right)$$

从而即得式(11).

再证式(12). 记 $E_n=\left[\frac{1}{n},1-\frac{1}{n}\right]$,对于 $x\in E_n^c$,由式(11)即得式(12). 对于 $x\in E_n$,由文[3]的方法可得

$$B''_{n,s}(f,x)=(x(1-x))^{-2}\sum_{i=0}^{2}Q_i(x,n)(n-s)^i\cdot\sum_{k=0}^{n-s}p_{n-s,k}(x)\left(\frac{k}{n-s}-x\right)^iF\left(\frac{k}{n}\right)$$

其中 $Q_i(x,n)$ 是关于 $(n-s)x(1-x)$ 的 $[1-\frac{i}{2}]$ 次多项式,且

$$|(x(1-x))^{-2}Q_i(x,n)(n-s)^i|\leqslant M\left(\frac{n-s}{x(1-x)}\right)^{1+\frac{i}{2}}$$

于是,类似于文[4]可证得

$$|x(1-x)B''_{n,s}(f,x)|$$
$$\leqslant M|x(1-x)\sum_{i=0}^{2}\left(\frac{n-s}{x(1-x)}\right)^{1+\frac{i}{2}}\cdot$$

$$\sum_{k=0}^{n-s} p_{n-s,k}(x)\left(\frac{k}{n-s}-x\right)^{i} \mid \| f \|$$

$$\leqslant M \mid x(1-x)\sum_{i=0}^{2}\left(\frac{n-s}{x(1-x)}\right)^{1+\frac{i}{2}} \cdot$$

$$\left(\frac{x(1-x)}{n-s}\right)^{\frac{i}{2}} \mid \| f \|$$

$$\leqslant Mn \| f \|$$

即得式(12). 引理 4 证毕.

引理 5 设 $0 \leqslant \lambda \leqslant 1$, 则对于 $f' \in A.C._{\mathrm{loc}}$ 有

$$\| \mathrm{h}^{2\lambda} B''_{n,s}(f) \| \leqslant M \| \mathrm{h}^{2\lambda} f'' \| \tag{13}$$

证明 不妨设 $F(x)$ 满足 $F^{(s)}(x)=f(x)$. 由文[3]中的(9.4.3), 有

$$\mid \mathrm{h}^{2\lambda}(x) B''_{n,s}(f,x) \mid$$

$$=\frac{n^{s}(n-s)!}{n!} \mid \mathrm{h}^{2\lambda}(x) B_{n}^{(s+2)}(F,x) \mid$$

$$\leqslant Mn^{s+2} \mid \mathrm{h}^{2\lambda}(x) \sum_{k=0}^{n-s-2} \overrightarrow{\Delta}_{\frac{1}{n}}^{s+2} F\left(\frac{k}{n}\right) p_{n-s-2,k}(x) \mid$$

其中

$$\overrightarrow{\Delta}_{\frac{1}{n}}^{s+2} F\left(\frac{k}{n}\right)=\sum_{j=0}^{s+2}(-1)^{j}\binom{s+2}{j} F\left(\frac{k+2+s-j}{n}\right)$$

于是, 当 $1 \leqslant k \leqslant n-s-3$ 时, 有

$$n^{s+2} \mid \overrightarrow{\Delta}_{\frac{1}{n}}^{s+2} F\left(\frac{k}{n}\right) \mid$$

$$\leqslant \sup_{\frac{k}{n} \leqslant Y \leqslant \frac{k+2+s}{n}} \mid F^{(s+2)}(Y) \mid$$

$$\leqslant \frac{\| \mathrm{h}^{2\lambda} f'' \|}{(\frac{k}{n})^{\lambda}(\frac{n-s-2-k}{n})^{\lambda}}$$

当 $k=0, n-s-2$ 时, 类似于文[5]的证明, 可以证得

$$n^{s+2} \mid \overrightarrow{\Delta}_{\frac{1}{n}}^{s+2} F(0) \mid \leqslant Mn^{\lambda} \| \mathrm{h}^{2\lambda} f'' \|$$

$$n^{s+2}\left|\overrightarrow{\Delta}_{\frac{1}{n}}^{s+2}F\left(\frac{n-s-2}{n}\right)\right|\leqslant Mn^{\lambda}\|\mathrm{h}^{2\lambda}f''\|$$

因此,由文[5]中的引理 3.1 和 Hölder 不等式,有

$$\begin{aligned}&|\mathrm{h}^{2\lambda}(x)B''_{n,s}(f,x)|\\ \leqslant&M\mathrm{h}^{2\lambda}(x)\|\mathrm{h}^{2\lambda}f''\|\cdot\\ &\sum_{k=0}^{n-s-2}\frac{p_{n-s-2,k}(x)}{\left(\frac{k+1}{n}\right)^{\lambda}\left(\frac{n-s-1-k}{n}\right)^{\lambda}}\\ \leqslant&M\mathrm{h}^{2\lambda}(x)\|\mathrm{h}^{2\lambda}f''\|\cdot\\ &\sum_{k=0}^{n-s-2}\left[\frac{p_{n-s-2,k}(x)}{\left(\frac{k+1}{n}\right)^{\lambda}}+\frac{p_{n-s-2,k}(x)}{\left(\frac{n-s-1-k}{n}\right)^{\lambda}}\right]\\ \leqslant&M\mathrm{h}^{2\lambda}(x)\|\mathrm{h}^{2\lambda}f''\|\left(\left[\sum_{k=0}^{n-s-2}\frac{p_{n-s-2,k}(x)}{\left(\frac{k+1}{n}\right)^{2}}\right]^{\frac{\lambda}{2}}+\right.\\ &\left.\left[\sum_{k=0}^{n-s-2}\frac{p_{n-s-2,k}(x)}{\left(\frac{n-s-1-k}{n}\right)^{2}}\right]^{\frac{\lambda}{2}}\right)\end{aligned}$$

由文[5]中的引理 3.2 即得式(13).引理 5 证毕.

引理 6　设 $0\leqslant\lambda\leqslant1$,则对于 $0<h<\frac{1}{2^{\lambda+1}}$ 和 $h\mathrm{h}^{\lambda}(x)<x<1-h\mathrm{h}^{\lambda}(x)$,有

$$\int_{-\frac{h\mathrm{h}^{\lambda}(x)}{2}}^{\frac{h\mathrm{h}^{\lambda}(x)}{2}}\int_{-\frac{h\mathrm{h}^{\lambda}(x)}{2}}^{\frac{h\mathrm{h}^{\lambda}(x)}{2}}\mathrm{h}^{-2\lambda}(x+u_1+u_2)\mathrm{d}u_1\mathrm{d}u_2\leqslant Mh^2\tag{14}$$

证明　由文[6]中的式(3.8)和 Hölder 不等式可得式(14).

§3　定理的证明

定理 1 的证明　对于 $g \in C[0,1]$ 且 $g' \in A.C._{loc}$，根据 Taylor 公式，由式(6)(7)(9)和 Cauchy-Schwartz 不等式，有

$$
\begin{aligned}
&|B_{n,s}(g,x)-g(x)| \\
\leqslant &\left|g'(x)B_{n,s}((t-x),x)\right| + \\
&\left. B_{n,s}\left(\int_x^t (t-u)g''(u)\mathrm{d}u, x\right)\right| \\
\leqslant &\left|g'(x)\frac{s}{n}\left(\frac{1}{2}-x\right)\right| + \\
&\|W_n^{2\lambda}g''\| B_{n,s}\left(\left|\int_x^t |t-u| W_n^{-2\lambda}(u)\mathrm{d}u\right|, x\right) \\
\leqslant &\frac{M}{n}\|g'\| + \|W_n^{2\lambda}g''\| W_n^{-2\lambda}(x)B_{n,s}((t-x)^2,x) \\
\leqslant &M\Big(n^{-1}\|g'\| + (n^{-\frac{1}{2}}W_n^{1-\lambda}(x))^2\|\mathrm{h}^{2\lambda}g''\| + \\
&n^{-(1+\lambda)}W_n^{2(1-\lambda)}(x)\|g''\|\Big) \\
\leqslant &M\Big(n^{-1}\|g'\| + (n^{-\frac{1}{2}}W_n^{1-\lambda}(x))^2\|\mathrm{h}^{2\lambda}g''\| + \\
&(n^{-\frac{1}{2}}W_n^{1-\lambda}(x))^{\frac{2}{1-\frac{\lambda}{2}}}\|g''\|\Big)
\end{aligned}
$$

因此，对于 $f^{(s)} \in [0,1]$ 和 $g' \in A.C._{loc}$ 由 $B_{n,s}$ 是有界线性算子，有

$$
\begin{aligned}
&|B_{n,s}(f^{(s)},x)-f^{(s)}(x)| \\
\leqslant &|B_{n,s}(f^{(s)}-g,x)| + \\
&|f^{(s)}(x)-g(x)| +
\end{aligned}
$$

$$
\begin{aligned}
&|B_{n,s}(g,x)-g(x)| \\
\leqslant & M\Big(\|f^{(s)}-g\|+n^{-1}\|g'\|+ \\
&(n^{-\frac{1}{2}}W_n^{1-\lambda}(x))^2\|\mathrm{h}^{2\lambda}g''\|+ \\
&(n^{-\frac{1}{2}}W_n^{1-\lambda}(x))^{\frac{2}{1-\frac{\lambda}{2}}}\|g''\|\Big)
\end{aligned}
$$

由式(4)和(5)便得式(1).定理 1 证毕.

定理 2 的证明　先证充分性.由式(2)和引理 2,有

$$k_{\mathrm{h}^\lambda}^2(f^{(s)},n^{-\frac{1}{2}}W_n^{1-\lambda}(x))\leqslant M(n^{-\frac{1}{2}}W_n^{1-\lambda}(x))^{T-s}$$

$$k(f^{(s)},n^{-1})\leqslant Mn^{-(a-s)(1-\frac{\lambda}{2})}\leqslant M(n^{-\frac{1}{2}}W_n^{1-\lambda}(x))^{T-s}$$

于是,由式(1)便得充分性.

下面证明必要性.对于任意 $d>0$,由式(3),存在 $g_d\in C[0,1]$,且 $g'_d\in A.C._{\mathrm{loc}}$,使得

$$\|f^{(s)}-g_d\|\leqslant 2Mk_{\mathrm{h}^\lambda}^2(f^{(s)},d)$$

$$\|\mathrm{h}^{2\lambda}g''_d\|\leqslant 2Md^{-2}k_{\mathrm{h}^\lambda}^2(f^{(s)},d)$$

当 $0<h<\frac{1}{2^{\lambda+1}}$ 和 $x>h\mathrm{h}^\lambda(x)$ 时,由式(2),有

$$
\begin{aligned}
&|\Delta_{h\mathrm{h}^\lambda(x)}^2 f^{(s)}(x)| \\
\leqslant & |\Delta_{h\mathrm{h}^\lambda(x)}^2(f^{(s)}-B_{n,s}(f^{(s)}))(x)|+ \\
&|\Delta_{h\mathrm{h}^\lambda(x)}^2(B_{n,s}(f^{(s)}-g_d))(x)|+ \\
&|\Delta_{h\mathrm{h}^\lambda(x)}^2(B_{n,s}(g_d))(x)| \\
\leqslant & M\sum_{j=0}^{2}\binom{2}{j}(n^{-\frac{1}{2}}W_n^{1-\lambda}(x+(1-j)h\mathrm{h}^\lambda(x)))^{T-s}+ \\
&\int_{-\frac{h\mathrm{h}^\lambda(x)}{2}}^{\frac{h\mathrm{h}^\lambda(x)}{2}}\int_{-\frac{h\mathrm{h}^\lambda(x)}{2}}^{\frac{h\mathrm{h}^\lambda(x)}{2}}|B''_{n,s}(f^{(s)}- \\
&g_d,x+u_1+u_2)|\,\mathrm{d}u_1\mathrm{d}u_2+ \\
&\int_{-\frac{h\mathrm{h}^\lambda(x)}{2}}^{\frac{h\mathrm{h}^\lambda(x)}{2}}\int_{-\frac{h\mathrm{h}^\lambda(x)}{2}}^{\frac{h\mathrm{h}^\lambda(x)}{2}}|B''_{n,s}(g_d,x+
\end{aligned}
$$

$$u_1+u_2)\mid du_1du_2$$

$$\equiv I_1+I_2+I_3$$

由 $x>h\text{h}^{\lambda}(x)$,有

$$I_1\leqslant 4M(n^{-\frac{1}{2}}W_n^{1-\lambda}(x+h\text{h}^{\lambda}(x)))^{T-s}$$

$$\leqslant 4M2^{\frac{(1-\lambda)(T-2)}{2}}(n^{-\frac{1}{2}}W_n^{1-\lambda}(x))^{T-s} \qquad (15)$$

由式(11),有

$$I_2\leqslant Mn^2h^2\text{h}^{2\lambda}(x)\parallel f^{(s)}-g_d\parallel$$

$$\leqslant Mn^2h^2\text{h}^{2\lambda}(x)k_{\text{h}^{\lambda}}^2(f^{(s)},d) \qquad (16)$$

由式(12) 和文[6] 中的式(3.8),有

$$I_2\leqslant Mn\parallel f^{(s)}-g_d\parallel\cdot$$

$$\left|\int_{-\frac{h\text{h}^{\lambda}(x)}{2}}^{\frac{h\text{h}^{\lambda}(x)}{2}}\int_{-\frac{h\text{h}^{\lambda}(x)}{2}}^{\frac{h\text{h}^{\lambda}(x)}{2}}\text{h}^{-2}(x+u_1+u_2)du_1du_2\right|$$

$$\leqslant Mnh^2\text{h}^{2(\lambda-1)}(x)\parallel f^{(s)}-g_d\parallel$$

$$\leqslant Mnh^2\text{h}^{2(\lambda-1)}(x)k_{\text{h}^{\lambda}}^2(f^{(s)},d) \qquad (17)$$

由式(13) 和式(14),有

$$I_3\leqslant M\parallel \text{h}^{2\lambda}g''_d\parallel\cdot$$

$$\left|\int_{-\frac{h\text{h}^{\lambda}(x)}{2}}^{\frac{h\text{h}^{\lambda}(x)}{2}}\int_{-\frac{h\text{h}^{\lambda}(x)}{2}}^{\frac{h\text{h}^{\lambda}(x)}{2}}\text{h}^{-2\lambda}(x+u_1+u_2)du_1du_2\right|$$

$$\leqslant Mh^2\parallel \text{h}^{2\lambda}g''_d\parallel\leqslant Mh^2d^{-2}k_{\text{h}^{\lambda}}^2(f^{(s)},d) \qquad (18)$$

综合式(15) ~ (18),由

$$W_n(x)\leqslant 2\max\{h(x),n^{-\frac{1}{2}}\}$$

有

$$|\Delta_{h\text{h}^{\lambda}(x)}^2f^{(s)}(x)|$$

$$\leqslant M((n^{-\frac{1}{2}}W_n^{1-\lambda}(x))^{T-s}+$$

$$h^2k_{\text{h}^{\lambda}}^2(f^{(s)},d)\min\{n\text{h}^{2(\lambda-1)}(x),n^2\text{h}^{2\lambda}(x)\}+$$

$$h^2d^{-2}k_{\text{h}^{\lambda}}^2(f^{(s)},d))$$

$$\leqslant M((n^{-\frac{1}{2}}W_n^{1-\lambda}(x))^{T-s}+$$

$$nh^2 k_{h^\lambda}^2(f^{(s)},d)\min\{h^{2(\lambda-1)}(x),n^{1-\lambda}\}+$$
$$h^2 d^{-2} k_{h^\lambda}^2(f^{(s)},d))$$
$$\leqslant M((n^{-\frac{1}{2}}W_n^{1-\lambda}(x))^{T-s}+$$
$$h^2(n^{-\frac{1}{2}}W_n^{1-\lambda}(x))^{-2}k_{h^\lambda}^2(f^{(s)},d)+$$
$$h^2 d^{-2} k_{h^\lambda}^2(f^{(s)},d))$$

注意到当 $n\geqslant 2$ 时

$$n^{-\frac{1}{2}}W_n^{1-\lambda}(x)<(n-1)^{-\frac{1}{2}}W_{n-1}^{1-\lambda}(x)$$
$$\leqslant(2+\overline{2})n^{-\frac{1}{2}}W_n^{1-\lambda}(x)$$

对于 $d>0$,选取 $n\in\mathbf{N}$,使得

$$n^{-\frac{1}{2}}W_n^{1-\lambda}(x)\leqslant d<(n-1)^{-\frac{1}{2}}W_{n-1}^{1-\lambda}(x)$$

于是

$$|\Delta_{hh^\lambda(x)}^2 f^{(s)}(x)|\leqslant M(d^{T-s}+h^2 d^{-2}k_{h^\lambda}^2(f^{(s)},d))$$

因此,对于 $0<h<\frac{1}{2^{\lambda+1}}$ 和 $d>0$,有

$$k_{h^\lambda}^2(f^{(s)},h)\leqslant M(d^{T-s}+h^2 d^{-2}k_{h^\lambda}^2(f^{(s)},d))$$

根据 Berens-Lorentz 引理,便可完成证明,定理 2 证毕.

参考资料

[1] Ditzian Z. Interpolation Theorems and the Rate of Convergence of Bernstein Polynomials In "Approximation Theory III" (E. W. Cheney Ed.) [C]. New York: Academic Press, 1980.

[2] Ditzian Z. Direct estimates for Bernstein polynomials[J]. J. Approx. Theory, 1994, 79: 165-

166.
[3] Ditzian Z，Totik V. Moduli of Smoothness[M]. New York：Springer-Verlag,1987.
[4] 谢林森,谢庭藩. Bernstein 算子线性组合的点态逆定理[J]. 数学年刊：A 辑,1999,20(4)：467-478.
[5] Ditzian Z. A global Inverse theorem for combinations of Bernstein polynomials[J]. J. Approx. Theory. 1979,26:277-292.
[6] Zhou D X. On smoothness characterized by Bernstein-type operators[J]. J. Approx. Theory, 1995,81:303-315.
[7] Berens H，Lorentz G G. Inverse theorems for Bernstein polynomials[J]. Indiana Univ. Math. J. ,1972,21:693-708.

关于 q—Bernstein 多项式及其 Boole 和迭代[①]

第 11 章

台州职业技术学院的云连英教授 2008 年对 q—Bernstein 多项式 $B_n(f, q, x)$ 收敛于 $B_\infty(f, q, x)$ 的加速问题进行研究，同时对其 Boolean 和迭代的收敛性问题进行考虑. 采用精细估计，并应用光滑模理论等手段，得到相应的逼近速度估计. 结果表明：q—Bernstein 多项式在这两个问题上与传统 Bernstein 多项式有着类似的结果.

设 $q > 0$，如下定义 q—整数 $[k]$ 和 q—阶乘 $[k]!$ 有

① 本章选自《应用数学》，2008 年，第 21 卷，第 3 期.

$$[k]:=\begin{cases}\dfrac{1-q^k}{1-q},q\neq 1\\ k,q=1\end{cases}$$

$$[k]!:=\begin{cases}[k][k-1]\cdots[1],k\geqslant 1\\ 1,k=0\end{cases}$$

对整数 $n,k,n\geqslant k\geqslant 0$,定义 $q-$ 二项式系数为

$$\begin{bmatrix}n\\k\end{bmatrix}:=\frac{[n]!}{[k]!\ [n-k]!}$$

对整数 $n\geqslant 0,f\in C[0,1]$,定义 $q-$Bernstein 多项式为[1]

$$B_n(f,q;x):=\sum_{k=0}^{n}f\left(\frac{[k]}{[n]}\right)p_{n,k}(q;x)$$

$$p_{n,k}(q;x)=\begin{bmatrix}n\\k\end{bmatrix}x^k\prod_{s=0}^{n-k-1}(1-q^sx) \tag{1}$$

若 $\prod$ 中无因子相乘,则认为等于 1. 显然,当 $q=1$ 时,$q-$Bernstein 多项式就是 Bernstein 多项式. 当 $q\neq 1$ 时与传统 Bernstein 多项式有很大不同[2,4-6]. 如对 $0<q<1,f\in C[0,1]$,在 $n\to\infty$ 时,$B_n(f,q;x)$ 并不像传统的 Bernstein 算子那样收敛于 $f(x)$,而是收敛于

$$B_\infty(f,q;x):=\begin{cases}\sum\limits_{k=0}^{\infty}f(1-q^k)p_{\infty,k}(q;x),0\leqslant x<1\\ f(1),x=1\end{cases} \tag{2}$$

这里

$$p_{\infty,k}(q;x):=\frac{x^k}{(1-q)^k[k]!}\prod_{s=0}^{\infty}(1-q^sx)$$

最近,王和平在[7]中证明了:

定理 A 设 $0<q<1,f\in C[0,1]$,那么对 $x\in$

$[0,1]$ 一致成立

$$\lim_{n\to\infty}\frac{[n]}{q^n}(B_n(f,q;x)-B_\infty(f,q;x))=L(f,q;x)$$

这里

$$L(f,q;x)=\sum_{k=1}^{\infty}[k](f'(1-q^k)-f[1-q^k,1-q^{k-1}])p_{\infty,k}(q;x)\quad(0\leqslant x<1)\tag{3}$$

而 $L(f,q;1)=0$，$f[x_0,x_1]$ 表示 f 在 x_0,x_1 处的均差.

对 $f\in C^2[0,1]$，记

$$D_n(f,q;x)=B_n(f,q;x)-\frac{xq^n}{1-q^n}B_n(g,q;x)\tag{4}$$

这里

$$g(x)=f'(qx+1-q)-f[qx+1-q,x]\quad(0\leqslant x<1)\tag{5}$$

而 $g(1)=0$. 不难看出 $g(x)\in C^1[0,1]$. 下面给出本章的主要结果.

定理 1　设 $0<q<1$，$f\in C^2[0,1]$，那么

$$|D_n(f,q;x)-B_\infty(f,q;x)|\leqslant C_q\|f''\|_C q^{2n}\tag{6}$$

其中 C_q 为仅与 q 有关的正常数.

定理 2　设 $\{q_n\}_{n=1}^{\infty}$ 满足 $0<q_n<1$，$q_n\uparrow 1$，则对 $M\geqslant 1$，$\varphi(x)=\sqrt{x(1-x)}$ 有

$$\left\|\overset{M}{\oplus}B_n(f,q_n)-f\right\|_C\leqslant C\{\omega_\varphi^{2M}(f,[n]^{-\frac{1}{2}})+\|f\|_C[n]^{-M}\}\tag{7}$$

这里 C 是和 n 无关的正常数.

为证明定理 1，我们需要以下引理.

引理 1[1]　设 $0<q<1$，$J=-\sum_{s=n-k}^{\infty}\ln(1-q^s x)+$

$\sum_{s=n-k+1}^{n}\ln(1-q^s)$,则有

$$\left|(1-q^n)q^{k-n}(e^J-1)-\frac{x}{1-q}+q[k]\right|\leqslant C_q q^{n-k} \tag{8}$$

其中 C_q 为仅与 q 有关的正常数.

引理 2 设 $0<q<1,f\in C^2[0,1]$,则

$$\left\|B_n(f,q;x)-B_\infty(f,q;x)-\frac{q^n}{[n]}L(f,q;x)\right\|_C$$

$$\leqslant C_q\|f''\|_C q^{2n} \tag{9}$$

其中 C_q 为仅与 q 有关的正常数.

证明 由于 $B_n(\cdot,q)$ 是线性的,且

$$B_n(1,q;x)=B_\infty(1,q;x)\equiv 1$$

$$B_n(t,q;x)=B_\infty(t,q;x)=x$$

故可以设

$$f'(1)=f(1)=0$$

否则转化为对

$$F(x)=f(x)-[f(1)+f'(1)(x-1)]$$

进行考虑

$$\left|B_n(f,q;x)-B_\infty(f,q;x)-\frac{q^n}{[n]}L(f,q;x)\right|$$

$$\leqslant\frac{q^n}{[n]}\Bigg(\sum_{k=0}^{n}\left|\frac{[n]}{q^n}\left[f\left(\frac{[k]}{[n]}\right)-f(1-q^k)\right]\cdot\right.$$

$$\left.p_{n,k}(q;x)-[k]f'(1-q^k)p_{\infty,k}(q;x)\right|+$$

$$\sum_{k=0}^{n}|f(1-q^k)|\left|\frac{[n]}{q^n}[p_{n,k}(q;x)-\right.$$

$$\left.p_{\infty,k}(q;x)]-q^{-k}\left[\frac{x}{(1-q)^2}-\frac{q[k]}{1-q}\right]p_{\infty,k}(q,x)\right|+$$

$$\sum_{k=n+1}^{\infty}\frac{[n]}{q^n}\mid f(1-q^k)\mid p_{\infty,k}(q;x)+$$

$$\sum_{k=n+1}^{\infty}\left|q^{-k}\left[\frac{x}{(1-q)^2}-\frac{q[k]}{1-q}\right]f(1-q^k)+\right.$$

$$\left.[k]f'(1-q^k)\right|p_{\infty,k}(q;x)\Big)$$

$$:=\frac{q^n}{[n]}(I_1+I_2+I_3+I_4)$$

首先对 I_1 进行估计. 设 $0\leqslant k\leqslant n$,我们可以算得

$$[k]q^k\mid p_{n,k}(q;x)-p_{\infty,k}(q;x)\mid$$

$$=\frac{1-q^k}{1-q}\left|\begin{bmatrix}n\\k\end{bmatrix}x^k\prod_{s=0}^{n-k-1}(1-q^sx)-\right.$$

$$\left.\frac{x^k}{(1-q)^k[k]!}\prod_{s=0}^{\infty}(1-q^sx)\right|q^k$$

$$\leqslant\frac{1-q^k}{1-q}\begin{bmatrix}n\\k\end{bmatrix}x^k\left|\prod_{s=0}^{n-k-1}(1-q^sx)-\right.$$

$$\left.\prod_{s=0}^{\infty}(1-q^sx)\right|q^k+$$

$$\frac{1-q^k}{1-q}\left|x^k\prod_{s=0}^{\infty}(1-q^sx)\cdot\right.$$

$$\left.\left(\begin{bmatrix}n\\k\end{bmatrix}-\frac{1}{(1-q)^k[k]!}\right)\right|q^k$$

$$\leqslant\frac{(1-q^k)q^n}{q(1-q)^2}p_{n,k}(q;x)+$$

$$\frac{(1-q^k)q^n}{q(1-q)^2}p_{\infty,k}(q;x)$$

于是有

$$I_1=\sum_{k=0}^{n}\left|\frac{[n]}{q^n}\left[f\left(\frac{[k]}{[n]}\right)-f(1-q^k)\right]p_{n,k}(q;x)-\right.$$

$$\left.[k]f'(1-q^k)p_{\infty,k}(q;x)\right|$$

$$
\begin{aligned}
&= \sum_{k=0}^{n} \mid [k] f'(\xi_k) p_{n,k}(q;x) - \\
&\quad [k] f'(1-q^k) p_{\infty,k}(q;x) \mid \\
&\leqslant \sum_{k=0}^{n} [k] \mid f'(\xi_k) - f'(1-q^k) \mid p_{n,k}(q;x) + \\
&\quad \sum_{k=0}^{n} [k] \mid f'(1-q^k) - f'(1) \mid \cdot \\
&\quad \mid p_{\infty,k}(q;x) - p_{n,k}(q;x) \mid \\
&\leqslant \sum_{k=0}^{n} [k] q^n \| f'' \|_C \frac{1-q^k}{1-q^n} p_{n,k}(q;x) + \\
&\quad \sum_{k=0}^{n} [k] q^k \| f'' \|_C \mid p_{n,k}(q;x) - p_{\infty,k}(q;x) \mid \\
&\leqslant C_q \| f'' \|_C q^n \quad \left(\xi_k \in \left(1-q^k, \frac{[k]}{[n]}\right)\right)
\end{aligned}
$$

其次估计 I_2. 根据引理 1 得

$$
\begin{aligned}
I_2 &= \sum_{k=0}^{n} \mid f(1-q^k) \mid \cdot \\
&\quad \left| \frac{[n]}{q^n} [p_{n,k}(q;x) - p_{\infty,k}(q;x)] - \right. \\
&\quad \left. q^{-k} \left[\frac{x}{(1-q)^2} - \frac{q[k]}{1-q} \right] p_{\infty,k}(q;x) \right| \\
&= \sum_{k=0}^{n} \mid f(1-q^k) - f(1) \mid \cdot \\
&\quad \left| (1-q^n) q^{k-n} (\mathrm{e}^J - 1) - \frac{x}{1-q} + q[k] \right| \cdot \\
&\quad \frac{p_{\infty,k}(q;x)}{q^k (1-q)} \\
&\leqslant C_q \sum \mid f'(\eta_k) - f'(1) \mid \frac{p_{\infty,k}(q;x)}{1-q} q^{n-k} \\
&\leqslant C_q \| f'' \|_C q^n \quad (\eta_k \in (1-q^k, 1))
\end{aligned}
$$

再次对 I_3 进行估计

$$
\begin{aligned}
I_3 &= \sum_{k=n+1}^{\infty} \frac{[n]}{q^n} \mid f(1-q^k) \mid p_{\infty,k}(q;x) \\
&= \sum_{k=n+1}^{\infty} \frac{[n]}{q^n} q^k \mid f'(\zeta_k) - f'(1) \mid p_{\infty,k}(q;x) \\
&\leqslant \sum_{k=n+1}^{\infty} \frac{[n]}{q^n} q^{2k} \| f'' \|_C p_{\infty,k}(q;x) \\
&\leqslant \frac{\| f'' \|_C}{1-q} q^n \quad (\zeta_k \in (1-q^k, 1))
\end{aligned}
$$

最后我们对 I_4 进行估计

$$
\begin{aligned}
I_4 &= \sum_{k=n+1}^{\infty} \left| q^{-k} \left[\frac{x}{(1-q)^2} - \frac{q[k]}{1-q} \right] \cdot \right. \\
&\qquad \left. f(1-q^k) + [k] f'(1-q^k) p_{\infty,k}(q;x) \right| \\
&\leqslant \sum_{k=n+1}^{\infty} q^{-k} \mid f(1-q^k) \mid \cdot \\
&\qquad \left| \frac{x - q(1-q^k)}{(1-q)^2} \right| \cdot \\
&\qquad p_{\infty,k}(q;x) + \sum_{k=n+1}^{\infty} \frac{1-q^k}{1-q} \cdot \\
&\qquad \mid f'(1-q^k) \mid p_{\infty,k}(q;x) \\
&\leqslant \sum_{k=n+1}^{\infty} \| f'' \|_C \frac{2q^k}{(1-q)^2} p_{\infty,k}(q;x) + \\
&\qquad \sum_{k=n+1}^{\infty} \| f'' \|_C \frac{q^k(1-q^k)}{1-q} p_{\infty,k}(q;x) \\
&\leqslant C_q \| f'' \|_C q^n
\end{aligned}
$$

综合 I_1, I_2, I_3, I_4 我们即得引理 2.

定理 1 的证明　这里我们不妨设 $f(1) = f'(1) = 0$，有

$$
\mid D_n(f,q;x) - B_\infty(f,q;x) \mid
$$

$$\leqslant \left| B_n(f,q;x) - \frac{q^n}{[n]}L(f,q;x) - B_\infty(f,q;x) \right| +$$

$$\left| \frac{xq^n}{(1-q)[n]}B_n(g,q;x) - \frac{q^n}{[n]}L(f,q;x) \right|$$

$$:= A_1 + A_2$$

结合引理 2 即得

$$A_1 \leqslant C_q \| f'' \|_C q^{2n}$$

$$A_2 = \left| \frac{xq^n}{(1-q)[n]}B_n(g,q;x) - \frac{q^n}{[n]}\sum_{k=0}^{\infty}[k](f'(1-q^k) - f[1-q,1-q^k])p_{\infty,k}(q;x) \right|$$

$$= \frac{xq^n}{(1-q)[n]} \mid B_n(g,q;x) - B_\infty(g,q;x) \mid$$

$$\leqslant C_q q^n \omega(g,q^n) \leqslant C_q \| g' \|_C q^{2n}$$

又由

$$g'(x) = \begin{cases} qf''(u(x)) - \dfrac{(qf'(u(x)) - f'(x))(1-x) + f(u(x)) - f(x)}{(1-q)(1-x)^2}, \\ 0 \leqslant x < 1 \\ \dfrac{q-1}{2}f''(1), x = 1 \end{cases}$$

其中

$$u(x) = qx + 1 - q$$

由此可得

$$\| g'' \|_C \leqslant C_q \| f'' \|_C$$

所以

$$A_2 \leqslant C_q \| f'' \|_C q^{2n}$$

定理1证毕.

引理3　对多项式 $P_m, m\leqslant\sqrt{[n]}$,有

$$\|P_m-B_n(P_m,q_n)\|_C\leqslant\frac{C}{[n]}\|\varphi^2P''_m\|_C$$

$$\leqslant C\frac{m^2}{[n]}\|P_m\|_C \tag{10}$$

$$\|P_m-B_n(P_m,q_n)+\frac{1}{2[n]}\varphi^2P_m^{(2)}\|_C$$

$$\leqslant C\frac{m^4}{[n]^2}\|P_m\|_C \tag{11}$$

这里 $\varphi(x)=\sqrt{x(1-x)}$,C 为绝对正常数.

证明　设 $x\in[0,1]$,对任意 $t\in[0,1]$,有

$$P_m(t)=P_m(x)+\frac{P'_m(x)}{1!}(t-x)+$$

$$\frac{P''_m(x)}{2!}(t-x)^2+r_2(P_m,t,x)$$

$$r_2(P_m,t,x)=\frac{P''_m(\xi_t)-P''_m(x)}{2!}(t-x)^2$$

(ξ_t 介于 t 与 x 之间)

而从文献[4]可知

$$B_n(1,q_n;x)\equiv1$$

$$B_n(t-x,q_n;x)=0$$

$$B_n((t-x)^2,q_n;x)=\frac{x(1-x)}{[n]}$$

$$B_n((t-x)^4,q_n;x)\leqslant K\frac{x(1-x)}{[n]^2}$$

其中 K 为绝对正常数. 于是有

$$B_n(P_m,q_n;x)-P_m(x)=\frac{P''_m(x)}{2!}\cdot\frac{x(1-x)}{[n]}+$$

$$B_n(r_2,q_n;x)$$

而由于 $B_n(\cdot,q_n)$ 是正线性算子，故

$$
\begin{aligned}
&|B_n(r_2,q_n;x)| \\
&\leqslant \omega(P'',[n]^{-\frac{1}{2}})\cdot \\
&\quad B_n\left((1+[n](t-x)^2)\frac{(t-x)^2}{2!},q_n;x\right) \\
&\leqslant C\|P^{(3)}\|_C[n]^{-\frac{3}{2}}
\end{aligned}
$$

因此

$$\|P_m-B_n(P_m,q_n)\|_C\leqslant\frac{C}{[n]}\|\varphi^2P''_m\|_C$$

进一步，结合文献[3]中的引理3，就有

$$
\begin{aligned}
\|P_m-B_n(P_m,q_n)\|_C&\leqslant\frac{C}{[n]}\|\varphi^2P''_m\|_C \\
&\leqslant C\frac{m^2}{[n]}\|P_m\|_C
\end{aligned}
$$

式(10)的证明类似可得.引理3证毕.

定理2的证明 结合引理3以及文献[2]中定理1的证明即得.

参考资料

[1] Phillips G M. Bernstein polynomials based on the q-integers[J]. Ann. Numer. Math., 1997, (4):511-518.

[2] Osrovska Sofiya. q-Bernstein polynomials and their iterates[J]. J. Approx. Theory, 2003, 123: 232-255.

[3] Gonska H H, Zhou X L. Approximation theorems for the iterated Boolean sums of Bernstein

operators [J]. J. Comput. Appl. Math., 1994, 53:21-23.

[4] Videnskii V S. On some classes of q-parametric positive linear operators [J]. Oper. Theory Adv. Appl., 2005, 158:213-222.

[5] Il'inskii A, Osrovska S. Convergence of generalized Bernstein polynomials [J]. J. Approx. Theory. 2002,116:100-112.

[6] Wang Heping. The rate of convergence of q-Bernstein polynomials for $0<q<1$[J]. J. Approx. Theory, 2005,136:151-158.

[7] Wang H P. Voronovskaya-type formulas and saturation of convergence for q-Bernstein polynomials for $0<q<1$[J]. J. Approx. Theory, 2007,145:182-195.

[8] Xie Tingfan, Zhou Songping. Approximation of Realfunctions [M]. Hangzhou: Hangzhou Univ. Press,1998.

WZ 方法与一个二项式级数的部分和公式[①]

第 12 章

华南师范大学数学科学学院的陈奕俊教授 2013 年基于 WZ 理论给出了 Peter Paule 与 Carsten Schneider 的一篇文章中的一个二项式级数的部分和公式的新证明，并且发现他们的文章中所给的另一个二项式级数的部分和公式实际上是错误的，他给出了其相应的一个正确公式.

① 本章摘自《应用数学学报》，2013 年 5 月，第 36 卷，第 3 期.

§1　引言，有关引理及本章的主要结果

[1] 解决了[2] 提出的一个问题，获得下列公式：$\forall m \geqslant 1, m \in \mathbf{N}, 0 \leqslant x \leqslant 1$，有

$$R_m(x) = \sum_{k=m+1}^{+\infty} \frac{m}{k(k-1)} \sum_{j=0}^{m} \binom{k}{j} x^{k-j}(1-x)^j = x \tag{1}$$

[3] 考虑了上述公式的如下推广：$\forall m, n \in \mathbf{N}$，$m \geqslant n-1 \geqslant 0$，记

$$a_{m,n}(x) = \binom{m}{n-1} \sum_{k=m+1}^{+\infty} \frac{1}{\binom{k}{n}} \sum_{j=0}^{m} \binom{k}{j} x^{k-j}(1-x)^j$$

则有

$$a_{m,n}(x) = \begin{cases} \dfrac{n}{n-1}[1-(1-x)^{n-1}], n \geqslant 2, 0 \leqslant x \leqslant 1 \\ -\ln(1-x), n = 1, 0 \leqslant x < 1 \end{cases} \tag{2}$$

显然(2) 是(1) 的推广

$$R_m(x) = \frac{a_{m,2}(x)}{2} = x$$

(1) 的有关背景可参见[1-3]，我们在这里就不重复了.[3] 给出了(2) 的四个不同证明，有兴趣的读者可直接阅读[3].

[4] 考虑了上述无穷级数的部分和公式，获得了下列结果：$\forall K, m, n \in \mathbf{N}, K \geqslant m+1 \geqslant n$，记

$$a_{m,n}^{(K)}(x)=\binom{m}{n-1}\sum_{k=m+1}^{K}\frac{1}{\binom{k}{n}}\sum_{j=0}^{m}\binom{k}{j}x^{k-j}(1-x)^{j}$$

则:(A) 当 $n\geqslant 2,0\leqslant x\leqslant 1$ 时,有

$$a_{m,n}^{(K)}(x)=\frac{n}{n-1}\left[1-\frac{\binom{m}{n-1}}{\binom{K}{n-1}}+\frac{\binom{m}{n-1}}{\binom{K}{n-1}}(1-x)^{m+1}\cdot\right.$$
$$\sum_{i=0}^{K-m-1}(-1)^{i}\binom{-m-1}{i}x^{i}-$$
$$\left.(1-x)^{m+1}\sum_{i=0}^{K-m-1}(-1)^{i}\binom{n-m-2}{i}x^{i}\right]\quad(3)$$

(B) 当 $n=1,0\leqslant x<1$ 时,有

$$a_{m,1}^{(K)}(x)=H_{K+m}-H_{m}-(1-x)^{m+1}\cdot$$
$$\left[H_{K+m}\sum_{i=0}^{K}\binom{i+m}{m}x^{i}-\right.$$
$$\left.\sum_{i=0}^{K}\binom{i+m}{m}H_{m+i}x^{i}\right]\quad(4)$$

其中 $H_m=\sum_{i=1}^{m}\frac{1}{i}$. [4] 主要是使用他们的 Mathematica Package:Sigma(见[5]) 来求得(3) 和(4) 的,有兴趣的读者亦可直接阅读[4].

由(3) 令 $K\to+\infty$,再由二项式定理即可得(2) 的相应公式($n\geqslant 2$),具体可参见[4]. 尽管如[4]所言,令 $K\to+\infty$,利用二项式定理及下述结果(可参见[6])

$$\sum_{i=0}^{+\infty}\binom{i+m}{m}H_{m+i}x^{i}=-\frac{1}{(1-x)^{m+1}}[\ln(1-x)-H_{m}]$$

可由(4) 得到(2) 中相应公式($n=1$),不过非常遗憾的

是，我们发现(4)实际上是错误的：即 $a_{m,1}^{(K)}(x)$ 与(4)的右端并不相等，也就是说(4)并不是(2)中相应公式 $(n=1)$ 的部分和公式，这只要取 m 与 K 的几个特殊值，然后稍作计算即可发现. 本章我们将基于 WZ 方法[7] 给出上述(3)的一个新的证明，并且给出(2)的相应公式 $(n=1)$ 的一个部分和公式. 为方便起见，我们将其叙述成下列定理.

定理　设 $K,m,n\in\mathbf{N},K\geqslant m+1\geqslant n$，记

$$a_{m,n}^{(K)}(x)=\binom{m}{n-1}\sum_{k=m+1}^{K}\frac{1}{\binom{k}{n}}\sum_{j=0}^{m}\binom{k}{j}x^{k-j}(1-x)^{j}$$

则：(A) 当 $n\geqslant 2,0\leqslant x\leqslant 1$ 时，有

$$a_{m,n}^{(K)}(x)=\frac{n}{n-1}\left[1-\frac{\binom{m}{n-1}}{\binom{K}{n-1}}+\frac{\binom{m}{n-1}}{\binom{K}{n-1}}(1-x)^{m+1}\cdot\right.$$

$$\sum_{i=0}^{K-m-1}(-1)^{i}\binom{-m-1}{i}x^{i}-$$

$$\left.(1-x)^{m+1}\sum_{i=0}^{K-m-1}(-1)^{i}\binom{n-m-2}{i}x^{i}\right]$$

(B) 当 $n=1,0\leqslant x<1$ 时，有

$$a_{m,1}^{(K)}(x)=H_K-H_m-(1-x)^{m+1}\cdot$$

$$\left[H_K\sum_{i=0}^{K-m-1}\binom{i+m}{m}x^{i}-\right.$$

$$\left.\sum_{i=0}^{K-m-1}\binom{i+m}{m}H_{m+i}x^{i}\right]$$

令 $K\to+\infty$，则由定理中的(B)可得到(2)中相应公式 $(n=1)$. 在给出上述定理的证明之前，我们先来叙

述几个在定理的证明中要用到的引理. 由于其证明较简单,我们将有关证明过程省略.

引理 1 若已知$(F(k,j),G(k,j))$为一对 WZ 偶,即满足下列方程

$$F(k+1,j)-F(k,j)=G(k,j+1)-G(k,j)$$

则对 $\forall m,k\in\mathbf{N}$,均有

$$\sum_{j=0}^{m}F(k,j)=\sum_{j=0}^{k-1}[G(j,m+1)-G(j,0)]+\sum_{j=0}^{m}F(0,j)$$

此处 m 为与 k 无关的参数.

引理 2 设 $T\in\mathbf{N}$ 且 $2\leqslant n\leqslant T$,则有

$$\sum_{k\geqslant T}\frac{1}{\binom{k}{n}}=\frac{T}{n-1}\frac{1}{\binom{T}{n}}$$

上述引理 2 及其证明可参见[3],实际上直接由 Mathematica 7.0 亦可求得上述结果.

引理 3 设 $K,m\in\mathbf{N},K\geqslant m+1$,则有

$$\sum_{k=m+1}^{K}a_k\sum_{j=0}^{k-1}b_j=\sum_{j=0}^{m-1}b_j\sum_{k=m+1}^{K}a_k+\sum_{j=m}^{K-1}b_j\sum_{k=j+1}^{K}a_k$$

引理 4 $\forall n,k\in\mathbf{N}$,则有

$$\binom{-n}{k}=(-1)^k\binom{n+k-1}{k}$$

上述引理 4 及其证明可参见[6]. 有了前述的几个引理,下面我们就可以来给出定理的证明了. 这里有必要指出的是,本章定理的证明方法具有一般性,有兴趣的读者可以尝试用它来解决类似的问题.

§ 2　定理的证明

记

$$F(k,j)=\binom{k}{j}x^{k-j}(1-x)^{j}$$

$$R(k,j)=\frac{-jx}{-j+k+1}$$

$$G(k,j)=R(k,j)F(k,j)$$

可验证$(F(k,j),G(k,j))$为一对 WZ 偶，即满足下列方程

$$F(k+1,j)-F(k,j)=G(k,j+1)-G(k,j)$$

则由上述引理 1 知

$$\begin{aligned}\sum_{j=0}^{m}F(k,j)&=\sum_{j=0}^{k-1}[G(j,m+1)-G(j,0)]+\\&\quad\sum_{j=0}^{m}F(0,j)\\&=\sum_{j=0}^{k-1}\left[-\binom{j}{m}x^{j-m}(1-x)^{m+1}\right]+1\end{aligned}$$

这样我们就有

$$a_{m,n}^{(K)}(x)=-\binom{m}{n-1}\sum_{k=m+1}^{K}\frac{1}{\binom{k}{n}}\sum_{j=0}^{k-1}\binom{j}{m}x^{j-m}(1-x)^{m+1}+$$

$$\binom{m}{n-1}\sum_{k=m+1}^{K}\frac{1}{\binom{k}{n}}=I+II$$

下面分情况讨论：

当$n\geqslant 2,0\leqslant x\leqslant 1$时，我们首先来考察$II$，由上

述引理 2 易求得

$$II=\frac{\binom{m}{n-1}}{n-1}\left[\frac{m+1}{\binom{m+1}{n}}-\frac{K+1}{\binom{K+1}{n}}\right]$$

$$=\frac{n}{n-1}\left[1-\frac{\binom{m}{n-1}}{\binom{K}{n-1}}\right]$$

再考虑 I,由引理 3 可知

$$I=\binom{m}{n-1}\sum_{k=m+1}^{K}\frac{1}{\binom{k}{n}}\sum_{j=0}^{k-1}\left[-\binom{j}{m}x^{j-m}(1-x)^{m+1}\right]$$

$$=\binom{m}{n-1}\sum_{j=0}^{m-1}\left[-\binom{j}{m}x^{j-m}(1-x)^{m+1}\right]\sum_{k=m+1}^{K}\frac{1}{\binom{k}{n}}+$$

$$\binom{m}{n-1}\sum_{j=m}^{K-1}\left[-\binom{j}{m}x^{j-m}(1-x)^{m+1}\right]\sum_{k=j+1}^{K}\frac{1}{\binom{k}{n}}$$

$$=I_1+I_2$$

由于当 $0\leqslant j\leqslant m-1$ 时,$\binom{j}{m}=0$,我们可得 $I_1=0$. 而由引理 2 知

$$I_2=\frac{\binom{m}{n-1}}{n-1}(1-x)^{m+1}\sum_{j=m}^{K-1}\binom{j}{m}x^{j-m}\cdot$$

$$\left[\frac{K+1}{\binom{K+1}{n}}-\frac{j+1}{\binom{j+1}{n}}\right]$$

$$=\frac{n}{n-1}\frac{\binom{m}{n-1}}{\binom{K}{n-1}}(1-x)^{m+1}\sum_{j=0}^{K-m-1}\binom{j+m}{j}x^j-$$

$$\frac{n}{n-1}(1-x)^{m+1}\sum_{j=0}^{K-m-1}\binom{j+m-n+1}{j}x^j$$

再由引理 4 即可得

$$I_2=\frac{n}{n-1}\frac{\binom{m}{n-1}}{\binom{K}{n-1}}(1-x)^{m+1}\cdot$$

$$\sum_{j=0}^{K-m-1}(-1)^j\binom{-m-1}{j}x^j-$$

$$\frac{n}{n-1}(1-x)^{m+1}\sum_{j=0}^{K-m-1}(-1)^j\binom{n-m-2}{j}x^j$$

由此可得：当 $n\geqslant 2,0\leqslant x\leqslant 1$ 时

$$a_{m,n}^{(K)}(x)=\frac{n}{n-1}\Bigg[1-\frac{\binom{m}{n-1}}{\binom{K}{n-1}}+\frac{\binom{m}{n-1}}{\binom{K}{n-1}}(1-x)^{m+1}\cdot$$

$$\sum_{j=0}^{K-m-1}(-1)^j\binom{-m-1}{j}x^j-$$

$$(1-x)^{m+1}\sum_{j=0}^{K-m-1}(-1)^j\binom{n-m-2}{j}x^j\Bigg]$$

当 $n=1,0\leqslant x<1$ 时，此时

$$II=\sum_{k=m+1}^{K}\frac{1}{k}=H_K-H_m$$

而由引理 3 可得

$$I=\sum_{k=m+1}^{K}\frac{1}{k}\sum_{j=0}^{k-1}\left[-\binom{j}{m}x^{j-m}(1-x)^{m+1}\right]$$
$$=\sum_{j=m}^{K-1}\left[-\binom{j}{m}x^{j-m}(1-x)^{m+1}\right]\sum_{k=j+1}^{K}\frac{1}{k}$$
$$=(1-x)^{m+1}\sum_{j=m}^{K-1}\binom{j}{m}x^{j-m}(H_j-H_K)$$
$$=(1-x)^{m+1}\left[\sum_{j=0}^{K-m-1}\binom{j+m}{j}H_{j+m}x^j-\right.$$
$$\left.H_K\sum_{j=0}^{K-m-1}\binom{j+m}{j}x^j\right]$$

由此可得

$$a_{m,1}^{(K)}(x)=H_K-H_m-(1-x)^{m+1}\cdot$$
$$\left[H_K\sum_{j=0}^{K-m-1}\binom{j+m}{j}x^j-\right.$$
$$\left.\sum_{j=0}^{K-m-1}\binom{j+m}{j}H_{j+m}x^j\right]$$

最后综合起来即可知定理得证.

参考资料

[1] Israel R B. Persistence of a Distribution Function. Amer. Math. Monthly, 1988,95(4):360-362.

[2] Blom G. Problem 6522. Amer. Math. Monthly, 1986,93(6):485.

[3] Lengyel T. An Invariant Sum Related to Record Statistics. Integers: Electronic Journal of Com-

binatorial Number Theory, 2007,7:#A40.

[4] Paule P, Schneider C. Truncating Binomial Series with Symbolic Summation. Integers: Electronic Journal of Combinatorial Number Theory, 2007,7:#A22.

[5] Schneider C. Symbolic Summation in Difference Fields. PhD Thesis RISC, J. Kepler University Linz, Austria, 2001.

[6] Graham R L, Knuth D E, Patshnik O. Concrete Mathematics. MA: Addison-Wesley, 1994.

[7] Petkovsek M, Wilf H S, Zeilberger D. $A=B$. MA:A K Peters, 1996.

第三编

Bernstein 算子和 Bézier 曲线

Bernstein 多项式和保形逼近[①]

第13章

在一类实际问题里，要求被拟合的曲线具有某种几何特征，例如，有单调或凸的性质.在本章里我们将看到，Bernstein 多项式有很好的几何性质，当函数 $f(x)$ 在 $[a,b]$ 上是单调增（或凸）时，其相应的 Bernstein 多项式 $B_n(f,x)$ 在 $[a,b]$ 上也具有单调增（或凸）的性质.正因为如此，Davis 曾猜测，对于个别点的逼近精度要求不高，但整体逼近性质要求要好的那一类实际逼近问题，Bernstein 多项式或许会找到它的应用.近几年来，

① 黄友谦.曲线曲面的数值表示和逼近[M].上海：上海科学技术出版社，1984.

Bernstein 多项式果真在自由外形设计中开始找到了它的应用,出现了 Bézier 曲线等. 但它有一个严重的缺点,就是收敛太慢. 1977 年 Passow 和 Roulier 等人将这一工作推进了一步,利用 Bernstein 多项式构造了保单调(凸)的插值函数. 他们将样条函数的思想同 Bernstein 多项式巧妙地结合起来,做出了有意义的工作. 本章将侧重介绍 Bernstein 多项式在保形逼近问题中的应用.

我们先引进凸函数概念:

定义 1　假定 $f(x)$ 定义在$[a,b]$上,如果联结曲线上任意两点 A,B 的直线段都在曲线段$\overparen{AB}$ 的上(下)面,则称 $f(x)$ 是$[a,b]$上的下凸(上凸)函数. 今后我们将下凸函数简称为凸函数,参见图 1.

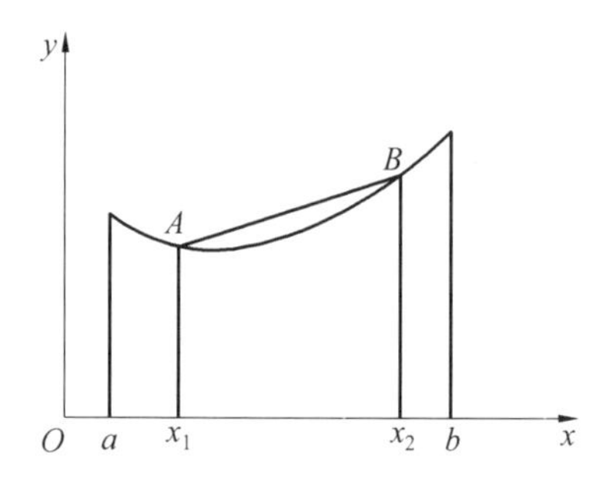

图 1

显然,函数 $y=x^2$ 在任意$[a,b]$上都是凸函数.

记 $p_1(f,x)$ 是函数 $f(x)$ 关于任意节点 x_1,x_2 的一次插值函数,于是 $f(x)$ 是凸函数等价于下式成立

$$f(x)-p_1(f,x)\leqslant 0, a\leqslant x_1\leqslant x\leqslant x_2\leqslant b \tag{1}$$

注意到,$\frac{1}{2}(f(x_1)+f(x_2))$ 是梯形 Ax_1x_2B(图 1) 的

中线长度.因而,如果 $f(x)$ 是凸函数,则必有

$$f\left(\frac{x_1+x_2}{2}\right)\leqslant\frac{1}{2}(f(x_1)+f(x_2))$$

从而有下述引理:

引理 1　假定 $f(x)$ 是 $[a,b]$ 上的凸函数,如果

$$a\leqslant x_0<x_0+h<x_0+2h\leqslant b$$

那么,成立

$$\Delta^2 f(x_0)=f(x_0+2h)-2f(x_0+h)+f(x_0)\geqslant 0 \tag{2}$$

引理 2　假定 $f''(x)$ 在 (a,b) 上存在,那么 $f(x)$ 是 $[a,b]$ 上凸函数的充要条件是

$$f''(x)\geqslant 0\quad (a<x<b)$$

证明　由插值余项表达式可知,对于 $x_1\leqslant x\leqslant x_2$,恒有

$$f(x)-p_1(f,x)=\frac{1}{2}(x-x_1)(x-x_2)f''(\xi)$$

$$(x_1<\xi<x_2)$$

假定在 (a,b) 上 $f''(x)\geqslant 0$,则由于

$$(x-x_1)(x-x_2)\leqslant 0\quad (x_1\leqslant x\leqslant x_2)$$

推得

$$f(x)-p_1(f,x)\leqslant 0\quad (x_1\leqslant x\leqslant x_2)$$

从而 $f(x)$ 是凸函数.

下面,应用反证法完成定理必要性的证明.假如 $f(x)$ 是凸函数,而对于 (a,b) 中某个 x,有

$$f''(x)=k<0$$

由二阶导数定义,恒有

$$\lim_{h\to 0^+}\frac{f'(x+h)-f'(x-h)}{2h}=k$$

因此 $k<0$,故存在充分小的正数 h_1,使对于 $0<h<$

h_1,有

$$x-h,x+h\in(a,b)$$

且

$$\frac{f'(x+h)-f'(x-h)}{2h}=k_1<0$$

于是

$$\int_0^{h_1}[f'(x+h)-f'(x-h)]\mathrm{d}h<\int_0^{h_1}2k_1\cdot h\mathrm{d}h=k_1h_1^2$$

注意,上式左端的积分等于

$$f(x+h_1)-2f(x)+f(x-h_1)$$

因而

$$f(x+h_1)-2f(x)+f(x-h_1)<0$$

而这与式(2)矛盾.引理证毕.

Bernstein 多项式与保凸逼近有着紧密的联系.

定义 2　假定 $f(x)$ 在$[a,b]$上有定义,称

$$B_n(f,x)=\frac{1}{(b-a)^n}\sum_{m=0}^{n}f(a+mh)\cdot\binom{n}{m}(x-a)^m(b-x)^{n-m}\quad(3)$$

为函数 $f(x)$ 在$[a,b]$上的 n 次 Bernstein 多项式.这里

$$h=\frac{b-a}{n}$$

$$\binom{n}{m}=\frac{n!}{m!\ (n-m)!}$$

容易验明,下列关系式成立

$$B_n(f(a),x)=f(a)$$

$$B_n(f(b),x)=f(b)$$

$$B_n(1,x)\equiv\frac{1}{(b-a)^n}(x-a+b-x)^n=1$$

$$B_n(x,x)\equiv\frac{1}{(b-a)^n}\sum_{m=0}^{n}\left(a+\frac{m(b-a)}{n}\right)\cdot$$
$$\binom{n}{m}(x-a)^m(b-x)^{n-m}$$
$$\equiv a+\frac{(x-a)}{(b-a)^{n-1}}\cdot\sum_{m=1}^{n}\binom{n-1}{m-1}\cdot$$
$$(x-a)^{m-1}(b-x)^{n-1-(m-1)}$$
$$\equiv a+x-a\equiv x$$

所以,Bernstein多项式具有保值的几何性质,即线性函数的Bernstein多项式仍是它自身.

为了进一步研究Bernstein多项式 $B_n(f,x)$ 的几何性质,先来导出 $B_n(f,x)$ 的求导公式.为了强调差分算子的步长为 h,记

$$\Delta_h f(x)=f(x+h)-f(x)$$

我们有下述引理:

引理 3 对于 $B_n(f,x)$ 的 p 阶导数,成立

$$B_n^{(p)}(f,x)=\frac{n!}{(n-p)!\ (b-a)^n}\sum_{t=0}^{n-p}\Delta_h^p f(a+th)\cdot$$
$$\binom{n-p}{t}(x-a)^t(b-x)^{n-p-t}\tag{4}$$

其中 Δ_h^p 表示步长为 h 的 p 阶向前差分算符.

证明 注意Leibniz公式

$$(u(x)v(x))^{(p)}=\sum_{j=0}^{p}\binom{p}{j}u^{(j)}(x)v^{(p-j)}(x)$$

由式(3)有

$$B_n^{(p)}(f,x)=\frac{1}{(b-a)^n}\sum_{m=0}^{n}f(a+mh)\binom{n}{m}\cdot$$
$$\sum_{j=0}^{p}\binom{p}{j}[(x-a)^m]^{(j)}\cdot$$

$$[(b-x)^{n-m}]^{(p-j)}$$

注 $$(x^k)^{(j)}=\frac{k!\ x^{k-j}}{(k-j)!}\quad (k-j\geqslant 0)$$

$$[(b-x)^{n-m}]^{(p-j)}=(-1)^{p-j}(n-m)!\cdot \frac{(b-x)^{n-m-p+j}}{(n-m-p+j)!}$$

$$(n-m-p+j\geqslant 0)$$

便有

$$B_n^{(p)}(f,x)=\frac{1}{(b-a)^n}\sum_{m=0}^{n}\sum_{j=0}^{p}(-1)^{p-j}\cdot \frac{n!}{(n-m-p+j)!\ (m-j)!}\cdot \binom{p}{j}(x-a)^{m-j}\cdot (b-x)^{n-m-p+j}\cdot f(a+mh)$$

令 $m-j=t$,则上式可写成

$$B_n^{(p)}(f,x)=\frac{n!}{(b-a)^n}\sum_{t=0}^{n-p}\frac{(x-a)^t(b-x)^{n-p-t}}{t!\ (n-p-t)!}\cdot \sum_{j=0}^{p}(-1)^{p-j}\binom{p}{j}\cdot f(a+th+jh)$$

$$=\frac{n!}{(n-p)!\ (b-a)^n}\sum_{t=0}^{n-p}\Delta_h^p f(a+th)\cdot \binom{n-p}{t}(x-a)^t(b-x)^{n-p-t}$$

引理 4　我们有

$$\begin{cases}B_n^{(p)}(f,a)=\dfrac{1}{(b-a)^p}\ \dfrac{n!}{(n-p)!}\Delta_h^p f(a)\\ B_n^{(p)}(f,b)=\dfrac{1}{(b-a)^p}\ \dfrac{n!}{(n-p)!}\nabla_h^p f(b)\end{cases}\tag{5}$$

这里 ∇_h^p 表示步长为 h 的 p 阶向后差分.

证明　由引理 3,令 $x=a$,便得

$$B_n^{(p)}(f,a)=\frac{n!}{(n-p)!\ (b-a)^n}\Delta_h^p f(a)(b-a)^{n-p}$$

类似地,令 $x=b$,便有

$$B_n^{(p)}(f,b)=\frac{n!}{(n-p)!\ (b-a)^n}\cdot$$
$$\Delta_h^p f(a+(n-p)h)(b-a)^{n-p}$$

注意

$$\Delta_h^p f(a+(n-p)h)=\Delta_h^p f(b-ph)=\nabla_h^p f(b)$$

便得证.

定理 1　若 $f(x)$ 在 $[a,b]$ 上是单调增(或凸)函数,那么 $f(x)$ 的 n 次 Bernstein 多项式在 $[a,b]$ 上也是单调增(或凸)的函数.

证明　若 $f(x)$ 在 $[a,b]$ 上是单调增函数,显然有

$$\Delta_h f(a+th)\geqslant 0\quad(t=0,1,\cdots,n-1)$$

由式(4)有

$$B'_n(f,x)\geqslant 0$$

即 $B_n(f,x)$ 在 $[a,b]$ 上是单调增函数. 同理,若 $f(x)$ 在 $[a,b]$ 上是凸函数,则由式(2)知

$$\Delta_h^2 f(a+th)\geqslant 0\quad(t=0,1,\cdots,n-2)$$

由式(4)有

$$B''_n(f,x)\geqslant 0$$

再据引理 2 便知,$B_n(f,x)$ 是 $[a,b]$ 上的凸函数. 证毕.

定理 2　假定 p 是满足 $0\leqslant p\leqslant n$ 的某一固定整数. 如果

$$m\leqslant f_{(x)}^{(p)}\leqslant M$$

那么

$$m\leqslant c_p B_n^{(p)}(f,x)\leqslant M\quad(a\leqslant x\leqslant b)\tag{6}$$

其中

$$c_p=\begin{cases}1,p=1\\ \dfrac{n^p}{n(n-1)\cdots(n-p+1)},p>1\end{cases}\tag{6'}$$

证明 由式(4)注意到差分与导数的联系

$$\Delta_h^p f(a+th)=h^p f^{(p)}(\xi_t)$$

$$(a+th<\xi_t<a+(t+p)h)$$

便有

$$B_n^{(p)}(f,x)=\frac{n!\ h^p}{(n-p)!\ (b-a)^n}\sum_{t=0}^{n-p}f^{(p)}(\xi_t)\cdot$$

$$\binom{n-p}{t}(x-a)^t(b-x)^{n-p-t}$$

由于

$$\frac{n!\ h}{(n-p)!\ (b-a)^n}=n(n-1)\cdots(n-p+1)n^{-p}(b-a)^{p-n}$$

$$\sum_{t=0}^{n-p}\binom{n-p}{t}(x-a)^t(b-x)^{n-p-t}$$

$$=(x-a+b-x)^{n-p}$$

$$=(b-a)^{n-p}$$

利用式(6′)便得到定理的结论.

定理 3 假定 $f(x)$ 是区间$[a,b]$上的凸函数,则对于 $n=2,3,\cdots$,恒有

$$B_{n-1}(f,x)\geqslant B_n(f,x)\quad(a\leqslant x\leqslant b)\tag{7}$$

证明 记 $t=\dfrac{x-a}{b-x}$,我们有

$$\left(\frac{b-a}{b-x}\right)^n(B_{n-1}(f,x)-B_n(f,x))$$

$$=\sum_{m=0}^{n-1}f\left(a+m\frac{b-a}{n-1}\right)\binom{n-1}{m}t^m(t+1)-$$

$$\sum_{m=0}^{n}f\left(a+m\frac{b-a}{n}\right)\binom{n}{m}t^m$$

$$
\begin{aligned}
&=\sum_{m=1}^{n-1} f\left(a+m\frac{b-a}{n-1}\right)\binom{n-1}{m}t^{m}+f(a)+\\
&\sum_{m=1}^{n-1} f(a+(m-1)\frac{b-a}{n-1})t^{m}\binom{n-1}{m-1}+\\
&f(b)t^{n}-\sum_{m=1}^{n-1} f\left(a+m\frac{b-a}{n}\right)\binom{n}{m}t^{m}-\\
&f(a)-f(b)t^{n}=\sum_{m=1}^{n-1}c_{m}t^{m}
\end{aligned}
$$

其中

$$
\begin{aligned}
c_{m}=\frac{n!}{m!\ (n-m)!}&\left[\frac{n-m}{n}f\left(a+m\frac{b-a}{n-1}\right)+\right.\\
&\left.\frac{m}{n}f\left(a+(m-1)\frac{b-a}{n-1}\right)-f\left(a+m\frac{b-a}{n}\right)\right]
\end{aligned}
$$

对 $f(x)$ 取插值节点

$$
x_{1}=a+m\frac{b-a}{n-1},x_{2}=a+(m-1)\frac{b-a}{n-1}
$$

相应的线性插值多项式为

$$
\begin{aligned}
p_{1}(f,x)=&\frac{x-\left(a+(m-1)\frac{b-a}{n-1}\right)}{\frac{(b-a)}{(n-1)}}\cdot\\
&f\left(a+m\frac{b-a}{n-1}\right)+\\
&\frac{a+m\frac{b-a}{n-1}-x}{\frac{(b-a)}{(n-1)}}f\left(a+(m-1)\frac{b-a}{n-1}\right)
\end{aligned}
$$

令

$$
x=a+\frac{m}{n}(b-a)
$$

便有

$$p_1(f,a+m\frac{b-a}{n})=\frac{n-m}{n}f\left(a+m\frac{b-a}{n-1}\right)+$$
$$\frac{m}{n}f\left(a+(m-1)\frac{b-a}{n-1}\right)$$

因为

$$a+(m-1)\frac{b-a}{n-1}<a+m\frac{b-a}{n}$$
$$<a+m\frac{b-a}{n-1}$$

又 $f(x)$ 是凸函数,故

$$p_1\left(f,a+m\frac{b-a}{n}\right)\geqslant f\left(a+m\frac{b-a}{n}\right)$$

因而

$$c_m\geqslant 0$$

注意到

$$t=\frac{x-a}{b-x}$$

故当 $a<x<b$ 时,$t\geqslant 0$,因而

$$B_{n-1}(f,x)\geqslant B_n(f,x)$$

证毕.

推论 1 若 $f(x)$ 是$[a,b]$上的上凸函数,则对于 $n=2,3,\cdots$,恒有

$$B_{n-1}(f,x)\leqslant B_n(f,x)\quad(a\leqslant x\leqslant b)\tag{8}$$

推论 2 如果 $f(x)$ 在每个子区间

$$\left[a+(m-1)\frac{b-a}{n-1},a+m\frac{b-a}{n-1}\right]$$
$$(m=1,2,\cdots,n-1)$$

上是线性函数,则

$$B_{n-1}(f,x)=B_n(f,x)$$

反之,如果 $f\in C[a,b]$,且 $B_{n-1}(f,x)=B_n(f,x)$,则

$f(x)$ 在上述的每个子区间上是线性函数.

证明　如果 $f(x)$ 在子区间

$$\left[a+(m-1)\frac{b-a}{n-1},a+m\frac{b-a}{n-1}\right]$$

上是线性函数,则由定理 3 恒有

$$p_1(f,x)=f(x)$$

$$p_1\left(f,a+m\frac{b-a}{n}\right)=f\left(a+m\frac{b-a}{n}\right)$$

故

$$c_m=0\quad(m=1,2,\cdots,n-1)$$

从而

$$B_{n-1}(f,x)=B_n(f,x)$$

反之,如果 $B_{n-1}(f,x)=B_n(f,x)$,那么对一切 $m=1,2,\cdots,n-1$,有 $c_m=0$. 从而

$$p_1\left(f,a+m\frac{b-a}{n}\right)=f\left(a+m\frac{b-a}{n}\right)$$

进一步由 $f(x)$ 的凸性和连续性推知,$f(x)$ 在每个子区间

$$\left[a+(m-1)\frac{b-a}{n-1},a+m\frac{b-a}{n-1}\right]$$

上是线性函数. 推论 2 得证.

这表明,当 $f(x)\in C[a,b]$ 时,式(7) 保持严格的不等号(除非 $f(x)$ 在上述的每个子区间上是线性函数).

图 2 画出了一个上凸函数的 Bernstein 多项式逼近图.

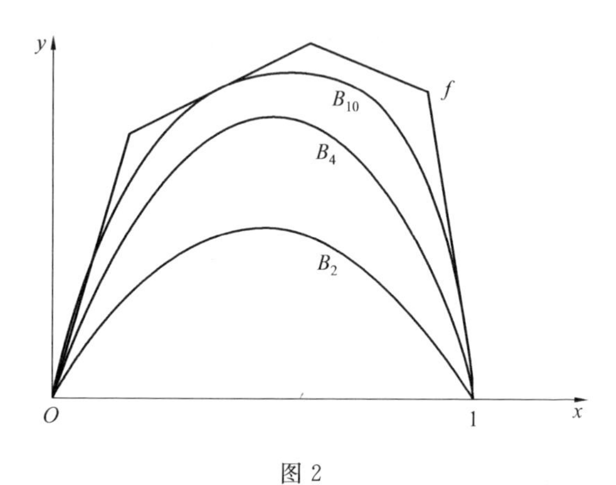

图 2

Bernstein 多项式的良好几何性质在曲线保形逼近中将有重要应用.

第14章 保形插值的样条函数方法

定义1 对于$[a,b]$的一个分划

$$\pi: a=x_0<x_1<\cdots<x_N=b$$

在每个结点x_i上给定相应的型值y_i，$i=0,1,\cdots,N$. 如果

$$y_i \leqslant y_{i+1}\ (y_i \geqslant y_{i+1})\quad (i=0,1,\cdots,N-1) \tag{1}$$

成立，则称数组$\{y_i\}_0^N$具有单调增(减)性质.

如果成立

$$\frac{y_i-y_{i-1}}{x_i-x_{i-1}} \leqslant \frac{y_{i+1}-y_i}{x_{i+1}-x_i}\quad (i=1,2,\cdots,N-1) \tag{1'}$$

则称数组$\{y_i\}_0^N$具有凸(下凸)性质. 将式(1′)中的不等号换成“$\geqslant$”，则称$\{y_i\}_0^N$具有上凸性质.

我们将构造一个插值函数 $f(x)$，它能模拟数组 $\{y_i\}_0^N$ 的单调和凸的性质，为此先给出几个定义.

定义 2 假定数值 $\{y_i\}_0^N$ 具有单调增（减）性质. 如果函数 $f(x)$ 满足

$$f(x_i)=y_i \quad (i=0,1,\cdots,N)$$

且函数 $f(x)$ 在 $[a,b]$ 上具有单调增（减）性质，则称函数 $f(x)$ 是数组 $\{y_i\}_0^N$ 的保单调插值函数.

定义 3 假定数组 $\{y_i\}_0^N$ 是凸的，如果函数 $f(x)$ 是在 $[a,b]$ 上凸的函数且满足

$$f(x_i)=y_i \quad (i=0,1,\cdots,N)$$

则称函数 $f(x)$ 是数组 $\{y_i\}_0^N$ 的保凸插值函数.

定义 4 若有一组单调增（或凸）的数组 $\{y_i\}_0^N$ 和一组满足 $0<\alpha_i<1, i=1,2,\cdots,N$ 的数组 $\{\alpha_i\}_1^N$，记

$$\overline{x}_i=x_{i-1}+\alpha_i\Delta x_{i-1}, \Delta x_{i-1}=x_i-x_{i-1}$$
$$(i=1,2,\cdots,N)$$

假定有这样一组数据 $\{t_i\}_1^N$，使得由点列

$$(x_0,y_0),(\overline{x}_1,t_1),(\overline{x}_2,t_2),\cdots,(\overline{x}_N,t_N),(x_N,y_N)$$

所连成的折线 $L(x)$ 满足

$$L(x_i)=y_i$$

且 $L(x)$ 是单调增（或凸）的函数，便称 $(\overline{x}_i,t_i), i=1,2,\cdots,N$ 是 $(x_i,y_i), i=0,1,\cdots,N$ 对应于 $\{\alpha_i\}_1^N$ 的容许点列.

图 1 中的 c_i 分别表示保单调的容许点列.

通常，将保单调或保凸拟合统称为几何保形逼近. 如果已知数组 $\{y_i\}_0^N$ 是单调增（或凸）的，如何去选取保形插值函数呢？这里，我们假定数组的容许点列是存在的，这时存在一插值函数 $L(x)$（由容许点列连成的折线）具有保形性质，但是它的光滑度是低的. 为了

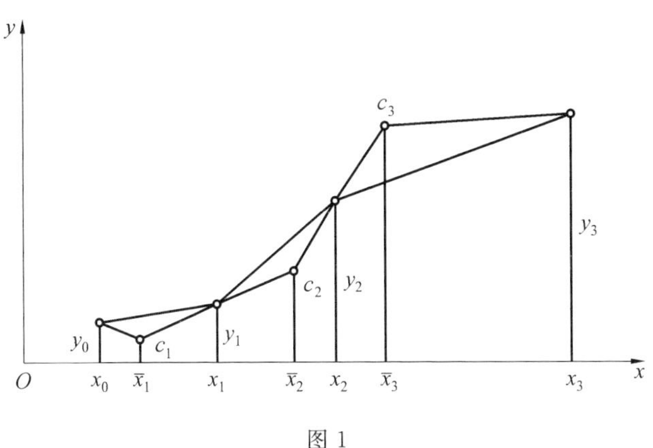

图 1

提高光滑度，我们将在每个子区间$[x_{i-1},x_i]$上作$L(x)$的适当次 Bernstein 多项式，并且证明这些 Bernstein 多项式在整体上具有适当阶的光滑度. 也就是说，我们将用分片 Bernstein 多项式来作几何保形逼近. 这样，便将样条函数和 Bernstein 多项式联系在一起了.

下面便来叙述这一方法：假定单调(或凸)的数组$\{y_i\}_0^N$存在着容许点列

$$(\bar{x}_i, t_i) \quad (i=1,2,\cdots,N)$$

这里

$$\bar{x}_i = x_{i-1} + \alpha_i \Delta x_{i-1}, \Delta x_{i-1} = x_i - x_{i-1} \quad (0 < \alpha_i < 1)$$

依定义，由点列

$$(x_0, y_0), (\bar{x}_1, t_1), \cdots, (\bar{x}_N, t_N), (x_N, y_N)$$

连成的折线$L(x)$具有保单调(或凸)的性质，且满足

$$L(x_i) = y_i \quad (i=0,1,\cdots,N)$$

函数$L(x)$在$[x_{i-1},x_i]$上由(x_{i-1},y_{i-1})，$(\bar{x}_i,t_i)$，(x_i,y_i)三点连成的折线组成，将它记成$L_i(x)$. 下面，

我们假定 α_i 可写成两个正整数 m_i,n_i 之比,即

$$\alpha_i=\frac{m_i}{n_i}=\frac{(km_i)}{(kn_i)} \tag{2}$$

这里 $m_i<n_i,k$ 为任意正整数.

在区间$[x_{i-1},x_i]$上作 $L_i(x)$ 的 kn_i 次 Bernstein 多项式

$$q_i(x)=\frac{1}{(\Delta x_{i-1})^{kn_i}}\sum_{v=0}^{kn_i}L_i\left(x_{i-1}+\frac{v}{kn_i}\Delta x_{i-1}\right)\cdot \binom{kn_i}{v}(x-x_{i-1})^v(x_i-x)^{kn_i-v} \tag{3}$$

其中 $x\in[x_{i-1},x_i]$. 可知,$q_i(x)$ 满足插值条件且其各阶导数有表达式

$$\begin{cases}q_i(x_{i-1})=L_i(x_{i-1})=y_{i-1},q_i(x_i)=L_i(x_i)=y_i\\ q_i^{(j)}(x_{i-1})=\dfrac{1}{(\Delta x_{i-1})^j}\ \dfrac{(kn_i)!}{(kn_i-j)!}\Delta_{h_i}^jL_i(x_{i-1})\\ q_i^{(j)}(x_i)=\dfrac{1}{(\Delta x_{i-1})^j}\ \dfrac{(kn_i)!}{(kn_i-j)!}\nabla_{h_i}^jL_i(x_i)\end{cases} \tag{4}$$

其中

$$h_i=\frac{\Delta x_{i-1}}{kn_i},1\leqslant j\leqslant kn_i$$

从而,有

$$\begin{aligned}q'_i(x_{i-1})&=\frac{kn_i}{\Delta x_{i-1}}\Delta_{h_i}L_i(x_{i-1})\\&=\frac{kn_i}{\Delta x_{i-1}}\left(L_i\left(x_{i-1}+\frac{\Delta x_{i-1}}{kn_i}\right)-L_i(x_{i-1})\right)\end{aligned}$$

注意到

$$x_{i-1}<x_{i-1}+\frac{\Delta x_{i-1}}{kn_i}<x_{i-1}+\frac{km_i}{kn_i}\Delta x_{i-1}=\bar{x}_i$$

故点 $x_{i-1}+\dfrac{\Delta x_{i-1}}{kn_i}$ 在区间$(x_{i-1},\bar{x}_i)$中,但 $L_i(x)$ 在

$(x_{i-1}, \bar{x}_i)$ 上是线性函数，于是

$$L_i\left(x_{i-1}+\frac{\Delta x_{i-1}}{kn_i}\right)=L_i(x_{i-1})+\frac{t_i-y_{i-1}}{\bar{x}_i-x_{i-1}}\cdot\frac{\Delta x_{i-1}}{kn_i}$$

从而得

$$q'_i(x_{i-1})=\frac{t_i-y_{i-1}}{\bar{x}_i-x_{i-1}} \tag{5}$$

同理，我们有

$$\begin{aligned} q'_i(x_i) &= \frac{kn_i}{\Delta x_{i-1}}\nabla_{h_i}L_i(x_i) \\ &= \frac{kn_i}{\Delta x_{i-1}}\left(L_i(x_i)-L_i\left(x_i-\frac{\Delta x_{i-1}}{kn_i}\right)\right) \end{aligned}$$

注意到

$$\begin{aligned} x_i > x_i-\frac{\Delta x_{i-1}}{kn_i} &= x_{i-1}+\frac{kn_i-1}{kn_i}\Delta x_{i-1} \\ &> x_{i-1}+\frac{km_i}{kn_i}\Delta x_{i-1} \end{aligned}$$

故点 $x_i-\frac{\Delta x_{i-1}}{kn_i}$ 在区间$(\bar{x}_i, x_i)$中，但 $L_i(x)$ 在$(\bar{x}_i, x_i)$上是线性函数，因而，类似于式(5)有

$$q'_i(x_i)=\frac{y_i-t_i}{x_i-\bar{x}_i} \tag{5'}$$

现在以 x_{i-1} 为出发点对函数 $L(x)$ 作步长 h_i 的 km_i 阶向前差分，它由点列

$$x_{i-1}, x_{i-1}+h_i, \cdots, x_{i-1}+km_ih_i$$

相应的函数值

$$L(x_{i-1}), L(x_{i-1}+h_i), \cdots, L(x_{i-1}+km_ih_i)$$

组成. 注意到

$$x_{i-1}+km_ih_i=x_{i-1}+\frac{m_i}{n_i}\Delta x_{i-1}=\bar{x}_i$$

而 $L(x)$ 在$[x_{i-1}, \bar{x}_i]$上是线性函数 $L_i(x)$，故

$$\Delta_{h_i}^{km_i} L(x_{i-1}) = 0$$

从而由式(4)有

$$q_i^{(j)}(x_{i-1}) = 0 \quad (j = 2,3,\cdots,m_i k) \tag{6}$$

同理,以 x_i 为出发点,对 $L(x)$ 作步长 h_i 的 $(n_i - m_i)k$ 阶向后差分,注意到终末端的差分节点为

$$x_i - k(n_i - m_i)h_i = x_{i-1} + \alpha_i \Delta x_{i-1} = \overline{x}_i$$

故

$$q_i^{(j)}(x_i) = 0 \quad (j = 2,3,\cdots,(n_i - m_i)k) \tag{6'}$$

此外,作 $L(x)$ 在 $[x_i, x_{i+1}]$ 的 kn_{i+1} 次 Bernstein 多项式,由式(12)和式(13)有

$$q_{i+1}(x_i) = y_i = q_i(x_i), q'_{i+1}(x_i) = \frac{t_{i+1} - y_i}{\overline{x}_{i+1} - x_i}$$

注意到 $(\overline{x}_i, t_i), (x_i, y_i), (\overline{x}_{i+1}, t_{i+1})$ 三点共线,便有

$$q'_{i+1}(x_i) = \frac{t_{i+1} - y_i}{\overline{x}_{i+1} - x_i} = \frac{y_i - t_i}{x_i - \overline{x}_i} = q'_i(x_i)$$

于是,成立

$$q_{i+1}(x_i) = q_i(x_i), q'_{i+1}(x_i) = q'_i(x_i) \tag{7}$$

记 $q(x)$ 是定义在 $[a,b]$ 上的函数,它在 $[x_{i-1}, x_i]$ 上的表达式为 $q_i(x)$,即式(3),则由式(6)(7)可知:

(1) $q(x)$ 在 $[x_{i-1}, x_i]$ 上是次数不超过 kn 次的多项式,其中 $n = \max\limits_{1 \leqslant i \leqslant N} n_i$,$k$ 是任意正整数;

(2) $q(x)$ 在节点 x_i 处有直到 mk 为止的连续导数,其中 $m = \min\limits_{1 \leqslant i \leqslant N}(m_i, n_i - m_i)$.

引进符号 $s_q^p(\pi)$,它表示 π 的分点 $\{x_i\}_0^N$ 为结点,有 p 阶连续导数的 q 次多项式样条函数的空间(这里假定 $p < q$).

由上面定义的函数 $q(x)$,它在 $[x_{i-1}, x_i]$ 上的表达式为 $q_i(x)$(它是 $L_i(x)$ 的 kn_i 次 Bernstein 多项式)即

$$q_i(x)=\frac{1}{(\Delta x_{i-1})^{kn_i}}\sum_{v=0}^{kn_i}L_i\left(x_{i-1}+\frac{v}{kn_i}\Delta x_{i-1}\right)\cdot (x-x_{i-1})^v(x_i-x)^{kn_i-v} \tag{8}$$

不难看出，$q(x)\in s_{kn}^{km}(\pi)$，且 $q(x)$ 是关于数组 $\{y_i\}_0^N$ 的保单调(或凸) 插值函数. 这里

$$\begin{cases} n=\max\limits_{1\leqslant i\leqslant N} n_i \\ m=\min\limits_{1\leqslant i\leqslant N}(m_i,n_i-m_i) \end{cases} \tag{9}$$

容许点列的构造

第15章

在第14章,我们假定数组$\{y_i\}_0^N$的容许点列是存在的,于是,可利用分片Bernstein多项式构造保形插值.

定义1 如果数组$\{y_i\}_0^N$的容许点列是存在的,则称数组$\{y_i\}_0^N$是正则的.

§1 单调数组的容许点列构造

先假定数组$\{y_i\}_0^N$是严格单调的,即对于任意j,有

$$y_{j+1} > y_j \quad (j=0,1,\cdots,N-1)$$

将$A_i(x_i,y_i)$连成折线,过每一点$A_i(x_i,y_i)$作平行于x轴、y轴的直线.

这样，在 $A_{i-1}A_i$ 上构成一个辅助矩形 R_{i-1}，它以 $A_{i-1}A_i$ 为对角线，矩形 R_{i-1} 的边分别平行于 x 轴、y 轴(图 1).

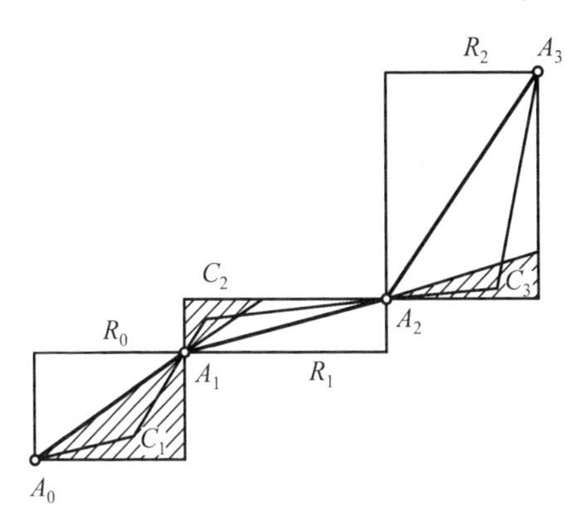

图 1

作 A_0A_1 的延长线，它将 R_1 分成两部分；同样的，A_1A_2 的延长线也将 R_2 分成两部分.

在 A_0A_1 两侧选取一个三角形，例如在 A_0A_1 的下侧，那么，在 R_1 中，A_0A_1 延长线所截的矩形上方部分便是容许点所在区域；同理，在 A_1A_2 延长线截 R_2 的下方区域便是容许点所在区域(图 1、图 2 阴影部分便是容许点所在区域).

寻找容许点时，只要在 R_0 的阴影部分寻找一点 C_1，再作 C_1A_1 延长线交 R_1 阴影部分为一直线段；在这直线段上任取一点 C_2，取 C_2A_2 延长线交 R_2 为一直线段；在这直线段上任取一点 C_3，那么 C_1，C_2，C_3 便是一组容许点列.

由于容许点列存在阴影区域中，我们可不断调整 C_i 的位置，使拟合曲线达到问题的要求. 换句话说，可通过人机对话，调整曲线的位置. 因而，对于严格单调

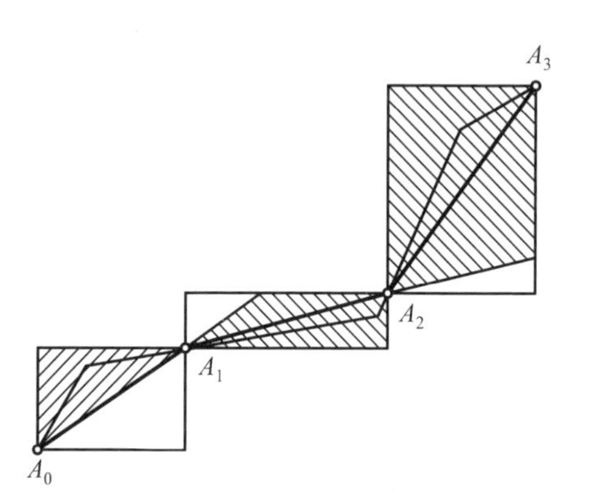

图 2

的数组,容许点列是存在的.

如果存在某个 j,使得 $y_j = y_{j+1}$,即 A_jA_{j+1} 平行于 x 轴,那么容许点列就不一定存在(图 3).

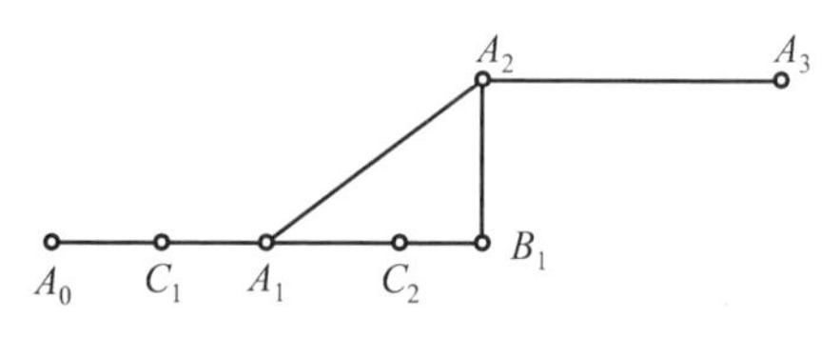

图 3

图 3 中,A_0A_1 的容许点 C_1 必在线段 A_0A_1 上,而 A_1A_2 的容许点 C_2 必在 A_1B_1 上,但 A_2A_3(除掉端点)上任一点与 C_2 的连线均不通过 A_2,因而数组的容许点列不存在.

进一步分析,便可得到如下结论:

如果存在某个 j,m,使得

$$\Delta y_i > 0 \quad (i = j+1, \cdots, j+m-2)$$

而

$$\Delta y_j = 0, \Delta y_{j+m-1} = 0 \tag{1}$$

那么，当 m 是偶数时，数组 $\{y_i\}_0^N$ 是正则的.

如果式(1) 成立，但 m 是奇数，情况就比较复杂. 假定找到某个 $k(j+2\leqslant k\leqslant j+m)$，使得

$$(-1)^{k-j}\Delta s_{k-j}>0$$

$$s_k=\frac{y_k-y_{k-1}}{x_k-x_{k-1}}\quad(\text{线段}\overline{A_{k-1}A_k}\text{ 的斜率})\tag{2}$$

那么数组 $\{y_i\}_0^N$ 是正则的.

§ 2　凸数组的容许点列构造

假定数组 $\{y_i\}_0^N$ 是凸的. 记

$$s_i=\frac{y_i-y_{i-1}}{x_i-x_{i-1}}$$

即 s_i 为线段 $\overline{A_{i-1}A_i}$ 的斜率，有 $s_i\leqslant s_{i+1}$. 我们在线段 $\overline{A_{i-1}A_i}$ 上构造三角形 $A_{i-1}B_iA_i$(图 4)：作 $\overline{A_{i-2}A_{i-1}}$ 和 $\overline{A_{i+1}A_i}$ 的延长线交于 B_i，这样，便在 $\overline{A_{i-1}A_i}$ 的一侧得到

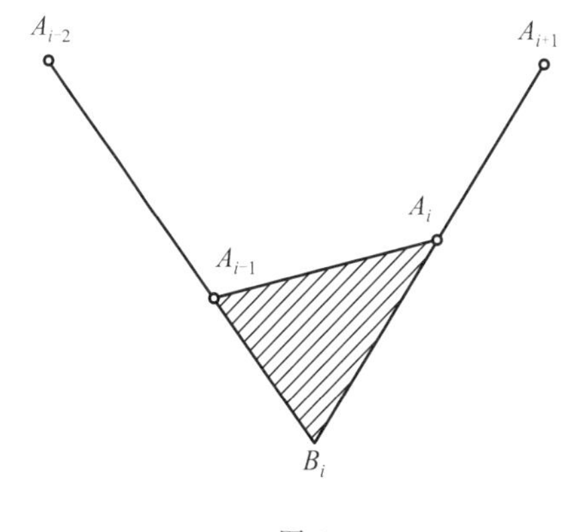

图 4

辅助三角形 $A_{i-1}B_iA_i$. 在特殊的情况下，三角形 $A_{i-1}B_iA_i$ 退化成直线段 $\overline{A_{i-1}A_i}$. 对于最右端线段 $\overline{A_{N-1}A_N}$，则作 $\overline{A_{N-2}A_{N-1}}$ 的延长线与过 A_N 且与 x 轴垂直的直线相交于 B_N，构成三角形 $A_{N-1}B_NA_N$；对于最左端线段 $\overline{A_0A_1}$，则作 $\overline{A_1A_2}$ 的延长线与过 A_0 且与 x 轴垂直的直线交于 B_1，从而形成三角形 $A_0B_1A_1$.

假定三角形 $A_{i-1}B_iA_i$ 是非退化的，设三角形 $A_{i-1}B_iA_i$ 三边 B_iA_{i-1}，$A_{i-1}A_i$，A_iB_i 的斜率分别为 s_{i-1}，s_i，s_{i+1}. 在三角形 $A_{i-1}B_iA_i$ 中任取一点 C_i，可以验明：线段 $\overline{C_iA_i}$ 的斜率 s_i 大于或等于线段 $\overline{C_iA_{i-1}}$ 的斜率.

利用这一原理，我们可求得容许点列的区域，它存在于辅助三角形 $A_{i-1}B_iA_i$ 中.

图 5 和图 6 作出了容许点列，在图 7 中容许点列不存在. 从而，对于凸数组 $\{y_i\}_0^N$，若存在某个 i 满足

$$\begin{cases}\Delta^2 y_{i-1}=\Delta^2 y_{i+1}=0\\ \Delta^2 y_i\neq 0,1\leqslant i\leqslant N-3\end{cases}\tag{3}$$

则容许点列不存在. 反之，如果式(3) 不成立，则容许点列一定存在.

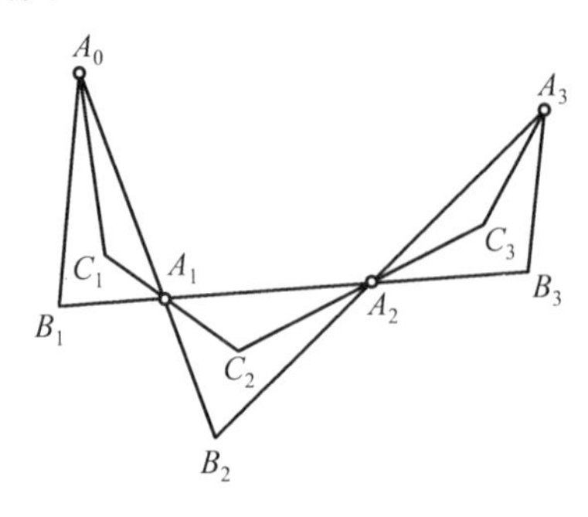

图 5

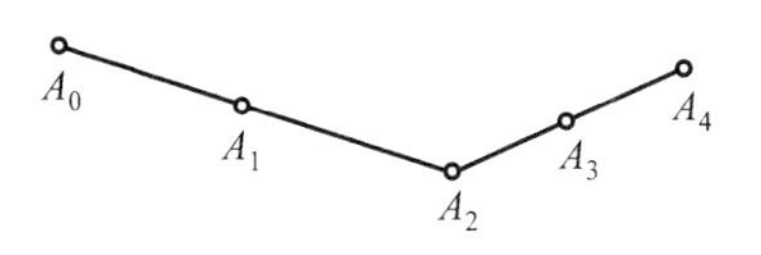

图 6

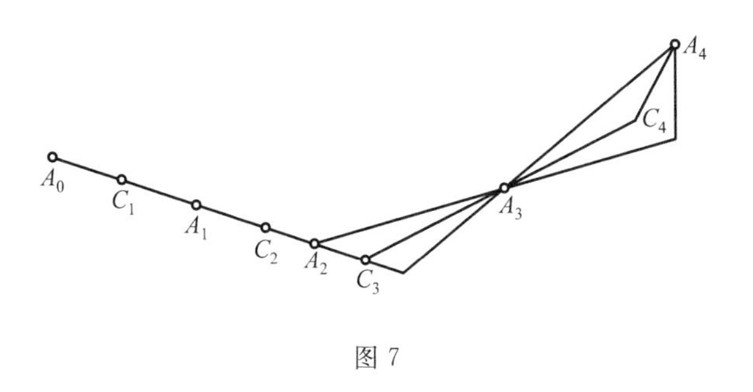

图 7

§3　数值例子

例 1　给定一组数据 $A_i(x_i,y_i)$：(5,15)，(10,10)，(15,10)，(20,10)，(25,12)，(30,19)，(35,33). 容易验明 $\{y_i\}_0^6$ 是凸的，记

$$\overline{x}_i = x_{i-1} + \alpha_i(x_i - x_{i-1})$$

取

$$\alpha_i = \frac{1}{2} \quad (i=1,2,\cdots,6)$$

可以验明容许点列 C_i 可取为(7.5,10)，(12.5,10)，(7.5,10)，(22.5,10)，(27.5,14)，(32.5,23.5).

进一步利用 Bernstein 多项式构造 $s^{\frac{1}{2}}(\pi)$ 的保形

插值样条 $f(x)$(图 8)

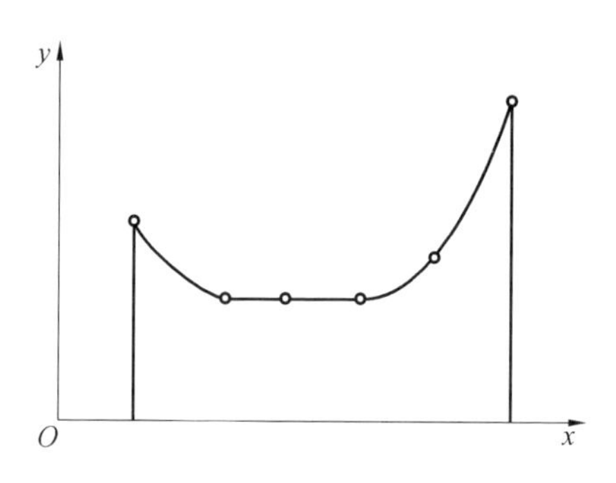

图 8

$$f(x)=\begin{cases}\frac{1}{25}(5x^2-100x+750),5\leqslant x\leqslant 10\\ 10,10\leqslant x\leqslant 15\\ 10,15\leqslant x\leqslant 20\\ \frac{1}{25}(2x^2-80x+1050),20\leqslant x\leqslant 25\\ \frac{1}{25}(3x^2-130x+1675),25\leqslant x\leqslant 30\\ \frac{1}{25}(4x^2-190x+2575),30\leqslant x\leqslant 35\end{cases}$$

分片单调保形插值

第16章

在一类实用问题中，曲线 $y=f(x)$ 并不在$[a,b]$上单调. 但在每个子区间$[x_{i-1},x_i]$上它是单调的，这就要求我们去构造一条保形曲线，它在每个子区间$[x_{i-1},x_i]$上与 $f(x)$ 有相同的单调性，称为 PMI 问题. 给定$[a,b]$的一个分划

$$\pi: a=x_0<x_1<\cdots<x_N=b$$

假定 $f(x)$ 在每个$[x_{i-1},x_i]$上是单调的，记 $f(x_i)=y_i$. 要求寻找一个在$[a,b]$上有适当光滑度的函数 $q(x)$，满足

$$\begin{cases} q(x_i)=y_i, i=0,1,\cdots,N \\ q(x) \text{ 在}[x_{i-1},x_i]\text{上与 } f(x) \\ \text{有同样单调性} \\ i=1,2,\cdots,N \end{cases} \qquad (1)$$

现在介绍两个解决办法：

方法 1　对$[a,b]$作扩充分划

$$\pi':a=x_0<\bar{x}_1<x_1<\cdots<x_{N-1}<\bar{x}_N<x_N=b$$

这里

$$\bar{x}_i=\frac{x_i+x_{i-1}}{2}\quad(i=1,2,\cdots,N)$$

不妨假定$y_{i-1}\leqslant y_i$. 我们来建立$[x_{i-1},x_i]$上的保形插值函数，它满足

$$q(x_{i-1})=y_{i-1},q(x_i)=y_i$$

$q(x)$在$[x_{i-1},x_i]$是单调上升的.

作辅助点列

$$(x_{i-1},y_{i-1}),\left(\frac{x_{i-1}+\bar{x}_i}{2},y_{i-1}\right),(\bar{x}_i,\bar{y}_i)$$

$$\left(\frac{x_i+\bar{x}_i}{2},y_i\right),(x_i,y_i)\tag{2}$$

这里

$$\bar{y}_i=\frac{y_{i-1}+y_i}{2}$$

将这些点连成折线，记之为$L_i(x)$. 显然，在$[x_{i-1},x_i]$上函数$L_i(x)$是递增的，但是$L_i(x)$的光滑度差. 不难看出，点列

$$\left(\frac{x_{i-1}+\bar{x}_i}{2},y_{i-1}\right),\left(\frac{x_i+\bar{x}_i}{2},y_i\right)$$

是$(x_{i-1},y_{i-1}),(\bar{x}_i,\bar{y}_i),(x_i,y_i)$对应于$\alpha=\dfrac{1}{2}$的容许点列.

由于$\alpha=\dfrac{m_i}{n_i}=\dfrac{1}{2}$，取$n_i=2n,m_i=n$($n$为任意正整数).

在$[x_{i-1},\bar{x}_i]$，$[\bar{x}_i,x_i]$上分别作函数$L_i(x)$的$2n$次

Bernstein 多项式 $q_i(x)$，有

$$q_i(x)=\begin{cases}\dfrac{2^{2n}}{(\Delta x_{i-1})^{2n}}\sum\limits_{v=0}^{2n}L_i\left(x_{i-1}+\dfrac{v}{4n}\Delta x_{i-1}\right)\dbinom{2n}{v}\cdot \\ (x-x_{i-1})^v(\overline{x}_i-x)^{2n-v},x\in(x_{i-1},\overline{x}_i) \\ \dfrac{2^{2n}}{(\Delta x_{i-1})^{2n}}\sum\limits_{v=0}^{2n}L_i\left(\overline{x}_i+\dfrac{v}{4n}\Delta x_{i-1}\right)\dbinom{2n}{v}\cdot \\ (x-\overline{x}_i)^v(x_i-x)^{2n-v},x\in(\overline{x}_i,x_i)\end{cases} \tag{3}$$

注意到式(2)，有

$$q'_i(x_{i-1}+)=q'_i(x_i-)=0$$

从而得

$$\begin{cases}q_i(x_{i-1})=y_{i-1},q_i(x_i)=y_i \\ q_i^{(j)}(x_{i-1}+)=q_i^{(j)}(x_i-)=0,j=1,2,\cdots,n \\ q'_i(x)\geqslant 0,x\in(x_{i-1},x_i)\end{cases} \tag{4}$$

由于

$$q_i^{(j)}(x_{i-1}+)=q_i^{(j)}(x_i-)=0\quad(j=1,2,\cdots,n)$$

所以在$[a,b]$上，函数 $q_i(x)$ 是有 n 阶连续导数的分片 $2n$ 次多项式，且在每个子区间上与 $f(x)$ 的单调性相同.

方法2　在$[x_{i-1},x_i]$上作 $2n+1$ 次 Hermite 型插值

$$\begin{cases}q_i(x_{i-1})=y_{i-1},q_i(x_i)=y_i \\ q_i^{(j)}(x_{i-1})=q_i^{(j)}(x_i)=0,j=1,2,\cdots,n\end{cases} \tag{5}$$

容易看出，$q'_i(x)$ 在 x_{i-1},x_i 处分别有 n 重根，而 $q'_i(x)$ 是不超过 $2n$ 次的多项式，因而 $q'_i(x)$ 在(x_{i-1},x_i)内无根，即 $q'_i(x)$ 在(x_{i-1},x_i)上保号. 如果 $y_{i-1}\leqslant y_i$，则 $q_i(x)$ 单调上升；如果 $y_{i-1}\geqslant y_i$，则 $q_i(x)$ 单调下降. 而在$[a,b]$上，$q_i(x)$ 是有 n 阶连续导数的分片

$2n+1$ 次多项式.

如果在端点 x_i 处减少 $q_i^{(n)}(x_i)=0$ 的条件,那么 $q_i(x)$ 便成为具有 $n-1$ 次连续导数的 $2n$ 次分片多项式.

上述的 Hermite 插值函数可由重节点 Newton 差商公式给出.

计算几何学与调配函数

第17章

计算几何学是一门用计算机综合几何形状信息的边缘学科，它与逼近论、计算数学、数控技术、绘图学等学科紧密联系，涉及的领域异常广阔.

在计算几何中，调配函数是一个重要方法.假定已知若干个点的坐标，它们可以是设计人员给出的，也可以是测量的结果，技术人员面临的任务是从这些已知点的坐标数据得到一条理想的曲线或一张曲面，工程上称这些已知的点为型值点.从给定的型值点生成曲线，通常是将型值点的坐标各自配上函数.

举个最简单的例子：

设有两个已知型值点 $\boldsymbol{p}_0,\boldsymbol{p}_1$（$\boldsymbol{p}_0,\boldsymbol{p}_1$ 表示向量）

$$\boldsymbol{p}_0=(x_0,y_0,z_0)$$
$$\boldsymbol{p}_1=(x_1,y_1,z_1)$$

联结 $\boldsymbol{p}_0$ 与 $\boldsymbol{p}_1$ 的直线段可表示为

$$\boldsymbol{p}(t)=(1-t)\boldsymbol{p}_0+t\boldsymbol{p}_1\quad(t\in[0,1])$$

记

$$1-t=\varphi_0(t),t=\varphi_1(t)$$

当 t 值给定，则 $\varphi_0(t),\varphi_1(t)$ 表示对型值点 $\boldsymbol{p}_0$ 与 $\boldsymbol{p}_1$ 作加权平均时所用的系数，由于这些系数表现为相应型值点影响的大小，故这类函数我们称之为调配函数.

设 $\boldsymbol{p}_0,\boldsymbol{p}_1,\cdots,\boldsymbol{p}_n$ 为型值点，给每一点配以一个函数，写出如下形式的曲线

$$\boldsymbol{p}(t)=\sum_{i=0}^{n}\boldsymbol{p}_i\varphi_i(t)\quad(t\in[0,1])$$

关键的问题是如何选择调配函数 $\varphi_0(t)$，$\varphi_1(t),\cdots,\varphi_n(t)$.

在计算机辅助设计与制造(CAD/CAM)的典型问题中，人们归纳出调配函数生成的一般准则：

(1) 当 $\boldsymbol{p}_0=\boldsymbol{p}_1=\boldsymbol{p}_2=\cdots=\boldsymbol{p}_n$ 时，$\boldsymbol{p}(t)$ 应收缩为一点，于是从

$$\boldsymbol{p}(t)=\boldsymbol{p}_0=\sum_{i=0}^{n}\boldsymbol{p}_0\varphi_i(t)=\boldsymbol{p}_0\sum_{i=0}^{n}\varphi_i(t)$$

可以推出

$$\sum_{i=0}^{n}\varphi_i(t)=1$$

(2) 曲线 $\boldsymbol{p}(t)$ 落在以型值点为顶点的凸多边形内，且保持型值点的凸性，这时要求函数满足条件

$$\varphi_i(t)\geqslant 0\quad(i=0,1,2,\cdots,n,t\in[0,1])$$

(3) 为了使给定次序的型值点生成的曲线在反方向(即将 $\boldsymbol{p}_i$ 换成 $\boldsymbol{p}_{i-1}$)之下是不变的，要求调配函数满

足条件

$$\varphi_i(t)=\varphi_{n-i}(1-t)\quad (i=0,1,2,\cdots,n,t\in[0,1])$$

(4) 为了便于计算,调配函数应该有尽量简单的结构,通常取它们为某种多项式、分段多项式或简单的有理函数.

Bézier 曲线与汽车设计

第18章

数学家 H. F. Fehr 指出:“数学领域在20世纪已被新的、有力的、令人振奋的思想所主宰. 这些新概念一方面是想象力的有趣创造,另一方面在科学、技术,甚至在所谓人文科学研究中也是有用的.”

Bernstein 多项式作为纯数学中的一个理论工具,当它被数学家充分研究之后,发现了它具有许多优良的几何性质. 近三十年来,这些性质不仅在理论研究中起到了重要作用,而且在工程实践中也发现了可喜的应用,如在汽车工业中. 法国工程师 P. Bézier 提出了一套利用 Bernstein 多项式的电子计算机设计汽车车身的数

学方法.

Bézier生于1910年9月1日,是法国雷诺汽车公司的优秀工程师.他从1933年起,独立完成一种曲线与曲面的拟合研究,提出了一套自由曲线设计方法,成为该公司第一条工程流水线的数学基础.

设 $\boldsymbol{p}_0,\boldsymbol{p}_1,\cdots,\boldsymbol{p}_n$ 为 $n+1$ 个给定的控制点,它们可以是平面的点,也可以是空间的点,以 Bernstein 多项式的基函数为调配函数作成的曲线.

$$\begin{aligned}B^n(t)&=B^n(\boldsymbol{p}_0,\boldsymbol{p}_1,\boldsymbol{p}_2,\cdots,\boldsymbol{p}_n;t)\\&=\sum_{i=0}^{n}\boldsymbol{p}_iB_i^n(t)\quad(t\in[0,1])\end{aligned}$$

就叫作以 $\{\boldsymbol{p}_i\mid i=0,1,2,\cdots,n\}$ 为控制点的 n 次 Bézier 曲线,$\{\boldsymbol{p}_i\mid i=0,1,2,\cdots,n\}$ 叫作Bézier点,顺次以直线段联结 $p_0,p_1,\cdots,p_n$ 的折线,不管是否闭合都叫作 Bézier 多边形.(注:这里的 $B_i^n(t)$ 相当于 $J_n^i(t)$)

在数学中有一个所谓的关于周期点列的 Bézier 拟合问题.

任意给定点列 $P_i\in\mathbf{R}^d,i=0,1,2,\cdots,n$,并依序重复排列,形成无穷的周期点列

$$P_{j+kn}=P_j\quad(j=0,1,2,\cdots,n-1;k=1,2,3,\cdots)$$

已证明如下定理:对上述无穷点列作 Bézier 曲线拟合,则对任意 $t\in(0,1)$,以及任意正整数 m,都有

$$\lim_{n\to\infty}B^n(P_m,P_{m+1},\cdots,P_{m+n};t)=P^*$$

其中 $P^*=\frac{1}{n}\sum\limits_{j=0}^{n-1}P_j$.

但 Bézier 最初定义 Bézier 曲线时是用多边形的边向量 $\boldsymbol{a}_i,i=1,2,\cdots,n$,加上首项点向量 $\boldsymbol{a}_0=\boldsymbol{p}_0$ 来定义曲线

$$\boldsymbol{p}(t)=\sum_{i=0}^{n}\boldsymbol{a}_i f_i^n(t)\quad (t\in[0,1])$$

其中

$$\begin{cases}f_i^n(t)=1\\ f_i^n(t)=\dfrac{(-t)^i}{(i-1)!}\dfrac{\mathrm{d}^{i-1}}{\mathrm{d}t^{i-1}}\dfrac{(1-t)^n-1}{t},i=1,2,\cdots,n\end{cases}$$

这个包含了一系列的高阶导数运算的定义令人很费解，日本学者穗坂和黑田满曾评价说："它是从天上掉下来的."

后来经数学家整理，发现它们的理论基础就是 Bernstein 多项式. 不难验证，函数族 $\{f_i^n(x),i=0,1,\cdots,n\}$ 与 Bernstein 多项式的基多项式族 $\{B_i^n(t),i=0,1,2,\cdots,n\}$ 有如下的关系：

(1) $f_i^n(t)=1-\sum_{j=0}^{j-1}B_j^n(t),j=1,2,\cdots,n$；

(2) $f_i^n(t)-f_{i+1}^n(t)=B_i^n(t),i=0,1,\cdots,n$；

(3) $\dfrac{\mathrm{d}}{\mathrm{d}t}(f_i^n(t))=nB_{i-1}^{n-1}(t),i=1,2,\cdots,n.$

利用这三个关系式及边向量与顶点向量的关系

$$\boldsymbol{a}_i=\boldsymbol{p}_i-\boldsymbol{p}_{i-1}\quad (i=1,\cdots,n)$$

不难看出 Bézier 曲线还可定义为一种远比 Bézier 开始的定义更直观的定义形式

$$\begin{aligned}B^n(t)&=B^n(\boldsymbol{p}_0,\boldsymbol{p}_1,\boldsymbol{p}_2,\cdots,\boldsymbol{p}_n;t)\\&=\sum_{i=0}^{n}p_iB_i^n(t)\quad (t\in[0,1])\end{aligned}$$

容易验证 Bernstein 多项式的基多项式具有如下性质：

(1) 非负性

$$B_i^n(t)>0\quad (t\in[0,1])$$

$$B_i^n(0)=B_i^n(1)=0 \quad (i=1,2,\cdots,n-1)$$

$$B_0^n(0)=B_n^n(1)=1$$

$$B_0^n(1)=B_n^n(0)=0$$

$$0<B_0^n(t),\cdots,B_n^n(t)<1 \quad (t\in(0,1))$$

(2) 对称性

$$B_i^n(t)=B_{n-i}^n(1-t) \quad (t\in[0,1])$$

(3) 单位分解

$$\sum_{i=0}^{n} B_i^n(t)=1$$

(4) 递推关系

$$B_i^n(t)=(1-t)B_i^{n-1}(t)+tB_{i-1}^{n-1}(t)$$

由此我们发现 Bernstein 多项式的基多项式满足前面所述准则的大部分. 但是,只有一个所谓的局部性原则不满足,而这可以通过在使用时采用分段拟合技术加以弥补.

正是由于 Bézier 在计算机辅助工程设计与教育上的贡献,1985 年在 SIGGRAPH 大会上被授予 Coons 奖. 事实上比 Bézier 早些时期,F. de Castelian 在 1959 年就独立地在 Citroen 汽车公司创造了这一方法,并同样应用于 CAD 系统. 只不过由于雷诺汽车公司以 Bézier 方法为基础的自动化生产流水线于 20 世纪 60 年代初实现,并在一些出版物上公开发表出来,所以现在这些方法被命名为 Bézier 方法.

在 CAD/CAM 中大量用到圆锥曲线,而这些可在有理形式下得到精确统一的表示,为了方便软件设计,人们又把多项式 Bézier 曲线推广到有理 Bézier 曲线. 这一转化,只需作变换

$$t(n)=\frac{cu}{1-u+cu}$$

其中,c 为任意实数,且显然 $t(0)=0,t(1)=1$. 这样一来

$$
\begin{aligned}
p(u) &= B^n(p_0,p_1,\cdots,p_n;t) \\
&= \sum_{i=0}^{n} p_i B_i^n(t) \\
&= \sum_{i=0}^{n} p_i B_i^n\left(\frac{cu}{1-u+cu}\right) \\
&= \sum_{i=0}^{n} p_i C_n^i\left(1-\frac{cu}{1-u+cu}\right)^{n-i}\left(\frac{cu}{1-u+cu}\right)^i \\
&= \sum_{i=0}^{n} p_i C_n^i\left(\frac{1-u}{1-u+cu}\right)^{n-i}\left(\frac{cu}{1-u+cu}\right)^i \\
&= \frac{\sum_{i=0}^{n} p_i C_n^i (1-u)^{n-i}(cu)^i}{(1-u+cu)^n} \\
&= \frac{\sum_{i=0}^{n} p_i c_i B_i^n(u)}{\sum_{i=0}^{n} c_i B_i^n(u)}
\end{aligned}
$$

这便是权系数为 c_i 的有理形式的 Bézier 曲线. 那么 Bernstein 多项式作为调配函数是如何构造出来的呢? 有多种方法,当然有 Bernstein 本人出于函数逼近论的考虑构造出来的. 我们再介绍 Friedman 利用原来用于研究随机过程的 URN 模型构造出的 Bernstein 多项式.

假定有一个盒子装有 w 个白球和 b 个黑球,现在从盒中任意取出一个球,并记录其颜色,然后再放回盒中. 如果取出的是白球,则向盒中增添 c_1 个白球和 c_2 个黑球,并记录其颜色;反之,如果取出的是黑球,则向盒内增添 c_1 个黑球和 c_2 个白球(这里 $c_1,c_2\in\mathbf{N}$).

在前次试验的基础上，再任意取一个球时，仍依原规则，据抽取的球的颜色来决定增添同色球 c_1 个以及另一色球 c_2 个，这个过程一直进行下去.

设 c_1, c_2 为常数，令

$$a_1 = \frac{c_1}{w+b}, a_2 = \frac{c_2}{w+b}$$

t 为第一次试验取出白球的概率，视它为变数. 又记 $D_k^N(t) = D_k^N(a_1, a_2, t)$ 为前 N 次试验恰好取出 k 次白球的概率. 在前 N 次试验中恰好取出 k 次白球的情况下，第 $N+1$ 次试验取出白球的概率记为

$$S_k^N(t) = S_k^N(a_1, a_2, t)$$

取出黑球的概率记为

$$F_k^N(t) = F_k^N(a_1, a_2, t)$$

显然

$$D_k^N(t) \geqslant 0, \sum_k D_k^N(t) = 1 \quad (t \in [0,1])$$

这样一来，为了考察在 $N+1$ 次试验取 k 次白球，那么必然在前 N 次试验中或者取 k 次白球，或者取 $k-1$ 次白球，故

$$D_k^{N+1}(t) = S_{k-1}^N(t) D_{k-1}^N(t) + F_k^N(t) D_k^N(t)$$

显然

$$S_k^N(t) = \frac{t + ka_1 + (N-k)a_2}{1 + N(a_1 + a_2)}$$

$$F_k^N(t) = \frac{1 - t + (N-k)a_1 + ka_2}{1 + N(a_1 + a_2)}$$

初始条件为

$$D_0^1(t) = 1 - t, D_1^1(t) = t$$

当 $k > N$ 或 $k < 0$ 时，规定

$$D_k^N = S_k^N = F_k^N = 0$$

当我们取 $s_1=a_2=0$，即不向盒中增添任何球时，有

$$S_k^N(t)=t, F_k^N(t)=1-t$$

上述递推式可化简为

$$D_k^{N+1}(t)=tD_{k-1}^N(t)+(1-t)D_k^N(t)$$

注意到

$$D_0^1(t)=1-t, D_1^1(t)=t$$

当 $N=2$ 时，有

$$D_2^2(t)=t^2$$

$$D_1^2(t)=2t(1-t)$$

$$D_0^2(t)=(1-t)^2$$

当 $N=3$ 时，有

$$D_3^3(t)=t^3$$

$$D_2^3(t)=3t^2(1-t)$$

$$D_1^3(t)=3t(1-t)^2$$

$$D_0^3(t)=(1-t)^3$$

如此递推下去，不难发现这恰好是 Bernstein 多项式的基函数（基多项式）

$$B_j^n(t)=C_n^j(1-t)^{n-j}t^j$$

1992 年，Kirov 给出如下定理：假设 $y=f(x)$ 在区间[0,1]上具有 r 阶连续导数，对任意给定的正整数 n，定义

$$B_{n,r}(f;x)=\sum_{k=0}^{n}\sum_{i=0}^{r}\frac{1}{i!}f^{(i)}\left(\frac{k}{n}\right)\left(x-\frac{k}{n}\right)^iB_{n,k}(x)$$

其中

$$B_{n,k}(x)=\binom{n}{k}x^k(1-x)^{n-k}$$

$$\binom{n}{k}=\frac{n!}{k!\ (n-k)!}$$

那么，当 $n \to \infty$ 时，在区间 $[0,1]$ 上，多项式序列 $B_{n,r}(f;x)$ 一致收敛于 $f(x)$.

显然，当 $r=0$，$B_{n,r}(f;x)$ 就是通常人们了解的 Bernstein 多项式. 在 Kirov 逼近定理的基础上，可以相应的建立广义 Bézier 方法. 特别对 $r=1$ 的情形，广义 Bézier 方法有助于附加切线条件的曲线拟合问题.

关于 Bézier 曲线可参见《曲线曲面设计技术与显示原理》(方逵等编著，国防科技大学出版社出版) 和《自由曲线曲面造型技术》(朱心雄著，科学出版社出版).

用 Bézier 函数证明 Bernstein 逼近定理

第19章

中国科学技术大学的常庚哲教授得出了 Bézier 函数的若干代数的和极限的性质，在此基础上对 Bernstein 逼近定理作出了新的证明. 虽然这个证明比起标准证明来要长一些，但由于它包含着对于 Bézier 方法这一正在发展中的新领域的一些新的发现，所以应当有其独立的意义.

§1 Bézier 基函数

20 世纪 60 年代，P. Bézier 在研究计算机辅助设计汽车车身时，定义了以下函数

$$f_{n,0}(x)\equiv 1$$

$$f_{n,k}(x)=\frac{(-x)^k}{(k-1)!}\ \frac{\mathrm{d}^{k-1}}{\mathrm{d}x^{k-1}}\left[\frac{(1-x)^n-1}{x}\right]$$

$$(k=1,2,\cdots,n) \tag{1}$$

它们组成次数小于或等于 n 的多项式全体所成的线性空间的基底,在当今的“计算几何”中,被称为 Bézier 函数[1].

这些函数有如下已知的性质

①

$$f_{n,k}(x)=J_{n,k}(x)+J_{n,k+1}(x)+\cdots+J_{n,n}(x)$$

$$(0\leqslant k\leqslant n) \tag{2}$$

其中

$$J_{n,k}(x)=\binom{n}{k}x^k(1-x)^{n-k}\quad (0\leqslant k\leqslant n)$$

是熟知的 Bernstein 函数.

② 由直接计算可得

$$f'_{n,k}(x)=nJ_{n-1,k-1}(x)\quad (k=1,2,\cdots,n) \tag{2'}$$

由前两条性质便可断言:

③ $f_{n,k}(x)$, $k=1,2,\cdots,n$,在 $[0,1]$ 上严格单调地从 0 上升到 1.

④ 由于第 ① 条性质,我们有

$$B_n(g;x)=g(0)+\sum_{k=1}^{n}\left[g\left(\frac{k}{n}\right)-g\left(\frac{k-1}{n}\right)\right]f_{n,k}(x) \tag{3}$$

这里 $B_n(g;x)$ 表示函数 $g(x)$ 的 n 次 Bernstein 多项式.

以上这些性质在[2,3,4]中都可以找到. 直接证明也并不困难.

§2 Bézier 函数的积分表示

由 §1 的性质 ② 与 ③ 可知

$$f_{n,k}(x)=n\int_0^x J_{n-1,k-1}(u)\mathrm{d}u \quad (k=1,2,\cdots,n) \tag{4}$$

这种表达式有助于我们去估计 Bézier 函数的和式. 例如说，由(4) 得到

$$\sum_{k=l+1}^{n} f_{n,k}(x)=n\int_0^x \sum_{k=l+1}^{n} J_{n-1,k-1}(u)\mathrm{d}u \tag{5}$$

对于 $l=0$，因为

$$J_{n-1,0}(u)+J_{n-1,1}(u)+\cdots+J_{n-1,n-1}(u)\equiv 1$$

所以

$$\sum_{k=1}^{n} f_{n,k}(x)=nx \tag{6}$$

这个公式以后要常用到. 考察 $0<l<n$，由于(2) 与 (4)，我们有

$$\sum_{k=l+1}^{n} J_{n-1,k-1}(u)=f_{n-1,l}(u)=(n-1)\int_0^u J_{n-1,l-1}(t)\mathrm{d}t$$

从而

$$\sum_{k=l+1}^{n} f_{n,k}(x)=n(n-1)\int_0^x \left[\int_0^u J_{n-1,l-1}(t)\mathrm{d}t\right]\mathrm{d}u$$

交换积分顺序，便得到

$$\begin{aligned}\sum_{k=l+1}^{n} f_{n,k}(x)&=n(n-1)\int_0^x \left[\int_t^x J_{n-1,l-1}(t)\mathrm{d}u\right]\mathrm{d}t\\&=n(n-1)\int_0^x (x-t)J_{n-1,l-1}(t)\mathrm{d}t\end{aligned}$$

最后得出

$$\sum_{k=l+1}^{n} f_{n,k}(x) = \frac{n!}{(l-1)!\ (n-l-1)!} \cdot$$
$$\int_0^x (x-t)t^{l-1}(1-t)^{n-l-1}\mathrm{d}t \quad (0<l<n) \tag{7}$$

§3　一个引理

定义函数

$$g_s(x)=\begin{cases} x,0\leqslant x<s \\ s,s\leqslant x\leqslant 1 \end{cases} \tag{8}$$

其中 $s\in(0,1]$. 这是 $[0,1]$ 上的一个连续函数. 假如 Bernstein 逼近定理正确,那么必须有

$$\lim_{n\to\infty} B_n(g_s;x)=g_s(x) \tag{9}$$

对 $x\in[0,1]$ 一致地成立. 由(3)可知

$$B_n(g_s;x)=\frac{1}{n}\sum_{k=1}^{[ns]} f_{n,k}(x)+\frac{\lambda_n}{n}$$

其中 $0\leqslant\lambda_n<1$ 且 $[ns]$ 是不超过 ns 的最大整数. 为了证明(9),我们必须且只需证明对于 $0<s\leqslant 1$ 有

$$\lim_{n\to\infty}\frac{1}{n}\sum_{k=1}^{[ns]} f_{n,k}(x)=\begin{cases} x,0\leqslant x\leqslant s \\ s,s\leqslant x\leqslant 1 \end{cases} \tag{10}$$

对于 $x\in[0,1]$ 一致地成立.

对 $s=1$ 而言,由于恒等式(6),上述结果是成立的. 所以只需考虑 $0<s<1$. 置 $l=[ns]$. 由于(6)及函数 $f_{n,k}(x)$ 在 $[0,1]$ 上递增,对 $x\in[0,s]$ 我们有

$$0\leqslant x-\frac{1}{n}\sum_{k=1}^{l} f_{n,k}(x)$$

$$=\frac{1}{n}\sum_{k=l+1}^{n}f_{n,k}(x)\leqslant\frac{1}{n}\sum_{k=l+1}^{n}f_{n,k}(s)\tag{11}$$

而对 $x\in[s,1]$ 时，则有

$$s-\frac{1}{n}\sum_{k=l+1}^{n}f_{n,k}(s)=\frac{1}{n}\sum_{k=1}^{l}f_{n,k}(s)\leqslant\frac{1}{n}\sum_{k=1}^{l}f_{n,k}(x)$$

$$\leqslant\frac{1}{n}\sum_{k=1}^{l}f_{n,k}(1)=\frac{l}{n}\leqslant s\tag{12}$$

因此我们必须证明：

引理 1　令 $l=[ns]$，则我们有

$$\lim_{n\to\infty}\frac{1}{n}\sum_{k=l+1}^{n}f_{n,k}(s)=0\tag{13}$$

对于 $s\in(0,1)$ 一致地成立.

证明　把(7)中的 x 用 s 替换，采用Beta函数的记号，得到

$$\frac{1}{n}\sum_{k=l+1}^{n}f_{n,k}(s)=\frac{1}{B(l,n-l)}\int_0^s(s-t)t^{l-1}(1-t)^{n-l-1}\mathrm{d}t$$

使用Cauchy-Schwarz不等式，我们有

$$\int_0^s(s-t)t^{l-1}(1-t)^{n-l-1}\mathrm{d}t$$

$$\leqslant\left[\int_0^s(s-t)^2t^{l-1}(1-t)^{n-l-1}\mathrm{d}t\right]^{\frac{1}{2}}\cdot$$

$$\left[\int_0^s t^{l-1}(1-t)^{n-l-1}\mathrm{d}t\right]^{\frac{1}{2}}$$

$$\leqslant\left[\int_0^1(s^2-2st+t^2)t^{l-1}(1-t)^{n-l-1}\mathrm{d}t\right]^{\frac{1}{2}}\cdot$$

$$[B(l,n-l)]^{\frac{1}{2}}$$

因为

$$\int_0^1(s^2-2st+t^2)t^{l-1}(1-t)^{n-l-1}\mathrm{d}t$$

$$
\begin{aligned}
&= s^2 B(l,n-l) - 2sB(l+1,n-l) + \\
&\quad B(l+2,n-l) \\
&= \left[s^2 - 2s\frac{l}{n} + \frac{(l+1)l}{(n+1)n}\right]B(l,n-l)
\end{aligned}
$$

于是

$$
\begin{aligned}
0 &\leqslant \frac{1}{n}\sum_{k=l+1}^{n} f_{n,k}(s) \leqslant \left[s^2 - 2s\frac{l}{n} + \frac{(l+1)l}{(n+1)n}\right]^{\frac{1}{2}} \\
&= \left[\left(s-\frac{l}{n}\right)^2 + \frac{l}{n}\left(1-\frac{l}{n}\right)\frac{1}{n+1}\right]^{\frac{1}{2}} \\
&\leqslant \left[\frac{1}{n^2} + \frac{1}{4(n+1)}\right]^{\frac{1}{2}}
\end{aligned}
$$

引理得证.

式(9)的一致收敛性随之确立.

§4　逼近定理的证明

设 $g(x)$ 是 $[0,1]$ 上的连续函数. 依次联结点 $\left[\frac{k-1}{m}, g\left(\frac{k-1}{m}\right)\right]$ 与点 $\left[\frac{k}{m}, g\left(\frac{k}{m}\right)\right]$, $k=1,2,\cdots,m$, 所形成的分段线性函数用 $\varphi_m(x)$ 来记. 由于 $g(x)$ 的一致连续性, 只要取 m 充分大, 就可以使 $\varphi_m(x)$ 一致逼近 $g(x)$ 到任意小的程度. 很容易验证

$$
\varphi_m(x) = m\sum_{k=1}^{m}\left[g\left(\frac{k}{m}\right) - g\left(\frac{k-1}{m}\right)\right] \cdot \left[g_{\frac{k}{m}}(x) - g_{\frac{k-1}{m}}(x)\right]
$$

这就是说 $\varphi_m(x)$ 可以表为 $g_{\frac{1}{m}}(x), g_{\frac{2}{m}}(x), \cdots, g_{\frac{m-1}{m}}(x), g_1(x) \equiv x$ 的线性组合. 这里的 $g_s(x)$ 正是由(8)所定义的函数. 由于在前节中我们已证明过(9),

因此对上述的分段线性函数 $\varphi_m(x)$ 有

$$\lim_{n\to\infty} B_n(\varphi_m;x)=\varphi_m(x)$$

对于[0,1]上的 x 一致成立.因此,使用常规而形式的处理,便可证明:

Bernstein **逼近定理**　设 $g(x)$ 是[0,1]上的连续函数,则对 $x\in[0,1]$ 一致地成立着

$$\lim_{n\to\infty} B_n(g;x)=g(x)$$

参考资料

[1] Bézier P. Numerical Control-Mathematics and Applications. John Wiley ane Sons, London (1972).

[2] 常庚哲,吴骏恒.关于 Bézier 方法的数学基础.计算数学,2:1(1980),41-49.

[3] CHANG Gengzhe. Matrix formulations of Bézier technique. Computer-aided Design, 14:6(1982),345-350.

[4] 苏步青,刘鼎元.计算几何.上海科学技术出版社,1981.

第20章 推广到三角形域

利用移位算子，我国著名数学家、中国科技大学的常庚哲教授将 Bernstein 多项式推广到三角域上，并研究了它的凸性.

在三角形 T 上定义

$$B_n(f;P)$$

$$=\sum_{i+j+k=n} f_{i,j,k} \frac{n!}{i!\ j!\ k!} n^i v^j w^k$$

称为 T 上的 n 次 Bernstein 多项式，其中 (n,v,w) 是点 P 关于三角形 T 的重心坐标.

为了介绍什么是重心坐标，我们先来介绍一下面积坐标. 在计算机辅助几何曲面造型中广泛采用张量积型的曲面表达，但三角曲面片更能适应具有任意拓扑的二维流形，因此三角曲面片日益成为几何造型的重要工具. 表达三角曲面片,采用面积坐标方便简洁.

首先回顾一下熟知的实数轴. 在一条直线上取定一点作为原点,规定一个方向为正向,再规定一个长度单位,于是任何实数都与这条直线上的点一一对应,直线上的点所对应的数就是该点的坐标. 实际上,还可以用另外的坐标来描述直线上的点.

在直线上取定线段 T_1T_2,它的长度为 L. 如果规定直线上的线段 P_1P_2(P_1,P_2 分别为始末两点) 的长度为正,那么写成 P_2P_1 时,该线段的长度便是负值.

如果 P 位于 T_1,T_2 之间,记号$\overline{PT_2}$,$\overline{T_1P}$分别表示线段 PT_2,T_1P 的长度,且

$$\frac{\overline{PT_2}}{L}=r,\frac{\overline{T_1P}}{L}=s$$

这里 $r>0$,$s>0$. 如果 P 位于 T_1T_2 之外,那么按照长度的正负值规定,r 与 s 中有一个为负数. 不管 P 在哪里出现,总有 $r+s=1$. 这样一来,我们将点 P 与(r,s)这一对数对应起来,(r,s) 叫作点的"长度"坐标,记为 $P=(r,s)$. 特别地,有 $T_1=(1,0)$,$T_2=(0,1)$.

平面上的"面积"坐标是上述"长度"坐标向平面情形的推广.

取平面上的一个三角形,其顶点为 T_1,T_2,T_3,三角形的面积 $S_{\triangle T_1T_2T_3}=S$. 当三角形的顶点 $T_1\rightarrow T_2\rightarrow T_3$ 为逆时针方向时,规定 S 的值为正;而顶点次序为顺时针方向时,规定面积为负值. 对平面上的角度,当 $T_1T_2T_3$ 为逆时针次序,规定 $\angle T_1T_2T_3$ 为正角,否则为负角. 总之,规定面积与角度都有正有负,分别称之为有向面积与有向角.

任意给定平面上的一个点 P，联结 PT_1，PT_2，PT_3 得到三个三角形(图 1(a)，(b))，其有向面积分别记为

$$S_{\triangle PT_2T_3}=S_1,S_{\triangle T_1PT_3}=S_2,S_{\triangle T_1T_2P}=S_3$$

于是给出了三个数

$$u=\frac{S_1}{S},v=\frac{S_2}{S},w=\frac{S_3}{S} \tag{1}$$

这时数组(u,v,w)叫作点 P 关于三角形 T 的面积坐标，三角形叫作坐标三角形. 从上面的规定知，u,v,w 可能出现负值(当 P 位于三角形之外)，但不论怎样，总有

$$u+v+w=1$$

可见 u,v,w 并非完全独立，任意指定两个值之后，第三个值就确定了. 如果任意给定数组(u,v,w)，且满足 $u+v+w=1$，那么唯一确定了平面上的点 P，于是将这种一一对应的关系记为 $P=(u,v,w)$，容易看出如下事实：

(1) $T_1=(1,0,0)$，$T_2=(0,1,0)$，$T_3=(0,0,1)$.

(2) 记通过 T_2，T_3 的直线为 l_1，通过 T_1，T_3 及 T_1，T_2 的直线分别为 l_2 和 l_3，那么

$$P\in l_1\Leftrightarrow u=0,P\in l_2\Leftrightarrow v=0,P\in l_3\Leftrightarrow w=0$$

(3) 如果 P 位于坐标三角形的内部，则有 $u>0$，$v>0$，$w>0$. 平面上任给一个点，它位于平面上图 1(c) 所示的七个区域中的某个区域. 不难看出，在这七个区域中，点(u,v,w)的面积坐标的符号呈现图中标出的规律.

如果点 P 的直角坐标为(x,y)，T_1，T_2，T_3 的直角坐标分别为(x_1,y_1)，(x_2,y_2)，(x_3,y_3)，则由

$$S=\frac{1}{2}\begin{vmatrix}1 & 1 & 1\\ x_1 & x_2 & x_3\\ y_1 & y_2 & y_3\end{vmatrix},S_1=\frac{1}{2}\begin{vmatrix}1 & 1 & 1\\ x & x_2 & x_3\\ y & y_2 & y_3\end{vmatrix}$$

$$S_2=\frac{1}{2}\begin{vmatrix}1 & 1 & 1\\ x_1 & x & x_3\\ y_1 & y & y_3\end{vmatrix},S_3=\frac{1}{2}\begin{vmatrix}1 & 1 & 1\\ x_1 & x_2 & x\\ y_1 & y_2 & y\end{vmatrix} \tag{2}$$

及式(1) 得到用面积坐标表示直角坐标的关系式

$$\begin{bmatrix}1\\ x\\ y\end{bmatrix}=\begin{bmatrix}1 & 1 & 1\\ x_1 & x_2 & x_3\\ y_1 & y_2 & y_3\end{bmatrix}\begin{bmatrix}u\\ v\\ w\end{bmatrix} \tag{3}$$

设平面上任意给定三个点 $P_i=(u_i,v_i,w_i),i=1,2,3$(图 1(d)). 利用式(1) 及式(2),容易得到 $\triangle P_1P_2P_3$ 的有向面积公式

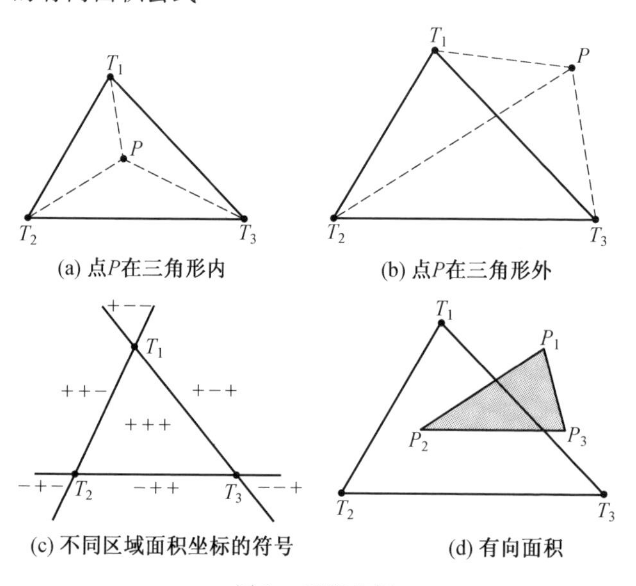

图 1　面积坐标

$$S_{\triangle P_1P_2P_3}=S\begin{vmatrix} u_1 & u_2 & u_3 \\ v_1 & v_2 & v_3 \\ w_1 & w_2 & w_3 \end{vmatrix}$$

特别以 $P=(u,v,w)$ 取代 P_3，并令 P 位于通过 P_1，P_2 的直线上，则得两点式的直线方程

$$\begin{vmatrix} u & u_1 & u_2 \\ v & v_1 & v_2 \\ w & w_1 & w_2 \end{vmatrix}=0$$

有了上面的基本知识之后，我们用面积坐标表达 Bézier 三角曲面片.

首先注意，用数学归纳法容易证明，对任意正整数 n，有如下所谓“三项式”定理，它可认为是熟知的二项式定理的推广

$$(a+b+c)^n=\sum_{i+j+k=n}\frac{n!}{i!\ j!\ k!}a^ib^jc^k$$

设 (u,v,w) 是点 P 关于某坐标三角形的面积坐标，定义

$$b_{i,j,k}^n(P)=\frac{n!}{i!\ j!\ k!}u^iv^jw^k\quad (i+j+k=n)$$

由于关于 u,v,w 的任何一个次数不超过 n 的多项式都可以唯一地表示成它们的线性组合，所以称之为面积坐标下的 Bernstein 基函数. 由三项式展开式可知这样的基函数有下列性质

$$b_{i,j,k}^n(P)\geqslant 0\quad (P\in\triangle,i+j+k=n)$$

$$\sum_{i+j+k=n}b_{i,j,k}^n(P)=1$$

将坐标三角形的每个边 n 等分之后，得到自相似的剖分下的 n^2 个全等的子三角形，这些子三角形的顶点有

$$\frac{(n+1)(n+2)}{2}$$

个，子三角形顶点（图 2(a) 中黑圆点所示）的面积坐标为

$$P_{i,j,k}=\left(\frac{i}{n},\frac{j}{n},\frac{k}{n}\right)\quad(i+j+k=n)$$

对应于 $P_{i,j,k}$ 给定一个数组 $\{Q_{i,j,k},i+j+k=n\}$，那么将它们结合起来得到空间中的点

$$P_{i,j,k}=(P_{i,j,k},Q_{i,j,k})\quad(i+j+k=n)$$

这组点称为控制点（图 2(b) 中空圆点所示），控制点形成的网称为控制网，其上的 Bézier 三角曲面片为

$$B(P)=\sum_{i+j+k=n}Q_{i,j,k}b^{n}_{i,j,k}(P)$$

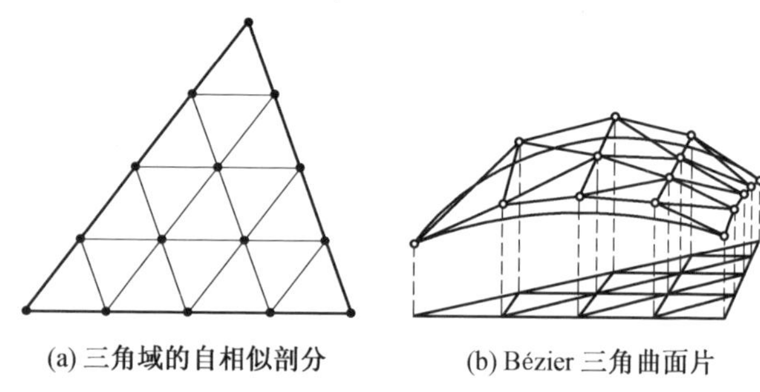

(a) 三角域的自相似剖分　　(b) Bézier 三角曲面片

图 2　三角域的自相似剖分及 Bézier 三角曲面片

类似单变量的情形，也有相应的升阶公式，也就是说，若

$$B(P)=\sum_{i+j+k=n+1}Q'_{i,j,k}b^{n+1}_{i,j,k}(P)$$

则有

$$Q'_{i,j,k}=\frac{iQ_{i-1,j,k}+jQ_{i,j-1,k}+kQ_{i,j,k-1}}{n+1}$$

$$(i+j+k=n+1)$$

有了面积坐标的基础，我们就可以来介绍什么是重心坐标.

类比平面情形的面积坐标，自然可以得出空间情形的重心坐标. 对三维几何对象，有时采用空间的重心坐标更加方便. 进一步，基于 m 维单纯形的重心坐标无疑有其理论与应用上的重要价值.

在平面面积坐标下，可以引入记号

$$I=(i,j,k),\ |I|=i+j+k$$

及

$$U=(u,v,w),\ |U|=u+v+w$$

记三角形上的 Bézier 曲面片表达式为

$$P_n(U)=\sum_{|I|=n}B_I^n(U)P_I$$

其中 $B_I^n(U)$ 是 n 次 Bernstein 基函数

$$B_I^n(U)=\binom{n}{I}U^I=\frac{n!}{i!\ j!\ k!}u^iv^jw^k$$

$$(|I|=n,\ |U|=1)$$

进而注意 n 项式的展开式

$$(x_1+x_2+\cdots+x_m)^n$$

$$=\sum_{n_1+n_2+\cdots+n_m=n}\frac{n!}{n_1!\ n_2!\ \cdots n_m!}x_1^{n_1}x_2^{n_2}\cdots x_m^{n_m}$$

可以一般性地研究 n 维单纯形上 Bézier“曲面”理论.

如果不借助于面积坐标，我们也可以引入重心坐标，不过这时需要引入仿射空间的概念.

这里，重心坐标是这样定义的：首先了解一下仿射空间，对于实数域 $\mathbf{R}$ 上的向量空间 V 与集合 A，在任意的向量 $\boldsymbol{a}\in V$ 与任意的元素 $\boldsymbol{p}\in A$ 之间定义和 $\boldsymbol{p}+\boldsymbol{a}\in A$，设它满足以下条件：

(1) $\boldsymbol{p}+\mathbf{0}=\boldsymbol{p}$ ($\mathbf{0}$ 是零向量)；

(2) $(\boldsymbol{p}+\boldsymbol{a})+\boldsymbol{b}=\boldsymbol{p}+(\boldsymbol{a}+\boldsymbol{b})$ $(\boldsymbol{a},\boldsymbol{b}\in V)$；

(3) 对任意的元素 $\boldsymbol{q}\in A$，存在唯一的向量 $\boldsymbol{a}\in V$，

使得 $\boldsymbol{q}=\boldsymbol{p}+\boldsymbol{a}$.

这时,A 称为仿射空间(在中学阶段我们所遇到的都是 n 维仿射空间 E^n). 取有关的 $n+1$ 个点 A_0, A_1,…,A_n,设从点 $\boldsymbol{O}$ 到这些点的位置向量分别为 $\boldsymbol{\alpha}_0$, $\boldsymbol{\alpha}_1$,…,$\boldsymbol{\alpha}_n$. 这时,任意点 $\boldsymbol{Z}\in E^n$ 可以由使得

$$\boldsymbol{Z}=\boldsymbol{O}+\sum_{j=0}^{n}\lambda_j\boldsymbol{\alpha}_j\quad\left(\sum_{j=0}^{n}\lambda_j=1\right)$$

的数组$(\lambda_0,\lambda_1,\cdots,\lambda_n)$表示,称它为 E^n 的重心坐标,它与点 $\boldsymbol{O}$ 的取法无关.

由于近年来三角域上的 Bernstein 多项式已被广泛地应用于"计算机辅助几何设计",则

$$B_n(f;p)=\sum_{i+j+k=n}f_{i,j,k}\frac{n!}{i!\ j!\ k!}n^iv^jw^k$$

可以视为一个曲面,令

$$f=\{f_{i,j,k}\mid i+j+k=n\}$$

称为此曲面的 Bézier 坐标集. 这是设计人员事先给定并可以调整的一组数据,由于此曲面要用于汽车外形设计,所以对这一组数据提出若干易于检验的条件以保证曲面在 T 上是凸的.

1984 年常庚哲教授与他的合作者 —— 美国数学家P. J. Davis 在 *Approximation Theory* 上发表文章,证明了:如果

$$\Delta_{i,j,k}^{(1)}\triangleq(E_2-E_1)(E_3-E_1)f_{i,j,k}\geqslant 0$$

$$\Delta_{i,j,k}^{(2)}\triangleq(E_3-E_2)(E_1-E_2)f_{i,j,k}\geqslant 0$$

$$\Delta_{i,j,k}^{(3)}\triangleq(E_1-E_3)(E_2-E_3)f_{i,j,k}\geqslant 0$$

这里

$$i+j+k=n-2$$

而 E_1,E_2,E_3 是移位算子

$$E_1 f_{i,j,k} = f_{i+1,j,k}$$
$$E_2 f_{i,j,k} = f_{i,j+1,k}$$
$$E_3 f_{i,j,k} = f_{i,j,k+1}$$

这里

$$i + j + k = n - 1$$

那么,$B_n(f;p)$ 在 T 上是凸的.后来在《自然杂志》第7卷第10期上,又将其改进为:如果 f 适合条件

$$\Delta_{i,j,k}^{(2)} + \Delta_{i,j,k}^{(3)} \geqslant 0$$
$$\Delta_{i,j,k}^{(3)} + \Delta_{i,j,k}^{(1)} \geqslant 0$$
$$\Delta_{i,j,k}^{(1)} + \Delta_{i,j,k}^{(2)} \geqslant 0$$
$$\Delta_{i,j,k}^{(2)} \Delta_{i,j,k}^{(3)} + \Delta_{i,j,k}^{(3)} \Delta_{i,j,k}^{(1)} + \Delta_{i,j,k}^{(1)} \Delta_{i,j,k}^{(2)} \geqslant 0$$

其中 $i + j + k = n - 2$,那么 $B_n(f;p)$ 在 T 上是凸的.

可惜的是对于二维情况,Averbach 定理仍然成立,但逆定理就不成立了.

设 T 是平面上任给的一个三角形,三顶点分别为

$$T_1(x_1, y_1), T_2(x_2, y_2), T_3(x_3, y_3)$$

$(x_i, y_i)(i = 1,2,3)$ 为直角坐标.对平面上任意点 $p(x, y)$,存在唯一的数组(u, v, w),使得

$$p = uT_1 + vT_2 + wT_3$$

(或写成$(x, y) = (ux_1 + vx_2 + wx_3, uy_1 + vy_2 + wy_3)$).其中,$0 \leqslant u, v, w \leqslant 1, u + v + w = 1$.

$p(u, v, w)$ 称为 p 的面积坐标.设 $F(x, y)$ 是 T 上的任一函数,定义

$$f(u, v, w) = F(x_1 u + x_2 v + x_3 w, y_1 u + y_2 v + y_3 w)$$

$f(x, y)$ 的 Bernstein 多项式定义为

$$B_n(f;p) = \sum_{i+j+k=n} f\left(\frac{i}{n}, \frac{j}{n}, \frac{k}{n}\right) J_{i,j,k}^n(p)$$

其中,$J_{i,j,k}^n(p) = \dfrac{n!}{i!\ j!\ k!} u^i v^j w^k, 0 \leqslant u, v, w \leqslant 1, u +$

$v+w=1$.

比如取 T 为这样的三角形，其三顶点分别为 $T_1(0,0)$，$T_2(1,0)$，$T_3(0,1)$，定义

$$F(x,y)=x^2+8xy+8y^2$$

则按定义易得

$$B_n(f;p)=(1-\frac{1}{n})(n^2+8uv+8v^2)+\frac{1}{n}(n+8v)$$

容易证明，当 $0\leqslant u,v,u+v\leqslant 1$ 时，有

$$B_n-B_{n-1}=\frac{1}{n(n+1)}(u+8v-u^2-8uv-8v^2)\geqslant 0$$

但是 $F(p)$ 并不是凸的！

我们可以直接按凸函数的定义去验证它是否满足

$$F(\frac{p_1+p_2}{2})\leqslant\frac{F(p_1)+F(p_2)}{2}$$

取两点 $(1,0)$，$(0,\frac{1}{2})$，由计算可知

$$F(1,0)+F(0,\frac{1}{2})=3<\frac{7}{2}=2F(\frac{1}{2},\frac{1}{4})$$

最近人们进一步研究发现，Bernstein 多项式还与组合数学的重要对象——幻方有关. 在计算几何学中，有人发现以幻方为控制网数据矩阵而生成的 Bézier-Bernstein 曲面具有单向积分不变的特性，而这一特性是其他熟知的逼近方式所不具备的.

设有方阵 $\boldsymbol{F}=(f_{ij})$，$i,j=0,1,\cdots,n$，满足条件：

(1) $\sum_i f_{ij}=\sum_j f_{ij}=\delta_{n+1}$（常数与 n 无关）；

(2) $\sum_{i=j} f_{ij}=\sum_{i+j=n+1} f_{ij}=\delta_{n+1}$.

则称 $\boldsymbol{F}$ 为 $n+1$ 阶幻方. 如果 $\boldsymbol{F}$ 的元素为前 $(n+1)^2$ 个自然数，则

$$C_n=\frac{n(n^2+1)}{2}$$

记$[0,1]\times[0,1]$上的曲面

$$B(u,v)=\sum_{i=0}^{n}\sum_{j=0}^{n}f_{ij}B_i^n(u)B_j^n(v)\quad (u,v\in[0,1])$$

其中

$$B_i^n(t)=\binom{n}{i}(1-t)^{n-i}t^i\quad (i=0,1,\cdots,n)$$

f_{ij} 为幻方 $\boldsymbol{F}$ 的元素，我们称 $B(u,v)$ 为幻曲面.

类似于幻方的结构对称性，Bézier-Bernstein 算子也有类似的性质

$$\int_0^1 B(u,v)\mathrm{d}u=c\quad (\forall v\in[0,1])$$

$$\int_0^1 B(u,v)\mathrm{d}v=c\quad (\forall u\in[0,1])$$

第四编

单纯形上的逼近定理

第21章 单纯形上的Bernstein多项式

浙江大学数学系的贾荣庆和吴正昌两位教授1988年研究了单纯形上的Bernstein多项式的一系列性质.他们给出了Bernstein多项式逼近连续函数的精确误差界,确定了Bernstein多项式的最佳逼近度,并得到了Bernstein算子及其逆算子的渐近展开式.最后,这些结果被应用于单纯形上Bézier网的研究.

由于Bernstein多项式的良好性质,它的研究一直受到人们的重视.但是关于多元Bernstein多项式的系统研究,还是近年来的事.在[1]中,Lorentz仅仅以1页的篇幅提及多元Bernstein多项式.然后,Stancu[2],李文清[3],Schempp[4]及Ciesielski[5]等对多元Bernstein多项式展开了一些研究.不久前,Chang 与 Feng[6] 得到了三角域上 Bernstein 多项式逼近(在渐近意义下)的精确误差界.吴正昌[7] 将他们的结果推广到高维单纯形上的 Bernstein 多项式.于是,这方面的研究工作逐渐趋于完善.在本章中,我们要讨论单纯形上 Bernstein 多项式逼近的精确误差界,Bernstein 算子逼近的饱和度,Bernstein 算子及其逆算子的渐近展开.这些结果将应用于单纯形上 Bézier 网的研究,导出 Bézier 网逼近多项式的精确误差界.

§1 Bernstein 多项式逼近的精确误差界

先引进一些记号.如同往常,$\mathbf{R}$ 表示全体实数的集合,$\mathbf{Z}$ 表示全体整数的集合,而 $\mathbf{Z}_+$ 表示非负整数的集合.于是,$\mathbf{R}^m$ 表示 m 维欧几里得空间,而 $\mathbf{Z}_+^m$ 表示 m 重指标的集合.对于

$$x=(x_1,\cdots,x_m)\in\mathbf{R}^m,y=(y_1,\cdots,y_m)\in\mathbf{R}^m$$

我们以 $x\cdot y$ 表示 x 与 y 的内积,亦即

$$x\cdot y:=\sum_{i=1}^m x_iy_i$$

对于 $x\in\mathbf{R}^m$,我们以 $\|x\|$ 表示 x 的欧几里得范数,即

$$\|x\|=(x\cdot x)^{\frac{1}{2}}$$

我们以 π_n 表示所有次数不超过 n 的多项式所成的空间.对于 $\alpha=(\alpha_1,\cdots,\alpha_m)\in\mathbf{Z}_+^m$,其长度 $|\alpha|$ 定义为 $\sum_{i=1}^m\alpha_i$,并约定

$$\alpha! = \alpha_1! \cdots \alpha_m!, \binom{|\alpha|}{\alpha} = \frac{|\alpha|!}{\alpha!}$$

对于 $\alpha,\beta \in \mathbf{Z}_+^m$,若 $\alpha_i \leqslant \beta_i, i=1,\cdots,m$,则记作 $\alpha \leqslant \beta$. 当 $\alpha \leqslant \beta$ 时,规定

$$\binom{\beta}{\alpha} = \frac{\beta!}{\alpha!\ (\beta-\alpha)!}$$

我们以 e_i 表示 $\mathbf{R}^m$ 里第 i 个分量为 1,其余分量为 0 的向量($i=1,\cdots,m$),而以 e^i 表示 $\mathbf{Z}_+^{m+1}$ 里第 i 个分量为 1,其余分量为 0 的 $m+1$ 重指标($i=0,1,\cdots,m$). 对于 $y \in \mathbf{R}^m$,我们以 D_y 表示关于向量 y 的方向导数

$$D_y f(x) := \lim_{t\to 0} \frac{f(x)-f(x-ty)}{t}$$

微分算子 D_{e_i} 将简记为 D_i.

设 σ 是 $\mathbf{R}^m$ 中一个 m 维单纯形,$V=\{v^0,v^1,\cdots,v^m\}$ 为其顶点集,此时记 $\sigma=(v^0,v^1,\cdots,v^m)$. 我们以 $C^k(\sigma)$ 表示 σ 上全体 k 次连续可微函数所成的空间,当 $k=0$ 时,$C^0(\sigma)$ 简记为 $C(\sigma)$. 以 $\|\cdot\|_{\infty,\sigma}$ 表示空间 $C(\sigma)$ 里的一致范数,在不致引起混淆时,下标 σ 将省去. 对于 $\alpha=(\alpha_0,\cdots,\alpha_m) \in \mathbf{Z}_+^{m+1}$,引进 Bernstein 多项式 B_α 如下

$$B_\alpha(x) := \binom{|\alpha|}{\alpha} \xi^\alpha$$

其中 $\xi=(\xi_0,\cdots,\xi_m)$ 是 x 关于 σ 的重心坐标,即

$$x = \sum_{i=0}^m \xi_i v^i, \sum_{i=0}^m \xi_i = 1$$

而

$$\xi^\alpha := \xi_0^{\alpha_0} \cdots \xi_m^{\alpha_m}$$

于是,$\{B_\alpha : |\alpha|=n\}$ 构成 π_n 的一组基. 设 n 是一个正

整数，$|\alpha|=n$，记

$$x_\alpha=\sum_{i=0}^{m}\frac{\alpha_i v^i}{n}$$

Bernstein 算子 B_n 由下式所定义

$$B_n f(x)=\sum_{|\alpha|=n} f(x_\alpha)B_\alpha(x)\quad (f\in C(\sigma))$$

给定 $f\in C(\sigma)$，$B_n f$ 称为 f 的 n 次 Bernstein 多项式，我们要考虑 $B_n f$ 对于 f 的逼近问题.

吴正昌[7] 在研究这一问题时引进了有心单纯形的概念. 一个单纯形称为“有心”的，若其外接球的球心落在该单纯形里. 任给一个单纯形 σ，σ 必有一个面(其维数 $\geqslant 1$) 是“有心”的，σ 的所有“有心”面的外接球半径的最大值记为 ρ. 对于 $f\in C^2(\sigma)$，记

$$M=\max_{1\leqslant i,j\leqslant m}\|D_iD_jf\|_\infty$$

吴正昌[7] 得到

$$\|f-B_nf\|_\infty\leqslant\frac{mM\rho^2}{2}\cdot\frac{1}{n}+O\left(\frac{1}{n^2}\right)\qquad(1)$$

并证明了上式中 $\frac{1}{n}$ 前的系数 $\frac{mM\rho^2}{2}$ 是最佳的. 由于式(1) 中右端 $O\left(\frac{1}{n^2}\right)$ 项的出现，该式中 $\frac{1}{n}$ 前的系数仅是在渐近意义下为最佳的. 它是否对于所有 n 都是最佳的? 换句话说，式(1) 中右端的 $O\left(\frac{1}{n^2}\right)$ 项能否去掉? 这是我们要回答的第一个问题.

定理 1 设 $f\in C^2(\sigma)$，$M=\max\limits_{1\leqslant i,j\leqslant m}\|D_iD_jf\|_\infty$，则

$$\|f-B_nf\|_\infty\leqslant\frac{m}{2}M\rho^2\cdot\frac{1}{n}\qquad(2)$$

而且上式中 $\frac{1}{n}$ 前的系数是最佳的.

证明　文献[7]已证明了系数的最佳性,故我们只要证明式(2)即可.设 $f \in C^2(\sigma)$,由 Taylor 公式得

$$f(y)=f(x)+D_{y-x}f(x)+\frac{1}{2}D_{y-x}^2 f(x+\theta(y-x))$$

$$(0<\theta<1)$$

于是

$$\begin{aligned}B_n f(x)-f(x)&=\sum_{|\alpha|=n}[f(x_\alpha)-f(x)]B_\alpha(x)\\&=\sum_{|\alpha|=n}[D_{x_\alpha-x}f(x)]B_\alpha(x)+\\&\quad\sum_{|\alpha|=n}\frac{1}{2}D_{x_\alpha-x}^2\cdot\\&\quad f(x+\theta(x_\alpha-x))B_\alpha(x)\end{aligned}$$

由于 Bernstein 算子保持线性函数不变,上式右端第一个和式为零.注意到

$$\begin{aligned}\|D_{x_\alpha-x}^2 f\|_\infty&\leqslant M\sum_{i,j}[(x_\alpha-x)\cdot e_i][(x_\alpha-x)\cdot e_j]\\&=M\Big[\sum_i(x_\alpha-x)\cdot e_i\Big]^2\\&\leqslant M\sum_{i=1}^m[(x_\alpha-x)\cdot e_i]^2\Big(\sum_{i=1}^m 1\Big)\\&=Mm\|x_\alpha-x\|^2\end{aligned}$$

这样

$$\|B_n f-f\|_\infty\leqslant\frac{mM}{2}\sum_{|\alpha|=n}\|x_\alpha-x\|^2 B_\alpha(x)\quad(3)$$

记

$$h(x):=\sum_{i=0}^m\xi_i v^i\cdot v^i-\sum_{i=0}^m\sum_{j=0}^m\xi_i\xi_j v^i\cdot v^j\qquad(4)$$

其中 $\xi=(\xi_0,\cdots,\xi_m)$ 是 x 关于 σ 的重心坐标.我们指出

$$\sum_{|\alpha|=n} \| x_n - x \|^2 B_n(x) = \frac{h(x)}{n} \tag{5}$$

实际上，由于

$$x_\alpha - x = \sum_{i=0}^{m} \left(\frac{\alpha_i}{n} - \xi_i \right) v^i$$

我们有

$$\sum_{|\alpha|=n} \| x_\alpha - x \|^2 B_\alpha(x)$$

$$= \sum_{|\alpha|=n} \sum_{0 \leqslant i,j \leqslant m} \left(\frac{\alpha_i \alpha_j}{n^2} - \frac{\alpha_i}{n} \xi_j - \frac{\alpha_j}{n} \xi_i + \xi_i \xi_j \right) v^i \cdot$$

$$v^j \binom{n}{\alpha} \xi^\alpha \tag{6}$$

容易验证

$$\sum_{|\alpha|=n} \frac{\alpha_i}{n} \xi_j \binom{x}{\alpha} \xi^\alpha = \xi_i \xi_j \tag{7}$$

且当 $i \neq j$ 时

$$\sum_{|\alpha|=n} \frac{\alpha_i \alpha_j}{n^2} \binom{n}{\alpha} \xi^\alpha$$

$$= \xi_i \sum_{|\alpha|=n} \frac{\alpha_j}{n} \binom{n-1}{\alpha - e^i} \xi^{\alpha - e^i} = \frac{n-1}{n} \xi_i \xi_j \tag{8}$$

而当 $i = j$ 时

$$\sum_{|\alpha|=n} \frac{\alpha_i^2}{n^2} \binom{n}{\alpha} \xi^\alpha$$

$$= \xi_i \sum_{|\alpha|=n} \frac{\alpha_i}{n} \binom{n-1}{\alpha - e^i} \xi^{\alpha - e^i}$$

$$= \xi_i \cdot \frac{1}{n} \sum_{|\alpha|=n} \binom{n-1}{\alpha - e^i} \xi^{\alpha - e} +$$

$$\xi_i \frac{n-1}{n} \sum_{|\alpha|=n} \frac{\alpha_i - 1}{n-1} \binom{n-1}{\alpha - e^i} \xi^{\alpha - e^i}$$

$$=\frac{\xi_i}{n}+\frac{n-1}{n}\xi_i^2 \tag{9}$$

由(6)至(9)诸式便得欲证的式(5).

注意由式(4)及式(5)可知

$$h(x)\geqslant 0\quad(对所有\ x\in\sigma)$$

其中等号当且仅当 $x\in V$(σ 的顶点集)时成立.

由式(3)及式(5)可得 Bernstein 多项式逼近的点态估计

$$|B_nf(x)-f(x)|\leqslant\frac{mM}{2}\frac{h(x)}{n} \tag{10}$$

最后,我们指出

$$\max_{x\in\sigma}[h(x)]=\rho^2 \tag{11}$$

其中 ρ 是 σ 的有心面的外接球半径的最大值.这已由吴正昌[7]所证明.在此我们利用 Lagrange 乘子法给出一个更简单的证明.设 τ 是 σ 的一个 k 维面($1\leqslant k\leqslant m$)使得 τ 的外接球半径为 ρ 且其外接球球心 z 落在 τ 里.不妨设 $\tau=(v^0,v^1,\cdots,v^k)$.设 z 关于 σ 的重心坐标为 $(\zeta_0,\zeta_1,\cdots,\zeta_m)$,则

$$\zeta_{k+1}=\cdots=\zeta_m=0$$

由于

$$\|v^i-z\|=\rho\quad(0\leqslant i\leqslant k)$$

我们有

$$\begin{aligned}h(z)&=\sum_{i=0}^m\zeta_iv^i\cdot v^i-\sum_{i=0}^m\zeta_i\zeta_jv^i\cdot v^j\\&=\sum_{i=0}^m\zeta_iv^i\cdot v^i-2\Big(\sum_{i=0}^m\zeta_iv^i\Big)\cdot z+z\cdot z\\&=\sum_{i=0}^m\zeta_i(v^i-z)\cdot(v^i-z)=\Big(\sum_{i=0}^m\zeta_i\Big)\rho^2=\rho^2\end{aligned}$$

这表明

$$\max_{y\in\sigma}[h(y)]\geqslant\rho^2$$

尚须证明反方向的不等式. 设 $x\in\sigma$ 使得

$$h(x)=\max_{y\in\sigma}[h(y)]$$

则 $x\notin V$. 因此 x 必落在 σ 的某个 k 维面 τ 的内部 $(1\leqslant k\leqslant m)$. 不妨设 $\tau=(v^0,v^1,\cdots,v^k)$. 令

$$F(\xi)=h(y)-\lambda(\xi_0+\cdots+\xi_k-1)$$
$$\xi=(\xi_0,\cdots,\xi_k)$$

其中 $y=\sum_{i=0}^{k}\xi_i v^i$, 而 λ 是 Lagrange 乘子. 于是, 在 ξ 处必有

$$\frac{\partial F}{\partial \xi_i}=0\quad(i=0,\cdots,k)$$

即

$$v^i\cdot v^i-2\Big(\sum_{j=0}^{k}\xi_j v^j\Big)\cdot v^i=\lambda\quad(i=0,\cdots,k)$$

因此

$$v^i\cdot(v^i-2x)=\lambda$$

从而对于 $i=0,\cdots,k$ 有

$$\begin{aligned}(v^i-x)\cdot(v^i-x)&=v^i\cdot(v^i-2x)+\|x\|^2\\&=\lambda+\|x\|^2\end{aligned}$$

这表明 x 必须是 τ 的外接球球心, 所以 $h(x)\leqslant\rho^2$. 至此, 定理 1 的证明已经完成.

§2 Bernstein 算子逼近的饱和度

在一元情形 $(m=1)$, Lorentz[8] 已确定了 Bernstein 算子逼近的饱和度为 $\frac{h(x)}{n}$, 此时 $h(x)=$

$x(1-x)$.这一结果可推广到多元情形.

定理2 设 $f\in C(\sigma)$,则当 $n\to\infty$ 时

$$|f(x)-B_nf(x)|=o\left(\frac{h(x)}{n}\right) \tag{12}$$

的充分必要条件是 f 为线性函数.

注 式(12)的意义是:对任意 $x\notin V$,有

$$\lim_{n\to\infty}\frac{n\,|f(x)-B_nf(x)|}{h(x)}=0$$

上述极限的收敛性不必是一致的.

定理2的证明建立在下面的引理的基础上.

引理1 设 σ 是 $\mathbf{R}^m$ 里一个非退化的单纯形,$V=\{v^0,\cdots,v^m\}$ 是 σ 的顶点集,$f\in C(\sigma)$,$x^0\in\sigma\backslash V$,$f(x^0)>0$,$f(v^i)=0$,$i=0,1,\cdots,m$,那么可以找到一个二次多项式 p,有

$$p(x)=\alpha\|x-a\|^2+r\quad(\alpha<0) \tag{13}$$

使得:

(i)$p(x)\geqslant f(x)$,所以 $x\in\sigma$.

(ii)存在某一点 $y\in\sigma\backslash V$ 使得 $p(y)=f(y)$.

证明 取 a 为 σ 的外接球的球心,ρ 为外接球的半径.取 $\alpha<0$,$|\alpha|$ 充分小使得

$$f(x^0)>|\alpha|(p^2-\|x^0-a\|^2)$$

令

$$p_\alpha(x)=\alpha\|x-a\|^2$$

于是

$$p_\alpha(v^i)-f(v^i)=\alpha\rho^2>p_\alpha(x^0)-f(x^0)\quad(i=0,\cdots,m) \tag{14}$$

令

$$c:=\min_{y\in\sigma}\{p_\alpha(y)-f(y)\},\ p(x):=p_\alpha(x)-c$$

则 p 是一个形为(13) 的二次多项式. 显然

$$p(x) \geqslant f(x) \quad (x \in \sigma)$$

且必有 $y \in \sigma$ 使得

$$p_{\alpha}(y) - f(y) = c$$

从而对这一 y, $p(y) = f(y)$. 又由式(14) 知 $y \notin V$. 引理 1 证毕.

现在我们可以着手证明定理 2. 当 f 为线性函数时

$$| f(x) - B_n f(x) | = 0$$

此时式(12) 当然成立. 现设 $f \in C(\sigma)$, 且式(12) 成立, 要证 f 是线性函数. 令 l 是对 f 在 $v^0, \cdots, v^m$ 处插值的线性函数, 再令 $g := f - l$, 则

$$g(v^i) = 0 \quad (i = 0, \cdots, m)$$

此时由式(12) 导出

$$| B_n g(x) - g(x) | = o\left(\frac{h(x)}{n}\right) \tag{15}$$

我们要证对所有 $x \in \sigma$, $g(x) = 0$. 设若不然, 有 $x_0 \in \sigma$ 使得 $g(x_0) \neq 0$. 不失普遍性, 可设 $g(x_0) > 0$. 由引理 1 知存在二次多项式

$$p(x) = \alpha \| x - a \|^2 + r \quad (\alpha < 0)$$

使得 $p(x) \geqslant g(x)$ 且存在某个 $y \in \sigma \backslash V$ 适合 $p(y) = g(y)$. 二次多项式 p 可改写为

$$p(x) = \alpha \| x - y \|^2 + \beta \cdot (x - y) + g(y)$$

其中 $\beta \in \mathbf{R}^m$. 于是, 由 Bernstein 算子 B_n 的单调性知

$$(B_n g)(y) - g(y) = B_n(g - g(y))(y)$$
$$\leqslant B_n(p - p(y))(y) = \alpha B_n(\| \cdot - y \|^2)(y)$$

再由式(5) 知上式右端等于$\frac{\alpha h(y)}{n}$. 由于 $\alpha < 0$, 这与式(15) 相矛盾. 定理 2 证毕.

§3　Bernstein 算子及其逆算子的渐近展开

易见 Bernstein 算子 B_n 将 π_n 一一地映到 π_n 上，从而 $B_n|_{\pi_n}$ 有逆映射，记这一算子为 Q_n. 注意 B_n 定义在连续函数空间上，而 Q_n 仅定义在 π_n 上. 当 $k \leqslant n$ 时，由于 π_k 是 B_n 的不变子空间，所以它也是 Q_n 的不变子空间. 我们将 π_n 看成 $C(\sigma)$ 的子空间，从而它赋有一致范数 $\|\cdot\|_\infty$. 再则，π_n 上的恒等算子以 I 表示. 在下文中，const_k 表示一个仅依赖于 k 的常数(在不同的场合它可以表示不同的常数).

引理 2　对于 $k \leqslant n$，在 π_k 上成立

$$\|B_n - I\| \leqslant \mathrm{const}_k \frac{1}{n},\ \|Q_n - I\| \leqslant \mathrm{const}_k \frac{1}{n}$$

证明　对于 $p \in \pi_k$，由定理 1 知

$$\|B_n p - p\|_\infty \leqslant \frac{m}{2} M \rho^2 \frac{1}{n}$$

其中

$$M = \max_{1 \leqslant i, j \leqslant m} \|D_i D_j p\|_\infty$$

由多元多项式的 Markov 不等式可知

$$M \leqslant \mathrm{const}_k \|p\|_\infty$$

这证明了前一个不等式. 后一个不等式可由如下考虑而得. 设

$$\|B_n - I\| \leqslant \frac{c_k}{n}$$

不妨设 $n > c_k$. 于是

$$\|Q_n - I\| = \|(I - (I - B_n))^{-1} - I\|$$

$$\leqslant \sum_{j=1}^{\infty} \| (I-B_n)^j \|$$
$$\leqslant \sum_{j=1}^{\infty} (\frac{c_k}{n})^j \leqslant \mathrm{const}_k \frac{1}{n}$$

明所欲证.

对于算子 Q_n 可导出与定理 1 相类似的结果.

定理 3　对于 $p \in \pi_k$ 成立

$$\| Q_n p - p \|_{\infty} \leqslant \frac{mM}{2n}\rho^2 + O\left(\frac{1}{n^2}\right) \tag{16}$$

其中 $M = \max\limits_{1 \leqslant i,j \leqslant m} \| D_i D_j p \|_{\infty}$，$\rho$ 的意义如同定理 1. 而且上式中 $\frac{1}{n}$ 前的系数是最佳的.

证明　易见

$$\| Q_n p - p \| = \| Q_n(p - B_n p) \|$$
$$\leqslant \| Q_n \| \| p - B_n p \|$$

再结合定理 1 及引理 2 即得欲证结果.

注意：与定理 1 不同，式(16) 右端的 $O\left(\frac{1}{n^2}\right)$ 项一般不能去掉.

例：$m = 1$，$\sigma = [0,1]$，$p(x) = x^2$. 此时

$$Q_n p(x) = \frac{n}{n-1}x^2 - \frac{1}{n-1}x$$

于是

$$\| Q_n p - p \| = \frac{1}{4(n-1)}$$

但是

$$\frac{mM}{2n}\rho^2 = \frac{1}{4n}$$

欲考察 Bernstein 算子及其逆算子的渐近展开，我们需要引进如下的微分算子 T：对于 $f \in C^2(\sigma)$ 有

$$(Tf)(x):=\frac{1}{2}\sum_{i=0}^{m}\xi_i(1-\xi_i)(\partial_i^2 f)(x)-\sum_{0\leqslant i<j\leqslant m}\xi_i\xi_j(\partial_i\partial_j f)(x) \tag{17}$$

其中$(\xi_0,\cdots,\xi_m)$是 x 关于σ 的重心坐标,$\partial_i:=D_{v^i}$,$i=0,\cdots,m$.

定理 4　对于 $f\in C^2(\sigma)$,当 $n\to\infty$ 时有

$$B_n f=f+\frac{1}{n}(Tf)+o\left(\frac{1}{n}\right)$$

对于 $p\in\pi_k$(k 固定),当 $n\to\infty$ 时有

$$Q_n p=p-\frac{1}{n}(Tp)+o\left(\frac{1}{n}\right)$$

证明　前一论断的证明可在[2]中找到.后一结论可结合引理 2 而得.

对于 $f\in C^4(\sigma)$,我们需要更强的关于渐近展开的结果.

定理 5　设 $f\in C^4(\sigma)$,则当 $n\to\infty$ 时有

$$B_n f=f+\frac{1}{n}(Tf)+O\left(\frac{1}{n^2}\right) \tag{18}$$

对于 $p\in\pi_k$(k 固定),当 $n\to\infty$ 时有

$$Q_n p=p-\frac{1}{n}(Tp)+O\left(\frac{1}{n^2}\right) \tag{19}$$

证明　若已证得式(18),那么式(19)容易得到,这是因为

$$\begin{aligned}Q_n p-p&=Q_n(p-B_n p)\\&=p-B_n p+(Q_n-I)(p-B_n p)\end{aligned}$$

而

$$(Q_n-I)(p-B_n p)=O\left(\frac{1}{n^2}\right)$$

现设 $f\in C^4(\sigma)$,那么

$$B_n f(x)-f(x)=\sum_{|\alpha|=n}\frac{1}{2}D^2_{x_\alpha-x}f(x)B_\alpha(x)+\frac{1}{6}\sum_{|\alpha|=n}D^3_{x_\alpha-x}f(x)B_\alpha(x)+\frac{1}{24}\sum_{|\alpha|=n}D^4_{x_\alpha-x}\cdot f(x+\theta(x_\alpha-x))B_\alpha(x)\quad(0<\theta<1)\tag{20}$$

易证式(20) 右端第一个和式即是$\frac{1}{n}Tf(x)$. 因此，欲证式(18)，只要证明式(20) 右端的第二及第三个和式关于 x 一致地有 $O\left(\frac{1}{n^2}\right)$ 即可. 这可由下述引理得到.

引理 3 设 $\mu\in\mathbf{Z}_+^{m+1}$，μ 固定，$|\mu|\geqslant 3$，则当 $n\to\infty$ 时

$$\sum_{|\alpha|=n}\left(\xi-\frac{\alpha}{n}\right)^{\mu}\binom{n}{\alpha}\xi^{\alpha}=O\left(\frac{1}{n^2}\right)$$

证明 由二项式定理可得

$$\left(\xi-\frac{\alpha}{n}\right)^{\mu}=\sum_{\beta\leqslant\mu}(-1)^{\beta}\binom{\mu}{\beta}\left(\frac{\alpha}{n}\right)^{\beta}\xi^{\mu-\beta}$$

存在一个次数不超过 β_i-2 的多项式 q 使得

$$\alpha_i^{\beta_i}=\alpha_i(\alpha_i-1)\cdots(\alpha_i-\beta_i+1)+\frac{\beta_i(\beta_i-1)}{2}\alpha_i\cdots(\alpha_i-\beta_i+2)+q(\alpha_i)\tag{21}$$

易见，若 p 是一个次数为 d 的多项式，则

$$\sum_{|\alpha|=n}\frac{p(\alpha)}{n^k}\binom{n}{\alpha}\xi^{\alpha}=O\left(\frac{1}{n^{k-d}}\right)\tag{22}$$

于是，由式(21) 及(22) 可得

$$\sum_{|\alpha|=n}\left(\xi-\frac{\alpha}{n}\right)^{\mu}\binom{n}{\alpha}\xi^{\alpha}$$

$$=\sum_{\beta\leqslant\mu}(-1)^{|\beta|}\binom{\mu}{\beta}\xi^{\mu-\beta}\sum_{|\alpha|=n}\left(\frac{\alpha}{n}\right)^{\beta}\binom{n}{\alpha}\xi^{\alpha}$$

$$=\sum_{\beta\leqslant\mu}(-1)^{|\beta|}\binom{\mu}{\beta}\xi^{\mu-\beta}\sum_{|\alpha|=n}\left(\frac{1}{n}\right)^{|\beta|}\cdot$$

$$\frac{\alpha!}{(\alpha-\beta)!}\frac{n!}{\alpha!}\xi^{\alpha}+$$

$$\sum_{\beta\leqslant\mu}(-1)^{|\beta|}\binom{\mu}{\beta}\xi^{\mu-\beta}\sum_{|\alpha|=n}\left(\frac{1}{n}\right)^{|\beta|}\cdot$$

$$\sum_{i=0}^{m}\frac{\beta_i(\beta_i-1)}{2}\frac{\alpha!}{(\alpha-\beta+e^i)!}\frac{n!}{\alpha!}\xi^{\alpha}+O\left(\frac{1}{n^2}\right)$$

将上式右端第一个和式记为 S_1，第二个和式记为 S_2. 我们只要证明当 $|\mu|\geqslant 3$ 时

$$S_1=O\left(\frac{1}{n^2}\right)\text{ 且 }S_2=O\left(\frac{1}{n^2}\right)$$

即可. 首先估计 S_1，有

$$S_1=\sum_{\beta\leqslant\mu}(-1)^{|\beta|}\binom{\mu}{\beta}\xi^{\mu-\beta}\left(\frac{1}{n}\right)^{|\beta|}\frac{n!}{(n-|\beta|)!}\cdot$$

$$\xi^{\beta}\sum_{|\alpha|=n}\frac{(n-|\beta|)!}{(\alpha-\beta)!}\xi^{\alpha-\beta}$$

$$=\xi^{\mu}\sum_{\beta\leqslant\mu}(-1)^{|\beta|}\binom{\mu}{\beta}\frac{n!}{n^{|\beta|}(n-|\beta|)!}$$

$$=\xi^{\mu}\sum_{\beta\leqslant\mu}(-1)^{|\beta|}\binom{\mu}{\beta}\left(1-\frac{|\beta|(|\beta|-1)}{2n}\right)+$$

$$O\left(\frac{1}{n^2}\right)$$

我们有

$$\sum_{\beta\leqslant\mu}(-1)^{|\beta|}\binom{\mu}{\beta}=\prod_{i=0}^{m}\left(\sum_{\beta_i\leqslant\mu}(-1)^{\beta_i}\binom{\mu_i}{\beta_i}\right)=0$$

当 $|\mu|\geqslant 1$ 时. 又

$$|\beta|(|\beta|-1)=2\sum_{0\leqslant i<j\leqslant m}\beta_i\beta_j+\sum_{i=0}^{m}\beta_i(\beta_i-1)$$

我们指出

$$\sum_{\beta\leqslant\mu}(-1)^{|\beta|}\binom{\mu}{\beta}\beta_i(\beta_i-1)=0$$

$$(i=0,\cdots,m,\ |\mu|\geqslant 3) \tag{23}$$

其实,当 $\mu_i\leqslant 1$ 时,式(23) 显然成立;而当 $\mu_i\geqslant 2$ 时

$$\sum_{\beta\leqslant\mu}(-1)^{|\beta|}\binom{\mu}{\beta}\beta_i(\beta_i-1)$$

$$=\mu_i(\mu_i-1)\sum_{\beta\leqslant\mu}(-1)^{|\beta|}\binom{\mu-2e^i}{\beta-2e^i}$$

$$=\sum_{\beta\leqslant\mu-2e^i}(-1)^{|r|}\binom{\mu-2e^i}{r}=0$$

同理,当 $|\mu|\geqslant 3$ 时

$$\sum_{\beta\leqslant\mu}(-1)^{|\beta|}\binom{\mu}{\beta}\beta_i\beta_j=0\quad(i\neq j)$$

综上所证,当 $|\mu|\geqslant 3$ 时有

$$S_1=O\left(\frac{1}{n^2}\right)$$

尚须估计 S_4. 我们有

$$\sum_{|\alpha|=n}\frac{(n-|\beta|+1)}{(\alpha-\beta+e^i)!}\xi^{\alpha-\beta+e^i}=1$$

而

$$\frac{n!}{n^{|\beta|}(n-|\beta|+1)!}=\frac{1}{n}+O\left(\frac{1}{n^2}\right)$$

因此

$$S_2=\frac{1}{n}\sum_{i=0}^{m}\sum_{\beta\leqslant\mu}(-1)^{|\beta|}\binom{\mu}{\beta}\xi^{\mu-e^i}\frac{\beta_i(\beta_i-1)}{2}+O\left(\frac{1}{n^2}\right)$$

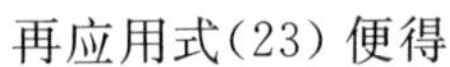
再应用式(23) 便得

$$S_2 = O\left(\frac{1}{n^2}\right)$$

引理 3 证毕.

现在回到定理 5 的证明上来. 由引理 3 知式(20)右端第二个和式关于 x 一致地有 $O\left(\frac{1}{n^2}\right)$. 对于第三个和式,注意到

$$\| x_\alpha - x \|^4 = \sum_{i,j,k,l} \left(\frac{\alpha_i}{n} - \xi_i\right)\left(\frac{\alpha_j}{n} - \xi_j\right)\left(\frac{\alpha_k}{n} - \xi_k\right) \cdot \left(\frac{\alpha_l}{n} - \xi_l\right)(v^i \cdot v^j)(v^k \cdot v^l)$$

从而由引理 3 推得

$$\sum_{|\alpha|=n} \| x_\alpha - x \|^4 B_\alpha(x) = O\left(\frac{1}{n}\right)$$

这就证明了定理 5.

§4　Bézier 网逼近多项式的精确误差界

令 $E := \{x_\alpha : |\alpha| = n\}$. E 中的点称为网点. 易知必存在 σ 的一个单纯剖分 $\{\tau\}$ 使得:

(i) 每一单纯形 τ 的顶点属于 E;

(ii) 对任何 $x, y \in \tau$,它们关于 σ 的重心坐标 ξ 与 η 满足

$$|\xi_i - \eta_i| \leqslant \frac{1}{n} \quad (i = 0, \cdots, m)$$

固定这样的一个单纯剖分.

设 $p \in \pi_n$,则 p 可表示为

$$p(x) = \sum_{|\alpha|=n} q(x_\alpha) B_\alpha(x)$$

其中 $q\in\pi_n$. 由 σ 的已选定的单纯剖分$\{\tau\}$,可以唯一地决定一个分片线性函数 b^n,使得 b^n 在每个 τ 上是线性函数,且 $b^n(x_\alpha)=q(x_\alpha)$,对所有 α,$|\alpha|=n$. 这样,b^n 由 p 所唯一确定,称之为由 p 决定的 n 阶 Bézier 网. 给定 σ 上的一个连续函数 f,B_kf 是一个次数不超过 k 的多项式,记为 p. 当 $n\geqslant k$ 时,由 $p=B_kf$ 决定的 n 阶 Bézier 网记为 b^n. Farin[9] 及其以后很多作者考虑过 b^n 对 B_kf 的逼近问题. 注意这一问题仅牵涉 f 相应的 k 次 Bernstein 多项式 p,而与函数 f 无关,所以实质上是 Bézier 网对多项式的逼近问题. 当 $m=2$ 时,Farin[9] 证明了当 $n\to\infty$ 时,$\|b^n-p\|\to 0$. 进一步,冯玉瑜及 Sun and Zhao[10] 考虑了逼近阶的问题,得到

$$\|b^n-p\|=O\left(\frac{1}{n}\right)$$

下面的结果给出了最佳系数:

定理 6　当 $n\to\infty$ 时

$$\|b^n-p\|_\infty\leqslant\frac{mM}{2n}\rho^2+O\left(\frac{1}{n^2}\right)\tag{24}$$

其中 $M=\max\limits_{1\leqslant i,j\leqslant n}\|D_iD_jp\|_\infty$,$\rho$ 是 σ 的有心面的外接球半径的最大值. 在式(24)中,$\frac{1}{n}$ 之前的系数 $\frac{mM\rho^2}{2}$ 是最佳的.

证明　设$\{\tau\}$是 σ 的满足以上条件(i)及(ii)的单纯剖分. 固定 $x\in\sigma$. 于是 x 必落在某个单纯形 τ 里. 设 τ 的顶点是 $x_{\alpha_0},\cdots,x_{\alpha_m}$,则

$$x=\sum_{i=0}^m\lambda_ix_{\alpha_i}\quad\left(\lambda_i\geqslant 0,\sum_{i=0}^m\lambda_i=1\right)$$

那么

$$b^n(x)=\sum_{i=0}^{m}\lambda_i b^n(x_{\alpha_i})$$

所以

$$p(x)-b^n(x)=\left[p(x)-\sum_{i=0}^{m}\lambda_i p(x_{\alpha_i})\right]+\sum_{i=0}^{m}\lambda_i[p(x_{\alpha_i})-b^n(x_{\alpha_i})]$$

由[7]的结果知存在绝对常数 const(不依赖于 x)使得

$$\left|p(x)-\sum_{i=0}^{m}\lambda_i p(x_{\alpha_i})\right|\leqslant \text{const}\,\frac{1}{n^2}$$

再由定理 3 知

$$\begin{aligned}&\left|\sum_{i=0}^{m}\lambda_i[p(x_{\alpha_i})-b^n(x_{\alpha_i})]\right|\\=&\left|\sum_{i=0}^{m}\lambda_i[p(x_{\alpha_i})-(Q_n p)(x_{\alpha_i})]\right|\\\leqslant&\ \|p-Q_n p\|\leqslant\frac{mM}{2n}\rho^2+O\left(\frac{1}{n^2}\right)\end{aligned}$$

这就证明了式(24). 而系数最优性的证明如同[7]中有关的证明. 定理 6 证毕.

关于 Bézier 网对多项式逼近的点态估计,由定理 5 可导出如下结果:

定理 7　设 b^n 是多项式 $p\in\pi_k(k\leqslant n)$ 所对应的 Bézier 网,则当 $n\to\infty$ 时

$$p(x)-b^n(x)=\frac{1}{n}(Tp)(x)+O\left(\frac{1}{n^2}\right)$$

特别地,关于 x 一致地成立

$$\lim_{n\to\infty}[n(p(x)-b^n(x))]=(Tp)(x)$$

最后,我们要讨论逼近的饱和度问题. 当 $m=2$ 时,

冯玉瑜曾证明了

$$\| p-b^n \| =o\left(\frac{1}{n}\right)$$

的充要条件是 p 为线性函数. 这一结果可以推广到 $m>2$ 的情形.

定理 8 $\| p-b^n \| =o\left(\frac{1}{n}\right)$ 的充要条件是 p 为线性函数.

证明 当 p 是线性函数时, $p-b^n=0$. 现设

$$\| p-b^n \| =o\left(\frac{1}{n}\right)$$

则由定理 7 知对所有 $x\in\sigma$, $Tp(x)=0$, 即

$$\frac{1}{2}\sum_{i=0}^{m}\xi_i(1-\xi_i)(\partial_i^2 p)-\sum_{0\leqslant i<j\leqslant m}\xi_i\xi_j(\partial_i\partial_j p)(x)=0$$

其中 $(\xi_0,\cdots,\xi_m)$ 是 x 关于 σ 的重心坐标. 令 l 是适合以下条件的线性函数

$$l(v^i)=p(v^i)\quad(i=0,\cdots,m)$$

于是 $Tl=0$, 因此 $T(p-l)=0$. 将 $p-l$ 展开为

$$p(x)-l(x)=\sum_{|\alpha|=k}b(\alpha)B_\alpha(x)$$

其中 b 是 E 上的实函数. 这样

$$\begin{aligned}
&\xi_i\xi_j D^2_{v^i-v^j}(p-l)\\
=&\sum_{|\alpha|=k-i}\Big\{[b(\alpha+2e^i)-2b(\alpha+e^i+e^j)+\\
&b(\alpha+2e^j)]\cdot\\
&k(k-1)\binom{k-2}{\alpha}\xi^\alpha\xi_i\xi_j\Big\}\\
=&\sum_{|\alpha|=k}[b(\alpha+e^i-e^j)-2b(\alpha)+\\
&b(\alpha+e^j-e^i)]\alpha_i\alpha_j\binom{k}{\alpha}\xi^\alpha
\end{aligned}$$

所以

$$T(p-l)(x)=\sum_{|\alpha|=k}\sum_{0\leqslant i<j\leqslant m}\alpha_i\alpha_j[b(\alpha+e^i-e^j)-2b(\alpha)+b(\alpha+e^j-e^i)]B_\alpha(x)$$

由此推出对所有 α，$|\alpha|=k$，成立

$$\sum_{0\leqslant i<j\leqslant m}\alpha_i\alpha_j[b(\alpha+e^i-e^j)-2b(\alpha)+b(\alpha+e^j-e^i)]=0 \tag{25}$$

由式(25)可导出

$$b(\alpha)=\sum_{0\leqslant i<j\leqslant m}\left[\frac{\alpha_i\alpha_j}{2\sum\limits_{0\leqslant i<j\leqslant m}\alpha_i\alpha_j}(b(\alpha+e^i-e^j)+b(\alpha+e^i-e^j))\right] \tag{26}$$

我们要证对所有 α，$b(\alpha)=0$. 设若不然，则存在 r 使得 $b(r)\neq 0$，不妨设 $b(r)>0$. 设在 α 处 $b(\alpha)$ 达到最大值：$b(\alpha)=\max\limits_r\{b(r)\}$，则由式(26)可知

$$b(\alpha)=b(\alpha+e^i-e^j)\quad(\text{所有 } i,j)$$

由此推得 $b(\alpha)=b(ke^0)$. 但是 $(p-l)(v^i)=0$，$i=0,\cdots,m$. 因此 $b(ke^0)=0$，从而 $b(\alpha)=0$. 这是一个矛盾. 这表明 $p-l$ 必须为 0，从而 p 是线性函数. 定理 8 证毕.

参考资料

[1] Lorentz, G. G., Bernstein Polynomials, University of Toronto Press, Toronto, Canada, 1953.

[2] Stancu, D. D., De l'approximation, par des polynômes du type Bernstein, des fonctions de

deux variables. Comm. Akad R. P. Romine, 9 (1959), 773-777.

[3] 李文清,关于 k 维空间的伯恩斯坦多项式的逼近度,厦门大学学报(自然科学版),2(1962),119-129.

[4] Schempp, W., Bernstein polynomials in several variables, in Lecture Notes in Math. Springer-Verlag. Berlin, 571(1977), 212-219.

[5] Ciesielski, Z., Biorthogonal system of polynomials on the standard simplex, in Multivariate Approximation, Theory III, ed. by W, Schempp and K. Zeller, Birkhäuser Verlag, Basel (1985), 116-119.

[6] Chang, Gen-zhe and Feng, Yu-yu, Error bound for Bernstein-Bézier triangular approximation, J. Comp. Math., 4(1983), 335-340.

[7] 吴正昌,n 维单形上 Bernstein 多项式逼近的精确误差界,数学年刊(A),9(1988),298-304.

[8] Lorentz, G. G., Approximation of Functions, Holt, Rinehart and Winston, inc., New York, 1966.

[9] Farin, G., Subsplines über Dreiecken, Dissertation, Braunschweig, West Germany, 1979.

[10] Sun Jiachang and Zhao Kang, On the structture of Bézier nets, J. Comp. Math., 5(1987), 376-383.

单纯形上 Stancu-Kantorovich 多项式的逼近定理[①]

第 22 章

宁夏大学的熊静宜，杨汝月，吴忠师范学校的曹飞龙三位教授 1993 年定义了单纯形上 Stancu-Kantorovich 多项式，分别在 C 空间和 L^p 空间讨论其逼近性质.

§1 引　　言

令

$$\Delta=\{(x,y): x+y\leqslant 1 \text{ 且 } x,y\geqslant 0\}$$

是 $\mathbf{R}^2$ 中的单纯形. 对于非负整数 k,l, s 及自然数 n，并且 $0\leqslant s<\frac{n}{2}$，$(x,y)\in$

① 本章摘自《曲阜师范大学学报》，1993 年 10 月，第 19 卷，第 4 期.

Δ,引进如下的基函数

$$
b_{n,k,l,s}(x,y)
=\begin{cases}
(1-x-y)p_{n-s,k,l}(x,y),k+l\leqslant n-s,\\
0\leqslant k<s,0\leqslant l<s\\
(1-x-y)p_{n-s,k,l}(x,y)+xp_{n-s,k-s,l}(x,y),\\
k+l\leqslant n-s,k\geqslant s,0\leqslant l<s\\
(1-x-y)p_{n-s,k,l}(x,y)+yp_{n-s,k,l-s}(x,y),\\
k+l\leqslant n-s,0\leqslant k<s,l\geqslant s\\
(1-x-y)p_{n-s,k,l}(x,y)+xp_{n-s,k-s,l}(x,y)+\\
yp_{n-s,k,l-s}(x,y),\\
k+l\leqslant n-s,k\geqslant s,l\geqslant s\\
xp_{n-s,k-s,l}(x,y),n-s<k+l\leqslant n,\\
k\geqslant s,0\leqslant l<s\\
yp_{n-s,k,l-s}(x,y),n-s<k+l\leqslant n,\\
0\leqslant k<s,l\geqslant s\\
xp_{n-s,k-s,l}(x,y)+yp_{n-s,k,1-s}(x,y),\\
n-s<k+l\leqslant n,k\geqslant s,l\geqslant s
\end{cases}
$$

其中

$$p_{n,k,l}(x,y)=\binom{n}{k}\binom{n-k}{l}x^iy^i(1-x-y)^{n-k-i}$$

并且对于 Δ 上定义的函数 f,构造如下的单纯形 Δ 上 Stancu 多项式

$$M_{n,i}(f;x,y)=\sum_{k+l\leqslant n}b_{n,k,l,s}(x,y)f\left(\frac{k}{n},\frac{l}{n}\right)\qquad(1)$$

我们在[1]中证明了当 $s=0$ 或 $s=1$ 时,Stancu 多项式(1)便是单纯形 Δ 上 Bernstein 多项式(见[1])

$$B_n(f;x,y)=\sum_{k+l\leqslant n}p_{n,k,l}(x,y)f\left(\frac{k}{n},\frac{l}{n}\right)$$

并且讨论了 Stancu 多项式的若干逼近性质.

本章的目的是改造Stancu多项式为Stancu-Kantorovich 多项式,从而在 C 空间和 L^p 空间讨论其逼近性质.

对于 $f \in L(\Delta)$,定义

$$K_{n,s}(f;x,y)=\sum_{k+l\leqslant n} b_{n,k,l,s}(x,y)(n+2)^2 \iint\limits_{I_{n,k,l}} f(s,t)\,\mathrm{d}s\mathrm{d}t$$

其中

$$I_{n,k,l}=\left[\frac{k}{n+2},\frac{k+1}{n+2}\right]\times\left[\frac{l}{n+2},\frac{l+1}{n+2}\right]$$

我们称$K_{n,s}(f;x,y)$为单纯形Δ上的Stancu-Kantorovich 多项式.

若记

$$\Phi_{n,k,l}(f)=(n+2)^2 \iint\limits_{I_{n,k,l}} f(s,t)\,\mathrm{d}s\mathrm{d}t$$

则 $K_{n,s}(f)$ 可表为

$$K_{n,s}(f;x,y)=\sum_{k+l\leqslant n-s}\{(1-x-y)\Phi_{n,k,l}(f)+ x\Phi_{n,k+s,l}(f)+y\Phi_{n,k,l+s(f)}\}p_{n-s,k,l}(x,y) \tag{2}$$

§2　C 空间逼近

引理 1　下列各式成立

$$K_{n,s}(1;x,y)=1$$

$$K_{n,s}(u-x;x,y)=\frac{1-4x}{2(n+2)}=\frac{1-4x}{2n}+O(n^{-2})$$

$$K_{n,s}(v-y;x,y)=\frac{1-4y}{2(n+2)}=\frac{1-4y}{2n}+O(n^{-2})$$

$$K_{n,s}((v-y)^2;x,y)=\frac{n^2}{(n+2)^2}\left(1+\frac{s(s-1)}{n}\right)\cdot$$
$$\frac{x(1-x)}{n}+\frac{1-6x+12x^2}{3(n+2)^2}$$
$$=\left(1+\frac{s(s-1)}{n}\right)\frac{x(1-x)}{n}+$$
$$O_s(n^{-2})$$

$$K_{n,s}((v-y)^2;x,y)$$
$$=\left(1+\frac{s(s-1)}{n}\right)\frac{y(1-y)}{n}+O_s(n^{-2})$$
$$K_{n,s}((u-x)(v-y);x,y)$$
$$=-\frac{1}{n}\left(1+\frac{s(s-1)}{n}\right)xy+O_s(n^{-2})$$
$$K_{n,s}((u-x)^4;x,y)=O_s(n^{-2})$$
$$K_{n,s}((v-y)^4;x,y)=O_s(n^{-3})$$

证明　注意到(见[2])($i=1,2$)

$$\sum_{k_1+k_2\leqslant n}p_{n,k_1,k_2}(x_1,x_2)_2=1$$
$$\sum_{k_1+k_2\leqslant n}k_ip_{n,k_1,k_2}(x_1,x_2)=nx_i$$
$$\sum_{k_1+k_2\leqslant n}k_i^2p_{n,k_1,k_2}(x_1,x_2)=n^2x_i^2+nx_i(1-x_i)$$
$$\sum_{k_1+k_2\leqslant n}k_1k_2p_{n,k_1,k_2}(x_1,x_2)=n(n-1)x_1x_2$$

及(见[1])

$$\sum_{k=0}\left|\frac{k}{n}-x\right|^r\binom{n}{k}x^k(1-x)^{-k}=O(n^{-\frac{r}{2}})\quad(r>0)$$

经计算即可得到引理 1.

以 $C^{(i)}(\Delta)$ 表示 Δ 上具有 i 次连续导数的函数全体,$C^{(0)}(\Delta)=C(\Delta)$ 是 Δ 上的连续函数全体且赋以上确界范数. 设 $f\in C(\Delta)$,定义其连续模为

$$\omega(f,\delta)=\sup_{\|X_1-X_2\|\leqslant\delta}|f(X_1)-f(X_2)|$$

其中

$$X_1=(x_1,y_1),X_2=(x_2,y_2)$$

$$\|X_1-X_2\|=((x_1-x_2)^2+(y_1-y_2)^2)^{\frac{1}{2}}$$

又记

$$f_1=\frac{\partial f}{\partial x},f_2=\frac{\partial f}{\partial y},f_{11}=\frac{\partial^2 f}{\partial x^2}$$

$$f_{12}=\frac{\partial^2 f}{\partial x\partial y},f_{22}=\frac{\partial^2 f}{\partial y^2}$$

利用引理 1,采取与[4]类似的方法,可得以下结果:

定理 1　设 $f\in C(\Delta)$,则

$$|K_{n,s}(f;x,y)-f(x,y)|$$

$$\leqslant\left(2+\frac{1}{2}\left(1+\frac{s(s-1)}{n}\right)\right)\omega\left(f,\frac{1}{\sqrt{n}}\right)$$

定理 2　设 $f\in C^{(1)}(\Delta)$,则

$$|K_{n,s}(f;x,y)-f(x,y)|$$

$$\leqslant\frac{3}{2(n+2)}(\|f_1\|_{C(\Delta)}+\|f_2\|_{C(\Delta)})+$$

$$C_{n,s}\frac{1}{\sqrt{n}}\left(\omega\left(f_1,\frac{1}{\sqrt{n}}\right)+\omega\left(f_2,\frac{1}{\sqrt{n}}\right)\right)$$

其中

$$C_{n,s}=\left(\frac{1}{2}+\frac{1}{4}\left(1+\frac{s(s-1)}{n}\right)\right)^{\frac{1}{2}}+$$

$$\frac{1}{2}\left(1+\frac{s(s-1)}{n}\right)+1$$

定理 3　设 $f\in C^{(2)}(\Delta)$,则当 $n\to\infty$ 时,有如下的 Voronovskaja 型渐近等式

$$n[K_{n,s}(f;x,y)-f(x,y)]=\frac{1-4x}{2}f_1(x,y)+\frac{1-4y}{2}f_2(x,y)+\frac{1}{2}x(1-x)f_{11}(x,y)+\frac{1}{2}y(1-y)f_{22}(x,y)-xyf_{12}(x,y)+o_s(1)$$

§3 L^p 空间逼近

设 $f\in L^p(\Delta)(p\geqslant 1)$ 表示函数 $f(x,y)$ 定义在 $\mathbf{R}^2$ 上，在 $D=[0,1]\times[0,1]$ 上满足 $f(x,y)=f(1-y,1-x)$ 且关于分量 x,y 分别以 1 为周期，赋以范数

$$\|f\|_p=\left(\iint\limits_{\Delta}|f(u,v)|^p\mathrm{d}u\mathrm{d}v\right)^{\frac{1}{p}}<+\infty$$

我们有如下的逼近定理：

定理 4　设 $f\in L^p(\Delta)(1<p<\infty)$，则

$$\|K_{n,s}(f)-f\|_p\leqslant C_s\left\{\frac{1}{n}\|f\|_p+\omega_2\left(f,\frac{1}{\sqrt{n}}\right)_p\right\}$$

其中，C_s 是仅与 s 有关的正常数，$\omega_2(\cdot,\delta)_p$ 是二阶积分模(见[3]).

引理 2　设 $f\in L^p(\Delta)(p\geqslant 1)$，则

$$\|K_{n,s}(f)\|_p\leqslant C\|f\|_p$$

证明　注意到对 $a,b,c\in\mathbf{N}$，有

$$\iint x^a y^b(1-x-y)^c\mathrm{d}x\mathrm{d}y=\frac{a!\ b!\ c!}{(a+b+c+2)!}$$

由(2)，当 $p=1$ 时

$$
\begin{aligned}
&\| K_{n,s}(f) \|_1 \\
\leqslant & \sum_{k+l\leqslant n-s} \left\{ \frac{(n-s-k-l+1)(n+2)^2}{(n-s+3)(n-s+2)(n-s+1)} \cdot \right. \\
& \iint\limits_{I_{n,k,l}} | f(u,v) | \mathrm{d}u\mathrm{d}v + \\
& \frac{(k+1)(n+2)^2}{(n-s+3)(n-s+2)(n-s+1)} \cdot \\
& \iint\limits_{I_{n,k+s,l}} | f(u,v) | \mathrm{d}u\mathrm{d}v + \\
& \frac{(l+1)(n+2)^2}{(n-s+3)(n-s+2)(n-s+1)} \cdot \\
& \iint\limits_{I_{n,k,l+s}} | f(u,v) | \mathrm{d}u\mathrm{d}v \\
\leqslant & \frac{(n+2)^2}{(n-s+3)(n-s+2)} \cdot \\
& \sum_{k+l\leqslant n-s} \left\{ \iint\limits_{I_{n,k,l}} | f(u,v) | \mathrm{d}u\mathrm{d}v + \right. \\
& \iint\limits_{I_{n,k+s,l}} | f(u,v) | \mathrm{d}u\mathrm{d}v + \\
& \left. \iint\limits_{I_{n,k,l+s}} | f(u,v) | \mathrm{d}u\mathrm{d}v \right\} \\
\leqslant & 12 \iint | f(u,v) | \mathrm{d}u\mathrm{d}v = 12 \| f \|_1
\end{aligned}
$$

当 $p=\infty$ 时，由(1) 得

$$
\begin{aligned}
&\| K_{n,s}(f) \|_\infty \\
\leqslant & \| f \|_\infty \max_{(x,s)\in\Delta} \sum_{k+l\leqslant n} b_{n,k,l,s}(x,y) = \| f \|_\infty
\end{aligned}
$$

因此，由熟知的 Riesz 插值定理知引理 2 为真.

引理 3[3]　(i) 设 $f \in L^p(\Delta)(1 \leqslant p < \infty)$. 若记

$$
g(x,y) = \frac{1}{h^4} \iiiint\limits_{\frac{h}{2}} f(x+\alpha_1+\beta_1,
$$

$$y+\alpha_2+\beta_2)\mathrm{d}\alpha_1\mathrm{d}\alpha_2\mathrm{d}\beta_1\mathrm{d}\beta_2$$

则

$$\|g\|_p\leqslant\|f\|_p,\|f-g\|_p\leqslant\frac{1}{2}\omega_2\left(f,\frac{h}{2}\right)_p$$

$$\max\left(\left\|\frac{\partial^2 g}{\partial x^2}\right\|_p,\left\|\frac{\partial^2 g}{\partial y^2}\right\|_p,\left\|\frac{\partial^2 g}{\partial x\partial y}\right\|_p\right)\leqslant\frac{2}{h^2}\omega_2(f,h)_p$$

$$\left\|\frac{\partial g}{\partial x}\right\|_p\leqslant C\left(\|g\|_p+\left\|\frac{\partial^2 g}{\partial x^2}\right\|_p\right)$$

$$\left\|\frac{\partial g}{\partial y}\right\|_p\leqslant C\left(\|g\|_p+\left\|\frac{\partial^2 g}{\partial y^2}\right\|_p\right)$$

(ii) 设 $f\in L^p(\Delta)(1<p<\infty)$,则

$$\left\|\sup_n\frac{1}{u-x}\int\left|\frac{\partial^2 g(x,y)}{\partial x^2}\right|\mathrm{d}x\right\|_p\leqslant C\left\|\frac{\partial^2 g}{\partial x^2}\right\|_p$$

$$\left\|\sup_n\frac{1}{v-y}\int\left|\frac{\partial^2 g(x,y)}{\partial y^2}\right|\mathrm{d}y\right\|_p\leqslant C\left\|\frac{\partial^2 g}{\partial y^2}\right\|_p$$

$$\left\|\sup_n\frac{1}{v-y}\int\left(\sup_n\frac{1}{u-x}\int\left|\frac{\partial^2 g(x,y)}{\partial x\partial y}\right|\mathrm{d}x\right)\mathrm{d}y\right\|_p$$

$$\leqslant C\left\|\frac{\partial^2 g}{\partial x\partial y}\right\|_p$$

下面我们来证明定理 4. 由于

$$g(u,v)-g(x,y)=(u-x)\frac{\partial g(x,y)}{\partial x}+\int(u-\alpha)\frac{\partial^2 g(x,y)}{\partial\alpha^2}\mathrm{d}\alpha+(v-y)\frac{\partial g(x,y)}{\partial y}+\int(v-\beta)\frac{\partial^2 g(x,\beta)}{\partial\beta^2}\mathrm{d}\beta+\iint\frac{\partial^2 g(x,\beta)}{\partial\alpha\partial\beta}\mathrm{d}\alpha\mathrm{d}\beta$$

因此,由引理 2,引理 3 及引理 1 得

$$\|K_{n,s}(g)-g\|_p\leqslant\left\|\frac{\partial g}{\partial x}\right\|_p\cdot\max|K_{n,s}(u-x;x,y)|+$$

$$\left\|\frac{\partial g}{\partial y}\right\|_p \cdot \max \mid K_{n,s}(v-y;x,y)\mid +$$

$$C\left\{\left\|\frac{\partial^2 g}{\partial x^2}\right\|_p \cdot \max \mid K_{n,s}((u-x)^2;x,y)\mid +\right.$$

$$\left\|\frac{\partial^2 g}{\partial y^2}\right\|_p \cdot \max \mid K_{n,s}((v-y)^2;x,y)\mid +$$

$$\left\|\frac{\partial^2 g}{\partial x \partial y}\right\|_p \cdot \max \mid K_{n,s}(\frac{1}{2}(u-x)^2 +$$

$$\left.\frac{1}{2}(v-y)^2;x,y)\mid\right\}$$

$$\leqslant C \cdot \frac{1}{n}\left\{\| f \|_p + \frac{1}{h^2}\omega_2(f,h)_p\right\}$$

于是

$$\begin{aligned}\| K_{n,s}(f)-f \| &\leqslant C \| f-g \|_p + \\ &\quad \| K_{n,s}(g)-g \|_p \\ &\leqslant C\omega_2(f,h)_p + \\ &\quad C_s \cdot \frac{1}{n}\left\{\| f \|_p + \frac{1}{h^2}\omega_2(f,h)_p\right\}\end{aligned}$$

最后，只需取 $h^2 = n^{-1}$，即得定理 4. 证毕.

参考资料

[1] LORENTZ G G. Bernstein Polynomials[M]. Toronto: Univ of Toronto Press, 1953.

[2] DITZIAN Z. Pacific J of Math, 1986, 121(2): 293-319.

[3] 谢敦礼. 科学通报, 1983, 24: 1476-1479.

[4] 王仁宏. 无界函数逼近[M]. 北京: 科学出版社, 1983.

第23章 单纯形上 Stancu 算子的逼近定理[①]

河北经贸大学计算机中心的刘喜武,河北师范大学数学系的郭顺生两位教授2000年利用 Ditzian-Totik 模与 K－泛函的等价性,研究了单纯形上 Stancu 算子的逼近正逆定理.

§1 引 言

熟知,二维 Bernstein 算子为

$$B_n(f,x,y)$$

$$=\sum_{k+l\leqslant n} f(\frac{k}{n},\frac{l}{n})p_{n,k,l}(x,y)$$

① 本章摘自《四川大学学报(自然科学版)》,2000年4月,第37卷,第2期.

$$((x,y)\in S)$$

其中

$$p_{n,k,l}(x,y)=\frac{n!}{k!\ l!\ (n-k-l)!}\cdot x^k y^l(1-x-y)^{n-k-l}$$

$$S=\{(x,y)\mid x+y\leqslant 1\}$$

对于一维 Bernstein 算子及其变形算子的研究目前已有很多比较好的结果. 但是对于比较复杂的高维情形,目前研究较少. Ditzian 在文[6]中给出了高维 Bernstein 算子的逼近性质,但其结果与一维情形不太吻合. Berens 在文[7]中利用高维光滑模与 K - 泛函的等价性给出了与一维 Bernstein 算子相一致的高维 Bernstein 算子的正逆结果. 周定轩在文[8]中研究了 Bernstein 算子的一种变形算子 Bernstein-Durrmeyer 算子的逼近定理. 我们将在本章中给出其另一种变形算子——二维 Stancu 算子的定义并研究其逼近性质. 对于高维情形,可类似研究. 文中 C 表示常数,在不同的表达式中可能不同.

§2　定义及引理

二维 Stancu 算子定义为

$$L_n(f,x,y)$$
$$=\sum_{k+l\leqslant n-s}p_{n-s,k,l}(x,y)\left[(1-x-y)f\left(\frac{k}{n},\frac{l}{n}\right)+xf\left(\frac{k+s}{n},\frac{l}{n}\right)+yf\left(\frac{k}{n},\frac{l+s}{n}\right)\right]\tag{1}$$

其中 $f\in C(S)$, $p_{n-s,k,l}(x,y)$ 的定义同 Bernstein 算

子，$s \in \mathbf{N}, 0 \leqslant s \leqslant \frac{n}{2}$，且 s 为常数. 显然，当 $s=0$ 或 $s=1$ 时，$L_n(f,x,y)$ 表示 Bernstein 算子.

为证明结果，需要以下定义（见文[7]）

$$\varphi_1(x,y)=\sqrt{x(1-x-y)}$$

$$\varphi_2(x,y)=\sqrt{y(1-x-y)}$$

$$\varphi_3(x,y)=\sqrt{xy}$$

$$D_1=\frac{\partial}{\partial x}, D_2=\frac{\partial}{\partial y}$$

$$D_3=D_1-D_2, D_i^2=D_i(D_i) \quad (i=1,2,3)$$

$$K_\Phi^2(f,t^2)=\inf_{g\in D}\{\|f-g\|+t^2\sum_{i=1}^{3}\|\varphi_i^2 D_i^2 g\|\}$$

$$D=\{g \mid g\in C(S), D_i g\in AC_{\text{loc}}, \\ \|\varphi_i^2 D_i^2 g\|\leqslant +\infty\}$$

$$e_1=(1,0), e_2=(0,1), e_3=e_1-e_2, X=(x,y)$$

$$\Delta_{h\bar{e}}^2 f(X)=f(X+\frac{h\bar{e}}{2})-2f(X)+f(X-\frac{h\bar{e}}{2})$$

（$\bar{e}$ 为单位向量）

$$\omega_\Phi^2(f,t)=\sup_{0<h\leqslant t}\sum_{k=1}^{3}\|\Delta_{h\varphi_k e_k}^2 f\|$$

由文[7]知

$$K_\Phi^2(f,t^2)\sim\omega_\Phi^2(f,t)$$

引理 1 若 $f\in C(S)$，则

$$\|L_n f\|\leqslant\|f\|$$

证明 由(1)易证.

引理 2 若 $f\in C^2(S)$，则

$$\|L_n f-f\|\leqslant\frac{C}{n}\{\|f\|+\sum_{i=1}^{3}\|\varphi_i^2 D_i^2 f\|\}$$

证明　由文[7]或文[8]知,我们仅证 $x+y\leqslant\frac{3}{4}$ 即可.

通过计算可得

$$L_n(f,x,y)=\sum_{k=0}^{n-s}p_{n-s,k}(x)\sum_{l=0}^{n-s-k}p_{n-s-k,l}(\frac{y}{1-x})\cdot [(1-x-y)f(\frac{k}{n},\frac{l}{n})+ xf(\frac{k+s}{n},\frac{l}{n})+ yf(\frac{k}{n},\frac{l+s}{n})]$$

令

$$f_u(t)=f(u,(1-u)t),z=\frac{y}{1-x}$$

则

$$\begin{aligned}&|L_n(f,x,y)-f(x,y)|\\ \leqslant&\Big|\sum_{k=0}^{n-s}p_{n-s,k}(x)\sum_{l=0}^{n-s-k}p_{n-s-k,l}(z)\cdot\\ &\{(1-x)[(1-z)f(\frac{k}{n},\frac{l}{n})+\\ &zf(\frac{k}{n},\frac{s+l}{n})-f(\frac{k}{n},(1-\frac{k}{n})z)]+\\ &x[f(\frac{k+s}{n},\frac{l}{n})-f(\frac{k+s}{n},(1-\frac{k+s}{n})z)]\}\Big|+\\ &\Big|\sum_{k=0}^{n-s}p_{n-s,k}(x)[(1-x)f(\frac{k}{n},(1-\frac{k}{n})z)+\\ &xf(\frac{k+s}{n},(1-\frac{k+s}{n})z)-f(x,y)]\Big|\\ =:&I+J\end{aligned}\tag{2}$$

对于一维 Bernstein 算子,由文[5]知

$$\| B_n f - f \| \leqslant \frac{C}{n}(\| f \| + \| \varphi^2 f'' \|) \tag{3}$$

对于一维 Stancu 算子,由文[9]知

$$\| M_n f - f \| \leqslant \frac{C}{n}(\| f \| + \| \varphi^2 f'' \|) \tag{4}$$

故

$$\begin{aligned} I &\leqslant \sum_{k=0}^{n-s} p_{n-s,k}(x)\{(1-x) \mid M_{n-k}(f_{\frac{k}{n}}, z) - f_{\frac{k}{n}}(z) \mid + \\ &\quad x \mid B_{n-s-k}(f_{\frac{k+s}{n}}, z) - f_{\frac{k+s}{n}}(z) \mid\} \\ &\leqslant C \sum_{k=0}^{n-s} p_{n-s,k}(x) \frac{1}{n-s-k}(\| f \|_z + \| \varphi^2 f'' \|_z) \\ &\leqslant \frac{C}{n-s}(\| f \| + \| \varphi_2^2 D_2^2 f \|) \cdot \\ &\quad B_{n-s}((1-u)^{-1}, x)_{x+y \leqslant \frac{3}{4}} \\ &\leqslant \frac{C}{n-s}(\| f \| + \| \varphi_2^2 D_2^2 f \|) \end{aligned} \tag{5}$$

令

$$h(u) = f(u, (1-u)z)$$

则

$$J = | M_n(h, x) - h(x) | \leqslant \frac{C}{n}(\| f \|_u + \| \varphi^2 h'' \|_u) \tag{6}$$

因为

$$\varphi^2(u) h''(u) = [\varphi_1^2 D_1^2 f + \varphi_3^2 D_3^2 f - \frac{u}{1-u} \varphi_2^2 D_2^2 f](u, (1-u)z)$$

所以,对 $x + y \leqslant \frac{3}{4}$,有

$$J \leqslant \frac{C}{n}(\| f \| + \sum_{i=1}^{3} \| \varphi_i^2 D_i^2 f \|) \tag{7}$$

由(2)(5)及(7)可得此引理.

引理 3　若 $f\in C(S)$，则 $\|\varphi_i^2D_i^2L_n(f)\|\leqslant C_n\|f\|, i=1,2,3.$

证明　由文[7]或文[8]知，只需证明 $x+y\leqslant\frac{3}{4}$ 即可.

$$\varphi_1^2(x,y)\mid D_1^2L_n(f,x,y)\mid$$

$$\leqslant\varphi_1^2(x,y)\sum_{k+l\leqslant n-s}\mid\frac{\partial^2}{\partial x^2}p_{n-s,k,l}(x,y)\cdot$$

$$[(1-x-y)f(\frac{k}{n},\frac{1}{n})+$$

$$xf(\frac{k+s}{n},\frac{l}{n})+yf(\frac{k}{n},\frac{l+s}{n})]\mid+$$

$$\mid 2\frac{\partial}{\partial x}p_{n-s,k,l}(x,y)[f(\frac{k+s}{n},\frac{l}{n})-f(\frac{k}{n},\frac{1}{n})]\mid$$

$$\leqslant 4\|f\|\varphi_1^2(x,y)\sum_{k+l\leqslant n-s}[\mid\frac{\partial^2}{\partial x^2}p_{n-s,k,l}(x,y)\mid+$$

$$\mid\frac{\partial}{\partial x}p_{n-s,k,l}(x,y)\mid]$$

$$\leqslant 4\|f\|\varphi_1^2(x,y)[\sum_{k=0}^{n-s}\mid p''_{n-s,k}(x)\mid+$$

$$2\sum_{k=0}^{n-s}\mid p'_{n-s,k}(x)\mid\sum_{l=0}^{n-s-k}\mid p'_{n-s-k,l}(z)\frac{\partial z}{\partial x}\mid+$$

$$\sum_{k=0}^{n-s}p_{n-s,k}(x)\cdot\sum_{l=0}^{n-s-k}\mid p''_{n-s-k,l}(z)\frac{\partial z^2}{\partial x^2}\mid+$$

$$\sum_{k=0}^{n-s}\mid p'_{n-s,k}(x)\mid+\sum_{k=0}^{n-s}p_{n-s,k}(x)\cdot$$

$$\sum_{l=0}^{n-s-k}\mid p'_{n-s-k,l}(z)\frac{\partial z}{\partial x}\mid]$$

$$\leqslant 4\|f\|\varphi_1^2(x,y)[\frac{2(n-s)}{x(1-x)}+$$

$$\frac{2(n-s)}{\sqrt{x(1-x)z(1-z)}}\cdot\frac{y}{(1-x)^2}+$$

$$\frac{2y}{(1-x)^3}\cdot\frac{2(n-s)}{z(1-z)}+\frac{\sqrt{n-s}}{\sqrt{x(1-x)}}+$$

$$\frac{\sqrt{n-s}}{\sqrt{z(1-z)}}\cdot\frac{y}{(1-x)^2}]$$

$$\leqslant 40n\|f\|$$

其中用到了

$$\sum_{k=0}^{n}|p''_{n,k}(x)|\leqslant\frac{2n}{\varphi^2(x)}$$

及

$$\sum_{k=0}^{n}|p'_{n,k}(x)|\leqslant\frac{\sqrt{n}}{\varphi(x)}$$

(见文[1]). 同理可得

$$|\varphi_2^2(x,y)D_2^2L_n(f,x,y)|\leqslant C_n\|f\|$$

$$|\varphi_3^2(x,y)D_3^2L_n(f,x,y)|\leqslant C_n\|f\|$$

故此引理得证.

引理 4 若 $f\in C^2(S)$，则 $\|\varphi_i^2D_i^2L_nf\|\leqslant C\|\varphi_i^2D_i^2f\|,i=1,2,3$.

证明 同引理 3,只需证明

$$|\varphi_1^2(x,y)D_1^2L_nf(x,y)|_{x+y\leqslant\frac{3}{4}}\leqslant C\|\varphi_1^2D_1^2f\|$$

即可. 通过计算得

$$D_1^2L_n(f,x,y)$$

$$=(n-s)(n-s-1)\cdot\sum_{k+l\leqslant n-s-2}p_{n-s-2,k,l}(x,y)\cdot$$

$$[(1-x-y)\int_0^{\frac{1}{n}}\int_0^{\frac{1}{n}}D_1^2f(\frac{k}{n}+u+v,\frac{l}{n})\mathrm{d}u\mathrm{d}v+$$

$$x\int_0^{\frac{1}{n}}\int_0^{\frac{1}{n}}D_1^2f(\frac{k+s}{n}+u+v,\frac{l}{n})\mathrm{d}u\mathrm{d}v+$$

$$y\int_0^{\frac{1}{n}}\int_0^{\frac{1}{n}} D_1^2 f\left(\frac{k}{n}+u+v,\frac{l+s}{n}\right)\mathrm{d}u\mathrm{d}v\Big]+$$

$$2(n-s)\sum_{k+l\leqslant n-s-1} p_{n-s-1,k,l}(x,y)\cdot$$

$$\int_0^{\frac{1}{n}}\int_0^{\frac{s}{n}} D_1^2 f\left(\frac{k}{n}+u+v,\frac{l}{n}\right)\mathrm{d}u\mathrm{d}v$$

所以

$$\begin{aligned}
&|\varphi_1^2(x,y)D_1^2L_n(f,x,y)|\\
\leqslant&\|\varphi_1^2D_1^2f\|\varphi_1^2(x,y)\{(n-s)(n-s-1)\}\cdot\\
&\sum_{k+l\leqslant n-s-2} p_{n-s-2,k,l}(x,y)\cdot\\
&\Big[\int_0^{\frac{1}{n}}\int_0^{\frac{1}{n}}\varphi_1^{-2}\left(\frac{k}{n}+u+v,\frac{l}{n}\right)\mathrm{d}u\mathrm{d}v+\\
&\int_0^{\frac{1}{n}}\int_0^{\frac{1}{n}}\varphi_1^{-2}\left(\frac{k+s}{n}+u+v,\frac{l}{n}\right)\mathrm{d}u\mathrm{d}v+\\
&\int_0^{\frac{1}{n}}\int_0^{\frac{1}{n}}\varphi_1^{-2}\left(\frac{k}{n}+u+v,\frac{l+s}{n}\right)\mathrm{d}u\mathrm{d}v\Big]+\\
&2(n-s)\sum_{k+l\leqslant n-s-1} p_{n-s-1,k,l}(x,y)\cdot\\
&\int_0^{\frac{1}{n}}\int_0^{\frac{s}{n}}\varphi_1^{-2}\left(\frac{k}{n}+u+v,\frac{l}{n}\right)\mathrm{d}u\mathrm{d}v\}\\
\leqslant& C\|\varphi_1^2D_1^2f\|
\end{aligned}$$

证毕.

§3　相关定理

定理 1　若 $f\in C(S)$,则

$$\|L_n(f)-f\|\leqslant\frac{C}{n}\|f\|+C\omega_\Phi^2\left(f,\frac{1}{\sqrt{n}}\right)$$

证明　由 $K_\Phi^2(f,t^2)$ 的定义,可选择 $g\in D$ 使得

$$\| f-g \| + t^2 \sum_{i=1}^{3} \| \varphi_i^2 D_i^2 g \| \leqslant C K_{\Phi}^2(f,t^2) \quad (8)$$

由引理 1,引理 2 及

$$\omega_{\Phi}^2(f,t) \sim K_{\Phi}^2(f,t^2)$$

得

$$\begin{aligned} & \| L_n(f,x,y) - f(x,y) \| \\ \leqslant & \| L_n(f-g,x,y) \| + \| f-g \| + \\ & \| L_n(g,x,y) - g(x,y) \| \\ \leqslant & 2 \| f-g \| + \frac{C}{n}(\| g \| + \sum_{i=1}^{3} \varphi_i^2 D_i^2 f) \\ \leqslant & \frac{C}{n} \| f \| + C\omega_{\Phi}^2(f,\frac{1}{\sqrt{n}}) \end{aligned}$$

证毕.

定理 2　若 $f \in C(S)$, $0 < \alpha < 1$,则

$$\| L_n(f) - f \| = O(n^{-\alpha}) \Rightarrow \omega_{\Phi}^2(f,t) = O(t^{2\alpha})$$

证明　由(8),引理 3 和引理 4 可得

$$\begin{aligned} K_{\Phi}^2(f,t^2) & \leqslant \| f - L_n f \| + t^2 \sum_{i=1}^{3} \| \varphi_i^2 D_i^2 L_n f \| \\ & \leqslant \| f - L_n f \| + t^2 \sum_{i=1}^{3} (\| \varphi_i^2 D_i^2 L_n(f-g) \| + \\ & \quad \| \varphi_i^2 D_i^2 L_n g \|) \\ & \leqslant C n^{-\alpha} + C t^2 (n \| f-g \| + \sum_{i=1}^{3} \| \varphi_i^2 D_i^2 g \|) \\ & \leqslant C n^{-\alpha} + C t^2 n K_{\Phi}^2(f,\frac{1}{n}) \end{aligned}$$

由 Berens-Lorentz 引理[5] $K_{\Phi}^2(f,t^2) = O(t^{2\alpha})$. 根据

$$\omega_{\Phi}^2(f,t) \sim K_{\Phi}^2(f,t^2)$$

可得此定理.

由定理 1 及定理 2 立得:

推论　若 $f \in C(S), 0 < \alpha < 1$,则

$$\| L_n(f) - f \| = O(n^{-\alpha}) \Leftrightarrow \omega_\Phi^2(f,t) = O(t^{2\alpha})$$

参考资料

[1] Berens H, Lorentz G. Indiana Univ. Math. J, 1972,21:693-708.

[2] Ditzian Z. J. Approx. Theory, 1994,79:165-186.

[3] Guo S, Yue S, Li C, et al. Abstract and Applied Analysis, 1996,1(4):359-368.

[4] Zhou D. On a conjecture of Z. Ditzian, J. Approx. Theory, 1992,69:167-172.

[5] Ditzian Z, Totik V. Moduli of smoothness, Springer-Verlag, New York,1987.

[6] Ditzian Z. Pacific J. Math,1986,121:293-319.

[7] Berens H, Hu Y. Indag. Math. N. S, 1991, 2(4):411-421.

[8] Zhou D. X. Approx. Theory, 1992,70:68-93.

[9] 曹飞龙. 曲阜师范大学学报,1998,3:25-30.

单纯形上积分型 Stancu 算子对连续函数的逼近①

第 24 章

首都师范大学数学系的张春苟教授 2001 年首先构造了单纯形上积分型 Stancu 算子，其次讨论了它对连续函数的逼近. 运用 Mamedov-Shisha 和 Devore-Freud 量化方法，得到了该算子对连续函数及连续可微函数的逼近度，并给出了它的 Vonorovskya 型渐近公式.

§1 引 言

Stancu 算子可以看作是 Bernstein 算子[1] 的一种推广形式，其多元形式

① 本章摘自《数学杂志》，2001 年，第 21 卷，第 2 期.

有两种变形：一是 Kantorovich 变形[2]，另一是 Durrmeyer 变形，也叫积分型，定义如下.

设

$$\Delta=\{(k,y)\in \mathbf{R}^2: x,y\geqslant 0; x+y\leqslant 1\}$$

是单纯形. $C^{(r)}(\Delta)$ 表示 Δ 上具有 r 阶连续偏导数的函数空间，并赋以一致范 $\|\circ\|$，简记 $C^{(0)}(\Delta)=C(\Delta)$ 表示 Δ 上的连续函数空间.

$L^p(\Delta)(1\leqslant p<\infty)$ 表示 Δ 上 p 方可积函数空间，并赋以通常意义下的 p 范，简记

$$L^1(\Delta)=L(\Delta)$$

对于 $f(u,v)\in L(\Delta)$，则其在单纯形 Δ 上的积分型 Stancu 算子定义为

$$\begin{aligned}
&M_{ns}(f;x,y)\\
&=(n+1)(n+2)\sum_{k+m\leqslant n-s}P_{n-s,k,m}(x,y)\cdot\\
&\quad\{(1-x-y)\iint_{\Delta}P_{n,k,m}(u,v)f(u,v)\mathrm{d}u\mathrm{d}v+\\
&\quad x\iint_{\Delta}P_{n,k+s,m}(u,v)f(u,v)\mathrm{d}u\mathrm{d}v+\\
&\quad y\iint_{\Delta}P_{n,k,m+s}(u,v)f(u,v)\mathrm{d}u\mathrm{d}v\}\\
&\equiv M_{ns}^{(1)}(f;x,y)+M_{ns}^{(2)}(f;x,y)+M_{ns}^{(3)}(f;x,y)
\end{aligned}$$

这里

$$P_{n,k,m}(x,y)=\binom{n}{k,m}x^k y^m(1-x-y)^{n-k-m}$$

$$\begin{aligned}
\binom{n}{k,m}&=\binom{n}{k}\binom{n-k}{m}\\
&=\frac{n!}{k!\,(n-k)!}\cdot\frac{(n-k)!}{m!\,(n-k-m)!}
\end{aligned}$$

n 是自然数，k,m 是非负整数. 参数 s 是满足 $0\leqslant s<\frac{n}{2}$ 的整数.

定理1 当 $s=0$ 或 1 时，算子 $M_{ns}(f;x,y)$ 化为如下熟知的 Bernstein-Durrmeyer 算子[3]

$$D_n(f;x,y)=(n+1)(n+2)\sum_{k+m\leqslant n}P_{n,k,m}(x,y)\cdot\iint_{\Delta}P_{n,k,m}(u,v)\mathrm{d}u\mathrm{d}v$$

证明 当 $s=0$ 时，结论显然成立. 当 $s=1$ 时，因为

$$\begin{aligned}M_{ns}^{(1)}(f;x,y)=&(n+1)(n+2)\sum_{k+m\leqslant n-1}P_{n-1,k,m}(x,y)\cdot\\&(1-x-y)\iint_{\Delta}P_{n,k,m}(u,v)f(u,v)\mathrm{d}u\mathrm{d}v\\=&(n+1)(n+2)\sum_{k+m\leqslant n-1}P_{n,k,m}(x,y)\cdot\\&(1-\frac{k}{n}-\frac{m}{n})\iint_{\Delta}P_{n,k,m}(u,v)f(u,v)\mathrm{d}u\mathrm{d}v\\=&(n+1)(n+2)\sum_{k+m\leqslant n}P_{n,k,m}(x,y)\cdot\\&(1-\frac{k}{n}-\frac{m}{n})\iint_{\Delta}P_{n,k,m}(u,v)f(u,v)\mathrm{d}u\mathrm{d}v\end{aligned}$$

$$\begin{aligned}M_{ns}^{(2)}(f;x,y)=&(n+1)(n+2)\sum_{k+m\leqslant n-1}P_{n-1,k,m}(x,y)\cdot\\&x\iint_{\Delta}P_{n,k+1,m}(u,v)f(u,v)\mathrm{d}u\mathrm{d}v\\=&(n+1)(n+2)\sum_{k+m\leqslant n-1}P_{n,k+1,m}(x,y)\cdot\\&\frac{k+1}{n}\iint_{\Delta}P_{n,k+1,m}(u,v)f(u,v)\mathrm{d}u\mathrm{d}v\\=&(n+1)(n+2)\sum_{k+m\leqslant n}P_{n,k,m}(x,y)\cdot\end{aligned}$$

$$\frac{k}{n}\iint\limits_{\Delta}P_{n,k,m}(u,v)f(u,v)\mathrm{d}u\mathrm{d}v$$

同理

$$\begin{aligned}M_{ns}^{(3)}(f;x,y)&=(n+1)(n+2)\sum_{k+m\leqslant n-1}P_{n-1,k,m}(x,y)\cdot\\&\quad y\iint\limits_{\Delta}P_{n,k,m+1}(u,v)f(u,v)\mathrm{d}u\mathrm{d}v\\&=(n+1)(n+2)\sum_{k+m\leqslant n}P_{n,k,m}(x,y)\cdot\\&\quad\frac{m}{n}\iint\limits_{\Delta}P_{n,k,m}(u,v)f(u,v)\mathrm{d}u\mathrm{d}v\end{aligned}$$

所以

$$\begin{aligned}M_{ns}(f;x,y)&=(n+1)(n+2)\sum_{k+m\leqslant n}P_{n,k,m}(x,y)\cdot\\&\quad\iint\limits_{\Delta}P_{n,k,m}(u,v)f(u,v)\mathrm{d}u\mathrm{d}v\\&=D_n(f;x,y)\end{aligned}$$

证毕.

易知,算子 $M_{ns}(f;x,y)$ 是正线性算子.本章将讨论它对连续函数的逼近,主要结果放在 §3,所需的引理放在 §2,而它在 $L^p(\Delta)(1\leqslant p<\infty)$ 空间的逼近正逆定理将另文讨论.

§2　引　　理

首先注意到,当 p,q,r 是非负整数时,有

$$\iint\limits_{\Delta}x^py^q(1-x-y)^r\mathrm{d}x\mathrm{d}y=\frac{p!\ q!\ r!}{(p+q+r+2)!}$$

其次,有

$$\sum_{k_1+k_2\leqslant n} P_{n,k_1,k_2}(x_1,x_2)=1 \tag{1}$$

$$\sum_{k_1+k_2\leqslant n} k_i P_{n,k_1,k_2}(x_1,x_2)=nx_i \tag{2}$$

$$\sum_{k_1+k_2\leqslant n} k_i^2 P_{n,k_1,k_2}(x_1,x_2)=nx_i^2+nx_i(1-x_i) \tag{3}$$

$$\sum_{k_1+k_2\leqslant n} k_1 k_2 P_{n,k_1,k_2}(x_1,x_2)=n(n-1)x_1x_2 \tag{4}$$

这里 $i=1,2$;$(x_1,x_2)\in\Delta$;k_1,k_2 是非负整数. 这样,经直接计算不难得到如下引理:

引理 1

$$M_{ns}(1;x,y)=1$$

$$M_{ns}(u-x;x,y)=\frac{1-3x}{n+3}$$

$$M_{ns}(v-y;x,y)=\frac{1-3y}{n+3}$$

$$M_{ns}((u-x)^2;x,y)$$
$$=\frac{2nx(1-x)}{(n+3)(n+4)}+\frac{s(s-1)x(1-x)}{(n+3)(n+4)}+\frac{12x^2-8x+2}{(n+3)(n+4)}$$

$$M_{ns}((v-y)^2;x,y)$$
$$=\frac{2ny(1-y)}{(n+3)(n+4)}+\frac{s(s-1)y(1-y)}{(n+3)(n+4)}+\frac{12y^2-8y+2}{(n+3)(n+4)}$$

$$M_{ns}((u-x)(v-y);x,y)$$
$$=\frac{2nxy}{(n+3)(n+4)}+$$
$$\frac{s(1-s)xy}{(n+3)(n+4)}+\frac{12xy-4(x+y)+1}{(n+3)(n+4)}$$

引理 2

$$M_{ns}((u-x)^4;x,y)=O_s(n^{-2})$$
$$M_{ns}((v-y)^4;x,y)=O_s(n^{-2})$$

证明 由计算可得

$$\sum_{k=0}^{n}\left(\frac{k}{n}\right)^{3}P_{n,k}(x)=x^{3}+\frac{x^{2}(3-3x)}{n}+O(n^{-2})$$

$$\sum_{k=0}^{n}\left(\frac{k}{n}\right)^{4}P_{n,k}(x)=x^{4}+\frac{x^{3}(6-6x)}{n}+O(n^{-2})$$

这里 $P_{n,k}(x)=\binom{k}{n}x^{k}(1-x)^{n-k}$ 是一元Bernstein多项式,从而有

$$\begin{aligned}
&M_{ns}(u^{3};x,y)\\
=&(n+1)(n+2)\sum_{k+m\leqslant n-s}P_{n-s,k,m}(x,y)\cdot\\
&\left\{(1-x-y)\frac{(k+1)\cdots(k+3)}{(n+1)\cdots(n+5)}+\right.\\
&x\frac{(k+s+1)\cdots(k+s+3)}{(n+1)\cdots(n+5)}+\\
&\left.y\frac{(k+1)\cdots(k+3)}{(n+1)\cdots(n+5)}\right\}\\
=&\frac{1}{(n+3)(n+4)(n+5)}\sum_{k+m\leqslant n-s}P_{n-s,k,m}(x,y)\cdot\\
&\{(1-x)(k+1)(k+2)(k+3)+\\
&x(k+s+1)(k+s+2)(k+s+3)\}\\
=&\frac{1}{(n+3)(n+4)(n+5)}\sum_{k+m\leqslant n-s}P_{n-s,k,m}(x,y)\cdot\\
&\{k^{3}+(6+3sx)k^{2}+O_{s}(n^{-2})\}\\
=&\frac{(n-s)^{3}}{(n+3)(n+4)(n+5)}\sum_{k=0}^{n-s}\left(\frac{k}{n-s}\right)^{3}P_{n-s,k}(x)+\\
&\frac{(n-s)^{2}(6+3sx)}{(n+3)(n+4)(n+5)}\sum_{k=0}^{n-s}\left(\frac{k}{n-s}\right)^{2}\cdot\\
&P_{n-s,k}(x)+O_{s}(n^{-2})\\
=&x^{3}+\frac{3x^{2}}{n}(3-5x)+O_{s}(n^{-2})
\end{aligned}$$

类似地可得

$$M_{ns}(u^4;x,y)=x^4+\frac{8x^3(2-3x)}{n}+O_s(n^{-2})$$

所以得到

$$\begin{aligned}&M_{ns}((u-x)^4;x,y)\\&=x^4+\frac{8x^3(2-3x)}{n}-4x\left(x^3+\frac{3x^2(3-5x)}{n}\right)+\\&\quad 6x^2\ \frac{2x(1-x)}{n}+\\&\quad 8x^3\ \frac{1-3x}{n}+3x^4+O_s(n^{-2})\\&=O_s(n^{-2})\end{aligned}$$

另一式同理可证. 证毕.

§3 主要结果

设 $W>0$, $P_1(u,v)$ 和 $P_2(x,y)$ 是单纯形 Δ 上的任意两点,它们间的欧氏距离记为 $\|P_1-P_2\|$. 对于 $f\in C(\Delta)$,则其在单纯形 Δ 上的光滑模为

$$k(f;W)=\sup_{\|P_1-P_2\|\leqslant W}|f(P_1)-f(P_2)|$$

定理 2 (i) 若 $f\in C(\Delta)$,则

$$\|M_{ns}(f)-f\|\leqslant\left(2+\frac{s(s-1)+8}{n}\right)k\left(f;\frac{1}{n}\right)$$

(ii) 若 $f\in C^{(1)}(\Delta)$,则

$$\begin{aligned}\|M_{ns}-f\|\leqslant&\frac{2}{n+3}(\|f'_x\|+\|f'_y\|)+\\&\frac{1}{n}\left(1+\frac{s(s-1)+16}{n}\right)\cdot\\&\left(k\left(f'_x;\frac{1}{n}\right)+k\left(f'_y;\frac{1}{n}\right)\right)\end{aligned}$$

证明　首先有

$$k(f;\|P_1-P_2\|)\leqslant(1+\frac{1}{W^2}\|P_1-P_2\|^2)k(f;W)$$

其次由引理 1 有

$$\begin{aligned}&|M_{ns}(f;x,y)-f(x,y)|\\ \leqslant&M_{ns}(|f(P_1)-f(P_2)|;x,y)\\ \leqslant&k(f;W)\left(1+\frac{1}{W^2}M_{ns}(\|P_1-P_2\|^2;x,y)\right)\\ \leqslant&k(f;W)\left\{1+\frac{1}{W^2}\left(\frac{2nx(1-x)}{(n+3)(n+4)}+\right.\right.\\ &\frac{2ny(1-y)}{(n+3)(n+4)}+\frac{12x^2-8x+2}{(n+3)(n+4)}+\\ &\frac{12y^2-8y+2}{(n+3)(n+4)}+\frac{s(s-1)x(1-x)}{(n+3)(n+4)}+\\ &\left.\left.\frac{s(s-1)y(1-y)}{(n+3)(n+4)}\right)\right\}\\ \leqslant&k(f;W)\left(1+\frac{1}{W^2}(\frac{1}{n}+\frac{s(s-1)}{n^2}+\frac{8}{n^2})\right)\end{aligned}$$

取 $W=\frac{1}{n}$,则得结论(i).

由微分中值定理得

$$\begin{aligned}&f(P_1)-f(P_2)\\ =&f'_x(P_2)(u-x)+f'_y(P_2)(v-y)+\\ &[f'_x(P_3)-f'_x(P_2)](u-x)+\\ &[f'_y(P_3)-f'_y(P_2)](v-y)\end{aligned}$$

其中点 P_3 介于 P_1,P_2 之间.再利用引理 1,则

$$\begin{aligned}&|M_{ns}(f;x,y)-f(x,y)|\\ =&|M_{ns}(f(P_1)-f(P_2);x,y)|\\ \leqslant&\left[|f'_x(P_2)|\left|\frac{1-3x}{n+3}\right|+|f'_y(P_2)|\left|\frac{1-3y}{n+3}\right|\right]+\end{aligned}$$

$$|M_{ns}([f'_x(P_3)-f'_y(P_2)](u-x);x,y)|$$
$$\leqslant \frac{2}{n+3}(\|f'_x\|+\|f'_y\|)+$$
$$M_{ns}(k(f'_x;\|P_1-P_2\|)|u-x|;x,y)+$$
$$M_{ns}(k[f'_y;\|P_1-P_2\|]|v-y|;x,y)$$

利用连续模的性质和线性算子 Schwarz 不等式[2]，可得

$$M_{ns}(k(f'_x;\|P_1-P_2\|)|u-x|;x,y)$$
$$\leqslant M_{ns}(k(f'_x;W)(1+$$
$$\frac{1}{W}\|P_1-P_2\|)|u-x|;x,y)$$
$$\leqslant k(f'_x;W)M_{ns}(|u-x|+$$
$$\frac{1}{W}\|P_1-P_2\|\ |u-x|;x,y)$$
$$\leqslant k(f'_x;W)\{[M_{ns}((u-x)^2;x,y)]^{\frac{1}{2}}+$$
$$\frac{1}{W}[\frac{3}{2}M_{ns}((u-x)^2;x,y)+$$
$$\frac{1}{2}M_{ns}((v-y)^2;x,y)]\}$$
$$\leqslant k(f'_x;W)\left\{\frac{1}{n}\left(\frac{1}{2}+\frac{s(s-1)+16}{2(n+3)}\right)^{\frac{1}{2}}+\right.$$
$$\left.\frac{1}{W_n}\left(1+\frac{s(s-1)+16}{n+3}\right)\right\}$$

取 $W=\frac{1}{n}$，则

$$M_{ns}(k(f'_x;\|P_1-P_2\|)|u-x|;x,y)$$
$$\leqslant k\left(f'_x;\frac{1}{n}\right)\frac{2}{n}\left(1+\frac{s(s-1)+16}{n+3}\right)$$

同理

$$M_{ns}(k(f'_y;\|P_1-P_2\|)\,|v-y|;x,y)$$
$$\leqslant k\left(f'_y;\frac{1}{n}\right)\frac{2}{n}\left(1+\frac{s(s-1)+16}{n+3}\right)$$

这样便可得(ii). 证毕.

定理 3　若 $f\in C^{(2)}(\Delta)$,则当 $n\to\infty$ 时,有

$$n(M_{ns}(f;x,y)-f(x,y))$$
$$=(1-3x)f'_x(x,y)+(1-3y)f'_y(x,y)+$$
$$x(1-x)f''_{x^2}(x,y)-2xyf''_{xy}(x,y)+$$
$$y(1-y)f''_{y^2}(x,y)+O_s(1)$$

证明　若 $f\in C^{(2)}(\Delta)$,则有

$$f(u,v)-f(x,y)$$
$$=f'_x(x,y)(u-x)+$$
$$f'_x(x,y)(v-y)+$$
$$\frac{f''_{x^2}(x,y)(u-x)^2}{2}+\frac{f''_{y^2}(x,y)(v-y)^2}{2}+$$
$$f''_{xy}(x,y)(u-x)(v-y)+$$
$$T(x-u,v-y)\|P_1-P_2\|^2$$

这里 $T(u,v)$ 是 Δ 上的有界连续函数,且 $\lim\limits_{(u,v)\to(0,0)}T(u,v)=0$,于是利用引理 2 可得[2]

$$nM_{ns}(T(u-x,v-y)\|P_1-P_2\|^2;x,y)\to 0\quad(n\to\infty)$$

定理得证. 证毕.

参考资料

[1] G. Lorentz. Bernstein Polynomials [M]. Toronto: Uni. of Toronto Press, 1953.

[2] 熊静宜，杨汝月，曹飞龙. 单纯形上 Stancu-Kantorovich 多项式的逼近[J]. 曲阜师范大学学报，1993，19(4)：29-34.

[3] Zhou Dingxuan (周定轩). Inverse Theorems for Some Multidimensional Operators Approx[J]. Theory and Its Appl., 1990，6(4)：25-39.

[4] Z. Ditzian. Inverse Theorems for Multidimensional Bernstein Operators[J]. Pacific. J. of Math., 1986，121(2)：293-319.

第五编

B样条、B网、B形式

第25章 B 样条函数(一)

§1 引　　言

多项式样条函数是样条函数理论中最基本的内容,它的应用也最广.多项式 B 样条函数(以下简称 B 样条)在多项式样条函数理论中起着极其重要的作用,并且已成为构造曲线、曲面与计算多项式样条的最为有效的工具.

B 样条最早是1966年I.J.Schoenberg提出的,到目前为止已有大量的文献对它进行了深入的研究.中国科学院数学研究所样条函数小组

对 B 样条方面的重要理论结果作出严格的、较为系统的介绍. §2 引入了多项式样条的最一般定义. §3 介绍广义差商及其特性.

我们仅限于有限区间情形的讨论. 这些结果都可以进一步推广到无限区间及 Chebyshev 样条的情形中去.

§2　多项式样条函数的一般定义

假定 $I=[a,b]$ 为有限区间,$m\geqslant 1$ 为正整数. 给定 I 上的分划 $\Delta=\{x_i\}_0^N$,有

$$\Delta: a=x_0<x_1<\cdots<x_{N-1}<x_N=b \qquad (1)$$

与非负整数向量 $\boldsymbol{z}=(z_1,\cdots,z_{N-1})$,其中

$$0\leqslant z_i\leqslant m, 1\leqslant i\leqslant N-1 \qquad (2)$$

于是可引入:

定义 1　若 $s(x)$ 满足:

(a) 在区间 $[x_0,x_1)$,(x_i,x_{i+1}),$1\leqslant i\leqslant N-2$,$(x_{N-1},x_N]$ 上 $s(x)$ 为幂次 $\leqslant m-1$ 的多项式;

(b) $s(x)$ 在 $x_i(1\leqslant i\leqslant N-1)$ 具有 $m-1-z_i$ 阶连续导数($z_i=m$ 时 $s(x)$ 在 x_i 处为不连续);

则称 $s(x)$ 为以 x_i 为 $z_i(1\leqslant i\leqslant N-1)$ 重节点的 $m-1$ 次(或 m 阶)多项式样条函数.

满足定义 1 的 $s(x)$ 也可以称为以 Δ 为节点且具有亏度 $\boldsymbol{z}$ 的 $m-1$ 次(m 阶)样条函数.

亏度一词是指 $s(x)$ 于节点 $x_i(1\leqslant i\leqslant N-1)$ 处相对于"$m-1$ 阶导数为连续"的不足程度. 下述特例是显然的:

(i) 当 $N=1$ 时,$s(x)$ 为 $[a,b]$ 上的幂次 $\leqslant m-1$

的多项式.

(ii) 当 $z_i=0$ 时,$s(x)$ 在$[x_{i-1},x_i)$ 与$[x_i,x_{i+1})$ 上为同一个幂次 $\leqslant m-1$ 的多项式. 当 $z_i=m$ 时 $s(x)$ 在 (x_{i-1},x_i) 与(x_i,x_{i+1}) 上为两段互不连续的多项式.

由于(ii) 的说明,因此今后恒假定

$$1\leqslant z_i\leqslant m,1\leqslant i\leqslant N-1 \tag{3}$$

(iii) 若 $m=$偶数,并且 $z_i=1,1\leqslant i\leqslant N-1$,则 $s(x)$ 即简单的奇次多项式样条函数.

满足定义1的函数其全体所成的集合记为 $\mathscr{S}(m,\Delta,z)$.

定理1　$s(x)\in\mathscr{S}(m,\Delta,\boldsymbol{z})$ 的充要条件是 $s(x)$ 可表为

$$s(x)=\sum_{i=0}^{N-1}\Big(\sum_{j=0}^{z_i-1}c_{ij}(x-x_i)_+^{m-1-j}\Big) \tag{4}$$

这里,规定 $z_0=m$,并且

$$x_+^k=\begin{cases}x^k,x\geqslant 0\\ 0,x<0\end{cases}\quad(k\geqslant 0) \tag{5}$$

证明　条件的充分性是显然的. 现证必要性. 设 $s(x)$ 满足定义1. 由定义1(a) 知,当 $x\in[x_0,x_1)$ 时 $s(x)$ 可表为 $\sum\limits_{j=0}^{m-1}c_{0j}(x-x_0)^{m-1-j}$. 命

$$s_1(x)=s(x)-\sum_{j=0}^{m-1}c_{0j}(x-x_0)^{m-1-j}\quad(x\in[a,b])$$

则 $s_1(x)$ 仍满足定义1,并且

$$s_1(x)=\begin{cases}0,x\in[x_0,x_1)\\ \sum\limits_{j=0}^{m-1}c_{1j}(x-x_j)^{m-1-j},x\in[x_1,x_2)\end{cases}$$

利用定义1的性质(b) 立即知

$$s_1(x)=\sum_{j=0}^{z_1-1}c_{1j}(x-x_1)^{m-1-j}\quad(x\in[x_1,x_2))$$

再令

$$s_2(x)=s(x)-\sum_{i=0}^{1}\sum_{j=0}^{z_i-1}c_{ij}(x-x_i)_+^{m-1-j}$$
$$(x\in[a,b])$$

于是 $s_2(x)$ 仍然满足定义 1,并且

$$s_2(x)=\begin{cases}0,x\in[x_0,x_2)\\ \sum_{j=0}^{m-1}c_{2j}(x-x_2)^{m-1-j},x\in[x_2,x_3)\end{cases}$$

同样由定义 1 的性质(b) 可知

$$s_2(x)=\sum_{j=0}^{z_2-1}c_{2j}(x-x_2)^{m-1-j}\quad(x\in[x_2,x_3))$$

依此类推,可定义

$$s_l(x)=s(x)-\left(\sum_{i=0}^{l-1}\sum_{j=0}^{z_i-1}c_{ij}(x-x_i)_+^{m-1-j}\right)$$
$$(3\leqslant l\leqslant N-1)$$

并且必然有

$$s_l(x)=\begin{cases}0,x\in[x_0,x_l)\\ \sum_{j=0}^{z_l-1}c_{lj}(x-x_l)^{m-1-j},x\in[x_l,x_{l+1})\end{cases}$$

故最后 $s(x)$ 可表为(3) 的形式.定理 1 证毕.

上述证明过程也体现了下述性质:

$s(x)\equiv 0,x\in[a,b]\Leftrightarrow$(4) 中所有的 c_{ij} 等于 0.因此函数组

$\{(x-x_i)_+^{m-1-j};j=0,1,\cdots,z_i-1,i=0,1,\cdots,N-1\}$

为线性独立系,而 $\mathscr{S}(m,\Delta,\boldsymbol{z})$ 即由上述函数组为基底所张成的 $m+\sum_{i=1}^{N-1}z_i$ 维线性空间. $\mathscr{S}(m,\Delta,\boldsymbol{z})$ 称为样条函数空间.以(4) 形式表示的 $s(x)$ 称为样条函数 $s(x)$ 的截尾表示法.截尾表示法在理论研究时是不方便的,

而且在实际计算时也不稳定，因此必须采用别的函数组作为 $\mathscr{H}(m,\Delta,z)$ 的基底. 本章所介绍的 B 样条可克服这一缺点.

B 样条是在广义差商的基础上引入的. 为此，我们先转入广义差商的讨论.

§3　广义差商及其特性

让我们先回忆一下 Vandermonde 行列式与普通差商的定义. 假定 $y_0,\cdots,y_m$ 两两互异，于是有众所周知的 Vandermonde 行列式

$$V(y_0,\cdots,y_m)=\begin{vmatrix}1 & \cdots & 1\\ y_0 & \cdots & y_m\\ \vdots & & \vdots\\ y_0^m & \cdots & y_m^m\end{vmatrix}=\prod_{i>j}^{m}(y_i-y_j)\neq 0 \tag{6}$$

并且函数 $f(t)$ 关于点列 $y_0,\cdots,y_m$ 的 m 阶差商 $\omega(f,y_0,\cdots,y_m)$ 可表为

$$\omega(f;y_0,\cdots,y_m)=\frac{\begin{vmatrix}1 & \cdots & 1\\ y_0 & \cdots & y_m\\ \vdots & & \vdots\\ y_0^{m-1} & \cdots & y_m^{m-1}\\ f(y_0) & \cdots & f(y_m)\end{vmatrix}}{V(y_0,\cdots,y_m)}=\sum_0^m\frac{f(y_i)}{w'(y_i)} \tag{7}$$

这里

$$w(y)=(y-y_0)\cdots(y-y_m)$$

关于普通差商有下述性质：

(1) 差商的递推公式

$$\begin{cases}\omega(f;y_0,y_1)=\dfrac{f(y_1)-f(y_0)}{y_1-y_0}\\ \omega(f;y_0,\cdots,y_k)\\ =\dfrac{\omega(f;y_1,\cdots,y_k)-\omega(f;y_0,\cdots,y_{k-1})}{y_k-y_0},\\ k\geqslant 1\end{cases} \tag{8}$$

(2) 对任意函数 g_i 与实数 $c_i(1\leqslant i\leqslant s)$，成立

$$\omega\left(\sum_1^s c_i g_i;y_0,\cdots,y_m\right)=\sum_1^s c_i\omega(g_i;y_0,\cdots,y_m)$$

(3) 若 $0\leqslant r\leqslant m-1$，且 r 为非负整数，则

$$\omega(x^r;y_0,\cdots,y_m)=0$$

(4) 若 $(i_0,\cdots,i_m)$ 为 $(0,\cdots,m)$ 的任一置换，则

$$\omega(f;y_0,\cdots,y_m)=\omega(f;y_{i_0},\cdots,y_{i_m})$$

(5) 若 $f(x)$ 在 x_0 处有 m 阶连续导数，则

$$\lim_{\substack{y_i\to x_0\\ 0\leqslant i\leqslant m}}\omega(f;y_0,\cdots,y_m)=\frac{f^{(m)}(x_0)}{m!}$$

众所周知(7)与(8)是普通差商的等价性定义.

今推广上述差商定义. 这里所采用的叙述可能较为繁复，但它对于今后了解 B 样条的特性以及 B 样条的表示定理是十分有益的. 此外，它还可以顺便得到一些极为重要而有趣的结果(即下述的定理 2 与定理 3).

假定点列

$$y_{11},\cdots,y_{1\alpha_1};\cdots,y_{s1},\cdots,y_{s\alpha_s} \tag{9}$$

中诸 y_{jk} 两两互异，并且

$$\alpha_1+\cdots+\alpha_s=m+1$$

记

$$c_{\alpha_i f}=\begin{vmatrix} 1 & \cdots & 1 \\ y_{i1} & \cdots & y_{i\alpha_i} \\ \vdots & & \vdots \\ y_{i1}^{m-1} & \cdots & y_{i\alpha_i}^{m-1} \\ f(y_{i1}) & \cdots & f(y_{i\alpha_i}) \end{vmatrix} \quad (1\leqslant i\leqslant s) \tag{10}$$

$$D_{\alpha_i f}=\begin{vmatrix} 1 & 0 & \cdots & 0 \\ x_i & \binom{1}{1} & & \vdots \\ x_i^2 & \binom{2}{1}x_i & & \vdots \\ \vdots & \vdots & & 0 \\ \vdots & \vdots & & \binom{\alpha_i-1}{\alpha_i-1} \\ \vdots & \vdots & & \binom{\alpha_i}{\alpha_i-1}x_i \\ \vdots & \vdots & & \vdots \\ x_i^{m-1} & \binom{m-1}{1}x_i^{m-2} & \cdots & \binom{m-1}{\alpha_i-1}x_i^{m-\alpha_i} \\ f(x_i) & \frac{f'(x_i)}{1!} & \cdots & \frac{f^{(\alpha_i-1)}(x_i)}{(\alpha_i-1)!} \end{vmatrix} \tag{11}$$

$$D=\det(\mid D_{\alpha_1 x^m}\mid\cdots\mid D_{\alpha_s x^m}\mid) \tag{12}$$

于是可得下述性质：

性质 1　如果 $x_i(1\leqslant i\leqslant s)$ 两两互异,则：

(1) 当 $f(x)=x^m$ 时

$$D=\prod_{i>j}^{s}(x_i-x_j)^{\alpha_i\alpha_j}\neq 0 \tag{13}$$

(2) 如果 $f^{(\alpha_i-1)}(x_i)$ 在 x_i 处存在且连续,$1\leqslant i\leqslant s$,则当$(y_{i1},\cdots,y_{i\alpha_i})\to(x_i,\cdots,x_i)$,$1\leqslant i\leqslant s$ 时,成立

$$\lim_{\substack{(y_{i1},\cdots,y_{i\alpha_i})\to(x_i,\cdots,x_i)\\1\leqslant i\leqslant s}}\omega(f;y_{11},\cdots,y_{s\alpha_s})$$

$$=\frac{\det(\mid D_{\alpha_1 f}\mid\cdots\mid D_{\alpha_s f}\mid)}{D}\tag{14}$$

注 D 称为广义的 Vandermonde 行列式或者聚合行列式；而(14) 所得的结果称为 m 阶广义(或聚合)差商，并记为

$$\omega(f;\underbrace{x_1,\cdots,x_1}_{\alpha_1},\cdots,\underbrace{x_s,\cdots,x_s}_{\alpha_s})\tag{15}$$

证明 设 $y_{ij}(j=1,\cdots,\alpha_i,i=1,\cdots,s)$ 两两互异，故由(6) 得

$$V(y_{11},\cdots,y_{s\alpha_s})=\left[\prod_{\substack{i>j\\1\leqslant p\leqslant\alpha_i\\1\leqslant q\leqslant\alpha_i}}(y_{ip}-y_{jq})\right]\cdot$$

$$\left[\prod_{\substack{i=1\\1\leqslant j<k\leqslant\alpha_i}}^{s}(y_{ik}-y_{ij})\right]\tag{16}$$

对上式左端行列式中的前 α_1 列进行如下的运算(为简单起见只写出前 α_1 列，其余的列略去不写，此外将 $y_{11},\cdots,y_{1\alpha_1}$ 简记为 $y_1,\cdots,y_{\alpha_1}$)

$$\begin{vmatrix}1&\cdots&1\\y_1&\cdots&y_{\alpha_1}\\\vdots&&\vdots\\y_1^m&\cdots&y_{\alpha_1}^m\end{vmatrix}$$

$$=\begin{vmatrix}1&0&\cdots&0\\y_1&y_2-y_1&\cdots&y_{\alpha_1}-y_1\\\vdots&\vdots&&\vdots\\y_1^m&y_2^m-y_1^m&\cdots&y_{\alpha_1}^m-y_1^m\end{vmatrix}$$

$$=\prod_{i=2}^{\alpha_1}(y_i-y_1)\cdot$$

$$\begin{vmatrix} 1 & 0 & \cdots & 0 \\ y_1 & 1 & \cdots & 1 \\ \vdots & \omega(x^2;y_1,y_2) & & \omega(x^2;y_1,y_{\alpha_1}) \\ y_1^m & \omega(x^m;y_1,y_2) & \cdots & \omega(x^m;y_1,y_{\alpha_1}) \end{vmatrix} \tag{17}$$

重复上述运算过程,并利用(8) 可得

$$\begin{vmatrix} 1 & \cdots & 1 \\ y_1 & \cdots & y_{\alpha_1} \\ \vdots & & \vdots \\ y_1^m & \cdots & y_{\alpha_1}^m \end{vmatrix}$$

$$= \left[\prod_{i=2}^{\alpha_1}(y_i - y_1)\right]\left[\prod_{j=3}^{\alpha_1}(y_j - y_2)\right] \cdot$$

$$\begin{vmatrix} 1 & 0 & 0 & \cdots & 0 \\ y_1 & 1 & 0 & \cdots & 0 \\ y_1^2 & \omega(x^2;y_1,y_2) & \omega(x^2;y_1,y_2,y_3) & \cdots & \omega(x^2;y_1,y_2,y_{\alpha_1}) \\ \vdots & \vdots & \vdots & & \vdots \\ y_1^m & \omega(x^m;y_1,y_2) & \omega(x^m;y_1,y_2,y_3) & \cdots & \omega(x^m;y_1,y_2,y_{\alpha_1}) \end{vmatrix}$$

注意到 $k \geqslant 2$ 时

$$\omega(x^2;y_1,y_2,y_k) = 1$$

于是反复进行上述运算过程可得

$$\begin{vmatrix} 1 & \cdots & 1 \\ y_1 & \cdots & y_{\alpha_1} \\ \vdots & & \vdots \\ y_1^m & \cdots & y_{\alpha_1}^m \end{vmatrix}$$

$$= \left[\prod_{i=2}^{\alpha_1}(y_i - y_1)\right]\left[\prod_{i=3}^{\alpha_1}(y_i - y_2)\right] \cdots$$

$$[(y_{\alpha_1} - y_{\alpha_1 - 1})] \cdot$$

$$\begin{vmatrix} 1 & 0 & 0 & \cdots & 0 \\ y_1 & 1 & 0 & & \vdots \\ y_1^2 & \omega(x^2;y_1,y_2) & 1 & & \vdots \\ \vdots & \vdots & \vdots & & 0 \\ \vdots & \vdots & \omega(x^3;y_1,y_2,y_3) & & 1 \\ \vdots & \vdots & \vdots & \ddots & \vdots \\ \vdots & \vdots & \vdots & & \omega(x^{\alpha_1};y_1,\cdots,y_{\alpha_1}) \\ \vdots & \vdots & \vdots & & \vdots \\ y_1^m & \omega(x^m;y_1,y_2) & \omega(x^m;y_1,y_2,y_3) & \cdots & \omega(x^m;y_1,\cdots,y_{\alpha_1}) \end{vmatrix}$$

对 $c_{\alpha_2 x^m},\cdots,c_{\alpha_s x^m}$ 进行类似的运算可得完全类似于上式的结果.将这些结果代入式(16)中的左端,并利用前述普通差商的性质(5)即得

$$\lim_{\substack{(y_{i1}\cdots y_{i\alpha_i})\to(x_i,\cdots,x_i)\\1\leqslant i\leqslant s}}\frac{V(y_{11}\cdots,y_{s\alpha_s})}{\prod_{i=1}^{s}\left\{\left[\prod_{j=2}^{\alpha_i}(y_{ij}-y_{i1})\right]\cdots(y_{i\alpha_i}-y_{i\alpha_i-1})\right\}}$$

$$=\det(\mid D_{\alpha_1 x^m}\mid\cdots\mid D_{\alpha_s x^m}\mid)\tag{18}$$

根据(16),即知上式左端,即

$$\prod_{i>j}^{s}(x_i-x_j)^{\alpha_i\alpha_j}\neq 0$$

证得性质1的(13).

利用等式(7)的前两项与前述普通差商的性质(5)易见式(14)成立,证毕性质1.

由于广义差商是一般差商取极限过程而得,因此普通差商的一般过程都可以搬到广义差商中来.例如前述普通差商的性质(4)—(5)对广义差商都成立.此外,利用式(8)求普通差商的三角形过程对广义差商也适用.例如取 $\alpha_1=4,\alpha_2=3,\alpha_3=2$,可得下列三角形过程

x	f					
x_1	$f(x_1)$					
		$f'(x_1)$				
x_1	$f(x_1)$		$\frac{f''(x_1)}{2!}$			
		$f'(x_1)$		$\frac{f^{(3)}(x_1)}{3!}$		
x_1	$f(x_1)$		$\frac{f''(x_1)}{2!}$		$\omega(f;x_1,x_1,x_1,x_1,x_2)$	
		$f'(x_1)$		$\omega(f;x_1,x_1,x_1,x_2)$		
x_1	$f(x_1)$		$\omega(f;x_1,x_1,x_2)$		$\omega(f;x_1,x_1,x_1,x_2,x_2)$	
		$\omega(f;x_1,x_2)$		$\omega(f;x_1,x_1,x_2,x_2)$		$\cdots\omega(f;x_1,x_1,x_1,x_1,x_1;x_2,x_3,x_3)$
x_2	$f(x_2)$		$\omega(f;x_1,x_2,x_2)$		$\omega(f;x_1,x_1,x_2,x_2,x_2)$	
		$f'(x_2)$		$\omega(f;x_1,x_2,x_2,x_2)$		
x_2	$f(x_2)$		$\frac{f''(x_2)}{2!}$		$\omega(f;x_1,x_2,x_2,x_2,x_3)$	
		$f'(x_2)$		$\omega(f;x_2,x_2,x_2,x_3)$		
x_2	$f(x_2)$		$\omega(f;x_2,x_2,x_3)$		$\omega(f;x_2,x_2,x_2,x_3,x_3)$	
		$\omega(f;x_2,x_3)$		$\omega(f;x_2,x_2,x_3,x_3)$		
x_3	$f(x_3)$		$\omega(f;x_2,x_3,x_3)$			
		$f'(x_3)$				
x_3	$f(x_3)$					

以下证明今后要用到的差商运算的 Leibniz 法则,即:

性质 2

$$\omega(fg;y_0,\cdots,y_m)$$
$$=\sum_{r=0}^{m}\omega(f;y_0,\cdots,y_r)\omega(g;y_r,\cdots,y_m) \qquad (19)$$

(对于广义差商情形要求式(19)中的广义差商都有定义).

证明 因广义差商是普通差商的极限情形,故只对普通差商用数学归纳法证明式(19).

对 $m=1$ 的情形,(19)显然成立.若 $m=k$ 时(19)成立,于是

$$(y_{k+1}-y_0)\omega(fg;y_0,\cdots,y_{k+1})$$
$$=\omega(fg;y_0,\cdots,y_{k+1})-\omega(fg;y_0,\cdots,y_k)$$
$$=\sum_{r=1}^{k+1}\omega(f;y_1,\cdots,y_r)\omega(g;y_r,\cdots,y_{k+1})-$$
$$\sum_{r=0}^{k}\omega(f;y_0,\cdots,y_r)\omega(g;y_r,\cdots,y_k)$$
$$=\sum_{r=1}^{k+1}\{(y_r-y_0)\omega(f;y_0,\cdots,y_r)+$$
$$\omega(f;y_0,\cdots,y_{r-1})\}\omega(g;y_r,\cdots,y_{k+1})+$$
$$\sum_{r=0}^{k}\omega(f;y_0,\cdots,y_r)\{(y_{k+1}-y_r)\cdot$$
$$\omega(g;y_r,\cdots,y_{k+1})-\omega(g;y_{r+1},\cdots,y_{k+1})\}$$
$$=\sum_{r=1}^{k+1}\{(y_r-y_0)\omega(f;y_0,\cdots,y_r)\cdot$$
$$\omega(g;y_r,\cdots,y_{k+1})\}+$$
$$\sum_{r=0}^{k}\{(y_{k+1}-y_r)\omega(f;y_0,\cdots,y_r)\cdot$$

$$\omega(g;y_r,\cdots,y_{k+1})\}$$

$$=(y_{k+1}-y_0)\sum_{r=0}^{k+1}\omega(f;y_0,\cdots,y_r)\omega(g;y_r,\cdots,y_{k+1})$$

证毕性质 2.

易见,若$(y_0,\cdots,y_m)\to(x,\cdots,x)$,则式(9) 即求微商的 Leibniz 公式

$$(fg)^{(m)}=\sum_{r=0}^{m}\binom{m}{r}f^{(m-r)}g^{(r)}$$

利用上述广义差商的概念可证明下列两个重要而有趣的定理.

定理 2　(Hermite 插值问题的存在性、唯一性)

设 π_m 为幂次 $\leqslant m$ 的多项式全体所成的集合,则 π_m 中满足条件

$$\begin{cases}p^{(j)}(x_i)=y_{ij},j=0,1,\cdots,\alpha_i-1,i=1,\cdots,s\\ \sum_{i=1}^{s}\alpha_i=m+1\end{cases}\tag{20}$$

的插值多项式 $p(x)$ 存在且唯一.

证明　设

$$p(x)=c_0+c_1x+\cdots+c_mx^m$$

则

$$\frac{p^{(j)}(x)}{j!}=c_j\binom{j}{j}+c_{j+1}\binom{j+1}{j}x+\cdots+c_m\binom{m}{j}x^{m-j}\tag{21}$$

根据条件(20) 立即可由(21) 列出 $c_0,\cdots,c_m$ 的系数行列式,并且它恰恰就是广义的 Vandermonde 行列式,故 $c_0,\cdots,c_m$ 的解存在且唯一. 证毕.

定理 3　若 $x_1,\cdots,x_s$ 两两互异,则函数组

$$\left\{\begin{array}{l}\dfrac{(x-x_1)^m}{m!},\dfrac{(x-x_1)^{m-1}}{(m-1)!},\cdots,\dfrac{(x-x_1)^{m-\alpha_1+1}}{(m-\alpha_1+1)!}\\ \dfrac{(x-x_2)^m}{m!},\dfrac{(x-x_2)^{m-1}}{(m-1)!},\cdots,\dfrac{(x-x_2)^{m-\alpha_2+1}}{(m-\alpha_2+1)!}\\ \vdots\\ \dfrac{(x-x_s)^m}{m!},\dfrac{(x-x_s)^{m-1}}{(m-1)!},\cdots,\dfrac{(x-x_s)^{m-\alpha_s+1}}{(m-x_s+1)!}\end{array}\right.$$

$$\left(\sum_1^s \alpha_i \leqslant m+1\right) \tag{22}$$

为线性独立系.

证明 因线性独立系的子系必为线性独立系,故只需对 $\sum_1^s \alpha_i = m+1$ 的情形证明定理 3. 假定对一切 x 恒有

$$\sum_{j=1}^{s}\sum_{k=0}^{\alpha_j-1} d_{jk}\,\frac{(x-x_j)^{m-k}}{(m-k)!} \equiv 0 \tag{23}$$

我们证明:$d_{jk}=0,k=0,\cdots,\alpha_j-1,j=1,\cdots,s$. 为此,先将式(23) 按 x 的幂次展开并排出 $d_{10},\cdots,d_{1,\alpha_1-1}$ 的系数矩阵

$$Q_1^* = \begin{pmatrix} \frac{1}{m!} & 0 & \cdots & 0\\ \frac{(-x_1)}{(m-1)!\,1!} & \frac{1}{(m-1)!} & 0 & 0\\ \frac{(-x_1)^2}{(m-2)!\,2!} & \frac{(-x_1)}{(m-2)!\,1!} & \ddots & \vdots\\ \vdots & \vdots & \ddots & 0\\ \frac{(-x_1)^{\alpha_1-1}}{(m-\alpha_1+1)!\,(\alpha_1-1)!} & \frac{(-x_1)^{\alpha_1-2}}{(m-\alpha_1+1)!\,(\alpha_1-2)!} & \cdots & \frac{1}{(m-\alpha_1+1)!}\\ \vdots & \vdots & & \vdots\\ \frac{(-x_1)^m}{0!\,m!} & \frac{(-x_1)^{m-1}}{0!\,(m-1)!} & \cdots & \frac{(-x_1)^{m-\alpha_1+1}}{0!\,(m-\alpha_1+1)!} \end{pmatrix}$$

同理可排出 $d_{j0},\cdots,d_{j\alpha_j},j=2,\cdots,s$ 的系数矩阵 $Q_2^*,\cdots,Q_s^*$. 故式(23) 成立的充要条件为

$$(\mid Q_1^* \mid \cdots \mid Q_s^* \mid) d = 0 \tag{24}$$

这里 $d=(d_{10},\cdots,d_{1\alpha_1-1},\cdots,d_{s0},\cdots,d_{s\alpha_s-1})^{\mathrm{T}}$,T 表示转置.

所以,欲证 $d\equiv 0$,只需证明 $\det(\mid Q_1^* \mid \cdots \mid Q_s^* \mid)\neq 0$,对两两相异的 $x_1,\cdots,x_s$. 让我们考虑下述的 Hermite 插值问题:设

$$p(x)=\frac{A_0}{m!\ 0!}+\frac{A_1}{(m-1)!\ 1!}x+\frac{A_2}{(m-2)!\ 2!}x^2+\cdots+\frac{A_m}{0!\ m!}x^m \tag{25}$$

且插值条件为

$$p^{(j)}(-x_i)=y_{ij}\quad (j=0,1,\cdots,\alpha_i-1,i=1,\cdots,s) \tag{26}$$

由定理 2 知,由条件组(26) 所给出的(25) 的系数矩阵必不等于 0. 然而由

$$p^{(j)}(x)=\frac{1}{(m-j)!\ 0!}A_j+\frac{x}{(m-j-1)!\ 1!}A_{j+1}+\cdots+\frac{x^{m-j}}{0!\ (m-j)!}A_m \tag{27}$$

可知当 $x=-x_i,i=1,\cdots,s$ 后所得到的插值条件的系数矩阵恰为$(\mid Q_1^* \mid \cdots \mid Q_s^* \mid)$. 故由定理 2 知

$$\det(\mid Q_1^* \mid \cdots \mid Q_s^* \mid)\neq 0$$

换言之,(23) 中的一切 d_{jk} 均为 0,定理 3 证毕.

B 样条函数(二)

第 26 章

§1 B 样条及其性质

假定 $m,\Delta,z,\mathscr{S}(m,\Delta,z)$ 均如第 25 章 §2 所述. 今引入端点 a,b 与节点 $x_1,\cdots,x_{N-1}$ 的重性序列

$$\underbrace{x_{01},\cdots,x_{0m}}_{m个};\underbrace{x_1,\cdots,x_1}_{z_1个};\cdots;$$

$$\underbrace{x_{N-1},\cdots,x_{N-1}}_{z_{N-1}个};\underbrace{x_{N1},\cdots,x_{Nm}}_{m个} \tag{1}$$

这里

$$x_{01}\leqslant\cdots\leqslant x_{0m}=x_0$$

$$x_N=x_{N1}\leqslant\cdots\leqslant x_{Nm} \tag{2}$$

记 $q=\sum_{1}^{N-1} z_i, l=m+q$(它即空间 $\mathscr{S}(m,\Delta,\boldsymbol{z})$ 的维数),于是可将(1)中的 $l+m$ 个点依顺序重新标记为

$$y_1, y_2, \cdots, y_m, y_{m+1}, \cdots, y_{m+q}, \cdots, y_{2m+q} \tag{3}$$

按点列(3)可作函数 $(t-x)_+^{k-1}, k=1,\cdots,m$ 的关于变量 t 的 k 阶广义差商函数组

$$\begin{aligned}&\{M_{j,k}(x)=\omega_t((t-x)_+^{k-1}; y_j,\cdots,y_{j+k});\\&j=1,\cdots,l+(m-k)\}\end{aligned} \tag{4}$$

注意,对式(4)必须作出一些约定才能使 $M_{j,k}(x)$ 对一切 x 有意义.首先对 $k=1$ 的情形,我们约定对一切 j 有

$$M_{j,1}(x)=\begin{cases}\dfrac{1}{y_{j+1}-y_j}, 当\ y_j \leqslant x < y_{j+1}\\0, 其他情形\end{cases} \tag{5}$$

其次当 $k>1$ 的情形,我们可以看到当出现:

(i) $y_j = y_{j+1} = \cdots = y_{j+k-1} = x_p, y_{j+k} = x_{p+1}$ 与 (ii) $y_j = y_{j+1} = \cdots = y_{j+k} = x_p$ 的情形时都要用到

$$\frac{\mathrm{d}^{k-1}}{\mathrm{d}t^{k-1}}(t-x)_+^{k-1}=\begin{cases}(k-1)!, t>x\\0, t<x\end{cases}$$

而上述导数在 $t=x$ 时不连续,故计算 $M_{j,k}(x)$ 时,有可能遇到 $M_{j,k}(x_p)$ 没有确切的定义(除了(i)与(ii)外,对其他一切 x,$M_{j,k}(x)$ 显然都有意义).为此,我们需要作如下的约定:

若 $g(x)$ 仅在某 x_p 处没有定义,则规定当 $x_p=x_0$ 或 x_N 时分别取其右与左极限作为 $g(x)$ 的补充定义;如果 $x_0<x_p<x_N$,则取 $g(x)$ 在 x_p 处的右极限作为 $g(x)$ 在 x_p 之值.

在上述约定下,对于情形(ii),即 $y_j=\cdots=y_{j+k}=$

x_p 时,显然成立

$$M_{j,k}(x)=\omega((t-x)_+^{k-1};y_j,\cdots,y_{j+k})\equiv 0 \tag{6}$$

而对于情形(i)则容易证明:

(a) 若 $y_j=\cdots=y_{j+k-1}=x_p,y_{j+k}=x_{p+1}$,则

$$M_{j,k}(x)=\begin{cases}\dfrac{(x_{p+1}-x)^{k-1}}{(x_{p+1}-x_p)^k},x_p\leqslant x<x_{p+1}\\ 0,其他\end{cases} \tag{7}$$

(b) 若 $y_j=x_p,y_{j+1}=\cdots=y_{j+k}=x_{p+1}$,则

$$M_{j,k}(x)=\omega((t-x)_+^{k-1};x_p,x_{p+1},\cdots,x_{p+1})$$

$$=\begin{cases}\dfrac{(x-x_p)_+^{k-1}}{(x_{p+1}-x_p)^k},x_p\leqslant x<x_{p+1}\\ 0,其他\end{cases} \tag{8}$$

性质 1 若 $1\leqslant k\leqslant m$,并且

$$M_{j,k}(x)=\omega((t-x)_+^{k-1};y_j,\cdots,y_{j+k}) \tag{9}$$

其中

$$\begin{cases}(y_j,\cdots,y_{j+k})=(\underbrace{x_a,\cdots,x_a}_{\alpha_a个};\cdots;\underbrace{x_t,\cdots,x_t}_{\alpha_t个})\\ \alpha_a+\cdots+\alpha_t=k+1\end{cases}$$

则

(a) $$\begin{cases}M_{j,k}(x)=\sum\limits_{i=a}^{t}\sum\limits_{s=0}^{\alpha_i-1}a_{is}(x-x_i)_+^{k-1-s}, & (10)\\ k=2,\cdots,m & \\ a_{i\alpha_i-1}\neq 0,i=a,\cdots,t & (11)\end{cases}$$

(b) $$M_{j,k}(x)\begin{cases}>0,x\in(x_a,x_t) & (12)\\ =0,x\overline{\in}[x_a,x_t] & (13)\end{cases}$$

证明 对(6)～(8)的特殊情形显然成立.现对其他情形进行证明.按公式

$$y_+^{k-1}=y^{k-1}+(-1)^k(-y)_+^{k-1}$$

将式(9)的广义差商公式按最后一行展开，立即知(10)(11)成立. 与此同时也易见(13)成立.(12)是下述性质 2 的直接推论. 证毕.

由式(10)易见对一切 j，$M_{j,m}(x)$ 均是 $\mathscr{S}(m,\Delta,\boldsymbol{z})$ 中的元素. 我们进一步阐明 $M_{j,k}(x)$，$1\leqslant k<m$ 的意义.

若记 $z_i^{(1)}=\min(z_i,m-1)$，由(10)易见对一切 j 成立

$$M_{j,m-1}\in\mathscr{S}(m-1,\Delta,\boldsymbol{z}^{(1)})$$

这里 $\boldsymbol{z}^{(1)}=(z_1^{(1)},\cdots,z_{N-1}^{(1)})$，而 $\mathscr{S}(m-1,\Delta,\boldsymbol{z}^{(1)})$ 是以 x_i，$1\leqslant i\leqslant N-1$ 为亏度 $z_i^{(1)}$(重节点)的 $m-1$ 阶($m-2$ 次)样条函数空间. 依此类推可知，对一切 j 有

$$M_{j,m-p}(x)\in\mathscr{S}(m-p,\Delta,\boldsymbol{z}^{(p)})$$

此处

$$\boldsymbol{z}^{(p)}=(z_1^{(p)},\cdots,z_{N-1}^{(p)})$$

$$(z_i^{(p)}=\min(z_i,m-p),1\leqslant i\leqslant N-1)$$

定义 1　$M_{j,k}(x)$，$j=1,\cdots,l+(m-k)$ 称为 k 阶($k-1$ 次)B 样条，而

$$N_{j,k}(x)=(y_{j+k}-y_j)M_{j,k}(x)$$

$$(j=1,\cdots,l+(m-k))$$

称为 k 阶(或 $k-1$ 次)规范 B 样条.

为简便起见，$M_{j,k}(x)$ 与 $N_{j,k}(x)$，$1\leqslant j\leqslant l+(m-k)$，$1\leqslant k\leqslant m$ 都简称为 B 样条. B 样条的另一形象化名称为山丘形或钟形样条. 若取 $a=x_0=0$，$b=x_N=N$，$x_{i+1}-x_i=1$，$i=1,\cdots,N-1$，$m=4$，$\boldsymbol{z}=(1,\cdots,1)$；此外取

$$x_{01}=x_{02}=x_{03}=x_{04}=0$$

$$x_{N1}=x_{N2}=x_{N3}=x_{N4}=1$$

则读者容易计算出 $M_{1,4}(x),\cdots,M_{N+3,4}(x)$ 的具体公式并画出其图形来. 为节省篇幅起见，我们留给读者自己去完成这些计算.

对于(4) 的 B 样条函数组成立下述凸线性组合的重要递推公式.

性质 2 若 $m>1$，则

$$\begin{cases}M_{j,m}(x)=\dfrac{x-y_j}{y_{j+m}-y_j}M_{j,m-1}(x)+\\ \qquad\dfrac{y_{j+m}-x}{y_{j+m}-y_j}M_{j+1,m-1}(x) & (14)\\ N_{j,m}(x)=\dfrac{x-y_j}{y_{j+m-1}-y_j}N_{j,m-1}(x)+\\ \qquad\dfrac{y_{j+m}-x}{y_{j+m}-y_{j+1}}N_{j+1,m-1}(x) & (15)\end{cases}$$

证明 由于

$$(t-x)_+^{m-1}=(t-x)_+^{m-2}(t-x)$$

因此利用广义差商的 Leibniz 公式，并注意到

$$\omega((t-x);y_{j+r},\cdots,y_{j+m})=0$$

当 $r\leqslant m-2$ 以及

$$\omega((t-x),y_{j+m-1},y_{j+m})=1$$

的关系式即得

$$\begin{aligned}&\omega((t-x)_+^{m-1},y_j,\cdots,y_{j+m})\\=&\omega((t-x)_+^{m-2};y_j,\cdots,y_{j+m})\cdot\\&\omega((t-x),y_{j+m})+\\&\omega((t-x)_+^{m-2};y_j,\cdots,y_{j+m-1})\cdot\\&\omega((t-x);y_{j+m-1},y_{j+m})\\=&(y_{j+m}-x)\frac{M_{j+1,m-1}(x)-M_{j,m-1}(x)}{y_{j+m}-y_j}+\\&M_{j,m-1}(x)\end{aligned}$$

合并上述右端项即得式(14).(15) 是(14) 的直接结果.证毕.

性质 2 表明从式(5) 开始按式(14) 逐次递推就可以得到一切高阶 B 样条.显然这种计算过程极其简单而稳定.(14) 与(15) 也称为 B 样条的基本恒等式,它是由 Marsden 与 deBoor 最先证得.B 样条的计算上的优点将在 §3 中进一步交待清楚.

性质 3　对 $1 \leqslant k \leqslant m-1, x \in [a,b]$ 恒有

$$M_{j,k}(x) = 0 \quad (1 \leqslant j \leqslant m-k, j \geqslant l)$$

性质 4　若 $y_j \leqslant x < y_{j+1}, m \leqslant j \leqslant m+q$,则

$$\begin{aligned} s(x) &= \sum_{k=1}^{l} a_k M_{k,m}(x) \\ &= \sum_{k=j-m}^{j} a_k M_{k,m}(x) \end{aligned}$$

$$(M_{p,m}(x) = 0, p \leqslant 0)$$

性质 3 与 4 是式(12)(13) 的直接结果.式(12)(13) 称为 B 样条函数的局部支柱性质.性质 4 表明任何 $x \in [a,b]$,由 B 样条所表示的样条函数的每一点的值至多只与 $m+1$ 个 B 样条有关.特别当 $m=4$, $z_1 = \cdots = z_{N-1} = 1$ 时 $s(x_i)(1 \leqslant i \leqslant N-1)$ 实际上只与相邻的三个 $M_{k,4}(x)$ 有关,因而求插值问题时其系数矩阵与样条函数矩阵或斜率表示法有着相类似的矩阵形式,即基本上都是简单的三对角矩阵.

B 样条是 Basic(基本) 样条的简称,下述 §2 定理 1 表明 Basic 一词的确切意义.

§2 样条函数的 B 样条表示

本节主要证明

$$\mathscr{S}(m,\Delta,z)=\mathscr{S}\{M_{j,m}(x),j=1,\cdots,l\}$$

这里 $\mathscr{S}$ 表示由 $\{\cdots\}$ 中元素所张成的线性空间.换言之,可用 B 样条函数组作为 $\mathscr{S}(m,\Delta,z)$ 的基底.这个结果是 Curry-Schoen berg 得到的.现把它叙述如下:

定理 1　$s(x)\in\mathscr{S}(m,\Delta,z)$ 的充要条件是它可表为

$$s(x)=\sum_{1}^{l}c_jM_{j,m}(x)\quad(x\in[a,b])\tag{16}$$

并且(16) 的 B 样条表示方法是唯一的.

证明　由第 25 章定理 1 知(不妨规定 $z_0=m$)

$$s(x)\in\mathscr{S}(m,\Delta,z)\Leftrightarrow s(x)=\sum_{i=0}^{N-1}\sum_{t=0}^{z_i-1}a_{it}(x-x_i)_+^{m-1-t}\tag{17}$$

若点列 $y_1=x_{01},\cdots,y_m=x_{0m}=x_0$ 可分成 p 组,每组有 $q_i(1\leqslant i\leqslant p)$ 个相同的元素,并且记为 x'_i,此外 $x'_i<x'_j(1\leqslant i<j\leqslant p),q_1+\cdots+q_p=m$.于是按第 25 章定理 3 知

$$\begin{cases}(x-x'_1)^{m-1} & \cdots & (x-x'_1)^{m-q_1}\\ \vdots & & \vdots\\ (x-x'_p)^{m-1} & \cdots & (x-x'_p)^{m-q_p}\end{cases}\tag{18}$$

为线性无关的函数组,且张成 Π_{m-1}.因此首先可将(17) 中的 $i=0$ 的项换为

$$\sum_{j=0}^{m-1} a_{0j}(x-x_0)_+^{m-1-j} = \sum_{s=1}^{p}\sum_{t=0}^{q_s-1} d_{st}(x-x'_s)^{m-1-t} \tag{19}$$

而式(17) 即

$$s(x) = \sum_{s=1}^{p}\sum_{t=0}^{q_s-1} d_{st}(x-x'_s)_+^{m-1-t} + \sum_{i=1}^{N-1}\sum_{t=0}^{z_i-1} a_{it}(x-x_i)_+^{m-1-t} \tag{20}$$

注意到式(11)(取 $k=m$)，于是根据 d_{1,q_1-1} 我们首先恒可选 c_1，使得 $s(x)-c_1M_{1,m}(x)$ 为不含 $(x-x'_1)_+^{m-q_1}$ 的幂次的样条函数.然后再选 c_2(若 $q_1>1$)，使得 $s(x)-c_1M_{1,m}(x)-c_2M_{2,m}(x)$ 为不含 $(x-x'_1)_+^{m-q_1-1}$ 的幂次的样条函数.依此类推，最后可选 c_m，使得 $s(x)-\sum_1^m c_jM_{j,m}(x)$ 为不含一切 $(x-x'_i)^{m-1-t_i}$，$0\leqslant t_i\leqslant q_i-1;1\leqslant i\leqslant p$ 的项的且属于 $\mathscr{S}(m,\Delta,\boldsymbol{z})$ 的样条函数.容易看出

$$s(x)-\sum_1^m c_jM_{j,m}(x) = \sum_{i=1}^{N-1}\sum_{t=0}^{z_i-1} a'_{it}(x-x_i)_+^{m-1-t}\quad (x\in[a,b]) \tag{21}$$

仍然利用式(11)，完全仿上做法可逐个地选 $c_{m+1},\cdots,c_{m+z_1}$ 使得

$$s(x)-\sum_1^{m+z_1} c_jM_{j,m}(x) = \sum_{i=2}^{N-1}\sum_{t=0}^{z_i-1} a''_{it}(x-x_i)_+^{m-1-t}\quad (x\in[a,b]) \tag{22}$$

依此类推，并最后注意到当 $x\in[a,b]$ 时 $(x-$

$x_{N,j})_+^p=0$ 的性质，立即可知最后可选 $c_l, l=m+q$，$(q=\sum_1^{N-1} z_i)$ 使得

$$s(x)-\sum_1^l c_j M_{j,m}(x)\equiv 0 \quad (x\in[a,b]) \tag{23}$$

至此证得定理1的必要性.定理1的充分性是性质1的直接结果.此外，$s(x)$ 关于(16) 的表示方法的唯一性也是显然的.证毕.

以下考虑定理 1 的一些特殊情形.

定理 2　若 $z_1+\cdots+z_{N-1}\leqslant m$，且 $s(x)\in\mathscr{S}(m,\Delta,\boldsymbol{z})$ 满足 $s(x)=0, x\in[x_1,x_{N-1}]$. 则 $s(x)\equiv 0, x\in[a,b]$.

证明　先限于 $x\in[x_0,x_1)$. 易知

$$s(x)=\sum_{i=1}^{N-1}\sum_{t=0}^{z_i-1} a_{it}(x-x_i)_+^{m-1-t} \quad (x\in[a,b])$$

但当 $x\in(x_{N-1},x_N]$ 时上式中"+"号可去掉，故由 $s(x)\equiv 0, x\in(x_{N-1},x_N]$ 可知对一切 x 恒有

$$\sum_{i=1}^{N-1}\sum_{t=0}^{z_i-1} a_{it}(x-x_i)^{m-1-t}=0 \tag{24}$$

注意到

$$z_1+\cdots+z_{N-1}\leqslant m$$

故知(24) 中的系数 a_{it} 全部为 0. 即 $s(x)\equiv 0$. 证毕.

定理 3　若 $z_1+\cdots+z_{N-1}\geqslant m+1$，且 $s(x)\in\mathscr{S}(m,\Delta,\boldsymbol{z})$ 满足 $s(x)=0, x\,\overline{\in}\,[x_1,x_{N-1}]$，则 $s(x)$ 可唯一地表为

$$s(x)=\sum_{m+1}^{l-z_{N-1}} c_j M_{j,m}(x) \tag{25}$$

这里 $l=m+\sum_1^{N-1} z_i$.

证明　由定理 1 知

$$s(x)=\sum_{1}^{l}c_jM_{j,m}(x)$$

但是根据 B 样条的局部支柱性质(即性质 1(b))与定理的条件立即可得

$$s(x)=\begin{cases}\sum\limits_{1}^{m}c_jM_{j,m}(x)\equiv 0, x\in[x_0,x_1)\\ \sum\limits_{l-z_{N+1}+1}^{l}c_jM_{j,m}(x)\equiv 0, x\in[x_{N-1},x_N]\end{cases}\tag{26}$$

于是当 $j=1,\cdots,m$ 与 $j=l-z_{N-1}+1,\cdots,l$ 时,$c_j=0$. 证毕.

定理 4　如果 $q_1(x),\cdots,q_m(x)$ 构成 Π_{m-1} 的基底,则 $s(x)\in\mathscr{S}(m,\Delta,\boldsymbol{z})$ 可表为

$$s(x)=\sum_{0}^{m}c_iq_i(x)+\sum_{i=m+1}^{l}c_iM_{i,m}(x)\quad(x\in[a,b])\tag{27}$$

证明　完全类同于定理 1. 证毕.

以上是有限区间有限节点的样条函数利用 B 样条函数作为基本函数组的表示定理. 关于无限区间无限多个节点的情形也有类同于上述的结论.

§ 3　与 B 样条有关的重要公式

本节的目的是叙述与 B 样条有关的恒等式及一些重要的计算公式. 这些公式充分表明了利用 B 样条表示多项式样条函数时进行计算所显示出来的优越性.

最后我们指出 Bernstein 多项式的基本函数是 B 样条函数组的特例.

假定 $[a,b],\Delta,\boldsymbol{z}$, $\{N_{j,k}(x)\}_{j=1}^{l+m-k}$, $0\leqslant k\leqslant m\left(l=m+\sum_{i=1}^{N-1}z_i\right)$ 均如同 §1 所述. 于是有:

性质 5　若

$$s(x)=\sum_{1}^{l}a_jN_{j,m}(x)\quad(x\in[a,b])\tag{28}$$

则对 $0\leqslant k\leqslant m-1$ 成立

$$\frac{\mathrm{d}^k}{\mathrm{d}x^k}s(x)=(m-1)\cdots(m-k)\cdot\sum_{k+1}^{l}a_j^{(k)}N_{j,m-k}(x)\quad(x\in[a,b])\tag{29}$$

此处 $a_j^{(k)}$ 由下列递推公式给出

$$\begin{cases}a_j^{(0)}=a_j,k=0\\ a_j^{(k)}=\dfrac{a_j^{(k-1)}-a_{j-1}^{(k-1)}}{y_{j+m-k}-y_j},k>0\end{cases}\tag{30}$$

证明　因为

$$\begin{aligned}&\frac{\mathrm{d}}{\mathrm{d}x}s(x)\\=&\sum_{1}^{l}a_j\frac{\mathrm{d}}{\mathrm{d}x}N_{j,m}(x)\\=&\sum_{1}^{l}a_j(y_{j+m}-y_j)\frac{\mathrm{d}}{\mathrm{d}x}\omega((t-x)_+^{m-1};y_j,\cdots,y_{j+m})\\=&(m-1)\sum_{j=1}^{l}a_j[\omega((t-x)_+^{m-2};y_j,\cdots,y_{j+m-1})-\\&\omega((t-x)_+^{m-2};y_{j+1},\cdots,y_{j+m})]\\=&(m-1)\left\{\frac{a_1}{y_m-y_1}N_{1,m-1}(x)+\right.\end{aligned}$$

$$\sum_{j=2}^{l}\frac{a_j-a_{j-1}}{y_{j+m-1}-y_j}N_{j,m-1}(x)-$$

$$\left.\frac{a_l}{y_{l+m}-y_{l+1}}N_{l+1,m-1}(x)\right\}\tag{31}$$

根据 §1 的(13) 及 §1 中的约定，易知(31) 花括弧中的第一、三项为 0. 依此类推可证 $k>1$ 的情形. 证毕.

(29) 表明由(28) 所表示的样条函数的微商可由系数$\{a_j\}_1^l$ 的“差商” 及低阶 B 样条函数简单地计算得到.

推论　若 $k=1$，且$\{a_j^{(1)}\}_2^l$ 中的元素均 $\geqslant 0$，则 $s(x)$ 为单调函数. 又若 $k=2$，且$\{a_j^{(2)}\}_3^l$ 中的元素均 $\geqslant 0$，则 $s(x)$ 为凸函数.

证明　由(30) 及性质 1(b) 得到.

性质 6　假定 $0\leqslant k\leqslant m-1$，且

$$s(x)=\sum_{1}^{l}a_jN_{j,m}(x)\quad(x\in[a,b])$$

则

$$s(x)=\sum_{k+1}^{l}a_j^{[k]}N_{j,m-k}(x)\quad(x\in[a,b])\tag{32}$$

这里

$$a_j^{[k]}(x)=\begin{cases}a_j,k=0\\ \dfrac{x-y_j}{y_{j+m-k}-y_j}a_j^{[k-1]}(x)+\\ \dfrac{y_{j+m-k}-x}{y_{j+m-k}-y_j}a_{j-1}^{[k-1]}(x),k>0\end{cases}\tag{33}$$

特别地

$$s(x)=a_j^{[m-1]}(x)\quad(y_j\leqslant x<y_{j+1})\tag{34}$$

证明　利用 B 样条的递推公式(15) 得到

$$s(x)=\sum_{1}^{l}a_j\Big(\frac{x-y_j}{y_{j+m-1}-y_j}N_{j,m-1}(x)+$$

$$\left.\frac{y_{j+m}-x}{y_{j+m}-y_{j+1}}N_{j+1,m-1}(x)\right)$$

$$=a_1\frac{x-y_1}{y_m-y_1}N_{1,m-1}(x)+$$

$$\sum_{j=2}^{l}\left(\frac{x-y_j}{y_{j+m-1}-y_j}a_j+\right.$$

$$\left.\frac{y_{j+m-1}-x}{y_{j+m-1}-y_j}a_{j-1}\right)N_{j,m-1}(x)+$$

$$a_l\frac{y_{l+m}-x}{y_{l+m}-y_{l+1}}N_{l+1,m-1}(x)\quad(x\in[a,b])$$

(35)

与性质5中证明的说明相同，上式第一、第三项等于0，证得(32)当$k=1$的情形.依此类推知对$0\leqslant k\leqslant m-1$的情形，(32)也成立.最后，若$k=m-1$且$y_j\leqslant x<y_{j+1}$(当然$j\geqslant m$)，由(5)知

$$N_{j1}(x)=\begin{cases}1,当\ y_j\leqslant x<y_{j+1}\\0,其他\end{cases}\tag{36}$$

证得式(34).证毕.

性质7　对任意实数s与$x\in[a,b]$成立

$$(s-x)^{m-1}=\sum_1^l\varphi_{j,m}(s)N_{j,m}(x)\tag{37}$$

这里

$$\begin{cases}\varphi_{j,k}(s)=\prod\limits_{r=1}^{k-1}(s-y_{j+r}),2\leqslant k\leqslant m\\\varphi_{j,1}(s)=1\end{cases}\tag{38}$$

证明　设

$$s(x)=\sum_1^l\varphi_{j,m}(s)N_{j,m}(x)$$

往证

$$s(x)=(s-x)^{m-1}$$

命

$$a_j^{[0]}=a_j=\varphi_{j,m}(s) \tag{39}$$

于是

$$s(x)=\sum_{j=1}^{l}\varphi_{j,m}(s)N_{j,m}(s)=\sum_{j=1}^{l}a_jN_{j,m}(x) \tag{40}$$

由式(32)立即知

$$s(x)=\sum_{k+1}^{l}a_j^{[k]}N_{j,m-k}(x)\quad(1\leqslant k\leqslant m-1) \tag{41}$$

然而按公式(39)可计算得

$$\begin{aligned}a_j^{[1]}&=\frac{1}{y_{j+m-1}-y_j}\{(x-y_j)\varphi_{i,m}(s)+\\&\quad(y_{j+m-1}-x)\varphi_{i-1,m}(s)\}\\&=\varphi_{i,m-1}(s)(s-x)\end{aligned} \tag{42}$$

依次类推可知

$$a_j^{[k]}=\varphi_{j,m-k}(s)(s-x)^k\quad(1\leqslant k\leqslant m-1) \tag{43}$$

将上述结果代入(41)立即得

$$s(x)=\sum_{m}^{l}a_j^{[m-1]}N_{j,1}(x)=(s-x)^{m-1}\sum_{m}^{l}N_{j,1}(x) \tag{44}$$

根据(36)立即知

$$s(x)=(s-x)^{m-1}$$

证毕.

若将式(37)左右两端展成 s 幂次的多项式并比较两端的系数立即可得:

性质 8　对一切 $x\in[a,b]$ 恒有

$$\begin{cases}1=\sum_{j=1}^{l}\xi_j^{(0)}N_{j,m}(x)\text{（规定 }\xi_j^{(0)}=1\text{，一切 }j\text{）} & (45)\\ x=\sum_{j=1}^{l}\xi_j^{(1)}N_{j,m}(x) & (46)\\ \vdots & \\ x^r=\sum_{j=1}^{l}\xi_j^{(r)}N_{j,m}(x),1\leqslant r\leqslant m-1 & (47)\end{cases}$$

这里

$$\xi_j^{(1)}=\frac{y_{j+1}+\cdots+y_{j+m-1}}{m-1} \tag{48}$$

$$\xi_j^{(2)}=\frac{y_{j+1}y_{j+2}+\cdots+y_{j+m-2}y_{j+m-1}}{\binom{m-1}{2}} \tag{49}$$

（容易写出 $\xi_j^{(r)}$，$1\leqslant r\leqslant m-1$ 的一般表达式，这里从略.）

性质 8 的恒等式(45) ~ (47) 十分重要，我们将不断地用到.

性质 9　对 $1\leqslant j\leqslant l$ 成立

$$\int_{-\infty}^{\infty}M_{j,m}(x)\mathrm{d}x=\frac{1}{m} \tag{50}$$

证明　利用熟知的 Peano 定理立即知性质 9 成立.

在古典的函数逼近论中 Bernstein 多项式逼近有着特殊重要的地位. 今说明 Bernstein 多项式的基本函数就是我们前面所讨论的 B 样条的特殊情形.

假定将(1)(2) 取成下列特殊情形

$$N=1,x_{01}=\cdots=x_{0m}=x_0=0,$$
$$x_{N1}=\cdots=x_{Nm}=x_N=1$$

于是(3) 即

$$\underbrace{0,\cdots,0}_{m个};\underbrace{1,\cdots,1}_{m个} \tag{51}$$

按上述点列所得到的 B 样条函数为

$$M_{j,m}(x)=\omega((t-x)_+^{m-1};0,\cdots,0,1,\cdots,1) \tag{52}$$

注意(52)中的差商表示式中“0”的个数为 $m-j+1$ 个,“1”的个数为 j 个.

由(10)易知 $M_{j,m}(x)$ 在$[0,1]$上为 $m-1$ 次多项式,并且“0”是 $M_{j,m}(x)$ 的 $m-j$ 重零点,1 是 $M_{j,m}(x)$ 的 $j-1$ 重零点.故

$$M_{j,m}(x)=c_j x^{m-j}(1-x)^{j-1}$$

利用性质 9 知 c_j 应满足

$$\int_0^1 c_j x^{m-j}(1-x)^{j-1}\mathrm{d}x=\frac{1}{m}$$

分部积分上式左端后立即得 $c_j=\binom{m-1}{j-1}$. 因此

$$M_{j,m}(x)=\binom{m-1}{j-1}x^{m-j}(1-x)^{j-1}\quad(j=1,\cdots,m) \tag{53}$$

显然它即 Bernstein 多项式(若 $f(x)$ 定义于$[0,1]$, $\sum_0^{m-1}f\left(\frac{j}{m-1}\right)\binom{m-1}{j}x^{m-1-j}(1-x)^j$ 称为 $f(x)$ 的 Bernstein 多项式)的基本函数.

一类算子 B 样条的递推公式[①]

第27章

中山大学计算机系的许跃生教授1985年从广义差商－Green函数－B样条的观点出发，给出了以正则系统$\{\varphi^{i-1}(x)\}_{i=1}^{m}$为基解组的一类微分算子的正规$B$样条的递推公式.

§1 引　　言

给定$[a,b]$中的一组点$\{x_i\}_{i=1}^{k}$，有

$$\Delta: a < \underbrace{x_1 = \cdots = x_1}_{m_1\text{个}} < \cdots < \underbrace{x_k = \cdots = x_k}_{m_k\text{个}} < b$$

① 本章摘自《应用数学和力学》，1985年3月，第6卷，第3期.

$$\Leftrightarrow a < t_1 \leqslant \cdots \leqslant t_m < b \tag{1}$$

其中,$m_1,\cdots,m_k$ 和 m 均是正整数,$m_i \leqslant m, m=\sum_{i=1}^{k} m_i$.
设 $\varphi(x) \in C^{m-1}[a,b], X_m = \mathrm{Span}\{\varphi^{i-1}(x)\}_{i=1}^{m}$.

定义 1　对于指定的点组(1)关于 $\{\varphi^{i-1}(x)\}_{i=1}^{l}$ 的 l 阶广义重差商有定义,$l=1,2,\cdots,m-1$,我们就称 $\{\varphi^{i-1}(x)\}_{i=1}^{m}$ 为 $\{x_i\}_{i=1}^{k}$ 的正则系统. 本章仅讨论正则系统.

定义 2　设 L_m 是 m 阶微分算子,称

$$\begin{aligned}\delta(L_m,M,\Delta)=\{S:\ & S(x) \in N_{L_m}, x \in (x_i,x_{i+1}),\\ & i=0,1,2,\cdots,k;\\ & D^j S(x_i^{\infty}) = D^j S(x_i^{+}),\\ & j=0,1,\cdots,m-m_i-1,\\ & i=1,\cdots,k\}\end{aligned} \tag{2}$$

为 L_m 的 m 次样条函数空间

$$\dim \delta(L_m,M,\Delta)=n=m+\sum_{i=1}^{k} m_i$$

$$M=(m_1,\cdots,m_k)$$

我们再给出与 $\delta(L_m,M,\Delta)$ 有关的扩大分划

$$\overline{\Delta}: y_1 \leqslant y_2 \leqslant \cdots \leqslant y_{n+m} \tag{3}$$

其中

$$y_1=\cdots=y_m=a$$

$$b=y_{n+1}=\cdots=y_{n+m}$$

$$y_{m+1} \leqslant \cdots \leqslant y_n \Leftrightarrow \underbrace{x_1=\cdots=x_1}_{m_1\text{个}} < \cdots < \underbrace{x_k=\cdots=x_k}_{m_k\text{个}}$$

定义 3　设 $\{\varphi_i^{*}(i)\}_{i=1}^{m}$ 是 $L_m^{*}(D)u(t)=0$ 的基解组,$G_m(x,t)$ 是 $L_m(D)$ 的 Green 函数

$$\varphi_{m+1}^{*}(t)=\int_a^b G_m(x,t)\mathrm{d}x$$

其中 $L_m^*(D)$ 是 $L_m(D)$ 的共轭算子，记

$$\Phi_{m+1}^* = \{\varphi_i^*(t)\}_{i=1}^{m+1}$$

称

$$B_{i,m}(x) = [y_i, \cdots, y_{i+m}]_{\Phi_{m+1}^*} G_m(x, \cdot) \quad (i=1,2,\cdots,n) \tag{4}$$

为 $\delta(L_m, M, \Delta)$ 的正规 B 样条函数.

引理1 $\{\varphi^{i-1}(x)\}_{i=1}^m$ 是 $[a,b]$ 上的ECT系统当且仅当 $\varphi'(x) > 0, x \in [a,b]$. ECT系统是任意点组的正则系统.

证明 考虑Wronsky行列式

$$W(1, \varphi(x), \cdots, \varphi^{k-1}(x))$$

$$= \begin{vmatrix} 1 & \varphi(x) & \varphi^2(x) & \cdots & \varphi^{k-2}(x) & \varphi^{k-1}(x) \\ 0 & \varphi'(x) & 2\varphi(x)\varphi'(x) & \cdots & (k-2)\varphi^{k-3}(x)\varphi'(x) & (k-1)\varphi^{k-2}(x)\varphi'(x) \\ 0 & 0 & 2(\varphi'(x))^2 & \cdots & (k-2)(k-3)\varphi^{k-4}(x)(\varphi'(x))^2 & (k-1)(k-2)\varphi^{k-3}(x)(\varphi'(x))^2 \\ \vdots & \vdots & \vdots & & \vdots & \vdots \\ 0 & 0 & 0 & \cdots & (k-2)!\,(\varphi'(x))^{k-2} & (k-1)\cdots 2\varphi(x)(\varphi'(x))^{k-2} \\ 0 & 0 & 0 & \cdots & 0 & (k-1)!\,(\varphi'(x))^{k-1} \end{vmatrix}$$

$$= \left(\prod_{i=1}^{k}(i-1)!\right)(\varphi'(x))^{\frac{1}{2}k(k-1)} > 0 \quad (k=1,2,\cdots,m) \tag{1.5}$$

当且仅当 $\varphi'(x) > 0$. 由[2]，引理第一部分得证. 引理的第二部分显然.

引理2 设 $\Phi_m = \{\varphi_i(x)\}_{i=1}^m$，$\varphi_i(x) \in C^{m-1}[a,b]$，$g(x) \in C^{m-1}[a,b]$ 且 $\widetilde{\Phi}_m = \{\varphi_1(x), \cdots, \varphi_{m-1}(x), g(x)\}$ 是(1)的正则系统，则对于 $\forall f \in C^{m-1}[a,b]$，有

$$[t_1, \cdots, t_m]_{\Phi_m} f = \frac{[t_1, \cdots, t_m]_{\widetilde{\Phi}_m} f}{[t_1, \cdots, t_m]_{\widetilde{\Phi}_m} \varphi_m} \tag{6}$$

证明

$$[t_1, \cdots, t_m]_{\Phi_m} f$$

$$=\frac{\det\begin{pmatrix} t_1 & \cdots & t_{m-1} & t_m \\ \varphi_1(x) & \cdots & \varphi_{m-1}(x) & f(x)\end{pmatrix}}{\det\begin{pmatrix} t_1 & \cdots & t_{m-1} & t_m \\ \varphi_1(x) & \cdots & \varphi_{m-1}(x) & \varphi_m(x)\end{pmatrix}}$$

$$=\frac{\det\begin{pmatrix} t_1 & \cdots & t_{m-1} & t_m \\ \varphi_1(x) & \cdots & \varphi_{m-1}(x) & f(x)\end{pmatrix}}{\det\begin{pmatrix} t_1 & \cdots & t_{m-1} & t_m \\ \varphi_1(x) & \cdots & \varphi_{m-1}(x) & g(x)\end{pmatrix}}\cdot$$

$$\frac{\det\begin{pmatrix} t_1 & \cdots & t_{m-1} & t_m \\ \varphi_1(x) & \cdots & \varphi_{m-1}(x) & g(x)\end{pmatrix}}{\det\begin{pmatrix} t_1 & \cdots & t_{m-1} & t_m \\ \varphi_1(x) & \cdots & \varphi_{m-1}(x) & \varphi_m(x)\end{pmatrix}}$$

$$=\frac{[t_1,\cdots,t_m]_{\Phi_m} f(x)}{[t_1,\cdots,t_m]_{\Phi_m} \varphi_m(x)}$$

引理 3　设 $f(x),g(x)\in C^{m-1}[a,b]$ 且 $f(x)\neq 0,x\in[a,b]$，则

$$[t_1,\cdots,t_m]_{\Phi_m} f\cdot g=[t_1,\cdots,t_m]_{f^{-1}\otimes\Phi_m} g \tag{7}$$

其中

$$\Phi_m=\{\varphi_i(x)\}_{i=1}^m, f^{-1}\otimes\Phi_m=\{f^{-1}\varphi_i(x)\}_{i=1}^m$$

证明　由行列式的性质和 Leibniz 公式

$$[t_1,\cdots,t_m]_{\Phi_m} f\cdot g$$

$$=\frac{\det\begin{pmatrix} \underbrace{x_1,\cdots,x_1}_{m_1\text{个}} & \cdots & \underbrace{x_k,\cdots,x_k}_{m_k\text{个}} \\ \varphi_1(x) & \cdots & \varphi_{m-1}(x), f(x)g(x)\end{pmatrix}}{\det\begin{pmatrix} \underbrace{x_1,\cdots,x_1}_{m_1\text{个}} & \cdots & \underbrace{x_k,\cdots,x_k}_{m_k\text{个}} \\ \varphi_1(x) & \cdots & \varphi_{m-1}(x), \varphi_m(x)\end{pmatrix}}$$

$$
= \frac{\begin{vmatrix} \frac{\varphi_1(x_1)}{f(x_1)} & \cdots & \frac{\varphi_{m-1}(x_1)}{f(x_1)} & g(x_1) \\ \left(\frac{\varphi_1(x_1)}{f(x_1)}\right)' & \cdots & \left(\frac{\varphi_{m-1}(x_1)}{f(x_1)}\right)' & g'(x_1) \\ \vdots & & \vdots & \vdots \\ \left(\frac{\varphi_1(x_1)}{f(x_1)}\right)^{(m_1-1)} & \cdots & \left(\frac{\varphi_{m-1}(x_1)}{f(x_1)}\right)^{(m_1-1)} & g^{(m_1-1)}(x_1) \\ \vdots & & \vdots & \vdots \\ \frac{\varphi_1(x_k)}{f(x_k)} & \cdots & \frac{\varphi_{m-1}(x_k)}{f(x_k)} & g(x_k) \\ \vdots & & \vdots & \vdots \\ \left(\frac{\varphi_1(x_k)}{f(x_k)}\right)^{(m_k-1)} & \cdots & \left(\frac{\varphi_{m-1}(x_k)}{f(x_k)}\right)^{(m_k-1)} & \end{vmatrix}}{\det\begin{pmatrix} \underbrace{x_1,\cdots,x_1}_{m_1\text{个}} & \cdots & \underbrace{x_k,\cdots,x_k}_{m_k\text{个}} \\ (f(x))^{-1}\varphi_1(x) & \cdots & (f(x))^{-1}\varphi_m(x) \end{pmatrix}}
$$

我们曾在[3]中证明了关于 ECT 系统 $\{\varphi^{i-1}(x)\}_{i=1}^{m}$ 的广义差商 Leibniz 公式，事实上只要 $\{\varphi^{i-1}(x)\}_{i=1}^{m}$ 是正则系统时，这一结果同样成立. 这里不加证明地引用.

引理 4　设 $\Phi_m=\{\varphi^{i-1}(x)\}_{i=1}^{m}$ 是(1)的正则系统，对 $\forall f(x),g(x)\in C^{m-1}[a,b]$ 有

$$
\begin{aligned}
&[t_1,\cdots,t_m]_{\Phi_m} f\cdot g \\
&=\sum_{i=1}^{m}[t_1,\cdots,t_i]_{\Phi_i} f[t_i,\cdots,t_m]_{\Phi_{m-i+1}} g
\end{aligned}
\tag{8}
$$

§2　*B* 样条的递推公式

设 $L_m(D)$ 是以 $\{\varphi^{i-1}(x)\}_{i=1}^{m}$ 为基解组的 m 阶微分

算子,$L_m^*(D)$ 是 $L_m(D)$ 的共轭算子.

定理 1　$L_m(D)$ 的 Green 函数为

$$G_m(x,t)=\frac{(x-t)_+^{\cdot}}{(m-1)!}\left(\frac{\varphi(x)-\varphi(t)}{\varphi'(t)}\right)^{m-1} \tag{9}$$

定理 1 的证明参见[3].

定理 2　$L_m^*(D)$ 的零空间 $N_{L_m^*(D)}$ 的一组基为

$$\varphi_{i+1}^*(t)=\frac{(\varphi(t))^{m-1-i}}{(\varphi'(t))^{m-1}}\quad(i=0,1,\cdots,m-1) \tag{10}$$

证明　由定理 1,有

$$\begin{aligned}G_m(x,t)&=\frac{(x-t)_+^{\cdot}}{(m-1)!\ (\varphi'(t))^{m-1}}\sum_{i=0}^{m-1}(-1)^{m-1-i}\cdot\\&\quad C_{m-1}^i(\varphi(x))^i(\varphi(t))^{m-1-i}\\&=(x-t)_+^{\cdot}\sum_{i=0}^{m-1}\varphi_{i+1}(x)\frac{(\varphi(t))^{m-1-i}}{(\varphi'(t))^{m-1}}\end{aligned}$$

其中

$$\varphi_{i+1}(x)=\frac{(-1)^{m-1-i}}{(m-1)!}C_{m-1}^i(\varphi(x))^i\in N_{L_m(D)}$$

且是 $N_{L_m(D)}$ 的一组基.

另一方面

$$G_m(x,t)=(x-t)_+^{\cdot}\sum_{i=0}^{m-1}\varphi_{i+1}(x)_{i+1}^*(t)$$

所以

$$(x-t)_+^{\cdot}\sum_{i=0}^{m-1}\left\{\frac{(\varphi(t))^{m-1-i}}{(\varphi'(t))^{m-1}}-\varphi_{i+1}^*(t)\right\}\varphi_{i+1}(x)\equiv 0$$

由 $\varphi_{i+1}(x)(i=0,1,\cdots,m-1)$ 的基底性质,便可知定理 2 真.

由定义 3,与 $\{\varphi^{i-1}(x)\}_{i=1}^m$ 关联的 B 样条可表为

$$B_{i,m}(x)=[y_i,\cdots,y_{i+m}]_{\Phi_{m+1}^*}\frac{(x-\cdot)_+^{\cdot}}{(m-1)!}\cdot$$

$$\left[\frac{\varphi(x)-\varphi(\cdot)}{\varphi'(\cdot)}\right]^{m-1} \quad (i=1,2,\cdots,m) \tag{11}$$

其中

$$\Phi_{m+1}^{*}=\left\{\frac{(\varphi(t))^{m-1}}{(\varphi'(t))^{m-1}},\cdots,\frac{\varphi(t)}{(\varphi'(t))^{m-1}},\frac{1}{(\varphi'(t))^{m-1}},\right.$$
$$\left.\frac{\int_t^b(\varphi(x)-\varphi(t))^{m-1}\mathrm{d}x}{(m-1)!\ (\varphi'(t))^{m-1}}\right\} \tag{12}$$

定理 3 设

$$\widetilde{\Phi}_{m+1}=\{(\varphi(t))^{i-1}\}_{i=1}^{m+1}$$
$$I_m(t)=\int_t^b(\varphi(x)-\varphi(t))^{m-1}\mathrm{d}x$$

则

$$B_{i,m}(x)=\frac{[y_i,\cdots,y_{i+m}]_{\widetilde{\Phi}_{m-1}}(x-\cdot)_+^0(\varphi(x)-\varphi(\cdot))^{m-1}}{[y_i,\cdots,y_{i+m}]_{\widetilde{\Phi}_{m+1}}I_m(t)} \tag{13}$$

证明 由式(11)及引理 3 有

$$B_{i,m}(x)=[y_i,\cdots,y_{i+m}]_{(m-1)!\,(\varphi'(t))^{m-1}\otimes\Phi_{m+1}^{*}}\cdot$$
$$(x-\cdot)_+^0(\varphi(x)-\varphi(\cdot))^{m-1}$$
$$(m-1)!\ (\varphi'(t))^{m-1}\otimes\Phi_{m+1}^{*}$$
$$=\{(m-1)!\ (\varphi(t))^{m-1},\cdots,$$
$$(m-1)!\ \varphi(t),(m-1)!,$$
$$\int_t^b(\varphi(x)-\varphi(t))^{m-1}\mathrm{d}x\}$$

记

$$\widetilde{\Phi}_{m+1}^{*}=\{1,\varphi(t),\cdots,(\varphi(t))^{m-1},$$
$$\int_t^b(\varphi(x)-\varphi(t))^{m-1}\mathrm{d}x\}$$

由[3]的引理 3 有

$$B_{i,m}(x)=[y_i,\cdots,y_{i+m}]_{\mathfrak{F}^*_{m+1}}(x-\cdot)^{\cdot}_{+}[\varphi(x)-\varphi(\cdot)]^{m-1}$$

由引理 2,本定理得证.

定理 4　由式(11)定义的 B 样条有如下的递推公式

$$B_{i,m}(x)=\frac{w_i^{m-1}(x)B_{i,m-1}(x)+\widetilde{w}_{i+1}^{m-1}(x)B_{i+1,m-1}(x)}{w_i^m(y_{i+m})} \tag{14}$$

其中

$$w_i^{m-1}(x)=[\varphi(x)-\varphi(y_i)][y_i,\cdots,y_{i+m-1}]_{\mathfrak{F}_m}\cdot\int_t^b(\varphi(x)-\varphi(t))^{m-2}\mathrm{d}x$$

$$\widetilde{w}_{i+1}^{m-1}(x)=[\varphi(y_{i+m})-\varphi(x)][y_{i+1},\cdots,y_{i+m}]_{\mathfrak{F}_m}\cdot\int_t^b(\varphi(x)-\varphi(t))^{m-2}\mathrm{d}x$$

证明　令

$$c_{i,m}=[y_i,\cdots,y_{i+m}]_{\mathfrak{F}_{m+1}}I_m(t)$$

由定理 3 有

$$B_{i,m}(x)=\frac{1}{c_{i,m}}[y_i,\cdots,y_{i+m}]_{\mathfrak{F}_{m+1}}(x-\cdot)^{\cdot}_{+}\cdot(\varphi(x)-\varphi(\cdot))^{m-1}$$

由引理 4 有

$$B_{i,m}(x)=\frac{1}{c_{i,m}}\{[y_i]_{\mathfrak{F}_1}(\varphi(x)-\varphi(\cdot))\cdot[y_i,\cdots,y_{i+m}]_{\mathfrak{F}_{m+1}}(x-\cdot)^{\cdot}_{x}(\varphi(x)-\varphi(\cdot))^{m-2}+c_{i+1,m-1}B_{i+1,m-1}(x)\}$$

另一方面

$$B_{i,m}(x)=\frac{1}{c_{i,m}}\{(\varphi(x)-\varphi(y_{i+m}))\cdot[y_i,\cdots,y_{i+m}]_{\mathfrak{F}_{m+1}}(x-\cdot)^{\cdot}_{x}(\varphi(x)-$$

$$\varphi(\cdot))^{m-2}+c_{i,m-1}B_{i,m-1}(x)\}$$

故

$$\begin{aligned}&B_{i,m}(x)(\varphi(y_{i+m})-\varphi(y_i))\\&=\frac{1}{c_{i,m}}\{(\varphi(y_{i+m})-\varphi(x))c_{i+1,m-1}B_{i+1,m-1}(x)+\\&(\varphi(x)-\varphi(y_i))c_{i,m-1}B_{i,m-1}(x)\}\end{aligned}$$

由于 $\{\varphi^{i-1}(x)\}_{i=1}^{m}$ 是(1)的正则系统，故 $\varphi(y_{i+m})-\varphi(y_i)\neq 0$.

令

$$w_i^{m-1}(x)=[\varphi(x)-\varphi(y_i)][y_i,\cdots,y_{i+m-1}]_{\Phi_m}\cdot\int_t^b(\varphi(x)-\varphi(t))^{m-2}\mathrm{d}x$$

$$\widetilde{w}_i^{m-1}(x)=[\varphi(y_{i+m})-\varphi(x)][y_{i+1},\cdots,y_{i+m}]_{\Phi_m}\cdot\int_t^b(\varphi(x)-\varphi(t))^{m-2}\mathrm{d}x$$

由上式便得式(14).

参考资料

[1] Schumaker L L. Splines Function: Basic Theory, New York, 1981.

[2] Karlin S, Studden W J. Tschebyscheff System: With Applications in Analysis and Statistics, Interscience, New York, 1966.

[3] 许跃生. 一类广义差商 Leibniz 公式与 Green 函数的递推公式，应用数学和力学，5，3(1984)，391-399.

多元样条的 B 网表示[①]

第28章

应用 B 网来研究二元样条,首推 Farin. 在文献[1]里,Farin 导出了用 Bézier 坐标来表达二元样条函数的 C^r 连续性条件. 在文献[2]里,de Boor 及 Höllig 利用 B 网确定了三方向分划上的二元三次一阶光滑样条函数空间的逼近阶.

浙江大学数学系的贾荣庆教授 1986 年研究了多元样条的 B 网表示. 特别地,我们导出了用 B 网刻画多元样条 C^r 连续性的一个简洁的公式.

我们以 $\mathbf{R}$ 表示全体实数的集合,以 $\mathbf{Z}_+$ 表示全体非负整数的集合. 于是,$\mathbf{R}^m$ 表示 m 维实线性空间,而 $\pi_n(\mathbf{R}^m)$

① 本章摘自《科学通报》,1987 年,第 11 期.

表示所有次数不大于 n 的 m 元多项式所成的空间. 对于 $\alpha=(\alpha_0,\cdots,\alpha_m)\in\mathbf{Z}_+^{m+1}$,$\alpha$ 通常称为多重指标,其长度 $|\alpha|$ 定义为 $\sum_{i=0}^{m}\alpha_i$,而其阶乘 $\alpha!$ 定义为 $\alpha_0!\cdots\alpha_m!$. 设 r 是一个非负整数,$|\alpha|=r$,则我们定义

$$\binom{r}{\alpha}:=\frac{r!}{\alpha!}$$

我们以 $e^i\in\mathbf{Z}_+^{m+1}$ 表示第 i 个分量为 1,其余分量为零的多重指标. 如果 $|\beta|=r+1$,则

$$\sum_{i=0}^{m}\binom{r}{\beta-e^i}=\sum_{i=0}^{m}\frac{r!\ \beta_i}{\beta!}=\binom{r+1}{\beta}\tag{1}$$

设 $\sigma=\{v^0,\cdots,v^m\}$ 是 $\mathbf{R}^m$ 里一个以 $v^0,\cdots,v^m$ 为顶点的真单纯形. 对于

$$\alpha=(\alpha_0,\cdots,\alpha_m)\in\mathbf{Z}_+^{m+1}$$

记

$$x_{\alpha,\sigma}:=\frac{\sum_{i=0}^{m}\alpha_i v^i}{|\alpha|}\tag{2}$$

对任意 $x\in\mathbf{R}^m$ 存在唯一的 $(\xi_0,\cdots,\xi_m)\in\mathbf{R}^{m+1}$ 使得

$$x=\sum_{i=0}^{m}\xi_i v^i,\ \sum_{i=0}^{m}\xi_i=1$$

这样的 $\xi=(\xi_0,\cdots,\xi_m)$ 称为 x 关于单纯形 σ 的重心坐标. 对于 $\alpha\in\mathbf{Z}_+^{m+1}$,$|\alpha|=k$,令

$$B_\alpha(x)=\binom{k}{\alpha}\xi^\alpha\tag{3}$$

此处 ξ 为 x 关于 σ 的重心坐标,B_α 称为相应于指标 α 的 Bernstein 多项式. 对于任意 $p\in\pi_k$,p 可以唯一地表示为

$$p=\sum_{|\alpha|=k}b_\alpha B_\alpha$$

上式中的 b_α 称为 p 关于单纯形 σ 的 Bézier 坐标.

现在我们来考虑多元样条的 B 网表示. 设 P 是 $\mathbf{R}^n$ 中一个多面体, $\Delta=\{\sigma_1,\cdots,\sigma_N\}$ 是 P 的一个单纯剖分. 我们以 $\pi_{k,\Delta}$ 表示 Δ 上的 k 次样条函数(分片多项式函数)空间. 记

$$\pi_{k,\Delta}^r=\pi_{k,\Delta}\cap C^r(P)$$

现设 $s\in\pi_{k,\Delta}^0$, 在每个单纯形 σ_i 上, s 与某个多项式 $p_i\in\pi_k$ 相一致, 设

$$p_i=\sum_{|\alpha|=k}b_{\alpha,\sigma_i}B_{\alpha,\sigma_i}$$

考虑集合

$$E=\{x_{\alpha,\sigma_i};\ |\alpha|=k,i=1,\cdots,N\}$$

其中 $x_{\alpha,\sigma}$ 由式(2)所定义. 在集合 E 上可定义映射 b 如下

$$b: x_{\alpha,\sigma_i}\to b_{\alpha,\sigma_i},\ |\sigma|=k,i=1,\cdots,N \tag{4}$$

映射 b 称为样条函数 s 的 B 网表示. 这样, 我们建立了 $s\in\pi_{k,\Delta}^0$ 与 s 的 B 网表示 b 之间的一一对应.

欲应用 B 网表示来研究多元光滑样条, 一个关键的问题是 C^r 连续性如何通过 B 网来表示. 对此, 下面的定理 1 作出了完整的回答. 我们需要引进一些记号. 设 $u^i=(u_1^i,\cdots,u_m^i)$, $i=0,\cdots,m$, 是 $\mathbf{R}^m$ 里 $m+1$ 个点, 我们以 $V(u^0,\cdots,u^m)$ 记单纯形 $\{u^0,\cdots,u^m\}$ 的有向体积, 亦即

$$V(u^0,\cdots,u^m)=\frac{\begin{vmatrix}1 & 1 & \cdots & 1\\ u_0^1 & u_1^1 & \cdots & u_1^m\\ \vdots & \vdots & & \vdots\\ u_m^0 & u_m^1 & \cdots & u_m^m\end{vmatrix}}{m!}$$

设 $\sigma=\{v^0,\cdots,v^{m-1},v^m\}$ 与 $\sigma'=\{v^0,\cdots,v^{m-1},w\}$ 是 $\mathbf{R}^m$ 里两个单纯形，$\beta=(\beta_0,\cdots,\beta_m)\in\mathbf{Z}_+^{m+1}$，记

$$V:=V(v^0,\cdots,v^{m-1},v^m)$$

$$V_i:=V(v^0,\cdots,v^{i-1},w,v^{i+1},\cdots,v^m)$$

$$V^\beta:=\prod_{i=0}^m V_i^{\beta_i}$$

定理 1 设 $\sigma=\{v^0,\cdots,v^{m-1},v^m\}$ 与 $\sigma'=\{v^0,\cdots,v^{m-1},w\}$ 是 $\mathbf{R}^m$ 里两个 m 维单纯形，$\sigma\cap\sigma'=\{v^0,\cdots,v^{m-1}\}$. 若 s 在 σ 上与 $p\in\pi_k$ 相一致，而在 σ' 上与 $p'\in\pi_k$ 相一致，且

$$p=\sum_{|\alpha|=k}b_\alpha B_{\alpha,\sigma},\ p'=\sum_{|\alpha|=k}b'_\alpha B_{\alpha,\sigma'}$$

再设 μ 是一个非负整数，则 $s\in C^\mu(\sigma\cup\sigma')$ 的充分必要条件是对于所有 $r\leqslant\mu$ 及 $\alpha=(\alpha_0,\cdots,\alpha_{m-1},0)\in\mathbf{Z}_+^{m+1}$，$|\alpha|=k-r$，成立

$$b'_{\alpha+re^m}=\frac{\sum\limits_{|\beta|=r}\binom{r}{\beta}b_{\alpha+\beta}V^\beta}{V^r}\tag{5}$$

证明 我们需要用到下面的求导公式，其中 D_z 表示沿着向量 z 的方向导数.

引理 1 设 $\sigma=\{v^0,\cdots,v^m\}$ 是 $\mathbf{R}^m$ 里一个 m 维单纯形，$1\leqslant r\leqslant k$，且

$$z=\sum_{i=0}^m\zeta_iv',\ \sum_{i=0}^m\zeta_i=0$$

则成立

$$\begin{aligned}&(D_\pi)^r\Big(\sum_{|\alpha|=k}b_\alpha B_\alpha\Big)(x)\\&=\frac{k!}{(k-r)!}\sum_{|\alpha|=k-r}\Big(\sum_{|\beta|=r}\binom{r}{\beta}\zeta^\beta b_{\alpha+\beta}\Big)B_\alpha(x)\end{aligned}\tag{6}$$

证明 设 x 关于 σ 的重心坐标是 ξ. 对任意 $t\in\mathbf{R}$，

由于 $\sum_{i=0}^{m}\zeta_i=0$，所以 $x+tz$ 关于 σ 的重心坐标是 $\xi+t\zeta$. 由此推出

$$
\begin{aligned}
D_z B_\alpha(x) &= \lim_{t\to 0}\frac{B_\alpha(x+tz)-B_\alpha(x)}{t} \\
&= \lim_{t\to 0}\frac{k!\left[(\xi+t\zeta)^\alpha-\xi^\alpha\right]}{t\cdot\alpha!} \\
&= k!\sum_{i=0}^{m}\frac{\zeta_i\xi^{\alpha-e^i}}{(\alpha-e^i)!}
\end{aligned}
$$

从而

$$
\begin{aligned}
& D_z\Big(\sum_{|\alpha|=k}b_\alpha B_\alpha\Big)(x) \\
&= k!\sum_{|\alpha|=k}\sum_{i=0}^{m}\frac{b_\alpha\zeta_i\xi^{\alpha-e^i}}{(\alpha-e^i)!} \\
&= k\sum_{|\alpha|=k-1}\Big(\sum_{i=0}^{m}\zeta_i b_{\alpha+e^i}\Big)B_\alpha(x) \qquad (7)
\end{aligned}
$$

这就证明当 $r=1$ 时，式(6) 是正确的. 现设 $1\leqslant r\leqslant k-1$，并设式(6) 对于 r 为真. 我们有

$$
\begin{aligned}
& (D_z)^{r+1}\Big(\sum_{|\alpha|=k}b_\alpha B_\alpha\Big)(x) \\
&= \frac{k!}{(k-r)!}D_z\left(\sum_{|\alpha|=k-r}\left(\sum_{|\beta|=r}\binom{r}{\beta}\zeta^\beta b_{\alpha+\beta}\right)B_\alpha\right)(x) \\
&= \frac{k!}{(k-r-1)!}\sum_{|\alpha|=k-r-1}\sum_{i=0}^{m}\zeta_i\left(\sum_{|\beta|=r}\binom{r}{\beta}\zeta^\beta b_{\alpha+\beta+e^i}\right)B_\alpha(x)
\end{aligned}
$$

但由式(1) 可得

$$
\begin{aligned}
& \sum_{i=0}^{m}\zeta_i\left(\sum_{|\beta|=r}\binom{r}{\beta}\zeta^\beta b_{\alpha+\beta+e^i}\right) \\
&= \sum_{i=0}^{m}\sum_{|\beta|=r}\binom{r}{\beta}\zeta^{\beta+e^i}b_{\alpha+\beta+e^i} \\
&= \sum_{|\beta|=r+1}\left(\sum_{i=0}^{m}\binom{r}{\beta-e^i}\right)\zeta^\beta b_{\alpha+\beta}
\end{aligned}
$$

$$=\sum_{|\beta|=r+1}\binom{r+1}{\beta}\zeta^{\beta}b_{\alpha+\beta}$$

这就证明了式(6) 对于 $r+1$ 亦为真. 引理 1 得证.

现在回到定理1的证明上来. 设 $\zeta=(\zeta_0,\cdots,\zeta_m)$ 是 w 关于单纯形 σ 的重心坐标,即

$$w=\sum_{i=0}^{m}\zeta_i v^i,\sum_{i=0}^{m}\zeta_i=1$$

我们要确定诸 ζ_i,由上式得

$$w-v^0=\sum_{i=1}^{m}\zeta_i(v^i-v^0)\tag{8}$$

将式(8) 两边与向量 $v^1-v^0,\cdots,v^{j-1}-v^0,v^{j+1}-v^0,\cdots,v^m-v^0$ 进行外积,得

$$\begin{aligned}&(v^1-v^0)\wedge\cdots\wedge(v^{j-1}-v^0)\wedge(v^j-v^0)\wedge\\&(v^{j+1}-v^0)\wedge\cdots\wedge(v^m-v^0)\\=&\zeta_j(v^1-v^0)\wedge\cdots\wedge(v^m-v^0)\end{aligned}\tag{9}$$

设 $a^1,\cdots,a^m$ 是 $\mathbf{R}^m$ 的单位坐标向量,即 a^i 是第i 个分量为 1,其余分量为 0 的向量,则式(9) 成为

$$m!\ V_j(a^1\wedge\cdots\wedge a^m)=\zeta_j m!\ V(a^1\wedge\cdots\wedge a^m)$$

(以上关于外积的事实可见文献[3] 第二章). 由此推出,当 $j=1,\cdots,m$ 时

$$\zeta_j=\frac{V_j}{V}$$

由对称性,上述公式对于 $j=0$ 亦为真.

将引理 1 应用于 $z=w-v^0$ 及 $p'=\sum_{|\alpha|=k}b'_{\alpha}B_{\alpha,\sigma'}$,我们得到

$$\begin{aligned}(D_{w-v^0})^r p'=&\frac{k!}{(k-r)!}\cdot\\&\sum_{|\alpha|=k-r}\left(\sum_{j=0}^{r}(-1)^j\binom{r}{j}b'_{\alpha+(r-j)e^m+je^0}\right)B_{\alpha,\sigma'}\end{aligned}\tag{10}$$

其次

$$w - v^0 = \sum_{i=0}^{m} \zeta_i v^i - v^0$$

再次应用引理 1 得

$$(D_{w-v^0})^r p = \frac{k!}{(k-r)!} \cdot$$

$$\sum_{|\alpha|=k-r} \left(\sum_{j=0}^{r} (-1)^j \binom{r}{j} \sum_{|\beta|=r-1} \binom{r-j}{\beta} \zeta^\beta b_{\alpha+\beta+je^0} \right) B_{\alpha,\sigma} \quad (11)$$

注意当 $x \in \sigma \cap \sigma'$ 时有

$$B_{\alpha,\sigma}(x) = B_{\alpha,\sigma'}(x)$$

假设对于 $r \leqslant \mu, \alpha = (\alpha_0, \cdots, \alpha_{m-1}, 0) \in \mathbf{Z}_+^{m+1}$，$|\alpha| = k - r$，式(5) 成立，那么对于 $x \in \sigma \cap \sigma'$ 及 $r \leqslant \mu$ 成立

$$(D_{w-v^0})^r p(x) = (D_{w-v^0})^r p'(x)$$

所以 $s \in C^\mu(\sigma \cup \sigma')$. 定理 1 的充分性部分得证.

尚需证明定理 1 的必要性部分. 设 $s \in C^\mu(\sigma \cup \sigma')$，我们要证对于任意 $r \leqslant \mu, \alpha = (\alpha_0, \cdots, \alpha_{m-1}, 0) \in \mathbf{Z}_+^{m+1}$，$|\alpha| = k - r$，式(5) 成立. 这可由对 r 进行归纳证明而得. 设 $r = 0$，由于当 $\alpha_m = 0$ 时 $b'_\alpha = b_\alpha$，故此时式(5) 为真. 现假设式(5) 对于 $0, \cdots, r-1$ 皆为真. 由于

$$(D_{w-v^0})^r p(x) = (D_{w-v^0})^r p'(x) \quad (x \in \sigma \cap \sigma')$$

而当 $x \in \sigma \cap \sigma'$ 且 $\alpha_m > 0$ 时

$$B_{\alpha,\sigma}(x) = B_{\alpha,\sigma'}(x) = 0$$

所以结合式(10) 及(11) 我们得到

$$\sum_{\substack{|\alpha|=k-r \\ \alpha_m=0}} \left(\sum_{j=0}^{r} (-1)^j \binom{r}{j} b'_{\alpha+(r-je^m+je^0)} \right) B_{\alpha,\sigma^r}(x)$$

$$= \sum_{\substack{|\alpha|=k-r \\ \alpha_m=0}} \left(\sum_{j=0}^{r} (-1)^j \binom{r}{j} \sum_{|\beta|=r-j} \binom{r-j}{\beta} \zeta^\beta b_{\alpha+\beta+je^0} \right) \cdot$$

$$B_{\alpha,\sigma}(x) \quad (12)$$

上式对于所有 $x \in \sigma \cap \sigma' = \tau$ 都是成立的，此时

$$B_{\alpha,\sigma'}(x) = B_{(\alpha_0,\cdots,\alpha_{m-1}),\tau}(x) = B_{\alpha,\sigma}(x)$$

由于$\{B_{\alpha,\tau};\alpha \in \mathbf{Z}_+^m, |\alpha| = k-r\}$构成$\pi_{k-r}(\mathbf{R}^{m-1})$的一个基，所以由式(12)知对于任意满足$|\alpha| = k-r, \alpha_m = 0$的$\alpha$有

$$\sum_{j=0}^{r}(-1)^j\binom{r}{j}b'_{\alpha+(r-j)e^m+je^0}$$

$$= \sum_{j=0}^{r}(-1)^j\binom{r}{j}\sum_{|\beta|=r-j}\binom{r-j}{\beta}\zeta^\beta b_{\alpha+\beta+je^0}$$

当$j > 0$时，由归纳假设知

$$b'_{\alpha+je^0+(r-j)e^m} = \sum_{|\beta|=r-j}\binom{r-j}{\beta}\zeta^\beta b_{\alpha+je^0+\beta}$$

结合以上结果我们得到式(5). 至此定理 1 证毕.

参考资料

[1] Farin G. Bézier polynomials over triangles and the construction of piecewise C^r polynomials, TR/91, Dept. of Math., Brunel Univ., Uxbridge, Middlesex, U.K., 1980.

[2] de Boor C, Höllig K. Approximation from piecewise C^1 − cubics: A counterexample, Proc. Amer. Math. Soc., 87(1983), 649-655.

[3] 陈省身，陈维桓. 微分几何讲义. 北京大学出版社，1983.

多元样条研究中的 B 网方法[①]

第 29 章

目前,在多元样条的研究工作中比较有效的三种方法是:B 样条方法、光滑余因子方法及 B 网方法. 关于 B 样条方法,贾荣庆介绍了箱样条研究近年来的进展. 关于光滑余因子方法,王仁宏作了介绍. 关于 B 网方法,Farin 作了一系列研究.

浙江大学的郭竹瑞,贾荣庆两位教授 1990 年介绍了 B 网方法,侧重于与他们自身研究兴趣有关的一些问题. 全章共分四节. 在 §1 他们介绍了多元多项式及多元样条的 B 网表示,这些结果对于 B 网方法的应用有普遍意义. 在 §2 他们考察了如何应用 B

① 本章摘自《数学进展》,1990 年 4 月,第 19 卷,第 2 期.

网方法于二元样条函数空间代数性质(维数及基底等)的研究. 在 §3 他们讨论了 B 网方法对于样条函数空间逼近性质的应用. 在 §4 他们用 B 网方法统一和概括了正则分划上二元样条函数空间的一系列结果.

§1　多元多项式及多元样条的 B 网表示

首先,我们来考察单纯形上多项式的 B 网表示. 我们以 $\mathbf{R}^m$ 表示 m 维实向量空间,而以 $\mathbf{Z}_+^m$ 表示全体 m 重指标的集合. 对于 $\alpha=(\alpha_1,\cdots,\alpha_m)\in\mathbf{Z}_+^m$,其长定义为

$$|\alpha|=\sum_{i=1}^{m}\alpha_i$$

而其阶乘定义为

$$\alpha!=\alpha_1!\cdots\alpha_m!$$

设 r 是一个非负整数,$|\alpha|=r$,定义

$$\binom{r}{\alpha}:=\frac{r!}{\alpha!}$$

我们以 $e^i\in\mathbf{Z}_+^{m+1}$ 表示第 $i+1$ 个分量为 1,其余分量为 0 的多重指标,而以 e_i 表示 $\mathbf{R}^m$ 里第 i 个分量为 1,其余分量为 0 的向量.

设 σ 是 $\mathbf{R}^m$ 里一个非退化的单纯形,它的顶点是 $v^0,\cdots,v^m$,此时记 $\sigma=\{v^0,\cdots,v^m\}$. 对任意的 $x\in\mathbf{R}^m$ 存在唯一的 $(\xi_0,\cdots,\xi_m)\in\mathbf{R}^{m+1}$ 使得

$$x=\sum_{i=0}^{m}\xi_i v^i,\ \sum_{i=0}^{m}\xi_i=1$$

这样的 $\xi=(\xi_0,\cdots,\xi_m)$ 称为 x 关于单纯形 σ 的重心坐标. 设 $u^i=(u_1^i,\cdots,u_m^i)\in\mathbf{R}^m,i=0,\cdots,m$,记

$$V(u^0,u^1,\cdots,u^m)=\frac{\begin{vmatrix}1 & 1 & \cdots & 1\\ u_1^0 & u_1^1 & \cdots & u_1^m\\ \vdots & \vdots & & \vdots\\ u_m^0 & u_m^1 & \cdots & u_m^m\end{vmatrix}}{m!} \tag{1}$$

即 $V(u^0,u^1,\cdots,u^m)$ 是单纯形 $\{u^0,u^1,\cdots,u^m\}$ 的有向体积. 于是 $x\in\mathbf{R}^m$ 关于单纯形 $\sigma=\{v^0,\cdots,v^m\}$ 的重心坐标 $(\xi_0,\cdots,\xi_m)$ 可如下表出

$$\xi_i=\frac{V(v^0,\cdots,v^{i-1},x,v^{i+1},\cdots,v^m)}{V(v^0,\cdots,v^m)} \tag{2}$$

设 $y\in\mathbf{R}^m$，而 f 是 $\mathbf{R}^m$ 上的一个实函数. f 在 x 处关于 y 的方向导数定义为

$$D_yf(x):=\lim_{t\to 0}\frac{f(x+ty)-f(x)}{t}$$

算子 De_j 将简记为 D_j.

对于 $x\in\mathbf{R}^m,\alpha\in\mathbf{Z}_+^m$，单项式 x^α 定义为 $x_1^{\alpha_1}\cdots x_m^{\alpha_m}$. 同样，$D^\alpha:=D_1^{\alpha_1}\cdots D_m^{\alpha_m}$. $\mathbf{R}^m$ 上所有多项式所成的空间记为 $\pi=\pi(\mathbf{R}^m)$，其中次数 $\leqslant k$ 的多项式全体所成的子空间记为 $\pi_k=\pi_k(\mathbf{R}^m)$.

设在 $\mathbf{R}^m$ 里给定一个非退化的单纯形 $\sigma=\{v^0,\cdots,v^m\}$. 对于 $\alpha=(\alpha_0,\cdots,\alpha_m)\in Z_+^{m+1}$，令

$$B_\alpha(x)=\binom{|\alpha|}{\alpha}\xi^\alpha$$

此处 ξ 是 x 关于 σ 的重心坐标. B_α 称为相应于指标 α 的 Bernstein 多项式. 任意 $p\in\pi_k$ 都可以唯一地表示为

$$p=\sum_{|\alpha|=k}b(\alpha)B_\alpha$$

称 $(b(\alpha))_{|\alpha|=k}$ 为多项式 p 关于 σ 的重心坐标. 令

$$x_{\alpha,\sigma}:=\sum_{i=0}^{m}\frac{\alpha_i v^i}{k} \tag{3}$$

考虑对应

$$x_{\alpha,\sigma} \to b(\alpha),\ |\alpha| = k$$

这一映射称为 p 关于单纯形 σ 的 Bernstein-Bézier 网，或简称为 B 网. 这样，多项式 p 与其 B 网表示 b 之间建立了一一对应关系. 在高维情形，de Boor 考察了 B 网的一系列性质. 下面的定理基本上取自 de Boor 的论文.

定理 1 (i)(de Casteljau 算法) 设 $p = \sum_{|\alpha|=k} b(\alpha) B_\alpha$，$x$ 关于单纯形 $\sigma = \{v^0, \cdots, v^m\}$ 的重心坐标是 $\xi = (\xi_0, \cdots, \xi_m)$，而 b_j 是集 $\{\alpha \in \mathbf{Z}_+^{m+1} : |\alpha| = k - j\}$ 到 $\mathbf{R}$ 的函数 $(j = 0, \cdots, k)$，它由下面的公式所归纳定义

$$b_0(\alpha) = b(\alpha),\ b_j(\alpha) = \sum_{i=0}^{m} \xi_i b_{j-1}(\alpha + e^i)$$

则

$$p(x) = b_k(0)$$

(ii)(求导公式) 设 $z = \sum_{i=0}^{m} \zeta_i v^i$，$\sum_{i=0}^{m} \zeta_i = 0$，$1 \leqslant r \leqslant k$，而 $p = \sum_{|\alpha|=k} b(\alpha) B_\alpha$，则

$$(D_z)^r p = \frac{k!}{(k-r)!} \sum_{|\alpha|=k-r} \left(\sum_{|\beta|=r} \binom{r}{\beta} \zeta^\beta b(\alpha + \beta) \right) B_\alpha$$

(iii)(求积公式) 设 $p = \sum_{|\alpha|=k} b(\alpha) B(\alpha)$，则

$$\int_\sigma p = \mathrm{Vol}[\sigma] \sum_{|\alpha|=k} \frac{b(\alpha)}{\binom{k+m}{k}}$$

其中 $\mathrm{Vol}[\sigma]$ 表示 σ 的体积.

给出多项式的 B 网表示，可由 de Casteljau 算法计算出该多项式在任一点的值. 反过来，给出一个多项式

p,如何计算它的 B 网表示 b? 这就是所谓对偶基的问题. 赵康及孙家昶构造了一组对偶基.

定理 2　设 $\sigma=\{v^0,v^1,\cdots,v^m\}$ 是 $\mathbf{R}^m$ 里一个非退化的单纯形,λ_{β_j} 是由下决定的线性泛函

$$\lambda_{\beta_j}=\sum_{\alpha\leqslant\beta}\binom{\beta}{\alpha}\frac{(n-|\alpha|)!}{n!}\prod_{i\neq j}(D_i-D_j)^{\alpha_i}f(e_j)$$

这里 $\beta\in\mathbf{Z}_+^m$, $|\beta|\leqslant n$,则有

$$\lambda_{\beta_j}B_\lambda=\delta_{\beta\bar{\lambda}}$$

其中 $\bar{\lambda}=(\lambda_0,\cdots,\lambda_{j-1},\lambda_{j+1},\cdots,\lambda_m)\in\mathbf{Z}_+^m$,$\delta_{\beta\lambda}$ 表示 Kronecker 记号.

现在我们来考虑由下定义的 Bernstein 算子 B_k

$$B_kf=\sum_{|\alpha|=k}f(x_\alpha)B_\alpha$$

常庚哲及冯玉瑜曾研究了平面上三角形区域上的 Bernstein 多项式逼近的精确误差界问题. 吴正昌推广并改进他们的结果于高维情形. 特别地,吴正昌引进了"有心"单纯形的概念. 一个单纯形称为有心的,若其外心落在该单纯形里. 记 ρ 为 σ 的"有心"面的外接球半径的最大值. 贾荣庆及吴正昌证明了如下结果:

定理 3　若 $f\in W^{2,\infty}$,$M:=\sup\limits_{1\leqslant i,j\leqslant m}\|D_iD_jf\|_{\infty,\sigma}$,则

$$\|f-B_kf\|_\infty\leqslant\frac{m}{2}M\rho^2\cdot\frac{1}{k}\tag{4}$$

而且上式中 $\frac{1}{k}$ 前的系数 $\frac{m}{2}M\rho^2$ 是最优的. 进一步,当 $k\to\infty$ 时

$$\|f-B_kf\|=o\left(\frac{1}{k}\right)$$

当且仅当 f 是线性函数.

最后，我们讨论多元样条的 B 网表示. 设 $\Delta=\{\sigma_1,\cdots,\sigma_N\}$ 是 $\mathbf{R}^m$ 里单纯形的一个集合，其中任何两个单纯形之间规则相处. 记 $P=\bigcup_{i=1}^{N}\sigma_i$. 我们以 $\pi_{k,\Delta}$ 表示 Δ 上的 k 次样条函数(分片多项式函数)全体所成的线性空间. 亦即，$s\in\pi_{k,\Delta}$ 当且仅当在每个单纯形 σ_i 上 s 与某个多项式 $p_i\in\pi_k$ 相一致. 记

$$\pi_{k,\Delta}^{\mu}=\pi_{k,\Delta}\cap C^{\mu}(P)$$

特别，$\pi_{k,\Delta}^{0}$ 是全体连续的样条函数空间. 设 $s\in\pi_{k,\Delta}^{0}$，$s|_{\sigma_i}=p_i\in\pi_k$，而 p_i 可以表示为

$$p_i=\sum_{|\alpha|=k}b_{\alpha,\sigma_i}B_{\alpha,\sigma_i}$$

考虑集合

$$X=\{x_{\alpha,\sigma_i}:|\alpha|=k,i=1,\cdots,N\} \tag{5}$$

其中 $x_{\alpha,\sigma}$ 由式(3)所定义. 在集合 X 上可定义映射 b 如下

$$b:x_{\alpha,\sigma_i}\to b_{\alpha,\sigma_i},\ |\alpha|=k,i=1,\cdots,N \tag{6}$$

称映射 b 是样条函数 s 的 B 网表示. 当 s 为连续时，易见上述 b 是良好地定义的. 这样，我们建立了 $s\in\pi_{k,\Delta}^{0}$ 与 s 的 B 网表示 b 之间的一一对应. 欲应用 B 网表示来研究多元光滑样条，一个关键问题是 C^{μ} 连续性如何通过 B 网来表示. 贾荣庆所给出的下述结果是比较便于应用的. 设

$$\sigma=\{v^0,v^1,\cdots,v^{m-1},v^m\},\sigma'=\{v^0,v^1,\cdots,v^{m-1},w\}$$

是 $\mathbf{R}^m$ 里两个 m 维单纯形，它们的交是

$$\tau=\sigma\cap\sigma'=\{v^0,v^1,\cdots,v^{m-1}\}$$

记

$$V=V(v^0,v^1,\cdots,v^m)$$

$$V_i=V(v^0,\cdots,v^{i-1},w,v^{i+1},\cdots,v^m\}$$

对于多重指标

$$\beta=(\beta_0,\cdots,\beta_m)\in \mathbf{Z}_+^{m+1}$$

令 $V^\beta=\prod_{i=0}^{m}V_i^{\beta_i}$.

定理 4　若 S 在 σ 上与 $p\in\pi_k$ 相一致,而在 σ' 上与 $p'\in\pi_k$ 相一致,且

$$p=\sum_{|\alpha|=k}b(\alpha)B_{\alpha,\sigma},p'=\sum_{|\alpha|=k}b'(\alpha)B_{\alpha,\sigma'}$$

再设 μ 是一个非负整数,则 $S\in C^\mu(\sigma\cup\sigma')$ 的充分必要条件是:对于所有 $r\leqslant\mu$ 及 $\alpha=(\alpha_0,\cdots,\alpha_{m-1},0)\in\mathbf{Z}_+^{m+1}$, $|\alpha|=k-r$,成立

$$b'(\alpha+re^m)=\sum_{|\beta|=r}\binom{r}{\beta}b(\alpha+\beta)\frac{V^\beta}{V^r}$$

有关这方面的研究,Chui 和 Lai 通过比较多项式的 Taylor 展式和多项式的重心坐标表示,得到单纯形剖分下的样条函数 C^μ 连续性条件的另一种形式. Chui 还研究过另一类所谓“平行六面体”型的 B 网及与此相关的样条函数 C^μ 连续性条件.

§2　B 网与样条函数空间的代数性质

设 P 是 $\mathbf{R}^m$ 里一个多面体,$\Delta=\{\sigma_1,\cdots,\sigma_N\}$ 是 P 的一个单纯剖分. 对正整数 k,式(5) 中确定的 X 是相应的 B 网点全体所成的集合. 我们以 $|X|$ 表示 X 的元素数目,而以 $\mathbf{R}^X$ 表示 X 上实函数全体所成的空间. 在 §1 我们已指出 $\pi_{k,\Delta}^0$ 与 $\mathbf{R}^X$ 作为线性空间是同构的,因此

$$\dim(\pi_{k,\Delta}^0)=|X|$$

设 τ 是 Δ 里两个单纯形 σ 与 σ' 的公共 $m-1$ 维面，r 是一个非负整数，$\alpha=(\alpha_0,\cdots,\alpha_{m-1},0)\in\mathbf{Z}_+^{m+1}$ 适合 $|\alpha|=k-r$，定义 $\mathbf{R}^X$ 上的线性泛函 $\lambda_{\tau,r,\alpha}$ 如下

$$\lambda_{\tau,r,\alpha}b=b(x_{\alpha|re^m,\sigma'})-\sum_{|\beta|=r}\binom{r}{\beta}b(x_{\alpha+\beta,\sigma})\frac{V^\beta}{V^r}$$

由定理 4 知 $s\in\pi_{k,\Delta}^\mu$ 的充要条件是其 B 网表示 b 适合

$$\lambda_{\tau,r,\alpha}b=0$$

其中 τ 取遍 Δ 里任意两个单纯形的公共 $m-1$ 维面，$r\leqslant\mu$，而 $\alpha=(\alpha_0,\cdots,\alpha_m)$ 适合 $\alpha_m=0$，$|\alpha|=k-r$. 以 $\Lambda=\Lambda_k^\mu$ 表示所有这样的线性泛函所张成的线性空间. 记

$$\Lambda^\perp:=\{b\in\mathbf{R}^X:\lambda b=0,\forall\lambda\in\Lambda\}$$

于是，由以上讨论知线性空间 $\pi_{k,\Delta}^\mu$ 与 $(\Lambda_k^\mu)^\perp$ 是同构的. 因此我们有：

定理 5 $\dim(\pi_{k,\Delta}^\mu)=|X|-\dim(\Lambda_k^\mu)$.

确定 $\dim(\Lambda_k^\mu)$ 也并非是一件易事. 这样，定理 5 似乎是将一个困难的问题转化为另一个困难的问题. 但是，应用定理 5 我们确实可以解决一些别的方法不易解决的问题.

以下我们只限于讨论二维情形. 设 Ω 是一个多边形，Δ 是 Ω 的一个三角剖分. 我们以 V、$\mathring{V}$ 及 V_b 分别表示 Δ 的顶点数、内顶点数及边界顶点数；E 及 $\mathring{E}$ 分别表示 Δ 的边数及内边数. 剖分 Δ 的一个内顶点 v 称为奇异的，如果 Δ 恰好有 4 条棱相交于 v 且这 4 条棱形成两条直线. 我们以 V_s 表示 Δ 的所有奇异内点的数目.

当 $\mu=1$ 时，$\pi_{k,\Delta}^\mu$ 的维数问题首先由 Strang 所研究. 对于 $k\geqslant5$，Morgan 及 Scott 确定了 $\pi_{k,\Delta}^1$ 的维数并

构造出一组局部基,他们讨论了 $k \leqslant 4$ 的情况.特别,他们指出 $\pi^1_{2,\Delta}$ 的维数强烈依赖于剖分的几何形状.之后,很多作者研究过 $k=3$ 及4的情形,但都没有给出完整的证明.贾荣庆利用 B 网方法给出了如下结果:

定理 6　(i) $\dim(\pi^1_{4,\Delta}) = E + 3V + V_s + V_b$.

(ii) 若在 Δ 的每一顶点 v 处给定一个三元数组 (a_v, x_v, y_v),则存在 $f \in \pi^1_{4,\Delta}$ 使得对所有 v,有

$$f(v) = a_v, D_1 f(v) = x_v, D_2 f(v) = y_v$$

情形 $k=3$ 至今还是悬而未决的,就是说,我们不知道 $\pi^1_{3,\Delta}$ 的维数是否依赖于剖分的几何形状.在这方面,叶懋冬引进了单方向分划的概念,他证明了对于单方向分划 Δ 而言

$$\dim(\pi^1_{3,\Delta}) = 2V + V_b + V_s + 1$$

并说明了在顶点处的插值是可行的.

为讨论一般情形,我们先要考察 Schumaker 关于维数的下界公式.记

$$\alpha = \frac{(k+1)(k+2)}{2}, \beta = \frac{(k+1-\mu)(k-\mu)}{2}$$

$$r = \frac{(k+1)(k+2)-(\mu+1)(\mu+2)}{2}$$

设 v_i 是一个内顶点.以 e_i 表示从 v_i 出发具有不同斜率的边的数目.记

$$\sigma_i = \sum_{j=1}^{k-\mu} (\mu + j + 1 - je_i)_+$$

于是,Schumaker 关于维数的下界公式可叙述为

$$\dim(\pi^\mu_{k,\Delta}) \geqslant \alpha + \beta \mathring{E} - r\mathring{V} + \sum_{i=1}^{\mathring{V}} \sigma_i \tag{7}$$

但是,贾荣庆举出反例说明公式(7)不适用于多

连通区域的情形. 注意到 Schumaker 所给出的证明难以移植到多连通区域的情形，然而应用 B 网方法可给这一问题以满意的解答. 我们以 c 表示 $R^2\setminus\Omega$ 的有界连通分支的数目. 对于 Δ 的每一个顶点 v，以 Ω_v 表示所有以 v 为顶点的三角形的并集，以 d_v 表示 $\Omega_v\setminus\{v\}$ 的连通分支的数目再减去 1 所得的数，以 d 表示所有这些 d_v 的和. 于是，我们有：

定理 7 下述不等式成立

$$\dim(\pi_{k,\Delta}^{\mu}) \geqslant \alpha(1-c) + \beta\mathring{E} - r(\mathring{V} - d) + \sum_{i=1}^{\mathring{V}}\sigma_i \tag{8}$$

在 $c=0$ 且 $d=0$ 的情形，王仁宏与卢旭光，以及 Alfeld 与 Schumaker 分别独立地证明了：当 $k\geqslant 4\mu+1$ 时式(7) 中等号成立. 最近，洪东得到下面的结果：

定理 8 当 $k\geqslant 3\mu+2$ 时

$$\dim(\pi_{k,\Delta}^{\mu}) = a(1-c) + \beta\mathring{E} - r(\mathring{V} - d) + \sum_{i=1}^{\mathring{V}}\sigma_i \tag{9}$$

且 $\pi_{k,\Delta}^{\mu}$ 具有一组有局部支集的基. 进一步，若在 Δ 的每一顶点 v 处给定一组数 $\{a_{\delta,v}:\delta\in\mathbf{Z}_+^2,|\delta|\leqslant\mu\}$，则存在一个 $f\in\pi_{k,\Delta}^{\mu}$ 使得对所有顶点 v，有

$$D^{\delta}f(v) = a_{\delta,v}\quad(|\delta|\leqslant\mu)$$

可以证明式(9) 当 $k=3\mu+1$ 时仍成立. 我们猜测 $k\geqslant 3\mu+1$ 这一限制已不可再放松. 即有：

猜测 当 $k\leqslant 3\mu$ 时，存在一个三角剖分 Δ，使得式(8) 中严格不等号成立.

§3　*B* 网与样条函数空间的逼近性质

在本节我们要探讨如何应用 B 网方法于样条函数空间逼近性质的研究.

设 P 是 $\mathbf{R}^m$ 里一个多面体,Δ 是 P 的一个单纯剖分. 以 $|\Delta|$ 表示 Δ 里单形的最大直径. 设 S 是 $\pi_{k,\Delta}^0$ 的一个子空间. 定义

$$\mathrm{dist}(f,S):=\inf_{s\in S}\|f-s\|_\infty$$

如果存在非负整数 n,使得对任意 $f\in W^{n,\infty}$ 成立

$$\mathrm{dist}(f,S)\leqslant \mathrm{const}\,|\Delta|^n\,|f|_{n,\infty}$$

则称 S 具有阶至少为 n 的逼近. 使得上述命题成立的最大整数 n 称为 S 具有的(最佳)逼近阶.

考虑 $S=\pi_{k,\Delta}^\mu$ 所具有的逼近阶. 当 $\mu=0$ 时,S 具有逼近阶 $k+1$. 但当 $\mu\geqslant 1$ 时,迄今为止的结果很少. 应用 B 网方法于逼近阶的研究出于如下考虑:作为线性空间 $\pi_{k,\Delta}^0$ 与 $\mathbf{R}^X$ 是同构的. 若在 $\pi_{k,\Delta}^0$ 上赋以 L_∞ 范数,而在 $\mathbf{R}^X$ 上赋以 l_∞ 范数,则两者的范数是相互等价的. 注意 $\mathbf{R}^X$ 的共轭空间里的范数应是 l_1 范数. 设 $g\in\pi_{k,\Delta}^0$,$S=\pi_{k,\Delta}^\mu$,而 $\Lambda=\Lambda_k^\mu$,则由以上讨论并应用对偶定理得

$$\mathrm{dist}(g,S)=\sup_{\lambda\in\Lambda}\frac{|\lambda g|}{\|\lambda\|}\tag{10}$$

现设 f 是一个连续函数,则存在一个唯一的 $g\in\pi_{k,\Delta}^0$ 使得 f 与 g 在网点集 X 上相一致. 这样,$f\to g$ 定义了连续函数空间到 $\pi_{k,\Delta}^0$ 的一个线性投影算子 P. 由(10)我们可得如下结果:

定理 9　对于连续函数 f 成立

$$\left| \operatorname{dist}(f,S) - \sup_{\lambda\in\Lambda} \frac{|\lambda Pf|}{\|\lambda\|} \right| < \|f - Pf\|$$

在上述定理中，$\|f-Pf\|$ 仅是一个局部逼近的问题，所以问题归结于估计 $\sup\limits_{\lambda\in\Lambda}\dfrac{|\lambda Pf|}{\|\lambda\|}$. 当 Δ 是三方向分划时，de Boor 及 Höllig 利用 B 网方法证明了 $\pi_{3,\Delta}^{1}$ 所具有的逼近阶是 3.

关于任意三角剖分上的二元样条函数空间的逼近阶，最早的结果属于 Zenisěk 及 Bramble，Zlámal. 他们利用局部插值的方法证明了当 $k\geqslant 4\mu+1$ 时，$\pi_{k,\Delta}^{\mu}$ 具有逼近阶 $k+1$. 最近，de Boor 及 Höllig 应用定理 9 给出了下面的结果：

定理 10　设 $S=\pi_{k,\Delta}^{\mu}$，则当 $k\geqslant 3\mu+2$ 时存在一个仅依赖于分划 Δ 的最小角的常数 const，使得对所有充分光滑的 f，有

$$\operatorname{dist}(f,S)\leqslant \mathrm{const}\,|\Delta|^{k+1}\,\|f\|_{k+1,\infty}$$

de Boor 和 Höllig 进一步讨论了条件 $k\geqslant 3\mu+2$ 的最佳性问题. 换句话说，当 $k<3\mu+2$ 时，是否必存在一个分划，使得 $\pi_{k,\Delta}^{\mu}$ 的逼近阶不超过 k？欲回答这一问题，只要考虑三方向分划即可. 当 $\mu=1$ 时，Jia 对此问题作了肯定的回答. de Boor 和 Höllig 解决了情形 $\mu=2$ 及 3. 最近，Jia 完全解决了这一问题.

如果剖分的组合结构具有某种特点，则条件 $k\geqslant 3\mu+2$ 有可能放松. 我们有下面的结果.

定理 11　设 Δ 是平面上一个三角剖分，Δ 中每一内顶点的度数（从该点出发的边数）是奇数. 并设 $S=\pi_{k,\Delta}^{\mu}$，$k=3\mu+1$. 则存在一个仅依赖于分划最小角的常数 const 使得对所有充分光滑的 f 有

$$\operatorname{dist}(f,S)\leqslant \mathrm{const}\,|\Delta|^{k+1}\,\|f\|_{k+1,\infty}$$

当 $\mu=1,k=4$ 时,上述结果早已由梁学章得到.

§4　正则剖分上的二元样条函数空间

在本节我们要用 B 网方法统一处理有关正则剖分上的二元样条函数空间的一系列问题.

设 $\Omega=[a,b]\times[c,d]$ 是平面上一个矩形,并设

$$a=x_0<\cdots<x_m=b,c=y_0<\cdots<y_n=d$$

直线 $x=x_i(i=0,\cdots,m)$ 及 $y=y_j(j=0,\cdots,n)$ 将 Ω 剖分成 mn 个矩形. 若在每个矩形$[x_{i-1},x_i]\times[y_{j-1},y_j]$上添加一条联结$(x_{i-1},y_{j-1})$及$(x_i,y_j)$的对角线,所得的剖分记为 Δ_{mn}^1,称为 Ⅰ 型剖分. 若在每个矩形$[x_{i-1},x_i]\times[y_{j-1},y_j]$上添加两条对角线,所得的剖分记为 Δ_{mn}^2,称为 Ⅱ 型剖分. 均匀的 Ⅰ 型及 Ⅱ 型剖分分别称作三方向及四方向剖分.

设 Δ 是 Ω 的三方向或四方向剖分,则由于 Δ 是贯穿剖分,对于任意 k 及 μ,空间 $S_k^\mu(\Delta):=\pi_{k,\Delta}^\mu$ 的维数已经确定. 在应用中常要考虑带边界条件的二元样条函数空间. 令

$$S_k^{\mu,r}(\Delta):=\{s\in S_k^\mu(\Delta):D^\alpha s\mid_{\partial\Omega}=0,\ |\alpha|\leqslant r\}$$

$$\begin{aligned}\mathring{S}_k^\mu(\Delta):=\{s\in S_k^\mu(\Delta):s(x_1+b-a,x_2)\\=s(x_1,x_2)=s(x_1,x_2+d-c)\}\end{aligned}$$

$\mathring{S}_k^\mu$ 中的元素称为双周期样条函数.

定理 12　设 Δ_{mn}^1 是 Ω 的三方向剖分,则有

$$\dim(S_k^{1,0}(\Delta_{mn}^1))=(k-1)(k-2)mn-1\quad(k\geqslant 3)\tag{11}$$

$$\dim(S_k^{1,1}(\Delta_{mn}^1))=\begin{cases}2(m-2)_+\ (n-2)_+,k=3\\6(m-1)(n-1),k=4\\(k-1)(k-2)mn-\\2(k-1)(m+n)+5,\\k\geqslant 5\end{cases}\tag{12}$$

$$\dim(\mathring{S}_k^1(\Delta_{mn}^1))=\begin{cases}2mn+2,k=3\\6mn+1,k=4\\(k-1)(k-2)mn,k\geqslant 5\end{cases}\tag{13}$$

当 $k=3$ 时，(11) 及(12) 的结果属于 Chui 及 Schumaker，Wang. 他们使用了光滑余因子方法. 这一方法难以应用到高次样条空间的情形. 乐安波改用 B 网方法，解决了 $k\geqslant 4$ 的情形. 当 $k=3$ 时，(13) 的结果属于 Morshe.

对于四方向分划而言，当 $\mu=1$ 时，带各种边界条件的样条函数空间的维数及基底亦已研究清楚.

毫无疑问，应用 B 网方法可以比较容易地构造 B 样条. 譬如说，Chui 和 Wang 构造了一个在非均匀 Ⅱ 型剖分上具有极小支集的 $S_{\frac{1}{2}}$ 中的元素，方法比较复杂，而 Sablonnière 利用 B 网方法相当简单地构造了这一元素.

二元样条插值是一个令人感兴趣的课题. 下面的结果属于 Guo，Sha 以及 Sha.

定理 13　给定 $\alpha_{ij},\beta_{ij},\phi_i,\eta_j,t_j,\zeta_j,\psi_0,\psi_1,t_0$，存在唯一的 $s\in S_3^1(\Delta_{mn}^{(z)})$ 满足以下插值条件：

(i) $\left(s(i,j),\dfrac{\partial s}{\partial x}(i,j)\right)=(\alpha_{ij},\beta_{ij}),i=\overline{0,n},j=\overline{0,n}$;

(ii) $\left(\dfrac{\partial s}{\partial y}(i,n),\dfrac{\partial^2 s}{\partial x\partial y}(i,n)^+\right)=(\phi_i,\eta_i),i=\overline{2,m}$;

(iii) $\left(\frac{\partial s}{\partial y}(0,j),\frac{\partial^2 s}{\partial x\partial y}(1,j)^+\right)=(t_j,\zeta_j),j=\overline{1,n}$;

(iv) $\left(\frac{\partial s}{\partial y}(m,0),\frac{\partial s}{\partial y}(m,1),\frac{\partial s}{\partial y}(0,0)\right)=(\psi_0,\psi_1,t_0)$.

若 $f\in c^4$,置

$$\alpha_{ij}=f(i,j),\beta_{ij}=\frac{\partial f}{\partial x}(i,j),\phi_i=\frac{\partial f}{\partial y}(i,n),$$

$$\eta_i=\frac{\partial^2 f}{\partial x\partial y}(i,n)^+,t_j=\frac{\partial f}{\partial y}(0,j)$$

$$\zeta_j=\frac{\partial^2 f}{\partial x\partial y}(1,j)^+,\psi_0=\frac{\partial f}{\partial y}(m,0)$$

$$\psi_1=\frac{\partial f}{\partial y}(m,1),t_0=\frac{\partial f}{\partial y}(0,0)$$

则

$$\|f-s\|\leqslant \mathrm{const}\,|\Delta|^2[\omega(D^4 f,|\Delta|)+\|D^4 f\|\,|\Delta|]$$

其中

$$\|D^4 f\|=\|f\|_{4,\infty}$$

$$\omega(D^4 f,|\Delta|)=\max_{0\leqslant i\leqslant 4}\left\{\omega\left(\frac{\partial^4 f}{\partial x^i\partial y^{4-i}},|\Delta|\right)\right\}$$

Bam berger 也讨论了类似问题,并举出了一些数值例子.郭竹瑞、沙震及吴正昌讨论了 $S_4^1(\Delta_{mn}^1)$ 的插值问题.叶懋冬考虑了四方向分划上二元样条的插值问题,得到如下结果:

定理 14　设 $f\in c^3([0,1]^2)$,$s\in S_2^1(\Delta_{mn}^2)$ 满足插值条件

$$\begin{cases}s(x_i,y_j)=f(x_i,y_j)\\ s(x_i,y_{\frac12})=f(x_i,y_{\frac12})\\ s(x_{\frac12},y_j)=f(x_{\frac12},y_j)\end{cases}\quad\begin{matrix}(i=0,1,\cdots,m)\\(j=0,1,\cdots,n)\end{matrix}$$

则

$$\| f-s \| \leqslant 5 \| D^3 f \| h^3 + \frac{1}{16}\left[\omega_x\left(\frac{\partial^3 f}{\partial x^3},h\right)+\omega_y\left(\frac{\partial^3 f}{\partial y^3},h\right)\right]h^2$$

沙震也得到了类似结果. 他与宣培才一起考虑了 $\mathring{S}_3^1(\Delta_{mn}^2)$ 的插值问题.

第30章 多元 B 形式中的曲面[①]

西安电子科技大学信息工程系的罗笑南教授1993年首先通过在多面体区域上抬高维数的技巧给出了多元 B 形式中曲面的一般性定义．证明了 μ 重乘积型 Bézier 曲面是 $2^{\mu}-1$ 维单纯形域上 B 形式中的一个曲面；进一步证实了定义在二维单纯形域上 m 次 Bézier 曲面上的 n 次多元 B 形式可表示成 mn 次 Bézier 曲面，定义在双 m 次曲面上的 n 次多元 B 形式可表示成双 mn 次 Bézier 曲面．这样不仅揭示了乘积型与非乘积型 Bézier 曲面之间的内在联系，而且实际上是给出了一种定义在曲面上的曲面表示方法．

① 本章摘自《科学通报》，1993年9月，第38卷，第18期．

我们采用通常符号，以 $\mathbf{R}^m$ 表示 m 维实向量空间，以 $\mathbf{Z}_+^m$ 表示全体 m 重非负整数指标的集合，若取 $\alpha=(\alpha_1,\cdots,\alpha_m)\in\mathbf{Z}_+^m$，记 $|\alpha|=\sum_{i=1}^{m}\alpha_i$，$\alpha!=\alpha_1!\cdots\alpha_m!$，$\binom{n}{\alpha}=\frac{n!}{\alpha!}$.

设 σ 是 $\mathbf{R}^m$ 中一个 m 维体，它的顶点是 $v^0,v^1,\cdots,v^n$，$n>m$，此时记 $\sigma=[v^0,v^1,\cdots,v^n]$，且设定其 m 维空间体积 $V_m(\sigma)$ 不为零. 我们来把 σ 的维数抬高，记

$$\begin{aligned}\Omega&=[u^0,u^1,\cdots,u^n]\\&=\left\{u\mid u=\sum_{j=0}^{n}\xi_j u^j,\xi_j\geqslant 0,\sum_{j=0}^{n}\xi_j=1,u^j\right\}\\&\qquad(0\leqslant j\leqslant n)\end{aligned}$$

是这样来取

$$u^j=(v^j,w^j)\quad(w^j\in\mathbf{R}^{n-m},j=0,1,\cdots,n)\tag{1}$$

且要求 n 维单纯形 Ω 的有向体积不为零，一般我们取

$$V_m(u^0,u^1,\cdots,u^m)=V_m(v^0,v^1,\cdots,v^m)$$

于是 $u=(v,w)\in\mathbf{R}^m$ 关于单纯形 Ω 的重心坐标 $(\xi_0,\xi_1,\cdots,\xi_m)$ 可表示为

$$\xi_i=\frac{V_m(u^0,\cdots,u^{i-1},u,u^{i+1},\cdots,u^m)}{V_m(u^0,u^1,\cdots,u^m)}\tag{2}$$

简记 $\tau=(\xi_0,\xi_1,\cdots,\xi_m)$，$\alpha\in\mathbf{Z}_+^{n+1}$，则称

$$B_\alpha(\tau)=\binom{|\alpha|}{\alpha}\tau^\alpha\tag{3}$$

为对应于指标 α 的 Bernstein 多项式. 给定 $P_\alpha\in\mathbf{R}^l$ $(l\geqslant 1,|\alpha|=k)$，称

$$P(u)=\sum_{|\alpha|=k}P_\alpha B_\alpha(\tau)\quad(u\in\Omega)\tag{4}$$

为 Ω 上 k 次 B 形式.

定义 1　设 m 维 C^r 类流形 M 到 n 维 Euclid 空间 $\mathbf{R}^n$ 内浸入($\subseteq$)为 C^r 类映射 P，M 与 P 合并的概念称为 $\mathbf{R}^m$ 的曲面(或称浸入的子流形)，当 $m=1,2,\cdots,n-1$ 时，这里皆称为曲面.

定义 2　设 $w\subset\Omega$，当某个 $a_\tau>0$ 且 $\tau\in\Omega\backslash w$ 时，τ^{a_τ} 在 w 上为零，于是称

$$P(u)\mid_w=\sum_{\substack{|a|=k\\ t^{M}{}_{\rho\rho^{a}}\subset w}}P_aB_a(\tau)\quad(u\in w)\tag{5}$$

为 Ω 上的 k 次 B 形式的一个曲面.

引理 1　对任意给定的非负整数 k,l，有恒等式

$$\sum_{\substack{i_1+i_2=k,i_1+i_3=l\\ i_1+i_2+i_3+i_4=n}}\frac{n!}{i_1!\ i_2!\ i_3!\ i_4!}=\binom{n}{k}\binom{n}{l}\tag{6}$$

定理 1　给定一组特征向量 $R_{kl}(k,l=0,1,\cdots,n)$，若取定 $P_{i_1,i_2,i_3,i_4}=R_{kl}$(当 $i_1+i_2=k,i_1+i_3=l,i_1+i_2+i_3+i_4=n$)，则以 $R_{kl}(k,l=0,1,\cdots,n)$ 为特征顶点的双 n 次 Bézier 曲面是三维单纯形域上 n 次 B 形式的一个超曲面.

证明　我们取

$$\begin{aligned}w=\{u\mid u=tsu^1+t(1-s)u^2+(1-t)su^3+\\(1-t)(1-s)u^4,0\leqslant t,s\leqslant 1\}\end{aligned}\tag{7}$$

即取

$$\xi_1=ts,\xi_2=t(1-s)$$

$$\xi_3=(1-t)s,\xi_4=(1-t)(1-s)$$

那么

$$\begin{aligned}P(u)\mid_w=\sum_{i_1+i_2+i_3+i_4=n}P_{i_1,i_2,i_3,i_4}\frac{n!}{i_1!\ i_2!\ i_3!\ i_4!}\cdot\\(1-t)^{i_3+i_4}t^{i_1+i_2}(1-s)^{i_2+i_4}s^{i_1+i_3}\end{aligned}$$

$$=\sum_{k,t=0}^{n}R_{kl}\Big(\sum_{\substack{i_1+i_2=k\\ i_1+i_3=l\\ i_1+i_2+i_3+i_4=n}}\frac{n!}{i_1!\ i_2!\ i_3!\ i_4!}\Big)\cdot$$

$$(1-t)^{n-k}t^k(1-s)^{n-l}s^l$$

$$=\sum_{k,l=0}^{n}R_{kl}\binom{n}{k}(1-t)^{n-k}t^k\binom{n}{l}(1-s)^{n-l}s^l$$

$$(t,s\in[0,1])$$

实际上,定理 1 中结论,可利用 Bernstein 多项式的升阶公式,推广到 $n\times m$ 次 Bézier 曲面表示情形,这一结论也可向高维拓广.

引理 2 用 $A_{i_1,\cdots,i_m}^{n,k_1,\cdots,k_\mu}$(或简记为 A) 表示

$$\begin{cases}i_1+i_2+\cdots+i_{\frac{m}{2}}=k_1\\ i_1+\cdots+i_{\frac{m}{4}}+i_{\frac{m}{2}+1}+\cdots+i_{\frac{3m}{4}}=k_2\\ \vdots\\ i_1+i_3+\cdots+i_{m-3}+i_{m-1}=k_\mu\\ i_1+i_2+\cdots+i_{m-1}+i_m=n\end{cases}\quad(m=2^\mu)\tag{8}$$

则成立

$$\sum_{A_{i_1,\cdots,i_m}^{n,k_1,\cdots,k_\mu}}\frac{n!}{i_1!\ i_2!\ \cdots i_m!}=\prod_{1\leqslant j\leqslant\mu}\binom{n}{k_j}\tag{9}$$

证明

$$\sum_{A_{i_1,\cdots,i_m}^{n,k_1,\cdots,k_\mu}}\frac{n!}{i_1!\ i_2!\ \cdots i_m!}$$

$$=\sum_{A_{i_1,\cdots,i_m}^{n,k_1,\cdots,k_\mu}}\binom{n}{k_1}\frac{k_1!}{i_1!\ \cdots i_{\frac{m}{2}}!}\cdot\frac{(n-k_1)!}{i_{\frac{m}{2}+1}!\ \cdots i_m!}$$

$$=\binom{n}{k_1}\sum_{\substack{r_2+s_2=k_2\\ \vdots\\ r_\mu+s_\mu=k_\mu}}\Big(\sum_{A_{i_1,\cdots,i_{\frac{m}{2}}}^{k_1,r_1,\cdots,r_\mu}}\frac{k!}{i_1!\ \cdots i_{\frac{m}{2}}!}\cdot$$

$$\sum_{A^{n-k,s_1,\cdots,s_\mu}_{i_{\frac{m+1}{2}},\cdots,i_m}} \frac{(n-k_1)!}{i_{\frac{m}{2}+1}!\ \cdots i_m!}\Bigg)$$

$$=\binom{n}{k_1}\sum_{\substack{r_2+s_2=k\\ \vdots \\ r_\mu+s_\mu=k_\mu}}\prod_{2\leqslant j\leqslant\mu}\binom{k_1}{r_j}\binom{n-k_1}{s_j}$$

$$=\binom{n}{k_1}\prod_{2\leqslant j\leqslant\mu}\sum_{r_j+s_j=k_j}\binom{k_1}{r_j}\binom{n-k_1}{s_j}$$

$$=\prod_{2\leqslant j\leqslant\mu}\binom{n}{k_j}$$

定理 2　给定一组特征向量 $R_{k_1,k_2,\cdots,k_\mu}(k_1,k_2,\cdots,k_\mu=0,1,\cdots,n)$，若取定

$$P_{i_1,i_2,\cdots,i_m}\mid_A = R_{k_1,k_2,\cdots,k_\mu}$$

则以 $R_{k_1,k_2,\cdots,k_\mu}$ 为特征顶点的 μ 重 n 次乘积型 Bézier 曲面是 $2^\mu-1$ 维单纯形上 n 次 B 形式中的一个曲面.

实际上定理 2 中的条件可换成更一般的情况

$$R_{k_1,k_2,\cdots,k_\mu}=\frac{\sum\limits_A P_{i_1,i_2,\cdots,i_m}\dfrac{n!}{i_1!\ \cdots i_m!}}{\prod\limits_{1\leqslant j\leqslant\mu}\dbinom{n}{k_j}} \tag{10}$$

命题 1　定义在二维单纯形域上 m 次 Bézier 曲面上的 n 次多元 B 形式可表示成 mn 次 Bézier 曲面.

给定二维单纯形上 B 网顶点 $P^\alpha(|\alpha|=m,\alpha\in\mathbf{Z}_+^3)$，我们记

$$\sigma=[P^\alpha \mid |\alpha|=m,\alpha\in\mathbf{Z}_+^3]$$

把 σ 的维数抬高为

$$\Omega=\left[u^\alpha \mid |\alpha|=m,u^\alpha\in\mathbf{R}^s,\alpha\in\mathbf{Z}_+^3,s=\binom{m+2}{2}\right]$$

这是一个 $s-1$ 维单纯形. 若给定 $Q_b(|b|=n,b\in\mathbf{Z}_+^s)$，

则有 Ω 上 n 次 B 形式

$$Q(u)=\sum_{|b|=n}Q_b\cdot\binom{n}{b}\lambda^b\quad(b\in\mathbf{Z}_+^s,u\in\Omega)\tag{11}$$

这里 $\lambda=(\xi_1,\xi_2,\cdots,\xi_t)$ 是 u 关于 Ω 的重心坐标，我们记

$$\begin{cases}b_1=(i_1,i_2,\cdots,i_s)\\b_2=(j_1,j_2,\cdots,j_s),b_1,b_2,b_3\in\mathbf{Z}_+^i\\b_3=(k_1,k_2,\cdots,k_s)\end{cases}\tag{12}$$

其中 $i_r+j_r+k_r=m(r=1,2,\cdots,s)$ 且 $(i_r,j_r,k_r)\neq(i_{r+1},j_{r+1},k_{r+1})(r=1,2,\cdots,s-1)$.

不妨设定

$$Q_b\mid_{(b_1b^{\mathrm{T}}=k_1,b_2b^{\mathrm{T}}=k_2,b_3b^{\mathrm{T}}=k_3)}=R_c,c=(h_1,h_2,h_3)\in\mathbf{Z}_+^3\tag{13}$$

由于 $|b|=n$，显然有 $|c|=mn$.

我们取

$$w_1=\{\sum_{|\alpha|=m}u^\alpha B_\alpha^m(\tau)\mid\tau=(\eta_1,\eta_2,\eta_3),$$
$$\eta_1+\eta_2+\eta_3=1,\eta_1,\eta_2,\eta_3\in[0,1]\}$$

即

$$\xi_\alpha=B_\alpha^m(\tau)$$

因而有

$$Q(u)\mid_m=\sum_{|c|=m_n}R_c\cdot\alpha_c\eta_1^{k_1}\eta_2^{k_2}\eta_3^{k_3}$$

根据(11)和(13)可知，必有

$$\sum_{|c|=m_n}\alpha_c\eta_1^{h_1}\eta_2^{h_2}\eta_3^{h_3}=1$$

故有 $\alpha_c=\binom{n}{c}$.

命题 2 定义在双 m 次曲面上的 n 次多元 B 形式可表示成双 mn 次 Bézier 曲面.

给定正规网格顶点 $P_{ij}(i,j=0,1,\cdots,m)$，我们取

$$\sigma=[P_{ij},i,j=0,1,\cdots,m]$$

抬高 σ 的维数为

$$\Omega=[u^{ij},i,j=0,1,\cdots,m]$$

这是一个 $s-1(s=(m+1)^2)$ 维单纯形. 若给定 $\Omega_b(|b|=n,b\in\mathbf{Z}_+^s)$，则有 Ω 上的 n 次 B 形式，即式(11).

我们记

$$b_1=(i_1,i_2,\cdots,i_s),b_2=(j_1,j_2,\cdots,j_s)\quad(b_1,b_2\in\mathbf{Z}_+^s)$$

其中

$$i_r,j_r\leqslant m\quad(r=1,2,\cdots,s)$$
$$(i_r,j_r)\neq(i_{r+1},j_{r+1})$$
$$(r=1,2,\cdots,s-1)$$

不妨设定

$$Q_b\mid\binom{b_1b^{\mathrm{T}}=h_1}{b_2b^{\mathrm{T}}=h_2}=R_{h_1,h_2}\quad(h_1,h_2=0,1,\cdots,mn)\tag{14}$$

取

$$w_2=\left\{\sum_{i,j=0}^{m}u^{ij}B_i^m(\eta_1)B_j^m(\eta_2)\mid\eta_1,\eta_2\in[0,1]\right\}$$

即

$$\xi_k=B_i^m(\eta_1)B_j^m(\eta_2)$$
$$(k=(i+1)(j+1),i,j=0,1,\cdots,m)$$

则有

$$Q(u)\mid_{m_2}=\sum_{h_1,h_2=0}^{m_n}R_{h_1,h_2}\cdot\alpha_{h_1,h_2}(1-\eta_1)^{mn-h_1}\cdot\eta_1^{h_1}(1-\eta_2)^{mn-h_2}\eta_2^{h_2}\quad(\eta_1,\eta_2\in[0,1])\tag{15}$$

由于

$$\sum_{h_1,h_2=0}^{m_n} \alpha_{h_1,h_2}(1-\eta_1)^{mn-h_1}\eta_1^{h_1}(1-\eta_2)^{mn-h_2}\eta_2^{h_2}=1$$

故必有

$$\alpha_{h_1,h_2}=\binom{mn}{h_1}\binom{mn}{h_2}$$

我们在文献[1]中构造了正四边形域上、正六边形域上和正八边形域上多元 B 形式的同次超曲面格式,并给出了三角形域上和矩形域上 Bézier 曲面拼接的一组 GC^μ 方便连续条件,这些结果经初步应用表明,能较好的解决一些实际问题.

参 考 资 料

[1] 王仁宏,罗笑南,苏志勋. CIEM 工程理论手册[M]. 大连:大连理工大学,1991.

递归曲线的矩阵表示和构造方法①

第31章

西安电子科技大学的姜昱明，罗笑南两位教授1997年给出了递归曲线的矩阵表示和构造 W 曲线以及 L 曲线的比例因子方法. 揭示了 Bernstein 基函数和等距 B 样条函数以及不等距重节点 B 样条函数之间的一种简单的内在关系.

§1 引　　言

在文[1]中我们引入了递归曲线，在此基础上建立了 L 曲线和 W 曲线，讨论了 L 曲线和 W 曲线的性质.

① 本章摘自《系统科学与数学》，1997年7月，第17卷，第3期.

在本章中给出了递归曲线的矩阵表示以及构造 W 曲线和 L 曲线的比例因子方法. 最后讨论了几种特殊的 W 曲线的构造方法.

§2　递归曲线的矩阵表示

给定 $n+1$ 个平面或空间顶点 $P_i(i=0,1,\cdots,n)$.

定义 1[1]

$$\begin{cases}D_{i,0}(t)=P_i\\D_{i,l}(t)=\lambda_{i,l}(t)D_{i,l-1}(t)+\mu_{i,l}(t)D_{i+1,l-1}(t)\end{cases}\tag{1}$$

其中

$$\lambda_{i,l}(t)+\mu_{i,l}(t)=1,$$

$$t\in[a,b];i=0,1,\cdots,n-l;l=1,2,\cdots,n$$

$D_{0,n}(t)$ 称为 n 步递归曲线,简记为

$$D_n(t)\text{ 或 }D(t)$$

若

$$\lambda_{i,l}(t)=a_{i,l}t+b_{i,l},\mu_{i,l}(t)=1-\lambda_{i,l}(t)$$

$$(i=0,1,\cdots,n-l;l=1,2,\cdots,n)$$

则 $D_n(t)$ 称为 n 次递归曲线.

将递归曲线表示为矩阵的形式可以得到

$$D_n(t)=(P_0,P_1,\cdots,P_n)\mathbf{A}_1\mathbf{A}_2\cdots\mathbf{A}_n\tag{2}$$

其中

$$\mathbf{A}_i=\begin{pmatrix}\lambda_{0,i}(t)&0&\cdots&0\\\mu_{0,i}(t)&\lambda_{1,i}(t)&0&\cdots\\0&\mu_{1,i}(t)&\ddots&0\\\cdots&0&\ddots&\lambda_{n-i,i}(t)\\0&\cdots&0&\mu_{n-i,i}(t)\end{pmatrix}_{(n-i+2)\times(n-i+1)}$$

$$D_n(t)=\sum_{k=0}^{n}P_kC_{k,n}(t)$$

其中 $C_{k,n}(t)(k=0,1,\cdots,n)$ 称为 $D_n(t)$ 的伴函数

$$\begin{bmatrix}C_{0,n}(t)\\ \vdots \\ C_{n,n}(t)\end{bmatrix}=\boldsymbol{A}_1\boldsymbol{A}_2\cdots\boldsymbol{A}_n \tag{3}$$

将递归曲线 $D_n(t)$ 表示为矩阵形式有助于讨论其伴函数的性质、曲线的包络性以及其他性质.

§3　L 曲线的构造方法

定义 2[1]　若 n 次递归曲线满足条件

$$\begin{cases}a_{i,l}b_{i,l+1}=a_{i,l+1}b_{i,l}\\ a_{i,l+1}(1-b_{i+1,l})=a_{i+1,l}(1-b_{i,l+1})\\ a_{i,l},a_{i,l+1},a_{i+1,l}\neq 0\\ i=0,1,\cdots,n-l-1;l=1,2,\cdots,n-1\end{cases} \tag{4}$$

则称其为 n 次 L 曲线.

由 L 曲线的定义可知

$$\begin{cases}\lambda_{i,l}(t)=k_{i,l+1}\lambda_{i,l+1}(t)\\ \mu_{i+1,l}(t)=g_{i,l+1}\mu_{i,l+1}(t)\\ i=0,1,\cdots,n-l-1;l=1,2,\cdots,n-1\end{cases} \tag{5}$$

定义 3　$\{k_{i,l},g_{i,l};i=0,1,\cdots,n-l;l=2,3,\cdots,n\}$ 称为 L 曲线的比例因子.

由于

$$\lambda_{i,l}(t)+\mu_{i,l}(t)=1$$
$$(i=0,1,\cdots,n-l;l=1,2,\cdots,n) \tag{6}$$

从而表明

$$\{\lambda_{i,l}(t),\mu_{i,l}(t);i=0,1,\cdots,n-l;l=1,2,\cdots,n\}$$

的选择应满足约束条件(5)与(6).

下面研究(2)中矩阵 $\boldsymbol{A}_1,\boldsymbol{A}_2,\cdots,\boldsymbol{A}_n$ 的构造方法

$$\boldsymbol{A}_{n-2}=\begin{bmatrix}\lambda_{0,n-2}(t) & \cdots & 0\\ \mu_{0,n-2}(t) & \lambda_{1,n-2}(t) & \cdots\\ \cdots & \mu_{1,n-2}(t) & \lambda_{2,n-2}(t)\\ 0 & \cdots & \mu_{2,n-2}(t)\end{bmatrix}$$

$$\boldsymbol{A}_{n-1}=\begin{bmatrix}\lambda_{0,n-1}(t) & 0\\ \mu_{0,n-1}(t) & \lambda_{1,n-1}(t)\\ 0 & \mu_{1,n-1}(t)\end{bmatrix}$$

$$\boldsymbol{A}_n=\begin{bmatrix}\lambda_{0,n}(t)\\ \mu_{0,n}(t)\end{bmatrix}$$

给定 $\lambda_{0,n}(t),k_{0,n},g_{0,n}$,由式(7)可确定 $\boldsymbol{A}_{n-1}$

$$\begin{cases}\lambda_{0,n-1}(t)=k_{0,n}\lambda_{0,n}(t)\\ \mu_{0,n-1}(t)=1-\lambda_{0,n-1}(t)\\ \lambda_{1,n-1}(t)=1-\mu_{1,n-1}(t)\\ \mu_{1,n-1}(t)=g_{0,n}\mu_{0,n}(t)\end{cases}\tag{7}$$

对于 $\boldsymbol{A}_{n-2},\lambda_{0,n-2}(t),\mu_{0,n-2}(t),\lambda_{2,n-2}(t),\mu_{2,n-2}(t)$ 可用同样的方法来确定.而 $\lambda_{1,n-2}(t),\mu_{1,n-2}(t)$ 应满足

$$\begin{cases}\lambda_{1,n-2}(t)=k_{1,n-1}\lambda_{1,n-1}(t)\\ \mu_{1,n-2}(t)=g_{0,n-1}\mu_{0,n-1}(t)\\ \lambda_{1,n-2}(t)+\mu_{1,n-2}(t)=1\end{cases}\tag{8}$$

(8)表明 $k_{1,n-1},g_{0,n-1}$ 并不能任意选择,而是唯一确定的,只要求出 $k_{1,n-1},g_{0,n-1}$ 就可确定 $\boldsymbol{A}_{n-2}$.依次类推就可以构造出 $\boldsymbol{A}_{n-3},\boldsymbol{A}_{n-4},\cdots,\boldsymbol{A}_1$.

为简化符号,设

$\lambda_{0,n}(t)=at+b,k=k_{0,n},g=g_{0,n},u=k_{1,n-1},v=g_{0,n-1}$

由(7)和(8)可得

$$\begin{cases}\lambda_{1,n-1}(t)=gat+1+bg-g\\ \mu_{0,n-1}(t)=-kat+1-bk\\ u\lambda_{1,n-1}(t)+v\mu_{0,n-1}(t)=1\end{cases}\tag{9}$$

从而 u,v 满足方程组

$$\begin{cases}gau-kav=0\\ u(1+bg-g)+v(1-bk)=1\end{cases}\tag{10}$$

由于 $a\neq 0$,方程组(10)可简化为

$$\begin{cases}gu=kv\\ u(1-g)+v=1\end{cases}\tag{11}$$

解方程组(11)可得

$$\begin{cases}u=\dfrac{k}{k+g-kg}\\ v=\dfrac{g}{k+g-kg}\end{cases}\tag{12}$$

定理 1　L 曲线的比例因子

$$\{k_{i,l},g_{i,l};i=0,1,\cdots,n-l;l=2,3,\cdots,n\}$$

的选择满足条件:

(i)$k_{0,l},g_{n-l,l};l=2,3,\cdots,n$;可任意选择非零常数;

(ii)$k_{i,l},g_{i,l};i=0,1,\cdots,n-l;l=2,3,\cdots,n$;满足如下递推关系

$$\begin{cases}k_{i+1,l-1}=\dfrac{k_{i,l}}{k_{i,l}+g_{i,l}-k_{i,l}g_{i,l}}\\ g_{i,l-1}=\dfrac{g_{i,l}}{k_{i,l}+g_{i,l}-k_{i,l}g_{i,l}}\end{cases}\tag{13}$$

定理 2　给定 $2n$ 个常数 $a_{0,n},b_{0,n},k_{0,l},g_{n-l,l};l=2,3,\cdots,n$,则可依次确定 $\boldsymbol{A}_n,\boldsymbol{A}_{n-1},\cdots,\boldsymbol{A}_1$. 令

$$f(k,g)=k+g-kg=1-(k-1)(g-1)$$

由图 1 可得:

命题 1　当$(k,g)\in$ I,k,g,u,v同时为正的；当(k,g)位于I以外的其他区域时,k,g,u,v不可能有相同的符号.

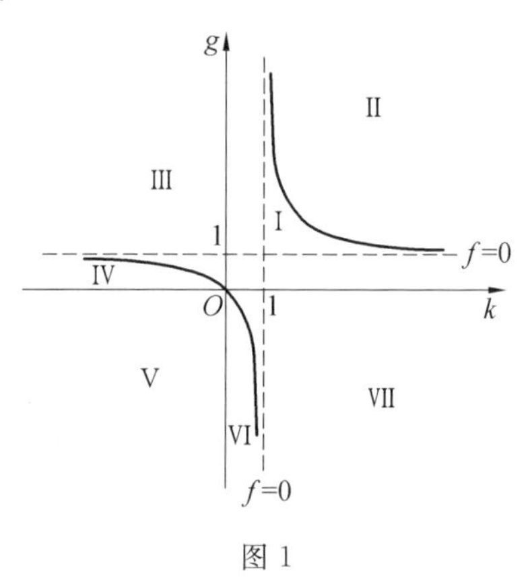

图 1

§4　W 曲线的构造方法

定义 1[1]　若 n 次 L 曲线满足 $0\leqslant\lambda_{i,l}(t)$, $\mu_{i,l}(t)\leqslant 1,t\in[a,b];i=0,1,\cdots,n-l;l=1,2,\cdots,n$;那么称其为$n$次$W$曲线.当$[a,b]=[0,1]$时,称其为规范的$W$曲线.

对于规范W曲线容易验证$a_{i,l}(i=0,1,\cdots,n-l;l=1,2,\cdots,n)$有相同的符号.由命题1可知,$(k_{0,l},g_{n-l,l}),l=2,3,\cdots,n$,应在区域I中选择.

在图2中$L_1:k=1,L_2:g=1$将区域I分割成A,B,C,D四个区域,同时若$(k,g)\in$ I,有

$$k<1\Rightarrow u=\frac{k}{k+g(1-k)}<1$$

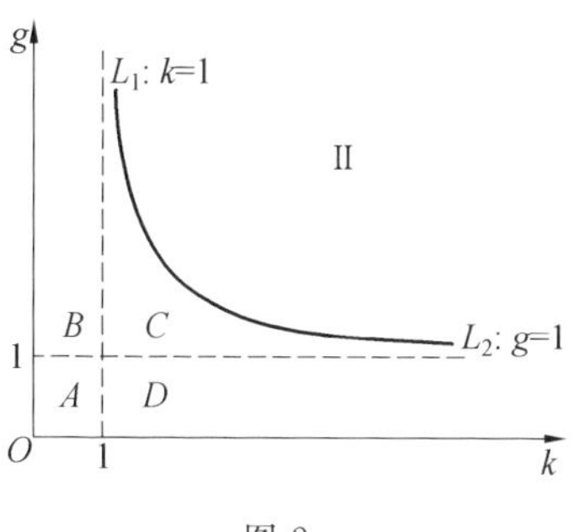

图 2

$$k > 1 \Rightarrow u = \frac{k}{k + g(1-k)} > 1$$

从而可得：

定理 3　在迭代式(12)中，若$(g,k) \in A$，则$(u,v) \in A$；若$(g,k) \in B$，则$(u,v) \in B$；若$(g,k) \in D$，则$(u,v) \in D$；若$(g,k) \in C$，则$(u,v) \in C \cup \mathrm{II}$；若$(g,k) \in L_1 \cup L_2$，则$(u,v) = (g,k)$.

曲面

$$f(k,g) = k + g - kg$$

是马鞍形曲面.

引理 1　$(k,g) \in B \cup D$，则 $f(k,g) > 1$；$(k,g) \in A \cup C$，则 $f(k,g) < 1$.

迭代式(12)可改写成

$$\begin{cases} k_{i+1} = \dfrac{k_i}{k_i + g_i - k_i g_i} \\ g_{i+1} = \dfrac{g_i}{k_i + g_i - k_i g_i} \end{cases} \tag{14}$$

定理 4　在迭代式(14)中，随迭代次数的增加有：$(k_0, g_0) \in A$，$(k_n, g_n) \to L_1 \cup L_2$；$(k_0, g_0) \in B$，$(k_n, g_n) \to L_2$；$(k_0, g_0) \in D$，$(k_n, g_n) \to L_1$；$(k_0, g_0) \in C$，

$(k_n, g_n) \in \text{II}$.

综上所述，采用比例因子法构造 W 曲线可描述如下：

(1) 选择 $(k_{0,l}, g_{n-l,l}) \in A; l=2,3,\cdots,n$.

(2) 当 $\max \lambda_{0,n}(t) < 1$ 时，也可选择

$$(k_{0,l}, g_{n-l,l}) \in A \cup B \cup D \quad (l=2,3,\cdots,n)$$

但应保证迭代 n 次后，$\max \lambda_{i,1}(t) \leqslant 1, i=0,1,\cdots,n-1$.

(3) 当 $\max \lambda_{0,n}(t) < 1$ 时，也可选择

$$(k_{0,l}, g_{n-l,l}) \in A \cup B \cup D \cup C$$

但迭代 n 次后还应保证 $0 \leqslant \lambda_{i,l}(t) \leqslant 1, i=0,1,\cdots,n-l; l=1,2,\cdots,n$.

§5 几种特殊 W 曲线比例因子的构造法

1. Bézier 曲线

选择

$$\lambda_{0,n}(t) = 1-t, \mu_{0,n}(t) = t \quad (t \in [0,1])$$

$$k_{0,l} = g_{n-l,l} = 1 \quad (l=2,3,\cdots,n)$$

其伴函数为 Bernstein 基函数.

2. 等距节点 B 样条曲线段

选择

$$\lambda_{0,n}(t) = 1-t, \mu_{0,n}(t) = t \quad (t \in [0,1])$$

$$k_{0,l} = g_{n-l,l} = \frac{n-l+1}{n-l+2} \quad (l=2,3,\cdots,n)$$

其伴函数为等距的 B 样条函数.

3. 不等距节点的 B 样条曲线段

给定 $m+n+1$ 个顶点 $P_i, i=0,1,\cdots,m+n$ 和参数分划 $\Delta: t_0<t_1<\cdots<t_{2n+m}$，$n$ 次不等距 B 样条曲线段的递归表示式为

$$P_{i,l}^{s}(t)=\begin{cases}P_{i+s,l}(t)=0\\ \dfrac{t_{n+i+s+1}-t}{t_{n+i+s+1}-t_{i+l+s}}P_{i,l-1}^{s}(t)+\\ \dfrac{t-t_{i+l+s}}{t_{n+i+s+1}-t_{i+l+s}}P_{i+1,l-1}^{s}(t)\\ l=1,2,\cdots,n;i=0,1,\cdots,n-l\\ s=0,1,\cdots,m-1\end{cases}$$

对于固定的 s 来说，$P_{i,l}^{s}(t)$ 是 $[t_{n+s},t_{n+s+1}]$ 上的 W 曲线，采用比例因子法来构造可以选择

$$\begin{cases}\lambda_{0,n}(t)=\dfrac{t_{n+s+1}-t}{t_{n+s+1}-t_{n+s}}\\ \mu_{0,n}(t)=\dfrac{t-t_{n+s}}{t_{n+s+1}-t_{n+s}}\end{cases}\tag{15}$$

$$\begin{cases}k_{0,l}=\dfrac{t_{n+s+1}-t_{l+s}}{t_{n+s+1}-t_{s+l-1}}\\ g_{n-l,l}=\dfrac{t_{2n-l+s+1}-t_{n+s}}{t_{2n-l+s+2}-t_{n+s}}\\ l=2,3,\cdots,n\end{cases}\tag{16}$$

在迭代过程中 $k_{0,l}, g_{n-l,l}$ 随着 l 的减少，每次分别向左、向右扩充一个节点，可以求得

$$\begin{cases} k_{i,l}=\dfrac{t_{n+i+s+1}-t_{i+s+l}}{t_{n+i+s+1}-t_{i+s+l-1}} \\ g_{i,l}=\dfrac{t_{n+i+s+1}-t_{i+s+l}}{t_{n+i+s+2}-t_{i+s+l}} \\ i=0,1,\cdots,n-l;l=2,3,\cdots,n \end{cases} \tag{17}$$

当选择 $t_{i+s}=i$ 时,其比例因子蜕变为等距 B 样条曲线的比例因子. 当分划 $\Delta_0:t_0,\cdots,t_n,t_{n+1},\cdots,t_{2n+1}$ 取为 $\Delta_0:0,0,\cdots,0,1,\cdots,1$ 时,比例因子 $t_{i,l}=1,g_{i,l}=1,i=0,1,\cdots,n-l;l=2,3,\cdots,n$,曲线成为 Bézier 曲线.

定理 5　给定分划

$$\cdots\leqslant t_0\leqslant t_1\leqslant\cdots\leqslant t_{n+s}<t_{n+s+1}\leqslant\cdots$$

则 B 样条曲线段 $P_{i,l}^{s}(t)$ 是 $[t_{n+s},t_{n+s+1}]$ 上满足

$$a_{0,n}=\frac{-1}{t_{n+s+1}-t_{n+s}},b_{0,n}=\frac{t_{n+s+1}}{t_{n+s+1}-t_{n+s}}$$

$$(g_{i,l,k_{i,l}})\in\overline{A};i=0,1,\cdots,n-l;l=2,3,\cdots,n$$

的 W 曲线,这里 $\overline{A}=(0,1]\times(0,1]$.

由此可见比例因子构造法揭示了 Bernstein 基函数,等距的 B 样条函数,不等距 B 样条函数,重节点 B 样条函数之间的一种简单的内在关系. 综上所述,有:

定理 6　对于 W 曲线:

(1) 当 $k_{0,l}=g_{n-l,l}=1,l=2,3,\cdots,n$,其伴函数为 Bernstein 基函数.

(2) 当 $k_{0,l}=g_{n-l,l}=\dfrac{n-l+1}{n-l+2},l=2,3,\cdots,n$,其伴函数为等距的 B 样条函数.

(3) 当 $(k_{0,l},g_{n-l,l})\in A=(0,1)\times(0,1),l=2,3,\cdots,n$,其伴函数为非重节点的 B 样条函数.

(4) 当 $(k_{0,l},g_{n-l,l})\in\overline{A}=(0,1]\times(0,1],l=2,3,\cdots,n$,且 $2n-2$ 个比例因子中至少有一个等于 1,其

伴函数为重节点的 B 样条函数.

参考资料

[1] 罗笑南.计算机辅助几何设计中曲线与曲面.大连理工大学博士论文,1991,11.

[2] 王仁宏,罗笑南,苏志勋.飞机翼身融合体外形计算.CIEM 工程理论手册,大连理工大学,1991.

[3] 贾荣庆.多元样条 B 网表示.科学通报,1987,32.

[4] 罗笑南.多元 B 形式中的曲面.科学通报,1993,38.

[5] Barnhill R E. Surfaces in Computer Aided Geometric Design: A Survey With New Result, CAGD,1985,2.

[6] Barnhill R E, Ou H S. Surfaces Defined on Surfaces. CAGD, 1990,7.

B 样条在一些渐近组合问题中的应用①

第32章

大连理工大学数学科学学院的许艳，王仁宏两位教授2010年考察了 B 样条函数及其导数的渐近性质，并给出了收敛阶；考察了经典 Eulerian 数和两类广义 Eulerian 数的渐近性质；给出了以 Hermite 多项式表示的细化 Eulerian 数的渐近形式. Carlitz 等人利用中心极限定理得到 Eulerian 数渐近公式的逼近阶为 $\frac{3}{4}$ 阶. 利用样条方法，我们得到更为精确的逼近阶. 将样条方法引入到组合数的渐近分析中，为离散对象的研究提供了一种新的分析方法.

① 本章摘自《中国科学：数学》，2010年，第40卷，第9期.

§1　引　言

众所周知,产生于逼近论的样条函数在计算几何及小波等领域中有着较为重要的应用.但是由于样条理论与研究离散对象的组合数学两个学科之间相去较远,因而样条理论较少应用于组合数学问题的研究中.本章旨在探索样条理论在渐近组合学中的应用.

Eulerian 多项式自从 1775 年由 Euler 在其著作 *Institutiones calculi differentialis cum eius usu in analysi finitorum ac Doctrina serierum*(Chapter Ⅶ)中介绍以来,已经被深入的研究.一般而言,Eulerian 数有三种解释:组合解释、概率解释和几何解释.这三种解释业已发展成为成熟的研究 Eulerian 多项式的三种方法.本章的主要目的是用样条视角考察 Eulerian 数,给出经典 Eulerian 数和两类广义 Eulerian 数的样条解释.依照这种观点,我们可以利用样条函数的渐近性质得到一系列组合数的渐近形式.

B 样条渐近性质的研究,最早可以追溯到 1904 年.Sommerfeld 从力学问题出发,证明了 B 样条随着次数的增大,渐近到 Gauss 函数.此后 Schoenberg 等证明了一般结点的 B 样条随着次数的增大,渐近到 Pólya 频率函数.1992 年,Unser 和他的合作者证明了基数 B 样条的渐近性质在 $L^p(\mathbf{R})$ 空间中仍然成立.Brinks 将 Unser 的结果推广到了 B 样条的导数情形,并应用于构造新的小波基底.但是他们都没有对逼近阶进行讨论.在此,我们重新讨论了B样条及其导数在

L^p 空间中的收敛性，并给出了逼近阶；利用该结果给出了经典 Eulerian 数和两类广义 Eulerian 数的渐近性质；从而为渐近组合学的研究提供了一种新的分析方法.

本章分为以下几个部分. §2 讨论了 B 样条及其导数在L^p空间中的渐近性质，并给出了收敛阶. §3 利用 Eulerian 数、细化 Eulerian 数和下降多项式的几何解释，给出了三类组合数的样条解释. §4 利用 B 样条的渐近性质和三类组合数的样条解释导出这三类组合数的渐近性质.

§2 *B* 样条的渐近性质

d 阶 B 样条记作 B_d，定义为

$$B_1(x)=\begin{cases}1, 若\ x\in[0,1)\\0, 其他\end{cases}$$

当 $d\geqslant 2$ 时

$$B_{d+1}(x)=\frac{x}{d}B_d(x)+\frac{d+1-x}{d}B_d(x-1) \quad (1)$$

且有如下显式表达式

$$B_d(x)=\frac{1}{(d-1)!}\sum_{i=0}^{d}\binom{d}{i}(-1)^i(x-i)_+^{d-1} \quad (2)$$

其中

$$(x-i)_+^{d-1}:=(\max\{x-i,0\})^{d-1}$$

若 $f\in L^1(\mathbf{R})$ 或 $L^2(\mathbf{R})$，则 Fourier 变换 $f^\wedge$ 和 Fourier 逆变换 $f^\vee$ 定义为

$$f^\wedge(w):=\int_{-\infty}^{+\infty}f(t)\mathrm{e}^{-iwt}\mathrm{d}t$$

$$f^{\vee}(w):=\frac{1}{2\pi}\int_{-\infty}^{+\infty}f(t)\mathrm{e}^{iwt}\,\mathrm{d}t$$

将基数 B 样条做一个平移

$$M_d(x)=B_d\left(x+\frac{d}{2}\right)$$

得到关于原点对称的中心 B 样条 $M_d(x)$. 因此 $M_d\in L^1(\mathbf{R})\cap L^2(\mathbf{R})$,且有如下 Fourier 变换

$$M_d^{\wedge}(w)=\sin c^d\left(\frac{w}{2}\right) \tag{3}$$

其中 $\sin c(t)$ 为

$$\sin c(t):=\begin{cases}\dfrac{\sin t}{t},t\neq 0\\ 1,t=0\end{cases} \tag{4}$$

为了得到 B 样条及其导数的渐近性质,首先给出以下关于 $\sin c$ 函数上界的引理.

引理 1　若 $k,d\in\mathbf{N}$,且 $d\geqslant k+2$,存在 $c_k\in\mathbf{R}_+$ 使得

$$G_k(x):=\chi_{\mathbf{R}\setminus[-1,1]}(x)\ \frac{c_k}{\pi^2x^2}+\pi^k\mid x\mid^k\exp(-x^2)$$

其中 $\chi_A(x)$ 是定义在集合 A 上的特征函数,则

$$G_k\in L^p(\mathbf{R})\quad(\forall p\in[1,\infty))$$

且

$$\pi^k\mid x\mid^k\cdot\left|\sin c\left(\frac{\pi x}{\sqrt{d}}\right)\right|^d\leqslant G_k(x)$$

证明　先证明如下的不等式

$$\sin c(x)\leqslant 1-x^2\quad(\forall x\in[0,1])$$

首先有

$$\sin c^n\left(\frac{x}{\sqrt{d}}\right)\leqslant\left(1-\frac{x^2}{d}\right)^d\leqslant\exp(-x^2)$$

$$(\forall x \in [0,\sqrt{d}]) \tag{5}$$

由此,定义正定函数

$$p(x)=\exp(x^2)\left(1-\frac{x^2}{d}\right)^d$$

$p(x)$ 有如下的导数形式

$$\frac{\partial p(x)}{\partial x}=\frac{-2\exp(x^2)x^3(1-\frac{x^2}{d})^d}{d(1-\frac{x^2}{d})}$$

并且当 $x \in [0,\sqrt{d}]$ 时,该导数为负值. 因此 $p(x)$ 在该区间的最大值在 $x=0$ 处

$$\sup_{x\in(0,\sqrt{n})} p(x)=p(0)=1$$

从而证明了式(5).

其次,当 $x \geqslant \sqrt{d}$ 时,令

$$c_k:=\max_{n\geqslant k+2}\left(\frac{d^{\frac{k+2}{2}}}{\pi^{d-k-2}}\right)$$

由于数列

$$\left(\frac{d^{\frac{k+2}{2}}}{\pi^{d-k+2}}\right)_{d\geqslant k+2}$$

的收敛性,必然存在这样的 c_k,使得

$$\pi^k \mid x\mid^k \cdot \left|\sin c\left(\frac{\pi x}{\sqrt{d}}\right)\right|^d$$

有如下上界

$$\pi^k \mid x\mid^k \cdot \left|\sin c\left(\frac{\pi x}{\sqrt{d}}\right)\right|^d \leqslant \frac{c_k}{x^2\pi^2} \tag{6}$$

从而

$$\left(\frac{\sqrt{d}}{x\pi}\right)^d \leqslant \left(\frac{\sqrt{d}}{x}\right)^{k+2} \cdot \frac{1}{\pi^d} \leqslant \frac{c_k}{x^{k+2}\pi^{k+2}}$$

这样利用

$$\left|\sin c^{d}\left(\frac{\pi x}{\sqrt{d}}\right)\right| \leqslant \left(\frac{\sqrt{d}}{\pi x}\right)^{d}$$

可以得到独立于 d 的上界 $\frac{c_k}{x^2\pi^2}$.

最后,定义独立于 d 的序列 $G_k(x)$. 适当组合不等式(5)和(6)的右端,从而使 $L_p(-\infty,+\infty)$ 中的函数 $G_k(x)$ 为函数

$$\pi^{k}\ |\ x\ |^{k}\cdot\left|\sin c\left(\frac{\pi x}{\sqrt{d}}\right)\right|^{d}$$

的一致上界,其中 $p\in[1,+\infty)$.

基于上述引理,我们有如下关于 B 样条及其导数的渐近性质定理.

定理1　令 $k\in\mathbf{N}$,则对于 $d>k+2$,B 样条的 k 阶导数构成的序列 $B_d^{(k)}$ 收敛于 Gauss 函数的 k 阶导数,即

$$\begin{aligned}&\left(\frac{d}{12}\right)^{\frac{k+1}{2}}B_d^{(k)}\left(\sqrt{\frac{d}{12}}x+\frac{d}{2}\right)\\&=\frac{1}{\sqrt{2\pi}}D^{k}\exp\left(-\frac{x^2}{2}\right)+O\left(\frac{1}{d}\right)\end{aligned}\tag{7}$$

并且

$$\lim_{d\to\infty}\left\{\left(\frac{d}{12}\right)^{\frac{k+1}{2}}B_d^{(k)}\left(\sqrt{\frac{d}{12}}x+\frac{d}{2}\right)\right\}=\frac{1}{\sqrt{2\pi}}D^{k}\exp\left(-\frac{x^2}{2}\right)\tag{8}$$

其中极限是点态收敛或者在 $L^p(\mathbf{R})$,$p\in[2,\infty)$ 中.

证明　令

$$L_n(x):=d\ln\left(\sin c\left(\frac{x}{2}\sqrt{\frac{12}{d}}\right)\right)\tag{9}$$

由于对称性,可以假设 $x\geqslant 0$. 利用 Taylor 定理,对于任意的 $x\in[0,1]$ 和 $d\in\mathbf{N}$,有

$$\sin c\left(\frac{x}{2}\sqrt{\frac{12}{d}}\right)=1-\frac{x^2}{2}\ \frac{1}{d}+O\left(\frac{1}{d^2}\right)$$

和

$$\ln(1+x)=x+O(x^2)$$

则对任意 $x\in[0,1]$ 和 $d\in\mathbf{N}$，有

$$L_n(x)=d\ln\left(1-\frac{x^2}{2}\ \frac{1}{d}+O\left(\frac{1}{d^2}\right)\right)=-\frac{x^2}{2}+O\left(\frac{1}{d}\right) \tag{10}$$

结合公式(9)与(10)，我们有

$$\sin c^d\left(\frac{x}{2}\sqrt{\frac{12}{d}}\right)=\exp\left(-\frac{x^2}{2}\right)\left(1+O\left(\frac{1}{d}\right)\right) \tag{11}$$

此外，由于

$$M_d^{\wedge}(w)=\sin c^d\left(\frac{w}{2}\right)\text{ 且 }M_d\in C^{d-1}(\mathbf{R})$$

从而对于 $k\leqslant d-1$，有

$$[M_d^{(k)}]^{\wedge}(w)=i^k w^k\sin c^d\left(\frac{w}{2}\right)$$

因此可以得到

$$\begin{aligned}&\left(\frac{d}{12}\right)^{\frac{k+1}{2}}\left[B_d^{(k)}\left(\sqrt{\frac{d}{12}}x+\frac{d}{2}\right)\right]^{\wedge}(w)\\&=i^k w^k\sin c^d\left(\frac{w}{2}\sqrt{\frac{12}{d}}\right)\\&=i^k w^k\exp\left(-\frac{w^2}{2}\right)\left(1+O\left(\frac{1}{d}\right)\right)\\&=\left[D^k\left(\frac{1}{\sqrt{2\pi}}\exp\left(-\frac{x^2}{2}\right)\cdot\left(1+O\left(\frac{1}{d}\right)\right)\right)\right]^{\wedge}(w)\end{aligned}$$

对上式作 Fourier 逆变换，得到

$$\left(\frac{d}{12}\right)^{\frac{k+1}{2}}B_d^{(k)}\left(\sqrt{\frac{d}{12}}x+\frac{d}{2}\right)$$

$$=D^k\left(\frac{1}{\sqrt{2\pi}}\exp\left(-\frac{x^2}{2}\right)\right)+$$

$$D^k\left(\frac{1}{\sqrt{2\pi}}\exp\left(-\frac{x^2}{2}\right)\right)O\left(\frac{1}{d}\right)$$

$$=D^k\left(\frac{1}{\sqrt{2\pi}}\exp\left(-\frac{x^2}{2}\right)\right)+O\left(\frac{1}{d}\right)$$

则

$$\lim_{d\to\infty}\left\{\left(\frac{d}{12}\right)^{\frac{k+1}{2}}B_d^{(k)}\left(\sqrt{\frac{d}{12}}x+\frac{d}{2}\right)\right\}=\frac{1}{\sqrt{2\pi}}D^k\exp\left(-\frac{x^2}{2}\right)\tag{12}$$

其中等式(12) 左边的极限由引理 1 得到，并且意味着点态收敛. 显然，$B_d^{(k)}(w)$ 以引理 1 中所定义的 L_p 空间中的独立于 d 的函数 $G_k(x)$ 为上界. 利用 Lebesgue 控制收敛定理，得到了 $B_d^{(k)}(w)$ 在 L_p，$p\in[1,+\infty)$ 中收敛. Titchmarsh 不等式表明，当 $1\leqslant p\leqslant 2$ 且 $p^{-1}+q^{-1}=1$ 时，Fourier 变换是 $L_p(-\infty,+\infty)$ 到 $L_p(-\infty,+\infty)$ 空间中的有界线性运算. 因而，当 $q\in[2,+\infty]$ 时，利用 Titchmarsh 不等式，得到 L_q 空间中 $B_d^{(k)}(x)$ 的收敛性.

当 $k=0$ 时，定理 1 退化为：

推论　对于任意 $d\in\mathbf{N}$，基数 B 样条收敛到 Gauss 函数

$$\sqrt{\frac{d}{12}}B_d\left(\sqrt{\frac{d}{12}}x+\frac{d}{2}\right)=\frac{1}{\sqrt{2\pi}}\exp\left(-\frac{x^2}{2}\right)+O\left(\frac{1}{d}\right)\tag{13}$$

并且有

$$\lim_{d\to\infty}\sqrt{\frac{d}{12}}B_d\left(\sqrt{\frac{d}{12}}x+\frac{d}{2}\right)=\frac{1}{\sqrt{2\pi}}\exp\left(-\frac{x^2}{2}\right)\tag{14}$$

其中极限为点态收敛或者在 $L^p(\mathbf{R}), p \in [2,\infty)$ 中.

定理1及其推论刻画了 B 样条及其导数的渐近性质,可以用于组合数渐近性质的研究.我们将利用它们讨论后文中所要引入的Eulerian数等组合数的渐近性质,并得到一系列有趣的结果,从而为计数组合学的研究提供一种新的样条方法.

§3　Eulerian 数的样条解释

Laplace将Eulerian数表示成超立方体截面体积,从而给出了Eulerian数的几何解释

$$V(T_k^d) = \frac{1}{d!}A_{d,k} \tag{15}$$

其中

$$T_k^d := \left\{ x \in [0,1]^d \mid k-1 \leqslant \sum_{i=1}^{d} x_i \leqslant k, \right.$$
$$\left. k = 0, \cdots, d \right\}$$

$A_{d,k}$ 也可以用来表示 S_d 对称群中所有降序数为 k 的排列总数,即

$$A_{d,k} = \#\{\pi \mid \pi := a_1, a_2, \cdots, a_d \in S_d, \# D(\pi) = k\}$$

其中 $\# A$ 表示集合 A 的基数

$$D(\pi) := \{i \mid a_i > a_{i-1}, 1 \leqslant i \leqslant d-1\}$$

为降序集合.

从这个组合解释不难看出 $A_{d,k}$ 恰好是集合

$$S_k := \{x \in I^n \mid x_i > x_{i+1}, \text{对于 } i \text{ 的 } k \text{ 个值}\}$$

的体积.一个很自然的问题,集合 T_k^d 与集合 S_k 之间是否存在一个保测度的映射使得二者同构.这个问题最

早由 Foata 提出,并由 Stanley 给出了构造性的证明,从而给出了 Eulerian 数几何解释的组合证明.

Stanley 的方法极具代表性,至今很多与体积相关联的组合数仍是用类似的构造方法得到其几何解释.一个很好的例子是由 Steingrímsson 给出的关于指标序列的下降多项式系数可以看作是扩张的超立方体截面体积.

下降多项式,记作 $D_d^n(t)$,定义为

$$D_d^n(t)=\sum_{k=0}^{d}D(d,n,k)t^k$$

其中 $D(d,n,k)$ 是 S_d^n 中有 k 个降序的指标序列的数量.这里 S_d^n 表示所有指标序列的集合.指标序列为 S_d 对称群中的一般序列加上一个 0 到 $n-1$ 之间的脚标.当 $n=1$ 时

$$D(d,1,k)=A_{d,k+1}$$

因而 $D(d,n,k)$ 可以看作是一种广义 Eulerian 数.近年来 Stanley,Steingrímsson,Bagno 等人对其进行了深入的研究.指标序列也通常被称作着色序列.Steingrímsson 给出了指标序列的几何解释

$$D(d,n,k)=V(X_{n,k}^d) \tag{16}$$

其中

$$X_{n,k}^d:=\left\{x\in n\cdot[0,1]^d\mid (k-1)n+1\leqslant\sum_{i=1}^{d}x_i\leqslant kn+1\right\}$$

细化 Eulerian 数,记作 $A_{d,k,j}$,为对称群 S_d 中有 k 个降序并且最后一个元素为 j 的排列总数,即

$$A_{d,k,j}:=\#\{\pi\mid\pi:=a_1,\cdots,a_d\in S_d,\ \#D(\pi)=k,a_d=j\}$$

作为 $A_{d,k}$ 的细化形式,$A_{d,k,j}$ 可以看作是相邻两 Eulerian 数 $A_{d,k}$ 与 $A_{d,k+1}$ 之间的一个插值. 自然地,人们关心细化 Eulerian 数是否继承了 Eulerian 数的一些性质,例如对数凹性和渐近性质.

Ehrenborg 等将 $A_{d,k,j}$ 表示成单位立方体相邻切片 T_k 与 T_{k+1} 的混合体积,从而得到了 $A_{d,k,j}$ 关于 j 的对数凹性. 由于 Eulerian 数 $A_{d,k}$ 关于 d 的渐近形式为 Gauss 型,人们猜测 $A_{d,k,j}$ 也"遗传"了同样的性质. 然而,Conger 利用数值实验观察到 $A_{d,k,j}$ 随着 d 值的增大,其渐近形式并非正态分布的现象. 在此,我们给出细化 Eulerian 数的样条解释;利用这一解释给出了由 Hermite 正交多项式表示的细化 Eulerian 数的渐近形式;从而解释了 Conger 利用数值实验观测到的现象.

基于上述三类组合数的几何解释,我们讨论了它们与 B 样条之间的关系. 为了叙述的方便,我们用 $[\lambda^j]f(\lambda)$ 表示给定的关于 λ 的级数 $f(\lambda)$ 中 λ^j 项的系数.

引理 2　以下等式成立

$$A_{d,k}=d!\ \cdot B_{d+1}(k)$$

$$D(d,n,k)=d!\ \cdot n^d\cdot B_{d+1}\left(k+\frac{1}{n}\right)$$

$$A_{d+1,k,d-j+1}$$

$$=d!\ \cdot[\lambda^j]\frac{\left((\lambda+1)^d B_{d+1}\left(k+\frac{1}{\lambda+1}\right)\right)}{\binom{d}{j}}$$

$$(\lambda\geqslant 0)$$

该引理将 Eulerian 数及其推广形式看作是离散 B 样条,从而将两个领域建立起联系. 利用样条理论,可

以对与 Eulerian 数相关联的渐近组合问题进行研究，在渐近组合学中引入一套样条函数方法.

§4　Eulerian 数的渐近性质

1973 年，Tanny 利用概率论中的中心极限定理给出了 Eulerian 数的渐近形式. 此后，Carlitz 等利用类似的方法得到了这一渐近公式的逼近阶. 但是 Carlitz 等给出的逼近阶仅是关于 d 的 $\frac{3}{4}$ 阶.

我们利用上文给出的 Eulerian 数的样条解释（引理 2），得到了 Eulerian 数的渐近公式并且给出了精确的逼近阶.

定理 2　对于 $x_d=\sqrt{\frac{d+1}{12}}x+\frac{d+1}{2}$，有

$$\frac{1}{d!}A_{d,[x_d]}=\sqrt{\frac{6}{\pi(d+1)}}\exp\left(-\frac{x^2}{2}\right)+O(d^{-\frac{3}{2}}) \tag{17}$$

进一步，将上述定理推广到更一般的情形，有：

定理 3　对于 $x_d=\sqrt{\frac{d+1}{12}}x+\frac{d+1}{2}$，有

$$\begin{aligned}&\frac{1}{d!\cdot n^d}D(d,n,[x_d])\\&=\sqrt{\frac{6}{\pi(d+1)}}\exp\left[-\frac{(x+\frac{1}{n})^2}{2}\right]+O(d^{-\frac{3}{2}})\end{aligned} \tag{18}$$

当 $n=1$ 时，该定理退化为定理 2.

证明　利用

$$D(d,n,k)=d!\ \cdot n^d\cdot B_{d+1}\left(k+\frac{1}{n}\right)$$

和 B 样条渐近性质(推论),得到

$$\sqrt{\frac{d}{12}}B_d\left(\sqrt{\frac{d}{12}}x+\frac{d}{2}\right)=\frac{1}{\sqrt{2\pi}}\exp\left(-\frac{x^2}{2}\right)+O\left(\frac{1}{d}\right)$$

相应地,对于 $x_d=\sqrt{\frac{d+1}{12}}x+\frac{d+1}{2}$,有

$$\frac{1}{d!\ \cdot n^d}D(d,n,[x_d])$$

$$=\sqrt{\frac{6}{\pi(d+1)}}\exp\left[-\frac{(x+\frac{1}{n})^2}{2}\right]+O(d^{-\frac{3}{2}})$$

当 $n=1$ 时,由于 $D(d,1,k)=A_{d,k+1}$,上式退化成定理 2.

n 次 Hermite 多项式,记作 $H_n(x)$,为定义在 $(-\infty,+\infty)$ 上以 $e^{-\frac{x^2}{2}}$ 为权函数的正交多项式,即

$$H_n(x)=(-1)^n e^{\frac{x^2}{2}}\frac{d^n}{dx^n}e^{\frac{-x^2}{2}}$$

作为许多经典正交多项式的极限形式,Hermite 多项式在渐近分析中有着非常重要的地位.利用样条理论,我们可以得到以 Hermite 多项式表示的细化 Eulerian 数的渐近公式.

定理 4 令

$$x_d=\sqrt{\frac{d+1}{12}}(x-1)+\frac{d+1}{2}$$

则

$$A_{d+1,[x_d],d-j+1}=d!\ \sqrt{\frac{6}{\pi(d+1)}}\exp\left(-\frac{x^2}{2}\right)\cdot$$

$$\sum_{i=0}^{j}\frac{1}{\binom{d-j+i}{i}}\left(\frac{d+1}{12}\right)^{-\frac{i}{2}}H_i(x)+$$

$$O(d^{\frac{-3}{2}})$$

其中 $H_n(x)$ 是如下定义的 Hermite 多项式

$$H_n(x)=(-1)^n\mathrm{e}^{\frac{x^2}{2}}\frac{\mathrm{d}^n}{\mathrm{d}x^n}\mathrm{e}^{\frac{-x^2}{2}} \tag{19}$$

证明　令

$$p(\lambda)=\sum_{j=0}^{d}\binom{d}{j}A_{d+1,k,d-j+1}\lambda^j$$

则 $p(\lambda)$ 是关于 λ 的 d 次多项式. 引理 2 表明

$$\begin{aligned}p(\lambda)&=\sum_{j=0}^{d}\binom{d}{j}A_{d+1,k,d-j+1}\lambda^j\\&=d!\ (\lambda+1)^dB_{d+1}\left(k+\frac{1}{\lambda+1}\right)\end{aligned} \tag{20}$$

在方程(20)的两边关于 λ 取 j 阶导数,则

$$\begin{aligned}A_{d+1,k,d-j+1}&=\sum_{i=0}^{j}(d-j)!\ B_{d+1}^{(i)}\left(k+\frac{1}{\lambda+1}\right)\cdot\\&\quad((\lambda+1)^d)^{(j-i)}((\lambda+1)^{-1})^{(i)}\ |_{\lambda=0}\\&=d!\ \sum_{i=0}^{j}(-1)^i\frac{i!\ (d-j)!}{(d-j+i)!}B_{d+1}^{(i)}(k+1)\\&=d!\ \sum_{i=0}^{j}(-1)^i\frac{1}{\binom{d-j+i}{i}}B_{d+1}^{(i)}(k+1)\end{aligned}$$

结合定理 1 和 Hermite 多项式的定义(19),可以得到

$$A_{d+1,[x_d],d-j+1}$$

$$=d!\sqrt{\frac{6}{\pi(d+1)}}\sum_{i=0}^{j}(-1)^i\frac{1}{\binom{d-j+i}{i}}\left(\frac{d+1}{12}\right)^{-\frac{i}{2}}\cdot$$

$$D^i \exp\left(-\frac{x^2}{2}\right)+O(d^{\frac{-3}{2}})$$

$$=d!\sqrt{\frac{6}{\pi(d+1)}}\exp\left(-\frac{x^2}{2}\right)\sum_{i=0}^{j}\frac{1}{\binom{d-j+i}{i}}\cdot$$

$$\left(\frac{d+1}{12}\right)^{-\frac{i}{2}}H_i(x)+O(d^{\frac{-3}{2}})$$

注 定理4表明了细化 Eulerian 数 $A_{d+1,k,d-j+1}$ 关于充分大的 d 的渐近形式并非 Gauss 函数. 这一结论解释了 Conger 利用数值实验观测到的现象. 当 d 充分大时，相邻两细化 Eulerian 数 $A_{d+1,[x_d],d-j+1}$ 和 $A_{d+1,[x_d],d-j}$ 之间仅仅相差一个修正项

$$j!\ (d-j)!\ \sqrt{\frac{6}{\pi(d+1)}}\exp\left(-\frac{x^2}{2}\right)\left(\frac{d+1}{12}\right)^{-\frac{j}{2}}H_j(x)$$

第六编

Bernstein 多项式的迭代极限

一类变差缩减算子的迭代极限①

第33章

中国科学院数学研究所的胡莹生，徐叔贤二位研究员1978年对样条函数的变差缩减算子，在等距节点及样条函数为三次多项式样条的条件下，证明了它的迭代过程的收敛性．此外，我们还给出了它的极限的具体表达式．

§1 引　　言

关于Bernstein多项式具有变差缩减性质的讨论由I. J. Schoenberg[1]给出．故Bernstein多项式是一类变差

① 本章摘自《应用数学学报》，1978年8月，第1卷，第3期．

缩减的线性算子.若记定义于[0,1]上的函数 $f(x)$ 的 Bernstein 多项式为

$$B_n(f,x)=\sum_{0}^{n} f\left(\frac{k}{n}\right)\binom{n}{v}x^v(1-x)^{n-v} \tag{1}$$

命

$$B_n^k(f,x)=B_n(B^{k-1}(f;x),x) \quad (k\geqslant 1) \tag{2}$$

于是得到 Bernstein 多项式算子 B_n 的迭代过程.[1]证明了

$$\operatorname{var}(B_n(f,x))\leqslant \operatorname{var}(f(x)) \tag{3}$$

$\operatorname{var}(f)$ 表示 f 在[0,1]上的全变差.

后来,文[2]证明了

$$\lim_{k\to\infty} B_n^k(f,x)=f(0)+[f(1)-f(0)]x \tag{4}$$

这就是 Bernstein 多项式算子的迭代极限.

[3]与[4]又把变差缩减的逼近方法推广于样条函数.[3]对变差缩减的样条逼近方法的几何性质与误差估计作了讨论.[4]把[3]的工作推广到了更一般的样条函数.然而[3]与[4]均未涉及变差缩减样条逼近方法的迭代极限过程.本章就是讨论变差缩减的(等距节点、三次多项式)样条逼近的迭代极限问题.§2 我们将简单地介绍一下所用的符号与概念.§3 证明迭代极限的存在.§4 给出迭代极限的具体公式.

§2 符号与概念

因为今后所考虑的样条函数是等距节点的三次多项式样条函数,故不失一般性可以假定所讨论的区间为$[0,n]$,而 $x_i=i,1\leqslant i\leqslant n-1$ 为样条函数的节点.

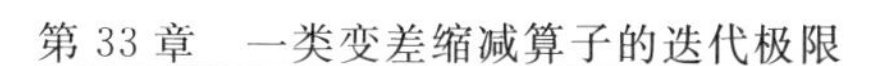

引进 x_{-i} 与 x_{n+i}，$1\leqslant i\leqslant 3$，并规定

$$x_{-i}=0=x_0,x_{n+i}=x_n=n \quad (1\leqslant i\leqslant 3)$$

于是，根据[5]可知$[0,n]$上的以 x_i，$1\leqslant i\leqslant n-1$ 为节点的任何三次多项式样条函数可由 $M_j(x)$，$-3\leqslant j\leqslant n-1$ 的线性组合唯一地表示，这里

$$M_j(x)=w_t(4(t-x)_+^3\ x_j,x_{j+1},x_{j+2},x_{j+3},x_{j+4})$$
$$(j=-3,-2,\cdots,n-1) \tag{5}$$

而

$$x_+^m=\begin{cases}x^m, & x\geqslant 0\\ 0, & x<0\end{cases} \tag{6}$$

$w_t(g(t);t_1,\cdots,t_5)$ 表示对定义于$[0,n]$上的函数 $g(t)$ 沿点列 $t_1,\cdots,t_5$ 求四阶差商而得的值.

按照求普通差商与聚合差商的"三角形"过程，易知

$$M_{-3}(x)=\begin{cases}4(1-x)_+^3,0\leqslant x\leqslant 1\\ 0,其他\end{cases} \tag{7}$$

$$M_{-2}(x)=\begin{cases}\dfrac{(2-x)_+^3}{2}-4(1-x)_+^3,0\leqslant x<2\\ 0,其他\end{cases} \tag{8}$$

$$M_{-1}(x)=\begin{cases}\dfrac{2}{9}(3-x)_+^3-(2-x)_+^3+2(1-x)_+^3,\\ 0\leqslant x<3\\ 0,其他\end{cases} \tag{9}$$

$$M_{n-3}(x)=\begin{cases}\dfrac{2}{9}(x-n+3)_+^3-(x-n+2)_+^3+\\ 2(x-n+1)_+^3,\\ n-3\leqslant x<n\\ 0,其他\end{cases} \tag{10}$$

$$M_{n-2}(x)=\begin{cases}\dfrac{(x-n+2)_+^3}{2}-4(x-n+1)_+^3,\\ n-2\leqslant x\leqslant n\\ 0,\text{其他}\end{cases}\tag{11}$$

$$M_{n-1}(x)=\begin{cases}4(x-n+1)_+^3,n-1\leqslant x\leqslant n\\ 0,\text{其他}\end{cases}\tag{12}$$

$$M_0(x)=\begin{cases}0,x<0\\ \dfrac{1}{6}x^3,0\leqslant x<1\\ \dfrac{1}{6}x^3-\dfrac{4}{6}(x-1)^3,1\leqslant x<2\\ \dfrac{1}{6}(4-x)^3-\dfrac{4}{6}(3-x)^3,2\leqslant x<3\\ \dfrac{1}{6}(4-x)^3,3\leqslant x<4\\ 0,x\geqslant 4\end{cases}\tag{13}$$

此外,$M_j(x),1\leqslant j\leqslant n-4$ 是由 $M_0(x)$ 的图形按等于 1 的步长往右逐次移动而得.

令

$$N_j(x)=\frac{x_{j+4}-x_j}{4}M_j(x)\quad(-3\leqslant j\leqslant n-1)\tag{14}$$

[3,4] 中都证明了

$$\begin{cases}\sum\limits_{i=-3}^{n-1}N_j(x)=1,\sum\limits_{j=-3}^{n-1}\xi_jN_j(x)=x\\ (\xi_j\text{ 的定义见式(16)})\\ N_j(x)=0,x\overline{\in}[x_j,x_{j+4}]\end{cases}\tag{15}$$

$M_j(x),N_j(x),j=-3,\cdots,n-1$ 都称之为 B 样条.

引入

$$\xi_j=\frac{x_{j+1}+x_{j+2}+x_{j+3}}{3}\quad(j=-3,\cdots,n-1)\tag{16}$$

显然

$$\xi_{-3}=0,\xi_{-2}=\frac{1}{3},\xi_j=j+2\quad(j=-1,0,\cdots,n-3)$$

$$\xi_{-2}=n-\frac{1}{3},\xi_{n-3}=n-1\tag{17}$$

定义 1　若 $f(x)$ 定义于$[0,n]$上,则

$$S(f)=\sum_{-3}^{n-1}f(\xi_j)N_j(x)\tag{18}$$

称为 f 的变差缩减样条逼近,而由式(18) 所定义的算子 S 称为样条的变差缩减算子.

由(18) 与(15) 可见

$$\begin{cases}S(af+bg)=aS(f)+bS(g)\\S(a+bx)=a+bx\end{cases}$$

这里 a,b 为任意实数.根据[2]还可知上述算子 S 还有如下的:

性质 1

$$\begin{aligned}&\text{(i)}\ S(f)\mid_{x=a}=f(a),S(f)\mid_{x=b}=f(b)\\&\text{(ii)}\ \mathrm{var}(S(f))\leqslant\mathrm{var}(f)\end{aligned}\tag{19}$$

此外根据[6] 中的式(12) ~ (15),可知成立:

性质 2　(iii) 若 $f\in C'[0,n]$,且为单调函数,则 $S(f)$ 亦为单调函数;

(iv) 若 $f\in C^2[0,n]$ 且为凸函数,则 $S(f)$ 亦为凸函数.

性质 1、性质 2 的(i) ～ (iv) 联合表明变差缩减的逼近方法在保持原函数 f 的形态特点方面有着良好的性能. 关于这些方面的讨论可参看[3]. (ii) 是 S 所以称为“变差缩减”逼近算子这一名称的由来之一.（所以说它是“之一”，是因为它可以有另一种说法（参看[3]). 因详细说明它将牵涉较多与本章主要结果无多大关系的论述，故从略).

§3 迭代的极限过程及其存在性

假定 $f(x)$ 定义于$[0,n]$上，命

$$S^k(f)=S(S^{k-1}(f)) \quad (k\geqslant 1) \tag{20}$$

本节的主要目的就是要证明上述的迭代逼近过程当 $k\to\infty$ 时的极限存在.

由于

$$\begin{aligned}S(f)&=\sum_{-3}^{n-1}f(\xi_j)N_j(x)\\&=(N_{-3}(x),\cdots,N_{n-1}(x))\begin{pmatrix}f(\xi_{-3})\\ \vdots\\ f(\xi_{n-1})\end{pmatrix}\end{aligned} \tag{21}$$

因此

$$S^k(f)=(S^{k-1}N_{-3}(x),\cdots,S^{k-1}N_{n-1}(x))\begin{pmatrix}f(\xi_{-3})\\ \vdots\\ f(\xi_{n-1})\end{pmatrix} \tag{22}$$

根据(6) ～ (18)，容易计算得

$$S(N_{-3})=N_{-3}(x)+\frac{8}{27}N_{-2}(x)$$

$$S(N_{-2})=\frac{61}{108}N_{-2}(x)+\frac{1}{4}N_{-1}(x)$$

$$S(N_{-1})=\frac{43}{324}N_{-2}(x)+\frac{7}{12}N_{-1}(x)+\frac{1}{6}N_{0}(x)$$

$$S(N_{0})=\frac{1}{162}N_{-2}(x)+\frac{1}{6}N_{-1}(x)+$$

$$\frac{2}{3}N_{0}(x)+\frac{1}{6}N_{1}(x)$$

$$S(N_{k})=\frac{1}{6}N_{k-1}(x)+\frac{2}{3}N_{k}(x)+\frac{1}{6}N_{k+1}(x)$$

$$(k=1,\cdots,n-5)$$

$$S(N_{n-4})=\frac{1}{6}N_{n-5}(x)+\frac{2}{3}N_{n-4}(x)+$$

$$\frac{1}{6}N_{n-3}(x)+\frac{1}{162}N_{n-2}(x)$$

$$S(N_{n-3})=\frac{1}{6}N_{n-4}(x)+\frac{7}{12}N_{n-3}(x)+$$

$$\frac{43}{324}N_{n-2}(x)$$

$$S(N_{n-2})=\frac{1}{4}N_{n-3}(x)+\frac{61}{108}N_{-2}(x)$$

$$S(N_{n-1})=\frac{8}{27}N_{n-2}(x)+N_{n-1}(x)$$

因此

$$(SN_{-3},\cdots,SN_{n-1})=(N_{-3},\cdots,N_{n-1})\boldsymbol{A}\qquad(23)$$

这里

$$
\boldsymbol{A}=\begin{pmatrix}
1 \\
\frac{8}{27} & \frac{61}{108} & \frac{43}{324} & \frac{1}{162} \\
& \frac{1}{4} & \frac{7}{12} & \frac{1}{6} \\
& & \frac{1}{6} & \frac{2}{3} & \frac{1}{6} \\
& & \ddots & \ddots & \ddots \\
& & & \frac{1}{6} & \frac{2}{3} & \frac{1}{6} \\
& & & & \frac{1}{6} & \frac{7}{12} & \frac{1}{4} \\
& & & & \frac{1}{162} & \frac{43}{324} & \frac{61}{108} & \frac{8}{27} \\
& & & & & & & 1
\end{pmatrix}_{(n+3)\times(n+3)} \tag{24}
$$

将(23)与(24)代入(22)即知

$$
S^{k+1}(f)=(N_{-3},\cdots,N_{n-1})\boldsymbol{A}^k\begin{pmatrix} f(\xi_{-3}) \\ \vdots \\ f(\xi_{n-1}) \end{pmatrix} \tag{25}
$$

所以欲证$\lim\limits_{k\to\infty} S^k(f)$存在,只需证明$\lim\limits_{n\to\infty} \boldsymbol{A}^k$存在.

定理 1 $\lim\limits_{k\to\infty} \boldsymbol{A}^k$ 存在.

证明 因为$\boldsymbol{A}$为非负矩阵,并且$\boldsymbol{A}$的每一行的元素和都等于1,故$\boldsymbol{A}$实际上是Markov链的转移概率矩阵.这些转移概率表明状态1、状态$n+3$为其吸收壁.因此根据[7]只需说明$\boldsymbol{A}$为正常的转移概率矩阵.换言之,我们要说明$\boldsymbol{A}$除了有等于1的特征值之外,不存在模为1的特征值.根据$\boldsymbol{A}$的形式显然1至少是$\boldsymbol{A}$的二重特征值.注意到

$$
\boldsymbol{A}'=\begin{pmatrix}
\frac{61}{108} & \frac{43}{324} & \frac{1}{162} & & & & \\
 & \frac{1}{4} & \frac{7}{12} & \frac{1}{6} & & & \\
 & & \frac{1}{6} & \frac{2}{3} & \frac{1}{6} & & \\
 & & \ddots & \ddots & \ddots & & \\
 & & & \frac{1}{6} & \frac{2}{3} & \frac{1}{6} & \\
 & & & & \frac{1}{6} & \frac{7}{12} & \frac{1}{4} \\
 & & & & \frac{1}{162} & \frac{43}{324} & \frac{61}{108}
\end{pmatrix}_{(n+1)\times(n+1)} \tag{26}
$$

为非负的不可约矩阵，且行元素之和的最小值为$\frac{19}{27}$，最大值为 1. 于是再一次利用[7] 443 页最末两行的说明立即可知$\boldsymbol{A}'$的特征值其最大模必小于1(或参阅[8]第 7 页 3. Ⅲ′). 综合上述可见 1 是$\boldsymbol{A}$的二重特征值，且无形如 $\mathrm{e}^{i\varphi}$ 的特征值. 定理 1 证毕.

性质 3

$$\det(\boldsymbol{A}-\lambda \boldsymbol{I})=k(36)^2(1-\lambda)^2\{F(\lambda)\} \tag{27}$$

这里

$$k=\left(\frac{1}{324}\right)^2\left(\frac{1}{12}\right)^2\times\left(\frac{1}{6}\right)^{n-3} \tag{28}$$

$$
\begin{aligned}
F(\lambda)=&(108\lambda^2-124\lambda+32)^2D_{n-3}(\lambda)-4(5-9\lambda)\cdot\\
&(108\lambda^2-124\lambda+32)D_{n-4}(\lambda)+\\
&4(5-9\lambda)^2D_{n-5}(\lambda)
\end{aligned} \tag{29}
$$

$$D_k(\lambda)=\det\begin{pmatrix}4-6\lambda & 1 & & & & \\ 1 & 4-6\lambda & 1 & & & \\ & 1 & 4-6\lambda & 1 & & \\ & & \ddots & \ddots & \ddots & \\ & & & 1 & 4-6\lambda & 1 \\ & & & & 1 & 4-6\lambda\end{pmatrix}_{k\times k} \tag{30}$$

证明　这是将 $\det(\boldsymbol{A}-\lambda\boldsymbol{I})$ 沿最前三行与最后三行展开的直接结果.

性质 4

$$\begin{cases}D_k(1)=(1+k)(-1)^k\\ D_k\left(\frac{1}{3}\right)=(1+k),k\geqslant 1\end{cases} \tag{31}$$

证明　用归纳法立即得到.

由性质 3,4 立即得

$$F(1)=\{64n\}(-1)^{n-3} \tag{32}$$

$$\begin{aligned}\Delta^{(2)}(1)&=\frac{\mathrm{d}^2}{\mathrm{d}\lambda^2}\det(\boldsymbol{A}-\lambda\boldsymbol{I})_{\lambda=1}\\&=2k\cdot(36)^2(-1)^{n-3}\{64n\}\end{aligned} \tag{33}$$

以下进入 A^∞ 的具体表达式的讨论.

§4　迭代过程的极限公式

根据[7](中译本 449 页) 知

$$\boldsymbol{A}^\infty=(-1)^{n+4}\frac{2\boldsymbol{B}'(1)}{\Delta^{(2)}(1)} \tag{34}$$

(注意:式(34) 与[7] 449 页式略有不同,因为[7]

中的特征多项式是以 $\det(\lambda\boldsymbol{I}-\boldsymbol{P})$ 来计算的，而我们这里采用 $\det(\boldsymbol{P}-\lambda\boldsymbol{I})$ 来计算，因此相差了 $(-1)^{n+4}$ 的幂次). 当然(34) 中的 $\boldsymbol{B}(\lambda)$ 在我们的情形下应该是 $(\boldsymbol{A}-\lambda\boldsymbol{I})$ 的附加矩阵，并且

$$\boldsymbol{B}'(1)=\frac{\mathrm{d}}{\mathrm{d}\lambda}\boldsymbol{B}(\lambda)\Big|_{\lambda=1} \tag{35}$$

记

$$\boldsymbol{B}'(1)=(b_{ij})_{1\leqslant i,j\leqslant n+3} \tag{36}$$

于是根据

$$\boldsymbol{A}-\lambda\boldsymbol{I}=\begin{pmatrix}
1-\lambda & & & & & & & & \\
\frac{8}{27} & \frac{61}{108}-\lambda & \frac{43}{324} & \frac{1}{162} & & & & & \\
 & \frac{1}{4} & \frac{7}{12}-\lambda & \frac{1}{6} & & & & & \\
 & & \frac{1}{6} & \frac{2}{3}-\lambda & \frac{1}{6} & & & & \\
 & & & \ddots & \ddots & \ddots & & & \\
 & & & & \frac{1}{6} & \frac{2}{3}-\lambda & \frac{1}{6} & & \\
 & & & & & \frac{1}{6} & \frac{7}{12}-\lambda & \frac{1}{4} & \\
 & & & & & \frac{1}{162} & \frac{43}{324} & \frac{61}{108}-\lambda & \frac{8}{27} \\
 & & & & & & & & 1-\lambda
\end{pmatrix} \tag{37}$$

的具体形式，不难看出 b_{ij}，$1\leqslant i,j\leqslant n+3$ 具有下述特殊的性质：

(i) 下列花括弧中的元素均为 0

$$\left\{\begin{matrix}
b_{22} & \cdots & b_{2,n+2} \\
\vdots & & \vdots \\
b_{n+2,2} & \cdots & b_{n+2,n+2}
\end{matrix}\right\}$$

这是因为与这些 b_{ij} 所相应的附加矩阵的位置均含有 $(1-\lambda)^2$ 的因子，故对它求 λ 的微商并令 $\lambda=1$ 时应为 0.

(ii)$b_{12}, b_{13}, \cdots, b_{1,n+3}$ 与 $b_{n+3,1}, \cdots, b_{n+3,n+2}$ 亦均为 0. 这是因这些 b_{ij} 相应的附加矩阵位置其元素由 $\boldsymbol{A}-\lambda\boldsymbol{I}$ 的代数余子式构成，而这些代数余子式必有(最前或最后)一行均为 0 元素，故知这些 b_{ij} 均为 0.

(iii)

$$b_{11}=b_{n+3,n+3}=(-1)^{n+4}k\times(36)^2\times\{64n\} \tag{38}$$

这由(37)及

$$\det\begin{pmatrix} \frac{61}{108}-1 & \frac{43}{324} & \frac{1}{162} & & & & \\ \frac{1}{4} & \frac{7}{12}-1 & \frac{1}{6} & & & & \\ & \frac{1}{6} & \frac{2}{3}-1 & \frac{1}{6} & & & \\ & & \ddots & \ddots & \ddots & & \\ & & & \frac{1}{6} & \frac{2}{3}-1 & \frac{1}{6} & \\ & & & & \frac{1}{6} & \frac{7}{12}-1 & \frac{1}{4} \\ & & & & \frac{1}{162} & \frac{43}{324} & \frac{61}{108}-1 \end{pmatrix}$$

$$=k(36)^2F(1)$$

和式(32)得到.

性质 5

$$\begin{cases} b_{21}=(-1)^{n+2}\cdot k\times 96\times 144[6n-2] \\ b_{l1}=(-1)^{n+2}k\times 96\times 144[6n-6l+12], \\ 3\leqslant l\leqslant n+1 \\ b_{n+2,1}=(-1)^{n+2}k\times 96\times 144\times 2 \end{cases} \tag{39}$$

并且

$$\begin{pmatrix} b_{11} \\ b_{21} \\ \vdots \\ b_{n+2,1} \end{pmatrix} = \begin{pmatrix} b_{n+3,n+3} \\ b_{n+2,n+3} \\ \vdots \\ b_{2,n+3} \end{pmatrix} \tag{40}$$

证明　因按照(37)及附加矩阵的求法可知 $b_{21},\cdots,b_{n+2,1}$ 分别由下列长方阵中划去第 2，第 3，……，第 $n+2$ 列的元素并计算其行列式之值后乘以 -1 的适当幂次(例如 b_{l1} 应乘以 $(-1)^{l+1+1}$)而得到

$$\begin{pmatrix}
\frac{8}{27} & \frac{61}{108}-1 & \frac{43}{324} & \frac{1}{162} & & & \\
 & \frac{1}{4} & \frac{7}{12}-1 & \frac{1}{6} & & & \\
 & & \frac{1}{6} & \frac{2}{3}-1 & \frac{1}{6} & & \\
 & & \ddots & \ddots & \ddots & & \\
 & & & \frac{1}{6} & \frac{2}{3}-1 & \frac{1}{6} & \\
 & & & & \frac{1}{6} & \frac{7}{12}-1 & \frac{1}{4} \\
 & & & & \frac{1}{162} & \frac{43}{324} & \frac{61}{108}-1
\end{pmatrix}_{(n+1)\times(n+2)} \tag{41}$$

同理 $b_{2,n+3},\cdots,b_{n+2,n+3}$ 分别由下列矩阵中依次划去第 1 列，第 2 列，……，第 $n+1$ 列后计算其行列式并乘以 -1 的适当幂次而得

$$\begin{pmatrix} \frac{61}{108}-1 & \frac{43}{324} & \frac{1}{162} & & & & \\ \frac{1}{4} & \frac{7}{12}-1 & \frac{1}{6} & & & & \\ & \frac{1}{6} & \frac{2}{3}-1 & \frac{1}{6} & & & \\ & \ddots & \ddots & \ddots & & & \\ & & \frac{1}{6} & \frac{2}{3}-1 & \frac{1}{6} & & \\ & & & \frac{1}{6} & \frac{7}{12}-1 & \frac{1}{4} & \\ & & & \frac{1}{162} & \frac{43}{324} & \frac{61}{108}-1 & \frac{8}{27} \end{pmatrix}_{(n+1)\times(n+2)} \tag{42}$$

故立即可见式(40)成立.式(39)就是按上述步骤并利用 $D_k(1)$ 的结果(见性质 4)而得,这里就不再赘述.性质 5 证毕.

定理 2

$$\boldsymbol{A}^{\infty}=\begin{pmatrix} 1 & 0 & \cdots & 0 & 0 \\ a_2 & a_3 & \cdots & a_{n+1} & a_{n+2} \\ a_3 & a_4 & \cdots & a_n & a_{n+1} \\ \vdots & \vdots & & \vdots & \vdots \\ a_{n+2} & a_{n+3} & & a_1 & a_2 \\ 0 & 0 & \cdots & 0 & 1 \end{pmatrix} \tag{43}$$

这里

$$\begin{cases} a_2=\dfrac{3n-1}{3n} \\ a_l=\dfrac{3n-3l+6}{3n}, 3\leqslant l\leqslant n+1 \\ a_{n+2}=\dfrac{1}{3n} \end{cases} \tag{44}$$

证明 这由(34)(36)与(i)(ii)(iii)及性质5立即得到.定理 2 证毕.

(43) 给出了 Markov 链转移概率矩阵 $\boldsymbol{A}$ 的终极条件概率. 从直观上我们也可看出 $\boldsymbol{A}^{\infty}$ 只可能是如(43)的形式. 因为状态 1 与状态 $n+3$ 是吸收壁，它一旦进入这两个状态之一时就永远不会再改变其状态了. 因此终极条件概率只可能在第 1 列与第 $n+3$ 列取值.

根据(43) 的性质不难看出

$$a_s + a_{n-(s-4)} = 1 \quad (s=2,\cdots,n)$$

定理 3　对任意 $f(x), x\in[0,n]$ 成立

$$\lim_{k\to\infty} S^k(f) = f(0) + [f(n) - f(0)]\frac{x}{n} \tag{45}$$

证明　按照(25) 立即知

$$\lim_{k\to\infty} S^k(f) = (N_{-3},\cdots,N_{n-1})\boldsymbol{A}^{\infty}\begin{pmatrix} f(\xi_{-3}) \\ \vdots \\ f(\xi_{n-1}) \end{pmatrix} \tag{46}$$

将式(43) 代入上式即知($\xi_{-3}=0, \xi_{n-1}=n$)

$$\lim_{k\to\infty} S^k(f) = \sum_{j=-3}^{n-1}(a_{j+4}f(0) + a_{n-j}f(n))N_j(x) \tag{47}$$

这里 $a_1=1$，并规定 $a_{n+3}=0$. (47) 表明 $\lim\limits_{k\to\infty} S^k(f)$ 仅依赖 $f(x)$ 在 0 点与 n 点处的值，与 $f(x)$ 在 $(0,n)$ 内的形式无关. 特别取 $g_1(x)$ 与 $g_2(x)$，使得

$$g_1(0)=g_2(0)=f(0), g_1(n)=g_2(n)=f(n)$$

并且 g_1 为 $C^2[0,n]$ 中的凸函数，g_2 为 $C^2[0,n]$ 中的凹函数，则按照性质 2(iv) 立即可知 $S^k(g_1)$ 与 $S^k(g_2)$ 分别为凸、凹函数，但凸(凹) 函数序列的极限函数必然是凸(凹) 函数，故知(47) 右端的函数必定是属于 $C^2[0,n]$ 的既凸又凹的函数. 因此

$$\lim_{k\to\infty} S^k(f) = ax + b \quad (x\in[0,n]) \tag{48}$$

又由性质 1(i) 可知对任意 k 恒有

$$S^k(f)\mid_{x=0}=f(0),S^k(f)\mid_{x=n}=f(n) \quad (49)$$

因此,由(49)立即定出(48)中的 a 与 b. 证得定理 3.

把定理 3 的结果与式(4)相比较可见变差缩减的样条逼近法与 Bernstein 多项式逼近法其迭代极限是一致的.

参 考 资 料

[1] I. J. Schoenberg. On Variation Diminishing Approximation Methods, On Numerical Approximation, R. E. Langer, ed., Madison, 1959.

[2] R. P. Kelisky and T. J. Rivlin. Iterates of Bernstein Polynomials, Pacific Journal of Math., 21:3(1967), 511-520.

[3] I. J. Schoenberg. On Spline Functions, on Inequalities, ed., by Oved Shisha, Academic Press, 1967.

[4] M. Marsden. An Identity for Spline functions and Its application to variation diminishing spline approximations, J. Approx. Th. 3(1970), 7-49.

[5] H. B. Curry and I. J. Schoenberg. On Polya frequency functions IV: The fundamental spline functions and their limits, J. Anal. Math. 17 (1966), 71-107.

[6] de Boor. On Calculating with B-splines, J. Approx. Th. 6(1972), 50-62.

[7] 甘特马赫尔.矩阵论(下卷).高等教育出版社,北京,1957.
[8] B. И. 罗曼诺夫斯基著,梁文骐译.疏散的马尔可夫链,科学出版社,北京,1958.
[9] 胡莹生,徐叔贤.样条函数变差缩减方法的迭代极限(已投稿数学学报).

高维区域上的 Bernstein 多项式的迭代极限

第 34 章

1983 年中国科学技术大学的常庚哲和冯玉瑜两位教授研究了这一课题，对于每一个定义在[0,1]区间上的函数 $f(x)$，与它相应的 n 次 Bernstein 多项式定义为

$$B_n(f;x):=\sum_{i=0}^{n}f\left(\frac{i}{n}\right)\cdot J_i^n(x) \tag{1}$$

这里

$$J_i^n(x):=\binom{n}{i}x^i(1-x)^{n-i}$$

$$(i=0,1,2,\cdots,n)$$

为 n 次 Bernstein 基函数. 通常用 $B_n(f(x))$ 来简记 $B_n(f;x)$. 用

$$B_n^{(k)}(f;x)=B_n(B_n^{(k-1)}(f;x))$$
$$(k=2,3,\cdots)$$

来定义算子 B_n 的迭代. 1967 年, Kelisky 和 Rivlin 证明了下列定理:对固定的 n,有

$$\lim_{k\to\infty} B_n^{(k)}(f;x)=f(0)+[f(1)-f(0)]x \quad (2)$$

后来, Nielson 等人、Karlin 等人和我国的胡莹生、徐叔贤以及常庚哲、单墫相继讨论过这一问题,并作了若干推广.

本章对式(2)的收敛速度作出了精确的估计,所采用的证明方法可以说是最简单的一种,这使得我们很容易地对高维区域上的 Bernstein 多项式的迭代建立类似的收敛定理.

人们熟知,由式(1)定义的 Bernstein 算子 B_n 是一个正线性算子,它对线性函数是不变的,即

$$B_n(1;x)=1, B_n(x;x)=x \quad (3)$$

且有等式

$$B_n(x(1-x);x)=\left(1-\frac{1}{n}\right)x(1-x) \quad (4)$$

我们证明下面的:

定理 1　对固定的 n,令

$$E_k(f;x):=f(0)+[f(1)-f(0)]x-B_n^k(f;x)$$

则

$$|E_k(f;x)|\leqslant \max_{1\leqslant i\leqslant n-1}\left|\left[0,\frac{i}{n},1\right]f(\cdot)\right|\cdot\left(1-\frac{1}{n}\right)^k\cdot$$
$$x(1-x)\downarrow 0 \quad (\text{当 } k\to\infty) \quad (5)$$

且对于 $1\leqslant i\leqslant n-1$,当 $\left[0,\frac{i}{n},1\right]f(\cdot)$ 为与 i 无关的常数时,式(5)中的等号成立. 其中 $[x_1,x_2,\cdots,x_m]f(\cdot)$ 表示函数 f 在点 $x_1,x_2,\cdots,x_m$ 对变量$(\cdot)$的

$m-1$ 阶差商.

证明 在式(1)中令 $n=1$,得

$$B_1(f;x)=f(0)+[f(1)-f(0)]x \tag{6}$$

又由式(3),知

$$B_1(f;x)=\sum_{i=0}^{n}\left[\left(1-\frac{i}{n}\right)f(0)+\frac{i}{n}f(1)\right]J_i^n(x)$$

因而

$$\begin{aligned}&B_1(f;x)-B_n(f;x)\\&=\sum_{i=0}^{n}\left[\left(1-\frac{i}{n}\right)f(0)+\frac{i}{n}f(1)-f\left(\frac{i}{n}\right)\right]J_i^n(x)\\&=\sum_{i=1}^{n-1}\frac{i(n-i)}{n^2}\left[0,1,\frac{i}{n}\right]f(\cdot)J_i^n(x)\end{aligned} \tag{7}$$

由 $E_k(f;x)$ 的定义和式(6)(7),有

$$\begin{aligned}E_k(f;x)&=B_n^{(k-1)}\sum_{i=1}^{n-1}\frac{i(n-i)}{n^2}\left[0,1,\frac{i}{n}\right]f(\cdot)J_i^n(x)\\&=B_n^{(k-1)}\sum_{i=0}^{n-2}\left[0,\frac{i+1}{n},1\right]f(\cdot)J_i^{n-2}(x)\cdot\\&\quad\left(1-\frac{1}{n}\right)x(1-x)\end{aligned}$$

由于 B_n 是正线性算子,再利用式(4)得到

$$\begin{aligned}|E_k(f;x)|\leqslant&\max_{1\leqslant i\leqslant n-1}\left|\left[0,\frac{i}{n},1\right]f(\cdot)\right|\cdot\\&\left(1-\frac{1}{n}\right)^k x(1-x)\downarrow 0\quad(k\to\infty)\end{aligned} \tag{8}$$

显然,当 $\left[0,\frac{i}{n},1\right]f(\cdot)$,$1\leqslant i\leqslant n-1$ 为与 i 无关的常数时,式(8)中等号成立.

设 T 是以点 $(0,0)$,$(0,1)$,$(1,0)$ 为顶点的三角形,对任一定义在 T 上的函数 $f(x,y)$,与它相应的 n

次 Bernstein 多项式定义为

$$B_n(f;x,y)=\sum_{0\leqslant i+j\leqslant n} f\left(\frac{i}{n},\frac{j}{n}\right)J_{i,j}^{n}(x,y) \tag{9}$$

这里

$$J_{i,j}^{n}(x,y):=\frac{n!}{i!\ j!\ (n-i-j)!}x^i y^j(1-x-y)^{n-i-j}$$

众所周知，由式(9)定义的 B_n 是一个正线性算子，它对线性函数是不变的，即

$$B_n(1;x,y)=1;B_n(x;x,y)=x;B_n(y;x,y)=y \tag{10}$$

且有

$$B_n(x(1-x);x,y)=\left(1-\frac{1}{n}\right)x(1-x)$$

$$B_n(y(1-y);x,y)=\left(1-\frac{1}{n}\right)y(1-y)$$

$$B_n(xy;x,y)=\left(1-\frac{1}{n}\right)xy \tag{11}$$

现证明：

定理 2　对固定的 n，令

$$E_k(f;x,y):=f(1,0)x+f(0,1)y+(1-x-y)f(0,0)-B_n^{(k)}(f;x,y)$$

则

$$|E_k(f;x,y)|\leqslant\left(1-\frac{1}{n}\right)^k[\alpha_n x(1-x)+\beta_n y(1-y)+\gamma_n xy]\downarrow 0\quad(k\to\infty) \tag{12}$$

且上式中的等号是可以达到的. 式(12)表明了迭代极限为在三角形 T 的三顶点处插值于函数 f 的平面. 其中

$$\alpha_n := \max_{1\leqslant i\leqslant n-1}\left|\left[0,\frac{i}{n},1\right]f(\cdot,0)\right|$$

$$\beta_n := \max_{1\leqslant j\leqslant n-1}\left|\left[0,\frac{j}{n},1\right]f(0,\cdot)\right|$$

$$\gamma_n := \max_{\substack{i,j\geqslant 1\\ i+j\leqslant n}}\left|\left[0,\frac{i}{n}\right]_x\left[0,\frac{j}{n}\right]_y f(x,y)\right|$$

这里$[\,]_x$和$[\,]_y$中的下标x,y表示差商是分别对变量x,y取的.

证明 由定义(9),知

$$B_1(f;x,y)=f(1,0)x+f(0,1)y+ f(0,0)(1-x-y) \tag{13}$$

利用性质(10),经直接计算得

$$\begin{aligned}E_k(f;x,y)&=B_1(f;x,y)-B_n^{(k)}(f;x,y)\\&=B_n^{(k-1)}[B_1(f;x,y)-B_n(f;x,y)]\\&=B_n^{(k-1)}\left\{\sum_{i=1}^{n-1}\frac{i(n-i)}{n^2}\left[0,\frac{i}{n},1\right]f(\cdot,0)J_i^n(x)+\right.\\&\quad\sum_{j=1}^{n-1}\frac{j(n-j)}{n^2}\left[0,\frac{j}{n},1\right]f(0,\cdot)J_j^n(y)-\\&\quad\sum_{0\leqslant i+j\leqslant n}\frac{ij}{n^2}\left[0,\frac{i}{n}\right]_x\left[0,\frac{j}{n}\right]_y\cdot\\&\quad\left.f(x,y)J_{i,j}^n(x,y)\right\}\end{aligned}$$

将上式作恒等变形,可以得到

$$\begin{aligned}E_k(f;x,y)&=\left(1-\frac{1}{n}\right)\cdot B_n^{(k-1)}\left\{\sum_{i=0}^{n-2}\left[0,\frac{i+1}{n},1\right]\cdot\right.\\&\quad f(\cdot,0)J_i^{n-2}(x)\cdot x(1-x)+\\&\quad\sum_{j=0}^{n-2}\left[0,\frac{j+1}{n},1\right]\cdot\\&\quad f(0,\cdot)J_j^{n-2}(y)\cdot y(1-y)-\end{aligned}$$

$$\sum_{0\leqslant i+j\leqslant n-2}\left[0,\frac{i+1}{n}\right]_x\left[0,\frac{j+1}{n}\right]_y\cdot$$
$$\left.f(x,y)J_{i,j}^{n-2}(x,y)\cdot xy\right\}\tag{14}$$

注意到 B_n 是正线性算子，并利用性质(11)，得到

$$|E_k(f;x,y)|$$
$$\leqslant\left(1-\frac{1}{n}\right)^k[\alpha_n x(1-x)+\beta_n y(1-y)+$$
$$\gamma_n xy]\downarrow\quad(k\to\infty)\tag{15}$$

且当 $\left[0,\frac{i}{n},1\right]f(\cdot,0)$，$\left[0,\frac{j}{n},1\right]f(0,\cdot)$ 对 $1\leqslant i,j\leqslant n-1$ 分别为不依赖于 i,j 的正（负）常数 c_1,c_2，而 $\left[0,\frac{i}{n}\right]_x\left[0,\frac{j}{n}\right]_y f(x,y)$ 对 $i,j\geqslant 1,i+j\leqslant n$ 为不依赖于 i,j 的负（正）常数时，式(15)中的等号成立. 证毕.

最后，我们指出，定理 2 很容易推广到高维单纯形的情况，而且对于高维立方体上的 Bernstein 多项式也可以建立类似的定理.

单纯形上 Bernstein 多项式的迭代极限

第 35 章

§1 引　　言

设 $f(x)$ 是定义在区间 $[0,1]$ 上的实值函数，与 $f(x)$ 相应的 n 次 Bernstein 多项式定义成

$$B_n(f;x):=\sum_{j=0}^{n} f\left(\frac{j}{n}\right)\binom{n}{j}\cdot x^j(1-x)^{n-j} \tag{1}$$

用递推公式

$$B_n^{(k)}(f;x):=B_n(B_n^{(k-1)}(f;x);x) \quad (k=2,3,\cdots) \tag{2}$$

来定义 Bernstein 多项式的迭代，其中

$$B_n^{(1)}(f;x)=B_n(f;x)$$

Kelisky 与 Rivlin[1] 首先研究了当 k 趋于无穷时，Bernstein 多项式迭代函数的极限. 他们证明了，若极限 $\lim\limits_{n\to\infty}\frac{k}{n}=t$ 存在（k 依赖于 n），且 $f(x)$ 为一多项式，那么迭代极限 $\lim\limits_{n\to\infty}B_n^{(k)}(f;x)$ 也是一多项式，并且他们确定了该多项式. 此后，文献[2-4] 将上述结果推广到一般正线性算子的情形. 而文献[5-7] 则从另一个方向上加以推广，它们分别考虑了矩形域及三角域上 Bernstein 多项式的迭代极限. 其中向三角域上的推广相当困难，用到了较高的技巧才得以解决[7]. 中国科学技术大学数学系的陈发来教授 1994 年在文献[7] 的工作的基础上，通过归纳假设，很方便地给出了单纯形上 Bernstein 多项式迭代极限的一般性结果，从而较完满地完成了 Bernstein 多项式迭代极限向高维（非张量积）区域的推广.

下面我们先引入多重指标的概念.

设 σ 是 m 维欧氏空间 $\mathbf{R}^m$ 中的单纯形，其顶点为 $v_0,v_1,\cdots,v_m$. σ 中任一点 x 可唯一地表为

$$x=\sum_{j=0}^{m}\lambda_j v_j \tag{3}$$

其中 $\lambda_j(j=0,1,\cdots,m)$ 非负，且 $\sum\limits_{j=0}^{m}\lambda_j=1$. 称 $\lambda=(\lambda_0,\lambda_1,\cdots,\lambda_m)$ 为 x 关于 σ 的重心坐标.

用 $\mathbf{Z}_+^{m+1}$ 表示 $m+1$ 重非负整数指标集. 对于 $\alpha=(\alpha_0,\alpha_1,\cdots,\alpha_m)\in\mathbf{Z}_+^{m+1}$，定义

$$|\alpha|:=\alpha_0+\alpha_1+\cdots+\alpha_m \tag{4}$$

$$\alpha!:=\alpha_0!\ \alpha_1!\ \cdots\alpha_m! \tag{5}$$

$$\binom{|\alpha|}{\alpha}:=\frac{(|\alpha|)!}{\alpha!}=\frac{(\alpha_0+\alpha_1+\cdots+\alpha_m)!}{\alpha_0!\ \alpha_1!\ \cdots\alpha_m!} \tag{6}$$

$$\lambda^{\alpha}:=\lambda_0^{\alpha_0}\lambda_1^{\alpha_1}\cdots\lambda_m^{\alpha_m} \tag{7}$$

对于$\alpha,\beta\in\mathbf{Z}_+^{m+1}$,若$\alpha_j\leqslant\beta_j$,$j=0,1,\cdots,m$,则记作$\alpha\leqslant\beta$. 若$\alpha\leqslant\beta$且至少有一个$\alpha_j<\beta_j(0\leqslant j\leqslant m)$成立,则记作$\alpha<\beta$. 当$\alpha\leqslant\beta$时,定义

$$\binom{\beta}{\alpha}:=\frac{\beta!}{\alpha!\ (\beta-\alpha)!}=\binom{\beta_0}{\alpha_0}\binom{\beta_1}{\alpha_1}\cdots\binom{\beta_m}{\alpha_m} \tag{8}$$

$$\beta-\alpha:=(\beta_0-\alpha_0,\beta_1-\alpha_1,\cdots,\beta_m-\alpha_m) \tag{9}$$

又规定,e_j 表示第j 个分量为 1,其余分量为 0 的$m+1$重指标. 在不致混淆的情况下,把$\alpha=(0,0,\cdots,0)\in\mathbf{Z}_+^{m+1}$及$\beta=(1,1,\cdots,1)\in\mathbf{Z}_+^{m+1}$分别简记为$\alpha=0$及$\beta=1$. 又对于$i=(i_0,i_1,\cdots,i_m)\in\mathbf{Z}_+^{m+1}$及$r=(r_0,r_1,\cdots,r_m)\in\mathbf{Z}_+^{m+1}$,用记号$\sum\limits_{i=0}^{r}$表示$m+1$重和$\sum\limits_{i_0=0}^{r_0}\sum\limits_{i_1=0}^{r_1}\cdots\sum\limits_{i_m=0}^{r_m}$.

设$f(\lambda)$是定义在σ上的函数,与$f(\lambda)$相应的n次 Bernstein 多项式定义成

$$B_n(f;\lambda):=\sum_{\substack{|\alpha|=n\\ \alpha\in\mathbf{Z}_+^{m+1}}}f\left(\frac{\alpha}{n}\right)J_\alpha^n(\lambda) \tag{10}$$

其中$J_\alpha^n(\lambda)$为 Bernstein 基函数

$$J_\alpha^n(\lambda):=\frac{n!}{\alpha!}\lambda^{\alpha} \tag{11}$$

这里$\lambda=(\lambda_0,\lambda_1,\cdots,\lambda_m)$为重心坐标.

同(2)一样,用

$$B_n^{(k)}(f;\lambda)=B_n(B_n^{(k-1)}(f;\lambda);\lambda)$$

来定义 Bernstein 算子的迭代. 我们感兴趣的是当k趋

于无穷时迭代函数的极限行为.本章的主要结论是下面的：

定理 1　对固定的 n,迭代极限

$$\lim_{k\to\infty} B_n^{(k)}(f;\lambda)=\sum_{j=0}^{m} f(e_j)\lambda_j \tag{12}$$

即迭代函数的极限收敛于在单纯形顶点插值于原函数的线性函数.该定理表明了算子 B_n 具有某种“磨光”性质.

定理 2　设 k 是依赖于自然数 n 的非负整数,且 $\lim\limits_{n\to\infty}\dfrac{k}{n}=t\geqslant 0$,则迭代极限

$$\lim_{n\to\infty} B_n^{(k)}(\lambda^r;\lambda)=\sum_{i=0}^{r} b_i^r\lambda^i \tag{13}$$

其中系数

$$b_i^r=\frac{\binom{r}{i}\binom{r-1}{i-1}}{\binom{|r-i|}{r-i}}\cdot$$

$$\sum_{l=|i|}^{|r|}(-1)^{l+|i|}\frac{\binom{|r|-|i|}{l-|i|}^2}{\binom{|r|+l-1}{|r|-l}\binom{2l-2}{l-|i|}}E_l^t$$

$$(i\neq 0) \tag{14}$$

$$b_0^r=\begin{cases}1, r=0\\ 0, r\neq 0\end{cases} \tag{15}$$

$$E_l^t=e^{-\frac{l(l-1)}{2}t}\quad (l=0,1,\cdots) \tag{16}$$

这里 $i,r\in\mathbf{Z}_+^{m+1}$.并约定

$$\binom{-1}{-1}=1,\binom{j}{-1}=0\quad (j\geqslant 0)$$

$$\binom{j}{s}=0 \quad (j<s)$$

在定理证明之前,我们先给出几个引理.

§2 引　　理

引理 1　设 $f(\lambda)$ 是 σ 上的二次可微函数,即 $f(\lambda)\in C^2(\sigma)$,则

$$\lim_{n\to\infty} n(B_n(f;\lambda)-f(\lambda))=Af(\lambda) \tag{17}$$

于 σ 上一致成立.其中微分算子 A 定义为

$$A:=-\frac{1}{2}\sum_{p=0}^{m}\sum_{q=0}^{m}\lambda_p\lambda_q\frac{\partial^2}{\partial\lambda_p\partial\lambda_q}+\frac{1}{2}\sum_{p=0}^{m}\lambda_p\frac{\partial^2}{\partial\lambda_p^2} \tag{18}$$

此即 Bernstein 算子的渐近展开式.

引理 2　用 $\pi_d(\sigma)$ 表示 σ 上次数不超过 d 的多项式全体,假设如同定理,则对任意的 $f(\lambda)\in\pi_d(\sigma)$ 成立

$$\lim_{n\to\infty} B_n^{(k)}(f;\lambda)=A_t f(\lambda) \tag{19}$$

这里算子

$$A_t=\mathrm{e}^{tA}=\sum_{j=0}^{\infty}\frac{t^j}{j\,!}A^j$$

以上两引理的证明都可以在[8]中找到.

引理 3　$A_t(\lambda^r)$ 是首项为 $E^t_{|r|}\lambda^r$ 的多项式.

证明　由式(18)有

$$A(\lambda^r)=-a_{|r|}\lambda^r+\sum_{j=0}^{m}a_{r_j}\lambda^{r-e_j} \tag{20}$$

这里

$$a_j=\frac{j(j-1)}{2},j=0,1,\cdots \tag{21}$$

即 $A(\lambda^r)$ 是首项为 $-a_{|r|}\lambda^r$ 的多项式，其中各项系数绝对值之和不超过 $(m+2)a_{|r|}$. 一般地，易证 $A^j(\lambda^r)$ 是一首项为 $(-a_{|r|})^j\lambda^r$ 的多项式，其各项系数绝对值之和不超过 $((m+2)a_{|r|})^j$. 注意到 $A_t=\sum\limits_{j=0}^{m}\frac{t^j}{j!}A^j$，引理 3 立即得证.

§3　定理的证明

定理 1 的证明　由定义(10)易知，Bernstein 算子 B_n 是一正线性算子，它对线性函数是不变的，即

$$B_n(1;\lambda)=1, B_n(\lambda_j;\lambda)=\lambda_j \quad (j=0,1,\cdots,m) \tag{22}$$

且有

$$B_n(\lambda_j(1-\lambda_j);\lambda)=\left(1-\frac{1}{n}\right)\lambda_j(1-\lambda_j) \tag{23}$$

$$\begin{aligned}&B_n(\lambda_{i_0}\lambda_{i_1}\cdots\lambda_{i_s};\lambda)\\=&\left(1-\frac{1}{n}\right)\left(1-\frac{2}{n}\right)\cdots\left(1-\frac{s}{n}\right)\lambda_{i_0}\lambda_{i_1}\cdots\lambda_{i_s}\end{aligned} \tag{24}$$

这里 $0\leqslant i_0<i_1<\cdots<i_s\leqslant m$.

我们先证，当 $f(\lambda)$ 为多项式时(12)成立. 为此只需证

$$\lim_{k\to\infty}B_n^{(k)}(\lambda_j^{\alpha_j};\lambda)=\lambda_j \quad (j=0,1,\cdots,m) \tag{25}$$

$$\lim_{k\to\infty}B_n^{(k)}(\lambda_{i_0}^{\alpha_{i_0}}\lambda_{i_1}^{\alpha_{i_1}}\cdots\lambda_{i_s}^{\alpha_{i_s}};\lambda)=0 \quad (s>0) \tag{26}$$

这里 $0\leqslant i_0<i_1<\cdots<i_s\leqslant m$，$\alpha_j(j=0,1,\cdots,m)$ 为正整数.

由

$$0 \leqslant \lambda_j - \lambda_j^{\alpha_j} = \lambda_j(1-\lambda_j)(1+\lambda_j+\cdots+\lambda_j^{\alpha_j-2}) \leqslant (\alpha_j-1)\lambda_j(1-\lambda_j) \tag{27}$$

及式(23),并利用算子 B_n 的正性得到

$$0 \leqslant B_n^{(k)}(\lambda_j;\lambda) - B_n^{(k)}(\lambda_j^{\alpha_j};\lambda) \leqslant (\alpha_j-1)\left(1-\frac{1}{n}\right)^k \lambda_j(1-\lambda_j) \tag{28}$$

在上式中令 $k\to\infty$ 即得到式(25).

为证式(26),不妨只证

$$\lim_{k\to\infty} B_n^{(k)}(\lambda_0^{\alpha_0}\lambda_1^{\alpha_1}\cdots\lambda_s^{\alpha_s};\lambda)=0 \quad (s>0) \tag{29}$$

由式(24)得

$$B_n^{(k)}(\lambda_0\lambda_1\cdots\lambda_s;\lambda) = \left(1-\frac{1}{n}\right)^k\left(1-\frac{2}{n}\right)^k\cdots\left(1-\frac{s}{n}\right)^k\lambda_0\lambda_1\cdots\lambda_s \tag{30}$$

命 $k\to\infty$ 便有

$$\lim_{k\to\infty} B_n^{(k)}(\lambda_0\lambda_1\cdots\lambda_s;\lambda)=0 \tag{31}$$

再由

$$\begin{aligned}0 &\leqslant \lambda_0\lambda_1\cdots\lambda_s - \lambda_0^{\alpha_0}\lambda_1^{\alpha_1}\cdots\lambda_s^{\alpha_s} \\ &= (\lambda_0-\lambda_0^{\alpha_0})\lambda_1\cdots\lambda_s + \lambda_0^{\alpha_0}(\lambda_1-\lambda_1^{\alpha_1})\lambda_2\cdots\lambda_s+\cdots+ \\ &\quad \lambda_0^{\alpha_0}\lambda_1^{\alpha_1}\cdots\lambda_{s-1}^{\alpha_{s-1}}(\lambda_s-\lambda_s^{\alpha_s}) \\ &\leqslant (\lambda_0-\lambda_0^{\alpha_0})+(\lambda_1-\lambda_1^{\alpha_1})+\cdots+(\lambda_s-\lambda_s^{\alpha_s})\end{aligned} \tag{32}$$

及算子 B_n 的正性得到

$$\begin{aligned}0 &\leqslant B_n^{(k)}(\lambda_0\lambda_1\cdots\lambda_s;\lambda) - B_n^{(k)}(\lambda_0^{\alpha_0}\lambda_1^{\alpha_1}\cdots\lambda_s^{\alpha_s};\lambda) \\ &\leqslant B_n^{(k)}(\lambda_0-\lambda_0^{\alpha_0};\lambda)+B_n^{(k)}(\lambda_1-\lambda_1^{\alpha_1};\lambda)+\cdots+ \\ &\quad B_n^{(k)}(\lambda_s-\lambda_s^{\alpha_s};\lambda)\end{aligned} \tag{33}$$

令 $k\to\infty$,并利用式(25)及式(31)便得到式(29).

对于任意的 $f(\lambda)$,$B_n(f,\lambda)$ 可分解为

$$B_n(f;\lambda)=\sum_{j=0}^m f(e_j)\lambda_j^n + \sum_{\alpha\in I} f\left(\frac{\alpha}{n}\right)J_\alpha^n(\lambda) \tag{34}$$

其中

$$I:=\{\alpha \in \mathbf{Z}_+^{m+1} \mid |\alpha|=n, \alpha_j<n, j=0,1,\cdots,m\}$$

于是

$$B_n^{(k+1)}(f;\lambda)=\sum_{j=0}^{m} f(e_j) B_n^{(k)}(\lambda_j^n;\lambda)+\sum_{\alpha \in I} f\left(\frac{\alpha}{n}\right) B_n^{(k)}(J_\alpha^n(\lambda);\lambda) \quad (35)$$

在上式中令 $k \to \infty$，并利用式(25)及式(26)得到的便是式(12). 证毕.

定理 2 的证明　我们对 $|r|$ 加以归纳.

当 $|r|=0$ 即 $r=0$ 时，式(13)两边都为 1.

当 $|r|=1$ 即 $r=e_j(0 \leqslant j \leqslant m)$ 时，(13)两边都为 λ_j.

假定对 $|r|=s$，式(13)成立. 下证对 $|r|=s+1$，(13)仍成立. 由归纳假设知，当 $r_j \geqslant 1$ 时

$$\mathrm{e}^{tA}(\lambda^{r-e_j})=\sum_{i=0}^{r} b_i^{r-e_j} \lambda^i \quad (36)$$

其中

$$b_i^{r-e_j}=\frac{\binom{r-e_j}{i}\binom{r-e_j-1}{i-1}}{\binom{|r-i-e_j|}{r-i-e_j}} \sum_{l=|i|}^{|r|}(-1)^{l+|i|} \cdot \frac{\binom{|r|-|i|-1}{l-|i|}}{\binom{|r|+l-2}{|r|-l-1}\binom{2l-2}{l-|i|}} E_l^t \quad (37)$$

并注意到 $b_r^{r-e_j}=0$ 统一在式(37)之中.

设 $A_t(\lambda^r)=\sum_{i=0}^{r} C_i \lambda^i$，其中 $C_i(0 \leqslant i \leqslant r)$ 待定.

利用 A 与 e^{tA} 的可交换性及式(18) 得

$$A\Big(\sum_{i=0}^{r}C_i\lambda^i\Big)=\mathrm{e}^{tA}\Big(-a_{|r|}\lambda^r+\sum_{j=0}^{m}a_{r_j}\lambda^{r-e_j}\Big) \tag{38}$$

利用(36) 把上式化成

$$\begin{aligned}&\sum_{i=0}^{r}C_i\Big(-a_{|i|}\lambda^i+\sum_{j=0}^{m}a_{i_j}\lambda^{i-e_j}\Big)\\&=-a_{|r|}\Big(\sum_{i=0}^{r}C_i\lambda^i\Big)+\sum_{j=0}^{m}a_{r_j}\Big(\sum_{i=0}^{r}b_i^{r-e_j}\lambda^i\Big)\end{aligned} \tag{39}$$

对上式进行整理,并比较等式两边 λ^i 的系数可得

$$(a_{|r|}-a_{|i|})C_i+\sum_{j=0}^{m}a_{i_j+1}C_{i+e_j}=\sum_{j=0}^{m}a_{r_j}b_i^{r-e_j}\quad(0\leqslant i\leqslant r) \tag{40}$$

其中当 i 不满足 $i\leqslant r$ 时,$C_i=0$.

(40) 实际上给出了求 $C_i(0\leqslant i\leqslant r)$ 的递推公式

$$\begin{cases}C_r=E_{|r|}^t\\ C_i=\dfrac{1}{a_{|r|}-a_{|i|}}\Big(\sum\limits_{j=0}^{m}a_{r_j}b_i^{r-e_j}-\sum\limits_{j=0}^{m}a_{i_j+1}C_{i+e_j}\Big),\\ r>i\geqslant 0\end{cases} \tag{41}$$

按上述递推公式可由 $C_r=E_{|r|}^t$ 按顺序 $|i|=|r|-1$, $|r|-2,\cdots,1,0$ 求出所有的 $C_i(0\leqslant i<r)$,即方程组(40) 确定的 $C_i(0\leqslant i\leqslant r)$ 是唯一的. 下面我们证明 $C_i=b_i^r$ 正是它的解,也就是 $\mathrm{e}^{tA}(\lambda^i)=\sum\limits_{i=0}^{r}b_i^r\lambda^i$ 成立.

$$\begin{aligned}&a_{i_j+1}b_{i+e_j}^r\\&=\binom{i_j+1}{2}\frac{\binom{r}{i+e_j}\binom{r-1}{i+e_j-1}}{\binom{|r-i-e_j|}{r-i-e_j}}\sum_{l=|i|+1}^{|r|}(-1)^{l+|i|+1}\cdot\end{aligned}$$

$$\frac{\binom{|r|-|i|-1}{l-|i|-1}^2}{\binom{|r|+l-1}{|r|-l}\binom{2l-2}{l-|i|-1}}E_l^t$$

$$=\frac{i_j(i_j+1)}{2}\cdot\frac{\frac{(r_j-i_j)^2}{i_j(i_j+1)}\binom{r}{i}\binom{r-1}{i-1}}{\frac{r_j-i_j}{|r|-|i|}\binom{|r-i|}{r-i}}\sum_{l=|i|+1}^{|r|}(-1)^{l+|i|+1}\cdot$$

$$\frac{\left(\frac{l-|i|}{|r|-|i|}\right)^2\binom{|r|-|i|}{l-|i|}^2}{\frac{l-|i|}{l+|i|-1}\binom{|r|+l-1}{|r|-l}\binom{2l-2}{l-|i|}}E_l^t$$

$$=\frac{r_j-i_j}{|r|-|i|}\cdot\frac{\binom{r}{i}\binom{r-1}{i-1}}{\binom{|r-i|}{r-i}}\sum_{l=|i|}^{|r|}(-1)^{l+|i|+1}(a_l-a_{|i|})\cdot$$

$$\frac{\binom{|r|-|i|}{l-|i|}^2}{\binom{|r|+l-1}{|r|-l}\binom{2l-2}{l-|i|}}E_l^t \tag{42}$$

$$a_{r_j}b_i^{r-e_j}$$

$$=\binom{r_j}{2}\frac{\binom{r-e_j}{i}\binom{r-e_j-1}{i-1}}{\binom{|r-i-e_j|}{r-i-e_j}}\sum_{l=|i|}^{|r|-1}(-1)^{l+|i|}\cdot$$

$$\frac{\binom{|r|-|i|-1}{l-|i|}^2}{\binom{|r|+l-2}{|r|-l-1}\binom{2l-2}{l-|i|}}E_l^t$$

$$=\frac{r_j(r_j-1)}{2}\cdot\frac{\frac{(r_j-i_j)^2}{r_j(r_j-1)}\binom{r}{i}\binom{r-1}{i-1}}{\frac{r_j-i_j}{|r|-|i|}\binom{|r-i|}{r-i}}\sum_{l=|i|}^{|r|-1}(-1)^{l+|i|}\cdot$$

$$\frac{\left(\frac{|r|-l}{|r|-|i|}\right)^2\binom{|r|-|i|}{l-|i|}^2}{\frac{|r|-l}{|r|+l-1}\binom{|r|+l-1}{|r|-l}\binom{2l-2}{l-|i|}}E_l^t$$

$$=\frac{r_j-i_j}{|r|-|i|}\cdot\frac{\binom{r}{i}\binom{r-1}{i-1}}{\binom{|r-i|}{r-i}}\sum_{l=|i|}^{|r|}(-1)^{l+|i|}(a_{|r|}-a_l)\cdot$$

$$\frac{\binom{|r|-|i|}{l-|i|}^2}{\binom{|r|+l-1}{|r|-l}\binom{2l-2}{l-|i|}}E_l^t \tag{43}$$

从上面两式得到

$$\sum_{j=0}^{m}a_{r_j}b_i^{r-e_j}-\sum_{j=0}^{m}a_{i_j+1}b_{i+e_j}^r=(a_{|r|}-a_{|i|})b_i^r \tag{44}$$

这说明 $C_i=b_i^r(0\leqslant i\leqslant r)$ 是方程组(40)的唯一解,亦即

$$\mathrm{e}^{tA}(\lambda^r)=\sum_{i=0}^{r}b_i^r\lambda^i$$

由归纳假设,式(13)成立.证毕.

最后,我们给出两个推论.

推论 1 设 $f(\lambda)\in C(\sigma)$,且 $\lim\limits_{n\to\infty}\frac{k}{n}=+\infty$,则

$$\lim_{n\to\infty}B_n^{(k)}(f;\lambda)=\sum_{j=0}^{m}f(e_j)\lambda_j \tag{45}$$

于 σ 上一致成立.

证明　利用同定理 1 完全相同的证明可证，当 $f(\lambda)$ 为多项式时(45) 成立.

对于任意 $f(\lambda) \in C(\sigma)$ 及任意常数 $\varepsilon > 0$，由 Weierstrass 逼近定理，存在多项式 $p(\lambda)$ 使得

$$|f(\lambda) - p(\lambda)| < \varepsilon \tag{46}$$

对任意 $\lambda \in \sigma$ 成立.

于是

$$\left|\sum_{j=0}^{m} f(e_j)\lambda_j - \sum_{j=0}^{m} p(e_j)\lambda_j\right| < \varepsilon \tag{47}$$

再由算子 B_n 的正性有

$$|B_n^{(k)}(f;\lambda) - B_n^{(k)}(p;\lambda)| < \varepsilon \tag{48}$$

从而

$$\begin{aligned} &\left|B_n^{(k)}(f;\lambda) - \sum_{j=0}^{m} f(e_j)\lambda_j\right| \\ \leqslant &|B_n^{(k)}(f;\lambda) - B_n^{(k)}(p;\lambda)| + \\ &\left|B_n^{(k)}(p;\lambda) - \sum_{j=0}^{m} p(e_j)\lambda_j\right| + \\ &\left|\sum_{j=0}^{m} p(e_j)\lambda_j - \sum_{j=0}^{m} f(e_j)\lambda_j\right| \end{aligned} \tag{49}$$

命 $n \to \infty$ 即得

$$\overline{\lim_{n\to\infty}}\left|B_n^{(k)}(f;\lambda) - \sum_{j=0}^{m} f(e_j)\lambda_j\right| \leqslant 2\varepsilon \tag{50}$$

由 ε 的任意性便知(45) 成立.

推论 2　设 $f(\lambda) \in C(\sigma)$，且 $\lim\limits_{n\to\infty} \dfrac{k}{n} = 0$，则

$$\lim_{n\to\infty} B_n^{(k)}(f;\lambda) = f(\lambda) \tag{51}$$

于 σ 上一致成立.

证明　由引理 2 知，当 $f(\lambda)$ 为多项式时

$$\lim_{n\to\infty} B_n^{(k)}(f;\lambda) = \mathrm{e}^{0\cdot A} f(\lambda) = f(\lambda)$$

即式(51)成立. 同推论 1 的证明类似，利用 Weierstrass 逼近定理及算子 B_n 的正性知，对任意 $f(\lambda)\in C(\sigma)$，式(51)于 σ 上一致成立.

推论 3 设 $f(\lambda)\in C(\sigma)$，则等式

$$\lim_{n\to\infty} n(B_n(f;\lambda)-f(\lambda))=0 \tag{52}$$

对任意 $\lambda\in\sigma$ 成立的充要条件是 $f(\lambda)$ 为线性函数.

证明 充分性显然，以下证必要性. 为此先证明，若 $\lim\limits_{n\to\infty}\frac{k}{n}=t$，且极限 $\lim\limits_{n\to\infty}B_n^{(k)}(f;\lambda)$ 对任意 $t\geqslant 0$ 存在，则

$$\lim_{t\to+\infty}\lim_{n\to\infty}B_n^{(k)}(f;\lambda)=\sum_{j=0}^{m}f(e_j)\lambda_j$$

当 $f(\lambda)$ 为多项式时，利用式(13)容易知道上述结论成立(这只需注意到，当 $l\geqslant 2$ 时，$E_l^{+\infty}=0$ 即可). 再利用 Weierstrass 逼近定理及算子 B_n 的正性知上述结论对任意 $f(\lambda)\in C(\sigma)$ 成立.

下面再回过头来证必要性.

由(52)知，对任意的 $\varepsilon>0$，当 n 充分大后

$$|B_n(f;\lambda)-f(\lambda)|<\frac{\varepsilon}{n} \tag{53}$$

于是

$$\begin{aligned}&|B_n^{(k)}(f;\lambda)-f(\lambda)|\\ \leqslant&\sum_{j=1}^{k}|B_n^{(j)}(f;\lambda)-B_n^{(j-1)}(f;\lambda)|\\ \leqslant& k\,|B_n(f;\lambda)-f(\lambda)|<\frac{k}{n}\varepsilon\end{aligned} \tag{54}$$

令 $\frac{k}{n}\to t$，则

$$|\overline{\lim_{n\to\infty}}B_n^{(k)}(f;\lambda)-f(\lambda)|\leqslant t\varepsilon \tag{55}$$

再令 $\varepsilon \to 0^+$ 便有

$$\lim_{n\to\infty} B_n^{(k)}(f;\lambda) = f(\lambda) \tag{56}$$

对任意 $t \geqslant 0$ 成立. 从而

$$f(\lambda) = \lim_{t\to\infty} \lim_{n\to\infty} B_n^{(k)}(f;\lambda) = \sum_{j=0}^{m} f(e_j)\lambda_j \tag{57}$$

即 $f(\lambda)$ 为线性函数. 证毕.

参考资料

[1] Kelesky R P, Rivlin T J. Iterates of Bernstein Polynomials, Pacific J. of Math., 1967,21(3):511-521.

[2] Nilson G M, Riesenfeld R F, Weiss N A. Iterates of Markov Operators, J. of Appro. Th., 1976, 17(4):321-331.

[3] Karlin S, Ziegler Z. Iteration of Positive Approximation Operators, J. of Appro. Th., 1970, 11(3):310-339.

[4] 胡莹生,徐叔贤. 一类变差缩减算子的迭代极限,应用数学学报,1978,1(3):240-249.

[5]冯玉瑜,常庚哲. 定义在矩形上的 Bernstein 多项式的迭代极限,工程数学学报,1984,1(2):137-141.

[6] 常庚哲,冯玉瑜. 高维区域上的 Bernstein 多项式的迭代极限,科学通报,1985,30(17):1285-1288.

[7] 陈发来,冯玉瑜. Limit of Iterates for Bernstein Polynomials on a Simplex,第四届全国计算数学年会论文集,天津,1991,710-713.

[8] Dahmen W, Micchelli C A. Convexity and Bernstein Polynomials on k=simploids, Acta Math. Appl. Sinica, 1990,6(1):50-66.

Bernstein-Kantorovich 算子的迭代布尔和的逼近性质

第 36 章

河北师范大学数学与信息科学学院的李翠香和衡水师范专科学校分校数学组的任孟霞两位教授 2007 年利用光滑模及最佳逼近多项式的性质，研究了 Bernstein-Kantorovich 算子的迭代布尔和对 $L_p[0,1]$ 中的函数的逼近性质，得到了逼近正定理，弱逆不等式及等价定理.

§1 引　　言

设 $f \in L_p[0,1]$，则 Bernstein-Kantorovich 算子定义为[1]

$$K_n(f,x)=\sum_{k=0}^{n}p_{n,k}(x)(n+1)\int_{\frac{k}{n+1}}^{\frac{k+1}{n+1}}f(u)\mathrm{d}u$$

$$(p_{n,k}(x)=\binom{n}{k}x^k(1-x)^{n-k}) \tag{1}$$

众所周知,算子 $K_n(f,x)$ 的最佳逼近度为 $O(n^{-1})$. 为了提高逼近阶,Ditzian[1] 讨论了该算子的线性组合. 1994 年 Gonska 和 Zhou[2] 讨论了 Bernstein 算子迭代布尔和对 $C[0,1]$ 中函数的逼近,也提高了逼近阶. 本章讨论 Bernstein-Kantorovich 算子的迭代布尔和对 $L_p[0,1]$ 中函数的逼近性质.

先给出迭代布尔和的定义. 设 P,Q 为线性空间 X 到 X 中的两个线性算子,则 P,Q 的布尔和定义为

$$P\oplus Q\equiv P+Q-PQ$$

Bernstein-Kantorovich 算子的 r 重迭代布尔和定义为

$$\oplus^r K_n\equiv K_n\oplus K_n\oplus\cdots\oplus K_n \tag{2}$$

由定义知

$$\oplus^r K_n=\sum_{l=1}^{r}\binom{r}{l}(-1)^{l-1}K_n^l,\ I-\oplus^r K_n=(I-K_n)^r$$

其中 I 为恒等算子. 显然 $\oplus^r K_n$ 为 K_n 的幂的线性组合. 本章的主要结果为:

定理 1 设 r 为一固定的正整数,$f\in L_p[0,1]$,则

$$\|f-\oplus^r K_n f\|_p\leqslant C\{\omega_\varphi^{2r}(f,\frac{1}{\sqrt{n}})_p+n^{-r}\|f\|_p\}$$

$$(1\leqslant p<+\infty) \tag{3}$$

$$\|f-\oplus^r K_n f\|_\infty\leqslant C\{\omega_\varphi^{r}(f,\frac{1}{\sqrt{n}})_\infty+n^{-r}\|f\|_\infty\} \tag{4}$$

其中

$$\omega_{\varphi}^{r}(f,t)_{p}=\sup_{0<h\leqslant t}\|\Delta_{h\varphi}^{r}f(x)\|_{p}$$

为 f 的 r 阶光滑模

$$\Delta_{h\varphi}^{r}(x)=\sum_{k=0}^{r}(-1)^{k}\binom{r}{k}f(x+(\frac{r}{2}-k)h\varphi(x))$$

$$(\varphi(x)=\sqrt{x(1-x)})$$

注　当 $r=1$ 时,(4)不能改进为(3),反例见[4].

定理 2　设 $f\in L_{p}[0,1](1\leqslant p\leqslant+\infty)$,则对任意的正整数 m 有

$$\omega_{\varphi}^{m}(f,\frac{1}{\sqrt{n}})_{p}\leqslant Cn^{-\frac{n}{2}}(\sum_{l=1}^{n}l^{\frac{m}{2}-1}\cdot$$

$$\|f-\oplus^{r}K_{l}f\|_{p}+\|f\|_{p})$$

在本章中,为了书写的方便,记

$$\|\circ\|_{p}=\|\circ\|_{L_{p}[0,1]}$$

另外 C 总表示与 f,n,x 无关的常数,在不同的地方可能代表不同的数值.

§2　正　定　理

以下用 Π_{m} 表示 m 次多项式全体所成的集,$\mathbf{N}$ 表示正整数全体.

引理 1　设 $P_{m}\in\Pi_{m},k\in\mathbf{N},1\leqslant p\leqslant+\infty$,则有

$$\|\varphi^{k}P_{m}^{(k)}\|_{p}\leqslant Cm^{k}\|P_{m}\|_{p}\tag{5}$$

$$\|P_{m}\|_{p}\leqslant C\|P_{m}\|_{L_{p}[\frac{1}{m^{2}},1-\frac{1}{m^{2}}]}\quad(m\geqslant 2)\tag{6}$$

$$\|P'_{m}\|_{p}\leqslant Cm^{2}\|P_{m}\|_{p}\tag{7}$$

证明　式(5)(6)分别由[3,p.260]的式(7.2)及[1,p.108]的定理8.4.8直接可得.关于(7),当 $m=1$,

2 时，显然成立. 当 $m \geqslant 3$ 时，若 $x \in [\frac{1}{m^2}, 1-\frac{1}{m^2}]$，则 $\varphi^{-1}(x) \leqslant 2m$，这样利用(5)(6) 得

$$\begin{aligned}\| P'_m \| &\leqslant C_1 \| P'_m \|_{L_p[\frac{1}{m^2},1-\frac{1}{m^2}]} \\ &\leqslant 2C_1 m \| \varphi P'_m \|_{L_p[\frac{1}{m^2},1-\frac{1}{m^2}]} \\ &\leqslant Cm \| \varphi P'_m \|_p \leqslant Cm^2 \| P_m \|_p\end{aligned}$$

由[1,p.134]的引理 9.5.2 可得下面的引理.

引理 2 设

$$R_m(f,t,x) = \frac{1}{(m-1)!}\int_x^t (t-u)^{m-1} f^{(m)}(u)\mathrm{d}u$$
$$(1 \leqslant p \leqslant +\infty)$$

则有

$$\begin{aligned}&\| K_n(R_{2r}(f,\circ,x),x) \|_{L_p[\frac{1}{n},1-\frac{1}{n}]} \\ &\leqslant Cn^{-r}(\| \varphi^{2r} f^{(2r)} \|_p + \| f \|_p)\end{aligned}$$

引理 3 设 $P_m \in \Pi_m, m \leqslant \sqrt{n}, n \in \mathbf{N}, 1 \leqslant p \leqslant +\infty$，则有

$$\| P_m - K_n(P_m) \|_p \leqslant Cm^2 n^{-1} \| P_m \|_p \tag{8}$$

$$\begin{aligned}&\| P_m - K_n(P_m) + (2(n+1))^{-1} P(D) P_m \|_p \\ &\leqslant Cm^4 n^{-2} \| P_m \|_p\end{aligned} \tag{9}$$

其中

$$P(D)f(x) = \frac{\mathrm{d}}{\mathrm{d}x}(\varphi^2(x)\frac{\mathrm{d}}{\mathrm{d}x}f(x))$$

证明 因

$$P_m(t) = P_m(x) + P'_m(x)(t-x) + R_2(P_m,t,x)$$

由引理 1，引理 2 得

$$\begin{aligned}&\| P_m - K(P_m) \|_p \\ &\leqslant C \| P_m - K_n(P_m) \|_{L_p[\frac{1}{m^2},1-\frac{1}{m^2}]} \\ &\leqslant \| P'_m(x) K_n((\circ - x),x) \|_{L_p[\frac{1}{m^2},1-\frac{1}{m^2}]} +\end{aligned}$$

$$\| K_n(R_2(P_m, \circ, x), x) \|_{L_p[\frac{1}{m^2}, 1-\frac{1}{m^2}]}$$
$$\leqslant \| P'_m(x) K_n((\circ - x), x) \|_p +$$
$$\| K_n(R_2(P_m, \circ, x), x) \|_{L_p[\frac{1}{n}, 1-\frac{1}{n}]}$$
$$\leqslant Cm^2 n^{-1} \| P_m \|_p + Cn^{-1} (\| \varphi^2 P''_m \|_p + \| P_m \|_p)$$
$$\leqslant Cm^2 n^{-1} \| P_m \|_p$$

同样由

$$P_m(t) = P_m(x) + P'_m(x)(t-x) + \frac{1}{2} P''_m(x)(t-x)^2 + \frac{1}{6} P''_m(x)(t-x)^3 + R_4(P_m, t, x)$$

可得(9).

引理 4([1,p.135])　设 $f^{(2r-1)} \in A.C._{\text{loc}}[0,1]$,则当 $1 \leqslant p < +\infty, i \leqslant r$ 时或当 $p = +\infty, i < r$ 时有

$$\| f^{(i)} \|_p \leqslant C(\| \varphi^{2r} f^{(2r)} \|_p + \| f \|_p) \quad (10)$$

当 $1 \leqslant p \leqslant +\infty, i < r$ 时有

$$\| \varphi^{2r-2i} f^{(2r-i)} \|_p \leqslant C(\| \varphi^{2r} f^{(2r)} \|_p + \| f \|_p) \quad (11)$$

引理 5　设 f 为一多项式,则有

$$\| P(D)^r f \|_p \leqslant C(\| \varphi^{2r} f^{(2r)} \|_p + \| f \|_p) \quad (1 \leqslant p < +\infty) \quad (12)$$

$$\| P(D)^r f \|_\infty \leqslant C(\| \varphi^{2r} f^{(2r)} \|_\infty + \| f^{(r)} \|_\infty + \| f \|_\infty) \quad (13)$$

证明　用数学归纳法我们可以证明

$$P(D)^r f(x) = \sum_{i=0}^{r-1} \alpha_i(x) \varphi^{2(r-i)}(x) f^{(2r-i)}(x) + \sum_{i=0}^{r} \beta_i(x) f^{(i)}(x)$$

其中 $\alpha_i(x), \beta_i(x)$ 皆为关于 x 的固定多项式,与 f 无

关.由此式及引理 4 可知引理 5 成立.

引理 6 设 $P_m \in \Pi_m, m \leqslant \sqrt{n}, r \in \mathbf{N}, 1 \leqslant p \leqslant +\infty$,则有

$$\|(I-K_n)^r P_m-(-2(n+1))^{-r} P(D)^r P_m\|_p \leqslant C m^{2r+2} n^{-r-1}\|P_m\|_p \tag{14}$$

特别地,当 $m=1$ 时有

$$(I-K_n)^r P_1=(-2(n+1))^{-r} P(D)^r P_1 \tag{15}$$

证明 利用引理 3 中的(4) 可得:对 $P_m \in \Pi_m$, $j \in \mathbf{N}$ 有

$$\begin{aligned}\|(I-K_n)^j P_m\|_p &\leqslant C m^2 n^{-1}\|(I-K_n)^{j-1} P_m\|_p \\ &\leqslant \cdots \leqslant C m^{2j} n^{-j}\|P_m\|_p\end{aligned}$$

令

$$L^j=(2(n+1))^{-j}(I-K_n)^{r-j} P(D)^j \quad (0 \leqslant j \leqslant r)$$

则

$$L^0-(-1)^r L^r=(I-K_n)^r-(-2(n+1))^{-r} P(D)^r$$

又因为

$$L^0-(-1)^r L^r=\sum_{j=0}^{r-1}(-1)^j(L^j+L^{j+1})$$

所以

$$\begin{aligned}&\|(I-K_n)^r P_m-(-2(n+1))^{-r} P(D)^r P_m\|_p \\ &=\|\sum_{j=0}^{r-1}(-1)^j(L^j+L^{j+1}) P_m\|_p \\ &\leqslant \sum_{j=0}^{r-1}\|(L^j+L^{j+1}) P_m\|_p \\ &\leqslant \sum_{j=0}^{r-1}(2(n+1))^{-j}\|(I-K_n)^{r-j-1} \cdot \\ &\quad((I-K_n) P(D)^j P_m+ \\ &\quad(2(n+1))^{-1} P(D)^{j+1} P_m)\|_p\end{aligned}$$

$$\leqslant \sum_{j=0}^{r-1} C_j \frac{1}{n^j} \frac{m^{2(r-j-1)}}{n^{r-j-1}} \| (I-K_n)P(D)^j P_m + \frac{1}{2(n+1)} P(D)^{j+1} P_m \|_p$$

$$\leqslant Cm^{2r+2} n^{-r-1} \sum_{j=0}^{r-1} m^{-2j} \| P(D)^j P_m \|_p$$

由此及引理 5,引理 1 可得(14).关于(15) 直接计算即可.

在证明定理之前,我们给出一些基本记号及事实.设

$$E_m(f)_p = \inf_{P_m \in \Pi_m} \| f - P_m \|_p$$

由于Π_m为有限维的空间,故最佳逼近多项式是存在的,即存在 $P_m \in \Pi_m$ 使得

$$\| f - P_m \|_p = E_m(f)_p$$

则由[1,p.79] 的定理 7.2.1 知:对所有的 $j < m$ 有

$$E_m(f)_p \leqslant C\omega_{\varphi}^j (f, \frac{1}{m})_p \tag{16}$$

又由[1,p.84] 的定理 7.3.1 知:对任意的 $j \in \mathbf{N}$ 有

$$\| \varphi^j P_m^{(j)} \|_p \leqslant Cm^j \omega_{\varphi}^j (f, \frac{1}{m})_p \tag{17}$$

其中 C 与 m 无关.设

$$E_{2^i}(f)_p = \| f - P_{2^i} \|_p \quad (i=0,1,\cdots)$$

又因

$$P_{2^L} = \sum_{i=1}^{L} (P_{2^i} - P_{2^{i-1}}) + P_1$$

则当 $2^L \leqslant \sqrt{n}$ 时,对 $j \in \mathbf{N}$,由引理 6 得

$$\| (I-K_n)^j P_{2^L} - (-2(n+1))^{-j} P(D)^j P_{2^L} \|_p$$

$$\leqslant \sum_{i=1}^{L} \| (I-K_n)^j (P_{2^i} - P_{2^{i-1}}) -$$

$$(-2(n+1))^{-j}P(D)^j(P_{2^i}-P_{2^{i-1}})\|_p$$

$$\leqslant Cn^{-j-1}\sum_{i=1}^{L}(2^i)^{2j+2}\|P_{2^i}-P_{2^{i-1}}\|_p$$

$$\leqslant Cn^{-j-1}\sum_{i=0}^{L}(2^i)^{2j+2}E_{2^i}(f)_p \tag{18}$$

定理 1 的证明 对每个自然数 n,取自然数 L 满足 $2^{L-1}<\sqrt{n}\leqslant 2^L$,并记 $m=2^L$.

设 $P_m\in\Pi_m$,满足

$$\|f-P_m\|_p=E_m(f)_p$$

则

$$\begin{aligned}\|f-\oplus^rK_nf\|_p&\leqslant C\|f-P_m\|_p+\\&\quad\|P_m-\oplus^rK_nP_m\|_p\\&\leqslant CE_m(f)_p+\|(I-K_n)^rP_m-\\&\quad(-2(n+1))^{-r}P(D)^rP_m\|_p+\\&\quad n^{-r}\|P(D)^rP_m\|_p\end{aligned} \tag{19}$$

下面分别估计右边的三项.对于第一项,当 n 充分大时可以保证 $2r<m$(对于有限个 n,定理 1 是显然成立的).注意到$\frac{m}{2}<\sqrt{n}\leqslant m$,这样由(16)得

$$E_m(f)_p\leqslant C\omega_\varphi^{2r}(f,\frac{1}{m})_p\leqslant C\omega_\varphi^{2r}(f,\frac{1}{\sqrt{n}})_p \tag{20}$$

对于第二项,利用(18)及(16)可得

$$\|(I-K_n)^rP_m-(-2(n+1))^{-r}P(D)^rP_m\|_p$$

$$\leqslant Cn^{-r-1}\sum_{i=0}^{L}(2^i)^{2r+2}E_{2^j}(f)_p$$

$$\leqslant Cn^{-r-1}\sum_{2^i>2r}^{L}(2^i)^{2r+2}\omega_\varphi^{2r}(f,2^{-i})_p+$$

$$Cn^{-r-1}\|f\|_p$$

$$\leqslant Cn^{-r-1}\sum_{i=1}^{L}(2^i)^{2r+2}\frac{n^r}{(2^i)^{2r}}\omega_\varphi^{2r}(f,\frac{1}{\sqrt{n}})_p+$$

$$Cn^{-r-1}\|f\|_p$$

$$\leqslant C\omega_\varphi^{2r}(f,\frac{1}{\sqrt{n}})_p+Cn^{-r-1}\|f\|_p \tag{21}$$

对于第三项当 $1\leqslant p<+\infty$ 时，利用引理 5 及式(17) 知

$$\|P(D)^rP_m\|_p\leqslant Cn^r\omega_\varphi^{2r}(f,\frac{1}{\sqrt{n}})_p+C\|f\|_p \tag{22}$$

而当 $p=+\infty$ 时，由于

$$\|P_m^{(r)}\|_\infty\leqslant C\|P_m^{(r)}\|_{L_\infty[\frac{1}{m^2},1-\frac{1}{m^2}]}$$

$$\leqslant Cm^r\|\varphi^rP_m^{(r)}\|_\infty$$

$$\leqslant Cn^r\omega_\varphi^r(f,\frac{1}{\sqrt{n}})_\infty$$

所以

$$\|P(D)^rP_m\|_\infty\leqslant Cn^r\omega_\varphi^r(f,\frac{1}{\sqrt{n}})_\infty+C\|f\|_\infty \tag{23}$$

联合(19) ～ (23) 可得定理 1.

§3　逆　定　理

引理 7　设 $f\in L_p[0,1](1\leqslant p\leqslant+\infty)$，则对任意的正整数 m 有

$$\| \varphi^m K_n^{(m)}(f) \|_p \leqslant C n^{\frac{m}{2}} \| f \|_p$$

证明 由 Riesz-Thorin 引理[3] 知仅需证 $p=1$ 和 $p=+\infty$ 的情形. 设

$$E_n = [\frac{1}{n}, 1-\frac{1}{n}], E_n^c = [0, \frac{1}{n}] \cup (1-\frac{1}{n}, 1]$$

则有

$$\| \varphi^m K_n^{(m)}(f) \|_p \leqslant \| \varphi^m K_n^{(m)}(f) \|_{L_p(E_n^c)} + \| \varphi^m K^{(m)}(f) \|_{L_p(E_n)}$$

下面分别估计右边的两项.

(i) 关于第一项,利用[1] 的(9.4.4) 有

$$K_n^{(m)}(f, x) = \frac{n!}{(n-m)!} \sum_{k=0}^{n-m} \Delta^m a_k(n+1) p_{n-m,k}(x) \tag{24}$$

其中

$$a_k(n+1) = (n+1) \int_{\frac{k}{n+1}}^{\frac{k+1}{n+1}} f(u) \mathrm{d}u$$

$$\Delta a_k = a_{k+1} - a_k$$

$$\Delta^m a_k = \Delta(\Delta^{m-1} a_k)$$

以及当 $x \in E_n^c$ 时,$\varphi(x) \leqslant n^{-\frac{1}{2}}$,可知:当 $p=1$ 和 $p=+\infty$ 时

$$\| \varphi^m K_n^{(m)}(f) \|_{L_p(E_n^c)} \leqslant C n^{\frac{m}{2}} \| f \|_p \tag{25}$$

(ii) 关于第二项,利用

$$\frac{\mathrm{d}}{\mathrm{d}x} p_{n,k}(x) = p_{n,k}(x) \frac{n}{\varphi^2(x)} (\frac{k}{n} - x)$$

可得 $K_n^{(m)}(f, x)$ 的另一种表达式

$$K_n^{(m)}(f, x) = \varphi^{-2m}(x) \sum_{i=0}^{m} Q_i^B(x, n) n^i \cdot$$

$$\sum_{k=0}^{n} p_{n,k}(x)\left(\frac{k}{n}-x\right)^{i} a_{k}(n+1) \tag{26}$$

其中 $Q_i^B(x,n)$ 是关于 $nx(1-x)$ 的次数不超过 $\left[\frac{m-i}{2}\right]$ 的带有界系数的多项式，所以当 $x \in E_n$ 时

$$|\varphi^m(x)K_n^{(m)}(f,x)| \leqslant Cn^{\frac{m}{2}} \sum_{i=0}^{m} (n\varphi^{-2}(x))^{\frac{i}{2}} \cdot \sum_{k=0}^{n} p_{n,k}(x) \left|\frac{k}{n}-x\right|^{i} \cdot |a_k(n+1)|$$

当 $p=+\infty$ 时，利用[1,p.128]的引理 9.4.4 知

$$\sum_{k=0}^{n} p_{n,k}(x)\left|\frac{k}{n}-x\right|^{i} \leqslant C(n^{-1}\varphi^{2}(x))^{\frac{i}{2}}$$

当 $p=1$ 时，利用[1,p.129]的引理 9.4.5 知

$$\int_{E_n} \varphi^{-i}(x) p_{n,k}(x)\left|\frac{k}{n}-x\right|^{i} \mathrm{d}x \leqslant Cn^{-\frac{i}{2}-1}$$

由此可知：当 $p=1$ 和 $p=+\infty$ 时

$$\|\varphi^m K_n^{(m)}(f)\|_{L_p(E_n)} \leqslant Cn^{\frac{m}{2}} \|f\|_p \tag{27}$$

引理得证.

引理 8　设 $m \in \mathbf{N}, f^{(m-1)} \in A.C._{\mathrm{loc}}[0,1]$，则有

$$\|\varphi^m K_n^{(m)}(f)\|_p \leqslant C\|\varphi^m f^{(m)}\|_p$$

证明　关于 $K_n^{(m)}(f,x)$，我们用表达式(24).类似于[1,p.154]的推导过程可得

$$
\begin{aligned}
&|\Delta^m a^k(n+1)| \\
&\leqslant \begin{cases}
Cn^{-m+1}\int_{\frac{k}{n+1}}^{\frac{k+m+1}{n+1}} |f^{(m)}(u)|\,\mathrm{d}u, \\
k=1,2,\cdots,n-m-1 \\
Cn^{-\frac{m}{2}+1}\int_0^{\frac{m+1}{n+1}} u^{\frac{m}{2}} |f^{(m)}(u)|\,\mathrm{d}u, \\
k=0 \\
Cn^{-\frac{m}{2}+1}\int_{1-\frac{m+1}{n+1}}^{1} (1-u)^{\frac{m}{2}} |f^{(m)}(u)|\,\mathrm{d}u, \\
k=n-m
\end{cases}
\end{aligned}
$$

由此可推出引理 8.

由于 $\oplus^r K_n$ 为 K_n 幂的线性组合，且 K_n 为有界线性算子，利用引理 7 及引理 8 得：

引理 9 设 m 为任意的正整数，$1\leqslant p\leqslant+\infty$，则

$$
\|\varphi^m(\oplus^r K_n f)^{(m)}\|_p \leqslant Cn^{\frac{m}{2}}\|f\|_p \quad (f\in L_p[0,1])
$$

$$
\|\varphi^m(\oplus^r K_n f)^{(m)}\|_p \leqslant C\|\varphi^m f^{(m)}\|_p
$$

$$
(f^{(m-1)}\in A.C._{\mathrm{loc}}[0,1])
$$

类似于[1,p.123]的证明，可得定理 2. 由定理 1 及定理 2 可得：

推论 设 $r\in\mathbf{N}$，$f\in L_p[0,1]$，则当 $1\leqslant p<+\infty$，$0<\alpha<2r$ 时

$$
\omega_\varphi^{2r}(f,t)_p=O(t^\alpha)\Leftrightarrow\|f-\oplus^r K_n(f)\|_p=O(n^{-\frac{\alpha}{2}})
$$

当 $0<\alpha<r$ 时

$$
\omega_\varphi^{r}(f,t)_\infty=O(t^\alpha)\Leftrightarrow\|f-\oplus^r K_n(f)\|_\infty=O(n^{-\frac{\alpha}{2}})
$$

参考资料

[1] Ditzian Z, Totik V. Moduli of Smoothness[M]. New York: Springer-Verlag, 1987.

[2] Gonska H H, Zhou Xinlong. Approximation theorems for the iterated Boolean sums of Bernstein operators [J]. J. Computational and Applied Mathematics, 1994, 53(1):21-31.

[3] Devore R A, Lorentz G G. Constructive Approximation[M]. Berlin Heidelberg: Berlin, Springer-Verlag, Heidelberg, 1993.

[4] Zhou Dingxuan. A note on Bernstein type operators[J]. Approx. Theory its Appl., 1992, 8(1): 97-100.

第37章 算子 T^n 的性质及应用举例

§1 引　言

苏联数学家 И. Н. Векуа 院士对一阶椭圆型偏微分方程的研究做出了重要的贡献，取得了一系列新的结果. 他在研究中，第一次应用了广义解析函数的概念，解决了具有极广泛的间断系数的方程的解，大大地扩张了解的函数类，且在几何和力学上有着广泛的应用. 他在研究中，对起着重要作用的算子

$$Tf=-\frac{1}{\pi}\iint_G \frac{f(\zeta)}{\zeta-z}\mathrm{d}\xi\mathrm{d}\eta \quad (\zeta=\xi+\mathrm{i}\eta)$$

作了深刻的研究，从而把一般的一阶

椭圆型方程组的解都可以用 Tf 来表达. 由于实际问题(例如弹性板的问题)的需要,我们要研究高阶椭圆型方程组的解的问题,因此对算子 Tf 定义其 n 次迭算子

$$T^n f = T(T^{n-1} f), n \geqslant 2, T^1 f = Tf$$

并研究了算子 T^n 的一些性质和在求解一类特殊形式的二阶椭圆型方程组中的应用. 在这方面期待进一步解决的问题还是很多的,复旦大学的陈传璋,李明忠,朱学炎三位教授继续了这方面的工作.

在介绍正文之前,首先要提的是本章所讨论的区域 G 限制为有界区域,导数是索波列夫意义下的广义导数,记为 $\frac{\partial}{\partial \bar{z}} f, \frac{\partial}{\partial z} f$. 记号 $G \in C_\alpha^m$ 是指 G 的境界 Γ

$$z(s) = x(s) + \mathrm{i}y(s)$$

有关于 s 的直到 m 阶的连续导函数,且 m 阶导函数满足 Hölder 条件,指数为 $\alpha(0 < \alpha < 1)$. 记号 $f(z) \in C_\alpha^m(\overline{G})$ 是指 $f(z)$ 在 $\overline{G} = G + \Gamma$ 上有关于 x, y 的直到 m 阶连续偏导数,且 m 阶的偏导函数在 $\overline{G}$ 上满足 Hölder 条件,指数为 α. $C_\alpha^m(\overline{G})$ 构成了 Banach 空间,元素 $f \in C_\alpha^m(\overline{G})$ 的模定义为

$$C_\alpha^m(f) = \sum_{k=0}^{m} \sum_{l=0}^{k} C\left(\frac{\partial^k f}{\partial x^{k-l} \partial y^l}\right) + \sum_{k=0}^{m} H\left(\frac{\partial^m f}{\partial x^{m-k} \partial y^k}, \alpha\right)$$

其中

$$C(f) = \max_{z \in \overline{G}} | f(z) |$$

$$H(f, \alpha) = \sup_{z_1, z_2 \in \overline{G}} \frac{| f(z_1) - f(z_2) |}{| z_1 - z_2 |^\alpha}$$

§2 结果

定理 1 设

$$G\in C_\alpha^1,0<\alpha<1,f(z)\in L_p(\overline{G}),p\geqslant 1$$

则有

$$\begin{aligned}T^n f=&-\frac{1}{(n-1)!\ \pi}\cdot\\&\iint_G\frac{f(\zeta)[\Phi_\Gamma(\bar{\zeta})-\bar{\zeta}-\Phi_\Gamma(z)+\bar{z}]^{n-1}}{\zeta-z}\mathrm{d}\xi\mathrm{d}\eta\\=&-\frac{1}{(n-1)!\ \pi}\cdot\\&\iint_G\frac{f(\zeta)[\Phi_{\Gamma-\Gamma_{\varepsilon_z}}(\zeta)-\Phi_{\Gamma-\Gamma_{\varepsilon_z}}(z)]^{n-1}}{\zeta-z}\mathrm{d}\xi\mathrm{d}\eta\end{aligned}\tag{1}$$

其中记

$$\begin{aligned}\Phi_{\Gamma-\Gamma_{\varepsilon_z}}(z)&=\frac{1}{2\pi\mathrm{i}}\int_{\Gamma-\Gamma_{\varepsilon_z}}\frac{\bar{\zeta}\mathrm{d}\zeta}{\zeta-z}\\&=\frac{1}{2\pi\mathrm{i}}\int_\Gamma\frac{\bar{\zeta}\mathrm{d}\zeta}{\zeta-z}-\frac{1}{2\pi\mathrm{i}}\int_{\Gamma_{\varepsilon_z}}\frac{\bar{\zeta}\mathrm{d}\zeta}{\zeta-z}\\&=\Phi_\Gamma(z)-\Phi_{\Gamma_{\varepsilon_z}}(z)\end{aligned}$$

而记Γ_{ε_z}为以z为中心、以足够小的ε为半径的圆周，显然$\Phi_{\Gamma_{\varepsilon_z}}(z)=\bar{z}$. 以后若中心为$\zeta_k$，则相应的圆周记为$\Gamma_{\varepsilon_k}$.

$T^n f$的存在是无疑的，为了证明本定理，先证明一个引理.

引理 1 若$G\in C_\alpha^1,0<\alpha<1$，则

$$-\frac{1}{2\pi}\iint_G \frac{[\Phi_\Gamma(\zeta)-\bar{\zeta}]^n}{z-\zeta}\mathrm{d}\xi\mathrm{d}\eta=\frac{1}{n+1}[\Phi_\Gamma(z)-\bar{z}]^{n+1} \tag{2}$$

证明　注意到若 $G\in C_\alpha^m$，即

$$\Phi_\Gamma(z)=\frac{1}{2\pi\mathrm{i}}\int_\Gamma \frac{\bar{\zeta}}{\zeta-z}\mathrm{d}\zeta\in C_\alpha^m(\bar{G})$$

并记 $\zeta_k=\xi_k+\mathrm{i}\eta_k$. 当 $n=0$ 时，有

$$\begin{aligned}
&-\frac{1}{\pi}\iint_G \frac{\mathrm{d}\xi_1\mathrm{d}\eta_1}{\zeta-\zeta_1}\\
&=\lim_{\varepsilon\to 0}-\frac{1}{\pi}\iint_{G_\varepsilon}\frac{\mathrm{d}\xi_1\mathrm{d}\eta_1}{\zeta-\zeta_1}\\
&=\lim_{\varepsilon\to 0}-\frac{1}{\pi}\iint_{G_\varepsilon}\frac{\partial}{\partial\bar{\eta}}\left(\frac{\bar{\zeta}_1}{\zeta-\zeta_1}\right)\mathrm{d}\xi_1\mathrm{d}\eta_1\\
&=\lim_{\varepsilon\to 0}\left[\frac{1}{2\pi\mathrm{i}}\int_\Gamma \frac{\bar{\zeta}_1}{\zeta_1-\zeta}\mathrm{d}\zeta_1-\frac{1}{2\pi\mathrm{i}}\int_{\Gamma_\varepsilon}\frac{\bar{\zeta}}{\zeta-\zeta_1}\mathrm{d}\zeta_1\right]\\
&=\Phi_{\Gamma-\Gamma_{\varepsilon_z}}(\zeta)
\end{aligned}$$

其中 G_ε 是 G 中除去以 ζ 为中心、以足够小的 $\varepsilon>0$ 为半径的闭圆. 现设 $n=k-1$ 时式(2)成立，证 $n=k$ 时亦成立. 事实上

$$\begin{aligned}
&-\frac{1}{\pi}\iint_G \frac{\Phi^k_{\Gamma-\Gamma_{\varepsilon_{k+1}}}(\zeta_{k+1})\mathrm{d}\xi_{k+1}\mathrm{d}\eta_{k+1}}{\zeta-\zeta_{k+1}}\\
&=\left(-\frac{1}{\pi}\right)^2\iint_G \frac{\mathrm{d}\xi_k\mathrm{d}\eta_k}{\zeta-\zeta_k}\iint_G \Phi^{k-1}_{\Gamma-\Gamma_{\varepsilon_{k+1}}}(\zeta_{k+1})\cdot\\
&\quad\left(\frac{1}{\zeta-\zeta_{k+1}}+\frac{1}{\zeta_{k+1}-\zeta_k}\right)\mathrm{d}\xi_{k+1}\mathrm{d}\eta_{k+1}\\
&=\frac{1}{k}\Phi^{k+1}_{\Gamma-\Gamma_{\varepsilon_\zeta}}(\zeta)+\frac{1}{k\pi}\iint_G \frac{\Phi^k_{\Gamma-\Gamma_{\varepsilon_k}}(\zeta_k)\mathrm{d}\xi_k\mathrm{d}\eta_k}{\zeta-\zeta_k}
\end{aligned}$$

由此即得

$$-\frac{1}{\pi}\iint\limits_{G}\frac{\Phi^{k}_{\Gamma-\Gamma_{\varepsilon_{k+1}}}(\zeta_{k+1})\mathrm{d}\xi_{k+1}\mathrm{d}\eta_{k+1}}{\zeta-\zeta_{k+1}}=\frac{1}{k+1}\Phi^{k+1}_{\Gamma-\Gamma_{\varepsilon_{\zeta}}}(\zeta)$$

至此引理 1 得证.

现在证定理 1.

当 $n=2$ 时,有

$$T^{2}f=T(Tf)=\left(-\frac{1}{\pi}\right)^{2}\iint\limits_{G}\frac{\mathrm{d}\xi_{1}\mathrm{d}\eta_{1}}{\zeta_{1}-\zeta_{2}}\iint\limits_{G}\frac{f(\zeta)\mathrm{d}\xi\mathrm{d}\eta}{\zeta-\zeta_{1}}$$

$$=\left(-\frac{1}{\pi}\right)^{2}\iint\limits_{G}\frac{f(\zeta)\mathrm{d}\xi\mathrm{d}\eta}{\zeta-\zeta_{2}}\cdot$$

$$\iint\limits_{G}\left(\frac{1}{\zeta-\zeta_{1}}+\frac{1}{\zeta_{1}-\zeta_{2}}\right)\mathrm{d}\xi_{1}\mathrm{d}\eta_{1}$$

上述积分的次序可交换是无疑的. 利用引理即得

$$T^{2}f=-\frac{1}{\pi}\iint\limits_{G}\frac{f(\zeta)[\Phi_{\Gamma-\Gamma_{\varepsilon_{\zeta}}}(\zeta)-\Phi_{\Gamma-\Gamma_{\varepsilon_{\zeta}}}(\zeta_{2})]\mathrm{d}\xi\mathrm{d}\eta}{\zeta-\zeta_{2}}$$

$$=-\frac{1}{\pi}\iint\limits_{G}\frac{f(\zeta)[\Phi_{\Gamma}(\zeta)-\bar{\zeta}-\Phi_{\Gamma}(\zeta_{2})+\bar{\zeta}_{2}]\mathrm{d}\xi\mathrm{d}\eta}{\zeta-\zeta_{2}}$$

现设 $n=m$ 时,式(1) 成立,证 $n=m+1$ 时,式(1) 亦成立. 事实上

$$T^{m+1}f=-\frac{1}{\pi}\iint\limits_{G}\frac{T^{m}f\,\mathrm{d}\xi_{m}\mathrm{d}\eta_{m}}{\zeta_{m}-\zeta_{m+1}}$$

$$=\left(-\frac{1}{\pi}\right)^{2}\frac{1}{(m-1)!}\iint\limits_{G}\frac{\mathrm{d}\xi_{m}\mathrm{d}\eta_{m}}{\zeta_{m}-\zeta_{m+1}}\cdot$$

$$\iint\limits_{G}\frac{f(\zeta)[\Phi_{\Gamma-\Gamma_{\varepsilon_{\zeta}}}(\zeta)-\Phi_{\Gamma-\Gamma_{\varepsilon_{m}}}]^{m-1}\mathrm{d}\xi\mathrm{d}\eta}{\zeta-\zeta_{m}}$$

$$=-\frac{1}{\pi}\frac{1}{(m-1)!}\sum_{k=0}^{m-1}\binom{m-1}{k}\cdot$$

$$(-1)^{k}\frac{1}{k+1}\iint\limits_{G}\frac{f(\zeta)\Phi^{m-1-k}_{\Gamma-\Gamma_{\varepsilon_{\zeta}}}(\zeta)\mathrm{d}\xi\mathrm{d}\eta}{\zeta-\zeta_{m+1}}\cdot$$

$$\iint_G \Phi^k_{\Gamma-\Gamma_{\varepsilon_m}}(\zeta_m)\left(\frac{1}{\zeta-\zeta_m}+\frac{1}{\zeta_m-\zeta_{m+1}}\right)\mathrm{d}\xi_m\,\mathrm{d}\eta_n$$

注意引理,即得

$$T^{m+1}f=\left(-\frac{1}{\pi}\right)\frac{1}{(m-1)!}\sum_{k=0}^{m-1}\binom{m-1}{k}(-1)^k\frac{1}{k+1}\cdot$$

$$\iint_G\frac{f(\zeta)\Phi^{m-1+k}_{\Gamma-\Gamma_{\varepsilon_\eta}}(\zeta)[\Phi^{k+1}_{\Gamma-\Gamma_{\varepsilon_\zeta}}(\zeta)-\Phi^{k+1}_{\Gamma-\Gamma_{\varepsilon_{m+1}}}(\zeta_{m+1})]\mathrm{d}\xi\mathrm{d}\eta}{\zeta-\zeta_{m+1}}$$

$$=-\frac{1}{m!\ \pi}\iint_G\frac{f(\zeta)[\Phi_{\Gamma-\Gamma_{\varepsilon_\eta}}(\zeta)-\Phi_{\Gamma-\Gamma_{\varepsilon_{m+1}}}(\zeta_{m+1})]^m\mathrm{d}\xi\mathrm{d}\eta}{\zeta-\zeta_{m+1}}$$

至此定理 1 得证.

定理 2　设 $G\in C^1_\alpha$, $0<\alpha<1$, $f(z)\in L_p(\overline{G})$,则:

(1) 当 $p=1$, $n\geqslant 3$ 时, $T^nf\in C_\alpha(\overline{G})$, α 为适合 $0<\alpha<1$ 的任意值.

(2) 当 $1<p\leqslant 2$ 时, $T^2f\in C_\alpha(\overline{G})$, α 为适合 $0<\alpha<2$ 的任意数;当 $1<p\leqslant 2$, $n\geqslant 3$ 时, $T^nf\in C_\alpha(\overline{G})$, α 为适合 $0<\alpha<1$ 的任意数.

(3) 当 $p>2$ 时, $Tf\in C_{\frac{p-2}{p}}(\overline{G})$;当 $p>2$, $n\geqslant 3$ 时, $T^nf\in C_\alpha(\overline{G})$, α 为适合 $0<\alpha<1$ 的任意数,并且

$$C_\alpha(T^nf)\leqslant M(p,G,n)L_p(f)$$

换言之, T^nf 是全连续运算子,它映照空间 $L_p(\overline{G})$ 到 $C_\alpha(\overline{G})$.

证明　(1) $p=1$: 由 $f(z)\in L_1(\overline{G})$, 得 $Tf\in L_\gamma(\overline{G})$, γ 是适合 $1<\gamma<2$ 的任意数,且

$$L_\gamma(Tf)\leqslant M_\gamma(G)L_1(f)$$

同理, $T^2f\in L_{\gamma'}(\overline{G})$, γ' 是适合 $2<\gamma'<\frac{2\gamma}{2-\gamma}$ 的任意数,且

$$L_{\gamma'}(T^2 f)\leqslant M_{\gamma'\gamma}(G)L_\gamma(Tf)$$

联系 $1<\gamma<2$ 知 γ' 是适合 $2<\gamma'<\infty$ 的任意数，从而推出 $T^3 f\in C_\alpha(\overline{G})(n\geqslant 3)$，其中 $\alpha=1-\frac{2}{\gamma'}$，由 $2<\gamma'<\infty$ 知 α 是适合 $0<\alpha<1$ 的任意数，且

$$\begin{aligned}C_\alpha(T^3 f)&\leqslant M_{\gamma'}(G)L_{\gamma'}(T^2 f)\\&\leqslant M_{\gamma'}(G)M_{\gamma'\gamma}(G)M_\gamma(G)L_1(f)\\&=M(G)L_1(f)\end{aligned}$$

当然更有 $T^n f\in C_\alpha(\overline{G})(n\geqslant 4)$. 同理推出

$$C_\alpha(T^n f)\leqslant M^*(G,n)C_\alpha(T^3 f)\leqslant M(G,n)L_1(f)$$

(2) $1<p\leqslant 2$：由 $f(z)\in L_p(\overline{G})$，得 $Tf\in L_\gamma(\overline{G})$，$\gamma$ 是适合 $0<\gamma<\frac{2p}{2-p}$ 的任意数

$$L_\gamma(Tf)\leqslant M_{\gamma,p}(G)L_p(f)$$

从而推出 $T^2 f\in C_\alpha(\overline{G})$，$\alpha=1-\frac{2}{\gamma}$ 一定是适合 $0<\alpha<2\left(1-\frac{1}{p}\right)$ 的任意数，且

$$C_\alpha(T^2 f)\leqslant M(\gamma,G)L_\gamma(Tf)\leqslant M(p,G)L_p(f)$$

当然更有 $T^n f\in C_\alpha(\overline{G})(n\geqslant 3)$，且

$$C_\alpha(T^n f)\leqslant M(p,G,n)L_p(f)$$

(3) $p>2$，И. Н. Векуа 已证明了以下结果

$$Tf\in C_{\frac{p-2}{p}}(\overline{G})\text{，且 }C_{\frac{p-2}{p}}(Tf)\leqslant M(p,G)L_p(f)$$

同样亦有 $T^n f\in C_\alpha(\overline{G})(n\geqslant 2)$，$\alpha$ 是适合 $0<\alpha<1$ 的任意数，且

$$C_\alpha(T^n f)\leqslant M(p,G,n)L_p(f)$$

至此定理证毕.

定理 3 设 $G\in C_\alpha^{m+1}$，$f(z)\in C_\alpha^m(\overline{G})$，则 $T^n f\in$

$C_\alpha^{m+1}(\overline{G})(n\geqslant 2)$，且

$$\frac{\partial T^n f}{\partial \overline{z}}=T^{n-1}f$$

$$\frac{\partial T^n f}{\partial z}=-\Phi_\Gamma(z)T^{n-1}f-\frac{1}{(n-1)!\ \pi}\cdot$$

$$\iint_G \frac{f(\zeta)[\Phi_p(\zeta)-\overline{\zeta}-\Phi_p(z)+\overline{z}]^{n-1}\mathrm{d}\xi\mathrm{d}\eta}{(\zeta-z)^2}$$

$$C_\alpha^{m+1}(T^n f)\leqslant M^*(G,n)C_\alpha^m(f)$$

$n=1$ 的情形已为 И. Н. Векуа 所证明.

证明　注意到 $n=1$ 情形和定理 1，即得 $T^n f\in C_\alpha^{m+1}(\overline{G})$，有

$$\frac{\partial}{\partial \overline{z}}T^n f=\frac{\partial}{\partial \overline{z}}T(T^{n-1}f)=T^{n-1}f$$

$$\frac{\partial(T^n f)}{\partial z}=-\frac{1}{(n-1)!\ \pi}\sum_{k=0}^{n-1}\binom{n-1}{k}(-1)^k k\cdot$$

$$\Phi'_p(z)[\Phi_p(z)-\overline{z}]^{k-1}\cdot$$

$$\iint_G \frac{f(\zeta)[\Phi_\Gamma(\zeta)-\overline{\zeta}]^{n-1-k}\mathrm{d}\xi\mathrm{d}\eta}{\zeta-z}-$$

$$\frac{1}{(n-1)!\ \pi}\sum_{k=0}^{n-1}\binom{n-1}{k}(-1)^k\cdot$$

$$[\Phi_\Gamma(z)-\overline{z}]^k\cdot$$

$$\iint_G \frac{f(\zeta)[\Phi_\Gamma(\zeta)-\overline{\zeta}]^{n-1-k}}{(\zeta-z)^2}\mathrm{d}\xi\mathrm{d}\eta$$

$$=-\Phi'_\Gamma(z)T^{n-1}f-\frac{1}{(n-1)!\ \pi}\cdot$$

$$\iint_G \frac{f(\zeta)[\Phi_\Gamma(\zeta)-\overline{\zeta}-\Phi_\Gamma(z)+\overline{z}]^{n-1}}{(\zeta-z)^2}\mathrm{d}\xi\mathrm{d}\eta$$

且

$$C_{\alpha}^{m+1}(T^{n}f)\leqslant\frac{1}{(n-1)!\ \pi}\sum_{k=0}^{n-1}\binom{n-1}{k}C_{\alpha}^{m+1}\cdot$$
$$[(\Phi_{\Gamma}(z)-\bar{z})^{k}Tf(\Phi_{\Gamma}(f)-\bar{\zeta})^{n-1-k}]$$
$$\leqslant\frac{1}{(n-1)!\ \pi}\sum_{k=0}^{n-1}\binom{n-1}{k}C_{\alpha}^{m+1}\cdot$$
$$[(\Phi_{\Gamma}(z)-\bar{z})^{k}]C_{\alpha}^{m+1}(Tf(\Phi_{\Gamma}(\zeta)-\bar{\zeta})^{n-1-k})$$
$$\leqslant\frac{1}{(n-1)!\ \pi}\sum_{k=0}^{n-1}\binom{n-1}{k}C_{\alpha}^{m+1}\cdot$$
$$[(\Phi_{\Gamma}(z)-\bar{z})^{k}]\cdot$$
$$M(G,n)C_{\alpha}((\Phi_{\Gamma}(\xi)-\bar{\zeta})^{n-1-k})$$
$$\leqslant\frac{1}{(n-1)!\ \pi}\sum_{k=0}^{n-1}\binom{n-1}{k}C_{\alpha}^{m+1}\cdot$$
$$[(\Phi_{\Gamma}(z)-\bar{z})^{k}]M(G,n)\cdot$$
$$C_{\alpha}^{m}((\Phi_{\Gamma}(\zeta)-\bar{\zeta})^{n-1-k})C_{\alpha}^{m}(f)$$
$$=M^{*}(G,n)C_{\alpha}^{m}(f)$$

定理 4　设 $G\in C_{\alpha}^{1},0<\alpha<1,f(z),g(z)\in L_{1}(\bar{G})$,则有

$$\overline{(T^{n}f,g)}=(-1)^{n}\ \overline{(\bar{f},T^{n}\bar{g})}$$

当 f,g 是实函数时

$$(T^{n}f,g)=(-1)^{n}\ \overline{(f,T^{n}g)}$$

换言之,若 n 是偶数时,$T^{n}f$ 是拟似自共轭运算子,若 n 是奇数时,$T^{n}f$ 是反拟似自共轭运算子.

证明

$$(T^{n}f,g)=-\frac{1}{(n-1)!\ \pi}\iint_{G}\overline{g(z)}\mathrm{d}x\mathrm{d}y\cdot$$
$$\iint_{G}\frac{f(\zeta)[\Phi_{\Gamma}(\zeta)-\bar{\zeta}-\Phi_{\Gamma}(z)+\bar{z}]^{n-1}}{\zeta-z}\mathrm{d}\xi\mathrm{d}\eta$$

$$=-\frac{1}{(n-1)!\ \pi}\iint_G f(\zeta)\mathrm{d}\zeta\mathrm{d}\eta\cdot$$

$$\iint_G \frac{\overline{g(z)}[\Phi_\Gamma(\zeta)-\bar{\zeta}-\Phi_\Gamma(z)+\bar{z}]^{n-1}}{\zeta-z}\mathrm{d}\xi\mathrm{d}\eta$$

$$=(-1)^n\ \overline{(\bar{f},T^n\bar{g})}$$

定理 5　设 $G\in C_\alpha^1$，若 $\frac{\partial w}{\partial \bar{z}}$，$F=\frac{\partial^2 w}{\partial \bar{z}^2}\in L_p(\overline{G})$，$p>1$，则

$$w(z)=\Phi(z)+T\Phi_1(z)+T^2F$$

其中 $\Phi(z)$，$\Phi_1(z)$ 为在 G 内任意全纯函数，且 $\Phi_1(z)\in L_p(\overline{G})$；反之，若 $\Phi(z)$，$\Phi_1(z)$ 为在 G 内任意全纯函数，$\Phi_1(z)\in L_p(\overline{G})$，且 $F\in L_p(\overline{G})$，$p>1$，则函数

$$w(z)=\Phi(z)+T\Phi_1(z)+T^2F$$

的广义导数 $\frac{\partial w}{\partial \bar{z}}$，$\frac{\partial^2 w}{\partial \bar{z}^2}$ 存在，且皆属于 $L_p(\overline{G})$，且有

$$\frac{\partial^2 w}{\partial \bar{z}^2}=F$$

证明　首先注意：若 $\frac{\partial w}{\partial \bar{z}}$，$\frac{\partial^2 w}{\partial \bar{z}^2}$ 都存在，且属于 $L_p(\overline{G})$，$p>1$，则

$$\frac{\partial^2 w}{\partial \bar{z}^2}=\frac{\partial}{\partial \bar{z}}\left(\frac{\partial w}{\partial \bar{z}}\right)$$

反之，若 $\frac{\partial w}{\partial \bar{z}}$，$\frac{\partial}{\partial \bar{z}}\left(\frac{\partial w}{\partial \bar{z}}\right)$ 都存在，且属于 $L_p(\overline{G})$，即

$$\frac{\partial}{\partial \bar{z}}\left(\frac{\partial w}{\partial \bar{z}}\right)=\frac{\partial^2 w}{\partial \bar{z}^2}$$

按索波列夫导数定义，对任意 f，$w\in L_1(\overline{G})$，如有

$$\iint_G \left[w \frac{\partial^2 \varphi}{\partial \bar{z}^2} - f\varphi \right] \mathrm{d}x\mathrm{d}y = 0 \tag{3}$$

其中 φ 为直到二阶导数为连续的任意函数，且存在 G 的一个闭子域 $G\varphi$，而在 $G\varphi$ 外，$\varphi=0$；则谓 f 为 w 关于 $\bar{z}$ 的二阶导数，记作

$$f = \frac{\partial^2 w}{\partial \bar{z}^2}$$

但当 $\frac{\partial w}{\partial \bar{z}} \in L_p(\bar{G})$，$p>1$ 时，有

$$\iint_G w \frac{\partial^2 \varphi}{\partial \bar{z}^2} \mathrm{d}x\mathrm{d}y = \iint_G \frac{\partial}{\partial \bar{z}} \left(w \frac{\partial \varphi}{\partial \bar{z}} \right) \mathrm{d}x\mathrm{d}y - \iint_G \frac{\partial w}{\partial \bar{z}} \frac{\partial \varphi}{\partial \bar{z}} \mathrm{d}x\mathrm{d}y$$

同时由 φ 的性质，有

$$\iint_G \frac{\partial}{\partial \bar{z}} \left(w \frac{\partial \varphi}{\partial \bar{z}} \right) \mathrm{d}x\mathrm{d}y = \frac{1}{2\mathrm{i}} \int_\Gamma w \frac{\partial \varphi}{\partial \bar{z}} \mathrm{d}z = 0$$

故(3) 即变为

$$\iint_G \left[\frac{\partial w}{\partial \bar{z}} \frac{\partial \varphi}{\partial \bar{z}} + f\varphi \right] \mathrm{d}x\mathrm{d}y = 0$$

亦即

$$\frac{\partial}{\partial \bar{z}} \left(\frac{\partial w}{\partial \bar{z}} \right) = f$$

反之，由

$$\iint_G \left(\frac{\partial w}{\partial \bar{z}} \frac{\partial \varphi}{\partial \bar{z}} + f\varphi \right) \mathrm{d}x\mathrm{d}y = 0$$

完全一样推出

$$\iint_G \left(w \frac{\partial^2 \varphi}{\partial \bar{z}^2} - f\varphi \right) \mathrm{d}x\mathrm{d}y = 0$$

亦即

$$f = \frac{\partial^2 w}{\partial \bar{z}^2}$$

上述论断得证.

由假设

$$\frac{\partial^2 w}{\partial \bar{z}^2}=\frac{\partial}{\partial \bar{z}}\left(\frac{\partial w}{\partial \bar{z}}\right)=F$$

因而有

$$\frac{\partial w}{\partial \bar{z}}=\Phi_1(z)+TF$$

其中 $\Phi_1(z)$ 为在 G 内部的任意全纯函数,且 $\Phi_1(z)\in L_p(\overline{G})$,同时当 $1<p\leqslant 2$ 时,$TF\in L_\gamma(\overline{G})$,$\gamma$ 为满足 $2<\gamma<\frac{2p}{2-p}$ 的任意数,当 $p>2$ 时

$$TF\in C_{\frac{p-2}{p}}(\overline{G})$$

同理有

$$w=\Phi(z)+T\Phi_1+T^2F$$

其中 $\Phi(z)$ 是在 G 内的任意全纯函数,且 $T\Phi$ 和 TF 同类,$T^2F\in C_{\frac{\gamma-2}{\gamma}}(\overline{G})$,当 $1<p<2$ 时,若 $p\geqslant 2$ 时,$T^2F\in C_{1-\varepsilon}(\overline{G})$,其中 ε 是任意小的正数.

反之,如

$$w=\Phi(z)+T\Phi_1(z)+T^2F$$

则有

$$\frac{\partial w}{\partial \bar{z}}=\frac{\partial \Phi}{\partial \bar{z}}+\frac{\partial T\Phi_1}{\partial \bar{z}}+\frac{\partial(T^2F)}{\partial \bar{z}}=\Phi_1+TF$$

$$\frac{\partial^2 w}{\partial \bar{z}^2}=\frac{\partial}{\partial \bar{z}}\left(\frac{\partial w}{\partial \bar{z}}\right)=\frac{\partial}{\partial \bar{z}}(\Phi_1+TF)=F$$

至此定理得证.

推论　设 $G\in C_\alpha^1$,若

$$\frac{\partial w}{\partial \bar{z}},\cdots,\frac{\partial^n w}{\partial \bar{z}^n}=F\in L_p(\overline{G})\quad (p>1)$$

则

$$w(z)=\Phi(z)+T\Phi_1(z)+\cdots+T^{n-1}\Phi_{n-1}(z)+T^nF$$

其中 $\Phi(z),\Phi_1(z),\cdots,\Phi_{n-1}(z)$ 为在 G 内的任意全纯函数，且

$$\Phi_1(z),\cdots,\Phi_{n-1}(z)\in L_p(\overline{G})\quad (p>1)$$

反之，若 $\Phi(z),\Phi_1(z),\cdots,\Phi_{n-1}(z)$ 为在 G 内的任意全纯函数，且

$$\Phi_1(z),\cdots,\Phi_{n-1}(z)\in L_p(\overline{G})\quad (p>1)$$

则函数

$$w(z)=\Phi(z)+T\Phi_1(z)+\cdots+T^{n-1}\Phi_{n-1}(z)+T^nF$$

有广义导数 $\frac{\partial w}{\partial \overline{z}},\cdots,\frac{\partial^n w}{\partial \overline{z}^n}$，且

$$\frac{\partial^n w}{\partial \overline{z}^n}=F\in L_p(\overline{G})$$

作为上述定理的一个应用，考虑下面二阶椭圆型偏微分方程组

$$\begin{cases}\dfrac{\partial^2 u}{\partial x^2}-\dfrac{\partial^2 u}{\partial y^2}-2\dfrac{\partial^2 v}{\partial x\partial y}=f\\[2mm]\dfrac{\partial^2 v}{\partial x^2}-\dfrac{\partial^2 v}{\partial y^2}+2\dfrac{\partial^2 u}{\partial x\partial y}=g\end{cases}$$

其中 $f,g\in L_p(\overline{G})(p>1)$.

现在寻求函数 $u(x,y),v(x,y)$ 使在一有界区域 G 内存在一阶到二阶广义导数，且几乎处处满足上方程组，这问题归结为解复式方程

$$\frac{\partial^2 w}{\partial \overline{z}^2}=F$$

其中

$$w=u+\mathrm{i}v,F=\frac{1}{4}(f+\mathrm{i}g)$$

由定理5，知一般解为

$$w=\Phi(z)+T\Phi_1(z)+T^2F$$

其中 Φ,Φ_1 是在 G 内任意全纯函数，且 $\Phi_1(z)\in L_p(\overline{G}),p>1$.

第七编

高维 Bernstein 多项式

多元推广的 Bernstein 算子的逼近性质

第 38 章

§1 引　　言

设 $C[0,1]$ 表示定义在 $[0,1]$ 上连续函数的全体，在 $C[0,1]$ 上定义 Bernstein 算子为

$$B_n(f;x)=\sum_{k=0}^{n} f\left(\frac{k}{n}\right)p_{n,k}(x)$$

$$p_{n,k}(x)=\binom{n}{k}x^k(1-x)^{n-k} \quad (1)$$

关于 Bernstein 算子逼近问题的研究已有很多成果. Stance 给出了一种推广的 Bernstein 算子

$$B_n^{\alpha,\beta}(f;x)$$
$$=\sum_{k=0}^{n} f\left(\frac{k+\alpha}{n+\beta}\right)\binom{n}{k}x^k(1-x)^{n-k} \tag{2}$$

并且研究了这类算子的逼近性质. 自然要问:对这类多元推广的 Bernstein 算子,是否也有类似结果? 但是,由于多元函数展开方向的无穷性,部分连续模选择的多样性以及函数定义域边界的复杂性等众知的原因,使得多元线性算子逼近与一元情形相比更具有难度和复杂性(当然,更具有普遍性),并非是一元情形的简单推广. 相应的,对多元 Bernstein 算子研究起步也较晚,直到 1986 年,Ditzian 才对多元 Bernstein 算子进行了研究,开创了这方面工作的先河. 本章的工作在于构造一类多元序列,找到该序列一致收敛于被逼近函数的充要条件,以此序列为基础,运用多元函数的全连续模和部分连续模来刻画这种推广的多元 Bernstein 算子的逼近性质,肯定地回答了上述问题.

§2 基本引理

我们将这类 Bernstein 算子推广到多元情形,得到

$$B_{n,d}^{\alpha,\beta}(f;\boldsymbol{x})=\prod_{l=1}^{d}\sum_{k_l=0}^{n_l} f\left(\frac{k_1+\alpha_1}{n_1+\beta_1},\frac{k_2+\alpha_2}{n_2+\beta_2},\cdots,\frac{k_d+\alpha_d}{n_d+\beta_d}\right)\cdot$$
$$\prod_{i=1}^{d}\binom{n_i}{k_i}x_i^{k_i}(1-x_i)^{n_i-k_i} \tag{3}$$

其中,$\boldsymbol{x}=(x_1,x_2,\cdots,x_d)$,$0\leqslant x_i\leqslant 1$,$\boldsymbol{\alpha}=(\alpha_1,\alpha_2,\cdots,\alpha_d)$,$\boldsymbol{\beta}=(\beta_1,\beta_2,\cdots,\beta_d)$,$0\leqslant\alpha_i\leqslant\beta_i$,$i=1,2,\cdots,d$,$\boldsymbol{n}=(n_1,n_2,\cdots,n_d)$ 为多元正整数.

设 $f(\boldsymbol{x}) \in C[0,1]^d$,定义

$$\| f \|_C = \max_{\boldsymbol{x} \in [0,1]^d} | f(\boldsymbol{x}) |$$

对任意的 $0 \leqslant \gamma_{k_i,n_i} \leqslant 1, i=1,2,\cdots,d$,构造多元序列 $\{T_n f(\boldsymbol{x})\}$ 如下

$$T_n(f;\boldsymbol{x}) = \prod_{l=1}^{d} \sum_{k_l=0}^{n_l} f(\gamma_{k_1,n_1},\gamma_{k_2,n_2},\cdots,\gamma_{k_d,n_d}) \cdot \prod_{i=1}^{d} \binom{n_i}{k_i} x_i^{k_i} (1-x_i)^{n_i-k_i} \tag{4}$$

序列 $\{T_n f(\boldsymbol{x})\}$ 有如下的性质:

引理1 $\lim_{n\to\infty} \| T_n f - f \|_C = 0$ 的充要条件是

$$\lim_{n\to\infty} \left\| \prod_{l=1}^{d} \sum_{k_l=0}^{n_l} \prod_{i=1}^{d} \binom{n_i}{k_i} x_i^{k_i} (1-x_i)^{n_i-k_i} - 1 \right\|_C = 0 \tag{5}$$

$$\lim_{n\to\infty} \left\| \prod_{l=1}^{d} \sum_{k_l=0}^{n_l} \gamma_{k_i,n_i} \prod_{j=1}^{d} \binom{n_j}{k_j} \cdot x_j^{k_j} (1-x_j)^{n_j-k_j} - x_i \right\|_C = 0 \quad (i=1,2,\cdots,d) \tag{6}$$

$$\lim_{n\to\infty} \left\| \prod_{l=1}^{d} \sum_{k_l=0}^{n_l} \sum_{i=1}^{d} \gamma_{k_i,n_i}^2 \prod_{j=1}^{d} \binom{n_j}{k_j} \cdot x_j^{k_j} (1-x_j)^{n_j-k_j} - \sum_{i=1}^{d} x_i^2 \right\|_C = 0 \tag{7}$$

其中,多元正整数 $n \to \infty$ 意味着它的每一个分量 $n_i \to \infty, i=1,2,\cdots,d$.

§3 主要结果

设 $f:[0,1]^d \to \mathbf{R}$ 是一个连续函数,给定正数 δ,

定义 $f(\boldsymbol{x})$ 的部分连续模和全连续模如下

$$\omega_{x_i}^1(f;\delta)=\max_{\substack{0\leqslant x_j\leqslant 1\\ j=1,2,\cdots,d,j\neq i}}\max_{|x_i-y_i|\leqslant\delta}|f(x_1,x_2,\cdots,x_d)|-f(x_1,\cdots,x_{i-1},y_i,x_{i+1},\cdots,x_d)\tag{8}$$

$$\vdots$$

$$\omega_{x_1,\cdots,x_{i-1},x_{i+1},\cdots,x_d}^{d-1}(f;\delta)=\max_{0\leqslant x_i\leqslant 1}\max_{\sqrt{\sum\limits_{\substack{j=1\\ j\neq i}}^{d}(x_j-y_j)^2}\leqslant\delta}|f(x_1,x_2,\cdots,x_d)-f(y_1,\cdots,y_{i-1},x_i,y_{i+1},\cdots,y_d)|\tag{9}$$

$$\omega_{\boldsymbol{x}}^d(f;\delta)=\max_{\sqrt{\sum\limits_{i=1}^{d}(x_i-y_i)^2}\leqslant\delta}|f(x_1,x_2,\cdots,x_d)-f(y_1,y_2,\cdots,y_d)|\tag{10}$$

可以看出

$$\lim_{\delta\to\infty}\omega_{x_i}^1(f;\delta)=0(i=1,2,\cdots,d),\cdots,\lim_{\delta\to\infty}\omega_{\boldsymbol{x}}^d(f;\delta)=0$$

对任意的 $\lambda>0$,有

$$\omega_{x_i}^1(f;\delta)\leqslant(\lambda+1)\omega_{x_i}^1(f;\delta)(i=1,2,\cdots,d),\cdots,$$
$$\omega_{\boldsymbol{x}}^d(f;\delta)\leqslant(\lambda+1)\omega_{\boldsymbol{x}}^d(f;\delta)$$

利用全连续模及部分连续模来刻画算子序列 $\{B_{n,d}^{\alpha,\beta}(f;\boldsymbol{x})\}$ 的收敛性可以得到下面的逼近定理.

定理 1 若 $F:[0,1]^d\to\mathbf{R}$ 为连续函数,则

$$\lim_{n\to\infty}\|B_{n,d}^{\alpha,\beta}(f;\boldsymbol{x})-f(\boldsymbol{x})\|_C=0$$

证明 因为 $0\leqslant\alpha_i\leqslant\beta_i,0\leqslant k_i\leqslant n_i,i=1,2,\cdots,d$,所以

$$0\leqslant\frac{k_i+\alpha_i}{n_i+\beta_i}\leqslant 1\quad(i=1,2,\cdots,d)$$

故可知,只需证明序列 $\{B_{n,d}^{\alpha,\beta}(f;\boldsymbol{x})\}$ 满足式(5)(6) 和(7) 即可,定理 1 得证.

定理 2 设 $f(\boldsymbol{x})$ 是定义在 $[0,1]^d$ 上的连续函数,

则

$$|B_{n,d}^{\alpha,\beta}(f;\boldsymbol{x})-f(\boldsymbol{x})|\leqslant\frac{3}{2}\sum_{i=1}^{d}\omega_{x_i}^{1}\left(f;\frac{\sqrt{n_i+4\beta_i^2}}{n_i+\beta_i}\right)\tag{11}$$

$$|B_{n,d}^{\alpha,\beta}(f;\boldsymbol{x})-f(x)|\leqslant\frac{3}{2}\sum_{\substack{m=1\\m\neq i,j}}^{d}\omega_{x_m}^{1}\left(f;\frac{\sqrt{n_m+4\beta_m^2}}{n_m+\beta_m}\right)+\frac{3}{2}\omega_{x_i,x_j}^{2}\left(f;\sqrt{\sum_{m=i,j}\frac{n_m+4\beta_m^2}{(n_m+\beta_m)^2}}\right)\tag{12}$$

$$|B_{n,d}^{\alpha,\beta}(f;\boldsymbol{x})-f(\boldsymbol{x})|\leqslant\frac{3}{2}\omega_{x_i}^{1}\left(f;\frac{\sqrt{n_i+4\beta_i^2}}{(n_i+\beta_i)^2}\right)+\frac{3}{2}\omega_{x_1,\cdots,x_{i-1},x_{i+1},\cdots,x_d}^{d-1}\cdot\left(f;\sqrt{\sum_{\substack{j=1\\j\neq i}}^{d}\frac{n_j+4\beta_j^2}{(n_j+\beta_j)^2}}\right)\tag{13}$$

$$|B_{n,d}^{\alpha,\beta}(f;\boldsymbol{x})-f(\boldsymbol{x})|\leqslant\frac{3}{2}\omega_{\boldsymbol{x}}^{d}\left(f;\sqrt{\sum_{i=1}^{d}\frac{n_i+4\beta_i^2}{(n_i+\beta_i)^2}}\right)\tag{14}$$

证明　由于(11) ～ (14) 的证明类似,故只给出(14) 的证明.因为

$$B_{n,d}^{\alpha,\beta}(f;\boldsymbol{x})-f(\boldsymbol{x})=\prod_{l=1}^{d}\sum_{k_l=0}^{n_l}\prod_{i=1}^{d}\binom{n_i}{k_i}x_i^{k_i}(1-x_i)^{n_i-k_i}\cdot\left\{f\left(\frac{k_1+\alpha_1}{n_1+\beta_1},\frac{k_2+\alpha_2}{n_2+\beta_2},\cdots,\frac{k_d+\alpha_d}{n_d+\beta_d}\right)-f(x_1,x_2,\cdots,x_d)\right\}$$

所以,由连续模的性质及 Cauchy 不等式可得

$$|B_{n,d}^{\alpha,\beta}(f;\boldsymbol{x})-f(\boldsymbol{x})|$$

$$=\left|\prod_{l=1}^{d}\sum_{k_l=0}^{n_l}\prod_{i=1}^{d}\binom{n_i}{k_i}x_i^{k_i}(1-x_i)^{n_i-k_i}\cdot\right.$$

$$\left(f\left(\frac{k_1+\alpha_1}{n_1+\beta_1},\frac{k_2+\alpha_2}{n_2+\beta_2},\cdots,\frac{k_d+\alpha_d}{n_d+\beta_d}\right)-f(x_1,\cdots,x_d)\right)\Bigg|$$

$$\leqslant \prod_{l=1}^{d}\sum_{k_l=0}^{n_l}\prod_{i=1}^{d}\binom{n_i}{k_i}x_i^{k_i}(1-x_i)^{n_i-k_i}\cdot$$

$$\left|f\left(\frac{k_1+\alpha_1}{n_1+\beta_1},\frac{k_2+\alpha_2}{n_2+\beta_2},\cdots,\frac{k_d+\alpha_d}{n_d+\beta_d}\right)-f(x_1,\cdots,x_d)\right|$$

$$\leqslant \prod_{l=1}^{d}\sum_{k_l=0}^{n_l}\prod_{i=1}^{d}\binom{n_i}{k_i}x_i^{k_i}(1-x_i)^{n_i-k_i}\cdot$$

$$\omega_{\boldsymbol{x}}^{d}\left(f;\sqrt{\sum_{i=1}^{d}\left(\frac{k_i+\alpha_i}{n_i+\beta_i}-x_i\right)^2}\right)$$

$$\leqslant \prod_{l=1}^{d}\sum_{k_l=0}^{n_l}\prod_{i=1}^{d}\binom{n_i}{k_i}x_i^{k_i}(1-x_i)^{n_i-k_i}\cdot$$

$$\left(\frac{1}{\delta_n^d}\sqrt{\sum_{i=1}^{d}\left(\frac{k_i+\alpha_i}{n_i+\beta_i}-x_i\right)^2}+1\right)\omega_{\boldsymbol{x}}^{d}(f;\delta_n^d)$$

$$\leqslant \left(\frac{1}{\delta_{\boldsymbol{n}}^d}\prod_{l=1}^{d}\sum_{k_l=0}^{n_l}\sqrt{\sum_{i=1}^{d}\left(\frac{k_i+\alpha_i}{n_i+\beta_i}-x_i\right)^2}\cdot\right.$$

$$\prod_{i=1}^{d}\binom{n_i}{k_i}x_i^{k_i}(1-x_i)^{n_i-k_i}+$$

$$\left.\prod_{l=1}^{d}\sum_{k_l=0}^{n_l}\prod_{i=1}^{d}\binom{n_i}{k_i}x_i^{k_i}(1-x_i)^{n_i-k_i}\right)\omega_{\boldsymbol{x}}^{d}(f;\delta_n^d)$$

$$=\left(\frac{1}{\delta_n^d}\prod_{l=1}^{d}\sum_{k_l=0}^{n_l}\sqrt{\sum_{i=1}^{d}\left(\frac{k_i+\alpha_i}{n_i+\beta_i}-x_i\right)^2}\cdot\right.$$

$$\left.\prod_{i=1}^{d}\binom{n_i}{k_i}x_i^{k_i}(1-x_i)^{n_i-k_i}+1\right)\omega_{\boldsymbol{x}}^{d}(f;\delta_n^d)$$

$$\leqslant\left(\frac{1}{\delta_n^d}\left(\prod_{l=1}^{d}\sum_{k_l=0}^{n_l}\left(\sum_{i=1}^{d}\left(\frac{k_i+\alpha_i}{n_i+\beta_i}-x_i\right)^2\right)^2\cdot\right.\right.$$

$$\left.\left.\prod_{i=1}^{d}\binom{n_i}{k_i}x_i^{k_i}(1-x_i)^{n_i-k_i}\right)^2+1\right)\omega_{\boldsymbol{x}}^{d}(f;\delta_n^d)$$

$$\leqslant\left(\frac{1}{2\delta_n^d}\sqrt{\sum_{i=1}^{d}\frac{n_i+4\beta_i^2}{(n_i+\beta_i)^2}}+1\right)\omega_{\boldsymbol{x}}^d(f;\delta_n^d)$$

其中 $\delta_n^d\to 0$,当 $n\to\infty$ 时.令

$$\delta_n^d=\sqrt{\sum_{i=1}^{d}\frac{n_i+4\beta_i^2}{(n_i+\beta_i)^2}}$$

则(14)得证.

定理 2 体现了用多元函数的部分连续模来刻画多元推广的 Bernstein 算子的逼近性质的多样性.由连续模的性质

$$\omega(f;\xi+\eta)\leqslant\omega(f;\xi)+\omega(f;\eta)\quad(\xi,\eta\geqslant 0)\tag{15}$$

可知,用全连续模来刻画该类算子的逼近精度效果最好.这一结论从下面的例子也可以看出.

例 1　取函数 $f(x_1,x_2,x_3)=x_1^3x_2^2x_3$,$(x_1,x_2,x_3\in[0,1])$,$\beta_1=1$,$\beta_2=2$,$\beta_3=3$,并设

$$\text{Error 1}=\frac{3}{2}[\omega_{x_1}^1(f;\delta_{n_1}^1)+\omega_{x_2}^1(f;\delta_{n_2}^1)+\omega_{x_3}^1(f;\delta_{n_3}^1)]$$

$$\text{Error 2}=\frac{3}{2}[\omega_{x_3}^1(f;\delta_{n_3}^1)+\omega_{x_1,x_2}^2(f;\delta_{n_1,n_2}^2)]$$

$$\text{Error 3}=\frac{3}{2}[\omega_{x_2}^1(f;\delta_{n_2}^1)+\omega_{x_1,x_2}^2(f;\delta_{n_2,n_3}^2)]$$

$$\text{Error 4}=\frac{3}{2}[\omega_{x_1}^1(f;\delta_{n_1}^1)+\omega_{x_2,x_3}^2(f;\delta_{n_2,n_3}^2)]$$

$$\text{Error 5}=\frac{3}{2}\omega_{x_1,x_2,x_3}^3(f;\delta_{n_1,n_2,n_3}^3)$$

利用函数 f 的部分连续模及全连续模来刻画该类算子的逼近精度,结果见表 1.表中数据是利用 Maple 8 计算得出的.

表 1　利用函数 f 的部分连续模及全连续模来刻画该类算子的逼近精度

n_1,n_2,n_3	Error1	Error2	Error3	Error4	Error5
2	1.567 143	1.373 641	1.372 584	1.372 241	0.965 782
2^2	1.566 852	1.373 419	1.372 262	1.372 018	0.965 429
2^3	1.562 373	1.373 103	1.372 018	1.370 785	0.965 017
2^4	1.557 149	1.372 012	1.371 781	1.367 748	0.954 546
2^5	1.517 272	1.324 468	1.322 415	1.316 921	0.906 321
2^6	1.254 629	1.128 166	1.125 564	1.123 684	0.813 865
2^7	0.896 356	0.791 894	0.789 242	0.783 636	0.625 743
2^8	0.614 629	0.572 436	0.570 283	0.569 413	0.497 958
2^9	0.436 797	0.425 910	0.423 187	0.422 572	0.382 042
2^{10}	0.192 468	0.177 465	0.176 291	0.174 586	0.170 664

第39章 Bernstein 多项式的多元推广

考虑 k 维方体

$$S_k=\{(x_1,x_2,\cdots,x_k)\in\mathbf{R}^k\mid 0\leqslant x_i\leqslant 1,i=1,2,\cdots,k\}$$

对于给定的 k 元实值连续函数 $f(x_1,x_2,\cdots,x_k)\in C(S_k)$，构造 k 元乘积型 Bernstein 多项式

$$B^f_{n_1,\cdots,n_k}(x_1,\cdots,x_k)=\sum_{v_1=0}^{n_1}\cdots\sum_{v_k=0}^{n_k}f\left(\frac{v_1}{n_1},\cdots,\frac{v_k}{n_k}\right)\cdot p_{n_1,v_1}(x_1)\cdots p_{n_k,v_k}(x_k)$$

可以证明在 S_k 上一致地有

$$\lim_{n_i\to\infty}B^f_{n_1,\cdots,n_k}(x_1,\cdots,x_k)=f(x_1,\cdots,x_k)\quad(i=1,\cdots,k)$$

与此相对应地，还可考虑 k 维单纯形上的 Bernstein 多项式，定义

$$\Delta_k=\{(x_1,\cdots,x_k)\in\mathbf{R}^k\mid x_1+\cdots+x_k\leqslant 1,\\ x_i\geqslant 0,i=1,\cdots,k\}$$

函数 $f(x_1,\cdots,x_k)\in C(\Delta_k)$ 的 Bernstein 多项式定义为

$$\overline{B}_n^f(x_1,\cdots,x_k)=\sum_{\substack{v_1,\cdots,v_k\geqslant 0\\ v_1+\cdots+v_k\leqslant n}} f\left(\frac{v_1}{n},\cdots,\frac{v_k}{n}\right)\cdot p_{n,v_1,\cdots,v_k}(x_1,\cdots,x_k)$$

式中

$$p_{n,v_1,\cdots,v_k}(x_1,\cdots,x_k)=\binom{n}{v_1,\cdots,v_k}x_1^{v_1}\cdots x_k^{v_k}(1-x_1-\cdots-x_k)^{n-v_1-\cdots-v_k}\cdot\binom{n}{v_1,\cdots,v_k}=\frac{n!}{v_1!\ v_2!\ \cdots\ v_k!\ (n-v_1-\cdots-v_k)!}$$

对此我们有如下定理：

定理 1　若 $f(x_1,\cdots,x_k)\in C(\Delta_k)$，则在 Δ_k 上一致地有

$$\lim_{n\to\infty}\overline{B}^f(x_1,\cdots,x_k)=f(x_1,\cdots,x_k)$$

由此可见，算子是数学家语言中的重要词汇，犹如文学家使用成语一样，试想一下如果一篇文章中全是大白话，没有一个成语，那将会多么冗长、乏味啊！

最后，我们提出一个判断竞赛试题优劣的标准：构思独特，解法优美，历史悠长，背景深刻，触角广泛.

二元不连续函数的 Bernstein 多项式[①]

第40章

宜昌师范高等专科学校的吴权俊教授 1982 年研究了二元不连续函数的 Bernstein 多项式的收敛性质，把关于一元不连续函数的 Bernstein 多项式的重要结果推广到二元情况中来.

§1 基本概念与辅助定理

定义 1 只在闭区域

$$\overline{D}=E[0,1;0,1]$$
$$=E[(x,y):0\leqslant x,y\leqslant 1]$$

上有理点 (r,l) 上有定义的函数 $f(r,l)$，称为二元概函数，以后简称概函数.

① 本章摘自《数学杂志》，1982 年，第 2 卷，第 2 期.

所有满足

$$|f(r,l)| \leqslant M \quad (M\text{ 为给定常数})$$

的有界概函数全体构成函数类 Q_M.

有界概函数的 Bernstein 多项式是指

$$B_{nm}[f;x,y]=\sum_{i=0}^{n}\sum_{j=0}^{m} f\left(\frac{i}{n},\frac{j}{m}\right)T_{ni}(x)T_{mj}(y)$$

$$(0\leqslant x,y\leqslant 1)$$

$$(n,m=1,2,\cdots)$$

其中

$$T_{ni}(x)=\mathrm{C}_n^i x^i(1-x)^{n-i}$$

$$T_{mj}(y)=\mathrm{C}_m^j y^j(1-y)^{m-j}$$

$$(i=0,1,\cdots,n;j=0,1,\cdots,m)$$

定义 2　所有存在极限函数

$$f(x_-,l) \quad (0<x\leqslant 1,0\leqslant l\leqslant 1)$$

$$f(x_+,l) \quad (0\leqslant x<1,0\leqslant l\leqslant 1)$$

$$f(r,y_-) \quad (0\leqslant r\leqslant 1,0<y\leqslant 1)$$

$$f(r,y_+) \quad (0\leqslant r\leqslant 1,0\leqslant y<1)$$

$$f(x_-,y_-) \quad (0<x,y\leqslant 1)$$

$$f(x_-,y_+) \quad (0<x\leqslant 1,0\leqslant y<1)$$

$$f(x_+,y_-) \quad (0\leqslant x<1,0<y\leqslant 1)$$

$$f(x_+,y_+) \quad (0\leqslant x,y<1)$$

的概函数全体,构成函数类 H_0.

$f(r,l)\in H_0$ 的正规化函数是指 $f_N(x,y)$,它定义为

$$f_N(x,y)=\frac{1}{4}[f(x_-,y_-)+f(x_-,y_+)+f(x_+,y_-)+f(x_+,y_+)] \quad (0<x,y<1)$$

$$f_N(i,y)=\frac{1}{2}[f(i,y_-)+f(i,y_+)]$$

$$(i=0,1;0<y<1)$$

$$f_N(x,j)=\frac{1}{2}[f(x_-,j)+f(x_+,j)]$$

$$(j=0,1;0<x<1)$$

$$f_N(i,j)=f(i,j)\quad(i,j=0,1)$$

定义 3　称任意两个概函数 $f(r,l)$ 与 $g(r,l)$ 为准对等的，记作 $f(r,l)\backsim g(r,l)$，若对任给 $e>0$，适合不等式

$$|f(r,l)-g(r,l)|\geqslant e \tag{1}$$

的不在同一条平行于坐标轴的直线上的有理点 $(r,l)\in\overline{D}$，仅有有限个.

称任意两个概函数 $f(r,l)$ 与 $g(r,l)$ 为对等的，记作 $f(r,l)\sim g(r,l)$，若对任给 $e\geqslant 0$，适合不等式(1)的 $\overline{D}$ 上有理点 (r,l) 仅有有限个.

定义 4　类 H_0 中所有满足条件：

(i) $f(r,l)\sim f_N(r,l)$；

(ii) $f(r,l)=f_N(r,l),(r,l)\in\partial D(\partial D$ 为 $\overline{D}$ 的边界）的概函数全体，构成函数类 H_1.

定义 5　定义在 $\overline{D}$ 上的函数 $f(x,y)$ 称为简单不连续函数，记作 $f(x,y)\in C^*$，若它存在极限函数

$$f(x_-,y_-),f(x_-,y_+),f(x_+,y_-),f(x_+,y_+)$$

引理 1　若 $f(r,l)\in H_0$，则

$$f_N(x,y)=\frac{1}{4}[f_N(x_-,y_-)+f_N(x_-,y_+)+f_N(x_+,y_-)+f_N(x_+,y_+)]$$

$$(0<x,y<1)$$

$$f_N(x,y)=\frac{1}{2}[f_N(x_-,y)+f_N(x_+,y)]$$

$$=\frac{1}{2}[f_N(x,y_-)+f_N(x,y_+)]$$

$$(0<x,y<1)$$

$$f_N(x,j)=\frac{1}{2}[f_N(x_-,j)+f_N(x_+,j)]$$

$$(0<x<1;j=0,1)$$

$$f_N(i,y)=\frac{1}{2}[f_N(i,y_-)+f_N(i,y_+)]$$

$$(0<y<1;i=0,1)$$

引理 2　设 $f(r,l)\in H_0$，则 $f(x_-,y_-)$，$f(x_-,y_+)$，$f(x_+,y_-)$，$f(x_+,y_+)$ 都是简单不连续函数.

引理 3　设 $f(r,l)\in H_0$，若 $f_N(x,y)\in C[D]$（在 D 内连续），则 $f(x_-,y_-)$，$f(x_-,y_+)$，$f(x_+,y_-)$，$f(x_+,y_+)$ 都在 D 内连续；又若 $f_N(x,y)\in C[\overline{E}_0]$，$\overline{E}_0=[a,b;c,d]$（$0<a<b<1,0<c<d<1$；在 $\overline{E}$ 的边界上仍在通常意义下连续），则 $f(x_-,y_-)$，$f(x_-,y_+)$，$f(x_+,y_-)$，$f(x_+,y_+)$ 都在 $\overline{E}_0$ 上连续.

引理 4　设 $f(r,l)\in H_0$，则

$$f_N(r,l)\backsim f(r,l)$$

推论 1　设 $f(r,l)\in H_0$，且 $f_N(x,y)\equiv 0$，则

$$f(r,l)\backsim 0$$

引理 5　设 $f(r,l)\in H_0$，$g(r,l)\in H_0$，则

$$f(r,l)\backsim g(r,l)$$

的充要条件是：在 $\overline{D}$ 上成立

$$f_N(x,y)=g_N(x,y)$$

§2　有界概函数的 Bernstein 多项式的收敛性

定理 1　设 $f(r,l)\in H_0$，则在 $\overline{D}$ 上成立

$$\lim_{n,m\to\infty} B_{nm}[f;x,y]=f_N(x,y) \tag{2}$$

证明　设$(r,l)\in D$,由于

$$B_{nm}[f;x,y]$$
$$=\left(\sum_{i,j}^{(1)}+\sum_{i,j}^{(2)}+\cdots+\sum_{i,j}^{(7)}\right)f\left(\frac{i}{n},\frac{j}{m}\right)\cdot$$
$$T_{ni}(x)T_{mj}(y)+K_{nm}(x,y)$$

其中$\sum\limits_{i,j}^{(1)},\sum\limits_{i,j}^{(2)},\cdots,\sum\limits_{i,j}^{(7)}$依次表示对适合

$$\left(\frac{i}{n},\frac{j}{m}\right)\in E_{nm}^{(1)}$$
$$=E\left[(x,y):x-n^{-\frac{1}{4}}\leqslant\frac{i}{n}<x,y-m^{-\frac{1}{4}}\leqslant\frac{j}{m}<y\right]$$
$$\left(\frac{i}{n},\frac{j}{m}\right)\in E_{nm}^{(2)}$$
$$=E\left[(x,y):x<\frac{i}{n}\leqslant x+n^{-\frac{1}{4}},y<\frac{j}{m}\leqslant y+m^{-\frac{1}{4}}\right]$$
$$\left(\frac{i}{n},\frac{j}{m}\right)\in E_{nm}^{(3)}$$
$$=E\left[(x,y):x-n^{-\frac{1}{4}}\leqslant\frac{i}{n}<x,y<\frac{j}{m}\leqslant y+m^{-\frac{1}{4}}\right]$$
$$\left(\frac{i}{n},\frac{j}{m}\right)\in E_{nm}^{(4)}$$
$$=E\left[(x,y):x<\frac{i}{n}\leqslant x+n^{-\frac{1}{4}},y-m^{-\frac{1}{4}}\leqslant\frac{j}{m}<y\right]$$
$$|i-nx|>n^{\frac{3}{4}},|j-my|>m^{\frac{3}{4}}$$
$$|i-nx|\leqslant n^{\frac{3}{4}},|j-my|>m^{\frac{3}{4}}$$
$$|i-nx|>n^{\frac{3}{4}},|j-my|\leqslant m^{\frac{3}{4}}$$

的i,j求和,而$K_{nm}(x,y)$表示当把函数$f(r,l)$的 Bernstein 多项式视作$f(r,l)$的内插多项式的所有其内插点落在两交叉线段上

$$L_1: X = x, \mid Y - y \mid \leqslant m^{-\frac{1}{4}}$$

$$L_2: \mid X - x \mid \leqslant n^{-\frac{1}{4}}, Y = y$$

（这里点 (x, y) 为给定点，(X, Y) 为流动坐标）的对应项之和. 显然

$$\lim_{n,m\to\infty} \sum_{i,j}^{(5)} T_{ni}(x) T_{mj}(y)$$

$$= \lim_{n,m\to\infty} \sum_{i,j}^{(6)} T_{ni}(x) T_{mj}(y)$$

$$= \lim_{n,m\to\infty} \sum_{i,j}^{(7)} T_{ni}(x) T_{mj}(y)$$

$$= \lim_{n,m\to\infty} K_{nm}(x, y) = 0$$

$$\lim_{n,m\to\infty} \sum_{i,j}^{(1)} f\left(\frac{i}{n}, \frac{j}{m}\right) T_{ni}(x) T_{mj}(y) = \frac{1}{4} f(x_-, y_-)$$

$$\lim_{n,m\to\infty} \sum_{i,j}^{(2)} f\left(\frac{i}{n}, \frac{j}{m}\right) T_{ni}(x) T_{mj}(y) = \frac{1}{4} f(x_+, y_+)$$

$$\lim_{n,m\to\infty} \sum_{i,j}^{(3)} f\left(\frac{i}{n}, \frac{j}{m}\right) T_{ni}(x) T_{mj}(y) = \frac{1}{4} f(x_-, y_+)$$

$$\lim_{n,m\to\infty} \sum_{i,j}^{(4)} f\left(\frac{i}{n}, \frac{j}{m}\right) T_{ni}(x) T_{mj}(y) = \frac{1}{4} f(x_+, y_-)$$

推知

$$\lim_{n,m\to\infty} B_{n,m}[f; x, y] = f_N(x, y) \quad ((x, y) \in D)$$

设 $(x, y) \in \partial D$，与一元情况类似证明即可.

推论 2 设 $f(x, y) \in C^*$，且在 ∂D 上存在

$$f(i, y_-) \quad (0 < y \leqslant 1; i = 0, 1)$$

$$f(i, y_+) \quad (0 \leqslant y < 1; i = 0, 1)$$

$$f(x_-, j) \quad (0 < x \leqslant 1; j = 0, 1)$$

$$f(x_+, j) \quad (0 \leqslant x < 1; j = 0, 1)$$

则在 $\overline{D}$ 上成立

$$\lim_{n,m\to\infty} B_{n,m}[f;x,y]$$
$$=\frac{1}{4}[f(x_-,y_-)+f(x_+,y_-)+$$
$$f(x_-,y_+)+f(x_+,y_+)]\quad(0<x,y<1)$$
$$\lim_{n,m\to\infty} B_{n,m}[f;x,y]$$
$$=\frac{1}{2}[f(x_-,j)+f(x_+,j)]\quad(0<x<1;j=0,1)$$
$$=\frac{1}{2}[f(i,y_-)+f(i,y_+)]\quad(0<y<1;i=0,1)$$
$$B_{nm}[f;i,j]=f(i,j)\quad(i,j=1,2)$$

定理 2　设 $f(r,l)\in H_0$，$g(r,l)\in H_0$，则

$$\lim_{n,m\to\infty} B_{n,m}[f;x,y]=\lim_{n,m\to\infty} B_{n,m}[g;x,y]$$
$$((x,y)\in D)$$

成立的充要条件是

$$f(r,l)\backsim g(r,l)$$

这应用引理 5 很容易证得.

§3　有界概函数的 Bernstein 多项式的一致收敛性

定理 3　设 $f(r,l)\in H_1$，则式(2)在 $\overline{E}_0$ 上一致成立的充要条件是

$$f_N(x,y)\in C[\overline{E}_0]\quad(\overline{E}_0=[a,b;c,d])$$

当 $a=0$ 时，仅要求 $f_N(x,y)$ 在 $\overline{D}$ 的边界中一线段

$$L_3: x=0, c\leqslant y\leqslant d$$

处上方连续；$c=0$ 或 $b=1$ 或 $d=1$ 时的情况以此类推；当 $0<a<1$ 时，$f_N(x,y)$ 在 $\overline{D}$ 中线段

$$L_4: x = 0, 0 \leqslant c < y < d \leqslant 1$$

上的连续性是在通常意义下理解的；当 $0 < c < 1$，或 $0 < b < 1$ 或 $0 < d < 1$ 时的情况以此类推.

证明它要用到如下概念和引理：

定义 6 称 $P(x,y)$ 为 $\overline{D}$ 上的网格函数，若它在 $\overline{D}$ 上被分有限个矩形区域网 $\{E[a_i, b_i; c_j, d_j]\}$ 中的每一个矩形的内域里取常数值，而在每一个矩形区域的边界上任意给定的数值.

引理 6 $f(x,y) \in C^*$ 的充要条件是：$f(x,y)$ 为一致收敛的网格函数序列的极限.

证明与一元函数情况相类似，从略.

推论 3 设 $f(x,y) \in C^*$，则 $f(x,y)$ 在 $\overline{D}$ 上不在同一条平行于坐标轴的直线上的间断点至多有可数个.

引理 7 设 $f(x,y) \in C^*$，则在 $\overline{E}_0$ 上一致地有

$$\lim_{n,m\to\infty} B_{n,m}[f;x,y] = f(x,y)$$

的充要条件是

$$f(x,y) \in C[\overline{E}_0]$$

引理 8 设 $g(r,l) \in Q_M$，且满足条件：

(i) $g(r,0_+) = g(x_-,0_+) = g(x_+,0_+) = g(r,0) = 0 (0 \leqslant r \leqslant 1, 0 < x < 1)$;

$g(r,1_-) = g(x_-,1_-) = g(x_+,1_-) = g(r,l) = 0 (0 \leqslant r \leqslant 1, 0 < x < 1)$;

$g(0_+,l) = g(0_+,y_-) = g(0_+,y_+) = g(0,l) = 0 (0 \leqslant l \leqslant 1, 0 < y < 1)$;

$g(1_-,l) = g(1_-,y_-) = g(1_-,y_+) = g(1,l) = 0 (0 \leqslant l \leqslant 1, 0 < y < 1)$.

(ii) 对任给 $e > 0$ 有

$$\sum_{i,j}^{\otimes}\left|g\left(\frac{i}{n},\frac{j}{m}\right)\right|=0(\sqrt{nm})\quad(n,m\to\infty)$$

其中$\sum\limits_{i,j}^{\otimes}$表示对于适合$\left|g\left(\frac{i}{n},\frac{j}{m}\right)\right|\geqslant e$的$i,j$求和,则在$\overline{D}$上一致地有

$$\lim_{n,m\to\infty}B_{n,m}[g;x,y]=0 \tag{3}$$

推论 4　设 $g(r,l)\in Q_M,g(r,l)\sim 0$,且

$$g(r,j)=0\quad(0\leqslant r\leqslant 1,j=0,1)$$

$$g(i,l)=0\quad(0\leqslant l\leqslant 1,i=0,1) \tag{4}$$

则式(3) 在 $\overline{D}$ 上一致成立.

定理 3 的证明:

充分性. 令

$$g(r,l)=f(r,l)-f_N(r,l)$$

由于

$$f(r,l)\sim f_N(r,l)$$

则

$$g(r,l)\sim 0$$

又在 ∂D 上

$$f(r,l)=f_N(r,l)$$

可知满足条件(4),从而在 $\overline{D}$ 上一致地有

$$\lim_{n,m\to\infty}B_{n,m}[f;x,y]=\lim_{n,m\to\infty}B_{n,m}[f_N;x,y]$$

而 $f_N(x,y)\in C^*$,由引理 7 可知:式(2) 在 $\overline{E}_0$ 上一致成立.

必要性. 由引理 7 直接推出.

§4　概函数的 Bernstein 多项式的收敛性的进一步探讨

前面只揭示了概函数的 Bernstein 多项式当 n, $m\to\infty$ 时的极限情况,即稳定状态下的某种数量特征,而且这种数量特征又限制在用函数自身的极限函数与函数的 Bernstein 多项式的某种极限函数之间的数量关系来说明的.下面研究函数的 Bernstein 多项式当 $n,m\to\infty$ 的过程中的性态,揭示概函数的 Bernstein 多项式与其他函数间的相互关系.

定理4　为使 $f(r,l)\in Q_M$ 的 Bernstein 多项式序列 $\{B_{nm}[f;x,y]\}$ 在 D 内处处或几乎处处收敛于 $\overline{D}$ 上的函数 $g(x,y)\in C^*$ 的必要条件是

$$\sum_{i,j}\left[f\left(\frac{i}{n},\frac{j}{m}\right)-g\left(\frac{i}{n},\frac{j}{m}\right)\right]=0(nm)\quad(n,m\to\infty)\tag{5}$$

证明　由推论3可知,$g(x,y)$ 在 D 内几乎处处连续,则

$$\lim_{n,m\to\infty}B_{n,m}[g;x,y]=g(x,y)\quad \text{P. P 于 } D$$

又已知

$$\lim_{n,m\to\infty}B_{n,m}[f;x,y]=g(x,y)\quad \text{P. P 于 } D\tag{6}$$

从而

$$\lim_{n,m\to\infty}B_{n,m}[f-g;x,y]=0\quad \text{P. P 于 } D$$

再由 $f(r,l)$ 和 $g(r,l)$ 的有界性,可知序列

$$\{B_{nm}[f-g;x,y]\}$$

一致有界,取 Lebesgue 积分,得

$$\int_0^1\int_0^1 B_{nm}[f-g;x,y]\mathrm{d}x\mathrm{d}y=0(1)$$

但是

$$\int_0^1 T_{ni}(x)\mathrm{d}x=\frac{1}{n+1},\int_0^1 T_{mj}(y)\mathrm{d}y=\frac{1}{m+1}$$

$$\begin{aligned}&\int_0^1\int_0^1 B_{nm}[f-g;x,y]\mathrm{d}x\mathrm{d}y\\=&\sum_{i,j}\left[f\left(\frac{i}{n},\frac{j}{m}\right)-g\left(\frac{i}{n},\frac{j}{m}\right)\right]\cdot\\&\int_0^1 T_{ni}(x)\mathrm{d}x\int_0^1 T_{mj}(y)\mathrm{d}y\end{aligned}$$

即得

$$\sum_{i,j}\left[f\left(\frac{i}{n},\frac{j}{m}\right)-g\left(\frac{i}{n},\frac{j}{m}\right)\right]=0(nm)$$

推论 5　设 $f(r,l)\in Q_M$，$g(r,l)\in H_0$，则条件(5)是式(6)成立的必要条件.

推论 6　设 $f(r,l)\in Q_M$，则

$$\lim_{n,m\to\infty}B_{n,m}[f;x,y]=0\quad \text{P. P 于 } D$$

的必要条件是

$$\sum_{i,j}f\left(\frac{i}{n},\frac{j}{m}\right)=0(nm)\quad(n,m\to\infty)\tag{7}$$

定理 5　若对于给定的 $f(r,l)\in Q_M$，存在一个函数 $g(r,l)\in H_0$，使得

$$\sum_{i,j}\left|f\left(\frac{i}{n},\frac{j}{m}\right)-g\left(\frac{i}{n},\frac{j}{m}\right)\right|=0(nm)\quad(n,m\to\infty)$$

则可以从序列$\{B_{nm}[f;x,y]\}$中选出一个在 D 内几乎处处收敛于 $g_N(x,y)$ 的子序列.

定理 6　若对于给定的 $f(r,l)\in Q_M$，存在一个函数 $g(r,l)\in H_0$，使得

$$\sum_{i,j}\left|f\left(\frac{i}{n},\frac{j}{m}\right)-g\left(\frac{i}{n},\frac{j}{m}\right)\right|=0(\sqrt{nm})$$

$$(n,m\to\infty)$$

则在 D 内处处成立

$$\lim_{n,m\to\infty}B_{nm}[f;x,y]=g_N(x,y) \tag{8}$$

推论 7 若对于给定的 $f(r,l)\in Q_M$，存在一个函数 $g(r,l)\in H_0$，使得

$$\sum_{i=0}^{n}\sum_{j=0}^{m}\left|f\left(\frac{i}{n},\frac{j}{m}\right)-g\left(\frac{i}{n},\frac{j}{m}\right)\right|=0(\sqrt{nm})$$

$$(n,m\to\infty)$$

$$\sum_{i=0}^{n}\left|f\left(\frac{i}{n},h\right)-g\left(\frac{i}{n},h\right)\right|=0(\sqrt{n})$$

$$(h=0,1;n\to\infty)$$

$$\sum_{j=0}^{m}\left|f\left(k,\frac{j}{m}\right)-g\left(k,\frac{j}{m}\right)\right|=0(\sqrt{m})$$

$$(k=0,1;m\to\infty)$$

$$f(k,h)=g(k,h)\quad(k,h=0,1)$$

则在 $\overline{D}$ 上式(8)成立.

例 1 假设 $\{O_{kh}\}$ 关于 k,h 都是单调下降的非负零序列，我们可以找到这样的概函数 $f(r,l)$，使得：

(i) $\lim\limits_{n,m\to\infty}B_{nm}[f;x,y]=0,(x,y)\in D$;

(ii) $\sum\limits_{i=0}^{n}\sum\limits_{j=0}^{m}f\left(\frac{i}{n},\frac{j}{m}\right)\geqslant nmO_{nm}(n\geqslant 2,m\geqslant 2)$.

其实，选取这样的序列 $\{O_{kh}\}$，使

$$a_{kh}=4\max_{\substack{n\geqslant k\\ m\geqslant h}}O_{nm}=\frac{1}{k+h}\quad(k,h=1,2,\cdots)$$

令

$$f(r,l)=f\left(\frac{i}{n},\frac{j}{m}\right)=\begin{cases}a_{nm},当(r,l)\in D\\ o,当(r,l)\in\partial D\end{cases}$$

$$\left(\frac{i}{n},\frac{j}{m}\ 都是既约分数\right)$$

则 $f(r,l)$ 满足上述条件(i)(ii).

这个例子说明:推论 6 的条件(7) 不能再放宽,同样地,定理 4 的条件(5) 不能再放宽.

多元 Bernstein-Sikkema 算子的逼近性质

第41章

浙江大学应用数学系的李松教授1997年对定义在单形上的Bernstein-Sikkema算子讨论其导数的收敛性质，同时也给出了高阶渐近展开式及Besov空间中的几个等价关系.

§1 引 言

在单形

$$S=\{(x_i)\in \mathbf{R}^m:\sum x_i\leqslant 1,x_i\geqslant 0\}$$

上的 m 元 Bernstein-Sikkema 算子为

$$C_n(f,x)=\sum_{\frac{k}{n}\in S}P_{n,k}^{(x)}f\left(\frac{k}{n+\alpha(n)}\right)$$

其中

$$x=(x_1,\cdots,x_m),k=(k_1,\cdots,k_m)$$

$$P_{n,k}(x)=\frac{n!}{k_1!\ \cdots k_m!\ (n-\sum k_i)!}x_1^{k_1}\cdots x_m^{k_m}$$

$$(1-\sum x_i)^{n-\sum k_i}$$

$$0\leqslant \alpha(n)\leqslant q,q>0$$

在[1]中 P. C. Sikkema 讨论了一元情形算子的逼近性质，在[2]中 Ditzian 得到

$$E_n(f)_{C(S)}=O(n^{-2\alpha})\Leftrightarrow \| B_nf-f\|_{C(S)}=O(n^{-\alpha})$$

$$(0<\alpha<1)$$

B_nf 为定义在单形上的 Bernstein 算子.

本章将[1]中某些结果推广到多元情形，同时又给出了高阶渐近展开式，最后通过引入一个新的 $K-$ 泛函，我们在 Besov 空间中给出了几个等价关系，由此可得

$$\| C_nf-f\|_C=O(n^{-\alpha})\Leftrightarrow E_n(f)_{C(S)}=O(n^{-2\alpha})$$

其中 $0<\alpha<1$. 文中 M 是常数，不同的地方可以各异. 下面只讨论二元的情形. 至于 m 元的情形完全类似.

§2　辅助引理与基本概念

定义 1　我们引进 S 上的 $K-$ 泛函 $K(f,t)$ 有

$$K(f,t)=\inf_{g\in C^2(S)}\left\{\| f-g\|_{C(S)}+t\left(\left\|\frac{\partial g}{\partial x}\right\|_{C(S)}+\left\|\frac{\partial g}{\partial y}\right\|_{C(S)}\right)+\right.$$

$$\left\|x(1-x-y)\frac{\partial^2}{\partial x^2}g\right\|_{C(S)}+$$

$$\left\|y(1-x-y)\frac{\partial^2}{\partial y^2}g\right\|_{C(S)}+$$

$$\left\|xy\left(\frac{\partial}{\partial x}-\frac{\partial}{\partial y}\right)^2 g\right\|_{C(S)}\}$$

定义 2　对数列$\{a_n\}_{n=0}^{\infty}$,我们定义其 L_q^* 范数为

$$\|\{a_n\}_{n=0}^{\infty}\|_{L_q^*}=\begin{cases}\left(\sum\limits_{n=0}^{\infty}|a_n|^q\dfrac{1}{n+1}\right)^{\frac{1}{q}},1\leqslant q\leqslant\infty\\ \sup\limits_n|a_n|,q=\infty\end{cases}$$

定义 3　$E_n(f)_{C(S)}=\inf\{\|f-g_n\|_{C(S)}:g_n\in\Pi_n$,其中 Π_n 为完全阶数小于或等于 n 的二元多项式全体$\}$.

引理 1　若 B_nf 为定义在单形上的 Bernstein 算子,则对于 $f\in C^2(S)$,我们有

$$\|B_nf-f\|\leqslant\frac{M}{n}\left[\|f\|+\left\|x(1-x-y)\frac{\partial^2}{\partial x^2}f\right\|_{\infty}+\left\|y(1-x-y)\frac{\partial^2}{\partial y^2}f\right\|_{\infty}+\left\|xy\left(\frac{\partial}{\partial x}-\frac{\partial}{\partial y}\right)^2 f\right\|_{\infty}\right]$$

证明　参见[3].

引理 2　若 $P_n(x,y)$ 表示完全阶数小于或等于 n 的多项式,则

$$\left\|\frac{\partial}{\partial x}P_n(x,y)\right\|_{\infty}\leqslant Mn^2\|P_n\|\infty$$

$$\left\|x(1-x-y)\frac{\partial^2}{\partial x^2}P_n(x,y)\right\|\leqslant Mn^2\|P_n\|_{\infty}$$

证明　参见[4].

§3　主要结果

定理 1　若$\frac{\partial^{p+q}}{\partial x^p \partial y^q} f(x,y) \in C(S)$,则

$$\max_{(x,y)\in S}\left|\frac{\partial^{p+q}}{\partial x^p \partial y^q} C_n(f;x,y)-\frac{\partial^{p+q}}{\partial x^p \partial y^q} f(x,y)\right|$$
$$\leqslant C_1 W\left(\frac{\partial^{p+q}}{\partial x^p \partial y^q} f, n^{-\frac{1}{2}}\right)+$$
$$C_2 n^{-1}\max_{(x,y)\in S}\left|\frac{\partial^{p+q}}{\partial x^p \partial y^q} f(x,y)\right|$$

其中 $W(f,t)$ 是连续模,C_1,C_2 是仅依赖于 p,q 的正数.

证明　由于

$$\frac{\partial^{p+q}}{\partial x^p \partial y^q} C_n(f,x,y)$$
$$=\sum_{k=0}^{n}\sum_{m=0}^{n-k}\frac{\partial^{p+q}}{\partial x^p \partial y^q} P_{n,k,m}(x,y) f\left(\frac{k}{n+\alpha(n)},\frac{m}{n+\alpha(n)}\right)$$
$$=\frac{n!}{(n-p-q)!}\sum_{i=0}^{p}\sum_{j=0}^{q}\binom{p}{i}\binom{q}{j}(-1)^{p+q-i-j}\cdot$$
$$\sum_{k=i}^{n-p-q+i}\sum_{m=j}^{n-p-q-k+i+j} P_{n-p-q,k-i,m-j}(x,y)\cdot$$
$$f\left(\frac{k}{n+\alpha(n)},\frac{m}{n+\alpha(n)}\right)$$
$$=\frac{n!}{(n-p-q)!}\sum_{i=0}^{p}\sum_{j=0}^{q}\binom{p}{i}\binom{q}{j}(-1)^{p+q-i-j}\cdot$$
$$\sum_{k=0}^{n-p-q}\sum_{m=0}^{n-p-q-k} P_{n-p-q,k,m}(x,y)\cdot f\left(\frac{k+i}{n+\alpha(n)},\frac{m+j}{n+\alpha(n)}\right)$$

注意到

$$\sum_{i=0}^{p}\sum_{j=0}^{q}(-1)^{p+q-i-j}\binom{p}{i}\binom{q}{j}f\left(\frac{k+i}{n+\alpha(n)},\frac{m+j}{n+\alpha(n)}\right)$$

$$=\int_0^{\frac{1}{n+\alpha(n)}}\cdots\int_0^{\frac{1}{n+\alpha(n)}}\frac{\partial^{p+q}}{\partial x^p\partial y^q}\cdot$$

$$f\left(\frac{k}{n+\alpha(n)}+\sum_{i=1}^{P}u_i\ \frac{m}{n+\alpha(n)}+\sum_{j=1}^{q}v_j\right)\cdot$$

$$du_1du_2\cdots du_pdv_1dv_2\cdots dv_q$$

从而

$$\frac{\partial^{p+q}}{\partial x^p\partial y^q}C_n(f,x,y)$$

$$=\frac{n!}{(n-p-q)!}\sum_{k=0}^{n-p-q}\sum_{m=0}^{n-p-q-k}P_{n-p-q,k,m}(x,y)\cdot$$

$$\int_0^{\frac{1}{n+\alpha(n)}}\cdots\int_0^{\frac{1}{n+\alpha(n)}}\frac{\partial^{p+q}}{\partial x^p\partial y^q}\cdot$$

$$f\left(\frac{k}{n+\alpha(n)}+\sum_{i=1}^{p}u_i,\frac{m}{n+\alpha(n)}+\sum_{j=1}^{q}v_j\right)\cdot$$

$$du_1du_2\cdots du_pdv_1dv_2\cdots dv_q$$

由此我们得到

$$\left|\frac{\partial^{p+q}}{\partial x^p\partial y^q}C_n(f;x,y)-\frac{\partial^{p+q}}{\partial x^p\partial y^q}f\right|$$

$$\leqslant\left|\frac{\partial^{p+q}}{\partial x^p\partial y^q}C_n(f;x,y)-\frac{(n+\alpha(n))^{p+q}}{n(n-1)\cdots(n+1-p-q)}\cdot\right.$$

$$\left.\frac{\partial^{p+q}}{\partial x^p\partial y^q}C_n(f;x,y)\right|+$$

$$\left|\frac{(n+1)^{p+q}}{n(n-1)\cdots(n+1-p-q)}\cdot\right.$$

$$\left.\frac{\partial^{p+q}}{\partial x^p\partial y^q}C_n(f;x,y)-\frac{\partial^{p+q}}{\partial x^p\partial y^q}f\right|$$

$$\leqslant\frac{1}{n}C_1\max_{(x,y)\in S}\left|\frac{\partial^{p+q}}{\partial x^p\partial y^q}f(x,y)\right|+I_2$$

其中

$$I_2=\left|\frac{(n+\alpha(n))^{p+q}}{n(n-1)\cdots(n+1-p-q)}\cdot\frac{\partial^{p+q}}{\partial x^p\partial y^q}C_n(f;x,y)-\frac{\partial^{p+q}}{\partial x^p\partial y^q}f\right|$$

以下我们估计 I_2，$\forall\delta>0$ 有

$$\begin{aligned}I_2&\leqslant\left|\frac{(n+\alpha(n))^{p+q}}{n(n-1)\cdots(n+1-p-q)}\cdot\frac{\partial^{p+q}}{\partial x^p\partial y^q}C_n(f;x,y)-\frac{\partial^{p+q}}{\partial x^p\partial y^q}f\right|\\&\leqslant(n+\alpha(n))^{p+q}\sum_{k=0}^{n-p-q}\sum_{m=0}^{n-p-q-k}P_{n-p-q,m}(x,y)\cdot\int_0^{\frac{1}{n+\alpha(n)}}\cdots\int_0^{\frac{1}{n+\alpha(n)}}\left|\frac{\partial^{p+q}}{\partial x^p\partial y^q}\cdot\right.\\&\quad f\left(\frac{k}{n+\alpha(n)}+\sum_{i=1}^{p}u_i,\frac{m}{n+\alpha(n)}+\sum_{j=1}^{q}v_j\right)-\\&\quad\left.\frac{\partial^{p+q}}{\partial x^p\partial y^q}f(x,y)\right|\mathrm{d}u_1\mathrm{d}u_2\cdots\mathrm{d}u_p\mathrm{d}v_1\mathrm{d}v_2\cdots\mathrm{d}v_q\\&\leqslant W\left(\frac{\partial^{p+q}}{\partial x^p\partial y^q}f,\delta\right)\left[(n+\alpha(n))^{p+q}\cdot\sum_{k=0}^{n-p-q}\sum_{m=0}^{n-p-q-k}P_{n-p-q,k,m}(x,y)\cdot\right.\\&\quad\int_0^{\frac{1}{n+\alpha(n)}}\cdots\int_0^{\frac{1}{n+\alpha(n)}}\left(1+\frac{1}{\delta}\left(\left|\frac{k}{n+\alpha(n)}+\sum_{i=1}^{P}u_i-x\right|\right)+\right.\\&\quad\left.\left.\left|\frac{m}{n+\alpha(n)}+\sum_{j=1}^{q}v_j-y\right|\right)\right]\cdot\end{aligned}$$

$$
\begin{aligned}
&\mathrm{d}u_1\mathrm{d}u_2\cdots\mathrm{d}u_p\mathrm{d}v_1\mathrm{d}v_2\cdots\mathrm{d}v_q\\
\leqslant{}& W\left(\frac{\partial^{p+q}}{\partial x^p\partial y^q}f,\delta\right)+\frac{1}{\delta}W\left(\frac{\partial^{p+q}}{\partial x^p\partial y^q}f,\delta\right)\cdot\\
&\Big[(n+\alpha(n))^{p+q}\sum_{k=0}^{n-p-q}\sum_{m=0}^{n-p-q-k}P_{n-p-q,k,m}(x,y)\cdot\\
&\int_0^{\frac{1}{n+\alpha(n)}}\cdots\int_0^{\frac{1}{n+\alpha(n)}}\left|\sum_{i=1}^{p}u_i+\sum_{j=1}^{q}v_j\right|\cdot\\
&\mathrm{d}u_1\mathrm{d}u_2\cdots\mathrm{d}u_p\mathrm{d}v_1\mathrm{d}v_2\cdots\mathrm{d}v_q+\\
&\sum_{k=0}^{n-p-q}\sum_{m=0}^{n-p-q-k}P_{n-p-q,k,m}(x,y)\cdot\\
&\left(\left|\frac{k}{n+\alpha(n)}-x\right|+\left|\frac{m}{n+\alpha(n)}-y\right|\right)\Big]
\end{aligned}
$$

经过简单的计算知

$$
\sum_{k=0}^{n-p-q}\sum_{m=0}^{n-p-q-k}P_{n-p-q,k,m}(x,y)\left(\frac{k}{n+\alpha(n)}-x\right)^2\leqslant\frac{M_{p,q}}{n}
$$

那么由 Hölder 不等式得到

$$
\begin{aligned}
I_2\leqslant{}& W\left(\frac{\partial^{p+q}}{\partial x^p\partial y^q}f,\delta\right)+\frac{1}{\delta}W\left(\frac{\partial^{p+q}}{\partial x^p\partial y^q}f,\delta\right)\cdot\\
&\left[\frac{1}{2(n+\alpha(n))}+\sqrt{\frac{M_{p,q}}{n}}\right]
\end{aligned}
$$

如果取 $\delta=\sqrt{\frac{1}{n}}$,则

$$
\begin{aligned}
&\max_{(x,y)\in S}\left|\frac{\partial^{p+q}}{\partial x^p\partial y^q}C_n(f;x,y)-\frac{\partial^{p+q}}{\partial x^p\partial y^q}f(x,y)\right|\\
\leqslant{}& C_1W\left(\frac{\partial^{p+q}}{\partial x^p\partial y^q}f,n^{-\frac{1}{2}}\right)+\\
&C_2n^{-1}\max_{(x,y)\in S}\left|\frac{\partial^{p+q}}{\partial x^p\partial y^q}f(x,y)\right|
\end{aligned}
$$

推论 1 若 $\frac{\partial^{p+q}}{\partial x^p\partial y^q}f\in C(S)$,则 $\frac{\partial^{p+q}}{\partial x^p\partial y^q}C_n(f;x,$

$y)$ 在 $C(S)$ 上一致收敛于 $\frac{\partial^{p+q}}{\partial x^p \partial y^q} f$.

定理 2　设 $f \in C(S)$,若 f 在点 (x,y) 处有 $2r$ 阶连续的偏导数,则有

$$C_n(f;x,y) = f(x,y) + \sum_{i=1}^{2r} \sum_{j=1}^{i} \frac{S_{i-j,j}^{(n)}(x,y)}{(i-j)!\ j!} \cdot \frac{\partial^i}{\partial x^{i-j} \partial y^j} f(x,y) + \frac{\varepsilon_n}{n^r}$$

其中

$$S_{p,q}^{(n)}(x,y) = C_n((\cdot - x)^p (\cdot - y)^q ; x \cdot y) \quad (n,p,q \geqslant 0)$$

而 $\varepsilon_n \to 0 (n \to \infty)$.

证明　首先我们建立下列递推公式

$$\begin{aligned}
&C_n((\cdot - x)^{L+1};x,y) \\
&= \sum_{k=0}^{n} \sum_{m=0}^{n-k} P_{n,k,m}(x,y) \left(\frac{k}{n+\alpha(n)} - x\right)^{L+1} \\
&= \frac{1}{n+\alpha(n)} \Big[x(1-x) \frac{\partial}{\partial x} C_n((\cdot - x)^L;x,y) - \\
&\quad xy \frac{\partial}{\partial y} C_n((\cdot - x)^L;x,y) + \\
&\quad Lx(1-x) C_n((\cdot - x)^{L-1};x,y) - \\
&\quad \alpha(n) x C_n((\cdot - x)^L;x,y) \Big]
\end{aligned} \tag{1}$$

由于

$$x(1-x) \frac{\partial}{\partial x} P_{n,k,m}(x,y) - xy \frac{\partial}{\partial y} P_{n,k,m}(x,y) = (k - nx) P_{n,k,m}(x,y)$$

所以

$$x(1-x) \frac{\partial}{\partial x} C_n((\cdot - x)^L;x,y) - xy \frac{\partial}{\partial y} C_n((\cdot - x)^L;x,y)$$

$$= \sum_{k=0}^{n} \sum_{m=0}^{n-k} x(1-x) \frac{\partial}{\partial x} P_{n,k,m}(x,y) \left(\frac{k}{n+\alpha(n)} - x \right)^{L} -$$

$$Lx(1-x) \sum_{k=0}^{n} \sum_{m=0}^{n-k} P_{n,k,m}(x,y) \cdot$$

$$\left(\frac{k}{n+\alpha(n)} - x \right)^{L-1} - xy \sum_{k=0}^{n} \sum_{m=0}^{n-k} \frac{\partial}{\partial y} \cdot$$

$$P_{n,k,m}(x,y) \left(\frac{k}{n+\alpha(n)} - x \right)^{L}$$

$$= \sum_{k=0}^{n} \sum_{m=0}^{n-k} (k-nx) P_{n,k,m}(x,y) \left(\frac{k}{n+\alpha(n)} - x \right)^{L} -$$

$$Lx(1-x) \sum_{k=0}^{n} \sum_{m=0}^{n-k} P_{n,k,m}(x,y) \left(\frac{k}{n+\alpha(n)} - x \right)^{L-1}$$

$$= (n+\alpha(n)) \sum_{k=0}^{n} \sum_{m=0}^{n-k} \left(\frac{k}{n+\alpha(n)} - \frac{nx}{n+\alpha(n)} - x + x \right) \cdot$$

$$P_{n,k,m}(x,y) \left(\frac{k}{n+\alpha(n)} - x \right)^{L} -$$

$$Lx(1-x) \sum_{k=0}^{n} \sum_{m=0}^{n-k} P_{n,k,m}(x,y) \left(\frac{k}{n+\alpha(n)} - x \right)^{L-1}$$

$$= (n+\alpha(n)) \sum_{k=0}^{n} \sum_{m=0}^{n-k} P_{n,k,m}(x,y) \left(\frac{k}{n+\alpha(n)} - x \right)^{L+1} +$$

$$\alpha(n) \sum_{k=0}^{n} \sum_{m=0}^{n-k} P_{n,k,m}(x,y) \cdot \left(\frac{k}{n+\alpha(n)} - x \right)^{L} -$$

$$Lx(1-x) \sum_{k=0}^{n} \sum_{m=0}^{n-k} P_{n,k,m}(x,y) \left(\frac{k}{n+\alpha(n)} - x \right)^{L-1}$$

从而我们得到了递推公式(1).

由于 f 在点(x,y)处有连续的 $2r$ 阶偏导数,则

$$f(s,t) = f(x,y) + \sum_{i=0}^{2r} \sum_{j=0}^{i} \frac{(s-x)^{i-j}(t-y)^{i}}{(i-j)!\ j!} \cdot$$

$$\frac{\partial^{i}}{\partial x^{i-j} \partial y^{j}} f(x,y) + R(s,t) \quad ((s,t) \in S)$$

其中

$$R(s,t)=\sum_{i=0}^{2r}\alpha_i(s,t)(s-x)^{2r-i}(t-y)^i \qquad (2)$$

而 $\alpha_i(s,t)$ 是 S 上的有界函数，且

$$\lim_{\substack{s\to x\\ t\to y}}\alpha_i(s,t)=0 \quad (i=0,1,\cdots,2r)$$

将线性算子 C_n 作用于式(2) 的两端，可以得到

$$C_n(f;x,y)=f(x,y)+\sum_{i=0}^{2r}\sum_{j=0}^{i}\frac{S_{i-j,j}^{(n)}(x,y)}{(i-j)!\ j!}\cdot \frac{\partial^i}{\partial x^{i-j}\partial y^j}f(x,y)+C_n(R;x,y)$$

下面估计 $C_n(R;x,y)$. 令

$$I_i=\sum_{k=0}^{n}\sum_{m=0}^{n-k}P_{n,k,m}(x,y)\alpha_i\left(\frac{k}{n+\alpha(n)},\frac{m}{n+\alpha(n)}\right)\cdot \left(\frac{k}{n+\alpha(n)}-x\right)^{2r-i}\left(\frac{m}{n+\alpha(n)}-y\right)^i$$

$$(i=0,1,\cdots,2r)$$

由函数 $\alpha_i(s,t)$ 的性质知，对任给的 $\varepsilon>0$，存在 $\delta>0$，使得对任何 $(s,t)\in S$，有

$$|\alpha_i(s,t)|\leqslant \varepsilon+\frac{M}{\delta}|s-x|+\frac{M}{\delta}|t-y|$$

其中

$$M=\max_{0\leqslant t\leqslant 2r}\sup_{(s,t)\in S}|\alpha_i(s,t)|$$

于是我们有

$$I_i\leqslant \varepsilon\sum_{k=0}^{n}\sum_{m=0}^{n-k}P_{n,k,m}(x,y)\cdot \left|\frac{k}{n+\alpha(n)}-x\right|^{2r-i}\left|\frac{m}{n+\alpha(n)}-y\right|^i+ \frac{M}{\delta}\sum_{k=0}^{n}\sum_{m=0}^{n-k}P_{n,k,m}(x,y)\left|\frac{k}{n+\alpha(n)}-x\right|^{2r-i+1}\cdot$$

$$\left|\frac{m}{n+\alpha(n)}-y\right|^{i}+$$

$$\frac{M}{\delta}\sum_{k=0}^{n}\sum_{m=0}^{n-k}P_{n,k,m}(x,y)\left|\frac{k}{n+\alpha(n)}-x\right|^{2r-i}\cdot$$

$$\left|\frac{m}{n+\alpha(n)}-y\right|^{i+1}$$

由计算知

$$C_n(s-x;x,y)=-\frac{\alpha(n)}{n+\alpha(n)}x$$

$$C_n((s-x)^2;x,y)=\left(\frac{\alpha(n)}{n+\alpha(n)}\right)^2x^2+\frac{nx(1-x)}{(n+\alpha(n))^2}$$

利用归纳法及递推公式(1)有

$$C_n(\cdot-x^L;x,y)=o((\frac{1}{n})^{\frac{L+1}{2}})$$

由此利用 Hölder 不等式，有

$$|I_i|\leqslant\frac{C_1}{n^r}\left(\varepsilon+\frac{C_2}{\sqrt{n}}\right)\quad(i=0,1,\cdots,2r)$$

其中 C_1,C_2 是与 r,M 和 δ 有关的常数. 于是

$$\lim_{n\to\infty}I_in^r=0\quad(i=0,1,\cdots,2r)$$

令 $\varepsilon_n=n^rC_n(R;x,y)$，由于

$$C_n(R;x,y)=\sum_{i=0}^{2r}I_i$$

所以

$$C_n(f;x,y)=f(x,y)\sum_{i=1}^{2r}\frac{S_{i-j,j}^{(n)}(x,y)}{(i-j)!\ j!}\cdot$$

$$\frac{\partial^i}{\partial x^{i-j}\partial y^j}f(x,y)+\frac{\varepsilon_n}{n^r}$$

其中 $\varepsilon_n\to0(n\to\infty)$.

定理 3 设 n,k 满足 $2^{2(k-1)}\leqslant n+1\leqslant2^{2k}$，则

$$\| C_n f - f \|_{C(S)} \leqslant C \sum_{L=0}^{k} 2^{2(L-k)} E_{2^L-1}(f)$$

其中 C 不依赖于 f 及 n.

证明　设 $P_n(x,y)$ 是 f 在 $C(S)$ 中的最佳逼近多项式,则对任意的 $n,k \geqslant 1$,有

$$\| C_n f - f \|_{C(S)} \leqslant 4E_{2^k-1}(f)_p + \sum_{L=1}^{k} \| C_n(P_{2^L-1} - P_{2^{L-1}-1}) - (P_{2^L-1} - P_{2^{L-1}-1}) \|_{C(S)}$$

由引理 1 知

$$\| C_n(P_{2^L-1} - P_{2^{L-1}-1}) - (P_{2^L-1} - P_{2^{L-1}-1}) \|_{C(S)}$$

$$\leqslant \frac{M_1}{n}\Big[\| (P_{2^L-1} - P_{2^{L-1}-1}) \|_{C(S)} + \left\| \frac{\partial}{\partial x}(P_{2^L-1} - P_{2^{L-1}-1}) \right\|_{C(S)} + \left\| \frac{\partial}{\partial y}(P_{2^L-1} - P_{2^{L-1}-1}) \right\|_{C(S)} + \left\| x(1-x-y)\frac{\partial^2}{\partial x^2}(P_{2^L-1} - P_{2^{L-1}-1}) \right\|_{C(S)} + \left\| xy\left(\frac{\partial}{\partial x} - \frac{\partial}{\partial y}\right)^2 (P_{2^L-1} - P_{2^{L-1}-1}) \right\|_{C(S)} + \left\| y(1-x-y)\frac{\partial^2}{\partial y^2}(P_{2^L-1} - P_{2^{L-1}-1}) \right\|_{C(S)} \Big]$$

再利用引理 2 得到

$$\| C_n f - f \|_{C(S)} \leqslant 4E_{2^L-1}(f) + \frac{M_1}{n} \sum_{L=1}^{k} (2^L - 1)^2 \cdot \| P_{2^L-1} - P_{2^{L-1}-1} \|_{C(S)} \leqslant C \sum_{L=0}^{k} 2^{2(L-k)} E_{2^L-1}(f)$$

定理 4　若 $f \in C(S)$,则

$$K(f,t)\leqslant \|C_n f-f\|_{C(S)}+CtnK(f,n^{-1})$$

其中 C 不依赖于 f 和 n.

证明 记

$$\Phi(g)=\left\|\frac{\partial}{\partial x}g\right\|_{C(S)}+\left\|\frac{\partial}{\partial y}g\right\|_{C(S)}+\left\|x(1-x-y)\frac{\partial^2}{\partial x^2}g\right\|_{C(S)}+\left\|y(1-x-y)\frac{\partial^2}{\partial y^2}g\right\|_{C(S)}+\left\|xy\left(\frac{\partial}{\partial x}-\frac{\partial}{\partial y}\right)^2 g\right\|_{C(S)}$$

我们只需证明

$$\Phi(c_n(g))\leqslant L_1 n\|g\|_{C(S)}\quad (g\in C(S))\tag{3}$$

$$\Phi(c_n(g))\leqslant L_1\Phi(g)\quad (g\in C^2(S))\tag{4}$$

由于

$$\left|\frac{\partial}{\partial x}C_n(g;x,y)\right|$$

$$\leqslant\left|\sum_{k,m}g\left(\frac{k}{n+\alpha(n)},\frac{m}{n+\alpha(n)}\right)\binom{n}{k}\binom{n-k}{m}x^{k-1}\cdot y^m(1-x-y)^{n-k-m-1}(k(1-x-y)-(n-k-m)x)\right|$$

$$\leqslant\|g\|\left(C_n\left(\frac{s}{x}(n+\alpha(n);x,y)\right)\right)+C_n\left(\frac{n-(n+\alpha(n))(s+t)}{1-x-y};x,y\right)\bigg)\leqslant 2n\|g\|$$

$$\left|x(1-x-y)\frac{\partial^2}{\partial x^2}C_n(g;x,y)\right|$$

$$=\left|\frac{n^2}{x(1-x-y)}\sum_{k=0}^{n}\sum_{m=0}^{n-m}g\left(\frac{k}{n+\alpha(n)},\frac{m}{n+\alpha(n)}\right)\cdot P_{n,k,m}(x,y)\left\{\left(\frac{k}{n}-x\right)^2(1-x-y)^2+\right.\right.$$

$$\left(\frac{k}{n}+\frac{m}{n}-x-y\right)^2 x^2-\frac{1}{n}\frac{k}{n}(1-x-y)^2-$$

$$\frac{1}{n}\left(1-\frac{k}{n}-\frac{m}{n}\right)x^2-$$

$$2\left(\frac{k}{n}-x\right)\left(x+y-\frac{k}{n}-\frac{m}{n}\right)\cdot x(1-x-y)\Big\}\Big|$$

注意到

$$\left|g\left(\frac{k}{n+\alpha(n)},\frac{m}{n+\alpha(n)}\right)\right|\leqslant \|g\|_{C(S)}$$

那么由[6]得到

$$\left|x(1-x-y)\frac{\partial^2}{\partial x^2}C_n(g;x,y)\right|\leqslant 3n\|g\|_{C(S)}$$

令

$$g_2(x,y)=g(x,1-x-y),z=1-x-y$$

我们有

$$\left|xy\left(\frac{\partial}{\partial x}-\frac{\partial}{\partial y}\right)^2 C_n(g;x,y)\right|$$

$$=\left|x(1-x-z)\frac{\partial^2}{\partial x^2}C_n\left(g_2\left(s,t+\frac{\alpha(n)}{n+\alpha(n)}\right);x,y\right)\right|$$

$$\leqslant 3n\|g\|_{C(S)}$$

从而完成了式(3)的证明.又因为

$$\left|\frac{\partial}{\partial x}C_n g(x,y)\right|$$

$$=\left|n\sum P_{n-1,k-1,m}\left(g\left(\frac{k}{n+\alpha(n)},\frac{m}{n+\alpha(n)}\right)-\right.\right.$$

$$\left.\left.g\left(\frac{k-1}{n+\alpha(n)},\frac{m}{n+\alpha(n)}\right)\right)\right|$$

$$\leqslant\left\|\frac{\partial}{\partial x}g\right\|_{C(S)}$$

$$\left|x(1-x-y)\frac{\partial^2}{\partial x^2}C_n(g;x,y)\right|$$

$$= \left| \sum_{k=2}^{n} \sum_{m=0}^{n-k} P_{n,k-1,m}(x,y)(k-1)(n-k-m+1) \cdot \left(g\left(\frac{k}{n+\alpha(n)}, \frac{m}{n+\alpha(n)}\right) - 2g\left(\frac{k-1}{n+\alpha(n)}, \frac{m}{n+\alpha(n)}\right) + g\left(\frac{k-2}{n+\alpha(n)}, \frac{m}{n+\alpha(n)}\right) \right) \right|$$

$$= \sum\sum_{k+m=n} + \sum\sum_{\substack{k+m<n \\ k\geqslant 3}} + \sum\sum_{\substack{k+m<n \\ k=2}} \triangleq I_1 + I_2 + I_3$$

我们分别估计 I_1, I_2, I_3，有

$$|I_1| \leqslant \left| \sum_{k+m=n} (k-1) P_{n-1,k-1,m}(x,y) \frac{2}{n+\alpha(n)} \left\| \frac{\partial}{\partial x} g \right\|_{C(S)} \right| \leqslant 2 \left\| \frac{\partial}{\partial x} g \right\|_{C(S)}$$

$$|I_2| \leqslant \sum_{\substack{k+m<n \\ k\geqslant 3}} P_{n-1,k-1,m}(x,y)(k-1)(n-k-m+1) \cdot \iint_{\frac{-1}{2(n+\alpha(n))}}^{\frac{1}{2(n+\alpha(n))}} \left| g''\left(\frac{k-1}{n+\alpha(n)} + u + v, \frac{m}{n+\alpha(n)}\right) \right| \mathrm{d}u\mathrm{d}v$$

$$\leqslant \sum_{\substack{k+m<n \\ k\geqslant 3}} P_{n-1,k-1,m}(x,y)(k-1)(n-k-m+1) \cdot \left\| x(1-x-y) \frac{\partial^2}{\partial x^2} g(x,y) \right\|_{C(S)} \cdot \iint_{\frac{-1}{2(n+\alpha(n))}}^{\frac{1}{2(n+\alpha(n))}} \frac{\mathrm{d}u\mathrm{d}v}{\left(\frac{k-1}{n+\alpha(n)} + u + v\right)\left(1 - \frac{k-1}{n+\alpha(n)} - u - v - \frac{m}{n+\alpha(n)}\right)}$$

$$\leqslant 4 \left\| x(1-x-y) \frac{\partial^2}{\partial x^2} g \right\|_{C(S)}$$

$$|I_3| \leqslant \sum_{\substack{k+m<n \\ k=2}} P_{n,1,m}(x,y)(n-m-1) \cdot$$

$$\iint_{\frac{-1}{2(n+\alpha(n))}}^{\frac{1}{2(n+\alpha(n))}} \left| g''\left(\frac{k-1}{n+\alpha(n)}+u+v,\right.\right.$$

$$\left.\left.\frac{m}{n+\alpha(n)}\right)\right| \mathrm{d}u\mathrm{d}v$$

$$\leqslant \sum_{\substack{k+m<n\\k=2}} P_{n,1,m}(x,y)(n-m-1)\cdot$$

$$\left\| x(1-x-y)\frac{\partial^2}{\partial x^2}g \right\|_{C(S)}\cdot$$

$$\iint_{\frac{-1}{2(n+\alpha(n))}}^{\frac{1}{2(n+\alpha(n))}} \frac{1}{\frac{1}{n+\alpha(n)}+u+v}\cdot$$

$$\frac{n+\alpha(n)}{n+\alpha(n)-1-m}\mathrm{d}u\mathrm{d}v$$

注意到

$$\iint_{\frac{-h}{2}}^{\frac{h}{2}} \frac{\mathrm{d}s\mathrm{d}t}{(x+s+t)(1-x-s-t)}$$

$$\leqslant \frac{6h^2}{(x+h)(1-x-h)}\quad \left(h<\frac{1}{8}\right)$$

从而

$$|I_3| \leqslant 8\left\| x(1-x-y)\frac{\partial^2}{\partial x^2}g \right\|_{C(S)}$$

如果再令

$$g_2(x,y)=g(x,1-x-y),z=1-x-y$$

则

$$\left| xy\left(\frac{\partial}{\partial x}-\frac{\partial}{\partial y}\right)^2 C_n(g;x,y) \right|$$

$$=\left| x(1-x-z)\frac{\partial^2}{\partial x^2}C_n\left(g_2\left(s,t+\frac{\alpha(n)}{n+\alpha(n)}\right);x,y\right) \right|$$

$$\leqslant \left| x(1-x-z)\frac{\partial^2}{\partial x^2}\cdot\right.$$

$$\left. C_n\left(g_2\left(s,t+\frac{\alpha(n)}{n+\alpha(n)}\right)-g(s,t);x,y\right) \right|+$$

$$\left|x(1-x-z)\frac{\partial^2}{\partial x^2}C_n(g(s,t);x,y)\right|$$

我们利用式(3)及上述不等式可得

$$\begin{aligned}&\left|xy\left(\frac{\partial}{\partial x}-\frac{\partial}{\partial y}\right)^2C_n(g;x,y)\right|\\ \leqslant{}& L_1n\left\|g_2\left(s,t\frac{\alpha(n)}{n+\alpha(n)}\right)-g_2(s,t)\right\|_{C(S)}+\\ &8\left\|\frac{\partial}{\partial x}g_2\right\|_{C(S)}+8\left\|x(1-x-z)\frac{\partial^2}{\partial x^2}g_2\right\|_{C(S)}\\ \leqslant{}& L_2\left(\left\|\frac{\partial}{\partial x}g\right\|_{C(S)}+\left\|\frac{\partial}{\partial y}g\right\|_{C(S)}+\right.\\ &\left.\left\|xy\left(\frac{\partial}{\partial x}-\frac{\partial}{\partial y}\right)^2g\right\|_{C(S)}\right)\end{aligned}$$

从而我们完成了式(4)的证明,也完成了定理4的证明.

推论2 若 $0<\alpha<1$,则

$$E_n(f)_{C(S)}=O(n^{-2\alpha})\Leftrightarrow\|C_nf-f\|_{C(S)}=O(n^{-2\alpha})$$

证明 若

$$\|C_nf-f\|_{C(S)}=O(n^{-\alpha})$$

则由定理4得

$$K(f,t)=O(t^\alpha)$$

再由[3]中定理1及[5]中定理12.2.3,我们有

$$E_n(f)_{C(S)}=O(n^{-2\alpha})$$

若

$$E_n(f)_{C(S)}=O(n^{-2\alpha})$$

由定理3即可得到

$$\|C_nf-f\|_{C(S)}=O(n^{-\alpha})$$

定理5 若 $0<\alpha<1,1\leqslant q\leqslant\infty$,则下列范数等价:

(i) $\|\{(1+n)^{2\alpha}E_n(f)_{C(S)}\}\|_{L_q^*}$.

(ii) $\|\{(1+n)^{\alpha}\|C_n f - f\|_{C(S)}\}\|_{L_q^*} + \|f\|_{C(S)}$.

(iii) $\{\int_0^1 (t^{-2\alpha}K(f,t^2))^q \frac{\mathrm{d}t}{t}\}^{\frac{1}{q}} + \|f\|_{C(S)}, 1 \leqslant q < \infty, \sup\limits_t (t^{-2\alpha}K(f,t^2)) + \|f\|_{C(S)}, q = +\infty$.

其中 $E_0(f)_{C(S)} = \|f\|_{C(S)}$.

证明　由定理 3 知当 $4^{k-1} \leqslant n+1 < 4^k$ 时

$$\|C_n f - f\|_{C(S)} \leqslant C\sum_{L=0}^{k} 2^{2(l-k)} E_{2^L-1}(f)_{C(S)}$$

从而

$$\begin{aligned}
&\sup_{4^{k-1}\leqslant n+1\leqslant 4^k} (1+n)^{\alpha} \|C_n f - f\|_{C(S)} \\
&\leqslant C\sum_{l=0}^{k} 2^{2\alpha k} 2^{2(l-k)} E_{2^l-1}(f)_{C(S)} \\
&= C_2^{-2k(l-\alpha)} \|f\|_{C(S)} + \\
&\quad C\alpha \sum_{l=1}^{k} 2^{(1-\alpha)2(l-k)} (2^l - 1)^{2\alpha} E_{2^l-1}(f)_{C(S)}
\end{aligned}$$

则当 $1 \leqslant q < +\infty$ 时

$$\begin{aligned}
&\sum_{n=0}^{\infty} [(1+n)^{\alpha} \|C_n f - f\|_{C(S)}]^q \frac{1}{n+1} \\
&= \sum_{k=1}^{\infty} \sum_{4^{k-1}\leqslant n+1<4^k} [(1+n)^{\alpha} \|C_n f - f\|_{C(S)}]^q \frac{1}{n+1} \\
&\leqslant 3\sum_{k=1}^{\infty} \sup_{4^{k-1}\leqslant n+1<4^k} [(1+n)^{\alpha} \|C_n f - f\|_{C(S)}]^q \\
&\leqslant 3\Big(\sum_{k=1}^{\infty} 2^{-2k(1-\alpha)q} \|f\|_{C(S)}^q\Big) + \\
&\quad 3C_{\alpha}^q \sum_{k=1}^{\infty} \Big(\sum_{l=1}^{k} 2^{(1-\alpha)2(1-k)} (2^l - 1)^{2\alpha} E_{2^l-1}(f)\Big)^q \\
&\leqslant C_0 \|f\|_{C(S)}^q + 3C'_{\alpha} \sum_{k=1}^{\infty} \Big(\sum_{l=1}^{k} 2^{(1-\alpha)2(l-k)}\Big)^{\frac{q}{q^*}} \cdot
\end{aligned}$$

$$\sum_{l=1}^{k} 2^{(1-\alpha)2(l-k)}[(2^l-1)^{2\alpha}E_{2^l-1}(f)]^q$$

$$\leqslant C_0 \|f\|_{C(S)}^q + C'_\alpha \sum_{l=1}^{k} 2^{(1-\alpha)2(l-k)} \cdot$$

$$[(2^l-1)^{2\alpha}E_{2^l-1}(f)_{C(S)}]^q$$

$$=C_0 \|f\|_{C(S)}^q + C''_\alpha \sum_{l=1}^{\infty}[(2^l-1)^{2\alpha}E_{2^l-1}(f)_{C(S)}]^q \cdot$$

$$\sum_{k=1}^{\infty} 2^{(1-\alpha)2(l-k)}$$

$$\leqslant C_0 \|f\|_{C(S)}^q + C''_\alpha \sum_{l=1}^{\infty}[(2^l-1)^{2\alpha}E_{2^l-1}(f)_{C(S)}]^q$$

其中$\frac{1}{q}+\frac{1}{q^*}=1$. 注意到

$$\sum_{n=1}^{\infty}[(1+n)^{2\alpha}E_n(f)]^q \frac{1}{n+1}$$

$$\geqslant \sum_{l=1}^{\infty} \sum_{2^{l-1}\leqslant n<2^l-1}[(1+n)^{2\alpha}E_n(f)]^q \frac{1}{n+1}$$

$$\geqslant (\frac{1}{4})^{2\alpha} \sum_{l=1}^{\infty}[(2^l-1)^{2\alpha}E_{2^l-1}(f)_{C(S)}]^q$$

从而

$$\left\{\sum_{n=0}^{\infty}[(1+n)^{\alpha} \|C_n f-f\|_{C(S)}]^q \frac{1}{n+1}\right\}^{\frac{1}{q}}$$

$$\leqslant M\left\{\sum_{n=0}^{\infty}[(1+n)^{2\alpha}E_n(f)_{C(S)}]^q \frac{1}{n+1}\right\}^{\frac{1}{q}}$$

当 $q=+\infty$ 时

$$\sup_n (1+n)^{\alpha} \|C_n f-f\|_{C(S)}$$

$$=\sup_k \sup_{4^{k-1}\leqslant n+1<4^k} (1+n)^{\alpha} \|C_n f-f\|_{C(S)}$$

$$\leqslant C\|f\|_{C(S)} + C_\alpha \sup_k \sum_{l=1}^{k} 2^{(1-\alpha)2(l-k)}(2^l -$$

$1)^{2\alpha}E_{2^l-1}(f)_{C(S)}$

$$\leqslant \quad C\|f\|_{C(S)} \quad + \quad C_\alpha\left(\sup_k\sum_{l=1}^{k}2^{(1-\alpha)2(l-k)}\right) \ \sup_{n\geqslant 1}$$

$n^\alpha E_n f_{C(S)}$

$$\leqslant M\sup_n(1+n)^{2\alpha}E_n(f)_{C(S)}$$

这样我们得到

$$\|\{(1+n)^\alpha\|C_nf-f\|_{C(S)}\}\|_{Lq^*}+\|f\|_{C(S)}$$

$$\leqslant M\|\{(1+n)^{2\alpha}E_n(f)_{C(S)}\}\|_{Lq^*}$$

再由[5,3]知

$$E_n(f)_{C(S)}\leqslant M\left(K\left(f;\frac{1}{n^2}\right)+\frac{1}{n^2}\|f\|_{C(S)}\right)$$

当 $1\leqslant q<+\infty$ 时,我们有

$$\sum_{n=0}^{\infty}[(1+n)^{2\alpha}E_n(f)_{C(S)}]^q\frac{1}{n+1}$$

$$=\|f\|_{C(S)}^q+\sum_{n=1}^{\infty}[(1+n)^{2\alpha}E_n(f)_{C(S)}]^q\frac{1}{n+1}$$

$$\leqslant\|f\|_{C(S)}^q+C_1\sum_{n=1}^{\infty}\left[(1+n)^{2\alpha}K\left(f,\frac{1}{n^2}\right)\right]^q\frac{1}{n+1}+$$

$$C_2\sum_{n=1}^{\infty}\left[(1+n)^{2\alpha}\frac{\|f\|}{n^2}\right]^q\frac{1}{n+1}$$

$$\leqslant C_3\|f\|_{C(S)}^q+C_4\sum_{n=1}^{\infty}\int_{\frac{1}{n+1}}^{\frac{1}{n}}(t^{-2\alpha}K(k,t^2))^q\frac{\mathrm{d}t}{t}$$

$$\leqslant M\left(\|f\|_{C(S)}^q+\int_0^1(t^{-2\alpha}K(f,t^2))^q\frac{\mathrm{d}t}{t}\right)$$

当 $q=+\infty$ 时

$$\sup_n(1+n)^{2\alpha}E_n(f)_{C(S)}$$

$$\leqslant\|f\|_{C(S)}+\sup_{n\geqslant 1}(1+n)^{2\alpha}E_n(f)_{C(S)}$$

$$\leqslant\|f\|_{C(S)}+M\sup_{n\geqslant 1}[(1+n)^{2\alpha-2}\|f\|_{C(S)}+$$

$$(1+n)^{2\alpha}K(f,n^{-2})]$$

$$\leqslant M[\|f\|_{C(S)}+\sup_{0<t\leqslant 1}t^{-2\alpha}K(f,t^2)]$$

对 $2\leqslant r\in\mathbf{N}$，选数列 $\{n_l\}_{l=1}^{\infty}$ 满足：

(1)$r^{l-1}\leqslant n_l<r^l$；

(2)$\|C_{n_l}f-f\|_{C(S)}=\min\{\|C_nf-f\|_{C(S)},r^{l-1}\leqslant n<r^l\}$.

由于

$$\int_0^1[t^{-2\alpha}K(f,t^2)]^q\frac{dt}{t}$$

$$=\sum_{k=1}^{\infty}\int_{r^{-\frac{k}{2}}}^{r^{-\frac{k}{2}+\frac{1}{2}}}[t^{-2\alpha}K(f,t^2)]^q\frac{dt}{t}$$

$$\leqslant C_r\sum_{k=1}^{\infty}[r^{k\alpha}K(f,r^{-k})]^q$$

$$(1\leqslant q<\infty)$$

$$K(f,t^2)\leqslant\|C_nf-f\|_{C(S)}+Lt^2nK(f,\frac{1}{n})$$

其中 L 不依赖于 n 及 f，从而

$$r^{k\alpha}K(f,r^{-k})$$

$$\leqslant r^{k\alpha}[\|C_{n_k}f-f\|_{C(S)}+Lr^{-k}n_kK(f,n_k^{-1})]$$

$$\leqslant r^{k\alpha}\|C_{n_k}f-f\|_{C(S)}+L(r^{-k}n_k)^{1-\alpha}n_k^{\alpha}\cdot$$

$$[\|C_{n_k}f-f\|_{C(S)}+Ln_{k-1}n_k^{-1}K(f,n_{k-1}^{-1})]$$

$$\leqslant r^{k\alpha}\|C_{n_k}f-f\|_{C(S)}+Lr^{2\alpha}(r^{-k}n_k)^{1-\alpha}n_{k-1}^{\alpha}\cdot$$

$$\|C_{n_{k-1}}f-f\|_{C(S)}+L^2(r^{-k}n_{k-1})^{1-\alpha}n_{k-1}^{\alpha}K(f,n_{k-1}^{-1})$$

$$\leqslant r^{k\alpha}\|C_{n_k}f-f\|_{C(S)}+$$

$$Lr^{2\alpha}(r^{-k}n_k)^{1-\alpha}n_{k-1}^{\alpha}\|C_{n_{k-1}}f-f\|_{C(S)}+$$

$$L^2(r^{-k}n_{k-1})^{1-\alpha}n_{k-1}^{\alpha}(\|C_{n_{k-2}}f-f\|_{C(S)}+$$

$$Ln_{k-2}n_{k-1}^{-1}K(f,n_{k-2}^{-1}))\leqslant\cdots$$

$$\leqslant r^{k\alpha}\|C_{n_k}f-f\|_{C(S)}+r^{2\alpha}\sum_{l=0}^{k-2}L^{l+1}(r^{-k}n_{k+l})^{1-\alpha}n_{k-l-1}^{\alpha}\cdot$$

$$\| C_{n_{k-l-1}} f - f \|_{C(S)} + L^k (r^{-k} n_1)^{1-\alpha} n_1^{\alpha} K(f, n_1)$$

$$\leqslant r^{\alpha} n_k^{\alpha} \| C_{n_k} f - f \|_{C(S)} +$$

$$r^{2\alpha} \sum_{l=1}^{k-1} L^{k-l} (r^{-k} n_{l+1})^{1-\alpha} n_l^{\alpha} \| C_{n_l} f - f \|_{C(S)} +$$

$$L^k r (r^{-k})^{1-\alpha} \| f \|_{C(S)}$$

注意到 $r^k n_{l+1} \leqslant r^{-k} r^{l+1}$，那么

$$r^{k\alpha} K(f, r^{-k})$$

$$\leqslant r^{\alpha} n_k^{\alpha} \| C_{n_k} f - f \|_{C(S)} +$$

$$L r^{2r} \sum_{l=1}^{k-1} (l r^{\alpha-1})^{k-l-1} n_l^{\alpha} \| C_{n_l} f - f \|_{C(S)} +$$

$$r (L r^{\alpha-1})^k \| f \|_{C(S)}$$

$$\leqslant (L+1) r^{2\alpha} (L r^{\alpha-1} + 1) \sum_{l=1}^{k} (L r^{\alpha-1})^{k-l-1} n_l^{\alpha} -$$

$$L \| C_{n_l} f - f \|_{C(S)} + r (L r^{\alpha-1})^k \| f \|_{C(S)}$$

现在我们选择 r 使得 $2 \leqslant r$，且 $L r^{\alpha-1} < 1$，从而

$$\int_0^1 (t^{-2\alpha} K(f, t^2))^q \frac{\mathrm{d}t}{t}$$

$$\leqslant C_{\alpha,r} \sum_{k=1}^{\infty} (L r^{\alpha-1})^{kq} \| f \|_{C(S)}^q +$$

$$C'_{\alpha,r} \sum_{k=1}^{\infty} \left[\sum_{l=1}^{k} (L r^{\alpha-1})^{k-l-1} n_l^{\alpha} \| C_{n_l} f - f \|_{C(S)} \right]^q$$

$$\leqslant C''_{\alpha,r} \| f \|^q C(S) + C''_{\alpha,r} \sum_{l=1}^{\infty} \sum_{k=l}^{\infty} (L r^{\alpha-1})^{k-l-1} \cdot$$

$$[n_l^{\alpha} \| C_{n_l} f - f \|_{C(S)}]^q \left(\sum_{l=1}^{k} (L r^{\alpha-1})^{k-l-1} \right)^{\frac{q}{q^*}}$$

$$\leqslant C''_{\alpha,r} \| f \|_{C(S)}^q + C''_{\alpha,r} \sum_{l=1}^{\infty} \sum_{k=l}^{\infty} (L r^{\alpha-1})^{k-l-1} \cdot$$

$$[n_l^{\alpha} \| C_{n_l} f - f \|_{C(S)}]^q$$

$$\leqslant C''_{\alpha,r} \| f \|_{C(S)}^q +$$

$$C'''_{\alpha,r}\sum_{l=1}^{\infty}(n_l^{\alpha}\|C_{n_l}f-f\|_{C(S)})^q\sum_{r^{l-1}\leqslant h<r^l}\frac{1}{k}$$

其中 q^* 是 q 的共轭数. 所以

$$\int_0^1(t^{-2\alpha}K(f,t^2))^q\frac{\mathrm{d}t}{t}$$

$$\leqslant C'_{\alpha,r}\|f\|_{C(S)}^q+C_{\alpha,r}^{(4)}\sum_{l=1}^{\infty}(n^{\alpha}\|C_nf-f\|_{C(S)})^q\frac{1}{n}$$

$$\leqslant M\left\{\|f\|_{C(S)}^q+\sum_{n=0}^{\infty}[(1+n)^{\alpha}\|C_nf-f\|_{C(S)}]^q\frac{1}{n+1}\right\}$$

当 $q=+\infty$ 时

$$\sup_{0<t\leqslant 1}t^{-2\alpha}K(f,t^2)$$

$$=\sup_{k\geqslant 1}\sup_{r^{-\frac{k}{2}}\leqslant t<r^{-\frac{k}{2}+\frac{1}{2}}}(t^{-2\alpha}K(f,t^2))$$

$$\leqslant r\sup_{k\geqslant 1}r^{\alpha k}K(f,r^{-k})$$

$$\leqslant C_r\|f\|_{C(S)}+$$

$$\sup_{k\geqslant 1}\sum_{l=1}^{k}(Lr^{\alpha-1})^{k-l-1}n_l^{\alpha}\|C_{n_l}f-f\|_{C(S)}$$

$$\leqslant C_r\|f\|_{C(S)}+C'_r\left(\sup\sum_{l=1}^{k}(Lr^{\alpha-1})^{k-l-1}\right)\sup_{n\geqslant 1}(1+n)^{\alpha}\|C_nf-f\|_{C(S)}$$

$$\leqslant M[\|f\|_{C(S)}+\sup_{n\geqslant 0}(1+n)^{\alpha}\|C_nf-f\|_{C(S)}]$$

这样我们完成了定理的证明.

推论 3 若 $0<\alpha<1$,则

$$K(f,t^2)=O(t^{2\alpha})\Leftrightarrow E_n(f)_{C(S)}=O(n^{-2\alpha})$$
$$\Leftrightarrow\|C_nf-f\|_{C(S)}=O(n^{-\alpha})$$

证明 应用定理 5,$q=+\infty$ 的情况便可.

参考资料

[1] P. C. Sikkema. Uber die Schurschen Linearen Positiven Operatoren. Indag. Math., 1975,37: 243-253.

[2] Z. Ditzian. Best Polynomial Approximation and Bernstein Polynomial Approximation on a Simplex. Indag. Math., 1989,243-256.

[3] H. Berens, Y. Xu. *K*-moduli of Smoothness, and Bernstein Polynomials on a Simplex. Indag. Math. N. S., 1991,2(3):411-421.

[4] Z. Ditzian. Multivariate Bernstein and Markov Inequalities. J. Approx. Theory, 1992,70:273-283.

[5] Z. Ditzian, V. Totik. Moduli of Smoothness, Berlin: Springer-Verlag,1987.

[6] Z. Ditzian. Inverse Theorems for Multidimensional Bernstein Operators. Pacific J. Math., 1986,121:293-319.

第八编

Kantorovich 多项式与 Kantorovich 算子

论广义的 Kantorovich 多项式及其渐近行为

第 42 章

§1 引　　言

1962 年匈牙利著名数学家 G. Freud 来中国讲学，复旦大学的曹家鼎教授提了一个关于非周期连续函数用线性正算子来逼近的问题，G. Freud 说："这是他长期研究的方向."曹教授解决了这个问题，研究了涉及点 x 在给定闭区间上的位置的逼近，得到了 G. Freud 所期待的结果[1,2]，本章发表了文[1] 的方法，研究非周期连续函数用线性正算子或线性算子来逼近，通过精巧的计算，证明了一个有趣的等式(定理 2),定理 2 给出了函数类 W^2[3] 在 C 空间中用线性正算子来逼近的偏差的精确值.

非周期函数在 L^p 空间中的逼近是逼近论中一个重要而又困难的问题,这方面研究结果很少,例如见 M. K. Потапов[4]. Kantorovich 多项式是 L^p 空间中的一个很好的逼近工具[5],本节推广这个多项式,并通过精巧的计算,证明了两个有趣的等式(定理 6 及定理 7),定理 7 给出了函数类 W^2L 在 L 空间中用广义的 Kantorovich 多项式来逼近的偏差的精确值. 定理 10 给出了 $W^2L^p(1<p<\infty)$ 在 L^p 空间中用广义的 Kantorovich 多项式来逼近的偏差的估值.

§2 非周期连续函数在 C 空间中用线性算子来逼近

设 $f(t)$ 是闭区间$[a,b]$上的连续函数,则记作 $f(t)\in C[a,b]$. 设 $|f(t)|^p(1\leqslant p<\infty)$ 在$[a,b]$上是 Lebesgue 可积的,则记作

$$f(t)\in L^p[a,b],\text{及 } \|f\|_p=\left\{\int_a^b|f(t)|^p\mathrm{d}t\right\}^{\frac{1}{p}}$$

我们约定

$$L^\infty[a,b]\xlongequal{\text{def}}C[a,b]$$

且

$$\|f\|_\infty=\|f\|_{C[a,b]}=\max_{a\leqslant t\leqslant b}|f(t)|$$

设 k 是自然数,设 $1\leqslant p\leqslant\infty$,若 $f^{(k-1)}(t)$ 在$[a,b]$上绝对连续且 $f^{(k)}(t)\in L^p[a,b]$,则记作 $f\in L_k^p[a,b]$,$L_k^1[a,b]$ 简记为 $L_k[a,b]$.

函数类

$W^kL^p=\{f:f\in L_k^p[a,b]$ 且 $\|f^{(k)}\|_p\leqslant 1\}$

简记 $W^kL^\infty=W^k$. 设函数类 $W\subset L^p[a,b]$,U_n 是映 $W\Rightarrow L^p[a,b]$ 的一列线性算子,按照柯尔莫戈洛夫定义

$$\mathscr{E}_n(W,U_n)_{L^p}\xlongequal{\text{def}}\sup_{f\in W}\|U_n(f)-f\|_p$$

并研究其渐近行为. 若 $W\subset C[a,b]$,定义

$$\mathscr{E}_n(W,U_n,x)\xlongequal{\text{def}}\sup_{f\in W}|U_n(f,x)-f(x)|$$

显见

$$\mathscr{E}_n(W,U_n)_{L^p}=\max_{a\leqslant x\leqslant b}\mathscr{E}_n(W,U_n;x)$$

引理 1　设 $f(t)\in L_2[a,b]$,则成立等式

$$f(t)=\frac{1}{2}\int_a^b f''(n)\mid t-z\mid \mathrm{d}z+\left[\frac{f'(a)+f'(b)}{2}\right]t+\frac{1}{2}[f(a)+f(b)-bf'(b)-af'(a)]\qquad(1)$$

证明　设 $f(t)\in L_2[a,b]$,则

$$\begin{aligned}&\int_a^b f''(z)\mid t-z\mid \mathrm{d}z\\&=\int_a^t f''(z)(t-z)\mathrm{d}z+\int_t^b f''(z)(z-t)\mathrm{d}z\\&=f'(z)(t-z)\mid_a^t+\int_a^t f'(z)\mathrm{d}z+\\&\quad f'(z)(z-t)\mid_t^b-\int_t^b f'(z)\mathrm{d}z\\&=2f(t)-(f'(a)+f'(b))t+af'(a)+\\&\quad bf'(b)-f(a)-f(b)\end{aligned}$$

所以(1) 成立.

当$[a,b]=[0,1]$,$f(t)\in L_2^\infty[a,b]$时(1) 即C. H. Bernstein 的等式.

引理 2 设 $f(t)\in L_1[a,b]$,则成立等式

$$f(t)=\frac{1}{2}\int_a^b f'(z)\operatorname{sgn}(t-z)\mathrm{d}z+\frac{f(a)+f(b)}{2} \tag{2}$$

这里 sgn t 是 t 的符号函数.

证明

$$\begin{aligned}&\int_a^b f'(z)\operatorname{sgn}(t-z)\mathrm{d}z\\ =&\int_a^t f'(z)\mathrm{d}z-\int_t^b f'(z)\mathrm{d}z\\ =&f(t)-f(a)-f(b)+f(t)\\ =&2f(t)-f(a)-f(b)\end{aligned}$$

所以(2)成立.证毕.

定理 1 设 A_n 是一列 $C[a,b]\Rightarrow C[a,b]$ 的线性连续算子,设 $A_n(1,x)=1$,则当 $f\in L_2[a,b]$ 时有

$$A_n(f(t),x)-f(x)-f'(x)\cdot(A_n(t,x)-x)=\frac{1}{2}\int_a^b f''(z)D_n(x,z)\mathrm{d}z \tag{3}$$

这里

$$D_n(x,z)\xlongequal{\text{def}}A_n(|t-z|,x)-|x-z|-(A_n(t,x)-x)\cdot\operatorname{sgn}(x-z) \tag{4}$$

此外

$$\mathscr{E}_n(W^2;x)\xlongequal{\text{def}}\sup_{f\in W^2}|A_n(f(t),x)-f(x)-f'(x)\cdot(A_n(t,x)-x)|=\frac{1}{2}\int_a^b|D_n(x,z)|\mathrm{d}z \tag{5}$$

证明 因为 $A_n(f)$ 是线性连续算子,所以固定一点 $x\in[a,b]$,$A_n(f(t),x)$ 是 $C[a,b]$ 上的线性连续泛函,当 $f(t)\in L_2[a,b]$ 时,由等式(1)知

$$A_n(f(t),x)=\frac{1}{2}\int_a^b f''(z)A_n(|t-z|,x)\mathrm{d}z+$$

$$\frac{[f'(a)+f'(b)]}{2}A_n(t,x)+$$

$$\frac{1}{2}[f(a)+f(b)-bf'(b)-$$

$$af'(a)]A_n(1,x) \tag{6}$$

因为 $A_n(1,x)=1$,从引理1知

$$A_n(f(t),x)-f(x)$$

$$=\frac{1}{2}\int_a^b f''(z)[A_n(|t-z|,x)-|x-z|]\mathrm{d}z+$$

$$\left[\frac{f'(a)+f'(b)}{2}\right]\cdot[A_n(t,x)-x] \tag{7}$$

由引理2知

$$f'(x)=\frac{1}{2}\int_a^b f''(z)\operatorname{sgn}(x-z)\mathrm{d}z+\frac{[f'(a)+f'(b)]}{2} \tag{8}$$

从而

$$f'(x)\cdot(A_n(t,x)-x)$$

$$=\frac{1}{2}\int_a^b f''(z)(A_n(t,x)-x)\operatorname{sgn}(x-z)\mathrm{d}z+$$

$$\frac{1}{2}(A_n(t,x)-x)(f'(a)+f'(b)) \tag{9}$$

综合上述二式

$$A_n(f(t),x)-f(x)-f'(x)\cdot(A_n(t,x)-x)$$

$$=\frac{1}{2}\int_a^b f''(z)[A_n(|t-z|,x)-|x-z|-$$

$$(A_n(t,x)-x)\operatorname{sgn}(x-z)]\mathrm{d}z \tag{10}$$

$$=\frac{1}{2}\int_a^b f''(z)D_n(x,z)\mathrm{d}z \tag{11}$$

所以

$$\mathscr{E}_n(W^2;x)=\sup_{f\in W^2}|A_n(f(t),x)-f(x)-$$

$$f'(x)\cdot(A_n(t,x)-x)\mid$$

$$=\frac{1}{2}\int_a^b \mid D_n(x,z)\mid \mathrm{d}z \tag{12}$$

证毕.

§3　非周期连续函数在 C 空间中用线性正算子来逼近

定理 2　设 A_n 是一列 $C[a,b]\Rightarrow C[a,b]$ 的线性正算子,设 $A_n(1,x)=1$,则当 $x\in[a,b]$ 和 $z\in[a,b]$ 时有

$$D_n(x,z)\geqslant 0 \tag{13}$$

此外

$$\mathscr{E}_n(W^2;x)=\frac{1}{2}A_n((t-x)^2,x) \tag{14}$$

证明　设 H 是 $C[a,b]\Rightarrow C[a,b]$ 的线性正算子,$g(t)\in C[a,b]$,从

$$-\parallel g(t)\parallel_\infty\leqslant g(t)\leqslant\parallel g(t)\parallel_\infty$$

知

$$\begin{aligned}-\parallel g\parallel_\infty\cdot H(1,x)&=H(-\parallel g\parallel_\infty,x)\\&\leqslant H(g(t),x)\\&\leqslant H(\parallel g\parallel_\infty,x)\\&=H(1,x)\cdot\parallel g\parallel_\infty\end{aligned}$$

$$\parallel H(g(t),x)\parallel_\infty\leqslant\parallel H(1,x)\parallel_\infty\cdot\parallel g\parallel_\infty$$

H 是线性连续算子,所以从定理假设知对 A_n 有(3)成立.当 $x=z$ 时 $\operatorname{sgn}(x-z)=0$,所以

$$D_n(x,x)=A_n(\mid t-x\mid,x)\geqslant 0 \tag{15}$$

当 $x>z$ 时 $\operatorname{sgn}(x-z)=1$,因 $A_n(1,x)=1$,所以

$$D_n(x,z)=A_n(|z-t|+z-t,x)$$
$$=2A_n(\max(z-t,0),x)\geqslant 0 \tag{16}$$

当 $x<z$ 时 $\operatorname{sgn}(x-z)=-1$,因 $A_n(1,x)=1$,所以

$$D_n(x,z)=A_n(|t-z|+t-z,x)$$
$$=2A_n(\max(t-z,0),x)\geqslant 0 \tag{17}$$

从定理 1 知

$$\mathscr{E}_n(W^2;x)=\frac{1}{2}\int_a^b|D_n(x,z)|\mathrm{d}z=\frac{1}{2}\int_a^b D_n(x,z)\mathrm{d}z \tag{18}$$

在(3) 中,令 $f(t)=t^2$ 得到

$$A_n(t^2,x)-x^2-2x\cdot(A_n(t,x)-x)$$
$$=\int_a^b D_n(x,z)\mathrm{d}z \tag{19}$$

而

$$A_n((t-x)^2,x)=A_n(t^2,x)-2x\cdot A_n(t,x)+x^2 \tag{20}$$
$$=A_n(t^2,x)-x^2-2x\cdot(A_n(t,x)-x) \tag{21}$$
$$=\int_a^b D_n(x,z)\mathrm{d}z \tag{22}$$

从(18)(22) 知

$$\mathscr{E}_n(W^2;x)=\frac{1}{2}A_n((t-x)^2,x)$$

证毕.

定理 3　设 A_n 是一列 $C[a,b]\Rightarrow C[a,b]$ 的线性正算子,设 $A_n(1,x)=1$ 及 $A_n(t,x)=x$,则

$$\mathscr{E}_n(W^2;x)=\sup_{f\in W^2}|A_n(f(t),x)-f(x)|$$
$$=\frac{1}{2}(A_n(t^2,x)-x^2)$$

证明 因

$$A_n(1,x)=1 \text{ 及 } A_n(t,x)=x$$

从(21)知

$$A_n((t-x)^2,x)=A_n(t^2,x)-x^2$$

从定理 2 得到定理 3.

证毕.

§4 C. H. Bernstein 多项式的迭合

设 $F(u)\in C(0,1]$，C. H. Bernstein 多项式[7,8] 为

$$B_n(F,x)=\sum_{v=0}^{n}F\left(\frac{v}{n}\right)\binom{n}{v}x^v(1-x)^{n-v} \quad (23)$$

我们研究 C. H. Bernstein 多项式的迭合(参见 C. C. Micchelli[9])：设

$$B_n^{[1]}(F)=B_n(F), B_n^{[k+1]}(F)=B_n(B_n^{[k]}(F))$$
$$(k=1,2,3,\cdots)$$

定理 4 设 k 是自然数，对 $B_n^{[k]}(F,x)$ 有

$$B_n^{[k]}(t^2,x)\equiv x^2+a_n^{(k)}x(1-x) \quad (24)$$

这里 $a_n^{(k)}=1-\left(1-\frac{1}{n}\right)^k$ 具有性质：

①$a_n^{(k)}$ 对 n 严格单调下降；

② $\lim\limits_{n\to\infty}n\cdot a_n^{(k)}=k$；

③$a_n^{(k)}-\frac{k}{n}=O\left(\frac{1}{n^2}\right)$.

证明　用数学归纳法,首先[8]

$$B_n^{[1]}(t^2,x)\equiv x^2+\frac{x(1-x)}{n}\equiv x^2+a_n^{(1)}x(1-x)$$

设(24)对自然数 k 成立,则

$$\begin{aligned}B_n^{[k+1]}(t^2,x)&\equiv B_n(B_n^{[k]}(t^2,u),x) \quad (25)\\&\equiv B_n(u^2+a_n^{(k)}u(1-u),x) \quad (26)\\&\equiv B_n(u^2,x)+a_n^{(k)}\cdot B_n(u,x)-\\&\quad a_n^{(k)}\cdot B_n(u^2,x)\\&\equiv x^2+\frac{x(1-x)}{n}+a_n^{(k)}x-\\&\quad a_n^{(k)}\left[x^2+\frac{x(1-x)}{n}\right]\\&\equiv x^2+x(1-x)\left[\frac{1}{n}+a_n^{(k)}-\frac{a_n^{(k)}}{n}\right]\\&\equiv x^2+x(1-x)\cdot\\&\quad\left[\frac{1}{n}+\left(1-\left(1-\frac{1}{n}\right)^k\right)\left(1-\frac{1}{n}\right)\right]\\&\equiv x^2+\left(1-\left(1-\frac{1}{n}\right)^{k+1}\right)x(1-x)\\&\equiv x^2+a_n^{(k+1)}x(1-x) \quad (27)\end{aligned}$$

所以(24)成立,显然 $a_n^{(k)}$ 对 n 严格单调减少,由 L′Hospital 法则知

$$\lim_{x\to+0}\frac{1-(1-x)^k}{x}=\lim_{x\to+0}k\cdot(1-x)^{k-1}=k$$

所以

$$\lim_{x\to\infty}n\cdot a_n^{(k)}=\lim_{n\to\infty}\frac{1-\left(1-\frac{1}{n}\right)^k}{\frac{1}{n}}=k$$

此外

$$a_k^{(k)}=1-\left(1-\frac{1}{n}\right)^k$$
$$=1-\left(1-\frac{k}{n}+O\left(\frac{1}{n^2}\right)\right)$$
$$=\frac{k}{n}+O\left(\frac{1}{n^2}\right)$$

证毕.

下面诸数 $M_i(i=1,2,3,\cdots)$ 都是绝对常数.

定理 5　设 k 是自然数,对 $B_n^{[k]}(F,x)$ 有

$$\mathscr{E}_n(W^2;x)=\sup_{F\in W^2}|B_n^{[k]}(F,x)-F(x)|$$
$$=\frac{1}{2}a_n^{(k)}x(1-x)\tag{28}$$

及

$$\mathscr{E}_n(W^2)_c=\frac{1}{8}a_n^{(k)}\tag{29}$$

此外对 $F\in C(0,1]$ 有

$$|B_n^{[k]}(F,x)-F(x)|\leqslant M_1\cdot\omega_2\left(F,\frac{\sqrt{x(1-x)}}{\sqrt{n}}\right)$$
$$(x\in[0,1])\tag{30}$$

这里

$$\omega_2(F,\delta)=\sup_{\substack{0\leqslant h\leqslant\delta\\0\leqslant x\pm h\leqslant 1}}|F(x+h)+F(x-h)-2F(x)|\tag{31}$$

证明　用数学归纳法容易证明($k=1$ 时见[8])

$$B_n^{[k]}(1,x)\equiv 1,B_n^{[k]}(t,x)\equiv x\tag{32}$$

及对 $F\in C[0,1]$ 有

$$B_n^{[k]}(F,0)=F(0),B_n^{[k]}(F,1)=F(1)\tag{33}$$

因为 $B_n^{[k]}(F)$ 是线性正算子,由定理 3 及定理 4 知

$$\mathscr{E}_n(W^2;x)=\sup_{F\in W^2}|B_n^{[k]}(F,x)-F(x)|$$

$$=\frac{1}{2}[B_n^{[k]}(t^2,x)-x^2]$$

$$=\frac{1}{2}a_n^{(k)}x(1-x) \tag{34}$$

及

$$\mathscr{E}_n(W^2)_c=\frac{1}{2}a_n^{(k)}\cdot\max_{0\leqslant x\leqslant 1}\{x(1-x)\}=\frac{1}{8}a_n^{(k)} \tag{35}$$

由定理 4 的性质 ② 知

$$\mathscr{E}_n(W^2;x)=\frac{1}{2}\cdot a_n^{(k)}x(1-x)\leqslant M_2\cdot\frac{k}{n}\cdot x(1-x) \tag{36}$$

从文[1]知对 $0<x<1$ 有(30) 成立,从(33) 知对 $0\leqslant x\leqslant 1$ 有(30) 成立.

(30) 在 $k=1$ 时见文[1].(30) 是 R. A. Devore 书中[10](42 页) 结果的推广.

§5　广义的 Kantorovich 多项式

设 H_n 是次数不超过 n 的代数多项式全体,B_n 是 $C[a,b]\Rightarrow H_n$ 的一列线性算子. 设

$$f(t)\in L[a,b],F(u)=\int_a^u f(t)\mathrm{d}t$$

作出

$$A_n(f(t),x)=\frac{\mathrm{d}}{\mathrm{d}x}B_{n+1}(F(u),x)$$

再设 B_n 满足条件

$$B_n(1,x)\equiv 1 \tag{37}$$

$$B_n(t,x)\equiv x \tag{38}$$

及满足端点条件:对 $g(u)\in C[a,b]$ 有

$$B_n(g(u),a)=g(a) \text{ 及 } B_n(g(u),b)=g(b) \quad (39)$$

则称 $A_n(f)$ 为广义的 Kantorovich 多项式. 特别设 $B_n(F)$ 有形式(23), 此时(37)(38)(39)满足(参见§4), 对应的 $A_n(f)=P_n(f)$[5], $P_n(f)$ 是 Kantorovich 多项式. 此外[5]

$$P_n(f(t),x)=\sum_{v=0}^{n}\binom{n}{v}x^v(1-x)^{n-v}\cdot (n+1)\cdot\int_{\frac{v}{n+1}}^{\frac{v+1}{n+1}}f(t)\mathrm{d}t \quad (40)$$

定理 6 设广义的 Kantorovich 多项式 $A_n(f(t),x)$ 是一列线性正算子,设

$$R_n(z)_L=\frac{1}{2}\int_a^b |D_n(x,z)|\mathrm{d}x$$

则

$$R_n(z)_L=\frac{1}{2}[B_{n+1}(u^2,z)-z^2] \quad (41)$$

证明 从条件(37)(38)知

$$\begin{aligned}A_n(1,x)&\equiv\frac{\mathrm{d}}{\mathrm{d}x}B_{n+1}(u-a,x)\\&\equiv\frac{\mathrm{d}}{\mathrm{d}x}B_{n+1}(u,x)-a\cdot\frac{\mathrm{d}}{\mathrm{d}x}B_{n+1}(1,x)\\&\equiv\frac{\mathrm{d}x}{\mathrm{d}x}\equiv 1\end{aligned} \quad (42)$$

因为 A_n 是线性正算子,由定理 2 知

$$D_n(x,z)\geqslant 0 \quad (43)$$

所以

$$R_n(z)_L=\frac{1}{2}\int_a^b |D_n(x,z)|\mathrm{d}x=\frac{1}{2}\int_a^b D_n(x,z)\mathrm{d}x \quad (44)$$

设

$$I=\int_a^b D_n(x,z)\mathrm{d}x=\int_a^z D_n(x,z)\mathrm{d}x+\int_z^b D_n(x,z)\mathrm{d}x=I_1+I_2 \tag{45}$$

其中

$$\begin{aligned}I_1&=\int_a^z[A_n(|t-z|,x)-(z-x)+A_n(t,x)-x]\mathrm{d}x\\&=\int_a^z[A_n(|t-z|,x)+A_n(t,x)-z\cdot A_n(1,x)]\mathrm{d}x\\&=\int_a^z[A_n(|t-z|+t-z,x)]\mathrm{d}x\\&=2\cdot\int_a^z A_n(\max(t-z,0),x)\mathrm{d}x\end{aligned} \tag{46}$$

$$\begin{aligned}I_2&=\int_z^b[A_n(|t-z|,x)-(x-z)-(A_n(t,x)-x)]\mathrm{d}x\\&=\int_z^b[A_n(|t-z|,x)+z\cdot A_n(1,x)-A_n(t,x)]\mathrm{d}x\\&=\int_z^b[A_n(|z-t|+z-t,x)]\mathrm{d}x\\&=2\cdot\int_z^b A_n(\max(z-t,0),x)\mathrm{d}x\end{aligned} \tag{47}$$

因为

$$\max(t-z,0)=t-z+\max(z-t,0) \tag{48}$$

所以

$$I=2\cdot\int_a^z A_n(\max(t-z,0),x)\mathrm{d}x+$$

$$
\begin{aligned}
& 2 \cdot \int_z^b A_n(\max(z-t,0),x)\mathrm{d}x \\
= & 2 \cdot \int_a^z A_n(\max(z-t,0),x)\mathrm{d}x + \\
& 2 \cdot \int_z^b A_n(\max(z-t,0),x)\mathrm{d}x + \\
& 2 \cdot \int_a^z A_n(t-z,x)\mathrm{d}x \qquad (49) \\
= & 2 \cdot \int_a^b A_n(\max(z-t,0),x)\mathrm{d}x + \\
& 2 \cdot \int_a^z A_n(t,x)\mathrm{d}x - \\
& 2z \cdot \int_a^z A_n(1,x)\mathrm{d}x \qquad (50)
\end{aligned}
$$

从(42)知

$$
\int_a^z A_n(1,x)\mathrm{d}x = \int_a^z \mathrm{d}x = z-a \qquad (51)
$$

因为

$$
\begin{aligned}
A_n(t,x) &= \frac{\mathrm{d}}{\mathrm{d}x} B_{n+1}\left(\int_a^u t\,\mathrm{d}t, x\right) \\
&= \frac{\mathrm{d}}{\mathrm{d}x} B_{n+1}\left(\frac{u^2-a^2}{2}, x\right)
\end{aligned}
$$

此外用端点条件(39)知

$$
B_{n+1}\left(\frac{u^2-a^2}{2}, a\right) = 0
$$

所以

$$
\begin{aligned}
& 2 \cdot \int_a^z A_n(t,x)\mathrm{d}x \\
= & 2 \cdot \left[B_{n+1}\left(\frac{u^2-a^2}{2}, z\right) - B_{n+1}\left(\frac{u^2-a^2}{2}, a\right)\right] \\
= & B_{n+1}(u^2-a^2, z) = B_{n+1}(u^2, z) - a^2 \cdot B_{n+1}(1,z) \\
= & B_{n+1}(u^2, z) - a^2 \qquad (52)
\end{aligned}
$$

因为

$$
\begin{aligned}
&A_n(\max(z-t,0),x) \\
&=\frac{\mathrm{d}}{\mathrm{d}x}B_{n+1}\left[\int_a^u \max(z-t,0)\mathrm{d}t,x\right]
\end{aligned} \tag{53}
$$

用端点条件(39)知

$$
\begin{aligned}
&\int_a^b A_n(\max(z-t,0),x)\mathrm{d}x \\
&=B_{n+1}\left[\int_a^u \max(z-t,0)\mathrm{d}t,b\right]- \\
&\quad B_{n+1}\left[\int_a^u \max(z-t,0)\mathrm{d}t,a\right] \\
&=\int_a^b \max(z-t,0)\mathrm{d}t \\
&=\frac{z^2}{2}-az+\frac{a^2}{2}
\end{aligned} \tag{54}
$$

结合(50)(51)(52)(54)得到

$$
\begin{aligned}
I&=2\cdot\left(\frac{z^2}{2}-az+\frac{a^2}{2}\right)+B_{n+1}(u^2,z)- \\
&\quad a^2-2z\cdot(z-a) \\
&=z^2-2az+a^2+B_{n+1}(u^2,z)- \\
&\quad a^2-2z^2+2az \\
&=B_{n+1}(u^2,z)-z^2
\end{aligned} \tag{55}
$$

所以

$$
R_n(z)_L=\frac{1}{2}[B_{n+1}(u^2,z)-z^2]
$$

证毕.

§6 函数类 W^2L 在 L 空间中用广义的 Kantorovich 多项式来逼近

引理 3 设 $K(x,t)$ 在 $a\leqslant t\leqslant b,a\leqslant x\leqslant b$ 上二元可测,设给出积分算子 $H(f=H\varphi)$

$$f(x)=\int_a^b K(x,t)\varphi(t)\mathrm{d}t \tag{56}$$

则 H 是 $L[a,b]\Rightarrow L[a,b]$ 的线性有界算子的充要条件是

$$D=\operatorname*{Vrai\,sup}_{a\leqslant t\leqslant b}\int_a^b |K(x,t)|\mathrm{d}x<+\infty \tag{57}$$

且算子模

$$\|H\|_{L\to L}=\sup_{\|\varphi\|_{L[a,b]}\leqslant 1}\|H\varphi\|_{L[a,b]}=D \tag{58}$$

这个引理的证明参见文[11](中译本,下册.第八章,§3,3.16).

定理 7 设广义的 Kantorovich 多项式 $A_n(f(t),x)$ 是一列线性正算子,则

$$\begin{aligned}\mathscr{E}_n(W^2L)_L &\xlongequal{\text{def}}\sup_{f\in W^2L}\int_a^b |A_n(f(t),x)-f(x)-\\&\quad f'(x)(A_n(t,x)-x)|\mathrm{d}x\\&=\frac{1}{2}\|B_{n+1}(u^2,z)-z^2\|_{C[a,b]}\end{aligned} \tag{59}$$

证明 设 $f\in L_2[a,b]$,令 $\varphi(z)=f''(z)$,则 $\varphi(z)\in L[a,b]$,从(42)知 $A_n(1,x)\equiv 1$,因为线性正算子 $A_n(f)$ 一定是线性连续算子(参见定理 2 的证明),用定理 1 的(3)知

$$A_n(f(t),x)-f(x)-f'(x)\cdot(A_n(t,x)-x)$$

$$=\frac{1}{2}\int_a^b f''(z)D_n(x,z)\mathrm{d}z$$

$$=\frac{1}{2}\int_a^b \varphi(z)D_n(x,z)\mathrm{d}z \tag{60}$$

由引理 3 知

$$\mathscr{E}_n(W^2L)_L=\frac{1}{2}\sup_{\|\varphi\|_L\leqslant 1}\int_a^b\left|\int_a^b\varphi(z)D_n(x,z)\mathrm{d}z\right|\mathrm{d}x$$

$$=\frac{1}{2}\operatorname{Vrai}\sup_{a\leqslant z\leqslant b}\int_a^b |D_n(x,z)|\mathrm{d}x \tag{61}$$

因为广义的 Kantorovich 多项式 $A_n(f(t),x)$ 是一列线性正算子，由定理 6 知

$$\frac{1}{2}\int_a^b |D_n(x,z)|\mathrm{d}x=\frac{1}{2}[B_{n+1}(u^2,z)-z^2]\geqslant 0$$

所以

$$\frac{1}{2}\operatorname{Vrai}\sup_{a\leqslant z\leqslant b}\int_a^b |D_n(x,z)|\mathrm{d}x$$

$$=\frac{1}{2}\operatorname{Vrai}\sup_{a\leqslant z\leqslant b}|B_{n+1}(u^2,z)-z^2| \tag{62}$$

$$=\frac{1}{2}\|B_{n+1}(u^2,z)-z^2\|_{C[a,b]} \tag{63}$$

证毕.

设 k 是自然数，$f(t)\in L[0,1]$，定义

$$P_n^{[k]}(f(t),x)=\frac{\mathrm{d}}{\mathrm{d}x}B_{n+1}^{[k]}\left(\int_0^u f(t)\mathrm{d}t,x\right) \tag{64}$$

定理 8　设 k 是自然数，则 $P_n^{[k]}(f)$ 是 $P_n(f)$ 的 k 次迭合：即

$$P_n^{[1]}(f)=P_n(f)$$

$$P_n^{[k+1]}(f)=P_n(P_n^{[k]}(f))$$

$$(k=1,2,3,\cdots) \tag{65}$$

证明　显见 $P_n^{[1]}(f)=P_n(f)$，从 $P_n^{[k]}(f(t),x)$ 的

定义及(33)知

$$
\begin{aligned}
&\int_0^x P_n^{[k]}(f(t),x)\mathrm{d}x \\
=&B_{n+1}^{[k]}\left(\int_0^u f(t)\mathrm{d}t,x\right)- \\
&B_{n+1}^{[k]}\left(\int_0^u f(t)\mathrm{d}t,0\right) \\
=&B_{n+1}^{[k]}\left(\int_0^u f(t)\mathrm{d}t,x\right)
\end{aligned}
\tag{66}
$$

所以

$$
\begin{aligned}
&P_n^{[k+1]}(f(t),x) \\
=&\frac{\mathrm{d}}{\mathrm{d}x}B_{n+1}^{[k+1]}\left(\int_0^u f(t)\mathrm{d}t,x\right) \\
=&\frac{\mathrm{d}}{\mathrm{d}x}B_{n+1}\left[B_{n+1}^{[k]}\left(\int_0^u f(t)\mathrm{d}t,v\right),x\right] \\
=&\frac{\mathrm{d}}{\mathrm{d}x}B_{n+1}\left[\int_0^v P_n^{[k]}(f(t),v)\mathrm{d}v,x\right] \\
=&P_n(P_n^{[k]}(f(t),v),x)=P_n(P_n^{[k]}(f))
\end{aligned}
\tag{67}
$$

证毕.

定理 9　设 k 是自然数,对 $P_n^{[k]}(f,x)$ 有

$$
\begin{aligned}
&\mathscr{E}_n(W^2L)_L \\
\xlongequal{\text{def}}&\sup_{f\in W^2L}\int_0^1 \mid P_n^{[k]}(f(t),x)- \\
&f(x)-f'(x)\cdot\frac{a_{n+1}^{(k)}}{2}(1-2x)\mid \mathrm{d}x \\
=&\frac{1}{8}a_{n+1}^{(k)}
\end{aligned}
\tag{68}
$$

证明　从 $P_n^{[k]}(f)$ 的定义及(32)(33)知 $P_n^{[k]}(f)$ 是广义的 Kantorovich 多项式,从(40)知 $P_n(f)$ 是线性正算子,从定理 8 知 $P_n^{[k]}(f)$ 是线性正算子. 此外由定理 4 知

$$B_{n+1}^{[k]}(u^2,z)-z^2=a_{n+1}^{(k)}z(1-z) \tag{69}$$

及

$$\begin{aligned}P_n^{[k]}(t,x)&=\frac{\mathrm{d}}{\mathrm{d}x}B_{n+1}^{[k]}\left(\frac{t^2}{2},x\right)\\&=\frac{1}{2}\ \frac{\mathrm{d}}{\mathrm{d}x}[x^2+a_{n+1}^{(k)}(x-x^2)]\\&=x+\frac{a_{n+1}^{(k)}}{2}(1-2x)\end{aligned} \tag{70}$$

由定理 7 知

$$\begin{aligned}\mathscr{E}_n(W^2L)_L&=\sup_{f\in W^2L}\int_0^1 \mid P_n^{[k]}(f(t),x)-f(x)-\\&\qquad f'(x)\cdot(P_n^{[k]}(t,x)-x)\mid \mathrm{d}x\\&=\sup_{f\in W^2L}\int_0^1 \mid P_n^{[k]}(f(t),x)-f(x)-\\&\qquad f'(x)\frac{a_{n+1}^{(k)}}{2}\cdot(1-2x)\mid \mathrm{d}x\\&=\frac{1}{2}\max_{0\leqslant z\leqslant 1}\mid B_{n+1}(u^2,z)-z^2\mid\\&=\frac{a_{n+1}^{(k)}}{2}\cdot\max_{0\leqslant z\leqslant 1}\mid z(1-z)\mid=\frac{a_{n+1}^{(k)}}{8}\end{aligned} \tag{71}$$

证毕.

§7　函数类 $W^2L^p(1<p<\infty)$ 在 L^p 空间中用广义的 Kantorovich 多项式来逼近

设 H 是 $L^p[a,b]\Rightarrow L^p[a,b]$ 的线性有界算子,用 $\|H\|_{L^p\to L^p}$ 记其算子模.

引理 4　设 $K(x,t)$ 在 $a\leqslant x\leqslant b,a\leqslant t\leqslant b$ 上二

元可测,设给出积分算子

$$H(f=H\varphi):f(x)=\int_a^b K(x,t)\varphi(t)\mathrm{d}t \tag{72}$$

如

$$\operatorname*{Vrai\ sup}_{a\leqslant x\leqslant b}\int_a^b |K(x,t)|\mathrm{d}t=M \tag{73}$$

$$\operatorname*{Vrai\ sup}_{a\leqslant t\leqslant b}\int_a^b |K(x,t)|\mathrm{d}x=N \tag{74}$$

则 H 是 $L^p[a,b]\Rightarrow L^p[a,b](1\leqslant p<\infty)$ 的线性算子,且算子模

$$\| H \|_{L^p\to L^p}\leqslant M^{1-\frac{1}{p}}\cdot N^{\frac{1}{p}} \tag{75}$$

证明　引理 4 在情况 $p=1$ 时参见引理 3,引理 4 是 M. Riesz,G. Thorin,凸性定理的特殊情况(参见文[12],卷 Ⅱ,95 页,或参见 С. Г. 克列因的文[13],54 页). 证毕.

定理 10　设广义的 Kantorovich 多项式 $A_n(f(t),x)$ 是一列线性正算子,令

$$g_n=\frac{1}{2}\max_{a\leqslant x\leqslant b}A_n((t-x)^2,x) \tag{76}$$

$$h_n=\frac{1}{2}\max_{a\leqslant z\leqslant b}[B_{n+1}(u^2,z)-z^2] \tag{77}$$

设 $1<p<\infty$,则

$$\begin{aligned}\mathscr{E}_n(W^2L^p)_{L^p}\xlongequal{\text{def}}&\sup_{f\in W^2L^p}\| A_n(f(t),x)-f(x)-\\&f'(x)\cdot(A_n(t,x)-x)\|_p\\&\leqslant g_n^{1-\frac{1}{p}}\cdot h_n^{\frac{1}{p}}\end{aligned} \tag{78}$$

证明　从(42)知 $A_n(1,x)\equiv 1$,设 $f(z)\in L_2[a,b]$,令 $\varphi(z)=f''(z)$,则 $\varphi(z)\in L[a,b]$,因为线性正算子 $A_n(f)$ 一定是线性连续算子,从(3)知

$$A_n(f(t),x)-f(x)-$$

$$f'(x)\cdot(A_n(t,x)-x)$$
$$=\frac{1}{2}\int_a^b\varphi(z)D_n(x,z)\mathrm{d}z \tag{79}$$

因 A_n 是线性正算子,从定理2的证明知

$$\frac{1}{2}\max_{a\leqslant x\leqslant b}\int_a^b|D_n(x,z)|\mathrm{d}z$$
$$=\frac{1}{2}\max_{a\leqslant x\leqslant b}A_n((t-x)^2,x)=g_n \tag{80}$$

从定理6知

$$\frac{1}{2}\max_{a\leqslant z\leqslant b}\int_a^b|D_n(x,z)|\mathrm{d}x$$
$$=\frac{1}{2}\max_{a\leqslant z\leqslant b}[B_{n+1}(u^2,z)-z^2]=h_n \tag{81}$$

从(79)及引理4知

$$\mathscr{E}_n(W^2L^p)_{L^p}=\sup_{\|\varphi\|_p\leqslant 1}\Big\{\int_a^b|A_n(f(t),x)-f(x)-f'(x)\cdot(A_n(t,x)-x)|^p\mathrm{d}x\Big\}^{\frac{1}{p}}$$
$$\leqslant g_n^{1-\frac{1}{p}}\cdot h_n^{\frac{1}{p}} \tag{82}$$

证毕.

定理11　对Kantorovich多项式 $P_n(f,x)$ 有

$$\mathscr{E}_n(W^2;x)=\frac{1}{2}P_n((t-x)^2,x)$$
$$=\frac{n-1}{2(n+1)^2}x(1-x)+\frac{1}{6}\frac{1}{(n+1)^2} \tag{83}$$

$$\mathscr{E}_n(W^2)_c=\frac{3n+1}{24(n+1)^2} \tag{84}$$

证明　从(40)知

$P_n((t-x)^2,x)$

$$= \sum_{v=0}^{n} \binom{n}{v} x^{v}(1-x)^{n-v} \cdot (n+1) \cdot$$

$$\int_{\frac{v}{n+1}}^{\frac{v+1}{n+1}} (t^{2} - 2tx + x^{2})\mathrm{d}t \tag{85}$$

$$= \sum_{v=0}^{n} \left[\frac{v^{2}}{(n+1)^{2}} + \frac{v}{(n+1)^{2}} + \frac{1}{3} \cdot \frac{1}{(n+1)^{2}}\right]\binom{n}{v} \cdot$$

$$x^{v}(1-x)^{n-v} -$$

$$2x \sum_{v=0}^{n} \left[\frac{v}{n+1} + \frac{1}{2(n+1)}\right]\binom{n}{v} x^{v}(1-x)^{n-v} +$$

$$x^{2} \cdot \sum_{v=0}^{n} \binom{n}{v} x^{v}(1-x)^{n-v} \tag{86}$$

利用等式[8]

$$\sum_{v=0}^{n} \binom{n}{v} x^{v}(1-x)^{n-v} \equiv 1$$

$$\sum_{v=0}^{n} \frac{v}{n}\binom{n}{v} x^{v}(1-x)^{n-v} \equiv x \tag{87}$$

$$\sum_{v=0}^{n} \frac{v^{2}}{n^{2}}\binom{n}{v} x^{v}(1-x)^{n-v} \equiv x^{2} + \frac{x(1-x)}{n} \tag{88}$$

我们得到

$$P_{n}((t-x)^{2}, x)$$

$$= \frac{n^{2}}{(n+1)^{2}} \cdot \left[x^{2} + \frac{x(1-x)}{n}\right] + \frac{n}{(n+1)^{2}} \cdot x +$$

$$\frac{1}{3} \cdot \frac{1}{(n+1)^{2}} - 2x^{2} \cdot \frac{n}{n+1} - \frac{x}{n+1} + x^{2}$$

$$= \left[\frac{n^{2}}{(n+1)^{2}} - \frac{2n}{n+1} + 1\right]x^{2} +$$

$$\left[\frac{n}{(n+1)^{2}} - \frac{1}{n+1}\right]x +$$

$$\frac{n}{(n+1)^{2}}x(1-x) + \frac{1}{3} \cdot \frac{1}{(n+1)^{2}}$$

$$=\frac{n-1}{(n+1)^2}x(1-x)+\frac{1}{3}\cdot\frac{1}{(n+1)^2} \tag{89}$$

从(40) 知 $P_n(f,x)$ 是线性正算子及 $P_n(1,x)\equiv 1$,由定理 2 知

$$\mathscr{E}_n(W^2;x)=\frac{1}{2}P_n((t-x)^2,x)$$
$$=\frac{n-1}{2(n+1)^2}x(1-x)+\frac{1}{6}\cdot\frac{1}{(n+1)^2} \tag{90}$$

因为

$$\max_{0\leqslant x\leqslant 1}\{x(1-x)\}=\frac{1}{4}$$

所以

$$\mathscr{E}_n(W^2)_c=\frac{1}{2}\max_{0\leqslant x\leqslant 1}P_n((t-x)^2,x)$$
$$=\frac{n-1}{8(n+1)^2}+\frac{1}{6}\cdot\frac{1}{(n+1)^2}$$
$$=\frac{3n+1}{24(n+1)^2}$$

证毕.

附注　显见

$$\mathscr{E}_n(W^2;x)=\frac{x(1-x)}{2(n+1)}+O\left(\frac{1}{(n+1)^2}\right) \tag{91}$$

$$\mathscr{E}_n(W^2)_c=\frac{1}{8(n+1)}-\frac{1}{12(n+1)^2}$$
$$=\frac{1}{8(n+1)}+O\left(\frac{1}{(n+1)^2}\right) \tag{92}$$

定理 12　设 $1<p<\infty$,对 Л. В. Канторович 多项式 $P_n(f(t),x)$ 有

$$\mathscr{E}_n(W^2L^p)_{L^p}<\frac{1}{8(n+1)} \tag{93}$$

证明 由定理 11 知

$$g_n=\frac{1}{2}\max_{0\leqslant x\leqslant 1}P_n((t-x)^2,x)=\frac{3n+1}{24(n+1)^2}$$

由定理 4 知

$$\begin{aligned}h_n&=\frac{1}{2}\max_{0\leqslant z\leqslant 1}[B_{n+1}(u^2,z)-z^2]\\&=\frac{1}{2}\cdot\frac{1}{n+1}\cdot\max_{0\leqslant z\leqslant 1}\{z(1-z)\}=\frac{1}{8(n+1)}\end{aligned}$$

而

$$\frac{3n+1}{24(n+1)^2}<\frac{1}{8(n+1)}$$

由定理 10 知,对 $1<p<\infty$ 有

$$\mathscr{E}_n(W^2L^p)_{L^p}\leqslant\left(\frac{3n+1}{24(n+1)^2}\right)^{1-\frac{1}{p}}\cdot\left(\frac{1}{8(n+1)}\right)^{\frac{1}{p}}\tag{94}$$

$$<\frac{1}{8(n+1)}\tag{95}$$

证毕.

附记 H. Berens 和 R. Devore 1978 年研究了 $f\in L^p[a,b](1\leqslant p\leqslant\infty)$ 用线性正算子 $L_n(f)$ 逼近的阶,设

$$\begin{aligned}\lambda_n=\max(&\|L_n(1)-1\|_p,\|L_n(t)-x\|_p,\\&\|L_n(t^2)-x^2\|_p)\end{aligned}$$

他们用 λ_n 来估计 $\|L_n(f)-f\|_p$ 的阶,而本章(14)(59) 给出了逼近偏差的精确值.

参考资料

[1] 曹家鼎. 关于线性逼近方法,复旦大学学报(自然

科学),9:1(1964),43-52,(Ⅱ),10:1(1965),19-32.

[2] Freud G. On approximation by positive linear methods, I and II, Studia Sci. Math. Hung., 2(1967),63-66. 3(1968),365-370.

[3] Тиман А Ф. Теория приближения функций действительного переменного, Москва,1960.

[4] Потапов М К. Исследования по современным проблемам конструктивной теории функций, сборник статей, Москва,1961.

[5] Lorentz G G. Bernstein polynomials, Toronto, 1953.

[6] Бернштейн С Н. Об интерполирование,Собрание сочи нений,Т1,стр 5-7.

[7] Натансон И П. 函数构造论,科学出版社,1965.

[8] Коровкин П П. 线性算子与逼近论,高等教育出版社,1960.

[9] Micchelli C C. The saturation class and iterates of the Bernstein polynomials, Journal of Approximation Theory,8(1973),1-18.

[10] Devore R A. The Approximation of Continuous Functions by Positive Linear Operators, Springer-Verlag, 1972.

[11] Канторович Л В, Вулих Б З,Пинскер А Г. 半序空间泛函分析,高等教育出版社,1958-1959.

[12] Zygmund A. Trigonometric Series, Cambridge, 1959.

[13] Крейн С Г. Функциональный анализ, Справо-

чная Математическая Библиотека, Москва, 1964.

[14] Berens H, Devore R. Quantitative Korovkin theorems for positive linear operators on L_p spaces, Trans. Amer. Math. Soc., 245 (1978),349-361.

多元 Kantorovich 算子 L_p 范数下的渐近展开

第43章

首都师范大学数学系的张春苟教授1998年给出了高维单纯形上Kantorovich算子在$L_p(1<p<\infty)$范数下的高阶渐近展开公式.

§1 引 言

算子的渐近展开,一方面直观地展现了算子的逼近性质,另一方面也是逼近逆定理研究的准备,因此它是算子逼近论中的一个重要方面.1992年,文[1]和[2]各自独立地给出了多元Bernstein算子的高阶渐近展开公式.由于Kantorovich算子是

Bernstein 算子由连续函数空间到可积函数空间的一种典型修正.因此在 L_p 范数下考虑 Kantorovich 算子的渐近展开是自然的.

记

$$\Delta=\{x=(x_1,\cdots,x_m)\in\mathbf{R}^m;x_j\geqslant 0,j=1,2,\cdots,m\text{ 且 }|x|=x_1+\cdots+x_m\leqslant 1\}$$

是 m 维欧氏空间上的单纯形,其上的可积函数 $f(x)$ 的 n 阶 Kantorovich 算子定义如下

$$K_n(f;x)=\sum_{|k|\leqslant n}b_{nk}(x)m!\ (n+1)^m\int_{\Delta_{nk}}f(t)\mathrm{d}t \quad (1)$$

这里 $k=(k_1,\cdots,k_m)$ 是 m 维非负整向量

$$|k|=k_1+\cdots+k_m$$

$b_{nk}(x)$ 是 Bernstein 基函数

$$b_{nk}(x)=\binom{n}{k}x^k(1-|x|)^{n-|k|}$$

$$=\frac{n!}{k_1!\ \cdots k_m!\ (n-k_1-\cdots-k_m)!}\cdot x_1^{k_1}\cdots x_m^{k_m}(1-x_1-\cdots-x_m)^{n-k_1-\cdots-k_m}$$

$$\Delta_{nk}=\left\{t\in\mathbf{R}^m;\frac{k_j}{n+1}\leqslant t_j\leqslant\frac{k_j+1}{n+1},\ j=1,2,\cdots,m\text{ 且 }|t|\leqslant\frac{|k|+1}{n+1}\right\}$$

设 $i=(i_1,\cdots,i_m)$ 是 m 维非负整向量,记

$$D^if(x)=\frac{\partial^{|i|}}{\partial x_1^{i_1}\cdots\partial x_m^{i_m}}f(x)$$

$$W_p^N(\Delta)=\{f(x)\in L_p(\Delta);\ D^if(x)\in L_p(\Delta),\ |i|\leqslant N\}$$

是 Sobolev 空间,$1\leqslant p<\infty$;$N\geqslant 0$ 是整数.因 Δ 测度有限,故易知 $W_p^{2N}(\Delta)\subset L_1(\Delta)$.

§2 定理和引理

定理 1 若 $f(x)\in W_p^{2N}(\Delta)$($N\geqslant 1$ 是整数,$1<p<\infty$),则有

$$\left\| K_n(f;x)-\sum_{|i|\leqslant 2N-1}\frac{1}{i!}D^i f(x)K_n((\cdot-x)^i;x)\right\|_p$$
$$\leqslant C(N,p,m)n^{-N}\| f\|_{2N,p}$$

这里 $\|\cdot\|_p$ 是 $L_p(\Delta)$ 空间范数,$\|\cdot\|_{2N,p}$ 是 Sobolev 空间 $W_p^{2N}(\Delta)$ 的范数(见[3]),$C(N,p,m)$ 是仅与 N,p,m 有关的常数. 而 $K_n((\cdot-x)^i;x)$ 是 Kantorovich 算子的 i 阶矩量,是 x 的多项式,其表达式如下:

引理 1

$$K_n(\cdot-x)^i;x)=\frac{m!\sum\limits_{0\leqslant j\leqslant i}\binom{i}{j}}{(|j|+m)!\ (n+1)^{|i-j|}}\cdot$$
$$\sum_{0\leqslant u\leqslant i-j}(-1)^{|i-j-u|}\binom{i-j}{u}\cdot$$
$$n^{|u|}x^{i-j-u}B_n((\cdot-x)^u;x)$$

其中 $B_n((\cdot-x)^u;x)$ 是 Bernstein 算子的 u 阶矩量. 当 $|u|\geqslant 2$ 时,其表达式见[1]的定理 2;当 $|u|<2$ 时,注意到算子 $B_n(f;x)$ 的保线性性[4],若 $|u|=0$,则有

$$B_n((\cdot-x)^u;x)\equiv B_n(1;x)\equiv 1$$

若 $|u|=1$,则

$$B_n((\cdot-x)^u;x)\equiv 0$$

证明 经变换

$$\tau=(n+1)\left(t-\frac{k}{n+1}\right)$$

有

$$\begin{aligned}
&K_n((\cdot-x)^i;x)\\
&=\sum_{|k|\leqslant n}b_{nk}(x)m!\int_{\Delta}\left(\frac{\tau}{n+1}-\frac{k}{n+1}-x\right)^i\mathrm{d}r\\
&=\sum_{|k|\leqslant n}b_{nk}(x)m!\sum_{0\leqslant j\leqslant i}\frac{j!\binom{i}{j}}{(|j|+m)!}\cdot\\
&\quad\left(\frac{k}{n}-x-\frac{1}{n}x\right)^{i-j}\left(\frac{n}{n+1}\right)^{|i-j|}\\
&=\sum_{|k|\leqslant n}b_{nk}(x)m!\sum_{0\leqslant j\leqslant i}\frac{j!\binom{i}{j}}{(|j|+m)!}\left(\frac{n}{n+1}\right)^{|i-j|}\cdot\\
&\quad\sum_{0\leqslant v\leqslant i-j}\binom{i-j}{v}\left(\frac{k}{n}-x\right)^{i-j-v}\left(-\frac{1}{n}x\right)^{v}\\
&=\frac{m!\sum_{0\leqslant j\leqslant i}j!\binom{i}{j}}{(|j|+m)!\,(n+1)^{|i-j|}}\cdot\\
&\quad\sum_{0\leqslant u\leqslant i-j}(-1)^{|i-j-u|}\binom{i-j}{u}\cdot\\
&\quad n^{|u|}x^{i-j-u}B_n((\cdot-x)^u;x)
\end{aligned}$$

证毕.

利用 Jenson 不等式,我们不难证明如下引理.

引理 2 对于 $1\leqslant p\leqslant\infty$,有

$$\|K_n(f)\|_p\leqslant C(p,m)\|f\|_p$$

§3　定理的证明

由于 $C^{2N}(\Delta)$（Δ 上具有 $2N$ 阶连续偏导函数空间）在 $W_p^{2N}(\Delta)$ 中稠，因此我们只需对 $g\in C^{2N}(\Delta)$ 证明定理成立即可. 事实上，设 $f\in W_p^{2N}(\Delta)$，则

$$\left\|K_n(f;x)-\sum_{|i|\leqslant 2N-1}\frac{1}{i!}D^if(x)\cdot K_n((\cdot-x)^i;x)\right\|_p$$
$$\leqslant\left\|K_n(g;x)-\sum_{|i|\leqslant 2N-1}\frac{1}{i!}D^ig(x)\cdot K_n((\cdot-x)^i;x)\right\|_p+$$
$$\left\|K_n(f-g;x)-\right.$$
$$\left.\sum_{|i|\leqslant 2N-1}\frac{1}{i!}D^i(f(x)-g(x))K_n((\cdot-x)^i;x)\right\|_p$$

由引理 2 知

$$\|K_n(f-g)\|_p\leqslant C(p,m)\|f-g\|_p$$

又对一切 $i,0\leqslant|i|\leqslant 2N-1$ 有

$$\|D^i(f(x)-g(x))K_n((\cdot-x)^i;x)\|_p$$
$$\leqslant C(n,i,p,m)\|D^i(f-g)\|_p$$

所以

$$\left\|K_n(f;x)-\sum_{|i|\leqslant 2N-1}\frac{1}{i!}D^if(x)K_n((\cdot-x)^i;x)\right\|_p$$
$$\leqslant\left\|K_n(g;x)-\sum_{|i|\leqslant 2N-1}\frac{1}{i!}D^ig(x)K_n((\cdot-x)^i;x)\right\|_p+$$
$$C(n,N,p,m)\|g-f\|_{2N-1,p}$$
$$\leqslant C(N,p,m)\|g\|_{2N,p}+$$
$$C(n,N,p,m)\|f-g\|_{2N-1,p}$$
$$\leqslant C(N,p,m)\|f\|_{2N,p}+$$
$$C(n,N,p,m)\|f-g\|_{2N,p}$$

以下我们认为 $f\in C^{2N}(\Delta)$. 为简单起见,仅二维情形证明.

记 $\Delta=[0,1]\times[0,1]$, 对于函数 $f(x,y)\in W_p^{2N}(\Delta)$,我们可连续线性延拓到 $W_p^{2N}(\Delta)$ 内([5],第233-246页),将延拓后的函数记为 $F(x,y)$. 据前一段的讨论,可认为 $F(x,y)\in C^{2N}(\Delta)$.

$$
\begin{aligned}
&K_n(f;x,y)-f(x,y)\\
=&K_n(F;x,y)-F(x,y)\\
=&\sum_{k+l\leqslant n}b_{nkl}(x,y)2(n+1)^2\cdot\\
&\int_{\Delta_{nkl}}(F(u,v)-F(x,y))\mathrm{d}u\mathrm{d}v\\
=&\sum_{k+l\leqslant n}b_{nkl}(x,y)2(n+1)^2\cdot\\
&\int_{\Delta_{nkl}}(F(u,v)-F(u,y))\mathrm{d}u\mathrm{d}v+\\
&\sum_{k+l\leqslant n}b_{nkl}(x,y)2(n+1)^2\cdot\\
&\int_{\Delta_{nkl}}(F(u,y)-F(x,y))\mathrm{d}u\mathrm{d}v\\
=:&K_n^{(1)}+K_n^{(2)}
\end{aligned}\tag{2}
$$

由 Taylor 展式

$$
\begin{aligned}
K_n^{(1)}=&\sum_{k+l\leqslant n}b_{nkl}(x,y)2(n+1)^2\cdot\\
&\int_{\Delta_{nkl}}\sum_{i=1}^{2N-1}\frac{1}{i!}D_2^{|i|}F(u,y)(v-y)^i\mathrm{d}u\mathrm{d}v+\\
&\sum_{k+l\leqslant n}b_{nkl}(x,y)2(n+1)^2\cdot\\
&\int_{\Delta_{nkl}}\frac{1}{(2N-1)!}\cdot\\
&\int_y^v(v-t)^{2N-1}D_2^{(2N)}F(u,t)\mathrm{d}t\mathrm{d}u\mathrm{d}v
\end{aligned}
$$

$$=: I + I' \tag{3}$$

这里

$$D_2^{(i)} F(x,y) = \frac{\partial^i}{\partial y^i} F(x,y)$$

$$D_1^{(i)} F(x,y) = \frac{\partial^i}{\partial x^i} F(x,y)$$

$$D_3^{(i,j)} F(x,y) = \frac{\partial^{i+j}}{\partial x^i \partial y^j} F(x,y)$$

$$\begin{aligned}
I = & \sum_{k+l \leqslant n} b_{nkl}(x,y) 2(n+1)^2 \cdot \\
& \int_{\Delta_{nkl}} \sum_{i=1}^{2N-1} \frac{1}{i!} [D_2^{(i)} F(u,y) - \\
& D_2^{(i)} F(x,y)](v-y)^i \mathrm{d}u\mathrm{d}v + \\
& \sum_{k+l \leqslant n} b_{nkl}(x,y) 2(n+1)^2 \cdot \\
& \int_{\Delta_{nkl}} \sum_{i=1}^{2N-1} \frac{1}{i!} (v-y)^i D_2^{(i)} F(x,y) \mathrm{d}u\mathrm{d}v \\
= & \sum_{k+l \leqslant n} b_{nkl}(x,y) 2(n+1)^2 \cdot \\
& \int_{\Delta_{nkl}} \sum_{i=1}^{2N-1} \frac{1}{i!} \cdot \\
& \sum_{j=0}^{2N-1-i} \frac{1}{j!} (u-x)^j (v-y)^i D_3^{(j,i)} F(x,y) \mathrm{d}u\mathrm{d}v + \\
& \sum_{k+l \leqslant n} b_{nkl}(x,y) 2(n+1)^2 \cdot \\
& \int_{\Delta_{nkl}} \sum_{i=1}^{2N-1} \frac{(v-y)^i}{i!\,(2N-i-1)!} \int_x^u D_3^{(2N-i,i)} \cdot \\
& F(t_i,y)(u-t_i)^{2N-1-i} \mathrm{d}t_i \mathrm{d}u\mathrm{d}v \\
=: & I_{(1)} + I_{(2)}
\end{aligned} \tag{4}$$

$$K_n^{(2)} = \sum_{k+l \leqslant n} b_{nkl}(x,y) 2(n+1)^2 \cdot$$

$$\int_{\Delta_{nkl}} \sum_{j=1}^{2N-1} \frac{1}{j!}(u-x)^j D_1^{(j)} F(x,y)\mathrm{d}u\mathrm{d}v +$$

$$\sum_{k+l\leqslant n} b_{nkl}(x,y)2(n+1)^2 \cdot$$

$$\int_{\Delta_{nkl}} \frac{1}{(2N-1)!}\int_x^u (u-t)^{2N-1} \cdot$$

$$D_1^{(2N)} F(t,y)\mathrm{d}t\mathrm{d}u\mathrm{d}v =: J + J' \tag{5}$$

由(2)～(4)及(5)知

$$\begin{aligned}
&K_n(F;x,y) - F(x,y) \\
&= I_{(1)} + I_{(2)} + I' + J + J' \\
&= (I_{(1)} + J) + (I' + I_{(2)} + J') \\
&=: W + R
\end{aligned} \tag{6}$$

关于 $W = I_{(1)} + J$，我们不难得到

$$\begin{aligned}
W = &\sum_{k+l\leqslant n} b_{nkl}(x,y)2(n+1)^2 \cdot \\
&\int_{\Delta_{nkl}} \sum_{0<|q|\leqslant 2N-1} \frac{1}{q!} D^q F(x,y) \cdot \\
&[(u,v)-(x,y)]^q \mathrm{d}u\mathrm{d}v \\
= &\sum_{0<|q|\leqslant 2N-1} \frac{1}{q!} D^q F(x,y) \cdot \\
&K_n[((u,v)-(x,y))^q;x,y]
\end{aligned} \tag{7}$$

这里 $q=(j,i)$ 是非负整向量.

关于

$$R = I' + I_{(2)} + J'$$

有

$$\begin{aligned}
|I'| \leqslant &\frac{1}{(2N-1)!}\sum_{k+l\leqslant n} b_{nkl}(x,y)2(n+1)^2 \cdot \\
&\int_{\Delta_{nkl}} |v-y|^{2N} \left| \frac{1}{v-y}\int_y^v |D_2^{(2N)} F(u,t)| \mathrm{d}t \right| \mathrm{d}u\mathrm{d}v \\
\leqslant &C(N)\sum_{k=0}^{n} b_{nk}(x)(n+1) \cdot
\end{aligned}$$

$$\int_{\frac{k}{n+1}}^{\frac{k+1}{n+1}} M(g^{(0)}(u,\cdot);y)\mathrm{d}u \cdot$$
$$\sum_{l=0}^{n-k} b_{n-k,l}\left(\frac{y}{1-x}\right)\left[\left|\frac{l}{n+1}-y\right|+\frac{1}{n+1}\right]^{2N} \tag{8}$$

其中

$$g^{(0)}(u,t)=|\ D_2^{(2N)}F(u,t)\ |$$
$$M(g^{(0)}(u,\cdot);y)=\sup_{0\leqslant v\leqslant 1}\left|\frac{1}{v-y}\int_y^v g^{(0)}(u,t)\mathrm{d}t\right|$$

(这是一类极大函数，参见[5]). 式(8) 的最后一个不等号利用了算子的分解技巧. 再注意到

$$\frac{l}{n+1}-y=\left(\frac{y}{1-x}-\frac{l}{n-k+1}\right)\left(\frac{k}{n+1}-x\right)+$$
$$(1-x)\left(\frac{l}{n-k+1}-\frac{y}{1-x}\right)+$$
$$\frac{y}{1-x}\left(x-\frac{k}{n+1}\right)$$

若记

$$I''=\sum_{l=0}^{n-k} b_{n-k,l}\left(\frac{y}{1-x}\right)\left[\left|\frac{l}{n+1}-y\right|+\frac{1}{n+1}\right]^{2N}$$

则利用 Bernstein 算子的保线性[6] 有

$$I''\leqslant C(N)\left\{\left(\frac{1}{n+1}\right)^{2N}+\right.$$
$$\left(\frac{y}{1-x}\right)^{2N}\left(x-\frac{k}{n+1}\right)^{2N}+$$
$$(1-x)^{2N}\sum_{l=0}^{n-k} b_{n-k,l}\left(\frac{y}{1-x}\right)\cdot$$
$$\left(\frac{l}{n+1-k}-\frac{y}{1-x}\right)^{2N}+$$
$$\left(\frac{k}{n+1}-x\right)^{2N}\sum_{l=0}^{n-k} b_{n-k,l}\left(\frac{y}{1-x}\right)\cdot$$

$$\left(\frac{y}{1-x}-\frac{l}{n-k+1}\right)^{2N}\Bigg\}$$

而

$$\sum_{l=0}^{n-k} b_{n-k,l}\left(\frac{y}{1-x}\right)\left(\frac{y}{1-x}-\frac{l}{n-k+1}\right)^{2N}$$

$$\leqslant C(N)\sum_{l=0}^{n-k} b_{n-k,l}\left(\frac{y}{1-x}\right)\cdot$$

$$\left[\left(\frac{y}{1-x}-\frac{l+1}{n-k+1}\right)^{2N}+\left(\frac{1}{n-k+1}\right)^{2N}\right]$$

$$\leqslant C(N)\Bigg\{\left(\frac{1}{n-k+1}\right)^{2N}+$$

$$\left|\sum_{l=0}^{n-k+1}\left(\frac{l}{n-k+1}-\frac{y}{1-x}\right)^{2N}\cdot\right.$$

$$\left.b_{n-k+1,l}\left(\frac{y}{1-x}\right)\right|+$$

$$\left|\frac{1-x}{y}\sum_{l=0}^{n-k+1} b_{n-k+1,l}\left(\frac{y}{1-x}\right)\cdot\right.$$

$$\left.\left(\frac{l}{n-k+1}-\frac{y}{1-x}\right)^{2N+1}\right|\Bigg\}$$

$$\leqslant C(N)\left(\frac{1}{n-k+1}\right)^{N} \tag{9}$$

最后一个不等号成立利用了[7]的引理 9.5.5.如此便有

$$I''\leqslant C(N)\Bigg\{\left(\frac{1}{n+1}\right)^{2N}+\left(\frac{y}{1-x}\right)^{2N}\left(x-\frac{k}{n+1}\right)^{2N}+$$

$$(1-x)^{2N}\left(\frac{1}{n-k+1}\right)^{N}+$$

$$\left(\frac{k}{n+1}-x\right)^{2N}\left(\frac{1}{n-k+1}\right)^{N}\Bigg\}$$

将此代入(8),则

$$|I'|=C(N)\Bigg\{\sum_{k=0}^{n} b_{nk}(x)(n+1)\cdot$$

$$\int_{\frac{k}{n+1}}^{\frac{k+1}{n+1}} M(g^{(0)}(u,\cdot);y)\mathrm{d}u\left(\frac{1}{n+1}\right)^{2N}+$$

$$\sum_{k=0}^{n} b_{nk}(x)(n+1)\cdot$$

$$\int_{\frac{k}{n+1}}^{\frac{k+1}{n+1}} M(g^{(0)}(u,\cdot);y)\mathrm{d}u\cdot$$

$$\left(\frac{y}{1-x}\right)^{2N}\left(x-\frac{k}{n+1}\right)^{2N}+$$

$$\sum_{k=0}^{n} b_{nk}(x)(n+1)\cdot$$

$$\int_{\frac{k}{n+1}}^{\frac{k+1}{n+1}} M(g^{(0)}(u,\cdot);y)\mathrm{d}u\cdot$$

$$(1-x)^{2N}\left(\frac{1}{n-k+1}\right)^{N}+$$

$$\sum_{k=0}^{n} b_{nk}(x)(n+1)\cdot$$

$$\int_{\frac{k}{n+1}}^{\frac{k+1}{n+1}} M(g^{(0)}(u,\cdot);y)\mathrm{d}u\cdot$$

$$\left.(\frac{k}{n+1}-x)^{2N}\left(\frac{1}{n-k+1}\right)^{N}\right\}$$

$$=:C(N)\left\{I_{(1)}^{*}+\left(\frac{y}{1-x}\right)^{2N}I_{(2)}^{*}+I_{(3)}^{*}+I_{(4)}^{*}\right\} \tag{10}$$

显然，$I_{(4)}^{*}\leqslant I_{(2)}^{*}$，故此仅需估计 $I_{(1)}^{*}$，$I_{(2)}^{*}$ 和 $I_{(3)}^{*}$.

对于 $I_{(1)}^{*}$ 有

$$\begin{aligned}I_{(1)}^{*}&=\left(\frac{1}{n+1}\right)^{2N}\sum_{k=0}^{n} b_{nk}(x)(n+1)\cdot\\&\quad\int_{\frac{k}{n+1}}^{\frac{k+1}{n+1}} M(g^{(0)}(u,\cdot),y)\mathrm{d}u\\&\leqslant C(N)n^{-N}M(M(g^{(0)}(\cdot,\cdot);y);x)\end{aligned} \tag{11}$$

上式中的

$$M(M(g^{(0)}(\cdot,\cdot);y);x)$$
$$=\sup_{0\leqslant v\leqslant 1}\left|\frac{1}{v-x}\int_x^v M(g^{(0)}(u,\cdot);y)\mathrm{d}u\right|$$

(二次极大函数). 事实上

$$I_{(1)}^*\leqslant(n+1)^{2N-1}\sum_{k=0}^n b_{nk}(x)\cdot$$
$$\left[\frac{1}{\frac{k+1}{n+1}-x}\int_x^{\frac{k+1}{n+1}}M(g^{(0)}(u,\cdot);\right.$$
$$y)\mathrm{d}u\left(\frac{k+1}{n+1}-x\right)-$$
$$\frac{1}{\frac{k}{n+1}-x}\int_x^{\frac{k}{n+1}}M(g^{(0)}(u,\cdot);y)\mathrm{d}u\left(\frac{k}{n+1}-x\right)$$
$$\leqslant\left(\frac{1}{n+1}\right)^{2N-1}M(M(g^{(0)}(\cdot,\cdot);y);x)\cdot$$
$$\sum_{k=0}^n b_{nk}(x)\left[\left|\frac{k+1}{n+1}-x\right|+\left|\frac{k}{n+1}-x\right|\right]$$
$$\leqslant C(N)n^{-N}M(M(g^{(0)}(\cdot,\cdot);y);x)$$

对于 $I_{(2)}^*$ 有

$$I_{(2)}^*=\sum_{k=0}^n b_{nk}(x)(n+1)\cdot$$
$$\int_{\frac{k}{n+1}}^{\frac{k+1}{n+1}}M(g^{(0)}(u,\cdot);y)\mathrm{d}u\left|\frac{k}{n+1}-x\right|^{2N}$$
$$\leqslant C(N)n^{-N}M(M(g^{(0)}(\cdot,\cdot);y);x)\qquad(12)$$

这是因为

$$I_{(2)}^*=\sum_{k=0}^n b_{nk}(x)(n+1)\cdot$$
$$\int_x^{\frac{k+1}{n+1}}M(g^{(0)}(u,\cdot);y)\left|\frac{k}{n+1}-x\right|^{2N}\mathrm{d}u-$$

$$\sum_{k=0}^{n} b_{nk}(x)(n+1)\cdot$$

$$\int_x^{\frac{k}{n+1}} M(g^{(0)}(u,\cdot);y)\mathrm{d}u\left|\frac{k}{n+1}-x\right|^{2N}$$

$$=\sum_{k=0}^{n} b_{n+1,k}(x)\cdot$$

$$\int_x^{\frac{k}{n+1}} M(g^{(0)}(u,\cdot);y)\mathrm{d}u\left(\frac{k-1}{n+1}-x\right)^{2N}\frac{k}{x}-$$

$$\sum_{k=0}^{n+1} b_{n+1,k}(x)\cdot$$

$$\int_x^{\frac{k}{n+1}} M(g^{(0)}(u,\cdot);y)\mathrm{d}u\cdot$$

$$\left[\left(\frac{k-1}{n+1}-x\right)^{2N}\frac{k}{x}-\left(\frac{k}{n+1}-x\right)^{2N}\frac{n-k+1}{1-x}\right]$$

$$=\sum_{k=0}^{n+1} b_{n+1,k}(x)\frac{1}{\frac{k}{n+1}-x}\cdot$$

$$\int_x^{\frac{k}{n+1}} M(g^{(0)}(u,\cdot);y)\cdot$$

$$\sum_{i=0}^{2N-1}\binom{2N}{i}\left(\frac{k}{n+1}-x\right)^{i+1}\cdot$$

$$\left(-\frac{1}{n+1}\right)^{2N-i}\frac{k}{x}+\sum_{k=0}^{n+1} b_{n+1,k}(x)\frac{1}{\frac{k}{n+1}-x}\cdot$$

$$\int_x^{\frac{k}{n+1}} M(g^{(0)}(u,\cdot);y)\mathrm{d}u\cdot$$

$$\left(\frac{k}{n+1}-x\right)^{2N+2}\frac{n+1}{x(1-x)}$$

$$\leqslant M(M(g^{(0)}(\cdot,\cdot);y;x))\sum_{i=0}^{2N-1}\binom{2N}{i}\left(\frac{1}{n+1}\right)^{2N-i}\cdot$$

$$\sum_{k=0}^{n+1}\left|\frac{k}{n+1}-x\right|^{i+1}\frac{k}{x}b_{n+1,k}(x)+$$

$$M(M(g^{(0)}(\cdot,\cdot);y);x)\frac{n+1}{x(1-x)}\cdot$$

$$\sum_{k=0}^{n+1}b_{n+1,k}(x)\left(\frac{k}{n+1}-x\right)^{2N+2} \tag{13}$$

据[7]引理 9.5.5,有

$$\left(\frac{1}{n+1}\right)^{2N-i}\sum_{k=0}^{n+1}\left|\frac{k}{n+1}-x\right|^{i+1}\frac{k}{x}b_{n+1,k}(x)$$

$$\leqslant (n+1)^{-2N+i+1}\sum_{k=0}^{n}\left(\left|\frac{k}{n}-x\right|+\frac{1}{n}\right)^{i+1}b_{nk}(x)$$

$$\leqslant C(N)n^{-N}\quad (0\leqslant i\leqslant 2N-1)$$

$$\frac{n+1}{x(1-x)}\sum_{k=0}^{N+1}b_{n+1,k}(x)\left(\frac{k}{n+1}-x\right)^{2N+2}\leqslant C(N)n^{-N}$$

将上述结果代入(13),便得(12).

对于 $I_{(3)}^{*}$ 有

$$I_{(3)}^{*}=\sum_{k=0}^{n}b_{nk}(x)(n+1)\cdot$$

$$\int_{\frac{k}{n+1}}^{\frac{k+1}{n+1}}M(g^{(0)}(u,\cdot);y)\mathrm{d}u(1-x)^{2N}\left(\frac{1}{n-k+1}\right)^{N}$$

$$\leqslant C(N)n^{-N}M(M(g^{(0)}(\cdot,\cdot);y);x) \tag{14}$$

实际上,类似 $I_{(2)}^{*}$ 的变形有

$$I_{(3)}^{*}=\sum_{k=0}^{n}b_{b+1,k}(x)\frac{1}{\frac{k}{n+1}-x}\int_{x}^{\frac{k}{n+1}}M(g^{(0)}(u,\cdot);y)\mathrm{d}u(1-x)^{2N}\cdot$$

$$\left(\frac{k}{n+1}-x\right)\left[\frac{k}{x}\left(\frac{1}{n-k+2}\right)^{N}-\right.$$

$$\left.\frac{n-k+1}{1-x}\left(\frac{1}{n-k+1}\right)^{N}\right]+$$

$$b_{n+1,n+1}(x)\frac{1}{\frac{n+1}{n+1}-x}\cdot$$

$$\int_x^{\frac{n+1}{n+1}} M(g^{(0)}(u,\cdot);y)\mathrm{d}u(1-x)^{2N+1}\frac{n+1}{x}$$

$$\leqslant (1-x)^{2N}M(M(g^{(0)}(\cdot,\cdot);y);x)\cdot$$

$$\sum_{k=0}^{n} b_{n+1,k}(x)\left(\frac{1}{n-k+2}\right)^N\frac{n+1}{x(1-x)}\left(\frac{k}{n+1}-x\right)^2+$$

$$(1-x)^{2N-1}M(M(g^{(0)}(\cdot,\cdot);y);x)\cdot$$

$$\sum_{k=0}^{n} b_{n+1,k}(x)\left(\frac{1}{n-k+2}\right)^N\left|\frac{k}{n+1}-x\right|\cdot$$

$$\sum_{i=0}^{N-1}\binom{N}{i}\left(\frac{1}{n-k+1}\right)^{N-i-1}+$$

$$(1-x)^{2N}M(M(g^{(0)}(\cdot,\cdot);y);x)\cdot$$

$$b_{n+1,n+1}(x)\frac{n+1}{x(1-x)}(1-x)^2$$

$$\leqslant (1-x)^{2N}M(M(g^{(0)}(\cdot,\cdot);y);x)\frac{n+1}{x(1-x)}\cdot$$

$$\sum_{k=0}^{n+1} b_{n+1,k}(x)\left(\frac{1}{n-k+2}\right)^N\cdot$$

$$\left(\frac{k}{n+1}-x\right)^2+(1-x)^{2N-1}M(M(g^{(0)}(\cdot,\cdot);y);x)\cdot$$

$$\sum_{i=0}^{N-1}\binom{N}{i}\sum_{k=0}^{n} b_{n+1,k}(x)\cdot$$

$$\left(\frac{1}{n-k+2}\right)^N\left|\frac{k}{n+1}-x\right| \tag{15}$$

利用 Hölder 不等式,以及[8]引理 3.2 有

$$\sum_{k=0}^{n} b_{n+1,k}(x)\left(\frac{1}{n-k+2}\right)^N\left|\frac{k}{n+1}-x\right|$$

$$\leqslant C(N)(1-x)^{-N}n^{-N}$$

此外

$$\sum_{k=0}^{n+1} b_{n+1,k}(x)\left(\frac{1}{n-k+2}\right)^N\left(\frac{k}{n+1}-x\right)^2$$

$$=\frac{1}{(n+2)\cdots(n+N+1)(1-x)^N}\sum_{k=0}^{n+1}b_{n+N+1,k}(x)\cdot$$

$$\frac{(n-k+2)\cdots(n-k+N+1)}{(n-k+2)^N}\left(\frac{k}{n+1}-x\right)^2$$

$$\leqslant C(N)(n+1)^{-N}(1-x)^{-N}\cdot$$

$$\sum_{k=0}^{n+1}b_{n+N+1,k}(x)\left(\frac{k}{n+1}-x\right)^2$$

$$\leqslant C(N)(n+1)^{-N}(1-x)^{-N}\cdot$$

$$\left[\sum_{k=0}^{n+1}b_{n+N+1,k}(x)\left(\frac{k}{n+N+1}-x\right)^2+\right.$$

$$\left.(n+1)^{-2}\sum_{k=0}^{n+1}b_{n+N+1,k}(x)\left(\frac{k}{n+N+1}\right)^2\right]$$

$$\leqslant C(N)(n+1)^{-N}(1-x)\cdot$$

$$\left[\sum_{k=0}^{n+N+1}b_{n+N+1}(x)\left(\frac{k}{n+N+1}-x\right)^2+\right.$$

$$\left.(n+1)^{-2}\sum_{k=0}^{n+N+1}b_{n+N+1,k}(x)\left(\frac{k}{n+N+1}\right)^2\right]$$

$$=C(N)(n+1)^{-N}(1-x)^{-N}\cdot$$

$$\left[\frac{x(1-x)}{n+N+1}+(n+1)^{-2}\cdot\right.$$

$$\left.\left(x^2+\frac{x(1-x)}{n+N+1}\right)\right]$$

$$\leqslant C(N)(n+1)^{-N-1}(1-x)^{-N}x$$

上述最后一个不等号利用了[6]关于 Bernstein 算子的矩量公式. 把上面两个估计式代入(15),即可得(14).

由(10)(11)(12)以及(14),则有

$$|I'|\leqslant C(N)n^{-N}M(M(g^{(0)}(\cdot,\cdot);y);x)\quad(16)$$

又

$$I_{(2)}=\sum_{k+l\leqslant n}b_{nkl}(x,y)2(n+1)^2\cdot$$

$$\int_{\Delta_{nkl}} \sum_{i=1}^{2N-1} \frac{(v-y)^i}{i!\,(2N-i-1)!} \cdot \int_x^u D_3^{(2N-i,i)} F(t_i,y)(u-t_i)^{2N-1-i} \mathrm{d}t_i \mathrm{d}u \mathrm{d}v$$

$$= \sum_{i=1}^{2N-1} \frac{1}{i!\,(2N-i-1)!} \cdot \sum_{k+l\leqslant n} b_{nkl}(x,y) 2(n+1)^2 \int_{\Delta_{nkl}} (u-x)^{2N-i} \cdot (v-y)^i \frac{1}{u-x} \int_x^u D_3^{(2N-i,i)} F(t_i,y) \cdot \left(\frac{u-t_i}{u-x}\right)^{2N-1-i} \mathrm{d}t_i \mathrm{d}u \mathrm{d}v$$

$$=: \sum_{i=1}^{2N-1} \frac{I_{(2)}^{(i)}}{i!\,(2N-i-1)!}$$

而

$$\begin{aligned} |I_{(2)}^{(i)}| &\leqslant \sum_{k+l\leqslant n} b_{nkl}(x,y) 2(n+1)^2 \cdot \int_{\Delta_{nkl}} |(u-x)^{2N-i}(v-y)^i| \cdot M(g^{(i)}(\cdot,y);x) \mathrm{d}u \mathrm{d}v \\ &\leqslant C(N) M(g^{(i)}(\cdot,y);x) \sum_{k+l\leqslant n} b_{nkl}(x,y) \cdot \left[\left|\frac{k}{n}-x\right| + \frac{1}{n}\right]^{2N-i} \cdot \left[\left|\frac{l}{n}-y\right| + \frac{1}{n}\right]^i \\ &\leqslant C(N) n^{-N} M(g^{(i)}(\cdot,y);x) \\ &\qquad (i=1,2,\cdots,2N-1) \end{aligned}$$

在此

$$g^{(i)}(x,y) = D_3^{(2N-i,i)} F(x,y)$$

最末一个不等号成立利用了[2]的推论 1. 于是我们有

$$|I_{(2)}|\leqslant C(N)n^{-N}\sum_{i=1}^{2N-1}M(g^{(i)}(\cdot,y);x) \quad (17)$$

对于

$$J'=\sum_{k+l\leqslant n}b_{nkl}(x,y)2(n+1)^2\cdot$$
$$\int_{\Delta_{nkl}}\frac{(u-x)^{2N}}{(2N-1)!}\frac{1}{u-x}\int_x^u\left(\frac{u-t}{u-x}\right)^{2N-1}\cdot$$
$$D_1^{(2N)}F(t,y)\mathrm{d}t\mathrm{d}u\mathrm{d}v$$

易见

$$|J'|\leqslant C(N)M(g^{(2N)}(\cdot,y);x)\cdot$$
$$\sum_{k+l\leqslant n}b_{nkl}(x,y)\left(\left|\frac{k}{n}-x\right|+\frac{1}{n}\right)^{2N}$$
$$\leqslant C(N)n^{-N}M(g^{(2N)}(\cdot,y);x) \quad (18)$$

至此,由(16)(18)(19)和(6)可得

$$|R|\leqslant C(N)n^{-N}\left\{\sum_{i=1}^{2N}M(g^{(i)}(\cdot,y);x)+\right.$$
$$\left.M(M(g^{(0)}(\cdot,\cdot);y);x)\right\}$$

所以

$$\|R\|_{L_p(\Delta)}\leqslant C(N)n^{-N}\left\{\sum_{i=1}^{2N}\|M(g^{(i)}(\cdot,y);x)\|_{L_p(\Delta)}+\right.$$
$$\left.\|M(M(g^{(0)}(\cdot,\cdot);y);x)\|_{L_p(\Delta)}\right\}$$
$$\leqslant C(N,p)n^{-N}\sum_{i=0}^{2N}\|(g^{(i)}\|_{L_p(\Delta)}$$
$$\leqslant C(N,p)n^{-N}\|F\|_{2N,p}$$
$$\leqslant C(N,p)n^{-N}\|f\|_{2N,p}$$

定理证毕.

参考资料

[1] Lai mingjun. Asymptotic formulae of multivariate Bernstein approximation. J A T, 1992, 70(2):229-242.

[2] Feng Yuyu, Jerne Kozak. Asymptotic expansion formulae for Bernstein polynomial defined on a simplex. Constr Approx, 1992,8(1):45-58.

[3] Adams A. 索伯列夫空间. 中译本. 北京:人民教育出版社,1981.

[4] Ditzian Z. Inverse theorems for multidimensional Bernstein operators. Pacific Journal of Math, 1986,121(2):293-319.

[5] Stein E M. 奇异积分与函数的可微性. 中译本. 北京:北京大学出版社,1986.

[6] 邸继征. 矩量的显式表示. 科学通报,1995, 40(20):1833-1836.

[7] Ditzian Z, Totik V. Moduli of Smoothness. New York: Springer-Verlag,1987.

[8] Ditzian Z. A global inverse theorem for combination of Bernstein polynomials. J A T, 1979,26 (3):277-292.

第44章 Bernstein-Kantorovich 算子线性组合同时逼近的点态估计①

丽水学院数学系的程丽，谢林森两位教授2009年借助于Ditzian-Totik光滑模 $\omega_{\varphi^\lambda}^r(f,t)(0\leqslant\lambda\leqslant 1)$ 给出了 Bernstein-Kantorovich 算子线性组合同时逼近的点态估计.

设 $C[0,1]$ 是由 $[0,1]$ 上全体连续函数组成的空间，其范数为

$$\|f\|=\max_{0\leqslant x\leqslant 1}|f(x)|$$

对于 $f\in C[0,1]$，Bernstein-Kantorovich 算子定义为[1]

$$K_n(f,x)=(n+1)\sum_{k=0}^{n}p_{n,k}(x)\cdot$$

① 本章摘自《河北师范大学学报(自然科学版)》，2009年3月，第33卷，第2期.

$$\int_{\frac{k}{n+1}}^{\frac{k+1}{n+1}} f(t)\,\mathrm{d}t$$

$$\left(p_{n,k}(x) \equiv \binom{n}{k} x^k (1-x)^{n-k}\right)$$

它们的线性组合定义为

$$K_n(f,r,x) = \sum_{i=0}^{r-1} C_i(n) K_{n_i-1}(f,x)$$

其中 n_i 和 $C_i(n)$ 满足条件

$$\begin{cases} ①\, n = n_0 < \cdots < n_{i-1} \leqslant Cn \\ ②\, \sum\limits_{i=0}^{r-1} |C_i(n)| \leqslant C \\ ③\, \sum\limits_{i=0}^{r-1} C_i(n) = 1 \\ ④\, \sum\limits_{i=0}^{r-1} C_i(n) n_i^{-\rho} = 0, \rho = 1,2,\cdots,r-1 \end{cases} \tag{1}$$

r 阶 Ditzian-Totik 光滑模定义为

$$\omega_{\varphi^\lambda}^r(f,t) = \sup_{0<h\leqslant t x \pm \frac{r}{2} h\varphi^\lambda(x) \in [0,1]} |\Delta_{h\varphi^\lambda(x)}^r f(x)|$$

其中 $\varphi(x) = \sqrt{x(1-x)}$.

Zhou 在文献[2]中证明了如下两个定理.

定理 1[2]　设 $r \in \mathbf{N}_+$，则对于 $f \in C[0,1]$，有

$$|K_n(f,r,x) - f(x)| \leqslant M\omega^r(f,\delta_n(x))$$

其中 $\delta_n(x) = \varphi(x) + n^{-\frac{1}{2}}$；$\omega^r(f,t)$ 是 r 阶经典连续模；M 是与 n,x 和 f 无关的常数.

定理 2[2]　设 $r \in \mathbf{N}_+$，$0 < \alpha < r$，则对于 $f \in C[0,1]$，有

$$|K_n(f,r,x) - f(x)| = O(((n^{-\frac{1}{2}})\delta_n(x))^\alpha)$$

等价于 $\omega^r(f,t) = O(t^\alpha)$.

文献[3]研究了 Bernstein-Kantorovich 算子线性组合的同时点态逼近问题.本章中,笔者继续了这方面的工作,借助于 r 阶 Ditzian-Totik 光滑模证明了如下定理 3 和定理 4.

定理 3　设 $s\in\mathbf{N},r\in\mathbf{N}_+,0\leqslant\lambda\leqslant1$,则对于 $f^{(s)}\in C[0,1]$,有

$$\left|\frac{(n+1)^s(n-s)!}{n!}K_n^{(s)}(f,r,x)-f^{(s)}(x)\right|$$
$$\leqslant M\omega_{\varphi^\lambda}^r(f^{(s)},n^{-\frac{1}{2}}\delta_n^{1-\lambda}(x))\tag{2}$$

其中 M 是与 n,x,f 无关的常数.

定理 4　设 $s\in\mathbf{N},r\in\mathbf{N}_+,s<\alpha<r+s,0\leqslant\lambda\leqslant1$,则对于 $f^{(s)}\in C[0,1]$,有

$$\left|\frac{(n+1)^s(n-s)!}{n!}K_n^{(s)}(f,r,x)-f^{(s)}(x)\right|$$
$$=O((n^{-\frac{1}{2}}\delta_n^{1-\lambda}(x))^{\alpha-s})\tag{3}$$

等价于

$$\omega_{\varphi^\lambda}^r(f^{(s)},t)=O(t^{\alpha-s})$$

注　当 $s=0$ 和 $\lambda=0$ 时,定理 3 和定理 4 就是上述的定理 1 和定理 2. 当 $\lambda=0$ 时,定理 3 和定理 4 就是文献[3]中的结果. 顺便指出,在文献[3]的(6)(8)中,$K_n(f,r,x)$ 前应乘以系数 $\frac{(n+1)^s(n-s)!}{n!}$.

§1　引　　理

对于 $f\in C[0,1]$,K — 泛函定义为

$K_{r,\varphi^\lambda}(f,t^r)=\inf\{\|f-g\|+t^r\|\varphi^{\lambda r}g^{(r)}\|_\infty:$

$$g^{(r-1)} \in P_{A.C._{\mathrm{loc}}}\}$$

$$\overline{K}_{r,\varphi^{\lambda}}(f,t^{r}) = \inf\{\|f-g\| + t^{r}\|\varphi^{\lambda r}g^{(r)}\|_{\infty} + t^{\frac{r}{1-\frac{\lambda}{2}}}\|g^{(r)}\|_{\infty} : g^{(r-1)} \in P_{A.C._{\mathrm{loc}}}\}$$

其中 $P_{A.C._{\mathrm{loc}}}$ 为局部绝对连续函数集.

由文献[1]知,存在常数 $C>0$,使得

$$C^{-1}\omega_{\varphi^{\lambda}}^{r}(f,t) \leqslant K_{r,\varphi^{\lambda}}(f,t^{r}) \leqslant C\omega_{\varphi^{\lambda}}^{r}(f,t) \tag{4}$$

$$C^{-1}\omega_{\varphi^{\lambda}}^{r}(f,t) \leqslant \overline{K}_{r,\varphi^{\lambda}}(f,t^{r}) \leqslant C\omega_{\varphi^{\lambda}}^{r}(f,t) \tag{5}$$

以下均记 C 为正的常数,只是在不同的地方可能取值不同.

对于 $f^{(s)} \in C[0,1]$,$s \in \mathbf{N}_{+}$,通过简单的计算有[1]

$$K_{n}^{(s)}(f,x) = \frac{(n+1)!}{(n-s)!}\sum_{k=0}^{n-s}\int_{0}^{\frac{1}{n+1}}\cdots\int_{0}^{\frac{1}{n+1}}\int_{\frac{k}{n+1}}^{\frac{k+1}{n+1}} f^{(s)}\left(t+\sum_{i=1}^{s}u_{i}\right)\mathrm{d}t\mathrm{d}u_{1}\cdots\mathrm{d}u_{s}p_{n-s,k}(x)$$

设 $n \geqslant s$,$s \in \mathbf{N}_{+}$,对于 $g \in C[0,1]$,作辅助算子

$$K_{n,s}(g,x) = (n+1)^{s+1}\sum_{k=0}^{n-s}\int_{0}^{\frac{1}{n+1}}\cdots\int_{0}^{\frac{1}{n+1}}\int_{\frac{k}{n+1}}^{\frac{k+1}{n+1}} g\left(t+\sum_{i=1}^{s}u_{i}\right)\mathrm{d}t\mathrm{d}u_{1}\cdots\mathrm{d}u_{s}p_{n-s,k}(x)$$

和它们的线性组合

$$K_{n,s}(g,r,x) = \sum_{i=0}^{r-1}C_{i}(n)K_{n_{i}-1,s}(g,x)$$

其中 n_i 和 $C_i(n)$ 满足(2). 显然,$K_{n,s}(g,x)$ 和 $K_{n,s}(g,r,x)$ 都是 $C[0,1]$ 上的有界线性算子,而且 $K_{n,s}(1,x)=1$ 和 $K_{n,s}(1,r,x)=1$. 当 $f^{(s)} \in C[0,1]$ 时,有

$$K_{n,s}(f^{(s)},x) = \frac{(n+1)^{s}(n-s)!}{n!}K_{n}^{(s)}(f,x)$$

通过简单的计算,可得下面的引理.

引理 1 设 $s,l\in\mathbf{N}_+$ 且 $n\geqslant s$,则

$$K_{n,s}((t-x)^l,x)=\sum_{m=0}^{\left[\frac{l}{2}\right]}a_{m,l}(x)\cdot\left(1-\frac{s}{n+1}\right)^{\left[\frac{l}{2}\right]-m}\cdot\frac{\varphi(x)^{2\left[\frac{l}{2}\right]-2m}}{(n+1)^{l-\left[\frac{l}{2}\right]+m}}\tag{6}$$

其中 $a_{m,l}(x)$ 是关于 x 的 $2m+l-2\left[\frac{l}{2}\right]$ 阶多项式,且与 n 无关.

引理 2 设 $s,r,l\in\mathbf{N}_+$,则

$$K_{n,s}((t-x)^l,r,x)=0\quad(l=1,2,\cdots,r-1)\tag{7}$$

$$K_{n,s}((t-x)^{2l},x)\leqslant Cn^{-l}\delta_n^{2l}(x)\tag{8}$$

证明 由(6)和(1)中的④即得(7).下面证明(8).

由(6),有

$$|K_{n,s}((t-x)^{2l},x)|\leqslant C\sum_{j=0}^{l}\frac{\varphi^{2l-2j}(x)}{(n+1)^{l+j}}$$

于是,当 $n\varphi^2(x)<1$ 时

$$|K_{n,s}((t-x)^{2l},x)|\leqslant C\sum_{j=0}^{l}\frac{1}{(n+1)^{l+j}n^{1-j}}\leqslant Cn^{-2l}\leqslant Cn^{-l}\delta_n^{2l}(x)$$

当 $n\varphi^2(x)\geqslant 1$ 时

$$|K_{n,s}((t-x)^{2l},x)|\leqslant C\left(\frac{\varphi^2(x)}{n+1}\right)^l\sum_{j=0}^{l}\frac{1}{((n+1)\varphi^2(x))^j}$$

$$\leqslant C\left(\frac{\varphi^2(x)}{n}\right)^l \leqslant Cn^{-l}\delta_n^{2l}(x)$$

引理2证毕.

引理 3[4]　设 $r\in\mathbf{N}_+,0\leqslant\lambda\leqslant1,x\in(0,1)$ 和 $t\in[0,1]$,则

$$\left|\int_x^t |t-u|^{r-1}\delta_n^{-\lambda r}(u)\mathrm{d}u\right|\leqslant C|t-x|^r\delta_n^{-\lambda r}(x) \tag{9}$$

引理 4　设 $s\in\mathbf{N}_+,r\in\mathbf{N}_+,0\leqslant\lambda\leqslant1$,则对于 $f^{(r-1)}\in P_{A.C._{\mathrm{loc}}}$,有

$$\|\varphi^{\lambda r}K_{n,s}^{(r)}(f)\|\leqslant C\|\varphi^{\lambda r}f^{(r)}\|_\infty \tag{10}$$

证明　不妨设 $F(x)$ 满足 $F^{(s)}(x)=f(x)$,由文献[1],有

$$\begin{aligned}&|\varphi^{\lambda r}(x)K_{n,s}^{(r)}(f,x)|\\=&\frac{(n+1)^s(n-s)!}{n!}|\varphi^{\lambda r}(x)K_n^{(r+s)}(F,x)|\\\leqslant&Cn^{r+s}\left|\varphi^{\lambda r}(x)\sum_{k=0}^{n-r-s}\Delta^{r+s}a_k(n+1)p_{n-r-s,k}(x)\right|\end{aligned}$$

其中

$$a_k(n+1)=(n+1)\int_{\frac{k}{n+1}}^{\frac{k+1}{n+1}}F(u)\mathrm{d}u$$

$$\Delta a_k=a_{k+1}-a_k$$

$$\Delta^s a_k=\Delta(\Delta^{s-1}a_k)$$

当 $1\leqslant k\leqslant n-r-s-1$,由文献[1]可得

$$\begin{aligned}&n^{r+s}|\Delta^{r+s}a_k(n+1)|\leqslant Cn\int_{\frac{k+r+s}{n+1}}^{\frac{k+r+s+1}{n+1}}|F^{(r+s)}(u)|\mathrm{d}u\\\leqslant&C\sup_{\frac{k}{n+1}\leqslant\xi\leqslant\frac{k+r+s+1}{n+1}}|F^{(r+s)}(\xi)|\\\leqslant&\frac{C\|\varphi^{\lambda_r}f^{(r)}\|_\infty}{(\frac{k}{n})^{\frac{\lambda_r}{2}}(\frac{n-r-s-k}{n})^{\frac{\lambda_r}{2}}}\end{aligned}$$

另一方面,当 $k=0$ 或 $n-r-s$ 时,有

$$
\begin{aligned}
& n^{r+s}\left|\Delta^{r+s}a_0(n+1)\right| \\
\leqslant{} & Cn^{r+s}\int_0^{\frac{r+s+1}{n+1}} u^{r+s-1}\left|F^{(r+s)}(u)\right| \mathrm{d}u \\
\leqslant{} & Cn^{r+s}\left\|\varphi^{\lambda_r}f^{(r)}\right\|_\infty \int_0^{\frac{r+s+1}{n+1}} u^{r(1-\frac{\lambda}{2})+s-1}(1-u)^{-\frac{\lambda_r}{2}} \mathrm{d}u \\
\leqslant{} & Cn^{\frac{\lambda_r}{2}}\left\|\varphi^{\lambda_r}f^{(r)}\right\|_\infty
\end{aligned}
$$

同理

$$
n^{r+s}\left|\Delta^{r+s}a_{n-r-s}(n+1)\right| \leqslant Cn^{\frac{\lambda_r}{2}}\left\|\varphi^{\lambda_r}f^{(r)}\right\|_\infty
$$

利用 Hölder 不等式和文献[5]中的引理 3.1 和引理 3.2,有

$$
\begin{aligned}
& \varphi^{\lambda_r}(x)\left|K_{n,s}^{(r)}(f,x)\right| \\
\leqslant{} & C\varphi^{\lambda_r}(x)\left\|\varphi^{\lambda_r}f^{(r)}\right\|_\infty \cdot \\
& \sum_{k=0}^{n-r-s}\frac{p_{n-r-s,k}(x)}{\left(\frac{k+1}{n}\right)^{\frac{\lambda_r}{2}}\left(\frac{n-r-s-k+1}{n}\right)^{\frac{\lambda_r}{2}}} \\
\leqslant{} & C\varphi^{\lambda_r}(x)\left\|\varphi^{\lambda_r}f^{(r)}\right\|_\infty \cdot \\
& \sum_{k=0}^{n-r-s}\left(\frac{p_{n-r-s,k}(x)}{\left(\frac{k+1}{n}\right)^{\frac{\lambda_r}{2}}}\ \frac{p_{n-r-s,k}(x)}{\left(\frac{n-r-s-k+1}{n}\right)^{\frac{\lambda_r}{2}}}\right) \\
\leqslant{} & C\varphi^{\lambda_r}(x)\left\|\varphi^{\lambda_r}f^{(r)}\right\|_\infty \cdot \\
& \left(\left(\sum_{k=0}^{n-r-s}\frac{p_{n-r-s,k}(x)}{\left(\frac{k+1}{n}\right)^{r}}\right)^{\frac{\lambda}{2}} \cdot \right. \\
& \left.\left(\sum_{k=0}^{n-r-s}\frac{p_{n-r-s,k}(x)}{\left(\frac{n-r-s-k+1}{n}\right)^{r}}\right)^{\frac{\lambda}{2}}\right) \\
\leqslant{} & C\left\|\varphi^{\lambda_r}f^{(r)}\right\|_\infty
\end{aligned}
$$

引理 4 证毕.

引理5[4] 设$r\in\mathbf{N}_+,0\leqslant\lambda\leqslant 1,0\leqslant\beta\leqslant 1$,则对于$0<h<\frac{1}{2^\lambda r}$和$\frac{rh\varphi^\lambda(x)}{2}<x<1-\frac{rh\varphi^\lambda(x)}{2}$,有

$$\int_{-\frac{h\varphi^\lambda(x)}{2}}^{\frac{h\varphi^\lambda(x)}{2}}\cdots\int_{-\frac{h\varphi^\lambda(x)}{2}}^{\frac{h\varphi^\lambda(x)}{2}}\varphi^{-\beta r}\left(x+\sum_{k=1}^{r}u_k\right)\mathrm{d}u_1\cdots\mathrm{d}u_r$$
$$\leqslant Ch^r\varphi^{(\lambda-\beta)r}(x) \tag{11}$$

引理6[3] 设$s,r\in\mathbf{N}_+$,则对于$f\in C[0,1]$,有

$$\|K_{n,s}^{(r)}(f)\|\leqslant Cn^r\|f\| \tag{12}$$

$$\|\varphi^r K_{n,s}^{(r)}(f)\|\leqslant Cn^{\frac{r}{2}}\|f\| \tag{13}$$

§2 定理的证明

定理3的证明 对于$g^{(r-1)}\in C[0,1]$,根据Taylor公式,由(7)~(9)和Cauchy-Schwartz不等式,有

$$|K_{n,s}(g,r,x)-g(x)|$$
$$=\left|K_{n,s}\left(\frac{1}{(r-1)!}\int_x^t(t-u)^{r-1}g^{(r)}(u)\mathrm{d}u,r,x\right)\right|$$
$$\leqslant C\|\delta_n^{\lambda_r}g^{(r)}\|_\infty\sum_{i=0}^{r-1}|C_i(n)|\delta_{n_i}^{-\lambda_r}(x)K_{n_i,s}(|t-x|^r,x)$$
$$\leqslant Cn^{-\frac{r}{2}}\delta_n^{-r}(x)\delta_n^{-\lambda_r}(x)(\|\varphi^{\lambda_r}g^{(r)}\|_\infty+n^{-\frac{\lambda_r}{2}}\|g^{(r)}\|_\infty)$$
$$\leqslant C(n^{-\frac{r}{2}}\delta_n^{(1-\lambda)r}(x)\|\varphi^{\lambda_r}g^{(r)}\|_\infty+$$
$$n^{-\frac{(1+\lambda)r}{2}}\delta_n^{(1-\lambda)r}(x)\|g^{(r)}\|_\infty)$$
$$\leqslant C((n^{-\frac{1}{2}}\delta_n^{1-\lambda}(x))^r\|\varphi^{\lambda_r}g^{(r)}\|_\infty+$$
$$(n^{-\frac{1}{2}}\delta_n^{1-\lambda}(x))^{\frac{r}{1-\frac{\lambda}{2}}}\|g^{(r)}\|_\infty)$$

从而,对于$f^{(s)}\in C[0,1]$和所有的$g^{(r-1)}\in P_{A.C._{\mathrm{loc}}}$,由

于 $K_{n,s}$ 是有界线性算子，有

$$
\begin{aligned}
&|K_{n,s}(f^{(s)},r,x)-f^{(s)}(x)|\\
\leqslant&|K_{n,s}(f^{(s)}-g,r,x)|+\\
&|f^{(s)}(x)-g(x)|+|K_{n,s}(g,r,x)-g(x)|\\
\leqslant&C(\|f^{(s)}-g\|+(n^{-\frac{1}{2}}\delta_n^{1-\lambda}(x))^r\|\varphi^{\lambda_r}g^{(r)}\|_\infty+\\
&(n^{-\frac{1}{2}}\delta_n^{1-\lambda}(x))^{\frac{r}{1-\frac{\lambda}{2}}}\|g^{(r)}\|_\infty)
\end{aligned}
$$

因此，由(5)便得(2). 定理 3 证毕.

定理 4 的证明　由(2)即得充分性. 下面证明必要性. 对于 $d>0$，由(4)，选取 $g_d^{(r-1)}\in P_{\mathrm{A.C.}_{\mathrm{loc}}}$，使得

$$
\|f^{(s)}-g_d\|\leqslant 2C\omega_{\varphi^\lambda}^r(f^{(s)},d)
$$
$$
\|\varphi^{\lambda_r}g_d^{(r)}\|_\infty\leqslant 2Cd^{-r}\omega_{\varphi^\lambda}^r(f,d)
$$

当 $0<h<\dfrac{1}{2^\lambda r}$ 和 $\dfrac{rh\varphi^\lambda(x)}{2}<x<1-\dfrac{rh\varphi^\lambda(x)}{2}$ 时，由(3)，有

$$
\begin{aligned}
&|\Delta_{h\varphi^\lambda(x)}^r f^{(s)}(x)|\\
\leqslant&|\Delta_{h\varphi^\lambda(x)}^r(f^{(s)}-K_{n,s}(f^{(s)},r,\circ)(x))|+\\
&|\Delta_{h\varphi^\lambda(x)}^r(K_{n,s}(f^{(s)}-g_d,r,\circ)(x))|+\\
&|\Delta_{h\varphi^\lambda(x)}^r(K_{n,s}(g_d,r,\circ)(x))|\\
\leqslant&C\sum_{j=0}^r\binom{r}{j}(n^{-\frac{1}{2}}\delta_n^{1-\lambda}(x+(\frac{r}{2}-j)h\varphi^\lambda(x)))^{\alpha-s}+\\
&\int_{-\frac{h\varphi^\lambda(x)}{2}}^{\frac{h\varphi^\lambda(x)}{2}}\cdots\int_{-\frac{h\varphi^\lambda(x)}{2}}^{\frac{h\varphi^\lambda(x)}{2}}\left|K_{n,s}^{(r)}(f^{(s)}-g_d,\right.\\
&\left.r,x+\sum_{k=1}^r u_k)\right|\mathrm{d}u_1\cdots\mathrm{d}u_r+\\
&\int_{-\frac{h\varphi^\lambda(x)}{2}}^{\frac{h\varphi^\lambda(x)}{2}}\cdots\int_{-\frac{h\varphi^\lambda(x)}{2}}^{\frac{h\varphi^\lambda(x)}{2}}\left|K_{n,s}^{(r)}\Big(g_d,r,x+\right.\\
&\left.\sum_{k=1}^r u_k\Big)\right|\mathrm{d}u_1\cdots\mathrm{d}u_r
\end{aligned}
$$

$$= I_1 + I_2 + I_3$$

由

$$\frac{rh\varphi^{\lambda}(x)}{2} < x < 1 - \frac{rh\varphi^{\lambda}(x)}{2}$$

有

$$I_1 \leqslant C2^r \left(n^{-\frac{1}{2}} \delta_n^{1-\lambda}\left(x + \frac{rh\varphi^{\lambda}(x)}{2}\right)\right)^{\alpha-s}$$

$$\leqslant C2^{r+\frac{(1-\lambda)(\alpha-s)}{2}} \left(n^{-\frac{1}{2}} \delta_n^{1-\lambda}(x)\right)^{\alpha-s} \tag{14}$$

由(12) 和(1) 中的 ②,有

$$I_2 \leqslant Cn^r h^r \varphi^{\lambda_r}(x) \| f^{(s)} - g_d \|$$

$$\leqslant Cn^r h^r \varphi^{\lambda_r}(x) \omega_{\varphi^{\lambda}}^r (f^{(s)}, d) \tag{15}$$

由(13),(1) 中的 ② 和(11),有

$$I_2 \leqslant Cn^{\frac{r}{2}} \| f^{(s)} - g_d \| \int_{-\frac{h\varphi^{\lambda}(x)}{2}}^{\frac{h\varphi^{\lambda}(x)}{2}} \cdots$$

$$\int_{-\frac{h\varphi^{\lambda}(x)}{2}}^{\frac{h\varphi^{\lambda}(x)}{2}} \varphi^{-r}\left(x + \sum_{k=1}^{r} u_k\right) \mathrm{d}u_1 \cdots \mathrm{d}u_r$$

$$\leqslant Cn^{\frac{r}{2}} h^r \varphi^{(\lambda-1)r}(x) \| f^{(s)} - g_d \|$$

$$\leqslant Cn^{\frac{r}{2}} h^r \varphi^{(\lambda-1)r}(x) \omega_{\varphi^{\lambda}}^r (f^{(s)}, d) \tag{16}$$

由(10),(1) 中的 ② 和(11),有

$$I_3 \leqslant C \| \varphi^{\lambda_r} g_d^{(r)} \|_{\infty} \int_{-\frac{h\varphi^{\lambda}(x)}{2}}^{\frac{h\varphi^{\lambda}(x)}{2}} \cdots$$

$$\int_{-\frac{h\varphi^{\lambda}(x)}{2}}^{\frac{h\varphi^{\lambda}(x)}{2}} \varphi^{-\lambda_r}\left(x + \sum_{k=1}^{r} u_k\right) \mathrm{d}u_1 \cdots \mathrm{d}u_r$$

$$\leqslant Ch^r \| \varphi^{\lambda_r} g_d^{(r)} \|_{\infty} \leqslant Ch^r d^{-r} \omega_{\varphi_{\lambda}}^r (f^{(s)}, d) \tag{17}$$

结合(14) ~ (17),由

$$\delta_n(x) \leqslant 2\max\{\varphi(x), n^{-\frac{1}{2}}\}$$

有

$$
\begin{aligned}
&|\Delta_{h\varphi^{\lambda}(x)}^{r} f^{(s)}(x)| \leqslant C((n^{-\frac{1}{2}}\delta_n^{1-\lambda}(x))^{\alpha-s} + \\
&\quad h^r\omega_{\varphi^{\lambda}}^{r}(f,d)\min\{n^{\frac{r}{2}}\varphi^{(\lambda-1)r}(x), n^r\varphi^{\lambda_r}(x)\} + \\
&\quad h^r d^{-r}\omega_{\varphi^{\lambda}}^{r}(f^{(s)},d)) \\
&\leqslant C((n^{-\frac{1}{2}}\delta_n^{1-\lambda}(x))^{\alpha-s} + \\
&\quad h^r n^{\frac{r}{2}}\omega_{\varphi^{\lambda}}^{r}(f,d)\min\{\varphi^{(\lambda-1)r}(x), n^{\frac{(1-\lambda)r}{2}}\} + \\
&\quad h^r d^{-r}\omega_{\varphi^{\lambda}}^{r}(f^{(s)},d)) \\
&\leqslant C((n^{-\frac{1}{2}}\delta_n^{1-\lambda}(x))^{\alpha-s} + \\
&\quad h^r(n^{-\frac{1}{2}}\delta_n^{1-\lambda}(x))^{-r}\omega_{\varphi^{\lambda}}^{r}(f,d) + \\
&\quad h^r d^{-r}\omega_{\varphi^{\lambda}}^{r}(f^{(s)},d))
\end{aligned}
$$

注意到当 $n \geqslant 2$ 时

$$
\begin{aligned}
n^{\frac{1}{2}}\delta_n^{1-\lambda}(x) &< (n-1)^{\frac{1}{2}}\delta_{n-1}^{1-\lambda}(x) \\
&\leqslant (2+\sqrt{2})n^{-\frac{1}{2}}\delta_n^{1-\lambda}(x)
\end{aligned}
$$

对于 $d > 0$，选取 $n \in \mathbf{N}_+$，使得

$$
n^{\frac{1}{2}}\delta_n^{1-\lambda}(x) \leqslant d < (n-1)^{-\frac{1}{2}}\delta_{n-1}^{1-\lambda}(x)
$$

于是

$$
|\Delta^r h\varphi^{\lambda}(x) f^{(s)}(x)| \leqslant C((d^{\alpha-s} + h^r d^{-r}\omega_{\varphi^{\lambda}}^{r}(f^{(s)},d))
$$

因此，对 $0 < h < \frac{1}{2^{\lambda_r}}$ 和 $d > 0$，有

$$
\omega_{\varphi^{\lambda}}^{r}(f^{(s)},h) \leqslant C(d^{\alpha-s} + h^r d^{-r}\omega_{\varphi^{\lambda}}^{r}(f^{(s)},d))
$$

根据 Berens-Lorentz 引理[6]，便可完成证明. 定理 4 证毕.

参考资料

[1] DITZIAN Z, TOTIK V. Moduli of Smoothness [M]. New York: Spring-verlag, 1987.

[2] ZHOU Dingxuan. On Smoothness Characterized by Bernstein-type Operators[J]. J Approx Theory, 1995,81:303-315.

[3] 宋儒瑛. Bernstein型算子线性组合的同时逼近等价定理[J]. 浙江大学学报,2000,27(1):35-41.

[4] ZHANG Xiaoping, XIE Linsen. Pointwise Estimate on Simultaneous Approximation by Linear Combination of Bernstein Operators[J]. Appl Math J,2002,17(4):479-484.

[5] DITZIAN Z. A Global Inverse Theorem for Combinations of Bernstein Polynomials [J]. J Approx Theory,1979,26:277-292.

[6] BERENS H, LORENTZ G G. Inverse Theorems for Bernstein Polynomials [J]. Indiana Univ Math J, 1972,21:693-708.

Bernstein-Kantorovich 算子线性组合同时逼近的正逆定理①

第 45 章

丽水学院数学系的程丽教授 2011 年借助光滑模 $\omega_{\phi}^{r}(f,t)$ 给出了 Bernstein-Kantorovich 算子线性组合同时逼近的正逆定理，其中 ϕ 是一般步权函数，对已有的结果进行了补充和完善.

§1 引　　言

设 $f \in C[0,1]$，Bernstein-Kantorovich 算子

① 本章摘自《纯粹数学与应用数学》，2011 年 2 月，第 27 卷，第 1 期.

$$K_n(f,x)=(n+1)\sum_{k=0}^{n}p_{n,k}(x)\cdot$$

$$\int_{\frac{k}{n+1}}^{\frac{k+1}{n+1}}f(t)\mathrm{d}t$$

$$\left(p_{n,k}(x)\equiv\binom{n}{k}x^k(1-x)^{n-k}\right)$$

的线性组合定义为[1]

$$K_n(f,r,x)=\sum_{i=0}^{r-1}C_i(n)K_{n_i-1}(f,x)$$

其中 n_i 和 $C_i(n)$ 满足条件

$$\begin{cases}(\mathrm{a})\,n=n_0<n_1<\cdots<n_{r-1}\leqslant Cn\\(\mathrm{b})\,\sum_{i=0}^{r-1}|C_i(n)|\leqslant C\\(\mathrm{c})\,\sum_{i=0}^{r-1}C_i(n)=1\\(\mathrm{d})\,\sum_{i=0}^{r-1}C_i(n)n_i^{-\rho}=0,\rho=1,2,\cdots,r-1\end{cases}\tag{1}$$

r 阶 Ditzian-Totik 光滑模定义为

$$\omega_\phi^r(f,t)=\sup_{0<h\leqslant t}\sup_{0\leqslant x\leqslant 1}|\Delta_{h\phi(x)}^r f(x)|$$

其中

$$\Delta_t^r f(x)=\begin{cases}\sum_{j=0}^{r}(-1)^j\binom{r}{j}f\left(x+\left(\frac{r}{2}-j\right)t\right),\\\frac{rt}{2}\leqslant x\leqslant 1-\frac{rt}{2}\\0,\text{其他}\end{cases}$$

$\phi:[0,1]\to\mathbf{R},\phi\not\equiv 0$ 是满足条件 Ⅰ,Ⅱ 的一般步权函数:

Ⅰ. 对于任何的区间 $[a,b]\subset[0,1]$,存在常数 $M_1\equiv M(a,b)>0$,使得当 $x\in[0,1]$ 时,有 $M_1^{-1}\leqslant$

$\phi(x)\leqslant M_1$.

Ⅱ. 存在两个常数 $\beta(0)\geqslant 0,\beta(1)\geqslant 0$，使得

$$\phi(x)\sim\begin{cases}x^{\beta(0)}, x\to 0^+\\(1-x)^{\beta(1)}, x\to 1^-\end{cases}\qquad(2)$$

结合条件 Ⅰ，Ⅱ，可推出

$$M^{-1}\phi_2(x)\leqslant\phi(x)\leqslant M\phi_2(x)\quad(x\in[0,1])\ (3)$$

其中 $\phi_2(x)=x^{\beta(0)}(1-x)^{\beta(1)}$，$M$ 是与 x 无关的正常数.

文献[2]运用高阶古典光滑模把 Berens-Lorentz 定理[3]拓广到 Bernstein-Kantorovich 算子的线性组合. 文献[4]研究了 Bernstein-Kantorovich 算子线性组合的同时逼近问题，拓广了文献[2]的结果. 本章继续了文献[4]关于 Bernstein-Kantorovich 算子线性组合的同时逼近问题工作，借助于光滑模 $\omega_\phi^r(f,t)$ 得到如下主要结果：

定理 1 设 $r\in\mathbf{N}$ 且 $r\geqslant 2,s\in\mathbf{N},s<\alpha<r+s$，$\beta=\beta(0)=\beta(1)\leqslant\frac{1}{2}$，则对于 $f^{(s)}\in C[0,1]$，有

$$\left|\frac{(n+1)^s(n-s)!}{n!}K_n^{(s)}(f,r,x)-f^{(s)}(x)\right|$$

$$=O\left(\left(n^{-\frac{1}{2}}\frac{\varphi(x)}{\phi(x)}+\frac{1}{n^{1-\beta}}\right)^{\alpha-s}\right)$$

等价于 $\omega_\phi^r(f^{(s)},t)=O(t^{\alpha-s})$，其中 $\varphi(x)=\sqrt{x(1-x)}$.

注 顺便指出：在文献[4]的式(7)(9)中 $K_n(f,r,x)$ 前应乘以系数 $\frac{(n+1)^s(n-s)!}{n!}$.

§2 辅助算子及正定理

对于 $f\in C[0,1]$，K－泛函定义为

$$K_{r,\phi}(f,t^r)=\inf_g\{\|f-g\|+t^r\|\phi^r g^{(r)}\|;\ g^{(r-1)}\in A.C._{loc}\}$$

$$\overline{K}_{r,\phi_1}(f,t^r)=\inf_g\{\|f-g\|+t^r\|\phi_1^r g^{(r)}\|+t^{\frac{r}{1-\beta_1}}\|g^{(r)}\|;g^{(r-1)}\in A.C._{loc}\}$$

其中

$$\phi_1(x)=x^{\beta_1}(1-x)^{\beta_1},\beta_1=\max\{\beta(0),\beta(1)\}$$

由文献[1]及式(3)，对于 $0<t\leqslant t_0$，$\beta_1<1$，存在常数 $C>0$，使得

$$C^{-1}\omega_\phi^r(f,t)\leqslant K_{r,\phi}(f,t^r)\leqslant C\omega_\phi^r(f,t) \tag{4}$$

$$C^{-1}\omega_{\phi_1}^r(f,t)\leqslant \overline{K}_{r,\phi_1}(f,t^r)\leqslant C\omega_{\phi_1}^r(f,t) \tag{5}$$

$$\omega_{\phi_1}^r(f,t)\leqslant C\omega_\phi^r(f,t) \tag{6}$$

以下均记 C 为正常数，只是在不同的地方可能取值不同.

对于 $f^{(s)}\in C[0,1]$，$s\in\mathbf{N}$，通过简单的计算有

$$K_n^{(s)}(f,x)=\frac{(n+1)!}{(n-s)!}\sum_{k=0}^{n-s}\int_0^{\frac{1}{n+1}}\cdots\int_0^{\frac{1}{n+1}}\int_{\frac{k}{n+1}}^{\frac{k+1}{n+1}}f^{(s)}\left(t+\sum_{i=1}^s u_i\right)\cdot \mathrm{d}t\mathrm{d}u_1\cdots\mathrm{d}u_s p_{n-s,k}(x)$$

设 $n\geqslant s$，$s\in\mathbf{N}$，对于 $g\in C[0,1]$ 作辅助算子

$$K_{n,s}(g,x)=(n+1)^{s+1}\sum_{k=0}^{n-s}\int_0^{\frac{1}{n+1}}\cdots\int_0^{\frac{1}{n+1}}\int_{\frac{k}{n+1}}^{\frac{k+1}{n+1}}g\left(t+\sum_{i=1}^s u_i\right)\cdot \mathrm{d}t\mathrm{d}u_1\cdots\mathrm{d}u_s p_{n-s,k}(x)$$

和它们的线性组合

$$K_{n,s}(g,r,x)=\sum_{i=0}^{r-1}C_i(n)K_{n_i-1,s}(g,x)$$

其中 n_i 和 $C_i(n)$ 满足式(2). 显然,$K_{n,s}(g,x)$ 和 $K_{n,s}(g,r,x)$ 都是区间 $C[0,1]$ 上的有界线性算子,而且 $K_{n,s}(1,r,x)=1$. 当 $f^{(s)}\in C[0,1]$ 时,有

$$K_{n,s}(f^{(s)},x)=\frac{(n+1)^s(n-s)!}{n!}K_n^{(s)}(f,x)$$

$$K_{n,s}(f^{(s)},r,x)=\frac{(n+1)^s(n-s)!}{n!}K_n^{(s)}(f,r,x)$$

引理 1 设 $s,l\in\mathbf{N}$ 且 $n\geqslant s$,则

$$K_{n,s}((t-x)^l,x)=\sum_{m=0}^{\left[\frac{l}{2}\right]}a_{m,l}(x)\left(1-\frac{s}{n+1}\right)^{\left[\frac{l}{2}\right]-m}\cdot\frac{\varphi(x)^{2\left[\frac{l}{2}\right]-2m}}{(n+1)^{l-\left[\frac{l}{2}\right]+m}} \tag{7}$$

其中 $a_{m,l}(x)$ 是与 n 无关,关于 x 的给定的多项式.

证明 由直接计算即得式(7).

引理 2[5] 设 $s\in\mathbf{N},r\in\mathbf{N},l\in\mathbf{N}$ 且 $r\geqslant 2$,则

$$K_{n,s}((t-x)^l,r,x)=0\quad(l=1,2,\cdots,r-1) \tag{8}$$

$$K_{n,s}((t-x)^{2l},r,x)\leqslant Cn^{-l}\delta_n^{2l}(x) \tag{9}$$

其中 $\delta_n(x)=\varphi(x)+n^{-\frac{1}{2}}$.

引理 3[6] 设 $r\in\mathbf{N},\beta_1=\max\{\beta(0),\beta(1)\}\leqslant\frac{1}{2}$,则对于 $x\in(0,1),t\in[0,1]$,有

$$\left|\int_x^t\frac{|t-u|^{r-1}}{(\phi(u)+n^{-\beta_1})^r}\mathrm{d}u\right|\leqslant C\frac{|t-x|^r}{(\phi(x)+n^{-\beta_1})^r} \tag{10}$$

定理 2 设 $r\in\mathbf{N}$ 且 $r\geqslant 2,s\in\mathbf{N},\beta_1=\max\{\beta(0),\beta(1)\}\leqslant\frac{1}{2}$,则对于 $f^{(s)}\in C[0,1]$,有

$$\left|\frac{(n+1)^s(n-s)!}{n!}K_n^{(s)}(f,r,x)-f^{(s)}(x)\right|$$

$$\leqslant C\omega_\phi^r\left(f^{(s)},n^{-\frac{1}{2}}\frac{\varphi(x)}{\phi(x)}+\frac{1}{n^{1-\beta_1}}\right) \tag{11}$$

注　由定理 2 即可推导出定理 1 的充分性. 若取 $\phi(x)=1$，定理 2 就是文献[4] 中的结果.

证明　对于 $g^{(r-1)}\in A.C._{\text{loc}}$ 根据 Taylor 公式，由式(8) ~ (10) 及 Cauchy-Schwarz 不等式，有

$$
\begin{aligned}
&|K_{n,s}(g,r,x)-g(x)| \\
&=\left|K_{n,s}\left(\frac{1}{(r-1)!}\int_x^t (t-u)^{r-1}g^{(r)}(u)\mathrm{d}u,r,x\right)\right| \\
&\leqslant C\sum_{i=0}^{r-1}|C_i(n)|K_{n_i-1,s}(|t-x|^r,x)\cdot \\
&\quad (\phi(x)+n^{-\beta_1})^{-r}\|(\phi(x)+n^{-\beta_1})^r g^{(r)}(x)\| \\
&\leqslant Cn^{-\frac{r}{2}}\delta_n^r(\phi(x)+n^{-\beta_1})^{-r}(\|\phi^r g^{(r)}\|+ \\
&\quad n^{-\beta_1 r}\|g^{(r)}\|) \\
&\leqslant C\left(\left(n^{-\frac{1}{2}}\frac{\varphi(x)}{\phi(x)}+\frac{1}{n^{1-\beta_1}}\right)^r\|\phi^r g^{(r)}\|+\right. \\
&\quad \left. n^{-(\frac{1}{2}+\beta_1)r}\left(\frac{\varphi(x)}{\phi(x)}+\frac{1}{n^{\frac{1}{2}-\beta_1}}\right)^r\|g^{(r)}\|\right) \\
&\leqslant C\left(\left(n^{-\frac{1}{2}}\frac{\varphi(x)}{\phi(x)}+\frac{1}{n^{1-\beta_1}}\right)^r\|\phi^r g^{(r)}\|+\right. \\
&\quad \left.\left(n^{-\frac{1}{2}}\frac{\varphi(x)}{\phi(x)}+\frac{1}{n^{1-\beta_1}}\right)^{\frac{r}{1-\beta_1}}\|g^{(r)}\|\right)
\end{aligned}
$$

于是，对于 $f^{(s)}\in C[0,1]$，$g^{(r-1)}\in A.C._{\text{loc}}$，及文献[1] 中的(9.3.4)，有

$$
\begin{aligned}
&|K_{n,s}^{(s)}(f^{(s)},r,x)-f^{(s)}(x)| \\
&\leqslant |K_{n,s}(f^{(s)}-g,r,x)|+ \\
&\quad |f^{(s)}(x)-g(x)|+ \\
&\quad |K_{n,s}(g,r,x)-g(x)| \\
&\leqslant C\Big(\|f^{(s)}-g\|+ \\
&\quad \left(n^{-\frac{1}{2}}\frac{\varphi(x)}{\phi(x)}+\frac{1}{n^{1-\beta_1}}\right)^r\|\phi^r g^{(r)}\|+
\end{aligned}
$$

$$\left(n^{-\frac{1}{2}}\frac{\varphi(x)}{\phi(x)}+\frac{1}{n^{1-\beta_1}}\right)^{\frac{r}{1-\beta_1}}\|g^{(r)}\|\Big)$$

$$\leqslant C\left(K_{r,\phi}\left(f^{(s)},\left(n^{-\frac{1}{2}}\frac{\varphi(x)}{\phi(x)}+\frac{1}{n^{1-\beta_1}}\right)^{r}\right)+\right.$$

$$\left.\overline{K}_{r,\phi_1}\left(f^{(s)},\left(n^{-\frac{1}{2}}\frac{\varphi(x)}{\phi(x)}+\frac{1}{n^{1-\beta_1}}\right)^{r}\right)\right)$$

因此,由式(4)～(6)即得式(11).定理2证毕.

§3 逆　定　理

为了证明主要定理,还需要以下两个引理.

引理4　设 $r\in\mathbf{N},s\in\mathbf{N},\max\{\beta(0),\beta(1)\}\leqslant\frac{1}{2}$,则对于 $f^{(r-1)}\in A.C._{\text{loc}}$,有

$$\|\phi^{r}K_{n,s}^{(r)}(f)\|\leqslant C\|\phi^{r}f^{(r)}\| \tag{12}$$

证明　设 $F^{(s)}(x)=f(x)$,对于 $1\leqslant k\leqslant n-r-s-1$ 和

$$a_k(n+1)=(n+1)\int_{\frac{k}{n+1}}^{\frac{k+1}{n+1}}F(u)\mathrm{d}u$$

$$\Delta a_k=a_{k+1}-a_k,\Delta^{s}a_k=\Delta(\Delta^{s-1}a_k)$$

由式(3)有

$$n^{r+s}\mid\Delta^{r+s}a_k(n+1)\mid\leqslant Cn\int_{\frac{k+r+s}{n+1}}^{\frac{k+r+s+1}{n+1}}\mid F^{(r+s)}(u)\mid\mathrm{d}u$$

$$\leqslant\frac{M^{r}\|\phi^{r}f^{(r)}\|}{(\frac{k}{n})^{\beta(0)r}(\frac{n-r-s-k}{n})^{\beta(1)r}}$$

当 $k=0,n-r-s$ 时,类似于文献[7]的证明,可以证得

$$n^{r+s}\mid\Delta^{r+s}a_0(n+1)\mid\leqslant Cn^{\beta(0)r}\|\phi^{r}f^{(r)}\|$$

$$n^{r+s}\mid\Delta^{r+s}a_{n-r-s}(n+1)\mid\leqslant Cn^{\beta(1)r}\|\phi^{r}f^{(r)}\|$$

因此，由文献[7]中的引理 3.1 和 Hölder 不等式，及文献[1]中的(9.4.3)，有

$$
\begin{aligned}
&|\phi^r(x)K_{n,s}^{(r)}(f)| \\
&=\frac{(n+1)^s(n-s)!}{n!}|\phi^r(x)K_n^{(r+s)}(F,x)| \\
&\leqslant Cn^{r+s}\left|\phi^r(x)\sum_{k=0}^{n-r-s}\Delta^{r+s}a_k(n+1)P_{n-r-s,k}(x)\right| \\
&\leqslant C\phi^r(x)\|\phi^r f^{(r)}\|\cdot \\
&\quad\sum_{k=0}^{n-r-s}\frac{P_{n-r-s,k}(x)}{(\frac{k+1}{n})^{\beta(0)r}(\frac{n-r-s-k+1}{n})^{\beta(1)r}} \\
&\leqslant C\phi^r(x)\|\phi^r f^{(r)}\|\sum_{k=0}^{n-r-s}\Bigg(\frac{P_{n-r-s,k}(x)}{(\frac{k+1}{n})^{\beta(0)r}}+ \\
&\quad\frac{P_{n-r-s,k}(x)}{(\frac{n-r-s-k+1}{n})^{\beta(1)r}}\Bigg) \\
&\leqslant C\phi^r(x)\|\phi^r f^{(r)}\|\cdot \\
&\quad\left(\left[\sum_{k=0}^{n-r-s}\frac{P_{n-r-s,k}(x)}{(\frac{k+1}{n})^r}\right]^{\beta(0)}+\right. \\
&\quad\left.\left[\sum_{k=0}^{n-r-s}\frac{P_{n-r-s,k}(x)}{(\frac{n-r-s-k+1}{n})^r}\right]^{\beta(1)}\right)
\end{aligned}
$$

根据文献[7]中的引理 3.2 和式(3)即得式(12).

引理 5[6]　设 $r\in\mathbf{N}, 0<h<\frac{1}{8r}, \max\{\beta(0),\beta(1)\}\leqslant\frac{1}{2}$，则对于 $\frac{rh\phi(x)}{2}<x<1-\frac{rh\phi(x)}{2}$，有

$$
\int_{-\frac{h\phi(x)}{2}}^{\frac{h\phi(x)}{2}}\cdots\int_{-\frac{h\phi(x)}{2}}^{\frac{h\phi(x)}{2}}\phi^{-r}\left(x+\sum_{k=1}^{r}u_k\right)\mathrm{d}u_1\cdots\mathrm{d}u_k\leqslant Ch^r \tag{13}
$$

定理 3 设 $r\in\mathbf{N}$ 且 $r\geqslant 2$，$s\in\mathbf{N}$，$s<\alpha<r+s$，$\max\{\beta(0),\beta(1)\}\leqslant\frac{1}{2}$，则对于 $f^{(s)}\in C[0,1]$ 和 $\beta_2=\min\{\beta(0),\beta(1)\}$，有

$$\left|\frac{(n+1)^s(n-s)!}{n!}K_n^{(s)}(f,r,x)-f^{(s)}(x)\right|=O\left(\left(n^{-\frac{1}{2}}\frac{\varphi(x)}{\phi(x)}+\frac{1}{n^{1-\beta_2}}\right)^{\alpha-s}\right)$$

蕴含着

$$\omega_\phi^r(f^{(s)},t)=O(t^{\alpha-s})\tag{14}$$

注 由定理 3 即可推导出定理 1 的必要性. 若取 $\phi(x)=1$，定理 3 就是文献[4]中的结果.

证明 对于 $\delta>0$，选取 $g_\delta^{(r-1)}\in A.C._{\mathrm{loc}}$，使得

$$\|f^{(s)}-g_\delta\|\leqslant 2C\omega_\phi^r(f^{(s)},\delta)$$

$$\|\phi^r g_\delta^{(r)}\|\leqslant 2C\delta^{-r}\omega_\phi^r(f^{(s)},\delta)$$

当 $0<h<\frac{1}{8r}$，$\frac{rh\phi(x)}{2}<x<1-\frac{rh\phi(x)}{2}$ 时，有

$$\begin{aligned}
&|\Delta_{h\phi(x)}^r f^{(s)}(x)|\\
\leqslant&|\Delta_{h\phi(x)}^r(f^{(s)}-K_{n,s}(f^{(s)},r,\cdot))(x)|+\\
&|\Delta_{h\phi(x)}^r(K_{n,s}(f^{(s)}-g_\delta,r,\cdot))(x)|+\\
&|\Delta_{h\phi(x)}^r(K_{n,s}(g_\delta,r,\cdot))(x)|\\
\leqslant&C\sum_{j=0}^r\binom{r}{j}\left[n^{-\frac{1}{2}}\frac{\varphi\left(x+\left(\frac{r}{2}-j\right)h\phi(x)\right)}{\phi\left(x+\left(\frac{r}{2}-j\right)h\phi(x)\right)}+\frac{1}{n^{1-\beta_2}}\right]^{\alpha-s}+\\
&\int_{-\frac{h\phi(x)}{2}}^{\frac{h\phi(x)}{2}}\cdots\int_{-\frac{h\phi(x)}{2}}^{\frac{h\phi(x)}{2}}|K_{n,s}^{(r)}(f^{(s)}-g_\delta,r,x+\\
&\sum_{k=1}^r u_k)|\mathrm{d}u_1\cdots\mathrm{d}u_r+\\
&\int_{-\frac{h\phi(x)}{2}}^{\frac{h\phi(x)}{2}}\cdots\int_{-\frac{h\phi(x)}{2}}^{\frac{h\phi(x)}{2}}|K_{n,s}^{(r)}(g_\delta,r,x+
\end{aligned}$$

$$\sum_{k=1}^{r} u_k) \mid \mathrm{d}u_1 \cdots \mathrm{d}u_r$$

$$\equiv I_1 + I_2 + I_3$$

由于$\frac{\varphi(x)}{\phi_2(x)}$是凸函数，根据 Hölder 不等式和式(3)，有

$$I_1 \leqslant C2^{(1+\alpha-s)r} M^{2(\alpha-s)} \left(n^{-\frac{1}{2}} \frac{\varphi(x)}{\phi(x)} + \frac{1}{n^{1-\beta_2}}\right)^{\alpha-s} \tag{15}$$

由式(12)(13) 和式(1)(b)，有

$$\begin{aligned}|I_3| &\leqslant C \| \phi^r g_\delta^{(r)} \| \int_{-\frac{h\phi(x)}{2}}^{\frac{h\phi(x)}{2}} \cdots \int_{-\frac{h\phi(x)}{2}}^{\frac{h\phi(x)}{2}} \phi^{-r}\left(x + \sum_{k=1}^{r} u_k\right) \mathrm{d}u_1 \cdots \mathrm{d}u_r \\ &\leqslant Ch^r \| \phi^x g_\delta^{(r)} \| \leqslant Ch^r \delta^{-r} \omega_\phi^r (f^{(s)}, \delta)\end{aligned} \tag{16}$$

由文献[4] 中的式(20)(31)，文献[2] 中的引理 3.2 及式(1)(b)，有

$$I_2 \leqslant Ch^r \omega_\phi^r (f^{(s)}, \delta) \min\left\{ n^{\frac{r}{2}} \frac{\phi^r(x)}{\varphi^r(x)}, n^r \phi^r(x) \right\} \tag{17}$$

结合式(15) ~ (17)，有

$$\begin{aligned}| \Delta_{h\phi}^r f^{(s)}(x) | \leqslant C\Bigg(&\left(n^{-\frac{1}{2}} \frac{\varphi(x)}{\phi(x)} + \frac{1}{n^{1-\beta_2}}\right)^{\alpha-s} + \\ &2^{\frac{3r}{2}} M^r \left(n^{-\frac{1}{2}} \frac{\phi(x)}{\varphi(x)}, \frac{1}{n^{1-\beta_2}}\right)^{-r} \cdot \\ &h^r \omega_\phi^r (f^{(s)}, \delta) + h^r \delta^{-r} \omega_\phi^r (f^{(s)}, \delta)\Bigg)\end{aligned}$$

对于 $\delta \in (0, \frac{1}{8r})$，选取 $n \in \mathbf{N}$，使得

$$n^{-\frac{1}{2}} \frac{\varphi(x)}{\phi(x)} + \frac{1}{n^{1-\beta_2}}$$

$$\leqslant \delta < (n-1)^{-\frac{1}{2}} \frac{\varphi(x)}{\phi(x)} + \frac{1}{(n-1)^{1-\beta_2}}$$

$$\leqslant (2+\sqrt{2})\left(n^{-\frac{1}{2}} \frac{\varphi(x)}{\phi(x)} + \frac{1}{n^{1-\beta_2}}\right)$$

因此，有

$$|\Delta_{h\phi(x)}^r f^{(s)}(x)| \leqslant C(\delta^{\alpha-s} + h^r \delta^{-r} \omega_\phi^r(f^{(s)}, \delta))$$

即有

$$\omega_\phi^r(f^{(s)}, h) \leqslant C(\delta^{\alpha-s} + h^r \delta^{-r} \omega_\phi^r(f^{(s)}, \delta))$$

根据 Berens-Lorentz 引理，便可完成定理的证明. 定理 3 证毕.

参 考 资 料

[1] Ditzian Z, Totik V. Moduli of Smoothness[M]. New York: Springer-Verlag, 1987.

[2] Zhou D X. On smoothness characterized by Bernstein operators [J]. J. Approx Theory, 1995, 81: 303-315.

[3] Berens H, Lorentz G G. Inverse theorem for Bernstein polynomials [J]. Indiana. Univ. Math. J., 1972, 21: 693-708.

[4] 宋儒瑛. Bernstein 型算子线性组合的同时逼近等价定理[J]. 浙江大学学报，2000，27(1)：35-41.

[5] 程丽，谢林森. Bernstein-Kantorovich 算子线性组合同时逼近的点态估计[J]. 河北师范大学学报，2009，33(2)：157-161.

[6] 蒋红标，谢林森. Bernstein 算子线性组合同时逼近的正逆定理[J]. 工程数学学报，2003，20(3)：

99-104.

[7] Ditzian Z. A global inverse theorem for combinations of Bernstein polynomials[J]. J. Approx. Theory, 1979,26:277-292.

[8] Berens H, Lorentz G G. Inverse theorems for Bernstein polynomials[J]. Indiana Univ. Math. J.,1972,21:693-708.

L^p 空间 Kantorovich 型 Bernstein-Stancu 算子的逼近[①]

第 46 章

杭州科技职业技术学院公共教学部的李国成、杭州师范大学数学系的王美玲两位教授 2015 年研究了一种由 ÍCÖZ 引进的 Kantorovich 型 Bernstein-Stancu 算子在 L^p 空间的逼近性质，建立了其逼近的正、逆定理. 所得结论推广了经典 Kantorovich 型 Bernstein 算子的相关结论.

§1 引　言

设 $C_{[0,1]}$ 表示定义在[0,1]上的

① 本章摘自《浙江大学学报（理学版）》，2015 年 7 月，第 42 卷，第 4 期.

连续函数的全体,对 $\forall f \in C_{[0,1]}$,相应的 Bernstein 算子定义如下

$$B_n(f,x)=\sum_{k=0}^{n} f\left(\frac{k}{n}\right) p_{n,k}(x)$$

其中

$$p_{n,k}(x)=\binom{n}{k} x^k(1-x)^{n-k}, k=0,1,\cdots,n$$

Bernstein 算子能够一致逼近连续函数,而且能够保持目标函数的单调性和凸性等性质. 对 Bernstein 算子逼近的研究已经非常成熟[1-3].

Bernstein 算子有许多推广形式,其中 Stancu[4] 在 1968 年首次引入了如下 Bernstein-Stancu 算子 $B_{n,\alpha,\beta}(f,x)$,即

$$B_{n,\alpha,\beta}(f,x)=\sum_{k=0}^{n} f\left(\frac{k+\alpha}{n+\beta}\right) p_{n,k}(x)$$

其中 α,β 为非负常数,且有 $0 \leqslant \alpha \leqslant \beta$. 显然当 $\alpha=\beta=0$ 时,该多项式即为通常的 Bernstein 多项式. Stancu 证明了该算子在 $C_{[0,1]}$ 上是一致收敛的. Bernstein 算子与 Bernstein-Stancu 算子已经被广泛应用于数学和计算机科学等学科,对其逼近性质的研究也已经比较深入[5,6].

2010 年,Gadjiev 等[7] 定义了如下具有移动结点的一般化的 Bernstein-Stancu 算子

$$S_{n,\alpha,\beta}(f,x):=\left(\frac{n+\beta_2}{n}\right)^n \sum_{k=0}^{n} f\left(\frac{k+\alpha_1}{n+\beta_1}\right) q_{n,k}(x) \quad (1)$$

这里

$$x \in\left[\frac{\alpha_2}{n+\beta_2}, \frac{n+\alpha_2}{n+\beta_2}\right]$$

$$q_{nk}(x):=\binom{n}{k}\left(x-\frac{\alpha_2}{n+\beta_2}\right)^k\left(\frac{n+\alpha_2}{n+\beta_2}-x\right)^{n-k}$$

$$k=0,1,\cdots,n$$

其中 $\alpha_k,\beta_k,k=1,2$ 为非负常数，且有 $0\leqslant\alpha_1\leqslant\beta_1,0\leqslant\alpha_2\leqslant\beta_2$. 显然当 $\alpha_1=\alpha_2=\beta_1=\beta_2=0$ 时，$S_{n,\alpha,\beta}(f,x)$ 为通常的Bernstein算子；当 $\alpha_2=\beta_2=0$ 时，$S_{n,\alpha,\beta}(f,x)$ 即为 Bernstein-Stancu 算子. Gadjiev 等[7] 证明了在 $\left[\frac{\alpha_2}{n+\beta_2},\frac{n+\alpha_2}{n+\beta_2}\right]$ 上算子 $S_{n,\alpha,\beta}(f,x)$ 可以一致逼近连续函数，且给出了逼近阶的估计. 需要注意的是：虽然 $S_{n,\alpha,\beta}(f,x)$ 在[0,1]上都有定义，但是非正线性算子. 最近，文献[8]证明了该算子在[0,1]上能够一致逼近连续函数，且建立了逼近的点态估计和正、逆定理.

ÍCÖZ[9] 引进了式(1)的 Kantorovich 型算子

$$S^*_{n,\alpha,\beta}(f,x)=(n+\beta_1+1)\left(\frac{n+\beta_2}{n}\right)^n\cdot\sum_{k=0}^{n}q_{n,k}(x)\int_{I_k}f(t)\mathrm{d}t \tag{2}$$

这里

$$I_k=\left[\frac{k+\alpha_1}{n+\beta_1+1},\frac{k+\alpha_1+1}{n+\beta_1+1}\right],x\in\left[\frac{\alpha_2}{n+\beta_2},\frac{n+\alpha_2}{n+\beta_2}\right]$$

α_k,β_k 满足式(1)中定义的 Bernstein-Stancu 算子的条件. 显然，当

$$\alpha_1=\alpha_2=\beta_1=\beta_2=0$$

该算子就是通常的 Kantorovich-Bernstein 算子，ÍCÖZ[9] 证明了该算子在 $\left[\frac{\alpha_2}{n+\beta_2},\frac{n+\alpha_2}{n+\beta_2}\right]$ 上能够一致逼近连续函数，并且给出了逼近阶的估计.

已知 Kantorovich-Bernstein 算子的一个最重要

的应用是用以逼近 $L^p_{[0,1]}(1\leqslant p<\infty)$ 空间(简称 L^p 空间)函数. 因此，自然要问由式(2)所定义的算子 $S^*_{n,\alpha,\beta}(f,x)$ 是否能够用以逼近 L^p 空间的函数. 对此，笔者给予了肯定的回答(见下面的定理 1).

本章需要用到如下记号

$$\omega_\varphi(f,t)_p := \sup_{0<h\leqslant t}\left\| f\left(x+\frac{h\varphi(x)}{2}\right)-f\left(x-\frac{h\varphi(x)}{2}\right)\right\|_p$$

$$\| F\|_p := \left(\int_0^1 | f(t) |^p \mathrm{d}t\right)^{\frac{1}{p}} \quad (f\in L^p)$$

$$K_\varphi(f,t)_p := \inf_{g\in W_p}\{\| f-g\|_p+t\|\varphi g'\|_p\}$$

$$\overline{K}_\varphi(f,t)_p = \inf_{g\in W_p}\{\| f-g\|_p+t\|\varphi g'\|_p+ t^2\| g'\|_p\}$$

其中

$$1\leqslant p<\infty,\varphi(x):=\sqrt{x(1-x)}$$

$$W_p:=\{f:f\in \mathrm{A.C.}_{\mathrm{loc}},\|\varphi f'\|_p<\infty, \| f'\|_p<\infty\}$$

则由文献[10],知

$$\omega_\varphi(f,t)_p\sim K_\varphi(f,t)_p\sim \overline{K}_\varphi(f,t)_p \qquad (3)$$

本章中,以 C 表示绝对正常数,或依赖于某些参数(如 p)但不依赖于 f 及其变量 x 的正常数,并且在不同的地方其值可能不同.

定理 1　设 $f\in L^p,1\leqslant p<\infty$,有

$$\| S^*_{n,\alpha,\beta}(f)-f\|_p\leqslant C\omega_\varphi\left(f,\frac{1}{\sqrt{n}}\right)_p$$

定理 2　设 $f\in L^p,1\leqslant p<\infty,0<\beta<1$,则

$$\| S^*_{n,\alpha,\beta}(f)-f\|_p=O(n^{-\frac{\beta}{2}})$$

等价于

$$\omega_{\varphi}(f,t)_p = O(t^{\beta})$$

§2　引理及其证明

引理 1　对于 $\forall \gamma \geqslant 0$,有

$$\sum_{k=0}^{n} \left| \frac{k+\alpha_1}{n+\beta_1+1} - x \right|^{\gamma} \mid q_{n,k}(x) \mid \leqslant C\left(\frac{\delta_n(x)}{\sqrt{n}}\right)^{\gamma}$$

$$(x \in [0,1])$$

这里

$$\delta_n(x) = \varphi(x) + \frac{1}{\sqrt{n}}$$

证明　利用文献[8]的引理 1,对 $\forall \gamma \geqslant 0$,有

$$\sum_{k=0}^{n} \left| \frac{k+\alpha_1}{n+\beta_1} - x \right|^{\gamma} \mid q_{n,k}(x) \mid \leqslant C\left(\frac{\delta_n(x)}{\sqrt{n}}\right)^{\gamma}$$

$$(x \in [0,1]) \tag{4}$$

因此

$$\sum_{k=0}^{n} \left| \frac{k+\alpha_1}{n+\beta_1+1} - x \right|^{\gamma} \mid q_{n,k}(x) \mid$$

$$\leqslant C\sum_{k=0}^{n} \left(\left| \frac{k+\alpha_1}{n+\beta_1+1} - \frac{k+\alpha_1}{n+\beta_1} \right| + \left| \frac{k+\alpha_1}{n+\beta_1} - x \right| \right)^{\gamma} \cdot$$

$$\mid q_{n,k}(x) \mid$$

$$\leqslant C\sum_{k=0}^{n} \left(\frac{C}{n^{\gamma}} + \left| \frac{k+\alpha_1}{n+\beta_1} - x \right|^{\gamma} \right) \mid q_{n,k}(x) \mid$$

$$\leqslant C\left(\frac{C}{n^{\gamma}} + \left(\frac{\delta_n(x)}{\sqrt{n}}\right)^{\gamma} \right) \leqslant C\left(\frac{\delta_n(x)}{\sqrt{n}}\right)^{\gamma}$$

由此证得引理 1.

引理 2　对一切 $\gamma, \sigma \geqslant 0$,下式成立

$$\sum_{k=0}^{n}\left[\frac{\delta_n(x)}{\delta_n\left(\frac{k}{n}\right)}\right]^{\sigma}\left|x-\frac{k+\alpha_1}{n+\beta_1+1}\right|^{\gamma}|q_{n,k}(x)|$$

$$\leqslant C\left(\frac{\delta_n(x)}{\sqrt{n}}\right)^{\gamma}\quad (x\in[0,1])\tag{5}$$

证明　当

$$x\in A_1:=\left[0,\frac{2\alpha_2+1}{n+\beta_2}\right]\cup\left[\frac{n+2\alpha_2-\beta_2}{n+\beta_2},1\right]$$

时，注意到

$$\delta_n(x)\sim\frac{1}{\sqrt{n}}\leqslant\delta_n\left(\frac{k}{n}\right)$$

由引理 1 即知式(5) 成立. 当

$$x\in A_2:=\left(\frac{2\alpha_2+1}{n+\beta_2},\frac{n+2\alpha_2-\beta_2}{n+\beta_2}\right)$$

时，显然有

$$|q_{n,k}(x)|\leqslant p_{nk}(x)\quad (x\in A_2)\tag{6}$$

现在利用式(6) 和以下不等式[11]

$$\sum_{k=0}^{n}\left[\frac{\delta_n(x)}{\delta_n\left(\frac{k}{n}\right)}\right]^{\sigma}p_{n,k}(x)\leqslant C\quad (\sigma\geqslant 0)$$

可得

$$\sum_{k=0}^{n}\left[\frac{\delta_n(x)}{\delta_n\left(\frac{k}{n}\right)}\right]^{\sigma}\left|x-\frac{k+\alpha_1}{n+\beta_1+1}\right|^{\gamma}|q_{n,k}(x)|$$

$$\leqslant\left[\sum_{k=0}^{n}\left[\frac{\delta_n(x)}{\delta_n\left(\frac{k}{n}\right)}\right]^{2\sigma}|q_{n,k}(x)|\right]^{\frac{1}{2}}\cdot$$

$$\left(\sum_{k=0}^{n}\left|x-\frac{k+\alpha_1}{n+\beta_1+1}\right|^{2\gamma}|q_{n,k}(x)|\right)^{\frac{1}{2}}$$

$$\leqslant C\left(\frac{\delta_n(x)}{\sqrt{n}}\right)^{\gamma}$$

亦即引理 2 在 $x\in A_2$ 时仍然成立.

记 $E_n=\left(\frac{1}{n},1-\frac{1}{n}\right)$, $E_n^c=[0,1]\backslash E_n$, 定义

$$D(l,n,x):=\left\{k: ln^{-\frac{1}{2}}\varphi(x)\leqslant\left|\frac{k+\alpha_1}{n+\beta_1+1}-x\right|\leqslant(l+1)n^{-\frac{1}{2}}\varphi(x)\right\}$$

引理 3　对于 $x\in E_n$, 有

$$\sum_{k\in D(l,n,x)}|q_{n,k}(x)|\leqslant\frac{C}{(l+1)^4}$$

证明　利用 $D(l,n,x)$ 的定义及引理 1, 并注意到 $\delta_n(x)\sim\varphi(x)$, $x\in E_n$, 有

$$\begin{aligned}\sum_{k\in D(l,n,x)}|q_{n,k}(x)|&\leqslant\frac{n^2}{l^4\varphi^4(x)}\sum_{k\in D(l,n,x)}|q_{n,k}(x)|\cdot\left|\frac{k+\alpha_1}{n+\beta_1+1}-x\right|^4\\&\leqslant C\frac{n^2}{l^4\varphi^4(x)}\left(\frac{\varphi(x)}{\sqrt{n}}\right)^4\\&\leqslant C\frac{1}{(l+1)^4}\end{aligned}$$

证毕.

引理 4　对于 $x\in[0,1]$, 有

$$\int_0^1|q_{n,k}(x)|\mathrm{d}x\leqslant\frac{C}{n}\quad(k=0,1,\cdots,n)$$

证明　作如下分解

$$\begin{aligned}\int_0^1|q_{n,k}(x)|\mathrm{d}x&=\left(\int_{A_1}+\int_{A_2}\right)|q_{n,k}(x)|\mathrm{d}x\\&=:I_1+I_2\end{aligned}$$

当 $x\in A_1$ 时, 由式(4)(取 $\gamma=0$) 知 $|q_{n,k}(x)|\leqslant C$, 故 $I_1\leqslant\frac{C}{n}$. 当 $x\in A_2$ 时, 由式(6) 得

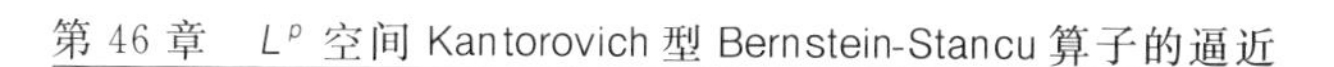

$$I_2 < \int_{A_2} p_{n,k}(x)\mathrm{d}x \leqslant \int_0^1 p_{n,k}(x)\mathrm{d}x = \frac{1}{n+1}$$

综上,引理 4 得证.

引理 5　对于 $1 \leqslant p < \infty$,有

$$\| S_{n,\alpha,\beta}^{*}(f) \|_p \leqslant C \| f \|_p$$

证明　当 $1 < p < \infty$ 时($p=1$ 可类似证明),利用 Hölder 不等式,式(4)(取 $\gamma=0$) 及引理 4,有

$$\begin{aligned}
&\int_0^1 | S_{n,\alpha,\beta}^{*}(f,x) |^p \mathrm{d}x \\
\leqslant& Cn^p \int_0^1 \left| \sum_{k=0}^{n} q_{n,k}(x) \int_{I_k} f(t)\mathrm{d}t \right|^p \mathrm{d}x \\
\leqslant& Cn^p \int_0^1 \sum_{k=0}^{n} | q_{n,k}(x) | \left| \int_{I_k} f(t)\mathrm{d}t \right|^p \mathrm{d}x \\
\leqslant& Cn \sum_{k=0}^{n} \int_0^1 | q_{n,k}(x) | \mathrm{d}x \int_{I_k} | f(t) |^p \mathrm{d}t \\
\leqslant& C \sum_{k=0}^{n} \int_{I_k} | f(t) |^p \mathrm{d}t \leqslant C \| f \|_p^p
\end{aligned}$$

引理 5 得证.

引理 6　对于 $f \in L^p$,$1 \leqslant p < \infty$,有

$$\| \delta_n S_{n,\alpha,\beta}^{*'}(f) \|_p \leqslant C\sqrt{n} \| f \|_p$$

证明　只证明 $1 < p < \infty$ 的情形($p=1$ 可类似证明).直接计算得

$$q'_{n,k}(x) = n(q_{n-1,k-1}(x) - q_{n-1,k}(x))$$
$$(k=0,1,\cdots,n)$$

其中

$$q_{n-1,-1}(x) := 0, q_{n-1,n}(x) := 0$$

因此,当

$$x \in B_1 := \left[0, \frac{2\alpha_2+1}{n+\beta_2}\right] \cup \left[\frac{n+2\alpha_2}{n+\beta_2}, 1\right]$$

时，注意到 $\delta_n(x)\sim\frac{1}{\sqrt{n}}$，利用 $|q_{n-1,k}(x)|\leqslant C$ 及 Hölder 不等式，得

$$\int_{B_1}|\delta_n(x)S_{n,\alpha,\beta}^{*'}(f,x)|^p\mathrm{d}x$$

$$\leqslant Cn^{\frac{3}{2}p}\int_{B_1}\left|\sum_{k=0}^{n}(q_{n-1,k-1}(x)-q_{n-1,k}(x))\cdot\right.$$

$$\left.\int_{I_k}f(t)\mathrm{d}t\right|^p\mathrm{d}x$$

$$\leqslant Cn^{\frac{1}{2}p+1}\int_{B_1}\sum_{k=0}^{n}|q_{n-1,k-1}(x)-q_{n-1,k}(x)|\cdot$$

$$\int_{I_k}|f(t)|^p\mathrm{d}t\mathrm{d}x$$

$$\leqslant C(\sqrt{n})^p\sum_{k=0}^{n}\int_{I_k}|f(t)|^p\mathrm{d}t=C(\sqrt{n})^p\|f\|_p^p \tag{7}$$

当

$$x\in B_2:=\in\left(\frac{2\alpha_2+1}{n+\beta_2},\frac{n+2\alpha_2}{n+\beta_2}\right)$$

时，需要 $q'_{n,k}(x)$ 的一个不等式[8]

$$|q'_{n,k}(x)|\leqslant\frac{n|q_{n,k}(x)|}{\varphi^2(x)}\left|\frac{k+\alpha_2}{n+\beta_2}-x\right| \tag{8}$$

利用式(4) 及 $\delta_n(x)\sim\varphi(x)$，有

$$\sum_{k=0}^{n}\left|\frac{k+\alpha_2}{n+\beta_2}-x\right|^\gamma|q_{n,k}(x)|$$

$$\leqslant C\left(\sum_{i=0}^{n}\left|\frac{k+\alpha_2}{n+\beta_2}-\frac{k+\alpha_1}{n+\beta_1}\right|^\gamma|q_{n,k}(x)|+\right.$$

$$\left.\sum_{k=0}^{n}\left|\frac{k+\alpha_1}{n+\beta_1}-x\right|^\gamma|q_{n,k}(x)|\right)$$

$$\leqslant C\left(\frac{1}{n^\gamma}+\left(\frac{\varphi(x)}{\sqrt{n}}\right)\right)^\gamma$$

$$\leqslant C\left(\frac{\varphi(x)}{\sqrt{n}}\right)^{\gamma} \tag{9}$$

利用式(8)(9) 及 Hölder 不等式和引理 4,有

$$\int_{B_2} |\delta_n(x)S_{n,\alpha,\beta}^{*'}(f,x)|^p \mathrm{d}x$$

$$=\int_{B_2} |\delta_n(x)(n+\beta_1+1)\left(\frac{n+\beta_2}{n}\right)^n \cdot$$

$$\sum_{k=0}^{n} q'_{n,k}(x)\int_{I_k} f(t)\mathrm{d}t|^p \mathrm{d}x$$

$$\leqslant C\int_{B_2} \frac{n^{2p}}{\varphi^p(x)}\left|\sum_{k=0}^{n}\left|\frac{k+\alpha_2}{n+\beta_2}-x\right|\cdot\right.$$

$$\left.|q_{n,k}(x)|\int_{I_k}|f(t)|\mathrm{d}t\right|^p \mathrm{d}x$$

$$\leqslant C\int_{B_2} \frac{n^{2p}}{\varphi^p(x)}\sum_{k=0}^{n}|q_{n,k}(x)|\left(\int_{I_k}|f(t)|\mathrm{d}t\right)^p \cdot$$

$$\left(\sum_{k=0}^{n}\left|\frac{k+\alpha_2}{n+\beta_2}-x\right|^{\frac{p}{p-1}}|q_{n,k}(x)|\right)^{p-1}\mathrm{d}x$$

$$\leqslant Cn^{\frac{3}{2}p}\sum_{k=0}^{n}\int_{B_2}|q_{n,k}(x)|\mathrm{d}x\left(\int_{I_k}|f(t)|\mathrm{d}t\right)^p$$

$$\leqslant Cn^{\frac{1}{2}p}\sum_{k=0}^{n}\int_{I_k}|f(t)|^p\mathrm{d}t=C(\sqrt{n})^p\|f\|_p^p \tag{10}$$

结合式(7) 和(10),引理 6 得证.

引理 7　对于 $f\in W_p$ 及 $1\leqslant p<\infty$,有

$$\|\delta_n S_{n,\alpha,\beta}^{*'}(f)\|_p\leqslant C\|\delta_n f'\|_p$$

证明　仍然只给出 $1<p<\infty$ 时的证明($p=1$ 可类似证明). 由直接计算得

$$S_{n,\alpha,\beta}^{*'}(f,x)=n(n+\beta_1+1)\left(\frac{n+\beta_2}{n}\right)^n \cdot$$

$$\sum_{k=0}^{n-1}q_{n-1,k}(x)\int_{I_k}\left(f\left(t+\frac{1}{n+\beta_1+1}\right)-f(t)\right)\mathrm{d}t$$

因此

$$
\begin{aligned}
&\delta_n(x)\ |\ S_{n,\alpha,\beta}^{*'}(f,x)\ | \\
&\leqslant Cn\delta_n(x)\sum_{k=0}^{n-1}\ |\ q_{n-1,k}(x)\ |\cdot \\
&\quad \left|\int_{I_k}\int_{l}^{l+\frac{1}{n+\beta_1+1}} f'(\theta)\mathrm{d}\theta\mathrm{d}t\right| \\
&\leqslant Cn\sum_{k=0}^{n-1}\frac{\delta_n(x)}{\delta_n\left(\frac{k}{n}\right)}\ |\ q_{n-1,k}(x)\ |\int_{I_k\cup I_{k+1}}\delta_n(\theta)\ |\ f'(\theta)\ |\ \mathrm{d}\theta \\
&\leqslant Cn\left(\sum_{k=0}^{n-1}\left(\frac{\delta_n(x)}{\delta_n\left(\frac{k}{n}\right)}\right)^{\frac{p}{p-1}}\ |\ q_{n-1,k}(x)\ |\right)^{1-\frac{1}{p}}\cdot \\
&\quad \left(\sum_{k=0}^{n-1}\ |\ q_{n-1,k}(x)\ |\ \left(\int_{I_k\cup I_{k+1}}\delta_n(\theta)\ |\ f'(\theta)\ |\ \mathrm{d}\theta\right)^{p}\right)^{\frac{1}{p}} \\
&\leqslant Cn\left(\sum_{k=0}^{n-1}\ |\ q_{n-1,k}(x)\ |\cdot\right. \\
&\quad \left.\left(\int_{I_k\cup I_{k+1}}\delta_n(\theta)\ |\ f'(\theta)\ |\ \mathrm{d}\theta\right)^{p}\right)^{\frac{1}{p}}
\end{aligned}
\tag{11}
$$

其中最后一个不等式中利用了式(5).由式(11)和引理4,有

$$
\begin{aligned}
&\int_0^1\ |\ \delta_n(x)S_{n,\alpha,\beta}^{*'}(f,x)\ |^{p}\mathrm{d}x \\
&\leqslant Cn^{p}\int_0^1\sum_{k=0}^{n-1}\ |\ q_{n-1,k}(x)\ |\ \left(\int_{I_k\cup I_{k+1}}\delta_n(\theta)\ |\ f'(\theta)\ |\ \mathrm{d}\theta\right)^{p}\mathrm{d}x \\
&\leqslant Cn\sum_{k=0}^{n-1}\int_0^1\ |\ q_{n-1,k}(x)\mathrm{d}x\ |\int_{I_k\cup I_{k+1}}\ |\ \delta_n(\theta)f'(\theta)\ |^{p}\mathrm{d}\theta \\
&\leqslant C\sum_{k=0}^{n-1}\int_{I_k\cup I_{k+1}}\ |\ \delta_n(\theta)f'(\theta)\ |^{p}\mathrm{d}\theta \\
&\leqslant C\ \|\ \delta_n f'\ \|_p^p
\end{aligned}
\tag{12}
$$

引理7得证.

§3　定理的证明

定理1的证明　利用等价关系式(3)知，存在 $g\in W_p$，使得

$$\|f-g\|_p+\frac{1}{\sqrt{n}}\|\varphi g'\|_p+\frac{1}{n}\|g'\|_p\leqslant C\omega_\varphi\left(f,\frac{1}{\sqrt{n}}\right)_p$$

由此结合引理5，有

$$\begin{aligned}&\|S^*_{n,\alpha,\beta}(f)-f\|_p\\ \leqslant&\|S^*_{n,\alpha,\beta}(f-g)\|_p+\\ &\|f-g\|_p+\|S^*_{n,\alpha,\beta}(g)-g\|_p\\ \leqslant&C\|f-g\|_p+\|S^*_{n,\alpha,\beta}(g)-g\|_p\\ \leqslant&C\omega_\varphi\left(f,\frac{1}{\sqrt{n}}\right)_p+\|S^*_{n,\alpha,\beta}(g)-g\|_p\end{aligned}$$

因此只需证明下式

$$\begin{aligned}&\|S^*_{n,\alpha,\beta}(g)-g\|_p\\ \leqslant&C\left(\frac{1}{\sqrt{n}}\|\varphi g'\|_p+\frac{1}{n}\|g'\|_p\right)\end{aligned}\tag{13}$$

下面分 $1<p<\infty$ 和 $p=1$ 两种情形来证明式(13).

情形1　$1<p<\infty$，利用 Taylor 展开式

$$g(t)=g(x)+\int_x^t g'(v)\mathrm{d}v$$

易知

$$\|S^*_{n,\alpha,\beta}(g)-g\|_p\leqslant C\left\|S^*_{n,\alpha,\beta}\left(\int_x^t|g'(v)|\mathrm{d}v,x\right)\right\|_p$$

定义 Hardy-Littlewood 极大函数

$$M(g,x)=\sup_t\left|\frac{1}{t-x}\int_x^t|g(v)|\mathrm{d}v\right|$$

众所周知

$$\| M(g) \|_p \leqslant C \| g \|_p \quad (p > 1)$$

因此

$$\begin{aligned}
&\left\| S^*_{n,\alpha,\beta}\left(\int_x^t | g'(v) | \mathrm{d}v, x\right) \right\|_p \\
\leqslant & C\left\| S^*_{n,\alpha,\beta}\left(\left(\frac{1}{\delta_n(x)} + \frac{1}{\delta_n(t)}\right)\int_x^t \delta_n(v) | g'(v) | \mathrm{d}v, x\right) \right\|_p \\
\leqslant & C\left\| S^*_{n,\alpha,\beta}\left(| t - x | \left(\frac{1}{\delta_n(x)} + \frac{1}{\delta_n(t)}\right) M(g, x), x\right) \right\|_p \\
\leqslant & C \| \delta_n g' \|_p \left\| S^*_{n,\alpha,\beta}\left(| t - x | \left(\frac{1}{\delta_n(x)} + \frac{1}{\delta_n(t)}\right), x\right) \right\|_\infty \\
\leqslant & C\left(\| \varphi g' \|_p + \frac{1}{\sqrt{n}} \| g' \|_p \right) \cdot \\
&\left\| S^*_{n,\alpha,\beta}\left(| t - x | \left(\frac{1}{\delta_n(x)} + \frac{1}{\delta_n(t)}\right), x\right) \right\|_\infty \qquad (14)
\end{aligned}$$

由式(5)得

$$\begin{aligned}
&\left| S^*_{n,\alpha,\beta}\left(| t - x | \left(\frac{1}{\delta_n(x)} + \frac{1}{\delta_n(t)}\right), x\right) \right|_\infty \\
\leqslant & Cn \sum_{k=0}^{n} | q_{n,k}(x) | \left|\frac{1}{\delta_n(x)} + \frac{1}{\delta_n\left(\frac{k}{n}\right)}\right| \cdot \\
&\int_{I_k} \left(\left| t - \frac{k + \alpha_2}{n + \beta_2 + 1} \right| + \left| x - \frac{k + \alpha_2}{n + \beta_2 + 1} \right| \right) \mathrm{d}t \\
\leqslant & \frac{C}{\delta_n(x)} \sum_{k=0}^{n} \left| 1 + \frac{\delta_n(x)}{\delta_n\left(\frac{k}{n}\right)} \right| \left(\frac{1}{n} + \left| x - \frac{k + \alpha_2}{n + \beta_2 + 1} \right| \right) \cdot \\
&| q_{n,k}(x) | \leqslant C \frac{1}{\sqrt{n}}
\end{aligned}$$

将上式代入式(14),证明了 $1 < p < \infty$ 时式(13)成立.

情形 2 当 $p = 1$ 时,先估计 E_n^c 上的积分值.注意

到

$$\sum_{k=0}^{n}|q_{n,k}(x)|\leqslant C$$

有

$$\begin{aligned}
&\int_{E_n^c}|S_{n,\alpha,\beta}^*(g,x)-g(x)|\,\mathrm{d}x\\
&\leqslant Cn\int_{E_n^c}\sum_{k=0}^{n}|q_{n,k}(x)|\int_{I_k}\left|\int_x^t g'(u)\mathrm{d}u\right|\mathrm{d}t\mathrm{d}x\\
&\leqslant Cn\int_{E_n^c}\sum_{k=0}^{n}|q_{n,k}(x)|\int_{I_k}\left(\frac{1}{\varphi(x)}+\frac{1}{\varphi(t)}\right)\mathrm{d}t\cdot\\
&\quad\int_0^1|g'(u)\varphi(u)|\,\mathrm{d}u\mathrm{d}x\\
&\leqslant C\|\varphi g'\|_1\Big[\int_{E_n^c}\varphi^{-1}(x)\mathrm{d}x+\\
&\quad n\int_{E_n^c}\sum_{k=0}^{n}|q_{n,k}(x)|\int_{I_k}\varphi^{-1}(t)\mathrm{d}t\mathrm{d}x\Big]\\
&\leqslant C\|\varphi g'\|_1\Big[\int_{E_n^c}\varphi^{-1}(x)\mathrm{d}x+\int_{E_n^c}\sqrt{n}\,\mathrm{d}x\Big]
\end{aligned}$$

由于

$$\int_{E_n^c}\varphi^{-1}(x)\mathrm{d}x\leqslant 2\int_0^{\frac{1}{n}}\frac{1}{\sqrt{x}}\mathrm{d}x+2\int_{1-\frac{1}{n}}^{1}\frac{1}{\sqrt{1-x}}\mathrm{d}x\leqslant\frac{8}{\sqrt{n}}$$

故有

$$\int_{E_n^c}|S_{n,\alpha,\beta}^*(g,x)-g(x)|\,\mathrm{d}x\leqslant C\frac{1}{\sqrt{n}}\|\varphi g'\|_1 \tag{15}$$

接下来考虑 E_n 上的积分值. 令

$$\begin{aligned}
&\left|\int_x^{\frac{k^*+\alpha_1}{n+\beta_1+1}}\varphi(u)\,|g'(u)|\,\mathrm{d}u\right|\\
&=\max_{j=k,k+1}\left|\int_x^{\frac{j+\alpha_1}{n+\beta_1+1}}\varphi(u)\,|g'(u)|\,\mathrm{d}u\right|
\end{aligned}$$

其中 $k^*=k$ 或 $k+1$. 则有

$$\begin{aligned}
&\int_{E_n} |S^*_{n,\alpha,\beta}(g,x)-g(x)|\,\mathrm{d}x \\
&\leqslant Cn\int_{E_n}\sum_{k=0}^{n}|q_{n,k}(x)|\int_{I_k}\left|\int_x^t g'(u)\,\mathrm{d}u\right|\mathrm{d}t\mathrm{d}x \\
&\leqslant Cn\int_{E_n}\sum_{k=0}^{n}|q_{n,k}(x)|\int_{I_k}\left(\frac{1}{\varphi(x)}+\frac{1}{\varphi(t)}\right)\mathrm{d}t\,\cdot \\
&\quad\left|\int_x^{\frac{k^*+\alpha_1}{n+\beta_1+1}}\varphi(u)|g'(u)|\,\mathrm{d}u\right|\mathrm{d}x \\
&\leqslant C\int_{E_n}\sum_{k=0}^{n}|q_{n,k}(x)|\left(\frac{1}{\varphi(x)}+\sqrt{\frac{n+\beta_1+1}{k+\alpha_1+1}}\right)\cdot \\
&\quad\left|\int_x^{\frac{k^*+\alpha_1}{n+\beta_1+1}}\varphi(u)|g'(u)|\,\mathrm{d}u\right|\mathrm{d}x =: R_1+R_2
\end{aligned}$$

根据 $D(l,n,x)$ 的定义，知

$$\begin{aligned}
R_1 &\leqslant \int_{E_n}\varphi^{-1}(x)\sum_{l=0}^{\infty}\sum_{k\in D(l,n,x)}|q_{n,k}(x)|\,\cdot \\
&\quad\left|\int_x^{\frac{k^*+\alpha_1}{n+\beta_1+1}}\varphi(u)|g'(u)|\,\mathrm{d}u\right|\mathrm{d}x
\end{aligned}$$

令

$$\begin{aligned}
F(l,x) := \Big\{ v : v\in(0,1),\ &|v-x| \\
&\leqslant (l+1)n^{-\frac{1}{2}}\varphi(x)+\frac{1}{n}\Big\}
\end{aligned}$$

$$G(l,v) := \{x : x\in E_n, v\in F(l,x)\}$$

由引理 3，经过与文献[10]p. 147 类似的推导，有

$$\begin{aligned}
R_1 &\leqslant C\sum_{l=0}^{\infty}\frac{1}{(l+1)^4}\int_{E_n}\varphi^{-1}(x)\,\cdot \\
&\quad\left|\int_{F(l,x)}\varphi(u)|g'(u)|\,\mathrm{d}u\right|\mathrm{d}x
\end{aligned}$$

$$\leqslant C\sum_{l=0}^{\infty}\frac{1}{(l+1)^4}\int_0^1\varphi(u)\mid g'(u)\mid\cdot$$

$$\int_{G(l,v)}\varphi^{-1}(x)\mathrm{d}x\mathrm{d}u$$

$$\leqslant C\frac{1}{\sqrt{n}}\parallel\varphi g'\parallel_1$$

接下来对 R_2 进行估计. 利用Cauchy不等式和式(4)及 $\delta_n(x)\sim\varphi(x),x\in E_n$,有

$$\sum_{k\in D(l,n,x)}\mid q_{n,k}(x)\mid\sqrt{\frac{n+\beta_1+1}{k+\alpha_1+1}}$$

$$\leqslant C\Big(\sum_{k\in D(l,n,x)}\mid q_{n,k}(x)\mid\frac{n+1}{k+1}\Big)^{\frac{1}{2}}$$

$$=C\Big(\sum_{k\in D(l,n,x)}\frac{1}{x}\mid q_{n+1,k+1}(x)\mid\Big)^{\frac{1}{2}}$$

$$\leqslant C\varphi^{-1}(x)\Big(\sum_{k\in D(l,n,x)}\mid q_{n+1,k+1}(x)\mid\cdot$$

$$\left|x-\frac{k+\alpha_1}{n+\beta_1}\right|^8\Big)^{\frac{1}{2}}\frac{n^4}{l^4\varphi^4(x)}$$

$$\leqslant C\frac{n^4}{l^4\varphi^5(x)}\Big(\sum_{k=0}^{n+1}\mid q_{n+1,k+1}(x)\mid\cdot$$

$$\Big(\left|x-\frac{k+1+\alpha_1}{n+\beta_1+1}\right|^8+\frac{1}{n^8}\Big)\Big)^{\frac{1}{2}}$$

$$\leqslant\frac{C}{(l+1)^4\varphi(x)}.$$

现在,类似于对 R_1 的估计方法,可以得到

$$R_2\leqslant C\frac{1}{\sqrt{n}}\parallel\varphi g'\parallel_1$$

因此

$$\int_{E_n}\mid S^*_{n,\alpha,\beta}(g,x)-g(x)\mid\mathrm{d}x\leqslant C\frac{1}{\sqrt{n}}\parallel\varphi g'\parallel_1\tag{16}$$

结合式(15) 和(16),定理 1 得证.

定理 2 的证明 由引理 6 与 7 及式(3),对于适当的 g,有

$$
\begin{aligned}
&K_{\varphi}(f,t)_{p}\\
\leqslant &\| f-S_{n,\alpha,\beta}^{*}(f)\|_{p}+t\|\delta_{n}S_{n,\alpha,\beta}^{*'}(f)\|_{p}\\
\leqslant &Cn^{-\frac{\beta}{2}}+t(\|\delta_{n}S_{n,\alpha,\beta}^{*'}(f-g)\|_{p}+\|\delta_{n}S_{n,\alpha,\beta}^{*'}(g)\|_{p})\\
\leqslant &Cn^{-\frac{\beta}{2}}+Ct(\sqrt{n}\|f-g\|_{p}+\|\delta_{n}g'\|_{p})\\
\leqslant &Cn^{-\frac{\beta}{2}}+Ct\sqrt{n}\left(\|f-g\|_{p}+\frac{1}{\sqrt{n}}\|\varphi g'\|_{p}+\frac{1}{n}\|g'\|_{p}\right)\\
\leqslant &C\left(n^{-\frac{\beta}{2}}+\frac{t}{n^{\frac{1}{2}}}\overline{K}_{\varphi}(f,n^{-\frac{1}{2}})_{p}\right)\\
\leqslant &C\left(n^{-\frac{\beta}{2}}+\frac{t}{n^{\frac{1}{2}}}K_{\varphi}(f,n^{-\frac{1}{2}})_{p}\right)
\end{aligned}
$$

利用 Berens-Lorentz 引理(见文献[10] 引理 9.3.4),有

$$K_{\varphi}(f,t)_{p}=O(t^{\beta})$$

利用式(3),知定理 2 成立.

参 考 资 料

[1] BERENS H, LORENTZ G G. Inverse theorems for Bernstein polynomials[J]. J Indianna Univ Math, 1972,21(2):693-708.

[2] DITZIAN Z. Direct estimate for Bernstein polynomials[J]. J Approx Theory, 1994,79(1):165-166.

[3] LORENTZ G G. Bernstein Polynomials[M].

Toronto：Univ Toronto press，1953.

[4] STANCU D D. Approximation of functions by a new class of linear polynomials operators[J]. Rev Roum Math Pure Appl，1968，13(3)：1173-1194.

[5] SUCU S，IBIKLI E. Approximation by means of Kantorovich-Stancu type operators[J]. Numer Func Anal Opt，2013，34(2)：557-575.

[6] TASDELEN F，BASCANBAZ-TUNCA G，ERENCIN A. On a new type Bernstein-Stancu operators[J]. Fasci Math，2012，48(1)：119-128.

[7] GADJIEV A D，GHORBANALIZAEH A M. Approximation properties of a new type Bernstein-Stancu polynomials of one and two variables[J]. Appl Math Comput，2010，216(3)：890-901.

[8] WANG Meiling，YU Dansheng，ZHOU Ping. On approximation by Bernstein-Stancu type operator[J]. Appl Math Comput，2014，246(1)：79-87.

[9] ÍCÖZ G. A Kantorovich variant of a new type Bernstein-Stancu polynomials[J]. Appl Math Comput，2012，218(1)：8552-8560.

[10] DITZIAN Z，TOTIK V. Moduli of Smoothness [M]. Berlin：Springer-Verlag，1987.

[11] YU Dansheng，ZHOU Songping. Global and pointwise estimates for approximation by rational functions with polynomials of positive co-

efficients as the denominators[J]. Acta Math Sci, 2011,31(2):305-319.

第九编

Bernstein-Durrmeyer 算子

Bernstein-Durrmeyer 算子线性组合的点态逼近定理

第 47 章

河北师范大学的郭顺生，河北经贸大学的刘喜武，河北师范大学的李翠香三位教授 2000 年利用点态光滑模 $\omega_{\varphi^\lambda}^{2r}(f,t)$ 对 Bernstein-Durrmeyer 算子的 r 阶线性组合的逼近进行了研究，统一了已有的关于古典光滑模和 Ditzian-Totik 模的结果.

§1 引　　言

Bernstein-Durrmeyer 算子定义为

$$L_n(f,x)=\sum_{k=0}^{n}p_{n,k}(x)(n+1)\int_0^1 f(t)p_{n,k}(t)\mathrm{d}t$$
$$(x\in[0,1]) \tag{1}$$

其中

$$p_{n,k}(x)=\binom{n}{k}x^k(1-x)^{n-k}$$

Ditzian[1] 给出了用古典光滑模对一般的线性算子的逼近正定理. 对算子(1),其结果为:若 $f\in C[0,1]$,则

$$|L_n(f,x)-f(x)|$$
$$\leqslant C\left[\omega^2\left(f,\left(\frac{x(1-x)}{n}+\frac{1}{n^2}\right)^{\frac{1}{2}}\right)+\omega^1\left(f,\frac{|1-2x|}{n}\right)\right]$$

周定轩[2] 利用 Ditzian-Totik 模研究了算子(1) 的一致逼近问题,并得到了 $f\in C[0,1]$,$0<\alpha<1$,则

$$\|L_nf-f\|=O(n^{-\alpha})\Leftrightarrow\omega_\phi^2(f,t)=O(t^{2\alpha})$$
$$\omega^1(f,t)=O(t^\alpha)$$

为了提高其逼近阶,本章考虑其线性组合的逼近. 算子(1) 的 r 阶线性组合 $L_{n,r}(f,x)$ 定义为

$$L_{n,r}(f,x)=\sum_{i=0}^{r-1}a_i(n)L_{n_i}(f,x) \tag{2}$$

其中对于 A(常数),n_i 和 $a_i(n)$ 满足:

(a)$n=n_0<\cdots<n_{r-1}\leqslant An$;

(b)$\sum_{i=0}^{r-1}|a_i(n)|\leqslant A$;

(c)$\sum_{i=0}^{r-1}a_i(n)=1$;

(d)$\sum_{i=0}^{r-1}a_i(n)n_i^{-k}=0(k=1,\cdots,r-1)$.

Ditzian 和 Totik[3] 考虑了 $L_p(1\leqslant p<\infty)$ 空间中某些正线性算子线性组合的一致逼近,用同样的方法

对于算子(2)可得,若 $1\leqslant p<\infty,\phi^2(x)=x(1-x)$,$0<\alpha<r$,则

$$\|L_{n,r}(f,x)-f(x)\|_p=O(n^{-\alpha})\Leftrightarrow\omega_\phi^{2r}(f,t)_p=O(t^{2\alpha})$$

但在此书中并没有考虑 L_∞ 的情形.

为了统一已有的关于古典光滑模和 Ditzian-Totik 模的结果,Ditzian[4] 引入统一的光滑模 $\omega_{\phi^\lambda}^2(f,t)$,并研究了 Bernstein 算子的逼近正定理. 文[5,6]继续了这方面的研究,考虑了 Szász-Durrmeyer 算子和 Bernstein 算子的 r 阶线性组合的逼近,并得到如下结果:

若 $f\in C(I),r\in\mathbf{N},0<\alpha<r,0\leqslant\lambda\leqslant1$,则

$$\begin{aligned}&|L_{n,r}(f,x)-f(x)|\\&=O((n^{-\frac{1}{2}}\delta_n^{1-\lambda}(x))^\alpha)\Leftrightarrow\omega_{\phi^\lambda}^r(f,t)=O(t^\alpha)\end{aligned}$$

其中

$$\delta_n(x)=\phi(x)+\frac{1}{\sqrt{n}}$$

对于 Bernstein 算子,$I=[0,1],\phi(x)=\sqrt{x(1-x)}$. 对于 Szász-Durrmeyer 算子,$I=[0,\infty),\phi(x)=\sqrt{x}$.

从上述结果看,一个自然的问题是:能否将[5,6]中的结果推广到 $2r$ 阶光滑模? 本章将对算子(2)讨论这一问题,并得到:

定理 1　若 $f\in C[0,1],r\in\mathbf{N},0<\alpha<\dfrac{2r}{2-\lambda}$,$1-\dfrac{1}{r}\leqslant\lambda\leqslant1$,则

$$\begin{aligned}&|L_{n,r}(f,x)-f(x)|\\&=O((n^{-\frac{1}{2}}\delta_n^{1-\lambda}(x))^\alpha)\Leftrightarrow\omega_{\phi^\lambda}^{2r}(f,t)=O(t^\alpha)\end{aligned}$$

其中

$$\phi(x)=\sqrt{x(1-x)},\delta_n(x)=\phi(x)+\frac{1}{\sqrt{n}}$$

显然,此结果包含了[2]的结果,是对[3]中结果的补充.

在本章中,C表示常数,在不同的地方,值可能不同.

§2 正定理及其证明

首先给出一些符号. 对于 $f(x)\in C[0,1]$,$0\leqslant\lambda\leqslant 1$,定义

$$\Delta_h f(x)=f(x+\frac{h}{2})-f(x-\frac{h}{2})$$

$$\Delta_h^r f(x)=\Delta_h(\Delta_h^{r-1}f(x))$$

$$\omega_{\phi^\lambda}^r(f,t)=\sup_{0<h\leqslant t}\{\sup_{x\pm\frac{rh\phi^\lambda(x)}{2}\in[0,1]}|\Delta_{h\phi^\lambda(x)}^r f(x)|\}$$

$$K_{\phi^\lambda}^r(f,t^r)=\inf_{g\in D}\{\|f-g\|+t^r\|\phi^{r\lambda}g^{(r)}\|\}$$

$$\overline{K}_{\phi^\lambda}^r(f,t^r)=\inf_{g\in D}\{\|f-g\|+t^r\|\phi^{r\lambda}g^{(r)}\|+t^{\frac{2r}{2-\lambda}}\|g^{(r)}\|\}$$

$$D=\{f\in C[0,1]:f^{(r-1)}\in A.C._{\text{loc}},\|\phi^{r\lambda}f^{(r)}\|_{C[0,1]}\leqslant+\infty\}$$

由[3,p.11,p.25]知

$$\omega_{\phi^\lambda}^r(f,t)\sim K_{\phi^\lambda}^r(f,t^r)\sim\overline{K}_{\phi^\lambda}^r(f,t^r)\tag{3}$$

引理1 若 $f\in C^{2r}[0,1]$($f^{(2r)}\in C[0,1]$),当 $1-\frac{1}{r}<\lambda\leqslant 1$,$m=1,2,\cdots,r-1$ 或 $m=1,2,\cdots,r-2$,

$1-\frac{1}{r}\leqslant\lambda\leqslant 1$ 时,有

$$\|\phi^{2r\lambda-2m}f^{(2r-m)}\|\leqslant C(\|f\|+\|\phi^{2r\lambda}f^{(2r)}\|)\quad(4)$$

证明　首先注意到(见[3,p. 136])

$$\left|f^{(2r-m)}\left(\frac{1}{2}\right)\right|\leqslant C(\|f\|_{[\frac{1}{4},\frac{3}{4}]}+\|f^{(2r)}\|_{[\frac{1}{4},\frac{3}{4}]})$$

$$\leqslant C(\|f\|+\|\phi^{2r\lambda}f^{(2r)}\|)\quad(5)$$

当 x 在 0 附近时($x\leqslant\frac{1}{2}$),有

$$\left|f^{(2r-m)}(x)-f^{(2r-m)}\left(\frac{1}{2}\right)\right|$$

$$\leqslant\int_x^{\frac{1}{2}}|f^{(2r-m+1)}(u)|\,\mathrm{d}u$$

$$\leqslant\|u^{r\lambda-m+1}f^{(2r-m+1)}(u)\|_{[0,\frac{1}{2}]}\cdot\int_x^{\frac{1}{2}}\frac{\mathrm{d}u}{u^{r\lambda-m+1}}$$

$$\leqslant C\|x^{r\lambda-m+1}f^{(2r-m+1)}(x)\|_{[0,\frac{1}{2}]}x^{-(r\lambda-m)}$$

即

$$\|x^{r\lambda-m}f^{(2r-m)}(x)\|_{[0,\frac{1}{2}]}$$
$$\leqslant C(\|f\|+\|\phi^{2r\lambda}f^{(2r)}\|)+$$
$$C\|x^{r\lambda-m+1}f^{(2r-m+1)}(x)\|_{[0,\frac{1}{2}]}$$

当 x 在 1 附近时($x>\frac{1}{2}$),类似可得

$$\|(1-x)^{r\lambda-m}f^{(2r-m)}(x)\|_{[\frac{1}{2},1]}$$
$$\leqslant C(\|f\|+\|\phi^{2r\lambda}f^{(2r)}\|)+$$
$$C\|(1-x)^{r\lambda-m+1}f^{(2r-m+1)}(x)\|_{[\frac{1}{2},1]}$$

由上面两式,利用递推的方法可得(4).

引理 2[7]　设 $m\in\mathbf{N}$,则

$$L_n((t-x)^{2m},x)=\sum_{i=0}^{m}q_{i,2m}\left(\frac{\phi^2(x)}{n}\right)^{m-i}n^{-2i}\quad(6)$$

$$L_n((t-x)^{2m+1},x)=(1-2x)\sum_{i=0}^{m}q_{i,2m+1}\cdot \left(\frac{\phi^2(x)}{n}\right)^{m-i}n^{-2i-1} \tag{7}$$

其中 $q_{i,2m}$, $q_{i,2m+1}$ 是不依赖于 n 的多项式且关于 x 一致有界.

定理 2 若 $f\in C[0,1]$, $r\in \mathbf{N}$, $1-\frac{1}{r}\leqslant\lambda\leqslant 1$, $\phi(x)=\sqrt{x(1-x)}$, 则

$$|L_{n,r}(f,x)-f(x)|\leqslant C\left\{\omega_{\phi^\lambda}^{2r}(f,n^{-\frac{1}{2}}\phi^{1-\lambda}(x))+\frac{\phi^{2r(1-\lambda)}(x)}{n^r}\|f\|+\omega^r\left(f,\frac{1}{n}\right)+\omega^{r+1}(f,n^{-\frac{r}{r+1}}\phi^{\frac{2}{r+1}}(x))\right\}$$

其中

$$\omega^r(f,t)=\sup_{0<h\leqslant t}\sup_{x\pm\frac{rh}{2}\in[0,1]}|\Delta^r f(x)|$$

证明 首先讨论 $x\in E_n=[\frac{1}{n},1-\frac{1}{n}]$ 的情形.

记

$$R_i(x)=L_{n,r}((t-x)^i,x)\quad(i=r,r+1)$$

$$\overline{\Delta}_h f(x)=f(x+h)-f(x)$$

$$\overline{\Delta}_h^r f(x)=\overline{\Delta}_h(\overline{\Delta}_h^{r-1}f(x))$$

$$\overline{\omega}^r(f,t)=\sup_{0<h\leqslant t}\{\sup_{x,x+rh\in[0,1]}|\overline{\Delta}_h^r f(x)|\}$$

由[3. p. 26] 知

$$\omega^r(f,t)\sim\overline{\omega}^r(f,t)$$

令

$$T_i(f,x)=-\frac{1}{i!}\operatorname{sgn}R_i(x)\overline{\Delta}^i_{|R_i(x)|^{\frac{1}{i}}}f(x)$$

$$(i=r,r+1) \tag{8}$$

通过计算得

$$T_i((t-x)^j,x)=\begin{cases}0,j<i\\ -R_i(x),j=i\\ c_{i,j}\mid R_i(x)\mid^{\frac{j}{i}}(\operatorname{sgn} R_i(x)),j>i\end{cases} \tag{9}$$

其中 $c_{i,j}$ 是不依赖 n 和 x 的常数. 再令

$$T_{r,r+1}(f,x)=-\frac{c_{r,r+1}}{(r+1)!}(\operatorname{sgn} R_r(x))\overline{\Delta}^{r+1}_{|R_r(x)|^{\frac{1}{r}}}f(x) \tag{10}$$

同样地,有

$$\begin{aligned}&T_{r,r+1}((t-x)^j,x)\\ =&\begin{cases}0,j<r+1\\ -c_{r,r+1}(\operatorname{sgn} R_r(x))\mid R_r(x)\mid^{\frac{r+1}{r}},j=r+1\\ c_{r,r+1,j}\mid R_r(x)\mid^{\frac{j}{r}}(\operatorname{sgn}R_r(x)),j>r+1\end{cases}\end{aligned} \tag{11}$$

定义

$$\begin{aligned}A_{n,r}(f,x)=L_{n,r}(f,x)+T_r(f,x)+\\ T_{r+1}(f,x)+T_{r,r+1}(f,x)\end{aligned} \tag{12}$$

由(2)知

$$\begin{gathered}A_{n,r}((t-x)^i,x)=0\\ (i=1,2,\cdots,r+1);\ \| A_{n,r}\| \leqslant C)\end{gathered} \tag{13}$$

利用引理 2 和[3] 中(9.5.3) 的证明得

$$\begin{gathered}L_{n,r}((t-x)^{2r-j},x)=\phi^{2r-2j}(x)O(n^{-r})\\ (0\leqslant j\leqslant r;x\in E_n)\end{gathered} \tag{14}$$

由 $\overline{K}^{2r}_{\phi^\lambda}(f,t^{2r})$ 的定义及(3)得,对于固定的 x,λ 可选择 $g_n\equiv g_{n,x,\lambda}$,使得

$$\| f-g_n\| +(n^{-\frac{1}{2}}\phi^{1-\lambda}(x))^{2r}\| \phi^{2r\lambda}g_n^{(2r)}\| +$$

$$(n^{-\frac{1}{2}}\phi^{1-\lambda}(x))^{\frac{4r}{2-\lambda}}\|g_n^{(2r)}\|$$
$$\leqslant C\omega_{\phi^\lambda}^{2r}(f,n^{-\frac{1}{2}}\phi^{1-\lambda}(x)) \tag{15}$$

根据(2)和(13)得

$$\begin{aligned}&|A_{n,r}(f,x)-f(x)|\\ &\leqslant C\{\|f-g_n\|+\\ &|A_{n,r}(g_n,x)-g_n(x)|\}\end{aligned} \tag{16}$$

故利用(13)和 Taylor 公式得

$$\begin{aligned}&A_{n,r}(g_n,x)-g_n(x)\\ &=\sum_{j=1}^{r-2}\frac{1}{(2r-j)!}A_{n,r}((t-x)^{2r-j},x)g_n^{(2r-j)}(x)+\\ &\frac{1}{(2r-1)!}A_{n,r}\left(\int_x^t(t-u)^{2r-1}g_n^{(2r)}(u)\mathrm{d}u,x\right)\\ &=:I_1+I_2\end{aligned} \tag{17}$$

首先估计 I_1，由(4)，(8) ~ (14) 得

$$\begin{aligned}&|A_{n,r}((t-x)^{2r-j},x)g_n^{(2r-j)}(x)|\\ &\leqslant C|g_n^{(2r-j)}(x)|\{|L_{n,r}((t-x)^{2r-j},x)|+\\ &|(T_r+T_{r+1}+T_{r,r+1})((t-x)^{2r-j},x)|\}\\ &\leqslant C|g_n^{(2r-j)}(x)|\left\{\frac{\phi^{2r-2j}(x)}{n^r}+\left(\frac{\phi^2(x)}{n^r}\right)^{\frac{2r-j}{r+1}}+n^{-2r+j}\right\}\\ &\leqslant C|g_n^{(2r-j)}(x)|\frac{\phi^{2r-2j}(x)}{n^r}\\ &\leqslant C\frac{\phi^{2r(1-\lambda)}(x)}{n^r}(\|g_n\|+\|\phi^{2r\lambda}g_n^{(2r)}\|)\end{aligned}$$

故

$$|I_1|\leqslant C\frac{\phi^{2r(1-\lambda)}(x)}{n^r}(\|g_n\|+\|\phi^{2r\lambda}g_n^{(2r)}\|) \tag{18}$$

下面估计 I_2，由

$$L_n((t-x)^{2r},x)\leqslant Cn^{-r}\phi^{2r}(x)\quad(x\in E_n)$$

(见[7])和

$$\frac{|t-u|^{2r-1}}{\phi^{2r\lambda}(u)} \leqslant \frac{|t-x|^{2r-1}}{\phi^{2r\lambda}(x)} \quad (u\text{ 介于 }x\text{ 和 }t\text{ 之间})$$

(见[3,p.141]),有

$$\left| L_{n,r}\left(\int_x^t (t-u)^{2r-1} g_n^{(2r)}(u)\mathrm{d}u, x\right) \right|$$

$$\leqslant C \| \phi^{2r\lambda} g_n^{(2r)} \| \sum_{i=0}^{r-1} |a_i(n)| L_{n_i}\left(\frac{|t-x|^{2r}}{\phi^{2r\lambda}(x)}, x\right)$$

$$\leqslant C \frac{\phi^{2r(1-\lambda)}(x)}{n^r} \| \phi^{2r\lambda} g_n^{(2r)} \|$$

而

$$\left| T_r\left(\int_x^t (t-u)^{2r-1} g_n^{(2r)}(u)\mathrm{d}u, x\right) \right|$$

$$\leqslant C\int_0^{|R_r(x)|^{\frac{1}{r}}} \cdots \int_0^{|R_r(x)|^{\frac{1}{r}}} \left| \int_x^{x+u_1+\cdots+u_r} (u_1+\cdots+ u_r)^{r-1} g_n^{(2r)}(u)\mathrm{d}u \right| \mathrm{d}u_1\cdots\mathrm{d}u_r$$

$$\leqslant C \| g_n^{(2r)} \| \int_0^{|R_r(x)|^{\frac{1}{r}}} \cdots \int_0^{|R_r(x)|^{\frac{1}{r}}} (u_1+\cdots+ u_r)^r \mathrm{d}u_1\cdots\mathrm{d}u_r$$

$$\leqslant C |R_r(x)|^2 \| g_n^{(2r)} \| \leqslant \frac{C}{n^{2r}} \| g_n^{(2r)} \|$$

$$\leqslant C(\frac{\phi^{1-\lambda}(x)}{\sqrt{n}})^{\frac{4r}{2-\lambda}} \| g_n^{(2r)} \|$$

同理可得

$$\left| T_{r+1}\left(\int_x^t (t-u)^{2r-1} g_n^{(2r)}(u)\mathrm{d}u, x\right) \right|$$

$$\leqslant C\left(\frac{\phi^{1-\lambda}(x)}{\sqrt{n}}\right)^{\frac{4r}{2-\lambda}} \| g_n^{(2r)} \|$$

$$\left| T_{r,r+1}\left(\int_x^t (t-u)^{2r-1} g_n^{(2r)}(u)\mathrm{d}u, x\right) \right|$$

$$\leqslant C\left(\frac{\phi^{1-\lambda}(x)}{\sqrt{n}}\right)^{\frac{4r}{2-\lambda}}\|g_n^{(2r)}\|$$

因此

$$|I_2|\leqslant Cn^{-r}\phi^{2r(1-\lambda)}(x)\|\phi^{2r\lambda}g_n^{(2r)}\|+$$
$$C\left(\frac{\phi^{1-\lambda}(x)}{\sqrt{n}}\right)^{\frac{4r}{2-\lambda}}\|g_n^{(2r)}\| \tag{19}$$

由(15)～(19)得

$$|A_{n,r}(f,x)-f(x)|$$
$$\leqslant C\left\{\|f-g_n\|+\frac{\phi^{2r(1-\lambda)}}{n^r}(\|g_n\|+\|\phi^{2r\lambda}g_n^{(2r)}\|)+\right.$$
$$\left.\left(\frac{\phi^{1-\lambda}(x)}{\sqrt{n}}\right)^{\frac{4r}{2-\lambda}}\|g_n^{(2r)}\|\right\}$$
$$\leqslant C\frac{\phi^{2r(1-\lambda)}}{n^r}\|f\|+C\omega_{\phi^\lambda}^{2r}(f,n^{-\frac{1}{2}}\phi^{1-\lambda}(x))$$

利用(12)(14),当 $x\in E_n$ 时,有

$$|L_{n,r}(f,x)-f(x)|$$
$$\leqslant C\frac{\phi^{2r(1-\lambda)}}{n^r}\|f\|+C\omega_{\phi^\lambda}^{2r}(f,n^{-\frac{1}{2}}\phi^{1-\lambda}(x))+$$
$$C\overline{\omega}^r(f,|R_r(x)|^{\frac{1}{r}})+C\overline{\omega}^{r+1}(f,|R_{r+1}(x)|^{\frac{1}{r+1}})$$
$$\leqslant C\frac{\phi^{2r(1-\lambda)}}{n^r}\|f\|+C\omega_{\phi^\lambda}^{2r}(f,n^{-\frac{1}{2}}\phi^{1-\lambda}(x))+$$
$$C\omega^r\left(f,\frac{1}{n}\right)+C\omega^{r+1}(f,n^{-\frac{r}{r+1}}\phi^{\frac{2}{r+1}}(x))$$

下面考虑 $x\in E_n^c=\left[0,\frac{1}{n}\right]\cup\left[1-\frac{1}{n},1\right]$ 的情形.

由于

$$K^r(f,t^r)=\inf_{g^{(r-1)}\in A.C._{\text{loc}}}\{\|f-g\|+t^r\|g^{(r)}\|\}$$
$$\sim\omega^r(f,t)$$

利用

$$L_{n,r}((t-x)^i,x)=0 \quad (i=1,\cdots,r-1)$$

$$L_n((t-x)^{2r},x)\leqslant \frac{C}{n^{2r}}(x\in E_n^c)$$

(见[7])及证明 $x\in E_n$ 的方法或见[8,9,10]得

$$\begin{aligned}
&|L_{n,r}(f,x)-f(x)|\\
\leqslant{}& C\|f-g\|+|L_{n,r}(g,x)-g(x)|\\
\leqslant{}& C\|f-g\|+C\left|L_{n,r}\left(\int_x^t(t-u)^{r-1}g^{(r)}(u)\mathrm{d}u,x\right)\right|\\
\leqslant{}& C\|f-g\|+C\|g^{(r)}\|\sum_{i=0}^{r-1}|a_i(n)|L_{n_i}(|t-x|^r,x)\\
\leqslant{}& C\|f-g\|+C\|g^{(r)}\|\sum_{i=0}^{r-1}|a_i(n)|(L_{n_i}((t-x)^{2r},x))^{\frac{1}{2}}\\
\leqslant{}& C\|f-g\|+Cn^{-r}\|g^{(r)}\|\leqslant C\omega^r\left(f,\frac{1}{n}\right)
\end{aligned}$$

综上所述,正定理成立.

注 1 当 $x\in E_n^c$ 时,此定理对所有的 $0\leqslant\lambda\leqslant 1$ 都成立.

注 2 当 $1-\frac{1}{r}<\lambda\leqslant 1$ 时,在证明过程中只需取

$$A_{n,r}(f,x)=L_{n,r}(f,x)+T_r(f,x)$$

利用引理 1 证得

$$\begin{aligned}
&|L_{n,r}(f,x)-f(x)|\\
\leqslant{}& C\Big\{\omega_{\phi^\lambda}^{2r}(f,n^{-\frac{1}{2}}\phi^{1-\lambda}(x))+\\
&\frac{\phi^{2r(1-\lambda)}(x)}{n^r}\|f\|+\omega^r\left(f,\frac{1}{n}\right)\Big\}
\end{aligned}$$

定理 1 中“$\Leftarrow$”的证明 由

$$\omega^r(f,t^{\frac{1}{1-\frac{\lambda}{2}}})\leqslant\omega_{\phi^\lambda}^r(f,t)$$

(见[3]中(3.1.5))及

$$\omega^r(f,t)\leqslant Ct^r\left\{\int_t^C\frac{\omega^{r+1}(f,u)}{u^{r+1}}\mathrm{d}u+\|f\|\right\}$$

(C 为大于 0 的常数)

(见[3] 中(4.3.1)) 知,当 $\omega_{\phi^{\lambda}}^{2r}(f,t)=O(t^{\alpha})$ 时,对于 $0<\alpha<\frac{2r}{2-\lambda}$ 有

$$\omega^{r}(f,t)=O(t^{\alpha(1-\frac{\lambda}{2})}),\omega^{r+1}(f,t)=O(t^{\alpha(1-\frac{\lambda}{2})})$$

所以利用定理 2 得

$$\begin{aligned}&|L_{n,r}(f,x)-f(x)|\\ \leqslant&C(n^{-\frac{1}{2}}\delta_n^{1-\lambda}(x))^{\alpha}+\\ &Cn^{-\alpha(1-\frac{\lambda}{2})}+C(n^{-\frac{r}{r+1}}\phi^{\frac{2}{r+1}}(x))^{\alpha(1-\frac{\lambda}{2})}\\ \leqslant&C(n^{-\frac{1}{2}}\delta_n^{1-\lambda}(x))^{\alpha}\end{aligned}$$

§3 逆定理的证明

在证明逆定理时,需要以下一些符号

$$C_0:=\{f\in C_{[0,1]}:f(0)=0,f(1)=0\}$$

$$\|f\|_0:=\sup_{x\in(0,1)}|\delta_n^{\alpha(\lambda-1)}(x)f(x)|$$

$$C_\lambda^0:=\{f\in C_0:\|f\|_0<+\infty\}$$

$$\|f\|_{2r}:=\sup_{x\in(0,1)}|\delta_n^{2r+\alpha(\lambda-1)}(x)f^{(2r)}(x)|$$

$$C_\lambda^{2r}:=\{f\in C_0:f^{(2r-1)}\in A.C._{\text{loc}},\|f\|_{2r}<+\infty\}$$

引理 3　若 $0<\alpha<\frac{2r}{2-\lambda}$,则

$$\|L_nf\|_{2r}\leqslant Cn^r\|f\|_0\quad(f\in C_\lambda^0)\tag{20}$$

$$\|L_nf\|_{2r}\leqslant C\|f\|_{2r}\quad(f\in C_\lambda^{2r})\tag{21}$$

证明　首先证明(21). 记 $\rho=2r-\alpha(1-\lambda)$. 由[11] 知

$$|L_n^{(2r)}(f,x)|\leqslant C(n+1)\sum_{k=0}^{n-2r}p_{n-2r,k}(x)\cdot$$

$$\int_0^1 p_{n+2r,k+2r}(t)\ |\ f^{(2r)}(t)\ |\ \mathrm{d}t$$

故利用 Hölder 不等式得

$$\begin{aligned}|\ L_n^{(2r)}(f,x)\ | &\leqslant C\,\|\ f\ \|_{2r}(n+1)\sum_{k=0}^{n-2r}p_{n-2r,k}(x)\cdot\\ &\quad\int_0^1 p_{n+2r,k+2r}(t)\delta_n^{-\rho}(t)\mathrm{d}t\\ &\leqslant C\,\|\ f\ \|_{2r}\left\{(n+1)\sum_{k=0}^{n-2r}p_{n-2r,k}(x)\cdot\right.\\ &\quad\left.\int_0^1 p_{n+2r,k+2r}(t)\delta_n^{-2r}(t)\mathrm{d}t\right\}^{\frac{\rho}{2r}}\end{aligned}$$

而

$$\begin{aligned}&\sum_{k=0}^{n-2r}p_{n-2r,k}(x)\int_0^1 p_{n+2r,k+2r}(t)\phi^{-2r}(t)\mathrm{d}t\\ =&\sum_{k=0}^{n-2r}p_{n-2r,k}(x)\int_0^1 p_{n-2r,k}(t)\,\frac{(n+2r)!\ k!\ (n-2r-k)!}{(n-2r)!\ (k+2r)!\ (n-k)!}\mathrm{d}t\\ =&\sum_{k=0}^{n-2r}p_{n+2r,k+2r}(x)\phi^{-2r}(x)(n-2r+1)^{-1}\\ \leqslant&\ C(n-2r+1)^{-1}\phi^{-2r}(x)\end{aligned}$$

因此

$$\begin{aligned}|\ L_n^{(2r)}(f,x)\ | &\leqslant C(\min\{\phi^{-2r}(x),n^r\})^{\frac{\rho}{2r}}\ \|\ f\ \|_{2r}\\ &\leqslant C\delta_n^{-\rho}(x)\ \|\ f\ \|_{2r}\end{aligned}$$

下面证明(20). 当 $x\in E_n$ 时,因为[3,p. 127]

$$\begin{aligned}L_n^{(2r)}(f,x)=\phi^{-4r}(x)\sum_{i=0}^{2r}Q_i(nx)n^i\ \cdot\\ \sum_{k=0}^{n}p_{n,k}(x)\left(\frac{k}{n}-x\right)^i(n+1)\ \cdot\\ \int_0^1 p_{n,k}(t)f(t)\mathrm{d}t\end{aligned}$$

其中 $Q_i(nx)$ 是 nx 的$\frac{2r-i}{2}$阶常系数多项式且满足

$$|\phi^{-4r}(x)Q_i(nx)n^i| \leqslant C\left(\frac{n}{\phi^2(x)}\right)^{\frac{2r+i}{2}} \quad (x\in E_n)$$

所以,由 Hölder 不等式及

$$\sum_{k=0}^{n} p_{n,k}(x)\left(\frac{k}{n}-x\right)^{2i} \leqslant C\frac{\phi^{2i}(x)}{n^i} \quad (x\in E_n)$$

(见[3,p.128])得

$$\begin{aligned}
&\delta_n^{\rho}(x)\,|L_n^{(2r)}(f,x)| \\
&\leqslant C\|f\|_0\phi^{\rho}(x)\sum_{i=0}^{2r}\left(\frac{n}{\phi^2(x)}\right)^{\frac{2r+i}{2}}\sum_{k=0}^{n}p_{n,k}(x)\cdot \\
&\quad \left|\frac{k}{n}-x\right|^i(n+1)\int_0^1 p_{n,k}(t)\delta_n^{\alpha(1-\lambda)}(t)\,\mathrm{d}t \\
&\leqslant C\|f\|_0\phi^{\rho}(x)\sum_{i=0}^{2r}\left(\frac{n}{\phi^2(x)}\right)^{\frac{2r+i}{2}}\cdot \\
&\quad \left\{\sum_{k=0}^{n}p_{n,k}(x)\left(\frac{k}{n}-x\right)^{2i}\right\}^{\frac{1}{2}}\cdot \\
&\quad \left\{\sum_{k=0}^{n}p_{n,k}(x)(n+1)\int_0^1 p_{n,k}(t)\delta_n^{2r}(t)\,\mathrm{d}t\right\}^{\frac{\alpha(1-\lambda)}{2r}} \\
&\leqslant C\|f\|_0\phi^{\rho}(x)\left(\frac{n}{\phi^2(x)}\right)^{r}\cdot \\
&\quad \left\{\sum_{k=0}^{n}p_{n,k}(x)(n+1)\int_0^1 p_{n,k}(t)(\phi^{2r}(t)+n^{-r})\,\mathrm{d}t\right\}^{\frac{\alpha(1-\lambda)}{2r}} \\
&\leqslant C\|f\|_0\left(\frac{n}{\phi^2(x)}\right)^{r}(\phi^{2r}(x)+n^{-r})^{\frac{\alpha(1-\lambda)}{2r}}\phi^{\rho}(x) \\
&\leqslant C\|f\|_0 n^r
\end{aligned}$$

当 $x\in E_n^c$ 时,利用 Hölder 不等式得

$$\begin{aligned}
&|\delta_n^{\rho}(x)L_n^{(2r)}(f,x)| \\
&\leqslant Cn^{-\frac{\rho}{2}}(n+1)\sum_{k=0}^{n}p_{n,k}^{(2r)}(x)\cdot \\
&\quad \int_0^1 p_{n,k}(t)\delta_n^{\alpha(1-\lambda)}(t)\,\mathrm{d}t\,\|f\|_0
\end{aligned}$$

$$\leqslant Cn^{-\frac{\rho}{2}}\|f\|_0\sum_{k=0}^{n}p_{n,k}^{(2r)}(x)\cdot$$

$$\left\{\left[\frac{(k+r)!\ (n-k+r)!\ n!}{(n+2r)!\ (n-k)!\ k!}\right]^{\frac{\alpha(1-\lambda)}{2r}}+n^{-\frac{\alpha(1-\lambda)}{2}}\right\}$$

$$\leqslant C\frac{n!}{(n-2r)!}n^{-\frac{\rho}{2}}\|f\|_0\sum_{k=0}^{n-2r}p_{n-2r,k}(x)\cdot$$

$$\overline{\Delta}_{\frac{1}{n}}^{2r}\left\{\left[\frac{(k+r)!\ (n-k+r)!\ n!}{(n+2r)!\ (n-k)!\ k!}\right]^{\frac{\alpha(1-\lambda)}{2r}}+n^{-\frac{\alpha(1-\lambda)}{2}}\right\}$$

$$\leqslant Cn^rn^{\frac{\alpha(1-\lambda)}{2}}\|f\|_0[\phi^{\alpha(1-\lambda)}(x)+n^{-\frac{\alpha(1-\lambda)}{2}}]$$

$$\leqslant Cn^rn^{\frac{\alpha(1-\lambda)}{2}}\|f\|_0n^{-\frac{\alpha(1-\lambda)}{2}}\leqslant Cn^r\|f\|_0$$

引理 4[6]　若 $r\in\mathbf{N},x\pm\frac{rt}{2}\in[0,1],0\leqslant\beta\leqslant r$, $0\leqslant t\leqslant\frac{1}{8r}$. 则

$$\int_{-\frac{t}{2}}^{\frac{t}{2}}\cdots\int_{-\frac{t}{2}}^{\frac{t}{2}}\delta_n^{-\beta}\left(x+\sum_{j=1}^{r}u_j\right)\mathrm{d}u_1\cdots\mathrm{d}u_r\leqslant C(\beta)t^r\delta_n^{-\beta}(x) \tag{22}$$

定理 3　令 $f\in C[0,1],r\in\mathbf{N},0<\alpha<\frac{2r}{2-\lambda}$, $0\leqslant\lambda\leqslant 1$,若

$$|L_{n,r}(f,x)-f(x)|=O((n^{-\frac{1}{2}}\delta_n^{1-\lambda}(x))^{\alpha}) \tag{23}$$

则

$$\omega_{\phi^\lambda}^{2r}(f,t)=O(t^\alpha) \tag{24}$$

证明　由于 $L_{n,r}(f,x)$ 保持常数,不妨设 $f\in C_0$. 为证明定理,首先引进一个新的 $K-$ 泛函

$$K_\lambda^\alpha(f,t^{2r})=\inf_{g\in C_\lambda^{2r}}\{\|f-g\|_0+t^{2r}\|g\|_{2r}\} \tag{25}$$

由 $K_\lambda^\alpha(f,t^{2r})$ 的定义,可选择 $g\in C_\lambda^{2r}$,使得

$$\|f-g\|_0+n^{-r}\|g\|_{2r}\leqslant 2K_\lambda^\alpha(f,n^{-r}) \tag{26}$$

利用假设条件得

$$\| L_{n,r}(f,x)-f(x)\|_0\leqslant Cn^{-\frac{\alpha}{2}}$$

故由引理 3 和(26)有

$$\begin{aligned}K_\lambda^\alpha(f,t^{2r})&\leqslant \| f-L_{n,r}(f)\|_0+t^{2r}\| L_{n,r}(f)\|_{2r}\\&\leqslant Cn^{-\frac{\alpha}{2}}+t^{2r}(\| L_{n,r}(f-g)\|_{2r}+\\&\quad\| L_{n,r}(g)\|_{2r})\\&\leqslant C(n^{-\frac{\alpha}{2}}+t^{2r}(n^r\| f-g\|_0+\| g\|_{2r}))\\&\leqslant C\left(n^{-\frac{\alpha}{2}}+\frac{t^{2r}}{n^{-r}}K_\lambda^\alpha(f,n^{-r})\right)\end{aligned}$$

利用 Berens-Lorentz 引理(见[3,p. 122],[12]),有

$$K_\lambda^\alpha(f,t^{2r})\leqslant Ct^\alpha \tag{27}$$

因为 $0\leqslant x\pm rt\leqslant 1$,所以

$$|(j-r)t|\leqslant \min\{x,1-x\}\quad (j=0,1,\cdots,2r)$$

故

$$x+(j-r)t\leqslant 2x,1-x-(j-r)t\leqslant 2(1-x)$$

从而

$$\delta_n(x+(j-r)t)\leqslant 2\delta_n(x)$$

因此,对 $f\in C_\lambda^0$,有

$$\begin{aligned}|\Delta_t^{2r}f(x)|&\leqslant \| f\|_0\left(\sum_{j=0}^{2r}\binom{2r}{j}\delta_n^{\alpha(1-\lambda)}(x+(j-r)t)\right)\\&\leqslant C\delta_n^{\alpha(1-\lambda)}(x)\| f\|_0\end{aligned} \tag{28}$$

利用引理 4 对 $g\in C_\lambda^{2r}$,$0<t<\frac{1}{8r}$,$x\pm rt\in[0,1]$,$\rho=2r-\alpha(1-\lambda)$ 有

$$\begin{aligned}|\Delta_t^{2r}g(x)|&\leqslant \left|\int_{-\frac{t}{2}}^{\frac{t}{2}}\cdots\int_{-\frac{t}{2}}^{\frac{t}{2}}g^{(2r)}\left(x+\sum_{j=1}^{2r}u_j\right)\mathrm{d}u_1\cdots\mathrm{d}u_{2r}\right|\\&\leqslant \| g\|_{2r}\int_{-\frac{t}{2}}^{\frac{t}{2}}\cdots\int_{-\frac{t}{2}}^{\frac{t}{2}}\delta_n^{-\rho}\left(x+\sum_{j=1}^{2r}u_j\right)\mathrm{d}u_1\cdots\mathrm{d}u_{2r}\end{aligned}$$

$$\leqslant Ct^{2r}\delta_n^{-\rho}(x)\|g\|_{2r} \tag{29}$$

所以,结合(27)～(29)对合适的 g,得

$$\begin{aligned}|\Delta_{h\phi^\lambda}^{2r}f(x)| &\leqslant |\Delta_{h\phi^\lambda}^{2r}(f-g)(x)|+|\Delta_{h\phi^\lambda}^{2r}g(x)|\\ &\leqslant C\delta_n^{\alpha(1-\lambda)}(x)\{\|f-g\|_0+\\ &\quad h^{2r}\phi^{2r\lambda}(x)\delta_n^{-2r}(x)\|g\|_{2r}\}\\ &\leqslant C\delta_n^{\alpha(1-\lambda)}(x)K_\lambda^\alpha(f,h^{2r}\delta_n^{2r(\lambda-1)}(x))\\ &\leqslant Ch^\alpha\end{aligned}$$

即

$$\omega_{\phi^\lambda}^{2r}(f,t)=O(t^\alpha)$$

参考资料

[1] Ditzian Z. Rate of approximation of linear processes[J]. Acta Sci. Math., 48(1985),103-128.

[2] 周定轩. Uniform approximation by some Durrmeyer operators[J]. Approx. Theory its Appl., 6:2(1990),87-100.

[3] Ditzian Z, Totik V. Moduli of smoothness[M]. Springer-Verlag, New York,1987.

[4] Ditzian Z. Direct estimate for Bernstein polynomials[J]. J. Approx. Theory, 79(1994),165-166.

[5] 郭顺生等. Pointwise estimate for Szász-type Operators[J]. J. Approx. Theory, 94(1998),160-171.

[6] 郭顺生等. A pointwise approximation theorem for linear combinations of Bernstein polynomials

[J]. Abstract and Applied Analysis, 1:4(1996), 359-368.

[7] Heilmann M. Direct and converse results for operators of Baskakov-Durrmeyer type [J]. Approx. Theory & its Appl., 5:1(1989), 105-127.

[8] Heilmann M. L_p-saturation of some modified Bernstein operators[J]. J. Approx. Theory, 54 (1988), 260-281.

[9] 周定轩. On smoothness characterized by Bernstein type operators[J]. J. Approx. Theory, 81 (1995), 303-315.

[10] Berens H, Lorentz G G. Inverse theorems for Bernstein polynomials [J]. Indiana Univ. Math. J., 21(1972), 693-708.

[11] Ditzian Z, Ivanov K G. Bernstein-type operators and their derivatives[J]. J. Approx. Theory, 56(1989), 72-89.

[12] 周定轩. On a paper of Mazhar and Totik[J]. J. Approx. Theory, 72(1993), 209-300.

第48章 一类 Bernstein-Durrmeyer 算子线性组合算子的 L_p 逼近[①]

浙江绍兴文理学院的诸国良教授2000年讨论了 Bernstein-Durrmeyer 算子的一类线性组合算子的 L_p 逼近，给出了正定理、逆定理及逼近阶的特征刻画.

§1 引 言

Z. Ditzian, V. Totik 在其专著[1,ch. 9]中讨论了 Bernstein 算子、Szász-Mirakian 算子、Baskakov 算子及其 Kantorovich 修正算子的线性组

① 本章摘自《纯粹数学与应用数学》,2000年3月,第16卷,第1期.

合算子的逼近. 本章继续这方面的工作，考虑一类 Bernstein-Durrmeyer 算子的线性组合算子的 L_p 逼近. 由于该算子的矩量特性，其组合系数的约束条件与文[1]中有所不同.

以 $D_n(\circ,x)$ 记以下的 Bernstein-Durrmeyer 算子[2]

$$D_n(f,x)=(n+1)\sum_{k=0}^{n}p_{nk}(x)\int_0^1 f(u)p_{nk}(u)\mathrm{d}u$$

$$\left(p_{nk}(x)=\binom{n}{k}x^k(1-x)^{n-k}\right)$$

其线性组合算子

$$D_{nr}(f,x)=\sum_{i=0}^{r-1}C_i(n)D_{n_i}(f,x)$$

其中 $n_i,C_i(n)(i=0,1,\cdots,r-1)$ 满足如下约束条件

$$\begin{cases}(\mathrm{a})\,n=n_0<n_1<\cdots<n_{r-1}\leqslant Mn\\ (\mathrm{b})\,\sum\limits_{i=0}^{r-1}|C_i(n)|\leqslant M\\ (\mathrm{c})\,\sum\limits_{i=0}^{r-1}C_i(n)=1\\ (\mathrm{d})\,\sum\limits_{i=0}^{r-1}\dfrac{C_i(n)}{n_i+\rho}=0,\rho=2,3,\cdots,r\end{cases}\tag{1}$$

此处及以下，均记 M 为与 n 和函数 f 无关的正常数，且不同的地方其值可能不同.

以下记

$$\|\circ\|_p=\|\circ\|_{L_p[0,1]}$$

$$\varphi=\varphi(x)=\sqrt{x(1-x)}$$

$$\omega_\varphi^r(f,t)_p=\sup_{0<h\leqslant t}\|\Delta_{h\varphi}^r f\|_p$$

$$K_{r,\varphi}(f,t^r)_p=\inf\{\|f-g\|_p+$$

$$t^r\|\varphi^r g^{(r)}\|_p : g^{(r-1)}\in A.C._{loc}\}$$

$A.C._{loc}$ 表示$[0,1]$上的局部绝对连续函数集，则本章的主要结果是：

定理 1　对 $0<\alpha<2r,f\in L_p$，有

$$\|D_{nr}f-f\|_p\leqslant M[\omega_\varphi^{2r}(f,n^{-\frac{1}{2}})_p+n^{-r}\|f\|_p]\quad(1\leqslant p<\infty)\tag{2}$$

$$K_{2r,\varphi}(f,n^{-r})_p\leqslant\|D_{kr}f-f\|_p+M(\frac{k}{n})^r K_{2r,\varphi}(f,k^{-r})_p\quad(k>2r)\tag{3}$$

$$\|D_{nr}f-f\|_p=O(n^{-\frac{\alpha}{2}})\Leftrightarrow\omega_\varphi^{2r}(f,h)_p=O(h^\alpha)\quad(1\leqslant p<\infty,h\leqslant h_0)\tag{4}$$

§2　若干引理

引理 1　适当选取满足式(1)(a)的 $n_i(i=1,\cdots,r-1)$，则方程组：

(c) $\sum\limits_{i=0}^{r-1}C_i(n)=1$；

(d) $\sum\limits_{i=0}^{r-1}\dfrac{C_i(n)}{n_i+\rho}=0,\rho=2,3,\cdots,r$，

有唯一解 $C_i(n)$ 满足(1)的式(b).

证明　应用

$$\frac{1}{(x+2)(x+3)\cdots(x+m)}$$

$$=\sum_{\rho=2}^{m}\frac{(-1)^{\rho-2}}{(m-\rho)!\ (\rho-2)!}\frac{1}{x+\rho}$$

易知方程组(c)(d) 等价于(c)(d′),其中:

$$(\mathrm{d}')\sum_{i=0}^{r-1}\frac{(n_i+1)!}{(n_i+\rho)!}C_i(n)=0,\rho=2,3,\cdots,r.$$

方程组(c)(d′) 的系数行列式 D 的展开式中绝对值最大的一项的绝对值是反对角线上元素的乘积

$$A=\frac{\prod_{i=0}^{r-1}(n_i+1)!}{(n_i+r-i)!}$$

适当选取 n_i,例如,取

$$n_i>(2r)!\ n_{i-1}\quad(i=1,2,\cdots,r-1)$$

时,D 的展开式中其余项的绝对值 $\leqslant(r!\ )^{-1}A$. 从而

$$|D|\geqslant A-(r!\ -1)(r!\ )^{-1}A$$

$$=(r!\ )^{-1}A\geqslant Mn^{-\frac{r(r-1)}{2}}$$

即(c)(d′) 有唯一解 $C_i(n)$,$i=0,1,\cdots,r-1$. 而 D 的第 1 行第 i 列的余子式的绝对值 $|D_{1i}|=O(n^{-\frac{r(r-1)}{2}})$,从而

$$|C_i(n)|=\frac{|D_{1i+1}|}{|D|}\leqslant M\quad(i=0,1,\cdots,r-1)$$

即 $C_i(n)$,$i=0,1,\cdots,r-1$,满足(1) 的式(b).

引理 2[1] n 充分大时,有

$$M^{-1}\omega_{\varphi}^{2r}(f,n^{-\frac{1}{2}})_p\leqslant K_{2r,\varphi}(f,n^{-r})_p\leqslant M\omega_{\varphi}^{2r}(f,n^{-\frac{1}{2}})\tag{5}$$

记

$$A_{mn}(x)=\left[\frac{(n+m+1)!}{n+1}\right]D_n((\circ-x)^m,x)$$

经详细计算可得如下递推关系式

$$A_{m+1,n}(x)=\varphi(x)^2[A'_{mn}(x)+$$
$$2m(n+m+1)A_{m-1,n}(x)]+$$

$$(m+1)(1-2x)A_{mn}(x)\quad (m\geqslant 1)$$

$$A_{0n}(x)=n!;A_{1n}(x)=n!(1-2x)$$

应用上式,对 k 用数学归纳法易证:

引理 3　对非负整数 k,有

$$A_{kn}(x)=\sum_{i=0}^{[\frac{k}{2}]}a_i^k(n+i)!\ \varphi(x)^{2i}(1-2x)^{k-2i}$$

其中 a_i^k 是与 n 无关的正常数.

推论　记 $E_n=[\frac{1}{n},1-\frac{1}{n}]$,注意到 $x\in E_n$ 时,$n\varphi(x)^2\geqslant M$,我们有:

(a)$D_n(|\circ-x|^m x)\leqslant Mn^{-\frac{m}{2}}$;

(b)$x\in E_n$:$D_n(|\circ-x|^m x)\leqslant Mn^{-\frac{m}{2}}\varphi(x)^m$.

引理 4　(a)$D_{nr}(1,x)=1$;

(b)$D_{nr}((\circ-x)^m x)=0,m=1,2,\cdots,r-1$;

(c)$|D_{nr}((\circ-x)^{2r-m},x)|=\varphi(x)^{2r-2m}O(n^{-r}),x\in E_n,m=0,1,\cdots,r$.

证明　(a) 由 $D_n(1,x)=1$ 及(1) 的(c) 立得.

(b) 由(1) 的(d) 知:当 $1\leqslant m<r,1\leqslant i\leqslant m$ 时

$$\sum_{j=0}^{r-1}C_j(n)\frac{(n_j+i)!}{(n_j+m+1)!}=\sum_{j=0}^{r-1}C_j(n)\sum_{l=i}^{m}\frac{c_l}{n_j+l+1}=0\tag{6}$$

从而当 $0\leqslant i\leqslant k\triangleq[\frac{m}{2}]$ 时

$$S(m,i)\triangleq\sum_{j=0}^{r-1}C_j(n)\frac{(n_j+i)!\ (n_j+1)}{(n_j+m+1)!}=0$$

因此

$$D_{nr}((\circ-x)^m,x)$$

$$= \sum_{j=0}^{r-1} C_j(n) \sum_{i=0}^{[\frac{m}{2}]} a_i^m \frac{(n_j+i)!\ (n_j+1)}{(n_j+m+1)!} \varphi(x)^{2i}(1-2x)^{m-2i}$$

$$= \sum_{i=0}^{[\frac{m}{2}]} a_i^m \varphi(x)^{2i}(1-2x)^{m-2i} S(m,i) = 0$$

(c) $x \in E_n$，$[n\varphi(x)^2]^{-1} \leqslant M$，从而当 $0 \leqslant m \leqslant r$ 时：

(i) 若 $0 \leqslant i \leqslant r-m$，则

$$|S(2r-m,i)| = \left| \sum_{j=0}^{r-1} C_j(n) \frac{(n_j+i)!\ (n_j+1)}{(n_j+2r-m+1)!} \right|$$

$$= O(n^{-r}) \frac{\varphi^{2(r-m-i)}}{n^{r-m-i}\varphi^{2(r-m-i)}}$$

$$= O(n^{-r})\varphi^{2(r-m-i)} \tag{7}$$

(ii) 若 $r-m < i \leqslant [r-\frac{m}{2}]$，则存在 $e_l(l=1,2,\cdots,m+i-r)$，使得

$$\left| \frac{(n_j+i)!\ (n_j+1)}{(n_j+2r-m+1)!} - \sum_{l=1}^{m+i-r} e_l \frac{(n_j+l)!}{(n_j+r)!} \right| = O(n^{-r}) \tag{8}$$

而

$$D_{nr}((\circ - x)^{2r-m}, x)$$

$$= \left(\sum_{i=0}^{r-m} + \sum_{i=r-m+1}^{[r-\frac{m}{2}]}\right) a_i^{2r-m} \varphi^{2i}(1-2x)^{2r-m-2i} \cdot$$

$$\sum_{j=0}^{r-1} C_j(n) \frac{(n_j+i)!\ (n_j+1)}{(n_j+2r-m+1)!}$$

由(7)知

$$\left| \sum_{i=0}^{r-m} \right| = \varphi^{2(r-m)} O(n^{-r})$$

由(6)及(8)知

$$\left|\sum_{i=r-m+1}^{[r-\frac{m}{2}]}\right| = \left|\sum_{i=r-m+1}^{[r-\frac{m}{2}]} a_i^{2r-m}\varphi^{2i}(1-2x)^{2r-m-2i}\cdot\right.$$
$$\sum_{j=0}^{r-1}C_j(n)\left[\frac{(n_j+i)!\ (n_j+1)}{(n_j+2r-m+1)!}-\right.$$
$$\left.\left.\sum_{l=1}^{m+i-r}e_l\frac{(n_j+l)!}{(n_j+r)!}\right]\right| = \varphi^{2(r-m)}O(n^{-r})$$

从而

$$|D_{nr}((\circ-x)^{2r-m},x)| \leqslant \left|\sum_{i=0}^{r-m}\right| + \left|\sum_{i=r-m+1}^{[r-\frac{m}{2}]}\right|$$
$$=\varphi^{2(r-m)}O(n^{-r})$$

记

$$R_{2r}(f,u,x)=\int_x^u(u-v)^{2r-1}f^{(2r)}(v)\mathrm{d}v$$
$$(f^{(2r-1)}\in A.C._{\mathrm{loc}})$$

我们有：

引理 5　对 $f^{(2r-1)}\in A.C._{\mathrm{loc}},\varphi^{2r}f^{(2r)}\in L_p$，有

$$\|D_n(R_{2r}(f,\circ,x),x)\|_{L_p(E_n)}\leqslant Mn^{-r}\|\varphi^{2r}f^{(2r)}\|_p \tag{9}$$

证明　(i)$1<p\leqslant\infty$，对 $x\in E_n$ 有

$$|R_{2r}(f,u,x)|$$
$$\leqslant\varphi(x)^{-2r}|u-x|^{2r-1}\left|\int_x^u\varphi(v)^{2r}f^{(2r)}(v)\mathrm{d}v\right|$$
$$\leqslant\sup_u\frac{1}{u-x}\int_x^u\varphi(v)^{2r}|f^{(2r)}(v)|\mathrm{d}v\cdot$$
$$[\varphi(x)]^{-2r}(u-x)^{2r}\ \|D_n(R_{2r}(f,\circ,x),x)\|\ L_p(E_n)$$
$$\leqslant\|D_n(\varphi(x)^{-2r})((\circ-x)^{2r},x)\|_{L_\infty(E_n)}\cdot$$
$$\left\|\sup_u\frac{1}{u-x}\int_x^u\varphi(v)^{2r}|f^{(2r)}(v)|\mathrm{d}v\right\|_p$$

由 Hardy 不等式

$$\| \sup_u \frac{1}{u-x}\int_x^u | \varphi(v)^{2r} f^{(2r)}(v) | \mathrm{d}v \|_p$$

$$\leqslant M \| \varphi^{2r} f^{(2r)} \|_p$$

及引理 3 推论的(b)

$$D_n(\varphi(x)^{-2r}(\circ - x)^{2r}, x) \leqslant Mn^{-r}$$

得

$$\| D_n(R_{2r}(f, \circ, x), x) \|_{L_p(E_n)}$$

$$\leqslant Mn^{-r} \| \varphi^{2r} f^{(2r)} \|_p \quad (1 < p < \infty)$$

(ii) $p = 1$,对 $x \in E_n$ 记

$$D(l,n,x) = \{u \mid l\varphi(x)n^{-\frac{1}{2}} \leqslant | u - x | \leqslant (l+1)\varphi(x)n^{-\frac{1}{2}}\}$$

$$F(l,x) = \{v \mid v \in [0,1] \mid v - x | \leqslant (l+1)\varphi(x)n^{-\frac{1}{2}} + n^{-1}\}$$

$$G(l,v) = \{x \mid x \in E_n, v \in F(l,x)\}$$

$$l = 0: (n+1)\sum_{k=0}^{n} p_{nk}(x) \int_{D(0,n,x)} p_{nk}(u) \mid u - x \mid^{2r-1} \mathrm{d}u$$

$$\leqslant (\varphi(x)n^{-\frac{1}{2}})^{2r-1}(n+1)\sum_{k=0}^{n} p_{nk}(x) \int_{D(0,n,x)} p_{nk}(u)\mathrm{d}u$$

$$\leqslant (\varphi(x)n^{-\frac{1}{2}})^{2r-1}$$

$l \geqslant 1$,由引理 3 推论的(b),有

$$(n+1)\sum_{k=0}^{n} p_{nk}(x) \int_{D(l,n,x)} p_{nk}(u) \mid u - x \mid^{2r-1} \mathrm{d}u$$

$$\leqslant (l\varphi(x)n^{-\frac{1}{2}})^{-4}(n+1)\sum_{k=0}^{n} p_{nk}(x)\int_0^1 p_{nk}(u) \mid u - x \mid^{2r+3} \mathrm{d}u$$

$$\leqslant \frac{M}{l^4}(\varphi(x)n^{-\frac{1}{2}})^{2r-1}$$

综合以上两式,可得 $l \geqslant 0, x \in E_n$ 时

$$
\begin{aligned}
&(n+1)\sum_{k=0}^{n} p_{nk}(x) \int_{D(l,n,x)} p_{nk}(u) \mid u-x \mid^{2r-1} \mathrm{d}u \\
\leqslant &\frac{M}{(l+1)^4}(\varphi(x)n^{-\frac{1}{2}})^{2r-1} \cdot \\
&\| D_n(\int_x^u (u-x)^{2r-1} f^{(2r)}(v)\mathrm{d}v, x) \|_{L_1(E_n)} \\
\leqslant &(n+1)\int_{E_n} \varphi(x)^{-2r} \sum_{k=0}^{n} p_{nk}(x) \sum_{l=0}^{\infty} \int_{D(l,n,x)} p_{nk}(u) \cdot \\
&\mid u-x \mid^{2r-1} \mathrm{d}u \mid \int_{F(l,x)} \mid \varphi(v)^{2r} f^{(2r)}(v) \mid \mathrm{d}v \mid \mathrm{d}x \\
\leqslant &Mn^{-r+\frac{1}{2}} \int_{E_n} \varphi(x)^{-1} \sum_{l=0}^{\infty} \frac{1}{(l+1)^4} \mid \cdot \\
&\int_{F(l,x)} \mid \varphi(v)^{2r} f^{(2r)}(v) \mid \mathrm{d}v \mid \mathrm{d}x \\
\leqslant &Mn^{-r} \| \varphi^{2r} f^{(2r)} \|_1 n^{\frac{1}{2}} \sum_{l=0}^{\infty} \frac{1}{(l+1)^4} \int_{G(l,v)} \varphi(x)^{-1} \mathrm{d}x
\end{aligned}
\tag{10}
$$

由

$$
\int_{x:\mid v-x \mid \leqslant h\varphi(x)+h^2} \varphi(x)^{-1} \mathrm{d}x \leqslant Mh \quad (h \leqslant h_0)^{[1]}
$$

及

$$
\int_0^1 \varphi(x)^{-1} \mathrm{d}x \leqslant M
$$

得

$$
n^{\frac{1}{2}} \sum_{l=0}^{[n^{\frac{1}{6}}]} \frac{1}{(l+1)^4} \int_{G(l,v)} \varphi(x)^{-1} \mathrm{d}x \leqslant M
$$

$$
n^{\frac{1}{2}} \sum_{l=[n^{\frac{1}{6}}]+1}^{\infty} \frac{1}{(l+1)^4} \int_0^1 \varphi(x)^{-1} \mathrm{d}x \leqslant M
$$

将上两式代入式(10),即得

$$\| D_n(R_{2r}(f, \circ x), x) \|_{L_1(E_n)} \leqslant Mn^{-r} \| \varphi^{2r} f^{(2r)} \|_1$$

综合(i)(ii),引理 5 得证.

应用 Jensen 不等式,注意到

$$\left| (n+1)\int_0^1 f(u) p_{nk}(u) \mathrm{d}u \right| \leqslant \| f \|_\infty$$

及(1) 的(b) 易证:

引理 6 $f \in L_p[0,1], 1 \leqslant p \leqslant \infty$,有

$$\| D_{nr} f \|_p \leqslant M \| f \|_p$$

引理 7 $f \in L_p[0,1], 1 \leqslant p \leqslant \infty$,有

$$\| \varphi^{2r} D_{nr}^{(2r)} f \|_p \leqslant Mn^r \| f \|_p$$

证明 由(1) 的(b),只需证

$$\| \varphi^{2r} D_n^{(2r)} f \|_p \leqslant Mn^r \| f \|_p$$

易证

$$D_n^{(2r)}(f, x) = \frac{(n+1)!}{(n-2r)!} \sum_{w=0}^{n-2r} p_{n-2r,w}(x) \cdot \int_0^1 \sum_{j=0}^{2r} (-1)^j \binom{2r}{j} f(u) p_{n,w+j}(u) \mathrm{d}u \tag{11}$$

当 $x \in E_n^c \triangleq [0, \frac{1}{n}) \cup (1-\frac{1}{n}, 1]$ 时,$n\varphi(x)^2 \leqslant 1$,从而

$$\begin{aligned} & | \varphi(x)^{2r} D_n^{(2r)}(f, x) | \\ \leqslant & Mn^r \sum_{w=0}^{n-2r} p_{n-2r,w}(x) \sum_{j=0}^{2r} | a_{w+j}(n) | \\ \leqslant & Mn^r \| f \|_\infty \end{aligned} \tag{12}$$

此处

$$a_k(n) = (n+1)\int_0^1 f(u) p_{nk}(u) \mathrm{d}u$$

当$1\leqslant p<\infty$时，由Jensen不等式

$$\begin{aligned}&\|\varphi^{2r}D_n^{(2r)}f\|_{L_p(E_n^c)}\\ \leqslant&Mn^{r+1}\Big[\int_0^1\Big(\sum_{w=0}^{n-2r}p_{n-2r,w}(x)\int_0^1\sum_{j=0}^{2r}|f(u)|\cdot\\ &p_{n,w+j}(u)\mathrm{d}u\Big)^p\mathrm{d}x\Big]^{\frac{1}{p}}\\ \leqslant&Mn^{r+1-\frac{1}{p}}\Big[\sum_{w=0}^{n-2r}\Big(\int_0^1\sum_{j=0}^{2r}|f(u)|p_{n,w+j}(u)\mathrm{d}u\Big)^p\Big]^{\frac{1}{p}}\\ \leqslant&Mn^r\Big[\sum_{w=0}^{n-2r}\int_0^1\sum_{j=0}^{2r}p_{n,w+j}(u)|f(u)|^p\mathrm{d}u\Big]^{\frac{1}{p}}\\ \leqslant&Mn^r\|f\|_p\end{aligned}\tag{13}$$

当$x\in E_n$时，由文[1]易知

$$\|\varphi^{2r}D_n^{(2r)}f\|_{L_p(E_n)}\leqslant Mn^r\|f\|_p\quad(1\leqslant p\leqslant\infty)\tag{14}$$

由(12)(13)和(14)，引理7得证.

引理8　对$f^{(2r-1)}\in A.C._{\mathrm{loc}}$，$\varphi^{2r}f^{(2r)}\in L_p$，有：

(a)$\|D_{nr}f-f\|_{L_p(E_n)}\leqslant Mn^{-r}(\|\varphi^{2r}f^{(2r)}\|_p+\|f\|_p)$，$1\leqslant p<\infty$；

(b)$x\in E_n$：$|D_{nr}(f,x)-f(x)|\leqslant MC(x)n^{-r}(\|\varphi^{2r}f^{(2r)}\|_\infty+\|f\|_\infty)$，

这里

$$C(x)=\begin{cases}1,x=\dfrac{1}{2}\\[x(1-x)|1-2x|]^{-r},x\neq\dfrac{1}{2}\end{cases}$$

证明　由文[1,p.135]，对$1\leqslant p<\infty$，$m\leqslant r$或$p=\infty$，$m<r$，有

$$\|\varphi^{2r-m}f^{(2r-2m)}\|_p\leqslant M(\|\varphi^{2r}f^{(2r)}\|_p+\|f\|_p)\tag{15}$$

由(1)的(b)及(9)，有

$$\| D_{nr}(R_{2r}(f, \circ x), x) \|_{L_p(E_n)} \leqslant Mn^{-r} \| \varphi^{2r} f^{(2r)} \|_p \tag{16}$$

因为

$$f(u) = f(x) + f'(x)(u-x) + \cdots + \frac{1}{(2r-1)!} f^{(2r-1)}(x)(u-x)^{2r-1} + \frac{1}{(2r-1)!} R_{2r}(f, u, x)$$

从而:(a) 当 $1 \leqslant p < \infty$ 时,由引理 4 及(15)(16),有

$$\begin{aligned}
&\| D_{nr} f - f \|_{L_p(E_n)} \\
\leqslant & \sum_{i=r}^{2r-1} \frac{1}{i!} \| f^{(i)}(x) D_{nr}((\circ - x)^i, x) \|_{L_p(E_n)} + \frac{1}{(2r-1)!} \| D_{nr}(R_{2r}(f, \circ x), x) \|_{L_p(E_n)} \\
\leqslant & Mn^{-r} \sum_{m=0}^{r} \| \varphi^{2r-2m} f^{(2r-2m)} \|_p \\
\leqslant & Mn^{-r} \| \varphi^{2r} f^{(2r)} \|_p + \| f \|_p
\end{aligned}$$

(b) 类似地有

$$\begin{aligned}
&| D_{nr}(f, x) - f(x) | \\
\leqslant & Mn^{-r} (\| \varphi^{2r} f^{(2r)} \|_\infty + \| f \|_\infty + | f^{(r)}(x) |)
\end{aligned} \tag{17}$$

而

$$\begin{aligned}
\left| f^{(r)}\left(\frac{1}{2}\right) \right| &\leqslant M(\| f^{(2r)} \|_{L_\infty[\frac{1}{4} \frac{3}{4}]} + \| f \|_{L_\infty[\frac{1}{4} \frac{3}{4}]}) \\
&\leqslant M(\| \varphi^{2r} f^{(2r)} \|_\infty + \| f \|_\infty)
\end{aligned} \tag{18}$$

当 $x \neq \frac{1}{2}$ 时

$$| f^{(r)}(x) | \leqslant \frac{M}{| 1-2x |^r} (\| f^{(2r)} \|_{L_\infty[x, 1-x]} + \| f \|_{L_\infty[x, 1-x]})$$

$$\leqslant M[x(1-x)\mid 1-2x\mid]^{-r}\cdot (\|\varphi^{2r}f^{(2r)}\|_\infty+\|f\|_\infty) \qquad (19)$$

由(17)(18)(19)即得(b).引理8得证.

引理9　对 $f^{(2r-1)}\in A.C._{\mathrm{loc}},\varphi^{2r}f^{(2r)}\in L_p[0,1]$，$1\leqslant p\leqslant\infty$，有

$$\|\varphi^{2r}D_{nr}^{(2r)}f\|_p\leqslant M\|\varphi^{2r}f^{(2r)}\|_p$$

证明　由式(11)，得

$$\begin{aligned}&\varphi(x)^{2r}D_n^{(2r)}(f,x)\\&=\frac{(n+1)!}{(n+2r)!}\sum_{w=0}^{n-2r}p_{n,w+r}(x)\cdot\\&\quad\frac{(w+1)!\ (n-r-w)!}{w!\ (n-2r-w)!}\int_0^1 f^{(2r)}(u)p_{n+2r,w+2r}(u)\mathrm{d}u\\&=(n+1)\sum_{w=0}^{n-2r}p_{n,w+r}(x)\cdot\\&\quad\frac{[(w+r)!\ (n-r-w)!\ ]^2}{w!\ (n-2r-w)!\ (w+2r)!\ (n-w)!}\cdot\\&\quad\int_0^1 p_{n,w+r}(u)\varphi(u)^{2r}f^{(2r)}(u)\mathrm{d}u\end{aligned}$$

从而

$$|\varphi(x)^{2r}D_n^{(2r)}(f,x)|\leqslant D_n(|\varphi^{2r}f^{(2r)}|,x)$$

由(1)的(b)及引理6，得

$$\begin{aligned}\|\varphi^{2r}D_{nr}^{(2r)}f\|_p&\leqslant M\|D_n(|\varphi^{2r}f^{(2r)}|)\|_p\\&\leqslant M\|\varphi^{2r}f^{(2r)}\|_p\end{aligned}$$

§3　定理1的证明

记 $p_n(x)$ 为任意 n 次多项式；$P_{[n]}(x)$ 为 $f(x)$ 的 $[\sqrt{n}]$ 次 L_p 逼近最佳多项式，由文[1]得

$$\| p_n(x) \|_p \leqslant M \| p_n(x) \|_{L_p[\frac{1}{n^2},1-\frac{1}{n^2}]} \qquad (20)$$

$$\| f - P_{[\sqrt{n}]} \|_p \leqslant M w_{\varphi}^{2r}(f, n^{-\frac{1}{2}})_p \qquad (21)$$

$$\| \varphi^{2r} P_{[\sqrt{n}]}^{(2r)} \|_p \leqslant M n^r w_{\varphi}^{2r}(f, n^{-\frac{1}{2}})_p \qquad (22)$$

由(20)～(22),引理6,引理8,得:$1 \leqslant p < \infty$ 时

$$\begin{aligned}\| D_{nr} f - f \|_p &\leqslant \| D_{nr}(f - P_{[\sqrt{n}]}) \|_p + \\ &\quad \| D_{nr} P_{[\sqrt{n}]} - P_{[\sqrt{n}]} \|_p + \\ &\quad \| f - P_{[\sqrt{n}]} \| \\ &\leqslant M \| f - P_{[\sqrt{n}]} \|_p + \\ &\quad \| D_{nr} P_{[\sqrt{n}]} - P_{[\sqrt{n}]} \|_p \\ &\leqslant M[\| f - P_{[\sqrt{n}]} \|_p + \| D_{nr} P_{[\sqrt{n}]} - \\ &\quad P_{[\sqrt{n}]} \|_{L_p(E_n)}] \\ &\leqslant M[w_{\varphi}^{2r}(f, n^{-\frac{1}{2}})_p + n^{-r}(\| \varphi^{2r} P_{[\sqrt{n}]}^{(2r)} \|_p + \\ &\quad \| P_{[\sqrt{n}]} \|_p)] \\ &\leqslant M[w_{\varphi}^{2r}(f, n^{-\frac{1}{2}})_p + n^{-r} \| f \|_p]\end{aligned}$$

式(2)证毕.

当 $k > 2r$ 时,由引理7,引理9,(21)(22)及(2),得

$$\begin{aligned}n^{-r} \| \varphi^{2r} D_{kr}^{(2r)} \|_p &\leqslant n^{-r}[\| \varphi^{2r} D_{kr}^{(2r)}(f - P_{[\sqrt{k}]}) \|_p + \\ &\quad \| \varphi^{2r} D_{kr}^{(2r)} P_{[\sqrt{k}]} \|_p] \\ &\leqslant M(\frac{k}{n})^r(\| f - P_{[\sqrt{k}]} \|_p + \\ &\quad k^{-r} \| \varphi^{2r} P_{[\sqrt{k}]}^{(2r)} \|_p) \\ &\leqslant M(\frac{k}{n})^r K_{2r,\varphi}(f, k^{-r})_p\end{aligned}$$

从而

$$\begin{aligned}K_{2r,\varphi}(f, n^{-r})_p &\leqslant \| f - D_{kr} f \|_p + n^{-r} \| \varphi^{2r} D_{kr}^{(2r)} f \|_p \\ &\leqslant \| f - D_{kr} f \|_p + M(\frac{k}{n})^r K_{2r,\varphi}(f, k^{-r})_p\end{aligned}$$

式(3)证毕.

由文[3]及引理2,得

$$\|D_{nr}f-f\|_p=O(n^{-\frac{\alpha}{2}})\Rightarrow K_{2r,\varphi}(f,n^{-r})\\ \Rightarrow O(n^{-\frac{\alpha}{2}})\Rightarrow w_\varphi^{2r}(f,h)_p=O(h^\alpha) \tag{23}$$

又 $\alpha<2r$,由式(2)即得当 $1\leqslant p<\infty$ 时

$$w_\varphi^{2r}(f,h)_p=O(h^\alpha)\Rightarrow\|D_{nr}f-f\|_p=O(n^{-\frac{\alpha}{2}}) \tag{24}$$

当 $p=\infty$ 时,若 $n^{\frac{\alpha}{2}}\|D_{nr}f-f\|_\infty$ 无界,由式(20)易知,存在 $x_0\in(0,1)$ 及 $\{x_k\}(\lim\limits_{k\to\infty}x_k=x_0)$ 及自然数子列 $\{n_k\}$,使得

$$\lim_{k\to\infty}n_k^{\frac{\alpha}{2}}|D_{n_kr}(f,x_k)-f(x_k)|=+\infty \tag{25}$$

但对 $x\in(0,1)$, $n>\max(x^{-1},(1-x)^{-1})$(此时 $x\in E_n$),由于 $w_\varphi^{2r}(f,h)_\infty=O(h^\alpha)$,由引理8的(b),(21)(22),引理6,有

$$\begin{aligned}
&n^{\frac{\alpha}{2}}|D_{nr}(f,x)-f(x)|\\
\leqslant{}&n^{\frac{\alpha}{2}}[|D_{nr}(f-P_{[\sqrt{n}]},x)|+\\
&|D_n(P_{[\sqrt{n}]},x)-P_{[\sqrt{n}]}(x)|+\\
&|P_{[\sqrt{n}]}(x)-f(x)|]\\
\leqslant{}&Mn^{\frac{\alpha}{2}}[\|f-P_{[\sqrt{n}]}\|_\infty+\\
&|D_n(P_{[\sqrt{n}]},x)-P_{[\sqrt{n}]}(x)|]\\
\leqslant{}&Mn^{\frac{\alpha}{2}}[w_\varphi^{2r}(f,n^{-\frac{1}{2}})_\infty+\\
&n^{-r}C(x)(\|\varphi^{2r}P_{[\sqrt{n}]}^{(2r)}\|_\infty+\\
&\|P_{[\sqrt{n}]}\|_\infty)]\\
\leqslant{}&MC(x)[1+n^{\frac{\alpha}{2}-r}\|f\|_\infty]
\end{aligned}$$

由于当 k 充分大时, $C(x_k)\leqslant MC(x_0)$,从而有

$$n_k^{\frac{\alpha}{2}}|D_{n_kr}(f,x_k)-f(x_k)|$$

$$\leqslant MC(x_0)[1+n_k^{\frac{\alpha}{2}-r}\|f\|_\infty]\leqslant M$$

与式(25)矛盾.从而有

$$w_\varphi^{2r}(f,h)_\infty=O(h^\alpha)\Rightarrow\|D_{nr}f-f\|_\infty=O(n^{-\frac{\alpha}{2}}) \tag{26}$$

由(23)(24)(26)即证式(4).定理证毕.

参考资料

[1] Z. Ditzian, V. Totik. Moduli of Smoothness. New York: Springer-Verlag, 1987.

[2] 陈文忠. 算子逼近论. 厦门:厦门大学出版社, 1989.

[3] Grundmann A. Inverse Theorems for Kantorovich-Polynomials, in "Fourier Analysis and Approximation Theory" (Pro. Conf. Budapest (1976)), North-Holland. Amsterdam, 1987, 395-401.

多元 Bernstein-Durrmeyer 算子 L_p 逼近的 Steckin-Marchaud 型不等式

第49章

西安交通大学的曹飞龙，中国计量学院的熊静宜二位教授2000年给出多元 Bernstein-Durrmeyer 算子 L^p 逼近的 Steckin-Marchaud 型不等式，从该不等式得到多元Bernstein-Durrmeyer 算子 L^p 逼近的特征刻画定理.

§1 引 言

设 T 是 $\mathbf{R}^d$ 中的单纯形，其定义为

$$T=\{x=(x_1,x_2,\cdots,x_d):x_i\geqslant 0,\\ i=1,2,\cdots,d,1-|x|\geqslant 0\}$$

用 $L^p(T)(1\leqslant p<+\infty)$ 表示定义在

T 上的 Lebesgue 可积函数空间，$L^{+\infty}(T)=C(T)$ 表示 T 上连续函数空间，赋予范数

$$\| f \|_p=\begin{cases}\left(\int_T |f(x)|^p \mathrm{d}x\right)^{\frac{1}{p}}<+\infty, 1\leqslant p<+\infty \\ \max\limits_{x\in T} |f(x)|, p=+\infty\end{cases}$$

对于 $f\in L^1(T)$，$n\in \mathbf{N}$，Bernstein-Durrmeyer 算子定义为

$$M_{n,d}(f,x)=\sum_{|k|\leqslant n} P_{n,k}(x)\frac{(n+d)!}{n!}\int_T P_{n,k}(u)f(u)\mathrm{d}u$$

其中

$$P_{n,k}(x)=\frac{n!}{k!\,(n-|k|)!}x^k(1-|x|)^{n-|k|}, x\in T$$

这里及以下对于 $x=(x_1,x_2,\cdots,x_d)\in \mathbf{R}^d$，$k=(k_1,k_2,\cdots,k_d)\in N_0^d$，表示

$$|x|=\sum_{i=1}^d x_i, x^k=x_1^{k_1}x_2^{k_2}\cdots x_d^{k_d}$$

$$|k|=\sum_{i=1}^d k_i, k!=k_1!\,k_2!\cdots k_d!$$

给出一些记号. 对于 $x\in T$，表示

$$\varphi_i(x)=\varphi_{ii}(x)=\sqrt{x_i(1-|x|)}\quad (1\leqslant i\leqslant d)$$

$$\varphi_{ij}=\sqrt{x_i x_j}\quad (1\leqslant i<j\leqslant d)$$

以及

$$D_i=D_{ii}=\frac{\partial}{\partial x_i}\quad (1\leqslant i\leqslant d)$$

$$D_{ij}=D_i-D_j\quad (1\leqslant i<j\leqslant d)$$

$$D_{ij}^r=D_{ij}(D_{ij}^{r-1})\quad (1\leqslant i\leqslant j\leqslant d, r\in \mathbf{N})$$

$$D^k=D_1^{k_1}D_2^{k_2}\cdots D_d^{k_d}\quad (k\in N_0^d)$$

利用这些记号，对于 $1\leqslant p\leqslant +\infty$，$1\leqslant i\leqslant j\leqslant d$，定义带权 Sobolev 空间

$$W_{\Phi}^{r,p}(T)=\{f\in L^p(T):D^k f\in L_{\mathrm{loc}}(\overset{0}{T}),\ \varphi_{ij}^r D_{ij}^r f\in L^p(T),\ |k|\leqslant r\}$$

$$W_{\Phi}^{r,\infty}(T)=\{f\in C(T):f\in C^r(\overset{0}{T}),\ \varphi_{ij}^r D_{ij}^r f\in C(T)\}$$

以及 $L^p(T)$ 中 Peetre K－泛函

$$K_{\Phi}^r(f,t^r)_p=\inf_{g\in W_{\Phi}^{r,p}(T)}\left\{\|f-g\|_p+t^r\sum_{1\leqslant i\leqslant j\leqslant d}\|\varphi_{ij}^r D_{ij}^r g\|_p\right\}\quad(t>0)$$

设 $e_i=(0,0,\cdots,0,\overset{ith}{1},0,\cdots,0)$ 是 $\mathbf{R}^d$ 中的单位向量，$e_{ij}=e_i-e_j$. 对于 $\mathbf{R}^d$ 中的任意向量 e，记函数 f 在方向 e 上的 r 阶对称差分为

$$\Delta_{he}^r f(x)=\begin{cases}\sum_{i=0}^{r}(-1)^i\binom{r}{i}f\left(x+\left(\frac{r}{2}-i\right)he\right), & x\pm\frac{rhe}{2}\in T\\ 0, & \text{其他}\end{cases}$$

则定义函数 $f\in L^p(T)(1\leqslant p\leqslant+\infty)$ 的 r 阶光滑模为

$$\omega_{\Phi}^r(f,t)_p=\sup_{0<h\leqslant t}\sum_{1\leqslant i\leqslant j\leqslant d}\|\Delta_{h\varphi_{ij}e_{ij}}^r f\|_p$$

H. Berens 和 Y. Xu 证得

$$\frac{1}{\mathrm{const.}}\omega_{\Phi}^r(f,t)_p\leqslant K_{\Phi}^r(f,t^r)_p\leqslant \mathrm{const.}\,\omega_{\Phi}^r(f,t)_p\tag{1}$$

多元 Bernstein-Durrmeyer 算子是由 M. M. Derriennic 于 1985 年引进的，对于该算子逼近阶的估计，H. Berens，H. J. Schmid 和 Y. Xu 得到：

定理 1　设 $f\in L^p(T)$，$1\leqslant p<+\infty$，则

$$\| M_{n,d}f - f \|_p \leqslant \text{const.} \left(\omega_\Phi^2(f, \frac{1}{\sqrt{n}})_p + \frac{1}{n} \| f \|_p\right)$$

另一方面,关于该算子的逼近逆定理,在 $L^2(T)$ 中得到如下的逆向不等式.

定理 2 对于 $f \in L^2(T)$,成立

$$\omega_\Phi^2(f, \frac{1}{\sqrt{n}})_2 \leqslant \text{const.} \max_{n \leqslant i} \| M_{i,d}f - f \|_2$$

本章的目的是给出多元 Bernstein-Durrmeyer 算子在 $L^p(T)(1 \leqslant p \leqslant +\infty)$ 空间中的一个逼近逆定理.我们的主要结果是:

定理 3 设 $f \in L^p(T), 1 \leqslant p \leqslant +\infty$,则

$$\omega_\Phi^2(f, \frac{1}{\sqrt{n}})_p \leqslant \frac{\text{const.}}{n} \sum_{k=1}^{n} \| M_{k,d}f - f \|_p$$

根据上述定理及定理 1,立即得到:

推论 对于 $f \in L^p(T), 1 \leqslant p < +\infty$,成立

$$\| M_{n,d}f - f \|_p = O(n^{-\alpha})$$

当且仅当 $\omega_\Phi^2(f,t)_p = O(t^{2\alpha})$,其中 $0 < \alpha < 1$.

为了书写方便,仅证二维情形,高维情形的证明是类似的.为此,记 $D_3 = D_{12}, e_3 = e_{12}, \varphi_3 = \varphi_{12}$,$C$ 表示与 f 及 n 无关的常数,不同处其值可以不同.

§2 引 理

引理 1 对于 $f \in L^p(T), 1 \leqslant p \leqslant +\infty, i=1,2,3$,有

$$\| \varphi_i^2 D_i^2 M_{n,2} f \|_p \leqslant Cn \| f \|_p$$

证明 需要以下可以直接验证的分解式

$$M_{n,2}(f,x)=\sum_{k_1=0}^{n}P_{n,k_1}(x_1)(n+2)\cdot\int_0^1 P_{n+1,k_1}(s)M_{n-k_1,1}(g_s,z)\mathrm{d}s$$

其中

$$g_s(t)=f(s,(1-s)t),0\leqslant t\leqslant 1,z=\frac{x_2}{1-x_1}$$

注意到

$$\|\varphi^2 M''_{n,1}f\|_p\leqslant Cn\|f\|_p,\varphi(x)=\sqrt{x(1-x)} \tag{2}$$

这里 $f\in L^p[0,1],1\leqslant p\leqslant+\infty$. 有

$$\varphi_2^2(x)D_2^2M_{n,2}(f,x)=\sum_{k_1=0}^{n}P_{n,k_1}(x_1)(n+2)\cdot\int_0^1 P_{n+1,k_1}(s)\varphi^2(z)M''_{n-k_1,1}(g_s,z)\mathrm{d}s \tag{3}$$

因此

$$\begin{aligned}&|\varphi_2^2(x)D_2^2M_{n,2}(f,x)|\\ \leqslant{}& C\sum_{k_1=0}^{n}P_{n,k_1}(x_1)(n+2)\cdot\\ &\int_0^1 P_{n+1,k_1}(s)(n-k_1)\|g_s(\cdot)\|_\infty\mathrm{d}s\\ \leqslant{}& C\|f\|_\infty\sum_{k_1=0}^{n}P_{n,k_1}(x_1)(n+2)(n-k_1)\int_0^1 P_{n+1,k_1}(s)\mathrm{d}s\\ \leqslant{}& Cn\|f\|_\infty\end{aligned}$$

这表明

$$\|\varphi_2^2(x)D_2^2M_{n,2}f\|_\infty\leqslant Cn\|f\|_\infty$$

当 $p=1$ 时，由(2) 和(3) 得到

$$\|\varphi_2^2D_2^2M_{n,2}f\|_1$$

$$\leqslant \int_0^1 \sum_{k_1=0}^{n} P_{n,k_1}(x_1)(n+2)(1-x_1)\cdot$$

$$\int_0^1 P_{n+1,k_1}(s)\int_0^1 |\varphi^2(z)M''_{n-k_1,1}(g_s,z)|\,\mathrm{d}z\mathrm{d}s\mathrm{d}x_1$$

$$\leqslant C\sum_{k_1=0}^{n}\frac{n-k_1+1}{n+1}\int_0^1 P_{n+1,k_1}(s)(n-k_1)\|g_s(\cdot)\|_1\mathrm{d}s$$

$$=C\sum_{k_1=0}^{n}\frac{(n-k_1+1)(n-k_1)}{n+1}\cdot$$

$$\int_0^1 P_{n+1,k_1}(s)\int_0^1 |f(s,(1-s)t)|\,\mathrm{d}t\mathrm{d}s$$

$$=C\sum_{k_1=0}^{n}(n-k_1)\int_0^1 P_{n,k_1}(s)\int_0^{1-s}|f(s,t)|\,\mathrm{d}t\mathrm{d}s$$

$$\leqslant Cn\|f\|_1$$

于是，由 Riesz 插值定理导出

$$\|\varphi_2^2 D_2^2 M_{n,2}f\|_p\leqslant Cn\|f\|_p\quad(1\leqslant p\leqslant+\infty)$$

类似地，可以证明

$$\|\varphi_1^2 D_1^2 M_{n,2}f\|_p\leqslant Cn\|f\|_p\quad(1\leqslant p\leqslant+\infty)$$

注意到

$$M_{n,2}(f,x_1,1-x_1-x_2)=M_{n,2}(f^*,x_1,x_2)\quad(4)$$

其中

$$f^*(x_1,x_2)=f(x_1,1-x_1-x_2)$$

令 $h=1-x_1-x_2(x_2=1-x_1-h)$，则不难得到

$$\|f^*\|_p=\|f\|_p\quad(1\leqslant p\leqslant+\infty)$$

以及

$$\varphi_3^2(x)D_3^2M_{n,2}(f,x)=\varphi_1^2(x_1,h)D_1^2M_{n,2}(f^*,x_1,h)\quad(5)$$

上式导出

$$\|\varphi_3^2 D_3^2 M_{n,2}f\|_p\leqslant Cn\|f^*\|_p=Cn\|f\|_p\quad(1\leqslant p\leqslant+\infty)$$

因此,引理 1 证毕.

引理 2　设 $f \in W_{\Phi}^{2,p}(T), 1 \leqslant p \leqslant +\infty$,则

$$\| \varphi_i^2 D_i^2 M_{n,2} f \|_p \leqslant \| \varphi_i^2 D_i^2 f \|_p \quad (i=1,2,3)$$

证明　注意到

$$\| \varphi^2 M''_{n,1} f \|_p \leqslant \| \varphi^2 f'' \|_p \quad (f \in W_{\Phi}^{2,p}[0,1])$$

以及(3),有

$$\begin{aligned}
& | \varphi_2^2 D_2^2 M_{n,2}(f,x) | \\
\leqslant & \sum_{k_1=0}^{n} P_{n,k_1}(x_1)(n+2) \cdot \\
& \int_0^1 P_{n+1,k_1}(s) \, | \varphi^2(z) M''_{n-k_1,1}(g_s, z) | \, ds \\
\leqslant & \sum_{k_1=0}^{n} P_{n,k_1}(x_1)(n+2) \cdot \\
& \int_0^1 P_{n+1,k_1}(s) \, \| \varphi^2(\cdot) g''_s(\cdot) \|_\infty \, ds \\
= & \sum_{k_1=0}^{n} P_{n,k_1}(x_1)(n+2) \cdot \\
& \int_0^1 P_{n+1,k_1}(s) \cdot \\
& \max_{u \in [0,1]} | u(1-u)(1-s)^2 D_2^2 f(s,(1-s)u) | \, ds \\
= & \sum_{k_1=0}^{n} P_{n,k_1}(x_1)(n+2) \cdot \\
& \int_0^1 P_{n+1,k_1}(s) \cdot \\
& \max_{(s,t) \in T} | t(1-s-t) D_2^2 f(s,t) | \, ds \\
= & \| \varphi_2^2 D_2^2 f \|_\infty
\end{aligned}$$

因此

$$\| \varphi_2^2 D_2^2 M_{n,2} f \|_\infty \leqslant \| \varphi_2^2 D_2^2 f \|_\infty$$

当 $p=1$ 时,有

$$
\begin{aligned}
&\|\varphi_2^2 D_2^2 M_{n,2} f\|_1 \\
\leqslant &\int_0^1 \sum_{k_1=0}^{n} P_{n,k_1}(x_1)(1-x_1)(n+2)\int_0^1 P_{n+1,k_1}(s)\cdot \\
&\int_0^1 |\varphi^2(z)M''_{n-k_1,1}(g_s,z)|\,\mathrm{d}z\mathrm{d}s\mathrm{d}x_1 \\
\leqslant &\sum_{k_1=0}^{n}\frac{n-k_1+1}{n+1}\int_0^1 P_{n+1,k_1}(s)\|\varphi^2(\cdot)g''_s(\cdot)\|_1\mathrm{d}s \\
= &\sum_{k_1=0}^{n}\frac{n-k_1+1}{n+1}\int_0^1 P_{n+1,k_1}(s)\cdot \\
&\int_0^1 |\varphi^2(u)(1-s)^2 D_2^2 f(s,(1-s)u)|\,\mathrm{d}u\mathrm{d}s \\
= &\sum_{k_1=0}^{n}\int_0^1 P_{n,k_1}(s)\int_0^{1-s}|\varphi_2^2(s,t)D_2^2 f(s,t)|\,\mathrm{d}t\mathrm{d}s \\
= &\|\varphi_2^2 D_2^2 f\|_1
\end{aligned}
$$

利用 Riesz 插值定理，得到

$$\|\varphi_2^2 D_2^2 M_{n,2} f\|_p \leqslant \|\varphi_2^2 D_2^2 f\|_p \quad (1\leqslant p\leqslant +\infty)$$

对于 $i=1$ 情形的证明是类似的. 当 $i=3$ 时，由(4)(5)和事实

$$D_1^2 f^*(s,t) = D_3^2 f(s,1-s-t)$$

不难得到

$$\|\varphi_3^2 D_3^2 M_{n,2} f\|_p \leqslant \|\varphi_3^2 D_3^2 f\|_p \quad (1\leqslant p\leqslant +\infty)$$

于是，引理 2 证毕.

§3 定理的证明

令

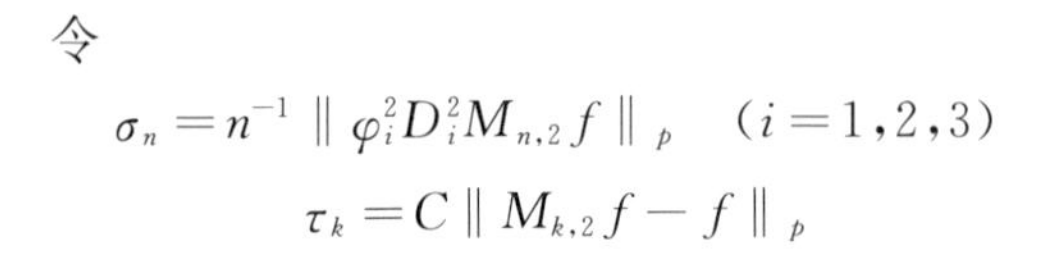

$$\sigma_n = n^{-1}\|\varphi_i^2 D_i^2 M_{n,2} f\|_p \quad (i=1,2,3)$$

$$\tau_k = C\|M_{k,2} f - f\|_p$$

则 $\sigma_1=0$. 根据引理 1 和引理 2 得到

$$\begin{aligned}\sigma_n &\leqslant n^{-1}\|\varphi_i^2D_i^2M_{n,2}M_{k,2}f\|_p+\\&\quad n^{-1}\|\varphi_i^2D_i^2M_{n,2}(M_{k,2}f-f)\|_p\\&\leqslant n^{-1}\|\varphi_i^2D_i^2M_{k,2}f\|_p+C\|M_{k,2}f-f\|_p\\&=\frac{k}{n}\sigma_k+\tau_k\quad(1\leqslant k\leqslant n)\end{aligned}$$

得到

$$\sigma_n\leqslant Cn^{-1}\sum_{k=1}^{n}\tau_k$$

即

$$\|\varphi_i^2D_i^2M_{n,2}f\|_p\leqslant C\sum_{k=1}^{n}\|M_{k,2}f-f\|_p$$

对于 $n\geqslant 2$ 存在 $m\in\mathbf{N}$，使得 $\frac{n}{2}\leqslant m\leqslant n$ 及

$$\|M_{m,2}f-f\|_p\leqslant\|M_{k,2}f-f\|_p\quad(\frac{n}{2}\leqslant k\leqslant n)$$

因此

$$\begin{aligned}\|M_{m,2}f-f\|_p&\leqslant\frac{2}{n}\sum_{\frac{n}{2}\leqslant k\leqslant n}\|M_{k,2}f-f\|_p\\&\leqslant\frac{2}{n}\sum_{k=1}^{n}\|M_{k,2}f-f\|_p\end{aligned}$$

于是，根据 K 一泛函定义，得到

$$\begin{aligned}&K_\Phi^2(f,\frac{1}{n})\\&\leqslant\|M_{m,2}f-f\|_p+n^{-1}\sum_{i=1}^{3}\|\varphi_i^2D_i^2M_{m,2}f\|_p\\&\leqslant Cn^{-1}(\sum_{k=1}^{n}\|M_{k,2}f-f\|_p+\sum_{i=1}^{m}\|M_{i,2}f-f\|_p)\end{aligned}$$

$$\leqslant Cn^{-1}\sum_{k=1}^{n}\| M_{k,2}f-f\|_p$$

最后,应用(1) 就可以完成定理的证明.

多元 Bernstein-Durrmeyer 型多项式及其逼近特征①

第 50 章

作为 Bernstein-Durrmeyer 多项式的推广，中国计量学院理学院信息与数学科学系的熊静宜，曹飞龙，杨汝月三位教授 2004 年定义了单纯形上的 Bernstein-Durrmeyer 型多项式. 以最佳多项式逼近为度量，给出 Bernstein-Durrmeyer 型多项式 L^p 逼近阶的估计，并且以一个逆向不等式的形式建立其 L^p 逼近的逆定理，从而用最佳多项式逼近刻画该多项式 L^p 逼近的特征. 所获结果包含了多元 Bernstein-Durrmeyer 多项式的相应结果.

---

① 本章摘自《系统科学与数学》，2004 年，第 24 卷，第 4 期.

§1 引　　言

令 $Q=Q_d$ 是 $\mathbf{R}^d(d=1,2,\cdots)$ 中的单纯形,即

$$Q=\{x=(x_1,x_2,\cdots,x_d):x_i\geqslant 0,\ |x|\leqslant 1\}$$

这里及以下 $|x|=\sum_{i=1}^{d}x_i$. 以

$$e_{ii}=e_i=(0,0,\cdots,0,\overset{i\text{th}}{1},0,\cdots,0)\quad(1\leqslant i\leqslant d)$$

表示 $\mathbf{R}^d$ 中的单位向量

$$e_{ij}=e_i-e_j\quad(1\leqslant i<j\leqslant d)$$

对于任何 $x\in Q$,定义权函数

$$\varphi_{ij}^2(x)=\begin{cases}x_i(1-|x|),i=j=1,2,\cdots,d\\ x_ix_j,1\leqslant i<j\leqslant d\end{cases}$$

引进微分算子

$$D_{ii}=D_i=\frac{\partial}{\partial x_i}\quad(1\leqslant i\leqslant d)$$

$$D_{ij}=D_i-D_j\quad(1\leqslant i<j\leqslant d)$$

而且

$$D_{ij}^2(x)=\begin{cases}\dfrac{\partial^2}{\partial x_i^2},i=j=1,2,\cdots,d\\ \left(\dfrac{\partial}{\partial x_i}-\dfrac{\partial}{\partial x_j}\right)^2,1\leqslant i<j\leqslant d\end{cases}$$

设 $\mathbf{N}$ 表示正整数集合,$\mathbf{N}_0=\mathbf{N}\cup\{0\}$,$k=(k_1,k_2,\cdots,k_d)\in\mathbf{N}_0^d$,$|k|=\sum_{i=1}^{d}k_i$. 记

$$k!=k_1!\ k_2!\ \cdots k_d!,x^k=x_1^{k_1}x_2^{k_2}\cdots x_d^{k_d}$$

用 $L^p(Q)$ 表示定义在 Q 上的 p 次 Lebesgue 可积函数空间,约定 $L^\infty(Q)=C(Q)$ 为 Q 上全体连续函数

所组成的空间,赋予通常的范数

$$\| f \|_p = \begin{cases} \left(\int_Q | f(t) |^p \mathrm{d}t\right)^{\frac{1}{p}}, 1 \leqslant p < \infty \\ \max\limits_{x \in Q} | f(x) |, p = \infty \end{cases}$$

令

$$E_n(f) = \inf_{P \in \Pi_n} \| f - P \|_p$$

是函数 $f \in L^p(Q)$ 的最佳多项式逼近,这里 Π_n 是总阶数不超过 n 的多项式全体. 定义 K — 泛函

$$K_\varphi^2(f, t^2) = \inf_{g \in C^2(Q)} \{ \| f - g \| + t^2 \Phi(g)_p \}$$

其中半范

$$\Phi(g)_p = \| g \|_p + \sum_{i=1}^{d} \| D_i g \|_p + \sum_{1 \leqslant i \leqslant j \leqslant d} \| \varphi_{ij}^2 D_{ij}^2 g \|_p$$

对定义在 Q 上的可积函数 f,其对应的 d 元 Bernstein-Durrmeyer 多项式定义为

$$\begin{aligned} M_n f &= M_{n,d}(f, x) \\ &= \sum_{|k| \leqslant n} P_{n,k}(x) \frac{(n+d)!}{n!} \int_Q P_{n,k}(u) f(u) \mathrm{d}u \end{aligned} \quad (1)$$

其中

$$P_{n,k}(x) = \frac{n!}{k!\ (n - |k|)!} x^k (1 - | x |)^{n - |k|}$$

$$x \in Q, n \in \mathbf{N}$$

令参数 $s \in \left[0, \frac{n}{2}\right)$ 为整数, 我们定义 Bernstein-Durrmeyer 型多项式为

$$\begin{aligned} L_n f &= L_{n,d}(f, x) \\ &= \sum_{|k| \leqslant n-s} P_{n-s,k}(x) \frac{(n+d)!}{n!} \cdot \\ &\quad \left((1 - | x |) \int_Q P_{n,k}(u) f(u) \mathrm{d}u + \right. \end{aligned}$$

$$\sum_{i=1}^{d} x_i \int_Q P_{n,k+\mathscr{e}_i}(u) f(u) \mathrm{d}u \Big) \tag{2}$$

我们不难证明，当参数 s 取 0 或 1 时，以上定义的 Bernstein-Durrmeyer 型多项式（2）退化为 Bernstein-Durrmeyer 多项式(1)(注意到在定义(2)中，参数 s 可以在 0 与 $\frac{n}{2}$ 之间取任意整数值，因此，(2) 定义的多元 Bernstein-Durrmeyer 型多项式要比 Bernstein-Durrmeyer 多项式广泛得多)，即有：

定理 1　当 $s=0$ 或 $s=1$ 时，(2) 所定义的多元 Bernstein-Durrmeyer 型多项式就是多元 Bernstein-Durrmeyer 多项式(1).

此外，我们也容易证明该多项式具有对称性.

定理 2　设 $T_i(1 \leqslant i \leqslant d)$ 是一个单纯形 Q 到其自身的变换，即

$$T_i(x_1, x_2, \cdots, x_d) = (x_1, \cdots, x_{i-1}, 1-|x|, x_{i+1}, \cdots, x_d) \quad (x \in Q)$$

则有

$$L_n(f, x) = L_n(f_i, T_i x) \tag{3}$$

其中 $f_i(x) = f(T_i x)$.

由于 Bernstein-Durrmeyer 多项式具有一些良好的特殊性质，如可交换性，自共轭性及其可以用 Legendre 多项式的简单表达等. 因此，有关 Bernstein-Durrmeyer 多项式的研究长期受到普遍关注并一直是十分活跃的研究课题. 本章的目的是对上述定义的广泛类多元 Bernstein-Durrmeyer 型多项式进行研究，我们选取熟知的最佳多项式逼近作为度量逼近误差的尺度，通过对多元 Bernstein-Durrmeyer 型

多项式的成功分解和降维，估计多元Bernstein-Durrmeyer型多项式 L^p 逼近的误差，我们也将以一个逆向不等式的形式建立多元 Bernstein-Durrmeyer 型多项式 L^p 逼近的逆定理，进而利用最佳多项式逼近刻画多元Bernstein-Durrmeyer型多项式的逼近特征. 我们将证明如下结果.

定理 3　设 $f\in L^p(Q)$，$1\leqslant p\leqslant\infty$，$s$ 是非负的整数. 若 s 是小于 $\frac{n}{2}$ 的常数，或者 $s=s(n)$ 与 n 有关但小于 $\frac{\sqrt{n}}{2}$，则对于满足 $2^{2(k-1)}<n\leqslant 2^{2k}$ 的任何正整数 k，有

$$\| L_n f-f\|_p\leqslant C\sum_{l=0}^{k}2^{2(l-k)}E_{2^l-1}(f)$$

这里及以下 C 是与 f，n 无关的正常数(但不同处取值可能不同).

定理 4　在定理 3 的条件下，成立

$$K_\varphi^2(f,t)\leqslant\| L_n f-f\|_p+CtnK_\varphi^2\left(f,\frac{1}{n}\right)$$

定理 5　在定理 3 的条件下

$$\| L_n f-f\|_p=O(n^{-\alpha})$$

当且仅当

$$E_n(f)=O(n^{-2\alpha})$$

其中 $0<\alpha<1$.

另外，需要指出：

(i) 在多元Bernstein-Durrmeyer型多项式的定义(2)中，参数 s 可能出现两种情形：(a) 与 n 无关的给定正常数，且 $0\leqslant s<\frac{n}{2}$；(b) $s=s(n)$ 与 n 有关. 在这一种

情形下，为了保证该多项式定义有意义($0 \leqslant s < \frac{n}{2}$)及其收敛性($1 + \frac{s(s-1)}{n} = O(1)$)，我们限定 $0 \leqslant s < \sqrt{\frac{n}{2}}$. 下面的论证均在上述这两种情形下进行.

(ii) 因本章的研究是对广泛类的多项式(2)进行，正因如此，上述所提及的关于多元 Bernstein-Durrmeyer 多项式的一些特殊性质消失. 因此，本章的论证方法与已有的主要利用多元 Bernstein-Durrmeyer 多项式特殊性质的论证方法不同，但本章所获的逼近结果却与多元 Bernstein-Durrmeyer 多项式的相应逼近性质相似，所获结果亦表明，多元 Bernstein-Durrmeyer 型多项式在广泛的参数 s 取值范围内，表现出与 Bernstein-Durrmeyer 多项式类似的逼近性质与特性. 因而，本章结果也是对多元 Bernstein-Durrmeyer 多项式及其相应结果的推广与深化.

§2　定理 3 的证明

先给出两个引理. 首先，利用 Riesz 插值定理不难证明：

引理 1　设 $f \in L^p(Q)$, $1 \leqslant p \leqslant \infty$，则 $\| L_n f \|_p \leqslant C \| f \|_p$.

其次，我们用分解、降维、归纳等方法证明如下的 Jackson 型不等式.

引理 2　设 $f \in C^2(Q)$, $1 \leqslant p \leqslant \infty$，则

$$\| L_n f - f \|_p \leqslant C(n+1)^{-1}\Phi(f)_p \tag{4}$$

证明　(i) 当 $d=1$ 时,则对 Bernstein-Durrmeyer 多项式的 Jackson 型估计可以证明一元 Bernstein-Durrmeyer 型多项式的如下估计

$$\| L_n f - f \|_p \leqslant C(n+1)^{-1}(\| f' \| + \| \varphi^2 f'' \|_p)$$
$$(f \in C^2[0,1])$$

其中 $\varphi^2(x)=x(1-x), x\in[0,1]$ 是一元 Bernstein 权函数.

(ii) 假设 $d=r(r\geqslant 1)$ 时引理 2 成立.

(iii) 当 $d=r+1$ 时,先将单纯形 Q 分解为 $Q=\bigcup\limits_{i=0}^{d} E_i$,其中

$$E_i=\left\{x\in Q: x_i\geqslant \frac{1}{2d}, 1\leqslant i\leqslant d\right\}$$

$$E_0=\left\{x\in Q: 1-|x|\geqslant \frac{1}{2d}\right\}$$

然后分解 $L_{n,d}(f,x)$,为此,令

$$Q^*=\{x^*:(x_1,x^*)\in Q_d\}$$

$$x^*=(x_2,x_3,\cdots,x_d)$$

$$k=(k_1,k^*), k^*=(k_2,k_3,\cdots,k_d)$$

$$z=(z_1,z_2,\cdots,z_{d-1})=\frac{x^*}{1-x_1}$$

则能够得到

$$\begin{aligned}
&L_{n,d}(f,x)\\
&=\sum_{k_1=0}^{n-s} P_{n-s,k_1}(x_1)(n+d)\cdot\\
&\quad\left\{(1-x_1)\int_0^1 P_{n+d-1,k_1}(u_1)L_{n-k_1,d-1}(G_{u_1},z)\mathrm{d}u_1+\right.\\
&\quad\left.x_1\int_0^1 P_{n+d-1,k_1+s}(u_1)M_{n-s-k_1,d-1}(G_{u_1},z)\mathrm{d}u_1\right\}
\end{aligned} \tag{5}$$

其中 $G_{u_1}(t)=f(u_1,(1-u_1)t),t\in Q_{d-1}$.

以下通过证明当 $x\in E_0$ 时,成立

$$\|L_nf-f\|_{L^p(E_0)}\leqslant C(n+1)^{-1}\Phi(f)_p \tag{6}$$

来完成引理 2 的证明. 这是因为当 $x\in E_i(i=1,2,\cdots,d)$ 时,我们可以利用变换 T_i 和定理 2,得到

$$\begin{aligned}\|L_nf-f\|_{L^p(E_i)}&=\|L_nf_i-f_i\|_{L^p(E_0)}\\&\leqslant C(n+1)^{-1}\Phi(f_i)_p\leqslant C(n+1)^{-1}\Phi(f)_p\end{aligned}$$

为证(6),引进函数 $\psi(x):\psi\in C^\infty$,且

$$\psi(x)=\begin{cases}1, & |x|\leqslant a\\ 0, & |x|>1-\dfrac{1}{2d+1}\end{cases}$$

其中

$$1-\frac{1}{2d}<a<1-\frac{1}{2d+1}$$

令

$$h(x)=\psi(x)f(x)=\psi f(x)$$

则

$$\|L_nf-f\|_{L^p(E_0)}\leqslant\|L_nh-h\|_{L^p(E_0)}+\|L_n(f-h)\|_{L^p(E_0)} \tag{7}$$

因为

$$\begin{aligned}&|f(u)-h(u)|\\&\leqslant(1+\|\psi\|_\infty)|f(u)|\left(\frac{|u-x|_2}{a-\frac{1}{\sqrt{2}}\left(1-\frac{1}{2d}\right)}\right)^2\end{aligned}$$

其中 $|x|\leqslant 1-\frac{1}{2d}$(即 $x\in E_0$), $|a-b|_2$ 是 $\mathbf{R}^d$ 中 a 与 b 之间的欧氏距离. 于是利用

$$|L_{n,d}(f-h,x)|\leqslant C\sum_{i=1}^{d}L_{n,d}((u_1-x_i)^2|f(u)|,x)$$

以及

$$L_{n,d}((u_1-x_i)^2,x)\leqslant C(n+1)^{-1}$$

由 Riesz 插值定理可证得

$$\|L_n(f-h)\|_{L^p(E_0)}\leqslant C(n+1)^{-1}\|f\|_p \quad (1\leqslant p\leqslant\infty) \tag{8}$$

注意到分解式(5),有

$$\begin{aligned}
&L_{n,d}(h,x)-h(x)\\
=&\sum_{k_1=0}^{n-s}P_{n-s,k_1}(x_1)(n+d)\cdot\\
&\left\{(1-x_1)\int_0^1 P_{n+d-1,k_1}(u_1)\cdot\right.\\
&(L_{n-k_1,d-1}(g_{u_1},z)-g_{u_1}(z))\mathrm{d}u_1+\\
&\left.(1-x_1)(L_n^*(g_{u_1},x_1)-h(x))\right\}+\\
&x_1\sum_{k_1=0}^{n-s}P_{n-s,k_1}(x_1)(n+d)\cdot\\
&\int_0^1 P_{n+d-1,k_1+s}(u_1)(M_{n-s-k_1,d-1}(g_{u_1},z)-g_{u_1}(z))\mathrm{d}u_1+\\
&x_1(M_n^*(h(\cdot,(1-\cdot)z),x_1)-h(x))\\
=&I_1+I_2+J_1+J_2
\end{aligned} \tag{9}$$

其中

$$g_{u_1}(t)=g(t,u_1)=h(u_1,(1-u_1)t)\quad (t\in Q_{d-1})$$

且

$$L_n^*(f,x)=\sum_{k_1=0}^{n-s}P_{n-s,k_1}(x_1)(n+d)\cdot\int_0^1 P_{n+d-1,k_1}(u_1)f(u_1)\mathrm{d}u_1$$

$$M_n^*(f,x)=\sum_{k_1=0}^{n-s}P_{n-s,k_1}(x_1)(n+d)\cdot$$

$$\int_0^1 P_{n+d-1,k_1+s}(u_1)f(u_1)\mathrm{d}u_1$$

现估计 $\|I_1\|_p$. 当 $p=\infty$ 时,根据归纳假设有

$$|I_1| \leqslant C\sum_{k_1=0}^{n-s} P_{n-s,k_1}(x_1)(1-x_1)(n+d)\cdot$$
$$\int_0^1 P_{n+d-1,k_1}(u_1)\frac{1}{n-k_1+1}\cdot$$
$$\left\{\|g_{u_1}\|_{C(Q_{d-1})}+\sum_{i=1}^{d-1}\|D_i g_{u_1}\|_{C(Q_{d-1})}+\right.$$
$$\left.\sum_{1\leqslant i\leqslant j\leqslant d-1}\|\varphi_{ij}^2 D_{ij}^2 g_{u_1}\|_{C(Q_{d-1})}\right\}\mathrm{d}u_1$$

而

$$\|g_{u_1}\|_{C(Q_{d-1})}=\max_{t\in Q_{d-1}}|h(u_1,(1-u_1)t)|$$
$$=\max_{u^*\in Q^*}|h(u_1,u^*)|$$
$$\leqslant C\|f\|_{C(Q_d)}$$
$$\|D_i g_{u_1}\|_{C(Q_{d-1})}\leqslant C(\|f\|_{C(Q_d)}+\|D_i f\|_{C(Q_d)})$$

利用定义,通过计算可得

$$\sum_{1\leqslant i\leqslant j\leqslant d-1}\|\varphi_{ij}^2 D_{ij}^2 g_{u_1}\|_{C(Q_{d-1})}\leqslant C\Phi(f)_\infty$$

于是

$$\|I_1\|_\infty \leqslant C\Phi(f)_\infty\sum_{k_1=0}^{n-s}\frac{1-x_1}{n-k_1+1}P_{n-s,k_1}(x_1)$$
$$\leqslant C(n+1)^{-1}\Phi(f)_\infty$$

即有

$$\|I_1\|_p\leqslant C(n+1)^{-1}\Phi(f)_p\quad(p=\infty)\qquad(10)$$

对于 $p=1$ 的情形,我们类似可以证得(10)成立,这样由 Riesz 插值定理得到对于一切 $1\leqslant p\leqslant\infty$,(10)均成立.

下面估计 $\|I_2\|_p$. 类似于一元 Bernstein-

Durrmeyer 多项式的估计,可以得到

$$\| L_n^* f - f \|_p \leqslant C(n+1)^{-1}(\| f' \|_p + \| \varphi^2 f'' \|_p)$$
$$(f \in C^2[0,1])$$

于是,当 $p=\infty$ 时,有

$$\| I_2 \|_\infty \leqslant C(n+1)^{-1}(\| j' \|_{C[0,1]} + \| \varphi^2 j'' \|_{C[0,1]})$$

其中

$$j(t)=j(t,x)=h\left(t,(1-t)\frac{x^*}{1-x_1}\right),t\in[0,1]$$

所以

$$\| j' \|_{C[0,1]} = \max_{t\in[0,1]}\left|(f\psi)'\left(t,(1-t)\frac{x^*}{1-x_1}\right)\right|$$
$$\leqslant C(\sum_{i=1}^d \| D_i f \|_\infty + \| f \|_\infty)$$
$$\| \varphi^2 j'' \|_{C[0,1]} = \max_{0\leqslant t\leqslant 1}\left|\left(\sum_{i=1}^d \varphi_{1i}^2 D_{1i}^2(\psi f) - \frac{t}{1-t}\sum_{2\leqslant i\leqslant j\leqslant d}\varphi_{ij}^2 D_{ij}^2(\psi f)\right)\cdot \left(t,(1-t)\frac{x^*}{1-x_1}\right)\right|$$

注意到

$$\psi f\left(t,(1-t)\frac{x^*}{1-x_1}\right)=0 \quad \left(1-\frac{1}{2d+1}<t\leqslant 1\right) \tag{11}$$

即

$$\| \varphi^2 j'' \|_{C[0,1]} \leqslant C\sum_{1\leqslant i\leqslant j\leqslant d}\| \varphi_{ij}^2 D_{ij}^2(\psi f) \|_\infty \leqslant C\Phi(f)_\infty$$

从而

$$\| I_2 \|_\infty \leqslant C(n+1)^{-1}\Phi(f)_\infty$$

类似有

$$\| I_2 \|_1 \leqslant C(n+1)^{-1}\Phi(f)_1$$

再后，由 Riesz 插值定理可导出

$$\| I_2 \|_p \leqslant C(n+1)^{-1}\Phi(f)_p \quad (1 \leqslant p \leqslant \infty) \tag{12}$$

类似 $\| I_1 \|_p$ 的估计我们可以得到

$$\| J_1 \|_p \leqslant C(n+1)^{-1}\Phi(f)_p \quad (1 \leqslant p \leqslant \infty) \tag{13}$$

类似 $\| I_2 \|_p$ 的讨论又可以得到

$$\| J_2 \|_p \leqslant C(n+1)^{-1}\Phi(f)_p \quad (1 \leqslant p \leqslant \infty) \tag{14}$$

因此，综合(7)～(10)和(12)～(14)得到(6). 引理 2 证毕.

下证定理 3 成立. 设 P_{2^l-1} 是总阶数为 2^l-1 的最佳逼近多项式，应用引理 1 得到

$$\begin{aligned} \| L_n f - f \|_p \leqslant & \| L_n P_{2^k-1} - P_{2^k-1} \|_p + \\ & \| P_{2^k-1} - f \|_p + \| L_n(P_{2^k-1} - f) \|_p \\ \leqslant & \| L_n P_{2^k-1} - P_{2^k-1} \|_p + CE_{2^k-1}(f) \end{aligned}$$

注意到

$$P_{2^k-1} = \sum_{l=1}^{k}(P_{2^l-1} - P_{2^{l-1}-1}) + P_0$$

以及

$$L_n P_0 - P_0 = 0$$

则我们仅需估计

$$\| L_n(P_{2^l-1} - P_{2^{l-1}-1}) - (P_{2^l-1} - P_{2^{l-1}-1}) \|_p \quad (1 \leqslant l \leqslant k) \tag{15}$$

利用引理 2 及以下结论

$$\| D_i P_n \|_p \leqslant Cn \| P_n \|$$

$$\left\| \varphi_\xi^2 \left(\frac{\partial}{\partial \xi}\right)^2 P_n \right\|_p \leqslant Cn^2 \| P_n \|_p \quad (P_n \in \Pi_n)$$

得到式(15)不超过

$$
\begin{aligned}
& C(n+1)^{-1}\Big(\| P_{2^l-1} - P_{2^{l-1}-1} \|_p + \\
& \sum_{i=1}^{d} \| D_i(P_{2^l-1} - P_{2^{l-1}-1}) \|_p + \\
& \sum_{1\leqslant i\leqslant j\leqslant d} \| \varphi_{ij}^2 D_{ij}^2 (P_{2^l-1} - P_{2^{l-1}-1}) \|_p \Big) \\
\leqslant\ & C(n+1)^{-1}(\| P_{2^l-1} - P_{2^{l-1}-1} \|_p + \\
& (2^l-1) \| P_{2^l-1} - P_{2^{l-1}-1} \|_p + \\
& (2^l-1)^2 \| P_{2^l-1} - P_{2^{l-1}-1} \|_p) \\
\leqslant\ & C(n+1)^{-1}(2^l-1)^2 \| P_{2^l-1} - P_{2^{l-1}-1} \|_p
\end{aligned}
$$

于是

$$
\begin{aligned}
\| L_n f - f \|_p \leqslant\ & CE_{2^k-1}(f) + C(n+1)^{-1} \cdot \\
& \sum_{l=1}^{k} 2^{2l} (E_{2^l-1}(f) + E_{2^{l-1}-1}(f)) \\
\leqslant\ & C(n+1)^{-1} \sum_{l=1}^{k} 2^{2l+1} E_{2^{l-1}-1}(f) + \\
& CE_{2^k-1}(f) \\
\leqslant\ & C \sum_{l=0}^{k-1} 2^{2(l-k)} E_{2^l-1}(f) + CE_{2^k-1}(f) \\
\leqslant\ & C \sum_{l=0}^{k} 2^{2(l-k)} E_{2^l-1}(f)
\end{aligned}
$$

定理 3 证毕.

§3　定理 4 的证明

定理 4 的证明基于以下两个 Bernstein 型不等式.

引理 3　设 $f \in L^p(Q)$, $1 \leqslant p \leqslant \infty$,则

$$\| \varphi_{ij}^2 D_{ij}^2 L_n f \|_p \leqslant Cn \| f \|_p \quad (1 \leqslant i \leqslant j \leqslant d) \tag{16}$$

证明 当 $d=1$ 时,可以证明(16).假设当 $d=r$ $(r\geqslant 1)$时,(16)成立,则当 $d=r+1$ 时,注意到分解式(5),有

$$\begin{aligned}
&|\varphi_{22}^2(x)D_{22}^2L_n(f,x)| \\
&= \Big|\sum_{k_1=0}^{n-s}P_{n-s,k_1}(x_1)(n+d)\cdot \\
&\quad \Big((1-x_1)\int_0^1 P_{n+d-1,k_1}(u_1)\mathrm{d}u_1\varphi_{11}^2(z)D_{11}^2L_{n-k_1,d-1}(g,z)+ \\
&\quad x_1\int_0^1 P_{n+d-1,k_1+s}(u_1)\mathrm{d}u_1\varphi_{11}^2(z)D_{11}^2M_{n-s-k_1,d-1}(g,z)\Big)\Big| \\
&\leqslant C\sum_{k_1=0}^{n-s}P_{n-s,k_1}(x_1)(n+d)\cdot \\
&\quad \Big((1-x_1)\int_0^1 P_{n+d-1,k_1}(u_1)\mathrm{d}u_1(n-k_1)\|g\|_{C(Q_{d-1})}+ \\
&\quad x_1\int_0^1 P_{n+d-1,k_1+s}(u_1)\mathrm{d}u_1(n-s-k_1)\|g\|_{C(Q_{d-1})}\Big) \\
&\leqslant Cn\|f\|_\infty
\end{aligned}$$

这里

$$g(t)=f(u_1,(1-u_1)t),t\in Q_{d-1}$$

这表明

$$\|\varphi_{22}^2D_{22}^2L_nf\|_\infty\leqslant n\|f\|_\infty$$

对于 $p=1$,有

$$\begin{aligned}
&\int_Q|\varphi_{22}^2(x)D_{22}^2L_{n,d}(f,x)|\mathrm{d}x \\
&\leqslant \int_0^1\sum_{k_1=0}^{n-s}P_{n-s,k_1}(x_1)(1-x_1)^{d-1}(n+d)\cdot \\
&\quad \Big((1-x_1)\int_0^1 P_{n+d-1,k_1}(u_1)\mathrm{d}u_1(n-k_1)\|g\|_{L^1(Q_{d-1})}+
\end{aligned}$$

$$x_1\int_0^1 P_{n+d-1,k_1+s}(u_1)\mathrm{d}u_1(n-s-k_1)\|g\|_{L^1(Q_{d-1})}\Big)\mathrm{d}x_1$$

$$\leqslant Cn^2\sum_{k_1=0}^{n-s}\Big(\frac{(n-s)!}{(n-s+d+1)!}\frac{(n-s-k_1+d)!}{(n-s-k_1)!}\cdot$$

$$\int_0^1 P_{n+d-1,k_1}(u_1)\mathrm{d}u_1\int_{Q_{d-1}}|f(u_1,(1-u_1)t)|\mathrm{d}t+$$

$$\frac{(n-s)!}{(n-s+d+1)!}\frac{(n-s-k_1+d-1)!\,(k_1+1)}{(n-s-k_1)!}\cdot$$

$$\int_0^1 P_{n+d-1,k_1+s}(u_1)\mathrm{d}u_1\int_{Q_{d-1}}|f(u_1,(1-u_1)t)|\mathrm{d}t\Big)$$

$$\leqslant Cn\int_Q|f(u)|\mathrm{d}u=Cn\|f\|_1$$

于是

$$\|\varphi_{ij}^2D_{ij}^2L_nf\|_1\leqslant Cn\|f\|_1$$

从而

$$\|\varphi_{ij}^2D_{ij}^2L_nf\|_p\leqslant Cn\|f\|_p\quad(1\leqslant p\leqslant\infty)$$

同理，当 $i=1,3,4,\cdots,d$ 时，(16) 也成立，而当 $1\leqslant i<j\leqslant d$ 时，则利用变换 T_i 及定理 2 推知(16)亦成立. 引理 3 证毕.

引理 4　设 $f\in C^2(Q)$，$1\leqslant p\leqslant\infty$，则

$$\|\varphi_{ij}^2D_{ij}^2L_nf\|_p\leqslant C\|\varphi_{ij}^2D_{ij}^2f\|\tag{17}$$

证明　当 $d=1$ 时，可以证明(17)，当 $d>1$ 时类似上述引理 3 的证明方法可以证明(17).

此外，我们还可以证得

$$\|D_iL_nf\|_p\leqslant C\|D_if\|_p$$
$$(f\in C^1(Q),1\leqslant p\leqslant\infty)$$
$$\|D_iL_nf\|_p\leqslant Cn\|f\|_p$$
$$(f\in L^p(Q),1\leqslant p\leqslant\infty)$$

因此，有：

引理 5　对于 $1\leqslant p\leqslant\infty$，$1\leqslant i\leqslant d$，成立

$$\Phi(L_n f)_p \leqslant C\Phi(f)_p \quad (f \in C^2(Q))$$

$$\Phi(L_n f)_p \leqslant Cn \| f \|_p \quad (f \in L^2(Q))$$

由此,对任意的 $g \in C^2(Q)$,有

$$\begin{aligned} K_\varphi^2(f,t) &\leqslant \| L_n f - f \|_p + t\Phi(L_n(f-g))_p + t\Phi(L_n g)_p \\ &\leqslant \| L_n f - f \|_p + tn\left(\| f-g \|_p + \frac{1}{n}\Phi(g)_p\right) \\ &\leqslant \| L_n f - f \|_p + CntK_\varphi^2\left(f,\frac{1}{n}\right) \end{aligned}$$

定理 4 证毕.

§4　定理 5 的证明

充分性可由定理 3 直接得到. 下证必要性. 若

$$\| L_n f - f \|_p = O(n^{-\alpha})$$

则由定理 4 得到

$$K_\varphi^2(f,t) = O(n^{-\alpha}) + CtnK_\varphi^2\left(f,\frac{1}{n}\right)$$

从而应用熟知的 Lorentz-Hermann 引理可得

$$K_\varphi^2(f,t) = O(t^\alpha)$$

定义另一 K — 泛函

$$\begin{aligned} &K_\varphi^*(f,t^2) \\ &= \inf_{g \in C^2(Q)} \left\{ \| f-g \|_p + t^2 \sum_{1 \leqslant i \leqslant j \leqslant d} \| \varphi_{ij}^2 D_{ij}^2 g \|_p \right\} \end{aligned}$$

则它与光滑模

$$\omega_\varphi^2(f,t) = \sup_{0 \leqslant h \leqslant t} \sum_{1 \leqslant i \leqslant j \leqslant d} \| \Delta_{h\varphi_{ij} e_{ij}}^2 f \|_p$$

是弱性等价的,即

$$C^{-1}\omega_{\varphi}^{2}(f,t)\leqslant K_{\varphi}^{*}(f,t^{2})\leqslant C\omega_{\varphi}^{2}(f,t)$$

其中

$$\Delta_{he}^{2}f(x)=\begin{cases}f(x+\frac{te}{2})-2f(x)+f(x-\frac{he}{2}),\\ x\pm\frac{he}{2}\in Q\\ 0,\text{其他}\end{cases}$$

$h>0$,e 是 $\mathbf{R}^{d}$ 中的向量. 于是

$$\omega_{\varphi}^{2}(f,t)\leqslant CK_{\varphi}^{*}(f,t^{2})\leqslant K_{\varphi}^{2}(f,t^{2})=O(t^{2\alpha})$$

得 $E_{n}(f)=O(t^{2\alpha})$. 综合以上讨论,定理 5 得证.

修正 Durrmeyer 型 Bernstein-Stancu 算子的逼近[①]

第51章

杭州师范大学钱江学院的徐华，杭州师范大学理学院的钱程两位教授2018年研究了一种新近引入的修正 Durrmeyer 型 Bernstein-Stancu 算子在[0,1]区间上的逼近性质，建立了点态逼近的正、逆定理.

§1 引　言

以 $C[0,1]$ 表示定义在闭区间[0,1]上连续函数的全体，对于任意 $f \in C[0,1]$ 的函数，其对应的 Bernstein

① 本章摘自《浙江大学学报(理学版)》，2018年5月，第45卷，第3期.

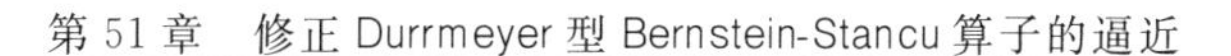

算子和 Bernstein-Durrmeyer 算子分别定义如下

$$B_n(f,x):=\sum_{k=0}^{n} f\left(\frac{k}{n}\right) p_{n,k}(x)$$

$$D_n(f,x):=(n+1)\sum_{k=0}^{n} p_{n,k}(x)\int_0^1 f(t)p_{n,k}(t)\mathrm{d}t$$

其中

$$p_{n,k}(x):=\binom{n}{k}x^k(1-x)^{n-k}, k=0,1,2,\cdots,n$$

这两类算子在逼近论和计算数学等领域有许多重要的应用,对其逼近性质的研究也已经相当广泛. 2010 年,Gadjiev 等[1] 定义了以下推广形式的 Bernstein-Durrmeyer 型算子

$$S_{n,\alpha,\beta}(f,x):=\left(\frac{n+\beta_2}{n}\right)^n\sum_{k=0}^{n} f\left(\frac{k+\alpha_1}{n+\beta_1}\right) q_{n,k}(x)$$

其中,$\alpha_k,\beta_k,k=1,2$ 为满足以下条件的正常数:$0\leqslant\alpha_1\leqslant\beta_1,0\leqslant\alpha_2\leqslant\beta_2$,而

$$q_{n,k}(x):=\binom{n}{k}\left(x-\frac{\alpha_2}{n+\beta_2}\right)^k\left(\frac{n+\alpha_2}{n+\beta_2}-x\right)^{n-k}$$

$$(k=0,1,2,\cdots,n)$$

参数 α_1,β_1 起移动结点 $\frac{k}{n}$ 的作用,而 α_2,β_2 则将 Bernstein 基本多项式 $p_{n,k}(x)$ 变换成 $q_{n,k}(x)$. 当 $\alpha_1=\alpha_2=\beta_1=\beta_2=0$ 时,$S_{n,\alpha,\beta}(f,x)$ 即为通常的 Bernstein 算子;而在 $\alpha_2=\beta_2=0$ 时,$S_{n,\alpha,\beta}(f,x)$ 即为文献[2]所定义的 Bernstein-Stancu 算子

$$S_{n,\alpha,\beta}(f,x):=\sum_{k=0}^{n} f\left(\frac{k+\alpha}{n+\beta}\right) p_{n,k}(x)$$

Gadjiev 等[1] 考察了 $S_{n,\alpha,\beta}(f,x)$ 在区间 $A_n:=\left[\frac{\alpha_2}{n+\beta_2},\frac{n+\alpha_2}{n+\beta_2}\right]$ 上的逼近性质. Wang 等[3] 则建立了

[0,1] 区间上逼近的正、逆定理.

最近,Dong 等[4] 引入了下列基于 $S_{n,\alpha,\beta}(f,x)$ 的 Durrmeyer 型算子

$$\tilde{S}_{n,\alpha,\beta}(f,x)$$
$$:=\left(\frac{n+\beta_2}{n}\right)^n\sum_{n=0}^{n}\lambda_{n,k}^{-1}q_{n,k}(x)\int_{A_n}q_{n,k}(t)f\left(\frac{nt+\alpha_1}{n+\beta_1}\right)\mathrm{d}t$$

其中

$$\lambda_{n,k}=\int_{A_n}q_{n,k}(t)\mathrm{d}t\quad(k=0,1,2,\cdots,n)$$

由于[3]

$$\lambda_{n,k}=\left(\frac{n}{n+\beta_2}\right)^{n+1}\frac{1}{n+1}\quad(k=0,1,2,\cdots,n)\tag{1}$$

故 $\tilde{S}_{n,\alpha,\beta}(f,x)$ 可以重写为

$$\tilde{S}_{n,\alpha,\beta}(f,x):=\left(\frac{n+\beta_2}{n}\right)^{2n+1}\sum_{k=0}^{n}q_{n,k}(x)(n+1)\cdot\int_{A_n}q_{n,k}(t)f\left(\frac{nt+\alpha_1}{n+\beta_1}\right)\mathrm{d}t$$

当 $\alpha_1=\alpha_2=\beta_1=\beta_2=0$ 时,$\tilde{S}_{n,\alpha,\beta}(f,x)$ 算子即为通常的 Bernstein-Durrmeyer 算子.

Dong 等[4] 建立了 $\tilde{S}_{n,\alpha,\beta}(f,x)$ 对 A_n 上连续函数逼近的点态正、逆定理. 值得注意的是,$\tilde{S}_{n,\alpha,\beta}(f,x)$ 在 A_n 上是正线性算子,在[0,1] 上则不是. 因此,一个自然的问题是 $\tilde{S}_{n,\alpha,\beta}(f,x)$ 能否逼近[0,1] 上的连续函数.

本章的主要目的是建立关于算子 $\tilde{S}_{n,\alpha,\beta}(f,x)$ 在 [0,1] 上对连续函数逼近的点态逼近的正、逆定理. 需要以下记号

$$\omega_{\varphi^\lambda}^2(f,t)=\sup_{0<h\leqslant t}\sup_{x\pm h\varphi^\lambda\in[0,1]}\left|\Delta_{h\varphi^\lambda}^2f(x)\right|$$

$$D_\lambda^2=\{f\in C[0,1],f'\in A.C._{\text{loc}},\|\varphi^{2\lambda}f''\|<+\infty\}$$

$$K_{\varphi^\lambda}(f,t^2)=\inf_{g\in D_\lambda^2}\{\|f-g\|+t^2\|\varphi^{2\lambda}g''\|\}$$

$$\overline{D}_\lambda^2=\{f\in D_\lambda^2,\|f''\|<+\infty\}$$

$$\overline{K}_{\varphi^\lambda}(f,t^2)=\inf_{g\in\overline{D}_\lambda^2}\{\|f-g\|+ t^2\|\varphi^{2\lambda}g''\|+t^{\frac{4}{2-\lambda}}\|g''\|\} \tag{2}$$

这里 $\varphi(x)=\sqrt{x(1-x)}$，$0\leqslant\lambda\leqslant 1$. 由文献[5]，有

$$\omega_{\varphi^\lambda}^2(f,t)\sim K_{\varphi^\lambda}(f,t^2)\sim\overline{K}_{\varphi^\lambda}(f,t^2) \tag{3}$$

其中 $x\sim y$ 意为存在正常数 c 使得 $c^{-1}y\leqslant x\leqslant cy$.

本章的主要结论为：

定理 1　设 f 为$[0,1]$区间上的连续函数，$0\leqslant\lambda\leqslant 1$. 则存在一个仅依赖于 $\lambda,\alpha_1,\alpha_2,\beta_1,\beta_2$ 的正常数 C，使得

$$|\widetilde{S}_{n,\alpha,\beta}(f,x)-f(x)|\leqslant C\left(\omega_{\varphi^\lambda}\left(f,\frac{\Delta_n^{1-\lambda}(x)}{\sqrt{n}}\right)+\omega\left(f,\frac{1}{n}\right)\right) \tag{4}$$

其中

$$\Delta_n(x)=\varphi(x)+\frac{1}{\sqrt{n}}\sim\max\{\varphi(x),\frac{1}{\sqrt{n}}\}$$

而 $\omega(f,t)$ 为 f 在$[0,1]$上的通常连续模.

本章中，C 总表示一个绝对正常数或仅依赖于某些参数(除 f,n 和 x 以外)的正常数，其值在不同地方可以不同.

定理 2　设 f 为$[0,1]$区间上的连续函数，$0<\alpha<\dfrac{2}{(2-\lambda)}$，$0\leqslant\lambda\leqslant 1$，则

$$|\widetilde{S}_{n,\alpha,\beta}(f,x)-f(x)|=O((n^{-\frac{1}{2}}\Delta_n^{1-\lambda}(x))^\alpha)$$

意味着：

(i)$\omega_{\varphi^\lambda}^2(f,t)=O(t^\alpha)$；

(ii)$\omega(f,t)=O(t^{\alpha(1-\frac{\lambda}{2})})$.

§2　引理及证明

引理 1　对于任意 $\gamma\geqslant 0$，有

$$\sum_{k=0}^{n}\left|\frac{k+\alpha_2}{n+\beta_2}-x\right|^\gamma|q_{n,k}(x)|\leqslant C\left(\frac{\Delta_n(x)}{\sqrt{n}}\right)^\gamma$$

$$(x\in[0,1])$$

证明　利用文献[3]中的引理1，对任意 $\gamma\geqslant 0$，有

$$\sum_{k=0}^{n}\left|\frac{k+\alpha_1}{n+\beta_1}-x\right||q_{n,k}(x)|\leqslant C\left(\frac{\Delta_n(x)}{\sqrt{n}}\right)^\gamma$$

$$(x\in[0,1])$$

因此

$$\sum_{k=0}^{n}\left|\frac{k+\alpha_2}{n+\beta_2}-x\right|^\gamma|q_{n,k}(x)|$$

$$\leqslant C\sum_{k=0}^{n}\left(\left|\frac{k+\alpha_2}{n+\beta_2}-\frac{k+\alpha_1}{n+\beta_1}\right|+\left|\frac{k+\alpha_1}{n+\beta_1}-x\right|\right)^\gamma\cdot$$

$$|q_{n,k}(x)|$$

$$\leqslant C\sum_{k=0}^{n}\left(\frac{C}{n^\gamma}+\left|\frac{k+\alpha_1}{n+\beta_1}-x\right|^\gamma\right)|q_{n,k}(x)|$$

$$\leqslant C\left(\frac{1}{n^\gamma}+\left(\frac{\Delta_n(x)}{\sqrt{n}}\right)^\gamma\right)$$

$$\leqslant C\left(\frac{\Delta_n(x)}{\sqrt{n}}\right)^\gamma\quad(x\in[0,1])$$

由此，引理 1 得证.

引理 2　对任意 $x\in[0,1]$，有

$$\widetilde{S}_{n,\alpha,\beta}((t-x)^2,x)\leqslant\frac{C}{n}\Delta_n^2(x)$$

证明 记

$$\widetilde{D}_{n,\alpha,\beta}(f,x):$$
$$=\left(\frac{n+\beta_2}{n}\right)^{2n+1}\sum_{k=0}^{n}q_{n,k(x)}(n+1)\int_{A_n}q_{n,k}(t)f(t)\mathrm{d}t$$

由文献[6]有

$$\widetilde{D}_{n,\alpha,\beta}(1,x)=1$$

$$\widetilde{D}_{n,\alpha,\beta}(t,x)=\frac{n}{n+2}x+\frac{n+2\alpha_2}{(n+2)(n+\beta_2)}$$

$$\begin{aligned}\widetilde{D}_{n,\alpha,\beta}(t^2,x)=&\left(x-\frac{\alpha_2}{n+\beta_2}\right)^2\left(\frac{n(n-1)}{(n+2)(n+3)}\right)+\\&\left(\frac{n}{n+\beta_2}\right)\left(x-\frac{\alpha_2}{n+\beta_2}\right)\left(\frac{4n}{(n+2)(n+3)}\right)+\\&\left(\frac{n}{n+\beta_2}\right)^2\left(\frac{2}{(n+2)(n+3)}\right)+\\&\left(\frac{2n\alpha_2}{(n+2)(n+\beta_2)}\right)\left(x-\frac{\alpha_2}{n+\beta_2}\right)+\\&\left(\frac{2n\alpha_2}{(n+2)(n+\beta_2)^2}\right)+\left(\frac{\alpha_2}{n+\beta_2}\right)^2\end{aligned}$$

且有

$$\widetilde{D}_{n,\alpha,\beta}((t-x)^2,x)\leqslant\begin{cases}\dfrac{C}{n}\delta_n^2(x),x\in A_n\\[2mm]\dfrac{2}{(n+2)^2},x\in[0,1]\backslash A_n\end{cases}\tag{5}$$

其中

$$\delta_n(x):=\varphi(x)+\frac{1}{\sqrt{n}}$$

而

$$\varphi(x)=\sqrt{\left(x-\frac{\alpha_2}{n+\beta_2}\right)\left(\frac{n+\alpha_2}{n+\beta_2}-x\right)}$$

注意到(见文献[4])

$$\Delta_n(x)\sim\delta_n(x)\quad(x\in[0,1])\tag{6}$$

由式(5)即得

$$\widetilde{D}_{n,\alpha,\beta}((t-x)^2,x)\leqslant\frac{C}{n}\Delta_n^2(x)\quad(x\in[0,1])$$

因此,由 $\widetilde{S}_{n,\alpha,\beta}(f,x)$ 的定义,容易推得

$$\begin{aligned}
&\widetilde{S}_{n,\alpha,\beta}(f,x)\\
=&\left(\frac{n}{n+\beta_1}\right)^2\widetilde{D}_{n,\alpha,\beta}((t-x)^2,x)+\\
&\left(\frac{2n^2x}{(n+\beta_1)^2}+\frac{2n\alpha_1}{(n+\beta_1)^2}-\frac{2nx}{n+\beta_1}\right)\widetilde{D}_{n,\alpha,\beta}(t,x)+\\
&\frac{\alpha_1^2}{(n+\beta_1)^2}-\frac{2\alpha_1x}{n+\beta_1}+x^2-\left(\frac{n}{n+\beta_1}\right)^2x^2\\
=&\left(\frac{n}{n+\beta_1}\right)^2\widetilde{D}_{n,\alpha,\beta}((t-x)^2,x)+\\
&\frac{(\beta_1^2+4\beta_1)n+2\beta_1^2}{(n+\beta_1)^2(n+2)}x^2+\\
&\frac{2\alpha_1(\beta_1+\beta_2+2)n^2+2n\alpha_1(\beta_1\beta_2+2\beta_2)+4\alpha_1\beta_1\beta_2x}{(n+\beta_1)^2(n+2)(n+\beta_2)}x+\\
&\left(\frac{\alpha_1}{n+\beta_1}\right)^2\leqslant\widetilde{D}_{n,\alpha,\beta}((t-x)^2,x)+\frac{C}{n^2}\\
\leqslant&\frac{C}{n}\Delta_n^2(x)
\end{aligned}$$

引理 2 得证.

引理 3 对任意 $x\in[0,1]$,有

$$\sum_{k=0}^{n}|q_{n,k}(x)|(n+1)\int_{A_n}\Delta_n^2q_{n,k}(t)\mathrm{d}t\leqslant C\Delta_n^2(x)$$

(7)

$$\sum_{k=0}^{n} \mid q_{n-1,k}(x) \mid n\int_{A_n} \Delta_n^{-2}(t) q_{n+1,k+1}(t)\mathrm{d}t \leqslant C\Delta_n^{-2}(x) \tag{8}$$

证明　由直接计算,得

$$\int_{A_n} \varphi^2(t) q_{n,k}(t)\mathrm{d}t$$

$$= \left(\frac{n}{n+\beta_2}\right)^{n+3} \left(\frac{(n-k+1)(k+1)}{(n+3)(n+2)(n+1)}\right)$$

又因为

$$\varphi^2(t) = \varphi^2(t) + \left(\frac{\alpha_2}{n+\beta_2}\right)\left(\frac{n+\alpha_2}{n+\beta_2} - t\right) +$$

$$\left(\frac{\beta_2-\alpha_2}{n+\beta_2}\right)\left(t - \frac{\alpha_2}{n+\beta_2}\right) + \frac{(\beta_2-\alpha_2)\alpha_2}{(n+\beta_2)^2}$$

$$\leqslant \varphi^2(t) + \frac{C}{n}$$

所以

$$\int_{A_n} \varphi^2(t) q_{n,k}(t)\mathrm{d}t$$

$$\leqslant \int_{A_n} \varphi^2(t) q_{n,k}(t)\mathrm{d}t + \frac{C}{n}\int_{A_n} q_{n,k}(t)\mathrm{d}t$$

$$= \left(\frac{n}{n+\beta_2}\right)^{n+3} \left(\frac{(n-k+1)(k+1)}{(n+3)(n+2)(n+1)}\right) +$$

$$\frac{C}{n}\left(\frac{n}{n+\beta_2}\right)^{n+1}\left(\frac{1}{n+1}\right)$$

$$\leqslant \left(\frac{n}{n+\beta_2}\right)^{n+3} \left(\frac{(n-k+1)(k+1)}{(n+3)(n+2)(n+1)}\right) + \frac{C}{n^2}$$

由此

$$\sum_{k=0}^{n} \mid q_{n,k}(x) \mid (n+1)\int_{A_n} \Delta_n^2(t) q_{n,k}(t)\mathrm{d}t$$

$$\leqslant 2\sum_{k=0}^{n} \mid q_{n,k}(x) \mid (n+1)\int_{A_n} \left(\varphi^2(t) + \frac{1}{n}\right) q_{n,k}(t)\mathrm{d}t$$

$$
\begin{aligned}
&\leqslant 2\sum_{k=0}^{n}|q_{n,k}(x)|\left(\frac{n}{n+\beta_2}\right)^{n+3}\cdot\\
&\quad\left(\frac{(n-k+1)(k+1)}{(n+3)(n+2)}\right)+\\
&\quad\frac{C}{n}\sum_{k=0}^{n}|q_{n,k}(x)|\\
&\leqslant C\sum_{k=0}^{n}|q_{n,k}(x)|\left(\frac{(n-k)k}{n^2}+\frac{1}{n}\right)+\frac{C}{n}\\
&\leqslant C\sum_{k=0}^{n}|q_{n,k}(x)|\frac{(n-k)k}{n^2}+\frac{C}{n} \qquad (9)
\end{aligned}
$$

若 $x\in[0,1]\setminus A_n$，不妨设 $x\in\left[0,\frac{\alpha_2}{n+\beta_2}\right]$ $\left(x\in\left[\frac{n+\alpha_2}{n+\beta_2},1\right]\right.$可以类似证明$\left.\right)$，则由引理 1 容易推得

$$
\begin{aligned}
&\sum_{k=0}^{n}|q_{n,k}(x)|\frac{(n-k)k}{n^2}\\
&\leqslant\frac{1}{n}\sum_{k=0}^{n}|q_{n,k}(x)|\left(\left|\frac{k}{n}-x\right|+x\right)\\
&\leqslant\sum_{k=0}^{n}|q_{n,k}(x)|\left(\left|\frac{k+\alpha_2}{n+\beta_2}-x\right|+\frac{C}{n}\right)\\
&\leqslant C\Delta_n^2(x) \qquad (10)
\end{aligned}
$$

若 $x\in A_n$，则有

$$
\begin{aligned}
&\sum_{k=0}^{n}|q_{n,k}(x)|\frac{(n-k)k}{n^2}\\
&=\sum_{k=0}^{n}\left(\frac{k}{n}-\frac{k^2}{n^2}\right)q_{n,k}(x)\\
&=\left(\frac{n}{n+\beta_2}\right)^{n-1}\left(x-\frac{\alpha_2}{n+\beta_2}\right)-\left(\frac{n}{n+\beta_2}\right)^{n-1}\frac{\left(x-\frac{\alpha_2}{n+\beta_2}\right)}{n}-
\end{aligned}
$$

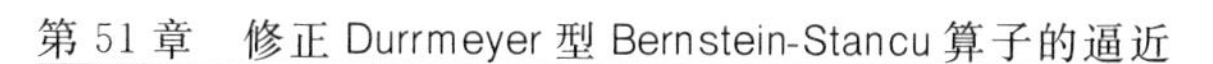

$$\left(\frac{n-1}{n}\right)\left(\frac{n}{n+\beta_2}\right)^{n-2}\left(x-\frac{\alpha_2}{n+\beta_2}\right)^2$$

$$=\left(\frac{n-1}{n}\right)\left(\frac{n}{n+\beta_2}\right)^{n-2}\left(x-\frac{\alpha_2}{n+\beta_2}\right)\left(\frac{n+\alpha_2}{n+\beta_2}-x\right)$$

$$=\left(\frac{n-1}{n}\right)\left(\frac{n}{n+\beta_2}\right)^{n-2}\cdot$$

$$\left[x(1-x)-\frac{\alpha^2}{n+\beta_2}(1-x)-\right.$$

$$\left.\frac{\beta_2-\alpha_2}{n+\beta_2}x+\frac{\alpha_2(\beta_2-\alpha_2)}{(n+\beta_2)^2}\right]$$

$$\leqslant C\left(\varphi^2(x)+\frac{1}{n}\right)\leqslant C\Delta_n^2(x) \tag{11}$$

综合式(9)～(11)，即得式(7).

下证式(8). 由式(6)知

$$n\int_{A_n}\varphi^2(t)q_{n+1,k+1}(t)\mathrm{d}t$$

$$\leqslant Cn\int_{A_n}\Delta_n^{-2}q_{n+1,k+1}(t)\mathrm{d}t$$

$$\leqslant Cn\int_{A_n}(\varphi^{-2}(t)+n)q_{n+1,k+1}(t)\mathrm{d}t$$

$$\leqslant Cn\left(\int_{A_n}\varphi^{-2}(t)q_{n+1,k+1}(t)\mathrm{d}t+1\right)$$

$$=Cn\left(\frac{(n+1)n}{(k+1)(n-k)}\int_{A_n}q_{n-1,k}(t)\mathrm{d}t+1\right)$$

$$\leqslant Cn\left(\frac{(n+1)n}{(k+1)(n-k)}+1\right)\leqslant Cn$$

因此

$$\sum_{k=0}^{n}|q_{n-1,k}(x)|\,n\int_{A_n}\Delta_n^{-2}(t)q_{n+1,k+1}(t)\mathrm{d}t$$

$$\leqslant Cn\leqslant C\Delta_n^{-2}(x)$$

置

$$\| f \|_0 = \sup_{x\in[0,1]} \{ | \Delta_n^{\alpha(\lambda-1)}(x) f(x) | \}$$

$$C_{\alpha,\lambda} = \{ f \in C([0,1]), \| f \|_0 < +\infty \}$$

$$\| f \|_1 = \sup_{x\in[0,1]} \{ | \Delta_n^{(\frac{2}{2-\lambda}-\alpha)(1-\lambda)}(x) f'(x) | \}$$

$$C_{\alpha,\lambda}^1 = \{ f \in C_{\alpha,\lambda}, \| f \|_1 < +\infty \}$$

$$\| f \|_2 = \sup_{x\in A_n} \{ | \Delta_n^{(2+\alpha(\lambda-1))}(x) f''(x) | \}$$

$$C_{\alpha,\lambda}^2 = \{ f \in C_{\alpha,\lambda}, f' \in A.C._{\mathrm{loc}} \| f \|_2 < +\infty \}$$

引理 4　如果 $0 \leqslant \lambda \leqslant 1, 0 < \alpha < 2$,则

$$\| \widetilde{S}_{n,\alpha,\beta}(f) \|_1 \leqslant C n^{\frac{1}{2-\lambda}} \| f \|_0 \quad (f \in C_{\alpha,\lambda}) \tag{12}$$

$$\| \widetilde{S}_{n,\alpha,\beta}(f) \|_1 \leqslant C \| f \|_1 \quad (f \in C_{\alpha,\lambda}^1) \tag{13}$$

证明　分两种情形证明式(12).

情形 1　$x \in B_n := \left[\frac{\alpha_2+1}{n+\beta_2}, \frac{n+\alpha_2-1}{n+\beta_2}\right]$. 此时,显然有

$$\Delta_n(x) \sim \varphi(x) \quad (x \in B_n) \tag{14}$$

通过简单计算可得

$$q'_{n,k}(x) = n\varphi^{-2}(x)\left(\frac{k+\alpha_2}{n+\beta_2} - x\right) q_{n,k}(x) \tag{15}$$

其中

$$\begin{aligned}
\Delta_n\left(\frac{nt+\alpha_1}{n+\beta_1}\right) &= \sqrt{\frac{nt+\alpha_1}{n+\beta_1}\left(1-\frac{nt+\alpha_1}{n+\beta_1}\right)} + \frac{1}{\sqrt{n}} \\
&= \sqrt{\left(t+\frac{\alpha_1-\beta_1 t}{n+\beta_1}\right)\left(1-t+\frac{\beta_1 t-\alpha_1}{n+\beta_1}\right)} + \frac{1}{\sqrt{n}} \\
&= \sqrt{\varphi^2(t) + O\left(\frac{1}{n}\right)} + \frac{1}{\sqrt{n}} \sim \varphi(x) + \frac{1}{\sqrt{n}} = \Delta_n(t)
\end{aligned} \tag{16}$$

由式(13) ~ (16) 得

$$| \Delta_n^{(\frac{2}{2-\lambda}-\alpha)(1-\lambda)}(x) \widetilde{S}'_{n,\alpha,\beta}(f,x) |$$

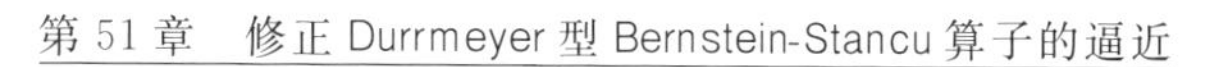

$$\leqslant Cn\varphi^{(\frac{2}{2-\lambda}-\alpha)(1-\lambda)-2}(x)\left(\frac{n+\beta_2}{n}\right)^{2n+1}\cdot$$

$$\sum_{k=0}^{n}|q_{n,k}(x)|\left|\frac{k+\alpha_2}{n+\beta_2}-x\right|\cdot$$

$$(n+1)\left|\int_{A_n}f\left(\frac{nt+\alpha_1}{n+\beta_1}\right)q_{n,k}(t)\mathrm{d}t\right|$$

$$\leqslant Cn\|f\|_0\varphi^{(\frac{2}{2-\lambda}-\alpha)(1-\lambda)-2}(x)\sum_{k=0}^{n}|q_{n,k}(x)|\cdot$$

$$\left|\frac{k+\alpha_2}{n+\beta_2}-x\right|(n+1)\left|\int_{A_n}\Delta_n^{\alpha(1-\lambda)}q_{n,k}(t)\mathrm{d}t\right|$$

$$\leqslant Cn\|f\|_0\varphi^{(\frac{2}{2-\lambda}-\alpha)(1-\lambda)-2}(x)\sum_{k=0}^{n}|q_{n,k}(x)|\left|\frac{k+\alpha_2}{n+\beta_2}-x\right|\cdot$$

$$\left((n+1)\int_{A_n}\Delta_n^2(t)q_{n,k}(t)\mathrm{d}t\right)^{\frac{\alpha(1-\lambda)}{2}}\cdot$$

$$\left((n+1)\int_{A_n}q_{n,k}(t)\mathrm{d}t\right)^{1-\frac{\alpha(1-\lambda)}{2}}$$

$$\leqslant Cn\|f\|_0\varphi^{(\frac{2}{2-\lambda}-\alpha)(1-\lambda)-2}(x)\sum_{k=0}^{n}|q_{n,k}(x)|\cdot$$

$$\left|\frac{k+\alpha_2}{n+\beta_2}-x\right|\left((n+1)\int_{A_n}\Delta_n^2(t)q_{n,k}(t)\mathrm{d}t\right)^{\frac{\alpha(1-\lambda)}{2}}$$

由引理 1 和引理 3,得

$$|\Delta_n^{(\frac{2}{2-\lambda}-\alpha)(1-\lambda)}(x)\widetilde{S}'_{n,\alpha,\beta}(f,x)$$

$$\leqslant Cn\|f\|_0\varphi^{(\frac{2}{2-\lambda}-\alpha)(1-\lambda)-2}(x)\cdot$$

$$\left(\sum_{k=0}^{n}|q_{n,k}(x)|\left|\frac{k+\alpha_2}{n+\beta_2}-x\right|^{\frac{1}{1-\frac{\alpha(1-\lambda)}{2}}}\right)^{1-\frac{\alpha(1-\lambda)}{2}}\cdot$$

$$\left(\sum_{k=0}^{n}|q_{n,k}(x)|(n+1)\int_{A_n}\Delta_n^2(t)q_{n,k}(t)\mathrm{d}t\right)^{\frac{\alpha(1-\lambda)}{2}}$$

$$\leqslant Cn^{\frac{1}{2}}\|f\|_0\varphi^{\frac{2(1-\lambda)}{2-\lambda}-1}(x)\leqslant Cn^{\frac{1}{2-\lambda}}\|f\|_0$$

情形 2

$$x \in B_n^C := \left[\frac{\alpha_2}{n+\beta_2}, \frac{\alpha_2+1}{n+\beta_2}\right) \cup \left(\frac{n+\alpha_2-1}{n+\beta_2}, \frac{n+\alpha_2}{n+\beta_2}\right]$$

此时,显然有

$$\Delta_n(x) \sim \frac{1}{\sqrt{n}} \quad (x \in B_n^c)$$

注意到

$$q'_{nk}(x) = n(q_{n-1,k-1}(x) - q_{n-1,k}(x))$$

其中

$$q_{n-1,-1}(x) = q_{n-1,n}(x) = 0$$

故有

$$\widetilde{S}'_{n,\alpha,\beta}(f,x) = n\sum_{k=0}^{n-1} |q_{n-1,k}(x)|(n+1) \cdot \int_{A_n} f\left(\frac{nt+\alpha_1}{n+\beta_1}\right)(q_{n,k+1}(t) - q_{n,k}(t))\mathrm{d}t$$

利用式(16)并使用 Hölder 不等式 2 次,得到

$$\begin{aligned}
&|\Delta_n^{(\frac{2}{2-\lambda}-\alpha)(1-\lambda)}(x)\widetilde{S}'_{n,\alpha,\beta}(f,x)| \\
\leqslant\ & Cn\Delta_n^{(\frac{2}{2-\lambda}-\alpha)(1-\lambda)}(x)\|f\|_0\left|\sum_{k=0}^{n-1}|q_{n-1,k}(x)|(n+1)\cdot \int_{A_n}\Delta_n^{\alpha(1-\lambda)}(t)(q_{n,k+1}(t)+q_{n,k}(t))\mathrm{d}t\right| \\
\leqslant\ & Cn\Delta_n^{(\frac{2}{2-\lambda}-\alpha)(1-\lambda)}(x)\|f\|_0\sum_{k=0}^{n-1}|q_{n-1,k}(x)|\cdot \left((n+1)\int_{A_n}\Delta_n^2(t)(q_{n,k+1}(t)+q_{n,k}(t))\mathrm{d}t\right)^{\frac{q(1-\lambda)}{2}} \\
\leqslant\ & Cn\Delta_n^{(\frac{2}{2-\lambda}-\alpha)(1-\lambda)}(x)\|f\|_0\Big(\sum_{k=0}^{n-1}|q_{n-1,k}(x)|\cdot (n+1)\int_{A_n}\Delta_n^2(t)(q_{n,k+1}(t)+q_{n,k}(t))\mathrm{d}t\Big)^{\frac{\alpha(1-\lambda)}{2}}
\end{aligned}$$

$$\leqslant Cn\Delta_n^{(\frac{2}{2-\lambda}-\alpha)^{(1-\lambda)}}(x)\|f\|_0\Delta_n^{\alpha(1-\lambda)}$$

$$\leqslant Cn^{\frac{1}{2-\lambda}}\|f\|_0$$

上式第 4 个不等式利用了以下事实(由类似于式(7)的推导可得)

$$\sum_{k=0}^{n-1}|q_{n-1,k}(x)|(n+1)\int_{A_n}\Delta_n^2(t)q_{n,k^*}(t)\mathrm{d}t$$

$$\leqslant C\Delta_n^2(x)\quad(k^*=k+1\text{ 或 }k)$$

综合情形 1 和 2 的讨论,式(12)获证.

现在,证明式(13).如果

$$\left(\frac{2}{2-\lambda}-\alpha\right)(\lambda-1)<0$$

则使用 Hölder 不等式 2 次,可得

$$|\Delta_n^{(\frac{2}{2-\lambda}-\alpha)^{(1-\lambda)}}(x)\widetilde{S}'_{n,\alpha,\beta}(f,x)|$$

$$\leqslant C\|f\|_1\left|\Delta_n^{(\frac{2}{2-\lambda}-\alpha)^{(1-\lambda)}}(x)n\sum_{k=0}^{n-1}|q_{n-1,k}(x)|\cdot\right.$$

$$\left.\int_{A_n}q_{n+1,k+1}(t)\Delta_n^{(\frac{2}{2-\lambda}-\alpha)^{(1-\lambda)}}(t)\mathrm{d}t\right|$$

$$\leqslant C\|f\|_1\Delta_n^{(\frac{2}{2-\lambda}-\alpha)^{(1-\lambda)}}(x)n\sum_{k=0}^{n-1}|q_{n-1,k}(x)|\cdot$$

$$\left(n\int_{A_n}q_{n+1,k+1}(t)\Delta_n^{-2}(t)\mathrm{d}t\right)^{\frac{1}{2}(\frac{2}{2-\lambda}-\alpha)^{(1-\lambda)}}\cdot$$

$$\left(n\int_{A_n}q_{n+1,k+1}(t)\mathrm{d}t\right)^{1-\frac{1}{2}(\frac{2}{2-\lambda}-\alpha)^{(1-\lambda)}}\cdot$$

$$\leqslant C\|f\|_1\Delta_n^{(\frac{2}{2-\lambda}-\alpha)^{(1-\lambda)}}(x)\sum_{k=0}^{n-1}|q_{n-1,k}(x)|\cdot$$

$$\left(n\int_{A_n}q_{n+1,k+1}(t)\Delta_n^{-2}(t)\mathrm{d}t\right)^{\frac{1}{2}(\frac{2}{2-\lambda}-\alpha)^{1-\lambda}}$$

$$\leqslant C\|f\|_1\Delta_n^{(\frac{2}{2-\lambda}-\alpha)^{(1-\lambda)}}(x)\cdot$$

$$\left(\sum_{k=0}^{n-1}|q_{n-1,k}(x)|\cdot\right.$$

$$n\int_{A_n} q_{n+1,k+1}(t)\Delta_n^{-2}(t)\mathrm{d}t\Big)^{\frac{1}{2}(\frac{2}{2-\lambda}-\alpha)^{(1-\lambda)}}$$

$$\leqslant C\|f\|_1$$

上式最后一个不等式用到了式(8).

如果

$$\left(\frac{2}{2-\lambda}-\alpha\right)(\lambda-1)>0$$

用式(7)代替式(8),可得

$$|\Delta_n^{(\frac{2}{2-\lambda}-\alpha)^{(1-\lambda)}}(x)\widetilde{S}'_{n,\alpha,\beta}(f,x)|\leqslant C\|f\|_1$$

类似于引理4的证明,可以得到:

引理 5　若 $0\leqslant\lambda\leqslant 1, 0<\alpha<2$,那么

$$\|\widetilde{S}_{n,\alpha,\beta}(f)\|_2\leqslant Cn\|f\|_0\quad(f\in C_{\alpha,\lambda})$$

$$\|\widetilde{S}_{n,\alpha,\beta}(f)\|_2\leqslant C\|f\|_2\quad(f\in C_{\alpha,\lambda}^2)$$

引理 6　若 $0<t<\frac{1}{8},\frac{t}{2}\leqslant x\leqslant 1-\frac{t}{2},x\in[0,1],\beta<2$,则有

$$\int_{-\frac{t}{2}}^{\frac{t}{2}}\Delta_n^{-\beta}(x+u)\mathrm{d}u\leqslant C(\beta)t\Delta_n^{-\beta}(x)$$

引理 7　若 $0<t<\frac{1}{4},t\leqslant x\leqslant 1-t,x\in[0,1],0\leqslant\beta\leqslant 2$,则有

$$\int_{-\frac{t}{2}}^{\frac{t}{2}}\int_{-\frac{t}{2}}^{\frac{t}{2}}\Delta_n^{-\beta}(x+u+v)\mathrm{d}u\mathrm{d}v\leqslant Ct^2\Delta_n^{-\beta}(x)$$

§3　定理的证明

定理 1 的证明　定义辅助算子

$$S_{n,\alpha,\beta}(f,x)=\widetilde{S}_{n,\alpha,\beta}(f,x)+L_{n,\alpha,\beta}(f,x)\quad(17)$$

其中

$$L_{n,\alpha,\beta}(f,x)=f(x)-f(\widetilde{S}_{n,\alpha,\beta}(t,x))$$

易知

$$|\widetilde{S}_{n,\alpha,\beta}(f,x)-x|\leqslant\frac{C}{n}\tag{18}$$

$$S_{n,\alpha,\beta}(1,x)=1,S_{n,\alpha,\beta}(t-x,x)=0\tag{19}$$

$$\|S_{n,\alpha,\beta}\|\leqslant 3\tag{20}$$

由式(18)可知

$$\begin{aligned}|L_{n,\alpha,\beta}(f,x)|&\leqslant\omega(f,|\widetilde{S}_{n,\alpha,\beta}(t,x)-x|)\\&\leqslant C\omega\left(f,\frac{1}{n}\right)\end{aligned}\tag{21}$$

根据式(2)和(3),对于任意固定的 x,λ 与 n,存在 $g_{n,x,\lambda}\in\overline{D}_{\lambda}^{2}$,使得

$$\|f-g\|\leqslant C\omega_{\varphi^{\lambda}}^{2}(f,n^{-\frac{1}{2}}\Delta_{n}^{1-\lambda}(x))\tag{22}$$

$$(n^{-\frac{1}{2}}\Delta_{n}^{1-\lambda}(x))^{2}\|\varphi^{2\lambda}g''\|\leqslant C\omega_{\varphi^{\lambda}}^{2}(f,n^{-\frac{1}{2}}\Delta_{n}^{1-\lambda}(x))\tag{23}$$

$$(n^{-\frac{1}{2}}\Delta_{n}^{1-\lambda}(x))^{\frac{4}{2-\lambda}}\|g''\|\leqslant C\omega_{\varphi^{\lambda}}^{2}(f,n^{-\frac{1}{2}}\Delta_{n}^{1-\lambda}(x))\tag{24}$$

由式(20)和(21)有

$$\begin{aligned}&|S_{n,\alpha,\beta}(f,x)-f(x)|\\\leqslant&|S_{n,\alpha,\beta}(f-g,x)|+\\&|f(x)-g(x)|+|S_{n,\alpha,\beta}(g,x)-g(x)|\\\leqslant&4\|f-g\|+|S_{n,\alpha,\beta}(g,x)-g(x)|\\\leqslant&C\omega_{\varphi^{\lambda}}^{2}(f,n^{-\frac{1}{2}}\Delta_{n}^{1-\lambda}(x))+\\&|S_{n,\alpha,\beta}(g,x)-g(x)|\end{aligned}\tag{25}$$

注意到 $\varphi^{2\lambda}(x)$ 与 $\Delta^{2\lambda}(x)$ 在[0,1]上是凹函数,对于任意的 $t,x\in[0,1]$,以及介于 x 与 t 之间的 u,令

$$u=\theta x+(1-\theta)t \quad (0\leqslant\theta\leqslant 1)$$

则有

$$\begin{aligned}\frac{|t-u|}{\varphi^{2\lambda}(u)}&=\frac{\theta|t-x|}{\varphi^{2\lambda}(\theta x+(1-\theta)t)}\\&\leqslant\frac{\theta|t-x|}{\theta\varphi^{2\lambda}(x)+(1-\theta)\varphi^{2\lambda}(t)}\\&\leqslant\frac{|t-x|}{\varphi^{2\lambda}(x)}\end{aligned} \tag{26}$$

$$\frac{|t-u|}{\Delta_n^{2\lambda}(u)}=\frac{|t-x|}{\Delta_n^{2\lambda}(x)} \tag{27}$$

利用 Taylor 公式

$$g(t)=g(x)+g'(x)(t-x)+\int_x^t(t-u)g''(u)\mathrm{d}u$$

以及式(19)与(27),有

$$\begin{aligned}&|S_{n,\alpha,\beta}(g,x)-g(x)|\\=&\left|S_{n,\alpha,\beta}\left(\int_x^t(t-u)g''(u)\mathrm{d}u,x\right)\right|\\\leqslant&\left|\widetilde{S}_{n,\alpha,\beta}\left(\int_x^t(t-u)g''(u)\mathrm{d}u,x\right)\right|+\\&\left|\int_x^{\widetilde{S}_{n,\alpha,\beta}(t,x)}(\widetilde{S}_{n,\alpha,\beta}(t,x)-u)g''(u)\mathrm{d}u\right|\end{aligned}$$

当 $x\in B_n$ 时,由式(14)(26)(18),引理 2 和式(23),得

$$\begin{aligned}&|S_{n,\alpha,\beta}(g,x)-g(x)|\\\leqslant&C\|\varphi^{2\lambda}g''\|\widetilde{S}_{n,\alpha,\beta}\left(\frac{(t-x)^2}{\varphi^{2\lambda}(x)},x\right)+\\&\varphi^{-2\lambda}(x)\|\varphi^{2\lambda}g''\|(\widetilde{S}_{n,\alpha,\beta}(t,x)-x)^2\\\leqslant&Cn^{-1}\Delta^{2-2\lambda}(x)\|\varphi^{2\lambda}g''\|\\\leqslant&C\omega_{\varphi^\lambda}^2(f,n^{-\frac{1}{2}}\Delta_n^{1-\lambda}(x))\end{aligned} \tag{28}$$

当 $x\in B_n^C$ 时,因为 $\Delta_n(x)\sim\frac{1}{\sqrt{n}}$,所以,由式

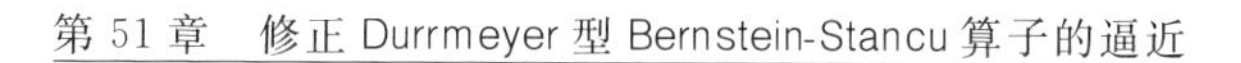

(14)(18) 与引理 2,得

$$\begin{aligned}
&|S_{n,\alpha,\beta}(g,x)-g(x)|\\
&\leqslant C\|\Delta_n^{2\lambda}g''\|\widetilde{S}_{n,\alpha,\beta}\left(\frac{(t-x)^2}{\delta_n^{2\lambda}(x)},x\right)+\\
&\quad\delta_n^{-2\lambda}(x)\|\Delta_n^{2\lambda}g''\|(\widetilde{S}_{n,\alpha,\beta}(t,x)-x)^2\\
&\leqslant Cn^{-1}\Delta_n^{2-2\lambda}(x)(\|\varphi^{2\lambda}g''\|+\frac{1}{n^{\lambda}}\|g''\|)\\
&\leqslant Cn^{-1}\Delta_n^{2-2\lambda}(x)\|\varphi^{2\lambda}g''\|+\\
&\quad C(n^{-\frac{1}{2}}\Delta_n^{1-\lambda}(x))^{\frac{4}{2-\lambda}}\|g''\|\\
&\leqslant C\omega_{\varphi^{\lambda}}^{2}(f,n^{-\frac{1}{2}}\Delta_n^{1-\lambda}(x))
\end{aligned}\tag{29}$$

上式最后一个不等式利用了式(23) 和(24).

结合式(17)(21)(25)(28) 与(29),定理 1 得证.

定理 2 的证明　由引理 4 ～ 引理 7,按照文献[7]中的方法可证得定理 2,此证明略.

参 考 资 料

[1] GADJIEV A D, GHORBANALIZACH A M. Approximation properties of a new type Bernstein-Stancu polynomials of one and two variables[J]. Applied Mathematics Computation, 2010, 216(3):890-901.

[2] STANCU D D. Approximation of functions by a new class of linear polynomial operators[J]. Revue Roumaine de Mathematiques Pures et Appliquees, 1968, 13(8):1173-1194.

[3] WANG M L, YU D S, ZHOU P. On the ap-

proximation by operators of Bernstein-Stancu types[J]. Applied Mathematics Computation, 2014,246(11):79-87.

[4] DONG L X, YU D S, ZHOU P. Pointwise approximation by a Durrmeyer variant of Bernstein-Stancu operators[J]. Journal of Inequality Applications, 2017(1): 28. Doi: 10. 1186/S13660-016-1291-x.

[5] DITZIAN Z, TOTIK V. Moduli of Smoothness[M]. Berlin/ New York: Springer-Verlag, 1987.

[6] ACAR T , ARAL A, GUPTA V. On approximation properties of a new type Bernstein-Durrmeyer operators[J]. Mathetical Slovaca, 2015,65(5):1107-1122.

[7] GUO S, LIU L. The pointwise estimate for modified Bernstein operators[J]. Studia Scientiarum Mathematicarum Hungarica, 2001, 37(1):69-81.

第十编

Bernstein 多项式的逼近度

关于 Bernstein 多项式的逼近度[①]

第52章

设 $f(x)$ 为 $[0,1]$ 上的连续函数，$B_n(x)$ 表示 $f(x)$ 的 Bernstein 多项式，即

$$B_n(x)=\sum_{k=0}^{n} f\left(\frac{k}{n}\right) C_n^k x^k (1-x)^{n-k}$$

G. G. Lorentz 有下列结果，即

$$|B_n(x)-f(x)| \leqslant \frac{5}{4}\omega\left(\frac{1}{\sqrt{n}}\right) \quad (1)$$

本章把上列结果改进为

$$|B_n(x)-f(x)| \leqslant \frac{19}{16}\omega\left(\frac{1}{\sqrt{n}}\right) \quad (2)$$

式中 $\omega(\delta)$ 表示 $f(x)$ 的连续模

$$\omega(\delta)=\max_{|x-y|\leqslant\delta} |f(x)-f(y)|$$

$$(x,y \in [0,1])$$

① 本章摘自《李文清科学论文集》，李文清著. 厦门大学出版社，1990.

为了建立式(2).我们需要下列公式

$$S_n(x)=\sum_{k=0}^{n}(k-nx)^4C_k^kx^h(1-x)^{n-k}$$
$$=nx(1-x)(1-6x+6x^2)+3n^2x^2(1-x)^2 \tag{3}$$

对 $S_n(x)$ 作下列估计

$$S_n(x)\leqslant\frac{3n^2}{16}\quad(n\geqslant 2,0\leqslant x\leqslant 1)$$

我们证明(4)成立,有

$$S_n(x)=nx(1-x)(1-6x+6x^2+3nx(1-x))$$
$$\leqslant\frac{n}{4}\mid 1-6x+6x^2+3nx(1-x)\mid$$
$$(0\leqslant x\leqslant 1)$$

命

$$f(x)=1-6x+6x^2+3nx(1-x)$$
$$f'\left(\frac{1}{2}\right)=0$$

当 $n\geqslant 3$,则

$$\mid f(x)\mid\leqslant\max\{\mid f\left(\frac{1}{2}\right)\mid,\mid f(1)\mid,\mid f(0)\mid\}$$
$$=\mid f\left(\frac{1}{2}\right)\mid=\frac{3n}{2}-\frac{1}{2}\leqslant\frac{3n}{4}$$

所以

$$S_n(x)\leqslant\frac{3n^2}{16}$$

即式(4)当 $n\geqslant 3$ 时成立.

当 $n=2$ 时

$$S_n(x)\leqslant\frac{n}{4}\mid 1-6x+6x^2+6x(1-x)\mid=\frac{n}{4}\leqslant\frac{3n^2}{16}$$

故式(4)对 $n\geqslant 2$ 都成立.利用不等式(4)可得下列定

理.

定理 1　设 $f(x)\in C[0,1]$，$B_n(x)$ 为其 Bernstein 多项式，则

$$|B_n(x)-f(x)|\leqslant\frac{19}{16}\omega\left(\frac{1}{\sqrt{n}}\right)$$

对任一 n 成立.

证明　当 $x_1,x_2\in[0,1]$，设 $\delta>0$，以 $\lambda=\lambda(x_1,x_2,\delta)$ 表示$[|x_1-x_2|\delta^{-1}]$，此$[\ ]$表示整数部分. 则下式成立

$$|f(x_1)-f(x_2)|\leqslant(\lambda+1)\omega(\delta)$$

$$\begin{aligned}
&|B_n(x)-f(x)|\\
\leqslant&\sum_{k=0}^{n}\left|f\left(\frac{k}{n}\right)-f(x)\right|C_n^k x^k(1-x)^{n-k}\\
\leqslant&\omega(\delta)\sum_{k=0}^{n}\left\{1+\lambda\left(x,\frac{k}{n},\delta\right)\right\}C_n^k x^k(1-x)^{n-k}\\
\leqslant&\omega(\delta)\left\{1+\sum_{\lambda>1}\lambda\left(x,\frac{k}{n},\delta\right)\right\}C_n^k x^k(1-x)^{n-k}\\
\leqslant&\omega(\delta)\left\{1+\sum_{\lambda\geqslant 1}\lambda^4\left(x,\frac{k}{n},\delta\right)\right\}C_n^k x^k(1-x)^{n-k}\\
\leqslant&\omega(\delta)\left\{1+\delta^{-4}\sum_{k=0}^{n}\left(x-\frac{k}{n}\right)^4C_n^k x^k(1-x)^{n-k}\right\}\\
\leqslant&\omega(\delta)\left\{1+\frac{1}{(n\delta)^4}S_n(x)\right\}\\
\leqslant&\omega(\delta)\left\{1+\frac{1}{(n\delta)^4}\frac{3n^2}{16}\right\}\quad(\text{当 } n\geqslant 2)
\end{aligned}$$

命 $\delta^{-1}=\sqrt{n}$ 得：当 $n\geqslant 2$

$$|B_n(x)-f(x)|\leqslant\left(1+\frac{3}{16}\right)\omega\left(\frac{1}{\sqrt{n}}\right)$$

又当 $n=1$ 时

$$
\begin{aligned}
& | B_n(x) - f(x) | \\
\leqslant & | (f(0) - f(x))(1-x) | (f(1) - f(x))x | \\
\leqslant & \omega(1) \leqslant \frac{19}{16}\omega(1)
\end{aligned}
$$

故对任一 n,式(2)成立.

用类似的计算可得下列定理.

定理 2　命 $f(x)$ 在$[0,1]$有连续的导数 $f'(x)$.设 $\omega_1(\delta)$ 表示 $f'(x)$ 的连续模,则

$$
| B_n(x) - f(x) | \leqslant \frac{11}{16} \frac{1}{\sqrt{n}} \omega_1\left(\frac{1}{\sqrt{n}}\right)
$$

因证明与定理 1 相似,证明从略.

关于 k 维空间的 Bernstein 多项式的逼近度

第 53 章

本章讨论了 k 维空间的 Bernstein 多项式在不同的距离下的逼近度，所谓在 k 维单位区间上的 Bernstein 多项式是指

$$B^{f}_{n_1,n_2,\cdots,n_k}(x_1,x_2,\cdots,x_k)$$
$$=\sum_{v_1=0}^{n_1}\cdots\sum_{v_k=0}^{n_k}f\left(\frac{v_1}{n_1},\cdots,\frac{v_k}{n_k}\right)\cdot$$
$$p^{v_1,\cdots,v_k}_{n_1,\cdots,n_k}(x_1,x_2,\cdots,x_k)$$

其中

$$p^{v_1,\cdots,v_k}_{n_1,\cdots,n_k}$$
$$=\binom{n_1}{v_1}\binom{n_2}{v_2}\cdots\binom{n_k}{v_k}\cdot$$
$$x_1^{v_1}(1-x_1)^{n_1-v_1}\cdots$$
$$x_k^{v_k}(1-x_k)^{n_k-v_k}$$

本章建立了下列关于连续函数的

逼近度

$$|B^f_{n_1,n_2,\cdots,n_k}(x_1,x_2,\cdots,x_k)-f(x_1,x_2,\cdots,x_k)|$$
$$\leqslant\left(1+\frac{3k}{16}\right)\omega_f\left(\frac{1}{\sqrt{n_1}},\frac{1}{\sqrt{n_2}},\cdots,\frac{1}{\sqrt{n_k}}\right)$$

$$|B^f_{n_1,n_2,\cdots,n_k}(x_1,x_2,\cdots,x_k)-f(x_1,x_2,\cdots,x_k)|$$
$$\leqslant\frac{5}{4}\omega_2\left(\sqrt{\sum_{i=1}^{k}\frac{1}{n_i}}\right)$$

$$|B^f_{n_1,n_2,\cdots,n_k}(x_1,x_2,\cdots,x_k)-f(x_1,x_2,\cdots,x_k)|$$
$$\leqslant\frac{19}{16}\omega_4\left(\left(\sum_{1}^{k}\frac{1}{n_i^2}\right)^{\frac{1}{4}}\right)$$

式中 $\omega_f(\delta_1,\delta_2,\cdots,\delta_k)$ 表 $f(x_1,x_2,\cdots,x_k)$ 连续模,即

$$\omega_f(\delta_1,\delta_2,\cdots,\delta_k)$$
$$=\max_{|x_1-y_1|\leqslant\delta_1,\cdots,|x_k-y_k|\leqslant\delta_k}|f(x_1,x_2,\cdots,x_k)-$$
$$f(y_1,y_2,\cdots,y_k)|$$

$$W_2(\delta)=\max_{\|x-y\|_2\leqslant\delta}|f(X)-f(Y)|$$

$$X=(x_1,\cdots,x_k),Y=(y_1,\cdots,y_k)$$

而 $\|X-Y\|_2$ 表 $\left(\sum_{i=1}^{k}(x_i-y_i)^2\right)^{\frac{1}{2}}$

$$\omega_4(\delta)=\max_{\|x-y\|_4\leqslant\delta}\|f(X)-f(Y)\|$$

$$\|X-Y\|_4=\left(\sum_{i=0}^{k}(x_i-y_i)^4\right)^{\frac{1}{4}}$$

此外建立了在单纯形 $0\leqslant x_1+x_2+\cdots+x_k\leqslant 1,x_i\geqslant 0,i=1,2,\cdots,k$ 上的 Bernstein 多项式,即

$$B^f_n(x_1,\cdots,x_k)$$
$$=\sum_{v_1\geqslant 0,v_1+v_2+\cdots+v_k\leqslant n}f\left(\frac{v_1}{n},\frac{v_2}{n},\cdots,\frac{v_k}{n}\right)P_{v_1,\cdots,v_k,n}(x_1,\cdots,x_k)$$

的逼近度,式中

$$P_{v_1,\cdots,v_k,n}(x_1,\cdots,x_k)$$

$$=\binom{n}{v_1,\cdots,v_k}x_1^{v_1}\cdots x_k^{v_k}(1-x_1-\cdots-x_k)^{n-v_1-\cdots-v_k}$$

$$\binom{n}{v_1,\cdots,v_k}=\frac{n!}{v_1!\ \cdots v_k!\ (n-v_1-\cdots-v_k)!}$$

本章建立了下列关于连续函数的逼近度

$$|B_n^f(x_1,\cdots,x_k)-f(x_1,\cdots,x_k)|\leqslant 2\omega_2\left(\frac{1}{\sqrt{n}}\right)$$

最后一式与维数 k 无关.

§1　关于一维空间的 Bernstein 多项式的逼近度的问题[①]

即当 $\omega(\delta)$ 表连续模

$$\omega(\delta)=\max_{|x-y|\leqslant\delta}|f(x)-f(y)|\quad(x,y\in[0,1])\tag{1}$$

时,以 Bernstein 多项式

$$B_n(x)=\sum_{v=0}^{n}f\left(\frac{v}{n}\right)\binom{n}{v}x^v(1-x)^{n-v}\tag{2}$$

逼近在[0,1]上定义的连续函数 $f(x)$ 时得到下列不等式

$$\max_{0\leqslant x\leqslant 1}|f(x)-B_n(x)|\leqslant K\omega^{(n^{-\frac{1}{2}})}\quad(n=1,2,\cdots)\tag{3}$$

此处

① 已在 1961 年被 P. C. Sikkema 解决.

$$K=\frac{4\ 306+637\sqrt{6}}{5\ 832}=1.089\ 88\cdots$$

此常数不能再改小，这问题自 1935 年被 T. Popoviciu 提出后，经 $\frac{1}{4}$ 世纪终于获得解决，但对多变数的 Bernstein 多项式到目前为止，有了种种的收敛定理，而对误差计算的文献尚不多见，故对多维空间的 Bernstein 多项式的逼近度作一探讨，以补其缺，所谓多维 Bernstein 多项式，即

$$\begin{aligned}&B^f_{n_1,n_2,\cdots,n_k}(x_1,x_2,\cdots,x_k)\\=&\sum_{v_1=0}^{n_1}\cdots\sum_{v_k=0}^{n_k}f\left(\frac{v_1}{n_1},\cdots,\frac{v_k}{n_k}\right)p^{v_1,\cdots,v_k}_{n_1,\cdots,n_k}(x_1,x_2,\cdots,x_k)\end{aligned}\tag{4}$$

其中

$$\begin{aligned}&p^{v_1,\cdots,v_k}_{n_1,n_2,\cdots,n_k}(x_1,x_2,\cdots,x_k)\\=&\binom{n_1}{v_1}\binom{n_2}{v_2}\cdots\binom{n_k}{v_k}x_1^{v_1}(1-x_1)^{n_1-v_1}\cdots\\&x_k^{v_k}(1-x_k)^{n_k-v_k}\end{aligned}$$

而 $f(x_1,\cdots,x_k)$ 表示在单位区间 $0\leqslant x_i\leqslant 1,i=1,2,\cdots,k$ 上的连续函数，本章只讨论连续函数的逼近. 在多维空间逼近多项式的形式较为复杂，同时在定义连续模时可以用不同的距离的概念. 虽然在泛函数分析中取模

$$\|X\|=\sum_1^n|x_i|$$

或

$$\|x\|=(\sum_1^n|x_i|^p)^{\frac{1}{p}}\quad(p\geqslant 1)$$

都是拓扑等价的，但在计算函数逼近的误差大小时，则选不同的距离将得到不同的估计，故在多元函数的逼近论中适当选择距离可以使所得到的误差估计减小，本章分几个部分来叙述，首先依照通常的习惯取连续模

$$\omega_f(\delta_1,\delta_2,\cdots,\delta_k) = \max_{\substack{|x_i-y_i|\leqslant\delta_i \\ i=1,2,\cdots,k}} |f(x_1,x_2,\cdots,x_k)-f(y_1,y_2,\cdots,y_k)| \quad (5)$$

式中点 $(x_1,x_2,\cdots,x_k)$，$(y_1,y_2,\cdots,y_k)$ 含在区间 I：$0\leqslant x_i\leqslant 1(i=1,2,\cdots,k)$ 中.

今令 X 表示 $(x_1,x_2,\cdots,x_k)$，Y 表示 $(y_1,y_2,\cdots,y_k)$. 我们可以取连续模如下

$$\max_{\|X-Y\|\leqslant\delta} |f(X)-f(Y)| = \omega(\delta)$$

$$(X,Y\in:0\leqslant x_i\leqslant 1, i=1,2,\cdots,k)$$

而 $\|X-Y\|$ 可以取不同的距离，如

$$\|X-Y\|_2 = \sqrt{(x_1-y_1)^2+\cdots+(x_k-y_k)^2}$$

或

$$\|X-Y\|_4 = \sqrt[4]{\sum_{i=1}^{k}(x_i-y_i)^4}$$

最后讨论一下

$$\|X-Y\|_p = \sqrt[p]{\sum_{i=1}^{k}|x_i-y_i|^p}$$

我们为了区别不同的距离的模，用下列记号

$$\max_{\|X-Y\|_p\leqslant\delta} |f(X)-f(Y)| = W_p(\delta) \quad (6)$$

本章中求出了下列不等式

$$|B^f_{n_1,n_2,\cdots,n_k}(x_1,\cdots,x_k)-f(x_1,\cdots,x_k)| \leqslant 1+\frac{3k}{16}\omega_f\left(\frac{1}{\sqrt{n_1}},\frac{1}{\sqrt{n_2}},\cdots,\frac{1}{\sqrt{n_k}}\right) \quad (7)$$

$$|B^f_{n_1,n_2,\cdots,n_k}(x_1,\cdots,x_k)-f(x_1,\cdots,x_k)|$$
$$\leqslant\frac{5}{4}\omega_2(\sqrt{\sum_1^k\frac{1}{n_i}})\tag{8}$$
$$|B^f_{n_1,\cdots,n_k}(x_1,\cdots,x_k)-f(x_1,\cdots,x_k)|$$
$$\leqslant\frac{19}{16}\omega_4((\sum_1^k\frac{1}{n_i^2})^{\frac{1}{4}})\tag{9}$$

上例不等式都可以看作 Popoviciu 不等式的推广，此外又讨论了在单纯形 $0\leqslant x_1+x_2+\cdots+x_k\leqslant 1,x_i\geqslant 0$，$i=1,2,\cdots,k$ 上的 Bernstein 多项式的逼近度，其 Bernstein 多项式为

$$B^f_n(x_1,\cdots,x_k)$$
$$=\sum_{v_i\geqslant 0,v_1+v_2+\cdots+v_k\leqslant n}f(\frac{v_1}{n},\cdots,\frac{v_k}{n})P_{v_1,\cdots,v_k,n}(x_1,\cdots,x_k)\tag{10}$$

$$P_{v_1,\cdots,v_k,n}(x_1,\cdots,x_k)$$
$$=\binom{n}{v_1,\cdots,v_k}x_1^{v_1}\cdots x_k^{v_k}(1-x_1\cdots x_k)^{n-v_1-\cdots-v_k}$$

$$\left\{\begin{matrix}n\\v_1,\cdots,v_k\end{matrix}\right\}=\frac{n!}{v_1!\ \cdots v_k!\ (n-v_1-\cdots-v_k)!}$$

本章建立了下列不等式

$$|B^f_n(x_1,\cdots,x_k)-f(x_1,\cdots,x_k)|\leqslant 2\omega_2\left(\frac{1}{\sqrt{n}}\right)\tag{11}$$

§2　Popoviciu 不等式的推广

本节主要内容是把一个变数的 Bernstein 多项式

所满足的 Popoviciu 不等式

$$|f(x)-B_n(x)|\leqslant\frac{5}{4}\omega(n^{-\frac{1}{2}})\tag{12}$$

作一推广，上式中 $f(x)\in C[0,1]$，有

$$B_n(x)=\sum_{k=0}^{n}f\left(\frac{k}{n}\right)\binom{n}{k}x^{k(1-x)^{v-k}}$$

引理 1　命 $W_f(\delta_1,\delta_2,\cdots,\delta_k)$ 表示式(5)所规定的 $f(x_1,x_2,\cdots,x_k)$ 在 k 维空间内单位立方体上的连续模，则下列不等式成立

$$\begin{aligned}&|f(x_1,x_2,\cdots,x_k)-f(y_1,y_2,\cdots,y_k)|\\\leqslant&\ \omega(\delta_1,\delta_2,\cdots,\delta_k)(1+\lambda_1+\cdots+\lambda_k)\end{aligned}\tag{13}$$

此处 $\lambda_i=[\frac{|x_i-y_i|}{\delta_i}]$，$i=1,2,\cdots,k$，[ ]表整数部分.

证明　今证公式(13)当 $n=2$ 时成立，置

$$\omega_f(\delta_1,x_2)=\sup_{|x_1-y_1|\leqslant\delta_1}|f(x_1,x_2)-f(y_1,x_2)|$$

$$\omega_f(x_1,\delta_2)=\sup_{|x_2-y_2|\leqslant\delta_2}|f(x_1,x_2)-f(x_1,y_2)|$$

则得

$$\begin{aligned}&|f(x_1,x_2)-f(y_1,y_2)|\\\leqslant&\left[\frac{|x_1-y_1|}{\delta_1}\right]\omega_f(\delta_1,x_2)+\\&\left[\frac{|x_2-y_2|}{\delta_2}\right]\omega_f(x+\\&\delta_1\left[\frac{|x_1-y_1|}{\delta_1}\right],\delta_2)+\\&|f(\delta_1\left[\frac{|x_1-y_1|}{\delta_1}\right]+x_1,\\&\delta_2\left[\frac{|x_2-y_2|}{\delta_2}\right]+x_2)-f(y_1,y_2)|\\\leqslant&\ \lambda_1\omega_f(\delta_1,\delta_2)+\lambda_2\omega_f(\delta_1,\delta_2)+\omega_f(\delta_1,\delta_2)\end{aligned}$$

$$=(1+\lambda_1+\lambda_2)\omega_f(\delta_1,\delta_2)$$

至于 n 维情况可以类似的证明.

定理 1 设 $f(x_1,x_2,\cdots,x_k)$ 在 $0\leqslant x_i\leqslant 1$ 连续，$B^f_{n_1,\cdots,n_k}(x_1,x_2,\cdots,x_k)$ 表示 n 维空间的 Bernstein 多项式如(4) 中所示，命 $\omega_f(\delta_1,\delta_2,\cdots,\delta_k)$ 为 $f(x_1,\cdots,x_k)$ 的式(5) 所表示的连续模，即下列不等式成立

$$|B^f_{n_1,n_2,\cdots,n_k}(x_1,x_2,\cdots,x_k)-f(x_1,x_2,\cdots,x_k)|$$

$$\leqslant\left(1+\frac{3k}{16}\right)\omega(n_1^{-\frac{1}{2}},n_2^{-\frac{1}{2}},\cdots,n_k^{-\frac{1}{2}})\tag{14}$$

证明 因

$$B^f_{n_1,\cdots,n_k}(x_1,x_2,\cdots,x_k)$$

$$=\sum_{v_1=0}^{n_1}\sum_{v_2=0}^{n_2}\cdots\sum_{v_k=0}^{n_k}f\left(\frac{v_1}{n_1},\frac{v_2}{n_2},\cdots,\frac{v_k}{n_k}\right)P^{v_1,v_2,\cdots,v_k}_{n_1,n_2,\cdots,n_k}(x_1,\cdots,x_k)$$

$$P^{v_1,\cdots,v_k}_{n_1,\cdots,n_k}(x_1,x_2,\cdots,x_k)$$

$$=\binom{n_1}{v_1}\cdots\binom{n_k}{v_k}x_1^{v_1}(1-x_1)^{n_1-v_1}\cdots x_k^{v_k}(1-x_k)^{n_k-v_k}$$

显然当 $f(x_1,x_2,\cdots,x_k)\equiv 1$ 时

$$B^f_{n_1,\cdots,n_k}(x_1,x_2,\cdots,x_k)=1$$

从而得到

$$f(x_1,x_2,\cdots,x_k)$$

$$=\sum_{v_1=0}^{n_1}\sum_{v_2=0}^{n_2}\cdots\sum_{v_k=0}^{n_k}f(x_1,x_2,\cdots,x_k)P^{v_1,\cdots,v_k}_{n_1,\cdots,n_k}(x_1,\cdots,x_k)\tag{15}$$

利用(15) 及引理 1，作下列估计

$$|B^f_{n_1,n_2,\cdots,n_k}(x_1,x_2,\cdots,x_k)-f(x_1,x_2,\cdots,x_k)|$$

$$\leqslant\sum_{v_1=0}^{n_1}\sum_{v_2=0}^{n_2}\cdots\sum_{v_k=0}^{n_k}\left|f\left(\frac{v_1}{n_1},\cdots,\frac{v_k}{n_k}\right)-f(x_1,x_2,\cdots,x_k)\right|\cdot$$

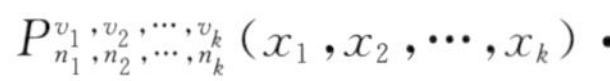

$$P^{v_1,v_2,\cdots,v_k}_{n_1,n_2,\cdots,n_k}(x_1,x_2,\cdots,x_k)\cdot$$

$$\leqslant \sum_{v_1=0}^{n_1} \sum_{v_2=0}^{n_2} \cdots \sum_{v_k=0}^{n_k} (1+\lambda_1+\lambda_2+\cdots+\lambda_k) \cdot$$

$$\omega_f(\delta_1,\delta_2,\cdots,\delta_k) P_{n_1,n_2,\cdots,n_k}^{v_1,v_2,\cdots,v_k}(x_1,x_2,\cdots,x_k)$$

$$=\omega_f(\delta_1,\delta_2,\cdots,\delta_k)\Big[1+\sum_{j=1}^{k}\sum_{v_1=0}^{n_1}\sum_{v_2=0}^{n_2}\cdots\sum_{v_k=0}^{n_k}\lambda_j \cdot$$

$$P_{n_1,n_2,\cdots,n_k}^{v_1,v_2,\cdots,v_k}(x_1,x_2,\cdots,x_k)\Big] \tag{16}$$

现在计算

$$\sum_{v_1=0}^{n_1}\sum_{v_2=0}^{n_2}\cdots\sum_{v_k=0}^{n_k}\lambda_j P_{n_1,n_2,\cdots,n_k}^{v_1,v_2,\cdots,v_k}(x_1,x_2,\cdots,x_k)$$

因 $\lambda_1,\lambda_2,\cdots,\lambda_k$ 的对称性,只计算 $j=1$ 的情况就够了

$$\sum_{v_1=0}^{n_1}\sum_{v_2=0}^{n_2}\cdots\sum_{v_k=0}^{n_k}\lambda_1 P_{n_1,n_2,\cdots,n_k}^{v_1,v_2,\cdots,v_k}(x_1,x_2,\cdots,x_k)$$

$$=\sum_{v_1=0}^{n_1}\sum_{v_2=0}^{n_2}\cdots\sum_{v_k=0}^{n_k}\left[\frac{\left|x_1-\frac{v_1}{n_1}\right|}{\delta_1}\right]\binom{n_1}{v_1}\cdots\binom{n_k}{v_k}\cdot$$

$$x_1^{v_1}(1-x_1)^{n_1-v_1}x_2^{v_2}(1-x_2)^{n_2-v_2}\cdots x_k^{v_k}(1-x_k)^{n_k-v_k}$$

$$=\sum_{v_1=0}^{n_1}\left[\frac{\left|x_1-\frac{v_1}{n_1}\right|}{\delta_1}\right]\binom{n_1}{v_1}x_1^{v_1}(1-x_1)^{n_1-v_1}\cdot$$

$$\Big(\sum_{v_2=0}^{n_2}\cdots\sum_{v_k=0}^{n_k}\binom{n_2}{v_2}\cdots\binom{n_k}{v_k}\cdot$$

$$x_2^{v_2}(1-x_2)^{n_2-v_2}\cdots x_k^{v_k}(1-x_k)^{n_k-v_k}\Big)$$

$$=\sum_{\lambda_1\geqslant 1}\left[\frac{\left|x_1-\frac{v_1}{n_1}\right|}{\delta_1}\right]\binom{n_1}{v_1}x_1^{v_1}(1-x_1)^{n_1-v_1}$$

$$\leqslant\sum_{v_1=0}^{n_1}\frac{\left(x_1-\frac{v_1}{n_1}\right)^4}{\delta_1^4}\binom{n_1}{v_1}x_1^{v_1}(1-x_1)^{n_1-v_1}$$

$$=\frac{1}{n_1^4\delta_1^4}(n_1x_1(1-x_1)(1-6x_1+6x_1^2)+$$

$$3n_1^2x_1^2(1-x_1)^2)$$

$$\leqslant\frac{1}{n_1^4\delta_1^4}\frac{3n_1^2}{16}=\frac{3}{16n_1^2\delta_1^4}\quad(0\leqslant x_1\leqslant 1)$$

故得下列估计

$$|B_{n_1,n_2,\cdots,n_k}^f(x_1,x_2,\cdots,x_k)-f(x_1,x_2,\cdots,x_k)|$$

$$\leqslant W(\delta_1,\delta_2,\cdots,\delta_n)\left\{1+\frac{3}{16}\left[\sum_{i=1}^{k}\frac{1}{n_1^2\delta_1^4}\right]\right\}$$

命 $\delta_j=\sqrt{\frac{1}{n_j}}$ 得到

$$|B_{n_1,\cdots,n_k}^f(x_1,\cdots,x_k)-f(x_1,\cdots,x_k)|$$

$$\leqslant\left(1+\frac{3k}{16}\right)\omega\left(\frac{1}{\sqrt{n_1}},\frac{1}{\sqrt{n_2}},\cdots,\frac{1}{\sqrt{n_k}}\right)$$

证毕.

附注 (a) 上列结果当 $k=1$,即

$$|B_n^f(x)-f(x)|\leqslant\frac{19}{16}\omega\left(\frac{1}{\sqrt{n}}\right)$$

即为 T. Popoviciu 的结果的改进形.

(b) 此结果还有改进的余地.

§3 在不同的距离下的逼近度

首先考虑通常的 Euclid 距离

$$\rho_2(X,Y)=\left(\sum_{j=1}^{k}(x_i-y_i)^2\right)^{\frac{1}{2}}$$

其中

$$X=(x_1,x_2,\cdots,x_k),Y=(y_1,y_2,\cdots,y_k)$$

设

$$f(X)=f(x_1,x_2,\cdots,x_k)$$

在单位区间 $I:0\leqslant x_i\leqslant 1,i=1,2,\cdots,k$ 连续，我们定义 $f(x)$ 的连续模如下

$$\omega_2^f(\delta)=\max_{\rho_2(X,Y)\leqslant\delta}|f(X)-f(Y)|$$

其中

$$X,Y\in I:0\leqslant x_i\leqslant 1,i=1,2,\cdots,k$$

考虑 Bernstein 多项式

$$\begin{aligned}&B^f_{n_1,n_2,\cdots,n_k}(x_1,x_2,\cdots,x_k)\\=&\sum_{v_1=0}^{n_1}\cdots\sum_{v_k=0}^{n_k}f\left(\frac{v_1}{n_1},\cdots,\frac{v_k}{n_k}\right)P^{v_1,v_2,\cdots,v_k}_{n_1,n_2,\cdots,n_k}(x_1,x_2,\cdots,x_k)\end{aligned}$$

的逼近如下

$$\begin{aligned}&|B^f_{n_1,n_2,\cdots,n_k}(x_1,\cdots,x_k)-f(x_1,\cdots,x_k)|\\\leqslant&\sum_{v_1=0}^{n_1}\sum_{v_2=0}^{n_2}\cdots\sum_{v_k=0}^{n_k}\left|f\left(\frac{v_1}{n_1},\cdots,\frac{v_k}{n_k}\right)-f(x_1,x_2,\cdots,x_k)\right|\cdot\\&P^{v_1,v_2,\cdots,v_k}_{n_1,n_2,\cdots,n_k}(x_1,x_2,\cdots,x_k)\\\leqslant&\sum_{v_1=0}^{n_1}\sum_{v_2=0}^{n_2}\cdots\sum_{v_k=0}^{n_k}(1+\lambda)\omega_2(\delta)\cdot\\&P^{v_1,v_2,\cdots,v_k}_{n_1,n_2,\cdots,n_k}(x_1,x_2,\cdots,x_k)\end{aligned}\tag{17}$$

上式中

$$\lambda=\left[\frac{\rho\left(X,\left(\frac{v_1}{n_1},\frac{v_2}{n_2},\cdots,\frac{v_k}{n_k}\right)\right)}{\delta}\right]$$

[　] 表示整数部分，则得

$$\begin{aligned}&|B^f_{n_1,n_2,\cdots,n_k}(x_1,x_2,\cdots,x_k)-f(x_1,x_2,\cdots,x_k)|\\\leqslant&\omega_2(\delta)\left\{1+\sum_{v_1=0}^{n_1}\cdots\sum_{v_k=0}^{n_k}\left[\frac{\rho\left(X,\left(\frac{v_1}{n_1},\frac{v_2}{n_2},\cdots,\frac{v_k}{n_k}\right)\right)}{\delta}\right]\cdot\right.\end{aligned}$$

$$P_{n_1,n_2,\cdots,n_k}^{v_1,v_2,\cdots,v_k}(x_1,x_2,\cdots,x_k)\Big\}$$

$$\leqslant \omega_2(\delta)\left\{1+\sum\cdots_{\lambda\geqslant 1}\sum\left[\frac{\rho\left(X,\left(\frac{v_1}{n_1},\frac{v_2}{n_2},\cdots,\frac{v_k}{n_k}\right)\right)}{\delta}\right]\cdot\right.$$

$$\left.P_{n_1,n_2,\cdots,n_k}^{v_1,v_2,\cdots,v_k}(x_1,x_2,\cdots,x_k)\right\}$$

$$\leqslant \omega_2(\delta)\left\{1+\sum\cdots_{\lambda\geqslant 1}\sum\frac{\left(x_1-\frac{v_1}{n_1}\right)^2+\cdots+\left(x_k-\frac{v_k}{n_k}\right)^2}{\delta_2}\cdot\right.$$

$$\left.P_{n_1,n_2,\cdots,n_k}^{v_1,v_2,\cdots,v_k}(x_1,x_2,\cdots,x_k)\right\}$$

$$\leqslant \omega_2(\delta)\left\{1+\frac{1}{\delta_2}\sum_{i=1}^{k}\sum_{v_1=0}^{n_1}\sum_{v_2=0}^{n_2}\cdots\sum_{v_k=0}^{n_k}\left(x_i-\frac{v_i}{n_i}\right)^2\cdot\right.$$

$$\left.P_{n_1,\cdots,n_k}^{v_1,\cdots,v_k}(x_1,\cdots,x_k)\right\} \tag{18}$$

重复定理 1 的计算得

$$|B_{n_1,n_2,\cdots,n_k}^{f}(x_1,x_2,\cdots,x_k)-f(x_1,x_2,\cdots,x_k)|$$

$$\leqslant \omega_2(\delta)\left\{1+\frac{1}{\delta_2}\sum_{i=1}^{k}\left[\sum_{v_i=0}^{n_i}\left(x_i-\frac{v_i}{n_i}\right)^2P_{n_i}^{v_i}(x_i)\right]\right\}$$

式中

$$P_{n_i}^{v_i}(x_i)=\binom{n_i}{v_i}x_i^{v_i}(1-x_i)^{n_i-v_i}$$

且

$$\sum_{v_i=0}^{n_i}\left(x_i-\frac{v_i}{n_i}\right)^2P_{n_i}^{v_i}(x_i)\leqslant\frac{x_i(1-x_i)}{n_i}$$

$$|B_{n_1,n_2,\cdots,n_k}^{f}(x_1,x_2,\cdots,x_k)-f(x_1,x_2,\cdots,x_k)|$$

$$\leqslant \omega_2(\delta)\left\{1+\frac{1}{4\delta_2}\sum_{i=1}^{k}\frac{1}{n_i}\right\}$$

$$\leqslant \frac{5}{4}\omega_2\left(\sqrt{\sum_{i=1}^{k}\frac{1}{n_i}}\right) \tag{19}$$

上式命 $\delta=\left(\sum_{i=1}^{k}\frac{1}{n_i}\right)^{\frac{1}{2}}$ 而得.特别当 $n_1=n_2=\cdots=n_k=n$,则

$$\begin{aligned}&\left|B^f_{n_1,n_2,\cdots,n_k}(x_1,x_2,\cdots,x_k)-f(x_1,x_2,\cdots,x_k)\right|\\ \leqslant&\left(1+\frac{k}{4\delta^2}\frac{1}{n}\right)\omega_2(\delta)\\ \leqslant&\left(1+\frac{k}{4}\right)\omega_2\left(\frac{1}{\sqrt{2}}\right)\end{aligned}\tag{20}$$

上式命 $\delta=\frac{1}{\sqrt{n}}$ 而得.总括起来得到下列定理:

定理2　命

$$\omega_2(\delta)=\max_{\rho_2(X,Y)\leqslant\delta}\left|f(X)-f(Y)\right|$$

$$(X,Y\in I:0\leqslant x_i\leqslant 1,i=1,2,\cdots,k)$$

则下列不等式成立

$$\begin{aligned}&\left|B^f_{n_1,n_2,\cdots,n_k}(x_1,x_2,\cdots,x_k)-f(x_1,x_2,\cdots,x_k)\right|\\ \leqslant&\frac{5}{4}\omega_2\left(\sqrt{\sum_{j=1}^{k}\frac{1}{n_j}}\right)\end{aligned}$$

特别地,当 $n_1=n_2=\cdots=n_k=n$ 得

$$\begin{aligned}&\left|B^f_{n_1,n_2,\cdots,n_k}(x_1,x_2,\cdots,x_k)-f(x_1,x_2,\cdots,x_k)\right|\\ \leqslant&\left(1+\frac{k}{4}\right)\omega_2\left(\frac{1}{\sqrt{n}}\right)\end{aligned}$$

现在我们考虑

$$\rho_4(X,Y)=\{(x_1-y_1)^4+(x_2-y_2)^4+\cdots+(x_k-y_k)^4\}^{\frac{1}{4}}$$

的距离下的Bernstein多项式的逼近度.

类似 $\rho_2(X,Y)$ 的估计如下:

$$\left|B^f_{n_1,n_2,\cdots,n_k}(x_1,x_2,\cdots,x_k)-f(x_1,x_2\cdots,x_k)\right|$$

$$\leqslant \omega_4(\delta)\left\{1+\frac{1}{\delta_4}\sum_{v_1=0}^{n_1}\cdots\sum_{v_k=0}^{n_k}\left(x_1-\frac{v_1}{n_1}\right)^4+\cdots+\right.$$

$$\left.\left(x_k-\frac{v_k}{n_k}\right)^4 P_{n_1,\cdots,n_k}^{v_1,\cdots,v_k}(x_1,\cdots,x_k)\right\}$$

$$\leqslant \omega_4(\delta)\left\{1+\frac{1}{\delta^4}\sum_{j=1}^{k}\sum_{v_j=0}^{n_j}\left(x_j-\frac{v_j}{n_j}\right)^4\cdot\right.$$

$$\left.\binom{n_j}{v_j}x_j^{v_j}(1-x_j)^{n_j-v_j}\right\}$$

$$\leqslant \omega_4(\delta)\left\{1+\frac{1}{\delta_4}\sum_{j=1}^{k}\{n_jx_j(1-x_j)(1-6x_j+6x_j^2)+\right.$$

$$\left.3n_j^2x_j^2(1-x_j)^2\}\frac{1}{n_j^4}\right.$$

$$\leqslant \omega_4(\delta)\left\{1+\frac{1}{\delta_4}\sum_{i=1}^{k}\frac{3n_j^2}{16n_j^4}\right\}$$

$$=W_4(\delta)\left\{1+\frac{3}{16\delta^4}\sum_{j=1}^{k}\frac{1}{n_j^2}\right\}$$

$$\leqslant \frac{19}{16}\omega_4\left(\left[\sum_{j=1}^{k}\frac{1}{n_j^2}\right]^{\frac{1}{4}}\right)$$

§4 关于一般的距离情况的一个注记

若取距离

$$\rho_p(X,Y)=\left(\sum_{j=1}^{k}|x_j-y_j|^{\rho}\right)^{\frac{1}{\rho}}$$

p 取正整数，$\rho=1,2,3,4,5,\cdots$ 可以得到不同的连续模的定义

$$\omega_\rho^f(\delta)=\max_{\rho_p(X,Y)\leqslant(\delta)}|f(X)-f(Y)| \tag{21}$$

则由 §3 的方法对距离

$$\rho_p(X,Y)=\left(\sum_{j=1}^{k}|x_j-y_j|^{\rho}\right)^{\frac{1}{\rho}}$$

可作下列估计

$$|B^f_{n_1,n_2,\cdots,n_k}(x_1,x_2,\cdots,x_k)-f(x_1,x_2\cdots,x_k)|$$

$$\leqslant\omega_p(\delta)\left\{1+\frac{1}{\delta^{\rho}}\sum_{j=1}^{k}\sum_{v_j=0}^{n_j}\left|x_j-\frac{v_j}{n_j}\right|^{\rho}P^{v_j}_{n_j}(x)\right\}\quad(22)$$

当 ρ 是偶数时，$\rho=2s$，则

$$|B^f_{n_1,n_2,\cdots,n_k}(x_1,x_2,\cdots,x_k)-f(x_1,x_2\cdots,x_k)|$$

$$\leqslant\omega_{2s}(\delta)\left\{1+\frac{1}{\delta^{2s}}\sum_{j=1}^{k}\sum_{v_j=0}^{n_j}(n_jx_j-v_j)^{2s}P^{v_j}_{n_j}(x_j)\right\}$$

则上列估值问题化为在[0,1]上求

$$T_{ns}(x)=\sum_{v=0}^{n}(v-nx)^sP^v_n(x)$$

的最大值问题.（式中 $P^v_n(x)=\begin{pmatrix}n\\v\end{pmatrix}x^v(1-x)^{n-v}$）其中

$$T_{n0}(x)=1,T_{n1}(x)=0,T_{n2}(x)=n_x(1-x)$$

$$T_{n3}(x)=n(1-2x)x(1-x)$$

$$T_{n4}(x)=3n^2x^2(1-x)^2+nx(1-x)(1-6x+6x^2)$$

且 $T_{ns}(x)$ 满足下列回归公式

$$T_{n,s+1}(x)=x(1-x)[T'_{ns}(x)+nsT_{n,s-1}(x)]$$

当 ρ 是奇数时，则估计

$$T^*_{n\rho}(x)\sum_{v=0}^{n}|v-nx|^{\rho}P^v_n(x)$$

利用布扬可夫基不等式得

$$T^*_{n\rho}(x)=\sum_{v=0}^{n}|v-nx|^{\rho}P^v_n(x)$$

$$\leqslant \sqrt{\sum_{v=0}^{n} P_n^v(x)(v-nx)^{2\rho}} \sqrt{\sum_{v=0}^{n} P_n^v(x)}$$

$$= \sqrt{\sum_{v=0}^{n} (v-nx)^{2\rho} P_n^v(x)}$$

即奇数的情况可化为偶数的情况.

§5 在单纯形上的 Bernstein 多项式的逼近度

一个函数的逼近度与用以逼近的多项式有关且与连续模的取法有关. 同时与函数的定义域的大小也有关, 一般说定义域越小, 其逼近的误差也越小, 本节的讨论也符合这个想法.

本节所讨论的在单纯形 $0 \leqslant x_1 + x_2 + \cdots + x_k \leqslant 1, 0 \leqslant x_i, i=1,2,\cdots,k$ 上的 Bernstein 多项式如下

$$\begin{aligned} & B_n^f(x_1, x_2, \cdots, x_k) \\ = & \sum_{v_j \geqslant 0, v_1+v_2+\cdots+v_k \leqslant n} f\left(\frac{v_1}{n}, \frac{v_2}{n}, \cdots, \frac{v_k}{n}\right) \cdot \\ & P_{v_1, v_2, \cdots, v_k, n}(x_1, \cdots, x_k) \end{aligned} \tag{23}$$

其中

$$P_{v_1, v_2, \cdots, v_k, n}(x_1, x_2, \cdots, x_k)$$

$$= \binom{n}{v_1, \cdots, v_k} x_1^{v_1} \cdots x_k^{v_k} (1 - x_1 - \cdots - x_k)^{n - v_1 - v_2 - \cdots - v_k}$$

$$\binom{n}{v_1, v_2, \cdots, v_k} = \frac{n!}{v_1! \cdots v_k! (n - v_1 - \cdots - v_k)!}$$

我们需要建立下列公式

$$\begin{cases}\sum\limits_{v_j\geqslant 0,v_1+v_2+\cdots+v_k\leqslant n} P_{v_1,v_2,\cdots,v_k,n}(x_1,x_2,\cdots,x_k)=1\\ \sum\limits_{v_j\geqslant 0,v_1+v_2+\cdots+v_k\leqslant n} v_jP_{v_1,v_2,\cdots,v_k,n}(x_1,x_2,\cdots,x_k)=nx_j\\ \sum\limits_{v_j\geqslant 0,v_1+v_2+\cdots+v_k\leqslant n} v_1^2P_{v_1,v_2,\cdots,v_k,n}(x_1,x_2,\cdots,x_k)\\ =nx_j+n(n-1)x_j^2\end{cases} \tag{24}$$

上列第 2 式由 1 式对 x_j 求偏导数再乘以 x_j 计算而得，第 3 式由第 2 式求偏导数再乘以 x_j 计算而得，计算稍繁，略去以节约篇幅. 今取

$$\rho_2(X,Y)=\sqrt{\sum_{i=1}^{k}(x_i-y_i)^2}$$

的连续模，则连续模的定义取

$$\omega_2(\delta)=\max_{\rho_2(X,Y)\leqslant\delta}|f(X)-f(Y)| \tag{25}$$

作估计如下

$$\begin{aligned}&|B_n^f(x_1,x_2,\cdots,x_k)-f(x_1,x_2\cdots,x_k)|\\ \leqslant&\sum_{v_j\geqslant 0,v_1+v_2+\cdots+v_k\leqslant n}\left|f\left(\frac{v_1}{n},\cdots,\frac{v_k}{n}\right)-f(x_1,x_2,\cdots,x_k)\right|\cdot\\ &P_{v_1,v_2,\cdots,v_k,n}(x_1,\cdots,x_k)\\ \leqslant&\sum_{v_j\geqslant 0,v_1+v_2+\cdots+v_k\leqslant n}\left[1+\left[\frac{\rho_2\left(\frac{v_1}{n},\cdots,\frac{v_k}{n}\right),(x_1,\cdots,x_k)}{\delta}\right]\right]\cdot\\ &\omega_2(\delta)P_{v_1,v_2,\cdots,v_k,n}(x_1,\cdots,x_k) \qquad (26)\\ \leqslant&\omega_2(\delta)\left(1+\frac{1}{\delta^2}\sum_{i=jv_j\geqslant 0}^{k}\sum_{v_1+\cdots+v_k\leqslant n}\left(\frac{v_j}{n}-x_i\right)^2\cdot\right.\end{aligned}$$

$$P_{v_1,v_2,\cdots,v_k,n}(x_1,\cdots,x_k)\Big)$$

$$=\omega_2(\delta)\Big(1+\frac{1}{n^2\delta^2}\sum_{i=1}^{k}(nx_i+n(n-1)x_i^2)-$$

$$2n^2x_i^2+n^2x_i^2)\Big)$$

$$=\omega_2(\delta)\Big(1+\frac{1}{n^2\delta^2}\sum_{i=1}^{k}(nx_i-nx_i^2)\Big)$$

$$\leqslant\omega_2(\delta)\Big(1+\frac{n}{n^2\delta^2}\sum_{i=1}^{k}(x_i-x_i^2)\Big)$$

$$\leqslant\omega_2(\delta)\Big(1+\frac{1}{n\delta^2}(1-\sum_{i=1}^{k}x_i^2)\Big)$$

$$\leqslant\omega_2(\delta)\Big(1+\frac{1}{n\delta^2}\Big)=2\omega_2\Big(\frac{1}{\sqrt{n}}\Big) \tag{27}$$

总括起来得下列定理 3.

定理 3　设 $f(x_1,x_2,\cdots,x_k)$ 在 $0\leqslant x_1+x_2+\cdots+x_k\leqslant 1,x_i\geqslant 0,i=1,2,\cdots,k$ 单纯形上连续. $B_n^f(x_1,\cdots,x_k)$ 表式(24) 的 Bernstein 多项式,则下列不等式成立

$$|B_n^f(x_1,x_2,\cdots,x_k)-f(x_1,x_2,\cdots,x_k)|\leqslant 2\omega_2\Big(\frac{1}{\sqrt{n}}\Big)$$

附注 1　读者注意式(27) 中的误差与维数 k 无关. 而式(20) 在单位间上的逼近度为

$$\Big(1+\frac{k}{4}\Big)\omega_2\Big(\frac{1}{\sqrt{n}}\Big)$$

故当维数 k 大于 4 时,则式(27) 的逼近度比式(20) 较小.

附注 2　取不同的距离

$$\rho_p(X,Y)=\sqrt[p]{\sum_{i=1}^{k}|x_i-y_i|^p}$$

可计算出不同的误差,不一一叙述了.

Bernstein 多项式线性组合的逼近阶①

第54章

本章对于 Bernstein 多项式线性组合，考虑了区间[0,1]端点附近的逼近情况，建立了点态的逼近定理，改进了周定轩的博士论文中的结果.

§1 引言

设 $\mathbf{N}=\{1,2,3,\cdots\}$，$C[0,1]$ 是 $[0,1]$ 上连续的实值函数全体组成的空间，$f\in C[0,1]$ 的范数规定为

$$\|f\|=\max_{0\leqslant x\leqslant 1}|f(x)|$$

① 本章摘自《浙江师范大学学报(自然科学版)》，1995年2月，第18卷，第1期.

C 是依赖于 n 的正的绝对常数，在不同的地方可以是不同的值. 对于 $f \in C[0,1]$，$r \in \mathbf{N}$，$\omega_r(f,t)$ 是 f 的 r 阶连续模，Bernstein 多项式

$$B_n(f,x)=\sum_{k=0}^{n} f\left(\frac{k}{n}\right)\binom{n}{k}x^k(1-x)^{n-k}=\sum_{k=0}^{n} f\left(\frac{k}{n}\right)p_{n,k}(x)$$

的线性组合是

$$B_n(f,r-1,x)=\sum_{i=0}^{r-1} C_i(n)B_{n_i}(f,x)$$

其中 n_i 和 $C_i(n)$ 满足：

(a) $n=n_0<n_1<\cdots<n_{r-1}\leqslant k_1 n$；

(b) $\sum\limits_{i=0}^{r-1} |C_i(n)|\leqslant K_2$；

(c) $\sum\limits_{i=0}^{r-1} C_i(n)n_i^{-p}=0, p=1,2,\cdots,r-1$；

(d) $\sum\limits_{i=0}^{r-1} C_i(n)=1$.

1991 年，周定轩在他的博士论文中证得：

定理 1　设 $f \in C[0,1]$，$r \in \mathbf{N}$ 且 $r \geqslant 2$，那么

$$B_n(f,r-1,x)-f(x)=O\left(\omega_r\left(f,\sqrt{\frac{x(1-x)}{n}+\frac{1}{n^2}}\right)\right)\quad (x\in[0,1])$$

丽水学院的谢林森，浙江广播电视大学丽水工作站的方樟丽二位研究员 1995 年考虑了区间 $[0,1]$ 端点附近的逼近情况，改进了定理 1，建立了如下的：

定理 2　设 $f \in C[0,1]$，$r \in \mathbf{N}$ 且 $r \geqslant 2$，那么

$$B_n(f,r-1,x)-f(x)$$

$$=O\left(\omega_r\left(f,\sqrt{\frac{x(1-x)}{n}+\frac{1}{n^2}(nx(1-x))^{\frac{2}{r}}}\right)\right)$$

$$(x\in[0,1])$$

§2　引理 1 和定理 2 的证明

记

$$K_r(f,t)=\inf_g\{\|f-g\|+t\|g^{(r)}\|_\infty;$$
$$g^{(r-1)}\in A.C._{\text{loc}}\}$$

这里

$$\|g^{(r)}\|_\infty=\sup_{0\leqslant x\leqslant 1}|g^{(r)}(x)|$$

众所周知，对于 $f\in C[0,1]$，存在常数 $C>0$，使得

$$C^{-1}\omega_r(f,t)\leqslant K_r(f,t^r)\leqslant C\omega_r(f,t)$$

我们需要如下引理：

引理 1　设 $r\in\mathbf{N}$ 且 $r\geqslant 2$，则

$$B_n(|\cdot-x|^r,x)$$
$$=O\left(\left(\frac{x(1-x)}{n}+\frac{1}{n^2}(nx(1-x))^{\frac{2}{r}}\right)^{\frac{r}{2}}\right)$$

证明　由于

$$B_n((\cdot-x)^{2s},x)\leqslant C\left(\left(\frac{x-(1-x)}{n}\right)^s+\frac{nx(1-x)}{n^{2s}}\right)$$

故当 $nx(1-x)\leqslant 1$ 时

$$B_n((\cdot-x)^{2s},x)\leqslant C\frac{nx(1-x)}{n^{2s}}$$

当 $nx(1-x)>1$ 时

$$B_n((\cdot-x)^{2s},x)\leqslant C\left(\frac{x(1-x)}{n}\right)^s$$

所以，当 $nx(1-x)\leqslant 1$ 时

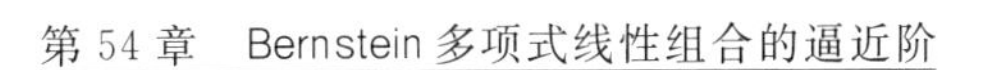

$$B_n(|\cdot - x|^r, x)$$
$$\leqslant (B_n((\cdot - x)^{2(r-1)}, x))^{\frac{1}{2}}(B_n((\cdot - x)^2, x))^{\frac{1}{2}}$$
$$\leqslant C\left(\frac{nx(1-x)}{n^{2(r-1)}} \cdot \frac{nx(1-x)}{n^2}\right)^{\frac{1}{2}}$$
$$\leqslant C\frac{nx(1-x)}{n^r}$$
$$\leqslant C\left(\frac{(nx(1-x))^{\frac{2}{r}}}{n^2}\right)^{\frac{r}{2}}$$

当 $nx(1-x) > 1$ 时

$$B_n(|\cdot - x|^r, x) \leqslant C\left(\left(\frac{x(1-x)}{n}\right)^{r-1}\left(\frac{x(1-x)}{n}\right)\right)^{\frac{1}{2}}$$
$$\leqslant C\left(\frac{x(1-x)}{n}\right)^{\frac{r}{2}}$$

从而

$$B_n(|\cdot - x|^r, x) \leqslant C\left(\frac{x(1-x)}{n} + \frac{(nx(1-x))^{\frac{2}{r}}}{n^2}\right)^{\frac{r}{2}}$$

定理 2 的证明　设 $g^{(r-1)} \in A.C._{\text{loc}}$，由 Taylor 公式，我们有

$$g(t) = g(x) + \sum_{i=1}^{r-1} \frac{g^{(i)}(x)}{i!}(t-x)^i + \int_x^t \frac{g^{(r)}(u)}{(r-1)!}(t-u)^{r-1}\mathrm{d}u$$

因而，由引理 1，对于 $x \in [0,1]$ 有

$$|B_n(g, r-1, x) - g(x)|$$
$$= \left|B_n\left(\int_x^t \frac{g^{(r)}(u)}{(r-1)!}(t-u)^{r-1}\mathrm{d}u, r-1, x\right)\right|$$
$$\leqslant \sum_{i=0}^{r-1} |C_i(n)| B_{ni}\left(\frac{|t-u|^r}{r}, x\right)\|g^{(r)}\|_\infty$$
$$\leqslant C\|g^{(r)}\|_\infty\left(\frac{x(1-x)}{n} + \frac{(nx(1-x))^{\frac{2}{r}}}{n^2}\right)^{\frac{r}{2}}$$

于是,对于 $f \in C[0,1], x \in [0,1]$,我们有

$$
\begin{aligned}
&|B_n(f,r-1,x)-f(x)| \\
\leqslant &|B_n(f-g,r-1,x)|+ \\
&|f(x)-g(x)|+|B_n(g,r-1,x)-g(x)| \\
\leqslant &C(\|f-g\|+(\frac{x(1-x)}{n}+\frac{(nx(1-x))^{\frac{2}{r}}}{n^2})^{\frac{r}{2}}\|g^{(r)}\|_\infty)
\end{aligned}
$$

所以

$$
\begin{aligned}
&|B_n(f,r-1,x)-f(x)| \\
\leqslant &CK_r(f,(\frac{x(1-x)}{n}+\frac{1}{n^2}(nx(1-x))^{\frac{2}{r}})^{\frac{r}{2}}) \\
\leqslant &C\omega_r\left(f,\sqrt{\frac{x(1-x)}{n}+\frac{1}{n^2}(nx(1-x))^{\frac{2}{r}}}\right)
\end{aligned}
$$

第十一编

利用 Bernstein 算子
解微分方程和积分方程

第55章 基于Bernstein多项式的积分－微分方程的近似解方法

2012年合肥工业大学的硕士王婉给出了用Bernstein多项式来构造线性积分－微分方程的近似解，首先介绍了Bernstein多项式的有关知识；然后，基于Chebyshev和Legendre多项式的配置法的基础之上，构造出Bernstein多项式配置法；最后给出一些数值例子来说明此方法具有收敛速度快和精度高等特点.

§1 引言

多项式逼近是数值分析中的最重要的方法之一，因为多项式便于计算，便于求积分，求微分，特别是 Taylor 多项式和 Legendre 多项式，因此多项式逼近在数学分析和数值逼近理论中一直占有十分重要的位置. 为了更好的得到近似解，人们不断地从各个角度研究其逼近的方法和应用.

在本章中，我们在 Taylor 多项式和 Legendre 多项式配置法的基础上，构造一种新的多项式配置法，即 Bernstein 多项式配置法. 由于 Bernstein 多项式有着精确的定义可以在计算机上快速的计算，并且可以用于表示各种函数，同时又具有可积可微等特点，因此，Bernstein 多项式是很有用的数学工具. 近年来，引起了国内外许多学者来研究 Bernstein 多项式逼近积分－微分方程的数值解法，并且取得了大量的研究成果. Dambarn D. Bhatta，Muhammad I. Bhatti 等提出了 KDVB 方程和 KDV 方程的 Bernstein 多项式解法，M. Idrees Bhatti 等利用 Bernstein 多项式来求解两阶边值问题微分方程，B. N. Mandal， Subhra Bhattacharya 等研究出利用 Bernstein 多项式求解一类积分方程和奇异积分－微分方程，Osman Rasit Isik，Mehmet Sezer 等讨论了用 Bernstein 多项式求解一类弱奇异核线性积分－微分方程.

本章主要是利用 Bernstein 多项式来构造积分－微分方程的近似解，并且 Bernstein 多项式配置法也适应于求解复杂的或无法求出精确解的积分－微分方程.

§2　Bernstein 多项式

定义 1　n 阶的 Bernstein 多项式为

$$B_{i,n}(x)=\binom{n}{i}\frac{(x+1)^{i}(1-x)^{n-i}}{2^{n}} \tag{1}$$

其中 $x\in[-1,1]$，$i=0,1,2,\cdots,n$，$\binom{n}{i}=\frac{n!}{i!\ (n-i)!}$.

Bernstein 基函数的性质：

(1) 递推公式

$$B_{i,n}(x)=\frac{1}{2}[(1-x)B_{i,n-1}(x)+xB_{i-1,n-1}(x)]$$

(2) 导函数

$$B'_{i,n}(x)=\frac{n}{2}[B_{i-1,n-1}(x)-B_{i,n-1}(x)] \tag{2}$$

其中

$$B_{-1,n-1}(x)=B_{n-1,n}(x)=0$$

(3) 升阶公式

$$B_{i,n}(x)=\frac{i+1}{n+1}B_{i+1,n+1}(x)+\left(1-\frac{i}{n+1}\right)B_{i,n+1}(x) \tag{3}$$

§3 Bernstein 多项式配置法

这部分我们主要是构造 Bernstein 多项式配置法来求下面一类积分－微分方程的近似解问题

$$\sum_{k=0}^{m} F_k(x) y^{(k)}(x) = g(x) + \lambda \int_{-1}^{1} K(x,t) y(t) \mathrm{d}t$$

$$(-1 \leqslant x,t \leqslant 1)$$

满足如下初始条件

$$\sum_{k=0}^{m-1} (a_{jk} y^{(k)}(-1) + b_{jk} y^{(k)}(1) + c_{jk} y^{(k)}(0)) = \mu_j$$

$$(j = 0,1,2,\cdots,m-1)$$

这里的 a_{jk}，b_{jk}，c_{jk} 是常数，λ 和 μ_j 为已知常数.

我们根据 Bernstein 多项式的定义和性质，可设近似解为

$$y(x) = \sum_{i=0}^{N} a_i B_{i,n}(x) \quad (-1 \leqslant x \leqslant 1) \tag{4}$$

有

$$D(x) = g(x) + \lambda I_f(x) \tag{5}$$

其中微分部分

$$D(x) = \sum_{k=0}^{m} F_k(x) y^{(k)}(x) \tag{6}$$

积分部分

$$I_f(x) = \int_{-1}^{1} K(x,t) y(t) \mathrm{d}t \tag{7}$$

我们把解 $y(x)$ 和它的导数 $y^{(k)}(x)$，$D(x)$ 和 $I_f(x)$，转

化成矩阵形式.

1. **基本矩阵关系**

$y(x)$ 和 $y^{(k)}(x)$ 的矩阵关系:

我们把近似解(4)写成矩阵形式

$$\begin{cases}[y(x)]=\boldsymbol{B}(x)\boldsymbol{A}\\ [y^{(k)}(x)]=\boldsymbol{B}^{(k)}(x)\boldsymbol{A}\end{cases}\tag{8}$$

这里

$$\boldsymbol{B}(x)=[B_0(x)\quad B_1(x)\quad\cdots\quad B_N(x)]$$

$$\boldsymbol{B}^{(k)}(x)=[B_0^{(k)}(x)\quad B_1^{(k)}(x)\quad\cdots\quad B_N^{k}(x)]$$

$$\boldsymbol{A}=[a_0\quad a_1\quad\cdots\quad a_N]^{\mathrm{T}}$$

另一方面,可知Bernstein多项式的导函数(2)和升阶公式关系(3),我们可得到矩阵方程

$$\boldsymbol{B}^{(1)}(x)=\boldsymbol{B}(x)\boldsymbol{\Pi}^{\mathrm{T}}\tag{9}$$

其中

$$\boldsymbol{\Pi}=\begin{bmatrix}-\frac{n}{2} & -\frac{1}{2} & 0 & \cdots & 0 & 0 & 0\\ \frac{n}{2} & \frac{2-n}{2} & -1 & \cdots & 0 & 0 & 0\\ 0 & \frac{n-1}{2} & \frac{4-n}{2} & \cdots & 0 & 0 & 0\\ \vdots & \vdots & \vdots & & \vdots & \vdots & \vdots\\ 0 & 0 & 0 & \cdots & 1 & \frac{n-2}{2} & -\frac{n}{2}\\ 0 & 0 & 0 & \cdots & 0 & \frac{1}{2} & \frac{n}{2}\end{bmatrix}$$

从导函数(2)和升阶公式关系(3)中,可以清楚地看出 $y(x)$ 和 $y^{(k)}(x)$ 的关系

$$\begin{cases} B^{(1)}(x)=B(x)\boldsymbol{\Pi}^{\mathrm{T}} \\ B^{(2)}(x)=B^{(1)}(x)\boldsymbol{\Pi}^{\mathrm{T}}=B(x)(\boldsymbol{\Pi}^{\mathrm{T}})^{2} \\ \quad\quad\vdots \\ B^{(k)}(x)=B^{(k-1)}(x)(\boldsymbol{\Pi}^{\mathrm{T}})^{k-1}=B(x)(\boldsymbol{\Pi}^{\mathrm{T}})^{k} \end{cases} \tag{10}$$

因此，把(10)代入方程(8)，可得 $y(x)$ 和 $y^{(k)}(x)$ 的关系

$$[y^{(k)}(x)]=\boldsymbol{B}(x)(\boldsymbol{\Pi}^{\mathrm{T}})^{k}\boldsymbol{A} \tag{11}$$

2. 基于配置点的矩阵表示

$$x_i=-1+\frac{i}{N-m+1}\quad(i=0,1,2,\cdots,N-m) \tag{12}$$

把(12)代入方程(5)，可知

$$D(x_i)=g(x_i)+\lambda I_f(x_i)$$

或者矩阵方程

$$\boldsymbol{D}=\boldsymbol{G}+\lambda\boldsymbol{I}_f \tag{13}$$

其中

$$\boldsymbol{D}=\begin{bmatrix} D(x_0) \\ D(x_1) \\ \vdots \\ D(x_{N-m}) \end{bmatrix},\quad \boldsymbol{G}=\begin{bmatrix} g(x_0) \\ g(x_1) \\ \vdots \\ g(x_{N-m}) \end{bmatrix},$$

$$\boldsymbol{I}_f=\begin{bmatrix} I_f(x_0) \\ I_f(x_1) \\ \vdots \\ I_f(x_{N-m}) \end{bmatrix}$$

3. $D(x)$ 的矩阵关系

首先把方程(13)中的 $\boldsymbol{D}$ 定义如下

$$\boldsymbol{D}=\sum_{k=0}^{m}\boldsymbol{F}_k\boldsymbol{Y}^{(k)} \tag{14}$$

其中

$$\boldsymbol{F}_k=\begin{bmatrix} F_k(x_0) & 0 & \cdots & 0 \\ 0 & F_k(x_1) & \cdots & 0 \\ \vdots & \vdots & & \vdots \\ 0 & 0 & \cdots & F_k(x_{N-m}) \end{bmatrix}$$

$$\boldsymbol{Y}^{(k)}=\begin{bmatrix} y^{(k)}(x_0) \\ y^{(k)}(x_1) \\ \vdots \\ y^{(k)}(x_{N-m}) \end{bmatrix}$$

把 $x_i,i=0,1,\cdots,N-m$ 代入方程(11),可知

$$[y^{(k)}(x_i)]=\boldsymbol{B}(x_i)(\boldsymbol{\Pi}^{\mathrm{T}})^k\boldsymbol{A}\quad(k=0,1,\cdots,m)$$

或

$$\boldsymbol{Y}^{(k)}=\begin{bmatrix} y^{(k)}(x_0) \\ y^{(k)}(x_1) \\ \vdots \\ y^{(k)}(x_N) \end{bmatrix}=\begin{bmatrix} B(x_0) \\ B(x_1) \\ \vdots \\ B(x_N) \end{bmatrix}[(\boldsymbol{\Pi}^{\mathrm{T}})^k\boldsymbol{A}]=\boldsymbol{B}(\boldsymbol{\Pi}^{\mathrm{T}})^k\boldsymbol{A} \tag{15}$$

其中

$$\boldsymbol{B}=\begin{bmatrix} B_{0,N}(x_0) & B_{1,N}(x_0) & \cdots & B_{N,N}(x_0) \\ B_{0,N}(x_1) & B_{1,N}(x_1) & \cdots & B_{N,N}(x_1) \\ \vdots & \vdots & & \vdots \\ B_{0,N}(x_N) & B_{1,N}(x_N) & \cdots & B_{N,N}(x_N) \end{bmatrix}$$

因此,我们可以得到 $D(x)$ 的基本矩阵关系

$$\boldsymbol{D}=\sum_{k=0}^{m}\boldsymbol{F}_k\boldsymbol{B}(\boldsymbol{\Pi}^{\mathrm{T}})^k\boldsymbol{A} \tag{16}$$

4. $I_f(x)$ 的矩阵关系

利用截断 Bernstein 级数逼近函数 $K(x,t)$

$$K(x,t)=\sum_{i=0}^{N}\sum_{j=0}^{N}k_{ij}^{l}B_{i,N}(x)B_{j,N}(t) \tag{17}$$

和截断 Taylor 级数

$$K(x,t)=\sum_{i=0}^{N}\sum_{j=0}^{N}k_{ij}^{t}x^{i}t^{j} \tag{18}$$

其中

$$k_{ij}^{t}=\frac{1}{i!\ j!}\frac{\partial^{i+j}K(0,0)}{\partial x^{i}\partial t^{j}};i,j=0,1,\cdots,N$$

从(17)和(18)中,可知

$$[K(x,t)]=\boldsymbol{B}(x)\boldsymbol{K}_l\boldsymbol{B}^{\mathrm{T}}(t)=\boldsymbol{X}(x)\boldsymbol{K}_t\boldsymbol{X}^{\mathrm{T}}(t) \tag{19}$$

其中

$$\boldsymbol{B}(x)=[B_0(x)\quad B_1(x)\quad\cdots\quad B_N(x)]$$

$$\boldsymbol{X}(x)=[1\quad x\quad\cdots\quad x^N]$$

$$\boldsymbol{K}_l=[k_{ij}^{l}],\boldsymbol{K}_t=[k_{ij}^{t}];i,j=0,1,\cdots,N$$

另一方面,由公式(1),可以得到

$$\boldsymbol{B}^{\mathrm{T}}(x)=\boldsymbol{\Phi}\boldsymbol{X}(x)\text{ 或 }\boldsymbol{B}(x)=\boldsymbol{X}(x)\boldsymbol{\Phi}^{\mathrm{T}} \tag{20}$$

其中

$$
\boldsymbol{\Phi}=\begin{bmatrix}
\frac{1}{2^N}\binom{N}{0} & \frac{1}{2^N}\binom{N}{0}\binom{N}{1}(-1) & \frac{1}{2^N}\binom{N}{0}\binom{N}{2}(-1)^2 & \cdots & \frac{1}{2^N}\binom{N}{0}\binom{N}{N}(-1)^N \\
\frac{1}{2^N}\binom{N}{1} & \frac{1}{2^N}\binom{N}{1}\left[\binom{1}{1}+\binom{N-1}{1}(-1)\right] & \frac{1}{2^N}\binom{N}{1}\left[\binom{1}{1}\binom{N-1}{1}(-1)\right] & \cdots & \frac{1}{2^N}\binom{N}{1}(-1)^{N-1} \\
\frac{1}{2^N}\binom{N}{2} & \frac{1}{2^N}\binom{N}{2}\left[\binom{2}{1}+\binom{N-2}{1}(-1)\right] & \frac{1}{2^N}\binom{N}{2}\left[\binom{2}{2}+\binom{2}{1}\binom{N-2}{1}(-1)\right] & \cdots & \frac{1}{2^N}\binom{N}{2}(-1)^{N-2} \\
\vdots & \vdots & \vdots & & \vdots \\
\frac{1}{2^N}\binom{N}{N} & \frac{1}{2^N}\binom{N}{N}\binom{N}{1} & \frac{1}{2^N}\binom{N}{N}\binom{N}{2} & \cdots & \frac{1}{2^N}\binom{N}{N}\binom{N}{N}
\end{bmatrix}
$$

因此，可以得到 $\boldsymbol{K}_t$ 和 $\boldsymbol{K}_l$ 的矩阵关系

$$\boldsymbol{K}_l = (\boldsymbol{\Phi}^{-1})^{\mathrm{T}} \boldsymbol{K}_t \boldsymbol{\Phi}^{-1} \tag{21}$$

把(19)和(8)代入 I_f，可知

$$[I_f(x)] = \int_{-1}^{1} \boldsymbol{B}(x)\boldsymbol{K}_l\boldsymbol{B}^{\mathrm{T}}(t)\boldsymbol{B}(t)\boldsymbol{A}\mathrm{d}t = \boldsymbol{B}(x)\boldsymbol{K}_l\boldsymbol{Q}\boldsymbol{A} \tag{22}$$

其中

$$\boldsymbol{Q} = \int_{-1}^{1} \boldsymbol{B}^{\mathrm{T}}(t)\boldsymbol{B}(t)\mathrm{d}t = [q_{ij}]$$

$$q_{ij} = \int_{-1}^{1} B_{i,n}(t)B_{j,n}(t)\mathrm{d}t = \frac{1}{2^{2n}}\binom{n}{i}\binom{n}{j}\sum_{k=0}^{2n}\frac{1+(-1)^k}{1+k}d_k^{i+j,2n}$$

这里

$$d_k^{i+j,2n} = \sum_s (-1)^{k-s}\binom{i+j}{s}\binom{2n-(i+j)}{k-s}$$

s 取决以下几种情况：

(i) 当 $i+j \leqslant 2n \leqslant 2n-(i+j)$ 时

① 当 $k \leqslant i+j, s \in [0,k]$；

② 当 $i+j \leqslant k \leqslant 2n, s \in [k-(i+j), i+j]$.

(ii) 当 $i+j \geqslant 2n-(i+j)$ 时，① 和 ② 中 $i+j$ 和 $2n-(i+j)$ 互换.

把配置点 $x_i, i=0,1,\cdots,N$ 代入(22)，可得

$$\boldsymbol{I}_f(x_i) = \boldsymbol{B}(x_i)\boldsymbol{K}_l\boldsymbol{Q}\boldsymbol{A} \quad (i=0,1,\cdots,N-m)$$

或

$$\boldsymbol{I}_f = \boldsymbol{B}\boldsymbol{K}_l\boldsymbol{Q}\boldsymbol{A} \tag{23}$$

5. 初值条件的矩阵关系

我们可知

$$\sum_{k=0}^{m-1}[a_{jk}\boldsymbol{B}(-1) + b_{jk}\boldsymbol{B}(1) + c_{jk}\boldsymbol{B}(0)](\boldsymbol{\Pi}^{\mathrm{T}})^k\boldsymbol{A} = \mu_j$$

$$(j=0,1,2,\cdots,m-1) \tag{24}$$

6. **算法**

由式(16)和(23),有

$$\left\{\sum_{k=0}^{m}\boldsymbol{F}_k\boldsymbol{B}(\boldsymbol{\Pi}^{\mathrm{T}})^k-\lambda\boldsymbol{B}\boldsymbol{K}_l\boldsymbol{Q}\right\}\boldsymbol{A}=\boldsymbol{G} \tag{25}$$

把(25)简写成

$$\boldsymbol{W}\boldsymbol{A}=\boldsymbol{G}\text{ 或}[\boldsymbol{W};\boldsymbol{G}] \tag{26}$$

其中

$$\boldsymbol{W}=[w_{pq}]=\sum_{k=0}^{m}\boldsymbol{F}_k\boldsymbol{B}(\boldsymbol{\Pi}^{\mathrm{T}})^k-\lambda\boldsymbol{B}\boldsymbol{K}_l\boldsymbol{Q}$$

$$(p,q=0,1,\cdots,N-m)$$

$$\boldsymbol{G}=[g(x_0)\quad g(x_1)\quad\cdots\quad g(x_{N-m})]^{\mathrm{T}}$$

同样可以把(24)简写如下

$$\boldsymbol{U}_j\boldsymbol{A}=[\mu_j]\text{ 或}[\boldsymbol{U}_j;\mu_j]\quad(j=0,1,\cdots,m-1) \tag{27}$$

其中

$$\boldsymbol{U}_j=\sum_{k=0}^{m-1}[a_{jk}\boldsymbol{B}(-1)+b_{jk}\boldsymbol{B}(1)+c_{jk}\boldsymbol{B}(0)](\boldsymbol{\Pi}^{\mathrm{T}})^k$$

$$\equiv[u_{j0}\quad u_{j1}\quad\cdots\quad u_{jN}]$$

把矩阵(27)和矩阵(26)合并组成新的$(N+1)$阶增广矩阵

$$[\widetilde{\boldsymbol{W}};\widetilde{\boldsymbol{G}}]=\begin{bmatrix} w_{00} & w_{01} & \cdots & w_{0N} & g(x_0) \\ w_{10} & w_{11} & \cdots & w_{1N} & g(x_1) \\ \vdots & \vdots & & \vdots & \vdots \\ w_{N-m,0} & w_{N-m,1} & \cdots & w_{N-m,N} & g(x_{N-m}) \\ u_{00} & u_{01} & \cdots & u_{0N} & \mu_0 \\ u_{10} & u_{11} & \cdots & u_{1N} & \mu_1 \\ \vdots & \vdots & & \vdots & \vdots \\ u_{m-1,0} & u_{m-1,1} & \cdots & u_{m-1,N} & \mu_{m-1} \end{bmatrix} \tag{28}$$

如果

$$\operatorname{rank}\widetilde{\boldsymbol{W}}=\operatorname{rank}[\widetilde{\boldsymbol{W}};\widetilde{\boldsymbol{G}}]=N+1$$

那么

$$\boldsymbol{A}=(\widetilde{\boldsymbol{W}})^{-1}\widetilde{\boldsymbol{G}}$$

因此，系数 $a_i(i=0,1,\cdots,N)$ 是唯一确定的. 如果 $\lambda=0$，方程就变成有限微分方程；如果 $k\neq 0$ 时，$F_k(x)=0$，方程就变成积分方程.

方程的解是通过截断 Bernstein 级数给出的，我们很容易的检验这个方法的准确性. 因为截断 Bernstein 级数是方程的近似解，那得出的方程一定是近似的，即当 $x=x_i\in[-1,1]$，$i=0,1,2,\cdots$ 时

$$E(x_i)=\left|\sum_{k=0}^{m}F_k y^{(k)}(x)-\lambda\int_{-1}^{1}K(x,t)y(t)\mathrm{d}t-g(x)\right|\cong 0$$

或

$$E(x_i)\leqslant 10^{-k_i}\quad(k_i\text{ 是任意正整数})$$

如果

$$\max(10^{-k_i})=10^{-k}\quad(k\text{ 是任意正整数})$$

当 $E(x_i) < 10^{-k}$ 时,截断极限 N 是增加的. 若 N 足够大时,函数的误差

$$E_N(x) = \sum_{k=0}^{m} F_k y^{(k)}(x) - \lambda\int_{-1}^{1} K(x,t)y(t)\mathrm{d}t - g(x) \to 0$$

是减少的.

基于 Bernstein 多项式的二阶奇异线性微分方程的近似解方法

第 56 章

随着科学技术的发展，许多领域中出现了一类奇异微分方程，此类方程是近年来十分活跃的微分方程理论的重要分支. 许多学者曾试图改变奇异微分方程的奇异点问题，在区间$(0,\delta)$上运用级数展开，然后在区间$(\delta,1)$上利用一些数值方法求出正规边界值问题. 2012 年合肥工业大学的硕士生王婉讨论了一种比较直接的方法，即基于 Bernstein 多项式的一类奇异两点边界值问题.

§1　引　　言

本部分主要讨论下面一类在积分区间上有唯一解的奇异边界值问题

$$y''(x)+\frac{k}{x}y'(x)+b(x)y(x)=c(x)\quad(0<x<1) \tag{1}$$

边界条件为

$$y'(0)=1,y(1)=\beta \tag{2}$$

其中 $b(x),c(x)$ 是给定的函数，参数 $k\geqslant 1$.

§2　基于 Bernstein 多项式的奇异微分方程数值解的构造

我们利用 Bernstein 多项式逼近方程(1) 的近似解为

$$y(x)=\sum_{i=0}^{n}a_iB_{i,n}(x)$$

我们可推出在区间[0,1] 上的 Bernstein 多项式逼近奇异微分方程. 如下：

将方程(1) 写成下列形式

$$J(x)=c(x)$$

其中

$$J(x)=\sum_{k=0}^{m}P_ky^{(k)}(x)$$

首先

$$(1-x)^{n-i}=\sum_{k=0}^{n-i}\binom{n-i}{k}(-1)^k x^k$$

所以

$$B_{i,n}(x)=\sum_{k=0}^{n-i}\binom{n}{i}\binom{n-i}{k}(-1)^k x^{i+k}$$

那么

$$[\boldsymbol{B}(x)]^{\mathrm{T}}=\begin{bmatrix}B_{0,n}(x)\\B_{1,n}(x)\\\vdots\\B_{n,n}(x)\end{bmatrix}=\boldsymbol{D}(\boldsymbol{X}(x))^{\mathrm{T}}$$

这里

$$\boldsymbol{D}=\begin{bmatrix}d_{00}&d_{01}&\cdots&d_{0n}\\d_{10}&d_{11}&\cdots&d_{1n}\\\vdots&\vdots&\ddots&\vdots\\d_{n0}&d_{n1}&\cdots&d_{nn}\end{bmatrix},\boldsymbol{X}=[1\quad x\quad\cdots\quad x^n]$$

且

$$d_{ij}=\begin{cases}(-1)^{j-i}\binom{n}{i}\binom{n-i}{j-i},i\leqslant j\\0,i>j\end{cases}$$

可以清晰地知道矩阵 $\boldsymbol{X}(x)$ 和其导数 $\boldsymbol{X}^{(1)}(x)$ 的关系

$$\boldsymbol{X}^{(1)}(x)=\boldsymbol{X}(x)\boldsymbol{B}$$

其中

$$\boldsymbol{B}=\begin{bmatrix}0 & 1 & 0 & 0 & \cdots & 0\\ 0 & 0 & 2 & 0 & \cdots & 0\\ 0 & 0 & 0 & 3 & \cdots & 0\\ \vdots & \vdots & \vdots & \vdots & \ddots & \vdots\\ 0 & 0 & 0 & 0 & \cdots & N\\ 0 & 0 & 0 & 0 & \cdots & 0\end{bmatrix}$$

通过 $\boldsymbol{X}(x)$ 获得矩阵 $\boldsymbol{X}^{(1)}(x)$,步骤如下

$$\boldsymbol{X}^{(2)}(x)=\boldsymbol{X}^{(1)}(x)\boldsymbol{B}=\boldsymbol{X}(x)\boldsymbol{B}^{2}$$

$$\vdots$$

$$\boldsymbol{X}^{(k)}(x)=\boldsymbol{X}^{(k-1)}(x)\boldsymbol{B}=\cdots=\boldsymbol{X}(x)\boldsymbol{B}^{k}$$

所以,可知以下矩阵关系

$$y^{(k)}(x)=\boldsymbol{X}(x)\boldsymbol{B}^{k}\boldsymbol{D}^{\mathrm{T}}\boldsymbol{A}$$

然后,我们取配置点

$$x_{i}=\frac{i}{N-1}\quad(i=1,2,\cdots,N-1)$$

把(2)写成如下形式

$$\boldsymbol{U}_{1}=\boldsymbol{X}(0)\boldsymbol{B}\boldsymbol{D}^{\mathrm{T}}=[u_{10}\quad u_{11}\quad\cdots\quad u_{1N}]\tag{3}$$

$$\boldsymbol{U}_{0}=\boldsymbol{X}(1)\boldsymbol{D}^{\mathrm{T}}=[u_{00}\quad u_{01}\quad\cdots\quad u_{0N}]$$

我们得到方程(1)的矩阵关系

$$\left[\sum_{k=0}^{m}\boldsymbol{X}(x)\boldsymbol{B}^{k}\boldsymbol{D}^{\mathrm{T}}\right]\boldsymbol{A}=\boldsymbol{G}\tag{4}$$

其中

$$\boldsymbol{X}=\begin{bmatrix}\boldsymbol{X}(x_{1})\\ \boldsymbol{X}(x_{2})\\ \boldsymbol{X}(x_{3})\\ \vdots\\ \boldsymbol{X}(x_{N-1})\end{bmatrix}=\begin{bmatrix}1 & x_{1} & x_{1}^{2} & \cdots & x_{1}^{N}\\ 1 & x_{2} & x_{2}^{2} & \cdots & x_{2}^{N}\\ 1 & x_{3} & x_{3}^{2} & \cdots & x_{3}^{N}\\ \vdots & \vdots & \vdots & \ddots & \vdots\\ 1 & x_{N-1} & x_{N-1}^{2} & \cdots & x_{N-1}^{N}\end{bmatrix}$$

$$\boldsymbol{P}_i=\begin{bmatrix} P_i(x_1) & 0 & 0 & \cdots & 0 \\ 0 & P_i(x_2) & 0 & \cdots & 0 \\ 0 & 0 & P_i(x_3) & \cdots & 0 \\ \vdots & \vdots & \vdots & \ddots & \vdots \\ 0 & 0 & 0 & \cdots & P_i(x_{N-1}) \end{bmatrix}$$

$$\boldsymbol{C}=\begin{bmatrix} c(x_1) \\ c(x_2) \\ c(x_3) \\ \vdots \\ c(x_{N-1}) \end{bmatrix}$$

最后,联立方程,解其方程组.

把(3)和(4)结合一起,得

$$[\widetilde{\boldsymbol{W}};\widetilde{\boldsymbol{G}}]=\begin{bmatrix} w_{00} & w_{01} & w_{02} & \cdots & w_{0N} & c_0 \\ w_{10} & w_{11} & w_{12} & \cdots & w_{1N} & c_0 \\ w_{20} & w_{21} & w_{22} & \cdots & w_{2N} & c_0 \\ \vdots & \vdots & \vdots & \ddots & \vdots & \vdots \\ w_{(N-1)0} & w_{(N-1)1} & w_{(N-1)2} & \cdots & w_{(N-1)N} & c_0 \\ u_{00} & u_{01} & u_{02} & \cdots & u_{0N} & y_0 \\ u_{10} & u_{11} & u_{12} & \cdots & u_{1N} & y_1 \end{bmatrix}$$

如果

$$\operatorname{rank}\widetilde{\boldsymbol{W}}=\operatorname{rank}[\widetilde{\boldsymbol{W}};\widetilde{\boldsymbol{G}}]=N+1$$

时,方程(1)存在唯一解.特别是方程的解是多项式时,近似解就是方程的精确解.

基于 Bernstein 多项式的配点法解高阶常微分方程①

第57章

高阶微分方程在力学和工程技术等实际问题中应用非常广泛. 近十几年来,有学者将 Bernstein 多项式引入微分方程的数值求解. 文献[1]应用修正的 Bernstein 多项式求 KdV-Burgers 方程的数值解;文献[2]采用修正的 Bernstein 多项式 Galerkin 法求解(1 + 1)维非线性 Burgers 方程,结果表明:该算法的基函数少、精确度高且适应性强;文献[3]基于 Bernstein 多项式积分形式的 Bernstein-Petrov-Galerkin (BPG)法求解高阶微分方程边值问题;文献

① 本章摘自《天津师范大学学报(自然科学版)》,2015 年 4 月,第 35 卷,第 2 期.

[4]以 Bernstein 多项式为工具,研究了带初始条件的 m 阶线性积分一微分方程以及带边界条件的二阶线性奇异微分方程的两类线性常微分方程的数值解问题,所得格式有较高的精度;文献[5]应用二阶 Bernstein 多项式近似求解二维线性积分形式的方程;文献[6]提出基于 Bernstein 多项式近似的数值方法求解 Volterra 型模糊积分方程. 目前尚未见关于 Bernstein 多项式的配点法求解高阶微分方程的报道. 天津师范大学数学科学学院的朱亚男,王彩华两位教授 2015 年研究了基于 Bernstein 多项式的配点法及最小二乘配点法求解高阶常微分方程边值问题.

§1 Bernstein 多项式与常微分方程求解

1. Bernstein 多项式的性质

Bernstein 多项式可以用于表示多种函数,具有非负、可积、可微等特点,是科学技术研究与计算数学研究中应用十分广泛的数学工具之一.

n 阶 Bernstein 多项式的基函数为[7]

$$B_{i,n}(x)=\binom{n}{i}x^{i}(1-x)^{n-i}$$

其中:$0\leqslant x\leqslant 1,i=1,2,\cdots,n,\binom{n}{i}=\dfrac{n!}{i!\ (n-i)!}$.

Bernstein 多项式具有非负性,即 $B_{i,n}(x)\geqslant 0$,其端点值为

$$B_{0,n}(0)=1,B_{0,n}(1)=0$$

$$B_{i,n}(0)=B_{i,n}(1)=0\quad (i=1,2,\cdots,n-1)$$

$$B_{n,n}(0)=0, B_{n,n}(1)=1$$

Bernstein 多项式的导函数满足如下递推式

$$B'_{i,n}(x)=n[B_{i-1,n-1}(x)-B_{i,n-1}(x)]$$

$$B''_{i,n}(x)=n(n-1)[B_{i-2,n-2}(x)-2B_{i-1,n-2}(x)+B_{i,n-2}(x)]$$

$$B'''_{i,n}(x)=n(n-1)(n-2)[B_{i-3,n-3}(x)-3B_{i-2,n-3}(x)+3B_{i-1,n-3}(x)-B_{i,n-3}(x)]$$

其他高阶导数可同理递推，由低阶 Bernstein 多项式的线性组合表示.

2. 常微分方程求解

n 阶线性常微分方程边值问题的一般形式为

$$\begin{cases} Lu(x)=a_n(x)u^{(n)}(x)+a_{n-1}(x)u^{(n-1)}(x)+\cdots+ \\ a_2(x)u''(x)+a_1(x)u'(x)+a_0(x)u(x)=f(x), \\ 0\leqslant x\leqslant 1 \\ u^{(k)}(0)=\alpha_k, u^{(k)}(1)=\beta_k, k=0,1,\cdots,\frac{n}{2}-1 \end{cases} \tag{1}$$

这里不妨设 n 为偶数，设 $a_k(x), k=0,1,\cdots,n$ 和 $f(x)$ 在 $[0,1]$ 上连续，α_k, β_k 为实常数.

下面基于 Bernstein 多项式的配点法和最小二乘配点法求解这类高阶常微分方程. 设基于 N 阶 Bernstein 多项式基函数的近似解为

$$u(x)=\sum_{j=0}^{N}\lambda_j B_{j,N}(x) \tag{2}$$

由边界条件可得 n 个方程

$$\sum_{j=0}^{N}\lambda_j B_{j,N}^{(k)}(0)=\alpha_k \quad (k=0,1,\cdots,\frac{n}{2}-1) \tag{3}$$

$$\sum_{j=0}^{N}\lambda_j B_{j,N}^{(k)}(1)=\beta_k \quad (k=0,1,\cdots,\frac{n}{2}-1) \tag{4}$$

将区间[0,1]等距剖分为 $M-n+2$ 份($M>n-2$),则包括边界共 $M-n+3$ 个节点.以其中的 $M-n+1$ 个内节点 $(x_i,u(x_i))$, $i=1,2,\cdots,M-n+1$ 进行配点,设近似解在这些点处满足方程(1).将 $(x_i,u(x_i))$ 代入方程(1)可得

$$a_n(x_i)\sum_{j=0}^{N}\lambda_j B_{j,N}^{(n)}(x_i)+a_{n-1}(x_i)\sum_{j=0}^{N}\lambda_j B_{j,N}^{(n-1)}(x_i)+\cdots+a_0(x)\sum_{j=0}^{N}\lambda_j B_{j,N}(x_i)$$
$$=\sum_{j=0}^{N}\lambda_j[a_n(x_i)B_{j,N}^{(n)}(x_i)+a_{n-1}(x_i)B_{j,N}^{(n-1)}(x_i)+\cdots+a_0(x)B_{j,N}(x_i)]=f(x_i) \tag{5}$$

从而可得在节点处的 $M-n+1$ 个配置方程.结合式(3)~(5),可得含 $N+1$ 个未知量、$M+1$ 个方程的方程组

$$G\lambda=b \tag{6}$$

其中:$\lambda=(\lambda_0,\lambda_1,\cdots,\lambda_{N-1},\lambda_N)$ 为未知量;$G=(g_{ij})$, $i=0,1,\cdots,M$, $j=0,1,\cdots,N$ 是该方程组的系数矩阵;$b=(b)$, $i=0,1,\cdots,M$ 为右端向量,满足

$$g_{ij}=\begin{cases}B_{j,N}^{(i-1)}(0), i=1,\cdots,\frac{n}{2}\\ a_n(x_i)B_{j,N}^{(n)}(x_i)+a_{n-1}(x_i)B_{j,N}^{(n-1)}(x_i)+\cdots+\\ a_1(x_i)B'_{j,N}(x_i)+a_0(x)B_{j,N}(x_i),\\ i=\frac{n}{2}+1,\cdots,M-\frac{n}{2}+1\\ B_{j,N}^{(i-1)}(1), i=1,\cdots,\frac{n}{2}\end{cases}$$

$$b_i=\begin{cases}\alpha_{i-1},i=1,\cdots,\dfrac{n}{2}\\ f(x),i=\dfrac{n}{2}+1,\cdots,M-\dfrac{n}{2}+1\\ \beta_{i-1},i=1,\cdots,\dfrac{n}{2}\end{cases}$$

若 $M=N$,即为基于 Bernstein 多项式的配点法，简记为CB. G为方阵. $G\lambda=b$可利用Gauss列主元法求解方程组.

若 $M>N$,即为基于 Bernstein 多项式的最小二乘配点法,简记为 LSB. G 为非方阵,$G\lambda=b$ 为超定方程组,可利用 QR 分解方法[8,9] 求解.

参考资料

[1] BHATTA D. Use of modified Bernstein polynomials to solve KdV-Burgers equation numerically [J]. Appl Math Comput, 2008, 206(1): 457-464.

[2] 张涛锋,孙建安,陈继宇,等. 用修正 Bernstein 多项式 Galerkin 法求 Burgers 方程数值解[J]. 甘肃科学学报,2010,22(4):29-32.

[3] DOHA E H, BHRAWY A H, SAKER M A. Integrals of Bernstein polynomials: an application for the solution of high even-order differential equations[J]. Applied Mathematics Letters, 2011,24(4):559-565.

[4] 王婉. 基于 Bernstein 多项式的两类线性常微分方

程的近似解研究[D]. 合肥:合肥工业大学,2012.

[5] ALI H S, ALI L H. Approximate solution of some classes of integral equations using Bernstein polynomials of two-variables[J]. Journal of Baghdad for Science, 2012,9(2):372-377.

[6] MOSLEH M, OTADI M. Solution of fuzzy Volterra integral equations in a Bernstein polynomial basis[J]. Journal of Advances in Information Technology, 2013,4(3):148-155.

[7] 李文清. 关于伯恩斯坦多项式的逼近度[J]. 数学进展,1958(4):567-568.

[8] 李庆扬,王能超,易大义. 数值分析[M]. 北京:清华大学出版社,2001.

[9] KRESS R. Numerical Analysis[M]. New York: Springer-Verlag,2012.

[10] 王同科,张东丽,王彩华. Mathematica 与数值分析实验[M]. 北京:清华大学出版社,2011.

[11] 关治,陈景良. 数值计算方法[M]. 北京:清华大学出版社,1990.

分片 Bernstein 多项式的样条配点法求解四阶微分方程[①]

第 58 章

§1 引　　言

求解微分方程的数值方法很多，如有限差分法、有限元法、有限体积法、样条法、配点法等. 近十几年有一些学者研究基于 Bernstein 多项式的函数空间法，求解了几类微积分方程问题，数值计算结果较好. 例如：文[1]应用修正的 Bernstein 多项式求 KdV 方程的数值解，算例表明该方法具有较好的计算精度；文[2]基于修正 Bernstein 多项式的 Galerkin 法求解

① 本章摘自《应用数学》，2018 年，第 31 卷，第 3 期.

(1＋1) 维非线性 Burgers 方程，结果表明该方法的基函数少、精确度高且适应性强；文[3] 则基于改进的 Bernstein 多项式求解 KdV-Burgers 方程，文[4] 是利用Bernstein多项式积分形式的Bernstein-Petrov-Galerkin(BPG) 法求解高阶微分方程边值问题，文[5] 基于 Bernstein 多项式数值求解 Volterra 型积分方程；文[6] 则以 Bernstein 多项式为工具，研究了带初始条件的 m 阶线性积分－微分方程以及两类线性常微分方程边值问题，数值解有较高的精度；文[7] 利用 Bernstein 多项式求解具有第一类边界条件的 $2n$ 阶微分方程，文[8] 是基于 Bernstein 多项式的 Galerkin 余量法近似求解高阶边值问题，文[9] 基于全局化 Bernstein 多项式配点法求解高阶微分方程等.

上述文献主要采用的都是全局化函数空间法，其数值解精度提高需要增大函数空间维度. 但空间维度增加一方面会使求解计算量变大，另一方面所导出的方程组条件数也会增大，受计算机舍入误差影响，针对一些问题数值解会失效，这在文[10] 中给出了分析与数值验证. 文[10] 亦提出了解决问题的途径：采用低次分片 Bernstein 多项式样条法求解方程，但该文仅对二阶微分方程进行了讨论，天津师范大学数学科学学院的王彩华，杜金月，朱亚男三位教授 2018 年将其扩展到基于分片五次 Bernstein 多项式样条配点法求解一般四阶微分方程.

另外，本章的方法可以便捷地与任意网格剖分相结合，根据实际需要对任一区域进行配置点加密，可观察任意局部区域的数值解，因而适于求解含小参数扰动的问题.

本章§2首先给出基于分片五次 Bernstein 多项式的配点法求解四阶微分方程的具体过程,以及最后所形成的线代数方程组.

§2　分片五次 Bernstein 多项式样条配点法

四阶微分方程边值问题为

$$Lu(x)\equiv a_4(x)u^{(4)}(x)+a_3(x)u^{(3)}(x)+\cdots+a_1(x)u'(x)+a_0(x)u(x)=f(x)\quad(0\leqslant x\leqslant 1)\tag{1}$$

边界处满足

$$u(0)=\alpha_0,u(1)=\beta_0,u'(0)=\alpha_1,u'(1)=\beta_1\tag{2}$$

其中 $a_r(x)(r=0,1,2,3,4)$ 和 $f(x)$ 在$[0,1]$上连续,且足够光滑保证解的存在性. $\alpha_0,\beta_0,\alpha_1,\beta_1$ 为实常数.

本节我们采用分片五次 Bernstein 多项式样条配点法求解此类四阶微分方程边值问题.

将区间$[0,1]$剖分为 N 份(等距、非等距均可),设

$$0=x_1<x_2<\cdots<x_N<x_{N+1}=1$$

并记 $I_i=[x_i,x_{i+1}]$,步长

$$h_i=x_{i+1}-x_i\quad(i=1,2,\cdots,N)$$

定义分片区间 I_i 上的五次 Bernstein 修正多项式

$$B_{j,5}^{(i)}(x)=\binom{5}{j}\frac{(x-x_i)^j(x_{i+1}-x)^{5-j}}{(h_i)^5}\quad(j=0,1,2,3,4,5)\tag{3}$$

为简化记号,本章分别将 $a_r(x_i)$,$B_{j,5}^{(i)}(x)$ 记为 a_{ri},$B_j^{(i)}(x)$ 等. 根据定义,分片 Bernstein 多项式在两端点处有如下性质成立.

分片区间 I_i 的五次 Bernstein 多项式其函数值在两个端点处有

$$B_j^{(i)}(x_i)=\begin{cases}1, j=0\\0, j=1,2,3,4,5\end{cases} \tag{4}$$

$$B_j^{(i)}(x_{i+1})=\begin{cases}0, j=0,1,2,3,4\\1, j=5\end{cases} \tag{5}$$

一阶导函数满足

$$\frac{\mathrm{d}}{\mathrm{d}x}B_j^{(i)}(x_i)=\begin{cases}-\frac{5}{h_i}, j=0\\\frac{5}{h_i}, j=1\\0, j=2,3,4,5\end{cases} \tag{6}$$

$$\frac{\mathrm{d}}{\mathrm{d}x}B_j^{(i)}(x_{i+1})=\begin{cases}0, j=0,1,2,3\\-\frac{5}{h_i}, j=4\\\frac{5}{h_i}, j=5\end{cases} \tag{7}$$

二阶导函数满足

$$\frac{\mathrm{d}^2}{\mathrm{d}x^2}B_j^{(i)}(x_i)=\begin{cases}\frac{20}{h_i^2}, j=0\\-\frac{40}{h_i^2}, j=1\\\frac{20}{h_i^2}, j=2\\0, j=3,4,5\end{cases} \tag{8}$$

$$\frac{\mathrm{d}^2}{\mathrm{d}x^2}B_j^{(i)}(x_{i+1})=\begin{cases}0,j=0,1,2\\ \dfrac{20}{h_i^2},j=3\\ -\dfrac{40}{h_i^2},j=4\\ \dfrac{20}{h_i^2},j=5\end{cases}\tag{9}$$

三阶导函数满足

$$\frac{\mathrm{d}^3}{\mathrm{d}x^3}B_j^{(i)}(x_i)=\begin{cases}-\dfrac{60}{h_i^3},j=0\\ \dfrac{180}{h_i^3},j=1\\ -\dfrac{180}{h_i^3},j=2\\ \dfrac{60}{h_i^3},j=3\\ 0,j=4,5\end{cases}\tag{10}$$

$$\frac{\mathrm{d}^3}{\mathrm{d}x^3}B_j^{(i)}(x_{i+1})=\begin{cases}0,j=0,1\\ -\dfrac{60}{h_i^3},j=2\\ \dfrac{180}{h_i^3},j=3\\ -\dfrac{180}{h_i^3},j=4\\ \dfrac{60}{h_i^3},j=5\end{cases}\tag{11}$$

四阶导函数满足

$$\frac{\mathrm{d}^4}{\mathrm{d}x^4}B_j^{(i)}(x_i)=\begin{cases}\frac{120}{h_i^4},j=0\\-\frac{480}{h_i^4},j=1\\\frac{720}{h_i^4},j=2\\-\frac{480}{h_i^4},j=3\\\frac{120}{h_i^4},j=4\\0,j=5\end{cases}\tag{12}$$

$$\frac{\mathrm{d}^4}{\mathrm{d}x^4}B_j^{(i)}(x_{i+1})=\begin{cases}0,j=0\\\frac{120}{h_i^4},j=1\\-\frac{480}{h_i^4},j=2\\\frac{720}{h_i^4},j=3\\-\frac{480}{h_i^4},j=4\\\frac{120}{h_i^4},j=5\end{cases}\tag{13}$$

设四阶微分方程边值问题(1)(2)在区间 $I_i(i=1,2,\cdots,N)$ 上的近似解为

$$\begin{aligned}U_i(x)=y_iB_0^{(i)}(x)+\xi_1^{(i)}B_1^{(i)}(x)+\xi_2^{(i)}B_2^{(i)}(x)+\\\xi_3^{(i)}B_3^{(i)}(x)+\xi_4^{(i)}B_4^{(i)}(x)+y_{i+1}B_5^{(i)}(x)\end{aligned}\tag{14}$$

其中 $y_i,\xi_1^{(i)},\xi_2^{(i)},\xi_3^{(i)},\xi_4^{(i)},y_{i+1}$ 为 I_i 上的待定系数. 由 Bernstein 多项式在区间端点满足(4)(5),知

$$U_i(x_i)=y_i,U_i(x_{i+1})=y_{i+1}\cdot y_i$$

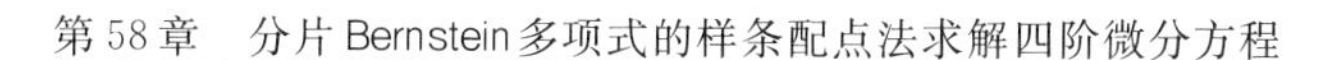

$$(i=1,2,\cdots,N+1)$$

即为近似函数在节点处的值，显然在节点处近似函数满足连续性条件．整个区间$[0,1]$上需要待定的量共$5N+1$个：$y_1,\xi_1^{(1)},\xi_2^{(1)},\xi_3^{(1)},\xi_4^{(1)},y_2,\xi_1^{(2)},\xi_2^{(2)},\xi_3^{(2)},\xi_4^{(2)},y_3,\cdots,y_N,\xi_1^{(N)},\xi_2^{(N)},\xi_3^{(N)},\xi_4^{(N)},y_{N+1}$.

因

$$U_1(0)=y_1,U_N(1)=y_{N+1}$$

结合边界条件(2)，可令

$$y_1=\alpha_0 \tag{15}$$

$$y_{N+1}=\beta_0 \tag{16}$$

同理，利用分片区间端点处导函数性质(6)(7)，对近似函数求导，结合边界条件(2)，可令

$$\frac{\mathrm{d}}{\mathrm{d}x}U_1(x)\bigg|_{x=0}=y_1\left(-\frac{5}{h_1}\right)+\xi_1^{(1)}\left(\frac{5}{h_1}\right)=u'(0)=\alpha_1 \tag{17}$$

$$\frac{\mathrm{d}}{\mathrm{d}x}U_N(x)\bigg|_{x=1}=\xi_4^{(N)}\left(-\frac{5}{h_1}\right)+y_{N+1}\left(\frac{5}{h_1}\right)=u'(1)=\beta_1 \tag{18}$$

由微分方程(1)，可要求其近似解满足四次连续可导，即在内节点$x_i(i=2,3,\cdots,N)$处分别满足一次、二次、三次、四次导数连续性．即要求下式

$$\frac{\mathrm{d}^r}{\mathrm{d}x^r}U_{i-1}(x_i)=\frac{\mathrm{d}^r}{\mathrm{d}x^r}U_i(x_i)$$

$$(i=2,3,\cdots,N,r=1,2,3,4) \tag{19}$$

成立．

因在$I_{i-1}=[x_{i-1},x_i]$上有

$$\frac{\mathrm{d}^r}{\mathrm{d}x^r}U_{i-1}(x_i)=y_{i-1}\frac{\mathrm{d}^r}{\mathrm{d}x^r}B_0^{(i-1)}(x_i)+$$

$$\xi_1^{(i-1)}\frac{\mathrm{d}^r}{\mathrm{d}x^r}B_1^{(i-1)}(x_i)+$$

$$\xi_2^{(i-1)}\frac{\mathrm{d}^r}{\mathrm{d}x^r}B_2^{(i-1)}(x_i)+$$

$$\xi_3^{(i-1)}\frac{\mathrm{d}^r}{\mathrm{d}x^r}B_3^{(i-1)}(x_i)+$$

$$\xi_4^{(i-1)}\frac{\mathrm{d}^r}{\mathrm{d}x^r}B_4^{(i-1)}(x_i)+y_i\frac{\mathrm{d}^r}{\mathrm{d}x^r}B_5^{(i-1)}(x_i) \tag{20}$$

在 $I_i=[x_i,x_{i+1}]$ 上有

$$\frac{\mathrm{d}^r}{\mathrm{d}x^r}U_i(x_i)=y_i\frac{\mathrm{d}^r}{\mathrm{d}x^r}B_0^{(i)}(x_i)+$$

$$\xi_1^{(i)}\frac{\mathrm{d}^r}{\mathrm{d}x^r}B_1^{(i)}(x_i)+$$

$$\xi_2^{(i)}\frac{\mathrm{d}^r}{\mathrm{d}x^r}B_2^{(i)}(x_i)+$$

$$\xi_3^{(i)}\frac{\mathrm{d}^r}{\mathrm{d}x^r}B_3^{(i)}(x_i)+$$

$$\xi_4^{(i)}\frac{\mathrm{d}^r}{\mathrm{d}x^r}B_4^{(i)}(x_i)+y_{i+1}\frac{\mathrm{d}^r}{\mathrm{d}x^r}B_5^{(i)}(x_i) \tag{21}$$

将分片 Bernstein 多项式在区间端点处的一、二、三、四阶导数(6)～(13)代入式(20)(21),整理后由(19)联立等式,可得下面一些式子成立

$$\xi_4^{(i-1)}\left(-\frac{5}{h_{i-1}}\right)+y_i\left(\frac{5}{h_{i-1}}+\frac{5}{h_i}\right)+\xi_1^{(i)}\left(-\frac{5}{h_i}\right)=0 \tag{22}$$

$$\xi_3^{(i-1)}\left(\frac{20}{h_{i-1}^2}\right)+\xi_4^{(i-1)}\left(-\frac{40}{h_{i-1}^2}\right)+y_i\left(\frac{20}{h_{i-1}^2}-\frac{20}{h_i^2}\right)+$$

$$\xi_1^{(i)}\left(\frac{40}{h_i^2}\right)+\xi_2^{(i)}\left(-\frac{20}{h_i^2}\right)=0 \tag{23}$$

$$\xi_2^{(i-1)}\left(-\frac{60}{h_{i-1}^3}\right)+\xi_3^{(i-1)}\left(\frac{180}{h_{i-1}^3}\right)+\xi_4^{(i-1)}\left(-\frac{180}{h_{i-1}^3}\right)+$$

$$y_i\left(\frac{60}{h_{i-1}^3}+\frac{60}{h_i^3}\right)+\xi_1^{(i)}\left(-\frac{180}{h_i^3}\right)+\xi_2^{(i)}\left(\frac{180}{h_i^3}\right)+$$

$$\xi_3^{(i)}\left(-\frac{60}{h_i^3}\right)=0 \tag{24}$$

$$\xi_1^{(i-1)}\left(\frac{120}{h_{i-1}^4}\right)+\xi_2^{(i-1)}\left(-\frac{480}{h_{i-1}^4}\right)+\xi_3^{(i-1)}\left(\frac{720}{h_{i-1}^4}\right)+$$

$$\xi_4^{(i-1)}\left(-\frac{480}{h_{i-1}^4}\right)+y_i\left(\frac{120}{h_{i-1}^4}-\frac{120}{h_i^4}\right)+$$

$$\xi_1^{(i)}\left(\frac{480}{h_i^4}\right)+\xi_2^{(i)}\left(-\frac{720}{h_i^4}\right)+$$

$$\xi_3^{(i)}\left(\frac{480}{h_i^4}\right)+\xi_4^{(i)}\left(-\frac{120}{h_i^4}\right)=0 \tag{25}$$

其中 $i=2,3,\cdots,N$. 由式(22) ～ (25) 可见所形成的线性方程组的系数矩阵稀疏,其行非零元连续出现,个数分别为 3,5,7,9.

式(22) ～ (25) 共确定了 $4N-4$ 个方程,边界条件给出(15) ～ (18) 四个方程,而近似解(14) 需要确定 $5N+1$ 个待定量,那么至少还需要建立 $N+1$ 个方程,我们通过令近似解 $U(x)$ 在 $N+1$ 个节点处满足微分方程来实现,即当 $i=1,2,\cdots,N$ 时,令

$$\begin{aligned}LU_i(x_i)=&y_iLB_0^{(i)}(x_i)+\xi_1^{(i)}LB_1^{(i)}(x_i)+\\&\xi_2^{(i)}LB_2^{(i)}(x_i)+\\&\xi_3^{(i)}LB_3^{(i)}(x_i)+\xi_4^{(i)}LB_4^{(i)}(x_i)+\\&y_{i+1}LB_5^{(i)}(x_i)\\=&f(x_i)\end{aligned} \tag{26}$$

右端点处令

$$\begin{aligned}LU_N(x_{N+1})=&y_NLB_0^{(N)}(x_{N+1})+\xi_1^{(N)}LB_1^{(N)}(x_{N+1})+\\&\xi_2^{(N)}LB_2^{(N)}(x_{N+1})+\xi_3^{(N)}LB_3^{(N)}(x_{N+1})+\\&\xi_4^{(N)}LB_4^{(N)}(x_{N+1})+y_{N+1}LB_5^{(N)}(x_{N+1})\\=&f(x_{N+1})\end{aligned} \tag{27}$$

由微分算子L的定义以及分片多项式在区间端点处(4)～(13)成立,式(26)可化为

$$y_i\left[a_{4i}\left(\frac{120}{h_i^4}\right)+a_{3i}\left(-\frac{60}{h_i^3}\right)+a_{2i}\left(\frac{20}{h_i^2}\right)+a_{1i}\left(-\frac{5}{h_i}\right)+a_{0i}\right]+\xi_1^{(i)}\left[a_{4i}\left(-\frac{480}{h_i^4}\right)+a_{3i}\left(\frac{180}{h_i^3}\right)+a_{2i}\left(-\frac{40}{h_i^2}\right)+a_{1i}\left(\frac{5}{h_i}\right)\right]+\xi_2^{(i)}\left[a_{4i}\left(\frac{720}{h_i^4}\right)+a_{3i}\left(-\frac{180}{h_i^3}\right)+a_{2i}\left(\frac{20}{h_i^2}\right)\right]+\xi_3^{(i)}\left[a_{4i}\left(-\frac{480}{h_i^4}\right)+a_{3i}\left(\frac{60}{h_i^3}\right)\right]+\xi_4^{(i)}\left[a_{4i}\left(\frac{120}{h_i^4}\right)\right]=f(x_i)\quad(i=1,2,\cdots,N)\tag{28}$$

同理式(27)可化为

$$\xi_1^{(N)}\left[a_{4(N+1)}\left(\frac{120}{h_N^4}\right)\right]+\xi_2^{(N)}\left[a_{4(N+1)}\left(-\frac{480}{h_N^4}\right)+a_{3(N+1)}\left(-\frac{60}{h_N^3}\right)\right]+\xi_3^{(N)}\left[a_{4(N+1)}\left(\frac{720}{h_N^4}\right)+a_{3(N+1)}\left(\frac{180}{h_N^3}\right)+a_{2(N+1)}\left(\frac{20}{h_N^2}\right)\right]+\xi_4^{(N)}\left[a_{4(N+1)}\left(-\frac{480}{h_N^4}\right)+a_{3(N+1)}\left(-\frac{180}{h_N^3}\right)+a_{2(N+1)}\left(-\frac{40}{h_N^2}\right)+a_{1(N+1)}\left(-\frac{5}{h_N}\right)\right]+y_{N+1}\left[a_{4(N+1)}\left(\frac{120}{h_N^4}\right)+a_{3(N+1)}\left(\frac{60}{h_N^3}\right)+a_{2(N+1)}\left(\frac{20}{h_N^2}\right)+a_{1(N+1)}\left(\frac{5}{h_N}\right)+a_{0(N+1)}\right]=f(x_{N+1})\tag{29}$$

联立边界点处条件(15) ～ (18),节点处连续性方程(22) ～ (25),配点方程(28) ～ (29) 共形成 $5N+1$ 个方程,可确定 $5N+1$ 个待定量.待定量解出后可由(14) 确定各个小区间上的近似解.此方法称为分片五次 Bernstein 多项式样条配点法,记为 CBS5.

CBS5 格式构造过程中,充分利用 Bernstein 多项式的定义和性质进行化简,最后导出的方程组系数矩阵行非零元不超过 9,为稀疏阵.另外,该方法可以便捷地与任意网格剖分方法相结合,即根据需要可以对任一局部区域进行配点加密,从而观察数值解的局部情形.

参考资料

[1] DAMBARU D B, MUHAMMAD I B. Numerical solution of KdV equation using modified Bernstein polynomials[J]. Applied Mathematics and Computation, 2006, 174:1255-1268.

[2] 张涛锋,孙建安,陈继宇,陶娜,石玉仁.用修正 Bernstein 多项式 Galerkin 法求 Burgers 方程数值解[J].甘肃科学学报,2010,22(4):29-32.

[3] DAMBARU D B. Use of modified Bernstein polynomials to solve KdV-Burgers equation numerically[J]. Applied Mathematics Letters, 2008, 206:457-464.

[4] DOHA E H, BHRAWY A H, SAKER M A. Integrals of Bernstein polynomials: An applica-

tion for the solution of high even-order differential equations[J]. Applied Mathematics Letters, 2011,24:559-565.

[5] MALEKNEJAD K, HASHEMIZADEH E, EZZATI R. A new approach to the numerical solution of Volterra integral equations by using Bernsteins approximation [J]. Communications in Nonlinear Science and Numerical Simulation, 2011, 16:647-655.

[6] 王婉.基于 Bernstein 多项式的两类线性常微分方程的近似解研究[D].安徽:合肥工业大学硕士学位论文,2012.

[7] AHMED H M. Solutions of 2nd-order linear differential equations subject to Dirichlet boundary conditions in a Bernstein polynomial basis[J]. Journal of the Egyptian Mathematical Society, 2014,22:227-237.

[8] ISLAM M S, HOSSAIN M B. Numercial solutions of eighth order BVP by the Galerkin residual technique with Bernstein and Legendre polynomials[J]. Applied Mathematics and Computation, 2015,261:48-59.

[9] 朱亚男,王彩华.基于 Bernstein 多项式的配点法解高阶常微分方程[J].天津师范大学自然科学版,2015,35(2):7-9.

[10] 王彩华.稳态奇异扰动问题的数值解[D].天津:天津大学博士学位论文,2014.

第十二编

形形色色的逼近算子

各种逼近算子

第59章

为了便于从事逼近算子理论和应用方面研究的科学技术工作者掌握和选择使用各种线性算子的已有成果，徐利治教授罗列了一系列较为重要的逼近算子以及它们的一些有关性质.

(一)Bernstein 多项式算子

由于已有 G. G. Lorentz 的名著 *Bernstein Polynomials*[77]，因而此处无须罗列有关 Bernstein 多项式算子的所有已知结果，以下仅就有代表性的一些结果作一番介绍. Bernstein 多项式算子为

$$B_n[f(t);x]=\sum_{k=0}^{n} f\left(\frac{k}{n}\right)\binom{n}{k}x^k(1-x)^{n-k}$$
$$(0\leqslant x\leqslant 1)$$

1° Bernstein 指出(可见任一本逼近论书籍),对任给 $f(x)\in C[0,1]$,恒一致地有

$$\lim_{n\to\infty} B_n[f(t);x]=f(x)\quad(0\leqslant x\leqslant 1)$$

2° Popoviciu 指出,如果 $f(x)\in C[0,1]$,$\omega(\delta)$ 是 $f(x)$ 的连续模数,则

$$|B_n[f(t);x]-f(x)|\leqslant\frac{3}{2}\omega\left(\frac{1}{\sqrt{n}}\right)\quad(n=1,2,\cdots)$$

后来 G. G. Lorentz 将上式系数$\frac{3}{2}$改进为$\frac{5}{4}$.

P. C. Sikkema 将此常数改进为(见文献[104])

$$x=\frac{4\ 306+837\sqrt{6}}{5\ 832}=1.089\ 887\ 3\cdots$$

而 C. G. Esseen[70] 进一步求得该常数为

$$\mu=2\sum_{v=0}^{\infty}(v+1)\{\Phi(2v+2)-\Phi(2v)\}$$
$$=1.045\ 564\cdots$$

其中

$$\Phi(x)=\frac{1}{\sqrt{2\pi}}\int_{-\infty}^{x}\mathrm{e}^{-\frac{t^2}{2}}\mathrm{d}t$$

3° E. Вороновская 指出:设 $f(x)$ 于$[0,1]$上有界且 $f''(x)$ 于 $x\in[0,1]$ 处存在,则

$$B_n[f(t);x]-f(x)=\frac{x(1-x)}{2n}f''(x)+o\left(\frac{1}{n}\right)$$
$$(n\to\infty)$$

4° 设 $f(x)$ 于$[0,1]$上有界且 $f^{(k)}(x_0)$ 存在$(0\leqslant x_0\leqslant 1)$,则(见文献[77])

$$\lim_{n\to\infty} B_n^{(k)}[f(t);x_0]=f^{(k)}(x_0)$$

5° 假定 $f(x)$ 于 $[0,1]$ 上有界且设 L^+ 和 L^- 表示 $f(t)$ 于 x 点处的右上极限和左上极限，而 l^+ 和 l^- 表示同一点的右下极限和左下极限. 则(见文献[77])

$$\begin{aligned}\frac{1}{2}(l^+ + l^-) &\leqslant \liminf_{n\to\infty} B_n[f(t);x]\\ &\leqslant \limsup_{n\to\infty} B_n[f(t);x]\\ &\leqslant \frac{1}{2}(L^+ + L^-)\end{aligned}$$

特别地，如果 x 是 $f(t)$ 的第一类不连续点，则

$$\lim_{n\to\infty} B_n[f(t);x]=\frac{1}{2}\{f(x+0)+f(x-0)\}$$

6° Хлодовский 引入因子 $b_n=o(n)$，$b_n\uparrow\infty$，有

$$B_n[f(b_n t);b_n^{-1}x]=\sum_{v=0}^{n} f\left(\frac{b_n v}{n}\right)\binom{n}{v}\left(\frac{x}{b_n}\right)^{v}\left(1-\frac{x}{b_n}\right)^{n-v}$$

并证明了若对每个 $\alpha>0$ 有

$$\operatorname*{Max}_{0\leqslant x\leqslant b_n} |f(x)|\cdot \mathrm{e}^{-\frac{\alpha_n}{b_n}}\to 0\quad (n\to\infty)$$

则对 $f(x)$ 的每个连续点 x，总有

$$\lim_{n\to\infty} B_n[f(b_n t);b_n^{-1}x]=f(x)\quad (0\leqslant x<\infty)$$

7° 设 $\{a_{nk}\}_0^n$ 为 $B_n[f(t);x]$ 按 x 的升幂而整理所得的系数，即

$$\sum_{k=0}^{n} a_{nk}x^k\equiv B_n[f(t);x]$$

J. A. Roulier[99] 证明了

$$\sum_{k=0}^{n} |a_{nk}|\leqslant \|f\|\cdot 3^n$$

8° C. W. Groetsch 和 O. Shisha[71] 指出：设 $f(x)\in C[0,1]$ 且于 $(0,1)$ 上有有界导数，则对一切 x

$\in [0,1]$ 和 $n=1,2,\cdots$,恒有

$$|B_n[f(t);x]-f(x)| \leqslant x\omega\left(f';\frac{1}{n}\right)$$

其中 $\omega(f';\cdot)$ 是 $f'(x)$ 在 $(0,1)$ 上的连续模.

9° G. G. Lorentz[78] 指出:$B_n[f(t);x]$ 的饱和类由所有使 $f'(x)\in \mathrm{Lip}\,1$ 的 $f(x)\in C[0,1]$ 组成.最优逼近阶为$\frac{x(1-x)}{n}$.更明确地说,$f'(x)\in \mathrm{Lip}_M 1$ 等价于

$$|B_n[f(t);x]-f(x)| \leqslant M\frac{x(1-x)}{2n}$$

$$(n=1,2,\cdots;0\leqslant x\leqslant 1)$$

如果除上式外,进一步有

$$|B_n[f(t);x]-f(x)| \leqslant \varepsilon_n\frac{x(1-x)}{n}\quad (0\leqslant x\leqslant 1)$$

其中 $\varepsilon_n>0,\lim\limits_{n\to\infty}\varepsilon_n=0$,则 $f(x)$ 是线性函数.

10° F. Schurer 和 F. W. Steutel 在文献[103]中指出:设 $f(x)$ 于$[0,1]$具有连续的一阶导数,即 $f(x)\in C^1[0,1]$,$\omega_1(f;\cdot)$ 表示 $f'(x)$ 的连续模数.又设

$$C_n^{(\alpha)}(x)=\sup_{f\in C^1[0,1]}\frac{|B_n[f(t);x]-f(x)|}{\omega_1(f;n^{-\alpha})}$$

且

$$C_n^{(\alpha)}=\operatorname*{Max}_{0\leqslant x\leqslant 1}C_n^{(\alpha)}(x)$$

则当 $n\to\infty$ 时

$$C_n^{(\alpha)}(x)\sim\sqrt{\frac{x(1-x)}{2\pi n}}\quad (0\leqslant\alpha<\frac{1}{2})$$

$$C_n^{(\alpha)}(x)\sim\frac{x(1-x)}{2\cdot n^{1-\alpha}}\quad \left(\frac{1}{2}<\alpha\leqslant 1\right)$$

$$C_n^{(\frac{1}{2})}(x)\sim\frac{1}{\sqrt{n}}\left\{\sqrt{\frac{x(1-x)}{2\pi}}+2\sqrt{x(1-x)}\cdot\right.$$

$$\sum_{j=1}^{\infty}\int_{\frac{j}{\sqrt{x(1-x)}}}^{\infty}\left[u-\frac{j}{\sqrt{x(1-x)}}\right]\varphi(u)\mathrm{d}u\}$$

$$(x\neq 0,1)$$

此处

$$\varphi(u)=\exp\frac{-\frac{u^2}{2}}{\sqrt{2\pi}}$$

因此

$$C_n^{(\alpha)}\sim\frac{1}{2}(2\pi)^{-\frac{1}{2}}\cdot n^{-\frac{1}{2}}=0.199\ 5\cdot n^{-\frac{1}{2}}$$

$$(0\leqslant\alpha<\frac{1}{2})$$

$$C_n^{(\alpha)}\sim\frac{1}{8}n^{\alpha-1}=0.125\ 0\cdot n^{\alpha-1}\quad\left(\frac{1}{2}<\alpha\leqslant 1\right)$$

$$C_n^{(\frac{1}{2})}\sim n^{-\frac{1}{2}}\left(\frac{1}{2}(2\pi)^{-\frac{1}{2}}+\sum_{j=1}^{\infty}\int_{2j}^{\infty}(u-2j)\varphi(u)\mathrm{d}u\right)$$

$$=0.208\ 0\cdot n^{-\frac{1}{2}}$$

11° 设 p 是一个固定整数($0\leqslant p\leqslant n$).若

$$m\leqslant f^{(p)}(x)\leqslant M\quad(0\leqslant x\leqslant 1)$$

则

$$m\leqslant\frac{n^p}{n(n-1)\cdots(n-p+1)}B_n^{(p)}[f(t);x]\leqslant M$$

$$(0\leqslant x\leqslant 1)$$

其中当 $p=0$ 时,$B_n^{(p)}$ 的系数理解为 1.若

$$f^{(p)}(x)\geqslant 0\quad(0\leqslant x\leqslant 1)$$

则

$$B_n^{(p)}[f(t);x]\geqslant 0\quad(0\leqslant x\leqslant 1)$$

若 $f(x)$ 不减($0\leqslant x\leqslant 1$),则 $B_n[f(t);x]$ 也不减.若 $f(x)$ 于 $0\leqslant x\leqslant 1$ 是凸的,则 $B_n[f(t);x]$ 也是凸的

(见文献[63]).

12° 设 $f(x)$ 于$[0,1]$中是凸函数.则对于 $n=2,3,\cdots$ 有

$$B_{n-1}[f(t);x] \geqslant B_n[f(t);x] \quad (0<x<1)$$

若 $f(x)\in C[0,1]$,则除在每个区间$\left[\frac{j-1}{n-1},\frac{j}{n-1}\right]$,$j=1,\cdots,n-1$ 上 $f(x)$ 都是线性函数外,上式都是严格不等的(见文献[63]).

13° Schoenberg[100] 指出:若以$V(f)$表示$f(x)$于$[0,1]$中的变号数,以 $\underset{0<x<1}{Z}(g)$ 表示 $g(x)$ 于$(0,1)$中的零点数.则

$$\underset{0<x<1}{Z}(B_n[f(t);x]) \leqslant V(f)$$

14° 设以 $\mathrm{Var}(g)$ 记 $g(x)$ 在$[0,1]$上的全变差.Schoenberg 在文献[100]中指出

$$\mathrm{Var}(B_n[f(t);x]) \leqslant \mathrm{Var}(f(x))$$

15° 陈文忠在文献[41]中指出:设 $f(x)\in C[0,1]$ 且在点 x 处 $f(x)$ 存在左、右导数 $f'(x-)$,$f'(x+)$,则下述渐近公式成立

$$B_n[f(t);x]-f(x) \sim \sqrt{\frac{2x(1-x)}{\pi n}}\,\frac{f'(x+)-f'(x-)}{2} \quad (n\to\infty)$$

16° G. G. Lorentz[78] 指出:设 $f(x)\in C[0,1]$,$g(x)$ 于$[0,1]$的某子区间$[a,b]$上是具有限值的 L 可积函数,对一切 $x\in(a,b)$ 有

$$\liminf_{n\to\infty} n(B_n[f;x]-f(x)) \leqslant \frac{x(1-x)}{2}g(x) \leqslant \limsup_{n\to\infty} n(B_n[f;x]-f(x))$$

则

$$f(x)=A+Bx+\int_a^x \mathrm{d}t\int_a^t g(u)\mathrm{d}u \quad (a\leqslant x\leqslant b)$$

其中 A 和 B 是两个适当的常数.

(二)Хлодовский 多项式算子

Хлодовский 考虑了整系数多项式算子的逼近问题(可见文献[77]). 他把 Bernstein 算子修正为

$$P_n[f(t);x]=\sum_{v=1}^{n}\left[\binom{n}{v}f\left(\frac{v}{n}\right)\right]x^v(1-x)^{n-v}$$

其中$[C]$表示 C 的整数部分. Хлодовский 指出:只要 $0<a<b<1$, $f(x)\in C[a,b]$,则在$[a,b]$区间上一致地有

$$\lim_{n\to\infty}P_n[f(t);x]=f(x) \quad (a\leqslant x\leqslant b)$$

其实,若假定 $f(x)\in C[0,1]$ 且

$$f(0)=f(1)=0$$

则在区间$[0,1]$上一致地有

$$\lim_{n\to\infty}P_n[f(t);x]=f(x)$$

(三)离散的 Bernstein 多项式算子

离散的 Bernstein 算子的研究是由徐利治与王在申 1956 年引入的(见文献[27]).

设

$$0=r_0<r_1<\cdots<r_n<\cdots \quad (r_n\to\infty)$$

为一整数序列,对于给定函数 $f(x)$ 作多项式

$$\beta_{r_n}[f(t);x]=\sum_{k=0}^{n} f\left(\frac{r_k}{r_n}\right)\binom{r_n}{r_k}\cdot (r_{k+1}-r_k)x^{r_k}(1-x)^{r_n-r_k}$$

$$(0\leqslant x\leqslant 1)$$

它就是徐利治,王在申的离散 Bernstein 多项式算子.

1° 徐利治与王在申证明了:当

$$\lim_{n\to\infty}\frac{r_n-r_{n-1}}{\sqrt{r_n}}=0$$

时,对任给 $f(x)\in C[0,1]$,恒有

$$\lim_{n\to\infty}\beta_{r_n}[f(t);x]=f(x)\quad (0<x<1)$$

并且上式在$[\delta,1-\delta]$(δ 为任意满足 $0<\delta<\frac{1}{2}$ 的正数)上是一致地成立的.

2° 邵品琮[37] 指出:当

$$r_n-r_{n-1}=O(r_n^{\alpha})\quad \left(0\leqslant \alpha<\frac{1}{2}\right)$$

时,有估计式

$$\beta_{r_n}[f(t);x]-f(x)=O(\omega(r_n^{-\frac{1}{2}+\varepsilon}))+O(r_n^{-\frac{1}{2}+\alpha+\varepsilon})$$

其中 ε 为任意正常数,$n\to\infty$.

(四)Sikkema-Bernstein 算子

设 $f(x)\in C[0,1]$. P. C. Sikkema 在文献[105]中引进了 Bernstein 算子的下述变形

$$C_n[f;x]=\sum_{k=0}^{n}\binom{n}{k}x^k(1-x)^{n-k}f\left(\frac{k}{x(n)}\right)$$

其中

$$x(n)=n+\alpha(n),n=1,2,\cdots$$

$\alpha(n)\geqslant 0$ 且

$$\lim_{n\to\infty}\frac{\alpha(n)}{n}=0$$

P. C. Sikkema 指出：

1° 对任意 $f(x)\in C[0,1]$，均有

$$\lim_{n\to\infty}C_n[f;x]=f(x)\quad(0\leqslant x\leqslant 1)$$

2° 若 $\lim\limits_{n\to\infty}\frac{\alpha^2(n)}{n}=0$，则

$$|C_n[f;x]-f(x)|$$

$$\leqslant\omega\left(f;\frac{1}{\sqrt{n}}\right)\left|1+\frac{x(1-x)+\frac{x^2\alpha^2(n)}{n}}{(1+\frac{\alpha(n)}{n})^2}\right|$$

3° 渐近估计：

(i) 若 $\alpha(n)=q(q\geqslant 0$ 为常数，$n=1,2,\cdots)$，则当 $f(x)\in C^2[0,1]$ 时，有

$$\lim_{n\to\infty}n(C_n[f;x]-f(x))$$

$$=-qxf'(x)+\frac{1}{2}x(1-x)f''(x)$$

(ii) 若 $\alpha(n)=qn^\sigma(0<\sigma<1)$，$q$ 为正常数，则当 $f(x)\in C^1[0,1]$ 时，有

$$\lim_{n\to\infty}n(C_n[f;x]-f(x))=-qxf'(x)$$

(iii) 若 $\alpha(n)=n\lambda(n)$，$\lim\limits_{n\to\infty}\lambda(n)=0$，$\lambda(n)>0(n=1,2,\cdots)$ 且

$$\lim_{n\to\infty}\frac{\alpha(n)}{n^\sigma}=\infty\quad(0<\sigma<1)$$

则当 $f(x)\in C^1[0,1]$ 时，有

$$C_n[f;x]-f(x)=-\lambda(n)xf'(x)+o(\lambda(n))$$
$$(n\to\infty)$$

(五)Kantorovich 多项式算子(见文献[77])

Kantorovich 算子是 Bernstein 算子的下述推广

$$K_n[f(t);x]$$
$$=(n+1)\sum_{k=0}^{n}\left(\int_{\frac{k}{n+1}}^{\frac{k+1}{n+1}}f(t)\mathrm{d}t\right)p_{n,k}(x)$$

其中

$$p_{n,k}(x)=\binom{n}{k}x^k(1-x)^{n-k}$$

1°G. G. Lorentz 证明了([77]):对每一个在[0,1]上 Lebesgue 可积函数 $f(x)$,均有

$$\lim_{n\to\infty}\int_0^1|K_n[f(t);x]-f(x)|\mathrm{d}x=0$$

2°R. Bojanic 和 O. Shisha[55] 指出:设 $f(x)$ 在[0,1]上 Lebesgue 可积,则当 $n\geqslant 2$ 时

$$\int_0^1 x^{\frac{1}{2}}(1-x)^{\frac{1}{2}}|K_n[f(t);x]-f(x)|\mathrm{d}x$$
$$\leqslant\frac{2\pi^2}{3}\omega_f(n^{-\frac{1}{2}})_{L_1}$$

其中

$$\omega_f(h)_{L_1}=\sup_{|t|\leqslant h}\int_0^1|f(x+t)-f(x)|\mathrm{d}x$$

3° S. D. Riemenschneider 在文献[98]中指出:设 $f(x)\in L^p[0,1]$,$1\leqslant p\leqslant\infty$ 且 $f(x)$ 可表示为

$$f(x)=k+\int_{\xi}^{x}\frac{h(u)}{U}\mathrm{d}u$$

此处 $\xi \in (0,1)$，$U = u(1-u)$，k 是一常数，$h(0) = h(1) = 0$，且 $h' \in L^p[0,1]$，$1 < p \leqslant \infty$ 或 h 是$[0,1]$上的有界变差函数(当 $p=1$ 时).则

$$
\begin{aligned}
&(n+1)\| K_n[f(t);x] - f(x) \|_p \\
&\leqslant C\{\| f' \|_p + \| (x(1-x)f')' \|_p\} \\
&\quad (1 < p \leqslant \infty) \\
&\leqslant C\{\| x(1-x)f' \|_\infty + \\
&\quad \| x(1-x)f' \|_{B.V.}\} \quad (p=1)
\end{aligned}
$$

其中 C 为正常数而 $\|\cdot\|_{B.V.}$ 为有界变差空间 $B.V.[0,1]$ 中的模.

4° 文献[98]中还指出：若 $f(x) \in L^p[0,1]$，$1 \leqslant p < \infty$，则

$$
f(x) = k + \int_\xi^x \frac{h(u)}{U} \mathrm{d}u
$$

必须且只需

$$
(n+1)\| K_n[f(t);x] - f(x) \|_p = O(1)
$$

5° 文献[98]中指出：为使

$$
(n+1)\| K_n[f(t);x] - f(x) \|_p = o(1)
$$

必须且只需 $f(x)$ 是一常数.

6° A. Wafi, A. Habib 与 H. H. Khan("Notices" of The Amer. Math. Soc. 25(1978), No. 5, 78T－B141)指出：设 $f(x)$ 是有界(L)可积函数，它在$[0,1]$上有一阶导数且于确定的点 $x(0 \leqslant x \leqslant 1)$ 处 $f''(x)$ 存在.则

$$
\lim_{n\to\infty} n[f(x) - K_n[f(t);x]] = -\frac{f''(x)}{8}
$$

7° 李文清在文献[39]中指出：设 $f(x) \in C[0,1]$，则

$$|K_n[f(t);x]-f(x)|\leqslant \frac{5}{4}\omega\left(f;\sqrt{\frac{1}{n+1}}\right)$$

8° 在文献[39] 中，李文清还针对 $K_n[f(t);x]$ 的下述变形算子

$$\widetilde{K}_n[f(t);x]=\sum_{k=0}^{n}\binom{n}{k}x^k(1-x)^{n-k}\cdot$$

$$\frac{1}{2}\left[f\left(\frac{k+1}{n+1}\right)+f\left(\frac{k}{n+1}\right)\right]$$

给出了类似的连续模数估计式

$$|\widetilde{K}_n[f(t);x]-f(x)|\leqslant \frac{5}{4}\omega\left(f;\sqrt{\frac{1}{n+1}}\right)$$

（六）Schoenberg 变差缩小算子

设

$$\Delta=\{0=x_0<x_1<\cdots<x_{n-1}<x_n=1\}$$

是区间[0,1] 的一个分划. 引入函数

$$M(x;t)=m(t-x)_+^{m-1}$$

其中

$$(t-x)_+^{m-1}=\mathrm{Max}(0,(t-x)^{m-1})$$

对于 $-m+1\leqslant i\leqslant n-1$，定义 $B-$ 样条

$$M_i(x)=M(x;x_i,\cdots,x_{i+m})$$

$$=\sum_{v=0}^{m}\frac{m(x_{i+v}-x)_+^{m-1}}{\omega'(x_{i+v})}$$

其中

$$\omega(x)=(x-x_i)(x-x_{i+1})\cdots(x-x_{i+m})$$

Schoenberg 变差缩小算子为(参阅文献[86])

$$S_{\Delta,m}[f(t);x]=\sum_{i=-m+1}^{n-1}f(\xi_i)N_i(x)$$

其中

$$N_i(x)=\frac{x_{i+m}-x_i}{m}M_i(x),-m<i<n$$

$$\xi_i=\frac{x_{i+1}+\cdots+x_{i+m-1}}{m-1}$$

1° 当 $\Delta=\{0,1\}$ 时，$S_{\Delta,m}$ 就是 Bernstein 算子

$$S_{\Delta,m}[f(t);x]\equiv B_m[f(t);x]$$

2° 对任意 $f(x)\in C[0,1]$，在$[0,1]$上一致地有(见文献[86])

$$\lim S_{\Delta,m}[f(t);x]=f(x)$$

必须且只需在$[0,1]$上一致地有

$$\lim S_{\Delta,m}[t^2;x]=x^2$$

其中 $\lim S_{\Delta,m}$ 乃指相应于Δ和m值序列的逼近序列的极限.

3° 对任意 $f(x)\in C[0,1]$，在$[0,1]$上一致地有

$$\lim S_{\Delta,m}[f(t);x]=f(x)$$

必须且只需(见文献[86])

$$\lim\frac{\|\Delta\|}{m}=0$$

其中

$$\|\Delta\|=\max_{0\leqslant i\leqslant n-1}|x_{i-1}-x_i|$$

4° 设 $f(x)\in C[0,1]$，则(见文献[64])

$$\|f(x)-S_{\Delta,m}[f(t);x]\|\leqslant 2\omega(f;\alpha_{\Delta,m})$$

其中

$$\alpha_{\Delta,m}^2=(m-1)^{-1}\max_{-m+1\leqslant i\leqslant n}(x_{i+m-1}-x_i)^2$$

5° 设 $f'(x)\in C[0,1]$，则(见文献[64])

$$\|f(x)-S_{\Delta,m}[f(t);x]\|\leqslant 2\alpha_{\Delta,m}\cdot\omega(f';\alpha_{\Delta,m})$$

6° 在文献[86]中 Marsden 指出:设分划 Δ 的内点为 $x_i=\frac{i}{n}(0<i<n)$,且 $0<x'<1$. 如果 $f(x)$ 在[0,1]上二次连续可微,且

$$\lim \frac{m}{n}=0$$

则

$$\lim \frac{n^2}{m+1}[S_{\Delta,m}[f;x']-f(x')]=\frac{f''(x')}{24}$$

(七)Meyer-König-Zeller 算子(见文献[64])

Meyer-König-Zeller 算了,就是 Bernstein 幂级数

$$L_n[f(t);x]=(1-x)^n\sum_{k=0}^{\infty}f\left(\frac{k}{n+k}\right)\binom{n+k-1}{k}x^k$$

$$(0\leqslant x\leqslant 1)$$

其中 n 为自然数.

1° 算子 $L_n[f(t);x]$ 是具有阶 $\frac{x}{2n(1-x)^2}$ 而逐点饱和的. 若 $f(x)\in C[0,1]$ 且

$$L_n[f(t);x]-f(x)=o_x\left(\frac{x}{2n(1-x)^2}\right)\quad(0<x<1)$$

则 $f(x)$ 关于 $(1,(1-x)^{-1})$ 是线性的. 若 $g(x)\in L[0,1]$ 且

$$\lim_{n\to\infty}\frac{n(1-x)^2}{x}(L_n[f(t);x]-f(x))\leqslant g(x)$$

$$\leqslant\overline{\lim_{n\to\infty}}\frac{n(1-x)^2}{x}(L_n[f(t);x]-f(x))\quad(0<x<1)$$

则

$$f(x)=C_0+C_1(1-x)^{-1}+2\int_0^x(1-t)^{-2}\cdot$$
$$\int_0^t(1-s)^{-2}g(s)\mathrm{d}s\mathrm{d}t\quad(0\leqslant x<1)$$

2° H. Berens 在文献[49] 中指出:设 $f(x)$ 是$[0,1]$上的有界连续函数,且 $f(x)$ 于点 $x(0<x<1)$ 处具有有限的二阶导数,则

$$\lim_{n\to\infty}n\{L_n[f(t);x]-f(x)\}$$
$$=\frac{x(1-x)^2}{2}f''(x)-x(1-x)f'(x)$$

3° S. Eisenberg 与 B. Wood 在文献[67] 中指出对于 Meyer-König-Zeller 算子的稍许变形

$$\widetilde{L}_n[f(t);x]=\sum_{k=n}^{\infty}f\left(\frac{k-n}{k}\right)\binom{k}{n}x^{k-n}(1-x)^{n+1}$$

来说:设 $0<a<1$,则对任何 $f(x)\in C[0,1]$,在$[0,a]$上一致地有

$$\lim_{n\to\infty}\widetilde{L}_n[f(t);x]=f(x)$$

(八)Landau 多项式算子

E. Landau 多项式算子为(参见文献[64])

$$L_n[f(t);x]=K_n\int_{-1}^{1}f(t)[1-(t-x)^2]^n\mathrm{d}t$$

其中

$$K_n=\left[\int_{-1}^{1}(1-t^2)^n\mathrm{d}t\right]^{-1}$$
$$=\frac{1}{2}\ \frac{1\cdot3\cdot5\cdot\cdots\cdot(2n+1)}{2\cdot4\cdot\cdots\cdot2n}\sim\sqrt{\frac{n}{\pi}}\quad(n\to\infty)$$

1° 设 $f(x)\in C_{[-1,1]}$，则于 $(-1,1)$ 的任一闭子区间 $[-1+\eta,1-\eta]$ $(0<\eta<1)$ 上一致地有

$$\lim_{n\to\infty} L_n[f(t);x]=f(x)$$

2° 若以 $\|\cdot\|_\delta$ 表示在 $[-\delta,\delta]$ 上取的 C 模

$$\|f\|_\delta=\operatorname*{Max}_{-\delta\leqslant x\leqslant\delta}|f(x)|$$

则对 $0<\delta<\frac{1}{2}$ 和任给的 $f(x)\in C\left[-\frac{1}{2},\frac{1}{2}\right]$，有

$$\|L_n[f(t);x]-f(x)\|$$
$$\leqslant\frac{1}{2}\|f\|_\delta\left(\frac{1}{2}-\delta\right)^{-2}n^{-1}+2\omega\left(f;\frac{1}{\sqrt{n}}\right)$$

3° 若 $f(x)\in C^1\left[-\frac{1}{2},\frac{1}{2}\right]$，则有

$$\|L_n[f(t);x]-f(x)\|$$
$$\leqslant\frac{1}{2}(\|f\|_\delta+\|f'\|_\delta)\left(\frac{1}{2}-\delta\right)^{-2}n^{-1}+$$
$$2n^{-\frac{1}{2}}\omega(f';n^{-\frac{1}{2}})$$

4° 设 $f(x)\in C_{(-1,1)}$，且 $f(x)$ 在 $x(-1<x<1)$ 处具有有限的二阶导数 $f''(x)$，则当 $n\to\infty$ 时有渐近估计式

$$L_n[f(t);x]-f(x)=\frac{f''(x)}{4n}+o\left(\frac{1}{n}\right)$$

5° 设 $f(x)\in L^p[-1,1]$，$p\geqslant 1$，则

$$\lim_{n\to\infty}\left\{\int_{-1}^{1}|L_n[f(t);x]-f(x)|^p\mathrm{d}x\right\}^{\frac{1}{p}}=0$$

6° 设 $f(x)\in C_{(-\infty,\infty)}$，则在 $(-\infty,\infty)$ 上几乎一致地有(见文献[23])

$$\lim_{n\to\infty}L_n\left[f(t\cdot\Omega^{-1}(\log n));\frac{x}{\Omega^{-1}(\log n)}\right]=f(x)$$

其中 $\Omega^{-1}(\cdot)$ 为与 $f(x)$ 相匹配的界限函数 $\Omega(\cdot)$ 的反

函数.

7° 设 $f(x)\in C_{(-\infty,\infty)}$，则在使 $f''(x)$ 存在且有限的任何点 x 处($-\infty<x<\infty$)，恒有

$$L_n\left[f(t\cdot\Omega^{-1}(\log n));\frac{x}{\Omega^{-1}(\log n)}\right]-f(x)$$

$$=\frac{[\Omega^{-1}(\log n)]^2 f''(x)}{4n}(1+o(1))$$

$$(n\to\infty)$$

其中 $\Omega^{-1}(\cdot)$ 的意义同上(见文献[23]).

(九)和式型 Landau 算子

徐利治与徐立本在文献[8,26]中引进了如下的和式型 Landau 算子

$$P_n[f(t);x]=\frac{1}{\sqrt{n\pi}}\sum_{k=0}^{n}f\left(\frac{k}{n}\right)\left[1-\left(\frac{k}{n}-x\right)^2\right]^n$$

$$Q_n[f(t);x]=\sqrt{\frac{n}{\pi}}\sum_{k=1}^{n}\left[1-\left(\frac{k}{n}-x\right)^2\right]^n\cdot$$

$$\int_{\frac{k-1}{n}}^{\frac{k}{n}}f(t)\mathrm{d}t$$

并且指出了(见文献[8,26])：

1° 设 $f(x)$ 是定义在[0,1]上的任一有界实函数.则于 $f(x)$ 的每一连续点 $x(0<x<1)$ 处均有

$$\lim_{n\to\infty}P_n[f(t);x]=f(x)$$

2° 设 $f(x)\in C_{[0,1]}$，则在(0,1)的任一闭子区间 $[\eta,1-\eta]\left(0<\eta<\frac{1}{2}\right)$ 上，有(n 充分大)

$$|P_n[f(t);x]-f(x)|\leqslant\left(1+\frac{\sqrt{2}}{2}\right)\omega\left(f;\frac{1}{\sqrt{n}}\right)+\frac{C}{\sqrt{n}}$$

其中 C 仅与 $f(x)$ 及 η 有关.

3° 设 $f(x)\in L^p(0,1)(p\geqslant 1)$,则

$$\lim_{n\to\infty}\int_0^1|Q_n[f(t);x]-f(x)|^p\mathrm{d}x=0$$

(十)Мамедов 算子

Р. Г. Мамедов 在文献[83]中引入了 Landau 算子的下述推广

$$L_n[f(t);x]=\frac{kn^{\frac{1}{2k}}}{\Gamma\left(\frac{1}{2k}\right)}\int_0^1 f(t)[1-(t-x)^{2k}]^n\mathrm{d}t$$

其中 k 为任一正整数.

1°Мамедов[83] 指出:若 $f(x)\in C_{[a,b]}$,$0<a<b<1$,则当 n 充分大时有

$$|L_n[f(t);x]-f(x)|\leqslant\left[1+\frac{\Gamma\left(\frac{1}{k}\right)}{\Gamma\left(\frac{1}{2k}\right)}\right]\cdot$$
$$\omega\left(f;\frac{1}{n^{\frac{1}{2k}}}\right)+o\left(\frac{1}{n^{1-\varepsilon}}\right)$$

其中 $1>\varepsilon>0$.

作为这个事实的推论,可知在 $[a,b]$ 上一致地有

$$\lim_{n\to\infty}L_n[f(t);x]=f(x)$$

2°Мамедов[83] 指出:若 $f(x)\in C_{[0,1]}$ 且 $f(x)$ 在某点 $x\in(0,1)$ 处具有有限的二阶导数 $f''(x)$,则当 $n\to$

∞ 时,有如下的渐近公式成立

$$L_n[f(t);x]-f(x)=f''(x)\frac{\Gamma\left(\frac{3}{2k}\right)}{2n^{\frac{1}{k}}\Gamma\left(\frac{1}{2k}\right)}+o\left(\frac{1}{n^{\frac{1}{k}}}\right)$$

3°Мамедов[83] 指出:当 $f(x)$ 在$(0,\infty)$内有界,且 $0<\alpha<\frac{1}{2k}$,则

$$\lim_{n\to\infty}\frac{kn^{\frac{1}{2k}}}{\Gamma\left(\frac{1}{2k}\right)}\int_0^1 f(n^{\alpha}t)[1-(t-n^{-\alpha}x)^{2k}]^n\mathrm{d}t=f(x)$$

在 $f(x)$ 的任何连续点 $x\in(0,\infty)$ 处成立.

4° 设 $f(x)$ 定义在$[0,1]$上,且 $f(x)\in L[0,1]$. 则于 $f(x)$ 的任一连续点 $x(0<x<1)$ 处,有(见文献[83])

$$\lim_{n\to\infty}L_n[f(t);x]=f(x)$$

5° 设 $f(x)\in C^{(r)}[0,1]$,则(见文献[83])

$$\lim_{n\to\infty}L_n^{(r)}[f(t);x]=f^{(r)}(x)$$
$$(x\in[a,b],0<a<b<1)$$

6° 设 $f(x)\in L^p[0,1]$,$p\geqslant 1$,则(见文献[83])

$$\|L_n[f(t);x]-f(x)\|_p$$
$$=\left\{\int_0^1|L_n[f(t);x]-f(x)|^p\mathrm{d}x\right\}^{\frac{1}{p}}\to 0$$
$$(n\to\infty)$$

(十一)Миракьян 算子

Миракьян 算子为(见文献[107],39 ~ 44)

$$M_n[f(t);x]=\frac{1}{\Delta_n}\int_{\alpha}^{\beta}f(t)[\psi(t-x)]^{-n}\mathrm{d}t$$

$$(-r<\alpha<\beta<r)$$

其中 $\psi(u)$ 为在区间 $(-r,r)$ 上收敛的幂级数

$$\psi(u)=1+\sum_{k=1}^{\infty}C_k u^{2k}\quad (C_k>0)$$

而

$$\Delta_n=\int_{-r}^{r}[\psi(u)]^{-n}\mathrm{d}u\sim\sqrt{\frac{\pi}{C_1 n}}\quad (n\to\infty)$$

1° 若 $f(x)\in C_{[\alpha,\beta]}$，则在任何区间 $[\alpha',\beta']$ $(\alpha<\alpha'<\beta'<\beta)$ 上一致地有(见文献[107])

$$\lim_{n\to\infty}M_n[f(t);x]=f(x)$$

2° 若 $f^{(k)}(x)\in C_{[\alpha,\beta]}$，则在 (α,β) 内的任一闭子区间上一致地有(见文献[107])

$$\lim_{n\to\infty}M_n^{(j)}[f(t);x]=f^{(j)}(x)\quad (j=1,\cdots,k)$$

3° 设 $f(x)\in C^2_{[\alpha,\beta]}$，则在 (α,β) 内几乎一致地有

$$\lim_{n\to\infty}n[M_n[f(t);x]-f(x)]=\frac{f''(x)}{4C_1}$$

4° 设 $f(x)\in C^{2m}[\alpha,\beta]$，则在 (α,β) 内几乎一致地有

$$\lim_{n\to\infty}n^m\{\mathfrak{m}_n[f(t);x]-f(x)\}=\frac{f^{(2m)}(x)}{2^{2m}m!\ C_1^m}$$

其中

$$\mathfrak{m}_n[f(t);x]=M_n[f(t);x]-\sum_{j=1}^{m-1}\frac{f^{(2j)}(x)}{(2j)!}\gamma_{2j}$$

$$\gamma_{2j}=\frac{1}{\Delta_n}\int_{-r}^{r}\frac{u^{2j}}{[\psi(u)]^n}\mathrm{d}u, m=0,1,2,\cdots$$

5° 王仁宏在文献[17]中指出：若 $f(x)\in C^2(-\infty,\infty)$ 且 $f(x)=O(\mathrm{e}^{|x|})$ $(|x|\to\infty)$，则当 $n\to\infty$ 时

有

$$M_n[f(n^{\theta}t);n^{-\theta}x]-f(x)\sim\frac{f''(x)}{4C_1}\left(\frac{1}{n}\right)^{1-2\theta}$$

6° 对于任何 $f(x)\in C_{(-\infty,\infty)}$，在全轴上几乎一致地有

$$\lim_{n\to\infty}M_n\left[f(t\cdot\Omega^{-1}(\log n));\frac{x}{\Omega^{-1}(\log n)}\right]=f(x)$$

其中 $\Omega^{-1}(\cdot)$ 为与 $f(x)$ 相匹配界限函数的反函数.

(十二)Jackson 奇异积分算子

Jackson 奇异积分算子为

$$J_n[f(t);x]=\frac{3}{2\pi n(2n^2+1)}\int_{-\pi}^{\pi}f(t)\cdot\left[\frac{\sin\frac{n}{2}(t-x)}{\sin\frac{1}{2}(t-x)}\right]^4\mathrm{d}t$$

Jackson 算子的各种性质可以从任一本逼近论教材中找到.例如可参阅文献[2].

1° 对于任何 $f(x)\in C_{2\pi}$，均有

$$|J_n[f(t);x]-f(x)|\leqslant 6\omega\left(f;\frac{1}{n}\right)$$

李文清在文献[38]中指出上式中的常数6可以改为4.

2° 设 $f'(x)\in C_{2\pi}$，则

$$|J_n[f(t);x]-f(x)|\leqslant\frac{6\pi^2}{n}\omega\left(f';\frac{1}{n}\right)+\frac{\pi^2\|f'\|}{n^2}$$

3° 设 $f(x)\in C_{2\pi}^2$，则当 $n\to\infty$ 时

$$J_n[f(t);x]-f(x)=\frac{3f''(x)}{2n^2}+o\left(\frac{1}{n^2}\right)$$

4° 王兴华在文献[35]中指出：设 $f(x)\in C_{2\pi}$，则

$$\operatorname*{Max}_{x}|J_n[f(t);x]-f(x)|\leqslant\frac{3}{2}\omega\left(f;\frac{\pi}{n+1}\right)$$

其中等号当且仅当 $f(x)\equiv\text{const}$ 时才取到，此处 $\frac{3}{2}$ 是不能再改进的.

5° 吴顺唐在文献[43]中指出：在 $f'_+(x)$ 与 $f'_-(x)$ 存在的那些点 x 上，有

$$J_n[f(t);x]-f(x)$$
$$=\frac{3\ln 2}{\pi}\cdot\frac{f'_+(x)-f'_-(x)}{n}+o\left(\frac{1}{n}\right)$$
$$(n\to\infty)$$

6° 陈文忠在文献[41]中指出：设 $f(x)\in C^1_{2\pi}$ 且 $f(x)$ 在点 x 处存在左、右二阶导数 $f''(x-)$，$f''(x+)$，则有渐近公式

$$J_n[f(t);x]-f(x)$$
$$=\frac{3}{n^2}\cdot\frac{f''(x+)+f''(x-)}{4}+o\left(\frac{1}{n^2}\right)$$
$$(n\to\infty)$$

(十三)Jackson-Matsuoka 算子

1966 年 Y. Matsuoka 给出了 Jackson 算子的下述推广

$$M_{n,p,q}[f(t);x]=\frac{1}{I_{n,p,q}}\cdot$$

$$\int_{-\pi}^{\pi} f(t) \frac{\sin^{2p} \frac{n+1}{2}(t-x)}{\sin^{2q} \frac{1}{2}(t-x)} \mathrm{d}x$$

其中 n,p,q 都是自然数,而

$$I_{n,p,q} = \int_{-\pi}^{\pi} \frac{\sin^{2p} \frac{n+1}{2} t}{\sin^{2q} \frac{1}{2} t} \mathrm{d}t$$

当 $p=q=1$ 时,$M_{n,p,q}[f(t);x]$ 是 Fejér 算子;当 $p=q=2$ 时,$M_{n,p,q}[f(t);x]$ 是 Jackson 算子.(请参阅文献[64],第79页).

算子 $M_{n,p,q}[f(t);x]$ 具有许多与 Jackson 算子相类似的性质.此处只指出这样一点:当 $p \geqslant q \geqslant 2$ 时,算子序列 $M_{n,p,q}[f(t);x]$ 具有饱和阶 $\frac{1}{n^2}$.且其饱和类为使 $f'(x) \in \mathrm{Lip}\ 1$ 的一切 $f(x)$ 的集合.

(十四)Jackson-Бредихина 算子

E. A. Бредихина 在文献[56]中引进了算子

$$J_p^*[f(t);x] = \frac{96}{\pi p^3} \int_{-\infty}^{\infty} f(u) \left(\frac{\sin \frac{p}{4}(u-x)}{u-x} \right)^4 \mathrm{d}u$$

1°Бредихина 在文献[56]中指出:设 $f(x)$ 于全轴均匀连续且有界,则 $J_n^*[f(t);x]$ 是一个阶数不超过 p 的整函数,且

$$\sup_{-\infty<x<\infty} |J_p^*[f(t);x] - f(x)| \leqslant 5\omega\left(f;\frac{1}{p}\right)$$

2° 王兴华在文献[35]中指出:设 $f(x)$ 在全轴均

匀连续且有界，则 $J_n^*[f(t);x]$ 有如下的连续模估计

$$\sup_x |J_p^*[f(t);x]-f(x)| \leqslant K\omega\left(f;\frac{\pi}{p}\right)$$

其中

$$K=1+\frac{3}{\pi}\int_0^{\infty}\left[\frac{4t}{\pi}\right]\frac{\sin^4 t}{t^4}\mathrm{d}t$$

（十五）Арнольд 奇异积分算子

Г. А. Арнольд 1951 年引进了奇异积分算子

$$A_n[f(t);x]=\frac{1}{K_n}\int_a^b f(t)[\varphi(x,t)]^n\mathrm{d}t$$

其中

$$a<b,K_n=\int_a^b[\varphi(x,t)]^n\mathrm{d}t$$

1°Арнольд 指出：设 $\varphi(x,t)$ 在 $a\leqslant x\leqslant b,a\leqslant t\leqslant b$ 上连续；$|\varphi(x,t)|<1(t\neq x)$；$\varphi(x,x)=1$；$\varphi''_{tt}(x,t)$ 存在且于 $a\leqslant x\leqslant b,a\leqslant t\leqslant b$ 连续；$\varphi''_{tt}(x,x)<0$；$\varphi'''_{t^3}(x,t)$ 于 $a\leqslant x\leqslant b,a\leqslant t\leqslant b$ 存在且连续. 又设 $f(x)\in C^2_{[a,b]}$，则对任意 $x\in(a,b)$，有([7])

$$\lim_{n\to\infty} n(A_n[f(t);x]-f(x)) =L_0(x)f'(x)+L(x)f''(x)$$

此处

$$L_0(x)=\frac{\varphi'''_{t^3}(x,x)}{2[\varphi''_{t^2}(x,x)]^2},L(x)=\frac{1}{2|\varphi''_{t^2}(x,x)|}$$

2° 徐利治在文献[7]中把 $\varphi(x,t)$ 的限制减弱为：$\varphi(x,t)$ 于 $a\leqslant x\leqslant b,a\leqslant t\leqslant b$ 连续；当 $t\neq x$ 时

$$|\varphi(x,t)|<\varphi(x,x)$$

对每一指定 $x \in (a,b)$，存在 $\lambda = \lambda_x > 0$ 使

$$\lim_{t \to x} \frac{|\varphi(x,t) - \varphi(x,x)|}{|t-x|^{\lambda}} = k > 0$$

徐利治证明了：对每一 $f(t) \in C^1$，当 $f(x) \neq 0$ 时恒有

$$A_n[f(t);x] - f(x) = o\left(\left(\frac{1}{n}\right)^{\frac{1}{\lambda}}\right)$$

其中 $o(n^{-\frac{1}{\lambda}})$ 是最佳可能的.

3° 徐利治在文献[7]中还指出：对于任一 $f(t) \in C$，当 $f(x) \neq 0$ 时恒有

$$|A_n[f(t);x] - f(x)| \leqslant A\omega(f;n^{-\frac{1}{\lambda}})$$

此处 A 为一与 $f(x)$ 无关的正常数；而对任意小的 $\delta > 0$，常可取

$$A = 1 + \frac{\Gamma(\frac{2}{\lambda})}{\Gamma(\frac{1}{\lambda})}\left(\frac{1}{k}\right)^{\frac{1}{\lambda}} + \delta$$

使上式对一切充分大的 n 恒成立.

4° 对 $\mathrm{Lip}_1\,\alpha$ 类来说

$$\sup_{f \in \mathrm{Lip}_1 \alpha} \{\operatorname*{Max}_{x} |A_n[f(t);x] - f(x)|\}$$

$$= \left(\frac{1}{kn}\right)^{\frac{\alpha}{\lambda}} \frac{\Gamma(\frac{1+\alpha}{\lambda})}{\Gamma(\frac{1}{\lambda})} + o\left(\left(\frac{1}{n}\right)^{\frac{\alpha}{\lambda}}\right) \quad (n \to \infty)$$

（十六）Weierstrass-Лебедева 算子

Л. П. Лебедева 在文献[107]（31 ～ 39 页）中引进

了如下的奇异积分算子($\alpha_n \geqslant 0$)

$$W_n[f(t);\alpha_n;x]=\frac{1}{I_n}\int_0^{2\pi} f(t+x)\mathrm{e}^{-n\alpha_n \sin^2\frac{t}{2}}\mathrm{d}t$$

其中

$$I_n=\int_0^{2\pi}\mathrm{e}^{-n\alpha_n \sin^2\frac{t}{2}}\mathrm{d}t$$

1° 为使对任何 $f(x)\in C_{2\pi}$,在全实轴上一致地有

$$\lim_{n\to\infty} W_n[f(t);\alpha_n;x]=f(x)$$

必须且只需(见文献[107])

$$\lim_{n\to\infty} n\alpha_n=\infty$$

以下各项中恒假定上述条件满足.

2° 设 $f(x)\in C_{2\pi}$,则

$$|W_n[f(t);\alpha_n;x]-f(x)|$$

$$\leqslant 2\omega\left(f;\frac{2}{\sqrt{\pi n\alpha_n}}+o\left(\left(\frac{1}{n\alpha_n}\right)^{\frac{3}{2}}\right)\right)$$

3° 设 $f(x)\in C_{2\pi}$,且在点 x 处存在有限的二阶导数 $f''(x)$,则

$$W_n[f(t);\alpha_n;x]-f(x)=\frac{f''(x)}{n\alpha_n}+o\left(\frac{1}{n\alpha_n}\right)$$

$$(n\to\infty)$$

(十七)Кальниболоцкая 算子

Кальниболоцкая 算子为

$$P_n[f(t);x]=\sum_{k=0}^{n} q_k^{(n+1)} f(x_k^{(n+1)})K_n(x_k^{(n+1)},x)$$

其中 $K_n(t,x)\geqslant 0(t,x\in[a,b])$ 为 t 和 x 的 n 次多数多项式,$x_k^{(n)}(k=1,\cdots,n)$ 是$[a,b]$上以函数 $\rho(x)$ 为权

的 n 次直交多项式 $\omega_n(x)$ 的零点,而

$$q_k^{(n+1)}=\int_a^b\rho(x)\frac{\omega_{n+1}(x)}{(x-x_k^{(n+1)})\omega'_{n+1}(x_k^{(n+1)})}\mathrm{d}x$$

$$=-[\omega_{n+2}(x_k^{(n+1)})\omega'_{n+1}(x_k^{(n+1)})\sqrt{\lambda_{n+2}}]^{-1}$$

此处 $\lambda_{n+2}=\frac{a_{n+1}^2}{a_{n+2}^2}$, a_m 为 $\omega_m(x)$ 的系数(详见文献[107],28 ~ 31 页).

1°Кальниболоцкая 指出:从在区间 $[a,b]$ 上算子

$$F_n[f(t);x]=\int_a^b\rho(t)f(t)K_n(t,x)\mathrm{d}t$$

一致收敛于 $f(x)\in C[a,b]$ 可推出 $P_n[f(t);x]$ 在区间 $[a,b]$ 上亦一致收敛于 $f(x)$. 反之亦然. 并且此时这两类算子的逼近阶也保持相同.

设 $f(x)\in C_{2\pi}$, $K_n(t)$ 是 t 的 n 次三角多项式. 研究与

$$F_n[f(t);x]=\int_{-\pi}^{\pi}f(t)K_n(t-x)\mathrm{d}t$$

相类似的和式算子

$$\widetilde{P}_n[f(t);x]=\frac{2\pi}{2n+1}\sum_{k=0}^{2n}f(x_k^{(n)})K_n(x_k^{(n)}-x)$$

其中

$$x_k^{(n)}=\frac{2k\pi}{2n+1}\quad(k=0,1,\cdots,2n)$$

2°Кальниболоцкая 指出:当

$$K_n(t)=\frac{1}{\pi}\left[\frac{\rho_0^{(n)}}{2}+\sum_{m=1}^{n}(\rho_m^{(n)}\cos mt+\gamma_m^{(n)}\sin mt)\right]\geqslant 0$$

且 $(0<\delta<2\pi)$

$$\frac{2\pi}{2n+1}\sum_{\delta\leqslant|x_k^{(n)}-x|\leqslant 2\pi-\delta}K_n(x_k^{(n)}-x)=o(\rho_0^{(n)}-\rho_2^{(n)})$$

时，只要 $f(x)$ 在 $x_0(0<x_0\leqslant 2\pi)$ 有有限的二阶导数 $f''(x_0)$，则

$$\lim_{n\to\infty}\frac{\widetilde{P}_n[f(t);x_0]-\rho_0^{(n)}f(x_0)-\gamma_1^{(n)}f'(x_0)}{\rho_0^{(n)}-\rho_2^{(n)}}$$

$$=\frac{1}{4}f''(x_0)$$

作为特例，若取 $\widetilde{F}_n[f(t);x]$ 为 Jackson 算子，则在使 $f''(x_0)$ 存在且有限的任一点 x_0 处，恒有

$$\lim_{n\to\infty}n^2\left[\frac{2\pi\xi^{(n)}}{4n-3}\sum_{k=0}^{4n-4}f(x_k^{(n)})\cdot\right.$$

$$\left.\left(\frac{\sin\frac{n}{2}(x_k^{(n)}-x)}{\sin\frac{1}{2}(x_k^{(n)}-x)}\right)^4-f(x_0)\right]$$

$$=\frac{3}{2}f''(x_0)$$

其中

$$\xi^{(n)}=\frac{3}{2\pi n(2n^2+1)},x_k^{(n)}=\frac{2k\pi}{4n-3}$$

(十八)Баскаков 算子

B. A. Баскаков 在文献[107]中引入了下列算子

$$Б_n[f(t);x]=\sum_{k=0}^{\infty}f\left(\frac{k}{\alpha_n}\right)\frac{\varphi_n^{(k)}(x)}{k!}(-x)^k$$

其中 $\varphi_n(x)(n=1,\cdots)$ 满足

$$\varphi_n(0)=1$$

$$(-1)^k\varphi_n^{(k)}(x)\geqslant 0\quad(k=0,1,\cdots;x\in[0,\infty))$$

$$\varphi_n^{(k)}(x)=-n\varphi_{n+1}^{(k-1)}(x)\quad(k=1,2,\cdots;x\in[0,\infty))$$

$\varphi_n(x)$ 在 $[0,\infty)$ 上可展成 Taylor 级数；而 $\alpha_n\uparrow\infty(n\to\infty)$ 满足

$$\lim_{n\to\infty}\frac{\varphi'_n(0)}{\alpha_n}=-1,\lim_{n\to\infty}\frac{\varphi''_n(0)}{\alpha_n^2}=1$$

1°Баскаков[107] 指出：若 $f(x)\in C[0,\infty)$ 且其增长速度不高于 x^2，则

$$\lim_{n\to\infty}Б_n[f(t);x]=f(x)\quad(0\leqslant x<\infty)$$

并且上式在任一有限区间 $[0,a]$ 上还是一致地成立的.

2°Баскаков[107] 指出：若 $f(x)\in C[0,\infty)$，则

$$|Б_n[f(t);x]-f(x)|\leqslant C\omega\left(f;\frac{1}{\sqrt{\alpha_n}}\right)$$

其中

$$C=\sup_n\operatorname*{Max}_{0\leqslant x\leqslant a}\{\sqrt{\alpha_nL_n[(t-x)^2;x]}+1\}$$

3° 设 $f(x)\in C^m[0,\infty)$ 且其无穷阶为 $o(x^p)$，则在任何有限区间 $[0,a]$ 上一致地有（见文献[107]）

$$\lim_{n\to\infty}Б_n^{(m)}[f(t);x]=f^{(m)}(x)$$

4° 设 $f(x)$ 定义于 $[0,\infty)$ 上，且其无穷阶为 $o(x^p)$，于点 $x\in[0,a]$ 有有限的二阶导数，则对于

$$\frac{1}{\alpha_n}=-o\left(\frac{\varphi'_n(0)}{\alpha_n}-1\right)$$

有

$$Б_n[f(t);x]=f(x)+f'(x)Б_n[t-x;x]+\\o\{Б_n[t+x;x]\}$$

而当

$$\frac{1}{\alpha_n}=o\left(\frac{\varphi'_n(0)}{\alpha_n}-1\right) \text{或} \left(\frac{\varphi'_n(0)}{\alpha_n}-1\right)=o\left(\frac{1}{\alpha_n}\right)$$

时，有

$$Б_n[f(t);x]=f(x)+f'(x)Б_n[t-x;x]+\frac{f''(x)}{2}Б_n[(t-x)^2;x]+o\{Б_n[(t-x)^2;x]\}$$

5°Ditzian 指出（见文献[65]）：设 $0\leqslant a<b<\infty$，$S=[a,b]$，$S_1=[a+\eta,b-\eta](\eta>0)$，$f(x)\in C[S]$ 且

$$|f(t)|\leqslant K(t^l+1)^{\frac{1}{2}}(t^2+1)$$

其中 l 为整数，K 为一正常数，则

$$\|Б_n[f(t);x]-f(x)\|_{C[S_1]}\leqslant 2\omega\left(f;\left[\frac{b(1+lb)}{n}\right]^{\frac{1}{2}}\right)+\frac{L_1(b)}{n}$$

若 $f'(x)\in C[S_1]$，则

$$\|Б_n[f(t);x]-f(x)\|_{C[S_1]}\leqslant 2\left[\frac{b(1+lb)}{n}\right]^{\frac{1}{2}}\cdot\omega\left(f';\left[\frac{b(1+lb)}{n}\right]^{\frac{1}{2}}\right)+\frac{L_1(b)}{n}$$

其中 $L_1(b)$ 为确定的正常数，且此处的连续模都是在 S 上取的.

（十九）Szasz-Миракьян 算子

所谓 Szasz-Миракьян 算子，乃是

$$S_n[f(t);x]=\sum_{k=0}^{\infty}f\left(\frac{k}{n}\right)\frac{n^k}{k!}x^k\mathrm{e}^{-nx}$$

1°Ditzian 在文献[65]中指出:设 $0 \leqslant a < b < \infty$, $S = [a,b]$, $S_1 = [a+\eta, b-\eta]$ $(\eta > 0)$, $f(x) \in C[S]$ 且

$$f(t) \leqslant M(t^2+1)e^{At} \quad (A > 0)$$

其中 M 为某一正常数. 则

$$\| S_n[f(t);x] - f(x) \|_{C(S_1)} \leqslant 2\omega\left(f;\sqrt{\frac{b}{n}}\right) + \frac{L_1(b)}{n}$$

其中 $L_1(b)$ 为某依赖于 b 的常数.

2°Ditzian 指出[65]: 除上款各假定外, 再若 $f'(x) \in C(S_1)$, 则

$$\| S_n[f(t);x] - f(x) \| \leqslant 2\sqrt{\frac{b}{n}}\omega\left(f';\sqrt{\frac{b}{n}}\right) + \frac{L_1(b)}{n}$$

其中 $L_1(b)$ 为一依赖于 b 的正常数.

(二十)Stancu 算子

D. D. Stancu 在文献[108]中引进了一类线性多项式算子

$$P_m^{(\alpha)}[f(t);x] = \sum_{k=0}^{m} W_{m,k}(x;\alpha) f\left(\frac{k}{m}\right)$$

其中 α 仅依赖于自然数 n, 且

$$W_{m,k}(x;\alpha) = \binom{m}{k} \frac{\prod_{v=0}^{k-1}(x+v\alpha)\prod_{\beta=0}^{m-k-1}(1-x+\beta\alpha)}{(1+\alpha)(1+2\alpha)\cdots(1+(m-1)\alpha)}$$

当 $\alpha = -\frac{1}{m}$ 时, 则 $P_m^{(\alpha)}[f(t);x]$ 恰好为 $f(x)$ 的 Lagrange 插值多项式(节点为 $\frac{k}{m}$, $k=0,\cdots,m$). 当 $\alpha=0$ 时, $P_m^{(\alpha)}[f(t);x]$ 为 Bernstein 多项式.

1°Stancu 指出：设 $f(x)\in C[0,1]$，则

$$\lim_{m\to\infty}P_m^{(\alpha)}[f(t);x]=f(x)\quad(0\leqslant x\leqslant 1)$$

2°Eisenberg 与 Wood 在文献[69]中指出：设 $0\leqslant\alpha=\alpha(m)\to 0(m\to\infty)$. 设 $f(z)=\sum_{k=0}^{\infty}a_kz^k$，而 $\sum_{k=0}^{\infty}|a_k|<\infty$. 则

$$\|P_m^{(\alpha)}[f(t);z]-f(z)\|\to 0\quad(m\to\infty)$$

且对于 $|z|<1$，有

$$\left(\frac{m(1+\alpha)}{1+m\alpha}\right)(P_m^{(\alpha)}[f;z]-f(z))=O(1)\quad(m\to\infty)$$

(二十一)Lagrange 插值多项式算子

设 $x_1^{(n)}<x_2^{(n)}<\cdots<x_n^{(n)}(n=1,2,\cdots)$ 为插值节点. Lagrange 插值多项式为

$$L_n[f(t);x]=\sum_{k=1}^{n}f(x_k^{(n)})l_k^{(n)}(x)$$

其中 $f(x)$ 为已给函数，$l_k^{(n)}(x)$ 为基本多项式

$$l_k^{(n)}(x)=\frac{\omega_n(x)}{\omega'_n(x_k^{(n)})(x-x_k^{(n)})}$$

$$\omega_n(x)=(x-x_1^{(n)})\cdots(x-x_n^{(n)})$$

1° 设 $x_k^{(n)}=\cos\frac{2k-1}{2n}\pi$ 为 Chebyshev 多项式 $T_n(x)$ 的零点，则(Bernstein)

$$\mathop{\mathrm{Max}}_{-1\leqslant x\leqslant 1}\sum_{k=1}^{n}|l_k^{(n)}(x)|\leqslant 8+\frac{4}{\pi}\log n$$

2° 设函数 $f(x)$ 于$[-1,1]$上满足 Dini-Lipschitz

条件

$$\lim_{\delta\to 0}\omega(\delta)\log n=0$$

则当

$$x_k^{(n)}=\cos\frac{2k-1}{2n}\pi\quad(k=1,\cdots,n)$$

时,在$[-1,1]$上一致地有(见文献[2])

$$\lim_{n\to\infty}L_n[f(t);x]=f(x)$$

3°设$f(x)\in\mathrm{Lip}\,\alpha,\alpha>\frac{1}{2},x_k^{(n)}(k=1,\cdots,n)$为标准三角点阵.则(见文献[2])

$$\lim_{n\to\infty}L_n[f(t);x]=f(x)\quad(a<x<b)$$

并且上述收敛性在(a,b)的任一闭子区间上是一致的.

进而,如果三角点阵是严格标准的,则在$[a,b]$上一致地有

$$\lim_{n\to\infty}L_n[f(t);x]=f(x)$$

4°设插值节点$x_1^{(n)}<x_2^{(n)}<\cdots<x_n^{(n)}$为$[a,b]$上关于权函数$p(x)$的直交多项式系$\{\omega_n(x)\}_0^\infty$中$\omega_n(x)$的零点,则对任何$f(x)\in C[a,b]$,均有(见文献[2])

$$\lim_{n\to\infty}\int_a^b p(x)\{L_n[f(t);x]-f(x)\}^2\mathrm{d}x=0$$

特别地,若权函数$p(x)\geqslant m>0(a\leqslant x\leqslant b)$,则进一步有

$$\lim_{n\to\infty}\int_a^b\{L_n[f(t);x]-f(x)\}^2\mathrm{d}x=0$$

(Erdös-Turán 定理).

(二十二)Hermite-Fejér 插值多项式算子

$$H_n[f(t);x]=\frac{1}{n^2}\sum_{k=1}^{n}f(x_k^{(n)})(1-x\cdot x_k^{(n)})\left[\frac{T_n(x)}{x-x_k^{(n)}}\right]$$

$$(-1\leqslant x\leqslant 1)$$

其中 $x_k^{(n)}(k=1,2,\cdots,n)$ 是第一类 Chebyshev 多项式的零点

$$x_k^{(n)}=\cos\frac{2k-1}{2n}\cdot\pi\quad(k=1,2,\cdots,n)$$

1°$H_n[f(t);x]$ 满足插值条件(见文献[64])

$$H_n[f(t);x_k^{(n)}]=f(x_k^{(n)})\quad(k=1,2,\cdots,n)$$

$$H'_n[f(t);x_k^{(n)}]=0\quad(k=1,2,\cdots,n)$$

2° 对任意给定的 $f(x)\in C[-1,1]$,在$[-1,1]$上一致地有

$$\lim_{n\to\infty}H_n[f(t);x]=f(x)$$

3°E. Moldovan[92] 指出了 $H_n[f(t);x]$ 的连续模估计式

$$|H_n[f(t);x]-f(x)|\leqslant 2\pi\omega\left(f;\frac{\log n}{n}\right)\quad(n=2,\cdots)$$

4° 王仁宏[22] 指出:设 $f(x)\in\mathrm{Lip}\,\alpha(0<\alpha<1)$. 则在$[-1,1]$上均有

$$|f(x)-H_n[f(t);x]|\leqslant 4\left(2+\frac{1}{1-\alpha}\right)\left(\frac{\pi}{n}\right)^{\alpha}$$

$$(n=1,2,\cdots)$$

5° 王仁宏[22] 证明了:设 $f(x)\in\mathrm{Lip}\,1$,则$(n=2,\cdots)$

$$\begin{aligned}|f(x)-H_n[f(t);x]| &\leqslant 4\pi\left(1+\frac{2}{\log 2}\right)\frac{\log n}{n}\\ &\leqslant 48.834\,2\cdot\frac{\log n}{n}\end{aligned}$$

6° 王仁宏[22] 指出了：若对自然数 p，有

$$|f(x)-H_n[f(t);x]|\leqslant A\cdot n^{-p-\alpha}\quad(0<\alpha<1)$$

则 $f(x)$ 于 $(-1,1)$ 内 p 次可微，且 $f^{(p)}(x)$ 在 $(-1,1)$ 内部任一闭子区间上属于 $\mathrm{Lip}\,\alpha$.

7° 王仁宏在文献[23]中指出：设 $f(x)$ 在点 x 处具有有限的二阶导数，则当 $n\to\infty$ 时有

$$H_n[f(t);x]-f(x)=O\left(\frac{1}{n}\right)\quad(-1\leqslant x\leqslant 1)$$

其中 $O\left(\frac{1}{n}\right)$ 依赖于 x 和 $f(x)$.

8° 徐利治在文献[12]中指出：设 $f(x)\in C(-\infty,\infty)$，$f(x)=O(\exp^m|x|)(|x|\to\infty)$，则在 $(-\infty,\infty)$ 上几乎一致地有

$$\lim_{n\to\infty}H_n\left[f(t\cdot\log^{m+1}(n));\frac{x}{\log^{m+1}(n)}\right]=f(x)$$
$$(-\infty<x<\infty)$$

9° 王仁宏在文献[23]中指出：对任何 $f(x)\in C(-\infty,\infty)$，在全轴上几乎一致地有

$$\lim_{n\to\infty}H_n\left[f(t\cdot\Omega^{-1}(\log n));\frac{x}{\Omega^{-1}(\log n)}\right]=f(x)$$
$$(-\infty<x<\infty)$$

其中 $\Omega(\cdot)$ 为与 $f(x)$ 相匹配的界限函数，而 $\Omega^{-1}(\cdot)$ 为其反函数.

10° Popoviciu 以及 Shisha、Stevnin 和 Fekete 彼此独立地证明了：当 $f(x)\in C[-1,1]$ 时（见文献[64]，44 页）

$$|f(x)-H_n[f(t);x]|\leqslant 2\omega\left(f;\frac{|T_n(x)|}{\sqrt{n}}\right)$$

11°还是上面四位学者指出：若 $f\in C^1[-1,1]$，则(见文献[64]，第44页)

$$\begin{aligned}&|f(x)-H_n[f(t);x]|\\ \leqslant &2|T_n(x)|\cdot(n^{-1}|f'(x)|+\\ &n^{-\frac{1}{2}}\omega(f';n^{-\frac{1}{2}}|T_n(x)|))\end{aligned}$$

(二十三)一类插值多项式算子

王仁宏在文献[21]中引入了一类新的插值多项式算子

$$S_n[f(t);x]=\sum_{k=1}^{n}f(x_{nk})\frac{1-x^2}{1-x_{nk}^2}l_{nk}^2(x)$$

其中 $x_{nk}(k=1,2,\cdots,n)$ 为 n 次 Jacobi 多项式 $J_n^{(\alpha,\beta)}(x)(0\leqslant\alpha,\beta<1)$ 的零点，$l_{nk}(x)$ 为基本多项式

$$l_{nk}(x)=\frac{J_n^{(\alpha,\beta)}(x)}{(x-x_{nk})J_n^{(\alpha,\beta)'}(x_{nk})}$$

若特殊取 $\alpha=\beta=\frac{1}{2}$，则得算子(见文献[21])

$$\begin{aligned}&K_n[f(t);x]\\ =&\sum_{k=1}^{n}f(\xi_{nk})\frac{(1-x^2)(1-\xi_{nk}^2)}{(n+1)^2}\left[\frac{U_n(x)}{x-\xi_{nk}}\right]^2\end{aligned}$$

其中 $U_n(x)$ 为第二类 Chebyshev 多项式

$$\xi_{nk}=\cos\frac{k\pi}{n+1}\quad(k=1,2,\cdots,n)$$

为 $U_n(x)$ 的零点.

若取 $\alpha=\beta=0$，则得算子([21])

$$Q_n[f(t);x]$$
$$=\sum_{k=1}^{n}f(\eta_{nk})\frac{1-x^2}{1-\eta_{nk}^2}\left[\frac{P_n(x)}{P'_n(\eta_{nk})(x-\eta_{nk})}\right]^2$$

其中 $\eta_{nk}(k=1,\cdots,n)$ 是 Legendre 多项式 $P_n(x)$ 的零点.

1° 王仁宏在文献[21]中证明了：设 $f(x)\in C(-1,1)$，则

$$\lim_{n\to\infty}S_n[f(t);x]=f(x)\quad(-1<x<1)$$

并且上式在 $(-1,1)$ 内几乎一致地成立.

作为推论，对任何 $f(x)\in C(-1,1)$，均有

$$\lim_{n\to\infty}K_n[f(t);x]=f(x)\quad(-1<x<1)$$
$$\lim_{n\to\infty}Q_n[f(t);x]=f(x)\quad(-1<x<1)$$

并且它们在 $(-1,1)$ 内几乎一致地成立.

2° 在文献[21]中，王仁宏指出了：设 $f(x)\in C(-\infty,\infty)$，$f(x)=O(\exp^m|x|)(|x|\to\infty)$. 则

$$\lim_{n\to\infty}S_n\left[f(t\cdot\log^{m+1}(n));\frac{x}{\log^{m+1}(n)}\right]=f(x)$$
$$(-\infty<x<\infty)$$

并且上式在 $(-\infty,\infty)$ 上几乎一致地成立.

3° 仿文献[23]可得到：对任何 $f(x)\in C(-\infty,\infty)$，在全实轴上几乎一致地有

$$\lim_{n\to\infty}S_n\left[f(t\cdot\Omega^{-1}(\log n));\frac{x}{\Omega^{-1}(\log n)}\right]=f(x)$$
$$(-\infty<x<\infty)$$

其中 $\Omega(\cdot)$ 为与 $f(x)$ 相匹配的界限函数，而 $\Omega^{-1}(\cdot)$ 为其反函数.

(二十四)Grünwald 插值多项式算子

G. Grünwald 在文献[72]中引入了如下插值多项式算子

$$G_n[f(t);x]=\sum_{k=1}^{n}f(x_k^{(n)})[l_k^{(n)}(x)]^2$$

其中 $0<x_1^{(n)}<\cdots<x_n^{(n)}<1$ 为插值节点,而

$$l_k^{(n)}(x)=\frac{\omega_n(x)}{\omega'_n(x_k^{(n)})(x-x_k^{(n)})}$$

$$\omega_n(x)=\prod_{k=1}^{n}(x-x_k^{(n)})$$

1°Grünwald 证明了:当无穷三角点阵

$$\begin{matrix} x_1^{(1)} \\ x_1^{(2)},x_2^{(2)} \\ \vdots \\ x_1^{(n)},x_2^{(n)},\cdots,x_n^{(n)} \\ \vdots \end{matrix}$$

严格标准(即强正规)时,在开区间(−1,1)内几乎一致地有

$$\lim_{n\to\infty}G_n[f(t);x]=f(x)$$

特别地,因为 $-1<\alpha,\beta<0$ 时,由 Jacobi 多项式 $J_n^{(\alpha,\beta)}(x)(n=1,2,\cdots)$ 的零点所构成的点阵是 $\mu=\mathrm{Min}(-\alpha,-\beta)$ 严格标准的.因而相应的收敛性结论也是成立的(参见文献[14]).

2° 王仁宏指出:若 $f(x)\in C(-\infty,\infty)$,$f(x)=O(\exp^m|x|)(|x|\to\infty)$,则

$$\lim_{n\to\infty} G_n\left[f(t\cdot\log^{m+1}(n));\frac{x}{\log^{m+1}(n)}\right]=f(x)$$

$$(-\infty<x<\infty)$$

并且上述极限关系式在全实轴上几乎一致地成立.此处算子 $G_n[f(t);x]$ 的节点为 Jacobi 多项式 $J_n^{(\alpha,\beta)}(x)(-1<\alpha,\beta<0)$ 的零点.

(二十五)Egervary-Turán 算子

1958 年 E. Egervary 和 P. Turán 在文献[66]中引进了以 Legendre 多项式 $P_n(x)$ 的零点 $x_k(k=1,\cdots,n)$ 为节点的 Hermite-Fejér 插值多项式

$$T_n[f(t);x]=f(1)\frac{1+x}{2}P_n^2(x)+f(-1)\frac{1-x}{2}P_n^2(x)+\sum_{k=1}^{n}f(x_k)\cdot\frac{1-x^2}{1-x_k^2}\left[\frac{P(x)}{(x-x_k)P'_n(x_k)}\right]^2$$

1°Egervary 和 Turán 在文献[66]中证明了:对任何 $f(x)\in C[-1,1]$,在$[-1,1]$上一致地有

$$\lim_{n\to\infty}T_n[f(t);x]=f(x)$$

2°T. M. Mills 与 A. K. Varma 在文献[90]中指出:设 $\Omega(t)$ 是对 $t\geqslant 0$ 有定义的递增、次加性连续函数,且 $\Omega(0)=0$.以 $C_M(\Omega)$ 记 $C[-1,1]$ 的这样一个子类

$$\omega(f;h)\leqslant M\Omega(h)\quad(\text{对一切 } h\geqslant 0)$$

则存在常数 C_1 与 $C_2(0<C_1<C_2<\infty)$,使

$$\frac{C_1M}{n}\sum_{r=5}^{n}\Omega\left(\frac{1}{r}\right)\leqslant\sup_{f\in C_M(\Omega)}\|T_n[f(t);x]-f(x)\|$$

$$\leqslant\frac{C_2M}{n}\sum_{r=1}^{n}\Omega\left(\frac{1}{r}\right)\quad(n\geqslant5)$$

(二十六)Balázs-Turán 算子

J. Balázs 与 P. Turán 在文献[46]中引进了算子

$$R_n[f(t);x]=\sum_{v=1}^{n}f(x_{vn})r_{vn}(x)$$

其中 $r_{1n}(x)=(L_{n-1}(x))^2$,而当 $v=2,\cdots,n$ 时

$$r_{vn}(x)=\frac{x}{x_{vn}}\left(\frac{L_{n-1}(x)}{L'_{n-1}(x_{vn})(x-x_{vn})}\right)^2$$

$L_{n-1}(x)$ 是 $n-1$ 阶 Laguerre 多项式而 $x_{1n}=0,0<x_{2n}<x_{3n}<\cdots<x_{nn}$ 是 $L_{n-1}(x)$ 的 $n-1$ 个零点

$$Q_n[f(t);x]=\sum_{v=1}^{n}f(\xi_{vn})\left(\frac{H_n(x)}{H'_n(\xi_{vn})(x-\xi_{vn})}\right)^2$$

其中 $H_n(x)$ 是 n 次 Hermite 多项式,而 $\xi_{1n}>\xi_{2n}>\cdots>\xi_{nn}$ 为它的 n 个零点.

1° 设 $f(x)$ 为$[0,\infty)$上的有界连续函数.则对任何 $\omega>0$,在$[0,\omega]$上一致地有(见文献[46])

$$\lim_{n\to\infty}R_n[f(t);x]=f(x)$$

2° 设 $f(x)$ 为$(-\infty,\infty)$上的有界连续函数,则在任意有界闭区间$[-\omega,\omega)$上一致地有(见文献[46])

$$\lim_{n\to\infty}Q_n[f(t);x]=f(x)$$

(二十七)拟 Hermite-Fejér 插值多项式

P. Szasz 在文献[111]中引进了一类所谓拟 Hermite-Fejér 插值多项式

$$S_n[f(t);x]=\sum_{k=1}^{n}f(x_k^{(n)})\frac{1-x^2}{1-x_k^{(n)2}}\Big[1+(x-x_k^{(n)})\cdot\Big(\frac{2x_k^{(n)}}{1-x_k^{(n)2}}-\frac{J''_n(x_k^{(n)})}{J'_n(x_k^{(n)})}\Big)\Big]\cdot\Big[\frac{J_n(x)}{J'_n(x_k^{(n)})(x-x_k^{(n)})}\Big]^2+\Big[\frac{(1-x)f(-1)}{2J_n(-1)^2}+\frac{(1+x)f(1)}{2J_n(1)^2}\Big]\cdot[J_n(x)]^2$$

其中 $J_n(x)\equiv J_n^{(\alpha,\beta)}(x)(\alpha,\beta>-\frac{1}{2})$ 是Jacobi多项式.

1° $S_n[f(t);x]$ 满足插值条件

$$S_n[f(t);x_k^{(n)}]=f(x_k^{(n)})\quad(k=1,\cdots,n)$$

$$S'_n[f(t);x_k^{(n)}]=0\quad(k=1,\cdots,n)$$

$$S_n[f(t);-1]=f(-1),S_n[f(t);1]=f(1)$$

2° Szasz 证明了:若取 $J_n^{(\alpha,\beta)}(x)$ 为第二类 Chebyshev 多项式 $U_n(x)$ 或 Legendre 多项式时(相当 $\alpha=\beta=\frac{1}{2}$ 或 $\alpha=\beta=0$),则对一切 $f(x)\in C[-1,1]$,于$[-1,1]$上一致地有

$$\lim_{n\to\infty}S_n[f(t);x]=f(x)$$

3° 王仁宏在文献[14]中证明了:对任何 $f(x)\in C(-\infty,\infty)$,$f(x)=O(\exp^m|x|)(|x|\to\infty)$,于

$(-\infty,\infty)$ 上几乎一致地有

$$\lim_{n\to\infty} S_n\left[f(t\cdot\log^{m+1}(n));\frac{x}{\log^{m+1}(n)}\right]=f(x).$$

王仁宏在文献[14]中还引进了一类新的拟 Hermite-Fejér 插值多项式

$$W_n[f(t);x]=\sum_{k=1}^{n}f(x_k^{(n)})\frac{1-x^2}{1-x_k^{(n)2}}\left[1+(x-x_k^{(n)})\cdot\left(\frac{2x_k^{(n)}}{1-x_k^{(n)2}}-\frac{J''_n(x_k^{(n)})}{J'_n(x_k^{(n)})}\right)\right]\cdot\left[\frac{J_n(x)}{J'_n(x_k^{(n)})(x-x_k^{(n)})}\right]^2$$

4° $W_n[f(t);x]$ 满足插值条件

$$W_n[f(t);-1]=W_n[f(t);1]=0$$

$$W_n[f(t);x_k^{(n)}]=f(x_k^{(n)})\quad(k=1,\cdots,n)$$

$$W'_n[f(t);x_k^{(n)}]=0\quad(k=1,2,\cdots,n)$$

5° 王仁宏证明了：若 $f(x)\in C(-\infty,\infty)$，$f(x)=O(\exp^m|x|)(|x|\to\infty)$，则在 $(-\infty,\infty)$ 上几乎一致地有

$$\lim_{n\to\infty} W_n\left[f(t\cdot\log^{m+1}(n));\frac{x}{\log^{m+1}(n)}\right]=f(x)$$

6° 设 $f(x)\in C(0,1)$，则对任何 $\delta\left(0<\delta<\frac{1}{2}\right)$，在 $[\delta,1-\delta]$ 上一致地有

$$\lim_{n\to\infty} W_n[f(t);x]=f(x)$$

(二十八)Grünwald 算子①

Grünwald 算子为

$$\Gamma_n[f(t);x]=\frac{1}{2}\sum_{\substack{k=1\\-1\leqslant x\leqslant 1}}\left\{l_k\left[\cos\left(\theta-\frac{\pi}{2n}\right)\right]+l_k\left[\cos\left(\theta+\frac{\pi}{2n}\right)\right]\right\}f(x_k)$$

其中

$$l_k(x)=\frac{\omega(x)}{(x-x_k)\omega'(x_k)}$$

$$\omega(x)=(x-x_1)\cdots(x-x_n)$$

$$\cos\theta=x,x_k=x_k^{(n)}=\cos\frac{(2k-1)\pi}{2n},k=1,\cdots,n$$

1° Grünwald 证明了:对任何 $f(x)\in C[-1,1]$,一致地有

$$\lim_{n\to\infty}\Gamma_n[f(t);x]=f(x)\quad(-1\leqslant x\leqslant 1)$$

2° Г. А. Арнольд 在文献[107]中证明了:设

$$y_k=y_k^{(n)}\quad(k=1,\cdots,n)$$

是 Chebyshev 节点,而节点

$$x_k^{(n)}=x_k\quad(1>x_1>\cdots>x_n>-1)$$

对充分大的 n 而言,满足

$$x_1-y_1=O\left(\frac{1}{n^2\ln n}\right)$$

$$x_n-y_n=O\left(\frac{1}{n^2\ln n}\right)$$

① 见文献[107],14-18 页.

$$x_k - x_{k+1} = y_k - y_{k+1} + \frac{\alpha_k}{n^2 \ln n} \quad (k=1,\cdots,n-1)$$

此处 $\alpha_k = \alpha_k(n)$ 满足

$$|\alpha_k| \leqslant \gamma_1, \sum_{k=1}^{n-1} \alpha_k = \gamma_2 \quad (\gamma_1 \geqslant 0, \gamma_2 \text{ 任意})$$

则对任意 $f(x) \in C[-1,1]$,有($x = \cos\theta$)

$$\frac{1}{2} \lim_{n\to\infty} \sum_{\substack{k=1 \\ -1\leqslant x\leqslant 1}}^{n} \left\{ l_k\left[\cos\left(\theta - \frac{\pi}{2n}\right)\right] + l_k\left[\cos\left(\theta + \frac{\pi}{2n}\right)\right] \right\} f(x_k) = f(x)$$

(二十九)Fourier 积分算子

В. О. Гукевич 在文献[107](60～64 页)中讨论了算子

$$S_n[f(t);x] = \frac{1}{\pi}\int_{-\infty}^{\infty} f(t)\frac{\sin n(x-t)}{x-t}\mathrm{d}t$$

的逼近性质.

设以 L_pV 记在全轴上有界变差且 p 次可积函数所作成的函数类($1 < p \leqslant 2$).

1° 若 $f(x) \in L_pV$,则([107])

$$\| f(x) - S_n[f(t);x] \|_{L_p} \leqslant C\omega_p\left(f;\frac{1}{n}\right)$$

其中 $\omega_p(\cdot)$ 是积分连续模

$$\omega_p\left(f;\frac{1}{n}\right) = \sup_{0<h<\frac{1}{n}} \left[\int_{-\infty}^{\infty} |f(x+h) - f(x)|^p \mathrm{d}x\right]^{\frac{1}{p}}$$

而 C 为仅与 p 有关的常数.

2° 若 $f(x) \in L_pV(1 < p \leqslant 2)$,则

$$\| f(x) - S_n[f(t);x] \|_{L_p} \leqslant \frac{CV^{\frac{1}{p}} \cdot \omega\left(f;\frac{1}{n}\right)^{\frac{1}{q}}}{n^{\frac{1}{p}}}$$

其中$\frac{1}{p}+\frac{1}{q}=1$，$V$是$f(x)$在全轴上的全变分，$C$为与$f(x)$无关的常数，而

$$\omega\left(f;\frac{1}{n}\right)=\sup_{x}\sup_{|\lambda|\leqslant\frac{1}{n}} | f(x+\lambda)-f(x) |$$

3° 设$f(x)\in L_pV$，而$x_1,x_2,\cdots$是一些使$f(x)$具有跳跃度

$$\sigma_k = f(x_k+0)-f(x_k-0)\neq 0$$

的间断点，则有渐近等式

$$\| f(x) - S_n[f(t);x] \|_{L_p} \sim \frac{1}{\pi}\left(\sum_{l=1}^{\infty} |\sigma_l|^p\right)^{\frac{1}{p}} \frac{v^{(p)}}{n^{\frac{1}{p}}} \quad (n\to\infty)$$

其中

$$v^{(p)}=\left\{\int_{-\infty}^{\infty}\left|\int_0^{\infty} \mathrm{e}\frac{-y(z\cos z+y\sin z)}{z^2+y^2}\mathrm{d}y\right|^p \mathrm{d}z\right\}^{\frac{1}{p}}$$

（三十）Gauss-Weierstrass 算子①

Gauss-Weierstrass 算子为

$$W_t[f(t);x]=\sqrt{\frac{1}{4\pi t}}\int_{-\infty}^{\infty} f(x-u)\exp\left(-\frac{u^2}{4t}\right)\mathrm{d}u$$

1° Z. Ditzian 在文献[65]中证明了：设

---

① 参阅文献[49].

$$|f(t)| \leqslant M(t^2+1)e^{\frac{t^2}{4}} \quad (-\infty < t < \infty)$$
$$(f(x) \in C[a,b])$$

则

$$\| W_t[f(t);x] - f(x) \|_{C[a,b]} \to 0 \quad (t \to \infty)$$

2° 设

$$S_2 = [a_2, b_2] \subset [a,b] = S_1$$

且对某 $\eta > 0$

$$[a_2 - \eta, b_2 + \eta] \Lambda \{(-\infty, \infty) - S_1\} = \varnothing$$

则

$$\| W_t[f(t);x] - f(x) \|_{C(S_2)}$$
$$\leqslant 2\omega\left(f;\sqrt{\frac{2}{n}}\right) + L_1(a,b,\eta) \cdot n^{-1}$$

且

$$\| W_t[f(t);x] - f(x) \|_{C(S_2)}$$
$$\leqslant 2\sqrt{\frac{2}{n}}\omega\left(f';\sqrt{\frac{2}{n}}\right) + L_1(a,b,\eta) \cdot n^{-1}$$

其中 $L_1(a,b,\eta)$ 为常数.

3° P. L. Butzer 在文献[59]中指出：设 $f(x) \in L(-\infty,\infty)$ 且存在一函数 $l(x) \in L(-\infty,\infty)$，使

$$\left\| \frac{1}{t}(f(x) - W_t[f(t);x]) - l(x) \right\|_L = o(1) \quad (t \downarrow 0)$$

则 $f''(x)$ 几乎处处存在，属于 $L(-\infty,\infty)$ 且几乎处处有 $f''(x) = -l(x)$.

4° P. L. Butzer 还指出(见文献[59])：设 $f(x) \in L(-\infty,\infty)$，则下列各陈述是等价的：

(i) $\| f(x) - W_t[f(t);x] \|_{L_1} = O(t)(t \downarrow 0)$；

(ii) 存在一$(-\infty,\infty)$上的有界变差函数 $g(x)$，使得对一切 v 而言，有 $v^2 \hat{f}(v) = \check{g}(v)$，其中

$$\hat{f}(v)=\frac{1}{\sqrt{2\pi}}\int_{-\infty}^{\infty}\mathrm{e}^{-ivu}f(u)\mathrm{d}u$$

$$\check{g}(v)=\frac{1}{\sqrt{2\pi}}\int_{-\infty}^{\infty}\mathrm{e}^{-ivu}\mathrm{d}g(u)$$

(iii) $\|f(x+h)+f(x-h)-2f(x)\|_{L_1}=O(h^2)(h\to 0)$；

(iv) 在 $f(x)$ 绝对连续且 $f'(x)\in L(-\infty,\infty)$ 时

$$\|f(x+h)-f(x)-hf'(x)\|_{L_1}=O(h^2)\quad(h\to 0)$$

(v) 存在全轴上有界变差函数 $g(x)$，使

$$f(x)=\int_x^{\infty}\mathrm{d}y\int_y^{\infty}\mathrm{d}g(u)\quad \text{a. e.}$$

(三十一)Poisson 积分算子

设 $f(x)\in L_2(0,\infty)$，考虑算子

$$P_r[f;x]=\frac{(-r)^{-\frac{\alpha}{2}}}{1-r}\int_0^{\infty}\exp\left\{-\frac{1+r}{2(1-r)}(x+y)\right\}\cdot J_\alpha\left(\frac{2\sqrt{-rxy}}{1-r}\right)f(y)\mathrm{d}y$$

其中 $J_\alpha(z)$ 是第一类 Bessel 函数

$$J_\alpha(z)=\sum_{k=0}^{\infty}\{k!\ \Gamma(k+\alpha+1)\}^{-1}(-1)^k\left(\frac{z}{2}\right)^{2k+\alpha}$$

P. L. Butzer，R. J. Nessel 和 W. Trebels 在文献[60]中讨论了 $P_r[f;x]$ 与 Laguerre 多项式展开的 Cesàro 平均算子的关系

$$(C,1)_n(f;x)=\sum_{k=0}^{n}\left(1-\frac{k}{n+1}\right)(f,\varphi_k^{(\alpha)})\varphi_k^{(\alpha)}(x)$$

其中

$$(f,g)=\int_0^{\infty} f(x)\,\overline{g(x)}\mathrm{d}x$$

$$\varphi_k^{(\alpha)}(x)=\left\{\Gamma(\alpha+1)\binom{k+\alpha}{k}\right\}^{-\frac{1}{2}} L_k^{(\alpha)}(x)x^{\frac{\alpha}{2}}\mathrm{e}^{-\frac{x}{2}}$$

$$L_k^{(\alpha)}(x)=\frac{1}{k!}\mathrm{e}^{x}\cdot x^{-\alpha}\left(\frac{\mathrm{d}}{\mathrm{d}x}\right)^{k}(\mathrm{e}^{-x}x^{k+\alpha})\quad(\alpha\geqslant 0)$$

指出当 $f(x)\in L_2(0,\infty)$ 时,有

$$\int_0^{\infty}|(C,1)_n(f;x)-f(x)|^2\mathrm{d}x$$

$$\sim\int_0^{\infty}|P_r[f;x]-f(x)|\mathrm{d}x\quad(r=\mathrm{e}^{-\frac{1}{n}}\uparrow 1)$$

(三十二)Abel-Poisson 积分算子

设 $f(x)\in C_{2\pi}$,则 Abel-Poisson 积分算子为

$$P_r[f(t);x]=\frac{1}{2\pi}\int_{-\pi}^{\pi}f(t)\frac{1-r^2}{1-2r\cos(t-x)+r^2}\mathrm{d}t$$

$$(0<r<1)$$

1° 陈文忠在文献[41]中指出:设 $f(x)\in C_{2\pi}$ 且在点 x 处左、右导数 $f'(x-)$、$f'(x+)$ 存在,则有渐近公式

$$P_r[f(t);x]-f(x)$$

$$\sim\frac{f'(x+)-f'(x-)}{\pi}(1-r)\ln\frac{1}{1-r}$$

$$(r\to 1)$$

2° 陈文忠还指出:设 $f(x)\in C_{2\pi}$,则在假设条件

$$\lim_{t\to x\pm}\frac{f(t)-f(x)}{|t-x|^{\alpha}}=\beta_{\pm}(x)\quad(0<\alpha<1)$$

下,必有渐近公式

$$P_r[f(t);x]-f(x)$$

$$\sim \frac{\beta_+(x)+\beta_-(x)}{4\cos\frac{\alpha}{2}\pi}(1-r)^\alpha \quad (r\to 1)$$

3° P. L. Butzer 在文献[59]中指出:设 $f(x)$ 属于 $C[-\pi,\pi]$ 或 $L(-\pi,\pi)$.

(i) 若

$$\lim_{t\uparrow 1}\left\|\frac{1}{1-r}(f(x)-P_r[f(t);x])-l(x)\right\|=0$$

则

$$\tilde{f}'(x)=l(x)$$

此处 $\tilde{f}(x)$ 是 $f(x)$ 的共轭函数.

(ii) 为使

$$\| f(x)-P_r[f(t);x]\|_c=O(1-r)$$

必须且只需

$$\tilde{f}(x)\in \mathrm{Lip}\ 1$$

(iii) 为使

$$\| f(x)-P_r[f(t);x]\|_L=O(1-r)$$

必须且只需

$$\tilde{f}(x)\in BV[-\pi,\pi] \quad \text{a. e.}$$

其中 $BV[-\pi,\pi]$ 表示$[-\pi,\pi]$上有界变差函数类.

(三十三)Laplace-Butzer 算子

P. L. Butzer 在文献[59]中讨论了 Laplace 变换型算子

$$U[f;x,t]=\frac{x}{2\sqrt{\pi}}\int_0^t f(t-u)\,\frac{\exp(-\frac{x^2}{4u})}{u^{\frac{3}{2}}}\mathrm{d}u$$

在文献[59]中，P. L. Butzer 指出了：

1° 若对任意实数 $c>0$，$\mathrm{e}^{-ct}f(t)$ 与 $\mathrm{e}^{-ct}l(t)$ 均属于 $L_p(0,\infty)(1\leqslant p<\infty)$，使

$$\lim_{x\downarrow 0}\left\|\mathrm{e}^{-ct}\left\{\frac{1}{x}(f(t)-U[f;x,t])-l(t)\right\}\right\|_{L_p}=0$$

则对几乎一切 $t\geqslant 0$，有

$$f(t)=\frac{1}{\sqrt{\pi}}\int_0^t\frac{l(u)}{\sqrt{t-u}}\mathrm{d}u$$

2° 设对每个 $c>0$，$\mathrm{e}^{-ct}f(t)\in L(0,\infty)$，为使

$$\|\mathrm{e}^{-ct}(f(t)-U[f;x,t])\|_L=O(x)\quad(x\downarrow 0)$$

必须且只需存在一个在每个区间$[0,R]$上为有界变差的函数 $g(t)(R>0)$，它对任意 $c>0$ 恒有

$$\int_0^\infty \mathrm{e}^{-cu}\ |dg(u)|<\infty$$

使得

$$\sqrt{S}\int_0^\infty \mathrm{e}^{-su}f(u)\mathrm{d}u=\int_0^\infty \mathrm{e}^{-su}\mathrm{d}g(u)\quad(\mathrm{Re}\ s>0)$$

3° 设对每个 $c>0$，$\mathrm{e}^{-ct}f(t)\in L_p(0,\infty)$，$1<p<\infty$. 为使

$$\|\mathrm{e}^{-ct}(f(t)-U[f;x,t])\|_{L_p}=O(x)\quad(x\downarrow 0)$$

必须且只需存在函数 $g(t)$，对任意 $c>0$，有

$$\mathrm{e}^{-ct}g(t)\in L_p(0,\infty),\quad \text{a. e.}$$

使得

$$f(t)=\frac{1}{\sqrt{\pi}}\int_0^t\frac{g(u)}{\sqrt{t-u}}\mathrm{d}u$$

(三十四)Muckenhoupt-Poisson 积分算子

P. L. Butzer, R. J. Nessel 与 W. Trebels 在文献[60]中讨论了 Muckenhoupt-Poisson 算子

$$P_{\delta}^{*}[f;x]$$

$$=\int_{-\infty}^{\infty}\left[\int_{0}^{1}(1-r^{2})^{\frac{1}{2}}\frac{\delta\exp\frac{\delta^{2}}{2\log r}}{\sqrt{2}\,r(-\log r)^{\frac{3}{2}}}K_{r}(x,y)\mathrm{d}r\right]\cdot$$

$$f(y)\mathrm{e}^{-y^{2}}\mathrm{d}y$$

与

$$P_{r}[f;x]=\int_{-\infty}^{\infty}K_{r}(x,y)f(y)\mathrm{e}^{-y^{2}}\mathrm{d}y$$

的关系,其中

$$K_{r}(x,y)=\{\pi(1-r^{2})\}^{-\frac{1}{2}}\exp\{-\frac{r^{2}x^{2}-2rxy+r^{2}y^{2}}{1-r^{2}}\}$$

他们指出了:设

$$f(x)\in H=\left\{f;\int_{-\infty}^{\infty}|f(x)|^{2}\mathrm{e}^{-x^{2}}\mathrm{d}x<\infty\right\}$$

则有正常数 C,使

$$\int_{-\infty}^{\infty}|P_{r}[f;x]-f(x)|^{2}\mathrm{e}^{-x^{2}}\mathrm{d}x$$

$$\leqslant C\int_{-\infty}^{\infty}|P_{\delta}^{*}[f;x]-f(x)|^{2}\mathrm{e}^{-x^{2}}\mathrm{d}x$$

如果

$$r=\mathrm{e}^{-\frac{1}{n}},\delta=n^{-\frac{1}{2}}$$

并且若

$$r=\mathrm{e}^{-\frac{1}{n}},\delta=n^{-1}$$

时,则不等号反向.

(三十五)Görlich 算子

E. Görlich 在文献[60]中讨论了半群算子

$$(T_L(t)f)(x)=\frac{1}{2\pi}\int_{-\pi}^{\pi}f(x-u)\chi_{L,t}(u)\mathrm{d}u \quad (t>0)$$

其中 $f\in X(C_{2\pi}$ 或 $L_{2\pi}^p,1\leqslant p<\infty),T_L(0)f=f$,而核函数为

$$\chi_{L,t}(u)=\sum_{k=-\infty}^{\infty}(1+k^2)^{-\frac{t}{2}}\mathrm{e}^{iku}$$

1° 设 $f\in X$ 且 $0<\alpha<1$,则由

$$\begin{aligned}E_n(f)&=\inf_{t_n\in T_n}\|f-t_n\|_X\\&=O((\log((1+n^2)^{\frac{1}{2}}))^{-\alpha}) \quad (n\to\infty)\end{aligned}$$

可推出

$$\|T_L(t)f-f\|_X=O(t^\alpha) \quad (t\to 0+)$$

其中 T_n 为 n 次三角多项式的集合.

2° 设 $f\in X$ 且 $0<\alpha<1$,则由

$$\|T_L(t)f-f\|_X=O(t^\alpha) \quad (t\to 0+)$$

可推出

$$E_n(f)=O((\log((1+n^2)^{\frac{1}{2}}))^{-\alpha}) \quad (n\to\infty)$$

(三十六)Gamma 算子

设 $f(x)$ 是$[0,\infty)$上的有界连续函数,则

$$G_n[f(t);x]=\int_0^\infty f(nt)g_n\left(\frac{x}{t}\right)\frac{\mathrm{d}t}{t}$$

其中

$$g_n(u)=\frac{u^n \mathrm{e}^{-u}}{(n-1)!}$$

称为 Gamma 算子. 它是 A. Lupas 和 M. Müller[81] 引进的.

H. Berens 在文献[49]中指出:

1° 在使 $f''(x)$ 存在的每个点 x 处,有

$$\lim_{n\to\infty} n(G_n[f(t);x]-f(x))=x(xf''(x)+2f'(x))$$

2° 设 $f(x)$ 在$[0,\infty)$ 连续且有界,$g(x)$ 为$[a,b]$上具有有限值的 L 可积函数($[a,b]\subset(0,\infty)$). 若对一切 $x\in(a,b)$,有

$$\liminf_{n\to\infty} n(G_n[f;x]-f(x))\leqslant\frac{1}{2x^2}g(x)$$

$$\leqslant\limsup_{n\to\infty} n(G_n[f;x]-f(x))$$

则有某常数 A 和 B,使

$$f(x)=A+\frac{B}{x}+\int_x^b\frac{\mathrm{d}t}{t^2}\int_t^b g(u)\frac{\mathrm{d}u}{u^2}\quad(a\leqslant x\leqslant b)$$

3° 设 $f(x)$ 是$(-\infty,\infty)$上的有界连续函数. 若存在正常数 M,使

$$|G_n[f(t);x]-f(x)|\leqslant\frac{M}{2x^2}+o_x(1)$$

在$(0,\infty)$的某子区间$(a,b)(a>0)$上成立,则在$[a,b]$上 $f'(x)$ 存在,且

$$|y^2f'(y)-x^2f'(x)|\leqslant\frac{M}{xy}|y-x|$$

$$(x,y\in[a,b])$$

反之亦然.

(三十七)Lototsky-Bernstein 算子

设$\{h_j(z)\}$是一个由定义于$\overline{\Delta}=\{z:|z|\leqslant 1\}$上的复值函数组成的序列. 对每个$z\in\overline{\Delta}$, 定义矩阵$(a_{nk}(z))$如下

$$a_{00}(z)=1, a_{0k}(z)=0 \quad (k>0)$$

$$\prod_{j=1}^{n}[wh_j(z)+1-h_j(z)]=\sum_{k=0}^{n}a_{nk}(z)w^k$$

对于每个在$[0,1]$上有定义的函数$f(x)$, 所谓 Lototsky-Bernstein 算子为(见文献[69])

$$L_n[f;z]=\sum_{k=0}^{n}f\left(\frac{k}{n}\right)a_{nk}(z)$$

S. Eisenberg 与 B. Wood 在文献[69]中指出:设h_i在$|z|<r, r>1$内解析$(i=1,2,\cdots)$;$h_i(1)=1$, $i=1,2,\cdots$;$h_i^{(v)}(0)\geqslant 0, v=0,1,\cdots;i=1,2,\cdots$;$\sum_{i=1}^{n}h'_i(1)=O(n)$且$\{h_i(z)\}$的$(C,1)$平均在一个开单位圆内有一极限点的点集上收敛于$z$. 若

$$f(z)=\sum_{k=0}^{\infty}a_k z^k, \sum_{k=0}^{\infty}|a_k|<\infty$$

则

$$\lim_{n\to\infty}\|L_n[f;z]-f(z)\|=0$$

其中

$$\|f\|=\max\{|f(z)|:z\in\overline{\Delta}\}$$

(三十八) 幂级数 Riesz 平均算子[①]

设幂级数 $\sum C_n z^n$ 的收敛半径等于 1，λ 是一正整数. 引进算子

$$R_n^\lambda[f;z]=\sum_{v=0}^{n}\left[1-\left(\frac{k}{n+1}\right)^\lambda\right]C_v z^v$$

1° С. Б. Стечкин 指出：设 $|f^{(p)}(z)|\leqslant 1(p\geqslant 2)$，则(参见文献[31])

$$f(z)-R_n^\lambda[f;z]=\frac{z}{n+1}f'(z)+O\left(\frac{1}{n^p}\right)$$

2° 郭竹瑞指出：设 $f^{(p)}(z)\in \mathrm{Lip}\,\alpha(0<\alpha<1)$，则(参见文献[31])

$$f(z)-R_n^\lambda[f;z]=\frac{z}{n+1}f'(z)+O\left(\frac{1}{n^{p+\alpha}}\right)$$

3° 江金生证明了：当 $f^{(p)}(z)\in \mathrm{Lip}\,\alpha(p>1)$ 时，对于不大于 p 的 λ，存在常数 $k_v(\lambda)$，满足(参见文献[31])

$$\begin{aligned}&f(z)-R_n^\lambda[f;z]\\&=n^{-\lambda}(zf'(z)+k_2(\lambda)z^2f''(z)+\cdots+\\&\quad k_\lambda(\lambda)z^\lambda f^{(\lambda)}(z))+O(n^{-\alpha-\lambda})\end{aligned}$$

(三十九) Левитан 算子

Б. М. Левитан 在文献[1] 中引入算子

---

① 见文献[31].

$$S_n[f(t);x]=\sum_{k=-n}^{n}hE_h(kh)\mathrm{e}^{ikhx}$$

其中 $h=\frac{\sigma}{n}$，$\sigma\geqslant\tau$，$f(z)\in E_\tau$，且

$$E_h(x)=\frac{1}{2\pi}\int_{-\infty}^{\infty}\mathrm{e}^{-iux}\left(\frac{2\sin\frac{hu}{2}}{hu}\right)^2 f(u)\mathrm{d}u$$

$$(-\infty<x<\infty)$$

1° Левитан 证明了：当 $f(z)\in B_\sigma$ 时，有

$$\lim_{n\to\infty}S_n[f(t);x]=f(x)\quad(-\infty<x<\infty)$$

且在任一有穷区间上是一致的(见文献[1]).

2° М. Г. Крейн[76] 证明了：如果 $f(x)(-\infty<x<\infty)$ 可表成

$$f(x)=f(0)+x\int_{-\sigma}^{\sigma}\mathrm{e}^{iux}\psi(u)\mathrm{d}u$$

其中 $\psi(u)\in L^2(-\sigma,\sigma)$，则

$$|S_n[f(t);x]-f(x)|\leqslant\frac{\sigma x^2}{n}\int_{-\sigma}^{\sigma}|\psi(u)|\mathrm{d}u$$

(四十)Bohman－郑维行算子

设 $f(x)$ 为全轴上定义的可测函数，且

$$\frac{f(x)}{1+x^4}\in L(-\infty,\infty)$$

继 H. Bohman之后，郑维行在文献[34]中考虑了算子

$$B_\sigma[f(t);x]=4\pi\int_{-\infty}^{\infty}f\left(x+\frac{t}{\sigma}\right)\frac{\cos^2\frac{t}{2}}{(\pi^2-t^2)^2}\mathrm{d}t$$

郑维行在文献[34]中建立了：

1° 设$\frac{f(x)}{1+x^4}\in L(-\infty,\infty)$,则

$$|B_\sigma[f(t);x]-f(x)|\leqslant\left(5-\frac{4}{\pi}\right)\omega\left(f;\frac{1}{\sigma}\right)$$

2° 设$\frac{f(x)}{1+x^4}\in L(-\infty,\infty)$,且记

$$\omega_2(f;\delta)=\sup_{\substack{|h|\leqslant\delta\\-\infty<x<\infty}}|f(x+h)+f(x-h)-2f(x)|$$

则

$$|B_\sigma[f(t);x]-f(x)|\leqslant 9\omega_2\left(f;\frac{1}{\sigma}\right)$$

3° 设$f(x)$在$(-\infty,\infty)$有界.在点x处存在二阶Schwarz导数,则

$$B_\sigma[f(t);x]-f(x)=\frac{\pi^2}{2\sigma^2}f''(x)+o\left(\frac{1}{\sigma^2}\right)$$

4° 设B_2表示如下函数所作成的类

$$\frac{f(x)}{1+x^4}\in L(-\infty,\infty),\omega_2(f;\delta)\leqslant M_2\delta^2$$

则

$$\sup_{f\in B_2}\|B_\sigma[f(t);x]-f(x)\|=\frac{M_2\pi^2}{2\sigma^2}$$

5° 当$f\in C_{2\pi}$时,$B_n[f;x]$化为$n-1$阶三角多项式

$$B_n[f;x]=\frac{1}{\pi}\int_{-\pi}^{\pi}f(x+t)\left\{\frac{1}{2}+\sum_{k=1}^{n-1}\left(\frac{1}{\pi}\sin\frac{k\pi}{n}+\frac{n-k}{n}\cos\frac{k\pi}{n}\right)\cos kt\right\}\mathrm{d}t$$

它具有相应的逼近性质.

(四十一)Wood 算子

设 $g_m(z)(m=1,2,\cdots)$ 在圆盘 $|z|<R(R>1)$ 内是解析的. 且对某 $r(1<r<R)$,函数序列 $\{g_m(z)\}$ 在圆盘 $|z|<r$ 内一致收敛于 $g(z)$. 定义广义 Boole 多项式 $\{\zeta_n^{(m)}(x)\}$,有

$$g_m(u)(1+u)^x=\sum_{n=0}^{\infty}\zeta_n^{(m)}(x)u^n \quad (m=1,2,\cdots)$$

对每个 $f(x)(0\leqslant x\leqslant 1)$,B. Wood 在文献[117]中引进了算子

$$L_m[f(t);x]=\frac{1}{g(x-1)}\sum_{n=0}^{m}(-1)^{m-n}\cdot$$

$$\zeta_{m-n}^{(m)}(-n-1)x^n(1-x)^{m-n}f\left(\frac{n}{m}\right)$$

$$(0\leqslant x\leqslant 1)$$

显然,当

$$g_m(u)=g(u)\equiv 1 \quad (m=1,2,\cdots)$$

时,$L_m[f(t);x]$ 正是 Bernstein 多项式.

B. Wood 利用扩展乘数法证明了:设 $\alpha_n\uparrow\infty(m\to\infty)$,$\alpha_m=o(m)$. 设以 W 记所有满足 $f(x)=O(x^N)$ $(x\to\infty)$,$N=0,1,\cdots$ 的连续函数类. 假定

$$(-1)^{m-n}\zeta_{m-n}^{(m)}(-n-1)\geqslant 0$$

$$(0\leqslant n\leqslant m,m=0,1,\cdots)$$

则对所有 $f(x)\in W$,在$[0,\infty)$ 上几乎一致地有

$$\lim_{m\to\infty}L_m[f(\alpha_m t);\alpha_m^{-1}x]=f(x)$$

(四十二)Eisen berg-Wood 算子

设$\{\mu_n(x)\}$是一个定义在$[0,1]$上的实值函数,记

$$h_{nk}(x)=\begin{cases}\binom{n}{k}\Delta^{n-k}\mu_k(x),0\leqslant k\leqslant n\\0,k>n\end{cases}$$

$$p_{nk}(x)=\begin{cases}0,k<n\\\binom{k}{n}\Delta^{k-n}\mu_{n+1}(x),k\geqslant n\end{cases}$$

对每个非负整数n和p,有

$$\Delta^p\mu_n(x)=\sum_{j=0}^{p}(-1)^j\binom{p}{j}\mu_{n+j}(x)$$

如果对每个$x\in[0,1]$,$\beta(x,t)$是t的有界变差函数,且

$$\mu_n(x)=\int_0^1 t^n\mathrm{d}\beta(x,t)\quad(0\leqslant x\leqslant 1,n=0,1,\cdots)$$

则$\{\mu_n(x)\}$称为广义矩量序列.如果对所有$x\in[0,1]$和一切整数$n,p\geqslant 0$,恒有

$$\Delta^p\mu_n(x)\geqslant 0$$

则$\{\mu_n(x)\}$称为整体矩量序列.

设$\{\mu_n(x)\}$是一个广义矩量序列.对$[0,1]$上有定义的函数$f(x)$,S. Eisen berg 和 B. Wood 在文献[67]中引进了算子

$$H_n[f(t);x]=\sum_{k=0}^{\infty}f\left(\frac{k}{n}\right)h_{nk}(x)$$

$$P_n[f(t);x]=\sum_{k=0}^{\infty}f\left(\frac{k-n}{k}\right)p_{nk}(x)$$

1° Eisenberg 与 Wood 证明了：设$\{\mu_n(x)\}$是整体广义矩量序列. 设 $\alpha_n\uparrow\infty(n\to\infty)$ 且 $\alpha_n=o(n)$，$f(x)\in C[0,\infty)$，$f(x)=O(e^{ax})(x>0)$，对某个 $a>0$. 假定在$[0,\infty)$的任一有限子区间上，$\{\alpha_n^j\mu_j(\frac{x}{\alpha_n})\}$ 一致地收敛（几乎收敛）到 $x^j(j=0,1,\cdots)$，则$\{H_n[f(\alpha_n t);\alpha_n^{-1}x]\}$ 在$[0,\infty)$的每个有限区间上一致地收敛（几乎收敛）到 $f(x)$（[67]）.

2° 设$\{\mu_j(x)\}$是广义矩量序列，则为使对一切 $f(x)\in C[0,1]$，在$[0,1]$上一致地有

$$\lim_{n\to\infty}H_n[f(t);x]=f(x)$$

必须且只需该广义矩量序列为

$$\mu_j(x)\equiv x^j\quad(j=0,1,\cdots)$$

3° 设 $\alpha_n\uparrow\infty(n\to\infty)$ 且 $\alpha_n=0(n)$，$f(x)$ 为$[0,\infty)$上的有界连续函数. 假定$\{\mu_0(\alpha_n^{-1}x)\}$收敛（几乎收敛）到 1，$\{\alpha_n[\mu_0(\alpha_n^{-1}x)-\mu_1(\alpha_n^{-1}x)]\}$收敛（几乎收敛）到 x，而$\{\alpha_n^2[\mu_0(\alpha_n^{-1}x)-2\mu_1(\alpha_n^{-1}x)+\mu_2(\alpha_n^{-1}x)]\}$收敛（几乎收敛）到 x^2，并且这种收敛性在$[0,\infty)$的任一有限子区间上还是一致的. 则在$[0,\infty)$的任一有限区间上$\{P_n[f(\alpha_n t);\alpha_n^{-1}x]\}$一致地收敛（几乎收敛）到 $f(x)$（见文献[67]）.

4° 设 $\alpha_n\uparrow\infty(n\to\infty)$，$\alpha_n=o(n)$. 若

$$\mu_n(x)=(1-x)^n\quad(n=0,1,\cdots)$$

则对任何于$[0,\infty)$定义的有界连续函数 $f(x)$，在$[0,\infty)$的任一有限区间上$\{P_n[f(\alpha_n t);\alpha_n^{-1}x]\}$一致收敛于 $f(x)$.

(四十三)Fejér 算子

L. Fejér 算子为

$$F_n[f(t);x]$$

$$=\frac{1}{n\pi}\int_0^{\frac{\pi}{2}}[f(x+2t)+f(x-2t)]\left(\frac{\sin nt}{\sin t}\right)^2\mathrm{d}t$$

其中 $f(x)\in C_{2\pi}$.

1° Bernstein 证明了(见文献[2]):设 $f(x)\in C_{2\pi}$ 且 $f(x)\in \mathrm{Lip}_M\alpha$, $0<\alpha<1$,则对一切 x 值有

$$|F_n[f(t);x]-f(x)|\leqslant\frac{C_\alpha M}{n^\alpha}$$

其中 C_α 为仅依赖于 α 的常数,$C_\alpha<\frac{\pi 2^\alpha}{1-\alpha^2}$.

2° Bernstein 指出(见文献[2]):对于函数类 $\mathrm{Lip}_M 1$ 中周期为 2π 的函数 $f(x)$,估计式

$$|F_n[f(t);x]-f(x)|<\frac{AM\log n}{n}\quad(n>1)$$

成立,其中 A 为绝对常数.

3° 设函数 $f(x)\in C_{2\pi}$ 在点 x_0 处有左、右导数 $f'_-(x_0)$、$f'_+(x_0)$ 存在,则(见文献[2])

$$\lim_{n\to\infty}\left\{\frac{n}{\log n}[F_n[f(t);x_0]-f(x_0)]\right\}$$

$$=\frac{1}{\pi}[f'_+(x_0)-f'_-(x_0)]$$

4°Никольский 指出(见文献[2]):对于函数类 $\mathrm{Lip}_1 1$ 的最大偏差($f(x)$ 以 2π 为周期)

$$\Delta_n(1)=\sup_{f\in \mathrm{Lip}_1 1}\{\max_x|F_n[f(t);x]-f(x)|\}$$

有下列渐近估计式

$$\Delta_n(1)=\frac{2\log n}{\pi n}+\rho_n\frac{\log n}{n}$$

其中$\lim\limits_{n\to\infty}\rho_n=0$.

5° 纳唐松曾指出:对一切 $f(x)\in C_{2\pi}$,均有

$$\begin{aligned}&|F_n[f(t);x]-f(x)|\\&\leqslant A_n(C_{2\pi})\omega\left(f;\frac{(1+\log n^2)\pi}{4n}\right)\end{aligned}$$

其中最小常数不大于 3.

后来,王兴华精确地算出

$$A_1(C_{2\pi})=\frac{3}{2}$$

$$A_n(C_{2\pi})=1+\left(\frac{2}{\pi}\right)^2\left[1-\frac{\log\log n}{\log n}\right]+O\left(\frac{1}{\log n}\right)$$

$$(n>1)$$

以上结果均可参阅陈建功的综合报告[31].

6° 陈建功指出(见文献[31]):用 $F_n[f(t);x]$ 来逼近 $f(x)$ 时,只能得到

$$F_n[f(t);x]-f(x)=O\left(\omega\left(f;\frac{\log n}{n}\right)\right)$$

即上式右端不可以无条件地乘以 $\varepsilon_n(\varepsilon_n\downarrow 0)$.

(四十四) Vallee-Poussin 算子

Ch. de la Vallee-Poussin 所引入的算子为

$$V_n[f(t);x]=\frac{2^{2n-1}}{\pi\binom{2n}{n}}\int_{-\pi}^{\pi}f(t)\left[\cos\frac{t-x}{2}\right]^{2n}\mathrm{d}t$$

1° 设 $f(x) \in C_{2\pi}$，则（参阅文献[2]）

$$|V_n[f(t);x]-f(x)| \leqslant 3\omega\left(f;\frac{1}{\sqrt{n}}\right)$$

2° 纳唐松指出了（见文献[2]）：当 $n \to \infty$ 时

$$\sup_{f \in \mathrm{Lip}_1 \alpha} \operatorname*{Max}_{x} |V_n[f(t);x]-f(x)|$$

$$=\frac{2^\alpha}{\sqrt{\pi n^\alpha}}\Gamma\left(\frac{1+\alpha}{2}\right)(1+o(1))$$

3° Vallee-Poussin（见文献[2]）指出：只要 $f(x) \in C_{2\pi}$，则

$$|V_n[f(t);x]-f(x)| \leqslant 4E_n$$

其中 E_n 为 $f(x)$ 用次数 $\leqslant n$ 的三角多项式作为逼近工具时的最佳逼近.

4° 纳唐松证明了（见文献[2]）：若 $f(x) \in C_{2\pi}$ 在某点 x 处存在有限的二阶导数 $f''(x)$，则

$$V_n[f(t);x]-f(x)=\frac{f''(x)}{n}+o\left(\frac{1}{n}\right) \quad (n \to \infty)$$

5° 若 $f(x) \in C_{2\pi}$ 在某点 x 处有有限的导数 $f'(x)$，则对于该 x 值而言，必有（见文献[2]）

$$\lim_{n \to \infty} V'_n[f(t);x]=f'(x)$$

6° 设 $f(x) \in C'_{2\pi}$，则一致地有（见文献[2]）

$$\lim_{n \to \infty} V'_n[f(t);x]=f'(x) \quad (-\infty < x < \infty)$$

7° 设以 $Z_c(f)$ 与 $V_c(f)$ 记 $f(x) \in C_{2\pi}$ 在一个周期内的零点数与变号数. Schoen berg[100] 指出了

$$Z_c(V_n[f(t);x]) \leqslant V_c(f(x))$$

(四十五)Bernstein-Rogosinski 算子[①]

Bernstein-Rogosinski 算子为

$$B_n^*[f(t);x]=\frac{1}{4\pi}\int_{-\pi}^{\pi}f(t)\cos\frac{(2n+1)(t-x)}{2}\cdot$$

$$\left[\frac{1}{\sin\left(\frac{t-x}{2}+\frac{\pi}{4n+2}\right)}-\frac{1}{\sin\left(\frac{t-x}{2}-\frac{\pi}{4n+2}\right)}\right]\mathrm{d}t$$

其中 $f(x)\in C_{2\pi}$.

1° 对任何 $f(x)\in C_{2\pi}$,恒有(见文献[2])

$$|B_n^*[f(t);x]-f(x)|\leqslant(2\pi+1)E_n+\omega\left(f;\frac{2\pi}{2n+1}\right)$$

其中 E_n 为 $f(x)$ 的 n 次最佳三角逼近.

2° 对任何 $f(x)\in C_{2\pi}$,恒有(见文献[2])

$$\lim_{n\to\infty}B_n^*[f(t);x]=f(x)$$

并且上式在整个实轴上还是一致的.

(四十六)Лозинский 算子

C. M. Лозинский 从考虑 Fourier 级数和插值的某种平均出发,引出了一种算子:设因子阵 $\rho_k^{(n)}(k=0,\cdots,n;n=0,1,\cdots)$ 满足条件

$$\lim_{n\to\infty}\rho_k^{(n)}=1$$

---

① 见文献[2].

$$\frac{1}{2\pi}\int_{-\pi}^{\pi}\left|\rho_0^{(n)}+2\sum_{k=1}^{n}\rho_k^{(n)}\cos kt\right|\mathrm{d}t<K$$

又设三角多项式

$$T_n(x)=A^{(n)}+\sum_{m=1}^{n}(a_m^{(n)}\cos mx+b_m^{(n)}\sin mx)$$

在节点 $x_k=\frac{2k\pi}{2n+1}(k=0,1,\cdots,2n)$ 处与给定函数 $f(x)\in C_{2\pi}$ 重合.

Лозинский 算子为(见文献[2])

$$L_n[f(t);x]$$

$$=\rho_0^{(n)}A^{(n)}+\sum_{m=1}^{n}\rho_m^{(n)}(a_m^{(n)}\cos mx+b_m^{(n)}\sin mx)$$

1° Лозинский 指出:对于任何 $f(x)\in C_{2\pi}$,一致地有(见文献[2])

$$\lim_{n\to\infty}L_n[f(t);x]=f(x)\quad(-\infty<x<\infty)$$

(四十七)Раппопорт 算子

С. И. Раппопорт 算子实际是 Лозинский 算子的特殊情形(相当于 $\rho_m^{(n)}=\frac{(n!)^2}{(n-m)!(n+m)!}$)

$$R_n[f(t);x]=\frac{(2n)!!}{(2n+1)!!}\sum_{k=0}^{2n}f(x_k)\cos^{2n}\left(\frac{x_k-x}{2}\right)$$

其中

$$x_k=\frac{2k\pi}{2n+1},k=0,1,\cdots,2n$$

1° Раппопорт 指出:只要 $f(x)\in C_{2\pi}$,则在全轴上一致地有(见文献[2])

$$\lim_{n\to\infty} R_n[f(t);x]=f(x)$$

2° 设 $f(x)\in C_{2\pi}$，Раппопорт 指出了如下连续模数估计(见文献[2])

$$|R_n[f(t);x]-f(x)|\leqslant\left(3+\frac{2\pi}{\sqrt{2n+1}}\right)\omega\left(f;\frac{1}{\sqrt{n}}\right)$$

(四十八)Dirichlet 算子①

$$D_n[f(t);x]=\frac{1}{2\pi}\int_{-\pi}^{\pi}f(t)\frac{\sin\left(n+\frac{1}{2}\right)(x-t)}{\sin\frac{1}{2}(x-t)}\mathrm{d}t$$

1° 设 $f(x)\in L[-\pi,\pi]$，则

$$\lim_{n\to\infty} D_n[f(t);x]=f(x)$$

必须且只需对任何 $\delta(0<\delta<\pi)$，有

$$\lim_{n\to\infty}\int_0^{\delta}[f(x+t)+f(x-t)-2f(x)]\cdot\frac{\sin\left(n+\frac{1}{2}\right)t}{t}\mathrm{d}t=0$$

2° Dini 指出：设 x 固定且

$$\int_0^{\delta}\frac{|f(x+t)+f(x-t)-2f(x)|}{|t|}\mathrm{d}t<\infty$$

则

$$\lim_{n\to\infty} D_n[f(t);x]=f(x)$$

3° 设 $f(x)\in L[-\pi,\pi]$，且 $f(x)$ 在 x 处有左、右

① 参阅文献[63].

导数存在,则

$$\lim_{n\to\infty} D_n[f(t);x]=\frac{f(x^-)+f(x^+)}{2}$$

Dirichlet 算子的收敛性意味着 Fourier 级数的收敛性,故在 Fourier 分析中有特别重要的意义.

4° 王斯雷在文献[32]中指出:设 $f(x)\in L(0,2\pi)$,$E\subset(0,2\pi)$,$|E|>0$,在 E 上处处满足

$$\frac{1}{h}\int_0^h |f(x+t)-f(x)|\,\mathrm{d}t=O\left(\frac{1}{\log\frac{1}{|h|}}\right)\quad (h\to 0)$$

则 $D_n[f(t);x]$ 在 E 上几乎处处收敛.

(四十九)Bernstein 第一求和算子①

Bernstein 第一求和算子为

$$U_q^{(n)}[f(t);x]=\frac{1}{(2n+1)(q+1)}\sum_{k=0}^{2n} f(x_k^{(n)})\cdot \left[\frac{\sin\frac{q+1}{2}(x-x_k^{(n)})}{\sin\frac{x-x_k^{(n)}}{2}}\right]^2$$

其中

$$x_k^{(n)}=\frac{2k\pi}{2n+1},k=0,1,\cdots,2n$$

Bernstein 证明了:设 n 和 $q(q\leqslant n)$ 都无限增大,则在全实轴上一致地有

① 见文献[2].

$$\lim_{n,q\to\infty} U_q^{(n)}[f(t);x]=f(x)$$

(五十)Bernstein 第二求和算子[①]

Bernstein 第二求和算子为

$$U_n[f(t);x]$$
$$=\frac{1}{4n+2}\sum_{k=0}^{2n} f(x_k^{(n)})\cos\frac{2n+1}{2}(x_k^{(n)}-x)\cdot$$
$$\left[\frac{1}{\sin\left(\frac{x_k^{(n)}-x}{2}+\frac{\pi}{4n+2}\right)}-\frac{1}{\sin\left(\frac{x_k^{(n)}-x}{2}-\frac{\pi}{4n+2}\right)}\right]$$

其中

$$x_k^{(n)}=\frac{2k\pi}{2n+1},k=0,1,\cdots,2n$$

Bernstein[2] 证明了:对于任意 $f(x)\in C_{2\pi}$,在全轴上一致地有

$$\lim_{n\to\infty} U_n[f(t);x]=f(x)$$

其实还有

$$|U_n[f(t);x]-f(x)|$$
$$<(1+2\pi+4\pi^2)E_n+\omega\left(f;\frac{2\pi}{2n+1}\right)$$

其中 E_n 为 n 次三角多项式对 $f(x)\in C_{2\pi}$ 的最佳逼近(最小偏差).

① 见文献[2].

(五十一)Bernstein 第三求和算子[①]

设 $T_n(x)=\cos(n\arccos x)$,其零点为

$$x_k=x_k^{(n)}=\cos\frac{2k-1}{2n}\pi\quad(k=1,\cdots,n)$$

设 l 为某一自然数$(2l\leqslant n)$:$n=2lq+r(0\leqslant r<2l)$. Bernstein 第三求和算子为

$$P_n[f(t);x]=\sum_{k=1}^{n}A_k^{(n)}\frac{T_n(x)}{T'_n(x_k^{(n)})(x-x_k^{(n)})}$$

其中 $A_k^{(n)}$ 如下确定:

若$(2l)\nmid k$,则取

$$A_k^{(n)}=f(x_k^{(n)})$$

若 $k=2ls(s=1,2,\cdots,q)$,则取

$$\begin{aligned}A_{2ls}^{(n)}=&[f(x_{2l(s-1)+1}^{(n)})+f(x_{2l(s-1)+3}^{(n)})+\cdots+\\&f(x_{2ls-1}^{(n)})]-\\&[f(x_{2l(s-1)+2}^{(n)})+f(x_{2l(s-1)+4}^{(n)})+\cdots+\\&f(x_{2ls-2}^{(n)})]\end{aligned}$$

Bernstein 指出,对一切 $f(x)\in C_{[-1,1]}$,恒一致地有

$$\lim_{n\to\infty}P_n[f(t);x]=f(x)\quad(-1\leqslant x\leqslant 1)$$

(五十二)Bojanic-Shisha 算子

R. Bojanic 与 O. Shisha 在文献[54]中从一类奇异

① 见文献[2].

积分的 Riemann 和出发,引进了算子

$$K_n[f(t);x]=\frac{2}{m_n+2}\sum_{k=1}^{m_n+2}f(t_{k,n})\Phi_n(t_{k,n}-x)$$

其中 $\Phi_n(t)$ 是次数 $\leqslant m_n$ 的非负余弦多项式,m_n 是某依赖于 n 的正整数,$m_n\uparrow\infty(n\to\infty)$,且

$$t_{k,n}=\frac{2k\pi}{m_n+2},k=1,2,\cdots,m_n+2$$

他们证明了:设 $\Phi_n(t)$ 是如下的非负余弦多项式

$$\Phi_n(t)=\frac{1}{2}+\sum_{k=1}^{m_n}\rho_{k,n}\cos kt$$

则对任何 $f(x)\in C_{2\pi}$,均有

$$|K_n[f(t);x]-f(x)|\leqslant(1+\pi)\omega\left(f;\sqrt{\frac{1-\rho_{1,n}}{2}}\right)$$

Bojanic 与 Shisha 还特别给出离散 Jackson 算子和离散 Коровкин 算子的连续模估计.

1° 取 $m_n=2n-2$,则 $t_{k,n}=\frac{k\pi}{n},k=1,\cdots,2n$,则对离散 Jackson 算子

$$K_n[f(t);x]=\frac{3}{2n^2(2n^2+1)}\sum_{k=1}^{2n}f\left(\frac{k\pi}{n}\right)\cdot\left(\frac{\sin\frac{n}{2}(\frac{k\pi}{n}-x)}{\sin\frac{1}{2}(\frac{k\pi}{n}-x)}\right)^4$$

有估计式

$$|K_n[f(t);x]-f(x)|\leqslant(1+\pi)\omega\left(f;\frac{1}{n}\right)$$

2° 对离散柯罗夫金算子

$$K_n[f(t);x]=2\left(\frac{1}{n}\sin\frac{\pi}{n}\right)^2\sum_{k=1}^{n}f\left(\frac{2k\pi}{n}\right)\cdot$$

$$\left(\frac{\cos\frac{n}{2}\left(\frac{2k\pi}{n}-x\right)}{\cos\left(\frac{2k\pi}{n}-x\right)-\cos\frac{\pi}{n}}\right)^2$$

有估计式

$$|K_n[f(t);x]-f(x)|\leqslant(1+\pi)\omega\left(f;\frac{\pi}{2n}\right)$$

(五十三)Fourier 级数的(c,α)平均算子

设 $f(x)\in L(0,2\pi)$,且 $f(x)$ 是一以 2π 为周期的函数,其 Fourier 级数为

$$f(x)\sim\frac{a_0}{2}+\sum_{n=1}^{\infty}(a_n\cos nx+b_n\sin nx)=\sum_{n=0}^{\infty}A_n(x)$$

记

$$s_n[f;x]=\sum_{v=0}^{n}A_v(x)$$

设 $\alpha>-1$,$(\alpha)_n=\dfrac{\Gamma(n+\alpha+1)}{[\Gamma(n+1)\Gamma(\alpha+1)]}(n=0,1,\cdots)$.并设 $E_n(f)_{L_p}$ 表示阶数不高于 n 的三角多项式在 $L_{2\pi}^p$ 中逼近 $f(x)$ 的最佳逼近.引入 $f(x)$ 的Fourier级数的(c,α)平均算子

$$\sigma_n^\alpha[f;x]=\frac{1}{(\alpha)_n}\sum_{v=0}^{n}(\alpha-1)_{n-v}S_v[f;x]$$

1° С. Б. Стечкин 在文献[110]中指出:对任何 $f(x)\in c_{2\pi}$,恒有

$$\left\|\frac{1}{n+1}\sum_{v=0}^{n}S_v[f;x]-f(x)\right\|_c\leqslant\frac{12}{n+1}\sum_{v=0}^{n}E_v(f)$$

其中 $E_v(f)$ 为 $f(x)$ 在 $c_{2\pi}$ 中的 v 阶最佳逼近.

2° М. Ф. Тиман 在文献[113]中指出:设 $f(x) \in L_{2\pi}^{p}(1 \leqslant p < \infty)$,则当 $\lambda \geqslant -1$ 时,有

$$\left\| \sum_{v=0}^{n} (v+1)^{\lambda} (S_v[f;x] - f(x)) \right\|_{L_p} \leqslant c \sum_{v=0}^{n} (v+1)^{\lambda} E_v(f)_{L_p}$$

3° М. Ф. Тиман 还指出:设 $f(x) \in c_{2\pi}$,则当 $\lambda \geqslant -1$ 时,有

$$\left\| \sum_{v=0}^{n} (v+1)^{\lambda} (S_v[f;x] - f(x)) \right\|_{c} \leqslant c \sum_{v=0}^{n} (v+1)^{\lambda} E_v(f)$$

其中 c 为一绝对常数.

4° 孙永生在文献[30]中进一步指出:设 $f(x) \in c_{2\pi}$,$\alpha > 0$,则

$$\| \sigma_n^{\alpha}[f;x] - f(x) \|_{c} \leqslant \frac{c_{\alpha}}{(\alpha)_n} \sum_{v=0}^{n} (\alpha-1)_{n-v} E_v(f)$$

其中 c_{α} 为仅与 α 有关的常数.

5°施咸亮在文献[36]中指出:设 $q \geqslant 1$,$\lambda \geqslant -1$. 假若 $f(x) \in L_{2\pi}^{pq}$,$1 \leqslant p < \infty$,$pq > 1$,则

$$\left\| \sum_{v=0}^{n} (v+1)^{\lambda} \mid S_v[f;x] - f(x) \mid^{q} \right\|_{L_p} \leqslant c \sum_{v=0}^{n} (v+1)^{\lambda} E_v^{q}(f)_{L_{pq}}$$

其中 c 为仅依赖于 λ,p 和 q 的常数.

进一步,若 $f(x) \in c_{2\pi}$,则

$$\left\| \sum_{v=0}^{n} (v+1)^{\lambda} \mid S_v[f;x] - f(x) \mid^{q} \right\|_{c} \leqslant c \sum_{v=0}^{n} (v+1)^{\lambda} E_v^{q}(f)$$

其中 c 为仅依赖于 λ 与 q 的常数.

6°Ефимов指出(见文献[31]):当 $f(x)\in c_{2\pi}$ 时

$$\sigma_n^1[f;x]-f(x)=\frac{1}{n+1}I_n[f;x]+O\left(\omega_2\left(f;\frac{1}{n}\right)\right)$$

其中

$$\omega_2(f;\delta)=\sup_{|h|\leqslant\delta}|f(x+h)+f(x-h)-2f(x)|$$

而

$$I_n[f;x]=\frac{1}{2\pi}\int_{\frac{1}{n}}^{\pi}(f(x+t)+f(x-t)-2f(x))\cdot\left(2\sin\frac{t}{2}\right)^{-2}dt$$

7°郭竹瑞指出(见文献[31]):当 $f(x)\in c_{2\pi}$ 时,对任何正数 α 皆有

$$\sigma_n^\alpha[f(t);x]-f(x)=(n+1)^{-1}\alpha I_n[f;x]+O\left(\omega_2\left(f;\frac{1}{n}\right)\right)$$

8°记适合条件

$$t\int_t^{\pi}\omega(u)u^{-2}du=O(\omega(t)),\omega(f;t)\leqslant\omega(t)$$

的函数 $f(x)\in H_1(\omega)$. 施咸亮和余祥明证明了:当 $-1<\alpha<0$ 时(见文献[31])

$$\begin{aligned}&\sup_{f\in H_1(\omega)}|\sigma_n^\alpha[f(t);x]-f(x)|\\&=\pi^{-1}(n+1)^{-\alpha}\Gamma(1+\alpha)\cdot c_n(\omega)\int_0^{\pi}\left(2\sin\frac{t}{2}\right)^{-1-\alpha}dt+O\left(\omega\left(\frac{1}{n}\right)\right)\end{aligned}$$

此处

$$c_n(\omega)=\sup_{f\in H_1(\omega)}\left|\pi^{-1}\int_0^{2\pi}f(t)\cos nt\,dt\right|$$

谢庭藩又指出上面的估计式可改为(见文献[31])

$$\sup_{f\in H_1(\omega)} |\sigma_n^\alpha[f(t);x]-f(x)|$$

$$=n^{-\alpha}c_\alpha\int_0^{\frac{\pi}{2}}\omega(4u(2n+L+\alpha)^{-1})\sin u\mathrm{d}u+$$

$$O\left(n^{-1}\int_{\frac{1}{n}}^1 t^{-2}\omega(t)\mathrm{d}t\right)$$

9°G. Sunonchi 指出(见文献[31]):设 $f(x)\in L(0,2\pi)$,$f(x)\in c(a,b)$,则只有当 $f(x)$ 的共轭函数 $\tilde{f}(x)$ 于 (a,b) 中为常数时,才有正数 α 存在,使

$$\operatorname*{Max}_{a<x<b}|\sigma_n^\alpha[f(t);x]-f(x)|=O(\frac{1}{n})$$

陈天平指出(见文献[31]):若上式右端为 $O(\frac{1}{n^2})$,则当 $\alpha>0$ 时 $f(x)\equiv$ 常数.

10° 谢庭藩在文献[44]中指出:设 $\varphi(t)\geqslant 0$,如果 $f(x)\in c_{2\pi}$ 适合单边条件

$$f(x+t)-f(x)\geqslant-\varphi(x)\quad(x\in[-\pi,\pi],t>0)$$

则

$$\|\sigma_n^\alpha[f(t);x]-f(x)\|$$

$$=O\left(\varphi\left(\frac{\pi}{n}\right)\frac{1}{n^\alpha}\int_{\frac{1}{n}}^{\pi}\frac{\mathrm{d}t}{t^{1+\alpha}}+\frac{1}{n^{1+\alpha}}\int_{\frac{1}{n}}^{\pi}\frac{\omega(f;t)}{t^{2+\alpha}}\mathrm{d}t\right)$$

$$(-1<\alpha\leqslant 0)$$

(五十四)Fourier 级数线性求和算子

设 $\{\rho_k^{(n)};k=0,1,\cdots,n;n=1,2,\cdots\}$ 为一三角阵,Fourier 级数的线性求和算子为

$$L_n[f(t);x]$$

$$=\frac{1}{\pi}\int_{-\pi}^{\pi}f(t)\left[\frac{1}{2}\rho_0^{(n)}+\sum_{k=1}^{n}\rho_k^{(n)}\cos k(t-x)\right]\mathrm{d}t$$

1° 吴顺唐在文献[43]中指出:若记

$$\Delta\rho_k^{(n)}=\rho_k^{(n)}-\rho_{k+1}^{(n)},\Delta^2\rho_k^{(n)}=\Delta(\Delta\rho_k^{(n)})$$

设 $\rho_k^{(n)}$ 使 $L_n[f(t);x]$ 是线性正算子,且

$$\lim_{n\to\infty}\rho_k^{(n)}=1,\rho_0^{(n)}=1,\rho_n^{(n)}\neq 0$$

$$\Delta^2\rho_k^{(n)}\leqslant 0(1\leqslant k\leqslant n-1),\Delta\rho_0^{(n)}\geqslant 0$$

$$\Delta\rho_n^{(n)}\cdot(\Delta\rho_0^{(n)}\ln n)^{-1}=O(1)$$

则对任一 $f(x)\in C_{2\pi}$,在 $f(x)$ 左、右导数存在的点 x 处,有

$$L_n[f(t);x]-f(x)=\frac{2}{\pi}[f'_+(x)-f'_-(x)]\cdot\sum_{k=0}^{n}\frac{\Delta\rho_k^{(n)}}{2k+1}+O\left(\sum_{k=0}^{n}\frac{\Delta\rho_k^{(n)}}{2k+1}\right)$$

2° 设 $\rho_0^{(n)}=1$,则 $L_n[f(t);x]$ 亦称柯罗夫金算子. П. П. 柯罗夫金指出(见文献[3]):若 $\lim\limits_{n\to\infty}\rho_1^{(n)}=1$;对一切 x 而言

$$\frac{1}{2}+\sum_{v=1}^{n}\rho_v^{(n)}\cos vx\geqslant 0$$

则对任意 $f(x)\in C_{2\pi}$,恒有

$$\lim_{n\to\infty}L_n[f(t);x]=f(x)$$

且进一步对一切 $m>0$,有下面的估计式

$$|L_n[f(t);x]-f(x)|\leqslant\omega\left(f;\frac{1}{m}\right)\left(1+m\frac{\pi}{\sqrt{2}}\sqrt{1-\rho_1^{(n)}}\right)$$

3° 陆善镇在文献[42]中考虑了二重 Fourier 级数的线性求和算子

$$
\begin{aligned}
& U_{mn}[f;x,y] \\
= & \frac{1}{4}a_{00}+\frac{1}{2}\sum_{k=1}^{m}\lambda_{k,0}^{(mn)}(a_{k0}\cos kx+b_{k0}\sin kx)+ \\
& \frac{1}{2}\sum_{l=1}^{n}\lambda_{0l}^{(mn)}(a_{0l}\cos ly+c_{0l}\sin ly+ \\
& \sum_{k=1}^{m}\sum_{l=1}^{n}\lambda_{k,l}^{(mn)}(a_{kl}\cos kx\cos ly+b_{kl}\sin kx\cos ly+ \\
& c_{kl}\cos kx\sin ly+d_{kl}\sin kx\sin ly)
\end{aligned}
$$

其中 $\Lambda=\{\lambda_{k,l}^{(mn)}\}(k=0,\cdots,m+1;l=0,\cdots,n+1;$ $\lambda_{0,0}^{(mn)}=1,\lambda_{k,n+1}^{(mn)}=\lambda_{m+1,l}^{(mn)}=0)$，而 $f(x,y)$ 为在

$$\Omega=\{(x,y);-\pi\leqslant x\leqslant\pi,-\pi\leqslant y\leqslant\pi\}$$

上连续且对 x 与 y 均具有周期 2π 的函数.

文献[42]中讨论了 $U_{mn}[f;x,y]$ 收敛的条件. 比如有：如果 $\Delta_{kk}^{2}\lambda_{k,s}(s=0,1,\cdots,n)$，$\Delta_{ll}^{2}\lambda_{r,l}(r=0,1,\cdots,m)$，$\Delta_{kkll}^{4}\lambda_{k,l}$ 均为同号，则对任意 $f(x,y)\in C(\Omega)$，均一致有

$$\lim_{m,n\to\infty}U_{mn}[f;x,y]=f(x,y)$$

必须且只需

$$|\lambda_{k,l}|\leqslant B,\ \lim_{m,n\to\infty}\lambda_{k,l}^{(mn)}=1\quad(k=0,1,\cdots;l=0,1,\cdots)$$

且

$$\max_{0\leqslant s\leqslant n}\left\{\sum_{k=1}^{m}\frac{|\lambda_{k,s}|}{m-k+1}\right\}\leqslant N$$

$$\max_{0\leqslant r\leqslant m}\left\{\sum_{l=1}^{n}\frac{|\lambda_{r,1}|}{n-l+1}\right\}\leqslant N$$

$$\sum_{k=1}^{m}\sum_{l=1}^{n}\frac{|\lambda_{k,l}|}{(m-k+1)(n-l+1)}\leqslant N$$

$$(m,n=0,1,\cdots)$$

其中 B,N 为绝对常数.

(五十五)三角插值多项式算子①

设 $f(x)\in C_{2\pi}, x_v=2v\pi(2n+1)^{-1}(v=0,\pm 1,\cdots,\pm n)$,由方程组

$$t_n(f;x_v)\equiv \frac{a_0^{(n)}}{2}+\sum_{v=1}^{n}(a_v^{(n)}\cos vx+b_v^{(n)}\sin vx)$$
$$=f(x)$$
$$(v=0,\pm 1,\cdots,\pm n)$$

可以决定 $f(x)$ 的插值多项式 $t_n(f;x)$. 引入

$$1=\lambda_0^{(n)},\lambda_1^{(n)},\cdots,\lambda_n^{(n)}\quad (n=0,1,2,\cdots)$$

作三角多项式算子

$$\Lambda_n[f(t);x]=\frac{1}{2}a_0^{(n)}+\sum_{v=0}^{n}\lambda_v^{(n)}(a_v^{(n)}\cos vx+ b_v^{(n)}\sin vx)$$

1° И. М. Ганзбург 指出:设

$$\lambda_1^{(n)}=1+O(\frac{1}{n}),\Delta^2\lambda_v^{(n)}\leqslant 0\quad (v=0,1,\cdots,n)$$
$$\lambda_{n+1}^{(n)}=0$$

则当 $f(x)\in \mathrm{Lip}\,\alpha(0<\alpha<1)$ 时

$$\sup_{f\in \mathrm{Lip}\,\alpha}|\Lambda_n[f(t);x]-f(x)|$$
$$=n^{-\alpha}\pi^{1-\alpha}\left|\sin\left(n+\frac{1}{2}\right)x\right|\cdot \left|\sum_{v=0}^{n}(n-v+1)^{-1}\lambda_v^{(n)}\right|+O(n^{-\alpha})$$

① 参阅文献[31].

2° 谢庭藩指出

$$\sup_{f\in H_1(\omega)} |\Lambda_n[f(t);x]-f(x)|$$
$$=\frac{1}{\pi}\left|\sin\left(n+\frac{1}{2}\right)x\right|\cdot$$
$$\omega\left(\frac{2\pi}{2n+1}\right)\sum_{v=0}^{n}\frac{|\lambda_v^{(n)}|}{n-v+1}+O\left(\omega\left(\frac{1}{n}\right)\right)$$

其中类

$$H_1(\omega)=\left\{f \mid t\int_t^{\pi}\omega(u)u^{-2}\mathrm{d}u=O(\omega(t)),\right.$$
$$\left.\omega(f;t)\leqslant\omega(t)\right\}$$

(五十六)Fourier 级数的 Abel 平均算子

设 $f(x)\in L_{2\pi}$,记

$$f(x)\sim\frac{1}{2}a_0+\sum_{k=1}^{\infty}A_k(x)$$
$$A_k(x)=a_k\cos kx+b_k\sin kx$$
$$f^{\sim}(x)\sim\sum_{k=1}^{\infty}B_k(x)$$
$$B_k(x)=a_k\sin kx-b_k\cos kx$$

其中 a_k,b_k 是 $f(x)$ 的 Fourier 系数. 上述 $f^{\sim}(x)$ 的展开式称为 $f(x)$ 的 Fourier 级数的共轭级数.

$f(x)$ 与 $f^{\sim}(x)$ 的 Abel 平均算子分别为

$$A_r[f(t);x]=\frac{1}{2}a_0+\sum_{k=1}^{\infty}r^kA_k(x)$$

和

$$A_r^{\sim}[f(t);x]=\sum_{k=1}^{\infty}r^kB_k(x)\quad(0\leqslant r\leqslant 1)$$

设 $X_{2\pi}$ 是 $C_{2\pi}$ 或 $L_{2\pi}^{p}(1\leqslant p<\infty)$ 中的某个空间.

1° 若 $f(x),g(x)\in X_{2\pi}$,则

$$\lim_{r\to 1^-}\left\|\frac{1}{1-r}[A_r[f(t);x]-f(x)]-g(x)\right\|_{X_{2\pi}}=0$$

必须且只需 $\tilde{f}(x)$ 绝对连续且 $\tilde{f}'(x)=-g(x)$. 特别地,如果 $g(x)\equiv 0$,则 $f(x)=\text{const}$.

2° 对于 $X_{2\pi}$ 中的 $f(x)$ 来说,下列陈述是等价的:

(i) $\| A_r[f(t);x]-f(x)\|_{X_{2\pi}}=O(1-r)(r\to 1^-)$.

(ii) 于 $X_{2\pi}$ 中,$\tilde{f}(x)\in \text{Lip }1$.

(以上1°和2°请参阅 P. L. Butzer 和 H. Berens 合著 *Semi-Groups of Operators and Approximation*, Springer-Verlag, Berlin, 1967.)

3° 设 $f(x)\in L_{2\pi}$ 在某(a,b)内有限且对一切 $x\in(a,b)$,有

$$\lim_{r\to 1^-}A_r[f(t);x]=f(x)$$

若存在对一切 $x\in(a,b)$ 有限且可积的 $g(x)$,使得

$$\lim_{r\to 1^-}\frac{1}{1-r}(A_r[f(t);x]-f(x))=g(x)$$

则对(a,b)中几乎所有的 x,有

$$\tilde{f}(x)=C-\int_a^x g(u)\mathrm{d}u$$

其中 C 为某常数.(参阅 H. Berens, Jour. Approx. Th., 6(1972), 345-353.)

(五十七)Fourier 级数的典型平均算子

设 $f(x)\in W_\beta^r H(\omega)$,即

$$f(x)=\frac{a_0}{2}+\sum_{k=1}^{\infty}\frac{1}{\pi k^r}\int_{-\pi}^{\pi}\varphi(x+t)\cos\left(kt+\frac{\beta\pi}{2}\right)\mathrm{d}t$$

$$(r\geqslant 0)$$

$$\omega(\varphi;\delta)=\sup_{|h|\leqslant\delta}\mathop{\mathrm{Max}}_{x}|\varphi(x+h)-f(x)|\leqslant\omega(\delta)$$

$$\int_{-\pi}^{\pi}\varphi(t)\mathrm{d}t=0$$

其中 $\omega(\delta)$ 是比较函数，满足

$$\omega(0)=0,0\leqslant\omega(\delta_2)-\omega(\delta_1)\leqslant\omega(\delta_2-\delta_1)$$

$$(0\leqslant\delta_1\leqslant\delta_2)$$

A. B. Ефимов 讨论了下述典型平均算子(见文献[33])

$$X_n^{\lambda}[f;x,\beta]=\frac{a_0}{2}+\sum_{k=1}^{n}\frac{1}{nk^r}\left(1-\frac{k^{\lambda}}{n^{\lambda}}\right)\int_{-\pi}^{\pi}\varphi(x+t)\cdot$$

$$\cos\left(kt+\frac{\beta}{2}\pi\right)\mathrm{d}t$$

郭竹瑞在文献[33]中指出：

1° 设 $f(x)\in C_{2\pi}$ 具有 r 阶导数且 $\omega(f^{(r)};\delta)\leqslant\omega(\delta)$，$\lambda$ 为正整数，$\lambda<r$. 若

$$f(x)=\frac{a_0}{2}+\sum_{k=1}^{\infty}(a_k\cos kx+b_k\sin kx)$$

$\overline{f}(x)$ 是 $f(x)$ 的共轭函数. 则

$$f(x)-X_n^{\lambda}[f;x,\beta]$$

$$=\begin{cases}\dfrac{(-1)^{\frac{\lambda-1}{2}}}{n^{\lambda}}\overline{f}^{(\lambda)}(x)+O\left[\dfrac{1}{n^{r}}\omega\left(\dfrac{1}{n}\right)\right],\\ \lambda=1,3,5,\cdots;r\geqslant\lambda+2\\ \dfrac{(-1)^{\frac{\lambda-1}{2}}}{n^{\lambda}}\overline{f}^{(\lambda)}(x)+O\left[\dfrac{1}{n^{r}}\omega\left(\dfrac{\log n}{n}\right)\right],\\ \lambda=1,3,5,\cdots;r-\lambda=1\\ \dfrac{(-1)^{\frac{\lambda}{2}}}{n^{\lambda}}f^{(\lambda)}(x)+O\left[\dfrac{1}{n^{r}}\omega\left(\dfrac{1}{n}\right)\right],\\ \lambda=2,4,6,\cdots\end{cases}$$

2° 设 $f(x)\in W_{\beta}^{r}H(\omega),r<\lambda<r+1$.若

$$\int_{0}^{1}\frac{\omega(t)}{t}\mathrm{d}t<\infty$$

则

$$f(x)-X_{n}^{\lambda}[f;x,\beta]=\frac{(r-\lambda)\Gamma(\lambda-r)\sin\frac{\lambda-r}{2}\pi\cos\frac{\beta\pi}{2}}{\pi n^{\lambda}}\cdot$$

$$\int_{\frac{\pi}{n}}^{\infty}\frac{\varphi_{x}(t)}{t^{1+\lambda-r}}\mathrm{d}t+\frac{(r-\lambda)\Gamma(\lambda-r)\cos\frac{\lambda-r}{2}\pi\sin\frac{\beta\pi}{2}}{\pi n^{\lambda}}\cdot$$

$$\int_{\frac{\pi}{n}}^{\infty}\frac{\psi_{x}(t)}{t^{1+\lambda-r}}\mathrm{d}t+O\left[n^{-r}\omega\left(\frac{1}{n}\right)\right]+O(n^{-\lambda})$$

其中

$$\varphi_{x}(t)=\frac{1}{2}[f(x+t)+f(x-t)-2f(x)]$$

$$\psi_{x}(t)=\frac{1}{2}[f(x+t)-f(x-t)]$$

(五十八)Riesz 球型求和算子

程民德与陈永和在文献[28]中引进了一类多元

Fourier 级数 Riesz 球型求和算子

$$S_R^{\delta}[f;x,y]=\sum_{v\leqslant R^2}\left(1-\frac{v}{R^2}\right)^{\delta}A_v(x,y)\quad(v=m^2+n^2)$$

其中

$$A_v(x,y)=\sum_{m^2+n^2=v}C_{m,n}\mathrm{e}^{i(mx+ny)}$$

$C_{m,n}$ 是区域 $D(0\leqslant x\leqslant 2\pi;0\leqslant y\leqslant 2\pi)$ 上连续且对每一变量都有周期 2π 的连续函数 $f(x,y)$ 的 Fourier 级数

$$f(x,y)\sim\sum_{m,n=-\infty}^{\infty}C_{m,n}\cdot\mathrm{e}^{i(mx+ny)}$$

的系数.

记

$$\omega(f;\rho)=\operatorname*{Max}_{(x_1-x_2)^2+(y_1-y_2)^2\leqslant\rho^2}|f(x_1,y_1)-f(x_2,y_2)|$$

$$\omega_p(f;\rho)=\operatorname*{Max}_{\substack{\alpha,\beta\geqslant 0\\ \alpha+\beta=p}}\omega_{\alpha,\beta}(f;\rho)$$

其中 $\omega_{\alpha,\beta}(f;\rho)$ 为 $\frac{\partial^p}{\partial x^{\alpha}\partial y^{\beta}}f(x_1y)(\alpha,\beta\geqslant 0,\alpha+\beta=p\geqslant 1)$ 的连续模.

程民德与陈永和证明了(见文献[28]):

1° 设 $f(x,y)\in C(D)$ 且 $\delta>\frac{1}{2}$,则在 D 上一致地有

$$S_R^{\delta}(f;x,y)-f(x,y)=O\left[\omega\left(f;\frac{1}{R}\right)\right]$$

2° 设 $f(x,y)\in C^1(D)$ 且 $\delta>\frac{1}{2}$,则在 D 上一致地有

$$S_R^{\delta}(f;x,y)-f(x,y)=O\left[\frac{1}{R}\omega_1\left(f;\frac{1}{R}\right)\right]$$

若取

$$\mu_t[S_R^{\delta}(f;x,y)]=\frac{1}{2\pi}\int_0^{2\pi}S_R^{\delta}(x+t\cos\theta,y+t\sin\theta)\mathrm{d}\theta$$

程民德与陈永和还证明了：

3° 若 $f(x,y)\in \mathrm{Lip}\,\alpha(0<\alpha\leqslant 1)$，则当 $\delta\geqslant 0$ 时，在 D 上一致地有

$$\mu_{\frac{\lambda_0}{R}}[S_R^{\delta}(f;x,y)]-f(x,y)=O\left(\left(\frac{1}{R}\right)^{\alpha}\right)$$

若 $\frac{\partial f}{\partial x},\frac{\partial f}{\partial y}\in \mathrm{Lip}\,\alpha(0<\alpha\leqslant 1)$，则当 $\delta\geqslant 0$ 时，在 D 上一致地有

$$\mu_{\frac{\lambda_0}{R}}[S_R^{\delta}(f;x,y)]-f(x,y)=O\left(\left(\frac{1}{R}\right)^{\alpha+1}\right)$$

其中 λ_0 是零级第一类 Bessel 函数 $J_0(x)$ 的一个正根.

他们还考虑了三角多项式

$$S_R^{(k)}(f;x,y)=\sum_{v\leqslant R^2}\left(1-\frac{v^{\frac{k}{2}}}{R^k}\right)A_v(x,y)$$

并且证明了：

4° 设 $f(x,y)\in C^p(D)$，则在 D 上一致地有

$$S_R^{(k)}(f;x,y)-f(x,y)$$
$$=\begin{cases}O\left[\frac{1}{R^p}\omega_p\left(f;\frac{1}{R}\right)\right],\\ \text{当 } p<k-1 \text{ 或 } p=k-1,\text{但 } k \text{ 为偶数}\\ O\left[\frac{\ln R}{R^p}\omega_p\left(f;\frac{1}{R}\right)\right],\\ \text{当 } p=k-1 \text{ 且 } k \text{ 为奇数}\end{cases}$$

在文献[29]中，程民德与陈永和还指出：设 $f(x,y)\in C^{2p}(D)$ 且 $\Delta^p f(x,y)$ 的连续模记为 $\omega_p(f;\rho)$（Δ－Laplace 算子）. 则当 $k>2p$ 且 $\delta>2p+\frac{5}{2}$ 时，

在 D 上一致地有

$$\sum_{v\leqslant R^2}\left(1-\frac{v^{\frac{k}{2}}}{R^k}\right)^{\delta}A_v(x,y)-f(x,y)$$
$$=O\left[\frac{1}{R^{2p}}\omega_p\left(f;\frac{1}{R}\right)\right]$$

(五十九) 非乘积型 Landau 积分算子

徐利治与王仁宏在文献[11,13]中引入了非乘积型 Landau 积分算子,以 t,x 记 k 维欧氏空间 E_k 中的点向量,$\|t\|=\sqrt{t_1^2+\cdots+t_k^2}$,$\mathrm{d}t=\mathrm{d}t_1\cdots\mathrm{d}t_k$. S 和 U 分别表示球形区域和方形区域

$S(\|t\|\leqslant 1)$ 和 $U(-1\leqslant t_1\leqslant 1,\cdots,-1\leqslant t_k\leqslant 1)$

徐利治与王仁宏在文献[11,13]中引入非乘积型积分 Landau 算子

$$L_n^{(1)}[f(t);x]=\left(\frac{n}{\pi}\right)^{\frac{k}{2}}\int_S f(t)[1-\|t-x\|^2]^n\mathrm{d}t$$

$$L_n^{(2)}[f(t);x]=\left(\frac{n}{k\pi}\right)^{\frac{k}{2}}\int_U f(t)\left[1-\frac{1}{k}\|t-x\|^2\right]^n\mathrm{d}t$$

1° 徐利治与王仁宏[11,13] 指出:对任意给定的 $f(x)\in C(-\infty,\infty)$,$f(x)=O(\exp^m\|x\|)(\|x\|\to\infty)$,在 $(-\infty,\infty)$ 上几乎一致地有 $(i=1,2)$

$$\lim_{n\to\infty}L_n^{(i)}\left[f(t\cdot\log^{m+1}(n));\frac{x}{\log^{m+1}(n)}\right]=f(x)$$
$$(-\infty<x<\infty)$$

2° 从情形 1° 完全可以平行得到:对任意给定 $f(x)\in C_s$,在 $\tilde{S}(\|t\|<1)$ 的任一闭子球上一致地

有

$$\lim_{n\to\infty} L_n^{(1)}[f(t);x]=f(x)$$

3° 对任意给定 $f(x)\in C_U$，在 $\widetilde{U}(-1<t_j<1,j=1,\cdots,k)$ 的任一闭子域上一致地有

$$\lim_{n\to\infty} L_n^{(2)}[f(t);x]=f(x)$$

4° 对任意 $f(x)\in C^2(E_k)$，$f(x)=O(\exp^m\|x\|)(\|x\|\to\infty)$，当 $n\to\infty$ 时，有(见文献[11,13])

$$L_n^{(1)}\left[f(t\cdot\log^{m+1}(n));\frac{x}{\log^{m+1}(n)}\right]-f(x)$$

$$\sim\frac{[\log^{m+1}(n)]^2}{4n}\Delta_k f$$

$$L_n^{(2)}\left[f(t\cdot\log^{m+1}(n));\frac{x}{\log^{m+1}(n)}\right]-f(x)$$

$$\sim\frac{k[\log^{m+1}(n)]^2}{4n}\Delta_k f$$

其中

$$\Delta_k f=\left(\frac{\partial^2}{\partial x_1^2}+\cdots+\frac{\partial^2}{\partial x_k^2}\right)f(x)$$

5° 对任意 $f(x)\in C(E_k)$，恒有$(i=1,2)$

$$\lim_{n\to\infty} L_n^{(i)}\left[f(t\cdot\Omega^{-1}(\log n));\frac{x}{\Omega^{-1}(\log n)}\right]=f(x)$$

$$(x\in E_k)$$

其中 $\Omega(\cdot)$ 为与 $f(x)$ 相匹配的界限函数，而 $\Omega^{-1}(\cdot)$ 为其反函数(见文献[23]).

6° 对任意 $f(x)\in C^2(E_k)$，当 $n\to\infty$ 时，有(见文献[23])

$$L_n^{(1)}\left[f(t\cdot\Omega^{-1}(\log n));\frac{x}{\Omega^{-1}(\log n)}\right]-f(x)$$

$$\sim \frac{[\Omega^{-1}(\log n)]^2}{4n}\Delta_k f$$

$$L_n^{(2)}\left[f(t\cdot\Omega^{-1}(\log n));\frac{x}{\Omega^{-1}(\log n)}\right]-f(x)$$

$$\sim \frac{k[\Omega^{-1}(\log n)]^2}{4n}\Delta_k f$$

其中 $\Omega^{-1}(\cdot)$ 同上款.

(六十) 一类多元 Vallee-Poussin 型算子

徐利治与王仁宏在文献[11]中引进了一类多元非乘积型 Vallee-Poussin 算子

$$V_n[f(t);x]=\frac{1}{K_n}\int_{-\pi}^{\pi}\cdots\int_{-\pi}^{\pi}f(t)\cdot\left[\sum_{i=1}^{k}\cos^2\left(\frac{t_i-x_i}{2}\right)\right]^n\mathrm{d}t$$

其中 $t=(t_1,\cdots,t_k)$, $x=(x_1,\cdots,x_k)$, $\mathrm{d}t=\mathrm{d}t_1\cdots\mathrm{d}t_k$，而

$$K_n=4^k\int_0^{\frac{\pi}{2}}\cdots\int_0^{\frac{\pi}{2}}\left(\sum_{i=1}^{k}\cos^2 t_i\right)^n\mathrm{d}t\sim k^n\cdot 2^k\left(\frac{\pi k}{n}\right)^{\frac{k}{2}}$$

1° 徐利治与王仁宏指出：设 $f(x)\in C_{2\pi}$，则

$$|V_n[f(t);x]-f(x)|\leqslant\left(1+\frac{2}{\sqrt{\pi}}k^{\frac{3}{2}}\right)\omega\left(f;\frac{1}{\sqrt{n}}\right)$$

其中

$$\omega(\delta)=\operatorname*{Max}_{\|x-x'\|\leqslant\delta}|f(x)-f(x')|$$

2° 徐利治与王仁宏指出：设 $f(x)\in C_{2\pi}^2$，则当 $n\to\infty$ 时，有

$$V_n[f(t);x]-f(x)\sim\frac{k}{n}\cdot\Delta f$$

其中

$$\Delta f=\frac{\partial^2 f}{\partial x_1^2}+\cdots+\frac{\partial^2 f}{\partial x_k^2}$$

3° 设 $f(x)\in C'_{2\pi}$. 徐利治与王仁宏证明了对 x 而言一致地有

$$\lim_{n\to\infty}\frac{\partial V_n[f(t);x]}{\partial x_i}=\frac{\partial f(x)}{\partial x_i}\quad(i=1,\cdots,k)$$

4° 定义 $f(x)\in \mathrm{Lip}_M\alpha$，如果对任意 x 与 y 均有 $(0<\alpha\leqslant 1)$

$$|f(x)-f(y)|\leqslant M(|x_1-y_1|^\alpha+\cdots+|x_k-y_k|^\alpha)$$

王仁宏在文献[20]中证明了

$$\sup_{f\in \mathrm{Lip}_M\alpha}\{\operatorname*{Max}_x|V_n[f(t);x]-f(x)|\}=\frac{M\cdot 2^\alpha\cdot k^{1+\frac{\alpha}{2}}}{\sqrt{\pi n^\alpha}}\Gamma\left(\frac{1+\alpha}{2}\right)+o\left(\frac{1}{\sqrt{n^\alpha}}\right)$$

(六十一) 非乘积型 Landau 和式算子

徐利治与王仁宏在文献[11,13]中引进了如下非乘积型 Landau 和式算子

$$H_n^{(1)}[f(t);x]=\left(\frac{1}{\pi n^{2s-1}}\right)^{\frac{k}{2}}\sum_{\|v\|\leqslant n^s}f\left(\frac{v}{n^s}\right)\left[1-\left\|\frac{v}{n^s}-x\right\|^2\right]^n$$

$$H_n^{(2)}[f(t);x]=\left(\frac{1}{k\pi n^{2s-1}}\right)^{\frac{k}{2}}\sum_{|v_i|\leqslant n^s}f\left(\frac{v}{n^s}\right)\left[1-\frac{1}{k}\left\|\frac{v}{n^s}-x\right\|^2\right]^n$$

其中 $t\equiv(t_1,\cdots,t_k)$，$x\equiv(x_1,\cdots,x_k)$ 为 k 维欧氏空间

E_k 中的点向量，$v \equiv (v_1, \cdots, v_k)$ 表示以整数为分量的点向量，上表示式的 $\| \cdot \|$ 均表示欧氏模.

1° 徐利治与王仁宏在文献[11,13]中指出：对任给 $f(x) \in C_{(-\infty,\infty)}$，$f(x) = O(\exp^m \| x \|)(\| x \| \to \infty)$，在$(-\infty,\infty)$上几乎一致地有$(i=1,2)$

$$\lim_{n\to\infty} H_n^{(i)}\left[f(t\cdot\log^{m+1}(n));\frac{x}{\log^{m+1}(n)}\right]=f(x)$$

2° 对任意 $f(x) \in C^2(E_k)$，$f(x) = O(\exp^m \| x \|)(\| x \| \to \infty)$，当 $n\to\infty$ 时，有（见文献[11,13]）

$$H_n^{(1)}\left[f(t\cdot\log^{m+1}(n));\frac{x}{\log^{m+1}(n)}\right]-f(x)$$

$$\sim \frac{[\log^{m+1}(n)]^2}{4n}\cdot\Delta_k f$$

$$H_n^{(2)}\left[f(t\cdot\log^{m+1}(n));\frac{x}{\log^{m+1}(n)}\right]-f(x)$$

$$\sim \frac{k[\log^{m+1}(n)]^2}{4n}\cdot\Delta_k f$$

其中

$$\Delta_k f = \left(\frac{\partial^2}{\partial x_1^2}+\cdots+\frac{\partial^2}{\partial x_k^2}\right)f(x)$$

3° 对任意 $f(x) \in C^2(E_k)$，当 $n\to\infty$ 时，有

$$H_n^{(1)}\left[f(t\cdot\Omega^{-1}(\log n));\frac{x}{\Omega^{-1}(\log n)}\right]-f(x)$$

$$\sim \frac{[\Omega^{-1}(\log n)]^2}{4n}\Delta_k f$$

$$H_n^{(2)}\left[f(t\cdot\Omega^{-1}(\log n));\frac{x}{\Omega^{-1}(\log n)}\right]-f(x)$$

$$\sim \frac{k[\Omega^{-1}(\log n)]^2}{4n}\Delta_k f$$

其中 $\Omega^{-1}(\cdot)$ 为与 $f(x)$ 相匹配的界限函数的反函数

(见文献[23]).

于有限区域上 $H^{(i)}[f(t);x]$ 的性质与非乘积型 Landau 积分型算子相类似. 这里不再列出.

(六十二) 多元 Bernstein 多项式算子

设 Δ 为 k 维欧氏空间中的单纯形

$$\Delta: x_i \geqslant 0, i=1,\cdots,k; x_1+\cdots+x_k \leqslant 1$$

设 $f(x_1,\cdots,x_k)$ 定义于 Δ 上, k 元 Bernstein 多项式为

$$B_n[f;x_1,\cdots,x_k] = \sum_{v_i \geqslant 0, v_1+\cdots+v_k \leqslant n} f\left(\frac{v_1}{n},\cdots,\frac{v_k}{n}\right) \cdot p_{v_1,\cdots,v_k;n}(x_1,\cdots,x_k)$$

其中

$$p_{v_1,\cdots,v_k;n}(x_1,\cdots,x_k) = \binom{n}{v_1,\cdots,v_k} \cdot x_1^{v_1}\cdots x_k^{v_k}(1-x_1-\cdots-x_k)^{n-v_1-\cdots-v_k}$$

$$\binom{n}{v_1,\cdots,v_k} = \frac{n!}{v_1!\ \cdots v_k!\ (n-v_1-\cdots-v_k)!}$$

1° G. G. Lorentz[77] 指出: 在 $f(x_1,\cdots,x_k)$ 的每一连续点 $(x_1,\cdots,x_k)$ 处, 恒有

$$\lim_{n\to\infty} B_n[f;x_1,\cdots,x_k] = f(x_1,\cdots,x_k)$$

$$((x_1,\cdots,x_k) \in \Delta)$$

2° Stancu[109] 与李文清[40] 指出: 设 $f(x_1,\cdots,x_n)$ 于 Δ 上连续, 且以 $\omega(f;\delta)$ 记 $f(x_1,\cdots,x_k)$ 的连续模

$$\omega(f;\delta) = \operatorname*{Max}_{\sum_{i=1}^{k}|x'_i - x''_i|^2 \leqslant \delta} |f(x'_1,\cdots,x'_k) - f(x''_1,\cdots,x''_k)|$$

则

$$|B_n[f;x_1,\cdots,x_k]-f(x_1,\cdots,x_k)|\leqslant 2\omega\left(f;\frac{1}{\sqrt{n}}\right)$$

3° Stancu 还在文献[109]中指出：设 $f(x,y)\in C_\Delta^2$，则当 $n\to\infty$ 时有下列渐近估计式($k=2$)

$$\begin{aligned}B_n[f;x,y]-f(x,y)=\frac{1}{2n}\{&x(1-x)f''_{xx}(x,y)-\\&2xyf''_{xy}(x,y)+\\&y(1-y)f''_{yy}(x,y)\}+o(\frac{1}{n})\end{aligned}$$

4° 徐利治与王仁宏在文献[10]中引进了全空间上的 Bernstein 多项式($\alpha_n\uparrow\infty,n\to\infty$)

$$\begin{aligned}&B_n^*[f(\alpha_nt);\alpha_n^{-1}x]\\=&\sum_{0\leqslant v_1+\cdots+v_k\leqslant n}f\left(\left(\frac{2v_1}{n}-\frac{1}{2}\right)\alpha_n,\cdots,\left(\frac{2v_k}{n}-\frac{1}{2}\right)\alpha_n\right)\cdot\\&p_{v_1,\cdots,v_k;n}^*(x)\end{aligned}$$

$$\begin{aligned}&p_{v_1,\cdots,v_k;n}^*(x)\\&=\binom{n}{v_1,\cdots,v_k}\frac{1}{2^n}\left(\frac{1}{2}+\alpha_n^{-1}x_1\right)^{v_1}\cdot\cdots\cdot\\&\left(\frac{1}{2}+\alpha_n^{-1}x_k\right)^{v_k}\cdot\\&\left[\left(2-\frac{k}{2}\right)-\alpha_n^{-1}x_1-\cdots-\alpha_n^{-1}x_k\right]^{n-v_1-\cdots-v_k}\end{aligned}$$

并且证明了：只要

$$f(x_1,\cdots,x_k)\in C(E_k)$$

且

$$f(x)=O(\exp^m\|x\|)\quad(\|x\|\to\infty)$$

则

$$\lim_{n\to\infty}B_n^*\left[f(t\cdot\log^{m+1}(n));\frac{x}{\log^{m+1}(n)}\right]=f(x)$$

且上述极限关系式在整个 E_k 上是几乎一致地成立的.

王仁宏在文献[16,18]中还给出了 $B_n^*[f(\alpha_n t);\alpha_n^{-1}x]$ 对二次可微函数的渐近估计式.

参考资料

[1] 阿赫叶惹尔(Ахиезер,Н. И.),逼近论讲义(程民德等译),科学出版社,1957.

[2] 纳唐松(Натансон,И. П.),函数构造论(郑维行、何旭初等译),科学出版社,1958,1959.

[3] 柯罗夫金(Коровкин,П. П.),线性算子与逼近论(郑维行译),人民教育出版社,1960.

[4] 徐利治,渐近积分和积分逼近,科学出版社,1958.

[5] 徐利治,数学分析的方法及例题选讲,高等教育出版社,1958.

[6] 陈建功,三角级数论(上册),上海科学技术出版社,1965.

[7] 徐利治,论 Арнольд 型的奇异积分对某些类函数的最佳逼近,数学进展,2(1956),№ 4,695-702.

[8] 徐利治(Hsu, L. C.). The Polynomial Approximation of Continuous Functions Defined on (−∞,∞), Czechoslovak Mathematical Journal, 9(1959),574-577.

[9] 徐利治(Hsu, L. C.). Approximation of Non-bounded Continuous Functions by Certain Sequences of Linear Positive Operators or Polynomials, Studia Math., 21(1961),37-43.

[10] 徐利治,王仁宏,扩展乘数法与无界函数的多项式逼近(Ⅰ),吉林大学自然科学学报,2(1963),61-79.

[11] 徐利治,王仁宏,扩展乘数法与无界函数的多项式逼近(Ⅱ),吉林大学自然科学学报,2(1963),375-385.

[12] 徐利治,扩展乘数法与无界函数的多项式逼近(Ⅲ),吉林大学自然科学学报,2(1963),387-391.

[13] 徐利治,王仁宏(Сюй,Л. С.,Ван,Ж. Х.),Общие методы《Возрастающих множителей》и аппроксимация неограниченных непрерывных функций некоторыми конкретными полиномиальными операторами,Докл. АНСССР,156(1964),№ 2,264-267.

[14] 王仁宏,扩展乘数法与无界函数的多项式逼近(Ⅳ),吉林大学自然科学学报,№ 1(1965),31-43.

[15] 王仁宏,对 Г. М. Миракьян 著"一个近似过程的收敛性研究"一文的某些评论及注记,吉林大学自然科学学报,№ 2(1962),119-122.

[16] 王仁宏(Ван,Ж. Х.). Приближение неограниченных функций Видоизмененными многочленами Ландау и Бернштейна на всей плоскости,Докл,АНСССР,150(1963),№ 6,1195-1197.

[17] 王仁宏(Wang, J. H.), Approximation of Nonbounded Continuous Functions by Some Singular Integrals, Mathematica (Cluj), 5 (28)

(1963),№ 1,131-136.

[18] 王仁宏,在全平面上用变形的 Landau 多项式和 Бернштейн 多项式逼近无界连续函数的渐近估计,吉林大学自然科学学报,№ 2(1963),537-547.

[19] 王仁宏,高维欧氏空间上线性算子对多元函数的逼近阶之渐近公式,吉林大学自然科学学报,№ 1(1964),1-16.

[20] 王仁宏,一类三角多项式对某些多元周期函数的逼近性质,吉林大学自然科学学报,№ 3(1963),173-179.

[21] 王仁宏,连续函数的一类新的近似多项式,吉林大学自然科学学报,№ 4(1965),109-116.

[22] 王仁宏,Hermite-Fejér 插值多项式的逼近阶,科学通报,7(1979),292-295.

[23] 王仁宏,拟局部正线性算子与无界函数的逼近,数学学报,23(1980),163-176.

[24] 徐利治(Hsu, L. C.). On a Kind of Extended Fejér-Hermite Interpolation Polynomials, Acta Math. Acad. Sci. Hung.,25(1964),325-328.

[25] 徐利治(Hsu,L. C.). On the Asympototic Evaluation of a Class of Multiple Integrals Involving a Parameter, Amer. Jour. of Math., 73(1951),№ 3, 625-634.

[26] 徐利治,徐立本,实函数的一类新的近似多项式,科学记录,3(1959),65-70.

[27] 徐利治,王在申,论一种离散性的 Бернштейн 多项式,吉林大学(东北人民大学)自然科学学报,

№ 2(1956),83-89.

[28] 程民德,陈永和,多元函数的三角多项式逼近,北京大学学报(自然科学版),№ 4(1956),411-428.

[29] 程民德,陈永和,多元周期函数的非整数次积分与三角多项式逼近,北京大学学报(自然科学版),№ 3(1957),259-282.

[30] 孙永生,连续周期函数用富立哀级数的蔡查罗平均数的一致迫近,数学进展,6(1963),379-387.

[31] 陈建功,两三年来三角级数论在国内的情况,数学进展,8(1965),№ 4,337-351.

[32] 王斯雷,富里埃级数的几乎处处收敛,《逼近论会议论文集》,杭州大学,1978,129-130.

[33] 郭竹瑞,连续函数用它的富里埃级数的典型平均数来逼近(Ⅱ),数学学报,15(1965),№ 2,249-273.

[34] 郑维行,论算子 $B_\sigma(f;x)$ 的极性,数学学报,15(1965),№ 1,54-62.

[35] 王兴华,爵克松奇异积分对连续函数逼近的准确常数,数学学报,14(1964),№ 2,231-237.

[36] 施咸亮,关于富里埃级数强性求和的几个不等式,数学学报,16(1966),№ 2,233-252.

[37] 邵品琮,离散性 Бернштейн 多项式逼近连续函数的估计,数学进展,4(1958),№ 2,282-287.

[38] 李文清,最佳逼近常数的上界估计,厦门大学学报(自然科学版),2(1957),15-19.

[39] 李文清,关于伯恩斯坦—康脱洛维奇多项式的逼近度,厦门大学学报(自然科学版),1(1962),71-74.

[40] 李文清,关于 k 维空间的伯恩斯坦多项式的逼近度,厦门大学学报(自然科学版),2(1962),119-129.

[41] 陈文忠,线性正算子逼近连续函数的渐近公式,《逼近论会议论文集》,杭州大学,1978,110-113.

[42] 陆善镇,二重福里哀级数的线性求和法,数学进展,7(1964),№ 1,94-117.

[43] 吴顺唐,关于用线性正算子逼近连续函数,数学进展,9(1966),№ 3,245-250.

[44] 谢庭藩,负阶 (c,α) 平均逼近连续函数,《逼近论会议论文集》,杭州大学,1978,126-128.

[45] 张阳春,关于多重 Fourier 级数的 Bochner-Riesz 平均收敛问题,《逼近论会议论文集》,杭州大学,1978,102-103.

[46] Balázs, J. and Turán, P. Notes on Interpolation VII, Acta Math. Acad. Sci. Hang., 10(1959),63-68.

[47] Баскаков, В. А. О Некоторых условиях сходимости линейных положительных операторов, УСПЕХИ Мат. Наук,16(1961),В. 1(97),131-134.

[48] Баскаков, В. А. Обобщение Некоторых Теорем П. П. Коровкина О положительных операторах, Мат. Заметки,13(1973),785-794.

[49] Berens, H. Pointwise Saturation of Positive Operators, Jour. Approx. Th., 6(1972),№ 2, 135-146.

[50] Berens, H. and Lorentz, G. G. Theorems of

Korovkin Type for Positive Linear Operators on Banach Lattices, "Approximation Theory"(Ed. G. G. Lorentz), Acad. Press. New York, San Francisco, London, 1973,1-30.

[51] Bernau, S. J. Theorem of Korovkin type for Lp-Spaces, Pacific J. Math. , 53(1974),11-19.

[52] Бернштейн, С. Н. , Собрание сочинений, Том. I, Издат. АНСССР, Москова, 1952.

[53] Бернштейн, С. Н. , Собрание Сочинений, Том. II, Издат. АНСССР, Москова, 1954.

[54] Bojanic, R. and Shisha, O. , Approximation of Continuous, Periodic Functions by Discrete Linear Positive Operators, Jour. Approx. Th. , 11(1974),231-235.

[55] Bojanic, R. and Shisha, O. , Degree of L_1 Approximation to integrable Functions by modified Bernstein Polynomials, Jour. Approx. Th. , 13(1975),66-72.

[56] Бредихина, Е. А. , К Теореме С. Н. Бернштейн О наилучишем приближенам непрерывных функций целыми функциями данной, степени, ИЗВ. Вуз. Матем. ,25(1961), № 6,1-7.

[57] Buck, R. C. , Survey of Recent Russian Literature on Approximation, "On Numerical Approximation"(Ed. R. E. Langer), Madison, 1959.

[58] Buck, R. C. , Studies in Modern Analysis, Vol. 1, The Mathematical Association of America, 1962.

[59] Butzer, P. L., Integral Transform Methods in the Theory of Approximation, "On Approximation Theory" (Ed. P. L. Butzer and J. Korevaar), Birkhäuser Verlag Basel, 1964, 12-23.

[60] Butzer, P. L., Kahane, J.-P. and B. SZ.-Nagy, Linear Operators and Approximation, Birkhäuser Verlag Basel, 1972.

[61] Carleson, L., On Bernstein's Approximation Problem, Proc. Amer. Math. Soc., 2(1951), 953-961.

[62] Chlodovsky, I., Sur le développement des fonctions dans un lntervalle infinien Séries de polynômes de M. S. Bernstein, Compositio Math., 4(1937), 380-393.

[63] Davis, P. J., Interpolation and Approximation, Blaisdell, New York, 1963.

[64] Devore, R. A., The Approximation of Continuous Functions by Positive Linear Operators, Springer-Verlag, Berlin/Heidelberg/New York, 1972.

[65] Ditzian, Z., Convergence of Sequences of Linear Positive Operators: Remarks and Applications, Jour. Approx. Th., 14(1975), 296-301.

[66] Egervary, E. and Turán, P., Notes on Interpolation V, Acta Math. Acad. Sci. Hung. 9(1958), 259-267.

[67] Eisenberg, S., and Wood, B., Approximating Unbounded Functions with Linear Operators

Generated by Moment Sequences, Studia Math., 35(1970), 299-304.

[68] Eisenberg, S. and Wood, B., On the Order of Approximation of Unbounded Functions by Positive Linear Operators, SIAM Jour. Numer. Anal., 9(1972), 266-276.

[69] Eisenberg, S. and Wood, B., Approximation of Analytic Functions by Bernstein Type Operators, Jur. Approx. Th. 6(1972), 242-248.

[70] Esseen, C. G., Über die asymptotisch beste Approximation Stetiger Funktionen mit Hilfe von Bernstein-polynomen, Numer. Math., 2(1960), 206-213.

[71] Groetsch, C. W. and Shisha, O., On the Degree of Approximation by Bernstein Polynomials, Jour. Approx. Th., 14(1975), 317-318.

[72] Grünwald, G., On the Theory of Interpolation, Acta Math., 75(1943), 219-245.

[73] Hermann, H., Approximation of Unbounded Functions On Unbounded Interval, Acta Math. Acad. Sci Hung., 29(3-4)(1977), 393-398.

[74] Hille, E. and Tamarkin, J. D., On a Theorem of Paley and Wiener, Ann, of Math., 34 (1933), 606-614.

[75] Kershaw, D., Regular and Convergent Korovkin Sequences, "Linear Operators and Approximation II"(Eds. P. L. Butzer and B. Sz.-Nagy), 1974, 377-389.

[76] Крейн, М. Г. ,О Представлений функций интегралами Фурье-Стилтьса, УЧ. Заи. Куйбышевского Пеб. инст. Вып. 7(1943).

[77] Lorentz, G. G. , Bernstein Polynomials, Toronto, 1953.

[78] Lorentz, G. G. , Approximation of Functions, Holt, Rinehart and Winston, New York, 1968.

[79] Lorentz, G. G. , Korovkin Set(Sets of Convergence)Regional Conference at the University of California, Riverside, June 15-19, 1972.

[80] Lorentz, G. G. , Approximation Theory, New York, San Francisco, London, 1973.

[81] Lupas, A. and Müller, M. , Approximationseigenschaften der gammaoperatoren, Math. Z. 98(1967), 208-226.

[82] Люстерник, Л. А. ,О многочленной аппроксимации функций, заданных На Всей плоскости, УМН, 8, (1953), № 1(53), 161-164.

[83] Мамедов, Р. Г. , Приближение функций Обобщенным линейными Операторами ландау, Докл. АНСССР, 139(1961), 28-30.

[84] Мамедов, Р. Г. , Асимптотическое значение приближения дифференцируемых линейными положительными операторами, ДОКЛ. АНСССР, 128(1959), 471-474.

[85] Мамедов, Р. Г. ,О порядке приближения функций линейными положительными операторами, Докл. АНСССР, 128(1959), 674-676.

[86]Marsden, M, J. , An Identity for Spline Functions with Applications to Variation-diminishing Spline Approximation, Jour. Approx. Th. , 3(1970), 7-49.

[87] Marsden, M. J. and Riemenschneider, S. D. , Korovkin Theorems for Integral Operators with Kernels of Finite Oscillation, Canad. J. Math. (to appear).

[88] Matsuoka, Y. , On the Approximation of Functions by Some Singular Integrals, Tohoku Math. J. , 18(1966), 13-43.

[89] Мергелян, С. Н. , Об аппроксимационной Задаче С. Н. Бернштейна Докл. АНСССР, 109(1956), 25-28.

[90] Mills, T. M. and Varma, A. K. , On a Theorem of Egervary and Turán on the Stablity of Interpolation, Jour, Approx. Th. , 11 (1974), 275-282.

[91] Micchelli, C. A. , Convergence of Positive Linear Operators on $C(X)$, Jour. Approx. Th. , 13(1975), 305-315.

[92] Moldovan, E. , Observations sur certains procedes d'interpolation generalises, Acad. RPR. , Bul. Sti. Sect. Sti. Mat. Fiz. , 6(1954), 477-482.

[93] Müller, M. W. , Approximation durch lineare positive operatoren bei gemischter norm habilationsschrift, Stuttgart, 1970.

[94] Pollard, H. , The Bernstein Approximation Pr-

oblem, Proc. Amer. Math. Soc., 6(1955), 402-411.

[95] Fuchs, W. H. J. and Pollard, H., Bernstein's Approximation Problem, Proc Amer. Math. Soc., 6(1955),613-615.

[96] Radecki, J., On Modified Landau Polynomials, Studia Math.,21(1962),283-290.

[97] Riemenschneider, S. D., Korovkin Theorems for a Class of Integral Operators, Jour. Approx. Th., 13(1975),316-326.

[98] Riemenschneider, S. D., The L^p-Saturation of the Bernstein-Kontorovitch Polynomials, Jour. Approx. Th., 23(1978),158-162.

[99] Roulier, J. A., Permissible Bounds on the Coefficients of Approximating Polynomials, Jour. Approx. Th., 3(1970),117-122.

[100] Schoenberg, I. J., On Variation Diminishing Approximation Methods, "On Numerical Approximation" (Ed. R. E. Langer), Madison, 1959,249-274.

[101] Schurer, F., On Linear Positive Operators, "On Approximation Theory"(Ed. P. L. Butzer and J. Korevaar), Birkhäuser Verlag Basel, 1964,190-199.

[102] Schurer, F., On the Approximations of Functions of Many Variables with Linear Positive Operators, Indagationes Math., 25(1963), 313-327.

[103] Schurer, F. and Steutel, F. W., Note on The Asymptotic Degree of Approximation of functions in $C^1[0,1]$ by Bernstein polynomials, Proc. Kon. Ned. Akad. Wetenschappen Ser. A, Math. Sci., 39(1977),№ 4,128-130.

[104] Sikkema, P. C., Über len grad der approximation mit bernstein-polynomen, Numer. Math.,1(1959),221-239.

[105] Sikkema, P. C., Über die schurerschen linearen positiven operatoren. II., Proc. Kon. Ned. Akad. Wetenschappen, Amsterdam, Auch in Indagationes Math., 78(1975),243-253.

[106] Shisha, O. and Mond, B., The Degree of Convergence of Sequences of Linear Positive Operators, Proc. Nat. Acad. Sci. U. S. A., 60(1968),1196-1200.

[107] Смирнов, В. И., Исследования по современным проблемам конструктивной теории функций, Гос. изд. физ.-мат. Литер., Москва, 1961.

[108] Stancu, D. D., Approximation of Functions by a New Class of Linear Polynomial Operators, Rev. Roumaine Math. Pures Appl., 13(1968),1173-1194.

[109] Stancu, D. D., De l'approximation, par des polynomials de type bernstein, des fonctions de deux variables, Com. Acad. R. P. Romine, 9(1959),773-777.

[110] Стечкин. С. Б. ,О приближении периодических функций суммами фейера,Трубы Матем. ин-та им. В. А. Стеклова, АНСССР, 62(1961), 48-60.

[111] Szasz, P. , On quasi-Hermite-Fejér interpolation, Acta Math. Acad. Sci. Hung. 10(1959), 413-439.

[112] Szegö, G. , Orthogonal Polynomials, Amer. Math. Soc. Coll. Publ. , (23), New York, 1939.

[113] Тиман, М. Ф. ,Некоторые линейные процессы суммирования рядов,фурье и Найлучшее приближение, Докл. АНСССР, 145(1962), 741-747.

[114] Vidav, I. , Sur la solution de H. Pollard du probleme d'approximation de S. Bernstein, C. R. Acad. Sci. Paris, 238(1954),1959-1961.

[115] Vidav, I. , Sur le problème d'approximation de S. Bernstein et ses généralisations, Acta Math. , 91(1954),303-316.

[116] Волков,В. И. ,О сходимости последовательностей линеиных положительных операторов в пространстве непрерывных функций двух переменных,Докл АНСССР,115(1957),17-19.

[117] Wood, B. , Convergence and Almost Convergence of Certain Sequences of Positive Linear Operators, Studia Math. , 34(1970),113-119.

[118] Wulbert, D. E. , Convergence of Operators

and Korovkin's Theorem, Jour. Approx. Th. ,1(1968),381-390.

[119] Wulbert, D. E. , Contractive Korovkin Approximations, Jour. Functional Analysis, 19(1975),205-215.

在有限闭区间上用多项式逼近实函数的杰克森定理的改进

第60章

设 $p\geqslant 1$,当 $f(x)\in L^p[a,b]$ 时,记

$$\|f\|_{L^p[a,b]}=\left\{\int_a^b |f(x)|^p\mathrm{d}x\right\}^{\frac{1}{p}} \tag{1}$$

$$\Delta_h^k f(x)=\sum_{i=0}^{k}(-1)^{k-i}C_k^i f(x+ih) \tag{2}$$

其中 k 是自然数,C_k^i 是牛顿二项式展开式的系数.称

$$\begin{aligned}&\omega_k(\delta;f)_{L^p[a,b]}\\&=\sup_{|h|\leqslant\delta}\max_{\substack{a\leqslant a'+kh\leqslant b\\a\leqslant b'+kh\leqslant b}}|\Delta_h^k f(x)|_{L^p[a',b']}\end{aligned} \tag{3}$$

为 $f(x)$ 的 k 级连续模,$\omega_k(\delta;f)_{L^\infty}$ 就记为 $\omega_k(\delta;f)$,有

$$\omega_k(\delta;f)=\sup_{|h|\leqslant\delta}\max_{a\leqslant x+kh\leqslant b}|\Delta_h^k f(x)| \tag{4}$$

设

$$p_n(x)=a_n x^n+a_{n-1}x^{n-1}+\cdots+a_0$$

是 n 次代数多项式,记

$$E_n(f)_{L^p}=\min_{p_n(x)}\|f(x)-p_n(x)\|_{L^p} \tag{5}$$

这是 $f(x)$ 用次数不高于 n 的代数多项式的最佳均匀逼近. 当上述定义在周期函数用三角多项式来均匀逼近时,С. Б. Стечкин 证明

$$E_n(f)_{L^p}\leqslant C_1\omega_k\left(\frac{1}{n};f\right)_{L^p} \tag{6}$$

其中 C_1 是与 x 无关的常数. 但是,在有限闭区间上用代数多项式对实函数最佳均匀逼近的相应的估计,只在 $k\leqslant 2$ 时才得到证明. 郑权教授把这个结果拓广到了任意的自然数 k 上去.

§1 连 续 模

根据定义(3),我们有下面一些结果:

1. $\omega_k(\delta;f)_{L^p}\leqslant 2^{k-l}\omega_{kl}(\delta;f)_{L^p}(k\geqslant l)$;
2. $\omega_k(\delta;f)_{L^p}\leqslant 2^k\|f\|_{L^p}$;
3. $\omega_k(\delta;f)_{L^p}\leqslant\left(\frac{\delta}{\eta}+1\right)^k\omega_k(\eta;f)$;
4. $\omega_k(\delta;f)_{L^p}$ 是 δ 的连续函数;
5. 若 $f(x)$ 有 r 级导数,$f^{(r)}(x)\in L^p$,则

$$\omega_{k+r}(\delta;f)_{L^p}\leqslant\delta^r\omega_k(\delta;f^{(r)})_{L^p}$$

这些性质在 L^∞ 时参见 С. Б. Стечкин 的论文. 对一般 $p\geqslant 1$ 在缩小一些区间上参见 Н. К. Бари 的论文.

上面这些式子的证明和他们的证明相似，不再列举出来了. 为了证明所要求的结果，还得证明一个引理：

引理 1　设 $f(x) \in L^p[a,b]$，对于任何一个有限区间 $[c,d]$，$c \leqslant a < b \leqslant d$，存在一个函数 $\varphi(x) \in [c,d]$，这个函数在 $[a,b]$ 上与 $f(x)$ 相等，并且

$$\omega_k(\delta;\varphi)_{L^p[c,d]} \leqslant C_2\omega_k(\delta;f)_{L^p[a,b]} \tag{7}$$

其中 C_2 是与 x 无关的常数.

下面我们仅证明在 $p=\infty$ 时的情形，而只取在 $[0,1]$ 上，一般情形的证明并无困难，所以我们仅写出下面这个引理的证明.

引理 1′　设 $f(x)$ 是区间 $0 \leqslant x \leqslant 1$ 上的连续函数，则存在一个在区间 $-\frac{1}{k-1} \leqslant x \leqslant 1$ 上的连续函数 $\varphi(x)$，在区间 $0 \leqslant x \leqslant 1$ 上 $\varphi(x)=f(x)$，并且

$$\omega_s(\delta;\varphi) \leqslant C_3\omega_s(\delta;f) \tag{8}$$

其中 k 是任一个自然数，$k=1,2,\cdots$；$0 < s \leqslant k$（s 是自然数），C_3 是仅与 k 有关的常数，$\omega_s(\delta;\varphi)$ 和 $\omega_s(\delta;f)$ 是函数 φ 和 f 的 s 级连续模

$$\omega_s(\delta;\varphi) = \sup_{|h| \leqslant \delta} \max_{-\frac{1}{k-1} \leqslant x+sh \leqslant 1} |\Delta_h^s \varphi(x)| \tag{9}$$

$$\omega_s(\delta;f) = \sup_{|h| \leqslant \delta} \max_{0 \leqslant x+sh \leqslant 1} |\Delta_h^s f(x)| \tag{10}$$

证明　置

$$\varphi(x) = \begin{cases} f(x), 0 \leqslant x \leqslant 1 \\ \sum_{j=1}^{k} (-1)^{j-1} C_k^j f[-(j-1)x], \\ -\frac{1}{k-1} \leqslant x < 0 \end{cases} \tag{11}$$

那么

$$\varphi(-0)=\sum_{j=1}^{k}(-1)^{j-1}C_k^j f(0)$$
$$=f(0)\sum_{j=1}^{k}(-1)^{j-1}C_k^j=f(0)$$

故 $\varphi(x)$ 在区间 $-\frac{1}{k-1}\leqslant x\leqslant 1$ 上是连续的.

我们仅需讨论 δ 适当小的情形,譬如说 $\delta<\frac{1}{k^5}$,因为设 $\eta\leqslant 1$,那么

$$\omega_s(\eta;\varphi)\leqslant k^{5s}\omega_s\left(\frac{\eta}{k^5};\varphi\right)$$

若对于$\frac{\eta}{k^5}\left(<\frac{1}{k^5}\right)$已证明(8)成立,则

$$\omega_s\left(\frac{\eta}{k^5};\varphi\right)\leqslant C_3\omega_s\left(\frac{\eta}{k^5};f\right)$$

这时

$$\omega_s(\eta,\varphi)\leqslant k^{5s}C_3\omega_s\left(\frac{\eta}{k^5};f\right)\leqslant k^{5k}C\omega_s(\eta;f)$$

若 $|x|\geqslant k\delta$,则 $x+ih(i=0,1,\cdots,s)$ 将全部落在 $[0,1]$ 或全部落在 $\left[-\frac{1}{k-1},0\right]$ 中. 若全部落在 $[0,1]$ 中,则

$$|\Delta_h^s\varphi(x)|=|\Delta_h^s f(x)|\leqslant\omega_s(\delta;f)$$

若全部落在 $\left[-\frac{1}{k-1},0\right]$ 中,则

$$|\Delta_h^s\varphi(x)|=\sum_{j=1}^{k}(-1)^{j-1}C_k^j\sum_{i=0}^{s}(-1)^{s-i}\cdot C_k^i f[-(j-1)x-i(j-1)h]$$
$$\leqslant\sum_{j=1}^{k}C_k^j\,|\Delta_{-(j-1)h}^s f[-(j-1)x]|$$
$$\leqslant 2^k\omega_s(k\delta;f)\leqslant C\omega_s(\delta;f)$$

设 $|x|\leqslant k\delta$，并设 $x,x+h,\cdots,x+(l-1)h$ 落在 $[0,1]$ 内，$x+lh,\cdots,x+sh$ 落在 $\left[-\frac{1}{k-1},0\right]$ 内 $(l=1,\cdots,s-1)$，根据 $\varphi(x)$ 的定义及 δ 的限制（保证下面变数值不落出 $f(x)$ 的定义范围），有

$$\begin{aligned}\Delta_h^s\varphi(x)=&\sum_{i=0}^{l-1}(-1)^{s-i}C_s^i f(x+ih)+\sum_{i=l}^{s}(-1)^{s-i}C_s^i\cdot\\&\left(\sum_{j=1}^{k}(-1)^{j-1}C_k^i f(-(j-1)(x+ih))\right)\\=&A+B\end{aligned}$$

其中

$$\begin{aligned}B=&\sum_{i=l}^{s}(-1)^{s-i}C_s^i\Big(\sum_{j=1}^{k}(-1)^{j-1}\cdot\\&C_k^j\Big(f(-(j-1)(x+ih))+\\&(-1)^s\sum_{p=1}^{s}(-1)^{s-p}C_s^p\cdot\\&f(-(j-1)(x+ih)+p(jx+\frac{(j-1)}{k}ih))+\\&(-1)^{s+1}\sum_{p=1}^{s}(-1)^{s-p}C_s^p\cdot\\&f(-(j-1)(x+ih)+p(jx+\frac{(j-1)}{k}ih))\Big)\Big)\\=&J+D\end{aligned}$$

而

$$\begin{aligned}J=&(-1)^s\sum_{i=l}^{s}(-1)^{s-i}C_s^i\Big(\sum_{j=1}^{k}(-1)^{j-1}\cdot\\&C_k^j\Big(\Delta^s_{(jx+\frac{(j-1)i}{k}h]}f(-(j-1)(x+ih))\Big)\Big)\end{aligned}$$

$$D=(-1)^{s+1}\sum_{p=1}^{s}(-1)^{s-p}C_s^p\Big(\sum_{j=1}^{k}(-1)^{j-1}\cdot$$

$$C_k^j\left(\sum_{i=1}^{s}(-1)^{s-i}C_s^i f\left(((p-1)j+1)x-\frac{i(j-1)(k-p)}{k}h\right)\right)$$

$$=(-1)^{s+1}\sum_{p=1}^{s}(-1)^{s-p}C_s^p\left(\sum_{j=1}^{k}(-1)^{j-1}\cdot\right.$$

$$C_k^j\left(\sum_{i=0}^{s}(-1)^{s-i}C_s^i f\left(((p-1)j+1)x-i\frac{(j-1)(k-p)}{k}h\right)\right)+$$

$$(-1)^{s}\sum_{p=1}^{s}(-1)^{s-p}C_s^p\left(\sum_{j=1}^{k}(-1)^{j-1}\cdot\right.$$

$$C_k^j\left(\sum_{i=0}^{l-1}(-1)^{s-i}C_s^i f\left(((p-1)j+1)x-i\frac{(j-1)(k-p)}{k}h\right)\right)$$

$$=E+F$$

其中

$$E=(-1)^{s+1}\sum_{p=1}^{s}(-1)^{s-p}C_s^p\left(\sum_{j=1}^{k}(-1)^{j-1}\cdot\right.$$

$$C_k^j\left(\Delta^s_{\left[\frac{-(j-1)(k-p)}{k}h\right]}f(((p-1)j+1)x)\right)$$

$$F=(-1)^{s}\sum_{p=1}^{s}(-1)^{s-p}C_s^p\left(\sum_{i=0}^{k-1}(-1)^{s-i}\cdot\right.$$

$$C_s^i\left(\sum_{j=1}^{l}(-1)^{j-1}C_k^j f\left(\left(x+\left(\frac{k-p}{k}\right)ih\right)+\right.\right.$$

$$\left.\left.j\left((p-1)x-\frac{k-p}{k}ih\right)\right)\right)$$

$$=(-1)^{s+k+1}\sum_{p=1}^{s}(-1)^{s-p}C_k^p\left(\sum_{i=0}^{l-1}(-1)^{s-i}\cdot\right.$$

$$\mathrm{C}_s^i\Big(\sum_{j=0}^{k}(-1)^{k-j}\mathrm{C}_k^j f((x+\frac{k-p}{k}ih)+$$
$$j((p-1)x-\frac{k-p}{k}ih))\Big)+$$
$$(-1)^s\sum_{p=1}^{s}(-1)^{s-p}\mathrm{C}_s^p\Big(\sum_{i=0}^{l-1}(-1)^{s-i}\cdot$$
$$\mathrm{C}_s^i f(x+\frac{k-p}{k}ih)\Big)$$
$$=G+H$$

其中

$$G=(-1)^{k+s+1}\sum_{p=1}^{s}(-1)^{s-p}\mathrm{C}_s^p\Big(\sum_{i=0}^{l-1}(-1)^{s-i}\mathrm{C}_s^i\cdot$$
$$\Big(\Delta^k_{((p-1)x-\frac{k-p}{k}ih)}f((x+\frac{k-p}{k}ih))\Big)\Big)$$

$$H=(-1)^s\sum_{i=0}^{l-1}(-1)^{s-i}\mathrm{C}_s^i\sum_{p=0}^{s}(-1)^{s-p}\cdot$$
$$\mathrm{C}_s^p f\Big((x+ih)-p\frac{i}{k}h\Big)+$$
$$(-1)^{2s+1}\sum_{i=0}^{l-1}(-1)^{s-i}\mathrm{C}_s^i f(x+ih)$$
$$=I-A$$

其中

$$I=(-1)^s\sum_{i=0}^{l}(-1)^{s-i}\mathrm{C}_s^i\Delta^s_{\left[-\frac{i}{k}h\right]}f(x+ih)$$

最后

$$\Delta_h^s\varphi(x)=J+E+G+I$$

故

$$|\Delta_h^s\varphi(x)|\leqslant 2^{2k}\omega_s(k(k+1)\delta;f)+2^{2k}\omega_s(k\delta;f)+$$
$$2^{2k}\omega_k(k(k+1)\delta;f)+2^k\omega_s(\delta;f)$$
$$\leqslant C\omega_s(\delta;f)$$

总之,合并所有可能情形,有

$$|\Delta_h^s\varphi(x)|\leqslant C_2\omega_s(\delta;f)$$

故

$$\omega_s(\delta;\varphi)\leqslant C_2\omega_s(\delta;f)$$

特别取 $s=k$ 时

$$\omega_k(\delta;\varphi)\leqslant C_2\omega_k(\delta;f) \tag{12}$$

§2 定　　理

因为在 L^p 空间中和在连续函数空间中有相同的性质,下面我们就只讨论连续函数情形,对于一般 L 空间,一些结果也成立.

设给出核

$$D_{nq}(x)=\frac{1}{r_{nq}}\left[\frac{\sin\frac{1}{2}n\arccos\left(1-\frac{x^2}{2}\right)}{\sin\frac{1}{2}\arccos\left(1-\frac{x^2}{2}\right)}\right]^{2q} \tag{13}$$

其中

$$r_{nq}=\int_{-1}^{1}\left[\frac{\sin\frac{1}{2}n\arccos\left(1-\frac{x^2}{2}\right)}{\sin\frac{1}{2}\arccos\left(1-\frac{x^2}{2}\right)}\right]^{2q}\mathrm{d}x \tag{14}$$

则容易证明:

1. 对于所有的 $-\sqrt{2}\leqslant x\leqslant\sqrt{2}$,核 $D_{nq}(x)$ 是 $2q(n-1)$ 次正值偶代数多项式.

2. $r_{nq}=O(n^{2q-1})$.

3. $\int_0^{\sqrt{2}}D_{nq}(x)\mathrm{d}x=O\left[\left(\frac{1}{n\delta}\right)^{2q-1}\right]$.

4. $\int_{-1}^{1} D_{nq}(x)\mathrm{d}x=1$.

5. $\int_{-\sqrt{2}}^{\sqrt{2}} D_{nq}(x)\mid x\mid^{l}\mathrm{d}x=O\left(\frac{1}{n^{l}}\right)$.

这些结果可参见 B. K. Дзядык 的论文.

定理 1 设 $f(x)$ 是闭区间$[a,b]$上的连续函数,则

$$E_n(f)\leqslant C_3\omega_k(\delta;f) \tag{15}$$

其中 C_3 是与 x 无关的常数.

证明 根据引理,可延拓 $f(x)$,使其定义范围扩大到$[-2,2]$,得一连续函数 $\varphi(x)$,并且有

$$\omega_k(\delta;\varphi)\leqslant C_3\omega_k(\delta;f)$$

指定某个自然数 $q(\geqslant k)$,作 $2q(n-1)$ 次多项式

$$\begin{aligned}
&p_n(x)\\
&=(-1)^{k+1}\int_{-2}^{2}\sum_{i=1}^{k}(-1)^{k-i}\mathrm{C}_k^i\varphi(x)\frac{1}{3i}D_{nq}\left(\frac{u-x}{3i}\right)\mathrm{d}x\\
&=(-1)^{k+1}\sum_{i=1}^{k}(-1)^{k-i}\mathrm{C}_k^i\int_{-\frac{2-x}{3i}}^{\frac{2-x}{3i}}\varphi(x+3it)D_{nq}(t)\mathrm{d}t\\
&=(-1)^{k+1}\sum_{i=1}^{k}(-1)^{k-i}\mathrm{C}_k^i\int_{-\frac{1}{3k}}^{\frac{1}{3k}}\varphi(x+3it)D_{nq}(t)\mathrm{d}t+\\
&\quad O\left(\frac{1}{n^{2q-1}}\right)\\
&=\int_{0}^{\frac{1}{3k}}(-1)^{k+1}\sum_{i=1}^{k}(-1)^{k-i}\mathrm{C}_k^i[\varphi(x+3it)+\\
&\quad \varphi(x-3it)]D_{nq}(t)\mathrm{d}t+O\left(\frac{1}{n^{2q-1}}\right)
\end{aligned}$$

当 $0\leqslant x\leqslant 1$ 时

$$f(x)=2\int_{0}^{1}\varphi(x)D_{nq}(x)\mathrm{d}x$$

故对于所有的 $x\in[0,1]$ 有

$$
\begin{aligned}
&| f(x)-p_n(x) | \\
\leqslant &\int_0^{\frac{1}{3k}} \left| \sum_{i=0}^{k} (-1)^{k-i} C_k^i \varphi(x+3it) \right| D_{nq}(t)\mathrm{d}t + \\
&\int_0^{\frac{1}{3k}} \left| \sum_{i=0}^{k} (-1)^{k-i} C_k^i \varphi(x-3it) \right| D_{nq}(t)\mathrm{d}t + \\
&O\left(\frac{1}{n^{2q-1}}\right) \\
\leqslant &2\int_0^{\frac{1}{3k}} \omega_k(3t,\varphi) D_{nq}(t)\mathrm{d}t + O\left(\frac{1}{n^{2q-1}}\right) \\
\leqslant &2C\int_0^{\frac{1}{3k}} \omega_k\left(\frac{1}{n};f\right)(3nt+1) D_{nq}(t)\mathrm{d}t + \\
&O\left(\frac{1}{n^{2q-1}}\right) \\
\leqslant &C_4\omega_k\left(\frac{1}{n};f\right)
\end{aligned}
$$

故

$$E_n(f) \leqslant C_4\omega_k\left(\frac{1}{n};f\right)$$

系 1 设 $f(x)$ 有 r 级连续导数,则

$$E_n(f) \leqslant \frac{C_5}{n^r}\omega_k\left(\frac{1}{n};f^{(r)}\right) \tag{16}$$

证明 利用连续模的性质 5 即得.

С. М. Никольский 指出用代数多项式来逼近连续函数时,在端点附近的逼近程度比内点来得好,А. Ф. Тиман 首先得出一般的估计式. 我们证明:

定理 2 设 $f(x)$ 是 $0\leqslant x\leqslant 1$ 上的连续函数,则对于这个函数,可以作出次数不高于 $n(n=1,2,\cdots)$ 的代数多项式 $p_n(x)$,成立下面的不等式

$$
\begin{aligned}
&| f(x)-p_n(x) | \\
\leqslant &C_7\left[\omega_2\left(\frac{\sqrt{x(1-x)}}{n};f\right)+\omega_k\left(\frac{1}{n^2};f\right)\right]
\end{aligned} \tag{17}
$$

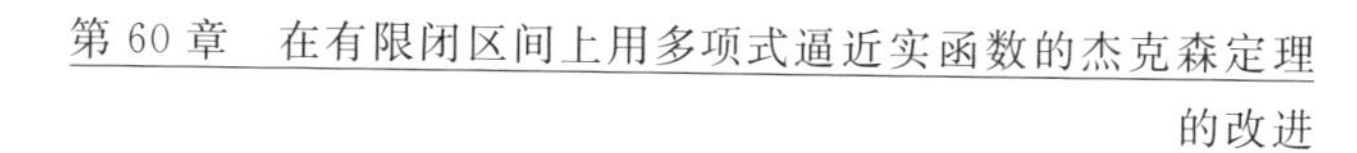

其中 C_7 是与 x 无关的常数.

这个结果是 B. K. Дзядык 和 G. Freud. 结果的推广.

证明　根据引理,将 $f(x)$ 的定义范围扩大到 $[0,4]$ 上,得一个连续函数,并且式(8) 成立. 指定自然数 $q(\geqslant k)$,作 $2q(n-1)$ 次偶代数多项式

$$
\begin{aligned}
p_0(x^2)=&(-1)^{k+1}\frac{1}{2}\int_{-2}^{2}\sum_{i=1}^{k}(-1)^{k-i}C_k^i\varphi(u^2)\cdot \\
&\left[D_{nq}\left(\frac{u+x}{3\sqrt{i}}\right)+D_{nq}\left(\frac{u-x}{3\sqrt{i}}\right)\right]dx \\
=&(-1)^{k+1}\frac{1}{2}\sum_{i=1}^{k}\int_{\frac{-2-x}{3\sqrt{i}}}^{\frac{2-x}{3\sqrt{i}}}(-1)^{k-i}C_k^i\cdot \\
&\varphi[(x+3\sqrt{i}t)^2]D_{nq}(t)dt+ \\
&(-1)^{k+1}\frac{1}{2}\sum_{i=1}^{k}\int_{\frac{-2+x}{3\sqrt{i}}}^{\frac{2+x}{3\sqrt{i}}}(-1)^{k-i}C_k^i\cdot \\
&\varphi[(x-3\sqrt{i}t)^2]D_{nq}(t)dt \\
=&(-1)^{k+1}\frac{1}{2}\int_{-\frac{1}{3k}}^{\frac{1}{3k}}\sum_{i=1}^{k}(-1)^{k-i}C_k^i\cdot \\
&\varphi[(x-3\sqrt{i}t)^2]D_{nq}(t)dt+ \\
&(-1)^{k+1}\frac{1}{2}\int_{-\frac{1}{3k}}^{\frac{1}{3k}}\sum_{i=1}^{k}(-1)^{k-i}C_k^i\cdot \\
&\varphi[(x-3\sqrt{i}t)^2]D_{nq}(t)dt+ \\
&O\left(\frac{1}{n^{2q-1}}\right)
\end{aligned}
$$

在 $x\in[0,1]$ 时

$$
f(x^2)=\int_{-1}^{1}\varphi(x^2)D_{nq}(t)dt
$$

故对所有的 $x\in[0,1]$ 有

$$f(x^2)-p_0(x^2)=(-1)^k\ \frac{1}{2}\int_{-\frac{1}{3k}}^{\frac{1}{3k}}-\sum_{i=0}^{k}(-1)^{k-i}C_k^i\cdot$$
$$\varphi[(x+3\sqrt{i}t)^2]D_{nq}(t)\mathrm{d}t+$$
$$(-1)^k\ \frac{1}{2}\int_{-\frac{1}{3k}}^{\frac{1}{3k}}\sum_{i=0}^{k}(-1)^{k-i}C_k^i\cdot$$
$$\varphi[(x-3\sqrt{i}t)^2]D_{nq}(t)\mathrm{d}t+$$
$$O\left(\frac{1}{n^{2q-1}}\right)$$

故

$$|f(x^2)-p_0(x^2)|\leqslant\int_{-\frac{1}{3k}}^{\frac{1}{3k}}\left|\sum_{i=0}^{k}(-1)^{k-i}C_k^i\cdot\right.$$
$$\varphi[x^2+9it^2]D_{nq}(t)\mathrm{d}t+$$
$$\omega_2\left(\frac{x}{n};f\right)\int_{-\frac{1}{3k}}^{\frac{1}{3k}}(|t|n+1)^2D_{nq}(t)\mathrm{d}t+$$
$$O\left(\frac{1}{n^{2q-1}}\right)$$
$$\leqslant K_0\left[\omega_k\left(\frac{1}{n^2};f\right)+\omega_2\left(\frac{x}{n};f\right)\right]$$

即

$$|f(x)-p_0(x)|\leqslant K_0\left[\omega_2\left(\frac{\sqrt{x}}{n};f\right)+\omega_k\left(\frac{1}{n^2};f\right)\right]$$

设

$$g(x)=f(1-x)$$

则

$$\omega_k(\delta;f)=\omega_k(\delta;g)$$

故可以求出一次数不高于 $2q(n-1)$ 的多项式 $p_1(x)$，使

$$|g(x)-p_1(x)|\leqslant K_1\left[\omega_2\left(\frac{\sqrt{1-x}}{n};f\right)+\omega_k\left(\frac{1}{n^2};f\right)\right]$$

作

$$p_n(x)=(1-x)p_0(x)+xp_1(1-x)$$

它的次数不可高于

$$2q(n-1)+1=n'$$

因此

$$\begin{aligned}
&|f(x)-p_n(x)|\\
\leqslant&(1-x)|f(x)-p_0(x)|+\\
&x|f(x)-p_1(1-x)|\\
\leqslant&K_0(1-x)\left[\omega_2\left(\frac{\sqrt{x}}{n};f\right)+\omega_k\left(\frac{1}{n^2};f\right)\right]+\\
&K_1x\left[\omega_2\left(\frac{\sqrt{1-x}}{n}\right)+\omega_k\left(\frac{1}{n^2}\right)\right]\\
\leqslant&C_7\left[\omega_2\left(\frac{\sqrt{x(1-x)}}{n};f\right)+\omega_k\left(\frac{1}{n^2};f\right)\right]
\end{aligned}$$

证毕.

Bernstein α－多项式逼近定理的一种简化证明[1]

第61章

§1 引 言

侯再恩，王晓瑛讨论了一种Bernstein α－多项式

$$B_n^{\alpha}(f;x)=\sum_{k=0}^{n}f\left(\left(\frac{k}{n}\right)^{\frac{1}{\alpha}}\right)\cdot\binom{n}{k}x^{k\alpha}(1-x^{\alpha})^{n-k} \tag{1}$$

其中 $f(x)\in C_{[0,1]}$，$\alpha>0$．显然，Bernstein α－多项式是Bernstein多

[1] 本章摘自《高等数学研究》，2019年7月，第22卷，第4期．

项式的一种推广，当 $\alpha=1$ 时，Bernstein 1 — 多项式即为 Bernstein 多项式. 侯再恩，王晓瑛用分析的方法证明了Bernstein α—多项式的逼近定理，即如下的定理.

定理 1　对于任意的 $f(x)\in C_{[0,1]}$，Bernstein α—多项式 $B_n^{\alpha}(f;x)$ 在$[0,1]$上一致收敛于 $f(x)$.

北方民族大学数学与信息科学学院的高义教授 2019 年利用 Korovkin 定理给出定理 1 的另外一种简化的证明.

§2　准备知识

为证明定理 1，我们作如下的准备知识.

定义 1　假设 L 是映某个函数空间 C 到自身的映照，如果它将 C 中每一个正的元素都映照为正的元素，那么说 L 是一个正算子. 另外，如果对于 C 中的任意两个元素 f_1 和 f_2 以及实数 β，有

$$L(f_1+f_2)=L(f_1)+L(f_2)$$

$$L(\beta f_1)=\beta L(f_1)$$

则称 L 是一个线性正算子.

容易验证 $B_n^{\alpha}(f;x)$ 作为 $C_{[0,1]}$ 到其自身的算子来说是线性正算子.

定义 2　设 $f_0(x),f_1(x),\cdots,f_n(x)\in C_{[a,b]}$，如果在数 $\lambda_0,\lambda_1,\cdots,\lambda_n$ 不全为零的条件下，任何多项式

$$F(x)=\lambda_0 f_0(x)+\lambda_1 f_1(x)+\cdots+\lambda_n f_n(x)\quad(2)$$

在区间$[a,b]$上不能有多于 n 个零点，则称函数组 $f_0(x),f_1(x),\cdots,f_n(x)$ 为 n 阶 Chebyshev 组.

当 $n=2$ 时，函数组 $f_0(x),f_1(x),f_2(x)$ 是否为

Chebyshev 组可由下面的条件决定.

引理 1 设函数组 $f_0(x),f_1(x),f_2(x)$ 在区间 $[a,b]$ 上连续，则 $f_0(x),f_1(x),f_2(x)$ 为 2 阶 Chebyshev 组的充分必要条件是行列式 $\Delta(x_1,x_2,x_3)$ 对$[a,b]$中任何互异的三点 x_1,x_2,x_3 总不为零,其中

$$\Delta(x_1,x_2,x_3)=\begin{vmatrix} f_0(x_1) & f_0(x_2) & f_0(x_3) \\ f_1(x_1) & f_1(x_2) & f_1(x_3) \\ f_2(x_1) & f_2(x_2) & f_2(x_3) \end{vmatrix} \quad (3)$$

不难证明,$1,x,x^2$ 是区间$[0,1]$上的 Chebyshev 组. 不仅如此,对于任一 $\alpha>0$,我们证明 $1,x^\alpha,x^{2\alpha}$ 也是区间$[0,1]$上的 Chebyshev 组.

引理 2 对于 $\alpha>0,1,x^\alpha,x^{2\alpha}$ 是区间$[0,1]$上的 Chebyshev 组.

证明 设 $x_i\in[0,1],i=1,2,3$,且 $x_i\neq x_j,i\neq j$,则对于区间$[0,1]$上的三个连续函数 $f_k(x)=x^{k\alpha}$,$k=0,1,2$,有

$$\Delta(x_1,x_2,x_3)=\begin{vmatrix} 1 & 1 & 1 \\ x_1^\alpha & x_2^\alpha & x_3^\alpha \\ x_1^{2\alpha} & x_2^{2\alpha} & x_3^{2\alpha} \end{vmatrix}$$

显然,行列式$\Delta(x_1,x_2,x_3)$为 Vandermonde 行列式,因此

$$\Delta(x_1,x_2,x_3)=(x_3^\alpha-x_2^\alpha)(x_3^\alpha-x_1^\alpha)(x_2^\alpha-x_1^\alpha)\neq 0$$

由引理1知 $1,x^\alpha,x^{2\alpha}$ 是区间$[0,1]$上的 Chebyshev 组.

定理 2(Korovkin定理) 设 $f_0(x),f_1(x),f_2(x)$ 为区间$[a,b]$上的 Chebyshev 组,$L_n(f;x)$ 为 $C_{[a,b]}$ 上的线性正算子序列,如果 $L_n(f_k;x)$ 在$[a,b]$上一致收敛于 $f_k(x)$,$k=0,1,2$,那么对于任一 $f(x)\in C_{[a,b]}$,$L_n(f;x)$ 在$[a,b]$上一致收敛于 $f(x)$.

§3　定理 1 的证明

为证明定理 1，根据 Korovkin 定理和引理 2，我们只需证明 $B_n^\alpha(f_k;x)$ 在 $[0,1]$ 上一致收敛于 $f_k(x)$ 即可，其中 $f_k(x)=x^{k\alpha}$，$k=0,1,2$.

定理 3　$B_n^\alpha(f_k;x)$ 在 $[0,1]$ 上一致收敛于 $f_k(x)$，其中 $f_k(x)=x^{k\alpha}$，$k=0,1,2$.

证明　对于 Bernstein 多项式 $B_n(f;x)$ 有如下重要的等式

$$B_n(1;x)=\sum_{k=0}^{n}\binom{n}{k}x^k(1-x)^{n-k}=1$$

$$B_n(t;x)=\sum_{k=0}^{n}\frac{k}{n}\binom{n}{k}x^k(1-x)^{n-k}=x$$

$$B_n(t^2;x)=\sum_{k=0}^{n}\frac{k^2}{n^2}\binom{n}{k}x^k(1-x)^{n-k}=x^2+\frac{x(1-x)}{n}$$

因为对任一 $\alpha>0$，$x^\alpha\in[0,1]$，所以有

$$B_n^\alpha(1;x)=1$$

$$B_n^\alpha(f_1;x)=x^\alpha$$

$$B_n^\alpha(f_2;x)=x^{2\alpha}+\frac{x^\alpha(1-x^\alpha)}{n}$$

显然，$B_n^\alpha(1;x)$ 和 $B_n^\alpha(f_1;x)$ 在 $[0,1]$ 上分别一致收敛于 1 和 x^α. 而 $\frac{x^\alpha(1-x^\alpha)}{n}$ 在 $[0,1]$ 上一致收敛于零，因此 $B_n^\alpha(f_2;x)$ 在 $[0,1]$ 上一致收敛于 $x^{2\alpha}$. 命题得证.

第十三编

Bernstein多项式在模糊数学中的应用

以 Bernstein 多项式为规则后件的模糊系统构造及算法①

第 62 章

天津师范大学数学科学学院的周洁，王贵君两位教授 2018 年以多元多项式为规则后件的模糊系统是区别于 Mamdani 型和 T－S 型的一类模糊系统，在模糊控制器及其应用中具有重要的理论价值. 首先，以 Bernstein 多项式为规则后件建立了一类新的多输入单输出模糊系统，进而证明了该模糊系统对 n 维单位正方体上的连续函数具有逼近性. 其次，利用随机剖分数所确定的 Bernstein 多项式给出了这类模糊系统的输出算法，并通过实例说明该算法是有效的.

① 本章摘自《浙江大学学报(理学版)》，2018 年 7 月，第 45 卷，第 4 期.

§1 引　　言

自 1965 年 Zedeh 教授首次提出模糊集概念以来，模糊系统理论在许多研究领域得到了广泛应用，尤其是常见的 Mamdani 模糊系统和 T－S 模糊系统得到了长足的发展和重点关注. 1985 年，日本学者 Takagi 与 Sugeno（T－S）基于输入输出数据对率先建立了 T－S模糊系统模型，并将其应用于非线性系统的控制中；1992 年，Wang 等采用正则最小二乘法和模糊基函数研究了 Mamdani 模糊系统及其特性，并借助 Stone-Weierstrass 定理证明了该系统对连续函数具有逼近性，但对可积函数类的逼近性涉及很少. 2000 年，刘普寅等首次提出分片线性函数概念，并以此为桥梁研究了广义模糊系统对 Lebesgue 可积函数的泛逼近性问题. 2006 年，刘福才等也以非线性函数为输出后件，构造了一类 T－S 型模糊系统，并讨论了该系统的逼近性能. 2012 年，王贵君等将 Mamdani 模糊系统和 T－S 模糊系统进行合并，建立了混合模糊系统，并证明该混合系统不仅保持了逼近性能，而且可通过对输入变量分层来减少模糊规则数. 2015 年，张国英等基于分片线性函数研究了一类非线性 T－S 型模糊系统对 p－可积函数的逼近性. 以上工作为进一步探究模糊系统的逼近性奠定了理论基础.

Bernstein 多项式是基于某个给定函数而形成的一个特定型多元多项式，其在研究高维空间函数逼近或插值问题中发挥了重要作用. 2001 年，张恩勤等以

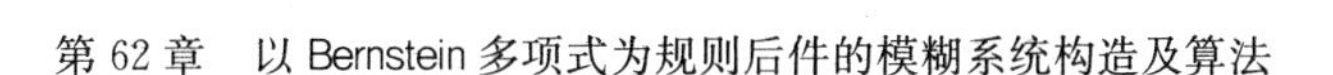

一元多项式为规则后件，研究了一类模糊系统的插值特性，并借助插值法讨论了该系统的逼近精度问题．但该结果仅限于单输入单输出的一维模糊系统．本章以多元 Bernstein 多项式为规则后件，构造一类多输入单输出模糊系统，并利用随机剖分数所确定的 Bernstein 多项式给出该模糊系统的输出算法．

§2　模糊系统的构造

通常，模糊规则后件对模糊系统的输出值影响较大，依据不同规则后件建立的模糊系统显然不同．实际上，Mamdani 模糊系统的规则后件是一个模糊集，而 T－S 模糊系统的规则后件是关于输入变量的多元线性函数，且 Mamdani 模糊系统可视为 T－S 模糊系统的特例．本节将采用多元 Bernstein 多项式取代规则后件建立异于 Mamdani 和 T－S 的一种模糊系统．为此，首先对前件模糊集族实施一定限制，给出构造模糊系统的几个相关概念．

定义 1　设$\{A_1,A_2,\cdots,A_N\}$为论域$U\subset\mathbf{R}$上一个模糊集族，分别给出以下概念：

(1) 若每个模糊集 A_i 的核满足 $\operatorname{Ker} A_i\neq\varnothing, i=1,2,\cdots,N$，则称$\{A_1,A_2,\cdots,A_N\}$在 U 上是标准的．

(2) 若 $\forall x\in U,\exists i_0\in\{1,2,\cdots,N\}$，使得 $A_{i_0}(x)>0$，则称$\{A_1,A_2,\cdots,A_N\}$在 U 上是完备的．完备性强调论域 U 被所给集族的支撑集完全覆盖，且不能有空隙．

(3) 若 $\forall x\in\operatorname{Ker}(A_j), j=1,2,\cdots,N$，满足

$A_i(x)=0(i\neq j)$，则称$\{A_1,A_2,\cdots,A_N\}$在U上是一致的. 一致性强调$\{A_1,A_2,\cdots,A_N\}$相邻模糊集的隶属函数之间必须相交，但不能过界.

下面，再来熟悉有关多元 Bernstein 多项式的一些概念. 因通过线性变换可将一般闭区间$[a,b]$变换为$[0,1]$，故可设$[a_i,b_i]=[0,1]$，$i=1,2,\cdots,n$，且只要在

$$[0,1]^n=[0,1]\times[0,1]\times\cdots\times[0,1]$$

上讨论 Bernstein 多项式的结构问题即可.

设$f(x)$是$[0,1]^n$上的连续函数，$m_1,m_2,\cdots,m_n$分别为$[0,1]^n$空间每个坐标轴上$[0,1]$闭区间的等距剖分数. 特别地，当$n=1$时，$[0,1]$上一元 Bernstein 多项式$B_m(f;x)$可表示为

$$B_m(f;x)=\sum_{k=0}^{m}f\left(\frac{k}{m}\right)C_m^k x^k(1-x)^{m-k}$$

当$n=2$时，$[0,1]\times[0,1]$上的二元 Bernstein 多项式$B_{m_1,m_2}(f;(x_1,x_2))$可表示为

$$\begin{aligned}&B_{m_1,m_2}(f;(x_1,x_2))\\&=\sum_{k_1=0}^{m_1}\sum_{k_2=0}^{m_2}f\left(\frac{k_1}{m_1},\frac{k_2}{m_2}\right)C_{m_1}^{k_1}C_{m_2}^{k_2}\cdot\\&\quad x_1^{k_1}x_2^{k_2}(1-x_1)^{m_1-k_1}(1-x_2)^{m_2-k_2}\end{aligned}\tag{1}$$

一般地，n元 Bernstein 多项式可表示为

$$\begin{aligned}&B_{m_1,m_2,\cdots,m_n}(f;(x_1,x_2,\cdots,x_n))\\&=\sum_{k_1=0}^{m_1}\sum_{k_2=0}^{m_2}\cdots\sum_{k_n=0}^{m_n}f\left(\frac{k_1}{m_1},\frac{k_2}{m_2},\cdots,\frac{k_n}{m_n}\right)C_{m_1}^{k_1}C_{m_2}^{k_2}\cdots C_{m_n}^{k_n}\cdot\\&\quad x_1^{k_1}x_2^{k_2}\cdots x_n^{k_n}(1-x_1)^{m_1-k_1}(1-x_2)^{m_2-k_2}\cdot\cdots\cdot\\&\quad(1-x_n)^{m_n-k_n}\end{aligned}$$

若记

$$Q_{m_1,m_2,\cdots,m_n}^{k_1,k_2,\cdots,k_n}(x_1,x_2,\cdots,x_n)$$

$$=C_{m_1}^{k_1}C_{m_2}^{k_2}\cdots C_{m_n}^{k_n}x_1^{k_1}x_2^{k_2}\cdot\cdots\cdot x_n^{k_n}(1-x_1)^{m_1-k_1}(1-x_2)^{m_2-k_2}\cdots(1-x_n)^{m_n-k_n}$$

则有

$$\sum_{k_1=0}^{m_1}\sum_{k_2=0}^{m_2}\cdots\sum_{k_n=0}^{m_n}Q_{m_1,m_2,\cdots,m_n}^{k_1,k_2,\cdots,k_n}(x_1,x_2,\cdots,x_n)$$

$$=\left(\sum_{k_1=0}^{m_1}C_{m_1}^{k_1}x_1^{k_1}(1-x_1)^{m_1-k_1}\right)\cdot\left(\sum_{k_2=0}^{m_2}C_{m_2}^{k_2}x_2^{k_2}(1-x_2)^{m_2-k_2}\right)\cdot\cdots\cdot\left(\sum_{k_n=0}^{m_n}C_{m_n}^{k_n}x_n^{k_n}(1-x_n)^{m_n-k_n}\right)$$

$$=(x_1+1-x_1)^{m_1}(x_2+1-x_2)^{m_2}\cdot\cdots\cdot(x_n+1-x_n)^{m_n}=1$$

故 n 元 Bernstein 多项式可简化为

$$B_{m_1,m_2,\cdots,m_n}(f;(x_1,x_2,\cdots,x_n))=\sum_{k_1=0}^{m_1}\sum_{k_2=0}^{m_2}\cdots\sum_{k_n=0}^{m_n}f\left(\frac{k_1}{m_1},\frac{k_2}{m_2},\cdots,\frac{k_n}{m_n}\right)\cdot Q_{m_1,m_2,\cdots,m_n}^{k_1,k_2,\cdots,k_n}(x_1,x_2,\cdots,x_n)$$

若 $\forall x=(x_1,x_2,\cdots,x_n)\in[0,1]^n$，则 n 元 Bernstein 多项式还可简化为

$$B_{m_1,m_2,\cdots,m_n}(f;x)=\sum_{k_1=0}^{m_1}\sum_{k_2=0}^{m_2}\cdots\sum_{k_n=0}^{m_n}f\left(\frac{k_1}{m_1},\frac{k_2}{m_2},\cdots,\frac{k_n}{m_n}\right)\cdot Q_{m_1,m_2,\cdots,m_n}^{k_1,k_2,\cdots,k_n}(x)\tag{2}$$

现以二元 Bernstein 多项式为规则后件构造模糊系统，设二维 IF－THEN 模糊规则形如

$$R:\text{IF } x_1 \text{ is } A_{m_1}^1 \text{ and } x_2 \text{ is } A_{m_2}^2$$

$$\text{THEN } y \text{ is } B_{m_1,m_2}(f;(x_1,x_2))$$

其中,指标变量 $m_1=1,2,\cdots,N_1$;$m_2=1,2,\cdots,N_2$,而 $A_{m_i}^i$ 分别是论域 $U_i\subset\mathbf{R}$ 上前件模糊集,$i=1,2$,$B_{m_1,m_2}(f;(x_1,x_2))$ 是输出论域 $V\subset\mathbf{R}$ 上的规则后件,所有可能的模糊规则总数为 N_1N_2.

基于上述二维 IF－THEN 模糊规则、乘积推理机、单点模糊化和中心平均解模糊化,不难获得新模糊系统的解析表达式

$$F(x_1,x_2)=\frac{\sum_{m_1=1}^{N_1}\sum_{m_2=1}^{N_2}A_{m_1}^1(x_1)A_{m_2}^2(x_2)B_{m_1,m_2}(f;(x_1,x_2))}{\sum_{m_1=1}^{N_1}\sum_{m_2=1}^{N_2}A_{m_1}^1(x_1)A_{m_2}^2(x_2)} \tag{3}$$

其中,$B_{m_1,m_2}(f;(x_1,x_2))$ 的下标 m_1,m_2 分别为 x_1 和 x_2 坐标轴上闭区间[0,1]的剖分数;$A_{m_1}^1$ 和 $A_{m_2}^2$ 分别为 x_1 和 x_2 轴上一致标准完备的前件模糊集.

注 1 因模糊系统(3)随输入变量(x_1,x_2)随机变化,其所属剖分区域也随之改变,故称 Bernstein 多项式 $B_{m_1,m_2}(f;(x_1,x_2))$ 的指标变量 m_1,m_2 为随机剖分数.实际上,随机剖分数 m_1 和 m_2 与论域$[0,1]\times[0,1]$上的剖分数 N_1 和 N_2 有本质区别,m_1 由输入点(x_1,x_2)第 1 个分量对应 x_1 轴上的非零前件模糊集随机确定,m_2 由第 2 个分量对应 x_2 轴上非零前件模糊集随机确定,参见图 1.

下面,按图 1 所示选取样本点 $D_2=\left(\frac{3}{8},\frac{4}{9}\right)$ 来说明随机剖分数 m_1 和 m_2 是如何随机生成的.例如,输入

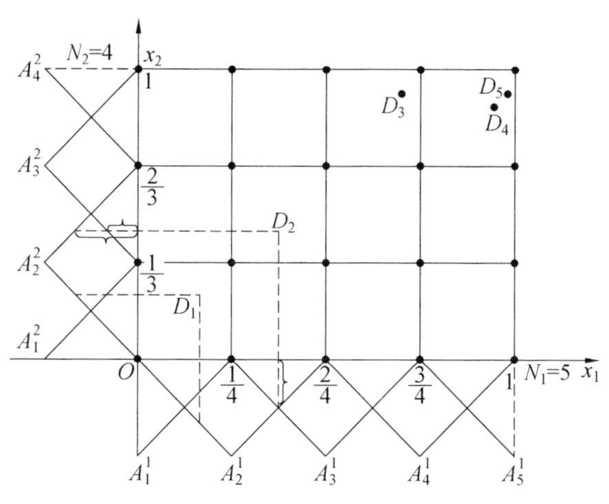

图 1　$[0,1]\times[0,1]$ 上($N_1=5,N_2=4$)的等距剖分图

点 D_2 第 1 分量 $\frac{3}{8}$ 在 x_1 轴上对应非零模糊集为 A_2^1 和 A_3^1；第 2 分量 $\frac{4}{9}$ 在 x_2 轴上对应非零模糊集为 A_2^2 和 A_3^2. 此时共有 4 条模糊规则，且随机剖分数 m_1,m_2 的取值有以下 4 种情形

$$\begin{cases} m_1=2,m_2=2 \\ m_1=2,m_2=3 \\ m_1=3,m_2=2 \\ m_1=3,m_2=3 \end{cases}$$

同理，若输入样本点 $D_1=\left(\frac{3}{16},\frac{2}{9}\right)$，则随机剖分数 m_1,m_2 也有 4 种取值

$$\begin{cases} m_1=1,m_2=1 \\ m_1=1,m_2=2 \\ m_1=2,m_2=1 \\ m_1=2,m_2=2 \end{cases}$$

特别地，当输入点取图 1 中的格点时，仅对应 1 条模糊规则，且该模糊系统的输出计算更简单. 例如，若输入点为$\left(\frac{3}{4},\frac{1}{3}\right)$，则随机剖分数 m_1,m_2 仅有 1 组取值：$m_1=4,m_2=2$. 据此不难计算以二元 Bernstein 多项式 $B_{m_1,m_2}(f;(x_1,x_2))$ 为规则后件的模糊系统的输出值.

类似地，设 n^- 维模糊规则为：

R：IF x_1 is $A^1_{m_1}$ and x_2 is $A^2_{m_2}$，…，x_n is $A^n_{m_n}$，THEN y is $B_{m_1,m_2,\cdots,m_n}(f;(x_1,x_2,\cdots,x_n))$.

依乘积推理机、单值模糊化和中心平均解模糊化，可得 n 维模糊系统的输出为

$$F(x)=\frac{\sum_{m_1=1}^{N_1}\sum_{m_2=1}^{N_2}\cdots\sum_{m_n=1}^{N_n}A^1_{m_1}(x_1)A^2_{m_2}(x_2)\cdots A^n_{m_n}(x_n)}{\sum_{m_1=1}^{N_1}\sum_{m_2=1}^{N_2}\cdots\sum_{m_n=1}^{N_n}A^1_{m_1}(x_1)A^2_{m_2}(x_2)\cdots A^n_{m_n}(x_n)}\cdot B_{m_1,m_2,\cdots,m_n}(f;x) \tag{4}$$

其中，输入变量 $x=(x_1,x_2,\cdots,x_n)\in[0,1]^n$，而 $A^i_{m_i}$ $(i=1,2,\cdots,n)$ 分别为 x_i 轴上一致标准完备的前件模糊集，N_i 为 x_i 轴$[0,1]$上的剖分数，m_i 为 x_i 轴的随机剖分数，$B_{m_1,m_2,\cdots,m_n}(f;x)$ 按式(3) 计算.

特别地，若取前件模糊集为三角形隶属函数，则有

$$\sum_{m_1=1}^{N_1}\sum_{m_2=1}^{N_2}\cdots\sum_{m_n=1}^{N_n}A^1_{m_1}(x_1)A^2_{m_2}(x_2)\cdots A^n_{m_n}(x_n)$$

$$=\sum_{m_1=1}^{N_1}A^1_{m_1}(x_1)\sum_{m_2=1}^{N_2}A^2_{m_2}(x_2)\cdots\sum_{m_n=1}^{N_n}A^n_{m_n}(x_n)=1$$

此时，$\forall x=(x_1,x_2,\cdots,x_n)\in[0,1]^n$，模糊系统(4) 可进一步简化为

$$F(x)=\sum_{m_1=1}^{N_1}\sum_{m_2=1}^{N_2}\cdots\sum_{m_n=1}^{N_n}A_{m_1}^1(x_1)A_{m_2}^2(x_2)\cdots A_{m_n}^n(x_n)\cdot B_{m_1,m_2,\cdots,m_n}(f;x) \tag{5}$$

至此,以多元 Bernstein 多项式为规则后件构造了多输入单输出模糊系统(4)的输出表达式,并通过选取输入样本点和图 1 分析了随机剖分数的生成过程.

§3　模糊系统逼近及算法

模糊系统可近似表示某些信息不完整的未知函数,通常只得知所给函数 f 在某论域内所有点或局部点的取值(数据对),并不知该函数的解析表达式. 否则,若 f 的解析式已知,再去构造烦琐的模糊系统将毫无意义. 因此,具有逼近性能的模糊系统才更有理论价值.

下面给出可由 Bernstein 多项式逼近连续函数的一个引理,进而给出该模糊系统的逼近性证明和输出算法.

引理 1　设 f 是$[0,1]^n$ 上多元连续函数,则 $\forall\varepsilon>0$ 和 $x=(x_1,x_2,\cdots,x_n)\in[0,1]^n$, $\exists m_1,m_2,\cdots,m_n\in\mathbf{N}$,使得

$$|B_{m_1,m_2,\cdots,m_n}(f;x)-f(x)|<\varepsilon$$

定理 1　设 f 是$[0,1]^n$ 上一个连续函数,则对 $\forall\varepsilon>0$,存在形如式(4)的基于 Bernstein 多项式的模糊系统 F,使得 $\forall x=(x_1,x_2,\cdots,x_n)\in[0,1]^n$,有

$$|F(x)-f(x)|<\varepsilon$$

证明　设基于连续函数 $f(x)$ 的 n 元 Bernstein 多

项式 $B_{m_1,m_2,\cdots,m_n}(f;x)$ 如式(2) 所示. 此外,给定$[0,1]^n$ 空间一个等距剖分,且第 x_i 轴$[0,1]$上的剖分数为 N_i, $i=1,2,\cdots,n$,其中 $A^i_{m_i}$ 为对应 x_i 轴上的前件模糊集,而 $m_1,m_2,\cdots,m_n$ 为由输入变量生成的随机剖分数.

此时,对 $\forall\varepsilon>0$ 和 $x=(x_1,x_2,\cdots,x_n)\in[0,1]^n$,由式(4) 和引理 1 可得

$$
\begin{aligned}
&|F(x)-f(x)| \\
&=\left|\frac{\sum_{m_1=1}^{N_1}\sum_{m_2=1}^{N_2}\cdots\sum_{m_n=1}^{N_n}A^1_{m_1}(x_1)A^2_{m_2}(x_2)\cdots A^n_{m_n}(x_n)}{\sum_{m_1=1}^{N_1}\sum_{m_2=1}^{N_2}\cdots\sum_{m_n=1}^{N_n}A^1_{m_1}(x_1)A^2_{m_2}(x_2)\cdots A^n_{m_n}(x_n)}\cdot\right. \\
&\quad\left.(B_{m_1,m_2,\cdots,m_n}(f;x)-f(x))\right| \\
&\leqslant\frac{\sum_{m_1=1}^{N_1}\sum_{m_2=1}^{N_2}\cdots\sum_{m_n=1}^{N_n}A^1_{m_1}(x_1)A^2_{m_2}(x_2)\cdots A^n_{m_n}(x_n)}{\sum_{m_1=1}^{N_1}\sum_{m_2=1}^{N_2}\cdots\sum_{m_n=1}^{N_n}A^1_{m_1}(x_1)A^2_{m_2}(x_2)\cdots A^n_{m_n}(x_n)}\cdot \\
&\quad|B_{m_1,m_2,\cdots,m_n}(f;x)-f(x)|<\varepsilon
\end{aligned}
$$

因此,以多元 Bernstein 多项式为规则后件的模糊系统在$[0,1]^n$ 上对连续函数具有逼近性. 此结论对进一步研究模糊系统具有重要意义.

注 2　通过线性变换可将一般闭区间$[a,b]$ 变换为$[0,1]$,故此定理可推广至 $\mathbf{R}^n$ 空间中的任意 n — 维长方体,即以 Bernstein 多项式为规则后件的模糊系统可在 n — 维长方体上逼近连续函数. 此外,从直观上看,虽然模糊系统式(4) 相对简单,但要具体计算该系统的输出值却较为复杂. 究其原因主要是多元

Bernstein 多项式的每个分量都有自身的随机剖分数，从而导致计算步骤烦琐. 为此，接下来将给出该模糊系统的输出算法，并假设 f 是 $[0,1]^n$ 上的连续函数.

输出算法：

第 1 步　剖分论域. 在每个坐标轴 $x_i(i=1,2,\cdots,n)$ 所属区间 $[0,1]$ 上进行 N_i-1 等距分割，分割点为 $\frac{j}{N_i}, j=0,1,2,\cdots,N_i$，相应剖分数为 $N_1,N_2,\cdots,N_n$，分割后每个轴上小区间长度均为 $\frac{1}{N_i-1}$. 再过每个分点作垂线，即可获得论域空间 $[0,1]^n$ 上的一个剖分.

第 2 步　定义前件模糊集. 在每个坐标轴 $[0,1]$ 上以每个分点为峰值点定义一致标准完备的前件模糊集族，通常取这些模糊集为三角形或梯形隶属函数，且每个轴上可定义 N_i 个模糊集，$i=1,2,\cdots,n$，其中两端模糊集的隶属函数图像为半三角形或半梯形，参见图 1.

第 3 步　确定随机剖分数. 根据所输入样本点 $x=(x_1,x_2,\cdots,x_n)$ 确定每个分量在所属小区间起作用的非零前件模糊集，从而获得 Bernstein 多项式 $B_{m_1,m_2,\cdots,m_n}(f;x)$ 所有可能的随机剖分数 $m_1,m_2,\cdots,m_n$ 的若干组合.

第 4 步　计算 $B_{m_1,m_2,\cdots,m_n}(f;x)$. 依据所得随机剖分数 $m_1,m_2,\cdots,m_n$ 的所有可能组合，计算 Bernstein 多项式 $B_{m_1,m_2,\cdots,m_n}(f;x)$ 在所给样本点 $x=(x_1,x_2,\cdots,x_n)$ 处的值.

第 5 步　计算隶属度值. 根据输入样本点 $x=(x_1,x_2,\cdots,x_n)$ 计算每个坐标轴上对应非零前件模糊集的隶属度值 $A^i_{m_j}(x_i)$，$i=1,2,\cdots,n$.

第 6 步　计算系统输出值.将第 4 和第 5 步所得值代入式(4),得模糊系统的最终输出值.

注 3　实际中,通过给定逼近精度 ε 适当选取第 1 步所涉及的剖分数 N_i,为简单起见,也可选取 $N_1 = N_2 = \cdots = N_n$.此外,为计算方便,第 2 步要求前件模糊集一致标准完备.例如,取三角形二相波隶属函数,则每个输入样本点对应的随机剖分数 $m_i(i=1,2,\cdots,n)$ 仅有 2 种取值,此时模糊系统共有 2^n 条规则.特别当输入样本点为格点(顶点)时,所有随机剖分数 m_i 只有 1 种取值,此时,该系统仅有 1 条模糊规则.

§4　实例分析

上节给出了以 Bernstein 多项式为规则后件的模糊系统的输出算法.该算法的关键是计算 Bernstein 多项式在样本点的输出值.下面,仅以样本点 D_2 为例给出 $F\left(\frac{3}{8},\frac{4}{9}\right)$ 的详细计算过程.

例 1　设二元连续函数

$$f(x_1,x_2)=x_1^2+x_2^2 \quad ((x_1,x_2)\in[0,1]\times[0,1])$$

前件模糊集的隶属函数选取三角形二相波,试按式(5)计算二元模糊系统在样本点 D_2 处的输出值 $F\left(\frac{3}{8},\frac{4}{9}\right)$.

解　在不考虑逼近精度的情况下,先设 $N_1=5$,$N_2=4$(参见图 1),2 个坐标轴上前件模糊集的隶属函数可通过适当左右平移其中某一个得到.由式(5)有

$$F\left(\frac{3}{8},\frac{4}{9}\right)$$
$$=\sum_{m_1=1}^{5}\sum_{m_2=1}^{4}A_{m_1}^1\left(\frac{3}{8}\right)A_{m_2}^2\left(\frac{4}{9}\right)B_{m_1,m_2}\left(f;\left(\frac{3}{8},\frac{4}{9}\right)\right)$$

按照输出算法，样本点 D_2 在 x_1 轴上对应的非零模糊集为 A_2^1 和 A_3^1，在 x_2 轴上对应的非零模糊集为 A_2^2 和 A_3^2，由图1易得其隶属函数.此时，共有4条模糊规则，故随机剖分数也有4组取值，即

$$(m_1,m_2)=(2,2);(2,3);(3,2);(3,3)$$

因此，模糊系统输出的 $F\left(\frac{3}{8},\frac{4}{9}\right)$ 可进一步表示为

$$\begin{aligned}F\left(\frac{3}{8},\frac{4}{9}\right)=&A_2^1\left(\frac{3}{8}\right)\left(A_2^2\left(\frac{4}{9}\right)B_{2,2}\left(f;\left(\frac{3}{8},\frac{4}{9}\right)\right)+\right.\\&\left.A_3^2\left(\frac{4}{9}\right)B_{2,3}\left(f;\left(\frac{3}{8},\frac{4}{9}\right)\right)\right)+\\&A_3^1\left(\frac{3}{8}\right)\left(A_2^2\left(\frac{4}{9}\right)B_{3,2}\left(f;\left(\frac{3}{8},\frac{4}{9}\right)\right)\right)+\\&A_3^2\left(\frac{4}{9}\right)B_{3,3}\left(f;\left(\frac{3}{8},\frac{4}{9}\right)\right)\right)\end{aligned}\tag{6}$$

其中，前件模糊集 A_2^1，A_3^1，A_2^2 和 A_3^2 的隶属函数由图1很容易确定.例如，A_3^1 和 A_2^2 的隶属函数分别为

$$A_3^1(x_1)=\begin{cases}4x_1-1,\frac{1}{4}\leqslant x_1<\frac{1}{2}\\3-4x_1,\frac{1}{2}\leqslant x_1<\frac{3}{4}\\0,\text{其他}\end{cases}$$

$$A_2^2(x_2)=\begin{cases}3x_2,0\leqslant x_2<\frac{1}{3}\\2-3x_2,\frac{1}{3}\leqslant x_2<\frac{2}{3}\\0,\text{其他}\end{cases}$$

不难计算

$$A_2^1\left(\frac{3}{8}\right)=A_3^1\left(\frac{3}{8}\right)=\frac{1}{2}$$

$$A_2^2\left(\frac{4}{9}\right)=\frac{2}{3},A_3^2\left(\frac{4}{9}\right)=\frac{1}{3}$$

接下来以 $B_{2,2}\left(f;\left(\frac{3}{8},\frac{4}{9}\right)\right)$ 为例，计算每个 Bernstein 多项式在样本点 D_2 处的取值.

由式(1) 和

$$f(x_1,x_2)=x_1^2+x_2^2$$

可得

$$\begin{aligned}
&B_{2,2}\left(f;\left(\frac{3}{8},\frac{4}{9}\right)\right)\\
=&\sum_{k_1=0}^{2}\sum_{k_2=0}^{2}C_2^{k_1}C_2^{k_2}f\left(\frac{k_1}{2},\frac{k_2}{2}\right)\left(\frac{3}{8}\right)^{k_1}\left(\frac{4}{9}\right)^{k_2}\cdot\\
&\left(\frac{5}{8}\right)^{2-k_1}\left(\frac{5}{9}\right)^{2-k_2}\\
=&\sum_{k_2=0}^{2}C_2^{k_2}f\left(0,\frac{k_2}{2}\right)\left(\frac{4}{9}\right)^{k_2}\left(\frac{5}{8}\right)^{2}\left(\frac{5}{9}\right)^{2-k_2}+\\
&\sum_{k_2=0}^{2}2C_2^{k_2}f\left(\frac{1}{2},\frac{k_2}{2}\right)\frac{3}{8}\left(\frac{4}{9}\right)^{k_2}\frac{5}{8}\left(\frac{5}{9}\right)^{2-k_2}+\\
&\sum_{k_2=0}^{2}C_2^{k_2}f\left(1,\frac{k_2}{2}\right)\left(\frac{3}{8}\right)^{2}\left(\frac{4}{9}\right)^{k_2}\left(\frac{5}{9}\right)^{2-k_2}\approx 0.578\ 8
\end{aligned}$$

同理，可算得

$$B_{2,3}\left(f;\left(\frac{3}{8},\frac{4}{9}\right)\right)\approx 0.537\ 6$$

$$B_{3,2}\left(f;\left(\frac{3}{8},\frac{4}{9}\right)\right)\approx 0.539\ 7$$

$$B_{3,3}\left(f;\left(\frac{3}{8},\frac{4}{9}\right)\right)\approx 0.498\ 6$$

并将其代入式(6),可立得最终输出值

$$F\left(\frac{3}{8},\frac{4}{9}\right)\approx 0.5455$$

实际上,所给函数 f 在样本点 $\left(\frac{3}{8},\frac{4}{9}\right)$ 的实际取值为

$$f\left(\frac{3}{8},\frac{4}{9}\right)=\left(\frac{3}{8}\right)^2+\left(\frac{4}{9}\right)^2\approx 0.3382$$

从直观来看,随机选取剖分数 $N_1=5,N_2=4$ 进行计算,该系统的输出值与函数在样本点的实际取值接近,这主要由基于Bernstein多项式的模糊系统具有逼近性所决定.

为更好地研究本章设计系统逼近性的精度及特点,再选取几个样本点计算系统的输出,并将其输出与函数值及Mamdani模糊系统的输出进行对比.

样本点为 $D_1=\left(\frac{3}{16},\frac{2}{9}\right)$, $D_3=\left(\frac{11}{16},\frac{17}{18}\right)$, $D_4=\left(\frac{15}{16},\frac{8}{9}\right)$ 和 $D_5=\left(\frac{31}{32},\frac{17}{18}\right)$,如图1所示,分别计算以Bernstein多项式为规则后件的模糊系统的输出 $F(D_i)(i=1,3,4,5)$,并分别比较该模糊系统和以往Mamdani模糊系统在样本点的取值.为方便起见,记Mamdani模糊系统在各样本点的输出为 $M(D_i)(i=1,2,\cdots,5)$.具体计算过程参见例1,结果见表1.

表 1　2 类模糊系统在 5 个样本点处的输出及精度比较

序号	样本点	$F(D_i)$	$M(D_i)$	$f(D_i)$	$\lvert F(D_i)-f(D_i)\rvert$	$\lvert M(D_i)-f(D_i)\rvert$
1	$D_1=\left(\frac{3}{16},\frac{2}{9}\right)$	0.295 0	0.120 9	0.084 5	0.210 5	0.036 4
2	$D_2=\left(\frac{3}{8},\frac{4}{9}\right)$	0.545 5	0.378 5	0.338 2	0.207 3	0.040 3
3	$D_3=\left(\frac{11}{16},\frac{17}{18}\right)$	1.436 7	1.391 8	1.364 6	0.072 1	0.027 2
4	$D_4=\left(\frac{15}{16},\frac{8}{9}\right)$	1.689 7	1.693 6	1.669 0	0.020 7	0.024 6
5	$D_5=\left(\frac{31}{32},\frac{17}{18}\right)$	1.850 5	1.852 7	1.830 5	0.020 0	0.022 2